2026

유단자
유일한 단기합격 자격서

# 산업안전
## 산업기사 필기

김세연 편저

★★★★

▼ **NCS 국가직무능력표준 교육과정 반영**

- 최신! 신규 출제기준(이론+기출문제) 및 개정법령 반영
- 압축! 단기합격을 위한 필수핵심이론 압축 구성
- 수록! 7개년(2019~2025) 최신 기출 복원문제 완벽 복원
- 완성! 유단자 한 권으로 단기합격 All-in-One

유단자 학습지원센터

실전 같은 시험
CBT모의고사

Q&A 합격 서포트
학습지원센터

미디어몬

# 머리말

현대 산업현장은 첨단 장비와 복잡한 작업 공정이 공존하는 동시에, 작업자의 안전을 위협하는 다양한 위험 요소가 산재해 있습니다. 최근 우리나라 산업현장에서는 매년 수백 명의 근로자가 산업재해로 인해 목숨을 잃고 있으며, 이는 국가 경제와 사회적 측면에서 매우 심각한 문제로 대두되고 있습니다.

2025년 1분기 산업재해 조사 대상 사고사망자는 137명에 달하며, 건설업, 제조업 등 주요 산업에서 여전히 많은 사망 사고가 발생하고 있습니다. 근로자 1만 명당 산재 사망자 수를 나타내는 사망만인율은 과거에 비해 다소 감소하였으나, 2024년 기준으로 0.98명 수준으로 선진국과 비교하면 여전히 높습니다. 이러한 현실은 산업안전의 중요성을 다시 한번 절실히 일깨우고 있습니다.

이에 정부는 중대재해처벌법을 비롯한 강력한 법적 장치를 도입하여 사업주와 경영책임자에게 안전보건 확보 의무를 엄격히 부과하고 있습니다. 중대재해처벌법은 중대산업재해 발생 시 관련자에 대한 강력한 처벌을 규정함으로써, 산업현장에서 안전관리체계의 실질적 강화와 사고 예방을 촉진하는 중요한 전환점이 되고 있습니다. 따라서 산업안전산업기사는 단순한 자격증 이상의 의미를 가지며, 산업 안전의 총체적 이해와 실무 능력을 바탕으로 현장의 안전을 책임지는 핵심 인재로서 그 역할과 책임이 그 어느 때보다 중요합니다.

**본 교재는 산업안전산업기사 시험 준비생들을 위해 최신 법령과 산업재해 및 중대재해처벌법의 주요 내용까지 반영하여, 시험 합격과 더불어 실제 산업현장에서의 안전관리 역량 강화에 실질적인 도움을 제공하고자 집필되었습니다.** 산업재해예방 및 안전보건교육, 인간공학 및 위험성 평가·관리, 기계·기구 및 설비 안전관리, 전기 및 화학설비 안전관리, 건설공사 안전관리 등 주요 과목을 체계적으로 구성하여 기초부터 실무까지 폭넓게 다루고 있으며, 출제 경향에 맞춘 기출문제와 해설을 통해 효율적인 학습을 지원합니다.

특히 중대재해처벌법과 관련한 안전보건관리체계 구축, 위험성 평가, 사고 예방 대책 등은 산업안전 전문가로서 반드시 숙지해야 할 핵심 내용입니다. 본 교재가 여러분의 체계적인 시험 준비는 물론, 산업현장의 안전문화 정착과 근로자의 생명 보호라는 숭고한 사명을 수행하는 데 든든한 기반이 되기를 진심으로 바랍니다.

안전한 일터를 만들기 위한 여러분의 노력에 깊은 응원과 존경을 표하며, 본 교재가 여러분의 성공적인 자격 취득과 현장 전문가로서의 성장에 기여할 수 있기를 기원합니다.

저자 김세연

## 산업안전산업기사란?

### 1 개요

생산관리에서 안전을 제외하고는 생산성 향상이 불가능하다는 인식 속에서 산업현장의 근로자를 보호하고 근로자들이 안심하고 생산성 향상에 주력할 수 있는 작업환경을 만들기 위하여 전문적인 지식을 가진 기술인력을 양성하고자 자격제도를 제정하였다.

### 2 수행직무

제조 및 서비스업 등 각 산업현장에 배속되어 산업재해 예방계획의 수립에 관한 사항을 수행하며, 작업환경의 점검 및 개선에 관한 사항, 유해 및 위험방지에 관한 사항, 사고사례 분석 및 개선에 관한 사항, 근로자의 안전교육 및 훈련에 관한 업무를 수행한다.

### 3 진로 및 전망

기계, 금속, 전기, 화학, 목재 등 모든 제조업체, 안전관리 대행업체, 산업안전관리 정부기관, 한국산업안전공단 등에 진출할 수 있다.
선진국의 척도는 안전수준으로 우리나라의 경우 재해율이 아직 후진국 수준에 머물러 있어 이에 대한 계속적 투자의 사회적 인식이 높아가고, 안전인증 대상을 확대하여 프레스, 용접기 등 기계·기구에서 이러한 기계·기구의 각종 방호장치까지 안전 인증을 취득하도록 산업안전보건법 시행규칙이 개정되었으며, 경제회복국면과 안전보건조직 축소가 맞물림에 따라 재해증가가 우려된다. 특히 제조업의 경우 이미 올 해 초부터 전년도의 재해율을 상회하고 있어 정부의 적극적인 재해 예방 정책으로 이 자격증 취득자에 대한 인력수요는 증가할 것이다.

## 검정방법 및 자격체계

### 검정방법

| 구분 | | 산업안전기사 | 산업안전산업기사 |
|---|---|---|---|
| 필기시험 | 과목 | • 산업재해 예방 및 안전보건교육<br>• 인간공학 및 위험성 평가 · 관리<br>• 기계 · 기구 및 설비 안전 관리<br>• 전기설비 안전 관리<br>• 화학설비 안전 관리<br>• 건설공사 안전 관리 | • 산업재해 예방 및 안전보건교육<br>• 인간공학 및 위험성 평가 · 관리<br>• 기계 · 기구 및 설비 안전 관리<br>• 전기 및 화학설비 안전 관리<br>• 건설공사 안전 관리 |
| | 검정방법 | • 객관식 4지 택일형<br>• 과목당 20문항(과목당 30분), 총 120문항 출제 | • 객관식 4지 택일형<br>• 과목당 20문항(과목당 30분), 총 100문항 출제 |
| 실기시험 | 과목 | 산업안전관리실무 | 산업안전실무 |
| | 검정방법 | 복합형 [필답형(1시간 30분, 55점)+작업형(1시간 정도, 45점)] | 복합형 [필답형(1시간, 55점)+작업형(1시간 정도, 45점)] |
| 합격기준 | 필기 | 100점을 만점으로 하여 과목당 40점 이상, 전 과목 평균 60점 이상 | 100점을 만점으로 하여 과목당 40점 이상, 전 과목 평균 60점 이상 |
| | 실기 | 100점을 만점으로 하여 60점 이상 | 100점을 만점으로 하여 60점 이상 |

### 응시자격 조건체계

**기술사**
- 기사 취득 후 + 실무능력 4년
- 산업기사 취득 후 + 실무능력 5년
- 기능사 취득 후 + 실무경력 7년
- 4년제 대졸(관련학과) 후 + 실무경력 6년
- 동일 및 유사직무분야의 다른 종목 기술사 등급 취득자

**기능장**
- 산업기사(기능사) 취득 후 + 기능대 기능장 과정 이수
- 산업기사 등급 이상 취득 후 + 실무능력 5년
- 기능사 취득 후 + 실무경력 7년
- 실무경력 9년 등
- 동일 및 유사직무분야의 다른 종목 기능장 등급 취득자

**기사**
- 산업기사 취득 후 + 실무능력 1년
- 기능사 취득 후 + 실무경력 3년
- 동일 및 유사직무분야의 다른 종목 기사 등급 이상 취득자
- 2년제 전문대졸(관련학과) 후 + 실무경력 2년
- 3년제 전문대졸(관련학과) 후 + 실무경력 1년
- 대졸(관련학과)
- 실무경력 4년 등

**산업기사**
- 기능사 취득 후 + 실무경력 1년
- 대졸(관련학과)
- 전문대졸(관련학과)
- 실무경력 2년 등
- 동일 및 유사직무분야의 다른 종목 산업기사 등급 이상 취득자

**기능사**
자격제한 없음

# CBT 응시 요령

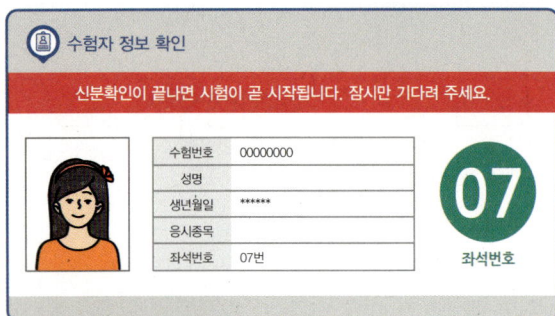

### 수험자 정보 확인
- 시험장 감독위원이 컴퓨터에 나온 수험자 정보와 신분증이 일치하는지를 확인하는 단계입니다.
- 신분 확인이 끝난 후 시험 시작 전 CBT 시험 안내가 진행됩니다.

### 안내사항
- 시험에 관한 안내사항을 확인합니다.

### 유의사항
- 부정행위에 관한 유의사항이므로 꼼꼼히 확인합니다.

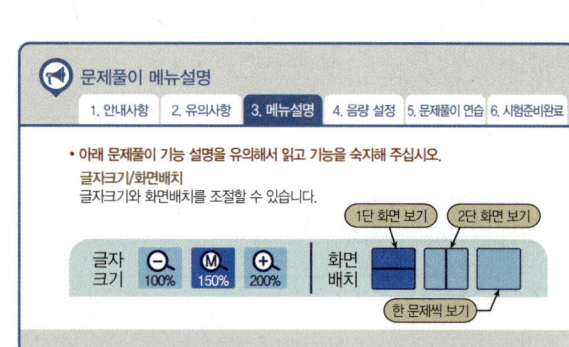

### 문제풀이 메뉴설명
- 문제풀이 메뉴의 기능에 관한 설명을 유의해서 읽고 기능을 숙지해 주세요.

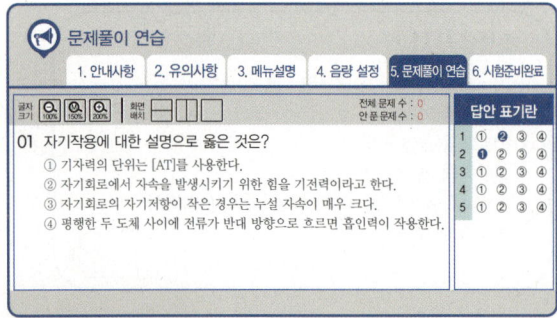

### 문제풀이 연습
- 문제 아래의 보기 번호를 클릭하거나, 답안 표기란의 답안번호를 클릭하여 답안을 입력할 수 있습니다.

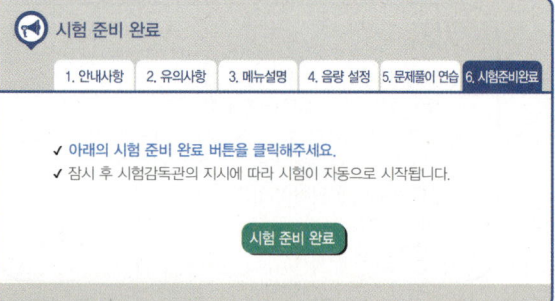

### 시험 준비 완료
- 시험 안내사항 및 문제풀이 연습까지 모두 마친 수험자는 시험 준비 완료 버튼을 클릭한 후 잠시 대기합니다.

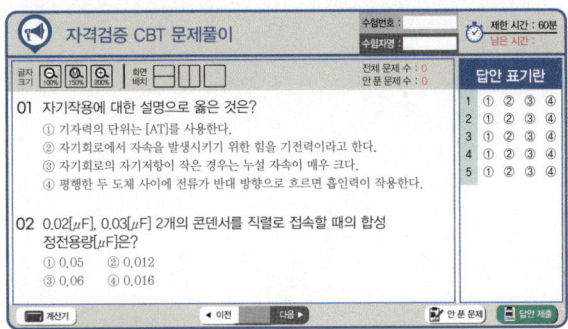

### 시험 화면

- 시험 화면이 뜨면 수험번호와 수험자명을 확인하고, 글자 크기 및 화면 배치를 조절한 후 시험을 시작합니다.

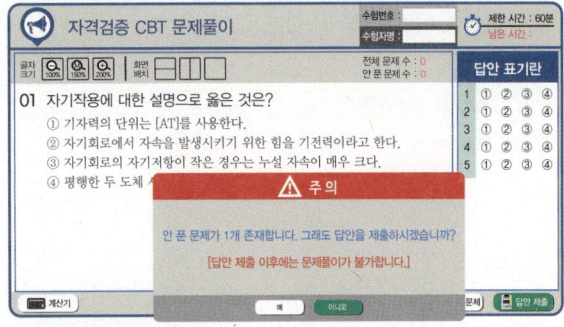

### 답안 제출

- [답안 제출] 버튼을 클릭하면 답안 제출 승인 알림창이 나옵니다. 시험을 마치려면 [예] 버튼을 클릭하고, 시험을 계속 진행하려면 [아니오] 버튼을 클릭하면 됩니다.

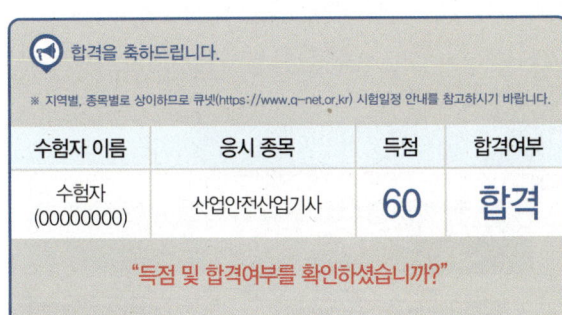

### 확인 완료

- 답안 제출은 실수 방지를 위해 두 번의 확인 과정을 거칩니다. [예] 버튼을 누르면 답안 제출이 완료되며 득점 및 합격 여부 등을 확인할 수 있습니다.

## CBT 필기시험

**1** CBT 시험이란 인쇄물 기반 시험인 PBT와 달리 컴퓨터 화면에 시험문제가 표시되어 응시자가 마우스를 통해 문제를 풀어나가는 컴퓨터기반의 시험을 말합니다.

**2** 입실 전 본인좌석을 반드시 확인 후 착석하시기 바랍니다.

**3** 전산으로 진행됨에 따라, 안정적 운영을 위해 입실 후 감독위원의 안내에 적극 협조하여 응시하여 주시기 바랍니다.

**4** 최종 답안 제출 시 수정이 절대 불가하오니 충분히 검토 후 제출 바랍니다.

**5** 제출 후 본인 점수 확인완료 후 퇴실 바랍니다.

# 이 책의 구성 및 특징

## 1. 출제기준에 맞춘 핵심이론

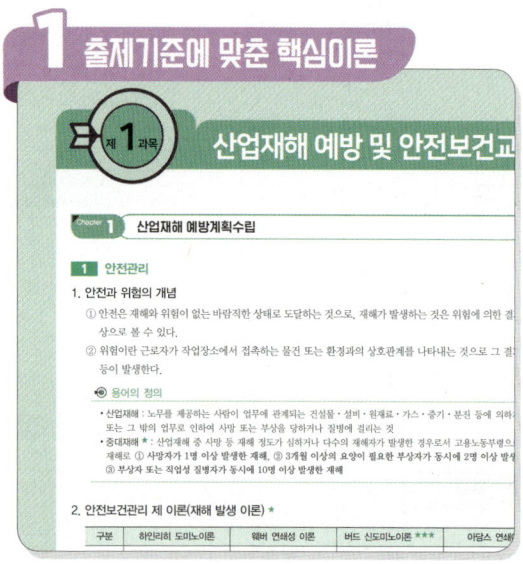

총 5과목의 방대한 이론을 시험에 자주 출제되는 내용만 정리하여 핵심이론을 구성하였습니다.
최근 기출문제에 출제된 개념은 ★표시를 하여 중요성을 강조하였습니다.

## 2. 효율적인 이론 구성

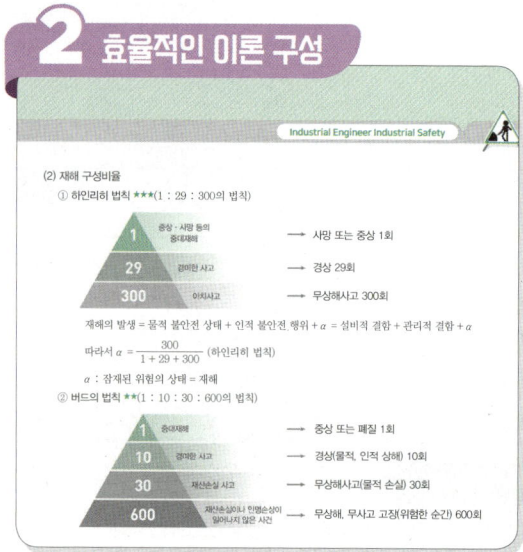

도표와 수식 등을 충분히 활용하여, 한눈에 들어올 수 있도록 이론을 효과적으로 요약하였습니다.

## 3. 계산문제 대비를 위한 공식 정리

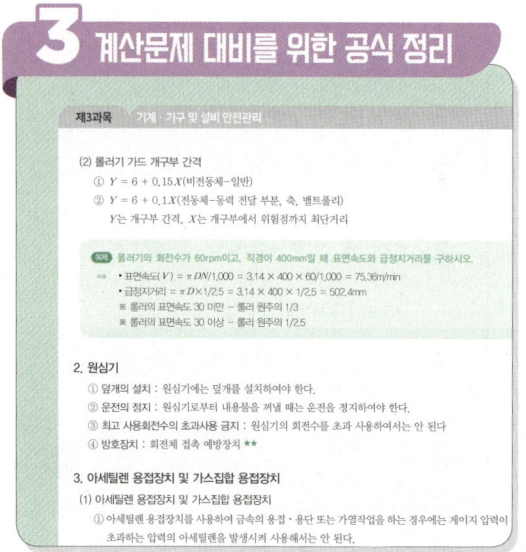

계산이 필요한 문제에 대비하기 위하여 적재적소에 예제 및 알맞은 공식을 정리하여 배치하였습니다.

## 4. 기출복원문제 수록

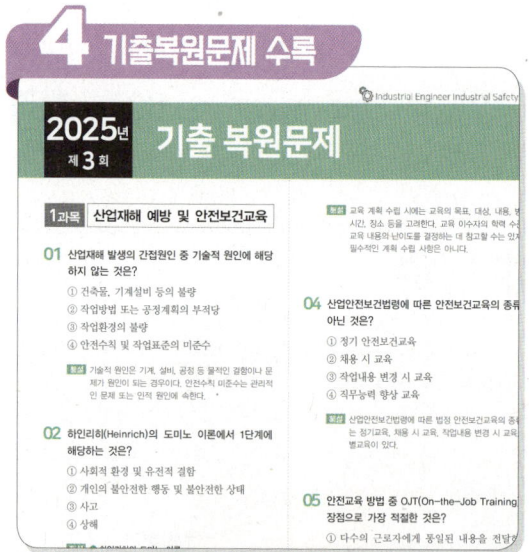

2019년~2025년까지의 최근 7개년 기출복원문제를 자세한 해설과 함께 수록하였습니다.
기출문제와 상세한 해설로 출제경향을 파악하여 합격을 위한 완벽한 학습이 되도록 하였습니다.

## 유단자 산업안전산업기사 필기 4주 완성 플래너

| 일 | 일정 | 체크 |
|---|---|---|
| **1주** | | |
| 1일차 | 1~2과목 핵심이론 + 2025년 기출문제 1회(1~2과목) | |
| 2일차 | 3~4과목 핵심이론 + 2025년 기출문제 1회(3~4과목) | |
| 3일차 | 5과목 핵심이론 + 2025년 기출문제 1회(5과목) | |
| 4일차 | 2025년 기출문제 풀이 2회, 3회 | |
| 5일차 | 2024년 기출문제 풀이 1회, 2회 | |
| 6일차 | 2024년 기출문제 풀이 3회 + 오답 정리 | |
| 7일차 | 2024년~2025년 기출문제 오답 다시 풀기 | |
| **2주** | | |
| 8일차 | 2023년 기출문제 풀이 1회, 2회 | |
| 9일차 | 2023년 기출문제 풀이 3회 + 오답 정리 | |
| 10일차 | 2022년 기출문제 풀이 1회, 2회 | |
| 11일차 | 2022년 기출문제 풀이 3회 + 오답 정리 | |
| 12일차 | 2021년 기출문제 풀이 1회, 2회 | |
| 13일차 | 2021년 기출문제 풀이 3회 + 오답 정리 | |
| 14일차 | 2021년~2023년 기출문제 오답 다시 풀기 | |
| **3주** | | |
| 15일차 | 2020년 기출문제 풀이(1회, 2회 통합) + 3회 | |
| 16일차 | 2020년 기출문제 풀이 4회 + 오답 정리 | |
| 17일차 | 2019년 기출문제 풀이 + 오답 정리 | |
| 18일차 | 2019년~2020년 기출문제 오답 다시 풀기 | |
| 19일차 | 2019년~2020년 기출문제 풀이 | |
| 20일차 | 2021년~2022년 기출문제 풀이 | |
| 21일차 | 2023년~2024년 기출문제 풀이 | |
| **4주** | | |
| 22일차 | 2025년 기출문제 풀이 | |
| 23일차 | 2021년~2023년 기출문제 | |
| 24일차 | 2024년~2025년 기출문제 | |
| 25일차 | 2023년 기출문제 | |
| 26일차 | 2024년 기출문제 | |
| 27일차 | 2025년 기출문제 | |
| 28일차 | 2023년~2025년 오답 내용을 전체 풀어보기 | |

# 산업안전산업기사 출제기준 (2025.1.1~2026.12.31)

## I. 산업재해 예방 및 안전보건교육

| 주요항목 | 세부항목 | |
|---|---|---|
| ❶ 산업재해예방 계획수립 | 1. 안전관리 | 2. 안전보건관리 체제 및 운용 |
| ❷ 안전보호구 관리 | 1. 보호구 및 안전장구 관리 | |
| ❸ 산업안전심리 | 1. 산업심리와 심리검사<br>3. 인간의 특성과 안전과의 관계 | 2. 직업적성과 배치 |
| ❹ 인간의 행동과학 | 1. 조직과 인간행동<br>3. 집단관리와 리더십 | 2. 재해 빈발성 및 행동과학<br>4. 생체리듬과 피로 |
| ❺ 안전보건교육의 내용 및 방법 | 1. 교육의 필요성과 목적<br>3. 교육실시 방법<br>5. 교육 내용 | 2. 교육방법<br>4. 안전보건교육계획 수립 및 실시 |
| ❻ 산업안전 관계법규 | 1. 산업안전보건법령 | |

## II. 인간공학 및 위험성 평가·관리

| 주요항목 | 세부항목 | |
|---|---|---|
| ❶ 안전과 인간공학 | 1. 인간공학의 정의<br>3. 체계설계와 인간요소 | 2. 인간-기계체계<br>4 인간요소와 휴먼에러 |
| ❷ 위험성 파악·결정 | 1. 위험성 평가 | 2. 시스템 위험성 추정 및 결정 |
| ❸ 위험성 감소대책 수립·실행 | 1. 위험성 감소대책 수립 및 실행 | |
| ❹ 근골격계질환 예방관리 | 1. 근골격계 유해요인<br>3. 근골격계 유해요인 관리 | 2. 인간공학적 유해요인 평가 |
| ❺ 유해요인 관리 | 1. 물리적 유해요인 관리<br>3. 생물학적 유해요인 관리 | 2. 화학적 유해요인 관리 |
| ❻ 작업환경 관리 | 1. 인체계측 및 체계제어<br>3. 작업 공간 및 작업자세<br>5. 작업환경과 인간공학 | 2. 신체활동의 생리학적 측정법<br>4. 작업측정<br>6. 중량물 취급 작업 |

## III 기계·기구 및 설비 안전관리

| 주요항목 | 세부항목 | |
|---|---|---|
| ❶ 기계안전시설 관리 | 1. 안전시설 관리 계획하기<br>3. 안전시설 유지·관리하기 | 2. 안전시설 설치하기 |
| ❷ 기계 분야 산업재해조사 | 1. 재해 조사 | |
| ❸ 기계설비 위험 요인 분석 | 1. 공작기계의 안전<br>3. 기타 산업용 기계 기구 | 2. 프레스 및 전단기의 안전<br>4. 운반기계 및 양중기 |
| ❹ 기계안전점검 | 1. 안전점검계획 수립<br>3. 안전점검 평가 | 2. 안전점검 실행 |
| ❺ 기계설비 유지·관리 | 1. 기계설비 위험요인 대책 제시 | 2. 기계설비 유지·관리 |

## IV 전기 및 화학설비 안전관리

| 주요항목 | 세부항목 | |
|---|---|---|
| ❶ 전기작업 안전관리 | 1. 전기작업의 위험성 파악<br>3. 전기설비 및 기기 | 2. 전기작업 안전 수행 |
| ❷ 감전재해 및 방지대책 | 1. 감전재해 예방 및 조치<br>3. 절연용 안전장구 | 2. 감전재해의 요인 |
| ❸ 정전기 장·재해 관리 | 1. 정전기 위험요소 파악 | 2. 정전기 위험요소 제거 |
| ❹ 전기 방폭 관리 | 1. 전기방폭설비 | 2. 전기방폭 사고예방 및 대응 |
| ❺ 전기설비 위험요인 관리 | 1. 전기설비 위험요인 파악 | 2. 전기설비 위험요인 점검 및 개선 |
| ❻ 화재·폭발 검토 | 1. 화재·폭발 이론 및 발생 이해<br>3. 폭발방지대책 수립 | 2. 소화 원리 이해 |
| ❼ 화학물질 안전관리 실행 | 1. 화학물질(위험물, 유해 화학물질) 확인<br>3. 화학물질 취급설비 개념 확인 | 2. 화학물질(위험물, 유해화학물질) 유해위험성 확인 |
| ❽ 화공 안전운전·점검 | 1. 안전점검계획 수립<br>3. 안전점검 평가 | 2. 설비 및 공정 안전 |

# 산업안전산업기사 출제기준(2025.1.1~2026.12.31)

## Ⅴ. 건설공사 안전관리

| 주요항목 | 세부항목 | |
|---|---|---|
| ❶ 건설현장 안전점검 | 1. 안전점검 계획 수립 | 2. 안전점검 고려사항 |
| ❷ 건설 현장 유해·위험요인 관리 | 1. 건설공사 유해·위험요인확인 | |
| ❸ 건설업 산업안전보건관리비 관리 | 1. 건설업 산업안전보건관리비 규정 | |
| ❹ 건설 현장 안전시설 관리 | 1. 안전시설 설치 및 관리 | 2. 건설공구 및 기계 |
| ❺ 비계·거푸집 가시설 위험방지 | 1. 건설 가시설물 설치 및 관리 | |
| ❻ 공사 및 작업 종류별 안전 | 1. 양중 및 해체 공사<br>3. 운반 및 하역작업 | 2. 콘크리트 및 PC 공사 |

# 차례

## 제1과목 산업재해 예방 및 안전보건교육

Chapter 01 | 산업재해 예방계획 수립 ·········· 2
Chapter 02 | 안전보호구 관리 ·········· 21
Chapter 03 | 산업안전심리 ·········· 28
Chapter 04 | 인간의 행동과학 ·········· 34
Chapter 05 | 안전보건교육의 내용 및 방법 ·········· 47

## 제2과목 인간공학 및 위험성 평가·관리

Chapter 01 | 안전과 인간공학 ·········· 67
Chapter 02 | 위험성 파악·결정 ·········· 74
Chapter 03 | 위험성 감소대책 수립·실행 ·········· 87
Chapter 04 | 근골격계질환 예방관리 ·········· 88
Chapter 05 | 유해요인 관리 ·········· 94
Chapter 06 | 작업환경 관리 ·········· 98

## 제3과목 기계·기구 및 설비 안전관리

Chapter 01 | 기계안전시설 관리 ·········· 113
Chapter 02 | 기계 분야 산업재해조사 ·········· 127
Chapter 03 | 기계설비 위험요인 분석 ·········· 131
Chapter 04 | 기계안전점검 ·········· 147
Chapter 05 | 기계설비 유지·관리 ·········· 159

## 제4과목 전기 및 화학설비 안전관리

Chapter 01 | 전기작업 안전관리 ·········· 162
Chapter 02 | 감전재해 및 방지대책 ·········· 167
Chapter 03 | 정전기 장·재해 관리 ·········· 172
Chapter 04 | 전기 방폭 관리 ·········· 177
Chapter 05 | 전기설비 위험요인 관리 ·········· 181

# 차례

| Chapter 06 | 화재·폭발 검토 | 184 |
| Chapter 07 | 화학물질 안전관리 실행 | 199 |
| Chapter 08 | 화공 안전운전·점검 | 220 |

## 제5과목 건설공사 안전관리

| Chapter 01 | 건설현장 안전점검 | 229 |
| Chapter 02 | 건설현장 유해·위험요인관리 | 232 |
| Chapter 03 | 건설업 산업안전보건관리비 관리 | 235 |
| Chapter 04 | 건설현장 안전시설 관리 | 238 |
| Chapter 05 | 비계·거푸집 가시설 위험방지 | 247 |
| Chapter 06 | 공사 및 작업 종류별 안전 | 261 |

## 기출 복원문제

- **2019년** 1회 기출 복원문제 …… 2
  2회 기출 복원문제 …… 24
  3회 기출 복원문제 …… 47

- **2020년** 1·2회 기출 복원문제 …… 70
  3회 기출 복원문제 …… 93

- **2021년** 1회 기출 복원문제 …… 115
  2회 기출 복원문제 …… 139
  3회 기출 복원문제 …… 164

- **2022년** 1회 기출 복원문제 …… 188
  2회 기출 복원문제 …… 211
  3회 기출 복원문제 …… 235

- **2023년** 1회 기출 복원문제 …… 258
  2회 기출 복원문제 …… 279
  3회 기출 복원문제 …… 301

- **2024년** 1회 기출 복원문제 …… 322
  2회 기출 복원문제 …… 344
  3회 기출 복원문제 …… 365

- **2025년** 1회 기출 복원문제 …… 386
  2회 기출 복원문제 …… 409
  3회 기출 복원문제 …… 427

# 안전보건표지

## ● 안전보건표지의 종류와 형태

| 1 금지 표지 | 101 출입금지 | 102 보행금지 | 103 차량통행금지 | 104 사용금지 | 105 탑승금지 | 106 금연 |
|---|---|---|---|---|---|---|
| | 107 화기금지 | 108 물체이동금지 | 2 경고 표지 | 201 인화성물질 경고 | 202 산화성물질 경고 | 203 폭발성물질 경고 | 204 급성독성물질 경고 |
| 205 부식성물질 경고 | 206 방사성물질 경고 | 207 고압전기 경고 | 208 매달린 물체 경고 | 209 낙하물 경고 | 210 고온 경고 | 211 저온 경고 |
| 212 몸균형 상실 경고 | 213 레이저광선 경고 | 214 발암성·변이원성·생식독성·전신독성·호흡기 과민성 물질 경고 | 215 위험장소 경고 | 3 지시 표지 | 301 보안경 착용 | 302 방독마스크 착용 |

# 안전보건표지

| 303 방진마스크 착용 | 304 보안면 착용 | 305 안전모 착용 | 306 귀마개 착용 | 307 안전화 착용 | 308 안전장갑 착용 | 309 안전복 착용 |
|---|---|---|---|---|---|---|
|  |  |  |  |  |  |  |

| 4 안내 표지 | 401 녹십자표지 | 402 응급구호표지 | 403 들것 | 404 세안장치 | 405 비상용기구 | 406 비상구 |
|---|---|---|---|---|---|---|
| |  |  |  |  |  |  |

| 407 좌측비상구 | 408 우측비상구 | 5 관계자외 출입금지 | 501 허가대상물질 작업장 **관계자외 출입금지** (허가물질 명칭) 제조/사용/보관 중 보호구/보호복 착용 흡연 및 음식물 섭취 금지 | 502 석면취급/해체 작업장 **관계자외 출입금지** 석면 취급/해체 중 보호구/보호복 착용 흡연 및 음식물 섭취 금지 | 503 금지대상물질의 취급 실험실 등 **관계자외 출입금지** 발암물질 취급 중 보호구/보호복 착용 흡연 및 음식물 섭취 금지 |

| 6 문자추가시 예시문 |  | ▶ 내 자신의 건강과 복지를 위하여 안전을 늘 생각한다.<br>▶ 내 가정의 행복과 화목을 위하여 안전을 늘 생각한다.<br>▶ 내 자신의 실수로써 동료를 해치지 않도록 안전을 늘 생각한다.<br>▶ 내 자신이 일으킨 사고로 인한 회사 재산의 손실을 방지하기 위하여 안전을 늘 생각한다.<br>▶ 내 자신의 방심과 불안전한 행동이 조국의 번영에 장애가 되지 않도록 하기 위하여 안전을 늘 생각한다. |

Industrial Engineer Industrial Safety

# 산업안전산업기사
## 핵심이론

**제1과목** 산업재해 예방 및 안전보건교육
**제2과목** 인간공학 및 위험성 평가·관리
**제3과목** 기계·기구 및 설비 안전관리
**제4과목** 전기 및 화학설비 안전관리
**제5과목** 건설공사 안전관리

# 제1과목 산업재해 예방 및 안전보건교육

## Chapter 1. 산업재해 예방계획수립

### 1 안전관리

#### 1. 안전과 위험의 개념

① 안전은 재해와 위험이 없는 바람직한 상태로 도달하는 것으로, 재해가 발생하는 것은 위험에 의한 결과적인 현상으로 볼 수 있다.

② 위험이란 근로자가 작업장소에서 접촉하는 물건 또는 환경과의 상호관계를 나타내는 것으로 그 결과로 부상 등이 발생한다.

> **용어의 정의**
> - 산업재해 : 노무를 제공하는 사람이 업무에 관계되는 건설물·설비·원재료·가스·증기·분진 등에 의하거나 작업 또는 그 밖의 업무로 인하여 사망 또는 부상을 당하거나 질병에 걸리는 것
> - 중대재해 ★ : 산업재해 중 사망 등 재해 정도가 심하거나 다수의 재해자가 발생한 경우로서 고용노동부령으로 정하는 재해로 ① 사망자가 1명 이상 발생한 재해, ② 3개월 이상의 요양이 필요한 부상자가 동시에 2명 이상 발생한 재해, ③ 부상자 또는 직업성 질병자가 동시에 10명 이상 발생한 재해

#### 2. 안전보건관리 제 이론(재해 발생 이론) ★

| 구분 | 하인리히 도미노이론 | 웨버 연쇄성 이론 | 버드 신도미노이론 ★★★ | 아담스 연쇄이론 |
|---|---|---|---|---|
| 1단계 | 유전적 요소, 환경 | 유전과 환경 | 제어 부족(관리 부재) | 관리구조 |
| 2단계 | 개인적 결함 | 개인적 결함 | 기본원인(기원) | 작전적 에러 |
| 3단계 | 불안전한 행동, 불안전한 상태 | 불안전한 행동, 불안전한 상태 | 직접원인(징후) | 전술적 에러 |
| 4단계 | 사고 | 사고 | 사고(접촉) | 사고 |
| 5단계 | 재해 | 상해 | 상해(손실) | 상해 |

※ 제거 가능 : 불안전 행동, 불안전 상태

#### 3. 생산성과 경제적 안전도

(1) 생산성 향상을 위한 안전의 효율적 관리 : 체계적인 PDCA 관리 Cycle

> 계획(Plan) → 실시(Do) → 검토(Check) → 조치(Action)

(2) 제조물 책임법
  ① 결함
    ㉠ 제조상 결함 : 원래 의도한 설계와 다르게 제조되어 안전하지 못한 경우
    ㉡ 설계상 결함 : 설계단계에서의 결함으로 인해 제조물이 안전하지 못한 경우
    ㉢ 표시상 결함 : 잘못된 표시 등으로 안전하지 못한 경우
  ② 소멸시효
    ㉠ 손해배상 책임이 있는 제조업자를 안 날로부터 3년(단기 소멸시효)
    ㉡ 제조업자가 제조물을 공급한 날로부터 10년

## 4. 재해예방활동기법

(1) 재해의 예방
  ① 재해 예방의 4원칙 ★★★★★★
    ㉠ 예방 가능의 원칙 : 천재지변을 제외한 모든 인재는 예방이 가능하다.
    ㉡ 손실 우연의 원칙 : 사고의 결과 손실의 유무 또는 대소는 사고 당시의 조건에 따라서 우연적으로 발생한다.
    ㉢ 원인 연계의 원칙 : 사고에는 반드시 원인이 있으며, 원인은 대부분 복합적 연계 원인이다.
    ㉣ 대책 선정의 원칙 : 사고의 원인이나 불안전 요소가 발견되면 반드시 대책은 선정 실시되어야 하며, 대책 선정이 가능하다. 대책에는 재해 방지의 세 기둥이라 할 수 있는 3E, 즉 기술적 대책, 교육적 대책, 규제적 대책을 들 수 있다.
  ② 하인리히의 사고 예방대책의 기본원리 5단계 ★★
    ㉠ 제1단계 : 안전관리조직
      경영자는 안전 목표를 설정하고 먼저 안전관리조직을 구성하여 안전활동 방침 및 계획을 수립하고자 전문적 기술을 가진 조직을 통한 안전활동을 전개함으로써 전 종업원의 참여하에 집단의 목표를 달성하도록 하여야 한다.
    ㉡ 제2단계 : 사실의 발견(현상파악)
      ⓐ 사고 및 활동 기록의 검토
      ⓑ 작업분석
      ⓒ 점검 및 검사
      ⓓ 사고 조사
      ⓔ 각종 안전회의 및 토의

# 제1과목　산업재해 예방 및 안전보건교육

　　　ⓕ 근로자의 제안 및 여론조사
　　　ⓖ 관찰 및 보고의 연구 등을 통하여 불안전 요소를 발견
　ⓒ 제3단계 : 분석평가(발견된 사실 및 불안전한 요소)
　　　ⓐ 사고 보고서 및 현장조사 분석
　　　ⓑ 사고 기록 및 관계자료 분석
　　　ⓒ 인적·물적·환경적 조건 분석
　　　ⓓ 작업공정 분석
　　　ⓔ 교육 및 훈련 분석
　　　ⓕ 배치 사항 분석
　　　ⓖ 안전수칙 및 작업표준 분석
　　　ⓗ 보호 장비의 적부 등의 분석을 통하여 사고의 직접원인과 간접원인을 찾아낸다.
　ⓔ 제4단계 : 시정 방법의 선정(분석을 통해 색출된 원인)★
　　　ⓐ 기술적 개선
　　　ⓑ 작업 배치 조정(인사조정)
　　　ⓒ 교육 및 훈련 개선
　　　ⓓ 안전 행정 개선
　　　ⓔ 규정 및 수칙, 작업표준, 제도의 개선
　　　ⓕ 안전활동 전개 등의 효과적인 개선 방법을 선정한다.
　ⓜ 제5단계 : 시정책의 적용
　　　ⓐ 목표를 설정하여 실시하고 실시 결과를 재평가하여 불합리한 점은 재조정되어 실시
　　　ⓑ 시정책은 하비가 주장한 3E, 즉 교육(Education), 기술(Engineering), 독려·규제(Enforcement)를 완성함으로써 이루어진다.

| 제1단계<br>안전관리조직 | 제2단계<br>사실의 발견 | 제3단계<br>분석 평가 | 제4단계<br>시정책의 선정 | 제5단계<br>시정책의 적용 |
|---|---|---|---|---|
| 1. 경영자의 안전 목표 설정<br>2. 안전관리자의 선임<br>3. 안전의 라인 및 참모 조직<br>4. 안전활동 방침 및 수립계획<br>5. 조직을 통한 안전활동 재개 | 1. 사고 및 안전활동 기록의 검토<br>2. 작업분석<br>3. 점검 및 검사<br>4. 사고 조사<br>5. 각종 안전회의 및 토의<br>6. 근로자의 제안 및 여론 조사 | 1. 사고원인 및 경향성 분석<br>2. 사고기록 및 관련 자료 분석<br>3. 안전·물적·환경적 조건분석<br>4. 작업공정분석<br>5. 교육훈련 및 적성 배치분석<br>6. 안전수칙 및 보호장비의 적부 | 1. 기술적 개선<br>2. 배치 조정<br>3. 교육훈련의 개선<br>4. 안정행정의 개선<br>5. 규정 및 수칙 등 제도의 개선<br>6. 안전운동의 개선 | 1. 교육적 대책의 실시<br>2. 기술적 대책의 실시<br>3. 규제적 대책의 실시<br>4. 재평가 후 보안 및 시정 |

## (2) 재해 구성비율

① 하인리히 법칙 ★★★ (1 : 29 : 300의 법칙)

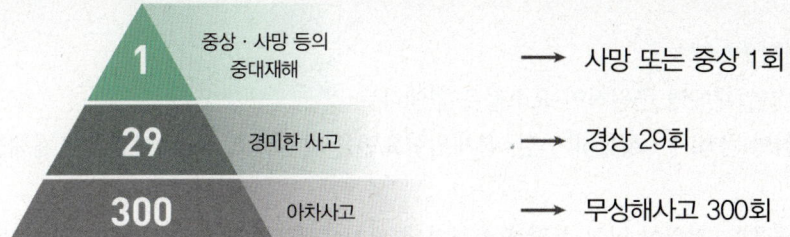

| 1 | 중상·사망 등의 중대재해 | → 사망 또는 중상 1회 |
| 29 | 경미한 사고 | → 경상 29회 |
| 300 | 아차사고 | → 무상해사고 300회 |

재해의 발생 = 물적 불안전 상태 + 인적 불안전 행위 + α = 설비적 결함 + 관리적 결함 + α

따라서 $\alpha = \dfrac{300}{1 + 29 + 300}$ (하인리히 법칙)

α : 잠재된 위험의 상태 = 재해

② 버드의 법칙 ★★ (1 : 10 : 30 : 600의 법칙)

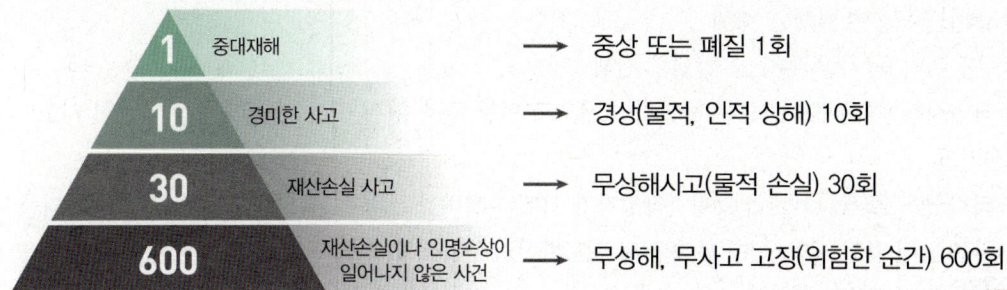

| 1 | 중대재해 | → 중상 또는 폐질 1회 |
| 10 | 경미한 사고 | → 경상(물적, 인적 상해) 10회 |
| 30 | 재산손실 사고 | → 무상해사고(물적 손실) 30회 |
| 600 | 재산손실이나 인명손상이 일어나지 않은 사건 | → 무상해, 무사고 고장(위험한 순간) 600회 |

## (3) 재해 예방대책

| 3E | • 기술(Engineering)<br>• 교육(Education)<br>• 규제(Enforcement) |
|---|---|
| 4M ★ | • 사람(Man) : 인간으로부터 비롯되는 재해의 발생원인(착오, 실수, 불안전 행동, 오조작 등)<br>• 기계, 설비(Machine) : 기계로부터 비롯되는 재해 발생원(설계착오, 제작착오, 배치착오, 고장 등)<br>• 물질, 환경(Media) : 작업매체로부터 비롯되는 재해 발생원(작업정보 부족, 작업환경 불량 등)<br>• 관리(Management) : 관리로부터 비롯되는 재해 발생원(교육 부족, 안전조직 미비, 계획 불량 등) |

### (4) 무재해 운동

사업장 내의 모든 잠재적 위험요인을 사전에 발견하여 파악하고, 근원적으로 산업재해를 예방하여 일체의 산업재해를 허용하지 않는 것

① 무재해 운동의 기본 3원칙 ★★★★
  ㉠ 무(Zero)의 원칙 ★ : 산업재해의 근원적인 요소들을 없앤다는 것
  ㉡ 안전제일의 원칙(선취의 원칙) ★ : 행동하기 전, 잠재위험요인을 발견하고 파악, 해결하여 재해를 예방하는 것
  ㉢ 참여의 원칙(참가의 원칙) : 전원이 일치 협력하여 각자의 위치에서 적극적으로 문제를 해결하는 것

② 무재해 운동의 3기둥(요소) ★★
  ㉠ 최고경영자의 엄격한 안전경영자세
  ㉡ 안전활동의 라인화(라인화 철저)
  ㉢ 직장 자주 안전활동의 활성화

③ 무재해로 인정되는 경우 ★
  ㉠ 출퇴근 도중에 발생한 재해
  ㉡ 운동경기 등 각종 행사 중 발생한 재해
  ㉢ 작업시간 중 천재지변 또는 돌발적인 사고로 인한 구조 행위 또는 긴급피난 중 발생한 사고

④ 추진기법
  ㉠ 터치 앤드 콜(Touch and Call) : 작업자가 기계나 설비를 조작할 때 손으로 직접 만지고 소리를 내어 확인하는 안전 확인 기법. 이를 통해 작업자는 자신의 행동이 안전한지 확인하고, 만약 문제가 있을 경우 즉시 멈추고 보고하도록 한다.
  ㉡ 지적확인(Pointing and Calling) : 작업자가 작업을 시작하기 전에 작업 대상물을 가리키며 확인하는 방법
  ㉢ T.B.M(Tool Box Meeting) : 작업 시작 전 짧은 회의를 통해 안전 사항을 점검하고 공유하는 기법
  ㉣ 삼각 위험 예지훈련(Triangle Risk Prediction Training) : 작업자들이 삼각형 모양을 이루며 서로의 안전을 확인하고 위험 요소를 예측하는 훈련

### (5) 위험예지훈련의 4단계 ★★★★★

① 제1단계 : 현상파악 – 어떤 위험이 잠재되어 있는가?
② 제2단계 : 본질추구 – 이것이 위험의 point다.
③ 제3단계 : 대책수립 – 당신이라면 어떻게 하는가?
④ 제4단계 : 목표설정 – 우리들은 이렇게 한다.

(6) 산재 분류 및 통계 분석
  ① 재해의 발생형태 ★★

| 단순자극형 | 연쇄형 | 복합형 |
|---|---|---|
| 순간적으로 재해가 발생하는 유형으로 재해 발생 장소나 시점 등 일시적으로 요인이 집중되는 형태 | 원인들이 연쇄적 작용을 일으켜 결국 재해를 발생케 하는 형태 | 단순자극형과 연쇄형의 혼합형으로 대부분의 재해가 이 형태를 따른다. |

(7) 재해 관련 통계의 종류 및 계산 ★★★

① 재해율 : 임금 근로자 수 100명당 발생하는 재해자 수의 비율

$$재해율 = \frac{재해자\ 수}{임금\ 근로자\ 수} \times 100$$

② 도수율(빈도율) : 1,000,000 근로시간당 재해발생건수

$$도수율(빈도율) = \frac{재해건수}{연근로시간\ 수} \times 1,000,000$$

③ 연천인율 : 사업장에서 일하는 근로자 1,000명당 발생하는 재해자 수

$$연천인율 = \frac{연간\ 재해자\ 수}{연평균\ 근로자\ 수} \times 1,000$$

• 연천인율과 도수율(빈도율)과의 관계

$$연천인율 = 도수율(빈도율) \times 2.4$$
$$도수율(빈도율) = \frac{연천인율}{2.4}$$

2.4는 연평균 근로시간이 2,400시간일 때

④ 강도율 : 근로시간 합계 1,000시간당 요양재해로 인한 근로 손실일수

$$강도율 = \frac{총요양 근로 손실일수}{연근로시간 수} \times 1,000$$

[별표 1]　　　　　　　　　　요양 근로 손실일수 산정요령

총요양 근로 손실일수는 요양재해자의 총요양 기간을 합산하여 산출하되, 사망, 부상 또는 질병이나 장해자의 등급별 요양 근로 손실일수는 다음과 같다.

• 신체장해등급이 결정되었을 때는 다음과 같이 등급별 근로 손실일수를 적용한다.

| 구분 | 사망 | 신체장해자등급 ||||||||||||
|---|---|---|---|---|---|---|---|---|---|---|---|---|---|
| | | 1~3 | 4 | 5 | 6 | 7 | 8 | 9 | 10 | 11 | 12 | 13 | 14 |
| 근로 손실일수 (일) | 7,500 | 7,500 | 5,500 | 4,000 | 3,000 | 2,200 | 1,500 | 1,000 | 600 | 400 | 200 | 100 | 50 |

※ 부상 및 질병자의 요양 근로 손실일수는 요양신청서에 기재된 요양일수를 말한다.

⑤ 평균강도율 ★★

$$평균강도율 = \frac{강도율}{도수율} \times 1,000$$

⑥ 종합재해지수(FSI) ★★★★

$$종합재해지수(FSI) = \sqrt{빈도율(F.R) \times 강도율(S.R)}$$

⑦ 환산강도율(S) ★★★ : 일평생 근로하는 동안 근로 손실일수

$$환산강도율 = \frac{근로 손실일수}{(연간) 총근로시간 수} \times 평생 근로시간 수(10^5)$$

환산강도율 = 강도율 × 100

⑧ 환산도수(빈도)율 : 한 사람이 평생 작업할 때 예상 재해건수

$$도수율 \times 0.1 \text{ 또는 } \frac{도수율}{10}$$

0.1과 10은 100,000시간 기준

⑨ 환산재해율

$$환산재해율 = \frac{환산재해자\ 수}{상시근로자\ 수} \times 100$$

⑩ 사망만인율 : 임금 근로자 수 10,000명당 발생하는 사망자 수의 비율

$$사망만인율 = \frac{사망자\ 수}{임금\ 근로자\ 수} \times 10,000$$

- 임금 근로자 수 : 통계청의 경제활동인구조사상 임금 근로자 수를 말한다. 다만, 건설업 근로자 수는 통계청 건설업조사 피고용자 수의 경제활동인구조사 건설업 근로자 수에 대한 최근 5년 평균 배수를 산출하여 경제활동인구조사 건설업 임금 근로자 수에 곱하여 산출한다.

⑪ 세이프 티 스코어(Safe T Score) ★★★
  ㉠ 과거와 현재의 안전을 비교 평가하는 방법

$$세이프\ 티\ 스코어 = \frac{빈도율(현재) - 빈도율(과거)}{\sqrt{\frac{빈도율(과거)}{총\ 근로시간\ 수(현재)} \times 10^6}}$$

  ㉡ 판정 기준

| -2 이하 | 과거보다 안전이 좋아짐 |
|---|---|
| -2~+2 사이 | 과거와 비슷 |
| +2 이상 | 과거보다 안전이 심각히 나빠짐 |

⑫ 근로자 1인당 평생 근로시간 계산 ★★

근로자 1인당 평생 근로시간 = 40년 × 2,400시간 + 4,000시간 = 100,000시간

1인의 평생 근로연수 : 40년
1년 총 근로시간 수 : 2,400시간 = 300일 × 8시간
일평생 잔업시간 : 4,000시간

# 제1과목 산업재해 예방 및 안전보건교육

### (8) 재해손실비의 종류 및 계산 ★★

① 하인리히 방식 ★★★★

총재해 비용 = 직접비 + 간접비 (직접비 : 간접비 = 1 : 4)

| 직접비 | 간접비 |
|---|---|
| 치료비, 휴업급여, 요양급여, 유족급여, 장해급여, 간병급여, 직업재활급여, 상병 보상연금, 장례비 | 인적·물적 손실비, 생산손실비, 기계·기구손실비 |

② 시몬즈 방식

㉠ 총재해 코스트 = 보험 코스트 + 비보험 코스트

㉡ 비보험 코스트 = (A × 휴업상해건수) + (B × 통원상해건수) + (C × 구급조치상해건수) + (D × 무상해 사고건수)

※ A, B, C, D – 장해 정도별 비보험 비용의 평균치

㉢ 상해 종류

ⓐ 휴업상해 : 영구 일부노동 불능, 일시 전노동 불능
ⓑ 통원상해 : 일시 일부노동 불능, 통원조치를 필요로 하는 상해
ⓒ 구급조치상해 : 응급조치상해, 8시간 미만 휴업 의료조치 상해
ⓓ 무상해사고 : 의료조치를 필요로 하지 않는 상해사고

## 5. KOSHA GUIDE

이 가이드는 법령에서 정한 최소한의 수준이 아니라 법적 구속력은 없으나, 좀 더 높은 수준의 안전보건 향상을 위해 참고할 광범위한 기술적 사항에 대해 기술하고 있으며, 사업장의 자율적 안전보건 수준 향상을 지원하기 위한 기술지침이다.

### (1) 안전보건기술지침 번호 부여 및 분류기호

기술지침에는 GUIDE 표시, 분야별 또는 업종별 분류기호, 공표순서, 제·개정연도의 순으로 번호를 부여한다.

〈예시〉 KOSHA GUIDE M - 1 - 2009

- 제·개정연도
- 공표순서
- 분야별 또는 업종별 분류기호
- 가이드 표시

### (2) 분류기호

| no | 구분 | 분류기호 | no | 구분 | 분류기호 | no | 구분 | 분류기호 |
|---|---|---|---|---|---|---|---|---|
| 1 | 안전설계지침 | K | 6 | 전기계장일반지침 | E | 11 | 안전보건 일반지침 | G |
| 2 | 공정안전지침 | P | 7 | 시료채취 및 분석지침 | A | 12 | 조선 항만하역지침 | B |
| 3 | 화재보호지침 | F | 8 | 작업환경관리지침 | W | 13 | 화학공업지침 | K |
| 4 | 점검 정비 유지 관리지침 | O | 9 | 건강진단 및 관리지침 | H | 14 | 리스크관리지침 | X |
| 5 | 기계일반지침 | M | 10 | 건설안전지침 | C | | | |

## 6. 안전보건예산 편성 및 계상

### (1) 예산 편성에 대한 대상액 산정

**총공사 금액 2천만 원 이상**인 공사. 다만, 다음 공사 중 단가계약에 의하여 행하는 공사는 총계약 금액을 기준으로 적용

① 전기공사로서 저압·고압 또는 특별고압 작업으로 이루어지는 공사

② 정보통신공사는 총계약 금액을 기준으로 적용함

### (2) 안전보건관리비 계상

산업안전보건관리비 계상의무는 발주자 및 자기공사자에게 있다.

① 공사내역이 구분되어 있는 경우는 재료비 + 직접노무비가 대상액

② 공사내역이 구분되어 있지 않은 경우 총공사 금액 × 70%

③ 건설공사도급인은 산업안전보건법 제72조 제3항에 따라 산업안전보건관리비를 사용하는 해당 건설공사의 금액이 **4천만 원 이상**인 때에는 고용노동부 장관이 정하는 바에 따라 매월(건설공사가 1개월 이내에 종료되는 사업의 경우에는 해당 건설공사가 끝나는 날이 속하는 달을 말한다) **사용명세서를 작성**하고, 건설공사 **종료 후 1년 동안 보존**해야 한다.

④ 산업안전보건관리비 계상 및 사용기준

| 구분<br>공사종류 | 대상액<br>5억 원 미만인 경우<br>적용비율[%] | 대상액 5억 원 이상<br>50억 원 미만인 경우<br>적용비율[%] | | 대상액<br>50억 원 이상인 경우<br>적용비율[%] | 영 [별표 5]에 따른 보건<br>관리자 선임 대상 건설공<br>사의 적용비율[%] |
|---|---|---|---|---|---|
| | | 적용비율[%] | 기초액 | | |
| 일반건설공사(갑) | 2.93[%] | 1.86[%] | 5,349,000원 | 1.97[%] | 2.15[%] |
| 일반건설공사(을) | 3.09[%] | 1.99[%] | 5,499,000원 | 2.10[%] | 2.29[%] |
| 중 건 설 공 사 | 3.43[%] | 2.35[%] | 5,400,000원 | 2.44[%] | 2.66[%] |
| 철도·궤도신설공사 | 2.45[%] | 1.57[%] | 4,411,000원 | 1.66[%] | 1.81[%] |
| 특수및기타건설공사 | 1.85[%] | 1.20[%] | 3,250,000원 | 1.27[%] | 1.38[%] |

## 제1과목 산업재해 예방 및 안전보건교육

## 2 안전보건관리 체제 및 운용

### 1. 안전보건관리조직의 구성

#### (1) 직계식(Line) 조직 ★★★

| 장점 | • 안전에 대한 지시 및 전달이 신속·용이<br>• 명령계통이 간단·명료<br>• 참모식보다 경제적 |
|---|---|
| 단점 | • 안전에 관한 전문지식 부족 및 기술의 축적이 미흡<br>• 안전정보 및 신기술 개발이 어려움<br>• 라인에 과중한 책임을 부여 |
| 비고 | • 소규모(근로자 100명 이하) 사업장에 적용<br>• 모든 명령은 생산계통을 따라 이루어짐 |

1. 소규모 사업장(100명 이하) : 라인형(Line) or 직계형

경영자 → 관리자 → 감독자 → 작업자
(생산지시 / 안전지시)

#### (2) 참모식(Staff) 조직 ★★★

| 장점 | • 안전에 관한 전문지식 및 기술의 축적이 용이<br>• 경영자의 조언 및 자문 역할<br>• 안전정보 수집이 용이하고 신속 |
|---|---|
| 단점 | • 생산부서와 유기적인 협조 필요<br>• 생산부분의 안전에 대한 무책임·무권한<br>• 생산부서와 마찰이 일어나기 쉬움 |
| 비고 | • 중규모(근로자 100~1,000명) 사업장에 적용 |

2. 중규모 사업장(100~1,000명) : 스태프(Staff)형 or 참모형

STAFF → 경영자, 관리자, 감독자, 작업자
(생산지시 / 안전지시)

### (3) 직계·참모식(Line·Staff) 조직 ★★★

| 장점 | • 안전지식 및 기술 축적 가능<br>• 안전지시 및 전달이 신속·정확<br>• 안전에 대한 신기술의 개발 및 보급이 용이<br>• 안전활동이 생산과 분리되지 않으므로 운용이 쉬움 |
|---|---|
| 단점 | • 명령계통과 지도·조언 및 권고적 참여가 혼동되기 쉬움<br>• 스태프의 힘이 커지면 라인이 무력해짐 |
| 비고 | • 대규모(근로자 1,000명 이상) 사업장에 적용 |

3. 대규모 사업장(1,000명 이상) :
라인·스태프형(Line·Staff) or 혼합형

경영자 → 관리자 → 감독자 → 작업자, STAFF
━━ 생산지시
┈┈ 안전지시

## 2. 산업안전보건위원회 운영

### (1) 산업안전보건위원회 구성 ★★

사업주는 사업장의 안전 및 보건에 관한 중요 사항을 심의·의결하기 위하여 사업장에 근로자위원과 사용자위원이 같은 수로 구성되는 산업안전보건위원회를 구성·운영하여야 한다.

〈산업안전보건법상 산업안전보건위원회 및 노사협의체 구성위원〉 ★

| 구분 | 산업안전보건위원회 | 노사협의체 |
|---|---|---|
| 근로자위원 | • 근로자대표<br>• 1명 이상 명예감독관(근로자대표가 지명)<br>• 9명 이내 근로자 | • 근로자대표(도급/하도급 포함)<br>• 1명 이상 명예감독관<br>• 공사금액 20억 이상 도급/하도급 근로자대표 |
| 사용자위원 ★★ | • 사업자대표<br>• 산업보건의<br>• 안전/보건관리자 각 1명<br>• 대표자가 지정한 사업장 | • 사업자대표<br>• 안전/보건관리자 각 1명<br>• 공사금액 20억 이상 도급/하도급사업 사업주 |

## (2) 산업안전보건위원회 심의 · 의결 사항

〈산업안전보건위원회 심의 · 의결 사항 및 노사협의체 협의사항〉★★

| 산업안전보건위원회 심의 · 의결 사항 | 노사협의체 협의사항 |
|---|---|
| • 산업재해예방계획 수립<br>• 안전보건관리규정 작성/변경<br>• 근로자 안전보건교육 및 건강관리<br>• 산업재해 통계기록 및 유지<br>• 작업환경측정 등 작업환경의 점검 및 개선<br>• 산업재해의 원인 조사 및 재발 방지대책 수립<br>• 유해하거나 위험한 기계·기구·설비를 도입한 경우 안전 및 보건 관련 조치<br>• 그 밖에 해당 사업장 근로자의 안전 및 보건을 유지·증진시키기 위하여 필요한 사항 | • 산업재해 예방 및 대피방법<br>• 작업 시작시간 및 작업자 간 연락방법 |

## (3) 산업안전보건위원회 회의 ★

〈산업안전보건위원회, 노사협의체의 정기회의 개최기간 비교〉★★

| 산업안전보건위원회 운영 | 노사협의체 운영 |
|---|---|
| • 정기회의 : 분기마다<br>• 임시회의 : 위원장이 필요하다 인정할 때 | • 정기회의 : 2개월마다<br>• 임시회의 : 위원장이 필요하다 인정할 때 |

## (4) 산업안전보건위원회 설치대상 사업의 종류 및 상시근로자 수

| 사업의 종류 | 사업장의 상시근로자 수 |
|---|---|
| 1. 토사석 광업<br>2. 목재 및 나무제품 제조업; 가구 제외<br>3. 화학물질 및 화학제품 제조업; 의약품 제외(세제, 화장품 및 광택제 제조업과 화학섬유 제조업은 제외한다)<br>4. 비금속 광물제품 제조업<br>5. 1차 금속 제조업<br>6. 금속가공제품 제조업; 기계 및 가구 제외<br>7. 자동차 및 트레일러 제조업<br>8. 기타 기계 및 장비 제조업(사무용 기계 및 장비 제조업은 제외한다)<br>9. 기타 운송장비 제조업(전투용 차량 제조업은 제외한다) | 상시근로자 50명 이상 |

| 사업의 종류 | 사업장의 상시근로자 수 |
| --- | --- |
| 10. 농업<br>11. 어업<br>12. 소프트웨어 개발 및 공급업<br>13. 컴퓨터 프로그래밍, 시스템 통합 및 관리업<br>14. 정보서비스업<br>15. 금융 및 보험업<br>16. 임대업; 부동산 제외<br>17. 전문, 과학 및 기술 서비스업(연구개발업은 제외한다)<br>18. 사업지원 서비스업<br>19. 사회복지 서비스업 | 상시근로자 300명 이상 |
| 20. 건설업 | 공사금액 120억 원 이상(「건설산업기본법 시행령」 [별표 1]의 종합공사를 시공하는 업종의 건설업종란 제1호에 따른 토목공사업의 경우에는 150억 원 이상) ★ |
| 21. 제1호부터 제20호까지의 사업을 제외한 사업 | 상시근로자 100명 이상 |

### 3. 안전보건관리 경영시스템

(1) 안전보건관리책임자 ★★

① 안전보건관리책임자의 업무

㉠ 사업장의 산업재해 예방계획의 수립에 관한 사항

㉡ 안전보건관리규정의 작성 및 변경에 관한 사항

㉢ 안전보건교육에 관한 사항

㉣ 작업환경측정 등 작업환경의 점검 및 개선에 관한 사항

㉤ 근로자의 건강진단 등 건강관리에 관한 사항

㉥ 산업재해의 원인 조사 및 재발 방지대책 수립에 관한 사항

㉦ 산업재해에 관한 통계의 기록 및 유지에 관한 사항

㉧ 안전장치 및 보호구 구입 시 적격품 여부 확인에 관한 사항

㉨ 그 밖에 근로자의 유해·위험 방지조치에 관한 사항으로서 고용노동부령으로 정하는 사항

② 안전보건관리책임자를 두어야 하는 사업의 종류와 사업장의 상시근로자 수

| 사업의 종류 | 사업장의 상시근로자 수 |
|---|---|
| 1. 토사석 광업<br>2. 식료품 제조업, 음료 제조업<br>3. 목재 및 나무제품 제조업; 가구 제외<br>4. 펄프, 종이 및 종이제품 제조업<br>5. 코크스, 연탄 및 석유정제품 제조업<br>6. 화학물질 및 화학제품 제조업; 의약품 제외<br>7. 의료용 물질 및 의약품 제조업<br>8. 고무 및 플라스틱제품 제조업<br>9. 비금속 광물제품 제조업<br>10. 1차 금속 제조업<br>11. 금속가공제품 제조업; 기계 및 가구 제외<br>12. 전자부품, 컴퓨터, 영상, 음향 및 통신장비 제조업<br>13. 의료, 정밀, 광학기기 및 시계 제조업<br>14. 전기장비 제조업<br>15. 기타 기계 및 장비 제조업<br>16. 자동차 및 트레일러 제조업<br>17. 기타 운송장비 제조업<br>18. 가구 제조업<br>19. 기타 제품 제조업<br>20. 서적, 잡지 및 기타 인쇄물 출판업<br>21. 해체, 선별 및 원료 재생업<br>22. 자동차 종합 수리업, 자동차 전문 수리업 | 상시근로자 50명 이상 |
| 23. 농업<br>24. 어업<br>25. 소프트웨어 개발 및 공급업<br>26. 컴퓨터 프로그래밍, 시스템 통합 및 관리업<br>27. 정보서비스업<br>28. 금융 및 보험업<br>29. 임대업; 부동산 제외<br>30. 전문, 과학 및 기술 서비스업(연구개발업은 제외한다)<br>31. 사업지원 서비스업<br>32. 사회복지 서비스업 | 상시근로자 300명 이상 |
| 33. 건설업 | 공사금액 20억 원 이상 ★★★★ |
| 34. 제1호부터 제33호까지의 사업을 제외한 사업 | 상시근로자 100명 이상 ★★ |

### (2) 관리감독자의 업무 ★
① 사업장 내 관리감독자가 지휘·감독하는 작업과 관련된 기계·기구 또는 설비 안전·보건 점검 및 이상 유무 확인
② 관리감독자에게 소속된 근로자의 작업복·보호구 및 방호장치 점검 및 착용에 대한 교육·지도
③ 해당 작업에서 발생한 산업재해에 관한 보고 및 응급조치
④ 해당 작업의 작업장 정리 및 통로 확보에 대한 확인·감독
⑤ 사업장의 산업보건의, 안전관리자·보건관리자 및 안전보건관리담당자의 지도·조언에 대한 협조
⑥ 위험성 평가에 관한 유해·위험요인의 파악, 개선조치의 시행에 참여
⑦ 그 밖에 해당 작업의 안전·보건에 관한 사항으로서 고용노동부령으로 정하는 사항

### (3) 안전관리자의 업무 ★★★
① 산업안전보건위원회 또는 노사협의체에서 심의·의결한 업무와 해당 사업장의 안전보건관리규정 및 취업규칙에서 정한 업무
② 위험성 평가에 관한 보좌 및 지도·조언
③ 안전인증대상기계등과 자율안전확인대상기계등 구입 시 적격품의 선정에 관한 보좌 및 지도·조언
④ 해당 사업장 안전교육계획의 수립 및 안전교육 실시에 관한 보좌 및 지도·조언
⑤ 사업장 순회점검, 지도 및 조치 건의
⑥ 산업재해 발생의 원인 조사·분석 및 재발 방지를 위한 기술적 보좌 및 지도·조언
⑦ 산업재해에 관한 통계의 유지·관리·분석을 위한 보좌 및 지도·조언
⑧ 법 또는 법에 따른 명령으로 정한 안전에 관한 사항의 이행에 관한 보좌 및 지도·조언
⑨ 업무 수행 내용의 기록·유지
⑩ 그 밖에 안전에 관한 사항으로서 고용노동부 장관이 정하는 사항

### (4) 안전보건관리담당자의 업무 ★
① 산업안전보건위원회에서 심의·의결한 직무와 당해 사업장의 안전보건관리규정 및 취업규칙에서 정한 직무
② 방호장치, 기계·기구 및 설비 또는 보호구 중 안전에 관련되는 보호구의 구입 시 적격품의 선정
③ 당해 사업장 안전교육계획의 수립 및 실시
④ 사업장 순회점검·지도 및 조치의 건의
⑤ 산업재해 발생의 원인 조사 및 재발 방지를 위한 기술적 지도·조언
⑥ 산업재해에 관한 통계의 유지·관리를 위한 지도·조언(안전분야에 한한다)
⑦ 법 또는 법에 의한 명령이나 안전보건관리규정 및 취업규칙 중 안전에 관한 사항을 위반한 근로자에 대한 조치의 건의
⑧ 기타 안전에 관한 사항으로서 고용노동부 장관이 정하는 사항

(5) 안전보건총괄책임자 대상 지정 사업 ★
① 수급/하도급 포함 상시근로자 100인 이상 사업장(선박/광업/1차 금속제조업 : 50인 이상)
② 수급/하도급 포함 공사금액 20억 원 이상 건설업

(6) 안전보건총괄책임자의 직무 ★
① 위험성 평가의 실시에 관한 사항
② 작업의 중지
③ 도급 시 산업재해 예방조치
④ 산업안전보건관리비의 관계수급인 간의 사용에 관한 협의·조정 및 그 집행의 감독
⑤ 안전인증 대상 기계 등과 자율안전확인 대상 기계 등의 사용 여부 확인

## 4. 안전보건관리규정

(1) 안전보건관리규정의 작성 ★

[안전보건관리규정을 작성하여야 할 사업의 종류 및 규모]

① 사업의 종류 및 규모
1. 농업
2. 어업
3. 소프트웨어 개발 및 공급업
4. 컴퓨터 프로그래밍, 시스템 통합 및 관리업
5. 정보서비스업
6. 금융 및 보험업
7. 임대업(부동산 제외)
8. 전문, 과학 및 기술 서비스업(연구개발업은 제외)
9. 사업지원 서비스업
10. 사회복지 서비스업 상시근로자 300명 이상
11. 제1호부터 제10호까지의 사업을 제외한 사업 상시근로자 100명 이상

② 안전보건관리규정 작성 ★★
1. 작성대상 : 상시근로자 100인 이상 사업장
2. 안전관리규정을 작성하거나 변경할 때에는 산업안전보건위원회의 심의·의결을 거쳐야 함
   다만, 산업안전보건위원회가 미설치된 경우 근로자대표의 동의를 받아야 함
3. 사업주는 안전관리규정 변경사유 발생 시, 발생한 날로부터 30일 이내에 작성

③ 안전관리규정 작성 시 유의사항 ★
1. 법적 기준을 상회하도록 작성
2. 관계 법령의 제정, 개정에 따라 즉시 개정
3. 현장의 의견을 충분히 반영
4. 정상 시 및 이상 시 조치에 관해서도 규정
5. 관리자층의 직무와 권한 및 권한 등을 명확히 기재

④ 안전보건관리규정 포함사항(근로자에게 알리고 사업장에 비치할 사항) ★★★
1. 안전·보건관리조직과 그 직무에 관한 사항
2. 안전·보건교육에 관한 사항
3. 작업장 안전 및 보건관리에 관한 사항
4. 사고조사 및 대책 수립에 관한 사항
5. 그 밖에 안전·보건에 관한 사항

(2) 안전보건개선계획의 수립·시행명령

① 안전보건개선계획 수립 대상 사업장 ★★★
  ㉠ 산업재해율이 같은 업종의 규모별 평균 산업재해율보다 높은 사업장
  ㉡ 사업주가 필요한 안전조치 또는 보건조치를 이행하지 아니하여 중대재해가 발생한 사업장
  ㉢ 직업성 질병자 연간 2명 이상 발생한 사업장
  ㉣ 유해인자의 노출기준을 초과한 사업장
  ※ 평균보다 높고, 중대재해 발생, 직업성 질병자 2명 이상 노출기준을 초과하면 개선계획

② 안전보건개선계획 작성대상 사업장 ★★★
  ㉠ 같은 업종 평균 산업재해율보다 높은 사업장
  ㉡ 중대재해 발생 사업장
  ㉢ 직업성 질병자 연간 2명 이상 사업장
  ㉣ 유해인자 노출기준 초과 사업장

③ 안전보건진단을 받아 안전보건개선계획을 수립·제출하도록 명할 수 있는 사업장 ★★
  ㉠ 같은 업종 평균 산업재해율의 2배 이상 사업장
  ㉡ 중대재해 발생 사업장
  ㉢ 직업성 질병자 연간 2명(1,000명 이상 3명) 이상 사업장
  ※ 평균의 2배 이상, 중대재해 발생, 직업병 2명(1,000명 사업장 3명) 이상 시 진단받아 개선

④ 안전관리자의 증원·교체임명 명령 대상 사업장 ★★★★
  ㉠ 연간재해율이 같은 업종 평균재해율의 2배 이상 사업장
  ㉡ 중대재해 연간 2건 이상 발생(다만, 해당 사업장의 전년도 사망만인율이 같은 업종 평균 이하인 경우 제외)
  ㉢ 안전관리자가 3개월 이상 직무 수행할 수 없는 사업장
  ㉣ 직업성 질병자가 연간 3명 이상 발생한 사업장
  ※ 평균의 2배 이상, 중대재해 2건, 직업성 질병 3건 이상 증원, 3개월 이상 업무 수행 불가 교체

### (3) 건강진단의 실시 및 일반건강진단의 주기 ★★

| 근로자 | 주기 |
|---|---|
| 사무직에 종사하는 근로자(공장 또는 공사현장과 같은 구역에 있지 않은 사무실에서 서무·인사·경리·판매·설계 등의 사무업무에 종사하는 근로자를 말하며, 판매업무 등에 직접 종사하는 근로자는 제외한다) | 2년에 1회 이상 |
| 그 밖의 근로자 | 1년에 1회 이상 |

### (4) 재해 발생 건수 등 재해율 공표 대상 사업장 ★★★
① 사망재해자가 연간 2명 이상인 사업장
② 사망만인율이 같은 업종 평균 이상 사업장
③ 중대산업사고 발생 사업장
④ 산업재해 발생 은폐 사업장
⑤ 산업재해 발생 보고를 3년 이내 2회 이상 하지 않은 사업장

※ 사망자 2명, 평균사망만인율 이상, 중대산업사고 발생, 재해 은폐, 재해 보고 3년 동안 2번 누락하면 공표

### (5) 안전진단 대상 사업장의 종류 ★★★
① 중대재해 발생
② 안전보건개선계획 수립·시행명령을 받은 사업장
③ 지방노동관서의 장이 안전·보건진단이 필요하다고 인정하는 사업장

### (6) 유해·위험작업에 대한 근로시간 제한 등 ★★
① 사업주는 유해하거나 위험한 작업으로서 높은 기압에서 하는 작업 등 대통령령으로 정하는 작업에 종사하는 근로자에게는 1일 6시간, 1주 34시간을 초과하여 근로하게 해서는 안 된다.
② 사업주는 대통령령으로 정하는 유해하거나 위험한 작업에 종사하는 근로자에게 필요한 안전조치 및 보건조치 외에 작업과 휴식의 적정한 배분 및 근로시간과 관련된 근로조건의 개선을 통하여 근로자의 건강 보호를 위한 조치를 하여야 한다.

# Chapter 2 안전보호구 관리

## 1 보호구 및 안전장구 관리

### 1. 보호구의 개요

(1) 보호구의 정의

인체에 미치는 각종의 유해, 위험으로부터 인체를 보호하기 위하여 착용하는 보조기구(**안전의 소극적 대책**으로 말한다.)

(2) 보호구가 갖추어야 할 구비요건 및 선정 시 유의 사항

| 구비요건 | 선정 시 유의사항 |
| --- | --- |
| • 착용이 간편할 것<br>• 작업에 방해를 주지 않을 것<br>• 유해 위험요소에 대한 방호가 완전할 것<br>• 재료의 품질이 우수할 것<br>• 구조 및 표면가공이 우수할 것<br>• 외관상 보기가 좋을 것 | • 사용목적에 적합할 것<br>• 검정에 합격하고 성능이 보장되는 것<br>• 작업에 방해가 되지 않는 것<br>• 착용이 쉽고 크기 등 사용자에게 편리한 것 |

### 2. 보호구의 종류

| 안전인증 보호구 | 자율안전확인 대상 보호구 |
| --- | --- |
| • 추락 및 감전 위험방지용 안전모<br>• 안전화<br>• 안전장갑<br>• 방진마스크<br>• 방독마스크<br>• 송기(送氣)마스크<br>• 전동식 호흡보호구<br>• 보호복<br>• 안전대<br>• 차광(遮光) 및 비산물(飛散物) 위험방지용 보안경<br>• 용접용 보안면<br>• 방음용 귀마개 또는 귀덮개 | • 안전모(추락 및 감전 위험방지용 안전모 제외)<br>• 보안경(차광 및 비산물 위험방지용 보안경 제외)<br>• 보안면(용접용 보안면 제외) |

# 제1과목 산업재해 예방 및 안전보건교육

## 3. 보호구의 성능 기준 및 시험방법

### (1) 안전모

① 안전모의 종류

| 종류 | 성능 기준 |
|---|---|
| AB종 | 물체의 낙하 또는 비래 및 추락에 의한 위험을 방지 또는 경감시키기 위한 것(낙하, 추락방지용) |
| AE종 | 물체의 낙하 또는 비래에 의한 위험을 방지 또는 경감하고, 머리부위 감전에 의한 위험을 방지하기 위한 것(낙하, 감전방지용, 내전압성) ※ 내전압성이란 7,000[V] 이하의 전압에 견디는 것을 말한다. ★ |
| ABE종 | 물체의 낙하, 비래, 추락, 감전에 대한 위험의 방지 또는 경감(다목적용) |

② 안전모의 성능시험 ★★★

㉠ **내관통성 시험** : AE, ABE종 안전모는 관통 거리가 9.5[mm] 이하이고, AB종 안전모는 관통 거리가 11.1[mm] 이하이어야 한다.

㉡ **충격흡수성 시험** : 최고전달충격력이 4,450[N]을 초과해서는 안 되며, 모체와 착장체의 기능이 상실되지 않아야 한다.

㉢ **내전압성 시험** : AE, ABE종 안전모는 교류 20[kV]에서 1분간 절연파괴 없이 견뎌야 하고, 이때 누설되는 충전전류는 10[mA] 이하이어야 한다.

㉣ **내수성 시험** : AE, ABE종 안전모는 질량증가율이 1[%] 미만이어야 한다.

$$★\text{무게증가율} = \frac{\text{담근 후} - \text{담그기 전의 무게}}{\text{담그기 전의 무게}} \times 100$$

㉤ **난연성 시험** : 모체가 불꽃을 내며 5초 이상 연소되지 않아야 한다.

㉥ **턱끈풀림** : 150[N] 이상 250[N] 이하에서 턱끈이 풀려야 한다.

③ 안전모 각부의 명칭

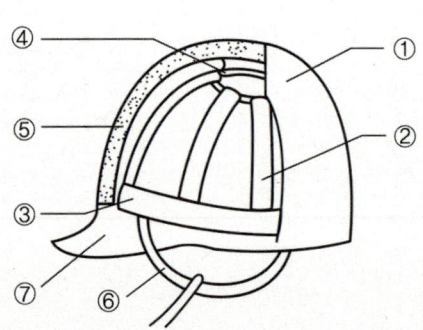

| 번호 | 명칭 | |
|---|---|---|
| ① | | 모체 |
| ② | 착장체 | 머리받침끈 |
| ③ | | 머리고정대 |
| ④ | | 머리받침고리 |
| ⑤ | 충격흡수재 | |
| ⑥ | 턱끈 | |
| ⑦ | 챙(차양) | |

(2) 안전장갑

① 내전압용 절연장갑

㉠ 고압, 감전방지 및 방수를 겸한다.

ⓐ A종 : 300[V] 초과, 교류 600[V], 직류 750[V] 이하

ⓑ B종 : 직류 750[V] 초과, 3,500[V] 이하의 작업

ⓒ C종 : 3,500[V] 초과, 7,000[V] 이하의 작업

㉡ 등급별 사용전압 및 등급별 색상 ★★

| 등급 | 최대사용전압 | | 색상 |
|---|---|---|---|
| | 교류(V, 실횻값) | 직류(V) | |
| 00등급 | 500 | 750 | 갈색 |
| 0등급 | 1,000 | 1,500 | 빨간색 |
| 1등급 | 7,500 | 11,250 | 흰색 |
| 2등급 | 17,000 | 25,500 | 노란색 |
| 3등급 | 26,500 | 39,750 | 녹색 |
| 4등급 | 36,000 | 54,000 | 등색 |

(3) 마스크

① 방진마스크

㉠ 등급은 분진포집효율에 따라 구분 ★

ⓐ 특급은 99.5[%] 이상(중독성 분진, 흄, 방사성 물질분진을 비산하는 장소)

ⓑ 1급은 95[%] 이상(갱내, 암석의 파쇄, 분쇄하는 장소, 아크용접, 용단작업, 현저하게 분진이 많이 발생하는 작업, 석면을 사용하는 작업, 주물공장 등)

ⓒ 2급은 85[%] 이상

㉡ 성능시험항목 : 흡기저항시험, 분진포집효율시험, 배기저항시험, 흡기저항상승시험, 배기면의 작동기밀시험

② 방독마스크

㉠ 정화통의 종류와 색깔 ★★

ⓐ 할로겐가스용(보통가스용), 황화수소용, 시안화수소용 - A : 회색 및 흑색(활성탄, 소다라임)

ⓑ 유기가스용 - C : 흑색(활성탄)

ⓒ 암모니아용 - H : 녹색(큐프라마이트)

ⓓ 일산화탄소용 - E : 적색(홉카라이트, 방습제)

ⓔ 아황산가스용 - I : 황색(산화금속, 알칼리제제)

ⓕ 유기화합물용 : 갈색

ⓛ 방독마스크의 시험가스 ★★★
  ⓐ 유기화합물용 시험가스 : 시클로헥산/디메틸에테르/이소부탄
  ⓑ 할로겐용 : 염화가스 또는 증기
  ⓒ 황화수소용 : 시안화수소가스
  ⓓ 아황산용 : 아황산가스
  ⓔ 암모니아용 : 암모니아가스

(4) 안전화
  ① "중작업용 안전화"란 1,000밀리미터의 낙하높이에서 시험했을 때 충격과 (15.0 ±0.1)킬로뉴턴(KN)의 압축하중에서 시험했을 때 압박에 대하여 보호해 줄 수 있는 선심을 부착하여, 착용자를 보호하기 위한 안전화를 말한다.
  ② "보통작업용 안전화"란 500밀리미터의 낙하높이에서 시험했을 때 충격과 (10.0 ±0.1)킬로뉴턴(KN)의 압축하중에서 시험했을 때 압박에 대하여 보호해 줄 수 있는 선심을 부착하여, 착용자를 보호하기 위한 안전화를 말한다.
  ③ "경작업용 안전화"란 250밀리미터의 낙하높이에서 시험했을 때 충격과 (4.4 ±0.1)킬로뉴턴(KN)의 압축하중에서 시험했을 때 압박에 대하여 보호해 줄 수 있는 선심을 부착하여, 착용자를 보호하기 위한 안전화를 말한다.

## 4. 안전보건표지의 종류·용도 및 적용 ★★★★★★★★

[안전보건표지의 종류와 형태]

| 1. 금지 표지 | 101 출입금지 | 102 보행금지 | 103 차량통행금지 | 104 사용금지 | 105 탑승금지 | 106 금연 |
|---|---|---|---|---|---|---|
| 107 화기금지 | 108 물체이동금지 | 2. 경고 표지 | 201 인화성물질 경고 | 202 산화성물질 경고 | 203 폭발성물질 경고 | 204 급성독성물질 경고 |
| 205 부식성물질 경고 | 206 방사성물질 경고 | 207 고압전기 경고 | 208 매달린 물체 경고 | 209 낙하물 경고 | 210 고온 경고 | 211 저온 경고 |
| 212 몸균형 상실 경고 | 213 레이저광선 경고 | 214 발암성·변이원성·생식독성·전신독성·호흡기 과민성 물질 경고 | 215 위험장소 경고 | 3. 지시 표지 | 301 보안경 착용 | 302 방독마스크 착용 |

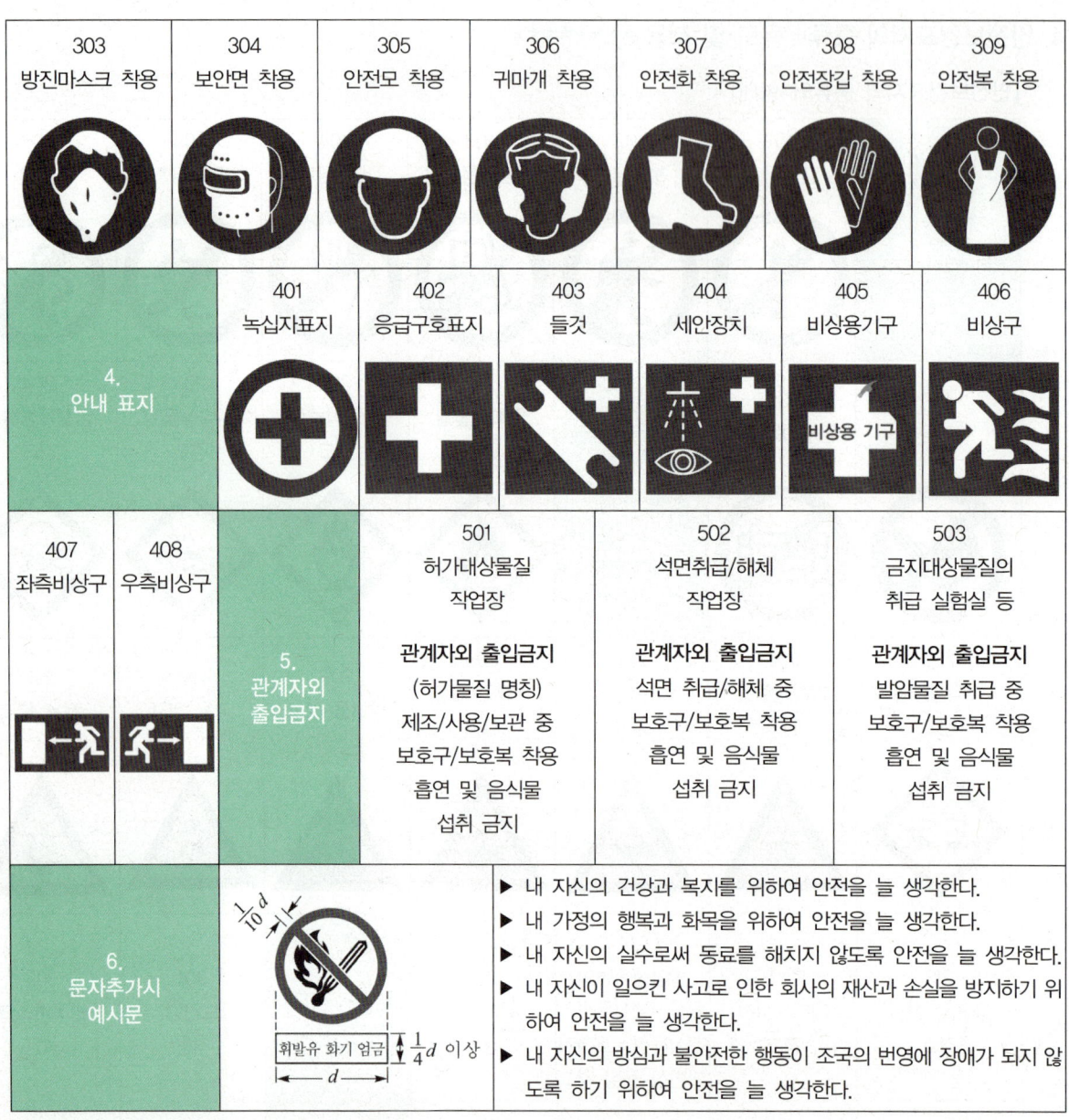

※ 안전보건표지의 제작에 있어 안전보건표지 속의 그림 또는 부호의 크기는 안전보건표지의 크기와 비례하여야 하며, 안전보건표지 전체 규격의 30[%] 이상이 되어야 한다.

• 안전표찰 – 안전모 등에 부착하는 녹십자표지로서 작업복 또는 보호의의 우측 어깨, 안전모의 좌우면, 안전완장

## 5. 안전보건표지의 색채 및 색도 기준(산업안전보건법 시행규칙 [별표 8]) ★★

### (1) 색채 ★

| 표지 | 기호 | 색채 |
|---|---|---|
| 금지표지 | ⊘ | 바탕은 흰색, 기본모형은 빨간색, 관련 부호 및 그림은 검은색 |
| 경고표지 | △ | 바탕은 노란색, 기본모형, 관련 부호 및 그림은 검은색<br>다만, 인화성물질 경고, 산화성물질 경고, 폭발성물질 경고, 급성독성물질 경고, 부식성물질 경고 및 발암성·변이원성·생식독성·전신독성·호흡기과민성 물질 경고의 경우 바탕은 무색, 기본모형은 빨간색(검은색도 가능) |
| 지시표지 | ○ | 바탕은 파란색, 관련 그림은 흰색 |
| 안내표지 | □ | 녹십자 : 바탕은 흰색, 기본모형 및 관련 부호는 녹색<br>그 외 : 바탕은 녹색, 관련 부호 및 그림은 흰색 |
| 출입금지 표지 | ⊘ | 글자는 흰색바탕에 흑색<br>다음 글자는 적색<br>- ○○○제조/사용/보관 중<br>- 석면취급/해체 중<br>- 발암물질 취급 중 |

### (2) 안전보건표지의 색도 기준 및 용도 ★★★

| 색채 | 색도 기준 | 용도 | 사용례 |
|---|---|---|---|
| 빨간색 | 7.5R 4/14 | 금지 | 정지신호, 소화설비 및 그 장소, 유해행위의 금지 |
| 빨간색 | 7.5R 4/14 | 경고 | 화학물질 취급장소에서의 유해·위험 경고 |
| 노란색 | 5Y 8.5/12 | 경고 | 화학물질 취급장소에서의 유해·위험 경고 이외의 위험 경고, 주의표지 또는 기계방호물 |
| 파란색 | 2.5PB 4/10 | 지시 | 특정 행위의 지시 및 사실의 고지 |
| 녹색 | 2.5G 4/10 | 안내 | 비상구 및 피난소, 사람 또는 차량의 통행표지 |
| 흰색 | N9.5 | | 파란색 또는 녹색에 대한 보조 색 |
| 검은색 | N0.5 | | 문자 및 빨간색 또는 노란색에 대한 보조 색 |

# 제1과목 산업재해 예방 및 안전보건교육

## Chapter 3 산업안전심리

### 1 산업심리와 심리검사

#### 1. 심리검사의 종류

| 심리검사의 종류 ★ | • 지능검사 | • 적성검사 | • 학력검사 | • 흥미검사 | • 성격검사 |
|---|---|---|---|---|---|
| 안전심리의 5대 요소 ★ | • 동기 | • 기질 | • 감정 | • 습성 | • 습관 |

#### 2. 심리학적 요인

(1) 심리의 특성

① 간결성의 원리 : 최소의 에너지로써 목표에 도달하려는 심리 특성

② 주의의 일점 집중 현상 : 돌발사태에 직면하면 공포를 느끼게 되고 주의가 일점(주시점)에 집중되어 판단정지 및 멍청한 상태에 빠지게 되어 유효한 대응을 못하게 된다(사고 목격, 과긴장상태, 의식의 과잉).

③ 리스크 테이킹 : 객관적인 위험을 자기 나름대로 판정해서 의지결정을 하고 행동에 옮기는 것을 말한다.

④ 인간의 대피 방향 : 좌측으로 피함

⑤ 감각차단현상 : 단조로운 업무를 장시간 수행 시 의식수준저하(졸음)

(2) 심리검사의 목적 및 분석방법

| 목적 ★ | • 직무 재조직에 영향 → 능률적이고 효율적인 직무수행<br>• 불필요한 시간과 노력의 제거<br>• 장비와 작업 절차상의 관계 파악<br>• 장비 설계의 개선점을 제시 → 직무능률 향상 | | |
|---|---|---|---|
| 분석방법 | • 면접법<br>• 혼합방식 | • 질문지법<br>• 일지작성법 | • 직접 관찰법<br>• 결정 사건기법 |

#### 3. 지각과 정서

(1) 지각

감각 정보(시각, 청각, 촉각, 후각, 미각)를 조직화하고 식별하여 해석하는 과정에 관해 연구하는 심리학의 한 분야

(2) 정서

사람의 마음에 일어나는 여러 가지 감정. 또는 감정을 불러일으키는 기분이나 분위기로 정의되어 있으며, 비교적 약하고 장시간 계속되는 정취(情趣)와 구분한다. 희노애락(喜怒哀樂)・애증(愛憎)・공포・쾌고(快苦) 등이 정서이며, 의식적으로는 강한 감정이 중심이 되며, 신체적으로는 내장적(內臟的)인 생활기능의 변화를 수반하는 경우

## 4. 동기·좌절·갈등

### (1) 동기
행동을 일으키게 하는 내적 직접요인으로 유형에는 생리적 동기, 내재적 동기 및 외재적 동기, 자극추구 동기, 사회적 동기

### (2) 좌절
심리학적으로 욕구불만 상태로 반응으로는 공격, 고착, 퇴행 우울 등이 있음

### (3) 갈등
① 갈등이란 두 가지 이상의 목표나 동기, 정서가 서로 충돌하는 현상
② 갈등상황의 3가지 기본형(레윈)
　㉠ (접근 - 접근)형 갈등 : 둘 이상의 목표가 모두 다 긍정적 결과를 가져다줄 경우 선택 상의 갈등
　㉡ (접근 - 회피)형 갈등 : 어떤 목표가 긍정적인 면과 부정적인 면을 동시에 가지고 있을 때 발생하는 갈등
　㉢ (회피 - 회피)형 갈등 : 둘 이상의 목표가 모두 다 부정적인 결과를 주지만 선택해야만 하는 갈등

## 5. 불안과 스트레스 ★

### (1) 스트레스의 정의
스트레스는 인간이 적응해야 할 어떤 변화를 의미하기도 한다. 우리가 스트레스 상황에 처하면 스트레스에 대한 신체 반응으로 자율신경계의 교감부가 활성화되고, 응급상황에 반응하도록 신체의 자원들이 동원된다. 스트레스를 유발하는 요인은 매우 다양하나, 적응의 관점에서 볼 때 스트레스를 어떻게 평가하고 대처하느냐가 중요하다.

### (2) 스트레스의 영향으로는 생리적 반응, 심리적 반응, 행동적 반응

## 2　직업적성과 배치

### 1. 직업적성의 분류

| | |
|---|---|
| 기계적 적성 | • 손과 팔의 솜씨 - 신속, 정확한 능력<br>• 공간시각능력 - 형상이나 크기를 정확히 판단<br>• 기계적 이해능력 - 공간시각능력, 지각속도, 기술적 지식 등이 결합된 것 |
| 사무적 적성 | • 지능<br>• 지각속도<br>• 정확성<br>※ 사무적성이 높을수록 사무 또는 행정 계통의 직무 희망 |

## 2. 적성검사의 주요소(9가지 적성요인) ★
① 지능(IQ)　② 수리 능력
③ 사무 능력　④ 언어 능력
⑤ 공간 판단 능력　⑥ 형태 지각 능력
⑦ 운동 조절 능력　⑧ 수지 조작 능력
⑨ 수동작 능력

## 3. 직무분석 및 직무평가

### (1) 목적 ★
① 직무 재조직에 영향 → 능률적이고 효율적인 직무수행
② 불필요한 시간과 노력의 제거
③ 장비와 작업 절차상의 관계 파악
④ 장비 설계의 개선점을 제시 → 직무능률 향상

### (2) 분석방법 ★★
① 면접법　② 질문지법
③ 직접 관찰법　④ 혼합방식
⑤ 일지작성법　⑥ 결정 사건기법

## 4. 배치 시 고려사항 ★
① 작업의 성질과 작업의 적정한 양을 고려하여 배치
② 기능의 정도를 파악하여 배치
③ 공동 작업 시 팀워크의 효율성을 증대시킬 수 있도록 인간관계를 고려하여 배치
④ 질병자의 병력을 조사하여 근무로 인한 질병 악화가 생기지 않도록 배치
⑤ 법상 유격자가 필요한 작업은 자격 및 경력을 고려하여 배치

## 5. 인사관리의 주요 기능
① 조직과 리더십
② 선발(선발시험 및 적성검사 등)
③ 배치(적성배치 포함)
④ 직무분석
⑤ 직무(업무)평가
⑥ 상담 및 노사 간의 이해

## 3  인간의 특성과 안전과의 관계

### 1. 안전사고 요인(정신적 요소)
① 안전의식의 부족  ② 주의력의 부족  ③ 방심 및 공상  ④ 개성적 결함 요소

### 2. 산업안전 심리의 5대 요소
① 기질  ② 동기  ③ 습관  ④ 습성  ⑤ 감정

### 3. 착상심리

**(1) 정의**

착상심리(着想心理)는 보통 어떤 아이디어나 생각을 떠올리고 발전시키는 과정에서의 심리적 상태나 기제이다. 창의력, 직관, 상상력과 밀접하게 관련되어 있으며, 특히 문제 해결이나 창의적인 작업을 할 때 중요한 역할을 한다.

**(2) 착상심리는 영향요인**

① **동기부여** : 어떤 문제를 해결하고자 하는 열정이나 의지가 아이디어를 떠올리는 데 큰 영향을 미친다.
② **환경** : 조용하고 자극적인 환경은 착상을 도울 수 있다.
③ **지식과 경험** : 과거의 경험과 축적된 지식이 창의적인 아이디어로 이어질 수 있다.
④ **심리적 상태** : 스트레스 수준, 기분 등이 착상 과정에 영향을 줄 수 있다.

### 4. 착오

**(1) 착오요인 ★★★★**

| 착오 | | 내용 |
|---|---|---|
| 인지과정 착오 | 생리적, 심리적 능력의 한계<br>(정보수용능력의 한계) | 착시현상 등 |
| | 정보량 저장의 한계 | 처리 가능한 정보량 : 6[bits/sec] |
| | 감각차단 현상(감성 차단) | 정보량 부족으로 유사한 자극 반복(계기비행, 단독비행 등)<br>단조로운 업무 장시간 지속(지루) |
| | 심리적 요인 | 정서불안정, 불안, 공포 등 |
| 판단과정 착오 | | 합리화, 능력부족, 정보부족, 환경조건 불비 |
| 조작과정 착오 | | 작업자의 기술능력이 미숙하거나 경험 부족에서 발생 |

**(2) 착오의 메커니즘 ★★★**

① 위치의 착오, 순서의 착오, 패턴의 착오, 형태의 착오, 기억의 착오

② 기억의 착오
  ㉠ 기억은 경험에 의해 얻은 내용을 저장, 보존하는 현상으로 과거에 형성된 행동이 어느 정도 보유되었다가 다음의 경험에 영향을 미치게 하는 활동 작용이다.
    ⓐ 학습과정 : 특정 행위의 습득에 관한 과정
    ⓑ 기억과정 : 특정 정보를 오랫동안 보관하는 과정과 필요시 정보를 다시 끄집어내어 사용하는 과정

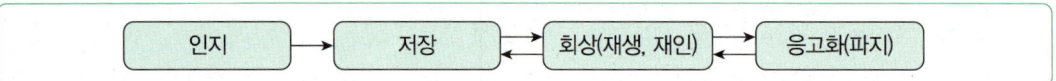

  ㉡ 기억의 3가지 구성요소(3가지 모형) ★★

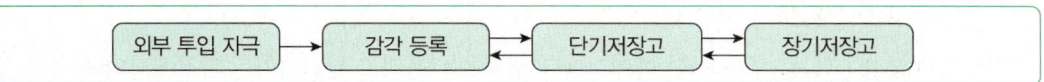

  ㉢ 단기기억은 감각기관을 통하며, 한계가 한정된 수($7\pm2$)의 청크(chunk)이다.
  ㉣ 망각은 약호화된 정보를 인출할 능력이 상실된 것이다.
    ⓐ 망각의 원인 : 자연 쇠퇴로 학습한 시간이 경과되어 기억흔적이 쇠퇴하여 자연히 일어난 것이다.
    ⓑ 간섭설은 전·후 학습자료 간의 상호 간섭에 의해 일어난다.

〈인간오류의 유형〉 ★★

| 유형 | 설명 |
|---|---|
| 착오 | 상황에 대한 해석을 잘못하거나 목표에 대한 잘못된 이해로 착각하여 행하는 경우(주어진 정보가 불완전하거나 오해하는 경우에 발생하며 틀린 줄 모르고 행하는 오류) |
| 실수 | 상황이나 목표에 대한 해석은 제대로 하였으나 의도와는 다른 행동을 하는 경우(주의산만이나 주의력 결핍에 의해 발생) |
| 건망증 | 여러 과정이 연계적으로 계속하여 일어나는 행동 중에서 일부를 잊어버리고 하지 않거나 기억의 실패에 의해 발생 |
| 위반 | 정해져 있는 규칙을 알고 있으면서 고의로 따르지 않거나 무시하는 행위 |

## 5. 착시

물체의 물리적인 구조가 인간의 감각기관인 시각을 통하여 인지한 구조와 현저하게 일치하지 않은 것으로 보이는 현상

(1) 운동지각(착시)
  ① 알파 운동 : 뮬러의 착시현상(화살표)
  ② 베타 운동(가현운동) : 영화영상 기법(정지 사진을 빨리 흘려 움직이는 것처럼)
  ③ 유도운동 : 정지해 있는 배경이 움직이는 것으로 착각
  ④ 자동운동 : 암실에서 강도가 낮은 작은 점을 보고 있으면 움직이는 것처럼 보이는 현상

(2) 착시의 종류

① 헬름홀츠의 착시(Helmholtz's illusion) : 같은 길이의 평행한 선분이 있을 때, 수직 방향으로 배열된 선분이 수평 방향으로 배열된 선분보다 더 길어 보이는 착시 현상이다. 이 착시는 실제로는 같은 길이임에도 불구하고 사각형의 형태나 방향에 따라 길이와 크기를 다르게 인식하는 현상이다.

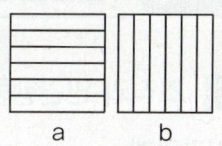

② 쾰러의 착시(Köhler's illusion) : 곡선(호)과 직선이 함께 있을 때, 직선이 곡선의 반대 방향으로 휘어 보이는 착시 현상으로 평평한 직선을 먼저 보고 그 위에 곡선을 덧붙이면, 그 직선이 곡선의 반대 방향으로 휘어 있는 것처럼 보이는 것으로 윤곽착오의 착시이다.

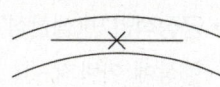

③ 뮬러-라이어의 착시(Müller-Lyer illusion) : 화살표의 방향에 따라 직선의 실제 길이가 다르게 인식되는 현상이다. 한 쌍의 화살표가 바깥쪽으로 향하면 직선이 더 길게 보이고, 안쪽으로 향하면 더 짧게 인다. 두 개의 평행선이 있을 때, 한쪽 끝을 바깥쪽으로 향한 화살표로 둘러싸면 다른 쪽의 직선과 비교했을 때 더 길어 보인다.

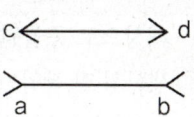

④ 포겐도르프의 착시(Pogendorff's illusion) : a와 b가 실제로는 일직선이지만, a와 c가 일직선으로 보이는 현상으로 위치착오의 착시이다.

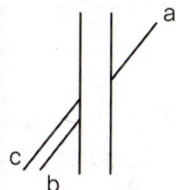

## 6. 착각현상

착각은 물리현상을 왜곡하는 지각현상이다.

〈착각의 종류별 내용〉 ★★★★★★★

| 종류 | 내용 |
| --- | --- |
| 자동운동 | • 암실 내에서 정지된 작은 광점이나 밤하늘의 별들을 응시하면 움직이는 것처럼 보이는 현상<br>• 발생하기 쉬운 조건으로 광점이 작을수록, 시야의 다른 부분이 어두울수록, 광의 강도가 작을수록, 대상이 단순할수록 발생하기 쉽다. |
| 유도운동 | • 실제로는 정지한 물체가 어느 기준 물체의 이동에 유도되어 움직이는 것처럼 느끼는 현상<br>• 출발하는 자동차의 창문으로 길가의 가로수를 볼 때 가로수가 움직이는 것처럼 보이는 현상 |
| 가현운동 | • 정지하고 있는 대상물이 빠르게 나타나거나 사라지는 것으로 인해 대상물이 운동하는 것으로 인식되는 현상<br>• 영화영상기법, B운동 |

# 제1과목 산업재해 예방 및 안전보건교육

## Chapter 4 인간의 행동과학

### 1 조직과 인간행동

#### 1. 인간관계

(1) 테일러의 과학적 관리법의 한계
- 긍정적인 면(생산성 향상) ★★★ : 시간과 동작연구를 통하여 → 인간 노동력을 과학적으로 합리화 → 생산능률 향상에 이바지

(2) 호손 실험(Hawthorn Experiment)과 인간관계
① 시카고에 있는 서부전기회사의 호손 공장에서 메이요와 레슬리스버거 교수가 주축이 되어 3만 명의 종업원을 대상으로 종업원의 인간성을 과학적 방법으로 연구한 실험이다.
② 생산성 및 작업능률향상에 영향을 주는 것은 물질적인 환경조건(조명, 휴식시간, 임금 ★★ 등)이 아니라 인간적 요인(비공식집단, 감정 등)의 인간관계가 절대적인 요인으로 작용한다.

#### 2. 성장과 발달 이론

| 이론 | 내용 |
|---|---|
| 생득설 | 인간의 지식이나 관념 및 표상은 본래 태어날 때부터 공통적으로 갖추어져 있으며, 성장 발달의 원동력이 개체 내의 유전적 특성에 있다는 학설(유전자의 입장) |
| 경험설 | 발달 원동력이 개체 밖의 환경에 영향이 있다는 이론으로 학습을 중요시하며, 개인적인 물질적 심리적 환경 요인의 작용을 주원인으로 보는 학설(환경론자의 입장) |
| 상호작용(폭주설) | 유전과 환경의 상호작용(내적인 생득적 소질과 외적인 환경의 상호작용의 결과)에 의해 발달이 이루어진다고 보는 학설 |
| 체제설 | 유전과 환경 및 자아의 역동 관계에 의해 발달이 이루어진다고 인식하는 학설로서 내부적 소인과 환경적 요인이 고차적으로 착용하여 하나의 새로운 체계를 이루는 역동적 과정 |

#### 3. 인간관계 메커니즘의 종류 ★★★★

① 투사(Projection) : 자기 속에 억압된 것을 다른 사람의 것으로 생각하는 것
② 암시(Suggestion) : 다른 사람의 판단이나 행동을 그대로 수용하는 것
③ 커뮤니케이션(Communication) : 갖가지 행동 양식이나 기호를 매개로 하여 어떤 사람으로부터 다른 사람에게 전달되는 과정
④ 모방(Imitation) : 남의 행동이나 판단을 기준으로 그에 가까운 행동을 함.
⑤ 동일화(Identification) : 다른 사람의 행동 양식이나 태도를 투입시키거나, 다른 사람 가운데서 자기와 비슷한 것을 발견하는 것

## 4. 집단행동의 연구

① 사회 측정적 연구방법(소시오메트리) ★★★★★ : 사회 측정법으로 집단에 있어 각 구성원 사이의 견인과 배척관계를 조사하여 어떤 개인의 집단 내에서의 관계나 위치를 발견하고 평가하는 방법(집단의 인간관계를 조사하는 방법)

② 집단역학에서의 행동 ★

| 통제 있는 집단행동 | 비통제 집단행동 |
|---|---|
| • 관습<br>• 제도적 행동<br>• 유행 | • 군중 : 성원 사이에 지위, 역할 문화 ×, 책임감, 비판적 ×<br>• 모브 : 폭동, 감정, 공격적, 군중보다 합의성 ×<br>• 패닉 : 모브가 공격적이면 패닉은 방위적<br>• 심리적 전염 : 유행, 무비판적, 상당한 기간 |

## 5. 인간의 일반적인 행동특성

### (1) 레빈(R. Lewin)의 행동법칙 ★★★★★★

인간의 행동($B$)은 인간이 가진 능력과 자질, 즉 개체($P$)와 주변의 심리적 환경($E$)과의 상호함수관계에 있다.

$$B = f(P \cdot E)$$

$B$ : Behavior(인간의 행동)
$f$ : function(함수관계, $P$, $E$에 영향을 줄 수 있는 조건)
$P$ : Person(연령, 경험, 심신상태, 성격, 지능, 소질 등)
$E$ : Environment(심리적 환경 – 인간관계, 작업환경, 설비적 결함 등)

### (2) 인간의 심리적인 행동특성(리스크 테이킹) ★

① 객관적인 위험을 자기 편리한 대로 판단하여 의지결정을 하고 행동에 옮기는 현상이다.
② 안전태도가 양호한 자는 리스크 테이킹 정도가 적다.
③ 안전태도 수준이 같은 경우 작업의 달성 동기, 성격, 일의 능률, 적성배치, 심리상태 등 각종 요인의 영향으로 리스크 테이킹의 정도는 변한다.

### (3) Swain의 인간의 독립행동에 관한 오류 ★

① Omission : 생략 오류, 누설 오류, 부작위 오류
② Time Error : 시간 오류
③ Commission Error : 작위 오류
④ Sequential Error : 순서 오류
⑤ Extraneous Error : 과잉행동 오류

(4) 기타의 행동특성 ★
　① 순간적인 경우의 대치 방향은 좌측(우측에 비해 2배 이상)
　② 동조행동 : 소속집단의 행동기준이나 원칙을 지키고 따르려고 하는 행동
　③ 좌측 보행 : 자유로운 상태에서 보행할 경우 좌측벽면 쪽으로 보행하는 경우가 많다.
　④ 근도 반응 : 정상적인 루트가 있음에도 지름길을 택하는 현상
　⑤ 생략 행위 : 객관적 판단력의 약화로 나타나는 현상

(5) 실수 및 과오의 원인 ★★★
　① 능력 부족
　② 주의 부족
　③ 환경조건 부적당

## 2 재해 빈발성 및 행동과학

### 1. 사고경향(사고 빈발자의 정신특성)

| 특성 | 내용 |
|---|---|
| 지능과 사고 | • 지능에 따른 사고의 관련성은 적으며 직종에 따른 차별화<br>• 지적능력이 많이 소요될수록 지능 측정에 의한 선발이 효과적<br>• 지적능력이 적게 소요될수록 지능검사에 의한 선발은 효율성 저하 |
| 성격 특성과 사고 | • 정서적 불안정, 사회적 부적응, 충동적, 외향적 성격 등<br>• 허영적, 쾌락 추구적, 도덕적, 결벽성의 결여 등의 성격 |
| 감각운동기능과 사고 | • 시각기능의 결함자는 사고 발생 비율이 높게 나타남<br>• 반응동작(운동성)과 사고의 관련성은 일반적으로 반응속도 자체보다 반응의 정확도가 더 중요함<br>• 지각과 운동능력과의 불균형은 사고유발 가능성이 높다(지각속도가 느리거나, 지각의 정확성이 불량한데 동작은 빠른 경우 사고 발생률은 증가한다). |

### 2. 성격의 유형

(1) 성격의 결정요인
　① 생물학적 요인 : 신생아 때부터의 성질인 기질상의 차이가 있다는 것은 유전적 요인이 영향
　② 환경적 요인(경험) : 다양한 환경적 요인이나 개인마다 다른 경험에 의해서 성격이 형성

(2) 기질이론
　① 담즙질(Choleric) : 강하고 결정적인 리더십 성향을 가짐, 목표 지향적이며 행동에 빠름, 때로는 다소 성급하거나 화를 잘 낼 수 있음
　② 우울질(Melancholic) : 분석적이고 내성적이며 신중함, 감정이 풍부하고 예술적이거나 철학적인 성향을 보일 수 있음, 비판적일 수 있으며, 완벽주의적인 경향이 있음

③ 다혈질(Sanguine) : 낙천적이고 사교적이며 활발함, 주변 환경에 쉽게 적응하고 즐거운 성향, 그러나 때로는 집중력이 부족하거나 산만할 수 있음

④ 점액질(Phlegmatic) : 차분하고 안정적이며 느긋한 태도를 가짐, 갈등을 피하고 조화를 선호하며, 신뢰할 수 있는 성격. 때로는 적극성이 부족할 수 있음

(3) YG 성격검사 : 12가지 성격특성을 5가지 성격유형으로 분류

① A형(평균형) : 조화적, 적응적
② B형(우편형) : 정서불안형, 활동적, 외향적
③ C형(좌편형) : 안전소극형(온순, 소극적, 안정, 내향적)
④ D형(우하형) : 안전적응 적극형(정서안정, 활동적, 사회적응, 대인관계 양호)
⑤ E형(좌하형) : 불안정, 부적응 수동형(D형과 반대)

## 3. 재해 빈발성 ★

(1) 재해 발생확률

① 기회설 : 개인의 문제가 아니라 작업 자체에 위험성이 많기 때문 → 교육훈련 실시 및 작업환경개선대책
② 경향설 : 개인이 가지고 있는 소질이 재해를 일으킨다는 설
③ 암시설 : 재해를 당한 경험이 있어서 재해를 빈발한다는 설(슬럼프)

(2) 재해 누발자 유형 ★

| 유형 | 내용 |
|---|---|
| 미숙성 누발자 | • 기능 미숙<br>• 작업환경 부적응 |
| 상황성 누발자 ★★★ | • 작업 자체가 어렵기 때문<br>• 기계설비의 결함 존재<br>• 주위 환경상 주의력 집중 곤란<br>• 심신에 근심 걱정이 있기 때문 |
| 습관성 누발자 | • 경험한 재해로 인하여 대응능력약화(겁쟁이, 신경과민)<br>• 여러 가지 원인으로 슬럼프 상태 |
| 소질성 누발자 | • 개인의 소질 중 재해 원인 요소를 가진 자(주의력 부족, 소심한 성격, 저지능, 흥분, 감각 운동부 적합 등)<br>• 특수성격의 소유자로 재해 발생 소질 소유자 |

## 4. 동기부여

(1) 동기부여 방법 ★★★★★★

① 안전의 근본이념을 인식시킨다.
② 안전 목표를 명확히 설정한다.

③ 결과의 가치를 알려준다.
④ 상과 벌을 준다.
⑤ 경쟁과 협동을 유도한다.
⑥ 동기 유발의 최적 수준을 유지하도록 한다.

(2) 동기부여이론

① 매슬로우(Maslow)의 욕구(위계이론) 순서 – 아래에서 위로 ★★★★★★

| 단계 | | 이론 | 설명 |
|---|---|---|---|
| 하위단계가 충족되어야 상위단계로 진행 | 5단계 | 자아실현의 욕구 | 잠재능력의 극대화, 성취의 욕구 |
| | 4단계 | 인정받으려는 욕구 | 자존심, 성취감, 승진 등 자존의 욕구 |
| | 3단계 | 사회적 욕구 | 소속감과 애정에 대한 욕구 |
| | 2단계 | 안전의 욕구 | 자기존재에 대한 욕구, 보호받으려는 욕구 |
| | 1단계 | 생리적 욕구 | 기본적 욕구로서 강도가 가장 높은 욕구 |

② 맥그리거(McGregor)의 X, Y 이론 ★★★★★★

㉠ X, Y 이론

| X이론 | Y이론 |
|---|---|
| 인간 불신감 | 상호 신뢰감 |
| 성악설 | 성선설 |
| 인간은 원래 게으르고 태만, 남의 지배 받기를 즐긴다. | 인간은 부지런하고 근면, 적극적이며, 자주적이다. |
| 물질욕구(저차적 욕구) | 정신욕구(고차적 욕구) |
| 명령통제에 의한 관리 | 목표통합과 자기통제에 의한 자율 관리 |
| 저개발국형 | 선진국형 |

㉡ X, Y 이론의 관리처방 ★

| X 이론의 관리처방(독재적 리더십) | Y 이론의 관리처방(민주적 리더십) |
|---|---|
| • 권위주의적 리더십의 확보<br>• 경제적 보상체계의 강화<br>• 세밀한 감독과 엄격한 통제<br>• 상부책임제도의 강화(경영자의 간섭)<br>• 설득, 보상, 벌, 통제에 의한 관리 | • 분권화와 권한의 위임<br>• 민주적 리더십의 확립<br>• 직무확장<br>• 비공식적 조직의 활용<br>• 목표에 의한 관리<br>• 자체 평가제도의 활성화<br>• 조직목표달성을 위한 자율적인 통제 |

③ 허즈버그(Herzberg)의 2요인 이론 ★★★★★★
  ㉠ 위생-동기 이론

| 위생요인(직무환경, 저차원적 요구) | 동기요인(직무내용, 고차원적 요구) |
|---|---|
| • 회사정책과 관리<br>• 개인 상호 간의 관계<br>• 감독<br>• 임금<br>• 보수<br>• 작업조건<br>• 지위<br>• 안전 | • 성취감<br>• 책임감<br>• 인정감<br>• 성장과 발전<br>• 도전감<br>• 일 그 자체 |

  ㉡ 위생-동기 이론의 만족 정도

| 요인/욕구 | 욕구충족이 되지 않을 경우 | 욕구충족이 될 경우 |
|---|---|---|
| 위생요인(불만요인) | 불만 느낌 | 만족감 느끼지 못함 |
| 동기유발요인(만족요인) | 불만 느끼지 않음 | 만족감 느낌 |

④ 알더퍼(Alderfer)의 ERG 이론 ★★★

| 욕구 | 내용 |
|---|---|
| E - 생존(존재) 욕구 | 유기체의 생존과 유지에 관련, 의식주와 같은 기본욕구포함(임금, 안전한 작업조건) |
| R - 관계 욕구 | 타인과의 상호작용을 통하여 만족을 얻으려는 대인 욕구(개인간 관계, 소속감) |
| G - 성장 욕구 | 개인의 발전과 증진에 관한 욕구, 주어진 능력이나 잠재능력을 발전시킴으로 충족(개인의 능력개발, 창의력 발휘) |

⑤ 데이비스(Davis)의 동기부여이론 ★★

  • 인간의 성과 × 물질적 성과 = 경영의 성과
  • 지식(knowledge) × 기능(skill) = 능력(ability)
  • 상황(situation) × 태도(attitude) = 동기 유발(motivation)
  • 능력 × 동기 유발 = 인간의 성과(human performance)

⑥ 맥클랜드(McClelland)의 성취동기이론 ★
  ㉠ 성취동기이론의 특징
    ⓐ 성취 그 자체에 만족한다.
    ⓑ 목표설정을 중요시하고 목표를 달성할 때까지 노력한다.
    ⓒ 자신이 하는 일의 구체적인 진행상황을 알기를 원한다(진행상황과 달성결과에 대한 피드백).
    ⓓ 적절한 모험을 즐기고 난이도를 잘 절충한다. ★★★
    ⓔ 동료관계에 관심을 갖고 성과 지향적인 동료와 일하기를 원한다.

ⓒ 성취동기이론의 모델

| 단계 | 이론 | 내용 |
|------|------|------|
| 1단계 | 성취 욕구 | • 어려운 일을 성취하려는 것, 스스로 능력을 성공적으로 발휘함으로써 자긍심을 높이려는 것 등에 관한 욕구<br>• 성공에 대한 강한 욕구를 가지고 책임을 적극적으로 수용하고, 행동에 대한 즉각적인 피드백을 선호 |
| 2단계 | 권력 욕구 | • 리더가 되어 남을 통제하는 위치에 있는 것을 선호<br>• 타인들로 하여금 자기가 바라는 대로 행동하도록 강요하는 경향 |
| 3단계 | 친화 욕구 | • 다른 사람들과 좋은 관계를 유지하려고 노력<br>• 타인들에게 친절하고 동정심이 많고 타인을 도우며 즐겁게 살려고 하는 경향 |

(3) 욕구 이론의 상호 관련성 ★

| 구분 | Maslow의 욕구단계이론 | Herzberg의 2요인 이론 | McClelland의 성취동기 이론 | Alderfer의 ERG 이론 |
|------|------|------|------|------|
| 제1단계 | 생리적 욕구 | 위생 요인 | 성취 욕구 | 생존 욕구(Existence) |
| 제2단계 | 안전의 욕구 | | | |
| 제3단계 | 사회적 욕구 | | | 관계 욕구(Relation) |
| 제4단계 | 인정받으려는 욕구 | 동기 요인 | 권력 욕구 | |
| 제5단계 | 자아실현의 욕구 | | 친화 욕구 | 성장 욕구(Growth) |

(4) 직무만족에 관한 이론 ★

① 콜만의 일관성 이론
  ㉠ 자기 존중을 높이는 사람은 만족 상태를 유지하기 위해 더 높은 성과를 올리며 일관성을 유지하여 사회적으로 존경받는 직업선택
  ㉡ 자기 존중을 낮게 하는 사람은 자기의 이미지와 일치하는 방식으로 행동

② 브룸(Vroom)의 기대이론(3가지 원리) ★★★ : 성취($P$)는 모티베이션($M$)과 능력($A$)의 기능상 곱의 함수

$$P = f(M \times A)$$

## 5. 주의와 부주의

(1) 주의의 3특성 ★★★

① **변동성** : 주의는 장시간 지속될 수 없다.
② **선택성** : 주의는 한 곳에만 집중할 수 있다.
③ **방향성** : 주의를 집중하는 곳 주변의 주의는 떨어진다.

(2) 부주의

① 부주의 특성 ★★★★★

　㉠ 부주의는 불안전한 행위나 행동뿐만 아니라 불안전한 상태에서도 통용

　㉡ 부주의란 말은 결과를 표현

　㉢ 부주의에는 발생 원인이 있다.

　㉣ 부주의와 유사한 현상 구분 : 착각이나 인간능력의 한계를 초과하는 요인에 의한 동작실패는 부주의에서 제외

　　※ 부주의는 무의식행위나 그것에 가까운 의식의 주변에서 행해지는 행위에 한정

② 부주의의 원인 및 대책 ★★★

| 구분 | 원인 | 대책 |
|---|---|---|
| 외적 원인 | 작업, 환경조건 불량 | 환경정비 |
| | 작업순서 부적당 | 작업순서조절 |
| | 작업강도 | 작업량, 시간, 속도 등의 조절 |
| | 기상조건 | 온도, 습도 등의 조절 |
| 내적 원인 | 소질적 요인 | 적성배치 |
| | 의식의 우회 | 상담 |
| | 경험 부족 및 미숙련 | 교육 |
| | 피로도 | 충분한 휴식 |
| | 정서불안정 등 | 심리적 안정 및 치료 |

③ 부주의 현상 ★★★

　㉠ 의식의 우회 : 근심·걱정으로 집중 못함. 예 애가 아픔

　㉡ 의식의 과잉 : 갑작스러운 사태 목격 시 멍해지는 현상(=일점 집중현상)

　㉢ 의식의 단절 : 수면상태 또는 의식을 잃어버리는 상태

　㉣ 의식의 혼란 : 경미한 자극에 주의력이 흐트러지는 현상

　㉤ 의식수준의 저하 : 단조로운 업무를 장시간 수행 시 몽롱해지는 현상(=감각차단현상)

④ 인간 의식단계(레벨)의 종류 및 의식수준의 5단계 ★★★

| 단계(phase) | 뇌파패턴 | 의식상태(mode) | 주의의 작용 | 생리적 상태 | 신뢰성 |
|---|---|---|---|---|---|
| 0 | $\delta$파 | 무의식, 실신 | 제로 | 수면, 뇌발작 | 없다. 0 |
| I | $\theta$파 | 의식이 둔한 상태, 흐림, 몽롱 (subnormal) | 활발하지 않음 (inactive) | 피로 단조, 졸림, 취중 | 낮다. 0.9 |

| | | | | | |
|---|---|---|---|---|---|
| Ⅱ | α파 | 편안한 상태, 이완상태, 느긋함 (normal, relaxed) | 수동적임 (passive) | 안정적 상태, 휴식 시, 정상작업 시, 정례작업 시, 일반적으로 일을 시작할 때의 안정된 상태 | 다소 높다. 0.99~0.9999 |
| Ⅲ | β파 | 명석한 상태, 정상의식, 분명한 의식 (normal, clear) | 활발함, 적극적임 (active) | 적극적 활동 시, 가장 좋은 의식수준상태 | 매우 높다. 0.9999 이상 |
| Ⅳ | γ파 긴장과대 | 흥분상태(과긴장) (hypernormal) | 일점에 응집, 판단정지 | 긴급방위반응, 당황, 패닉 | 낮다. 0.9 이하 |

## 3 집단관리와 리더십

### 1. 리더십의 유형

| 유형 | 개념 | 특징 |
|---|---|---|
| 독재적(권위주의자) 리더십 (맥그리거의 X 이론 중심) | • 부하직원의 정책 결정에 참여거부<br>• 리더의 의사에 복종 강요(리더중심)<br>• 집단성원의 행위는 공격적 아니면 무관심<br>• 집단구성원 간의 불신과 적대감 | • 리더는 생산이나 효율의 극대화를 위해 완전한 통제를 하는 것이 목표 |
| 민주적 리더십 (맥그리거의 Y 이론 중심) | • 집단토론이나 집단결정을 통하여 정책결정 (집단중심)<br>• 리더나 집단에 대하여 적극적인 자세로 행동 | • 참여적인 의사결정 및 목표설정(리더와 부하직원 간의 협동과 상호 의사소통이 필요) |
| 자유방임형 (개방적) 리더십 | • 집단 구성원(종업원)에게 완전한 자유를 주고 리더의 권한 행사는 없음<br>• 집단 성원 간의 합의가 안 될 경우 혼란 야기(종업원 중심) | • 리더는 자문기관으로서의 역할만 하고 부하직원들이 목표와 정책 수립 |

### 2. 리더십과 헤드십

(1) 헤드십

① 헤드십의 개념 : 집단 내에서 내부적으로 선출된 지도자를 리더십이라 하며, 반대로 외부에 의해 지도자가 선출되는 경우 헤드십이라 한다.

② 헤드십의 권한

㉠ 부하들의 활동 감독

㉡ 부하들의 지배

㉢ 처벌

(2) 헤드십과 리더십의 구분 ★★

| 구분 | 권한 부여 및 행사 | 권한 근거 | 상관과 부하와의 관계 및 책임귀속 | 부하와의 사회적 간격 | 지휘형태 |
|---|---|---|---|---|---|
| 헤드십 | 위에서 위임하여 임명 | 법적 또는 공식적 | 지배적, 상사 | 넓다 | 권위주의적 |
| 리더십 | 아래로부터의 동의에 의한 선출 | 개인 능력 | 개인적인 경향, 상사와 부하 | 좁다 | 민주주의적 |

## 3. 관리그리드의 리더십 5가지 유형 ★

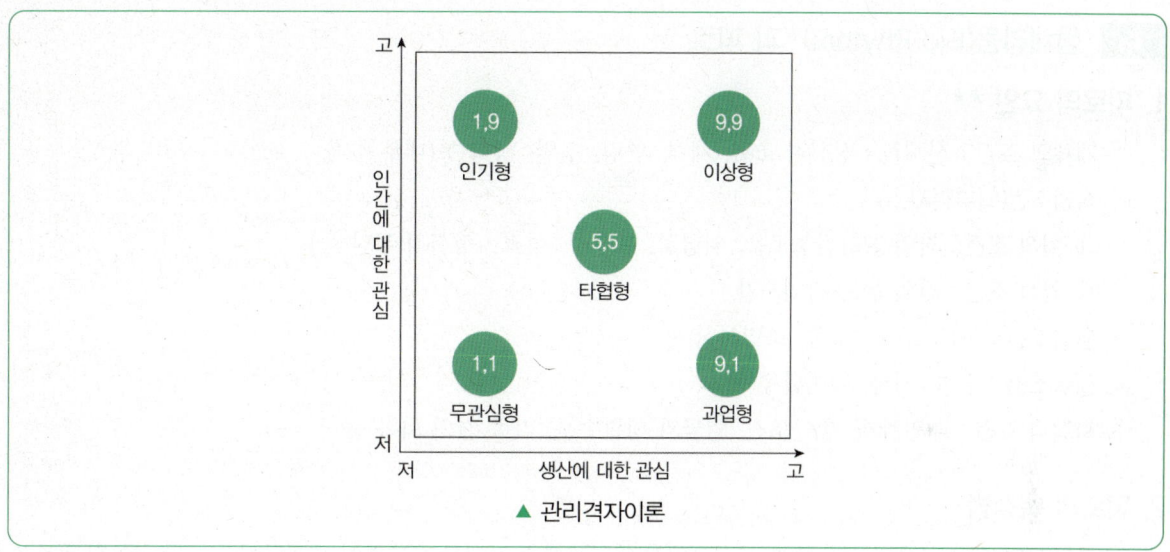

▲ 관리격자이론

① 인기(1,9)형

- 인간에 대한 관심은 매우 높고 생산에 대한 관심은 매우 낮은 유형
- 부서원들과의 만족스러운 관계와 친밀한 분위기를 조성하는 데 역점을 기울이는 리더 유형

② 이상(9,9)형

- 생산과 인간에 대한 관심이 모두 높은 유형
- 구성원의 잠재력을 최대한 발휘하도록 지원하며, 팀워크와 성과를 모두 추구하는 유형

③ 타협(5,5)형

- 중간형(사람과 업무의 절충형)
- 과업의 생산성과 인간적 요소를 절충하여 적당한 수준의 성과를 지향하는 유형

④ 무관심(1,1)형

- 생산과 인간에 대한 관심이 모두 낮은 유형
- 리더 자신의 직분을 유지하는 데 필요한 최소의 노력만을 투입하려는 리더 유형

⑤ 과업(9,1)형

- 생산에 대한 관심은 매우 높지만 인간에 대한 관심은 매우 낮은 유형
- 인간적인 요소보다도 과업수행에 대한 능력을 중요시하는 리더 유형

## 4 생체리듬(Bio Rhythm)★과 피로

### 1. 피로의 요인 ★★

① 개체의 조건 : 신체적·정신적 조건, 체력, 연령, 성별, 경력 등(내부인자)
② 작업조건(외부인자↓)
　㉠ 질적 조건 : 작업강도(단조로움, 위험성, 복잡성, 심적·정신적 부담 등)
　㉡ 양적 조건 : 작업속도, 작업시간
③ 환경조건 : 온도, 습도, 소음, 조명시설 등
④ 생활조건 : 수면, 식사, 취미활동 등
⑤ 사회적 조건 : 대인관계, 통근조건, 임금과 생활수준, 가족 간의 화목 등

### 2. 피로의 측정법

① 근전도(EMG) : 근육이 수축할 때 근섬유에서 생기는 활동전위를 유도하여 증폭하여 기록한 근육활동의 전위차(말초신경에 전기자극)★
② 심전도(ECG) : 심장 근육의 전기적 변화를 전극을 통해 유도, 심전계에 입력, 증폭, 기록한 것
③ 피부전기반사(GSR) : 작업부하의 정신적 부담이 피로와 함께 증대하는 현상을 전기저항의 변화로서 측정, 정신 전류현상이라도 한다.
④ 플리커 값 : 정신적 부담이 대뇌피질에 미치는 영향을 측정한 값

> **용어의 정의**
>
> - 플리커법(Flicker) ★★ : CFF법이라고도 한다. 사이가 벌어진 회전하는 원판으로 들어오는 광원의 빛을 단속시켜 연속 광으로 보이는지 단속광으로 보이는지 경계에서의 빛의 단속 주기를 플리커 값이라고 하여 피로도 검사에 이용

## 3. 작업강도와 피로

### (1) 작업강도(에너지 대사율, RMR)

작업강도는 휴식시간과 밀접한 관련이 있으며 이 두 조건의 적절한 조절은 작업의 능률과 생산성에 큰 영향을 줄 수 있다. 따라서 작업의 강도에 따라 에너지 소모가 다르게 나타나므로 에너지 대사율은 작업강도의 측정에 유효한 방법이다.

### (2) 산출식 ★

- 기초대사량(BMR) : 체표면적 산출식과 기초대사량 표에 의해 산출

$$R = \frac{\text{작업 시 소비에너지} - \text{안정 시 소비에너지}}{\text{기초대사 시 소비에너지}} = \frac{\text{작업대사량}}{\text{기초대사량}}$$

작업 시 소비에너지 : 작업 중에 소비한 산소의 소모량으로 측정
안정 시 소비에너지 : 의자에 앉아서 호흡하는 동안 소비한 산소의 소모량

$$A = H^{0.725} \times W^{0.425} \times 72.46$$

$A$ : 몸의 표면적($cm^2$), $H$ : 신장(cm), $W$ : 체중(kg)

### (3) RMR에 의한 작업강도단계

| 단계 | 작업 | 내용 |
|---|---|---|
| 0~2 RMR | 경작업 | 정신작업(정밀작업, 감시작업, 사무적인 작업 등) |
| 2~4 RMR | 중(中)작업 | 손끝으로 하는 상체작업 또는 힘이나 동작 및 속도가 작은 하체작업 |
| 4~7 RMR | 중(重)작업, 강작업 | 힘이나 동작 및 속도가 큰 상체작업 또는 일반적인 전신작업 |
| 7 RMR 이상 | 초중작업 | 과격한 작업에 해당하는 전신작업 |

※ 7 RMR 이상은 되도록 기계화하고, 10 RMR 이상은 반드시 기계화 ★★★
※ 작업의 지속시간
- 3 RMR : 3시간 지속 가능
- 7 RMR : 약 10분간 지속 가능

### (4) 에너지 소비수준에 영향을 미치는 인자 ★

① 작업 강도 : RMR 차이가 나 초중작업, 중작업, 경작업
② 작업 자세 : 좋은 자세는 힘이 덜 든다.
③ 작업 방법 : 에너지가 덜 드는 작업 방법을 찾는다.
④ 작업 속도 : 속도가 빠르면 심박수도 빨라져 생리학적 부담이 증가한다.
⑤ 도구설계 에너지가 덜 드는 도구를 설계한다.

## (5) 휴식시간 산출공식 ★

$$휴식시간(분)\ R = \frac{60(E-S)}{E-1.5}$$

$E$ : 작업 시 평균 에너지 소비량
60(분) : 총 작업시간
1.5(kcal/분) : 휴식시간 중의 에너지 소비량
$S$ : 작업에 대한 평균 에너지값

## 4. 생체리듬(Bio Rhythm) ★

① 생체리듬의 어원 : 인간의 생리적 주기 또는 리듬에 관한 이론
② 생체리듬의 종류 및 특징 ★★★★★★

| 종류 | 특징 |
| --- | --- |
| 육체적(신체적) 리듬 | 몸의 물리적인 상태를 나타내는 리듬으로 질병에 저항하는 면역력, 각종 체내 기관의 기능, 외부환경에 대한 신체의 반사작용 등을 알아볼 수 있는 척도로써 23일의 주기 |
| 감성적 리듬 | 기분이나 신경계통의 상태를 나타내는 리듬으로 창조력, 대인관계, 감정의 기복 등을 알아볼 수 있으며 28일의 주기 |
| 지성적 리듬 | 집중력, 기억력, 논리적인 사고력, 분석력 등의 기복을 나타내는 리듬으로 주로 두뇌활동과 관련된 리듬으로 33일의 주기 |

③ 생체리듬(Bio 리듬)의 변화 ★★★
  ㉠ 주간 감소, 야간 증가 : 혈액의 수분 염분량
  ㉡ 주간 상승, 야간 감소 : 체온, 혈압, 맥박수
  ㉢ 특히 야간에는 체중 감소, 소화불량, 말초신경기능 저하, 피로의 자각증상 증대 등의 현상이 나타난다.
  ㉣ 사고 발생률이 가장 높은 시간대 ★★
    ⓐ 24시간 업무 중 : 03~05시 사이
    ⓑ 주간업무 중 : 오전 10~11시, 오후 15~16시 사이

## 5. 위험일

① 3가지의 리듬은 안정기(+)와 불안정기(-)를 교대로 반복하면서 사인곡선을 그려 나가는데, (+)에서 (-)로, 또는 (-)에서 (+)로 변하는 지점을 영(zero) 또는 위험일이라고 한다.
② 이러한 위험일에 뇌졸중은 5.4배, 자살은 6.8배나 증가한다.

# Chapter 5 안전보건교육의 내용 및 방법

## 1 교육의 필요성과 목적

### 1. 교육목적

(1) 교육의 정의

교육은 피교육자를 자연적 상태로부터 어떤 이상적인 상태로 이끌어가는 작용이다.

(2) 교육의 3요소 ★

① 주체 : 강사
② 객체 : 수강자, 학생
③ 매개체 : 교육내용, 교재

### 2. 안전보건교육의 기본 방향 ★

① 사고 사례 중심의 안전교육
② 안전 작업(표준작업)을 위한 안전교육
③ 안전 의식 향상을 위한 안전교육

### 3. 학습지도이론

(1) 학습지도의 원리 ★★

| 원리 | 설명 |
| --- | --- |
| 개별화의 원리 | 학습자를 개별적 존재로 인정하며 요구와 능력에 알맞은 기회 제공 |
| 자발성의 원리 | 학습자 스스로 능동적으로 즉, 내적 동기가 유발된 학습활동을 할 수 있도록 장려 |
| 직관의 원리 | 언어 위주의 설명보다는 구체적 사물 제시, 직접 경험 교육 |
| 사회화의 원리 | 집단 과정을 통합 협력적이고 우호적인 공동학습을 통한 사회화 |
| 통합화의 원리 | 특정 부분 발전이 아니라 종합적으로 지도하는 원리, 교재적 통합과 인격적 통합 구분 |
| 목적의 원리 | 학습 목표를 분명하게 인식시켜 적극적인 학습활동에 참여 유발 |
| 과학성의 원리 | 자연, 사회 기초지식 등을 지도하여 논리적 사고력을 발달시키는 것을 목표 |
| 자연성의 원리 | 자유로운 분위기를 존중하며, 압박감이나 구속감을 주지 않는다. |

(2) 지도 교육의 8원칙
　① 상대의 입장에서 지도 교육한다(피교육자 중심교육).
　② 동기부여를 충실히 한다(동기부여).
　③ 쉬운 것에서 어려운 것으로 지도한다(Level Up).
　④ 반복해서 교육한다(반복).
　⑤ 한 번에 하나씩을 가르친다(Step by Step).
　⑥ 5감을 활용한다.
　⑦ 인상의 강화를 한다.
　⑧ 기능적인 이해를 돕는다.

(3) 학습지도이론
　① S-R 이론(자극에 의한 반응으로 보는 이론) ★
　　㉠ 시행착오설
　　㉡ 조건반사설
　　㉢ 접근적 조건화설
　　㉣ 도구적 조건화설
　② 손다이크(Thorndike)의 시행착오설에 의한 학습법칙 ★
　　㉠ 효과의 법칙, 준비성의 법칙, 연습의 법칙
　　㉡ 준비성 → 연습/반복 → 효과
　③ 파블로프(Pavlov)의 조건반사설(자극과 반응 이론)에 의한 학습이론의 원리 ★★
　　㉠ 강도의 원리
　　㉡ 일관성의 원리
　　㉢ 시간의 원리
　　㉣ 계속성의 원리
　④ 톨만(Tolman)의 기호형태설 : 학습자의 머릿속에 인지적 지도 같은 인지구조를 바탕으로 학습하려는 것
　⑤ 합리화의 원리
　　㉠ 신포도형
　　㉡ 투사형
　　㉢ 달콤한 레몬형
　　㉣ 망상형

## 4. 교육심리학의 이해

(1) 교육심리학의 연구방법

① 관찰법

② 실험법

  ㉠ 관찰하려는 대상을 교육목적에 맞도록 인위적으로 조작하여 나타나는 현상을 관찰하는 방법
  ㉡ 실험법의 절차

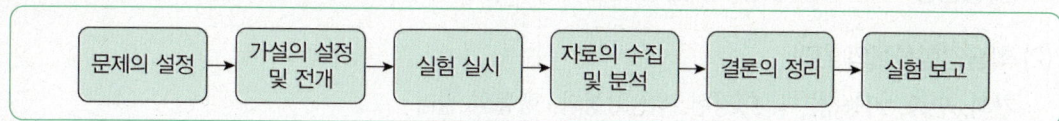

③ 질문지법

④ 면접법

⑤ 평정법

⑥ 투사법

⑦ 사례연구법

(2) 적응기제(適應機制, Adjustment Mechanism)

① 방어기제 ★★ : 자신이 조직에서 방출되지 않기 위해 방어함

  ㉠ 보상 : 결함과 무능에 의해 생긴 열등감이나 긴장을 장점 같은 것으로 그 결함을 보충하려는 행동
  ㉡ 합리화 : 실패나 약점을 그럴듯한 이유로 비난받지 않도록 하거나 자위하는 행동(변명)
  ㉢ 투사 : 불만이나 불안을 해소하기 위해 남에게 뒤집어씌우는 식
  ㉣ 동일시 : 실현할 수 없는 적응을 타인 또는 어떤 집단에 자신과 동일한 것으로 여겨 욕구를 만족
  ㉤ 승화 : 억압당한 욕구를 다른 가치 있는 목적을 실현하도록 노력하여 욕구 충족

② 도피기제 ★★

  ㉠ 고립 : 곤란한 상황과의 접촉을 피함
  ㉡ 퇴행 : 발달단계로 역행함으로써 욕구를 충족하려는 행동
  ㉢ 억압 : 불쾌한 생각, 감정을 눌러 떠오르지 않도록 함
  ㉣ 백일몽 : 공상의 세계 속에서 만족을 얻으려는 행동

  ※ 단어들이 모두 부정적인 의미임

제1과목 　산업재해 예방 및 안전보건교육

## 2 교육방법

### 1. 교육훈련기법

(1) 교육과정 중 학습경험조직의 원리 ★★

① 계속성 : 교육내용이나 경험을 반복적으로 조직하는 것
② 계열성 : 교육내용이나 경험의 폭과 깊이를 더해지도록 조직하는 것
③ 통합성 : 교육내용 관련 요소들을 연관시켜 학습자 행동의 통일성을 증가시키는 것

(2) 학습경험선정의 원리

기회, 만족, 가능성, 다(多)경험, 다(多)성과, 행동의 원리

(3) 안전교육의 지도 원칙(8원칙) ★★★★★★

① 피교육자 중심교육(상대방의 입장에서)
② 동기부여를 중요하게
③ 쉬운 부분에서 어려운 부분으로 진행
④ 반복에 의한 습관화 진행
⑤ 인상의 강화(사실적, 구체적인 진행)
⑥ 오관(감각기관)의 활용
⑦ 기능적인 이해(요점 위주로 교육) ★
　㉠ '왜 그렇게 하지 않으면 안 되는가'에 대한 충분한 이해가 필요(암기식, 주입식 탈피)
　㉡ 기능적 이해의 효과 ★★
　　ⓐ 기억의 흔적이 강하게 인식되어 오랫동안 기억으로 남게 된다.
　　ⓑ 경솔하게 판단하거나 자기 방식으로 일을 처리하지 않게 된다.
　　ⓒ 손을 빼거나 기피하는 일이 없다.
　　ⓓ 독선적인 자기만족이 억제된다.
　　ⓔ 이상 발생 시 긴급조치 및 응용 동작을 취할 수 있다.
⑧ 한 번에 한 가지씩 교육(교육의 성과는 양보다 질을 중시)

### 2. 안전보건교육방법(TWI, O.J.T, Off.J.T)

(1) TWI(Training Within Industry, 기업 내, 산업 내 훈련) ★★★★★★

① 교육대상자 : 관리감독자
② 교육시간 : 10시간(1일 2시간씩 5일분), 한 그룹에 10명 내외
③ 진행방법 : 토의식과 실연법 중심으로 진행

④ 훈련의 종류 ★★★
  ㉠ Job Method Training(J.M.T) : 작업방법훈련 – 작업의 개선 방법에 대한 훈련
  ㉡ Job Instruction Training(J.I.T) : 작업지도훈련 – 작업을 가르치는 기법 훈련
  ㉢ Job Relations Training(J.R.T) : 인간관계훈련 – 사람을 다루는 기법 훈련
  ㉣ Job Safety Training(J.S.T) : 작업안전훈련 – 작업안전에 대한 훈련

(2) MTP(Mamagement Training Program)・FEAF(Fast East Air Forces) ★★★
  ① 교육대상자 : TWI보다 약간 높은 관리자(관리문제에 치중)
  ② 교육시간 : 한 클래스는 10~15명, 2시간씩 20회 총 40시간을 훈련
  ③ 교육내용
    ㉠ 관리의 기능
    ㉡ 조직의 원칙
    ㉢ 조직의 운영
    ㉣ 시간관리
    ㉤ 학습의 원칙

(3) ATT(American Telephone & Telegram Co.) ★★★
  ① 교육대상자 : 대상계층이 한정되어 있지 않다(훈련을 먼저 받은 자는 직급에 관계없이 훈련을 받지 않은 자에 대해 지도원이 될 수 있다).
  ② 교육내용
    ㉠ 계획적인 감독
    ㉡ 인원배치 및 작업의 계획
    ㉢ 작업의 감독
    ㉣ 공구와 자료의 보고 및 기록
    ㉤ 개인작업의 개선
    ㉥ 인사관계
    ㉦ 종업원의 기술 향상
    ㉧ 훈련
    ㉨ 안전 등

## (4) O.J.T(On the Job Training), Off.J.T ★★★★★★

| 구분 | O.J.T | Off.J.T |
|---|---|---|
| 정의 | 현장이나 직장에서 직속 상사가 업무에 관련된 지식, 기능, 태도 등에 관하여 교육하는 실무훈련과정으로 개별교육에 적합한 교육형태 | 계층별 또는 직능별로 공통된 교육목적을 가진 근로자를 현장 이외의 일정한 장소에 집결시켜 실시하는 집체 교육으로 집단교육에 적합한 교육형태 |
| 교육의 형태 및 방법 | 현장에서의 개인에 대한 직속 상사의 개별교육 및 지도 | 계층별 또는 직능별(공통대상) 집합교육 |
| 특징 | • 직장의 현장 실정에 맞는 구체적이고 실질적인 교육이 가능하다.<br>• 교육의 효과가 업무에 신속하게 반영된다.<br>• 교육의 이해도가 빠르고 동기부여가 쉽다.<br>• 개인의 능력과 적성에 알맞은 맞춤교육이 가능하다.<br>• 교육으로 인해 업무가 중단되는 업무 손실이 적다.<br>• 교육경비의 절감 효과가 있다.<br>• 상사와의 의사소통 및 신뢰도 향상에 도움이 된다. | • 한 번에 다수의 대상을 일괄적, 조직적으로 교육할 수 있다.<br>• 전문분야의 우수한 강사진을 초빙할 수 있다.<br>• 교육기자재 및 특별 교재 또는 시설을 유효하게 활용할 수 있다.<br>• 다른 분야 및 타 직장의 사람들과 지식이나 경험의 교환이 가능하다.<br>• 업무와 분리되어 면학에 전념하는 것이 가능하다.<br>• 교육목표를 위하여 집단적으로 협조와 협력이 가능하다.<br>• 법규, 원리, 원칙, 개념, 이론 등의 교육에 적합하다. |

## 3. 학습목적과 성과

| 학습의 목적 | 구성 3요소 | • 목표(학습목적과 학습목표)<br>• 주제(목적달성을 위한 주제)<br>• 학습 정도(주제를 학습시킬 범위와 내용의 정도)<br>※ 학습 정도의 4단계<br>  • 인지(to acquaint)<br>  • 지각(to know)<br>  • 이해(to understand)<br>  • 적용(to apply) |
|---|---|---|
| | 진행단계 | 인지, 지각, 이해, 적응 |
| 학습의 성과 | 개념 | 학습목적을 세분화하여 구체적으로 결정하는 것으로, 구체화된 학습목적 및 목표 |
| | 유의사항 | • 주제와 학습정의 포함<br>• 학습목적에 적합하고 타당할 것<br>• 구체적으로 서술하고 수강자의 입장에서 기술할 것 |

## 4. 교육법의 4단계

(1) 교육방법의 4단계

| 단계 | 구분 | 내용 |
|---|---|---|
| 1단계 | 도입 | 동기부여 및 안정 |
| 2단계 | 제시 | 강의순서대로 진행, 교재를 통해 듣고 말하는 단계(이해) |
| 3단계 | 적용 | 자율학습을 통해 배운 것 학습, 상호토론 및 토의 등으로 이해력 향상 |
| 4단계 | 확인 | 잘못된 이해를 수정하고 요점 정리, 복습 |

(2) 교육기능의 4단계

| 단계 | 내용 |
|---|---|
| 1단계 | 학습할 준비 |
| 2단계 | 작업에 대한 설명 |
| 3단계 | 작업을 시켜본다. |
| 4단계 | 가르친 작업의 보충 지도 |

## 5. 교육훈련의 평가방법

(1) 학습의 평가

① 교육훈련 평가의 4단계

| 단계 | 내용 |
|---|---|
| 1단계 | 반응단계 |
| 2단계 | 학습단계 |
| 3단계 | 행동단계 |
| 4단계 | 결과단계 |

② 안전교육 평가방법의 종류

| 종류 | 관찰 | 면접 | 노트 | 질문 | 시험 | 테스트 |
|---|---|---|---|---|---|---|
| 지식교육 | ▲ | ▲ | × | ▲ | ○ | ○ |
| 기능교육 | ▲ | × | ○ | × | × | ○ |
| 태도교육 | ○ | ○ | × | ▲ | ▲ | × |

(2) 학습평가의 기준

① 타당도  ② 신뢰도  ③ 객관도  ④ 실용도

## 제1과목  산업재해 예방 및 안전보건교육

### 3  교육실시 방법

#### 1. 교수방법

**(1) 강의법 ★**

강의법은 가장 보편화된 방법으로 안전관리자(또는 교육담당자)가 학습자에게 직업 언어로 설명하거나 제시하여 안전수칙 등에 대한 내용을 설명하는 것으로 초보적 단계에서 효과적이다.

| 장점 | 단점 |
|---|---|
| • 여러 명의 학습자에게 정보 전달이 가능하다.<br>• 여러 수준의 지식 전달이 가능하다.<br>• 안전관리자(또는 교육담당자)나 학습자에게 친숙한 교수법이다.<br>• 강사의 입장에서 시간의 조정이 가능하다.<br>• 전체적인 교육내용을 제시하는 데 유리하다.<br>• 비교적 많은 인원을 대상으로 단시간에 지식을 부여할 수 있다. | • 안전관리자(또는 교육담당자)의 개인 능력에 따라 교육훈련의 질이 결정된다.<br>• 학습자의 동기유발이 어렵다. |

**(2) 토의법 ★**

토론식 교수법은 학습자와 학습자, 학습자와 교수자 사이에 정보나 아이디어, 의견 등을 나누기 위해 서로 토의하여 문제를 해결해 나가는 방식

① 심포지엄(Symposium) ★★★★

여러 사람의 강연자가 하나의 주제에 대해서 각각 다른 입장에서 짧은 강연을 하고, 그 뒤 청중으로부터 질문이나 의견을 내어 넓은 시야에서 문제를 생각하고, 많은 사람들에 관심을 가지고, 결론을 이끌어내려고 하는 집단토론방식의 하나이다.

② 포럼(Forum) ★

공개토의라고도 하며, 전문가의 발표 시간은 10~20분 정도 주어진다. 포럼은 전문가와 일반 참여자가 구분되는 비대칭적 토의이다. 각자 다른 입장의 전문가가 공개적으로 자신의 의견을 옹호하고 상대의 의견을 비판하면서 논박하는 데 비중을 둔다.

③ 버즈세션(Buzz Session) ★★

많은 사람이 시간이 별로 걸리지 않는 회의나 토론을 할 때 효과적으로 사용하는 방법이다. 전체 구성원을 4~6명의 소그룹으로 나누고 각각의 소그룹이 개별적인 토의를 벌인 뒤 각 그룹의 결론을 패널형식으로 토론하고 최후의 리더가 전체적인 결론을 내리는 토의법이다. 6-6회의라고도 한다.

④ 브레인스토밍(Brainstorming) ★★★

핵심은 아이디어의 발상 및 창작 과정에서 '좋다' 혹은 '나쁘다' 같은 아이디어의 수준을 판단하지 않고 최대한 많은 아이디어를 얻는 것으로, 어떤 생각이라도 자유롭게 말하는 '두뇌 폭풍'을 통해 창의적인 아이디어를 창출하는 것이 목표이다. 대략 6~12명의 구성원으로 진행되며 집단적 사고기법이라고 한다. 4가지의 원칙은 비판금지, 대량발언, 수정발언, 자유발언이다.

(3) 실연법

수업에서 학습자가 설명을 듣거나 시범을 보고 일차 획득한 지적 기능이나 운동 기능을 익히기 위해서 적용 또는 연습해 보는 학습활동 또는 교수방법 ★

(4) 프로그램학습법 ★

학습자가 프로그램 자료를 가지고 단독으로 학습하도록 하는 방법

(5) 모의법

실제의 장면이나 상황을 인위적으로 비슷하게 만들어두고 학습하게 하는 방법

(6) 시청각교육법

각종 시청각교재의 예로 영화, 환등기, TV, 괘도, 모형, 사진, 도표, 파워포인트 등을 이용하여 피교육자에 대한 교육훈련을 하는 방법

(7) 구안법

참가자 스스로가 계획을 수립하고 행동하는 실천적인 학습활동 ★★

## 2. 교육실행 순서 ★★

과제에 대한 목표 결정 → 계획수립 → 활동 → 행동 → 평가

## 4 안전보건교육계획 수립 및 실시

### 1. 안전교육의 3가지 기본 방향 ★★★

① 사고 사례 중심의 안전교육
② 표준작업을 위한 안전교육
③ 안전의식 향상을 위한 안전교육

## 제1과목 산업재해 예방 및 안전보건교육

### 2. 안전보건교육의 단계별 교육과정 ★★★★★★

| 교육 및 단계 | | | 내용 |
|---|---|---|---|
| 능력 개발 | 지식교육 (제1단계) | 특징 | • 강의, 시청각교육 등 지식의 전달과 이해<br>• 다수인원에 대한 교육 가능<br>• 광범위한 지식의 전달 가능<br>• 안전의식의 제고 용이<br>• 피교육자의 이해도 측정 곤란<br>• 교사의 학습 방법에 따라 차이 발생 |
| | | 단계 | 도입(준비) → 제시(설명) → 적용(응용) → 종합, 총괄 |
| | 기능교육 (제2단계) | 특징 | • 시범, 견학, 현장실습을 통한 경험 체득과 이해(표준작업방법 사용)<br>• 작업능력 및 기술능력 부여<br>• 작업동작의 표준화<br>• 교육기간의 장기화<br>• 다수인원 교육 곤란 |
| | | 단계 | 학습준비 → 작업설명 → 실습 → 결과시찰 |
| | | 3원칙 | 준비, 위험 동작의 규제, 안전작업의 표준화 |
| 인간 형성 | 태도교육 (제3단계) | 특징 | • 생활지도, 작업동작지도, 안전의 습관화 및 일체감<br>• 자아실현 욕구의 충족기회 제공<br>• 상사와 부하의 목표설정을 위한 대화(대인관계)<br>• 작업자의 능력을 약간 초월하는 구체적이고 정량적인 목표설정<br>• 신규채용 시에도 태도교육에 중점 |
| | | 단계 | 청취 → 이해납득 → 모범 → 평가(권장) → 장려 및 처벌 |
| | 추후교육 | 특징 | • 지식 - 기능 - 태도교육을 반복<br>• 정기적인 OJT 실시 |

### 3. 안전보건교육계획

(1) 계획수립 절차(단계)

① 교육의 필요점 및 요구사항 파악

② 교육내용 및 교육방법 결정

③ 교육의 준비 및 실시

④ 교육의 성과 평가

(2) 계획수립 시 고려사항(포함사항) ★★★★
① 교육목표
② 교육의 종류 및 교육 대상
③ 교육 과목 및 교육 내용
④ 교육 장소 및 교육 방법
⑤ 교육 기간 및 시간
⑥ 교육 담당자 및 강사

### 5 교육내용

#### 1. 근로자 정기안전보건교육내용 ★
① 산업안전 및 사고 예방에 관한 사항
② 산업보건 및 직업병 예방에 관한 사항
③ 건강증진 및 질병 예방에 관한 사항
④ 유해·위험 작업환경 관리에 관한 사항
⑤ 산업안전보건법령 및 산업재해보상보험 제도에 관한 사항
⑥ 직무스트레스 예방 및 관리에 관한 사항
⑦ 직장 내 괴롭힘, 고객의 폭언 등으로 인한 건강장해 예방 및 관리에 관한 사항

#### 2. 관리감독자 정기안전보건교육내용 ★★★★★★★
① 산업안전 및 사고 예방에 관한 사항
② 산업보건 및 직업병 예방에 관한 사항
③ 유해·위험 작업환경 관리에 관한 사항
④ 산업안전보건법령 및 산업재해보상보험 제도에 관한 사항
⑤ 직무스트레스 예방 및 관리에 관한 사항
⑥ 직장 내 괴롭힘, 고객의 폭언 등으로 인한 건강장해 예방 및 관리에 관한 사항
⑦ 작업공정의 유해·위험과 재해 예방대책에 관한 사항
⑧ 표준안전 작업 방법 및 지도 요령에 관한 사항
⑨ 관리감독자의 역할과 임무에 관한 사항
⑩ 안전보건교육 능력 배양에 관한 사항
- 현장 근로자와의 의사소통능력 향상, 강의능력 향상 및 그 밖에 안전보건교육 능력 배양 등에 관한 사항. 이 경우 안전보건교육 능력 배양 교육은 [별표 4]에 따라 관리감독자가 받아야 하는 전체 교육시간의 3분의 1 범위에서 할 수 있다.

## 3. 신규 채용 시와 작업내용 변경 시 안전보건교육내용 ★

① 산업안전 및 사고 예방에 관한 사항
② 산업보건 및 직업병 예방에 관한 사항
③ 산업안전보건법령 및 산업재해보상보험 제도에 관한 사항
④ 직무스트레스 예방 및 관리에 관한 사항
⑤ 직장 내 괴롭힘, 고객의 폭언 등으로 인한 건강장해 예방 및 관리에 관한 사항
⑥ 기계・기구의 위험성과 작업의 순서 및 동선에 관한 사항
⑦ 작업 개시 전 점검에 관한 사항
⑧ 정리정돈 및 청소에 관한 사항
⑨ 사고 발생 시 긴급조치에 관한 사항
⑩ 물질안전 보건자료에 관한 사항

## 4. 특별교육 대상 작업별 교육내용

(1) 특별교육 대상 작업별 교육(산업안전보건법 시행규칙 [별표 5]) ★★

| 작업명 | 교육내용 |
|---|---|
| 〈개별내용〉<br>1. 고압실 내 작업(잠함공법이나 그 밖의 압기공법으로 대기압을 넘는 기압인 작업실 또는 수갱 내부에서 하는 작업만 해당한다) | • 고기압 장해의 인체에 미치는 영향에 관한 사항<br>• 작업의 시간・작업 방법 및 절차에 관한 사항<br>• 압기공법에 관한 기초지식 및 보호구 착용에 관한 사항<br>• 이상 발생 시 응급조치에 관한 사항<br>• 그 밖에 안전・보건관리에 필요한 사항 |
| 2. 아세틸렌 용접장치 또는 가스집합 용접장치를 사용하는 금속의 용접・용단 또는 가열작업(발생기・도관 등에 의하여 구성되는 용접장치만 해당한다) | • 용접 흄, 분진 및 유해광선 등의 유해성에 관한 사항<br>• 가스용접기, 압력조정기, 호스 및 취관두(불꽃이 나오는 용접기의 앞부분) 등의 기기점검에 관한 사항<br>• 작업 방법・순서 및 응급처치에 관한 사항<br>• 안전기 및 보호구 취급에 관한 사항<br>• 화재예방 및 초기대응에 관한 사항<br>• 그 밖에 안전・보건관리에 필요한 사항 |
| ★ 3. 밀폐된 장소(탱크 내 또는 환기가 극히 불량한 좁은 장소를 말한다)에서 하는 용접작업 또는 습한 장소에서 하는 전기용접 작업 | • 작업순서, 안전작업방법 및 수칙에 관한 사항<br>• 환기설비에 관한 사항<br>• 전격 방지 및 보호구 착용에 관한 사항<br>• 질식 시 응급조치에 관한 사항<br>• 작업환경 점검에 관한 사항<br>• 그 밖에 안전・보건관리에 필요한 사항 |

| 작업명 | 교육내용 |
|---|---|
| 4. 폭발성·물반응성·자기반응성·자기발열성 물질, 자연발화성 액체·고체 및 인화성 액체의 제조 또는 취급작업(시험연구를 위한 취급작업은 제외한다) | • 폭발성·물반응성·자기반응성·자기발열성 물질, 자연발화성 액체·고체 및 인화성 액체의 성질이나 상태에 관한 사항<br>• 폭발 한계점, 발화점 및 인화점 등에 관한 사항<br>• 취급방법 및 안전수칙에 관한 사항<br>• 이상 발견 시의 응급처치 및 대피 요령에 관한 사항<br>• 화기·정전기·충격 및 자연발화 등의 위험방지에 관한 사항<br>• 작업순서, 취급주의사항 및 방호거리 등에 관한 사항<br>• 그 밖에 안전·보건관리에 필요한 사항 |
| 5. 액화석유가스·수소가스 등 인화성 가스 또는 폭발성 물질 중 가스의 발생장치 취급 작업 | • 취급가스의 상태 및 성질에 관한 사항<br>• 발생장치 등의 위험 방지에 관한 사항<br>• 고압가스 저장설비 및 안전취급방법에 관한 사항<br>• 설비 및 기구의 점검 요령<br>• 그 밖에 안전·보건관리에 필요한 사항 |
| 6. 화학설비 중 반응기, 교반기·추출기의 사용 및 세척작업 | • 각 계측장치의 취급 및 주의에 관한 사항<br>• 투시창·수위 및 유량계 등의 점검 및 밸브의 조작 주의에 관한 사항<br>• 세척액의 유해성 및 인체에 미치는 영향에 관한 사항<br>• 작업 절차에 관한 사항<br>• 그 밖에 안전·보건관리에 필요한 사항 |
| 7. 화학설비의 탱크 내 작업 | • 차단장치·정지장치 및 밸브 개폐장치의 점검에 관한 사항<br>• 탱크 내의 산소농도 측정 및 작업환경에 관한 사항<br>• 안전보호구 및 이상 발생 시 응급조치에 관한 사항<br>• 작업 절차·방법 및 유해·위험에 관한 사항<br>• 그 밖에 안전·보건관리에 필요한 사항 |
| 8. 분말·원재료 등을 담은 호퍼(하부가 깔대기 모양으로 된 저장통)·저장창고 등 저장탱크의 내부작업 | • 분말·원재료의 인체에 미치는 영향에 관한 사항<br>• 저장탱크 내부작업 및 복장보호구 착용에 관한 사항<br>• 작업의 지정·방법·순서 및 작업환경 점검에 관한 사항<br>• 팬·풍기(風旗) 조작 및 취급에 관한 사항<br>• 분진폭발에 관한 사항<br>• 그 밖에 안전·보건관리에 필요한 사항 |
| 9. 다음 각 목에 정하는 설비에 의한 물건의 가열·건조작업<br>가. 건조설비 중 위험물 등에 관계되는 설비로 속 부피가 1세제곱미터 이상인 것<br>나. 건조설비 중 가목의 위험물 등 외의 물질에 관계되는 설비로서, 연료를 열원으로 사용하는 것(그 최대연소소비량이 매 시간당 10킬로그램 이상인 것만 해당한다) 또는 전력을 열원으로 사용하는 것(정격소비전력이 10킬로와트 이상인 경우만 해당한다) | • 건조설비 내외면 및 기기기능의 점검에 관한 사항<br>• 복장보호구 착용에 관한 사항<br>• 건조 시 유해가스 및 고열 등이 인체에 미치는 영향에 관한 사항<br>• 건조설비에 의한 화재·폭발 예방에 관한 사항 |

| 작업명 | 교육내용 |
|---|---|
| 10. 다음 각 목에 해당하는 집재장치(집재기·가선·운반기구·지주 및 이들에 부속하는 물건으로 구성되고, 동력을 사용하여 원목 또는 장작과 숯을 담아 올리거나 공중에서 운반하는 설비를 말한다)의 조립, 해체, 변경 또는 수리작업 및 이들 설비에 의한 집재 또는 운반 작업<br>가. 원동기의 정격출력이 7.5킬로와트를 넘는 것<br>나. 지간의 경사거리 합계가 350미터 이상인 것<br>다. 최대사용하중이 200킬로그램 이상인 것 | • 기계의 브레이크 비상정지장치 및 운반경로, 각종 기능 점검에 관한 사항<br>• 작업 시작 전 준비사항 및 작업 방법에 관한 사항<br>• 취급물의 유해·위험에 관한 사항<br>• 구조상의 이상 시 응급처치에 관한 사항<br>• 그 밖에 안전·보건관리에 필요한 사항 |
| 11. 동력에 의하여 작동되는 프레스기계를 5대 이상 보유한 사업장에서 해당 기계로 하는 작업 | • 프레스의 특성과 위험성에 관한 사항<br>• 방호장치 종류와 취급에 관한 사항<br>• 안전작업방법에 관한 사항<br>• 프레스 안전기준에 관한 사항<br>• 그 밖에 안전·보건관리에 필요한 사항 |
| 12. 목재가공용 기계[둥근톱기계, 띠톱기계, 대패기계, 모떼기기계 및 라우터기(목재를 자르거나 홈을 파는 기계)만 해당하며, 휴대용은 제외한다]를 5대 이상 보유한 사업장에서 해당 기계로 하는 작업 | • 목재가공용 기계의 특성과 위험성에 관한 사항<br>• 방호장치의 종류와 구조 및 취급에 관한 사항<br>• 안전기준에 관한 사항<br>• 안전작업방법 및 목재 취급에 관한 사항<br>• 그 밖에 안전·보건관리에 필요한 사항 |
| 13. 운반용 등 하역기계를 5대 이상 보유한 사업장에서의 해당 기계로 하는 작업 | • 운반하역기계 및 부속설비의 점검에 관한 사항<br>• 작업순서와 방법에 관한 사항<br>• 안전운전방법에 관한 사항<br>• 화물의 취급 및 작업신호에 관한 사항<br>• 그 밖에 안전·보건관리에 필요한 사항 |
| 14. 1톤 이상의 크레인을 사용하는 작업 또는 1톤 미만의 크레인 또는 호이스트를 5대 이상 보유한 사업장에서 해당 기계로 하는 작업(제40호의 작업은 제외한다) | • 방호장치의 종류, 기능 및 취급에 관한 사항<br>• 걸고리·와이어로프 및 비상정지장치 등의 기계·기구 점검에 관한 사항<br>• 화물의 취급 및 안전작업방법에 관한 사항<br>• 신호방법 및 공동작업에 관한 사항<br>• 인양 물건의 위험성 및 낙하·비래(飛來)·충돌재해 예방에 관한 사항<br>• 인양물이 적재될 지반의 조건, 인양하중, 풍압 등이 인양물과 타워크레인에 미치는 영향<br>• 그 밖에 안전·보건관리에 필요한 사항 |
| 15. 건설용 리프트·곤돌라를 이용한 작업 | • 방호장치의 기능 및 사용에 관한 사항<br>• 기계, 기구, 달기체인 및 와이어 등의 점검에 관한 사항<br>• 화물의 권상·권하 작업 방법 및 안전작업 지도에 관한 사항<br>• 기계·기구에 특성 및 동작 원리에 관한 사항<br>• 신호방법 및 공동작업에 관한 사항<br>• 그 밖에 안전·보건관리에 필요한 사항 |

| 작업명 | 교육내용 |
|---|---|
| 16. 주물 및 단조(금속을 두들기거나 눌러서 형체를 만드는 일) 작업 | • 고열물의 재료 및 작업환경에 관한 사항<br>• 출탕·주조 및 고열물의 취급과 안전작업방법에 관한 사항<br>• 고열작업의 유해·위험 및 보호구 착용에 관한 사항<br>• 안전기준 및 중량물 취급에 관한 사항<br>• 그 밖에 안전·보건관리에 필요한 사항 |
| 17. 전압이 75볼트 이상인 정전 및 활선작업 | • 전기의 위험성 및 전격 방지에 관한 사항<br>• 해당 설비의 보수 및 점검에 관한 사항<br>• 정전작업·활선작업 시의 안전작업방법 및 순서에 관한 사항<br>• 절연용 보호구, 절연용 보호구 및 활선작업용 기구 등의 사용에 관한 사항<br>• 그 밖에 안전·보건관리에 필요한 사항 |
| 18. 콘크리트 파쇄기를 사용하여 하는 파쇄작업(2미터 이상인 구축물의 파쇄작업만 해당한다) | • 콘크리트 해체 요령과 방호거리에 관한 사항<br>• 작업안전조치 및 안전기준에 관한 사항<br>• 파쇄기의 조작 및 공통작업 신호에 관한 사항<br>• 보호구 및 방호장비 등에 관한 사항<br>• 그 밖에 안전·보건관리에 필요한 사항 |
| 19. 굴착면의 높이가 2미터 이상이 되는 지반 굴착(터널 및 수직갱 외의 갱 굴착은 제외한다)작업 | • 지반의 형태·구조 및 굴착 요령에 관한 사항<br>• 지반의 붕괴재해 예방에 관한 사항<br>• 붕괴 방지용 구조물 설치 및 작업 방법에 관한 사항<br>• 보호구의 종류 및 사용에 관한 사항<br>• 그 밖에 안전·보건관리에 필요한 사항 |
| 20. 흙막이 지보공의 보강 또는 동바리를 설치하거나 해체하는 작업 | • 작업안전 점검 요령과 방법에 관한 사항<br>• 동바리의 운반·취급 및 설치 시 안전작업에 관한 사항<br>• 해체작업 순서와 안전기준에 관한 사항<br>• 보호구 취급 및 사용에 관한 사항<br>• 그 밖에 안전·보건관리에 필요한 사항 |
| 21. 터널 안에서의 굴착작업(굴착용 기계를 사용하여 하는 굴착작업 중 근로자가 칼날 밑에 접근하지 않고 하는 작업은 제외한다) 또는 같은 작업에서의 터널 거푸집 지보공의 조립 또는 콘크리트 작업 | • 작업환경의 점검 요령과 방법에 관한 사항<br>• 붕괴 방지용 구조물 설치 및 안전작업 방법에 관한 사항<br>• 재료의 운반 및 취급·설치의 안전기준에 관한 사항<br>• 보호구의 종류 및 사용에 관한 사항<br>• 소화설비의 설치장소 및 사용방법에 관한 사항<br>• 그 밖에 안전·보건관리에 필요한 사항 |
| 22. 굴착면의 높이가 2미터 이상이 되는 암석의 굴착작업 | • 폭발물 취급 요령과 대피 요령에 관한 사항<br>• 안전거리 및 안전기준에 관한 사항<br>• 방호물의 설치 및 기준에 관한 사항<br>• 보호구 및 신호방법 등에 관한 사항<br>• 그 밖에 안전·보건관리에 필요한 사항 |

| 작업명 | 교육내용 |
|---|---|
| 23. 높이가 2미터 이상인 물건을 쌓거나 무너뜨리는 작업(하역기계로만 하는 작업은 제외한다) | • 원부재료의 취급방법 및 요령에 관한 사항<br>• 물건의 위험성·낙하 및 붕괴재해 예방에 관한 사항<br>• 적재방법 및 전도 방지에 관한 사항<br>• 보호구 착용에 관한 사항<br>• 그 밖에 안전·보건관리에 필요한 사항 |
| 24. 선박에 짐을 쌓거나 부리거나 이동시키는 작업 | • 하역 기계·기구의 운전방법에 관한 사항<br>• 운반·이송경로의 안전작업방법 및 기준에 관한 사항<br>• 중량물 취급 요령과 신호 요령에 관한 사항<br>• 작업안전 점검과 보호구 취급에 관한 사항<br>• 그 밖에 안전·보건관리에 필요한 사항 |
| 25. 거푸집 동바리의 조립 또는 해체작업 | • 동바리의 조립방법 및 작업 절차에 관한 사항<br>• 조립재료의 취급방법 및 설치기준에 관한 사항<br>• 조립 해체 시의 사고 예방에 관한 사항<br>• 보호구 착용 및 점검에 관한 사항<br>• 그 밖에 안전·보건관리에 필요한 사항 |
| 26. 비계의 조립·해체 또는 변경작업 | • 비계의 조립순서 및 방법에 관한 사항<br>• 비계작업의 재료 취급 및 설치에 관한 사항<br>• 추락재해 방지에 관한 사항<br>• 보호구 착용에 관한 사항<br>• 비계상부 작업 시 최대 적재하중에 관한 사항<br>• 그 밖에 안전·보건관리에 필요한 사항 |
| 27. 건축물의 골조, 다리의 상부구조 또는 탑의 금속제의 부재로 구성되는 것(5미터 이상인 것만 해당한다)의 조립·해체 또는 변경작업 | • 건립 및 버팀대의 설치순서에 관한 사항<br>• 조립 해체 시의 추락재해 및 위험요인에 관한 사항<br>• 건립용 기계의 조작 및 작업 신호방법에 관한 사항<br>• 안전장비 착용 및 해체순서에 관한 사항<br>• 그 밖에 안전·보건관리에 필요한 사항 |
| 28. 처마 높이가 5미터 이상인 목조건축물의 구조 부재의 조립이나 건축물의 지붕 또는 외벽 밑에서의 설치작업 | • 붕괴·추락 및 재해 방지에 관한 사항<br>• 부재의 강도·재질 및 특성에 관한 사항<br>• 조립·설치순서 및 안전작업방법에 관한 사항<br>• 보호구 착용 및 작업 점검에 관한 사항<br>• 그 밖에 안전·보건관리에 필요한 사항 |
| 29. 콘크리트 인공구조물(그 높이가 2미터 이상인 것만 해당한다)의 해체 또는 파괴작업 | • 콘크리트 해체 기계의 점검에 관한 사항<br>• 파괴 시의 안전거리 및 대피 요령에 관한 사항<br>• 작업 방법·순서 및 신호 방법 등에 관한 사항<br>• 해체·파괴 시의 작업안전기준 및 보호구에 관한 사항<br>• 그 밖에 안전·보건관리에 필요한 사항 |

| 작업명 | 교육내용 |
|---|---|
| 30. 타워크레인을 설치(상승작업을 포함한다)·해체하는 작업 | • 붕괴·추락 및 재해 방지에 관한 사항<br>• 설치·해체순서 및 안전작업방법에 관한 사항<br>• 부재의 구조·재질 및 특성에 관한 사항<br>• 신호방법 및 요령에 관한 사항<br>• 이상 발생 시 응급조치에 관한 사항<br>• 그 밖에 안전·보건관리에 필요한 사항 |
| 31. 보일러(소형 보일러 및 다음 각 목에서 정하는 보일러는 제외한다)의 설치 및 취급 작업<br>　가. 몸통 반지름이 750밀리미터 이하이고 그 길이가 1,300밀리미터 이하인 증기보일러<br>　나. 전열면적이 3제곱미터 이하인 증기보일러<br>　다. 전열면적이 14제곱미터 이하인 온수보일러<br>　라. 전열면적이 30제곱미터 이하인 관류보일러(물관을 사용하여 가열시키는 방식의 보일러) | • 기계 및 기기 점화장치 계측기의 점검에 관한 사항<br>• 열관리 및 방호장치에 관한 사항<br>• 작업순서 및 방법에 관한 사항<br>• 그 밖에 안전·보건관리에 필요한 사항 |
| 32. 게이지 압력을 제곱센티미터당 1킬로그램 이상으로 사용하는 압력용기의 설치 및 취급작업 | • 안전시설 및 안전기준에 관한 사항<br>• 압력용기의 위험성에 관한 사항<br>• 용기 취급 및 설치기준에 관한 사항<br>• 작업안전 점검 방법 및 요령에 관한 사항<br>• 그 밖에 안전·보건관리에 필요한 사항 |
| 33. 방사선 업무에 관계되는 작업(의료 및 실험용은 제외한다) ★ | • 방사선의 유해·위험 및 인체에 미치는 영향<br>• 방사선의 측정기기 기능의 점검에 관한 사항<br>• 방호거리·방호벽 및 방사선물질의 취급 요령에 관한 사항<br>• 응급처치 및 보호구 착용에 관한 사항<br>• 그 밖에 안전·보건관리에 필요한 사항 |
| 34. 밀폐공간에서의 작업 | • 산소농도 측정 및 작업환경에 관한 사항<br>• 사고 시의 응급처치 및 비상시 구출에 관한 사항<br>• 보호구 착용 및 보호 장비 사용에 관한 사항<br>• 작업내용·안전작업방법 및 절차에 관한 사항<br>• 장비·설비 및 시설 등의 안전점검에 관한 사항<br>• 그 밖에 안전·보건관리에 필요한 사항 |
| 35. 허가 및 관리대상 유해물질의 제조 또는 취급작업 | • 취급물질의 성질 및 상태에 관한 사항<br>• 유해물질이 인체에 미치는 영향<br>• 국소배기장치 및 안전설비에 관한 사항<br>• 안전작업방법 및 보호구 사용에 관한 사항<br>• 그 밖에 안전·보건관리에 필요한 사항 |
| 36. 로봇작업 | • 로봇의 기본원리·구조 및 작업 방법에 관한 사항<br>• 이상 발생 시 응급조치에 관한 사항<br>• 안전시설 및 안전기준에 관한 사항<br>• 조작방법 및 작업순서에 관한 사항 |

| 작업명 | 교육내용 |
|---|---|
| 37. 석면 해체·제거작업 | • 석면의 특성과 위험성<br>• 석면 해체·제거의 작업 방법에 관한 사항<br>• 장비 및 보호구 사용에 관한 사항<br>• 그 밖에 안전·보건관리에 필요한 사항 |
| 38. 가연물이 있는 장소에서 하는 화재위험작업 | • 작업 준비 및 작업 절차에 관한 사항<br>• 작업장 내 위험물, 가연물의 사용·보관·설치 현황에 관한 사항<br>• 화재위험작업에 따른 인근 인화성 액체에 대한 방호조치에 관한 사항<br>• 화재위험작업으로 인한 불꽃, 불티 등의 흩날림 방지 조치에 관한 사항<br>• 인화성 액체의 증기가 남아 있지 않도록 환기 등의 조치에 관한 사항<br>• 화재감시자의 직무 및 피난교육 등 비상조치에 관한 사항<br>• 그 밖에 안전·보건관리에 필요한 사항 |
| 39. 타워크레인을 사용하는 작업 시 신호업무를 하는 작업 ★ | • 타워크레인의 기계적 특성 및 방호장치 등에 관한 사항<br>• 화물의 취급 및 안전작업방법에 관한 사항<br>• 신호방법 및 요령에 관한 사항<br>• 인양 물건의 위험성 및 낙하·비래·충돌재해 예방에 관한 사항<br>• 인양물이 적재될 지반의 조건, 인양하중, 풍압 등이 인양물과 타워크레인에 미치는 영향<br>• 그 밖에 안전·보건관리에 필요한 사항 |

(2) 건설업 기초안전보건교육에 대한 내용 및 시간

| 교육내용 | 시간 |
|---|---|
| 건설공사의 종류(건축·토목 등) 및 시공 절차 | 1시간 |
| 산업재해 유형별 위험요인 및 안전보건조치 | 2시간 |
| 안전보건관리체제 현황 및 산업안전보건 관련 근로자 권리·의무 | 1시간 |

(3) 안전보건교육 교육과정별 교육시간 ★

① 근로자 안전보건교육

| 교육과정 | 교육대상 | | 교육시간 |
|---|---|---|---|
| 가. 정기교육 | 사무직 종사 근로자 | | 매 분기 3시간 이상 |
| | 사무직 종사 근로자 외의 근로자 | 판매업무에 직접 종사하는 근로자 | 매 분기 3시간 이상 |
| | | 판매업무에 직접 종사하는 근로자 외의 근로자 | 매 분기 6시간 이상 |
| | 관리감독자의 지위에 있는 사람 | | 연간 16시간 이상 |
| 나. 채용 시 교육 | 일용근로자 | | 1시간 이상 |
| | 일용근로자를 제외한 근로자 | | 8시간 이상 |
| 다. 작업내용 변경 시 교육 ★ | 일용근로자 | | 1시간 이상 |
| | 일용근로자를 제외한 근로자 | | 2시간 이상 |
| 라. 특별교육 | 타워크레인 신호작업을 제외한 특별교육 대상에 해당하는 작업에 종사하는 일용근로자 | | 2시간 이상 |
| | 타워크레인 신호작업에 종사하는 일용근로자 | | 8시간 이상 |
| | 특별교육 대상에 해당하는 작업에 종사하는 일용근로자를 제외한 근로자 | | • 16시간 이상(최초 작업에 종사하기 전 4시간 이상 실시하고 12시간은 3개월 이내에서 분할하여 실시 가능)<br>• 단기간 작업 또는 간헐적 작업인 경우에는 2시간 이상 |
| 마. 건설업 기초안전·보건교육 | 건설 일용근로자 | | 4시간 이상 |

## 제1과목 산업재해 예방 및 안전보건교육

② 안전보건관리책임자 등에 관한 교육 ★

| 교육대상 | 교육시간 | |
|---|---|---|
| | 신규교육 | 보수교육 |
| 가. 안전보건관리책임자 | 6시간 이상 | 6시간 이상 |
| 나. 안전관리자, 안전관리전문기관의 종사자 | 34시간 이상 | 24시간 이상 |
| 다. 보건관리자, 보건관리전문기관의 종사자 | 34시간 이상 | 24시간 이상 |
| 라. 건설재해예방전문지도기관의 종사자 | 34시간 이상 | 24시간 이상 |
| 마. 석면조사기관의 종사자 | 34시간 이상 | 24시간 이상 |
| 바. 안전보건관리담당자 | – | 8시간 이상 |
| 사. 안전검사기관, 자율안전검사기관의 종사자 | 34시간 이상 | 24시간 이상 |

③ 특수형태근로종사자에 대한 안전보건교육

| 교육과정 | 교육시간 |
|---|---|
| 가. 최초 노무제공 시 교육 | 2시간 이상(단기간 작업 또는 간헐적 작업에 노무를 제공하는 경우에는 1시간 이상 실시하고, 특별교육을 실시한 경우는 면제) |
| 나. 특별교육 | 16시간 이상(최초 작업에 종사하기 전 4시간 이상 실시하고 12시간은 3개월 이내에서 분할하여 실시가능) |
| | 단기간 작업 또는 간헐적 작업인 경우에는 2시간 이상 |

④ 검사원 성능검사 교육

| 교육과정 | 교육대상 | 교육시간 |
|---|---|---|
| 성능검사 교육 | – | 28시간 이상 |

# 제2과목 인간공학 및 위험성 평가·관리

## Chapter 1  안전과 인간공학

### 1  인간공학의 정의

#### 1. 정의 및 목적

(1) 인간공학의 정의

① 인간을 중심에 두고 더욱 효과적이고 안전한 시스템을 설계하기 위한 수단을 연구하는 학문

② 인간이 편리하게 사용할 수 있도록 기계설비 및 환경을 설계하는 과정을 인간공학이라 한다(인간의 편리성을 위한 설계).

③ 기계나 도구, 환경 따위를 인간의 해부학, 생리학, 심리학적 특성에 알맞게 하기 위한 연구를 하는 학문

④ 'ergonomics' 또는 'human factor'라고 부른다.

(2) 인간공학의 목적 ★★★

인간-기계 시스템 구성요소의 최적설계를 통해 인간-기계 간의 상호작용을 개선하여 시스템의 성능을 높인다.

| 사회적, 인간적 측면 | • 사용상의 효율성 및 편리성 향상<br>• 안정감 및 만족도를 증가시키고 인간의 가치기준을 향상(삶의 질적 향상)<br>• 인간-기계 시스템에 대하여 인간의 복지, 안락함, 효율성을 향상시키는 것 |
|---|---|
| 산업현장 및 작업장 측면 | • 안전성 향상 및 사고 예방<br>• 직업능률 및 생산성 증대<br>• 작업환경의 쾌적성 |

#### 2. 배경 및 필요성 ★

① 작업자의 안전과 작업능률 향상

② 산업재해 감소

③ 생산원가 절감

④ 재해로 인한 직무손실 감소

⑤ 직무만족도 향상

⑥ 기업의 이미지와 상품 선호도 향상으로 경쟁력 상승

⑦ 노사 간의 신뢰 구축

## 3. 작업관리와 인간공학

작업관리를 인간공학적으로 우리의 실정에 맞게 수정·개선하고, 문화적·사회적 여건에 따라 실행전략을 구축하는 단계가 필요하다.

| 필요성 | 적용 분야 |
|---|---|
| 산업재해 예방, 생산성 및 품질향상, 비용 절감 | 작업장소와 작업설비, 작업방법, 작업환경 |

## 4. 사업장에서의 인간공학 적용 분야

(1) 사업장에서의 인간공학 적용 분야 ★
  ㉠ 작업 관련성 유해·위험작업 분석(작업환경 분석)
  ㉡ 제품설계에 있어 인간에 대한 안전성 평가(장비, 공구 설계)
  ㉢ 작업 공간의 설계
  ㉣ 인간-기계 인터페이스 디자인
  ㉤ 재해 및 질병예방

(2) 인간공학의 기본적인 가정 ★
  ㉠ 인간 기능의 효율은 인간-기계 시스템의 효율과 연계된다.
  ㉡ 인간에게 적절한 동기부여가 된다면 좀 더 나은 성과를 얻게 된다.
  ㉢ 인간의 신체적, 심리적 능력 한계를 고려하여 인간에게 적절한 형태로 작업을 맞추는 것으로 개인의 시스템에서 효과적으로 기능을 하지 못하면 시스템의 수행도는 낮아진다.
  ㉣ 장비, 물건, 환경 특성이 인간의 수행도와 인간-기계 시스템의 성과에 영향을 준다.

## 2 인간 – 기계체계

### 1. 인간-기계 시스템의 기본기능 ★★

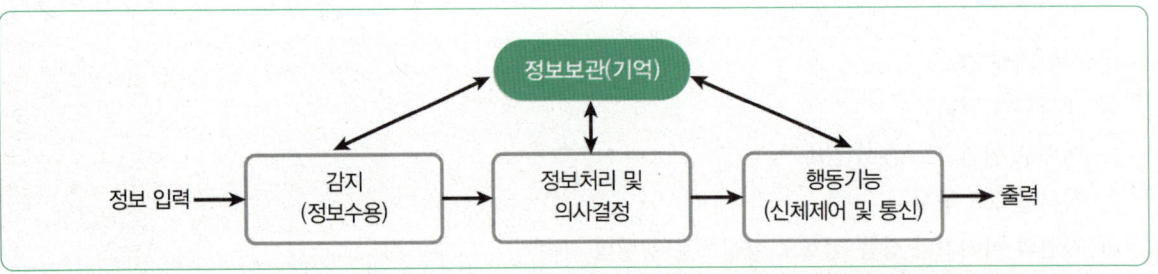

## 2. 시스템의 특성

### (1) 인간과 기계의 성능 비교 ★★

| 인간이 우수한 기능 | 기계가 우수한 기능 |
|---|---|
| 귀납적 추리 | 연역적 추리 |
| 과부하 상태에서 선택 | 과부하 상태에서도 효율적 |

### (2) 인간-기계 시스템의 유형 및 기능 ★

| 유형 | 기능 |
|---|---|
| 수동시스템 | • 인간의 신체적인 힘을 동력으로 사용하여 작업통제(동력원 제어 : 사람, 수공구나 기타 보조물을 사용)<br>• 다양성 있는 체계로 역할할 수 있는 능력을 최대한 활용하는 시스템(융통성이 있는 운용 가능) |
| 기계화시스템 | • 반자동체계, 변화가 적은 기능들을 수행하도록 설계(고도로 통합된 부품들로 구성되며 융통성이 없는 체계)<br>• <u>기계가 동력을 제공하며, 조정장치를 사용하는 통제는 사람이 담당</u> |
| 자동화시스템 | • 감지, 정보처리 및 의사결정 행동을 포함한 모든 임무 수행(<u>기계동력원 및 운전, 프로그램 감시 또는 통제, 관리</u>)<br>• 대부분의 폐회로 체계이며, <u>설계, 설치, 감시, 프로그램 작성 및 수정 정비, 유지 등은 사람이 담당</u> |

### (3) 인간-기계 시스템의 설계 과정 ★★★

① 제1단계 : 목표 및 성능명세 결정 – 시스템 설계 전 그 목적이나 존재 이유가 있어야 함(인간 요소적인 면, 신체의 역학적 특성 및 인체측정학적 요소 고려).
② 제2단계 : 시스템(체계)의 정의 – 목적을 달성하기 위한 특정한 기본기능들이 수행되어야 함.
③ 제3단계 : 기본 설계 – 시스템의 형태를 갖추기 시작하는 단계(직무분석, 작업설계, 기능할당)
④ 제4단계 : 계면(인터페이스) 설계 – 사용자 편의와 시스템 성능
⑤ 제5단계 : 촉진물(보조물) 설계 – 인간의 성능을 촉진시킬 보조물 설계
⑥ 제6단계 : 시험 및 평가 – 시스템 개발과 관련된 평가와 인간적인 요소 평가 실시

## 3 체계설계와 인간요소

### 1. 체계기준의 평가 척도 요건 ★★★★★

| 요건 | 내용 |
|---|---|
| 적절성, 타당성 | 기준이 의도된 목적에 적합하다고 판단되는 정도 |
| 무오염성 | 측정하고자 하는 변수 외의 영향이 없어야 함 |
| 기준척도의 신뢰성 | 반복성을 통한 척도의 신뢰성이 있어야 함 |
| 객관성 | 평가 과정과 결과는 주관적 편향 없이 객관적 기준에 따라 이루어져야 함 |
| 민감도 | 피실험자 사이에서 볼 수 있는 예상 차이점에 비례하는 단위로 측정해야 한다. |

## 2. 기본 설계

시스템의 형태를 갖추기 시작하는 단계로 기능할당, 작업설계, 직무분석 등이 있다.

### (1) 기능할당[인간, 기계(하드웨어, 소프트웨어)]

① 인간과 기계의 기능 비교(상대적 재능) ★★★

| 구분 | 인간이 기계보다 우수한 기능 | 기계가 인간보다 우수한 기능 |
|---|---|---|
| 감지기능 | • 저에너지 자극 감지<br>• 복잡 다양한 자극형태 식별<br>• 예기치 못한 사건 감지 | • 인간의 정상적 감지범위 밖의 자극 감지<br>• 인간 및 기계에 대한 모니터 기능<br>• 드물게 발생하는 사상 감지 |
| 정보저장 | • 많은 양의 정보를 장시간 보관 | • 암호화된 정보를 신속하게 대량 보관 |
| 정보처리 및 결심 | • 관찰을 통해 일반화<br>• 귀납적 추리<br>• 원칙 적용<br>• 다양한 문제 해결(정상적) | • 연역적 추리<br>• 정량적 정보처리 |
| 행동기능 | • 과부하 상태에서는 중요한 일에 전념 | • 과부하 상태에서도 효율적 작용<br>• 장시간 중량 작업<br>• 반복 작업, 동시에 여러 가지 작업 가능 |

② 구체적인 기능의 비교

| 인간이 기계보다 우수한 기능 | 기계가 인간보다 우수한 기능 |
|---|---|
| • 매우 낮은 수준의 자극도 감지(감지기관)<br>• 수신 상태가 불량한 음극선관(CRT)의 영상처럼 배경 '잡음'이 심해도 자극(신호)을 감지<br>• 갑작스러운 이상 현상이나 예상치 못한 사건을 감지<br>• 많은 양의 정보를 장시간 보관(기억)<br>• 항공사진의 피사체나 음성처럼 상황에 따라 변하는 복잡한 자극형태 식별<br>• 보관된 정보를 회수(상기)하며, 관련된 수많은 정보 항목들을 회수(회수신뢰도는 낮음)<br>• 다양한 경험을 토대로 의사결정(상황)에 따른 적응적 결정 및 비상시 임기응변 가능<br>• 운용방법 실패 시 다른 방법 선택<br>• 귀납적 추리(관찰을 통하여 일반화)<br>• 원칙을 적용, 다양한 문제 해결<br>• 주관적인 추산과 평가<br>• 전혀 다른 새로운 해결책 찾아냄<br>• 과부하 상황에서는 상대적으로 중요한 활동에 전심<br>• 다양한 종류의 운용 요건에 따라 신체적인 반응을 적응 | • 인간의 정상적인 감지범위 밖의 자극을 감지(X선, 레이더파, 초음파 등)<br>• 연역적 추리(자극이 분류한 어떤 급에 속하는가를 판별하는 것)<br>• 사전에 명시된 사상이나 드물게 발생하는 사상을 감지<br>• 암호화된 정보를 신속하게 대량으로 보관 가능<br>• 구체적인 지시에 의해 암호화된 정보를 신속하고 정확하게 회수<br>• 정해진 프로그램에 의해 정량적인 정보처리<br>• 입력 신호에 신속하고 일관성 있게 반응<br>• 반복 작업의 수행에 높은 신뢰성<br>• 상당히 큰 물리적인 힘을 균일하게 발휘<br>• 장기간에 걸쳐 원만한 작업수행(피로가 없음)<br>• 물리적인 양을 계수하거나 측정<br>• 여러 개의 프로그램된 활동 동시 수행<br>• 과부하 상태에서도 효율적으로 작동<br>• 주위가 소란해도 효율적으로 작동 |

요약 : 인간은 융통성은 있으나 일관적 작업수행이 어렵고, 기계는 융통성이 없으나 일관성 있는 작업수행이 가능하다.

## 3. 계면 설계 포함사항
① 작업 공간
② 표시장치
③ 조정장치
④ 제어
⑤ 컴퓨터 대화 등

## 4. 촉진물 설계
인간 성능을 증진시킬 보조물 설계

## 5. 체계의 설계에서 직무 분석 방법
① 면접법
② 설문지법
③ 직접관찰법
④ 일지작성법
⑤ 위험사건기법
⑥ 혼합방식법

## 6. 감성공학

(1) 감성공학과 인간 Interface(계면)의 3단계

| | |
|---|---|
| 신체적(형태적) 인터페이스 | 인간의 신체적 또는 형태적 특성의 적합성 여부(필요조건) |
| 지적 인터페이스 | 인간의 인지능력, 정신적 부담의 정도(편리수준) |
| 감성적 인터페이스 | 인간의 감정 및 정서의 적합성 여부(쾌적수준) |

(2) 인간-기계 통합 체계 분석 및 설계에 있어서의 인간공학의 가치 ★
① 성능의 향상
② 훈련비용의 절감
③ 인력 이용률의 향상
④ 사고 및 오용으로부터의 손실 감소
⑤ 생산 및 정비 유지의 경제성 증대
⑥ 사용자의 수용도 향상

## 4 인간요소와 휴먼에러

### 1. 인간실수(휴먼에러)의 분류 ★★★

| 심리적 분류(Swain의 분류) ★★★ | 원인별(레벨별) 분류 |
|---|---|
| • 생략오류(Omission Error) : 절차를 생략해 발생하는 오류<br>• 시간오류(Time Error) : 절차의 수행지연에 의한 오류<br>• 작위오류(Commission Error) : 절차의 불확실한 수행에 의한 오류<br>• 순서오류(Sequential Error) : 절차의 순서착오에 의한 오류<br>• 과잉행동오류(Extraneous Error) : 불필요한 작업/절차에 의한 오류 | • Primary Error(1차 에러) : 작업자 자신에 의해 발생한 에러<br>• Secondary Error(2차 에러) : 작업 형태/조건에 의해 발생, 또는 어떤 결함으로부터 파생하여 발생하는 에러<br>• Command Error : 작업자가 움직일 수 없는 상태에서 발생 |

### 2. 형태적 특성

(1) 형태지향적 분류

① Rook의 2차원 분류방식(Payne과 Altman의 3형태 원소를 확장)

② Swain의 분류

㉠ 부작위실수(Omission Error) : 직무의 한 단계 또는 전체 직무를 누락시킬 때 발생

㉡ 작위실수(Commission Error) : 직무를 수행하지만 잘못 수행할 때 발생(넓은 의미로 선택착오, 순서착오, 시간착오, 정성적 착오 포함)

(2) 오류의 유형 ★★★

① 실수(Slip) : 의도는 잘했지만, 행동은 의도한 것과 다르게 나타남

② 착오(Mistake) : 의도부터 잘못된 실수

③ 건망증(Lapse) : 기억도 안 난 건망증

④ 위반(Violation) : 일부러 범죄를 저지름

(3) 휴먼에러 배후 요소

| 4M | Man: 작업을 수행하는 사람 자체<br>Machine: 작업에 사용되는 도구나 기계<br>Media는 정보나 작업 절차를 전달하거나 소통하는 수단을 의미<br>Management: 관리 체계 또는 리더십 |
|---|---|

### 3. 인간실수확률에 대한 추정기법

(1) 인간실수율 예측 기법(THERP : Technique for Human Error Rate Prediction) ★

① 인간실수율 예측 기법(THERP)은 인간 신뢰도 분석에서의 HEP에 대한 예측 기법

② 인간 신뢰도 분석 사건 나무 : 분석하고자 하는 작업을 기본적 행위로 분할하여 각 행위의 성공 또는 실패 확률을 결합하여 성공 확률을 추정하는 정량적 분석방법

(2) 위급사건기법(CIT : Critical Incident Technique)

(3) 직무위급도 분석법(TCRAM : Task Criticality Rating Analysis Method)

## 4. 인간실수 예방기법

(1) 예방기법의 분류

① 작업상황 개선

② 요인 변경

③ 체계의 영향 감소

(2) 인간오류에 관한 설계

① 배타설계 : 오류를 범할 수 없도록 사물을 설계

② 예상설계 : 오류를 범하기 어렵도록 사물을 설계

③ 안전설계(Fail-safe Design) : Fool Proof, Fail Safe, Temper Proof

㉠ 풀 프루프(Fool Proof) ★ : 사람의 실수가 있더라도 안전사고가 발생하지 않도록 2중, 3중 통제를 가함.

㉡ 페일 세이프(Fail Safe) : 기계의 고장이 있더라도 안전사고가 발생하지 않도록 2중, 3중 통제를 가함.

✦ Fail Safe의 3단계 종류 ★
- Fail Passive : 기계에 고장이 나는 즉시 작동이 멈춤.
- Fail Active : 기계에 고장이 날 경우, 경보를 울리며 장시간 작동이 가능함.
- Fail Operational : 기계에 고장이 날 경우, 다음 정기점검까지 작동이 가능함.

㉢ 템퍼 프루프(Temper Proof) : 사용자가 고의로 안전장치를 제거할 경우 작동하지 않는 시스템

(3) 인간-기계 안전시스템(Lock System)

① Lock System의 종류(인간과 기계의 신뢰도 유지방안에서)

㉠ Interlock System : 기계에 두어 불안전한 요소에 대하여 통제를 가한다.

㉡ Intralock System : 인간의 신중에 두어 불안전한 요소에 대하여 통제를 가한다.

㉢ Translock System : Interlock과 Intralock 사이에 두어 불안전한 요소에 대하여 통제를 가한다.

## Chapter 2 위험성 파악·결정

### 1 위험성 평가

#### 1. 위험성 평가의 정의 및 개요

(1) 위험성 평가의 정의

사업주가 스스로 유해·위험요인을 파악하고 해당 유해·위험요인의 위험성 수준을 결정하여, 위험성을 낮추기 위한 적절한 조치를 마련하고 실행하는 과정을 말한다.

(2) 위험성 평가의 실시

① 사업주는 건설물, 기계·기구·설비, 원재료, 가스, 증기, 분진, 근로자의 작업행동 또는 그 밖의 업무로 인한 유해·위험 요인을 찾아내어 부상 및 질병으로 이어질 수 있는 위험성의 크기가 허용 가능한 범위인지를 평가하여야 하고, 그 결과에 따라 이 법과 이 법에 따른 명령에 따른 조치를 하여야 하며, 근로자에 대한 위험 또는 건강장해를 방지하기 위하여 필요한 경우에는 추가적인 조치를 하여야 한다.
② 해당 작업장의 근로자를 참여시켜야 한다.
③ 사업주는 제1항에 따른 평가의 결과와 조치사항을 고용노동부령으로 정하는 바에 따라 기록하여 보존하여야 한다.
④ 제1항에 따른 평가의 방법, 절차 및 시기, 그 밖에 필요한 사항은 고용노동부 장관이 정하여 고시한다.

(3) 추가로 실시해야 하는 경우

① 사업장 건설물의 설치·이전·변경 또는 해체
② 기계·기구, 설비, 원재료 등의 신규 도입 또는 변경
③ 건설물, 기계·기구, 설비 등의 정비 또는 보수(주기적·반복적 작업으로서 이미 위험성 평가를 실시한 경우에는 제외)
④ 작업 방법 또는 작업 절차의 신규 도입 또는 변경
⑤ 중대산업사고 또는 산업재해(휴업 이상의 요양을 요하는 경우에 한정) 발생
⑥ 그 밖에 사업주가 필요하다고 판단한 경우

(4) 위험성 평가의 절차

① **사전준비** : 위험성 평가 실시규정을 작성하고, 위험성의 수준과 그 수준의 판단 기준을 정하고, 위험성 평가에 필요한 각종 자료를 수집하는 단계
② **유해·위험요인 파악** : 사업장 순회점검, 근로자들의 상시적인 제안제도, 평상시 아차사고(Near Miss) 발굴 등을 통해 사업장 내의 유해·위험요인을 빠짐없이 파악하는 단계

③ **위험성 결정** : 사전준비 단계에서 미리 설정한 위험성의 판단 수준과 사업장에서 허용 가능한 위험성의 크기 등을 활용하여, 유해·위험요인의 위험성이 허용 가능한 수준인지를 추정·판단하고 결정하는 단계

④ **위험성 감소대책 수립 및 실행** : 위험성을 결정한 결과 유해·위험요인의 위험수준이 사업장에서 허용 가능한 수준을 넘는다면, 합리적으로 실천 가능한 범위에서 유해·위험요인의 위험성을 가능한 한 낮은 수준으로 감소시키기 위한 대책을 수립하고 실행하는 단계

⑤ **위험성 평가 결과의 기록 및 공유** : 파악한 유해·위험요인과 각 유해·위험요인별 위험성의 수준, 그 위험성의 수준을 결정한 방법, 그에 따른 조치사항 등을 기록하고, 근로자들이 보기 쉬운 곳에 게시하며 작업 전 안전점검회의(TBM) 등을 통해 근로자들에게 위험성 평가 실시 결과를 공유하는 단계

### (5) 평가 시기

- **최초평가** : 사업장 성립(사업개시·실 착공일) 이후 1개월 이내 착수
- **수시평가** : 기계·기구 등의 신규 도입·변경으로 인한 추가적 유해·위험요인에 대해 실시
- **정기평가** : 매년 전체 위험성 평가 결과의 적정성을 재검토하고, 필요시 감소대책 시행
- **상시평가** : 월·주·일 단위의 주기적 위험성 평가 및 결과 공유·주지 등의 조치를 실시하는 경우 수시·정기평가를 실시한 것으로 간주

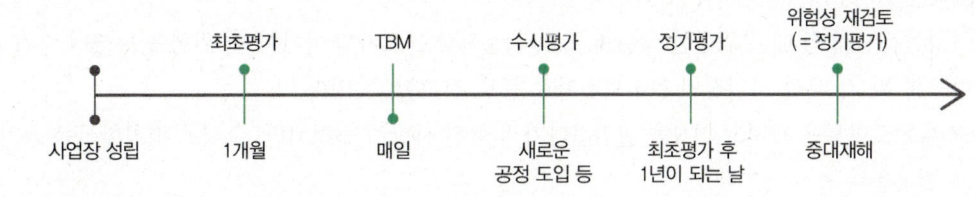

## 2. 평가 대상 선정

### (1) 위험성 평가의 대상

① 위험성 평가의 대상이 되는 유해·위험요인은 업무 중 근로자에게 노출된 것이 확인되었거나 노출될 것이 합리적으로 예견 가능한 모든 유해·위험요인이다. 다만, 매우 경미한 부상 및 질병만을 초래할 것으로 명백히 예상되는 유해·위험요인은 평가 대상에서 제외할 수 있다.

② 사업주는 사업장 내 부상 또는 질병으로 이어질 가능성이 있었던 상황(이하 "아차사고"라 한다)을 확인한 경우에는 해당 사고를 일으킨 유해·위험요인을 위험성 평가의 대상에 포함시켜야 한다.

③ 사업주는 사업장 내에서 중대재해가 발생한 때에는 지체 없이 중대재해의 원인이 되는 유해·위험요인에 대한 수시 위험성 평가를 실시하고, 그 밖의 사업장 내 유해·위험요인에 대해서는 위험성 평가의 결과에 대한 적정성을 1년마다 정기적으로 재검토(이때, 해당 기간 내 제2항에 따라 실시한 위험성 평가의 결과가 있는 경우 함께 적정성을 재검토하여야 한다)하여야 한다.

(2) 근로자를 참여시켜야 하는 경우
① 유해·위험요인의 위험성 수준을 판단하는 기준을 마련하고, 유해·위험요인별로 허용 가능한 위험성 수준을 정하거나 변경하는 경우
② 해당 사업장의 유해·위험요인을 파악하는 경우
③ 유해·위험요인의 위험성이 허용 가능한 수준인지 여부를 결정하는 경우
④ 위험성 감소대책을 수립하여 실행하는 경우
⑤ 위험성 감소대책 실행 여부를 확인하는 경우

## 3. 평가항목

(1) 위험성 파악

평가의 대상이 된 작업, 기계·기구 등에서 발생할 수 있는 위험한 상황, 결함 상태, 오류 등을 파악하고, 간단 명료하게 비교할 수 있도록 목록을 질문형 등으로 작성한다.
"어떤 부상·질병 등의 잠재적 부정적 결과가 나타나는지" 파악

(2) 평가항목
① 평가항목을 작성할 때는 위험한 상황에 노출되는 현장 근로자의 아차사고, 위험을 느꼈던 순간 등 경험을 반영하도록 하고, 우리 사업장의 안전보건자료 등도 참고할 수 있다.
② 체크리스트 항목을 가지고 현장을 점검하다가 누락된 사항이 발견되면, 수시로 평가항목을 추가하여 지속적으로 활용한다.

## 4. 관련법에 관한 사항

(1) 산업안전보건법
① 법 제36조 위험성 평가의 실시 항으로 사업주는 건설물, 기계·기구·설비, 원재료, 가스, 증기, 분진, 근로자의 작업행동 또는 그 밖의 업무로 인한 유해·위험 요인을 찾아내어 부상 및 질병으로 이어질 수 있는 위험성의 크기가 허용 가능한 범위인지를 평가하여야 하고, 그 결과에 따라 이 법과 이 법에 따른 명령에 따른 조치를 하여야 하며, 근로자에 대한 위험 또는 건강장해를 방지하기 위하여 필요한 경우에는 추가적인 조치를 하여야 한다.
② 사업주는 제1항에 따른 평가 시 고용노동부 장관이 정하여 고시하는 바에 따라 해당 작업장의 근로자를 참여시켜야 한다.

### (2) 산업안전보건법 시행규칙

① 법 제37조의 사업주가 법 제36조제3항에 따라 위험성 평가의 결과와 조치사항을 기록·보존할 때에는 다음 각 호의 사항이 포함되어야 한다.
  ㉠ 위험성 평가 대상의 유해·위험요인
  ㉡ 위험성 결정의 내용
  ㉢ 위험성 결정에 따른 조치의 내용
  ㉣ 그 밖에 위험성 평가의 실시내용을 확인하기 위하여 필요한 사항으로서 고용노동부 장관이 정하여 고시하는 사항
② 사업주는 제1항에 따른 자료를 3년간 보존해야 한다.

## 2 시스템 위험성 추정 및 결정

### 1. 시스템 위험성 분석 및 관리

#### (1) 위험성의 분류 ★

〈재해 심각도 분류(MIL-STD-882D)〉

| 구분 | 분류 | 세부내용 |
|---|---|---|
| 범주 Ⅰ | 파국적(대재앙) | 인원의 사망 또는 중상, 또는 완전한 시스템 손실 |
| 범주 Ⅱ | 위험(심각한) | 인원의 상해 또는 중대한 시스템의 손상으로 인원이나 시스템 생존을 위해 즉시 시정 조치 필요 |
| 범주 Ⅲ | 한계적(경미한) | 인원의 상해 또는 중대한 시스템의 손상 없이 배제 또는 제어 가능 |
| 범주 Ⅳ | 무시(무시할 만한) | 인원의 손상이나 시스템의 손상은 초래하지 않는다. |

#### (2) 발생빈도 ★

① 자주 발생(Frequent)
② 보통 발생(Probable)
③ 가끔 발생(Occasional)
④ 거의 발생하지 않음(Remote)
⑤ 극히 발생하지 않음(Improbable)

#### (3) 위험(RISK) 통제방법(조정기술) ★

① 회피(Avoidance)
② 경감, 감축(Reduction)
③ 보류(Retention)
④ 전가(Transfer)

## 제2과목 인간공학 및 위험성 평가 · 관리

### (4) 안전성 평가 6단계
① 제1단계 : 관계자료의 정비검토
② 제2단계 : 정성적 평가
③ 제3단계 : 정량적 평가
④ 제4단계 : 안전대책
⑤ 제5단계 : 재해정보에 의한 재평가
⑥ 제6단계 : FTA에 의한 재평가

### (5) 위험분석과 위험관리
① 유인어
  ㉠ 설계의 각 부분의 완전성을 검토하기 위해 만들어진 질문들이 설계 의도로부터 설계가 벗어날 수 있는 모든 경우를 검토해 볼 수 있도록 하기 위한 것
  ㉡ HAZOP 기법에서 사용하는 유인어의 의미 ★★

| GUIDE WORD | 의미 |
| --- | --- |
| NO 혹은 NOT | 설계 의도의 완전한 부정 |
| MORE / LESS | 양의 증가 혹은 감소(정량적) |
| AS WELL AS | 성질상의 증가(정성적 증가) |
| PART OF | 성질상의 감소(정성적 감소) |
| REVERSE | 설계 의도의 논리적인 역(설계 의도와 반대 현상) |
| OTHER THAN | 완전한 대체의 필요 |

② 위험분석 및 작업표준
  ㉠ 위험분석 ★

| 순서 | • 분석 목적의 결정 → 분석 대상의 결정 → 분석 범위의 결정 → 분석의 실시 → 분석 결과의 처리 → 개선안의 확정과 효과 측정 |
| --- | --- |
| 방법(E.C.R.S) | • 제거(Eliminate)<br>• 결합(Combine)<br>• 재조정(Rearrange)<br>• 단순화(Simplify) |

③ 시스템 수명주기 5단계

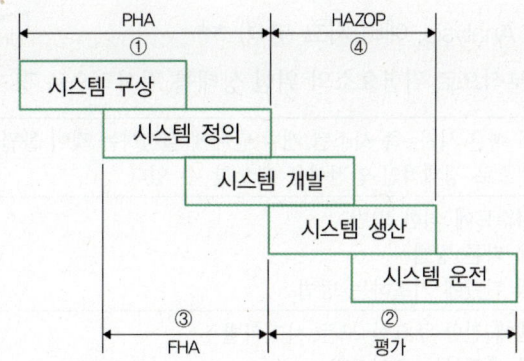

㉠ 구상(Concept) 단계 : 시스템을 제작을 위한 시작 단계로 시스템의 사용 목적과 기능, 기초적인 설계사항의 구상, 시스템과 관련된 기본적 사항 검토, 예비위험분석(PHA) 적용
㉡ 정의(Definition) 단계 : 시스템 개발의 가능성과 타당성 확인, 위험성 분석의 종류 결정 및 분석(시스템 안전성 위험분석(SSHA) 적용), 생산물의 접합성 검토, 예비설계와 생산기술을 확인하는 단계
㉢ 개발(Development) 단계 : 시스템 개발의 공식적 시작 단계, 제품 생산을 위한 구체적인 설계사항 결정 및 검토, 생산계획의 최종 결정. FMEA, HAZOP 등의 실시, 설계의 수용 가능성을 위한 검토 단계
㉣ 생산(Production) 단계 : 시스템의 안전수준이 생산단계에서도 유지되는가 확인. 품질관리 부서와의 상호 협력, 설계변경에 따른 수작업, 안전교육 전체 교육 실시
㉤ 운전(Deployment, 배치 및 운용) 단계 : 시운전함에 있어 작업표준, 안전점검기준에 의하여 운전, 보전, 점검을 실시하고 안전성, 신뢰성을 확보·평가하고 이상 발견 시 이전 단계들에서 발생되었던 사고 또는 사건으로부터 축적된 자료 대해 실증을 통한 문제를 규명, 이를 최소화하기 위한 조치를 마련하는 단계
㉥ 폐기(Disposal) 단계 : 시스템의 유해 위험요인(부식성, 방사능, 유해성)을 폐기하는 절차, 시스템 개발 초기(주로 개발 단계)에서 검토 및 결정

## 2. 위험분석 기법

(1) PHA(Preliminary Hazard Analysis, 예비 사고 분석) ★★

시스템 최초 개발 단계의 분석으로 위험요소의 위험 상태를 정성적으로 평가

| 시기 | • 가급적 빠른 시기, 즉 시스템 개발 단계에 실시하는 것이 불필요한 설계변경 등을 회피하고 보다 효과적으로 경제적인 안전성을 확보할 수 있다. |
|---|---|
| 기법 | • 체크리스트에 의한 방법<br>• 경험에 따른 방법<br>• 기술적 판단에 기초하는 방법 |
| 목표설정 | • 시스템에 관한 주요한 모든 사고식별<br>• 사고를 초래하는 요인식별<br>• 사고가 생긴다는 가정하에 시스템에 발생하는 결과를 식별하여 평가<br>• 식별된 사고를 4가지 범주로 분류 ★★<br>   - 파국적<br>   - 중대<br>   - 한계적<br>   - 무시 가능 |

(2) FHA(Fault Hazard Analysis, 결함 위험 분석) ★

분업에 의해 여럿이 분담 설계한 서브시스템 간의 인터페이스를 조정하여 각각의 서브시스템 및 전체 시스템에 악영향을 미치지 않게 하기 위한 분석방법

(3) FMEA(Failure Mode and Effect Analysis, 고장형태와 영향분석) ★★

① 고장평점법의 평가요소 5가지 ★★★
   ㉠ 고장 발생의 빈도
   ㉡ 고장 방지의 가능성
   ㉢ 기능적 고장 영향의 중요도
   ㉣ 영향을 미치는 시스템의 범위
   ㉤ 신규설계의 정도

② FMEA의 특징 ★★
   ㉠ CA와 병행하는 일이 많다.
   ㉡ FTA보다 서식이 간단하고 적은 노력으로 특별한 훈련 없이 분석이 가능하다.
   ㉢ 논리성이 부족하고 각 요소 간의 영향 분석이 어려워 동시에 두 가지 이상의 요소가 고장 날 경우 분석이 곤란하다.
   ㉣ 요소가 통상 물체로 한정되어 있어 인적 원인의 규명이 어렵다.
   ㉤ 시스템 안전 해석 시에는 시스템에서 단계나 평가의 필요성 등에 의해 FTA 등을 병용해 가는 것이 실제적인 방법이다.

### (4) ETA(Event Tree Analysis, 사건 수 분석) ★

정량적, 귀납적 기법으로 DT에서 변천해 온 것으로 설비의 설계, 심사, 제작, 검사, 보전, 운전, 안전대책의 과정에서 그 대응조치가 성공인가 실패인가를 확대해 가는 과정을 검토

### (5) CA(Criticality Analysis, 중요도 분석) ★

① 고장형의 위험도 분류(SAE)
- ㉠ 카테고리 1 : 생명의 상실로 이어질 염려가 있는 고장
- ㉡ 카테고리 2 : 작업의 실패로 이어질 염려가 있는 고장
- ㉢ 카테고리 3 : 운용의 지연 또는 손실로 이어질 고장
- ㉣ 카테고리 4 : 극단적인 계획 외의 관리로 이어질 고장

### (6) THERP(Technique for Human Error Rate Prediction, 휴먼 에러율 예측 기법)

확률론적 안전기법으로서 인간의 과오에 기인된 사고원인을 분석하기 위하여 100만 운전시간당 과오도 수를 기본 과오율로 하여 인간의 기본 과오율을 평가하는 기법

### (7) MORT(Management Oversight and Risk Tree, 관리감독 위험나무분석) ★★

원자력 산업의 고도 안전달성을 위해 개발된 기법으로, 1970년 이래 미국 에너지 연구개발청의 Johnson에 의해 개발

## 3. 결함수 분석

### (1) FTA의 특징 ★★★

① 분석에는 게이트, 이벤트, 부호 등의 그래픽 기호를 사용하여 결함 단계를 표현하며, 각각의 단계에 확률을 부여하여 어떤 상황의 실패 확률 계산 가능
② 연역적이고 정량적인 해석 방법(Top down 형식)
③ 정량적 해석기법(컴퓨터처리 가능)
④ 논리기호를 사용한 특정 사상에 대한 해석
⑤ 서식이 간단해서 비전문가도 짧은 훈련으로 사용
⑥ Human Error의 검출이 어려움
⑦ FTA 수행 시 기본사상 간의 독립 여부는 공분산으로 판단

### (2) FTA(결함수 분석법)의 활용 및 기대효과 ★

① 사고원인 규명의 간편화
② 사고원인 분석의 일반화
③ 사고원인 분석의 정량화
④ 노력, 시간의 절감

⑤ 시스템의 결함 진단
⑥ 안전점검표 작성

(3) 논리기호 및 사상기호

① 게이트 기호

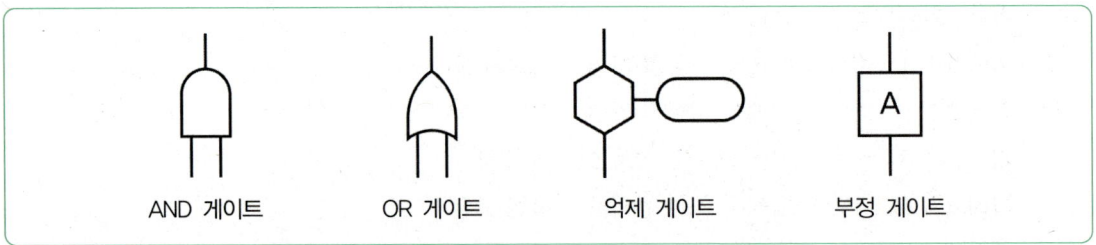

| AND 게이트 | OR 게이트 | 억제 게이트 | 부정 게이트 |

㉠ AND 게이트에는 ·를, OR 게이트에는 +를 표기하는 경우도 있다.
㉡ AND 게이트 : 하위의 사건이 모두 만족하는 경우 출력사상이 발생하는 논리 게이트
㉢ OR 게이트 : 하위의 사건 중 하나라도 만족하면 출력사상이 발생하는 논리 게이트 ★
㉣ 억제 게이트 : 수정기호를 병용해서 게이트 역할, 입력이 게이트 조건에 만족 시 발생 ★
㉤ 부정 게이트 : 입력사상의 반대사상이 출력 ★★

② 사상기호 ★★★

| 통상사상 | 결함사상 | 기본사상 | 생략사상 |
|---|---|---|---|
| 전이기호(전입) | 전이기호(전출) | 기본사상(인간실수) | 생략사상(인간실수) |

③ 수정기호

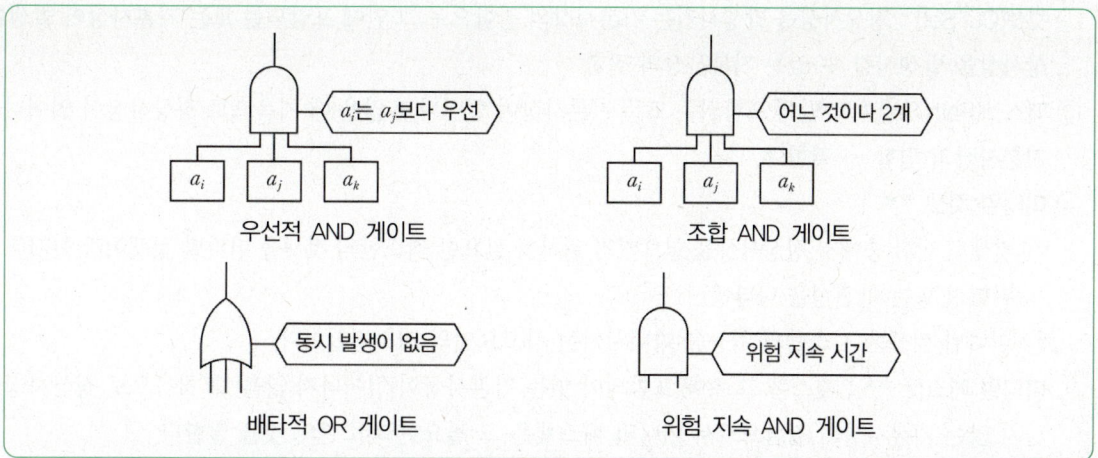

㉠ 우선적 AND 게이트 : 입력사상 중 어떤 사상이 다른 사상보다 앞에 일어났을 때 출력사상이 발생한다.
㉡ 조합 AND 게이트 : 3개의 입력 현상 중 임의의 시간에 2개가 발생하면 출력이 생긴다. ★★★
㉢ 배타적 OR 게이트 : OR 게이트인데 2개 또는 그 이상의 입력이 존재하는 경우에는 출력이 발생하지 않는다. ★
㉣ 위험 지속 AND 게이트 : 입력사상이 생겨 어떤 일정한 시간이 지속했을 때 출력이 생긴다.

(4) FTA에 의한 재해사례 연구 순서 ★

| 1단계 | 톱사상의 선정 | • 시스템의 안전보건 문제점 파악<br>• 사고, 재해의 모델화<br>• 문제점의 중요도 우선순위의 결정<br>• 해설할 톱사상의 결정 |
|---|---|---|
| 2단계 | 사상마다 재해 원인·요인의 규명 | • 톱사상의 재해 원인의 결정<br>• 중간사상의 재해 원인의 결정<br>• 말단사상까지의 전개 |
| 3단계 | FT도의 작성 | • 부분적 FT도를 다시 봄<br>• 중간사상의 발생 조건의 재검토<br>• 전체의 FT도의 완성 |
| 4단계 | 개선계획의 작성 | • 안전성이 있는 개선안의 검토<br>• 제약의 검토와 타협<br>• 개선안의 결정<br>• 개선안의 실시 계획 |

(5) Cut Set & Path Set ★★★
① 컷셋(Cut Set) : 정상사상을 발생시키는 기본사상의 집합으로 그 안에 포함되는 모든 기본사상이 발생할 때 정상사상을 발생시킬 수 있는 기본사상의 집합
② 패스셋(Path Set) : 그 안에 포함되는 모든 기본사상이 일어나지 않을 때 처음으로 정상사상이 일어나지 않는 기본사상의 집합 → 결함 ★
③ 미니멀 컷셋 ★★
   ㉠ 컷셋의 집합 중에서 정상사상을 일으키기 위하여 필요한 최소한의 컷셋을 미니멀 컷셋이라 한다(시스템의 위험성 또는 안전성을 나타냄).
   ㉡ 미니멀 컷셋은 시스템의 기능을 마비시키는 사고요인의 최소집합이다.
④ 미니멀 패스셋 ★★ : 패스란 그 속에 포함되어 있는 기본사상이 일어나지 않을 때 처음으로 정상사상이 일어나지 않는 기본사상의 집합으로서 미니멀 패스셋은 그 필요한 최소한의 컷을 말한다.

(6) 미니멀 컷셋 FT의 작성 ★★

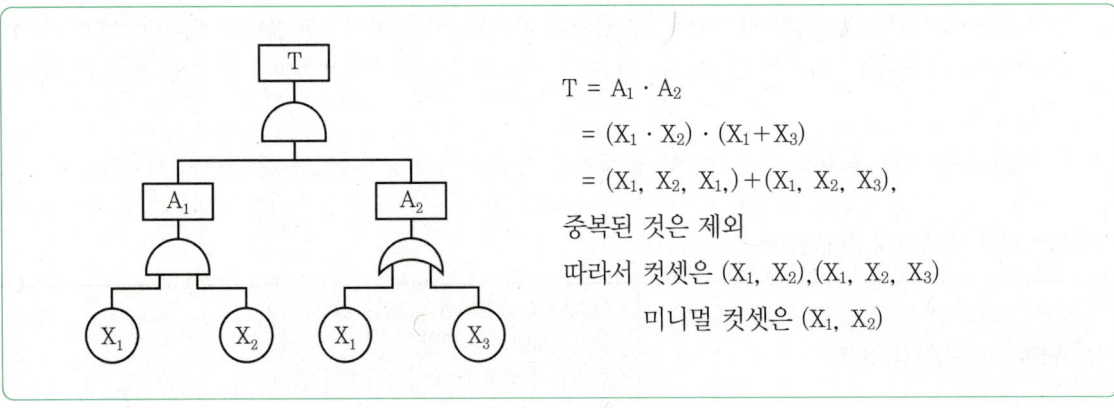

$T = A_1 \cdot A_2$
$= (X_1 \cdot X_2) \cdot (X_1 + X_3)$
$= (X_1, X_2, X_1,) + (X_1, X_2, X_3),$
중복된 것은 제외
따라서 컷셋은 $(X_1, X_2), (X_1, X_2, X_3)$
   미니멀 컷셋은 $(X_1, X_2)$

## 4. 정성적 분석과 정량적 분석의 비교

| 정성적 평가 ★★★ | • 설계 관계 : 입지조건, 공장 내의 배치, 소방설비, 공정기기<br>• 운전 관계 : 수송/저장, 원재료, 중간제, 제품 등 |
|---|---|
| 정량적 평가 ★★ | 화학설비의 취급물질, 용량, 온도, 압력, 조작<br>• A(10점) : 폭발성 물질, 발화성물질금속, Li, Na, K, Rb, …<br>• B(5점) : 발화성 물질, 산화성물질 중 염소산염류, 과산소산염, 무기과산화물<br>• C(2점) : 발화성 물질 중 셀룰로이드류, 탄화칼슘, 인화석회, 마그네슘 분말, 알루미늄 분말, …<br>• D(0점) : A, B, C 어느 것에도 속하지 않는 물질 |

## 5. 신뢰도 계산

(1) 신뢰도 ★★

① 인간-기계 체계의 신뢰도

시스템의 신뢰도($R_S$) = 인간의 신뢰도($R_H$) × 기계의 신뢰도($R_B$)

㉠ 직렬연결

$$R_s = r_1 \times r_2$$

㉡ 병렬연결

$$R_p = r_1 + r_2(1 - r_1)$$

② 시스템의 신뢰도 ★

㉠ 직렬연결

$$R = R_1 \times R_2 \times R_3 \times \cdots \times R_n = \prod_{i=1}^{n} R_i$$

㉡ 병렬연결

$$R = 1 - (1-R_1)(1-R_2) \cdots (1-R_n) = 1 - \prod_{i=1}^{n}(1-R_i)$$

(2) 기계의 신뢰도

① 기계의 신뢰도

㉠ 1시간 가동 시 고장 발생확률이 0.004일 경우의 신뢰도 계산

평균 고장 간격(MTBF) = $1/\lambda$ = 1/0.004 = 250hr

㉡ 10시간 가동 시 신뢰도

$$R(t) = e^{-\lambda t} = e^{-0.004 \times 10} = e^{-0.04}$$

㉢ 10시간 가동 시 고장 발생확률

$$F(t) = 1 - R(t)$$

② 인간과 기계의 직·병렬 작업
　㉠ 직렬연결

$$R_s = r_1 \times r_2$$

　㉡ 병렬연결

$$R_p = r_1 + r_2(1-r_1) = 1-(1-r_1)(1-r_2)$$

③ 설비의 신뢰도
　㉠ 직렬연결

$$R_s = R_1 \times R_2 \times R_3 \times \cdots \times R_n = \prod_{i=1}^{n} R_i$$

　㉡ 병렬연결 ★

$$R_p = 1-(1-R_1)(1-R_2)\cdots(1-R_n) = 1-\prod_{i=1}^{n}(1-R_i)$$

… Industrial Engineer Industrial Safety

# Chapter 3 위험성 감소대책 수립 · 실행

## 1 위험성 감소대책 수립 및 실행

### 1. 위험성 개선대책(공학적·관리적)의 종류

(1) 위험성 감소대책 수립 순서

① 본질적 대책 : 위험한 작업의 폐지 및 변경, 위험물질이나 유해·위험 요인이 보다 적은 재료로 대체, 또는 설계나 계획 단계 시 위험성을 제고하거나 저감하는 조치
② 공학적 대책 : 인터록, 방호장치, 방책, 국소배기장치 설치 등의 조치
③ 관리적 대책 : 매뉴얼 정비, 출입금지, 노출관리, 교육훈련 등의 조치
④ 개인보호구의 사용 : 상기 조치 외에 추가적 조치

### 2. 허용 가능한 위험수준 분석

(1) 허용 가능한 위험성의 수준

① 위험성의 수준을 판단하는 경우 「산업안전보건법」, 「산업안전보건기준에 관한 규칙」 등의 법령상 기준과 함께 유해·위험요인으로 인한 사고가 발생할 가능성
② 사고 발생 시 얼마만큼의 피해가 일어날 것인지 등을 종합적으로 고려하여 분석

(2) 위험성 수준을 높게 분류하는 경우

① 「산업안전보건법」 등에서 규정하는 사항을 만족하지 않는 경우
② 중대재해나 건강장해가 일어날 것이 명확하게 예상되는 경우
③ 많은 근로자가 위험에 노출될 것이 예상되는 경우
④ 동종업계 등에서 발생한 중대재해와 연관이 있는 유해·위험요인 등

### 3. 감소대책에 따른 효과분석 능력

(1) 위험성 평가 실시 간주

① 매월 1회 이상 근로자 제안제도 활용, 아차사고 확인, 작업과 관련된 근로자를 포함한 사업장 순회점검 등을 통해 사업장 내 유해·위험요인을 발굴하여 위험성결정 및 위험성 감소대책 수립·실행을 할 것
② 매주 안전보건관리책임자, 안전관리자, 보건관리자, 관리감독자 등(도급사업주의 경우 수급사업장의 안전·보건 관련 관리자 등을 포함한다)을 중심으로 제1호의 결과 등을 논의·공유하고 이행상황을 점검할 것
③ 매 작업일마다 제1호와 제2호의 실시결과에 따라 근로자가 준수하여야 할 사항 및 주의하여야 할 사항을 작업 전 안전점검회의 등을 통해 공유·주지할 것

## 제2과목 인간공학 및 위험성 평가·관리

# Chapter 4 근골격계질환 예방관리

## 1 근골격계 유해요인

### 1. 근골격계질환의 정의 및 유형

(1) 정의

반복적인 동작, 부적절한 작업 자세, 무리한 힘의 사용, 날카로운 면과의 신체접촉, 진동 및 온도 등의 요인에 의하여 발생하는 건강장해로서 목, 어깨, 허리, 팔·다리의 신경·근육 및 그 주변 신체조직 등에 나타나는 질환

(2) 요인별 조사 방법

① 근로자와의 면담
② 증상 설문조사
③ 인간공학적 측면을 고려한 조사

(3) 유해요인 조사내용

① 작업장 상황조사항목(작업공정, 작업설비, 작업량, 작업속도 및 최근 업무의 변화 등)
② 작업조건 조사 항목(반복동작, 부적절한 자세, 과도한 힘, 접촉스트레스, 진동, 극저온, 직무스트레스 등)

(4) 조치사항

① 주로 취급하는 물품에 대하여 근로자가 쉽게 알 수 있도록 물품의 중량과 무게중심에 대하여 작업장 주변에 안내 표시할 것
② 취급하기 곤란한 물품에 대하여 손잡이를 붙이거나 갈고리, 진공 빨판 등 적절한 보조도구를 활용할 것

(5) 근골격계질환의 원인

① 부적절한 작업 자세
② 무리한 반복작업
③ 과도한 힘
④ 부족한 휴식시간
⑤ 신체적 압박
⑥ 차가운 온도나 무더운 온도의 작업환경

(6) 근골격계의 구성

① 인체의 골격계는 전신의 뼈, 연골, 관절, 인대로 구성
② 뼈의 구성 : 뼈는 골질, 연골막, 골막, 골수로 구성

③ 뼈의 기능 ★
  ㉠ 인체의 지주역할을 한다.
  ㉡ 가동성연결, 즉 관절을 만들고, 골격근의 수축에 의해 운동기로서 작용한다.
  ㉢ 체강의 기초를 만들고 내부의 장기들을 보호한다.
  ㉣ 골수는 조혈 기능을 갖는다.
  ㉤ 칼슘, 인산의 중요한 저장고가 되며, 나트륨과 마그네슘 이온의 작은 저장고 역할을 한다.

## 2. 근골격계부담작업의 범위 ★

① 하루에 4시간 이상 집중적으로 자료입력 등을 위해 키보드 또는 마우스를 조작하는 작업
② 하루에 총 2시간 이상 목, 어깨, 팔꿈치, 손목 또는 손을 사용하여 같은 동작을 반복하는 작업
③ 하루에 총 2시간 이상 머리 위에 손이 있거나, 팔꿈치가 어깨 위에 있거나, 팔꿈치를 몸통으로부터 들거나, 팔꿈치를 몸통 뒤쪽에 위치하도록 하는 상태에서 이루어지는 작업
④ 지지되지 않은 상태이거나 임의로 자세를 바꿀 수 없는 조건에서, 하루에 총 2시간 이상 목이나 허리를 구부리거나 트는 상태에서 이루어지는 작업
⑤ 하루에 총 2시간 이상 쪼그리고 앉거나 무릎을 굽힌 자세에서 이루어지는 작업
⑥ 하루에 총 2시간 이상 지지되지 않은 상태에서 1kg 이상의 물건을 한 손의 손가락으로 집어 옮기거나, 2kg 이상에 상응하는 힘을 가하여 한 손의 손가락으로 물건을 쥐는 작업
⑦ 하루에 총 2시간 이상 지지되지 않은 상태에서 4.5kg 이상의 물건을 한 손으로 들거나 동일한 힘으로 쥐는 작업
⑧ 하루에 10회 이상 25kg 이상의 물체를 드는 작업
⑨ 하루에 25회 이상 10kg 이상의 물체를 무릎 아래에서 들거나, 어깨 위에서 들거나, 팔을 뻗은 상태에서 드는 작업
⑩ 하루에 총 2시간 이상, 분당 2회 이상 4.5kg 이상의 물체를 드는 작업
⑪ 하루에 총 2시간 이상 시간당 10회 이상 손 또는 무릎을 사용하여 반복적으로 충격을 가하는 작업

## 2 인간공학적 유해요인 평가

### 1. OWAS(Ovako Working-posture Analysis System)

작업자의 부적절한 작업 자세를 정의하고 평가하기 위해 개발한 방법으로 현장에 적용하기 쉬우나, 몸통과 팔의 자세 분류가 부정확하고 팔목 등에 대한 정보 미반영

| 분석 가능 유해요인 | 적용 신체 부위 | 적용 가능 업종 |
|---|---|---|
| • 반복 동작<br>• 부적절한 자세<br>• 과도한 힘 | • 위팔<br>• 어깨, 목<br>• 몸통, 허리<br>• 다리, 무릎 | • 조립작업, 생산작업<br>• 중공업, 건설업 등 부적절한 작업 자세<br>• 인력에 의한 중량물 취급 작업<br>• 무리한 힘이 요구되는 작업 |

## 2. RULA(Rapid Upper Limb Assessment)

어깨, 팔목, 손목, 목 등의 상지에 초점을 두고 작업 자세로 인한 작업부하를 쉽고 빠르게 평가할 수 있고, 근육 피로, 정적 또는 반복적인 작업, 직업에 필요한 힘의 크기 등에 관한 평가 및 나쁜 작업 자세의 비율을 쉽고 빠르게 파악

| 분석 가능 유해요인 | 적용 신체 부위 | 적용 가능 업종 |
|---|---|---|
| • 반복 동작<br>• 부적절한 상지자세 | • 손목<br>• 아래팔<br>• 팔꿈치<br>• 어깨, 목<br>• 몸통 | • 조립작업, 생산작업<br>• 재봉업, 관리업<br>• 정비업, 육류가공업<br>• 식료품 출납원, 전화교환원<br>• 초음파기술자<br>• 치과의사/치과 기술자 |

## 3. REBA(Rapid Entire Body Assessment)

작업 관련성 근골격계질환에 대한 유해요인의 노출 평가를 위한 목적으로 개발. REBA는 A그룹과 B그룹으로 나누어 평가한 후 종합적으로 고려하여 최종 평가함. 주요 평가는 반복성, 정적 작업, 힘, 작업 자세, 연속 작업

| 분석 가능 유해요인 | 적용 신체 부위 | 적용 가능 업종 |
|---|---|---|
| • 반복 동작<br>• 부적절한 전신자세<br>• 과도한 힘 | • 손목<br>• 아래팔<br>• 팔꿈치<br>• 어깨, 목<br>• 몸통, 허리<br>• 다리, 무릎 | • 환자를 들거나 이송, 간호사, 간호보조, 관리업, 가정부<br>• 식료품 창고, 식료품 출납원, 전화교환원<br>• 초음파기술자<br>• 치과의사/치위생사, 수의사 |

| A 그룹 | B 그룹 | 최종 REBA 합산 점수 |
|---|---|---|
| 몸통<br>목<br>다리<br>무게/힘 | 위팔<br>아래팔<br>손목<br>손잡이 | 단계 0/점수 1/위험 무시해도 좋음/조치 필요 없음<br>단계 1/점수 2~3/위험 낮음/조치 필요할 수도 있음<br>단계 2/점수 4~7/위험 보통/조치 필요함<br>단계 3/점수 8~10/위험 높음/조치 매우 필요<br>단계 4/점수 11~15/위험 매우 높음/조치 즉시 필요 |

## 4. 기타(ANSI-Z 365, Snook's table, SI, 진동)

### (1) ANSI-Z 365
미국표준연구원에서 개발한 것으로 상지에서 발생하는 CTDs 예방을 위한 지침을 정의하기 위해 개발

### (2) Snook's table
인력운반 작업에서 각 작업에 대한 작업요소(작업빈도, 작업시간, 운반거리, 손에서 물체까지의 수직거리 등)들을 고려해 작업자에 알맞은 물체의 최대 허용무게를 제시하여 요통을 예방하고자 만든 것

| 작업분석·평가도구 | 분석 가능 유해요인 | 적용 신체 부위 | 적용 가능 업종 |
|---|---|---|---|
| Snook Table<br>– 밀기/당기기<br>(Snook Push/Pull Hazard Tables) | • 과도한 힘<br>(밀기/당기기) | • 허리<br>• 몸통<br>• 어깨<br>• 다리 | • 음식료품 서비스업, 세탁업<br>• 가정집, 관리업<br>• 포장물 운반/배달<br>• 쓰레기 수집업, 요양원<br>• 응급실, 앰뷸런스<br>• 운반수레 밀기/당기기 작업<br>• 대상물 운반이 포함된 작업 |
| SI<br>(Strain Index) | • 반복동작<br>• 부적절한 상지자세<br>• 과도한 힘(집기, 잡기) | • 손가락<br>• 손목 | • 중소 제조업, 검사업<br>• 재봉업, 육류가공업<br>• 포장업, 자료입력<br>• 자료처리, 손목의 움직임이 많은 작업 |
| ACGIH 상지부<br>국소진동노출기준<br>(ACGIH Hand/Arm Vibration TLV) | • 진동 | • 손가락<br>• 손목<br>• 어깨 | • 연마작업, 연사작업<br>• 분쇄작업, 드릴작업<br>• 재봉작업<br>• 실톱작업, 사슬톱작업<br>• 진동이 있는 전동공구를 사용하는 작업<br>• 정기적으로 진동공구를 사용하는 작업 |

## 3 근골격계 유해요인 관리

### 1. 작업관리의 목적

#### (1) 작업관리목적
근골격계부담작업으로 인한 건강장해의 예방을 위해 유해요인 조사, 작업환경 개선, 의학적 관리, 교육·훈련, 평가에 관한 사항 등이 포함된 종합적인 계획을 수립하여야 한다.

#### (2) 시기
① 3년마다
② 신설 사업장의 경우 신설일부터 1년 이내에 최초의 유해요인 조사

(3) 조사항목
　① 설비·작업공정·작업량·작업 속도 등 작업장 상황
　② 작업시간·작업 자세·작업 방법 등 작업조건
　③ 작업과 관련된 근골격계질환 징후와 증상 유무 등

(4) 지체 없이 유해요인 조사를 하여야 하는 경우
　① 법에 따른 임시건강진단 등에서 근골격계질환자가 발생하였거나 근로자가 근골격계질환으로 업무상 질병으로 인정받은 경우
　② 근골격계부담작업에 해당하는 새로운 작업·설비를 도입한 경우
　③ 근골격계부담작업에 해당하는 업무의 양과 작업공정 등 작업환경을 변경한 경우

## 2. 방법연구 및 작업측정
　① 근로자와의 면담
　② 증상 설문조사
　③ 인간공학적 측면을 고려한 조사 등

## 3. 문제해결 절차
(1) 유해요인 조사 결과 근골격계질환이 발생할 우려가 있는 경우
　① 인간공학적으로 설계된 인력작업 보조설비 및 편의설비를 설치
　② 작업환경 개선에 필요한 조치

(2) 근로자 주지사항
　① 근골격계부담작업의 유해요인
　② 근골격계질환의 징후와 증상
　③ 근골격계질환 발생 시의 대처요령
　④ 올바른 작업 자세와 작업 도구, 작업시설의 올바른 사용방법
　⑤ 그 밖에 근골격계질환 예방에 필요한 사항

## 4. 작업개선안의 원리 및 도출방법
(1) 작업개선안 원리
　① 근로자는 근골격계부담작업으로 인하여 운동범위의 축소, 쥐는 힘의 저하, 기능의 손실 등의 징후가 나타나는 경우 그 사실을 사업주에게 통지할 수 있다.
　② 사업주는 근골격계부담작업으로 인하여 제1항에 따른 징후가 나타난 근로자에 대하여 의학적 조치를 하고 필요한 경우에는 작업환경 개선 등 적절한 조치를 하여야 한다.

### (2) 근골격계질환 예방관리 프로그램을 수립해야 하는 경우

① 근골격계질환으로 업무상 질병으로 인정받은 근로자가 연간 10명 이상 발생한 사업장 또는 5명 이상 발생한 사업장으로서 발생 비율이 그 사업장 근로자 수의 10퍼센트 이상인 경우

② 근골격계질환 예방과 관련하여 노사 간 이견(異見)이 지속되는 사업장으로서 고용노동부 장관이 필요하다고 인정하여 근골격계질환 예방관리 프로그램을 수립하여 시행할 것을 명령한 경우

### (3) 작업표준에 따른 동작경제의 원칙 ★★★★

| 구분 | 내용 |
|---|---|
| 신체의 사용에 관한 원칙 ★ | • 양손은 동시에 동작을 시작하고 또 끝마쳐야 한다.<br>• 휴식시간 이외에 양손이 동시에 노는 시간이 있어서는 안 된다.<br>• 양팔은 각기 반대 방향에서 대칭적으로 동시에 움직여야 한다.<br>• 손의 동작은 작업을 수행할 수 있는 최소동작 이상을 해서는 안 된다.<br>• 작업자들을 돕기 위하여 동작의 관성을 이용하여 작업하는 것이 좋다.<br>• 구속되거나 제한된 동작 또는 급격한 방향전환보다는 유연한 동작이 좋다.<br>• 작업동작은 율동이 맞아야 한다.<br>• 직선동작보다는 연속적인 곡선동작을 취하는 것이 좋다.<br>• 탄도동작(ballistic movement)은 제한되거나 통제된 동작보다 더 신속, 정확, 용이하다.<br>• 눈을 주시시키는 동작 또는 이동시키는 동작은 되도록 적게 하여야 한다. |
| 작업장의 배치에 관한 원칙 | • 모든 공구와 재료는 일정한 위치에 정돈되어야 한다.<br>• 공구와 재료는 작업이 용이하도록 작업자의 주위에 있어야 한다.<br>• 재료를 될 수 있는 대로 사용 위치 가까이에 공급할 수 있도록 중력을 이용한 호퍼 및 용기를 사용하여야 한다.<br>• 가능하면 낙하시키는 방법을 이용하여야 한다.<br>• 공구 및 재료는 동작에 가장 편리한 순서로 배치하여야 한다.<br>• 채광 및 조명장치를 잘 하여야 한다.<br>• 의자와 작업대의 모양과 높이는 각 작업자에게 알맞도록 설계되어야 한다.<br>• 작업자가 좋은 자세를 취할 수 있는 모양, 높이의 의자를 지급해야 한다. |
| 공구 및 설비의 설계에 관한 원칙 | • 치구, 고정 장치나 발을 사용함으로써 손의 작업을 보존하고 손은 다른 동작을 담당하도록 하면 편리하다.<br>• 공구류는 될 수 있는 대로 두 가지 이상의 기능을 조합한 것을 사용하여야 한다.<br>• 공구류 및 재료는 될 수 있는 대로 다음에 사용하기 쉽도록 놓아 두어야 한다.<br>• 각 손가락이 사용되는 작업에서는 각 손가락의 힘이 같지 않음을 고려하여야 할 것이다.<br>• 각종 손잡이는 손에 가장 알맞게 고안함으로써 피로를 감소시킬 수 있다.<br>• 각종 레버나 핸들은 작업자가 최소의 움직임으로 사용할 수 있는 위치에 있어야 한다. |

## 제2과목　인간공학 및 위험성 평가 · 관리

# Chapter 5  유해요인 관리

## 1  물리적 유해요인 관리

### 1. 물리적 유해요인 종류
인체에 유해한 소음, 진동, 고열, 한랭, 조명, 이상기압, 유해광선 등이다.

### 2. 물리적 유해요인 노출기준

(1) 물리적 인자의 분류기준

① 소음 : 소음성난청을 유발할 수 있는 85데시벨(A) 이상의 시끄러운 소리
② 진동 : 착암기, 손망치 등의 공구를 사용함으로써 발생되는 백랍병·레이노 현상·말초순환장애 등의 국소진동 및 차량 등을 이용함으로써 발생되는 관절통·디스크·소화장애 등의 전신 진동
③ 방사선 : 직접·간접으로 공기 또는 세포를 전리하는 능력을 가진 알파선·베타선·감마선·엑스선·중성자선 등의 전자선
④ 이상기압 : 게이지 압력이 제곱센티미터당 1킬로그램 초과 또는 미만인 기압
⑤ 이상기온 : 고열·한랭·다습으로 인하여 열사병·동상·피부질환 등을 일으킬 수 있는 기온

(2) 물리적 유해요인 노출기준

① 노출기준 : 근로자가 유해인자에 노출되는 경우 노출기준 이하 수준에서는 거의 모든 근로자에게 건강상 나쁜 영향을 미치지 아니하는 기준을 말하며, 1일 작업시간 동안의 시간가중평균노출기준(Time Weighted Average, TWA), 단시간노출기준(Short Term Exposure Limit, STEL) 또는 최고노출기준(Ceiling, C)으로 표시한다.
② 시간가중평균노출기준(TWA) : 1일 8시간 작업을 기준으로 하여 유해인자의 측정치에 발생시간을 곱하여 8시간으로 나눈 값을 말하며, 다음 식에 따라 산출한다.

$$\text{TWA 환산값} = \frac{C_1 \times T_1 + C_2 \times T_2 + \cdots\cdots + C_n \times T_n}{8}$$

$C$ : 유해인자의 측정치(단위 : ppm, mg/m$^3$ 또는 개/cm$^3$)
$T$ : 유해인자의 발생시간(단위 : 시간)

③ **단시간노출기준(STEL)** : 15분간의 시간가중평균노출값으로서 노출농도가 시간가중평균노출기준(TWA)을 초과하고 단시간노출기준(STEL) 이하인 경우에는 1회 노출 지속시간이 15분 미만이어야 하고, 이러한 상태가 1일 4회 이하로 발생하여야 하며, 각 노출의 간격은 60분 이상이어야 한다.

④ **최고노출기준(C)** : 근로자가 1일 작업시간 동안 잠시라도 노출되어서는 안 되는 기준을 말하며, 노출기준 앞에 "C"를 붙여 표시한다.

### 3. 물리적 유해요인 관리대책 수립 절차

① 물리적 위험요인 분류 및 평가
② 예방 및 보호조치 : 물리적 위험을 최소화하기 위한 목표와 방법을 포함한 관리목표 수립대로 실행
③ 주기적으로 점검하고 수정하여 지속적으로 위험을 관리

## 2 화학적 유해요인 관리

### 1. 화학적 유해요인 종류

유기용제, 유해가스, 산, 알칼리, 분진, 화학물질 등이다.

### 2. 화학적 유해요인 노출기준(혼합물 노출기준)

① 화학물질이 2종 이상 혼재하는 경우에 혼재하는 물질 간에 유해성이 인체의 서로 다른 부위에 작용한다는 증거가 없는 한 유해작용은 가중되므로 노출기준은 다음 식에 따라 산출하되, 산출되는 수치가 1을 초과하지 아니하는 것으로 한다.

$$\frac{C_1}{T_1} + \frac{C_2}{T_2} + \cdots\cdots + \frac{C_n}{T_n}$$

$C$ : 화학물질 각각의 측정치
$T$ : 화학물질 각각의 노출기준

② 제1항의 경우와는 달리 혼재하는 물질 간에 유해성이 인체의 서로 다른 부위에 유해작용을 하는 경우에 유해성이 각각 작용하므로 혼재하는 물질 중 어느 한 가지라도 노출기준을 넘는 경우 노출기준을 초과하는 것으로 한다.

## 3. 화학적 유해요인 관리대책 수립

### (1) 안전성 평가의 6단계 ★★

| 단계 | | 주요 진단 항목 등-화학설비에 대한 |
|---|---|---|
| 1 | 안전대책 수립하기 위한 사전평가 및 준비 | 관계자료의 정비 검토 (작성준비) · 입지조건, (화학설비, 기계실, 전기실) 배치도, 제조공정의 개요, 공정계통도, 운전요령, 요원배치계획 등 |
| 2 | | 정성적 평가 ★★★★ · **설계 관계** : 입지조건, 공장 내의 배치, 소방설비, 공정기기, 수송/저장<br>· **운전 관계** : 원재료, 중간제, 제품 등 |
| 3 | | 정량적 평가 ★★ 화학설비의 취급물질, 용량, 온도, 압력, 조작<br>· A(10점) : 폭발성 물질, 발화성물질금속, Li, Na, K, Rb, …<br>· B(5점) : 발화성 물질, 산화성물질 중 염소산염류, 과산소산염, 무기과산화물<br>· C(2점) : 발화성 물질 중 셀룰로이드류, 탄화칼슘, 인화석회, 마그네슘 분말, 알루미늄 분말, …<br>· D(0점) : A, B, C 어느 것에도 속하지 않는 물질 |
| 4 | | 안전대책 수립 ★ 설비에 관한 대책, 관리적(인원배치, 보전, 교육훈련 등) 대책 |
| 5 | 안전대책 수립 후 평가, 재평가 및 후 조치 | 재해정보(사례)평가 |
| 6 | | FTA에 의한 재평가 결함수 분석법 |

### (2) 화학설비 정량평가 ★

① 위험등급 Ⅰ : 합산점수 16점 이상
② 위험등급 Ⅱ : 합산점수 15점 이하
③ 위험등급 Ⅲ : 합산점수 10점 이하

## 3  생물학적 유해요인 관리

### 1. 생물학적 유해요인 파악

(1) 생물학적 인자의 분류기준

① 혈액매개 감염인자 : 인간면역결핍바이러스, B형·C형 간염바이러스, 매독바이러스 등 혈액을 매개로 다른 사람에게 전염되어 질병을 유발하는 인자
② 공기매개 감염인자 : 결핵·수두·홍역 등 공기 또는 비말감염 등을 매개로 호흡기를 통하여 전염되는 인자
③ 곤충 및 동물매개 감염인자 : 쯔쯔가무시증, 렙토스피라증, 유행성출혈열 등 동물의 배설물 등에 의하여 전염되는 인자 및 탄저병, 브루셀라병 등 가축 또는 야생동물로부터 사람에게 감염되는 인자

### 2. 생물학적 유해요인 노출기준

① 노말-헥산 : 소변 중 2,5-헥산디온, 5mg/L
② 메틸클로로포름 : 소변 중 삼염화초산, 10mg/L
③ 크실렌 : 소변 중 메틸마뇨산, 1.5g/g crea
④ 톨루엔 : 소변 중 o-크레졸, 0.8mg/g crea
⑤ 인듐 : 혈청 중 인듐, 1.24/L

### 3. 생물학적 유해요인 관리대책 수립

① 대치
② 환기(제거)
③ 격리

## Chapter 6 작업환경 관리

### 1 인체계측 및 체계제어

#### 1. 인체계측 및 응용원칙

(1) 인체계측 방법 ★

| | |
|---|---|
| 구조적 인체치수<br>(정적 인체계측) | • 신체를 고정시킨 자세에서 피측정자를 인체 측정기 등으로 측정<br>• 여러 가지 설계의 표준이 되는 기초적 치수 결정<br>• 마르틴식 인체계측기 사용<br>• 종류<br>  – 골격치수 : 신체의 관절 사이를 측정<br>  – 외곽치수 : 머리둘레, 허리둘레 등의 표면 치수 측정 |
| 기능적 인체치수<br>(동적 인체계측) | • 동적 치수는 운전을 위해 핸들을 조작하거나 브레이크를 밟는 행위 또는 물체를 잡기 위해 손을 뻗는 행위 등 움직이는 신체의 자세로부터 측정<br>• 신체적 기능 수행 시 각 신체 부위는 독립적으로 움직이는 것이 아니라, 부위별 특성이 조합되어 나타나기 때문에 정적 치수와 차별화<br>• 소마토그래피 : 신체적 기능 수행을 정면도, 측면도, 평면도의 형태로 표현하여 신체 부위별 상호작용을 보여주는 그림 |

(2) 인체계측 자료의 응용원칙 ★★

① 극단적인 사람을 위한 설계
  ㉠ 극단치 설계 : 인체 측정 특성의 극단에 속하는 사람을 대상으로 설계하면 거의 모든 사람을 수용 가능

| 구분 | 최대집단치 ★ | 최소집단치 |
|---|---|---|
| 개념 | • 대상 집단에 대한 인체 측정 변수의 상위 백분위수를 기준으로 90, 95, 99% 치가 사용 | • 관련 인체 측정 변수 분포의 하위 백분위수를 기준으로 1, 5, 10% 치를 사용 |
| 적용 예 | • 출입문, 통로, 의자 사이의 간격 등<br>• 줄사다리, 그네 등의 지지물의 최소 지지중량 (강도) | • 선반의 높이 또는 조정장치까지의 거리, 버스나 전철의 손잡이 등 |

  ㉡ 효과와 비용을 고려 : 흔히 95%나 5% 치를 사용
② 조절식(가변식) 설계
  ㉠ 장비나 설비의 설계에 있어 때로는 여러 사람이 사용 가능하도록 조절식으로 하는 것이 바람직한 경우도 있다.
  ㉡ 사무실 의자의 높낮이 조절, 자동차 좌석의 전후 조절 등 ★
  ㉢ 통상 5% 치에서 95% 치까지의 90% 범위를 수용 대상으로 설계 ★

③ 평균치를 기준으로 한 설계 ★
　㉠ 특정 장비나 설비의 경우, 최대집단치나 최소집단치 또는 조절식으로 설계하기가 부적절하거나 불가능할 때
　㉡ 가게나 은행의 계산대, 공원의 벤치 등

## 2. 신체반응의 측정
동적 근력작업, 정적 근력작업, 신경적 작업, 심적 작업으로 구분한다.

## 3. 표시장치 및 제어장치

(1) 표시장치

① 청각장치와 시각장치의 비교 ★★★

| 청각장치 사용 | 시각장치 사용 |
| --- | --- |
| • 전언이 간단하다. | • 전언이 복잡하다. |
| • 전언이 짧다. | • 전언이 길다. |
| • 전언이 후에 재참조되지 않는다. | • 전언이 후에 재참조된다. |
| • 전언이 시간적 사상을 다룬다. | • 전언이 공간적인 위치를 다룬다. |
| • 전언이 즉각적인 행동을 요구한다(긴급할 때). | • 전언이 즉각적인 행동을 요구하지 않는다. |
| • 수신장소가 너무 밝거나 암조응 유지가 필요시 | • 수신장소가 너무 시끄러울 때 |
| • 직무상 수신자가 자주 움직일 때 | • 직무상 수신자가 한곳에 머물 때 |
| • 수신자가 시각계통이 과부하 상태일 때 | • 수신자의 청각계통이 과부하 상태일 때 |

② 청각적 표시장치가 시각적 장치보다 유리한 경우
　㉠ 신호음 자체가 음일 때
　㉡ 무선거리 신호, 항로 정보 등과 같이 연속적으로 변하는 정보를 제시할 때
　㉢ 음성통신 경로가 전부 사용되고 있을 때

(2) 경계 및 경보신호 선택 시 지침 ★

① 귀는 중음역에 가장 민감하므로 500~3,000Hz의 진동수 사용
② 고음은 멀리 가지 못하므로 300m 이상 장거리용으로는 1,000Hz 이하의 진동수 사용
③ 신호가 장애물을 돌아가거나 칸막이를 통과해야 할 때는 500Hz 이하의 진동수 사용
④ 주의를 끌기 위해서는 변조된 신호를 사용
⑤ 배경소음의 진동수와 다른 신호를 사용하고 신호는 최소한 0.5~1초 동안 지속
⑥ 경보 효과를 높이기 위해서 개시 시간이 짧은 고강도 신호 사용
⑦ 주변 소음에 대한 은폐효과를 막기 위해 500~1,000Hz 신호를 사용하여, 적어도 30dB 이상 차이가 나야 한다.

(3) 청각적 표시장치의 설계 시 적용하는 일반원리 ★
① 검약성이란 조작자에 대한 입력신호는 꼭 필요한 정보만을 제공하는 것이다.
② 근사성이란 복잡한 정보를 나타내고자 할 때 2단계의 신호를 고려하는 것이다.
③ 분리성이란 두 가지 이상의 채널을 듣고 있다면 각 채널의 주파수가 분리되어 있어야 한다는 의미이다.

(4) 조종장치의 촉각적 암호화 ★
① 형상을 구별하여 사용하는 경우
② 표면 촉감을 사용하는 경우
③ 크기를 구별하여 사용하는 경우
④ 위치를 구별하여 사용하는 경우
⑤ 작동을 구별하여 사용하는 경우

## 4. 통제표시비

(1) 조정
① 표시장치 이동비율(Control Response(Display) ratio), C/D비 또는 C/R비
② 조정장치의 움직인 거리(회전수)와 표시장치상의 지침이 움직인 거리의 비

(2) 종류
① 선형 조정장치가 선형 표시장치를 움직일 때는 각각 직선변위의 비(제어표시비)
② 회전 운동을 하는 조정장치가 선형 표시장치를 움직일 경우

$$C/R비 = \frac{(a/360) \times 2\pi L}{\text{표시장치의 이동거리}}$$

$L$ : 반경(지레의 길이)
$a$ : 조정장치가 움직인 각도

(3) 최적 C/R비 ★
① 이동 동작과 조종 동작을 절충하는 동작이 수반
② 최적치는 두 곡선의 교점 부호
③ C/R비가 작을수록 이동시간은 짧고, 조종은 어려워서 민감한 조정장치이다.

(4) 통제표시비를 설계할 때 고려해야 할 5가지 요소
① **공차**(Tolerance) : 조작의 정확성과 오차 허용 범위를 설계에 반영한다.
② **조작시간**(Manipulation Time) : 사용자와 시스템 간의 상호작용 시간을 최소화하도록 한다.
③ **목측거리**(Viewing Distance) : 사용자가 표시기를 명확히 관찰할 수 있는 적절한 거리를 고려한다.

④ 감도(Sensitivity) : 제어장치의 반응 민감도를 최적화하여 사용자 조작에 빠르고 정확히 반응하도록 설계한다.

⑤ 역학적 고려사항(Dynamics) : 제어장치와 시스템 간의 물리적 및 동작적 특성을 고려한다.

## 5. 양립성 ★★★★★

자극과 반응의 관계가 인간의 기대와 모순되지 않는 성질이다.

① 개념적 양립성 : 외부 자극에 대해 인간의 개념적 현상의 양립성

　예 빨간 버튼 온수, 파란 버튼 냉수

② 공간적 양립성 : 표시장치, 조종장치의 형태 및 공간적 배치의 양립성

　예 오른쪽 조리대는 오른쪽에 조절장치로, 왼쪽 조리대는 왼쪽 조절장치로 배치

③ 운동의 양립성 : 표시장치, 조종장치 등의 운동 방향의 양립성

　예 조종장치를 오른쪽으로 돌리면 표시장치의 지침이 오른쪽으로 이동하는 것

④ 양식 양립성 : 직무에 맞는 자극과 응답 양식의 존재에 대한 양립성

## 6. 수공구

(1) CTDs(누적손상장애)의 원인 ★

① 부적절한 자세
② 무리한 힘의 사용
③ 과도한 반복작업
④ 연속작업(비휴식)
⑤ 낮은 온도 등

(2) 수공구 설계원칙

① 손목의 자연스러운 자세 유지 : 손목에 부담을 줄이고 작업 중 부상을 예방하기 위해 손목이 곧게 유지될 수 있도록 설계되어야 한다.

② 반복 동작 최소화 : 반복적인 손가락 동작은 피로와 부상을 유발할 수 있으므로 이를 줄이도록 한다.

③ 손잡이의 넓은 접촉면적 : 손잡이는 손바닥에 고르게 압력을 분산시켜 편안하고 안정적으로 사용할 수 있어야 한다.

④ 적절한 손잡이 크기 : 손의 크기에 맞게 설계하여 과도한 힘을 들이지 않고도 잡고 사용할 수 있어야 한다.

⑤ 미끄럼 방지 : 손잡이는 미끄럽지 않은 재질로 만들어져 작업 중 안전성을 보장해야 한다.

⑥ 힘의 효율적 분배 : 사용자가 적은 힘으로도 효과적으로 작업을 수행할 수 있도록 설계한다.

## 제2과목 인간공학 및 위험성 평가·관리

### 2 신체활동의 생리학적 측정

#### 1. 피로측정의 방법
① 스트레인(Strain)의 측정하는 척도 ★
② 인지적 활동 – EEG
③ 정신 운동적 활동 – EOG
④ 국부적 근육 활동 – EMG
⑤ 정신적인 활동, 피부전기반사 – GSR

#### 2. 신체 부위 운동의 기본동작 ★

| | |
|---|---|
| • 굴곡 – 관절에서의 각도가 감소<br>• 신전 – 관절에서의 각도가 증가 | • 내선 – 몸 중심선으로 향하는 회전<br>• 외선 – 몸 중심선으로부터 회전 |
| • 내전 – 몸 중심선으로 향하는 이동<br>• 외전 – 몸 중심선으로부터 멀어지는 이동 | • 회내 – 몸 또는 손바닥을 아래로 향하는<br>• 회외 – 몸 또는 손바닥을 위로 향하는 |

#### 3. 신체활동의 에너지 소비

(1) 에너지 대사율(RMR : Relative Metabolic Rate) ★
① 작업강도 단위로서 산소 호흡량을 측정하여 에너지의 소모량을 결정하는 방식이다.
② 기초대사량(BMR : Basal Metabolic Rate) : 생명유지에 필요한 단위시간당 에너지양 ★
③ 작업대사량 : 운동이나 노동에 의해 소비되는 에너지양

$$RMR = \frac{작업대사량}{기초대사량} = \frac{작업 시의 소비에너지 - 안정 시의 소비에너지}{기초대사량}$$

(2) 에너지 대사율(RMR)에 따른 작업의 분류 ★

| RMR | 0~1 | 1~2 | 2~4 | 4~7 | 7 이상 |
|---|---|---|---|---|---|
| 작업 | 초경작업 | 경작업 | 중(보통)작업 | 중(무거운)작업 | 초중(무거운)작업 |

(3) 인체의 생리적 활동 척도(산소소비량 측정) ★
산소소비량을 측정하기 위해서는 더글라스(Douglas)낭 등을 사용하여 우선 배기를 수집한다. 질소는 체내에서 대사되지 않고, 배기는 흡기보다 적으므로 배기 중의 질소 비율은 커진다. 이런 질소의 변화로 흡기의 부피를 표와 같이 구할 수 있다.

Industrial Engineer Industrial Safety

| 성분 | 산소 | 이산화탄소 | 질소 |
|---|---|---|---|
| 흡기 | 21% | 0 | 79% |
| 배기 | $O_2\%$ | $CO_2\%$ | – |

$$V_1 = \frac{(100 - O_2\% - CO_2\%)}{79} \times V_2$$

흡기부피 : $V_1$, 배기부피 : $V_2$(분당 배기량)라 하면

산소소비량 $= (21\% \times V_1) - (O_2\% \times V_2)$

1 liter의 산소 소비 = 5kcal

### 4. 동작의 단순반응과 선택반응 시간

① 반응시간 : 자극이 있은 후 동작을 개시할 때까지의 총시간
② 단순반응시간 : 하나의 특정한 자극 발생 시 - 0.15~0.2초
③ 선택반응시간 : 자극의 수가 여러 개일 때(결정을 위한 중앙 처리시간 포함)

| 대안 수 | 1 | 2 | 3 | 4 | 5 | 6 | 7 | 8 | 9 | 10 |
|---|---|---|---|---|---|---|---|---|---|---|
| 반응시간(초) | 0.20 | 0.35 | 0.40 | 0.45 | 0.50 | 0.55 | 0.60 | 0.60 | 0.65 | 0.65 |

## 3 작업 공간 및 작업 자세

### 1. 부품배치의 원칙★

| 중요성의 원칙 | 목표달성에 긴요한 정도에 따른 우선순위 | 부품의 위치 결정 |
|---|---|---|
| 사용빈도의 원칙 | 사용되는 빈도에 따른 우선순위 | |
| 기능별 배치의 원칙 | 기능적으로 관련된 부품을 모아서 배치 | 부품의 배치 결정 |
| 사용 순서의 원칙 | 순서적으로 사용되는 장치들을 순서에 맞게 배치 | |

### 2. 활동분석 – 작업 공간

(1) 작업 공간 포락면(Work Space Envlope)

한 장소에 앉아서 수행하는 작업활동에서 사람이 작업하는 데 사용하는 공간을 말한다. 포락면을 설계할 때에는 수행해야 하는 특정 활동과 공간을 사용할 사람의 유형을 고려하여 상황에 맞추어 설계해야 한다.

(2) 파악한계(Grasping Reach)

앉은 작업자가 특정한 수작업 기능을 편히 수행할 수 있는 공간의 외곽 한계이다.

### (3) 정상 작업역과 최대 작업역

① **정상 작업역** : 전완을 자연스럽게 수직으로 늘어뜨린 채, 전완만으로 편하게 뻗어 파악할 수 있는 구역 (34~45cm)

② **최대 작업역** : 전완과 상완을 곧게 펴서 파악할 수 있는 구역(55~65cm)

### (4) 특수 작업역

특정한 공간에서 작업하는 구역으로 선 자세, 쪼그려 앉은 자세, 누운 자세, 의자에 앉은 자세, 구부린 자세, 엎드린 자세가 있다.

## 3. 개별 작업 공간 설계지침

### (1) 개별 작업 공간

표시장치와 조종장치를 포함하는 작업장을 설계할 때 따를 수 있는 지침

① 1순위 : 주된 시각적 임무
② 2순위 : 주시각 임무와 상호작용하는 주 조종장치
③ 3순위 : 조종장치와 표시장치 간의 관계
④ 4순위 : 순서적으로 사용되는 부품의 배치
⑤ 5순위 : 체계 내 혹은 다른 체계의 여타 배치와 일관성 있게 배치
⑥ 6순위 : 자주 사용되는 부품을 편리한 위치에 배치

### (2) 의자의 설계원칙 종류 ★★

① 의자 설계

| | |
|---|---|
| 체중분포 | • 체중이 주로 좌골결절에 실려야 편안하다. |
| 의자 좌판의 높이 | • 대퇴부의 압박 방지를 위해 좌판 앞부분은 오금 높이보다 높지 않게 설계(치수는 5%치 사용)<br>• 좌판의 높이는 개인별로 조절할 수 있도록 하는 것이 바람직<br>• 사무실 의자의 좌판과 등판각도<br>　- 좌판각도 : 3°<br>　- 등판각도 : 100° |
| 의자 좌판의 깊이와 안정 | • 폭은 큰 사람에게 맞도록, 깊이는 대퇴를 압박하지 않도록 작은 사람에게 맞도록 설계 |
| 몸통의 안정 | • 사무실 의자의 좌판각도는 3°, 등판각도는 100°가 추천되고 휴식 및 독서를 위해서는 각도가 더 큰 것이 선호된다. |

② 의자 설계 시 고려해야 할 사항 ★★★
　㉠ 등받이의 굴곡은 요추의 굴곡과 일치해야 한다.
　㉡ 좌면의 높이는 사람의 신장에 따라 조절 가능해야 한다.

© 정적인 부하와 고정된 작업 자세를 피해야 한다.
② 의자의 높이는 오금의 높이보다 같거나 낮아야 한다.

(3) Sanders와 McCormick의 의자 설계의 일반적인 원칙 ★
① 요부는 전반을 유지해야 한다(요부는 허리, 전반은 앞으로 휘어졌다는 것임. 따라서 허리는 앞으로 활처럼 휘어야 함).
② 조정이 용이해야 한다.
③ 등근육의 정적부하를 줄인다.
④ 디스크가 받는 압력을 줄인다.

## 4 작업측정

### 1. 표준시간 및 연구

(1) 정의
① 작업측정은 제품과 서비스를 생산하는 작업시스템을 과학적으로 계획하고 관리하기 위하여 그 활동에 소요되는 시간과 자원을 측정 또는 추정하는 것
② 표준시간은 표준작업 조건에서 표준작업방법으로 표준작업능력을 가진 작업자가 표준작업속도로 표준작업량을 완수하는 데 필요한 시간을 의미
③ 작업시스템을 과학적으로 계획, 관리하기 위하여 그 작업활동에 소요되는 시간과 자원을 측정 또는 추정하는 것이 필요

(2) 계산방법
① 표준시간 = 정미시간 + 여유시간
② 정미시간 = (총작업시간 × 실제 작업비율 / 총생산량) × 레이팅계수
③ 레이팅계수 = 기준작업시간 / 실제 작업시간

(3) 표준시간의 활용
① 단위당 생산에 필요한 소요시간을 제공하여 생산, 일정계획의 기초자료로 활용
② 속도에 대한 기준으로 근로표준으로 이용되며 능률을 결정하는 데 이용될 수도 있음

(4) 측정방법
① 간접측정방법
㉠ **표준자료법** : 과거에 측정한 기록들을 기준으로 동작에 영향을 미치는 요인들을 검토하여 만든 함수식, 표, 그래프 등으로 동작시간을 예측하는 방법

ⓛ PTS : 사람이 행하는 작업을 기본동작으로 분류하고, 각 기본 동작들은 동작의 성질과 조건에 따라 이미 정해진 기본 시간치를 적용하여 전체작업의 정미시간을 구하는 방법
② 직접측정방법
  ㉠ 시간연구법(연속적 측정) : 스톱워치법, 촬영법, VTR 분석법, 컴퓨터분석법
  ㉡ Work Sampling(간헐적 측정)

## 2. 간헐적 측정(Work Sampling)의 원리 및 절차

(1) 정의

작업자를 무작위로 관찰하여 특정 활동에 실제 소비하는 시간의 비율을 추정하고 이에 근거하여 시간 표준을 설정하는 기법

(2) 워크샘플링법의 절차
① 연구대상 직무나 그룹 선정
② 작업자에게 연구를 수행함을 알리고 작업자의 활동을 나열기술
③ 필요한 관찰의 횟수 및 관찰시점 결정
④ 작업자의 활동을 관찰, 평정, 기록
⑤ 산출물의 단위당 정상시간 산출

$$정상시간 = \frac{총작업시간 \times 실제\ 작업\ 중인\ 비율 \times 평정계수}{총생산량}$$

⑥ 산출물의 단위당 표준시간 산출

$$표준시간 = \frac{정상시간 \times 100\%}{100 - 여유율[\%]}$$

## 3. 표준자료(MTM, Work Factor)

(1) 개념

표준자료법이란 과거의 시간연구로부터 얻어진 여러 가지 요소작업에 소요되는 시간을 데이터베이스로 유지해 오고 있는 경우 이러한 표준자료에 근거하여 표준시간을 설정하는 방법
① 표준자료법에서는 어떤 직무의 각 요소작업에 소요되는 시간을 표준자료에서 바로 찾거나 이에 근거하여 구한 후, 이들 시간을 합하여 그 직무의 정상시간을 구하고, 이 정상시간에 개인적 용무, 피로 및 지연에 대한 여유시간을 더하여 그 직무의 표준시간을 구함
② 표준자료법은 직접노동의 측정에 많이 쓰이며, 매우 유사한 대량의 반복작업에 특히 유용

### (2) MTM(Method Time Measurement)

가장 정확하고 세밀한 작업분석이 가능하고 14개의 기본동작으로 각 기본동작의 성질과 조건에 따라 미리 정해진 시간치를 적용하여 정미시간을 구한다. 현행 작업 방법의 개선과 능률적인 설비와 기계류의 선택 및 작업 방법을 결정한다.

### (3) WF(Work Factor)

작업의 표준시간을 정하는 경우 그 작업을 상세한 요소 동작으로 분석하고, 각각에 대해 조건을 정확하게 파악하여 그 조건에 따라 미리 정하고 있는 표준시간을 적용시켜서 누계(累計)하는 데 따라 어떤 하나의 작업 표준시간으로 한다는 방법이다.

## 5 작업환경과 인간공학

### 1. 빛과 소음의 특성

#### (1) 반사율

① 반사율 공식

$$반사율[\%] = \frac{광도[fL]}{조도[fc]} \times 100$$

② 추천반사율 ★★

| 바닥 | 가구, 사무용기기, 책상 | 창문 발, 벽 | 천장 |
|---|---|---|---|
| 20~40% | 25~45% | 40~60% | 80~90% |

※ 암기 : 천장 → 벽 → 책상 → 바닥(위에서 아래로)

③ 실제로 얻을 수 있는 최대 반사율 : 약 95% 정도

④ 대비 : 과녁의 광도와 배경의 광도의 차이를 나타내는 척도

$$대비 = \frac{Lb - Lt}{Lb} \times 100$$

Lb : 배경의 광속 발산도
Lt : 표적의 광속발산도

#### (2) 휘광

① 눈이 순응된 밝기보다 훨씬 밝은 빛
② 영향 : 휘광은 성가신 느낌과 불편함을 주고 가시도와 시성능을 저하시킨다.
③ 휘광을 줄이기 위한 방법 : 가리개, 갓, 차양 등을 사용하거나 광원을 시선에서 멀리 위치시킨다. 광원의 수는 늘리고 휘도는 줄인다.

### (3) 휘도(Luminance)
① 빛의 물리량 중 하나로, 빛나는 표면에서 특정 방향으로 단위 면적당 방출되거나 반사되는 빛의 강도를 나타낸다. 어떤 표면이 얼마나 밝게 보이는지를 측정한 값이다.
② fL(foot-lambert), mL(millilambert), $cd/m^2$(candela per square meter)는 모두 휘도의 단위로 사용된다.

### (4) 조도(Illuminance) ★★
① 물체의 표면에 도달하는 빛의 밀도(표면 밝기의 정도)로 단위는 lux를 사용하며, 거리가 멀수록 역자승 법칙에 의해 감소한다. 어떤 물체나 표면에 도달하는 빛의 밀도로, 단위는 fc와 lux가 있다.

$$조도[lux] = \frac{광도[lumen]}{(거리[m])^2}$$

② 작업별 조도 기준 ★

| 초정밀작업 | 정밀작업 | 보통작업 | 그 밖의 작업 |
|---|---|---|---|
| 750lux 이상 | 300lux 이상 | 150lux 이상 | 75lux 이상 |

③ 주변환경의 조도 기준

| 화면의 바탕색상 | 검정색 계통 | 흰색계통 |
|---|---|---|
| 조도 기준 | 300~500lux | 500~700lux |

④ 국소조명 ★ : 작업면상의 필요한 장소만 높은 조도를 취하는 조명

### (5) 음량 ★
① phon과 sone 및 인식 소음 수준 ★★

| phon의 음량 수준 | • 정량적 평가를 위한 음량 수준 척도<br>• 어떤 음의 phon 값으로 표시한 음량 수준은 이 음과 같은 크기로 들리는 1,000Hz 순음의 음압 수준(dB) |
|---|---|
| sone에 의한 음량 | • 다른 음의 상대적인 주관적 크기 비교<br>• 40dB의 1,000Hz 순음의 크기(=40phon)를 1sone<br>• 기준 음보다 10배 크게 들리는 음은 10sone의 음량 |

② phon과 sone의 관계 ★

$$sone치 = 2^{(phon치-40)/10}$$

※ 음량 수준이 10phon 증가하면 음량(sone)은 2배 증가
    1,000Hz 40dB → 40sone
    - 인식 소음 수준(PNdB) / dBA / NRN

③ 소음관리(소음통제 방법) ★★
  ㉠ 소음원의 제거 : 가장 적극적인 대책
  ㉡ 소음원의 통제 : 안전설계, 정비 및 주유, 고무 받침대 부착, 소음기 사용 등
  ㉢ 소음의 격리 : 씌우개, 방이나 장벽을 이용(창문을 닫으면 10dB 감음 효과)
  ㉣ 차음 장치 및 흡음재 사용
  ㉤ 음향 처리제 사용
  ㉥ 적절한 배치(Layout)
④ 연속 소음으로 인한 청력손실 : 청력손실은 4,000Hz에서 가장 크게 나타남.
⑤ 강한 소음으로 인한 생리적 영향 : 말초 순환계 혈관 수축, 동공팽창, 맥박강도, EEG 등에 변화, 부신피질 기능 저하, 혈압상승, 심장박동수 및 신진대사 증가, 발한촉진, 위액 및 위장운동 억제
⑥ OSHA 허용 소음 노출기준

| 음압 수준 dB(A) | 80 | 85 | 90 | 95 | 100 | 105 | 110 | 115 | 120 | 125 | 130 |
|---|---|---|---|---|---|---|---|---|---|---|---|
| 허용시간 | 32 | 16 | 8 | 4 | 2 | 1 | 0.5 | 0.25 | 0.125 | 0.063 | 0.031 |

⑦ 노출한계 20,000Hz 이상에서 110dB로 노출 한정

## 2. 열교환과정과 열압박

(1) 열교환

① 열균형 방정식

$$S(\text{열축적}) = M(\text{대사율}) - W(\text{한 일}) \pm R(\text{복사}) \pm C(\text{대류}) - E(\text{증발})$$

(2) 열압박

① 실효온도가 증가하면 열반응을 높이기 위해 혈액순환이 피부 가까이에서 일어남
② 작업부하가 커질수록 낮은 점에서 갑자기 상승하기 시작해 피로 지수로서 38.8도가 되면 기진함
③ 체심온도가 증가하는 환경조건과 작업수준이 오래 지속되면 저온증 유발

열발진 < 열경련 < 열소모 < 열사병

## 3. 진동이 성능에 미치는 영향

① 진동의 요소는 진폭, 변위, 속도, 가속도로 정적 자세를 유지할 때 손이 심장 높이에 있을 때 진전 현상이 감소된다.
② 진동은 진폭에 비례하여 추적능력을 손상한다. 즉, 5Hz 이하의 낮은 진동수에서 가장 극심하다.

③ 반응시간, 감시, 형태 식별 등 주로 중앙 신경처리에 달린 임무는 진동의 영향이 미약하다.

## 4. 실효온도와 Oxford 지수

(1) 실효온도(Effective Temperature, 체감온도, 감각온도) ★ : 실제로 느끼는 온도
  ① 영향인자 ★
    ㉠ 온도
    ㉡ 습도
    ㉢ 공기의 유동(기류)
  ② ET는 영향인자들이 인체에 미치는 열효과를 하나의 수치로 통합한 경험적 감각지수
  ③ 상대습도 100%일 때 건구온도에서 느끼는 것과 동일한 온감

(2) Oxford 지수 ★★
  ① 습건($WD$) 지수라고도 부르며, 습구온도($W$)와 건구온도($D$)의 가중평균치로 정의

  $$WD = 0.85W + 0.15D$$

  ② 내구한계가 같은 기후의 비교에 사용

(3) WBGT(습구흑구온도지수)
  ① 옥외일 때, 햇빛이 내리쬐는 장소
    WBGT = 0.7×자연습구온도+0.2×흑구온도+0.1×건구온도
  ② 옥내일 때, 옥외지만 햇빛이 내리쬐지 않는 장소
    WBGT = 0.7×자연습구온도+0.3×흑구온도

## 5. 온도변화에 대한 신체의 조절작용 ★★★

| | |
|---|---|
| 적정온도에서 고온환경으로 변화 | • 많은 양의 혈액이 피부를 경유하여 온도 상승<br>• 직장 온도가 내려간다.<br>• 발한이 된다. |
| 적정온도에서 한랭환경으로 변화 | • 피부를 경유하는 혈액의 순환량이 감소하고 많은 양의 혈액이 몸의 중심부를 순환<br>• 피부 온도는 내려간다.<br>• 직장 온도가 약간 올라간다.<br>• 소름이 돋고 몸이 떨리는 오한을 느낀다. |

## 6. 사무/VDT 작업 설계 및 관리

### (1) 개념
VDT 증후군은 현대인의 필수품이라 할 수 있는 컴퓨터, 계기판 등 각종 영상 표시 단말기를 취급하는 작업이나 활동으로 인하여 어깨, 목, 허리 부위에서 발생되는 경견완증후군 및 기타 근골격계 증상, 눈의 피로, 피부 증상, 정신신경계 증상을 말한다.

### (2) VDT 증후군과 관련된 근골격계질환의 명칭
① 경견완증후군
② 작업 관련 근골격계질환(미국) → WMSDs(Work-related Musculoskeletal Disorders)
③ 반복성 긴장장애(캐나다, 북유럽, 호주 등) → RSI(Repetitive Strain Injuries)
④ 누적외상성 질환 → CTDs(Cumulative Trauma Disorders)
⑤ 반복동작장애 → RMS(Repetitive Motion Disorders)
⑥ 과사용증후군 → Overuse Syndromes

### (3) VDT 증후군의 유해·위험요인
① **작업 조건** : 휴식시간, 작업부하 등
② **작업 자세** : 머리와 목의 각도, 상완 외전 및 들어올림, 손목의 구부러짐과 신전, 정적인 작업 자세, 혈관과 신경조직의 압박 등
③ **작업 환경** : 조명, 소음, 온·습도, 환기 등

### (4) 작업 자세
① 작업자의 시선은 수평 선상으로부터 아래로 10~15° 이내일 것
② 눈으로부터 화면까지의 시거리는 40cm 이상을 유지할 것
③ 위팔(Upper Arm)은 자연스럽게 늘어뜨리고, 작업자의 어깨가 들리지 않아야 할 것
④ 팔꿈치의 내각은 90° 이상, 아래팔(Forearm)은 손등과 수평을 유지하여 키보드를 조작할 것
⑤ 의자에 앉을 때는 의자 깊숙이 앉아 의자등받이에 등이 충분히 지지되도록 할 것
⑥ 영상표시단말기 취급근로자의 발바닥 전면이 바닥면에 닿는 자세를 기본으로 하되, 그러하지 못할 때에는 발받침대(Foot Rest)를 조건에 맞는 높이와 각도로 설치할 것
⑦ 무릎의 내각(Knee Angle)은 90° 전후가 되도록 하되, 의자의 앉는 면의 앞부분과 영상표시단말기 취급근로자의 종아리 사이에는 손가락을 밀어 넣을 정도의 틈새가 있도록 하여 종아리와 대퇴부에 무리한 압력이 가해지지 않도록 할 것

## 6 중량물 취급 작업

### 1. 중량물 취급 방법 – 입식작업대

① 서서 작업하는 사람에 맞는 작업대의 높이를 구해보면 팔꿈치 높이보다 5~10cm 정도 낮은 것이 경조립 작업이나 이와 비슷한 조작작업에 적당하다.
② 입식작업대 높이의 경우에도 작업의 성격에 따라서 최적 높이가 달라지며, 일반적으로 섬세한 작업일수록 높아야 하고 거친 작업에는 약간 낮은 편이 낫다.
③ 작업대의 높이가 팔꿈치의 높이보다 낮은 것이 중작업에 적합하다.
④ 작업대의 높이가 팔꿈치의 높이보다 약간 높은 것이 정밀작업에 적합하다.
⑤ 중량물을 다루는 경우에는 입식작업대가 적합하다.
⑥ 포장 작업에서와 같이 아랫 방향으로 힘을 발휘해야 하는 경우에는 입식작업대가 적합하다.

### 2. NIOSH Lifting Equation(NLE) ★★

#### (1) 개발 목적

들기 작업에 대한 권장무게한계(RWL)를 쉽게 산출하도록 하여 작업의 위험성을 예측하여 인간공학적인 작업방법의 개선을 통해 작업자의 직업성 요통을 사전에 예방하는 것

① **작업분석/평가도구** : NIOSH 들기 작업 지침(NIOSH Lifting Equation)
② **분석가능유해요인** : 반복성, 부자연스러운 또는 취하기 어려운 자세, 과도한 힘
③ **적용 신체 부위** : 허리
④ **적용가능 업종** : 포장물배달, 음료배달, 조립작업, 인력에 의한 중량물 취급작업, 무리한 힘이 요구되는 작업, 고정된 들기 작업

#### (2) 들기지수(LI)

① LI = 작업물 무게 / RWL
② 권장무게한계(RWL : Recommended Weight Limit) ★★

$$RWL = LC \times HM \times VM \times DM \times AM \times FM \times CM$$

LC(부하상수) = 23kg
HM(수평계수) = 25/H
VM(수직계수) = 1 − (0.003 × |V−75|)
DM(물체이동거리계수) = 0.82 + (4.5/D)
AM(비대칭계수) = 1 − (0.0032 × A)
FM(빈도계수)
CM(결합계수)

# 제3과목 기계·기구 및 설비 안전관리

## Chapter 1 기계안전시설 관리

### 1 안전시설 관리 계획하기

#### 1. 기계 방호장치

(1) 유해위험기계기구의 종류, 기능과 작동원리

〈유해위험 방지를 위한 방호조치가 필요한 기계기구〉

| ① 예초기의 날 접촉 예방장치 | | 예초기의 절단 날 또는 비산물로부터 작업자를 보호하기 위해 설치하는 보호덮개 등의 장치 |
|---|---|---|
| ② 원심기의 회전체 접촉 예방장치 | | 원심기의 케이싱 또는 하우징 내부의 회전통 등에 작업자의 신체 일부가 접촉되는 것을 방지하기 위해 설치하는 덮개 등의 장치 |
| ③ 공기압축기의 압력방출장치 | | 공기압축기에 부속된 압력용기의 과도한 압력상승을 방지하기 위하여 설치하는 안전밸브, 언로드밸브 등의 장치 |
| ④ 금속절단기의 날 접촉 예방장치 | | 띠톱, 둥근톱 등 금속절단기의 절단날 또는 비산물로부터 작업자를 보호하기 위하여 설치하는 장치 |
| ⑤ 지게차의 헤드가드, 백레스트, 전조등, 후미등, 안전벨트 | 헤드가드 | 지게차를 이용한 작업 중에 위쪽으로부터 떨어지는 물건에 의한 위험을 방지하기 위하여 운전자의 머리 위쪽에 설치하는 덮개 |
| | 백레스트 | 지게차를 이용한 작업 중에 마스트를 뒤로 기울일 때 화물이 마스트 방향으로 떨어지는 것을 방지하기 위해 설치하는 짐받이 틀 |
| ⑥ 포장기계(진공 포장기, 랩핑기)의 구동부 방호 연동장치 | | 진공포장기, 랩핑기의 구동부에 설치되는 방호장치 등이 장치가 닫힌 상태에서만 기계가 작동되도록 상호 연결시키는 것 |

(2) 방호조치를 하지 않고 양도 또는 대여, 설치, 사용, 진열해서는 안 되는 기계·기구 ★★

① 예초기
② 원심기
③ 공기압축기
④ 금속절단기
⑤ 지게차
⑥ 포장기계(진공 포장기, 랩핑기)

## 제3과목 기계·기구 및 설비 안전관리

### 2. 안전작업 절차

KOSHA GUIDE z-47-2022 안전작업절차에 관한 지침에 명시되어 있다.

#### (1) 안전작업 절차
① 작업 수행 방법에 대한 설명
② 안전·환경에 위험성이 있다고 평가되는 작업의 확인
③ 안전·환경 위험성에 대한 기술
④ 작업 시에 적용되어야 하는 관리조치에 대한 기술
⑤ 안전·환경적으로 보장된 작업을 수행하기 위해 필요한 조치에 대한 기술
⑥ 준수하여야 할 법령, 기준, 지침 등을 기술
⑦ 작업에 사용되는 장비, 장비 운용자의 자격, 안전 작업 방법에 대한 교육 등에 대하여 기술

#### (2) 안전작업 대책
- 관리적 대책 : 제거 → 대체 → 격리 → 기술적 대책이 먼저 고려되어야 한다.

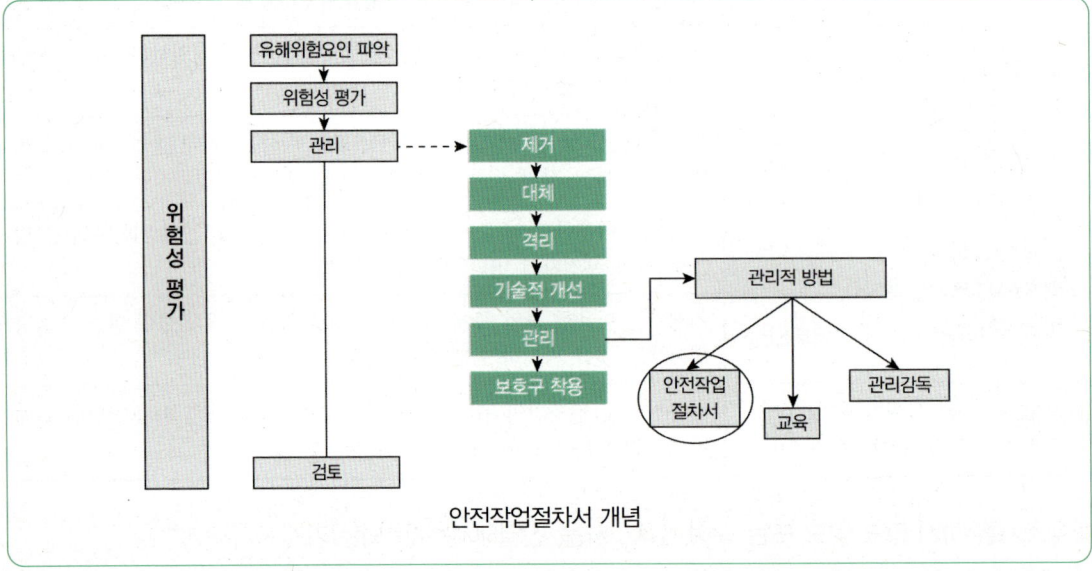

안전작업절차서 개념

## 3. 공정도를 활용한 공정분석

### (1) 공정흐름도
부품이 운반되는 경로를 기존 시설의 배치도 선상으로 표시한 후 흐름 공정도에서 사용되는 기호와 번호를 발생 위치에 따라 흐름 선상에 표시한 것이다.

### (2) 공정흐름도의 공정기호

| 공정명 | 기호의 명칭 | 공정기호 | 의미 |
|---|---|---|---|
| 가공 | 가공 | ○ | 원료, 재료, 부품 또는 제품의 형상, 품질에 변화를 주는 과정을 나타낸다. |
| 운반 | 운반 | ○ ⇨ | 원료, 재료, 부품 또는 제품의 위치에 변화를 주는 과정을 나타낸다 (지름은 가공기호의 1/2~1/3로 한다). |
| 검사 | 수량검사 | □ | 원료, 재료, 부품 또는 제품의 양(수량)을 측정하여 그 결과를 기준과 비교하고 차이를 아는 과정을 나타낸다. |
| 검사 | 품질검사 | ◇ | 원료, 재료, 부품 및 제품의 품질특성을 시험하고, 그 결과 로트의 합격, 불합격 또는 제품의 양, 불량을 판단하는 과정을 나타낸다. |
| 대기 | 저장 | ▽ | 원료, 재료, 부품 또는 제품을 계획에 따라 저장하고 있는 과정을 나타낸다. |
| 대기 | 정체 | D | 원료, 재료, 부품 또는 제품이 계획과는 달리 정체되어 있는 상태를 나타낸다. |

## 4. Fool Proof
사람의 실수가 있더라도 안전사고가 발생하지 않도록 2중, 3중 통제를 가함

## 5. Fail Safe

### (1) Fail Safe 기능면 3단계(종류)
기계의 고장이 있더라도 안전사고가 발생하지 않도록 2중, 3중 통제를 가함

### (2) Fail Safe의 3단계 종류 ★
① Fail Passive : 기계의 고장이 나는 즉시 작동이 멈춤
② Fail Active : 기계의 고장이 날 경우, 경보를 울리며 잠시간 작동이 가능함
③ Fail Operational : 기계의 고장이 날 경우, 다음 정기점검까지 작동이 가능함

## 2 안전시설 설치하기

### 1. 안전시설물 설치기준

#### (1) 안전시설물의 종류 및 설치장소

| 구분 | 설치장소 |
|---|---|
| 계단 | 건물의 각 층별, 지하실, 지상 2M 이상의 기기(밸브 등) |
| 고정 사다리 | |
| 안전난간 | 계단의 양측 선단, 작업발판 및 안전통로의 선단 부분 |
| 작업발판 | 고소(2M 이상)에서의 기기, 밸브 등의 조작, 점검 및 정비 작업개소 |
| 방호덮개 | 동력작동 기계기구의 회전축, 치차, 풀리, 벨트 등 접촉에 의해 말려들어 갈 수 있는 위험 부분 |
| 건널다리 | 롤러 테이블 상부, 각종 기계설치 부분의 지상 또는 지하로 통행할 수 없는 장소, 콘베이어의 횡단개소 |
| 작업통로 및 안전통로 | 작업장소로 통하는 통로 또는 작업장 내에서 작업자가 통하는 장소 |
| 방호울 | 전기시설물의 충전 부위, 변압기, 벨트 콘베어의 풀리 등 위험작업장소 |

#### (2) 안전시설물 설치기준

| 구 분 | 구조 및 설치 |
|---|---|
| 계단 | • 계단 및 계단참은 작업 및 주위 조건 특성에 적합한 하중에 견딜 수 있는 강도를 가진 구조<br>• 계단 바닥을 금속망의 재료로 만들 시 렌치, 기타 공구 등이 낙하할 위험이 없도록 망의 규격은 10mm×10mm 이내의 것을 사용<br>• 계단 높이 3m 이내 마다 계단참을 설치해야 하며, 계단참은 가로, 세로의 길이가 각각 1.2m 이상이 되도록 함<br>• 급유용, 보수용, 비상계단 및 나선형 계단을 제외한 계단은 1m 이상의 폭으로 하여야 한다(각 단의 폭은 어떠한 경우에도 90cm 미만이 되어서는 안 됨).<br>• 경사도가 수평면으로부터 30~45도 이내일 경우 계단을 설치한다.<br>• 경사도가 30도 미만인 경우 경사도를 설치하고 45도를 넘을 시에는 고정사다리를 설치하여야 한다.<br>• 계단의 상방에 장애물이 없는 공간에 설치한다.<br>• 공간(천정)의 높이는 답면의 상부에서 수직으로 측정하여 2m 이상이 되어야 한다.<br>• 보수용 이외의 답면은 계단 끝을 제외하고 폭(단 너비)은 23cm 이상, 높이는 13cm 내지 20cm 이내로 한다.<br>• 답면은 미끄럼 방지용 측선(Grid Iron) 등을 설치한다.<br>• 각 층의 계단은 답면의 폭 및 높이가 일정해야 한다.<br>• 4단 이상인 계단에는 개방된 측면에 난간을 설치하여야 한다.<br>• 양 측면이 벽으로 쌓이고 폭이 1m 미만인 계단에는 한쪽 면에 설치하여야하며 이 난간은 내려가는 방향으로 향하여 우측에 설치한다.<br>• 폭 1m 이상인 계단은 개방된 측에 방책을 설치하고 폐쇄 된 측면에 난간을 설치하여야 한다.<br>• 폭 2.25m 이상의 계단에는 계단중앙(중심)에 난간을 설치하여야 한다. |

| 구 분 | 구조 및 설치 |
|---|---|
| 계단 | • 유실 및 지하에 보수용 계단 또는 기계둘레의 점검대로 통하는 보수용 계단의 유효 폭은 최소한 56cm 이상이 되어야 한다.<br>• 보수용 계단의 경사는 60도 이하로 하여야 되며 또한 그 답면의 폭은 15cm 이상이 되어야 한다.<br>• 돌아가는 계단 즉 나선형 계단은 보수용으로 사용해서는 안 된다. |
| 고정사다리 | • 금속 부분 또는 부속품은 모두 강철, 연철, 가단주철, 기타 같은 강도의 재료로 한다.<br>• 견고한 구조로 하여야 한다.<br>• 사다리의 상단은 승하강 시 안전을 위하여 마루에서 60cm 이상 돌출시켜야 한다.<br>• 지면에서 사다리의 최하단 답면까지의 높이는 적어도 50cm가 되어야 한다.<br>• 사다리 답면의 배면에서 가장 가까운 사다리 물체까지의 거리는 적어도 30cm 이상이 되도록 하여야 한다.<br>• 사다리의 높이가 10m 이상일 때에는 5m마다 사다리참 또는 발판을 설치한다.<br>• 사다리참 설치 시에는 사다리를 분리시켜 설치하되 상하 일직선이 되지 않도록 한다.<br>• 답면 폭은 40cm 이상 50cm 이하로 하며 높이는 25cm 이상 35cm 이하로 한다.<br>• 각 단의 폭 및 높이는 일정하여야 한다.<br>• 발판과 벽과의 사이는 30cm 이상의 간격을 유지 하여야 한다.<br>• 등받이의 수직 Plate Bar는 5줄 이상을 설치하여야 하며 Bar와 Bar사이의 간격은 20~25cm 이하로 한다.<br>• 등받이의 수직 Plate Bar의 직경은 60~65cm 이하로 하며 Bar와 Bar사이의 상하간격은 1.2m 이내로 한다(수평 Plate Bar는 타원형으로 할 수 있으며 타원형으로 할 때 직경 60cm×65cm로 한다).<br>• 지면(답면바닥)에서 최초 수평 Plate Bar까지의 높이는 2~3m 이하로 한다. |
| 핸드 레일<br>(안전난간) | • 상부 난간대, 중간 난간대, 발끝막이판 및 난간기둥으로 구성할 것<br>• 바닥면 등으로부터 90센티미터 이상 지점에 설치하고, 상부 난간대를 120센티미터 이하에 설치하는 경우에는 중간 난간대는 상부 난간대와 바닥면 등의 중간에 설치해야 하며, 120센티미터 이상 지점에 설치하는 경우에는 중간 난간대를 2단 이상으로 균등하게 설치하고 난간의 상하 간격은 60센티미터 이하가 되도록 할 것. 다만, 난간기둥 간의 간격이 25센티미터 이하인 경우에는 중간 난간대를 설치하지 않을 수 있다.<br>• 발끝막이판은 바닥면 등으로부터 10센티미터 이상의 높이를 유지할 것<br>• 난간기둥은 상부 난간대와 중간 난간대를 견고하게 떠받칠 수 있도록 적정한 간격을 유지할 것<br>• 상부 난간대와 중간 난간대는 난간 길이 전체에 걸쳐 바닥면등과 평행을 유지할 것<br>• 난간대는 지름 2.7센티미터 이상의 금속제 파이프나 그 이상의 강도가 있는 재료일 것<br>• 안전난간은 구조적으로 가장 취약한 지점에서 가장 취약한 방향으로 작용하는 100킬로그램 이상의 하중에 견딜 수 있는 튼튼한 구조일 것 |
| 작업발판 | • 발판의 재료는 작업 시 하중을 견딜 수 있도록 견고한 구조로 한다.<br>• 발판의 상단을 금속 망의 재료로 설치 시에는 공기구 등이 낙하할 위험이 없도록 망의 규격은 10mm×10mm 이내의 것을 사용한다.<br>• 발판의 지주목은 하중에 의해 파괴될 우려가 없는 구조용 금속재료로서 충분한 강도의 재료로 고정하여 만들어야 한다.<br>• 작업발판 재료는 흔들리거나 탈락하지 않도록 지지목에 견고하게 부착한다.<br>• 이동용 작업발판은 이동시킬 때의 위험방지에 필요한 조치를 취하여야 한다.<br>• 발판의 선단 부분에는 폭 12cm 이상의 Jaw Board를 설치한다. |

## 제3과목 기계·기구 및 설비 안전관리

| 구 분 | 구조 및 설치 |
|---|---|
| 작업발판 | • 높이 1m 이상의 작업발판에는 다음과 같이 추락방지용 난간대를 설치한다.<br>  – 난간은 파이프 구조용 금속재료로서 충분한 강도의 재료로 고정하여 견고하게 만들어야 한다.<br>  – 난간은 작업 범위를 제외한 작업발판의 전부위에 설치한다. |
| 방호덮개 | • 방호덮개 또는 방책의 재료<br>  – 금속주물, 구멍이 있는 금속판, 익스팬드메탈, 아이빔, 쇠파이프 또는 속이 비어있지 않은 프레임에 부착된 금속망을 사용한다.<br>  – 각기 사용 목적에 적합한 기타의 재료<br>• 방호덮개의 조건<br>  – 운전 중 위험구역에 접근하는 것을 막을 수 있어야 한다.<br>  – 가급적 기계장치에 설치 또는 부착하여야 한다.<br>  – 기계의 급유, 검사, 조정 및 수리가 용이하여야 한다.<br>  – 보통 마모나 충격에도 견디며 쉽게 효력을 상실하지 말아야 한다.<br>  – 돌기물, 날카로운 각, 고르지 않은 가장자리 기타 사고의 원인이 되는 것이 없어야 한다.<br>  – 튼튼하고 내구성, 내식성이 있어야 한다.<br>• Chain, V-Belt, Pulley 등 협착위험 개소에는 반드시 "묻힘형"으로 설치한다. |
| 건널다리 | • 통로의 폭<br>  – 건널다리의 계단 및 상단의 통로폭은 80cm 이상으로 하여야 한다.<br>  – 건널다리의 양쪽에는 전도방지용 난간대를 설치한다.<br>  ※ 계단의 경사도, 답면 높이, 난간대 설치방법 등은 계단 설치 방법과 동일함 |
| 작업 및 안전통로 | • 통로의 설치조건<br>  – 통행의 중요한 부분에는 통로표시를 한다.<br>  – 정상적인 통행을 방해하지 않는 정도의 채광 또는 조명시설을 설치한다.<br>  – 통로면으로 부터 2m 이내에는 장애물이 없도록 하여야 하며 또한 안전하게 재료를 운반할 수 있도록 평탄하게 하여야 한다.<br>  – 통로바닥에는 구멍, 홈, 돌출된 밸브, 파이프 등 걸릴 우려가 있는 장애물이 있어서는 안 된다.<br>  – 상면, 계단의 답면 및 계단참은 보통사용 상태로 미끄러지기 쉬운 것이어서는 안 되며, 또한 마모 또는 미끄러운 재료로 만들어서는 안 된다.<br>  – 계단, 경사로, 엘리베이터 탑승구 등 미끄러짐으로써 사고를 발생시키기 쉬운 곳은 보행면에 미끄럼 방지조치를 한다.<br>  – 작업장의 작업통로에 있어 기계 각종 장치 또는 재료의 퇴적 간에 통로를 적어도 폭이 6m가 되어야 한다. |
| 방호울 (방책) | • 방호울(방책)의 구조<br>  – 모든 방호울은 목재, 파이프, 구조용 금속재, 기타 충분한 강도를 갖는 재료를 견고하고 고정된 구조로 만들어야 한다.<br>  – 방호울은 상면에서 그 선간까지의 높이가 1.1m가 되도록 설치한다.<br>  – 방호울은 2m 이내마다 지주를 설치하고 상면과 상부횡재(Top Rail)와의 중앙부에 중간횡재를 설치하여야 한다.<br>  – 방호울 및 지주의 칫수 및 각 구성 부재의 설치 및 조립하는 방법은 상부횡재 임의 점에 있어서 임의 방향으로 작용하는 최소한 100kg의 하중에 견딜 수 있는 튼튼한 구조여야 한다. |

| 구 분 | 구조 및 설치 |
|---|---|
| 방호울<br>(방책) | - 구조용 금속재료의 방호울은 상부횡재 및 지주는 적어도 3.8cm×3.8cm×0.5cm의 앵글을 중간 횡재는 적어도 3.2cm×3.2cm×0.3cm의 앵글을 사용하여야 한다.<br>- 파이프재의 방호울은 상부 및 지주는 최소한 지름이 3.2cm의 금속재 파이프를, 중간재는 적어도 지름 2.5cm의 금속재 파이프를 사용하여야 한다.<br>- 방호울은 결함이 없는 견고한 재료로 만들고 또 한 모든 예리한 각은 둥글게 만들어야 한다.<br>• 방호울(방책)의 규격<br>- Guard식 방호망의 규격<br>$$Y = X/10 + 6 (m/m)$$<br>X : 망의 규격<br>Y : 위험 부분에서 방호망까지의 거리<br>단, 상기공식은 위험 부분에서 방호망까지의 거리가 76cm를 초과할 때에는 적용하지 못함.<br>• Belt Conveyor Tail부 등 지면으로 부터 1.8m 이내 협착 위험이 높은 개소에는 방호울을 설치하여 임의출입을 하지 못하도록 출입통제 관리한다. |

## 2. 안전보건표지 설치기준

| 분류 | 종류 | 용도 및 설치·부착장소 | 설치·부착장소 예시 | 색채 |
|---|---|---|---|---|
| 금지표지 | 1. 출입금지 | 출입을 통제해야 할 장소 | 조립·해체 작업장 입구 | 바탕은 흰색, 기본모형은 빨간색, 관련 부호 및 그림은 검은색 |
| | 2. 보행금지 | 사람이 걸어 다녀서는 안 될 장소 | 중장비 운전작업장 | |
| | 3. 차량통행금지 | 제반 운반기기 및 차량의 통행을 금지시켜야 할 장소 | 집단보행 장소 | |
| | 4. 사용금지 | 수리 또는 고장 등으로 만지거나 작동시키는 것을 금지해야 할 기계·기구 및 설비 | 고장난 기계 | |
| | 5. 탑승금지 | 엘리베이터 등에 타는 것이나 어떤 장소에 올라가는 것을 금지 | 고장난 엘리베이터 | |
| | 6. 금연 | 담배를 피워서는 안 될 장소 | | |
| | 7. 화기금지 | 화재가 발생할 염려가 있는 장소로서 화기 취급을 금지하는 장소 | 화학물질취급 장소 | |
| | 8. 물체이동금지 | 정리 정돈 상태의 물체나 움직여서는 안 될 물체를 보존하기 위하여 필요한 장소 | 절전스위치 옆 | |

| 분류 | 종류 | 용도 및 설치·부착장소 | 설치·부착장소 예시 | 색채 |
|---|---|---|---|---|
| 경고표지 | 1. 인화성 물질 경고 | 휘발유 등 화기의 취급을 극히 주의해야 하는 물질이 있는 장소 | 휘발유 저장 탱크 | 바탕은 노란색, 기본모형, 관련 부호 및 그림은 검은색<br>다만, 인화성 물질 경고, 산화성 물질 경고, 폭발성 물질 경고, 급성 독성물질 경고, 부식성 물질 경고 및 발암성·변이원성·생식독성·전신독성·호흡기과민성 물질 경고의 경우 바탕은 무색, 기본 모형은 빨간색(검은색도 가능) |
| | 2. 산화성 물질 경고 | 가열·압축하거나 강산·알칼리 등을 첨가하면 강한 산화성을 띠는 물질이 있는 장소 | 질산 저장 탱크 | |
| | 3. 폭발성 물질 경고 | 폭발성 물질이 있는 장소 | 폭발물 저장실 | |
| | 4. 급성 독성물질 경고 | 급성독성 물질이 있는 장소 | 농약 제조·보관소 | |
| | 5. 부식성 물질 경고 | 신체나 물체를 부식시키는 물질이 있는 장소 | 황산 저장소 | |
| | 6. 방사성 물질 경고 | 방사성 물질이 있는 장소 | 방사성 동위원소 사용실 | |
| | 7. 고압전기 경고 | 발전소나 고전압이 흐르는 장소 | 감전우려지역 입구 | |
| | 8. 매달린 물체 경고 | 머리 위에 크레인 등과 같이 매달린 물체가 있는 장소 | 크레인이 있는 작업장 입구 | |
| | 9. 낙하물체 경고 | 돌 및 블록 등 떨어질 우려가 있는 물체가 있는 장소 | 비계 설치 장소 입구 | |
| | 10. 고온 경고 | 고도의 열을 발하는 물체 또는 온도가 아주 높은 장소 | 주물작업장 입구 | |
| | 11. 저온 경고 | 아주 차가운 물체 또는 온도가 아주 낮은 장소 | 냉동작업장 입구 | |
| | 12. 몸균형 상실 경고 | 미끄러운 장소 등 넘어지기 쉬운 장소 | 경사진 통로 입구 | |
| | 13. 레이저광선 경고 | 레이저광선에 노출될 우려가 있는 장소 | 레이저실험실 입구 | |
| | 14. 발암성·변이원성·생식독성·전신독성·호흡기과민성 물질 경고 | 발암성·변이원성·생식독성·전신독성·호흡기과민성 물질이 있는 장소 | 납 분진 발생장소 | |
| | 15. 위험장소 경고 | 그 밖에 위험한 물체 또는 그 물체가 있는 장소 | 맨홀 앞 고열금속찌꺼기 폐기장소 | |

| 분류 | 종류 | 용도 및 설치·부착장소 | 설치·부착장소 예시 | 색채 |
|---|---|---|---|---|
| 지시표지 | 1. 보안경 착용 | 보안경을 착용해야만 작업 또는 출입을 할 수 있는 장소 | 그라인더작업장 입구 | 바탕은 파란색, 관련 그림은 흰색 |
| | 2. 방독마스크 착용 | 방독마스크를 착용해야만 작업 또는 출입을 할 수 있는 장소 | 유해물질작업장 입구 | |
| | 3. 방진마스크 착용 | 방진마스크를 착용해야만 작업 또는 출입을 할 수 있는 장소 | 분진이 많은 곳 | |
| | 4. 보안면 착용 | 보안면을 착용해야만 작업 또는 출입을 할 수 있는 장소 | 용접실 입구 | |
| | 5. 안전모 착용 | 헬멧 등 안전모를 착용해야만 작업 또는 출입을 할 수 있는 장소 | 갱도의 입구 | |
| | 6. 귀마개 착용 | 소음장소 등 귀마개를 착용해야만 작업 또는 출입을 할 수 있는 장소 | 판금작업장 입구 | |
| | 7. 안전화 착용 | 안전화를 착용해야만 작업 또는 출입을 할 수 있는 장소 | 채탄작업장 입구 | |
| | 8. 안전장갑 착용 | 안전장갑을 착용해야 작업 또는 출입을 할 수 있는 장소 | 고온 및 저온물 취급작업장 입구 | |
| | 9. 안전 복착용 | 방열복 및 방한복 등의 안전복을 착용해야만 작업 또는 출입을 할 수 있는 장소 | 단조작업장 입구 | |
| 안내표지 | 1. 녹십자표지 | 안전의식을 북돋우기 위하여 필요한 장소 | 공사장 및 사람들이 많이 볼 수 있는 장소 | 바탕은 흰색, 기본모형 및 관련 부호는 녹색, 바탕은 녹색, 관련 부호 및 그림은 흰색 |
| | 2. 응급구호표지 | 응급구호설비가 있는 장소 | 위생구호실 앞 | |
| | 3. 들것 | 구호를 위한 들것이 있는 장소 | 위생구호실 앞 | |
| | 4. 세안장치 | 세안장치가 있는 장소 | 위생구호실 앞 | |
| | 5. 비상용기구 | 비상용기구가 있는 장소 | 비상용기구 설치장소 앞 | |
| | 6. 비상구 | 비상출입구 | 위생구호실 앞 | |
| | 7. 좌측비상구 | 비상구가 좌측에 있음을 알려야 하는 장소 | 위생구호실 앞 | |
| | 8. 우측비상구 | 비상구가 우측에 있음을 알려야 하는 장소 | 위생구호실 앞 | |
| 출입금지표지 | 1. 허가대상유해물질 취급 | 허가대상유해물질 제조, 사용 작업장 | 출입구<br>(단, 실외 또는 출입구가 없을 시 근로자가 보기 쉬운 장소) | 글자는 흰색바탕에 흑색다음 글자는 적색<br>- ○○○제조/사용/보관 중<br>- 석면취급/해체 중<br>- 발암물질 취급 중 |
| | 2. 석면취급 및 해체·제거 | 석면 제조, 사용, 해체·제거 작업장 | | |
| | 3. 금지유해물질 취급 | 금지유해물질 제조·사용설비가 설치된 장소 | | |

### 3. 기계 종류별[지게차, 컨베이어, 양중기(건설용은 제외), 운반 기계] 안전장치 설치기준

(1) 지게차의 안전장치
- ① 전조등과 후미등 : 후진경보기와 경광등 또는 후방감지기
- ② 헤드가드
  - ㉠ 강도는 지게차의 최대하중의 2배 값(4톤을 넘는 값에 대해서는 4톤으로 한다)의 등분포정하중(等分布靜荷重)에 견딜 수 있을 것
  - ㉡ 상부 틀의 각 개구의 폭 또는 길이가 16센티미터 미만일 것
  - ㉢ 운전자가 앉아서 조작하거나 서서 조작하는 지게차의 헤드가드는 한국산업표준에서 정하는 높이 기준 이상일 것
- ③ 백레스트
- ④ 팔레트(pallet) 또는 스키드(skid)
  - ㉠ 적재하는 화물의 중량에 따른 충분한 강도를 가질 것
  - ㉡ 심한 손상·변형 또는 부식이 없을 것
- ⑤ 좌석 안전띠
- ⑥ 포크 간격 : 팔레트 폭의 1/2~3/4

(2) 컨베이어 안전장치
- ① 이탈 및 역주행을 방지하는 장치
- ② 비상정지장치
- ③ 덮개 또는 울
- ④ 건널다리 또는 스토퍼

(3) 양중기
- ① 정격하중, 운전속도, 경고표시 등을 부착
- ② **과부하방지장치** : 그 적재하중을 초과하는 하중을 걸어서 사용하도록 해서는 안 됨
- ③ **권과방지장치(捲過防止裝置)** : 훅·버킷 등 달기구의 윗면(그 달기구에 권상용 도르래가 설치된 경우에는 권상용 도르래의 윗면)이 드럼, 상부 도르래, 트롤리프레임 등 권상장치의 아랫면과 접촉할 우려가 있는 경우에 그 간격이 0.25미터 이상[직동식(直動式) 권과방지장치는 0.05미터 이상으로 한다]이 되도록 조정
- ④ 비상정지장치 및 제동장치
- ⑤ 그 밖의 방호장치[승강기의 파이널 리미트 스위치(final limit switch), 속도조절기, 출입문 인터록(interlock) 등]

(4) 운반기계

① 접촉 및 전도 등의 방지
  ㉠ 작업지휘자 또는 유도자 배치
  ㉡ 지반의 부동침하와 방지 및 갓길 붕괴를 방지하기 위한 조치
  ㉢ 근로자를 출입금지

② 화물적재 시의 조치
  ㉠ 하중이 한쪽으로 치우치지 않도록 적재할 것
  ㉡ 구내운반차 또는 화물자동차의 경우 화물의 붕괴 또는 낙하에 의한 위험을 방지하기 위하여 화물에 로프를 거는 등 필요한 조치를 할 것
  ㉢ 운전자의 시야를 가리지 않도록 화물을 적재할 것
  ㉣ 최대 적재량을 초과하지 않을 것

③ 이송 시의 준수사항
  ㉠ 싣거나 내리는 작업은 평탄하고 견고한 장소에서 할 것
  ㉡ 발판을 사용하는 경우에는 충분한 길이·폭 및 강도를 가진 것을 사용하고 적당한 경사를 유지하기 위하여 견고하게 설치할 것
  ㉢ 가설대 등을 사용하는 경우에는 충분한 폭 및 강도와 적당한 경사를 확보할 것
  ㉣ 지정운전자의 성명·연락처 등을 보기 쉬운 곳에 표시하고 지정운전자 외에는 운전하지 않도록 할 것

## 4. 기계의 위험점 분석

(1) 위험점의 분류 ★★★★★

① 협착점(Squeeze point) : 왕복운동을 하는 동작 부분과 움직임이 없는 고정 부분 사이에서 형성되는 위험점
  예 프레스기, 전단기, 성형기, 굽힘기계(bending machine) 등

② 끼임점(Shear point) : 고정 부분과 회전하는 동작 부분이 함께 만드는 위험점
  예 연삭숫돌과 덮개, 교반기의 날개와 하우징, 프레임에서 암의 요동운동을 하는 기계 부분 등

③ 절단점(Cutting point) : 회전하는 운동부 자체의 위험
  예 밀링의 커터, 띠톱이나 둥근톱의 톱날, 벨트의 이음 부분 등

④ 물림점(Nip point) : 회전하는 두 개의 회전체에는 물려 들어가는 위험성이 존재한다. 이때 위험점이 발생되는 조건은 회전체가 서로 반대 방향으로 맞물려 회전되어야 한다.
  예 롤러와 롤러의 물림, 기어와 기어의 물림 등

⑤ 접선물림점(Tangential Nip point) : 회전하는 부분의 접선방향으로 물려 들어갈 위험이 존재하는 점이다(물림 위치 : 접선 방향).
  예 벨트와 풀리, 체인과 스프로킷, 랙과 피니언 등

⑥ 회전말림점(Trapping point) : 회전하는 물체에 작업복, 머리카락 등이 말려드는 위험이 존재하는 점이다.
- 예 회전하는 축, 커플링, 돌출된 키나 고정나사, 회전하는 공구 등

## 3 안전시설 유지 · 관리하기

### 1. KS B 규격과 ISO 규격 통칙에 대한 지식

〈각국의 표준 규격〉

| 각국 명칭 | 표준 규격 기호 |
| --- | --- |
| 국제 표준화 기구(International Organization for Standardization) | ISO |
| 한국 산업 규격(Korean Industrial Standards) | KS |
| 영국 규격(British Standards) | BS |
| 독일 규격(Deutsches Institute fur Normung) | DIN |
| 미국 규격(American National Standards Institute) | ANSI |
| 스위스 규격(Schweitzerish Normen-Vereinigung) | SNV |
| 프랑스 규격(Norme Francaise) | NF |
| 일본 공업 규격(Japanese Industrial Standards) | JIS |

〈KS의 분류〉

| 기호 | 부문 | 기호 | 부문 | 기호 | 부문 |
| --- | --- | --- | --- | --- | --- |
| KS A | 기본(통칙) | KS F | 토건 | KS M | 화학 |
| KS B | 기계 | KS G | 일용품 | KS P | 의료 |
| KS C | 전기 | KS H | 식료품 | KS R | 수송기계 |
| KS D | 금속 | KS K | 섬유 | KS V | 조선 |
| KS E | 광산 | KS L | 요업 | KS W | 항공 |

## 2. 유해위험기계기구 종류 및 특성

### (1) 유해위험기계기구 종류 및 방호장치 설치기준 및 방법

| 종류 | 방호장치 | 설치기준 |
|---|---|---|
| 예초기 | 날접촉 예방장치 | ① 두께 2밀리미터 이상일 것<br>② 절단날의 회전범위를 100분의 25(90°) 이상 방호할 수 있고, 절단날의 밑면에서 날접촉 예방장치의 끝단까지의 거리가 3밀리미터 이상인 구조로서 조작자 쪽에 설치할 것<br>③ 충격에도 쉽게 파손되지 않는 재질일 것<br>▶ 설치방법<br>• 사용 중 탈락 또는 이완되지 않도록 지름 6밀리미터 이상의 볼트를 2개 이상 사용하여 샤프트 튜브에 견고하게 부착하여야 한다. |
| 원심기 | 회전체 접촉 예방장치 | ① 회전통에 설치되는 덮개는 내부 물질이 비산되어 충격이 가해지더라도 변형 또는 파손되지 않을 정도의 충분한 강도일 것<br>② 개방 시 회전운동이 정지되며, 덮개를 닫은 후 자동으로 작동되지 않고 별도의 조작에 의하여 회전통이 작동되도록 회로를 구성할 것<br>▶ 설치방법<br>• 회전체 접촉 예방장치가 작동 중 열리지 않도록 잠금장치를 설치할 것<br>• 작동 중 기계의 진동에 의한 이탈, 이완의 위험이 없도록 체결 볼트에는 와셔 등을 이용하여 풀림방지조치를 할 것<br>• 급정지로 인하여 기계에 파손위험이 있는 경우에는 순차정지회로를 구성하는 등의 조치를 할 것 |
| 공기 압축기 | 압력 방출장치 | ① 공기 토출구의 차단밸브를 닫아도 용기의 압력이 설정압력 이하에서 작동하는 구조의 언로드 밸브<br>② 다음 각 목의 요건에 적합한 안전밸브<br>   ㉠ 법에 따른 안전인증(KCs)을 받은 것일 것<br>   ㉡ 내후성이 좋고 장기간 정지하여도 밸브시트에 접착되지 않을 것<br>▶ 설치방법<br>• 언로드밸브는 작동상태를 확인하기 쉽고 응축수 등에 의한 부식의 위험이 없는 위치에 설치하여야 한다.<br>• 안전밸브는 다음 각 호의 요건에 적합해야 한다.<br>  – 안전밸브의 조정너트는 임의로 조정할 수 없도록 봉인되어 있을 것<br>  – 설정압력은 설계압력을 초과하지 아니하고, 작동압력은 설정압력치의 ±5% 이내일 것<br>  – 설정압력 등이 포함된 표지를 식별이 쉬운 곳에 견고하게 부착할 것 |

| 종류 | 방호장치 | 설치기준 |
|---|---|---|
| 금속<br>절단기 | 날접촉<br>예방장치 | ① 금속절단기의 톱날 부위에는 고정식, 조절식 또는 연동식 날접촉 예방장치를 설치하여야 한다.<br>② 제1항의 조절식 날접촉 예방장치는 가공재의 크기에 따라 절단날의 노출정도를 조절할 수 있는 구조이어야 한다.<br>③ 제1항의 연동식 날접촉 예방장치는 개방시 기계의 작동이 정지되는 구조이어야 한<br>▶ 설치방법<br>• 작업 부분을 제외한 톱날 전체를 덮을 수 있을 것<br>• 가드와 함께 움직이며 가공물을 절단하는 톱날에는 조정식 가이드를 설치할 것<br>• 톱날, 가공물 등의 비산을 방지할 수 있는 충분한 강도를 가질 것<br>• 둥근 톱날의 경우 회전날의 뒤, 옆, 밑 등을 통한 신체 일부의 접근을 차단할 수 있을 것 |
| 포장<br>기계<br>(진공<br>포장기,<br>래핑기로<br>한정) | 구동부 방호<br>연동장치 | ① 릴 풀림장치 등 구동부<br>② 열 봉합장치 등 고열발생 부위<br>③ 포장 릴(릴 풀림장치 포함) 주변<br>④ 자동 스플라이싱 장치 주변<br>⑤ 포장재 절단용 칼날 주변<br>▶ 설치방법<br>• 정해진 위치에 견고하게 고정될 것<br>• 공구를 사용하여야 해체할 수 있을 것<br>• 연동장치는 방호덮개 등을 닫은 후 자동으로 재기동되지 아니하고 별도의 조작에 의해서만 기동될 것<br>• 구동부와 방호덮개 등의 연동장치가 상호 간섭되지 않도록 충분한 안전거리를 확보할 것 |

(2) 방호조치

① 작동 부분의 돌기 부분은 묻힘형으로 하거나 덮개를 부착할 것
② 동력 전달 부분 및 속도 조절 부분에는 덮개를 부착하거나 방호망을 설치할 것
③ 회전기계의 물림점(롤러나 톱니바퀴 등 반대 방향의 두 회전체에 물려 들어가는 위험점)에는 덮개 또는 울을 설치할 것

Industrial Engineer Industrial Safety

# Chapter 2  기계 분야 산업재해조사

## 1 재해조사

### 1. 재해조사의 목적

(1) 재해조사의 목적 ★★

① 재해 발생 상황의 진실 규명
② 재해 발생의 원인 규명
③ 예방대책의 수립 : 동종 및 유사재해 방지

(2) 재해조사 순서 5단계

① 제0단계 : 전제조건, 재해상황의 파악
② 제1단계 : 사실의 확인
③ 제2단계 : 직접원인(물적 원인, 인적 원인)과 문제점 발견
④ 제3단계 : 기본원인(4M)과 근본적 문제점 결정
⑤ 제4단계 : 동종 및 유사재해 예방대책의 수립

(3) 재해조사 방법 분석자료 확보 ★

① 현장보존 : 재해조사는 재해 발생 직후에 실시한다.
② 사실수집
    ㉠ 현장의 물리적 흔적(증거)을 수집 및 보관한다(사실수집).
    ㉡ 재해현장의 상황을 기록하고 사진을 촬영한다.
③ 진술확보
    ㉠ 목격자 및 현장 관계자의 진술을 확보한다.
    ㉡ 재해 피해자와 면담(사고 직전의 상황청취 등)

### 2. 재해조사 시 유의사항

① 사실을 수집한다.
② 목격자 등이 증언하는 사실 이외의 추측이나 본인의 의견 등은 분리하고 참고로만 한다.
③ 조사는 신속히 실시하고, 2차 재해 방지를 위한 안전조치를 한다.
④ 인적, 물적 요인에 대한 조사를 병행한다.
⑤ 객관적인 입장에서 2인 이상 실시한다.
⑥ 책임추궁보다 재발 방지에 역점을 둔다.

⑦ 피해자에 대한 구급 조치를 우선한다.
⑧ 위험에 대비해 보호구를 착용한다.

## 3. 재해 발생 시 조치사항

### (1) 재해 발생 시 조치사항

| 재해 발생 시 조치 순서 ★★ | • 제1단계 : 긴급처리(기계정지 – 응급처치 – 통보 – 2차 재해방지 – 현장보존)<br>• 제2단계 : 재해조사(6하 원칙에 의해서)<br>• 제3단계 : 원인강구(중점분석대상 : 사람 – 물체 – 관리)<br>• 제4단계 : 대책수립(이유 : 동종 및 유사재해의 예방)<br>• 제5단계 : 대책실시 계획<br>• 제6단계 : 대책실시<br>• 제7단계 : 평가 |
|---|---|
| 긴급조치 순서 ★ | • 피재기계 정지<br>• 피재자 응급조치<br>• 관계자에게 통보<br>• 2차 재해 방지<br>• 현장 보존 |

### (2) 산업재해 발생

① 산업재해 보고
  ㉠ 산업재해(4일 이상 요양)가 발생한 날부터 1개월 이내에 관할 지방고용노동관서에 산업재해조사표를 제출하거나, 요양 신청을 근로복지공단에 신청
  ㉡ 중대재해는 지체 없이 관할 지방고용노동관서에 전화, 팩스 등으로 보고
  ㉢ 보고사항
    ⓐ 발생개요 및 피해 상황
    ⓑ 조치 및 전망
    ⓒ 그 밖의 중요사항

② 산업재해 기록·보존 ★
  ㉠ 산업재해가 발생한 경우 다음의 사항을 기록하고, 3년간 보존
  ㉡ 보존 자료
    ⓐ 사업장의 개요 및 근로자의 인적사항
    ⓑ 재해 발생 일시 및 장소
    ⓒ 재해 발생원인 및 과정
    ⓓ 재해 재발방지 계획

(3) 재해사례 연구의 순서 ★★★

① 제1단계 : 재해 상황 파악
② 제2단계 : 사실의 확인
③ 제3단계 : 문제점 발견(작업표준 등을 근거)
④ 제4단계 : 근본적인 문제결정(각 문제점마다 재해요인의 인적·물적·관리적 원인 결정)
⑤ 제5단계 : 대책 수립

## 4. 재해의 원인분석 및 조사기법

(1) 재해 발생원인 ★

| | |
|---|---|
| 간접원인 ★★ | • 기술적 원인 : 건물, 기계장치의 설계 불량, 구조, 재료의 부적합, 생산방법의 부적합, 점검, 정비, 보존불량<br>• 교육적 원인 : 안전지식의 부족, 안전수칙의 오해, 경험·훈련의 미숙, 작업 방법의 교육 불충분, 유해·위험작업의 교육 불충분<br>• 작업관리상 원인 : 안전관리조직 결함, 안전수칙 미제정, 작업준비 불충분, 인원배치 부적당, 작업지시 부적당<br>• 신체적 원인<br>• 작업관리상 원인 |
| 직접원인 ★ | • 불안전한 행동(인적) : 위험장소 접근, 안전장치의 기능 제거, 기계기구의 잘못 사용, 운전 중인 기계장치의 손질, 위험물 취급 부주의, 방호장치의 무단탈거 등<br>• 불안전한 상태(물적) : 물 자체의 결함, 안전방호장치의 결함, 복장·보호구의 결함, 물의 배치 및 작업 장소 결함, 생산 공정의 결함 |

(2) 인간에러(휴먼에러)의 배후요인(4M)

| | |
|---|---|
| Man(인간) | 본인 외의 사람, 직장의 인간관계 등 |
| Machine(기계) | 기계장치 등의 물적 요인 |
| Media(매체) | 작업 정보, 작업 방법 등 |
| Management(관리) | 작업 관리, 법규 준수, 단속, 점검 등 |

(3) 조사기법

① 파레토도(Pareto Diagram) : 데이터를 분류하여 항목 값이 큰 순서대로 정리하여 막대그래프로 나타냄
② 특성요인도 : 재해와 요인의 관계를 어골상으로 세분화 하여 표현
③ 클로즈분석 : 2개 이상의 문제관계를 분석하는데 사용
④ 관리도(Control Chart) : 표 관리를 행하기 위해 월별의 발생수를 그래프화 하는 것으로 대략적인 추이 파악에 사용

### (4) 산재 분류의 이해

① **기인물** ★★

직접적으로 재해를 유발하거나 영향을 끼친 에너지원을 지닌 기계장치·구조물·물체·물질·사람 또는 환경을 말한다.

> 예 기계 작업에 배치된 작업자가 반장의 지시를 받기 전에 정지된 선반을 운전시키면서 변속치차의 덮개를 벗겨내고 치차를 저속으로 운전하면서 급유하려고 할 때 오른손이 변속치차에 맞물려 손가락이 절단된 경우의 기인물은 선반이다.

② **가해물**

산업재해는 물건과 사람과의 충돌현상 또는 에너지를 가진 것에 접촉했을 때에 일어나는 현상으로 이 경우에는 사람에 직접 충돌하거나 또는 접촉에 의해서 위해(危害)를 준 물건을 가해물이라 한다.

③ **ILO 근로불능 상해의 구분(상해 정도별 구분)** ★★★★★

㉠ 사망

㉡ **영구 전 노동불능** : 신체 전체의 노동기능 완전상실(1~3급)

㉢ **영구 일부 노동불능** : 신체 일부의 노동기능 완전상실(4~14급)

㉣ **일시 전 노동불능** : 일정기간 노동 종사 불가(휴업상해)

㉤ **일시 일부 노동불능** : 일정기간 일부노동 종사 불가(통원상해)

㉥ 구급조치상해

### (6) 재해 통계 목적

① 재해 발생 상황을 통계적으로 산출하여 재해 방지에 활용할 정보를 위해 작성

② 다수의 재해 통계처리 결과를 안전대책으로 활용

③ 동종 및 유사재해의 예방을 목적으로 작성

# Chapter 3 기계설비 위험요인 분석

## 1 공작기계의 안전

### 1. 절삭가공기계의 종류 및 방호장치

(1) 선반가공

① "선반"은 회전하는 축(주축)에 공작물을 장착하고 고정되어 있는 절삭공구를 사용하여 원통형의 공작물을 회전운동으로 가공하는 공작기계를 말한다.

② 선반의 주요 구조부
  ㉠ 주축대
  ㉡ 베드
  ㉢ 공구대
  ㉣ 왕복대

③ 선반 작업 시 안전수칙
  ㉠ 가공물을 착탈 시 스위치를 끄고 행한다.
  ㉡ 스핀들을 지나치게 돌출시키지 않는다.
  ㉢ 물건의 장착이 끝나면 척, 렌치류는 곧 벗겨놓는다.
  ㉣ 작업 시 장갑 사용을 금지한다.
  ㉤ 긴 재료가 돌출되었을 때에는 빨간 천 등을 부착하여 위험표시를 하거나 커버를 씌운다.
  ㉥ 바이트 착탈은 기계를 정지시킨 다음에 한다.
  ㉦ 방진구는 일감의 길이가 직경의 12배 이상일 때 사용한다.

④ 선반 작업 시 칩의 비산을 방지할 수 있는 방호장치 ★
  ㉠ 칩 브레이커
  ㉡ 척 커버
  ㉢ 칩 비산 방지 투명판(실드)
  ㉣ 브레이크

(2) 밀링

① 밀링머신(milling machine)은 다인(多刃 : 많은 절삭날)의 회전절삭 공구인 커터로서 공작물을 테이블에서 이송시키면서 절삭하는 절삭가공기계이다.
② 하향절삭은 날의 마모가 적고, 가공면이 깨끗하다.
③ 상향절삭은 절삭열에 의한 치수정밀도의 변화가 적다.
④ 커터의 회전 방향과 반대 방향으로 가공재를 이송하는 것을 상향절삭이라고 한다.

⑤ 하향절삭에서는 커터의 회전 방향과 동일하게 일감이 이송되기 때문에 가공 중 백래시(backlash)가 발생할 수 있어 백래시 제거 장치가 필요하다.

### (3) 플레이너(planer)

① 플레이너의 개념

플레이너는 평삭기라고도 하며 큰 공작물의 평면절삭에 주로 사용한다. 테이블은 직선왕복운동을 하고 바이트는 이송 운동한다.

② 플레이너 작업 시 안전대책

㉠ 테이블의 행정에 따라서 미리 안전방책을 배치한다(방책 – 다른 기계와의 최소거리가 40cm 이하가 될 때는 기계 양쪽에 방책, 덮개 등).

㉡ 테이블의 행정 내에 장해물이 없는가를 확인한 후 시동한다.

㉢ 작업 중 테이블에 물건을 올려놓지 않도록 한다.

### (4) 셰이퍼(형삭기)

① 셰이퍼(shaper)의 개념

셰이퍼는 바이트를 왕복운동 시켜 테이블에 고정한 공작물을 절삭하는 기계로 이송은 공작물을 고정한 테이블 쪽에서 한다. 주로 작은 평면, 홈, 각도 등을 절삭하는 데 사용하며, 형삭기라고도 한다.

② 셰이퍼 작업 시 안전대책

㉠ 절삭 중 손으로 다듬질 면을 만지지 않는다.

㉡ 바이트는 짧게 물리게 한다.

㉢ 가공 중에는 바이트의 운동 방향에 서지 않도록 한다.

㉣ 시동 전 안전을 먼저 확인한다.

③ 셰이퍼의 안전장치 ★ : 칩받이, 칸막이, 울

### (5) 드릴 작업

① 공작물 고정 방법

㉠ 바이스 : 가공재가 작을 때는 바이스로 고정한다.

㉡ 볼트와 고정구 : 가공재가 크고 복잡할 때 사용한다.

㉢ 지그(jig) : 대량생산과 정밀도를 요구할 때 사용한다.

② 안전대책

㉠ 작업 시 장갑 착용을 금지한다.

㉡ 칩 제거 시 솔로 제거한다.

㉢ 작은 구멍을 가공 후 큰 구멍을 가공한다.

㉣ 드릴의 착탈은 회전이 완전히 멈춘 다음 행한다.

ⓜ 보안경을 착용한다.
ⓑ 드릴이나 척을 뽑을 때는 공구를 사용하고 해머 등으로 두드려서는 안 된다.

### (6) 연삭기

① **연삭기 개념**

연삭기는 고속회전을 하는 연삭숫돌로 표면을 절삭함으로써 표면 정밀도를 높이는 연삭 가공을 하는 공작기계

② **연삭기 덮개 각도**

| | | | |
|---|---|---|---|
| (125°이내) | ㉠ 일반연삭작업 등에 사용하는 것을 목적으로 하는 탁상용 연삭기의 덮개 각도 | (60°이내) | ㉡ 연삭숫돌의 상부를 사용하는 것을 목적으로 하는 탁상용 연삭기의 덮개 각도 |
| (반원형) | ㉢ ㉠ 및 ㉡ 이외의 탁상용 연삭기, 그 밖에 이와 유사한 연삭기의 덮개 각도 | (180°이내) | ㉣ 원통연삭기, 센터리스연삭기, 공구연삭기, 만능연삭기, 그 밖에 이와 비슷한 연삭기의 덮개 각도 |
| (180°이내) | ㉤ 휴대용 연삭기, 스윙연삭기, 스라브연삭기, 그 밖에 이와 비슷한 연삭기의 덮개 각도 | (15°이상) | ㉥ 평면연삭기, 절단연삭기, 그 밖에 이와 비슷한 연삭기의 덮개 각도 |

③ **숫돌의 파괴원인**

㉠ 플랜지가 현저히 작을 때(숫돌 지름의 1/3 이상일 것)
㉡ 숫돌에 균열이 있을 때
㉢ 숫돌의 측면을 사용할 때
㉣ 숫돌의 회전속도가 너무 빠를 때
㉤ 숫돌에 큰 충격을 줬을 때
㉥ 숫돌의 회전중심이 제대로 잡히지 않았을 때

④ **연삭기 안전수칙**

㉠ 지름이 5cm 이상인 덮개를 설치할 것(숫돌)
㉡ 작업 시작 전 1분, 숫돌 교체 후 3분 이상 시운전
㉢ 작업 시작 전 결함 유무 확인

## 제3과목 기계·기구 및 설비 안전관리

　　　ㄹ 칩 비산 방지 투명판(shield) 사용
　　　ㅁ 작업대와 숫돌과의 간격은 3mm 이내 ★
　　　ㅂ 덮개의 조정편과 숫돌과의 간격은 3~10mm 이내
　　　ㅅ 최고 회전속도 이내에서 작업할 것
　　⑤ 숫돌의 회전속도

> 숫돌의 원주속도($V$)[m/분] = $\pi D n$ ★★★★
> 　　　　　　　　[mm/min] · $\dfrac{\pi D n}{1,000}$
>
> $D$ : 숫돌의 직경[m], $n$ : 회전수[rpm]

　　⑥ 연삭숫돌의 3요소 : 결합제, 입자, 기공

### 2. 소성가공 및 방호장치

(1) 종류

① 프레스가공
② 단조가공(볼트나 너트의 제조에 이용)
③ 압출가공(선재나 파이프 가공에 이용)
④ 와이어 드로잉
⑤ 인발가공
⑥ 드로잉가공(판재를 구면으로 만듦)
⑦ 구부림(판 스프링 등을 만듦)
⑧ 접합(리벳으로 가공물을 고정)
⑨ 전단(판재를 자름)

(2) 소성가공 방법

| 구분 | 냉간가공 | 열간가공 |
|---|---|---|
| 정의 | 재결정온도 이하의 온도에서 하는 가공 | 고온가공, 재결정온도 이상의 온도에서 하는 가공 |
| 특징 | • 가공면이 아름답고 정밀한 형상의 가공면<br>• 가공경화로 강도가 증가되며 연신율은 감소<br>• 냉간가공의 일종으로 상온도보다 약간 높은 온도에서 소성가공하는 것을 온간가공이라 하여 구분 | • 거친 가공에 적당<br>• 재결정온도 이상으로 가열하므로 가공이 쉬움<br>• 산화로 인하여 정밀한 가공은 곤란 |

### (3) 강의 열처리 ★★★★

| 담금질 | 고온으로 가열한 후 물 또는 기름 속에서 급랭시켜 재료의 경도와 강도를 높이는 열처리 방법(취성이 나타나는 단점) 취성 → 깨지는 성질 |
|---|---|
| 뜨임 | 담금질한 강의 단점을 보완하기 위한 작업으로 적당한 온도까지 가열한 후 공기 중에서 서서히 냉각시켜 인성을 부여하는 열처리 방법 → 담금질 단점보완 |
| 풀림 | 재료를 일정온도까지 가열한 후 노 내에서 서서히 냉각시켜 재료를 연화시키고 내부응력을 제거하는 열처리 방법 |
| 불림 | 재료를 적당한 온도로 가열한 다음 공기 중에서 냉각시켜 결정조직을 미세화하고 내부 변형을 제거하여 조직이나 성질을 표준화하는 열처리 방법 |

### (4) 방호장치
소성가공기계의 방호장치로는 프레스의 방호장치 등이 있다.

### (5) 단조용 수공구

① 해머 ★★★
   ㉠ 수공구에 의한 재해 중 가장 많으며 해머의 두부는 열처리로 경화하여 사용
   ㉡ 작업 시 안전수칙
      ⓐ 해머에 쐐기가 없거나 자루가 빠지려고 하는 것, 부러질 위험이 있는 것은 사용금지
      ⓑ 해머의 본래 사용목적 이외의 용도에는 절대로 사용금지
      ⓒ 해머는 처음부터 힘을 주어 치지 않는다.
      ⓓ 녹이 발생한 것은 녹이 튀어 눈에 들어갈 수 있으므로 반드시 보호안경 착용
      ⓔ 장갑을 착용하면 쥐는 힘이 적어지므로 장각착용 금지 ★★★

② 앤빌 ★
단조나 판금작업에서 공작물을 올려놓고 작업하는 주철 또는 주강제의 성형용의 대로 서 단강 제품을 보통으로 하고 강철도 사용된다.

③ 정
   ㉠ 재료를 절단 또는 깎는 데 사용하며, 타격하는 순간 5° 만큼 공작면에 뉘고 다시 세워서 타격한다(칩으로 인한 눈의 상해 가능성).
   ㉡ 안전수칙
      ⓐ 정 작업을 할 때는 반드시 보안경을 착용해야 한다.
      ⓑ 정으로는 담금질된 재료를 절대로 가공할 수 없다.
      ⓒ 자르기 시작할 때와 끝날 무렵에는 되도록 세게 치지 않도록 한다.
      ⓓ 철강재를 정으로 절단할 때는 철편이 튀는 것에 주의한다.

## 2. 프레스 및 전단기의 안전

### 1. 프레스 재해 방지의 근본적인 대책

(1) 프레스 작업 시 안전수칙
  ① 금형의 부착, 해체, 조정 작업 시 안전블록 사용
  ② 페달에 U자 덮개 설치
  ③ 안전 울 사용
    ㉠ 상형 울과 하형 울 사이 12mm 정도 겹치게
    ㉡ 상사점에서 상형과 하형, 가이드 포스트와 가이드 부시의 틈새는 8mm 이하

(2) 프레스기의 작업 시작 전 점검 항목 ★★★★★★★
  ① 클러치 및 브레이크의 기능 확인
  ② 크랭크축·플라이휠·슬라이드·연결봉 및 연결 나사의 풀림 여부
  ③ 1행정 1정지기구·급정지장치 및 비상정지장치의 기능
  ④ 슬라이드 또는 칼날에 의한 위험방지 기구의 기능
  ⑤ 프레스의 금형 및 고정볼트 상태
  ⑥ 방호장치의 기능 점검
  ⑦ 전단기(剪斷機)의 칼날 및 테이블의 상태 확인

(3) 프레스 또는 전단기 방호장치의 종류 및 분류

| 종류 | 상황 |
|---|---|
| 광전자식<br>(접근반응형) | • 정상 동작 녹색, 위험 붉은색 램프<br>• 슬라이드 하강 중 정전이나 방호장치 이상 시 급정지할 수 있는 구조<br>• 방호장치는 전기부품고장, 전압변동, 정전에 의해 슬라이드 불시 동작하지 않아야 하며 사용전원 전압의 ±100분의 20의 변동에 정상 작동되어야 한다. |
| 양수조작식<br>(행동반응) | • 정상 동작 녹색, 위험 붉은색 램프<br>• 슬라이드 하강 중 정전이나 방호장치 이상시 급정지 할 수 있는 구조<br>• 방호장치는 전기부품 고장, 전압변동, 정전에 의해 슬라이드 불시동작하지 않아야 하며 사용전원 전압의 ±100분의 20의 변동에 정상 작동되어야 한다.<br>• 1행정 1정지 기구에 한하여 사용할 수 있어야 한다.<br>• 누름버튼을 양손으로 동시에 조작하지 않으면 작동시킬 수 없는 구조여야 하며 양쪽 버튼의 작동시간 차이는 최대 0.5초 이내일 때 프레스가 동작되도록 제작되어야 한다.<br>• 1행정마다 누름버튼에서 양손을 떼지 않으면 다음 작업의 동작을 할 수 없는 구조이어야 한다.<br>• 램의 하행정 중 버튼(레바)에서 손을 뗄 시 정지하는 구조이어야 한다.<br>• 누름버튼의 상호 간 내측거리는 300mm 이상이어야 하며 쉽게 파손되지 않는 곳에 부착한다.<br>• 누름버튼 또는 레바는 버튼케이스의 표면에서 돌출하지 않는 매립형 구조이어야 한다. |

| 종 류 | 상 황 |
|---|---|
| 게이트 가드식 | • 가드를 닫지 않으면 슬라이드를 작동시킬 수 없는 구조일 것<br>• 슬라이드 작동 중에 열 수 없는 구조일 것<br>• 가드를 임의로 변경 조정할 수 없는 구조여야 하며 제거할 수 없도록 인터록기구를 가져야 한다.<br>• 1행정, 1정지 기구를 갖춘 프레스에 사용한다.<br>• 가드 폭이 400mm 이하일 때는 가드 측면을 방호하는 가드를 부착하여 사용한다.<br>• 가드 높이는 프레스에 부착되는 금형 높이 이상(최소 180mm)으로 한다. |
| 손쳐내기식<br>(물리적<br>반응 이용) | • 손쳐내기 봉의 진폭은 금형의 폭 이상일 것<br>• 방호판은 금형폭의 1/2 이상이어야 하고 행정길이가 300mm가 넘는 것은 방호판 폭을 300mm로 해야 한다.<br>• 슬라이드 하행정거리의 3/4 위치에서 손을 완전히 밀어내야 한다.<br>• 손쳐내기 봉 및 방호판은 손등에 접촉하는 충격을 완화하기 위해 조치가 강구 되어야 한다. |
| 수인식 | • 슬라이드 행정수가 100spm 이하이거나, 행정길이가 50mm 이상의 프레스에 설치해야 함<br>• 끈은 직경 4mm 이상<br>• 길이를 조정할 수 있어야 한다.<br>• 손목밴드의 재료는 유연한 내유성 피혁 또는 이와 동등한 재료로 사용한다. |

## 2. 금형의 안전화

| No Hand in Die(본질적 안전화) | Hand in Die |
|---|---|
| • 안전울 부착 프레스<br>• 안전금형 부착 프레스<br>• 전용 프레스<br>• 자동송급, 배출 프레스 | • 광전자식<br>• 양수조작식<br>• 가드식<br>• 손쳐내기식<br>• 수인식 |

## 3 기타 산업용 기계 기구

### 1. 롤러기

(1) 롤러기 방호장치

① 원주속도와 급정지거리

　㉠ 30m/min 미만 : 롤러 원주의 1/3 이하에서 급정지

　㉡ 30m/min 이상 : 롤러 원주의 1/2.5 이하에서 급정지

② 급정지장치

　㉠ 손조작식 : 1.8m 이내

　㉡ 복부조작식 : 0.8~1.1m 이내

　㉢ 무릎조작식 : 0.4~0.6m 이내

### (2) 롤러기 가드 개구부 간격

① $Y = 6 + 0.15X$ (비전동체-일반)
② $Y = 6 + 0.1X$ (전동체-동력 전달 부분, 축, 벨트풀리)
   $Y$는 개구부 간격, $X$는 개구부에서 위험점까지 최단거리

> **예제** 롤러기의 회전수가 60rpm이고, 직경이 400mm일 때 표면속도와 급정지거리를 구하시오.
> ⇒
> - 표면속도($V$) $= \pi DN/1,000 = 3.14 \times 400 \times 60/1,000 = 75.36$m/min
> - 급정지거리 $= \pi D \times 1/2.5 = 3.14 \times 400 \times 1/2.5 = 502.4$mm
> ※ 롤러의 표면속도 30 미만 - 롤러 원주의 1/3
> ※ 롤러의 표면속도 30 이상 - 롤러 원주의 1/2.5

## 2. 원심기

① 덮개의 설치 : 원심기에는 덮개를 설치하여야 한다.
② 운전의 정지 : 원심기로부터 내용물을 꺼낼 때는 운전을 정지하여야 한다.
③ 최고 사용회전수의 초과사용 금지 : 원심기의 회전수를 초과 사용하여서는 안 된다
④ 방호장치 : 회전체 접촉 예방장치 ★★

## 3. 아세틸렌 용접장치 및 가스집합 용접장치

### (1) 아세틸렌 용접장치 및 가스집합 용접장치

① 아세틸렌 용접장치를 사용하여 금속의 용접·용단 또는 가열작업을 하는 경우에는 게이지 압력이 127kPa을 초과하는 압력의 아세틸렌을 발생시켜 사용해서는 안 된다.
② 아세틸렌 용접장치에 대하여는 그 취관마다 안전기를 설치 다만, 주관 및 취관에 가장 근접한 분기관마다 안전기를 부착한 때에는 그러하지 아니하다(역화방지기).
③ 가스용기가 발생기와 분리되어 있는 아세틸렌 용접장치에 대하여는 발생기와 가스용기 사이에 안전기를 설치하여야 한다.
   ※ 발생기에서 5m, 발생기실에서 3m 이내 화기 금지

### (2) 발생기실의 설치장소

① 사업주는 아세틸렌 용접장치의 아세틸렌 발생기(이하 "발생기"라 한다)를 설치하는 경우에는 전용의 발생기실에 설치하여야 한다.
② 발생기실은 건물의 최상층에 위치하여야 하며, 화기를 사용하는 설비로부터 3m을 초과하는 장소에 설치하여야 한다. ★
③ 발생기실을 옥외에 설치한 경우에는 그 개구부를 다른 건축물로부터 1.5m 이상 떨어지도록 하여야 한다.

④ 방호장치 : 안전기(역화방지기) ★★

(3) 발생기실의 구조
　① 벽의 재료는 불연성의 재료를 사용할 것
　② 천장과 지붕은 얇은 철판이나 가벼운 불연성재료 구조로 할 것
　③ 출입구의 문은 두께 1.5mm 이상의 철판 또는 이와 동등 이상의 강도를 가진 구조로 할 것
　④ 바닥 면적의 16분의 1 이상의 단면적을 가진 배기통을 옥상으로 돌출시키고 그 개구부를 출입구로부터 1.5미터 이상 떨어지도록 할 것

(4) 가스집합 용접장치의 안전
　① 가스집합장치에 대해서는 화기를 사용하는 설비로부터 5m 이상 떨어진 장소에 설치
　② 가스집합 용접장치의 배관에서 플랜지, 밸브 등 의 접합부에는 개스킷을 사용하고 접합면을 상호 밀착
　③ 주관 및 분기관에 안전기를 설치해야 하며 이 경우 하나의 취관에 2개 이상의 안전기를 설치
　④ 용해아세틸렌을 사용하는 가스집합 용접장치의 배관 및 부속기구는 구리나 구리 함유량이 70% 이상인 합금을 사용해서는 안 됨
　※ 용기색상 – 아세틸렌(황색), 산소(녹색)

## 4. 보일러 및 압력용기

(1) 보일러 이상현상의 종류
　① 프라이밍(비수) : 보일러의 과부하로 보일러수가 극심하게 끓어서 수면에서 계속하여 물방울이 비산하고 증기가 물방울로 충만하여 수위가 불안정하게 되는 현상
　② 포밍(물거품) : 보일러수에 불순물이 많이 포함되었을 경우 보일러수의 비등과 함께 수면부위에 거품층을 형상하여 수위가 불안정하게 되는 현상
　③ 캐리오버(기수공발) : 보일러에서 증기관 쪽에 보내는 증기에 대량의 물방울이 포함되는 경우로 프라이밍이나 포밍이 생기면 필연적으로 발생 워터해머의 원인이 됨
　④ 워터해머(수격작용) : 증기관 내에서 증기를 보내기 시작할 때 해머로 치는 듯한 소리를 내며 관이 진동하는 현상

(2) 고저수위조절장치
　① 고저수위 지점을 알리는 경보등 · 경보음장치 등을 설치 – 동작상태 쉽게 감시
　② 자동으로 급수 또는 단수되도록 설치
　③ 플로트식, 전극식, 차압식 등

(3) 압력방출장치
　① 보일러 규격에 적합한 압력방출장치를 최고사용압력 이하에서 작동되도록 1개 또는 2개 이상 설치

② 2개 이상 설치된 경우 최고사용압력 이하에서 1개가 작동되고, 다른 압력방출장치는 최고사용압 1.05배 이하에서 작동되도록 부착
③ 1년에 1회 이상 토출압력시험 후 납으로 봉인(공정안전관리 이행수준 평가결과가 우수한 사업장은 4년에 1회 이상 토출압력시험 실시)
④ 스프링식, 중추식, 지렛대식(일반적으로 스프링식 안전밸브가 많이 사용)
⑤ **파열판** : 독성, 부식, 반응폭주 시
⑥ **안전밸브** : 물성에 따라 safety valve, relief valve로 구분

### (4) 압력제한스위치
① 보일러의 과열방지를 위해 최고사용압력과 상용압력 사이에서 버너연소를 차단할 수 있도록 압력제한스위치 부착 사용
② 압력계가 설치된 배관상에 설치

### (5) 화염검출기
연소상태를 항상 감시하고 그 신호를 프레임 릴레이가 받아서 연소차단밸브 개폐

### (6) 공기압축기의 작업 시작 전 점검사항★
① 공기저장 압력용기의 외관 상태
② 드레인밸브의 조작 및 배수
③ 압력방출장치의 기능
④ 언로드밸브의 기능
⑤ 윤활유의 상태
⑥ 회전부의 덮개 또는 울
⑦ 그 밖의 연결 부위의 이상 유무

## 5. 산업용 로봇

※ 플레이트 및 기억장치를 가지고 기억장치정보에 의해 매니퓰레이트의 굴신, 신축, 상하 이동, 좌우 이동, 선회동작 및 이들의 복합 동작을 자동적으로 행할 수 있는 장치

### (1) 산업용 로봇의 사용지침 작성 시 내용★
① 로봇의 조작방법 및 순서
② 작업 중의 매니퓰레이트의 속도
③ 2인 이상 근로자에게 작업을 시킬 때의 신호방법
④ 이상 발견 시 조치
⑤ 이상 발견 시 로봇을 정지시킨 후 이를 재가동시킬 때의 조치

### (2) 운전 중 위험 방지

높이 1.8m 이상의 울타리를 설치하여야 하며, 컨베이어 시스템의 설치 등으로 울타리를 설치할 수 없는 일부 구간에 대해서는 안전 매트 또는 광전자식 방호장치등 감응형(感應形) 방호장치를 설치

### (3) 안전 매트

① 일반적으로 단선경보장치가 부착되어 있어야 한다.
② 일반적으로 감응시간을 조절하는 장치는 부착되어 있지 않아야 한다.
③ 자율안전확인의 표시 외에 작동하중, 감응시간 등을 추가로 표시하여야 한다.
④ 안전 매트의 종류는 연결사용 가능 여부에 따라 단일 감지기와 복합 감지기가 있다.

## 6. 목재가공용 기계

### (1) 목재가공용 기계 방호장치

① 톱날접촉예방장치(보호덮개)
② 반발예방장치(분할날 : spreader) ★
- 종류 : 분할날, 반발방지조, 반발방지롤러, 보조안내판

### (2) 분할날의 설치기준

① 설치 위치는 톱날 후면 날의 12mm 이내에 설치할 것
② 길이는 톱날 후면 날의 2/3 이상일 것
③ 두께는 톱날 두께의 1.1배 이상, 치진 폭 이하일 것

## 7. 고속회전체

### (1) 고속회전체 방호조치

① 고속회전체는 터빈로터・원심분리기의 버킷 등의 회전체로서 원주속도(圓周速度)가 초당 25m을 초과하는 것으로 한정
② 회전시험을 하는 경우 고속회전체의 파괴로 인한 위험을 방지하기 위하여 전용의 견고한 시설물의 내부 또는 견고한 장벽 등으로 격리된 장소에서 해야 한다.

※ 덮개 = 회전체 접촉예방장치

### (2) 비파괴검사의 실시

고속회전체(회전축의 중량이 1t를 초과하고 원주속도가 초당 120m 이상인 것으로 한정한다)의 회전시험을 하는 경우 미리 회전축의 재질 및 형상 등에 상응하는 종류의 비파괴검사를 해서 결함 유무(有無)를 확인

## 8. 사출성형기

(1) 사출성형기 등의 방호장치 ★

① 게이트가드(gate guard) 또는 양수조작식 등에 의한 방호장치
② ①의 게이트가드는 닫지 아니하면 기계가 작동되지 아니하는 연동구조(連動構造)여야 한다.
③ 기계의 히터 등의 가열 부위 또는 감전 우려가 있는 부위에는 방호덮개를 설치

# 4 운반기계 및 양중기

## 1. 지게차

(1) 지게차의 작업 시작 전 점검사항

① 제동장치 및 조종장치 기능의 이상 유무
② 하역장치 및 유압장치 기능의 이상 유무
③ 바퀴의 이상 유무
④ 전조등·후미등·방향지시기 및 경보장치 기능의 이상 유무

(2) 운전 위치 이탈 시 준수사항

① 포크, 버킷, 디퍼 등 장치를 가장 낮은 곳에 둘 것
② 이탈 시 시동키는 운전대에서 분리
③ 정지 시 브레이크를 확실히 걸어 이탈 방지조치를 할 것

(3) 안정도

> **지게차 안정조건**
>
> $G \times L_g \geq W \times L_w$
>
> G : 지게차의 중량
> $L_g$ : 앞바퀴에서 지게차 중심까지의 최단거리
> W : 화물의 중량
> $L_w$ : 앞바퀴에서 화물 중심까지의 최단거리

① 하역 작업 시의 전·후 안정도 : 4% 이내
② 하역 작업 시의 좌·우 안정도 : 6% 이내
③ 주행 시의 전·후 안정도 : 18% 이내
④ 주행 시의 좌·우 안정도 : $(15+1.1V)\%$ 이내

## 2. 컨베이어

### (1) 컨베이어 작업 시작 전 점검사항★★
① 원동기 및 풀리 기능의 이상 유무
② 이탈 등 방지장치 기능의 이상 유무
③ 비상정지장치 기능의 이상 유무
④ 덮개, 울 등의 이상 유무

### (2) 이탈 등의 방지장치
컨베이어 등을 사용 시에는 정전·전압강하 등에 따른 화물 또는 운반구의 이탈 및 역주행을 방지하는 장치를 갖추어야 한다.

### (3) 비상정지장치
해당 근로자의 신체의 일부가 말려드는 등 근로자가 위험해질 우려가 있는 경우 및 비상시에는 즉시 컨베이어 등의 운전을 정지시킬 수 있는 장치를 설치하여야 한다.

### (4) 낙하물에 의한 위험 방지
사업주는 컨베이어 등으로부터 화물이 떨어져 근로자가 위험해질 우려가 있는 경우에는 해당 컨베이어 등에 덮개 또는 울을 설치하는 등 낙하 방지를 위한 조치를 하여야 한다.

## 3. 양중기(건설용은 제외)

### (1) 양중기의 종류
① **크레인**[호이스트(hoist)를 포함한다]
  동력을 사용하여 중량물을 매달아 상하 및 좌우(수평 또는 선회를 말한다)로 운반하는 것을 목적으로 하는 기계 또는 기계장치를 말하며, "호이스트"란 혹이나 그 밖의 달기구 등을 사용하여 화물을 권상 및 횡행 또는 권상동작만을 하여 양중하는 것
② **이동식 크레인**
  원동기를 내장하고 있는 것으로서 불특정 장소에 스스로 이동할 수 있는 크레인으로 동력을 사용하여 중량물을 매달아 상하 및 좌우(수평 또는 선회를 말한다)로 운반하는 설비로서「건설기계관리법」을 적용 받는 기중기 또는「자동차관리법」제3조에 따른 화물·특수자동차의 작업부에 탑재하여 화물운반 등에 사용하는 기계 또는 기계장치를 말함
③ **리프트**(이삿짐운반용 리프트의 경우에는 적재하중이 0.1톤 이상인 것으로 한정한다)
  ㉠ 건설용 리프트
  ㉡ 산업용 리프트
  ㉢ 자동차정비용 리프트

ㄹ 이삿짐운반용 리프트
④ **곤돌라**
달기발판 또는 운반구, 승강장치, 그 밖의 장치 및 이들에 부속된 기계부품에 의하여 구성되고, 와이어로프 또는 달기강선에 의하여 달기발판 또는 운반구가 전용 승강장치에 의하여 오르내리는 설비
⑤ **승강기**
㉠ 승객용 엘리베이터
㉡ 승객화물용 엘리베이터
㉢ 화물용 엘리베이터(적재용량이 300킬로그램 이상)
㉣ 소형화물용 엘리베이터(사람탑승금지)
㉤ 에스컬레이터

### (2) 용어의 정의
① **권상하중** : 훅, 크레인버킷 등이 중량물을 매달고 상승할 수 있는 최대하중
② **정격하중** : 권상하중에서 달기구의 중량에 상당하는 하중을 뺀 하중(화물무게)
③ **적재하중** : 짐을 싣고 상승할 수 있는 최대의 하중
④ **정격속도** : 정격하중에 상당하는 짐을 싣고 주행, 선회할 수 있는 최고속도

### (3) 크레인 방호장치
① **과부하방지장치** : 정격하중 초과하여 화물을 매달면 동작정지
② **권과방지장치** : 와이어로프가 한계를 넘어 감기는 것을 방지
③ **비상정지장치** : 긴급 상황 시 기계동작을 정지시키는 장치
④ **훅 해지장치** : 훅으로부터 슬링벨트 등이 빠지는 것을 방지
　※ 훅의 입구(hook mouth) 간격이 제조자가 제공하는 제품사양서 기준으로 10퍼센트 이상 벌어진 것은 폐기할 것

### (4) 크레인 작업 시 조치
① 인양할 하물(荷物)을 바닥에서 끌어당기거나 밀어내는 작업을 하지 아니할 것
② 유류 드럼이나 가스통 등 운반 도중에 떨어져 폭발하거나 누출될 가능성이 있는 위험물 용기는 보관함(또는 보관고)에 담아 안전하게 매달아 운반할 것
③ 고정된 물체를 직접 분리·제거하는 작업을 하지 아니할 것
④ 미리 근로자의 출입을 통제하여 인양 중인 하물이 작업자의 머리 위로 통과하지 않도록 할 것
⑤ 인양할 하물이 보이지 아니하는 경우에는 어떠한 동작도 하지 아니할 것(신호하는 사람에 의하여 작업을 하는 경우는 제외한다)

### (5) 와이어로프 등 달기구

#### ◉ 용어의 정의

와이어로프 : 많은 소선을 집합 꼬아서 스트랜드를 만들고 코어 주위에 일정한 피치로 감아서 제작한 로프

① 와이어로프의 구성 : 스트랜드 수 × 소선의 개수

② 보통 꼬임, 랭 꼬임
  ㉠ 보통 꼬임(보통 Z 꼬임, 보통 S 꼬임) : 올의 꼬인 방향과 로프에 있어서 스트랜드가 꼬인 방향이 반대
  ㉡ 랭 꼬임(랭 Z 꼬임, 랭 S 꼬임) : 와이어로프의 꼬임이 스트랜드의 꼬임 방향과 일치

보통 꼬임                      랭 꼬임

③ 안전율

$$안전율 = \frac{P \times N}{Q}$$

$P$ : 로프의 파단하중
$N$ : 로프의 가닥 수
$Q$ : 안전하중

④ 와이어로프 등 달기구의 안전계수
  ㉠ 근로자가 탑승하는 운반구를 지지하는 달기와이어로프 또는 달기체인의 경우 : 10 이상
  ㉡ 화물의 하중을 직접 지지하는 달기와이어로프 또는 달기체인의 경우 : 5 이상
  ㉢ 훅, 샤클, 클램프, 리프팅 빔의 경우 : 3 이상
  ㉣ 그 밖의 경우 : 4 이상

⑤ 사용금지 와이어로프
  ㉠ 이음매가 있는 것
  ㉡ 와이어로프의 한 꼬임[[스트랜드(strand)를 말한다. 이하 같다]에서 끊어진 소선(素線)[필러(pillar)선은 제외한다]의 수가 10퍼센트 이상(비자전로프의 경우에는 끊어진 소선의 수가 와이어로프 호칭지름의 6배 길이 이내에서 4개 이상이거나 호칭지름 30배 길이 이내에서 8개 이상)인 것
  ㉢ 지름의 감소가 공칭지름의 7퍼센트를 초과하는 것
  ㉣ 꼬인 것

ⓜ 심하게 변형되거나 부식된 것
ⓗ 열과 전기충격에 의해 손상된 것
⑥ 사용금지 달기체인
㉠ 달기 체인의 길이가 달기 체인이 제조된 때의 길이의 5퍼센트를 초과한 것
㉡ 링의 단면지름이 달기 체인이 제조된 때의 해당 링의 지름의 10퍼센트를 초과하여 감소한 것
㉢ 균열이 있거나 심하게 변형된 것

## 4. 운반기계

(1) 종류

지게차, 구내운반차, 고소작업대, 화물자동차, 컨베이어

(2) 방호장치

① 유효한 제동장치를 갖출 것
② 경음기를 갖출 것
③ 운전석이 차 실내에 있는 것은 좌우에 한 개씩 방향지시기를 갖출 것
④ 전조등과 후미등을 갖출 것. 다만, 작업을 안전하게 하기 위하여 필요한 조명이 있는 장소에서 사용하는 구내운반차에 대해서는 그러하지 아니하다.

# Chapter 4 기계안전점검

## 1 안전점검계획 수립

### 1. 기계·기구(롤러기, 원심기 등)의 종류

(1) 안전검사대상 기계기구 ★★★★

① 프레스
② 전단기
③ 크레인(정격 하중이 2톤 미만인 것은 제외한다)
④ 리프트
⑤ 압력용기
⑥ 곤돌라
⑦ 국소 배기장치(이동식은 제외한다)
⑧ 원심기(산업용만 해당한다)
⑨ 롤러기(밀폐형 구조는 제외한다)
⑩ 사출성형기[형 체결력(型 締結力) 294킬로뉴턴(KN) 미만은 제외한다]
⑪ 고소작업대
⑫ 컨베이어
⑬ 산업용 로봇

### 2. 기계·기구의 위험요소

(1) 위험점의 5요소(사고체인) ★★

① 1요소(함정) : 기계의 운동에 의해 발생할 가능성이 있는가?
② 2요소(충격) : 운동하는 기계요소들과 사람이 부딪쳐 그 요소 운동에너지에 의해 사고가 일어날 가능성이 없는가?
③ 3요소(접촉) : 뜨겁거나 날카롭거나 또는 전류가 흐름으로서 접촉 시 상해가 일어날 요소들이 있는가?
④ 4요소(말림, 얽힘) : 작업자가 기계설비에 말려들어갈 염려는 없는가?
⑤ 5요소(튀어나옴) : 기계요소나 피가공재가 기계로부터 튀어나올 염려는 없는가?

## 3. 안전장치 분류 능력

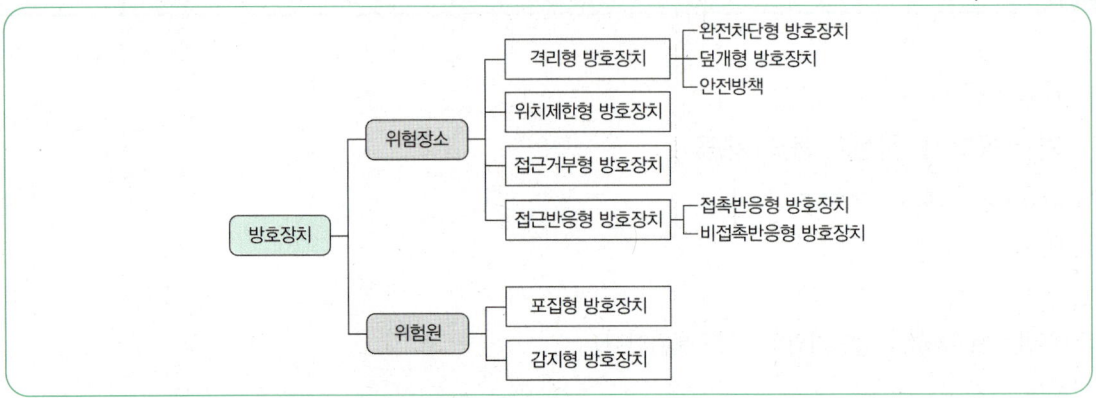

## 4. 안전장치 종류

### (1) 원동기·회전축 등의 위험 방지(안전보건규칙 제87조)

① 기계의 원동기·회전축·기어·풀리·플라이휠·벨트 및 체인 등 근로자가 위험에 처할 우려가 있는 부위에 덮개·울·슬리브 및 건널다리 등을 설치 ★★

㉠ 건널다리에는 안전난간 및 미끄러지지 아니하는 구조의 발판을 설치하여야 한다.

② 회전축·기어·풀리 및 플라이휠 등에 부속되는 키·핀 등의 기계요소는 묻힘형으로 하거나 해당 부위에 덮개를 설치 ★

③ 벨트의 이음 부분에 돌출된 고정구를 사용해서는 안 된다.

④ 연삭기(研削機) 또는 평삭기(平削機)의 테이블, 형삭기(形削機) 램 등의 행정끝이 근로자에게 위험을 미칠 우려가 있는 경우에 해당 부위에 덮개 또는 울 등을 설치

⑤ 선반 등으로부터 돌출하여 회전하고 있는 가공물이 근로자에게 위험을 미칠 우려가 있는 경우에 덮개 또는 울 등을 설치

⑥ 원심기에는 덮개를 설치

⑦ 분쇄기·파쇄기·마쇄기·미분기·혼합기 및 혼화기 등을 가동하거나 원료가 흩날리거나 하여 근로자가 위험해질 우려가 있는 경우 해당 부위에 덮개를 설치

⑧ 근로자가 분쇄기등의 개구부로부터 가동 부분에 접촉함으로써 위해(危害)를 입을 우려가 있는 경우 덮개 또는 울 등을 설치

⑨ 종이·천·비닐 및 와이어 로프 등의 감김통 등에 의하여 근로자가 위험해질 우려가 있는 부위에 덮개 또는 울 등을 설치

⑩ 압력용기 및 공기압축기 등에 부속하는 원동기·축이음·벨트·풀리의 회전 부위 등 근로자가 위험에 처할 우려가 있는 부위에 덮개 또는 울 등을 설치

## 5. 압력용기

### (1) 압력용기의 정의 ★★
① 압력용기란 화학공장의 탑류, 반응기, 열교환기, 저장용기 및 공기압축기의 공기 저장 탱크로서 상용압력이 0.2kg/cm² 이상이 되고 사용압력(단위 : kg/cm²)과 용기내 용적(단위 : m³)의 곱이 1 이상인 것을 말한다.
② 압력용기에는 안전인증된 파열판에는 안전인증 표시 외에 추가로 호칭지름, 용도, 유체의 흐름방향지시가 있어야 한다.

### (2) 용어의 정의
① **최고사용온도** : 장치(용기)의 운전을 정상 상태로 할 때, 그 기능을 정상적으로 발휘하는 범위 내에서 사용될 수 있는 최상한의 온도를 말한다.
② **최저사용온도** : 정상운전 중 또는 운전개시 및 운전정지 때와 같은 경우에도 장치(용기)내의 온도가 이보다 절대로 내려가지 않는다는 최하한의 온도를 말한다.
③ **최고사용압력** : 장치(용기)의 운전을 정상 상태로 할 때, 그 기능을 정상적으로 발휘하는 범위 내에서 사용될 수 있는 최고의 압력을 말한다.
④ **최저사용압력** : 정상운전 중 또는 운전개시 및 운전정지 때와 같은 경우에도 장치(용기) 내의 압력이 이보다 절대로 내려가지 않는다는 최하한의 압력을 말한다.
⑤ **최대허용압력** : 압력용기의 제작에 사용된 재질의 두께를 기준으로 하여 산출된 최대허용압력을 말한다.
⑥ **설계압력** : 최소허용두께 또는 용기의 여러 부분의 물리 특성을 결정하는 목적으로 용기 설계에서 사용되는 압력을 말한다. 다만, 설계에 있어서 용기의 특정 부분의 두께를 정하기 위하여 정적수두를 설계압력에 더하여야 한다.

### (3) 압력용기의 응력 및 두께
① 원주방향의 응력(Circumferential stress) 계산식

$$\sigma_t = \frac{P}{A} = \frac{pdl}{2tl} = \frac{pd}{2t} \, [\text{kg/cm}^2]$$

$p$ : 단위면적당 압력(최대허용 내부압)

② 축방향의 응력(Longitudinal stress) 계산식

㉠ 세로방향응력($\sigma_2$) = $\dfrac{\frac{\pi}{4}d^2 p}{\pi d t} = \dfrac{pd}{4t} \, [\text{kg/cm}^2]$

㉡ 압력용기의 원주방향응력은 축방향(세로방향)응력의 2배이다.

③ 동판의 두께 계산식

$$\sigma_a \eta = \frac{pd}{2t}, \quad t = \frac{pd}{2\eta \sigma_t} \, (\sigma_t : \text{허용응력}, \, \eta : \text{용접효율})$$

〈압력용기의 종류〉

| 종류 | 특징 |
|---|---|
| 갑종 압력용기 | • 설계압력이 게이지압력으로 1.2[MPa](2[kgf/cm$^2$]) 이상인 화학공정 유체취급 용기<br>• 설계압력이 게이지압력으로 1[MPa](10[kgf/cm$^2$])를 초과하는 공기 및 질소 저장 탱크 |
| 을종 압력용기 | 갑종 압력용기 이외의 용기 |

(4) 압력용기의 안전기준

① 압력방출장치의 설치기준
  ㉠ 다단형 압축기 또는 직렬로 접속된 공기압축기에는 과압방지 압력방출 장치를 각 단마다 설치할 것
  ㉡ 압력방출장치가 압력용기의 최고사용압력 이전에 작동되도록 설정할 것
  ㉢ 압력방출장치를 설치한 후에는 1일 1회 이상 작동시험을 하는 등 성능이 유지될 수 있도록 항상 점검·보수할 것
  ㉣ 압력방출장치는 1년에 1회 이상 표준압력계를 이용하여 토출압력을 시험한 후 납으로 봉인하여 사용할 것 ★

(5) 안전밸브 등의 설치 ★

① 안전밸브 또는 파열판 설치 설비
  ㉠ 압력용기(안지름이 150밀리미터 이하인 압력용기는 제외하며, 압력용기 중 관형 열교환기의 경우에는 관의 파열로 인하여 상승한 압력이 압력용기의 최고사용압력을 초과할 우려가 있는 경우만 해당한다)
  ㉡ 정변위 압축기
  ㉢ 정변위 펌프(토출축에 차단밸브가 설치된 것만 해당한다)
  ㉣ 배관(2개 이상의 밸브에 의하여 차단되어 대기온도에서 액체의 열팽창에 의하여 파열될 우려가 있는 것으로 한정한다)
  ㉤ 그 밖의 화학설비 및 그 부속설비로서 해당 설비의 최고사용압력을 초과할 우려가 있는 것
② 다단형 압축기 또는 직렬로 접속된 공기압축기에 대해서는 각 단 또는 각 공기압축기별로 안전밸브 등을 설치하여야 한다.
③ 설치된 안전밸브 안전밸브가 적정하게 작동하는지를 검사한 후 납으로 봉인 ★
  ㉠ 화학공정 유체와 안전밸브의 디스크 또는 시트가 직접 접촉될 수 있도록 설치된 경우 : 매년 1회 이상
  ㉡ 안전밸브 전단에 파열판이 설치된 경우 : 2년마다 1회 이상
  ㉢ 공정안전보고서 제출 대상으로서 고용노동부 장관이 실시하는 공정안전보고서 이행상태 평가결과가 우수한 사업장의 안전밸브의 경우 : 4년마다 1회 이상

Industrial Engineer Industrial Safety

(6) 공기압축기의 작업 시작 전 점검사항 ★
① 공기저장 압력용기의 외관 상태
② 드레인밸브의 조작 및 배수
③ 압력방출장치의 기능
④ 언로드밸브의 기능
⑤ 윤활유의 상태
⑥ 회전부의 덮개 또는 울
⑦ 그 밖의 연결 부위의 이상 유무

## 2 안전점검 실행

### 1. 작업의 안전

(1) 안전점검의 정의

안전확보를 위해 실태를 파악하여 설비의 불안전한 상태나 인간의 불안전한 행동에서 생기는 결함을 발견하고, 안전 대책의 이상 상태를 확인하는 행동이다.
① 기계 설비의 설계, 제조, 운전, 보전, 수리 등의 각 과정에서 인간의 착오 등에 의한 위험 요인의 잠재성을 제거
② 운전 중인 기계 설비나 작업 환경도 수시로 변화함으로써 위험 요인을 제거

(2) 안전점검의 목적 및 종류

| 목적 | 안전점검의 종류 ★★★★ |
|---|---|
| • 설비의 안전 확보<br>• 설비의 안전 상태 유지<br>• 인적인 안전 행동 상태 유지<br>• 합리적인 생산 관리 | • 정기점검 : 일정 기간마다 정기적으로 실시(법적 기준, 사내규정을 따름)<br>• 수시점검(일상점검) : 매일 작업 전, 중, 후에 실시<br>• 특별점검 : 기계, 기구, 설비의 신설·변경 또는 고장 수리 시<br>• 임시점검 : 기계, 기구, 설비 이상 발견 시 임시로 점검 |

(3) 안전점검표(체크리스트)에 포함해야 할 사항 및 작성 시 유의사항

| 포함해야 할 사항 ★ | 안전점검표(체크리스트)에 작성 시 유의사항 ★ |
|---|---|
| • 점검 부분(점검대상)<br>• 점검 방법(육안, 기능, 기기, 정밀)<br>• 점검 항목<br>• 판정 기준<br>• 점검 시기<br>• 판정<br>• 조치 | • 사업장에 적합한 독자적 내용일 것<br>• 중점도가 높은 것부터 순서대로 작성할 것<br>• 정기적으로 검토하여 재해 방지에 타당성 있게 개조된 내용일 것<br>• 일정양식을 정하여 점검 대상을 정할 것<br>• 점검표의 내용은 이해하기 쉽도록 표현하고 구체적일 것 |

**제3과목** 기계·기구 및 설비 안전관리

(4) 안전인증 및 자율안전확인, 안전검사의 합격표시에 표시할 내용 ★★
  ① 안전인증
    ㉠ 형식 또는 모델명
    ㉡ 규격 또는 등급
    ㉢ 제조자명
    ㉣ 제조일자 및 제조연월
    ㉤ 안전인증 번호
  ② 자율안전확인
    ㉠ 형식 또는 모델명
    ㉡ 규격 또는 등급
    ㉢ 제조자명
    ㉣ 제조일자 및 제조연월
    ㉤ 자율안전확인 번호
  ③ 안전검사
    ㉠ 검사 대상 유해, 위험 기계명
    ㉡ 신청인
    ㉢ 형식번호(기호)
    ㉣ 합격번호
    ㉤ 검사유효기간

(5) 안전인증 방법
  ① 예비심사
  ② 서면심사
  ③ 기술능력 및 생산체계 심사
  ④ 제품심사

(6) 안전인증 심사기간(부득이한 사유가 있을 때에는 15일의 범위에서 심사기간을 연장할 수 있다)
  ① 예비심사 : 7일
  ② 서면심사 : 15일(외국에서 제조한 경우 30일)
  ③ 기술능력 및 생산체계 심사 : 30일(외국에서 제조한 경우는 45일)
  ④ 개별제품의 심사 : 15일
  ⑤ 형식별 제품심사 : 30일(방호장치와 같은 보호구는 60일)
    ※ 예비 7, 개별서면 15, 기생형식 30

## (7) 안전인증 및 자율안전확인 대상 기계·기구

| 구분 | 안전인증 | 자율안전확인 |
|---|---|---|
| 기계 · 기구 | • 설치, 이전하는 경우 안전인증을 받아야 하는 기계, 기구<br>   – 크레인<br>   – 리프트<br>   – 곤돌라<br>• 주요 구조 부분을 변경하는 경우 안전인증을 받아야 하는 기계, 기구<br>   – 프레스<br>   – 전단기 및 절곡기(折曲機)<br>   – 크레인<br>   – 리프트<br>   – 압력용기<br>   – 롤러기<br>   – 사출성형기(射出成形機)<br>   – 고소(高所) 작업대<br>   – 곤돌라 | • 연삭기(研削機) 또는 연마기. 이 경우 휴대형은 제외한다.<br>• 산업용 로봇<br>• 혼합기<br>• 파쇄기 또는 분쇄기<br>• 식품가공용 기계(파쇄·절단·혼합·제면기만 해당한다)<br>• 컨베이어<br>• 자동차정비용 리프트<br>• 공작기계(선반, 드릴기, 평삭·형삭기, 밀링만 해당한다)<br>• 고정형 목재가공용 기계(둥근톱, 대패, 루타기, 띠톱, 모떼기 기계만 해당한다)<br>• 인쇄기 |
| 방호 장치 | • 프레스 및 전단기 방호장치<br>• 양중기용(揚重機用) 과부하 방지장치<br>• 보일러 압력방출용 안전밸브<br>• 압력용기 압력방출용 안전밸브<br>• 압력용기 압력방출용 파열판<br>• 절연용 방호구 및 활선작업용(活線作業用) 기구<br>• 방폭구조(防爆構造) 전기기계·기구 및 부품<br>• 추락·낙하 및 붕괴 등의 위험 방지 및 보호에 필요한 가설기자재로서 고용노동부 장관이 정하여 고시하는 것<br>• 충돌·협착 등의 위험 방지에 필요한 산업용 로봇 방호장치로서 고용노동부 장관이 정하여 고시하는 것 | • 아세틸렌 용접장치용 또는 가스집합 용접장치용 안전기<br>• 교류 아크용접기용 자동전격방지기<br>• 롤러기 급정지장치<br>• 연삭기 덮개<br>• 목재 가공용 둥근톱 반발 예방장치와 날 접촉 예방장치<br>• 동력식 수동대패용 칼날 접촉 방지장치<br>• 추락·낙하 및 붕괴 등의 위험 방지 및 보호에 필요한 가설기자재 |

| 구분 | 안전인증 | 자율안전확인 |
|---|---|---|
| 보호구 | • 추락 및 감전 위험방지용 안전모<br>• 안전화<br>• 안전장갑<br>• 방진마스크<br>• 방독마스크<br>• 송기(送氣)마스크<br>• 전동식 호흡보호구<br>• 보호복<br>• 안전대<br>• 차광(遮光) 및 비산물(飛散物) 위험방지용 보안경<br>• 용접용 보안면<br>• 방음용 귀마개 또는 귀덮개 | • 안전모<br>• 보안경<br>• 보안면 |
| 합격<br>표시 | • 형식 또는 모델명<br>• 규격 또는 등급<br>• 제조자명<br>• 제조번호 및 제조연월<br>• 안전인증번호 | • 형식 또는 모델명<br>• 규격 또는 등급<br>• 제조자명<br>• 제조번호 및 제조연월<br>• 자율안전인증번호 |

## 2. 사고형태 및 원인

(1) 사고의 형태

① **추락(떨어짐)** : 사람이 건축물, 비계, 기계, 사다리, 계단, 경사면, 나무 등에서 떨어지는 것

② **전도** : 사람이 평면상으로 넘어졌을 때를 말함(과속, 미끄러짐 포함)

③ **충돌(부딪힘)** : 사람이 정지물에 부딪친 경우

④ **낙하, 비래** : 물건이 주체가 되어 사람이 맞은 경우

⑤ **붕괴, 도괴** : 적재물, 비계, 건축물이 무너진 경우

⑥ **협착(끼임)** : 물건에 끼워진 상태, 말려든 상태

⑦ **감전** : 전기 접촉이나 방전에 의해 사람이 충격을 받은 경우

⑧ **폭발** : 압력의 급격한 발생 또는 개방으로 폭음을 수반한 팽창이 일어난 경우

⑨ **파열** : 용기 또는 장치가 물리적인 압력에 의해 파열한 경우

⑩ **화재** : 화재로 인한 경우를 말하며 관련 물체는 발화물을 기재

⑪ **무리한 동작** : 무거운 물건을 들다 허리를 삐거나 부자연한 자세 또는 동작의 반동으로 상해를 입은 경우

⑫ **이상온도접촉** : 고온이나 저온에 접촉한 경우

⑬ **유해물접촉** : 유해물 접촉으로 중독되거나 질식된 경우

⑭ **기타** : ①~⑬ 항목으로 구분 불능 시 발생 형태를 기재할 것

(2) 상해 종류별 분류
① 골절 : 뼈가 부러진 상해
② 동상 : 저온물 접촉으로 생긴 동상 상해
③ 부종 : 국부의 혈액 순환의 이상으로 몸이 퉁퉁 부어오르는 상해
④ 자상 : 칼날 등 날카로운 물건에 찔린 상해
⑤ 좌상 : 타박, 충돌, 추락 등으로 피부표면보다는 피하조직 또는 근육부를 다친 상해(삔 것 포함)
⑥ 절상 : 신체 부위가 절단된 상해
⑦ 중독, 질식 : 음식, 약물, 가스 등에 의한 중독이나 질식된 상해
⑧ 찰과상 : 스치거나 문질러서 벗겨진 상해
⑨ 창상 : 창, 칼 등에 베인 상해
⑩ 화상 : 화재 또는 고온물 접촉으로 인한 상해
⑪ 청력장해 : 청력이 감퇴 또는 난청이 된 상해
⑫ 시력장해 : 시력이 감퇴 또는 실명된 상해

## 3. 기계설비 이상 현상

(1) 기계설비의 범위

| 구분 | 내용 |
| --- | --- |
| 열원설비 | 건축물 등에서 에너지를 이용하여 열매체를 가열, 냉각하기 위하여 설치된 기계·기구·배관 및 그 밖에 성능을 유지하기 위한 설비 |
| 냉난방설비 | 건축물 등에서 일정한 실내온도 유지를 위하여 설치된 기계·기구·배관 및 그 밖에 성능을 유지하기 위한 설비 |
| 공기조화·공기청정·환기설비 | 건축물 등에서 온도, 습도, 청정도, 기류 등을 조절하기 위하여 설치된 기계·기구·배관 및 그 밖에 성능을 유지하기 위한 설비 |
| 위생기구·급수·급탕·오배수·통기설비 | 건축물 등에서 위생과 냉수·온수 공급, 오배수(汚排水), 오배수관 통기(通氣) 등을 위하여 설치된 기계·기구·배관 및 그 밖에 성능을 유지하기 위한 설비 |
| 오수정화·물재이용설비 | 건축물 등에서 오수를 정화하여 배출하거나 정화된 물을 재이용하기 위하여 설치된 기계·기구·배관 및 그 밖에 성능을 유지하기 위한 설비 |
| 우수배수설비 | 건축물 등에서 빗물을 외부로 배출하기 위하여 설치된 기계·기구·배관 및 그 밖에 성능을 유지하기 위한 설비 |
| 보온설비 | 건축물 등에 설치된 기계·기구·배관 및 그 밖에 성능을 유지하기 위한 설비의 보온, 보냉, 결로 및 동결 방지 등을 위하여 설치된 설비 |
| 덕트(duct)설비 | 건축물 등에 설치된 기계·기구·배관 및 그 밖에 성능을 유지하기 위한 설비의 풍량 등을 조절하고 급기(給氣)·배기 및 환기 등을 위하여 설치된 설비 |

| 구분 | 내용 |
|---|---|
| 자동제어설비 | 건축물 등에 설치된 기계·기구·배관 및 그 밖에 성능을 유지하기 위한 설비의 감시, 제어·관리 및 통제 등을 위하여 설치된 설비 |
| 방음·방진·내진설비 | 건축물 등에 설치된 기계·기구·배관 및 그 밖에 성능을 유지하기 위한 설비의 소음, 진동, 전도 및 탈락 등을 방지하기 위하여 설치된 설비 |
| 플랜트설비 | 건축물 등에서 생산물의 제조·생산·이송 및 저장이나 오염물질의 제거 및 저장 등을 위하여 설치된 기계·기구·배관 및 그 밖에 성능을 유지하기 위한 설비 |

(2) 기계설비 성능점검

| 점검항목 | 세부 검토사항 |
|---|---|
| 기계설비 시스템 검토 | • 유지관리지침서의 적정성<br>• 기계설비 시스템의 작동 상태<br>• 점검대상 현황표 상의 설계값과 측정값 일치 여부 |
| 성능개선 계획 수립 | • 기계설비의 내구연수에 따른 노후도<br>• 성능점검표에 따른 부적합 및 개선사항<br>• 성능개선 필요성 및 연도별 세부개선계획 |
| 에너지사용량 검토 | • 냉난방설비 등 분류별 에너지 사용량 |

## 4. 방호장치의 종류

### (1) 격리형 방호장치(위험장소)

작업자가 작업점에 접촉되어 재해를 당하지 않도록 기계설비 외부에 차단벽이나 방호망을 설치하는 것으로 가장 많이 사용하는 방식 : 덮개

예 완전 차단형 방호장치, 덮개형 방호장치, 안정 방책

### (2) 위치제한형 방호장치(위험장소) ★

조작자의 신체 부위가 위험한계 밖에 있도록 기계의 조작장치를 위험구역에서 일정거리 이상 떨어지게 한 방호장치

예 양수조작식 안전장치

### (3) 접근거부형 방호장치(위험장소)

작업자의 신체 부위가 위험한계 내로 접근하면 기계의 동작 위치에 설치해놓은 기구가 접근하는 신체 부위를 안전한 위치로 되돌리는 것

예 손쳐내기식 안전장치

### (4) 접근반응형 방호장치(위험장소) ★

작업자의 신체 부위가 위험한계로 들어오게 되면 이를 감지하여 작동 중인 기계를 즉시 정지시키거나 스위치가 꺼지도록 하는 기능

예 광전자식 안전장치

### (5) 포집형 방호장치(위험원) ★

목재가공기의 반발예방장치와 같이 위험장소에 설치하여 위험원이 비산하거나 튀는 것을 방지하는 등 작업자로부터 위험원을 차단하는 방호장치

## 5. 방호장치 설치방법 ★★★★

### (1) 광전자식

$D = 1.6T(T_l + T_s)$ – 광전자식과 양수조작식

$D$ : 안전거리[m]

$T_l$ : 방호장치의 작동시간(즉, 손이 광선을 차단했을 때부터 급정지기구가 작동을 개시할 때까지의 시간[초])

$T_s$ : 프레스의 최대정지시간(즉, 급정지 기구가 작동을 개시할 때부터 슬라이드가 정지할 때까지의 시간[초])

### (2) 양수기동식

$D = 1.6T$

$T = \left(\dfrac{1}{클러치\ 개소수} + \dfrac{1}{2}\right) \times \dfrac{60{,}000}{매분행정수(\text{spm})}$ – 양수기동식

## 6. 안전검사

### (1) 안전검사의 신청

검사 주기 만료일 30일 전에 안전검사 업무를 위탁받은 기관(이하 "안전검사기관"이라 한다)에 제출(전자문서로 제출하는 것을 포함한다)

### (2) 안전검사 주기

① 크레인(이동식 크레인은 제외한다), 리프트(이삿짐운반용 리프트는 제외한다) 및 곤돌라 : 사업장에 설치가 끝난 날부터 3년 이내에 최초 안전검사를 실시하되, 그 이후부터 2년마다(건설현장에서 사용하는 것은 최초로 설치한 날부터 6개월마다)

② 이동식 크레인, 이삿짐운반용 리프트 및 고소작업대 : 신규 등록 이후 3년 이내에 최초 안전검사를 실시하되, 그 이후부터 2년마다

③ 프레스, 전단기, 압력용기, 국소 배기장치, 원심기, 롤러기, 사출성형기, 컨베이어 및 산업용 로봇 : 사업장에 설치가 끝난 날부터 3년 이내에 최초 안전검사를 실시하되, 그 이후부터 2년마다(공정안전보고서를 제출하여 확인을 받은 압력용기는 4년마다)

## 제3과목 기계·기구 및 설비 안전관리

### 3 안전점검 평가

#### 1. 위험요인 도출방법
① 사업장 순회점검에 의한 방법
② 근로자들의 상시적 제안에 의한 방법
③ 설문조사·인터뷰 등 청취조사에 의한 방법
④ 물질안전보건자료, 작업환경측정결과, 특수건강진단결과 등 안전보건 자료에 의한 방법
⑤ 안전보건 체크리스트에 의한 방법
⑥ 그 밖에 사업장의 특성에 적합한 방법

#### 2. 시스템 개선

(1) 위험성 감소대책 수립 및 실행
① 위험한 작업의 폐지·변경, 유해·위험물질 대체 등의 조치 또는 설계나 계획 단계에서 위험성을 제거 또는 저감하는 조치
② 연동장치, 환기장치 설치 등의 공학적 대책
③ 사업장 작업절차서 정비 등의 관리적 대책
④ 개인용 보호구의 사용

(2) 결과의 공유
① 근로자가 종사하는 작업과 관련된 유해·위험요인
② 제1호에 따른 유해·위험요인의 위험성 결정 결과
③ 제1호에 따른 유해·위험요인의 위험성 감소대책과 그 실행 계획 및 실행 여부
④ 제3호에 따른 위험성 감소대책에 따라 근로자가 준수하거나 주의하여야 할 사항
⑤ 유해·위험요인에 대해서는 작업 전 안전점검회의(TBM: Tool Box Meeting) 등을 통해 근로자에게 상시적으로 주지

Industrial Engineer Industrial Safety

# Chapter 5 기계설비 유지·관리

## 1 기계설비 위험요인 대책 제시

### 1. 작업장 위험요인 관리대책

(1) 유지관리 일반사항
① 건축물 등에 안전하고 쾌적한 환경을 제공할 것
② 기계설비 수명 기간 중 본래의 성능을 발휘할 수 있도록 관리할 것
③ 에너지 사용량을 절감할 수 있도록 관리할 것

(2) 유지관리 지침 구비
① 기계설비 준공도서(준공도면, 시방서, 부하 및 장비선정 계산서를 포함한다)
② 기계설비 시스템 운용 매뉴얼(기계설비 제조사의 검사서 또는 성적서를 포함한다)
③ 기계설비 사용 전 확인표
④ 기계설비 성능확인서
⑤ 기계설비 안전확인서
⑥ 기계설비 사용적합 확인서

### 2. 기계의 위험점 분석

(1) 기계의 위험점

| 위험점 유형 | 설명 | 주요 대책 |
|---|---|---|
| 협착점<br>(Squeeze Point) | 왕복운동 부위와 고정물 사이에서 신체가 끼이는 위험 | 덮개 설치, 양손 조작장치, 근접센서 설치 |
| 끼임점<br>(Shear Point) | 회전 부위와 고정 부위 사이에서 절단 또는 끼임 발생 위험 | 방호개설치, 자동정지장치, 접근금지구역 설정 |
| 절단점<br>(Cutting Point) | 날카로운 회전 칼날 등으로 인한 절단 위험 | 칼날 덮개, 자동급지장치, 이중 스위치 등 설치 |
| 물림점<br>(Nip Point) | 두 회전체 사이에 신체나 옷이 말려드는 위험 | 롤러 가드, 비상정지장치, 회전체 덮개 설치 |
| 접선물림점<br>(Tangential Point) | 벨트·체인과 회전체의 접선 방향에서의 말려들 위험 | 풀리 커버, 벨트 가드, 회전체 차폐 등 설치 |
| 회전말림점<br>(Trapping Point) | 회전축 등에 작업복·머리카락이 말려드는 위험 | 회전축 커버 설치, 작업복 규정화, 장갑 착용 금지 등 |

제3과목 기계·기구 및 설비 안전관리 159

### 3. 기계 기구·전기설비의 위험요소

(1) 감전

전로 등의 충전 부분에 접촉하거나 접근함으로써 감전 위험이 있는 충전 부분에 대하여 감전

(2) 대책

① 충전부가 노출되지 않도록 폐쇄형 외함(外函)이 있는 구조로 할 것
② 충전부에 충분한 절연효과가 있는 방호망이나 절연덮개를 설치할 것
③ 충전부는 내구성이 있는 절연물로 완전히 덮어 감쌀 것
④ 발전소·변전소 및 개폐소 등 구획되어 있는 장소로서 관계 근로자가 아닌 사람의 출입이 금지되는 장소에 충전부를 설치하고, 위험표시 등의 방법으로 방호를 강화할 것
⑤ 전주 위 및 철탑 위 등 격리되어 있는 장소로서 관계 근로자가 아닌 사람이 접근할 우려가 없는 장소에 충전부를 설치할 것

## 2 기계설비 유지·관리

### 1. 기계·전기 등 설비의 안전기준

(1) 접지 시 안전기준

① 전기 기계·기구의 금속제 외함, 금속제 외피 및 철대
② 고정 설치되거나 고정배선에 접속된 전기기계·기구의 노출된 비충전 금속체 중 충전될 우려가 있는 다음 각 목의 어느 하나에 해당하는 비충전 금속체
　㉠ 지면이나 접지된 금속체로부터 수직거리 2.4미터, 수평거리 1.5미터 이내인 것
　㉡ 물기 또는 습기가 있는 장소에 설치되어 있는 것
　㉢ 금속으로 되어 있는 기기접지용 전선의 피복·외장 또는 배선관 등
　㉣ 사용전압이 대지전압 150볼트를 넘는 것
③ 전기를 사용하지 아니하는 설비 중 다음 각 목의 어느 하나에 해당하는 금속체
　㉠ 전동식 양중기의 프레임과 궤도
　㉡ 전선이 붙어 있는 비전동식 양중기의 프레임
　㉢ 고압(1.5천볼트 초과 7천볼트 이하의 직류전압 또는 1천볼트 초과 7천볼트 이하의 교류전압을 말한다. 이하 같다) 이상의 전기를 사용하는 전기 기계·기구 주변의 금속제 칸막이·망 및 이와 유사한 장치
④ 코드와 플러그를 접속하여 사용하는 전기 기계·기구 중 다음 각 목의 어느 하나에 해당하는 노출된 비충전 금속체
　㉠ 사용전압이 대지전압 150볼트를 넘는 것
　㉡ 냉장고·세탁기·컴퓨터 및 주변기기 등과 같은 고정형 전기기계·기구
　㉢ 고정형·이동형 또는 휴대형 전동기계·기구

㉣ 물 또는 도전성(導電性)이 높은 곳에서 사용하는 전기기계·기구, 비접지형 콘센트
㉤ 휴대형 손전등
⑤ 수중펌프를 금속제 물탱크 등의 내부에 설치하여 사용하는 경우 그 탱크(이 경우 탱크를 수중펌프의 접지선과 접속하여야 한다)

### 2. 기계·전기 등 설비의 점검 관리

(1) 설비 점검
① 설비 사고를 미연에 방지하기 위해 상태를 주기적으로 점검
② 검사 대상 : 설비 외에 수용가에 설치한 고압 이상 수전설비 및 75kW 이상의 비상용 예비발전 설비
③ 검사 주기 : 자체 전기안전관리자에 의한 월1회 이상 점검/법정검사는 3년마다 2월 전후 안전점검 시행

(2) 설비보전(設備保全)
① 설비보전의 개념
기계나 설비가 정상적으로 작동할 수 있도록 유지하고, 고장이 발생하지 않도록 예방하며, 효율적인 사용을 지속적으로 지원하는 활동이다. 설비의 수명을 연장하고 생산성 및 안전성을 높이기 위해 매우 중요한 과정이다.
② 설비보전의 분류
㉠ 예방보전(Preventive Maintenance) : 고장이 발생하기 전에 정기적인 점검과 관리를 통해 문제를 미리 방지하는 활동
㉡ 예지(예측)보전(Predictive Maintenance) : 설비 상태를 모니터링하고 데이터를 분석하여 고장을 예측하고 필요한 조치를 취하는 방식
㉢ 개량(수리)보전(Corrective Maintenance) : 고장이 발생한 설비를 수리하거나 복구하는 활동
㉣ 사후보전(Breakdown Maintenance) : 설비가 고장이 발생한 후 이를 복구하거나 수리하는 방식

### 3. 기계·전기 등 설비의 안전검사 이력 등 정보관리

(1) 관련 정보의 종합관리
① 고용노동부 장관은 사업장의 유해·위험기계 등의 보유현황 및 안전검사 이력 등 안전에 관한 정보를 종합관리하고, 해당 정보를 안전인증기관 또는 안전검사기관에 제공할 수 있다.
② 고용노동부 장관은 제1항에 따른 정보의 종합관리를 위하여 안전인증기관 또는 안전검사기관에 사업장의 유해·위험기계 등의 보유현황 및 안전검사 이력 등의 필요한 자료를 제출하도록 요청할 수 있다. 이 경우 요청을 받은 기관은 특별한 사유가 없으면 그 요청에 따라야 한다.
③ 고용노동부 장관은 제1항에 따른 정보의 종합관리를 위하여 유해·위험기계 등의 보유현황 및 안전검사 이력 등 안전에 관한 종합정보망을 구축·운영하여야 한다.

# 전기 및 화학설비 안전관리

## Chapter 1 전기작업 안전관리

### 1 전기작업의 위험성 파악

#### 1. 전기일반 작업 수칙

(1) 전기 안전수칙

① 면허 소지자 외에 전기수선을 해서는 안 됨
② 전기 고장을 발견하면 즉시 관계자에게 보고
③ 모든 전선은 전기가 통하고 있다고 생각하고 함부로 만져서는 안 됨
④ 젖은 손으로 전기 장치를 만지지 말 것
⑤ 쳐져 있는 전선은 만지지 말고 작업 감독에게 보고
⑥ 모든 스위치는 뚜껑을 달 것
⑦ 모터 등의 전기 장치에 스파크나 연기가 나면 가동을 중지하고 즉시 보고
⑧ 스위치 등 전등기 배선반 등의 전기 기구에 액체성 물질을 뿌리지 말 것
⑨ 배선 상태의 안전성 여부를 정기적으로 검사한다.
⑩ 전선 또는 전기 기구에 물건을 걸어 놓지 말 것
⑪ 전선은 피복이 상하지 않도록 해야 함
⑫ 기계 위 또는 모퉁이로 끌고 다니지 말 것
⑬ 고압선에는 위험표지를 첨부할 것
⑭ 전선 규정용량을 초과하여 사용하지 말 것
⑮ 전선을 로프 대용으로 사용하지 말 것

(2) 작업 안전수칙

① 적합한 복장과 장비 착용
② 전기장치 절연
③ 전기작업 장소의 청결 유지
④ 전기장치의 안전한 운영
⑤ 전기 작업자의 교육과 훈련
⑥ 작업 전에 전력 차단
⑦ 전기작업 시 감전 예방
⑧ 응급상황 대비

## 2 전기작업 안전 수행

### 1. 정전작업 시 주의사항

#### (1) 작업 전
① 작업지휘자 임명, 작업지휘자에 의한 정전범위, 조작순서, 개폐기 위치, 정전 시작 시각, 단락접지개소 및 송전 시의 안전 확인 등 작업 내용을 주지한다.
② 개로(開路) 개폐기의 개방보증을 받는다.
③ 전력케이블, 전력콘덴서 등의 잔류전하를 방전한다.
④ 검전기를 사용하여 정전을 확인한다.
⑤ 단락접지기구를 사용하여 단락접지를 한다.
⑥ 일부 정전작업 시 정전구역을 표시한다.
⑦ 근접활선에 대한 절연방호를 실시한다.
⑧ 활선경보기 등 보호구를 착용한다.

#### (2) 작업 중
① 작업지휘자에 의해 작업한다.
② 개폐기를 관리한다.
③ 단락접지 상태를 확인·관리한다.
④ 근접활선에 대한 방호상태를 관리한다.

#### (3) 작업종료 시
① 단락접지기구를 철거한다.
② 표지를 철거한다.
③ 작업자에 대한 위험이 없는 것을 확인한다.
④ 개폐기를 투입하여 송전을 재개한다.

## 2. 활선작업 수칙

(1) 활선작업 안전수칙
  ① 「절차서, 각종 교육교재, 운영지침, 휴전, 활선, 무정전 작업」에 의하여야 한다.
  ② 활선작업은 지정된 활선장구 및 개인 보호구를 사용해야 한다.
  ③ 활선작업조는 규정된 인원으로 편성하여야 하며 반드시 활선조장을 임명해야 한다.
  ④ 활선작업은 활선작업지시서(통보서)에 의거 활선작업 공법상의 인원으로 시행하며, 작업지시서(통보서)에 임명된 작업책임자의 지시·감독 하에 따라 시행해야 한다.

(2) 충전부 방호
  ① 충전부가 노출되지 않도록 폐쇄형 외함(外函)이 있는 구조로 할 것
  ② 충전부에 충분한 절연효과가 있는 방호망이나 절연덮개를 설치할 것
  ③ 충전부는 내구성이 있는 절연물로 완전히 덮어 감쌀 것
  ④ 발전소·변전소 및 개폐소 등 구획되어 있는 장소로서 관계 근로자가 아닌 사람의 출입이 금지되는 장소에 충전부를 설치하고, 위험표시 등의 방법으로 방호를 강화할 것
  ⑤ 전주 위 및 철탑 위 등 격리되어 있는 장소로서 관계 근로자가 아닌 사람이 접근할 우려가 없는 장소에 충전부를 설치할 것

## 3 전기 설비 및 기기

### 1. 배(분)전반

(1) 개념
  배전반은 전력을 계통별로 분배하는 역할을 하며, 분전반은 부하별로 전력을 분기한다.

(2) 배전반 내부에 설치되어야 할 차단기의 용량
  ① **부하설비의 용량** : 배전반에 연결되는 부하설비의 용량을 합산하여 계산하며 이때, 각 부하설비의 용량은 전압과 전류로 표시되며, 이를 합산하여 총 용량을 구한다.
  ② **안전성** : 차단기는 부하설비에서 발생하는 과전류나 단락전류 등의 위험을 방지하기 위해 설치된다. 따라서, 차단기의 용량은 부하설비의 용량보다 충분히 커야 하며 일반적으로 부하설비의 용량의 1.25~1.5배 이상의 용량을 가진 차단기를 설치한다.
  ③ **규격** : 차단기의 규격은 한국산업표준(KS C IEC 60947-4) 등의 규격에 따라 결정되며 이 규격은 차단기의 성능과 안전성을 보장하기 위한 것이다.

## 2. 개폐기

전로의 개폐를 담당하며, 고장 구간을 분리하거나 전력 계통을 변환하는 데 사용한다.

### (1) 개폐기의 종류 및 역할

① **자동 고장 구분 개폐기(ASS)** : 무부하 시 선로 점검 및 분리, 부하 시 선로 개폐 가능, 과부하 전류 및 고장 전류 자동 차단, 900[A] 이상 큰 전류가 흐를 시 S/S 변전소 차단기와 배전 선로의 recloser와 상호 협조하여 무전압 상태에서 개방한다. 300~1000[kVA] 용량에서 사용된다.

② **기중 부하 개폐기(IS)** : 수동 조작만 가능하고, 과부하 시 자동 개폐할 수 없으며, 돌입 전류 억제 기능이 없다. 300[kVA] 이하에서 ASS 대신에 주로 사용한다.

③ **부하 개폐기(LBS)** : 정상 상태의 무부하 전류 및 부하 전류 개폐할 수 있으나, 고장 전류는 차단 불가하다. 개폐 빈도가 낮은 송배전선 및 수변전 설비 인입구 개폐에 사용한다.

### (2) 단로기(DS)

전기 회로의 개폐를 목적으로 하는 개폐기로서, 부하 전류를 개폐할 수 없다. 변압기나 차단기 등의 기기를 점검하거나 수리할 때, 그 기기를 회로로부터 분리하거나 연결하는 데 사용한다.

## 3. 보호계전기

전력 계통의 과전류, 과전압, 지락, 단락 등 전기적 이상 상태를 감지하고 고장 구간을 신속히 차단하여 설비를 보호한다. 이상 상태가 감지되면 차단기를 작동시켜 전기 공급을 중단하고 전기 설비의 손상을 방지하고, 화재나 폭발 등의 사고를 예방한다.

## 4. 과전류 및 누전차단기

### (1) 과전류 차단장치

① 전기 회로에 흐르는 전류가 설정값을 초과할 때 동작한다.
② 전류가 지속적으로 높게 유지되면 회로를 끊어 사고를 예방한다.
③ 전기 장비의 손상을 최소화하고 안정적인 전력 공급을 유지한다.

### (2) 퓨즈

① **포장 퓨즈** : 정격전류의 1.3배의 전류에 견디고, 2배의 전류로 2시간 안에 용단되어야 한다. 포장퓨즈는 포장 내에 질소가스 등을 충진하기에 용단시간이 길다(120분).

② **비포장 퓨즈** : 정격전류의 1.25배의 전류에 견디고, 2배의 전류로 2분 안에 용단되어야 한다. 비포장퓨즈는 공기 중에 노출되어 있기 때문에 용단시간이 짧다(2분).

(3) 단로기

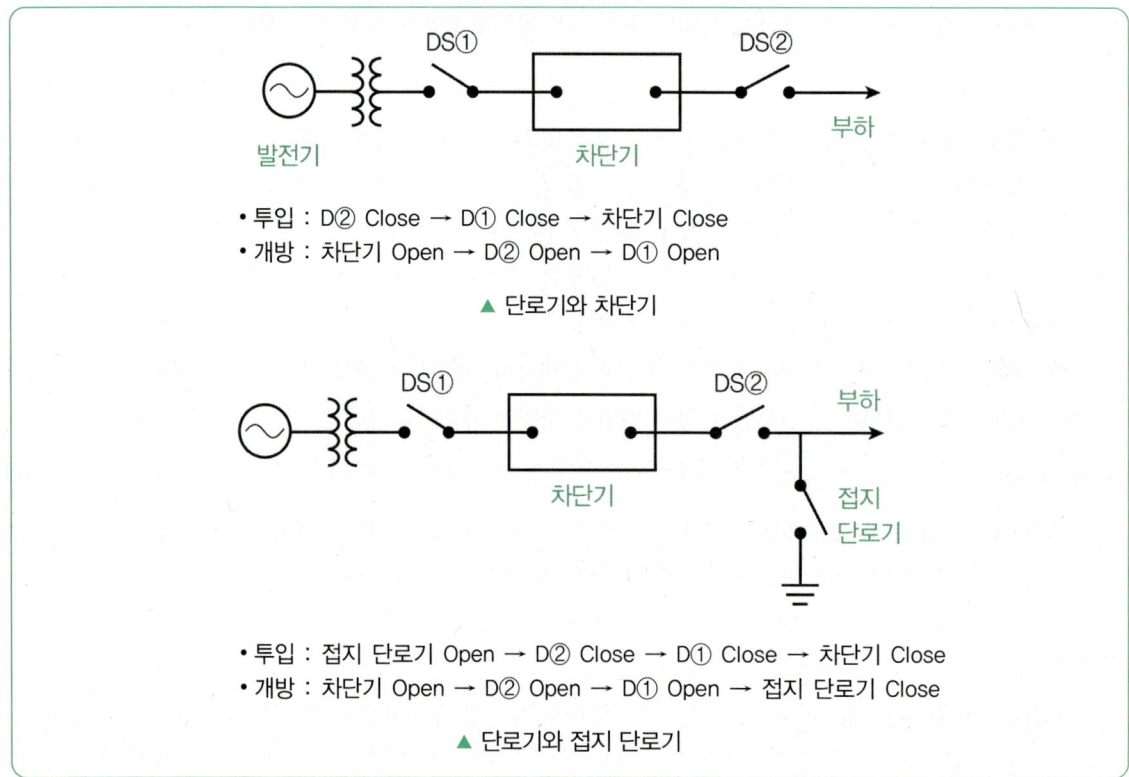

▲ 단로기와 차단기

▲ 단로기와 접지 단로기

(4) 누전차단기

① 누전차단기 접속 시 준수사항

㉠ 전기기계·기구에 설치되어 있는 누전차단기는 정격감도전류가 30밀리암페어 이하이고 작동시간은 0.03초 이내일 것. 다만, 정격전부하전류가 50암페어 이상인 전기기계·기구에 접속되는 누전차단기는 오작동을 방지하기 위하여 정격감도전류는 200밀리암페어 이하로, 작동시간은 0.1초 이내로 할 수 있다.

㉡ 분기회로 또는 전기기계·기구마다 누전차단기를 접속할 것. 다만, 평상시 누설전류가 매우 적은 소용량 부하의 전로에는 분기회로에 일괄하여 접속할 수 있다.

㉢ 누전차단기는 배전반 또는 분전반 내에 접속하거나 꽂음접속기형 누전차단기를 콘센트에 접속하는 등 파손이나 감전사고를 방지할 수 있는 장소에 접속할 것

㉣ 지락보호전용 기능만 있는 누전차단기는 과전류를 차단하는 퓨즈나 차단기 등과 조합하여 접속할 것

② 누전차단기 설치장소

㉠ 대지전압이 150볼트를 초과하는 이동형 또는 휴대형 전기기계·기구

㉡ 물 등 도전성이 높은 액체가 있는 습윤장소에서 사용하는 저압(1.5천 볼트 이하 직류전압이나 1천 볼트 이하의 교류전압을 말한다)용 전기기계·기구

Industrial Engineer Industrial Safety

ⓒ 철판·철골 위 등 도전성이 높은 장소에서 사용하는 이동형 또는 휴대형 전기기계·기구
ⓓ 임시배선의 전로가 설치되는 장소에서 사용하는 이동형 또는 휴대형 전기기계·기구

## Chapter 2 감전재해 및 방지대책

### 1 감전재해 예방 및 조치

#### 1. 안전전압 ★★★★★

인체에 위험을 주지 않을 정도의 낮은 전압으로 정해진 안전전압 이하일 경우에는 제반안전대책을 강구하지 않아도 된다. 우리나라의 안전전압은 30[V]이다.

#### 2. 허용접촉 및 보폭 전압

(1) 허용접촉전압

인체를 통과하는 전류와 인체저항의 곱이 인체에 가해지는 전압이 되며 이를 허용접촉 전압이라 한다.

〈종별허용접촉전압〉 ★★★★

| 종별 | 접촉 상태 | 허용접촉전압[V] |
|---|---|---|
| 제1종 | • 인체의 대부분이 수중에 있는상태 | 2.5[V] 이하 |
| 제2종 | • 인체가 많이 젖어 있는 상태<br>• 금속제 전기기계장치나 구조물에 인체의 일부가 상시 접촉되어있는 상태 | 25[V] 이하 |
| 제3종 | • 제1종, 제2종 이외의 경우로서 통상적인 인체 상태에 있어서 접촉전압이 가해지면 위험성이 높은 상태 | 50[V] |
| 제4종 | • 제1종, 제2종 이외의 경우로서 통상적인 인체 상태에 있어서 접촉전압이 가해져도 위험성이 낮은 상태<br>• 접촉전압이 가해질 우려가 없는 경우 | 무제한 |

(2) 보폭전압(Step Voltage)

① 고장전류가 접지전극을 타고 대지로 흘러들어 가면 접지전극 주위에 전위분포가 발생하는데, 이때 사람의 양 발사이에 △V만큼의 전위차(電位差)를 보폭전압이라 함.
② IEEE 규정에는 접지전극 부근 대지면의 발과 발 사이의 거리 1[m]의 전위차(電位差)

## 3. 인체의 저항

(1) 옴(Ohm)의 법칙

$$E = IR$$
$I$ : 전류, $E$ : 전압, $R$ : 저항 ($I = \dfrac{E}{R}$)

(2) 줄(Joule)의 법칙

$$Q = I^2 RT$$
$Q$ : 전류발생열[J], $I$ : 전류[A], $R$ : 전기저항[Ω], $T$ : 통전시간[S]

① $Q$를 kcal로 환산하면 다음과 같다.
   1[kcal] = 4186[J]
   1[kJ] = 0.2388[kcal] ≒ 0.24[kcal]
   $Q = 0.24 I^2 RT \times 10^{-3}$ [kcal]

② $t$초를 시간(h)으로 환산하면 다음과 같다.
   $Q = 0.860 I^2 Rt$ [kcal]

(3) 인체의 전기저항 위험성 표시척도
   ① 남녀별
   ② 개인차
   ③ 연령
   ④ 건강상태

(4) 인체의 전기저항
   ① 인체는 약 5000[Ω] 저항값, 피부의 전기저항 : 2,500[Ω](내부조직저항 : 500[Ω])
   ② 피부가 땀이 나 있을 경우 : 1/12 정도로 감소
   ③ 피부가 물에 젖어 있을 경우 : 1/25 정도로 감소
   ④ 습기가 많을 경우 : 1/10 정도로 감소
   ⑤ 발과 신발 사이의 저항 : 1,500[Ω]
   ⑥ 신발과 대지 사이의 저항 : 700[Ω]
   ⑦ 1[Ω] : 1[V]의 전압이 가해졌을 때 1[A]의 전류가 흐르는 저항

## 2 감전재해의 요인

### 1. 감전요소
① 통전 전류의 크기
② 통전 경로
③ 통전 시간
④ 전원의 종류

※ 전압이 동일한 경우에도 교류는 직류보다 위험하다.

### 2. 감전사고의 형태

(1) 충전부 감전회로

① 양쪽손이 모두 충전부에 접촉(단락)
직접 접촉 중 가장 위험한 경우로 양손이 모두 충전부에 접촉되어 인체 → 전압선 → 변압기의 저압 측으로 감전전류가 흐르게 된다.

② 인체가 하나의 전압선에 접촉(지락)
인체 → 대지 → 변압기의 저압 측으로 감전전류가 흐르게 된다.

(2) 비충전부 감전회로
전기기계 기구의 금속제 외함·금속제 외피 및 철대등의 비충전부에는 감전방지를 위하여 반드시 접지를 하여야 한다.

### 3. 전압의 구분

| 전원의 종류 | 저압 | 고압 | 특고압 |
|---|---|---|---|
| 직류(DC) | 750[V] 이하 | 750[V] 초과 7,000 이하 | 7,000[V] 초과 |
| 교류(AC) | 600[V] 이하 | 600[V] 초과 7,000 이하 | 7,000[V] 초과 |

◉ 용어의 정의

**초저전압** ★★★★★ : 교류전압 50[V] 이하, 직류전압 120[V] 이하의 전압을 말한다.

## 제4과목 전기 및 화학설비 안전관리

### 4. 통전전류의 세기 및 그에 따른 영향

#### (1) 전격의 영향

| 통전전류 구분 | 전격의 영향 | 통전전류 값 |
| --- | --- | --- |
| 최소감지전류 | 고통을 느끼지 않으면서 짜릿하게 전기가 흐르는 것을 감지하는 최소전류 | 상용주파수 60[Hz]에서 성인남자의 경우 1[mA] |
| 고통한계전류 | 통전 전류가 최소감지전류보다 커지면서 고통을 느끼게 되지만 참을 수 있는 전류 | 상용주파수 60[Hz]에서 7~8[mA] |
| 가수전류(이탈전류) | 인체가 자력으로 이탈 가능한 전류 | 상용주파수 60[Hz]에서 10~15[mA] |
| 분수전류(교착전류) | 통전전류가 고통한계 전부보다 커지면 인체 각부의 근육이 수축현상을 일으키고 신경이 마비되어 신체를 자유로이 움직일 수 없는 전류 | 상용주파수 60[Hz]에서 20~50[mA] |

#### (2) 통전경로에 따른 위험

| 통전경로 | 심장전류계수 |
| --- | --- |
| 왼손-가슴 | 1.5 |
| 오른손-가슴 | 1.3 |
| 왼손-한발 또는 양발 | 1.0 |
| 양손-양발 | 1.0 |
| 오른손-한발 또는 양발 | 0.8 |
| 왼손-등 | 0.7 |
| 한손 또는 양손 앉아있는 자리 | 0.7 |
| 왼손-오른손 | 0.4 |

### 3 절연용 안전장구

### 1. 절연용 안전보호구

7,000[V] 이하 전로의 활선(근접) 작업 시 감전사고 예방을 위해 작업자 몸에 착용하는 것(감전방지용 보호구)

#### (1) 절연용 안전모

| AE종<br>(낙하·비래, 감전위험방지용) | 물체의 낙하 및 비래에 의한 위험, 감전을 방지 |
| --- | --- |
| ABE종<br>(낙하·비래, 추락, 감전위험방지용) | 물체의 낙하 또는 비래 및 추락에 의한 위험, 감전을 방지 |

### (2) 안전화의 일반구조 ★★★

| 정전기 대전방지용 안전화 | 안전화는 인체에 대전된 정전기를 겉창을 통하여 대지로 누설시키는 전기회로가 형성될 수 있는 재려와 구조로 할 것 |
|---|---|
| 절연화 | 저압(직류 750[V] 이하 또는 교류 600[V] 이하의 저압)전기를 취급하는 작업을 행할 때 전기에 의한 감전으로부터 신체를 보호하기 위한 안전화는 다음 규정에 적합해야 한다. |
| 절연장화 | 고압(직류 750[V] 또는 교류 600[V] 초과하는 7,000[V] 이하의 전압)전기를 취급하는 작업을 행할 때 전기에 의한 감전으로부터 신체를 보호하기 위해 사용 |

### (3) 보호용 고무장갑 ★★

① 전기용 고무장갑(절연장갑) : A종, B종, C종 - 사용전압은 절연장화와 동일
② 내전압용 절연장갑의 등급에 따른 최대 사용전압

| 등급 | 교류전압 | 직류전압(교류×1.5) |
|---|---|---|
| 00 | 500 | 750 |
| 0 | 1,000 | 1,500 |
| 1 | 7,500 | 11,250 |
| 2 | 17,000 | 25,500 |
| 3 | 26,500 | 39,750 |
| 4 | 36,000 | 54,000 |

### (4) 가죽장갑

① 고무장갑의 손상을 방지하기 위하여 외부에 착용 : 고무장갑 착용 후 외부에 착용
② 고무장갑과 가죽장갑 착용 순서 : 고무장갑을 먼저 착용하고 고무장갑의 보호를 위해 가죽장갑을 착용

### (5) 그 외

절연소매, 절연복 등

## 2. 절연용 안전방호구

### (1) 절연용 방호구

활선(근접)작업 시 감전사고 예방을 위해 전로의 충전부, 지지물 주변의 전기배선 등에 설치하는 것

① 고무판 : 충전부 작업 중 접지면을 절연시켜 인체가 통전 경로가 되지 않도록 하기 위한 것
② 방호판(절연판) : 고·저압 전로의 충전부를 방호하여 작업자의 감전보호
③ 선로 커버, 애자 커보(절연 커버) : 고·저압선로 및 애자방호용
④ 완금 커버, COS 커버, 고무 블랭킷, 점포 호스 등

(2) 검출용구
  ① 검전기 : 저압용, 고압용, 특고압용 – 충전유무 확인
  ② 활선접근경보기 : 작업자의 착오, 오인, 오판 등으로 충전된 기기전로에 근접하는 경우 경고음 발생 – 팔목, 안전모에 착용(사용 전 시험버튼을 눌러 작동 여부 확인)

## Chapter 3 정전기 장·재해 관리

### 1 정전기 위험요소 파악

#### 1. 정전기 발생원리

(1) 정전기 물질의 특성
  ① 두 물질이 접촉, 분리 상호작용
  ② 대전서열에서 두 물질이 가까운 위치에 있으면 정전기의 발생량이 적고 먼 위치에 있으면 정전기의 발생량이 커진다.

(2) 정전기 물질의 이력
  ① 정전기의 발생은 처음 접촉, 분리가 일어날 때 최대가 된다.
  ② 점차 분리, 접촉이 반복됨에 따라 적어진다.

(3) 정전기 물질의 표면
  ① 물질의 표면이 원활하면 정전기 발생이 적다.
  ② 수분, 기름 등에 오염된 표면일 경우 정전기 발생이 커진다.

(4) 정전기 분리속도
  ① 분리속도가 빠르면 정전기의 발생량이 커진다.
  ② 전하의 완화시간이 길면 전하분리 에너지(Energy)도 커져서 발생량이 증가한다.

(5) 접촉면적 및 압력
  접촉면적이 크고 접촉압력이 증가할수록 정전기의 발생량이 크다.

(6) 정전에너지 ★★
  정전용량 $C$[F]인 물체에 전압 $V$[V]가 가해져서 $Q$[C]의 전하가 축적되어 있을 때 에너지 $W$는 $W = \dfrac{1}{2}QV = \dfrac{1}{2}CV^2$[J]이 된다.

$$W = \frac{1}{2}QV = \frac{1}{2}CV^2 [J]$$

$C$ : 도체의 용량, $Q$ : 대전 전하량, $V$ : 대전전위$(Q = CV)$

$$Q = C \cdot V$$

$Q$ : 전하량, $C$ : 정전용량, $V$ : 대전전위)★

$$E = \frac{1}{2}CV^2$$

$E$ : 정전기 에너지, $C$ : 정전용량, $V$ : 대전전위

$$V = \frac{Q}{C} \rightarrow E = \frac{1}{2} \times C \times \left(\frac{Q}{C}\right)^2 \rightarrow E = \frac{Q^2}{2C} \, ★$$

## 2. 정전기의 발생현상

### (1) 대전의 종류 ★★★★

① **충돌대전** : 분체류와 같은 입자 상호 간이나 입자와 고체와의 충돌에 의해 빠른 접촉 또는 분리가 행하여짐으로써 정전기가 발생되는 현상

② **유동대전** ★★ : 액체류가 파이프 등 내부에서 유동할 때 액체와 관 벽 사이에서 정전기가 발생되는 현상

③ **박리대전** : 고체나 분체류와 같은 물체가 파괴되었을 때 전하분리에 의해 정전기가 발생되는 현상이다. 밀착되었던 두 물체가 떨어질 때 자유전자의 이동으로 발생하는 것으로 테이프, 필름, 셔츠를 벗을 때 나타난다.

④ **분출대전** : 분체류, 액체류, 기체류가 단면적이 작은 분출구를 통해 공기 중으로 분출될 때 분출하는 물질과 분출구의 마찰로 인해 정전기가 발생되는 현상

⑤ **마찰대전** : 두 물체가 서로 문질러질 때 발생하는 정전기로 플라스틱 빗으로 머리를 빗을 때 발생하는 정전기

⑥ **유도대전** : 외부에서 가해진 전기장이 도체 내부의 전자를 재배치시켜 발생한 정전기

### (2) 완화시간

① 일반적으로 절연체에 발생한 정전기는 일정장소에 축적되었다가 점차 소멸되는데, 처음 값의 36.8[%]로 감소되는 시간을 그 물체에 대한 시정수 또는 완화시간이라고 한다. ★ 이 값은 대전체의 저항 $R[\Omega]$과 정전용량 $C[F]$ 혹은 고유저항 $\rho[\Omega \cdot m]$와 유전율 $\varepsilon[F/m]$의 곱$(RC = \varepsilon\rho)$으로 정해진다. 고유저항 또는 유전율이 큰 물질일수록 대전상태가 오래 지속된다. 일반적으로 완화시간은 영전위 소요시간의 1/4~1/5 정도이다.

② **영전위 소요시간** : 액체에 생성된 정전기는 반대극성의 전하가 있을 경우 상호 상쇄작용에 이하여 소멸되는데 전하가 완전소멸될 때까지의 소요시간($T$)은 액체의 전도도에 따라 다음과 같은 식으로 나타낼 수 있다.

$$T = \frac{18}{\text{전도도}}$$

## 3. 방전의 종류 및 영향

### (1) 코로나방전(Corona Discharge) ★
국부적으로 전계가 집중되기 쉬운 돌기상 부분에서는 발광방전에 도달하기 전에 먼저 자속방전이 발생하고 다른 부분은 절연이 파괴되지 않은 상태의 방전이며 국부파괴(Paryial Breakdown) 상태이다(공기 중 $O_3$ 발생).

### (2) 연면방전(Surface Discharge)
큰 출력의 도전용 벨트, 항공기의 플라스틱 창 등 주로 기계적 마찰에 의하여 큰 표면에 높은 전하밀도가 조성될 때 발생한다. 액체 혹은 고체절연제와 기계 사이의 경계에 따른 방전이다.

### (3) 불꽃방전
표면전하밀도가 아주 높게 축적되어 분극화된 절연판 표면 또는 도체가 대전되었을 때 접지된 도체 사이에서 발생하는 강한 발광과 파괴음을 수반하는 방전형태로 방전에너지가 아주 높다.

### (4) 스파크방전(Spark Discharge)
직접 또는 정전기유도에 의하여 대전된 도체, 특히 금속으로 된 물체를 다른 접지되지 않은 절연도체에 근접시켰을 때 발생하는 것으로 두 개의 도체 간에는 단락이 생기면서 그 공간을 잇는 발광현상을 수반하게 되며, 스파크의 발생 시 공기 중에 오존($O_3$)이 생성, 전도성을 띠어 주위 인화물에 인화되거나 먼지로 인한 분진폭발을 일으킬 위험성이 있다.

## 4. 정전기의 장해

### (1) 정전기 개요
물체를 구성하는 분자는 전기적으로 중성 상태에 있다가 서로 간의 마찰, 충돌 등에 따라 각각 양전기, 음전기로 대전되는데, 이렇게 형성된 전기를 정전기라고 함

### (2) 역학현상 및 방전현상
① 역학현상(정전기의 흡인, 반발력)에 의한 것
　㉠ 가루(분진)에 의한 눈금의 막힘
　㉡ 제사공장에서 실의 절단, 보풀일기, 분진부착에 의한 품질저하
　㉢ 직포의 건조, 정리 작업에서의 보풀일기, 접기 곤란
　㉣ 인쇄 시 종이의 파손, 흐트러짐, 오손, 겹침 등

## 2 정전기 위험요소 제거

### 1. 접지대상 설비
① 위험물을 탱크로리·탱크차 및 드럼 등에 주입하는 설비
② 탱크로리·탱크차 및 드럼 등 위험물저장설비
③ 인화성 액체를 함유하는 도료 및 접착제 등을 제조·저장·취급 또는 도포(塗布)하는 설비
④ 위험물 건조설비 또는 그 부속설비
⑤ 인화성 고체를 저장하거나 취급하는 설비
⑥ 드라이클리닝설비, 염색가공설비 또는 모피류 등을 씻는 설비 등 인화성 유기용제를 사용하는 설비
⑦ 유압, 압축공기 또는 고전위정전기 등을 이용하여 인화성 액체나 인화성 고체를 분무하거나 이송하는 설비
⑧ 고압가스를 이송하거나 저장·취급하는 설비
⑨ 화약류 제조설비
⑩ 발파공에 장전된 화약류를 점화시키는 경우에 사용하는 발파기(발파공을 막는 재료로 물을 사용하거나 갱도발파를 하는 경우는 제외한다)

### 2. 유속의 제한
① 전기 크기는 유속의 1.75승에 비례하므로, 배관 내 유속을 적정하게 설계하여 대전을 방지함
② 저항률이 $10^8[\Omega m]$ 미만의 도전성 물질을 취급하는 배관은 유속을 7[m/s] 이하로 유지하고, 에테르, 이황화탄소 등 유동대전이 심하고 폭발 위험성이 높은 물질의 배관은 유속을 1[m/s] 이하로 유지함

### 3. 보호구의 착용
(1) 보호구
① 정전기 대전방지용 안전화 착용
② 제전복(除電服) 착용
③ 정전기 제전용구 사용

(2) 그 외
작업장 바닥 등에 도전성을 갖추도록 하는 등 필요한 조치를 하여야 한다.

## 4. 대전방지제

(1) 외부용 일시성 대전방지제

| 음(陰)이온계 | 양(陽)이온계 | 비(非)이온계 |
|---|---|---|
| • 저렴, 무독성, 섬유에의 균일 부착성과 열 안정성 양호<br>• 섬유의 원사 등에 사용 | • 대전방지성능은 양(陽)이온계와 비슷하며 그 성능이 매우 우수하다.<br>• 특히 "베타인계"는 그 효과가 대단히 높으며 다른 이온계와 병용도 가능하다.<br>• 양이온계와 음이온계는 극성이 반대이므로 병용·혼용이 불가능하다. | • 단독 사용으로는 효과가 적지만 열 안정성이 우수하며, 양이온계 또는 음이온계와 병용해서 사용할 때는 대전방지 효과가 뛰어나다. |

(2) 외부용 내구성 대전방지제

① 일시성 대전방지제는 세탁 등에 의해 그 효력이 상실되나 내구성 대전방지제는 이러한 단점을 보완한 것이다.
② 종류는 아크릴산, 폴리알킬렌, 폴리아민, 폴리에틸렌글리콜 등

## 5. 가습

① 주변 공기의 습도를 높여 정전하의 분산을 촉진하고 정전기 생성을 방지함
② 실내 설비의 경우 스팀, 공조설비를 활용하고, 실외 설비에는 살수설비를 이용함. 이때 상대습도는 65~75[%] 이상으로 유지시킴

## 6. 제전기

(1) 제전기의 종류 ★★

① **전압인가식 제전기** : 전극에 약 7,000[V]인 고압으로 코로나방전을 일으켜 발생된 이온으로 대전체의 전하를 재결합시켜 중화
② **자기방전식 제전기** : 스테인리스, 카본, 도전성 섬유 등에 의해 작은 코로나방전을 일으켜 제전하는 것으로 대전체 자체를 이용하여 방전시키는 방식이며, 2[kV] 내외의 대전이 남게 된다.
③ **이온식 제전기(Radio Isotope)** : 7,000[V]의 교류전압이 인가된 침을 배치하고 코로나방전에 의해 발생한 이온을 대전체에 내뿜는 방식이다. 분체의 제전에 효과가 있고 폭발위험이 있는 곳에 적당하나 제전효율이 낮다.
④ **이온스프레이식 제전기** : 코로나방전에 의해 발생한 이온을 blower로 대전체에 내뿜는 방식
⑤ **방사선식(X선식) 제전기** : 방사선 원소의 전리작용을 이용하여 제전

(2) 제전 대상에 따른 제전기의 선정

① 제전 대상인 대전물체가 가연성 물질이거나 가연성 물질을 포함하고 있으며, 전압인가식 제전기를 사용하고 자 할 때 다음 표에 의하여 제전기를 선정

〈제전기의 선정〉

| 대전물체 설치장소 | 대전물체의 예 | 제전기 |
|---|---|---|
| 표면 대전물체 | 필름, 종이, 포 | 전압인가식 제전기(표준형), 자기방전식 제전기 |
| 체적 대전물체 | 분체, 액체, 수지 | 전압인가식 제전기 |
| 이동 대전물체 | 인체, 제품 | 전압인가식 제전기(송풍기, 갱형) |
| 고속이동 대전물체 | 인쇄 필름, 유동분체 | 전압인가식 제전기(표준형, 플랜지형), 자기방전식 제전기 |
| 가연성 물질 위험장소 | 가연성 액체, 분체 | 전압인가식 제전기(방폭형), 자기방전식 제전기, 방사선식 제전기 |

② 표면 대전물체(시트, 필름, 포, 종이 등)의 제전 : 제전 능력만 충분히 있으면 어느 제전기로도 무방
③ 부유·퇴적되어 있는 대전물체의 제전 : 송풍형 전압인가식 제전기가 유효
④ 대전물체의 극성이 일정하고 대전량이 크거나 고속으로 이동하고 있는 대전물체의 제전 : 직류형 전압인가식 제전기를 선정함이 유효하다.
⑤ 이동하지 않고 있는 가연성 대전물체의 제전 : 방사선식 제전기를 사용함이 바람직하다.

## 7. 본딩

금속 물체 간 결합을 의미한다. 예를 들면 배관의 플랜지나 레일의 접속 부분 등에서 절연상태로 되어있는 경우에 이 사이를 동선 등으로 접속하는 것을 말한다.

# Chapter 4 전기 방폭 관리

## 1 전기 방폭 설비

### 1. 전기 방폭구조의 종류 및 특징

① 내압 방폭구조(d) : 용기 내부에서 폭발이 일어나더라도 용기가 폭발 압력에 견디도록 설계된 구조
② 압력 방폭구조(p) : 폭발성 가스나 전기기기 내부로 침입하지 못하도록 전기기기의 내부에 불활성 가스를 압입하는 방식의 방폭구조
③ 유입 방폭구조(o) : 기름 등의 액체를 채워 넣어 내부에서 폭발이 일어나더라도 액체가 폭발 압력을 흡수하여 외부로 전달되지 않도록 설계된 구조

④ **안전증 방폭구조(e)** : 전기기기의 과도한 온도상승, 아크 또는 불꽃 발생의 위험을 방지하기 위하여 추가적인 안전조치를 통한 안전도를 증가시킨 방폭구조
⑤ **본질안전 방폭구조(ib)** : 전기 에너지를 제한하여 점화가 불가능하도록 설계된 구조
⑥ **몰딩 방폭구조(m)** : 방폭성 재료(몰드)를 사용하여 전기 장치를 완전히 봉인하여 점화원이 외부로 노출되지 않도록 함. 전기 커넥터, 소형 장치
⑦ **충전 방폭구조(q)** : 폭발 위험 지역에서 전기 장비를 보호하기 위한 구조 중 하나로 점화원이 될 가능성이 있는 부품을 가루 형태의 불활성 물질로 채워 밀봉하여 폭발 위험을 방지
⑧ **비점화 방폭구조(n)** : 일반적으로 폭발 환경에서 사용하지만 점화 가능성을 매우 낮춘 설계로 낮은 폭발 위험 구역의 장비

## 2. 방폭구조 선정 및 유의사항

(1) 유의사항

① 폭발성 물질의 유형 및 그룹
  ㉠ 위험 환경에서 다루는 가스, 증기, 또는 분진 종류 확인
  ㉡ 가스 그룹(IIA, IIB, IIC)에 따라 장비와 보호구조를 결정
  ㉢ 분진의 경우 Zone 20, 21, 22에 맞는 방폭구조를 선택

② 위험지역 분류
  ㉠ 0종 : 폭발성 가스가 지속적으로 존재하는 환경
  ㉡ 1종 : 폭발성 가스가 간헐적으로 존재하는 환경
  ㉢ 2종 : 폭발성 가스가 드물게 존재하는 환경

| 위험장소 | 방폭전기기계 기구의 선정기준 |
|---|---|
| 0종 장소 | 본질안전 방폭구조(ia) : 가장 높은 수준의 안전보장 |
| 1종 장소 | • 내압 방폭구조(d)<br>• 압력 방폭구조(p)<br>• 유입 방폭구조(o)<br>• 안전증 방폭구조(e)<br>• 본질안전 방폭구조(ib)<br>• 몰딩 방폭구조(m)<br>• 충전 방폭구조(q) |
| 2종 장소 | 비점화 방폭구조(n) |

③ 방폭 등급 및 환경적 요인 고려

### 3. 방폭형 전기기기

(1) 방폭구조 표시방식

| 방폭 그룹 | 폭발 환경 분류 | 방폭 방식(EX) | 온도 등급 : (T1~T6) | 분류 기호 | |
|---|---|---|---|---|---|
| • I 그룹 : 광산용 방폭 기기<br>• II 그룹 : 일반 산업용 방폭 기기(가스, 증기 환경)<br>• III 그룹 : 분진 위험 환경용 방폭 기기 | • 0종 : 폭발성 가스가 지속적으로 존재하는 환경<br>• 1종 : 폭발성 가스가 간헐적으로 존재하는 환경<br>• 2종 : 폭발성 가스가 드물게 존재하는 환경 | • 내압 : d<br>• 압력 : p<br>• 안전증 : e<br>• 유입 : o<br>• 본질안전 : ia, ib<br>• 몰딩 : m<br>• 충전 : q | 점화원이 발생할 수 있는 최대 표면 온도<br>• T1(300~450[℃] 이하)<br>• T2(200~300[℃] 이하)<br>• T3(135~200[℃] 이하)<br>• T4(100~135[℃] 이하)<br>• T5(85~100[℃] 이하)<br>• T6(85[℃] 이하) | 산업용 II | 가스 증기 : A, B, C<br>분진 : 11, 12, 13 |

(2) 전기기기 방폭기호 표시

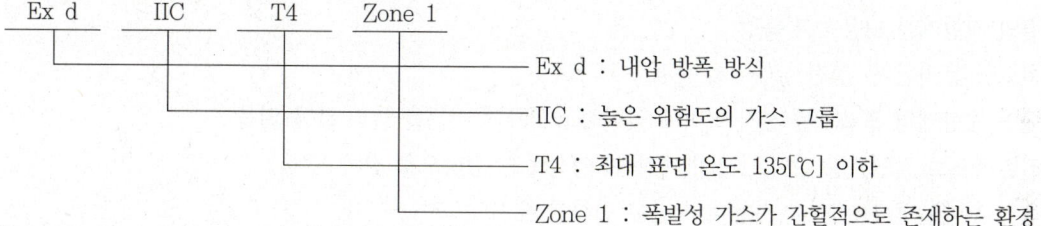

## 2 전기방폭 사고 예방 및 대응

### 1. 전기폭발등급

(1) 전기 설비의 방폭 대책

전기 설비에서 방폭 대책은 가연성 가스 환경에서 전기 불꽃이나 고온 부분이 점화원이 되어 폭발을 일으키지 않도록 설계하는 것으로 좁은 틈을 통해 화염이 냉각되어 소멸되도록 하여 이루어진다.

(2) 폭발 등급

폭발 등급은 가연성 가스의 특성에 따라 분류되며, 일반적으로 IIA, IIB, IIC 등으로 나누며 각 등급은 최소 점화 전류비의 범위를 기준으로 하며, 예를 들어 IIA는 최소 점화 전류비의 범위가 0.8[mm] 초과인 경우를 의미한다.

### 2. 위험장소의 분류

폭발 위험장소는 가연성 가스, 증기, 분진 등이 존재하는 환경에 따라 구분된다. 예를 들어, 가스 폭발 위험장소는 0종, 1종, 2종으로 나뉘며, 분진 폭발 위험장소는 20종, 21종, 22종으로 분류한다.

| 분류 | | 장소 |
|---|---|---|
| 가스 | 0종 | 폭발성 물질 분위기가 지속적으로 또는 장기간 빈번하게 존재하는 장소 |
| 분진 | 20종 | |
| 가스 | 1종 | 폭발성 물질 분위기가 정상작동 중 가끔 발생할 가능성이 있는 장소 |
| 분진 | 21종 | |
| 가스 | 2종 | 폭발성 물질 분위기가 정상작동 중 발생할 가능성은 없지만 발생하더라도 단기간만 존재하는 장소 |
| 분진 | 22종 | |

## 3. 절연저항, 접지저항, 정전용량 측정

(1) 절연저항 측정

① 목적 : 전기 설비에서 절연 상태를 평가하여 누설 전류가 발생하는지 확인한다.

② 방법

  ㉠ 절연 저항계를 사용하여 측정

  ㉡ 회로를 분리한 후 정전 상태에서 측정

  ㉢ 절연 저항계의 프로브를 전기 설비에 연결하고 TEST 버튼을 눌러 값을 읽음

  ㉣ 일반적으로 절연저항 값이 1[MΩ](메가옴) 이상이면 정상으로 간주

  ㉤ 측정 후에는 방전 기능을 사용하여 잔류 전하를 제거

(2) 접지저항 측정

① 목적 : 접지 시스템의 성능을 평가하여 전기 설비가 안전하게 접지되었는지 확인한다.

② 방법

  ㉠ 접지 저항계를 사용하여 측정

  ㉡ 접지극과 대지 사이의 저항을 측정

  ㉢ 접지저항 값이 낮을수록 접지 상태가 좋음을 의미

  ㉣ 일반적으로 접지저항 값이 10[Ω] 이하이면 적절한 접지로 간주

(3) 정전용량 측정

① 목적 : 전기 설비의 정전용량을 파악하여 설비의 충전 및 방전 특성을 평가한다.

② 방법

  ㉠ 정전용량계를 사용하여 측정

  ㉡ 전기 설비에 정전용량계의 프로브를 연결하고 값을 읽음

  ㉢ 정전용량은 패럿(F) 단위로 표시되며, 설비의 용도에 따라 적절한 값을 유지해야 함

# Chapter 5 전기설비 위험요인 관리

## 1 전기설비 위험요인 파악

### 1. 단락(합선) : 25[%]

단락은 전선의 두 부분이 어떠한 이유로 저항이 적거나 없는 상태에서 접촉하는 것. 즉 합선으로 이해하면 된다. 이때 저항이 거의 0이 되어 옴의 법칙으로 순간 엄청난 전류가 흐르게 된다. 일반적으로 사용하는 가전제품은 모두 자체적으로 저항을 가지고 있고 이를 거치지 않고 허용 용량 이상의 전류가 전선에 흘러 순간적인 폭발과 발열로 인해 전선이 녹고 주변 물질에 불이 옮아 붙어 화재가 발생한다.

### 2. 누전 : 15[%]

누전은 절연이 불완전해 전기의 일부가 전선 밖으로 새어 나와 주변의 도체에 흐르는 현상으로, 전기장치나 오래된 전선의 절연 불량, 전선 피복의 손상 또는 습기의 침입 등이 주된 원인이다. 누전되어 전류가 흐르는 부분에 신체의 일부가 닿으면 감전 사고를 일으킬 수 있으며, 전류에 의한 열이 인화물질에 공급될 시 대형화재가 발생할 수 있다.

- 누전화재의 3요소
  ① **누전점** : 절연 파괴 등으로 인해 전류가 누설되는 지점
  ② **발화점** : 누설전류에 의해 열이 발생하고, 이로 인해 화재가 시작되는 점
  ③ **접지점** : 누설된 전류가 흘러 들어가 최종적으로 도달하는 접지된 지점

### 3. 과전류

전압이나 전류의 급격하고 순간적인 증대로 일어나게 되는 것을 과전류라 한다. 전선에 전류가 흐르면 Joule의 법칙으로 열이 발생하게 되는데, 과전류에 의해 발열과 방열의 평형이 깨지게 되면 발화의 원인이 된다. 예를 들어 낙뢰가 있으면 전력선에 과전류가 흘러 전기 제품이 파손될 염려가 있다.

### 4. 스파크

전하가 정지 상태에 있어 흐르지 않고 머물러 있는 전기를 정전기라고 하는데, 정전기 화재는 정전기 스파크에 의해 가연성 가스 및 증기 등에 인화할 위험이 크다. 하지만 스웨터를 입을 때 순간 느껴지는 정전기나 머리카락 정전기처럼 일상생활 중 안전한 장소에서 일어나는 정전기는 안심해도 된다.

## 5. 접촉부과열

전선과 기기 간 접촉 상태가 헐거울 때 저항열이 증가하여 발열(아산화동 발열현상)에 의한 원인으로 화재가 발생하게 되는데, 집이나 공장 등의 건물뿐만 아니라 자동차에서도 접속 불량으로 인한 화재가 발생할 수 있다. 2016년 프랑스에서 발생한 테슬라의 세단 타입 전기 자동차 '모델 S 90D'의 전소 원인도 전기 계통의 접속 마비 때문이었다고 한다.

## 6. 절연열화에 의한 발열

전선의 피복이 경년변화에 의해 탄화되면 누전(도전성)에 의한 원인으로 화재가 발생하게 되는데, 이러한 현상을 트래킹 현상이라고도 하며 전기 절연이 발생한다. 전기 절연은 안전상 대단히 중요하다. 절연과 관련해 주의할 사항은, 활선작업이나 활선 근접 작업에서 작업자가 맨손으로 충전부에 접촉하면 전기가 인체에 흘러 감전재해를 일으키기 때문에 고무나 비닐로 되어 있는 보호구를 사용해 작업자의 손이나 발을 보호할 필요가 있다.

- 절연불량의 주요 원인
  ① 진동 및 충격에 의한 기계적 요인
  ② 산화 등에 의한 화학적 요인
  ③ 온도 상승에 의한 열적 요인

## 7. 지락

지락은 단락전류가 대지로 통하는 것을 말하는데, 전선이 끊어져 땅의 지면이나 지면에 심어진 나무 등과 만나면 화재의 원인이 되는 것이다. 만약 이 전선이 금속체 등에 지락될 시 스파크에 의해 발화되기도 한다.

## 8. 낙뢰

낙뢰는 일종의 정전기로서 구름과 대지 간의 방전현상이며, 낙뢰가 발생하면 전기회로에 이상 전압이 유기되어 절연을 파괴시킬 뿐만 아니라 이때 흐르는 전류가 화재의 원인이 되기도 한다. 낙뢰에 의한 대전류가 땅에 이르는 사이 순간적으로 방대한 열이 발생해 이것이 가연물을 발화시켜 폭발하거나 화재를 일으키는 것이다.

## 2 전기설비 위험요인 점검 및 개선

### 1. 유해위험기계기구의 종류 및 특성

① 전기 절연 보호 장치 : 전기 설비의 절연 상태를 유지하여 감전 사고를 예방. 보호구로는 절연 장갑, 절연 매트, 절연 공구 등
② 과전류 보호 장치 : 과전류로 인한 전기 설비의 손상 및 화재를 방지. 퓨즈, 서킷 브레이커가 있다.
③ 접지 시스템 : 누전 시 전류를 안전하게 대지로 흘려보내 감전 및 화재를 예방. 접지봉, 접지선이 있다.
④ 전기 아크 보호 장치 : 전기 아크로 인한 화재 및 폭발 위험을 줄인다. 아크 플래시 보호복, 아크 차단기

⑤ 전기적 잠금장치 : 작업 중 전기 설비의 비의도적 작동을 방지. 잠금장치(Lockout/Tagout)
⑥ 환기 및 배기 시스템 : 폭발성 가스나 먼지를 제거하여 작업 환경의 안전성을 높인다. 산업용 환기 팬, 배기 덕트

## 2. 접지 및 피뢰설비 점검

### (1) 피뢰침의 접지공사
① 접지극을 병렬로 하는 경우 2[m] 이상의 간격으로 한다.
② 피뢰침의 종합접지 저항치는 10Ω 이하로 하고, 단독접지 저항치는 20Ω 이하로 공사한다.
③ 다른 접지극과의 이격거리는 2[m] 이상으로 한다.
④ 지하 3[m] 이상의 곳에서는 30[m²] 이상의 나동선으로 접속한다.
⑤ 각 인하 도선마다 1개 이상의 접지극을 접속한다.

### (2) 피뢰침과 타 설비와의 관계
① 피뢰도선은 전등선, 전화선 또는 가스관에서 1.5[m] 이상 이격시킨다.
② 피뢰도선에서 1.5[m] 이내에 있는 전선관, 철사다리, 철관 등의 금속제는 접지시킨다.
③ 피뢰침은 가연성 가스가 발산할 우려가 있는 밸브, 게이지, 배기공 등으로부터 1.5[m] 이상 이격시킨다.
④ 접지극의 저항은 10[Ω] 이하로 하며, 접지극 또는 매설도선은 가스관에서 1.5[m] 이상 이격시킨다.

### (3) 피뢰기의 점검사항 및 성능
① 피뢰기 점검사항
  ㉠ 뇌우가 많이 발생하는 6~7월 경 장마철 전에 실시
  ㉡ 접지저항을 측정
  ㉢ 지상의 각 접속부를 검사
  ㉣ 지상의 단선, 용융 및 기타 손상 유무를 검사
② 피뢰침의 성능
  ㉠ 반복동작이 가능할 것
  ㉡ 구조가 견고하며 특성이 변화하지 않을 것
  ㉢ 점검, 보수가 간단할 것
  ㉣ 충격방전 개시전압과 제한전압이 낮을 것
  ㉤ 뇌전류의 방전능력이 크고, 속류의 차단이 확실하게 될 것

# 제4과목 전기 및 화학설비 안전관리

## Chapter 6 화재·폭발 검토

### 1 화재·폭발 이론 및 발생 이해

#### 1. 연소의 정의 및 요소

(1) 연소의 정의
① 물질이 연소한다는 것은 화학반응의 일종으로 발열과 발광을 수반하는 산화 반응을 뜻한다.
② 물질이 다른 데서 점화(點火) 에너지를 받고 산소와 화합하여 산화반응을 일으켜 점화에너지 이상의 열에너지를 발생하여 다른 물질로 변화하는 것이다.
③ 열에너지의 발생이 발열이다.
④ 발열로 온도가 상승하면 그 온도에 대응하는 열복사선을 방출하는데 다시 온도가 고온으로 되었을 때의 열복사선이 가시광선대역(可視光線帶域)으로 들어오는 파장으로 되어 돌아오는 것이 발광(發光)이다.

(2) 연소의 3요소 ★★
① 가연물 : 불에 탈 수 있는 인화성 물질이 존재하여야 한다.
② 열 또는 점화원 : 인화성 물질을 발화시킬 수 있는 점화원이 필요하다.
③ 산소(공기) : 충분한 산소의 공급이 요구된다.

#### 2. 인화점 및 발화점

(1) 인화점 ★

액체의 표면에 발생한 증기 농도가 공기 중에서 연소 하한 농도가 될 수 있는 가장 낮은 액체 온도의 온도로 기체 또는 휘발성 액체에서 발생하는 증기가 공기와 섞여 가연성 또는 완전 폭발성 혼합기체를 형성하고 여기에 불꽃을 가까이 댔을 때 순간적으로 섬광을 내면서 연소하는, 인화되는 최저의 온도를 말한다.
가연성 물질(주로 액체)을 일정 승온으로 가열하고, 화염을 가까이 하면 순간적으로 인화하는 데 필요한 농도의 증기를 발생하는 최저 온도를 인화점이라고 한다.

(2) 발화점 ★

물질을 공기 중에서 가열할 때, 화원이 없더라도 발화하는 최저 온도를 발화점이라고 한다.

## 3. 연소 · 폭발의 형태 및 종류

### (1) 연소 · 폭발의 형태

| 폭발분류 | 대상물질 분류 | 특징 | 비고 |
| --- | --- | --- | --- |
| 증기 폭발 | 저비등점의 액화가스, 용융금속 | 액체가 과열상태로 되면 액체가 급격히 증발하여 순간적으로 증기로 변화하여 장치가 파괴되는 등의 폭발 현상 | 물이 있는 곳에 카바이드나 철이 낙하하는 경우 종합열, 증기압이 상승하여 증기 폭발 |
| 분진 폭발 ★★ | 탄닌, 금속분진, 곡물가루 | 가연성 고체는 미분상태로 부유되어 있다가 점화에너지를 가하면 가스와 유사한 폭발 형태를 가지며, 착화 에너지 $10^{-2} \sim 10^{-5}[J]$, 범위 : $25 \sim 45[mg/\ell] \sim 80[mg/\ell]$의 폭발 형태 | • 금속 : Al, Mg, Fe, Mn, Si, Sn<br>• 분말 : 티탄, 바나듐, 아연, Dow합금<br>• 농산물 : 밀가루, 녹말, 솜, 쌀, 콩, 코코아, 커리 |
| 분해 폭발 | 아세틸렌($C_2H_2$), 금속질화물, 유기과산화물 | 불안정한 화합물 중에서 폭발적인 분해반응을 일으키는 현상<br>예 $C_2H_2 \rightarrow 2C + H_2 + 54.19[kcal/mol]$ | 화학적인 방법에 의한 폭발 |

### (2) 증기운(UVCE) 폭발

① 다량의 가연성 가스 또는 기화하기 쉬운 가연성 액체가 지표면의 개방된 공간에 유출되어 다량의 가연성 혼합기체가 형성되어 폭발이 일어나는 가스폭발의 한 형태이다.

② 폐쇄공간과 달리 폭굉으로 발전할 수도 있다.

③ 폭발단계
  ㉠ 다량의 가연성 증기의 급격한 방출. 일반적으로 이러한 현상은 과열로 압축된 액체의 용기가 파열할 때 일어난다.
  ㉡ 플랜트에서 증기가 분산되어 공기와 혼합
  ㉢ 증기운의 점화

### (3) 비등액 팽창증기 폭발(BLEVE) ★★

비점이 낮은 액체 저장 탱크 주위에 화재가 발생했을 때 저장 탱크 내부의 비등 현상으로 인한 압력 상승으로 탱크가 파열되어 그 내용물이 증발, 팽창하면서 발생되는 폭발 현상

(4) 분진폭발

① 분진폭발의 특징 ★★★★★★

| 구분 | 특징 |
|---|---|
| 연소속도 및 폭발압력 | • 가스폭발과 비교하여 작지만, 연소시간이 길다.<br>• 발생에너지가 크기 때문에 파괴력과 타는 정도가 크다.<br>• 그러나 발화에너지는 상대적으로 훨씬 크다. |
| 화염의 파급속도 | • 폭발압력 후 1/10~2/10초 후에 화염이 전파되며 속도는 초기에 2~3[m/s] 정도이다.<br>• 압력상승으로 가속도적으로 빨라진다. |
| 압력의 속도 | • 압력속도는 300[m/s] 정도이다.<br>• 화염속도보다는 압력속도가 훨씬 빠르다. |
| 화상의 위험 | 가연물의 탄화로 인하여 인체에 닿을 경우 심한 화상을 입는다. |
| 연속폭발 | 폭발에 의한 폭풍이 주위분진을 날려 2차, 3차 폭발로 인한 피해가 확산된다. |
| 불완전연소 | 가스에 비해 불완전연소의 가능성이 커서 일산화탄소의 존재로 인한 가스중독의 위험이 있다. |
| 불균일한 상태의 반응 | • 가스폭발처럼 균일한 상태의 반응이 아니라 불균일한 상태의 반응이다.<br>• 가스폭발과 화약 폭발의 중간상태에 해당하는 폭발이다. |

② 분진폭발에 영향을 주는 인자
  ㉠ 분진 입도 및 입도분포
  ㉡ 입자의 형상과 표면상태
  ㉢ 분진의 부유성
  ㉣ 분진의 화학적 성질과 조성

## 4. 연소(폭발) 범위 및 위험도

(1) 연소의 범위

① 기체의 연소(혼합연소, 비혼합연소, 불꽃연소)

불꽃은 있으나 불티가 없는 연소로서 인화성 기체에 산소가 점화원을 주게 되면 산소와 접하고 있는 부분의 인화성 기체만이 화염을 내면서 타게 되는데, 이 현상을 기체의 연소라 한다.

② 고체의 연소 ★★★
  ㉠ 표면연소 : 열분해에 의하여 인화성 가스를 발생하지 않고 물질 그 자체가 연소하는 형태를 말한다(예 코크스, 목탄, 금속분, 석탄 등).
  ㉡ 분해연소 : 충분한 열에너지 공급 시 가열분해에 의해 발생된 인화성 가스가 공기와 혼합되어 연소하는 형태를 말한다(예 목재, 종이, 플라스틱, 알루미늄).

ⓒ 증발연소 : 황, 나프탈렌과 같은 고체위험물을 가열하면 열분해를 일으켜 액체가 된 후 어떤 일정온도에서 발생된 인화성 증기가 연소되는데, 이를 증발연소라고 한다(예 알코올).
ⓔ 자기연소 : 제5류 위험물은 인화성이면서 자체 내에 산소를 함유하고 있어 공기 중의 산소를 필요로 하지 않고 연소되는데 이를 자기연소라 한다(예 니트로 화합물, 수소).

③ 액체의 연소(증발연소, 불꽃(분무)연소)
㉠ 증발연소 : 액체 가연물이 연소할 때는 액체 자체가 연소하는 것이 아니라 액체 표면에서 발생되는 증기가 연소하는 것으로서 액체 표면에서 발생된 인화성 증기가 공기와 혼합되어 연소범위 내에 있을 때 어떤 열원(점화원)에 의해 연소된다.
㉡ 분무연소: 액적 연소가 있는데, 이는 점도가 높고 비휘발성인 액체를 점도를 낮추어 분무기(버너)를 사용하여 액체의 입자를 안개상으로 분출하여 연소하는 방법으로 액체의 표면적을 넓게 하여 공기와의 접촉을 많게 하는 방법이다(예 양초 및 휘발유 연소).

(2) 자연발화

| 구분 | 특징 |
|---|---|
| 자연발화 형태 | • 산화열에 의한 발열(석탄, 건성유)<br>• 분해열에 의한 발열(셀룰로이드, 니트로셀룰로오스)<br>• 흡착열에 의한 발열(활성탄, 목탄분말)<br>• 미생물에 의한 발열(퇴비, 먼지) |
| 자연발화 발생 조건★★ | • 표면적이 넓을 것<br>• 열전도율이 작을 것<br>• 발열량이 클 것<br>• 주위의 온도가 높을 것(분자운동 활발) |
| 연소의 조건(타기 쉬운 조건) | • 열전도율이 작은 것일수록<br>• 건조도가 좋은 것일수록<br>• 산소와의 접촉면이 클수록<br>• 발열량이 큰 것일수록<br>• 산화되기 쉬운 것일수록 |
| 자연발화 인자 | • 열의 축적  • 발열량  • 열전도율  • 수분  • 퇴적방법  • 공기의 유동 |
| 자연발화 방지대책★★ | • 통풍이 잘되게 할 것<br>• 저장실 온도를 낮출 것<br>• 열이 축적되지 않는 퇴적방법을 선택할 것<br>• 습도가 높지 않도록 할 것 |

(3) 폭발범위 ★
① 압력이 고압이 되면 폭발할 수 있는 조성의 범위는 커진다.
② 압력이 1[atm]보다 낮을 때에는 큰 변화가 없다.
   예 메탄 : 공기혼합가스의 상한계농도는 1[atm]에서 14[%]이나, 40[atm]에서는 46[%]가 된다.
③ 발화온도는 압력에 가장 큰 영향을 준다.
④ 연쇄반응이 일어나면 상압보다 낮은 곳에서도 폭발은 일어난다.
⑤ 폭발은 압력, 온도, 조성의 관계에서 발생한다.

(4) 폭발 방지대책
① 가스누설의 위험장소에는 밀폐공간을 없앤다.
② 가스누설을 밀폐하는 설비를 설치한다.
③ 국소배기장치 등 환기장치 설치
④ 점화원 제거
⑤ 용기인 경우 안전밸브, 비상배기장치 등의 안전장치 기능 확보
⑥ 정기적인 가스농도 측정

(5) 폭발하한계 및 폭발상한계의 계산

〈혼합가스의 폭굉범위〉

| 가연성 가스 | 공기 또는 산소 | 폭발연소하한계 [%] | 폭굉범위 | | 폭발연소상한계 [%] |
|---|---|---|---|---|---|
| | | | 폭굉하한계[%] | 폭굉상한계[%] | |
| 수소 | 공기 | 4.0 | 18.3 | 59.0 | 75.0 |
| 수소 | 산소 | 4.7 | 15.0 | 90.0 | 93.9 |
| 일산화탄소 | 공기 | 12.5 | 15.0 | 70.0 | 74.0 |
| 일산화탄소 | 산소 | 15.5 | 38.0 | 90.0 | 94.0 |
| 암모니아 | 공기 | 15 | – | – | 28.0 |
| 암모니아 | 산소 | 13.5 | 25.4 | 75.0 | 79.0 |
| 아세틸렌 | 공기 | 2.5 | 4.2 | 50.0 | 81.0 |
| 아세틸렌 | 산소 | 2.5 | 3.5 | 92.0 | – |
| 프로판 | 공기 | 2.1 | – | – | 9.5 |
| 프로판 | 산소 | 2.3 | 3.2 | 37.0 | 55.0 |

### (6) 위험도 구하는 식 ★★★★

$$위험도(H) = \frac{U_2 - U_1}{U_1}$$

$U_1$ : 폭발하한계
$U_2$ : 폭발상한계

※ 위험은 범위가 넓은 것이 위험하다.

### (7) 아세틸렌의 위험도

$$위험도(H) = \frac{U_2 - U_1}{U_1} = \frac{81 - 2.5}{2.5} = 31.4$$

$U_1$ : 폭발하한계
$U_2$ : 폭발상한계

## 5. 완전연소 조성농도

### (1) 완전연소 조성농도(화학양론 농도)

발열량이 최대이고 폭발 파괴력이 가장 강한 농도를 말하며, 공기 중에서는 다음 식으로 구한다.

$$C_{st} = \frac{100}{1 + 4.773\left(n + \frac{m - f - 2\lambda}{4}\right)} [\text{vol}\%]$$

$n$ : 탄소
$m$ : 수소
$f$ : 할로겐원소
$\lambda$ : 산소의 원자 수

### (2) 혼합가스의 폭발범위 ★★★★

- 르 샤틀리에(Le Chatelier)의 공식 : 경험에 의한 실험식

$$L = \frac{100}{\frac{V_1}{L_1} + \frac{V_2}{L_2} + \cdots\cdots + \frac{V_n}{L_n}}$$

$L$ : 혼합가스의 폭발한계
$L_1, L_2, \cdots\cdots, L_n$ : 각 성분 가스의 폭발한계[vol%]
$V_1, V_2, \cdots\cdots, V_n$ : 각 성분 가스의 혼합비[vol%]

이 공식은 보통 4성분 혼합계까지 적용하는데, 상한계보다 하한계가 비교적 잘 적용되며 Burgess-wheeler의 법칙에 따르는 물질이 이 식에 잘 적용된다.

## 6. 화재의 종류 및 예방대책

### (1) 화재의 종류 ★

**〈화재의 급별 명칭의 종류〉 ★**

| 급별 | 명칭 | 특징 |
|---|---|---|
| A급 화재(백색) | 일반화재 | 일반 가연물(목재, 섬유, 종이류, 고무, 플라스틱 등) |
| B급 화재(황색) | 유류화재 | 가연성 액체, 유류, 타르(tars), 유성페인트, 래커, 가연성 가스, 그리스 |
| C급 화재(청색) | 전기화재 | 전류가 흐르는 상태하의 전기기구화재(전류차단 시 A급 또는 B급 화재로 된다.) |
| D급 화재(무색) | 금속화재 | 가연성 금속 - 마그네슘, 티타늄, 지르코늄, 세슘, 리튬, 칼륨 |

### (2) 예방대책

① 화재의 예방대책 : 예방대책, 국한대책, 소화대책, 피난대책
② 폭발화재의 근본대책 : 폭발봉쇄, 폭발억제, 폭발방산
③ 분진폭발의 대책
   ㉠ 분진의 생성방지
   ㉡ 발화원의 제거
   ㉢ 불활성 물질의 첨가
④ 퍼지대책

### (3) 화재가 확대되지 않도록 하는 국한대책

① 가연성 물질의 집적(集積) 방지
② 건물 및 설비의 불연성화(不燃性化)
③ 일정한 공지의 확보
④ 방화벽 및 문, 방유제, 방액제 등의 정비
⑤ 위험물 시설 등의 지하 매설

## 7. 연소파와 폭굉파

### (1) 연소파

화염의 전파 방식 중 하나로, 아음속 속도로 퍼지며 연료와 산소가 점진적으로 반응하는 과정으로 이 과정에서 열과 화학 반응이 연속적으로 발생하고, 전파 속도는 주변 환경에 따라 달라질 수 있다. 연소파는 일반적으로 통제된 연소 현상에서 나타나며, 예시로는 촛불이나 가스레인지에서의 연소가 있다.

### (2) 굉파

폭굉파는 고속으로 퍼지는 화염이며, 초음속 속도로 이동한다. 이 과정에서 연료와 산소는 매우 빠르게 소비되고, 동시에 충격파가 생성된다. 폭굉파는 강력한 에너지를 방출하며, 주로 폭발 과정에서 나타난다.

### (3) 폭굉 유도거리(DID)

완만한 연소가 격렬한 폭굉으로 발전된 거리를 DID라 한다.

### (4) DID가 짧아지는 요인

① 점화에너지가 강할수록 짧다(고압일 때 짧다).
② 연소속도가 큰 가스일수록 짧다(정상 연소속도가 큰 혼합일수록).
③ 관경이 가늘거나 관 속에 이물질이 있을 경우 짧다.
④ 압력이 높을수록 짧다(고압일수록 짧다).

### (5) 폭발에너지 종류 및 형태

| 폭발에너지 종류 | 폭발에너지 형태 |
| --- | --- |
| • 화학에너지<br>• 유체팽창 에너지<br>• 용기변형 에너지 | • 물리적 에너지<br>• 화학적 에너지<br>• 원자 에너지 |

## 8. 폭발의 원리

### (1) 폭발에너지

① 밀폐된 용기 내에서 최대폭발압력 ★

  ㉠ 기체 몰수 및 온도와의 관계 : 최대폭발압력($Pm$)은 처음 압력($P_1$), 기체 몰수의 변화량($n_1 \rightarrow n_2$), 온도 변화($T_1 \rightarrow T_2$)에 비례하여 높아진다.

  $$\therefore Pm = P_1 \times \frac{n_2}{n_1} \times \frac{T_2}{T_1}$$

  ㉡ 폭발압력과 인화성 가스의 농도와의 관계

② 밀폐된 용기 내에서 폭발압력에 영향을 주는 요인

| 온도 | 최초압력(초기압력) |
| --- | --- |
| • 온도의 증가에 따라 최대폭발압력은 감소한다.<br>• 처음 온도상승에 따라 최대폭발압력 상승속도는 증가한다. | • 피크폭발압력은 최초압력의 8배가 된다.<br>• 최초압력이 증가하면 최대폭발압력 상승속도도 증가한다. |

## (2) 용기

### ① 용기의 형태
㉠ 용기의 지름에 대한 길이의 비가 큰 용기는 최대폭발압력이 낮아진다.
㉡ 용기 부피나 모양에는 영향을 받지 않는다.
㉢ 최대폭발압력 상승속도는 용기의 부피($V$)에 큰 영향을 받으며, 그 관계식은 다음과 같다.

$$\text{rm} = V^{\frac{1}{3}} = \text{const.}$$

### ② 발화원의 강도
㉠ 발화원의 강도가 클수록 최대폭발압력은 약간 증가한다.
㉡ 발화원의 강도가 클수록 최대폭발압력 상승속도는 크게 높아진다.

### ③ 폭발성 물질의 종류

| | |
|---|---|
| 화학적 폭발 | • 분해폭발 : $C_2H_2$(아세틸렌)는 흡열 화합물로 가압 시 분해하여 폭발한다.<br>• 화합폭발 : $C_2H_2$, Ag, Hg, Mg, Cu[폭발성 화합물인 아세틸라이드($Cu_2C_2$ : 구리아세틸라이드, $Ag_2C_2$ : 은아세틸라이드, $Mg_2C_2$ : 마그네슘 아세틸라이드, $Hg_2C_2$ : 수은아세틸라이드)] 등이 화합되어 폭발한다.<br>• 중합폭발 : 시안화수소(HCN) 등의 중합에 의해서 폭발한다.<br>• 연소폭발(산화폭발) : 인화성 + 산소, $C_3H_8 + 5O_2 \rightarrow 3CO_2 + 4H_2O$ 등의 산화에 의해서 폭발한다. |
| 기계적 폭발 | 고압가스 용기, 보일러 등의 폭발을 말하며 용기의 내압력이 부족하거나 또는 용기 내부의 압력이 순간적으로 급상승하여 폭발한다. |

### ④ 인화성 가스의 폭발범위
㉠ 폭발한계(연소범위)란 인화성 물질이 기체상태에서 공기와 혼합하여 일정 농도범위 내에서 연소가 일어나는 범위를 말한다(인화성 가스와 공기혼합비).
㉡ 폭발한계는 하한계(하한값)와 상한계(상한값)로 표시한다.
㉢ 상한계란 용량으로 연소가 계속되는 최대의 용량비를 말한다.
㉣ 하한계란 용량으로 연소가 계속되는 최저용량비를 말한다.
㉤ 위험성의 하한계가 낮으면 낮을수록 연소범위가 넓으면 넓을수록 위험하다.
㉥ 압력상승 시 하한계는 불변, 상한계만 상승한다.

## 2  소화 원리 이해

### 1. 소화의 정의

소화란 물질이 연소할 때 연소구역에서 연소의 3요소 중 일부 또는 전부를 없애줌으로써 연소를 중단시키는 것을 말한다.

〈화재등급별 소화방법〉

| 구분 | A급 화재 | B급 화재 | C급 화재 | D급 화재 |
|---|---|---|---|---|
| 명칭 | 보통화재 | 유류, 가스화재 | 전기화재 | 금속화재(Al분, Mg분) |
| 주된 소화효과 | 냉각 | 질식 | 냉각, 질식 | 질식 |
| 적응 소화재 | ① 물 소화기<br>② 강화액 소화기 | ① 포말 소화기<br>② $CO_2$ 소화기<br>③ 분말 소화기<br>④ 증발성 액체 소화기 | ① 유기성 소화액<br>② $CO_2$ 소화기<br>③ 분말 소화기 | ① 건조사<br>② 팽창 질석<br>③ 팽창 진주암 |
| 구분색 | 백색 | 황색 | 청색 | |

※ 강화액 소화액제는 0도씨에서 얼어버리는 물에 탄산칼륨 등을 첨가하여 어는점을 낮추어 겨울철이나 한랭지역에 사용 가능하도록 한 소화약제를 말한다.

### 2. 소화의 종류

(1) 제거소화

가연물(연료)을 제거하거나 가연성 액체의 농도를 희석시켜 연소를 저지하는 것을 말한다. 가연물을 제거하여 소화, 기체, 액체의 대화재의 경우 유일한 소화법

① 촛불 : 고체파라핀의 액체상태 표면에서 발생한 증기가 연소하는 것으로 입김으로 가연성 증기를 날려 보냄으로써 소화한다.
② 유전화재 : 발생 증기의 연소이므로 폭약을 사용하여 순간적으로 폭풍을 일으켜 발생 증기를 날려 보냄으로써 소화한다.
③ 산불 : 화재 진행 방향의 나무를 잘라 제거한다.
④ 가스화재 : 밸브를 잠그고 가스공급을 차단한다.
⑤ 전기화재 : 전원을 차단한다.

(2) 산소질식소화 ★

가연물이 연소할 때 공기 중의 산소농도(약 21[%])를 10~15[%]로 떨어뜨려 연소를 중단시키는 방법으로 대부분의 액체는 공기 중의 산소함량이 15[%] 이하로 되면 소화되고 고체는 6[%], 아세틸렌은 4[%] 이하가 되면 소화된다. 이의 대표적인 소화제가 이산화탄소($CO_2$)이다.

① 산소의 공급을 차단하는 소화방법, 산소농도 저하로 인한 소화
② 사람은 산소의 농도가 16[%] 이하가 되면 질식하여 생명을 잃게 된다.

> 최소산소농도 = 산소몰수 × 연소하한값 ★

### (3) 가연물 냉각소화
액체 또는 고체 소화제를 사용하여 가연물을 냉각시켜 인화점 및 발화점 이하로 떨어뜨려 소화하는 방법으로 이의 대표적인 소화제는 물이다. 냉각에 의한 온도 저하 소화방법, 액체의 증발잠열을 이용하고 열용량이 큰 고체를 이용

### (4) 연쇄반응 억제소화
연속적 관계의 차단 소화방법, 할로겐, 알칼리 금속 첨가로 불활성화

## 3. 소화기의 종류

### (1) 포소화기
① 특징 : 외통의 A액(탄산수소나트륨을 주성분으로 한 사포닌, 젤라틴 등을 첨가한 수용액)과 더불어 내통의 B액(황산알루미늄 수용액)과의 혼합에 의한 화학반응에 의해 발생하는 탄산가스를 소화에 이용하는 소화기이다(예 적응화재 : A 화재, B 화재).

② 포말소화기 사용법
  ㉠ 노즐의 끝을 손으로 막고 통을 옆으로 눕힌다.
  ㉡ 밑의 손잡이를 잡고 소화약액이 혼합되도록 흔든다.
  ㉢ 노점을 화점에 향하고 손을 놓는다.
  ㉣ 소화기를 거꾸로 세우는 동시에 방출구를 막고 상하로 흔든다.
  ㉤ 밑바닥 손잡이 구멍을 쥐고 소화기 방출구를 화재 방향으로 댄다.
  ㉥ 포가 기름이나 타고 있는 부위에 골고루 덮어지도록 한다.

③ 포소화설비의 방출방식
  ㉠ 펌프 프로퍼셔너 방식
  ㉡ 라인 프로퍼셔너 방식
  ㉢ 프레셔 프로퍼셔너 방식
  ㉣ 프레셔사이드 프로퍼셔너 방식

(2) 분말소화기

① 특징 : ABC 분말을 이용한 것과 BC 분말을 이용한 것의 2가지 종류가 있다. ABC 분말은 제1 인산암모늄을 주성분으로 한 것이므로 이것을 실리콘계 수지에 의해 코팅하여 흡습을 방지하도록 한다. BC 분말은 중탄산소다를 주성분으로 한 것이다[예 적응화재 : ABC 분말(A 화재, B 화재, C 화재), BC 분말(B 화재, C 화재)].

② 분말소화기(BC급)의 종류
  ㉠ 소형 소화기
  ㉡ 대형 소화기

③ 소화약제 및 화학반응식
  ㉠ $NaHCO_3$ : 백색으로 착색($2NaHCO_3 \rightarrow Na_2CO_3 + CO_2 + H_2O$)
  ㉡ $KHCO_3$ : 보라색으로 착색($2KHCO_3 \rightarrow K_2CO_3 + CO_2 + H_2O$)

④ 분말소화기 사용법
  ㉠ 안전핀을 뽑는다.
  ㉡ 호스를 불꽃에 향하게 한다.
  ㉢ 레버를 힘껏 누른다.
  ㉣ 화점 부위에 접근하여 방사한다.

(3) 탄산가스소화기

내부압력 200[kg/cm²] 이상의 고압가스용기에 소화제로서 액화탄산가스(20[℃])에서 약 60[kg/cm²]를 충전한 것이다(예 적응화재 : B 화재, C 화재).

(4) 할로겐화물 소화기 : B, C급에 적당

① 소화효과 : 부촉매효과(억제소화)

② 부촉매효과 순서 : F > Cl > Br > I로 안정성은 반대이다.

③ 할론소화기의 종류
  ㉠ $CCl_4$ : 1040
  ㉡ $CH_2ClBr$ : 1011
  ㉢ $C_2F_4Br_2$ : 2402
  ㉣ $CF_2ClBr$ : 1211
  ㉤ $CF_3Br$ : 1301

④ 소화효과의 크기 : 1040 < 1011 < 2402 < 1211 < 1301

## 3  폭발방지대책 수립

### 1. 폭발방지대책

(1) 폭발의 정의

① 가연성 기체 또는 액체에서 열의 발생속도가 열의 일산속도를 상회하는 경우 발생하는 현상

② 격렬한 연소의 한 형태로써 급격한 압력의 발생 및 해방의 결과 음향과 폭풍을 수반하는 팽창현상(압력의 급상승 현상으로 열과 부피팽창을 수반하는 현상

(2) 폭발의 종류

① 화학적 폭발
② 압력 폭발
③ 분해 폭발
④ 중합 폭발
⑤ 촉매 폭발

(3) 폭발 방지대책

① **불활성화** : 가연성 혼합가스에 불활성 가스를 주입하여 산소의 농도를 최소산소농도 이하로 하여 연소를 방지하는 공정 ★★★★★

② **발화원 관리** : 발화원을 제거하거나 관리하여 폭발을 예방

③ **전기설비 방폭화** : 위험성 가스와 증기 분진이 체류하는 장소의 조명, 모터, 제어반, 기타 전기설비의 착화원 관리에 의한 방폭화를 수행

④ **정전기 제거** : 정전기의 발생을 억제하고 축적을 방지하여 폭발을 예방

⑤ **가스농도 검지** : 가연성 가스가 누설하여 체류하는 위험장소에서는 폭발 위험성이 크므로 가스농도를 검지

⑥ **화염전파 방지대책** : 화염방지기나 폭굉억지기를 사용하여 화염의 전파를 방지

⑦ **폭발 초기억제대책** : 폭발억제장치나 이상반응 억제시스템을 사용하여 폭발 초기에 억제

⑧ **설비 및 장치간의 차단** : 격리밸브나 차단밸브를 사용하여 설비 및 장치간의 차단을 수행

### (4) 퍼지의 종류 ★★★

| 진공퍼지 | • 용기에 대한 가장 일반화 된 인너팅장치<br>• 용기를 진공으로 한 후 불활성 가스 주입<br>• 저압에만 견딜 수 있도록 설계된 큰 저장 용기에서는 사용될 수 없다. |
|---|---|
| 압력퍼지 | • 가압하에서 인너트가스 주입하여 퍼지<br>• 주입한 가스가 용기 내에 충분히 확산된 후 대기 중으로 방출<br>• 진공퍼지보다 시간이 많이 감소하지만, 대량의 인너트가스 소모 |
| 스위프 퍼지 | • 용기의 한쪽 개구부로 퍼지가스 가하고 다른 개구부로 혼합가스 방출<br>• 용기나 장치에 가압하거나 진공으로 할 수 없는 경우 사용<br>• 대형 저장 용기를 치환할 경우 많은 양의 불활성 가스를 필요로 하여 경비가 많이 소요되므로 액체를 용기 내에 채운 다음 용기 상부의 잔류산소를 제거하는 스위프치환 방법의 사용이 바람직 |
| 사이폰치환 | • 용기에 물 또는 비가연성, 비반응성의 적합한 액체를 채운 후 액체를 뽑아내면서 증기층에 불활성 가스를 주입하는 방법<br>• 산소의 농도를 매우 낮은 수준으로 줄일 수 있음 |

### (5) 가스 또는 분진폭발 위험장소의 건축물의 내화구조 ★★

① 건출물의 기둥 및 보는 지상 1층(지상 1층의 높이가 6미터를 초과하는 경우에는 6미터)까지
② 위험물 저장, 취급용기의 지지대(높이가 30센티미터 이하인 것 제외)는 지상으로부터 지지대의 끝부분까지
③ 배관, 전선관 등의 지지대는 지상으로부터 1단(1단의 높이가 6미터를 초과하는 경우에는 6미터)까지
④ 물 분무시설 또는 폼헤드 설비 등의 자동소화설비를 설치하여 화재 시 2시간 이상 안전성을 유지할 경우 내화구조로 하지 아니할 수 있다.

## 2. 폭발하한계 및 폭발상한계의 계산

### (1) 폭발하한계(LEL : Lower Explosive Limit) 계산방법

가연성 가스의 공기 중 완전연소식에서 화학영론 농도 $x[\%]$를 이용하여 폭발하한계의 농도 $L[\%]$을 근사적으로 계산하는 방법 ★

$$L ≒ 0.55x$$

### (2) 연쇄반응 이론에 의한 폭발하한계

① 활성화 에너지 E가 대체로 같은 값을 가지고 있는 가연성 가스 사이에서는 다음식이 근사적으로 성립한다. ★★★★

$$x \cdot Q = constant$$

② 탄화수소계에서의 적용 ★★

$$\frac{x \cdot Q}{100} ≒ 11,000[\text{cal}]\ (\text{하한계의 폭발성 혼합가스 22.4L의 연소열})$$

(3) 폭발상한계(UEL : Upper Explosive Limint)

가스 등이 공기 중에서 점화원에 의해 착화되어 화염이 전파되는 최대농도

(4) 탄화수소계 물질의 폭발 상하한계

| 물질명 | 분자식 | 폭발하한계(LEL, vol%) | 폭발상한계(UEL, vol%) |
|---|---|---|---|
| 메탄 | $CH_4$ | 5.0% | 15.0% |
| 에탄 | $C_2H_6$ | 3.0% | 12.5% |
| 프로판 | $C_3H_8$ | 2.1% | 9.5% |
| 부탄 | $C_4H_{10}$ | 1.8% | 8.4% |
| 헥산 | $C_6H_{14}$ | 1.2% | 7.4% |
| 벤젠 | $C_6H_6$ | 1.4% | 7.1% |
| 아세틸렌 | $C_2H_2$ | 2.5% | 80.0% |

# Chapter 7 화학물질 안전관리 실행

## 1 화학물질(위험물, 유해화학물질) 확인

### 1. 위험물의 기초화학

(1) 위험물의 특징
① 자연계에 흔히 존재하는 물 또는 산소와의 반응이 용이하다.
② 반응속도가 급격히 진행한다.
③ 반응 시 수반되는 발열량이 크다.
④ 수소와 같은 가연성 가스를 발생한다.
⑤ 화학적 구조 및 결합력이 대단히 불안정하다.

(2) 화학식
① 실험식(조성식)
  ㉠ 화학물 중에 포함되어 있는 원소의 종류와 원자 수를 가장 간단한 정수비로 나타낸 식
  ㉡ $H_2O_2$의 실험식은 HO이며, $C_2H_2$, $C_6H_6$의 실험식은 CH이다.
② 분자식
  ㉠ 한 개의 분자 중에 들어 있는 원자의 종류와 그 수를 원소기호로 표시한 식
  ㉡ $C_6H_{12}O_6$(포도당), $H_2O$(물) 등

### 2. 위험물의 정의

(1) 정의

위험물은 일반적으로 상온 20[℃] 상압(1기압)에서 대기 중의 산소 또는 수분 등과 쉽게 격렬히 반응하면서 수초 이내에 방출되는 막대한 Energy로 인해 화재 및 폭발을 유발시키는 물질을 말한다.

(2) 위험물 분류

| 위험물안전관리법상 분류 | 화학적 성질에 따른 분류 | 산업안전보건법상 분류 |
|---|---|---|
| • 제1류 : 산화성 고체<br>• 제2류 : 가연성 고체<br>• 제3류 : 자연발화성 및 금수성 물질<br>• 제4류 : 인화성 액체<br>• 제5류 : 자기반응성 물질<br>• 제6류 : 산화성 액체 | • 가연성 기체<br>• 가연성 액체<br>• 이연성 물질<br>• 가연성 물질<br>• 폭발성 물질<br>• 자연발화성 물질<br>• 금수성 물질<br>• 혼합 위험성 물질 | • 폭발성 물질<br>• 발화성 물질<br>• 인화성 물질<br>• 산화성 물질<br>• 가연성 물질<br>• 부식성 물질 |

## 3. 위험물의 종류

(1) 위험물의 분류에 따른 종류 ★★★★

| 구분 | 종류 | |
|---|---|---|
| 1. 폭발성 물질 및 유기과산화물 ★ | • 질산에스테르류 : 니트로셀룰로오스, 니트로글리세린, 질산메틸, 질산에틸 등<br>• 니트로화합물 : 피크린산(트리니트로페놀), 트리니트로톨루엔(TNT) 등<br>• 니트로소화합물 : 파라니트로소벤젠, 디니트로소레조르신 등<br>• 아조화합물 및 디아조화합물<br>• 하이드라진 유도체<br>• 유기과산화물 : 메틸에틸케톤 과산화물, 과산화벤조일, 과산화아세틸 등 | |
| 2. 물반응성 물질 및 인화성 고체 ★ | 인화성 고체 ★ | • 황화인<br>• 황<br>• 적린<br>• 금속 분말<br>• 마그네슘 분말 |
| | 물반응성 물질 | • 리튬<br>• 칼륨<br>• 나트륨<br>• 알킬알루미늄<br>• 알킬리튬<br>• 황린<br>• 알칼리금속(리튬, 칼륨 및 나트륨 제외)<br>• 유기금속화합물(알킬알루미늄 및 알킬리튬 제외)<br>• 금속의 수소화물<br>• 금속의 인화물<br>• 칼슘 또는 알루미늄의 탄화물 |
| 3. 산화성 액체 및 산화성 고체 | • 차아염소산 및 그 염류 : 차아염소산, 차아염소산칼륨, 그 밖의 차아염소산염류<br>• 염소산 및 그 염류 : 염소산, 염소산칼륨, 염소산나트륨, 염소산암모늄, 그 밖의 염소산염류<br>• 과염소산 및 그 염류 : 과염소산, 과염소산칼륨, 과염소산나트륨, 과염소산암모늄, 그 밖의 과염소산염류<br>• 과산화수소 및 무기과산화물 : 과산화수소, 과산화칼륨, 과산화나트륨, 과산화마그네슘, 그 밖의 무기과산화물<br>• 아염소산 및 그 염류 : 아염소산칼륨, 그 밖의 아염소산염류<br>• 브롬산 및 그 염류 : 브롬산염류<br>• 질산 및 그 염류 : 질산칼륨, 질산나트륨, 질산암모늄, 그 밖의 질산염류<br>• 요오드산 및 그 염류 : 요오드산염류<br>• 과망간산 및 그 염류<br>• 중크롬산 및 그 염류 | |

| 구분 | 종류 |
|---|---|
| 4. 인화성 액체 | • 에틸에테르·가솔린·아세트알데히드·산화프로필렌, 그 밖에 인화점이 23[℃] 미만이고 초기 끓는점이 35[℃] 이하인 물질<br>• 노말헥산·아세톤·메틸에틸케톤·메틸알코올·에틸알코올·이황화탄소, 그 밖에 인화점이 23[℃] 미만이고 초기 끓는점이 35[℃]를 초과하는 물질<br>• 크실렌·아세트산아밀·등유·경유·테레핀유·이소아밀알코올·아세트산·하이드라진, 그 밖에 인화점이 23[℃] 이상 60[℃] 이하인 물질 |
| 5. 인화성 가스 ★ | • 수소<br>• 아세틸렌<br>• 에틸렌<br>• 메탄<br>• 에탄<br>• 프로판<br>• 부탄<br>• 산업안전보건법 시행령 [별표 13]에 따른 인화성 가스 |
| 6. 급성 독성물질 | • 쥐에 대한 경구투입실험에 의하여 실험동물의 50[%]를 사망시킬 수 있는 물질의 양, 즉 LD50(경구, 쥐)이 킬로그램(체중)당 300[mg] 이하인 화학물질<br>• 쥐 또는 토끼에 대한 경피흡수실험에 의하여 실험동물의 50[%]를 사망시킬 수 있는 물질의 양, 즉 LD50(경피, 토끼 또는 쥐)이 킬로그램(체중)당 1,000[mg] 이하인 화학물질<br>• 쥐에 대한 4시간 동안의 흡입실험에 의하여 실험동물의 50[%]를 사망시킬 수 있는 물질의 농도, 즉 LC50(쥐, 4시간 흡입)이 2,500[ppm] 이하인 화학물질 |
| 7. 부식성 물질 | • 부식성 산류<br>  – 농도가 20[%] 이상인 염산, 황산, 질산, 그 밖에 이와 같은 정도 이상의 부식성을 지니는 물질<br>  – 농도가 60[%] 이상인 인산, 아세트산, 불산, 그 밖에 이와 같은 정도 이상의 부식성을 가지는 물질<br>• 부식성 염기류 : 농도가 40[%] 이상인 수산화나트륨, 수산화칼슘, 그 밖에 이와 같은 정도 이상의 부식성을 가지는 염기류 |

## (2) 유해인자의 분류기준

| 구분 | 종류 |
|---|---|
| 화학물질 | • 물리적 위험성 : 폭발성 물질, 인화성 가스, 인화성 액체, 인화성 고체, 인화성 에어로졸, 물반응성 물질, 산화성 가스, 산화성 액체, 산화성 고체, 고압가스 등<br>• 건강 및 환경유해성 : 급성 독성 물질, 피부 부식성 또는 자극성 물질, 호흡기 과민성 물질, 피부 과민성 물질 등 |
| 물리적 인자 | 소음, 진동, 방사선, 이상기압, 이상기온 |
| 생물학적 인자 | 혈액매개 감염인자, 공기매개감염인자, 곤충 및 동물매개감염인자 |

## 4. 노출기준

(1) 유해물질의 유해요인

① 유해물질의 농도와 접촉시간 : Haber의 법칙
- 유해지수($K$) = 유해물질의 농도 × 노출시간

② 근로자의 감수성

③ 작업강도

④ 기상조건

(2) 유해물질의 허용농도

① 시간가중 평균농도(TWA) : 1일 8시간 작업을 기준으로 하여 유해요인의 측정농도에 발생시간을 곱하여 8시간을 나눈 농도

$$TWA = \frac{C_1 \times T_1 + C_2 \times T_2 + \cdots\cdots + C_n \times T_n}{8}$$

$C$ : 유해요인의 측정농도(단위 : ppm 또는 mg/m³)
$T$ : 유해요인의 발생시간(단위 : 시간)

② 단시간 노출한계(STEL) : 근로자의 1회 15분간 유해요인에 노출되는 경우의 허용농도

③ 최고허용농도(Ceiling 농도) : 근로자가 1일 작업시간 동안 잠시라도 노출되어서는 안 되는 최고허용온도(허용온도 앞에 "C"를 붙여 표시)

④ 혼합물질의 허용농도 : 위험물질이 2종 이상 혼재하는 경우 혼합물의 허용농도

$$혼합물의\ 허용농도(R) = \frac{C_1}{T_1} + \frac{C_2}{T_2} + \cdots\cdots + \frac{C_n}{T_n}$$

$C_n$ : 화학물질 각각의 제도 또는 취급량
$T_n$ : 화학물질 각각의 기준량

㉠ TLV(Threshold Limit Value) : 미국산업위생 전문가회의(ACGIH)에서 채택한 허용농도 기준

㉡ ppm을 mg/m³으로 바꾸는 공식

$$mg/m^3 = \frac{ppm \times 분자량[g]}{24.45(25℃ \cdot 1기압)}$$

(3) 분진의 침착률과 유해조건

① 분진의 침착률 : 크기가 0.3~0.4[$\mu m$]부터 5[$\mu m$]까지의 분진이 침착률이 높아서 유해하며, 1.2[$\mu m$] 정도의 분진이 가장 유해한 것으로 침착률 60[%]를 상회한다.

② 분진의 유해성을 결정하는 조건 : 작업강도가 클수록 호흡량이 많아져서 분진의 흡입량이 많아진다.

(4) TLV-TWA

1일 8시간 또는 주 40시간 노동에서 근로자의 폭로량을 반영하는 것으로 유해물질의 폭로량의 지표

(5) 위험물질의 기준량

〈위험물질의 기준량(산업안전보건기준에 관한 규칙 별표 9)〉

| 위험물질 | 기준량 |
|---|---|
| 1. 폭발성 물질 및 유기과산화물 ★★★ | |
|     가. 질산에스테르류 | 10킬로그램 |
|           니트로글리콜·니트로글리세린·니트로셀룰로오스 등 | |
|     나. 니트로화합물 | 200킬로그램 |
|           트리니트로벤젠·트리니트로톨루엔·피크린산 등 | |
|     다. 니트로소화합물 | 200킬로그램 |
|     라. 아조화합물 | 200킬로그램 |
|     마. 디아조화합물 | 200킬로그램 |
|     바. 하이드라진 유도체 | 200킬로그램 |
|     사. 유기과산화물 | 50킬로그램 |
|           과초산, 메틸에틸케톤 과산화물, 과산화벤조일 등 ★ | |
| 2. 물반응성 물질 및 인화성 고체 ★★★★ | |
|     가. 리튬 | 5킬로그램 |
|     나. 칼륨·나트륨 | 10킬로그램 |
|     다. 황 | 100킬로그램 |
|     라. 황린 | 20킬로그램 |
|     마. 황화인·적린 | 50킬로그램 |
|     바. 셀룰로이드류 | 150킬로그램 |
|     사. 알킬알루미늄·알킬리튬 | 10킬로그램 |
|     아. 마그네슘 분말 | 500킬로그램 |
|     자. 금속 분말(마그네슘 분말은 제외한다) | 1,000킬로그램 |
|     차. 알칼리금속(리튬·칼륨 및 나트륨은 제외한다) | 50킬로그램 |
|     카. 유기금속화합물(알킬알루미늄 및 알킬리튬은 제외한다) | 50킬로그램 |
|     타. 금속의 수소화물 | 300킬로그램 |
|     파. 금속의 인화물 | 300킬로그램 |
|     하. 칼슘 탄화물, 알루미늄 탄화물 | 300킬로그램 |
| 3. 산화성 액체 및 산화성 고체 ★★★ | |
|     가. 차아염소산 및 그 염류 | |
|         (1) 차아염소산 | 300킬로그램 |
|         (2) 차아염소산칼륨, 그 밖의 차아염소산염류 | 50킬로그램 |
|     나. 아염소산 및 그 염류 | |
|         (1) 아염소산 | 300킬로그램 |
|         (2) 아염소산칼륨, 그 밖의 아염소산염류 | 50킬로그램 |

| 위험물질 | 기준량 |
|---|---|
| 다. 염소산 및 그 염류 | |
|    (1) 염소산 | 300킬로그램 |
|    (2) 염소산칼륨, 염소산나트륨, 염소산암모늄, 그 밖의 염소산염류 | 50킬로그램 |
| 라. 과염소산 및 그 염류 | |
|    (1) 과염소산 | 300킬로그램 |
|    (2) 과염소산칼륨, 과염소산나트륨, 과염소산암모늄, 그 밖의 과염소산염류 | 50킬로그램 |
| 마. 브롬산 및 그 염류 | |
|    브롬산염류 | 100킬로그램 |
| 바. 요오드산 및 그 염류 | |
|    요오드산염류 | 300킬로그램 |
| 사. 과산화수소 및 무기과산화물 | |
|    (1) 과산화수소 | 300킬로그램 |
|    (2) 과산화칼륨, 과산화나트륨, 과산화바륨, 그 밖의 무기과산화물 | 50킬로그램 |
| 아. 질산 및 그 염류 | |
|    질산칼륨, 질산나트륨, 질산암모늄, 그 밖의 질산염류 | 1,000킬로그램 |
| 자. 과망간산 및 그 염류 | 1,000킬로그램 |
| 차. 중크롬산 및 그 염류 | 3,000킬로그램 |
| 4. 인화성 액체 | |
|   가. 에틸에테르·가솔린·아세트알데히드·산화프로필렌, 그 밖에 인화점이 23℃ 미만이고 초기 끓는점이 35℃ 이하인 물질 | 200리터 |
|   나. 노말헥산·아세톤·메틸에틸케톤·메틸알코올·에틸알코올·이황화탄소, 그 밖에 인화점이 23℃ 미만이고 초기 끓는점이 35℃를 초과하는 물질 | 400리터 |
|   다. 크실렌·아세트산아밀·등유·경유·테레핀유·이소아밀알코올·아세트산·하이드라진, 그 밖에 인화점이 23℃ 이상 60℃ 이하인 물질 | 1,000리터 |
| 5. 인화성 가스 ★ | 50세제곱미터 |
|   가. 수소 | |
|   나. 아세틸렌 | |
|   다. 에틸렌 | |
|   라. 메탄 | |
|   마. 에탄 | |
|   바. 프로판 | |
|   사. 부탄 | |
|   아. 영 [별표 13]에 따른 인화성 가스 | |
| 6. 부식성 물질로서 다음 각 목의 어느 하나에 해당하는 물질 | |
|   가. 부식성 산류 ★★★ | |
|     (1) 농도가 20퍼센트 이상인 염산·황산·질산, 그 밖에 이와 동등 이상의 부식성을 가지는 물질 | 300킬로그램 |
|     (2) 농도가 60퍼센트 이상인 인산·아세트산·불산, 그 밖에 이와 동등 이상의 부식성을 가지는 물질 | 300킬로그램 |
|   나. 부식성 염기류 ★ : 농도가 40퍼센트 이상인 수산화나트륨·수산화칼륨, 그 밖에 이와 동등 이상의 부식성을 가지는 염기류 | 300킬로그램 |

| 위험물질 | 기준량 |
|---|---|
| 7. 급성 독성물질 | |
| 가. 시안화수소·플루오르아세트산 및 소디움염·디옥신 등 LD50(경구, 쥐)이 킬로그램당 5밀리그램 이하인 독성물질 | 5킬로그램 |
| 나. LD50(경피, 토끼 또는 쥐)이 킬로그램당 50밀리그램(체중) 이하인 독성물질 | 5킬로그램 |
| 다. 데카보란·디보란·포스핀·이산화질소·메틸이소시아네이트·디클로로아세틸렌·플루오로아세트아마이드·케텐·1,4-디클로로-2-부텐·메틸비닐케톤·벤조트라이클로라이드·산화카드뮴·규산메틸·디페닐메탄디이소시아네이트·디페닐설페이트 등 가스 LC50(쥐, 4시간 흡입)이 100ppm 이하인 화학물질, 증기 LC50(쥐, 4시간 흡입)이 0.5mg/ℓ 이하인 화학물질, 분진 또는 미스트 0.05mg/ℓ 이하인 독성물질 | 5킬로그램 |
| 라. 산화제2수은·시안화나트륨·시안화칼륨·폴리비닐알코올·2-클로로아세트알데히드·염화제2수은 등 LD50(경구, 쥐)이 킬로그램당 5밀리그램(체중) 이상 50밀리그램(체중) 이하인 독성물질 | 20킬로그램 |
| 마. LD50(경피, 토끼 또는 쥐)이 킬로그램당 50밀리그램(체중) 이상 200밀리그램(체중) 이하인 독성물질 | 20킬로그램 |
| 바. 황화수소·황산·질산·테트라메틸납·디에틸렌트리아민·플루오린화 카보닐·헥사플루오로아세톤·트리플루오르화염소·푸르푸릴알코올·아닐린·불소·카보닐플루오라이드·발연황산·메틸에틸케톤 과산화물·디메틸에테르·페놀·벤질클로라이드·포스포러스펜톡사이드·벤질디메틸아민·피롤리딘 등 가스 LC50(쥐, 4시간 흡입)이 100ppm 이상 500ppm 이하인 화학물질, 증기 LC50(쥐, 4시간 흡입)이 0.5mg/ℓ 이상 2.0mg/ℓ 이하인 화학물질, 분진 또는 미스트 0.05mg/ℓ 이상 0.5mg/ℓ 이하인 독성물질 | 20킬로그램 |
| 사. 이소프로필아민·염화카드뮴·산화제2코발트·사이클로헥실아민·2-아미노피리딘·아조디이소부티로니트릴 등 LD50(경구, 쥐)이 킬로그램당 50밀리그램(체중) 이상 300밀리그램(체중) 이하인 독성물질 | 100킬로그램 |
| 아. 에틸렌디아민 등 LD50(경피, 토끼 또는 쥐)이 킬로그램당 200밀리그램(체중) 이상 1,000밀리그램(체중) 이하인 독성물질 | 100킬로그램 |
| 자. 불화수소·산화에틸렌·트리에틸아민·에틸아크릴산·브롬화수소·무수아세트산·황화불소·메틸프로필케톤·사이클로헥실아민 등 가스 LC50(쥐, 4시간 흡입)이 500ppm 이상 2,500ppm 이하인 독성물질, 증기 LC50(쥐, 4시간 흡입)이 2.0mg/ℓ 이상 10mg/ℓ 이하인 독성물질, 분진 또는 미스트 0.5mg/ℓ 이상 1.0mg/ℓ 이하인 독성물질 | 100킬로그램 |

비고
1. 기준량은 제조 또는 취급하는 설비에서 하루 동안 최대로 제조하거나 취급할 수 있는 수량을 말한다.
2. 기준량 항목의 수치는 순도 100퍼센트를 기준으로 산출한다.
3. 2종 이상의 위험물질을 제조하거나 취급하는 경우에는 각 위험물질의 제조 또는 취급량을 구한 후 다음 공식에 따라 산출한 값 R이 1 이상인 경우 기준량을 초과한 것으로 본다.

$$R = \frac{C_1}{T_1} + \frac{C_2}{T_2} + \cdots + \frac{C_n}{T_n}$$

$C_n$ : 위험물질 각각의 제조 또는 취급량
$T_n$ : 위험물질 각각의 기준량

4. 위험물질이 둘 이상의 위험물질로 분류되어 서로 다른 기준량을 가지게 될 경우에는 가장 작은 값의 기준량을 해당 위험물질의 기준량으로 한다.
5. 인화성 가스의 기준량은 운전온도 및 운전압력 상태에서의 값으로 한다.

### 5. 유해화학물질의 유해요인

① 유해성이 큰 경우 조금의 노출량으로도 사람에게 위해를 줄 수 있다.
② 유해성이 작다고 해도 노출량이 높으면 사람에게 위해를 줄 수 있다.
③ 위해성 = 유해성 × 노출량[사람이나 환경이 어느 정도 양(농도)]

## 2 화학물질(위험물, 유해화학물질) 유해 위험성 확인

### 1. 위험물의 성질 및 위험성

(1) 성질 및 위험성

① 유해물질에 대한 대책
   ㉠ 유해물질의 제조 및 사용의 중지, 유해성이 적은 물질로의 전환
   ㉡ 생산공정 및 작업 방법의 개선
   ㉢ 설비의 밀폐화와 자동화
   ㉣ 유해한 생산공정의 격리와 원격조작의 채용
   ㉤ 국소배기에 의한 오염물질의 확산 방지
   ㉥ 전체환기에 의한 오염물질의 희석 배출

② 유독성 물질관리와 관련된 중요사항
   ㉠ 과산화수소가 분해되어 생성되는 물질 : 물과 산소
   ㉡ 적린·염소산칼륨 : 혼합 폭발 우려가 있다.
   ㉢ 아산화질소($N_2O$) : 가연성 마취제
   ㉣ 황린은 공기나 산소와 접촉 : 발화하는 위험이 있다.
   ㉤ 유리를 부식시킬 때 발생하는 유독성 기체 : 플루오르화수소(HF)
   ㉥ 고기압 작업 시에 발생하기 쉬운 잠수병, 잠함병의 원인이 되는 물질 : 질소($N_2$) ★
   ㉦ 액체의 비점 : 액체의 증기압이 대기압과 같아지는 점
   ㉧ 어떤 물질의 잠재위험도 결정요인 : 독성과 사용조건
   ㉨ 발화성 물질의 저장법
      ⓐ 나트륨·칼륨 : 석유 속에 저장
      ⓑ 황린 : 물속에 저장
      ⓒ 적린·마그네슘·칼륨 : 격리 저장
      ⓓ 질산은($AgNO_3$) 용액 : 햇빛을 피하여 저장(갈색병에 저장)
   ㉩ 환원성 물질 : 황린, 적린, 황화인, 황, 금속
   ㉪ 온도가 증가하면 열전도도가 감소하는 물질 : 메틸알코올

③ 금수성(禁水性) 물질 : 탄화칼슘(카바이드), 금속나트륨, 금속칼륨

④ 피부에 침투하면 암을 유발하는 발암성 물질 : 베타나프틸아민, 타르, 크롬 등
⑤ 아스베스트(석면) 분진 흡입으로 인한 작업병 : 진폐증을 유발
⑥ 진동이 심한 작업장에서 발생하는 직업병 : 레이노씨병 유발
⑦ 안티몬 화합물 : 인체 내 혈색소를 용해하여 결합력이 강한 헤모글로빈 결합체를 만들어 산소의 공급을 방해하는 중금속

### (2) 인화성 물질 취급방법
① 화기 기타 점화원이 될 우려가 있는 것에 주입, 가열, 증발 금지
② 탱크롤리, 드럼 등에 주입 시 배관 등을 확실히 체결
③ 탱크나 드럼에 경유나 등유 주입 시 내부를 세정하고 불활성 가스로 바꿀 것
④ 통풍, 환기, 제진 조치 실시

### (3) 폭발성 인화성 물질의 안전 조치 사항
① 자동경보장치 설치
② 통풍장치 설치
③ 환기장치 설치
④ 제진장치 설치

## 2. 위험물의 저장 및 취급방법

| 구분 | 저장 및 취급방법 |
|---|---|
| 제1류 위험물 | • 조해성이 있으므로 습기에 주의하며, 용기는 밀폐하여 저장<br>• 산화되기 쉬운 물질과 열원, 산 또는 화재 위험의 장소로부터 격리 |
| 제2류 위험물 | • 용기파손으로 인한 누설에 주의하고, 산화제와의 접촉 금지<br>• 점화원으로부터 격리시킬 것<br>• 마그네슘, 금속분류 산 또는 물과의 접촉 금지 |
| 제3류 위험물 | • 공기 또는 수분의 접촉을 방지하고 용기의 파손 및 부식 방지<br>• 다량 저장 시 희석제 혼합 및 수분 침입방지 |
| 제4류 위험물 | • 용기는 밀봉하고 통풍이 잘되는 곳에 저장하고, 증기는 높은 곳으로 배출<br>• 증기 및 액체의 누설을 방지하고 화기나 점화원으로부터 격리 |
| 제5류 위험물 | • 점화원 또는 분해를 촉진시키는 물질로부터 격리<br>• 포장 외부에 충격주의, 화기엄금 등 표시 |
| 제6류 위험물 | • 내산성 용기를 사용하고, 밀봉하여 누설 방지<br>• 가연물, 물, 유기물 및 고체 산화제와의 접촉 금지 |

## 3. 인화성 가스취급 시 주의사항

### (1) 인화성 가스의 정의
① 인화한계 농도의 최저한도가 13퍼센트 이하 또는 최고한도와 최저한도의 차가 12퍼센트 이상
② 표준압력(101.3kPa)하의 20℃에서 가스상태인 물질

### (2) 인화성 가스의 누출에 대한 안전조치

⟨가스누출감지경보기의 설치기준⟩

| 성능 | • 가스누출감지경보기의 가스 감지에서 경보발신까지 걸리는 시간은 경보농도의 1.6배 시 보통 30초 이내일 것, 다만 암모니아, 일산화탄소 또는 이와 유사한 가스등을 감지하는 가스누출감지경보기는 1분 이내로 한다.<br>• 경보정밀도는 전원의 전압 등의 변동률이 ±10[%]까지 저하되지 않아야 한다.<br>• 경보를 발신한 후에는 가스농도가 변화하여도 계속 경보를 울려야 하며, 그 확인 또는 대책을 조치할 때에는 경보가 정지되어야 한다. |
|---|---|

### (3) 인화성 가스(고압가스) 압력용기
① 용접 용기
　㉠ 동판 및 경판을 각각 성형하고 용접으로 접합하여 제조한 용기
　㉡ $C_3H_3$, $C_2H_2$ 등 비교적 저압가스용으로 사용
② 용기의 밸브 ★
　㉠ 충전구의 나사 방향
　　• 인화성 가스 : 왼나사
　㉡ 밸브에 부착하는 안전밸브
　　ⓐ 산소용 : 파열판식
　　ⓑ 염소용 : 가용전식
　　ⓒ 프로판용 : 스프링식
③ 안전밸브의 종류 및 특징 ★★★

| 스프링식 | • 일반적으로 가장 널리 사용<br>• 용기 내의 압력이 설정된 값을 초과하면 스프링을 밀어내어 가스를 분출시켜 폭발을 방지 |
|---|---|
| 파열판식 | • 용기 내의 압력이 급격히 상승할 경우 용기 내의 가스 배출(한번 작동 후 교체)<br>• 스프링식보다 토출 용량이 많아 압력상승이 급격히 변하는 곳에 적당 |

④ 용기의 도색 및 표시

〈가연성, 독성 및 그 밖의 가스용기의 도색(고압가스 안전관리법 시행규칙 별표 24)〉 ★★★★★

| 가스의 종류 | 도색 구분 | 가스의 종류 | 도색 구분 |
| --- | --- | --- | --- |
| 액화석유가스 | 밝은 회색 | 액화암모니아 | 백색 |
| 수소 | 주황색 | 액화염소 | 갈색 |
| 아세틸렌 | 황색 | 산소 | 녹색 |
| 액화탄산가스 | 청색 | 질소 | 회색 |
| 소방용 용기 | 소방법에 따른 도색 | 그 밖의 가스 | 회색 |

⑤ 금속의 용접, 용단 또는 가열 작업에 사용하는 가스 등의 용기 취급 시 준수사항
  ㉠ 용기의 온도를 40[℃] 이하로 유지할 것 ★
  ㉡ 전도의 위험이 없도록 할 것
  ㉢ 충격을 가하지 아니하도록 할 것
  ㉣ 운반할 때에는 캡을 씌울 것
  ㉤ 사용할 때에는 용기의 마개에 부착되어 있는 유류 및 먼지를 제거할 것
  ㉥ 밸브의 개폐는 서서히 할 것
  ㉦ 사용 전 또는 사용 중인 용기와 그 외의 용기를 명확히 구별하여 보관할 것
  ㉧ 용해 아세틸렌의 용기는 세워 둘 것
  ㉨ 용기의 부식, 마모 또는 변형상태를 점검한 후 사용할 것

⑥ 안전밸브의 설치 ★★
  ㉠ 압력용기(안지름이 150밀리미터 이하인 압력용기는 제외하며, 압력용기 중 관형 열교환기의 경우에는 관의 파열로 인하여 상승한 압력이 압력용기의 최고사용압력을 초과할 우려가 있는 경우만 해당한다)
  ㉡ 정변위 압축기
  ㉢ 정변위 펌프(토출축에 차단밸브가 설치된 것만 해당한다)
  ㉣ 배관(2개 이상의 밸브에 의하여 차단되어 대기온도에서 액체의 열팽창에 의하여 파열될 우려가 있는 것으로 한정한다)
  ㉤ 그 밖의 화학설비 및 그 부속설비로서 해당 설비의 최고사용압력을 초과할 우려가 있는 것

⑦ 설치된 안전밸브에 대해서는 다음의 구분에 따른 검사주기마다 국가교정기관에서 교정을 받은 압력계를 이용하여 설정압력에서 안전밸브가 적정하게 작동하는지를 검사한 후 납으로 봉인하여 사용하여야 한다. 다만, 공기나 질소취급용기 등에 설치된 안전밸브 중 안전밸브 자체에 부착된 레버 또는 고리를 통하여 수시로 안전밸브가 적정하게 작동하는지를 확인할 수 있는 경우에는 검사하지 아니할 수 있고 납으로 봉인하지 아니할 수 있다.

㉠ 화학공정 유체와 안전밸브의 디스크 또는 시트가 직접 접촉될 수 있도록 설치된 경우 : 매년 1회 이상 ★
㉡ 안전밸브 전단에 파열판이 설치된 경우 : 2년마다 1회 이상
㉢ 공정안전보고서 제출 대상으로서 고용노동부 장관이 실시하는 공정안전보고서 이행상태 평가결과가 우수한 사업장의 안전밸브의 경우 : 4년마다 1회 이상

⑧ 안전밸브의 작동 : 안전밸브 등을 통하여 보호하려는 설비의 최고사용압력 이하에서 작동되도록 하여야 한다. 다만, 안전밸브등이 2개 이상 설치된 경우에 1개는 최고사용압력의 1.05배(외부화재를 대비한 경우에는 1.1배) 이하에서 작동되도록 설치할 수 있다.

⑨ 차단밸브의 설치 ★★
㉠ 인접한 화학설비 및 그 부속설비에 안전밸브 등이 각각 설치되어 있고, 해당 화학설비 및 그 부속설비의 연결배관에 차단밸브가 없는 경우
㉡ 안전밸브 등의 배출용량의 2분의 1 이상에 해당하는 용량의 자동압력조절밸브(구동용 동력원의 공급을 차단하는 경우 열리는 구조인 것으로 한정한다)와 안전밸브 등이 병렬로 연결된 경우
㉢ 화학설비 및 그 부속설비에 안전밸브 등이 복수방식으로 설치되어 있는 경우
㉣ 예비용 설비를 설치하고 각각의 설비에 안전밸브 등이 설치되어 있는 경우
㉤ 열팽창에 의하여 상승된 압력을 낮추기 위한 목적으로 안전밸브가 설치된 경우
㉥ 하나의 플레어 스택(flare stack)에 둘 이상의 단위공정의 플레어 헤더(flare header)를 연결하여 사용하는 경우로서 각각의 단위공정의 플레어 헤더에 설치된 차단밸브의 열림·닫힘 상태를 중앙제어실에서 알 수 있도록 조치한 경우

(4) 파열판의 설치 ★
① 반응 폭주 등 급격한 압력 상승 우려가 있는 경우
② 급성 독성물질의 누출로 인하여 주위의 작업환경을 오염시킬 우려가 있는 경우
③ 운전 중 안전밸브에 이상 물질이 누적되어 안전밸브가 작동되지 아니할 우려가 있는 경우
④ 급성 독성물질이 지속적으로 외부에 유출될 수 있는 화학설비 및 그 부속설비에 파열판과 안전밸브를 직렬로 설치하고, 그 사이에는 압력지시계 또는 자동경보장치를 설치하여야 한다.

## 4. 유해화학물질 취급 시 주의사항

(1) 유해물 취급 안전
① 고체 및 액체 가스 및 공기 화합물의 치사량 기호
㉠ LD : 한 마리의 동물을 치사시키는 양
㉡ MLD : 실험 동물 한 무리(10마리 또는 그 이상)에서 한 마리를 치사시키는 최소의 양
㉢ LD50 : 실험 동물 한 무리(10마리 또는 그 이상)에서 50[%]를 치사시키는 양
㉣ LD100 : 실험 동물 한 무리(10마리 또는 그 이상)에서 100[%]를 치사시키는 양

### (2) 급성 독성물질의 누출방지조치

① 사업장 내 독성물질의 저장 및 취급량을 최소화할 것
② 독성물질을 취급저장하는 설비의 연결 부분은 누출되지 아니하도록 밀착시키고 매월 1회 이상 연결 부분의 이상 유무를 점검할 것
③ 독성물질을 폐기 또는 처리하여야 하는 경우에는 냉각, 분리, 흡수, 흡착, 소각 등의 처리공정을 통하여 독성물질이 외부로 방출되지 아니하도록 할 것
④ 독성물질 취급설비의 이상 운전으로 인하여 독성물질이 외부로 방출될 때에는 저장, 포집 또는 처리설비를 설치하여 안전하게 회수할 수 있도록 할 것
⑤ 독성물질을 폐기, 처리 또는 방출하는 설비를 설치하는 경우는 자동으로 작동될 수 있는 구조로 하거나 원격조정이 가능한 수동조작 구조로 설치할 것
⑥ 독성물질을 취급하는 설비의 작동이 중지된 때에는 근로자가 쉽게 알 수 있도록 필요한 경보설비를 근로자로부터 가까운 장소에 설치할 것
⑦ 독성물질이 외부로 누출된 때에는 감지, 경보할 수 있는 설비를 갖출 것

〈NFPA 반응 위험성 5단계〉

| 구분 | 0 | 1 | 2 | 3 | 4 |
|---|---|---|---|---|---|
| 반응 위험성 (황색) | 보통의 상태에서는 안정되며 화재에 노출된 상태하에서도 안정한 물질 등 | 보통의 상태에서는 안정되나 온도와 압력이 상승하면 불안정한 물질 등 | 상온하에서 불안정하게 격렬한 화학변화를 받으나 폭굉하지 않는 물질 등 | 폭굉 또는 폭발적 분해나 폭발반응을 일으키나 강한 기폭원을 필요로 하는 물질 등 | 용이하게 폭굉을 일으키든가, 상온 상압 하에서 폭발적 분해를 용이하게 일으키는 물질 등 |

### (3) 유기용제 업무에 종사하는 근로자가 보기 쉬운 곳에 게시하여야 할 사항

① 유기용제 등이 인체에 미치는 영향
② 유기용제 등의 취급상의 주의사항
③ 유기용제에 의한 중독이 발생할 때의 응급처치방법

### (4) 유해가스의 응급처치법

① 독가스중독 응급처치

순수한 에틸알코올을 깨끗한 헝겊 등에 적셔서 흡입시켜 중화시킨 후 신선한 공기를 흡입하게 한다. 단, 중증 중독인 경우 고압산소통에 넣는다.

② 유기용제 등의 중독 응급처치

㉠ 메틸알코올의 중독인 경우 : 중조 4[g]을 물 한 컵 정도에 녹여 마시게 한다(15분 간격으로 4회).
㉡ 니트로벤젠, 아닐린 등의 중독인 경우 : 신선한 과일 주스 또는 커피를 마시게 한다.

③ 분진방지대책
  ㉠ 작업공정에서 분진발생억제 및 감소화
  ㉡ 분진비산 방지조치
  ㉢ 개인보호구 착용으로 분진흡입방지
  ㉣ 환기
  ㉤ 그 밖에 공정을 습식으로 하거나 밀폐 등의 조치

④ 방사선 위험성
  ㉠ 외부위험 방사성 물질 : X선, $\gamma$선, 중성자(납, 콘크리트차폐)
  ㉡ 내부위험 방사성 물질 : $\alpha$선, $\beta$선(가장 심각한 내적 위험물질 : $\alpha$선)
  ㉢ 방사선 조사량 : 거리의 제곱에 반비례한다.
  ㉣ 200~300[rem] 조사 시 : 탈모 증상
  ㉤ 450~500[rem] 이상 조사 시 : 사망
  ㉥ 투과력 : $\alpha$선 < $\beta$선 < X선 < $\gamma$선
  ㉦ 방사선 오염의 가장 실제적인 제거방법 : 흐르는 물로 씻어낸다.

⑤ 독극물을 부주의로 마셨을 때 토하는 방법
  ㉠ $CuSO_4$ 1[%] 용액을 25~50[ml] 정도 마시게 한다.
  ㉡ 약 16[g] 정도의 $NaCl$을 한 컵 정도의 따뜻한 물에 타서 마시게 한다.
  ㉢ $ZnSO_4$ 2[g] 정도를 더운물에 녹여 마신다.
  ㉣ 겨자가루 한 숟가락을 한 컵 정도의 물에 녹여 마신다.
  ㉤ 아포모르핀($C_{17}H_{17}NO_2$)을 피하주사한다.

⑥ 독극물을 부주의로 마셨을 때의 구급법
  ㉠ 강산, 강알칼리 흡입 시 만능 해독제 : 타닌산 4[g]과 산화마그네슘 4[g]을 뜨거운 물에 녹여 마시게 한다.
  ㉡ 할로겐 가스($Cl_2$, $Br_2$)를 흡입 시에는 티오황산나트륨을 물 한 컵 정도에 녹인 것과 다량의 우유나 난백수를 마시게 한다.
  ㉢ 황산이 입에 들어갔을 경우 : 깨끗한 물로 세척 후 묽은 황산나트륨 용액으로 즉시 양치질한다.

<독성물질(Toxic) 독성기준용어> ★

| 약어 | 원어 | 약어 | 원어 |
|---|---|---|---|
| TLV-TWA (허용농도) | Threshold Limit Value Time Weighted Average(8시간 기준) | TDLo | Toxic Dose Low : 경구유입 최저중독물질 |
| LD50 | Lethal Dose Fifty : 경구유입 절반치사 | | |
| LDLo | Lethal Dose Low : 경구유입최저치사물질 | LC50 | Lethal Concentration Fifty : 4시간 흡입 시 50[%] 치사 |
| TCLo | Toxic Concentration Low : 공기유입최저 중독물질량 | LCLo | Lethal Concentration Low : 공기유입최 저 치사량 |

<유기용제의 허용소비량>

| 소비하는 유기용제 등의 구분 | 허용소비량 |
|---|---|
| 제1종 유기용제 | $W = \dfrac{1}{15} \times A$ |
| 제2종 유기용제 | $W = \dfrac{2}{15} \times A$ |
| 제3종 유기용제 | $W = \dfrac{3}{15} \times A$ |

여기서, $W$ : 유기용제 등의 허용소비량[g]
$A[m^3]$ : 작업장의 기적(바닥에서 4[m]를 넘는 높이에 있는 공간을 제외한 [m$^3$] 단위로 하는 옥내 작업장의 공간체적, 다만, 기적이 150[m$^3$]를 초과할 때는 150[m$^3$]로 함)

## 5. 물질안전보건자료(MSDS)

(1) 물질안전보건자료(MSDS : Material Safety Data Sheets) 산업안전보건법 제110조~113조

화학물질의 안전한 사용을 위한 설명서로서 화학물질의 유해성·위험성 정보, 응급조치요령, 취급방법 등을 비롯한 16가지 항목들로 구성

(2) 물질안전대상물질

화학물질 중 산업안전보건법 제104조에 따른 분류기준에 해당하는 물질(근로자에게 건강장해를 일으키는 화학물질 및 물리적 인자 등). 다만 동법 시행령 제86조에 따른 물질은 제외[법적 근거] 산업안전보건법 시행규칙 제141조(유해인자의 분류기준) 및 시행규칙 [별표 18] 참고

(3) MSDS 제출 및 대체 자료 기재 심사 절차

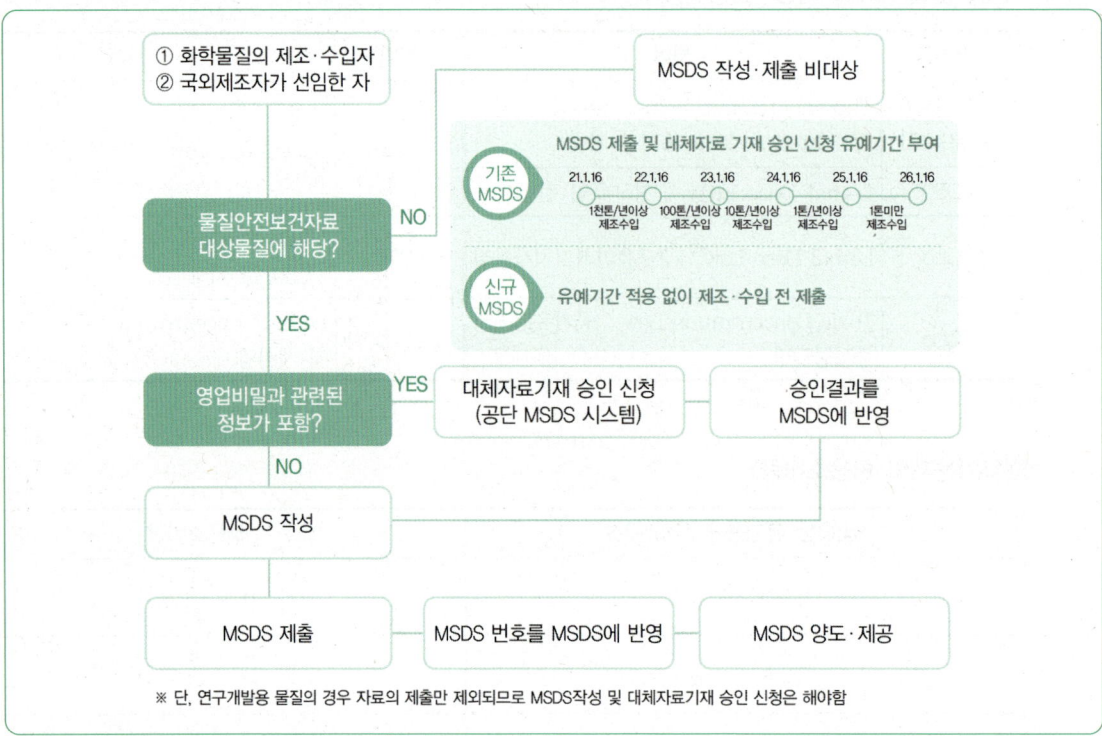

(4) MSDS 제출 주체 및 제출서류목록

① 제출 주체
  ㉠ 물질안전보건자료대상물질을 제조하거나 수입하는 자
  ㉡ 국외제조자가 선임한 자

② 제출서류목록
  ㉠ 물질안전보건자료(MSDS)
  ㉡ 물질안전보건자료대상물질을 구성하는 화학물질 중 제104조에 따른 분류기준에 해당하지 않는 화학물질의 명칭·함유량(MSDS에 모든 구성성분이 기재된 경우 생략가능)
    ※ 다만, 국외 제조자로부터 해당 정보를 원활히 확보하기 어려운 수입품의 경우 산업안전보건법 시행규칙 [별지 제62호 서식] "화학물질 확인 서류"로 대신하여 제출

③ MSDS 작성 시 포함되어야 하는 주요 항목
  ㉠ 화학제품과 회사에 관한 정보
  ㉡ 유해성·위험성 정보
  ㉢ 구성성분의 명칭 및 함유량
  ㉣ 물리화학적 특성

ⓜ 독성에 관한 정보
　　ⓗ 환경에 미치는 영향
　　ⓢ 응급조치 요령
　　ⓞ 폭발·화재 시 대처방법
　　ⓩ 누출 시 대처방법
　　ⓒ 취급 및 저장방법
　　ⓚ 노출예방 및 보호장비

## 3 화학물질 취급설비 개념 확인

### 1. 각종 장치(고정, 회전 및 안전장치 등) 종류

(1) 화학설비
　① 반응기·혼합조 등 화학물질 반응 또는 혼합장치
　② 증류탑·흡수탑·추출탑·감압탑 등 화학물질 분리장치
　③ 저장 탱크·계량 탱크·호퍼·사일로 등 화학물질 저장설비 또는 계량설비
　④ 응축기·냉각기·가열기·증발기 등 열교환기류
　⑤ 고로 등 점화기를 직접 사용하는 열교환기류
　⑥ 캘린더(calender)·혼합기·발포기·인쇄기·압출기 등 화학제품 가공설비
　⑦ 분쇄기·분체분리기·용융기 등 분체화학물질 취급장치
　⑧ 결정조·유동탑·탈습기·건조기 등 분체화학물질 분리장치
　⑨ 펌프류·압축기·이젝터(ejector) 등의 화학물질 이송 또는 압축설비

(2) 화학설비의 부속설비
　① 배관·밸브·관·부속류 등 화학물질 이송 관련 설비
　② 온도·압력·유량 등을 지시·기록 등을 하는 자동제어 관련 설비
　③ 안전밸브·안전판·긴급차단 또는 방출밸브 등 비상조치 관련 설비
　④ 가스누출감지 및 경보 관련 설비
　⑤ 세정기, 응축기, 벤트스택(bent stack), 플레어스택(flare stack) 등 폐가스 처리 설비와 사이클론, 백필터(bag filter), 전기집진기 등 분진 처리 설비
　⑥ 가목부터 바목까지의 설비를 운전하기 위하여 부속된 전기 관련 설비
　⑦ 정전기 제거장치, 긴급 샤워설비 등 안전 관련 설비

## 2. 화학장치(반응기, 정류탑, 열교환기 등) 특성

### (1) 반응기

① 조작방식에 의한 분류 ★★★★★★

| 회분식 균일상 반응기 | 여러 물질에 반응하는 교반을 통하여 새로운 생성물을 회수하는 방식으로 1회로 조작이 완성되는 반응기(소량 다품종 생산에 적합) |
|---|---|
| 반회분식 반응기 | • 반응 물질의 1회 성분을 넣은 다음, 다른 성분을 연속적으로 보내 반응을 진행한 후 내용물을 취하는 형식<br>• 처음부터 반응성분을 전부 넣어서, 반응에 의한 생성물 한 가지를 연속적으로 빼내면서 종료 후 내용물을 취하는 형식 |
| 연속식 반응기 | 원료 액체를 연속적으로 투입하면서 다른 쪽에서 반응 생성물인 액체를 취하는 형식(농도, 온도, 압력의 시간적인 변화는 없다) |

② 구조방식에 의한 분류 ★★

| 관형 반응기 | 반응기의 한쪽으로 원료를 연속적으로 보내어 반응을 진행시키면서 다른 쪽에서 생성물을 연속적으로 취하는 형식(대규모 생산에 사용) |
|---|---|
| 탑형 반응기 | 적립 원통형으로 탑의 위나 아래쪽에서 원료를 보내고 다른 쪽에서 생성물을 연속적으로 취하는 형식(불완전 혼합류에서 사용) |
| 교반조형 반응기 | 교반기를 부착한 것으로 회분식, 반회분식, 연속식이 있으며 반응물 및 생성물의 농도가 일정하며, 단점으로 반응물 일부가 그대로 유출 |

③ 반응기의 3가지 역할 ★
   ㉠ 열의 전달
   ㉡ 교반 실시
   ㉢ 상간혼합

④ 반응을 위한 조작조건 ★★★
   ㉠ 관여하는 물질
   ㉡ 반응온도
   ㉢ 농도
   ㉣ 압력
   ㉤ 시간
   ㉥ 촉매 등

### (2) 증류탑

① 증류탑의 정의
   증기압이 다른 액체 혼합물에서 끓는점 차이를 이용해서 특정 성분을 분리해내는 장치

㉠ 공장에서 대량의 액체 화합물을 분리하는 데 사용하며, 내부의 칸막이에서 여러 번 분별 증류가 일어나도록 설계되어 있다.
㉡ 끓는점이 낮은 물질이 위쪽에서 분리되고 끓는점이 높은 물질이 아래쪽에서 분리된다.

② 증류탑의 종류
  ㉠ 충전탑
    ⓐ 고체의 충전물을 탑 내에 충전하고 증기와 액체와의 접촉면적을 크게 하는 것
    ⓑ 탑 지름이 작은 증류탑이나 부식성이 심한 물질의 증류에 사용 ★★★
    ⓒ 충전물의 종류 ★★★ : 가장 일반적으로 사용되는 라시히링은 직경 1/2~3[inch], 높이 1~1/2[inch] 정도의 원통형으로 카본제, 철제 등이 있다.
  ㉡ 단탑 : 특정한 구조로 된 수 개 또는 수십 개의 단으로 세워져 있음
  ㉢ 포종탑 : 포종이 단상에 다수 배열되어 증기는 상승하여 포종의 내측에서 하향되고 포종 내의 액면을 slot 높이 이하로 눌러서 slot에서 분출하여 기액이 혼합
  ㉣ 다공판 탑 : 작은 구멍을 여러 개 뚫은 선반으로 포종을 작은 구멍으로 대치한 것으로 강하관이나 넘쳐흐르는 둑은 같은 구조로 구성

③ 운전 시 주의사항 ★★★★★
  ㉠ 원액의 농도와 공급단
  ㉡ 환류량의 증감
  ㉢ 압력구배
  ㉣ 온도 구배
  ㉤ 증류탑의 적정 운전부하

④ 특수한 증류방법 ★★★★★

| | |
|---|---|
| 감압증류 | 상압하에서 끓는점까지 가열할 경우 분해할 우려가 있는 물질의 증류를 감압하여 물질의 끓는점을 내려서 증류하는 방법 |
| 추출증류 | • 분리하여야 하는 물질의 끓는점이 비슷한 경우<br>• 용매를 사용하여 혼합물로부터 어떤 성분을 뽑아냄으로 특정 성분을 분리 |
| 공비증류 | • 일반적인 증류로 순수한 성분을 분리시킬 수 없는 혼합물의 경우<br>• 제3의 성분을 첨가하여 별개의 공비 혼합물을 만들어 끓는점이 원용액 끓는점보다 충분히 낮아지도록 하여 증류함으로 증류잔류물이 순수한 성분이 되게 하는 증류 방법 |
| 수증기증류 | 물에 용해되지 않는 휘발성 액체에 수증기를 직접 불어넣어 가열하면 액체는 원래의 끓는점보다 낮은 온도에서 유출 |

(3) 열교환기
  ① 정의
    ㉠ 고온의 유체와 저온의 유체와의 사이에서 열을 이동시키는 장치
    ㉡ 보유한 열에너지가 서로 다른 두 유체가 경계면 사이를 흐르면서 두 유체 사이에서 열에너지를 교환하는 장치
  ② 사용 목적에 의한 분류 ★★★

| 열 교환기 | 폐열의 회수를 목적으로 하는 경우 |
|---|---|
| 냉각기 | 고온 측 유체의 냉각을 목적으로 하는 경우 |
| 가열기 | 저온 측 유체의 가열을 목적으로 하는 경우 |
| 응축기 | 증기의 응축을 목적으로 하는 경우 |
| 증발기 | 저온 측 유체의 증발을 목적으로 하는 경우 |

  ③ 구조에 의한 분류
    ㉠ 다관식 열교환기
    ㉡ 이중관식 열교환기
    ㉢ coil식 열교환기
  ④ 열교환기의 보수 ★★

| 일상점검 항목 | • 보온재 및 보냉재의 파손상황<br>• 도장의 노후 상황<br>• Flange부, 용접부 등의 누설 여부<br>• 기초볼트의 조임 상태 |
|---|---|

## 3. 화학설비(건조설비 등)의 취급 시 주의사항

(1) 건조 원리에 의한 건조법
  ① 통기건조 : 수분 증발에 필요한 열량을 열풍에 의해 재료와 직접 접촉시키는 방법
  ② 외열건조 : 재료를 장치벽의 금속면을 통해 가열하는 간접가열 방식, 가열원은 증기

(2) 건조장치의 종류

| 텐넬형 건조기 | • 건조물을 적재한 대차를 수용해서 건조한 건조기<br>• 비교적 긴 건조시간을 요하는 건조물의 건조에 적당<br>• 능률적이고 무인 운전이 가능하도록 개량 |
|---|---|
| 회전 건조기 | • 건조물은 회전하는 원통의 끝부분에 투입하고 내부에서 교반 이송하면서 다른 끝으로 나오는 구조<br>• 구조는 간단하나 열효율은 그다지 높지 않은 건조기 |
| 유동층 건조기 | 분립상의 건조물을 높은 온도의 열풍 중에 부유시켜 열풍과 함께 수송하며 건조하는 것으로 순간적으로 건조가 이루어진다. |

Industrial Engineer Industrial Safety

### (3) 건조설비의 구조 ★★★

| 구조부분 | 몸체(철골부, 보온판, shell부 등), 내부구조, 내부에 있는 구동장치 등 |
|---|---|
| 가열장치 | 열원장치, 순환용 송풍기 등 |
| 부속설비 | 환기장치, 온도조절장치, 안전장치, 소화장치, 전기설비 등 |

### (4) 위험물 건조설비의 종류

① 위험물 또는 위험물이 발생하는 물질을 가열, 건조하는 경우 내용적이 1세제곱미터 이상인 건조설비
② 위험물이 아닌 물질을 가열, 건조하는 경우로서 다음에 해당하는 건조설비
　㉠ 고체 또는 액체연료의 최대사용량이 시간당 10킬로그램 이상
　㉡ 기체연료의 최대사용량이 시간당 1세제곱미터 이상
　㉢ 전기사용 정격용량이 10킬로와트 이상

### (5) 건조설비의 구조 ★★★★★

① 건조설비의 바깥 면은 불연성 재료로 만들 것
② 건조설비의 내면과 내부의 선반이나 틀은 불연성 재료로 만들 것
③ 위험물 건조설비의 측벽이나 바닥은 견고한 구조로 할 것
④ 위험물 건조설비는 그 상부를 가벼운 재료로 만들고 주위 상황을 고려하여 폭발구를 설치할 것
⑤ 위험물 건조설비는 건조하는 경우에 발생하는 가스, 증기 또는 분진을 안전한 장소로 배출시킬 수 있는 구조로 할 것
⑥ 액체연료 또는 인화성 가스를 열원의 연료로 사용하는 건조설비는 점화하는 경우에는 폭발이나 화재를 예방하기 위하여 연소실이나 그 밖에 점화하는 부분을 환기시킬 수 있는 구조로 할 것
⑦ 건조설비의 내부는 청소하기 쉬운 구조로 할 것
⑧ 건조설비의 감시창, 출입구 및 배기구 등과 같은 개구부는 발화시에 불이 다른 곳으로 번지지 아니하는 위치에 설치하고 필요한 경우에는 즉시 밀폐할 수 있는 구조로 할 것
⑨ 건조설비는 내부의 온도가 국부적으로 상승하지 아니하는 구조로 설치할 것
⑩ 위험물 건조설비의 열원으로서 직화를 사용하지 아니할 것
⑪ 위험물 건조설비가 아닌 건조설비의 열원으로서 직화를 사용하는 경우에는 불꽃 등에 의한 화재를 예방하기 위하여 덮개를 설치하거나 격벽을 설치할 것

### (6) 위험물 건조설비 사용 시 준수사항 ★★★★★

① 위험물 건조설비를 사용하는 경우에는 미리 내부를 청소하거나 환기할 것
② 위험물 건조설비를 사용하는 경우에는 건조로 인하여 발생하는 가스, 증기 또는 분진에 의하여 폭발, 화재의 위험이 있는 물질을 안전한 장소로 배출시킬 것

③ 위험물 건조설비를 사용하여 가열건조하는 건조물은 쉽게 이탈되지 않도록 할 것
④ 고온으로 가열건조한 인화성 액체는 발화의 위험이 없는 온도로 냉각한 후에 격납 시킬 것
⑤ 건조설비에 가까운 장소에는 인화성 액체를 두지 않도록 할 것

## 4. 전기설비(계측설비 포함)

(1) 계측장치의 설치 기준

위험물을 같은 표에서 정한 기준량 이상으로 제조하거나 취급하는 다음 각 호의 어느 하나에 해당하는 화학설비(이하 "특수화학설비"라 한다)를 설치하는 경우에는 내부의 이상 상태를 조기에 파악하기 위하여 필요한 온도계·유량계·압력계 등의 계측장치를 설치하여야 한다.
① 발열반응이 일어나는 반응장치
② 증류·정류·증발·추출 등 분리를 하는 장치
③ 가열시켜 주는 물질의 온도가 가열되는 위험물질의 분해온도 또는 발화점보다 높은 상태에서 운전되는 설비
④ 반응폭주 등 이상 화학반응에 의하여 위험물질이 발생할 우려가 있는 설비
⑤ 온도가 섭씨 350도 이상이거나 게이지 압력이 980킬로파스칼 이상인 상태에서 운전되는 설비
⑥ 가열로 또는 가열기

# Chapter 8 화공 안전운전·점검

## 1 안전점검계획 수립

### 1. 안전운전 계획수립
① 안전운전지침서
② 설비점검·검사 및 보수계획, 유지계획 및 지침서
③ 안전작업허가
④ 도급업체 안전관리계획
⑤ 근로자 등 교육계획
⑥ 가동 전 점검지침
⑦ 변경요소 관리계획
⑧ 자체감사 및 사고조사계획
⑨ 그 밖에 안전운전에 필요한 사항

## 2  설비 및 공정 안전

### 1. 화학설비(반응기, 정류탑, 열교환기 등)의 종류 및 안전 기준

#### (1) 설비의 안전기준

① 밸브, 콕 등의 조작기준(개폐시기, 순서, 송급시간 등의 사항)
② 냉각장치, 교반장치 및 압축장치의 조작기준(조작의 시기, 순서, 그 밖에 운전 상태의 적정유지에 필요한 사항)
③ 온도계, 압력계, 그 밖에 계측장치의 감시기준(감시시기, 회수, 기록방법 등의 사항)
④ 안전장치의 조정기준(조정의 시기, 회수, 작동테스트 절차 등의 사항)
⑤ 위험물의 누설점검기준(점검개소, 시기, 회수, 기록요령 등의 사항)
⑥ 시료의 채취요령(시기, 회수, 채취방법 등의 사항)
⑦ 이상 시의 조치요령(조작장소, 순서, 긴급연락요원 배치 등의 사항)
⑧ 그 밖에 필요한 조치요령(운전의 개시 시, 정지 시에 있어서의 상호 간 연락조정, 긴급 시의 연락조정, 긴급 시의 피난 등의 사항)

#### (2) 설비의 정비점검

화학설비 또는 그 부속설비의 개조, 수리, 청소 등의 작업에 대해서는 작업지휘자를 정해 작업 방법 등의 주지, 위험물 등의 누설에 의한 위험방지를 이행할 것

① 이 작업을 청부인에게 행하게 하는 경우에는 화학설비 소유자 측의 관계기술자의 입회 아래 행하도록 지도할 것
② 화학설비 및 그 부속설비에 대해서는 정기검사 및 사용개시점검을 행하도록 할 것. '정기검사'는 기간을 정하여 실시하는 정기 검사를 말하며, '사용개시의 점검'으로는 신설, 개조, 수리, 1개월 이상의 휴지 및 용도변경의 경우의 검사를 말한다.

• 실시사항
㉠ 설비 내부에 대해서 폭발화재의 원인이 되는 녹, 슬러지 등의 유무
㉡ 설비의 외표면, 내표면에 대해 현저한 손상, 변형 부식의 유무(용도변경의 경우에는 행하지 않아도 지장이 없다.)
㉢ 설비접합부에 대한 끼워맞춤 불량, 마모, 변형, 헐거움, 패킹 탈락, 조임볼트 결손 등의 유무, 밸브 콕의 작동 양부(용도변경의 경우에는 행하지 않아도 지장이 없다.)
㉣ 안전장치의 자동 양부
㉤ 냉각, 교반, 압축, 계측 또는 제어를 위한 장치기능의 양부
㉥ 예비전원장치, 스팀터빈, 내연기관 등 동력발생장치의 출력, 교체상태의 양부(용도변경의 경우는 하지 않아도 지장이 없다.)
㉦ 긴급 시 원료, 재료, 불활성 가스 등의 공급장치, 역화·역류 등의 방화장치, 긴급경보장치 및 표시등, 운전지시장치 기능의 양부

### (3) 화학설비의 구조물 조건
① 설비의 주변의 벽이나 기둥, 바닥, 창, 지붕, 계단 등의 부분은 불연성 재료로 해야 한다.
② 화학설비의 근접한 위치에 있는 바닥, 벽, 기둥, 창, 지붕, 계단 등의 건축 부분은 위험물에 의한 오손, 화학설비에서의 방사열 등에 의한 화재를 발생할 위험성이 있다.
③ '불연성 재료'로는 콘크리트, 벽돌, 기와, 알루미늄, 유리, 콜타르, 회반죽 그 밖에 이것에 유하는 불연성의 건축재료를 말한다.

### (4) 화학설비의 오조작방지
① 화학설비에 원료 또는 재료의 공급을 잘못하면 이상반응, 돌비, 폐색 등을 발생해 폭발화재를 일으킬 위험이 있다.
② 밸브, 콕의 개폐 방향, 개폐도, 조작순서 및 공급하는 원료, 재료의 종류, 양, 공급대상을 조작자가 보기 쉬운 위치에 표시시킬 필요가 있다.

### (5) 사용 전의 점검
① 처음으로 사용하는 경우
② 분해하거나 개조 또는 수리를 한 경우
③ 계속하여 1개월 이상 사용하지 아니한 후 다시 사용하는 경우

### (6) 용도를 변경하는 경우의 사용 전 점검
① 그 설비 내부에 폭발이나 화재의 우려가 있는 물질이 있는지 여부
② 안전밸브·긴급차단장치 및 그 밖의 방호장치 기능의 이상 유무
③ 냉각장치·가열장치·교반장치·압축장치·계측장치 및 제어장치 기능의 이상 유무

## 2. 건조설비의 종류 및 재해 형태

### (1) 정의
① 증기가 있는 재료를 처리하여 수분을 제거하고 조작하는 기구를 말한다.
② 건조설비는 본체, 가열장치, 부속장치로 구성되어 있다.

### (2) 위험물 건조설비를 설치하는 건축물의 구조 ★
① 위험물 또는 위험물이 발생하는 물질을 가열·건조하는 경우 내용적이 1세제곱미터 이상인 건조설비 ★
② 위험물이 아닌 물질을 가열·건조하는 경우로서 다음의 어느 하나의 용량에 해당하는 건조설비
  ㉠ 고체 또는 액체연료의 최대사용량이 시간당 10킬로그램 이상
  ㉡ 기체연료의 최대사용량이 시간당 1세제곱미터 이상
  ㉢ 전기사용 정격용량이 10킬로와트 이상

### (3) 건조설비의 구조 조건 ★

① 건조설비의 바깥 면은 불연성 재료로 만들 것
② 건조설비(유기과산화물을 가열 건조하는 것은 제외한다)의 내면과 내부의 선반이나 틀은 불연성 재료로 만들 것
③ 위험물 건조설비의 측벽이나 바닥은 견고한 구조로 할 것
④ 위험물 건조설비는 그 상부를 가벼운 재료로 만들고 주위상황을 고려하여 폭발구를 설치할 것
⑤ 위험물 건조설비는 건조하는 경우에 발생하는 가스·증기 또는 분진을 안전한 장소로 배출시킬 수 있는 구조로 할 것
⑥ 액체연료 또는 인화성 가스를 열원의 연료로 사용하는 건조설비는 점화하는 경우에는 폭발이나 화재를 예방하기 위하여 연소실이나 그 밖에 점화하는 부분을 환기시킬 수 있는 구조로 할 것
⑦ 건조설비의 내부는 청소하기 쉬운 구조로 할 것
⑧ 건조설비의 감시창·출입구 및 배기구 등과 같은 개구부는 발화 시에 불이 다른 곳으로 번지지 아니하는 위치에 설치하고 필요한 경우에는 즉시 밀폐할 수 있는 구조로 할 것
⑨ 건조설비는 내부의 온도가 부분적으로 상승하지 아니하는 구조로 설치할 것
⑩ 위험물 건조설비의 열원으로서 직화를 사용하지 아니할 것
⑪ 위험물 건조설비가 아닌 건조설비의 열원으로서 직화를 사용하는 경우에는 불꽃 등에 의한 화재를 예방하기 위하여 덮개를 설치하거나 격벽을 설치할 것
⑫ 건조설비에 부속된 전열기·전동기 및 전등 등에 접속된 배선 및 개폐기를 사용하는 경우에는 그 건조설비 전용의 것을 사용하여야 한다.
⑬ 위험물 건조설비의 내부에서 전기불꽃의 발생으로 위험물의 점화원이 될 우려가 있는 전기기계·기구 또는 배선을 설치해서는 안 된다.

### (4) 형태 및 구조에 의한 분류

| 용액이나 슬러리건조기 | 고체건조기 | 특수건조기 |
|---|---|---|
| • 드럼건조기 : Roller 사이에서 용액인 슬러리를 증발시킨다.<br>• 교반건조기 : 접착성이 큰 것에 사용된다.<br>• 분무건조기 : 슬러리나 용액을 미세한 입자의 형태로 가열하여 기체 중에 분산시켜서 건조시킨다. | • 상자건조기 : 괴상, 입상의 고체를 회분식으로 건조하여 곡물, 점토제품, 비누, 양모 등에 사용된다.<br>• 터널건조기 : 다량을 연속적으로 건조한다.<br>• 회전건조기 : 다량의 입상 또는 결정상 물질을 건조한다. | • 적외선 복사건조기<br>• 고주파 가열건조기(합판건조 사용) |

(5) 건조설비 취급 시 안전대책
　① 건조물은 열원 위에 떨어지지 않게 주의하여 넣을 것
　② 건조장치의 내부를 정기적으로 청소하고 분진의 누적을 방지할 것
　③ 기계에 불티가 나는 부분은 덮개장치를 할 것
　④ 건조기 내의 온도가 100[℃] 이상 되는 때에는 건조기의 몸통, 건조기 내의 선반이나 틀 용기는 모두 불연성 재료로 할 것
　⑤ 열원과 건조물 사이에는 안전한 격리상태를 확보할 것
　⑥ 내부의 상태를 정기적으로 점검하고 이상이 있을 때는 신속히 보고하여 적당한 조치를 받을 것
　⑦ 소정의 열원 또는 건조시간을 넘지 않도록 유의할 것
　⑧ 소정의 온도와 건조시간을 넘지 않도록 할 것

(6) 건조설비의 사용 시 준수사항 ★★★
　① 위험물 건조설비를 사용하는 경우에는 미리 내부를 청소하거나 환기할 것
　② 위험물 건조설비를 사용하는 경우에는 건조로 인하여 발생하는 가스·증기 또는 분진에 의하여 폭발·화재의 위험이 있는 물질을 안전한 장소로 배출시킬 것
　③ 위험물 건조설비를 사용하여 가열건조하는 건조물은 쉽게 이탈되지 않도록 할 것
　④ 고온으로 가열건조한 인화성 액체는 발화의 위험이 없는 온도로 냉각한 후에 격납시킬 것
　⑤ 건조설비(바깥 면이 현저히 고온이 되는 설비만 해당한다)에 가까운 장소에는 인화성 액체를 두지 않도록 할 것
　⑥ 내부온도가 자동으로 조정되는 건조설비의 온도 측정 장치 설치

## 3. 제어계측장치

(1) 계측장치의 종류
　① 온도계
　② 유량계
　③ 압력계

(2) 특수화학설비를 설치할 때 계측장치를 설치해야 하는 경우
　① 발열반응이 일어나는 반응장치
　② 증류·정류·증발·추출 등 분리를 하는 장치
　③ 가열시켜 주는 물질의 온도가 가열되는 위험물질의 분해온도 또는 발화점보다 높은 상태에서 운전되는 설비
　④ 반응폭주 등 이상 화학반응에 의하여 위험물질이 발생할 우려가 있는 설비
　⑤ 온도가 섭씨 350도 이상이거나 게이지 압력이 980킬로파스칼 이상인 상태에서 운전되는 설비
　⑥ 가열로 또는 가열기

### 4. 안전장치의 종류

(1) 안전장치

① 종류
- ㉠ 안전밸브(스프링식, 가용전식, 중추식, 파열판식)
- ㉡ 통기밸브
- ㉢ 파열판
- ㉣ 화염방지기
- ㉤ 긴급차단장치

② 안전장치 구분 ★
- ㉠ 파열판의 구조 형식 : 평판, 돔형 등이 있으며, 밀폐장치 등이 압력과잉 예방장치
- ㉡ 체크밸브 : 유체의 역류를 방지하는 밸브
- ㉢ 블로밸브 : 과잉압력을 방출하는 밸브
- ㉣ 대기밸브(breather valve) : 통기밸브라고도 하며 항상 탱크 내의 압력을 대기압과 평형한 압력으로 해서 탱크를 보호하는 방법
- ㉤ Flame Arrester : 화염의 차단을 목적으로 한 장치 ★
- ㉥ Vent Stack : 탱크 내의 압력을 정상인 상태로 유지하기 위한 가스방출장치
- ㉦ 글로브밸브 : 스톱밸브의 일종으로 외형이 구형(球形)인 밸브
  - ⓐ 장점 : 밸브의 개폐를 빠르게 할 수 있고, 밸브 본체와 밸브 시트의 조합도 쉽다.
  - ⓑ 단점 : 밸브 내에서는 흐르는 방향이 바뀌는 외에 밸브가 전부 열려도 밸브 본체가 유체 중에 있기 때문에 유체의 에너지 손실이 크다.
- ㉧ 게이트밸브 : 게이트밸브는 밸브 디스크가 유체의 통로를 수직으로 막아서 개폐하고 유체의 흐름이 일직선으로 유지되는 밸브

(2) 종류별 특성

① 긴급차단장치의 설치 : 특수화학설비를 설치하는 경우에는 이상 상태의 발생에 따른 폭발·화재 또는 위험물의 누출을 방지하기 위하여 원재료 공급의 긴급차단, 제품 등의 방출, 불활성 가스의 주입이나 냉각용수 등의 공급을 위하여 필요한 장치 등을 설치하여야 한다.

② 종류 : 공기압식, 유압식, 전기식

③ Flarestack : 가스나 고휘발성 액체의 증기를 연소해서 대기 중으로 방출하는 장치(가연성, 독성, 냄새를 거의 없앤 후 대기 중에 방산 예 Molecular seal)

④ Blow-down : 응축성 증기, 열유(熱油), 열액(熱液) 등 공정 액체를 빼내고 이것을 안전하게 유지 또는 처리하기 위한 설비

⑤ Steam-draft : 증기배관 내에 생기는 응축수를 자동적으로 배출하기 위한 장치(종류 : 디스크식, 바이메탈식, 버킷식) ★

⑥ 화염방지기의 설치 ★★ : 사업주는 인화성 액체 및 인화성 가스를 저장·취급하는 화학설비에서 증기나 가스를 대기로 방출하는 경우에는 외부로부터의 화염을 방지하기 위하여 화염방지기를 그 설비 상단에 설치해야 한다. 다만, 대기로 연결된 통기관에 화염방지 기능이 있는 통기밸브가 설치되어 있거나, 인화점이 섭씨 38도 이상 60도 이하인 인화성 액체를 저장·취급할 때에 화염방지 기능을 가지는 인화방지망을 설치한 경우에는 그렇지 않다.

⑦ 내화기준 ★★★★ : 사업주는 「산업안전보건기준에 관한 규칙」 제230조 제1항에 따른 가스폭발 위험장소 또는 분진폭발 위험장소에 설치되는 건축물 등에 대해서는 다음에 해당하는 부분을 내화구조로 하여야 하며, 그 성능이 항상 유지될 수 있도록 점검·보수 등 적절한 조치를 하여야 한다. 다만, 건축물 등의 주변에 화재에 대비하여 물 분무시설 또는 폼 헤드(foam head) 설비 등의 자동소화설비를 설치하여 건축물 등이 화재 시에 2시간 이상 그 안전성을 유지할 수 있도록 한 경우에는 내화구조로 하지 아니할 수 있다.

㉠ 건축물의 기둥 및 보 : 지상 1층(지상 1층의 높이가 6미터를 초과하는 경우에는 6미터)까지
㉡ 위험물 저장·취급 용기의 지지대(높이가 30센티미터 이하인 것은 제외한다) : 지상으로부터 지지대의 끝부분까지
㉢ 배관·전선관 등의 지지대 : 지상으로부터 1단(1단의 높이가 6미터를 초과하는 경우에는 6미터)까지

⑧ 안전거리 : 위험물을 저장·취급하는 화학설비 및 그 부속설비를 설치하는 경우에는 폭발이나 화재에 따른 피해를 줄일 수 있도록 다음 표에 따라 설비 및 시설 간에 충분한 안전거리를 유지하여야 한다. 다만, 다른 법령에 따라 안전거리 또는 보유공지를 유지하거나, 산업안전보건법 제44조에 따른 공정안전보고서를 제출하여 피해 최소화를 위한 위험성 평가를 통하여 그 안전성을 확인받은 경우에는 그러하지 아니하다.

〈안전거리〉 ★★★

| 구분 | 안전거리 |
|---|---|
| 1. 단위공정시설 및 설비로부터 다른 단위공정시설 및 설비의 사이 | 설비의 바깥 면으로부터 10미터 이상 ★ |
| 2. 플레어스택으로부터 단위공정시설 및 설비, 위험물질 저장 탱크 또는 위험물질 하역설비의 사이 | 플레어스택으로부터 반경 20미터 이상. 다만, 단위공정시설 등이 불연재로 시공된 지붕 아래에 설치된 경우에는 그러하지 아니하다. |
| 3. 위험물질 저장 탱크로부터 단위공정시설 및 설비, 보일러 또는 가열로의 사이 | 저장 탱크의 바깥 면으로부터 20미터 이상. 다만, 저장탱크의 방호벽, 원격조종화설비 또는 살수설비를 설치한 경우에는 그러하지 아니하다. |
| 4. 사무실·연구실·실험실·정비실 또는 식당으로부터 단위공정시설 및 설비, 위험물질 저장 탱크, 위험물질 하역설비, 보일러 또는 가열로의 사이 | 사무실 등의 바깥 면으로부터 20미터 이상. 다만, 난방용 보일러인 경우 또는 사무실 등의 벽을 방호구조로 설치한 경우에는 그러하지 아니하다. |

# 3 안전점검 평가

## 1. 공정안전 자료

### (1) 공정안전관리(PSM) 기초

- 공정안전관리(PSM : Process Safety Management)제도의 국내 적용

산업안전보건법에 의하면 대통령령이 정한 유해·위험설비를 보유한 사업장의 사업주는 해당 설비로부터 위험물질의 누출·화재·폭발 등으로 인하여 사업장 내의 근로자에게 즉시 피해를 주거나 사업장 인근지역에 피해를 줄 수 있는 사고를 예방하기 위하여 대통령령이 정하는 바에 의하여 공정안전보고서를 작성하여 고용노동부 장관에게 제출하도록 되어 있다. 사업주는 유해·위험 설비의 설치·이전 또는 주요 구조 부분의 변경공사의 착공일 30일 전까지 공정안전보고서를 2부 작성하여 공단에 제출하고 송부받은 공정안전보고서를 송부받은 날부터 5년간 보존하여야 한다. ★

〈공정안전보고서에 포함될 주요내용〉

| 분야별 | 주요내용 |
|---|---|
| 공정안전자료 ★★★★ | • 취급·저장하고 있는 유해·위험물질의 종류와 수량<br>• 유해·위험물질에 대한 물질안전보건자료<br>• 유해·위험설비의 목록 및 사양<br>• 유해·위험설비의 운전방법을 알 수 있는 공정도면<br>• 각종 건물·설비의 배치도<br>• 폭발위험장소 구분도 및 전기단선도<br>• 위험설비의 안전설계·제작 및 설치 관련 지침서 |
| 공정위험평가서 및 잠재위험에 대한 사고 예방·피해 최소화 대책 | 공정위험성 평가서는 공정의 특성 등을 고려하여 다음의 위험성 평가 기법 중 한 가지 이상을 선정하여 위험성 평가를 실시한 후 그 결과에 따라 작성하여야 하며, 사고 예방·피해 최소화 대책의 작성은 위험성 평가 결과 잠재위험이 있다고 인정되는 경우에 한한다.<br>• 체크리스트   • 상대위험순위 결정   • 작업자 실수 분석<br>• 사고예상 질문 분석   • 위험과 운전 분석   • 이상위험도 분석<br>• 결함수 분석   • 사건수 분석   • 원인결과 분석 |
| 안전운전계획 ★ | • 안전운전지침서   • 설비점검·검사 및 보수계획, 유지계획 및 지침서<br>• 안전작업허가   • 도급업체 안전관리계획<br>• 근로자 등 교육계획   • 가동 전 점검지침<br>• 변경요소 관리계획   • 자체감사 및 사고조사계획<br>• 그 밖에 안전운전에 필요한 사항 |
| 비상조치계획 | • 비상조치를 위한 장비·인력 보유현황,<br>• 사고 발생 시 각 부서·관련 기관과의 비상연락체계,<br>• 사고 발생 시 비상조치를 위한 조직의 임무 및 수행절차,<br>• 비상조치계획에 따른 교육계획,<br>• 주민홍보계획,<br>• 그 밖에 비상조치 관련 사항 |

(2) 공정설비의 안전성 평가의 분류
① 과학기술(공정과정)의 평가(Technology Assessment)
② 안전성의 평가(Safety Assessment)
③ 위험성의 평가(Risk Assessment)
④ 인간(인적요소)의 평가(Human Assessment)

## 2. 위험성 평가의 목적

화학물질의 제조·저장, 취급하는 화학설비(건조설비 포함)를 신설·변경·이전하는 경우, 설계단계에서 화학설비의 안전성을 확보하기 위하여 안전성 평가를 실시함으로써 화학설비의 사용 시 발생할 위험을 근원적으로 예방하고자 하는 데 안전성 평가의 목적이 있다.

## 3. 비상조치계획에 포함되어야 할 사항

① 목적
② 비상사태의 구분
③ 위험성 및 재해의 파악 분석
④ 유해위험물질의 성상 조사
⑤ 비상조치계획의 수립(최악 및 대안의 사고 시나리오의 피해예측 결과를 구체적으로 반영한 대응계획을 포함한다)
⑥ 비상조치 계획의 검토
⑦ 비상대피 계획
⑧ 비상사태의 발령(중대산업사고의 보고를 포함한다)
⑨ 비상경보의 사업장 내·외부 사고 대응기관 및 피해범위 내 주민 등에 대한 비상경보의 전파
⑩ 비상사태의 종결
⑪ 사고조사
⑫ 비상조치 위원회의 구성
⑬ 비상토제 조직의 기능 및 책무
⑭ 장비보유현황 및 비상통제소의 설치
⑮ 운전정지 절차
⑯ 비상훈련의 실시 및 조정
⑰ 주민 홍보계획 등

# 제5과목 건설공사 안전관리

## Chapter 1 건설현장 안전점검

### 1 안전점검 계획 수립

#### 1. 공종별, 공정별 안전점검 계획

(1) 공종별 점검
  ① 자체안전점검
  ② 정기안전점검의 시기·내용
  ③ 안전점검 공정표
  ④ 안전점검 체크리스트 등 실시계획 등에 관한 사항

(2) 공종
  ① 가설공사
  ② 굴착공사 및 발파공사
  ③ 콘크리트공사
  ④ 강구조물공사
  ⑤ 성토 및 절토 공사(흙댐공사를 포함한다)
  ⑥ 해체공사
  ⑦ 건축설비공사
  ⑧ 타워크레인 사용공사

(3) 안전관리계획 작성내용
  ① 목적 : 착공 전에 건설사업자 등이 시공과정의 위험요소를 발굴하고, 건설현장에 적합한 안전관리계획을 수립·유도함으로써 건설공사 중의 안전사고를 예방하기 위함
  ② 안전관리계획의 작성 및 제출기한

| 구분 | 작성기준 | 제출기한 |
|---|---|---|
| 총괄 안전관리계획 | 건설공사 전반에 대하여 작성 | 건설공사 착공 전까지 |
| 공종별 세부 안전관리계획 | 해당하는 공종별로 작성 | 공종별로 구분하여 해당 공종의 착공 전까지 |
| 안전관리계획서의 본문에는 반드시 필요한 내용만 작성하며, 해당 사항이 없는 내용에 대해서는 "해당 사항 없음"으로 작성 |||

(4) 안전관리계획의 수립기준
① 건설공사의 개요 및 안전관리조직
② 공정별 안전점검계획(계측장비 및 폐쇄회로 텔레비전 등 안전 모니터링 장비의 설치 및 운용계획이 포함되어야 한다.)
③ 공사장 주변의 안전관리대책(건설공사 중 발파·진동·소음이나 지하수 차단 등으로 인한 주변 지역의 피해 방지대책과 굴착공사로 인한 위험징후 감지를 위한 계측계획을 포함한다.)
④ 통행안전시설의 설치 및 교통 소통에 관한 계획
⑤ 안전관리비 집행계획
⑥ 안전교육 및 비상시 긴급조치계획
⑦ 공종별 안전관리계획(대상 시설물별 건설공법 및 시공절차를 포함한다.)

## 2. 안전점검표 작성

| 안전점검표(체크리스트)에 포함해야 할 사항 ★ | 안전점검표(체크리스트)에 작성 시 유의사항 ★ |
|---|---|
| • 점검 부분(점검대상)<br>• 점검 방법(육안, 기능, 기기, 정밀)<br>• 점검 항목<br>• 판정 기준<br>• 점검 시기<br>• 판정<br>• 조치 | • 사업장에 적합한 독자적 내용일 것<br>• 중점도가 높은 것부터 순서대로 작성할 것<br>• 정기적으로 검토하여 재해 방지에 타당성 있게 개조된 내용일 것<br>• 일정양식을 정하여 점검 대상을 정할 것<br>• 점검표의 내용은 이해하기 쉽도록 표현하고 구체적일 것 |

## 3. 자체검사 기계·기구

(1) 자율환전확인 대상 기계·기구
① 연삭기(研削機) 또는 연마기. 이 경우 휴대형은 제외한다.
② 산업용 로봇
③ 혼합기
④ 파쇄기 또는 분쇄기
⑤ 식품가공용 기계(파쇄·절단·혼합·제면기만 해당한다)
⑥ 컨베이어
⑦ 자동차정비용 리프트
⑧ 공작기계(선반, 드릴기, 평삭·형삭기, 밀링만 해당한다)
⑨ 고정형 목재가공용 기계(둥근톱, 대패, 루타기, 띠톱, 모떼기 기계만 해당한다)
⑩ 인쇄기

## 2  안전점검 고려사항

### 1. 공사장 작업환경 특수성

(1) 작업환경 특수성

    ① 주문생산

    ② 옥외작업

    ③ 비고정적인 생산현장

        ㉠ 공사지점의 지형, 지질, 기후 등의 영향을 받음

        ㉡ 공정진행에 따라 작업 환경, 종류가 수시로 변함

(2) 작업 자체의 위험성

    ① 작업 도구나 위치가 이동성을 가짐

    ② 종합적인 작업이 한 장소에서 동시에 이루어짐

        ㉠ 복잡. 다양한 재해위험성

        ㉡ 건설현장 내 작업, 직종별 의사소통이 어렵다.

        [가시설 설치 + 건설기계 작업 + 중량물 취급 + 고소작업] 동시에 이루어짐

### 2. 안전관리 조직

(1) 안전보건조직의 목적

    산업재해방지와 예방활동을 목적으로 안전보건조직을 구성한다.

(2) 안전보건 관리체계 조직도

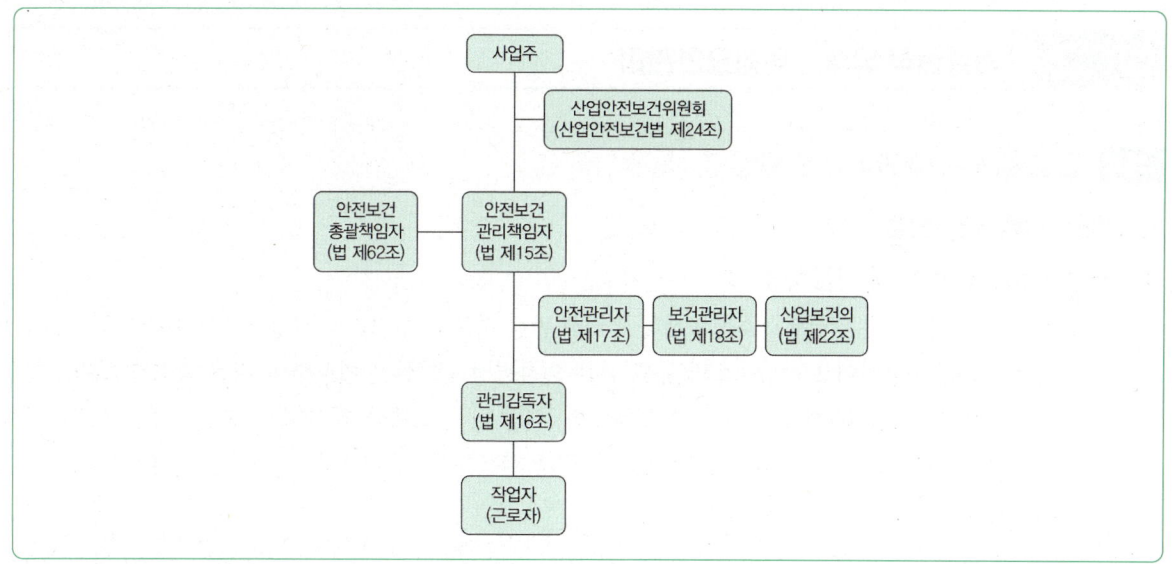

제5과목 　건설공사 안전관리

### 3. 재해사례 검토
(1) 물적 피해 유형과 인적 피해 유형분류
　① 물적 피해 유형
　　㉠ 무너짐(붕괴·도괴, 건축물이나 쌓여진 물체가 무너짐)
　　㉡ 넘어짐(전도, 건설기계 등이 넘어짐)
　　㉢ 화재, 폭발, 파열
　　㉣ 화학물질 누출
　② 인적 피해 유형
　　㉠ 떨어짐(추락, 높이가 있는 곳에서 작업자 등이 떨어짐)
　　㉡ 넘어짐(전도, 작업자 등이 미끄러지거나 넘어짐)
　　㉢ 깔림(전도, 물체의 쓰러짐이나 뒤집힘)
　　㉣ 부딪힘(충돌, 물체에 부딪힘)
　　㉤ 맞음(낙하·비래, 날아오거나 떨어진 물체에 맞음)
　　㉥ 끼임(협착, 기계설비에 끼이거나 감김)
　　㉦ 절단, 베임
　　㉧ 감전
　　㉨ 교통사고
　　㉩ 화학물질 접촉, 산소결핍(질식)

## Chapter 2 　건설현장 유해·위험요인관리

### 1 　건설공사 유해·위험요인 확인

### 1. 유해·위험요인 선정
(1) 유해 위험요소 인식 및 선정 방법
　① 설계 안전성 검토팀은 위험요소들을 도출하기 위해 관련 자료 분석 결과와 건설안전 전문가(필요시 시공 전문가 포함) 등을 활용하여 브레인스토밍 등과 같은 의사결정 방법들을 활용하여 위험 요소를 도출한다.
　② 참여 설계자는 모든 설계도서(각 공종별 설계도면, 시방서, 구조계산서, 내역서, 각종지침, 관련 법령 등)를 근거로 잠재적인 위험요소를 검토 및 분석하여, 향후 현장에서 작업자들이 안전한 환경에서 작업할 수 있도록 설계도면을 작성한다.

③ 설계자는 설계자의 고유 역할 이외에도 안전관리자, 시공관리자, 작업자의 역할을 모두 할 수 있는 고급 기술자라는 인식을 갖고 작업진행 상황의 이미지를 연상하며 시공순서 및 공법을 판단하여 작업자의 입장에서 위험요소를 도출한다.

④ 현장시공 경험이 풍부하고, 안전 관리 경험이 있는 건설안전 전문가 등을 참여시켜 수시로 공종별 설계자와 회의를 하면서 공종별로 설계도면에서 나타나는 위험요소에 대하여 의논하고 협의하여야 한다. 공종별로 연관성이 있거나 위험요소가 있으나 범위가 불명확하여 애매모호한 부분은 공종별 설계자들이 서로 상호 협의·확인한다.

⑤ 설계도면으로 위험요소를 파악하기 힘든 시공방법과 시공순서에 대해서는 건설안전 전문가 및 관련 공종 전문가들과 심도 있게 협의하고 시공 중 목적물과 작업자들에게 위험성이 잔존하는 부분은 설계도면에 표기(note)하여 작업자들이 인지하도록 한다.

⑥ 목적물 내·외부에 공사용 재료의 적합성을 고려하여 작업장 및 작업자, 사용자의 안전에 대한 위험요소[인화성, 실내 공기질, 물질안전보건자료(MSDS : Material Safety Data Sheets), 화재 관련 등]를 분석하여야 한다.

⑦ 건설공사에 적용되는 재료들의 물성을 사전에 파악하여 화재나, 중독 등 인체에 유해한지를 파악하고, 부득이 사용해야 할 시에는 시공자가 사전 교육을 통하여 작업자에게 위험요소를 인지시켜 시공 시 위험성을 감소·제거한다.

⑧ 건설공사에 필요한 관련 법령을 정확하게 숙지하여 설계도면을 작성하고 적합하지 못한 부분은 위험요소를 도출하여 위험성을 평가한 후 제거 및 감소시킬 수 있는 개선책을 반영 한다(건설기술진흥법, 건설산업기본법, 산업안전보건법, 시설물안전관리에 관한 특별법, 건축법, 주택법, 소방법, 산업안전보건기준에 관한 규칙, 실내건축의 구조·시공방법 등에 관한 기준, 전기사업법, 전기공사업법, 전력기술관리법 및 관계령, 규칙, 기준, 각 지방 조례, 기타 건설공사에 필요한 법령 등).

⑨ 외국의 설계 안전성 검토 사례[영국의 CDM(Construction Design and Management regulations), 미국의 PtD(Prevention through Design)와 Tool Box, 캐나다의 WorkSafe BC, 싱가포르의 DfS GUIDE 등]를 참고하여 위험 요소를 도출하는 방법을 활용할 수 있다.

⑩ 건설현장에서 발생한 중대재해 사례 및 대책을 공종별로 분석하여 발생빈도가 높은 위험요소를 파악하여 설계 작업 착수 전에 위험 요소를 충분히 이해하고 설계에 반영한다.

⑪ 건설기술진흥법 제48조에 따라 설계 시 반영되는 가설 구조물은 구조검토를 통해 위험요소 및 위험성을 검토하여 설계도면에 반영하고 시공 단계에서도 가설 구조물의 조립 전·후에 확인하도록 도면에 명기한다.

⑫ 발주자는 설계에 존재하는 주요 위험요소를 설계서(과업지시서)의 설계조건을 중심으로 도면검토, 각종 지침 검토, 설계자 및 공종별 설계자들과 자유로운 토론(브레인스토밍 등)을 통해 대표 설계자 및 공종별 설계자들과 공유한다.

## 2. 안전보건자료

(1) 물질안전보건자료(Material Safety Data Sheet)에 관한 교육

① 대상화학물질의 명칭(또는 제품명)
② 물리적 위험성 및 건강 유해성
③ 취급상의 주의사항
④ 적절한 보호구
⑤ 응급조치 요령 및 사고 시 대처방법
⑥ 물질안전보건자료 및 경고표지를 이해하는 방법

(2) MSDS 발생 주요 공정

| 구분 | | 정보 |
|---|---|---|
| 토공사 | | 유류, 산소, LPG, 아세틸렌, 벤토나이트액 |
| 골조공사 | | 시멘트, 박리제, 산소, LPG, 아세틸렌, 유류 |
| 마감공사 | 방수 | 방수제(프라이머, 에폭시), 우레탄 |
| | 도장 | 페인트, 시너(신나) |
| | 조적 | 시멘트 |
| | 미장 | 시멘트 |
| | 타일 | 접착제(본드류) |
| | 창호 | 유리섬유(글라스울) |
| | 내화피복(뿜칠) | 급결제, 방동제 |

## 3. 유해·위험방지계획서

(1) 유해·위험방지계획서를 제출해야 할 건설공사의 종류 ★★★★★★

① 지상높이가 31[m] 이상인 건축물 또는 인공구조물
② 연면적 3만[m$^2$] 이상인 건축물
③ 연면적 5천[m$^2$] 이상인 시설로서 다음의 어느 하나에 해당하는 시설
  ㉠ 문화 및 집회시설(전시장 및 동물원·식물원은 제외한다)
  ㉡ 판매시설, 운수시설(고속철도의 역사 및 집배송시설은 제외한다)
  ㉢ 종교시설
  ㉣ 의료시설 중 종합병원
  ㉤ 숙박시설 중 관광숙박시설
  ㉥ 지하도상가
  ㉦ 냉동·냉장 창고시설

Industrial Engineer Industrial Safety

④ 연면적 5천[m²] 이상인 냉동·냉장 창고시설의 설비공사 및 단열공사
⑤ 최대 지간(支間)길이(다리의 기둥과 기둥의 중심 사이의 거리)가 50[m] 이상인 다리의 건설 등 공사 ★
⑥ 터널의 건설 등 공사
⑦ 다목적댐, 발전용댐, 저수용량 2천만[t] 이상의 용수 전용 댐 및 지방상수도 전용 댐의 건설 등 공사
⑧ 깊이 10[m] 이상인 굴착공사

(2) 유해위험방지계획서 첨부서류 ★★
① 공사 개요 및 안전보건관리계획 ★
  ㉠ 공사 개요서
  ㉡ 공사현장의 주변 현황 및 주변과의 관계를 나타내는 도면(매설물 현황을 포함한다.)
  ㉢ 전체 공정표
  ㉣ 산업안전보건관리비 사용계획서(별지 제102호 서식)
  ㉤ 안전관리 조직표
  ㉥ 재해 발생 위험 시 연락 및 대피방법

# Chapter 3 건설업 산업안전보건관리비 관리

## 1 건설업 산업안전보건관리비 규정

### 1. 건설업산업안전보건관리비의 계상 및 사용기준

(1) 산업안전보건관리비의 효율적인 사용기준
① 사업의 규모별·종류별 계상기준
② 건설공사의 진척 정도에 따른 사용비율 등 기준
③ 그 밖에 산업안전보건관리비의 사용에 필요한 사항

(2) 건설공사의 안전관리비로 포함되는 비용 및 공사금액 계상기준
① 안전관리계획의 작성 및 검토 비용 또는 소규모안전관리계획의 작성 비용 : 작성 대상과 공사의 난이도 등을 고려하여 엔지니어링사업 대가기준을 적용하여 계상
② 안전점검 비용
③ 발파·굴착 등의 건설공사로 인한 주변 건축물 등의 피해방지대책 비용
④ 공사장 주변의 통행안전관리대책 비용
⑤ 계측장비, 폐쇄회로 텔레비전 등 안전 모니터링 장치의 설치·운용 비용
⑥ 가설구조물의 구조적 안전성 확인에 필요한 비용

## 제5과목 건설공사 안전관리

⑦ 무선설비 및 무선통신을 이용한 건설공사 현장의 안전관리체계 구축·운용 비용

(3) 건설공사의 추가 발생하는 안전관리비 계상기준
① 공사기간의 연장
② 설계변경 등으로 인한 건설공사 내용의 추가
③ 안전점검의 추가편성 등 안전관리계획의 변경
④ 그 밖에 발주자가 안전관리비의 증액이 필요하다고 인정하는 사유

## 2. 건설업산업안전보건관리비 대상액 작성요령

(1) 공사종류 및 규모별 산업안전보건관리비 계상기준표 ★★★

| 구분<br>공사종류 | 대상액<br>5억 원 미만인 경우<br>적용비율[%] | 대상액 5억 원 이상<br>50억 원 미만인 경우 | | 대상액<br>50억 원 이상인 경우<br>적용비율[%] | 영 [별표 5]에 따른 보건관<br>리자 선임 대상 건설공사의<br>적용비율[%] |
|---|---|---|---|---|---|
| | | 적용비율[%] | 기초액 | | |
| 건축 공사 | 3.11[%] | 2.28[%] | 4,325,000원 | 2.37[%] | 2.64[%] |
| 토목 공사 | 3.15[%] | 2.53[%] | 3,300,000원 | 2.60[%] | 2.73[%] |
| 중건설 공사 | 3.64[%] | 3.05[%] | 2,975,000원 | 3.11[%] | 3.39[%] |
| 특수 건설 공사 | 2.07[%] | 1.59[%] | 2,450,000원 | 1.64[%] | 1.78[%] |

## 3. 건설업산업안전보건관리비의 항목별 사용내역

(1) 안전관리비의 계상기준
① 대상액이 5억 원 미만 또는 50억 원 이상일 경우에는 대상액에 안전관리비 계상기준표에서 정한 비율을 곱한 금액
② 대상액이 5억 원 이상 50억 원 미만일 때에는 대상액에 안전관리비 계상기준표 비율을 곱한 금액에 기초액을 합한 금액

> **예제** 일반건설공사(갑)에서 재료비가 500,000,000원이고, 직접노무비가 300,000,000원일 때 안전관리비를 계산하시오.
>
> ⇒ 안전관리비 산출 = 대상액(재료비 + 직접노무비) × 1.86[%] + 기초액(C)
>   = 800,000,000 × 0.0186 + 5,349,000 = 20,229,000원

※ 발주자가 재료를 제공하거나 물품이 완제품의 형태로 제작 또는 납품되어 설치되는 경우에 해당 재료비 또는 완제품의 가액을 대상액에 포함시킬 경우의 안전보건관리비는 해당 재료비 또는 완제품의 가액을 포함시키지 않은 대상액을 기준으로 계상한 안전보건관리비의 1.2배를 초과할 수 없다.

(2) 설계변경 시 안전관리비 조정·계상 방법

① 설계변경에 따른 안전관리비는 다음 계산식에 따라 산정한다.

> 설계변경에 따른 안전관리비 = 설계변경 전의 안전관리비 + 설계변경으로 인한 안전관리비 증감액

② ①의 계산식에서 설계변경으로 인한 안전관리비 증감액은 다음 계산식에 따라 산정한다.

> 설계변경으로 인한 안전관리비 증감액 = 설계변경 전의 안전관리비 × 대상액의 증감 비율

③ ②의 계산식에서 대상액의 증감 비율은 다음 계산식에 따라 산정한다. 이 경우, 대상액은 예정가격 작성 시의 대상액이 아닌 설계변경 전·후의 도급계약서상의 대상액을 말한다.

> 대상액의 증감 비율 = [(설계변경 후 대상액 − 설계변경 전 대상액) / 설계변경 전 대상액] × 100[%]

(3) 공사 진척에 따른 안전관리비 사용기준 ★★

| 공정률 | 50[%] 이상 70[%] 미만 | 70[%] 이상 90[%] 미만 | 90[%] 이상 |
|---|---|---|---|
| 사용기준 | 50[%] 이상 | 70[%] 이상 | 90[%] 이상 |

(4) 산업안전보건관리비 사용가능 항목 ★★★

① 안전관리자 등 인건비 및 각종 업무수당
② 안전시설비 등
③ 개인보호구 및 안전장구 구입비 등
④ 안전진단비 등
⑤ 안전보건교육비 및 행사비 등
⑥ 근로자 건강관리비
⑦ 건설재해예방 기술지도비

제5과목 건설공사 안전관리

# Chapter 4 건설현장 안전시설 관리

## 1 안전시설 설치 및 관리

### 1. 추락 방지용 안전시설

(1) 추락의 개요 ★

추락은 사람이나 물체가 중간 단계의 접촉 없이 낙하하는 것이고 전락은 계단이나 경사면에서 굴러떨어지는 것을 말하며, 동일하게 떨어지는 것이라 구분을 하고 있다.

(2) 추락위험이 있는 구간에 대하여 조치할 사항 ★

① 작업발판 설치

② 추락방호망 설치

　㉠ 수직거리 10[m] 초과하지 않을 것, 수평설치, 벽면내민길이 3[m] 이상

　㉡ 추락방호망의 인장강도 ★★★★

| 그물코의 크기 (단위 : cm) | 방망의 종류(단위 : kg) | | | |
|---|---|---|---|---|
| | 매듭 없는 방망 | | 매듭 방망 | |
| | 신품에 대한 | 폐기 시 | 신품에 대한 | 폐기 시 |
| 10 | 240 | 150 | 200 | 135 |
| 5 | - | - | 110 | 50 |

③ 안전난간, 울 및 손잡이 설치

　㉠ 상부 난간대, 중간 난간대, 발끝막이판 및 난간기둥으로 구성할 것 ★

　㉡ 상부 난간대는 바닥면·발판 또는 경사로의 표면(이하 "바닥면 등"이라 한다)으로부터 90[cm] 이상 지점에 설치하고, 상부 난간대를 120[cm] 이하에 설치하는 경우에는 중간 난간대는 상부 난간대와 바닥면 등의 중간에 설치하여야 하며, 120[cm] 이상 지점에 설치하는 경우에는 중간 난간대를 2단 이상으로 균등하게 설치하고 난간의 상하 간격은 60[cm] 이하가 되도록 할 것. 다만, 계단의 개방된 측면에 설치된 난간기둥 간의 간격이 25[cm] 이하인 경우에는 중간 난간대를 설치하지 아니할 수 있다. ★

　㉢ 발끝막이판은 바닥면 등으로부터 10[cm] 이상의 높이를 유지할 것

　㉣ 난간대는 지름 2.7[cm] 이상의 금속제 파이프나 그 이상의 강도가 있는 재료일 것

　㉤ 안전난간은 구조적으로 가장 취약한 지점에서 가장 취약한 방향으로 작용하는 100[kg] 이상의 하중에 견딜 수 있는 튼튼한 구조일 것

④ 안전대 등 보호구 착용

### (3) 지붕 위에서의 위험 방지

① 지붕의 가장자리에 안전난간을 설치할 것
② 채광창(skylight)에는 견고한 구조의 덮개를 설치할 것
③ 슬레이트 등 강도가 약한 재료로 덮은 지붕에는 폭 30센티미터 이상의 발판을 설치할 것

### (4) 승강설비 설치

높이 또는 깊이가 2미터를 초과하는 장소에서 작업하는 경우 해당 작업에 종사하는 근로자가 안전하게 승강하기 위한 건설용 리프트 등의 설비를 설치해야 한다. 다만, 승강설비를 설치하는 것이 작업의 성질상 곤란한 경우에는 그렇지 않다.

## 2. 붕괴 방지용 안전시설

### (1) 토석 붕괴의 원인 ★

| 외적 원인 | 내적 원인 |
|---|---|
| • 사면, 법면의 경사 및 구배의 증가<br>• 절토 및 성토 높이의 증가<br>• 공사에 의한 진동 및 반복하중의 증가<br>• 지표수 및 지하수의 침투에 의한 토사 중량의 증가<br>• 지진, 차량, 구조물의 하중 | • 절토사면의 토질, 암질<br>• 사면의 토질<br>• 토석의 강도 저하 |

### (2) 붕괴의 형태

① 미끄러져 내림
② 점토면의 붕괴
③ 얕은 표층의 붕괴
④ 성토법면의 붕괴

### (3) 예방대책

① 지반 등을 굴착하는 경우에는 굴착면의 기울기를 기준에 맞도록 하여야 한다.
② 굴착면의 경사가 달라서 기울기를 계산하기가 곤란한 경우에는 해당 굴착면에 대하여 기준에 따라 붕괴의 위험이 증가하지 않도록 해당 각 부분의 경사를 유지하여야 한다.
③ 굴착면의 기울기 기준 ★★★★★

| 지반의 종류 | 굴착면의 기울기 |
|---|---|
| 모래 | 1 : 1.8 |
| 연암 및 풍화암 | 1 : 1.0 |
| 경암 | 1 : 0.5 |
| 그 밖의 흙 | 1 : 1.2 |

④ 굴착작업을 하는 경우 지반의 붕괴 또는 토석의 낙하에 의한 근로자의 위험을 방지하기 위하여 관리감독자에게 작업 시작 전에 작업 장소 및 그 주변의 부석·균열의 유·무, 함수(含水)·용수(湧水) 및 동결상태의 변화를 점검하도록 하여야 한다.

⑤ 굴착작업에 있어서 지반의 붕괴 또는 토석의 낙하에 의하여 근로자에게 위험을 미칠 우려가 있는 경우에는 미리 흙막이 지보공의 설치, 방호망의 설치 및 근로자의 출입 금지 등 그 위험을 방지하기 위하여 필요한 조치를 하여야 한다.

⑥ 비가 올 경우를 대비하여 측구(側溝)를 설치하거나 굴착경사면에 비닐을 덮는 등 빗물 등의 침투에 의한 붕괴재해를 예방하기 위하여 필요한 조치를 하여야 한다. ★

### (4) 비탈면 보호공법 ★★★
① 식생공 : 건설재해대책의 사면보호공법 중 식물을 생육시켜 그 뿌리로 사면의 표층토를 고정하여 빗물에 의한 침식, 동상, 이완 등을 방지하고, 녹화에 의한 경관조성이 목적이다.
② 뿜어붙이기공 : 콘크리트 또는 시멘트모터로 뿜어 붙임
③ 돌쌓기공 : 견치석 또는 콘크리트 블록을 쌓아 보호
④ 배수공 : 지반의 강도를 저하시키는 물을 배제
⑤ 표층안정공 : 약액 또는 시멘트를 지반에 그라우팅

### (5) 굴착공사에 있어서 비탈면 붕괴를 방지하기 위하여 실시하는 대책
① 지표수의 침투를 막기 위해 표면배수공을 한다.
② 지하수위를 내리기 위해 수평배수공을 설치한다.
③ 비탈면 하단을 성토한다.
④ 비탈면 하부에 토사를 적재한다.

### (6) 흙막이 지보공
① 흙막이 지보공의 재료
  ㉠ 흙막이 지보공의 재료로 변형·부식되거나 심하게 손상된 것을 사용하지 말 것
  ㉡ 흙막이 지보공을 조립하는 경우 미리 조립도를 작성하여 그 조립도에 따라 조립할 것
② 흙막이 지보공의 조립도
  흙막이판·말뚝·버팀대 및 띠장 등 부재의 배치·치수·재질 및 설치방법과 순서가 명시될 것 ★★
③ 흙막이 지보공의 붕괴 등의 방지를 위한 점검 사항 ★★★
  ㉠ 부재의 손상·변형·부식·변위 및 탈락의 유·무와 상태
  ㉡ 버팀대의 긴압(緊壓)의 정도
  ㉢ 부재의 접속부·부착부 및 교차부의 상태
  ㉣ 침하의 정도

(7) 터널굴착 작업을 할 때 시공계획에 포함시켜야 할 사항 ★
   ① 굴착의 방법
   ② 터널지보공 및 복공의 시공 방법과 용수의 처리방법
   ③ 환기 또는 조명시설을 하는 때에는 그 방법

(8) 붕괴 등의 방지를 위한 터널 지보공 설치 시 점검사항 ★★★★
   ① 부재의 손상·변형·부식·변위 탈락의 유·무 및 상태
   ② 부재의 긴압 정도
   ③ 부재의 접속부 및 교차부의 상태
   ④ 기둥침하의 유·무 및 상태

(9) 잠함, 우물통, 수직갱 등 굴착작업을 하는 때에 준수사항 ★
   ① 산소결핍의 우려가 있는 때에는 산소의 농도를 측정하는 자를 지명하여 측정한다.
   ② 근로자가 안전하게 승강하기 위한 설비를 설치한다.
   ③ 굴착깊이가 20[m]를 초과하는 때에는 당해 작업장소와 외부와의 연락을 위한 통신설비 등을 설치한다.
   ④ 측정 결과 산소의 결핍이 인정될 경우에는 송기를 위한 설비를 설치하여 필요한 양의 공기를 공급하여야 한다.

## 3. 낙하, 비래방지용 안전시설

(1) 발생원인
   ① 자재류의 낙하 비래재해
   ② 크레인 등을 이용 자재 인양 중 낙하 비래
   ③ 터널 내부, 굴착사면 토사석 낙하 비래

(2) 예방을 위한 물체의 낙하·비래에 대한 방호선반의 점검사항 ★
   ① 작업발판(폭 40[cm] 이상 간격 3[mm] 이하) 점검
   ② 가새설치(기둥 간격 10[m]마다 45[°] 방향 설치) 확인
   ③ 난간대 설치(상부난간 90[cm], 중간대 45[cm])의 견고성 확인 ★
   ④ 표지판(최대적재 하중 표시 400[kg] 이하, 위험표시) 설치확인

(3) 조치 사항

| 위험의 방지를 위한 조치사항 ★★ | 물체의 낙하·비래 및 비산에 대한 방호조치 |
|---|---|
| ① 낙하물 방지망<br>② 수직보호망 또는 방호선반의 설치<br>③ 출입금지구역의 설정<br>④ 보호구의 착용 | ① 방호울타리 설치<br>② 방호선반<br>③ 양생철망 또는 양생시트 설치 |

(4) 낙하물 방지망 또는 방호선반 설치 시 준수사항
  ① 높이 10[m] 이내마다 설치하고, 내민 길이는 벽면으로부터 2[m] 이상으로 할 것
  ② 수평면과의 각도는 20[°] 이상 30[°] 이하를 유지할 것
  ③ 울타리를 설치하는 등 관계 근로자가 아닌 사람의 출입을 금지

### 4. 개인보호구

(1) 안전대

  ① 안전대의 부착설비

  추락할 위험이 있는 높이 2[m] 이상의 장소에서 근로자에게 안전대를 착용시킨 경우 안전대를 안전하게 걸어 사용할 수 있는 설비 등을 설치하여야 한다. 이러한 안전대 부착설비로 지지로프 등을 설치 시에는 처지거나 풀리는 것의 방지를 위해 필요한 조치를 하여야 한다.

  ② 안전대의 종류 및 사용 구분

| 종류 | 사용 구분 |
| --- | --- |
| 벨트식 안전그네식 | U자 걸이용 |
| | 1개 걸이용 |
| 안전그네식 | 안전블록 |
| | 추락방지대 |

(2) 구명줄

  수직구명줄은 로프 또는 레일 등과 같은 유연하거나 단단한 고정줄로서 추락 발생 시 추락을 저지시키는 추락방지대를 지탱해주는 줄 모양의 부품이다. ★

(3) 구명구

  수상 또는 선박건조 작업에 종사하는 근로자가 물에 빠지는 등 위험의 우려가 있는 경우 그 작업을 하는 장소에 구명을 위한 배 또는 구명장구(救命裝具)의 비치 등 구명을 위하여 필요한 조치를 하여야 한다.

## 2 건설공구 및 기계

### 1. 건설공구의 종류 및 안전수칙

(1) 채석 및 할석
  ① 채석 : 산이나 바위에서 석재로 쓸 돌을 캐거나 떼어내는 작업
  ② 할석 : 채석한 돌을 사용할 크기에 맞추는 작업

### (2) 석재 가공업

① **혹두기** : 석재의 표면을 정, 쇠메로 혹 모양으로 다듬는 작업 방법
② **정다듬** : 석재의 면을 정으로 쪼아 평탄한 거친 면으로 만드는 작업
③ **도드락다듬** : 정다듬면 위를 도드락 망치를 사용하여 더욱 평평하게 두드려서 다듬는 표면 마무리법
④ **잔다듬** : 자귀형의 날 망치를 활용하여 일정한 방향으로 찍어 다듬는 방법
⑤ **물갈기** : 석재의 표면을 매끄럽게 하기 위해 물을 써서 갈아내는 방법
⑥ **버너마감** : 버너로 표면을 거칠게 만드는 방법

### (3) 철근가공 방법

① 철근은 설계도에 따라 작성된 가공 조립도에 표시된 형상과 치수에 일치하도록 재질을 해치지 않는 방법으로 가공하여야 한다.
② 철근 조립도에 철근의 구부리는 반지름이 명시되어 있지 않는 경우 도로교 설계 기준의 관련 규정에 의하여 철근을 가공하여야 한다.
③ 철근은 재질을 손상하지 않도록 상온에서 가공하여야 하며, 한번 구부린 철근은 다시 가공해서 사용해서는 안 된다.

### (4) 철근가공 공구

① 철근 절곡기
② 철근 절단기
③ 철선절단 가위

## 2. 건설기계의 종류 및 안전수칙

### (1) 굴착장비

① **쇼벨(Shovel)계 굴삭기계** : 작업장치에 따른 분류

| 종류 | 용도 |
| --- | --- |
| 파워쇼벨 | • 굳은 점토 등 지반면보다 높은 곳의 땅파기에 적합하다.<br>• 앞으로 흙을 긁어서 굴착하는 방식<br>• 셔블계 굴착기 중에서 가장 기본적인 것으로 산의 절삭에 적합하고 붐(boom)이 단단하여 굳은 지반의 굴착에도 사용됨 |
| 드래그쇼벨/백호<br>(back hoe) | • 토목공사 중 수중굴착에 많이 사용됨<br>• 지하층이나 기초의 굴착에 사용<br>• 지면보다 낮은 장소의 굴착에 적당하고 수중굴착 가능<br>• 굳은 지반의 토질에서 정확한 굴착 가능 |

| 종류 | 용도 |
|---|---|
| 드래그라인<br>(drag line) | • 작업 범위가 광범위하고 수중굴착 및 연약한 지반의 굴착에 적합<br>• 기체가 높은 위치에서 깊은 곳을 굴착하는 데 적합<br>• 기계가 서 있는 위치보다 낮은 장소의 굴착에 적당하고 백호만큼 굳은 토질에서의 굴착은 되지 않지만 굴착 반지름이 크다. |
| 클램셸 | • 연약지반이나 수중굴착 및 자갈 등을 싣는 데 적합<br>• 깊은 땅파기 공사와 흙막이 버팀대를 설치하는 데 사용<br>• 수중굴착 및 수조물의 기초바닥 등과 같은 협소하고 상당히 깊은 범위의 굴착과 호퍼(hopper)에 적합 |
| 항타기<br>(pile driver) | • 붐(boom)에 항타용 부속장치를 부착하여 낙마 해머 또는 디젤해머에 의하여 강관말뚝, 콘크리트말뚝, 널말뚝 등의 항타 작업에 사용 |
| 어스드릴<br>(earth drill) | • 붐에 어스드릴용 장치를 부착하여 땅속에 규모가 큰 구멍을 파서 기초 공사 작업에 사용<br>• 상부선 회체를 대선과 고정하여 준설과 허퍼 작업, 크레인 작업 등에도 사용<br>• 셔블계 굴착기에서는 디퍼(dipper) 또는 버킷을 들어올리기, 밀어내기, 끌어당기기, 붐의 기도, 선회, 주행 등의 동작을 하기 위하여 원동기로부터 동력이 전달된다. |

② 트랙터계 기계

| 종류 | 용도 |
|---|---|
| 셔블불도저 | • 토사의 굴착 및 단거리 운반, 깔기, 고르기, 메우기 등에 사용<br>• 특수 블레이드(blade)를 부착하고 스크레이퍼의 푸셔로 사용<br>• 트랙터로서 스크레이퍼, 롤러류, 플라우, 해로우<br>• 유압리퍼에 의한 연암 굴삭에 사용 |
| 버킷도저 | |
| 휠불도저 | |
| 모터스크레이퍼 | |
| 피견인식 스크레이퍼 | |

③ 안전기준

㉠ 셔블계 굴착기계의 안전장치

ⓐ 붐 전도 방지장치 : 붐이 굴곡면 주행 중에 흔들려 후방으로 전도되는 것을 막기 위한 장치

ⓑ 붐 기복 방지장치 : 드래그라인, 기계식 클램셸 등을 사용 시 설치하여야 하고 설치되어 있어도 붐 강도를 80[°] 가까이 하여 사용 시 주의 요함

ⓒ 붐 권상 드럼의 역회전 방지장치 : 붐 호이스트 드럼이 기어에 훅을 걸고 드럼의 하중으로 인해 와이어로프의 권하방향으로 회전하는 것을 막기 위한 장치

(2) 운반장비

① 지게차(Fork lift)

㉠ 앞바퀴 구동에 뒷바퀴로 환향하고 최소회전반경이 적으며, 전면에 적재용 포크와 안내 레일의 역할을 하는 승강용 마스터를 갖추고 있다.

ⓛ 마스터의 경사각은 전경각 5~6[°], 후경각 10~12[°] 범위
ⓒ 경화물의 적재, 운반에 이용하고 원동기식과 전동식이 있다.
② 포크 리프트의 안정도값

| 시험번호 | 시험의 종류 | 바퀴의 상태 | 밑바닥 기울기[%] |
|---|---|---|---|
| 1 | 전후안정도 | 기준 하중 상태에서 포크 리프트를 최고로 올린 상태 | 4(최대하중 5[t] 미만)<br>3.5(최대하중 5[t] 이상) |
| 2 | 전후안정도 | 주행 시의 기준 부하 상태 | 18 |
| 3 | 좌우안정도 | 기준부하 상태에서 포크를 최고로 올리고, 마스트를 최대 후경한 상태 | 6 |
| 4 | 좌우안정도 | 주행 시의 기준 부하 상태 | 15+1.1[V] |

② 컨베이어

자재 및 콘크리트 등의 수송에 주로 사용하며, 설비가 용이하고 경제적이므로 많이 사용된다.

| 종류 | 용도 |
|---|---|
| 포터블(portable) 컨베이어 | 모래, 자갈의 운반과 채취에 사용 |
| 스크루(screw) 컨베이어 | 모래, 시멘트, 콘크리트 운반에 사용 |
| 벨트(belt) 컨베이어 | 흙, 쇄석, 골재 운반에 가장 많이 사용 |
| 대형 컨베이어 | 흙, 모래, 자갈, 쇄석 등의 수송에 사용 |

(3) 차량용 건설기계 작업계획 작성 시 포함되어야 할 사항 ★
① 차량계 건설기계의 종류 및 성능 ★★
② 차량계 건설기계의 운행경로
③ 차량계 건설기계에 의한 작업 방법 및 조작자 주지내용
  ⓐ 작업의 내용
  ⓑ 지휘계통
  ⓒ 연락·신호 등의 방법
  ⓓ 운행경로, 제한속도, 그 밖에 해당 기계등의 운행에 관한 사항
  ⓔ 그 밖에 해당 기계 등의 조작에 따른 산업재해를 방지하기 위하여 필요한 사항

(4) 다짐장비 등

| 전동식 다짐기계 | 충격식 다짐기계 | 전압식 다짐기계 |
|---|---|---|
| • 진동롤러<br>• 진동타이어롤러<br>• 진동 콤팩트 | • Rammer<br>• Frog Ranner<br>• Tamper | • 도로용 롤러<br>• 타이어 롤러<br>• 탬핑롤러 |

(5) 셔블계 굴착기계의 안전수칙
    ① 버킷이나 다른 부수장치, 혹은 뒷부분에 사람을 태우지 말아야 한다.
    ② 유압계를 분리 시에는 반드시 붐을 지면에 놓고 엔진을 정지시킨 다음 유압을 제거한 후 행해야 한다.
    ③ 장비의 주차 시는 경사지나 굴착 작업장으로부터 충분히 이격시켜 주차하고 버킷은 반드시 지면에 놓아야 한다.
    ④ 운전반경 내에 사람이 있을 때는 회전하여서는 안 된다.
    ⑤ 전선(고압선) 밑에서는 주의하여 작업해야 하고 전선과 장치의 안전 간격을 반드시 유지해야 한다.

(6) 불도저를 이용한 작업 중 안전조치사항
    ① 작업종료와 동시에 삽날을 지면으로 내리고 주차 제동장치를 건다.
    ② 모든 조종간은 엔진 시동 전에 중립 위치에 놓는다.
    ③ 장비의 승차 및 하차 시 뛰어내리거나 오르지 말고 안전하게 잡고 오르내린다.
    ④ 야간작업 시 자주 장비에서 내려와 장비 주위를 살피며 점검하여야 한다.

(7) 헤드가드를 설치해야 할 차량계 건설기계
    ① 불도저
    ② 트랙터
    ③ 로더
    ④ 파워셔블
    ⑤ 드래그 셔블
    ⑥ 셔블

Industrial Engineer Industrial Safety

# Chapter 5 비계·거푸집 가시설 위험방지

## 1 건설 가시설물 설치 및 관리

### 1. 비계

(1) 비계의 기준 및 요건
   ① 비계의 재료로 변형·부식 또는 심하게 손상된 것을 사용해서는 안 된다.
   ② 강관비계(鋼管飛階)의 재료로 한국산업표준에서 정하는 기준 이상의 것을 사용
   ③ 비계의 요건
      ㉠ 안전성
      ㉡ 작업성
      ㉢ 경제성

(2) 비계의 종류
   ① 달비계(곤돌라의 달비계 제외)의 안전계수 ★★★
      ㉠ 달기 와이어로프 및 달기 강선의 안전계수 : 10 이상
      ㉡ 달기 체인 및 달기 훅의 안전계수 : 5 이상
      ㉢ 달기 강대와 달비계의 하부 및 상부 지점의 안전계수 : 강재(鋼材)의 경우 2.5 이상, 목재의 경우 5 이상

   > **용어의 정의**
   >
   > 안전계수 : 와이어로프 등의 절단하중 값을 그 와이어로프 등에 걸리는 하중의 최댓값으로 나눈 값을 말한다.

   ② 곤돌라형 달비계
      ㉠ 달비계에 사용금지 와이어로프 ★★
         ⓐ 이음매가 있는 것
         ⓑ 와이어로프의 한 꼬임[스트랜드(strand)를 말한다]에서 끊어진 소선(素線)[필러(pillar)선은 제외한다]의 수가 10[%] 이상(비자전로프의 경우에는 끊어진 소선의 수가 와이어로프 호칭지름의 6배 길이 이내에서 4개 이상이거나 호칭지름 30배 길이 이내에서 8개 이상)인 것
         ⓒ 지름의 감소가 공칭지름의 7[%]를 초과하는 것
         ⓓ 꼬인 것
         ⓔ 심하게 변형되거나 부식된 것
         ⓕ 열과 전기충격에 의해 손상된 것

ⓛ 달비계의 사용금지 달기 체인
  ⓐ 달기 체인의 길이가 달기 체인이 제조된 때의 길이의 5[%]를 초과한 것
  ⓑ 링의 단면지름이 달기 체인이 제조된 때의 해당 링의 지름의 10[%]를 초과하여 감소한 것
  ⓒ 균열이 있거나 심하게 변형된 것
ⓒ 달기 강선 및 달기 강대는 심하게 손상·변형 또는 부식된 것을 사용하지 않도록 할 것
ⓔ 달기 와이어로프, 달기 체인, 달기 강선, 달기 강대는 한쪽 끝을 비계의 보 등에, 다른 쪽 끝을 내민 보, 앵커볼트 또는 건축물의 보 등에 각각 풀리지 않도록 설치할 것
ⓜ 작업발판은 폭을 40[cm] 이상으로 하고 틈새가 없도록 할 것 ★★
ⓗ 작업발판의 재료는 뒤집히거나 떨어지지 않도록 비계의 보 등에 연결하거나 고정시킬 것
ⓢ 비계가 흔들리거나 뒤집히는 것을 방지하기 위하여 비계의 보·작업발판 등에 버팀을 설치하는 등 필요한 조치를 할 것
ⓞ 선반 비계에서는 보의 접속부 및 교차부를 철선·이음철물 등을 사용하여 확실하게 접속시키거나 단단하게 연결할 것
ⓩ 근로자의 추락위험을 방지하기 위하여, 달비계에 구명줄을 설치하고, 근로자에게 안전대를 착용하도록 하고 근로자가 착용한 안전줄을 달비계의 구명줄에 체결(締結)하도록 할 것, 안전난간을 설치할 수 있는 구조인 경우 달비계에 안전난간을 설치할 것

③ 작업의자형 달비계
  ㉠ 달비계의 작업대는 나무 등 근로자의 하중을 견딜 수 있는 강도의 재료를 사용하여 견고한 구조로 제작할 것
  ㉡ 작업대의 4개 모서리에 로프를 매달아 작업대가 뒤집히거나 떨어지지 않도록 연결할 것
  ㉢ 작업용 섬유로프는 콘크리트에 매립된 고리, 건축물의 콘크리트 또는 철재 구조물 등 2개 이상의 견고한 고정점에 풀리지 않도록 결속할 것
  ㉣ 작업용 섬유로프와 구명줄은 다른 고정점에 결속되도록 할 것
  ㉤ 작업하는 근로자의 하중을 견딜 수 있을 정도의 강도를 가진 작업용 섬유로프, 구명줄 및 고정점을 사용할 것
  ㉥ 근로자가 작업용 섬유로프에 작업대를 연결하여 하강하는 방법으로 작업을 하는 경우 근로자의 조종 없이는 작업대가 하강하지 않도록 할 것
  ㉦ 작업용 섬유로프 또는 구명줄이 결속된 고정점의 로프는 다른 사람이 풀지 못하게 하고 작업 중임을 알리는 경고표지를 부착할 것
  ㉧ 작업용 섬유로프와 구명줄이 건물이나 구조물의 끝부분, 날카로운 물체 등에 의하여 절단되거나 마모될 우려가 있는 경우에는 로프에 이를 방지할 수 있는 보호 덮개를 씌우는 등의 조치를 할 것

ⓩ 달비계에 다음의 작업용 섬유로프 또는 안전대의 섬유벨트를 사용하지 않을 것
  ⓐ 꼬임이 끊어진 것
  ⓑ 심하게 손상되거나 부식된 것
  ⓒ 2개 이상의 작업용 섬유로프 또는 섬유벨트를 연결한 것
  ⓓ 작업높이보다 길이가 짧은 것
ⓩ 근로자의 추락 위험을 방지하기 위하여 다음의 조치를 할 것
  ⓐ 달비계에 구명줄을 설치할 것
  ⓑ 근로자에게 안전대를 착용하도록 하고 근로자가 착용한 안전줄을 달비계의 구명줄에 체결하도록 할 것

④ 말비계 및 이동식 비계
  ㉠ 말비계를 조립하여 사용하는 경우에 준수사항
    ⓐ 지주부재(支柱部材)의 하단에는 미끄럼 방지장치를 하고, 근로자가 양측 끝부분에 올라서서 작업하지 않도록 할 것
    ⓑ 지주부재와 수평면의 기울기를 75[°] 이하로 하고, 지주부재와 지주부재 사이를 고정시키는 보조부재를 설치할 것 ★★★
    ⓒ 말비계의 높이가 2[m]를 초과하는 경우에는 작업발판의 폭을 40[cm] 이상으로 할 것
  ㉡ 이동식 비계를 조립하여 작업을 하는 경우에 준수사항 ★★
    ⓐ 이동식 비계의 바퀴에는 뜻밖의 갑작스러운 이동 또는 전도를 방지하기 위하여 브레이크·쐐기 등으로 바퀴를 고정시킨 다음 비계의 일부를 견고한 시설물에 고정하거나 아웃트리거(outrigger, 전도방지용 지지대)를 설치하는 등 필요한 조치를 할 것
    ⓑ 승강용 사다리는 견고하게 설치할 것
    ⓒ 비계의 최상부에서 작업을 하는 경우에는 안전난간을 설치할 것
    ⓓ 작업발판은 항상 수평을 유지하고 작업발판 위에서 안전난간을 딛고 작업을 하거나 받침대 또는 사다리를 사용하여 작업하지 않도록 할 것 ★
    ⓔ 작업발판의 최대적재하중은 250[kg]을 초과하지 않도록 할 것 ★

⑤ 시스템 비계
  ㉠ 시스템 비계를 구성하는 경우 준수사항
    ⓐ 수직재·수평재·가새재를 견고하게 연결하는 구조가 되도록 할 것
    ⓑ 비계 밑단의 수직재와 받침철물은 밀착되도록 설치하고, 수직재와 받침철물의 연결부의 겹침길이는 받침철물 전체길이의 3분의 1 이상이 되도록 할 것
    ⓒ 수평재는 수직재와 직각으로 설치 하며, 체결 후 흔들림이 없도록 견고하게 설치할 것
    ⓓ 수직재와 수직재의 연결철물은 이탈되지 않도록 견고한 구조로 할 것
    ⓔ 벽 연결재의 설치 간격은 제조사가 정한 기준에 따라 설치할 것

ⓒ 시스템 비계의 조립 작업 시 준수사항
  ⓐ 비계기둥의 밑둥에는 밑받침 철물을 사용하여야 하며, 밑받침에 고저차가 있는 경우에는 조절형 밑받침 철물을 사용하여 시스템 비계가 항상 수평 및 수직을 유지하도록 할 것
  ⓑ 경사진 바닥에 설치하는 경우에는 피벗형 받침 철물 또는 쐐기 등을 사용하여 밑받침 철물의 바닥면이 수평을 유지하도록 할 것
  ⓒ 가공전로에 근접하여 비계를 설치하는 경우에는 가공전로를 이설하거나 가공전로에 절연용 방호구를 설치하는 등 가공전로와의 접촉을 방지하기 위하여 필요한 조치를 할 것
  ⓓ 비계 내에서 근로자가 상하 또는 좌우로 이동하는 경우에는 반드시 지정된 통로를 이용하도록 주지시킬 것
  ⓔ 비계 작업 근로자는 같은 수직면상의 위와 아래 동시 작업을 금지할 것
  ⓕ 작업발판에는 제조사가 정한 최대적재하중을 초과하여 적재해서는 아니 되며, 최대적재하중이 표기된 표지판을 부착하고 근로자에게 주지시키도록 할 것

⑥ 통나무 비계
  ㉠ 통나무 비계의 조립 시 준수사항
    ⓐ 비계기둥의 간격은 2.5[m] 이하로 하고 지상으로부터 첫 번째 띠장은 3[m] 이하의 위치에 설치할 것. 다만, 작업의 성질상 이를 준수하기 곤란하여 쌍기둥 등에 의하여 해당 부분을 보강한 경우에는 그러하지 아니하다.
    ⓑ 비계기둥이 미끄러지거나 침하하는 것을 방지하기 위하여 비계기둥의 하단부를 묻고, 밑둥잡이를 설치하거나 깔판을 사용하는 등의 조치를 할 것
    ⓒ 비계기둥의 이음이 겹침 이음인 경우에는 이음 부분에서 1[m] 이상을 서로 겹쳐서 두 군데 이상을 묶고, 비계기둥의 이음이 맞댄이음인 경우에는 비계기둥을 쌍기둥틀로 하거나 1.8[m] 이상의 덧댐목을 사용하여 네 군데 이상을 묶을 것
    ⓓ 비계기둥·띠장·장선 등 접속 및 교차부는 철선이나 그 밖의 튼튼한 재료로 견고하게 묶을 것
    ⓔ 교차 가새로 보강할 것
    ⓕ 외줄비계·쌍줄비계 또는 돌출비계에 대해서는 다음 각 목에 따른 벽이음 및 버팀을 설치할 것. 다만, 창틀의 부착 또는 벽면의 완성 등의 작업을 위하여 벽이음 또는 버팀을 제거하는 경우, 그 밖에 작업의 필요상 부득이한 경우로서 해당 벽이음 또는 버팀 대신 비계기둥 또는 띠장에 사재를 설치하는 등 비계가 무너지는 것을 방지하기 위한 조치를 한 경우에는 그러하지 아니하다.
      • 간격은 수직 방향에서 5.5[m] 이하, 수평 방향에서는 7.5[m] 이하로 할 것
      • 강관·통나무 등의 재료를 사용하여 견고한 것으로 할 것
      • 인장재와 압축재로 구성되어 있는 경우에는 인장재와 압축재의 간격은 1[m] 이내로 할 것
  ㉡ 통나무 비계의 사용 : 지상높이 4층 이하 또는 12[m] 이하인 건축물·공작물 등의 건조·해체 및 조립 등의 작업에만 사용할 수 있다.

⑦ 강관비계

㉠ 강관비계 조립 시의 준수사항 ★★

ⓐ 비계기둥에는 미끄러지거나 침하하는 것을 방지하기 위하여 밑받침철물을 사용하거나 깔판·깔목 등을 사용하여 밑둥잡이를 설치하는 등의 조치를 할 것

ⓑ 강관의 접속부 또는 교차부(交叉部)는 적합한 부속철물을 사용하여 접속하거나 단단히 묶을 것

ⓒ 교차 가새로 보강할 것

ⓓ 외줄비계·쌍줄비계 또는 돌출비계에 대해서는 다음 각 목에서 정하는 바에 따라 벽이음 및 버팀을 설치할 것. 다만, 창틀의 부착 또는 벽면의 완성 등의 작업을 위하여 벽이음 또는 버팀을 제거하는 경우, 그 밖에 작업의 필요상 부득이한 경우로서 해당 벽이음 또는 버팀 대신 비계기둥 또는 띠장에 사재(斜材)를 설치하는 등 비계가 넘어지는 것을 방지하기 위한 조치를 한 경우에는 그러하지 아니하다.

- 강관비계의 조립 간격은 단관비계의 경우, 수직방향 5[m], 수평 방향 6[m]로, 틀비계는 수직방향 6[m], 수평방향 8[m]로 할 것 ★★
- 강관·통나무 등의 재료를 사용하여 견고한 것으로 할 것
- 인장재(引張材)와 압축재로 구성된 경우에는 인장재와 압축재의 간격을 1[m] 이내로 할 것

ⓔ 가공전로(架空電路)에 근접하여 비계를 설치하는 경우에는 가공전로를 이설(移設)하거나 가공전로에 절연용 방호구를 장착하는 등 가공전로와의 접촉을 방지하기 위한 조치를 할 것

㉡ 강관비계의 조립 간격

| 강관비계의 종류 | 조립 간격(단위 : [m]) | |
|---|---|---|
| | 수직 방향 | 수평 방향 |
| 단관비계 | 5 | 5 |
| 틀비계(높이가 5[m] 미만인 것은 제외한다) | 6 | 8 |

㉢ 강관비계의 구조 및 강도 식별 ★★★★

ⓐ 비계기둥의 간격은 띠장 방향에서는 1.85[m] 이하, 장선(長線) 방향에서는 1.5[m] 이하로 할 것. 다만, 선박 및 보트 건조작업의 경우 안전성에 대한 구조 검토를 실시하고 조립도를 작성하면 띠장 방향 및 장선 방향으로 각각 2.7[m] 이하로 할 수 있다.

ⓑ 띠장 간격은 2.0[m] 이하로 할 것. 다만, 작업의 성질상 이를 준수하기가 곤란하여 쌍기둥틀 등에 의하여 해당 부분을 보강한 경우에는 그러하지 아니하다.

ⓒ 비계기둥의 제일 윗부분으로부터 31[m]되는 지점 밑부분의 비계기둥은 2개의 강관으로 묶어 세울 것. 다만, 브라켓(bracket, 까치발) 등으로 보강하여 2개의 강관으로 묶을 경우 이상의 강도가 유지되는 경우에는 그러하지 아니하다.

ⓓ 비계기둥 간의 적재하중은 400[kg]을 초과하지 않도록 할 것

ⓔ 바깥지름 및 두께가 같거나 유사하면서 강도가 다른 강관을 같은 사업장에서 사용하는 경우 강관에 색 또는 기호를 표시하는 등 강관의 강도를 알아볼 수 있는 조치를 하여야 한다.

⑧ 강관틀비계

㉠ 강관틀비계 조립 사용 시 준수기준 ★★★★

ⓐ 수직 방향으로 6[m], 수평 방향으로 8[m] 이내마다 벽이음을 할 것
ⓑ 주틀 간에 교차 가새를 설치하고 최상층 및 5층 이내마다 수평재를 설치할 것 ★
ⓒ 길이가 띠장 방향으로 4[m] 이하이고 높이가 10[m]를 초과하는 경우에는 10[m] 이내마다 띠장 방향으로 버팀기둥을 설치할 것 ★
ⓓ 비계기둥의 밑둥에는 밑받침 철물을 사용하여야 하며 밑받침에 고저차(高低差)가 있는 경우에는 조절형 밑받침철물을 사용하여 각각의 강관틀비계가 항상 수평 및 수직을 유지하도록 할 것
ⓔ 높이가 20[m]를 초과하거나 중량물의 적재를 수반하는 작업을 할 경우에는 주틀 간의 간격을 1.8[m] 이하로 할 것

㉡ 벽이음 설치 간격

| 종류 | 수직방향 | 수평방향 |
| --- | --- | --- |
| 단관비계 | 5[m] 이하 | 5[m] 이하 |
| 틀비계(5[m] 이하) | 6[m] 이하 | 8[m] 이하 |
| 통나무비계 | 5.5[m] 이하 | 7.5[m] 이하 |
| 브래킷외줄비계 | 3.6[m] 이하 | 3.6[m] 이하 |
| 방호시트 | 3.6[m] 이하 | 3.6[m] 이하 |

(3) 비계 작업 시 안전조치 사항

① 비계의 점검 및 보수

비, 눈, 그 밖의 기상 상태의 악화로 작업을 중지시킨 후 또는 비계를 조립·해체하거나 변경한 후에 그 비계에서 작업을 할 경우 해당 작업을 시작하기 전 점검사항

㉠ 발판 재료의 손상 여부 및 부착 또는 걸림 상태
㉡ 해당 비계의 연결부 또는 접속부의 풀림 상태
㉢ 연결 재료 및 연결 철물의 손상 또는 부식 상태
㉣ 손잡이의 탈락 여부
㉤ 기둥의 침하, 변형, 변위(變位) 또는 흔들림 상태
㉥ 로프의 부착 상태 및 매단 장치의 흔들림 상태

(4) 비계기둥 이음요령

① **겹침이음** : 이음 부분에서 1[m] 이상으로 하고 서로 겹쳐서 2개소 이상을 묶는다.
② **맞댄이음** : 비계기둥을 쌍기둥틀로 하거나 1.8[m] 이상의 덧댐목을 사용하여 4개소 이상을 묶는다.

(5) 비계로부터의 추락 방지대책

① 작업발판

② 방망 설치

③ 안전대 착용

(6) 가설구조물의 조건

| 구분 | 상세 |
|---|---|
| 비계 | • 높이 31[m] 이상<br>• 브라켓(bracket) 비계 |
| 거푸집 및 동바리 | • 작업발판 일체형 거푸집(갱폼 등)<br> – 높이가 5[m] 이상인 거푸집<br> – 높이가 5[m] 이상인 동바리 |
| 지보공 | • 터널 지보공<br> – 높이 2[m] 이상 흙막이 지보공 |
| 가설구조물 ★ | • 높이 10[m] 이상에서 외부작업을 하기 위하여 작업발판 및 안전시설물을 일체화하여 설치하는 가설구조물(SWC, RCS, ACS, WORKFLAT FORM 등)<br> – 공사현장에서 제작하여 조립·설치하는 복합형 가설구조물(가설벤트, 작업대차, 라이닝폼, 합벽지지대 등)<br> – 동력을 이용하여 움직이는 가설구조물(FCM, ILM, MSS 등)<br> – 발주자 또는 인·허가기관의 장이 필요하다고 인정하는 가설 구조물 |

(7) 가설구조물의 특징 ★

① 연결재가 부실한 구조로 되기 쉽다.

② 불안전한 부재 결함 부분이 많다.

③ 구조물이라는 통상 개념이 확고하지 않아 조립의 정밀도가 낮다.

④ 부재는 과소 단면이거나 부실한 재료가 되기 쉽다.

## 2. 작업통로 및 발판

(1) 작업통로의 종류

① 가설통로의 종류

㉠ 경사로

㉡ 통로발판

㉢ 고정사다리

㉣ 옥외용 사다리

㉤ 목재사다리

ⓑ 이동식 사다리
ⓢ 미끄럼방지 장치
ⓞ 기계사다리
ⓩ 연장사다리

② 가설통로의 설치기준 ★★★★★★
㉠ 견고한 구조로 할 것
㉡ 경사는 30[°] 이하로 할 것. 다만, 계단을 설치하거나 높이 2[m] 미만의 가설통로로서 튼튼한 손잡이를 설치한 경우에는 그러하지 아니하다.
㉢ 경사가 15[°]를 초과하는 경우에는 미끄러지지 아니하는 구조로 할 것 ★
㉣ 추락할 위험이 있는 장소에는 안전난간을 설치할 것. 다만, 작업상 부득이한 경우에는 필요한 부분만 임시로 해체할 수 있다.
㉤ 수직갱에 가설된 통로의 길이가 15[m] 이상인 경우에는 10[m] 이내마다 계단참을 설치할 것
㉥ 건설공사에 사용하는 높이 8[m] 이상인 비계다리에는 7[m] 이내마다 계단참을 설치할 것

③ 가설발판의 지지력
㉠ 근로자가 작업 및 이동하기에 충분한 넓이 확보
㉡ 추락의 위험이 있는 곳에 안전난간 또는 철책 설치
㉢ 발판을 겹쳐 이음하는 경우 장선 위에서 이음을 하고 겹침길이는 20[cm] 이상
㉣ 발판 1개에 대한 지지물은 2개 이상
㉤ 작업발판의 최대폭은 1.6[m] 이내
㉥ 철골작업 시 가설통로의 최대 답단 간격 30[cm] 이내
㉦ 작업발판 위에는 돌출된 못, 옹이, 철선 등이 없을 것
㉧ 비계발판의 구조에 따라 최대 적재하중을 정하고 이를 초과 금지

(2) 작업통로의 설치기준
① 통로의 설치
㉠ 작업장으로 통하는 장소 또는 작업장 내에 근로자가 사용할 안전한 통로를 설치하고 항상 사용할 수 있는 상태로 유지하여야 한다.
㉡ 통로의 주요 부분에 통로표시를 하고, 근로자가 안전하게 통행할 수 있도록 하여야 한다.
㉢ 통로 면으로부터 높이 2[m] 이내에는 장애물이 없도록 하여야 한다. 다만, 부득이하게 통로 면으로부터 높이 2[m] 이내에 장애물을 설치할 수밖에 없거나 통로 면으로부터 높이 2[m] 이내의 장애물을 제거하는 것이 곤란하다고 고용노동부 장관이 인정하는 경우에는 근로자에게 발생할 수 있는 부상 등의 위험을 방지하기 위한 안전 조치를 하여야 한다.

② 통로의 조명 ★

근로자가 안전하게 통행할 수 있도록 통로에 75[lux] 이상의 채광 또는 조명시설을 하여야 한다. 다만, 갱도 또는 상시 통행을 하지 아니하는 지하실 등을 통행하는 근로자에게 휴대용 조명기구를 사용하도록 한 경우에는 그러하지 아니한다.

(3) 사다리식 통로 등의 구조 ★★★★★
① 견고한 구조로 할 것
② 심한 손상·부식 등이 없는 재료를 사용할 것
③ 발판의 간격은 일정하게 할 것
④ 발판과 벽과의 사이는 15[cm] 이상의 간격을 유지할 것
⑤ 폭은 30[cm] 이상으로 할 것
⑥ 사다리가 넘어지거나 미끄러지는 것을 방지하기 위한 조치를 할 것
⑦ 사다리의 상단은 걸쳐놓은 지점으로부터 60[cm] 이상 올라가도록 할 것
⑧ 통로의 길이가 10[m] 이상인 경우에는 5[m] 이내마다 계단참을 설치할 것 ★
⑨ 통로의 기울기는 75[°] 이하로 할 것. 다만, 고정식 사다리식 통로의 기울기는 90[°] 이하로 하고, 그 높이가 7[m] 이상인 경우에는 바닥으로부터 높이가 2.5[m] 되는 지점부터 등받이 울을 설치할 것 ★
⑩ 접이식 사다리 기둥은 사용 시 접혀지거나 펼쳐지지 않도록 철물 등을 사용하여 견고하게 조치할 것

(4) 이동식 사다리 조립, 제작 시 준수사항
① 견고한 구조로 할 것
② 재료는 심한 손상, 부식 등이 없는 것으로 할 것
③ 폭은 30[cm] 이상으로 할 것
④ 각부에는 미끄럼방지장치를 부착하는 등 전위방지조치를 할 것
⑤ 갱내에 설치한 통로 또는 사다리식 통로에 권상장치(卷上裝置)가 설치된 경우 권상장치와 근로자의 접촉에 의한 위험이 있는 장소에 판자벽이나 그 밖에 위험 방지를 위한 격벽(隔壁)을 설치하여야 한다.

(5) 계단의 설치 기준 ★★
① 계단 및 계단참을 설치하는 경우 매[m²]당 500[kg] 이상의 하중에 견딜 수 있는 강도를 가진 구조로 설치하여야 하며, 안전율[안전의 정도를 표시하는 것으로서 재료의 파괴응력도(破壞應力度)와 허용응력도(許容應力度)의 비율을 말한다)]은 4 이상으로 하여야 한다.
② 계단 및 승강구 바닥을 구멍이 있는 재료로 만드는 경우 렌치나 그 밖의 공구 등이 낙하할 위험이 없는 구조로 하여야 한다.
③ 계단을 설치하는 경우 그 폭을 1[m] 이상으로 하여야 한다. 다만, 급유용·보수용·비상용 계단 및 나선형 계단이거나 높이 1[m] 미만의 이동식 계단인 경우에는 그러하지 아니하다.

④ 계단에 손잡이 외의 다른 물건 등을 설치하거나 쌓아 두어서는 안 된다. 높이가 3[m]를 초과하는 계단에 높이 3[m] 이내마다 너비 1.2[m] 이상의 계단참을 설치하여야 한다. ★
⑤ 계단을 설치하는 경우 바닥면으로부터 높이 2[m] 이내의 공간에 장애물이 없도록 하여야 한다. 다만, 급유용·보수용·비상용 계단 및 나선형 계단인 경우에는 그러하지 아니하다.
⑥ 높이 1[m] 이상인 계단의 개방된 측면에 안전난간을 설치하여야 한다.

(6) 작업발판의 구조 ★★★★
① 비계(달비계, 달대비계 및 말비계는 제외한다)의 높이가 2[m] 이상인 작업장소에 다음의 기준에 맞는 작업발판을 설치하여야 한다.
  ㉠ 발판재료는 작업 시의 하중을 견딜 수 있도록 견고한 것으로 할 것
  ㉡ 작업발판의 폭은 40[cm] 이상으로 하고, 발판재료 간의 틈은 3[cm] 이하로 할 것. 다만, 외줄비계의 경우에는 고용노동부 장관이 별도로 정하는 기준에 따른다.
  ㉢ 추락의 위험이 있는 장소에는 안전난간을 설치할 것
  ㉣ 작업발판의 지지물은 하중에 의하여 파괴될 우려가 없는 것을 사용할 것
  ㉤ 작업발판 재료는 뒤집히거나 떨어지지 아니하도록 둘 이상의 지지물에 연결하거나 고정시킬 것 ★
  ㉥ 작업발판을 작업에 따라 이동시킬 때에는 위험 방지에 필요한 조치를 할 것
② 선박 및 보트 건조작업의 경우 선박블록 또는 엔진실 등의 좁은 작업 공간에 작업발판을 설치하기 위하여 필요하면 작업발판의 폭을 30[cm] 이상으로 할 수 있고, 걸침비계의 경우 강관기둥 때문에 발판재료 간의 틈을 3[cm] 이하로 유지하기 곤란하면 5[cm] 이하로 할 수 있다. 이 경우 그 틈 사이로 물체 등이 떨어질 우려가 있는 곳에는 출입금지 등의 조치를 하여야 한다.
③ 선반·롤러기 등 기계·설비의 작업 또는 조작 부분이 그 작업에 종사하는 근로자의 키 등 신체조건에 비하여 지나치게 높거나 낮은 경우 안전하고 적당한 높이의 작업발판을 설치하거나 그 기계·설비를 적정 작업 높이로 조절하여야 한다.

## 3. 거푸집 및 동바리

(1) 거푸집 동바리 등의 조립
① 거푸집 동바리 등을 조립하는 경우에는 그 구조를 검토한 후 조립도를 작성하고, 그 조립도에 따라 조립하도록 하여야 한다.
② 조립도에는 동바리·멍에 등 부재의 재질·단면 규격·설치 간격 및 이음방법 등을 명시하여야 한다. ★

(2) 거푸집 동바리 등의 조립 시 안전조치 ★
① 깔목의 사용, 콘크리트 타설, 말뚝박기 등 동바리의 침하를 방지하기 위한 조치를 할 것
② 개구부 상부에 동바리를 설치하는 경우에는 상부하중을 견딜 수 있는 견고한 받침대를 설치할 것
③ 동바리의 상하 고정 및 미끄러짐 방지 조치를 하고, 하중의 지지상태를 유지할 것

④ 동바리의 이음은 맞댄이음이나 장부이음으로 하고 같은 품질의 재료를 사용할 것 ★
⑤ 강재와 강재의 접속부 및 교차부는 볼트·클램프 등 전용철물을 사용하여 단단히 연결할 것
⑥ 거푸집이 곡면인 경우에는 버팀대의 부착 등 그 거푸집의 부상(浮上)을 방지하기 위한 조치를 할 것
⑦ 동바리로 사용하는 강관에 대해서는 다음의 사항을 따를 것[파이프 서포트(pipe support)는 제외]
　㉠ 높이 2[m] 이내마다 수평연결재를 2개 방향으로 만들고 수평연결재의 변위를 방지할 것
　㉡ 멍에 등을 상단에 올릴 경우에는 해당 상단에 강재의 단판을 붙여 멍에 등을 고정시킬 것
⑧ 동바리로 사용하는 파이프 서포트에 대해서는 다음의 사항을 따를 것 ★★★
　㉠ 파이프 서포트를 3개 이상 이어서 사용하지 않도록 할 것 ★
　㉡ 파이프 서포트를 이어서 사용하는 경우에는 4개 이상의 볼트 또는 전용철물을 사용하여 이을 것 ★★
　㉢ 높이가 3.5[m]를 초과하는 경우에는 높이 2[m] 이내마다 수평연결재를 2개 방향으로 만들고 수평연결재의 변위를 방지할 것
⑨ 동바리로 사용하는 강관틀에 대해서는 다음의 사항을 따를 것
　㉠ 강관틀과 강관틀 사이에 교차가새를 설치할 것
　㉡ 최상층 및 5층 이내마다 거푸집 동바리의 측면과 틀면의 방향 및 교차가새의 방향에서 5개 이내마다 수평연결재를 설치하고 수평연결재의 변위를 방지할 것
　㉢ 최상층 및 5층 이내마다 거푸집 동바리의 틀면의 방향에서 양단 및 5개틀 이내마다 교차가새의 방향으로 띠장틀을 설치할 것
　㉣ 멍에 등을 상단에 올릴 경우에는 해당 상단에 강재의 단판을 붙여 멍에 등을 고정시킬 것
⑩ 동바리로 사용하는 조립강주에 대해서는 다음의 사항을 따를 것
　㉠ 멍에 등을 상단에 올릴 경우에는 해당 상단에 강재의 단판을 붙여 멍에 등을 고정시킬 것
　㉡ 높이가 4[m]를 초과하는 경우에는 높이 4[m] 이내마다 수평연결재를 2개 방향으로 설치하고 수평연결재의 변위를 방지할 것
⑪ 시스템 동바리(규격화·부품화된 수직재, 수평재 및 가새재 등의 부재를 현장에서 조립하여 거푸집으로 지지하는 동바리 형식을 말한다)는 다음의 방법에 따라 설치할 것 ★★
　㉠ 수평재는 수직재와 직각으로 설치하여야 하며, 흔들리지 않도록 견고하게 설치할 것
　㉡ 연결철물을 사용하여 수직재를 견고하게 연결하고, 연결 부위가 탈락 또는 꺾어지지 않도록 할 것
　㉢ 수직 및 수평하중에 의한 동바리 본체의 변위로부터 구조적 안전성이 확보되도록 조립도에 따라 수직재 및 수평재에는 가새재를 견고하게 설치하도록 할 것
　㉣ 동바리 최상단과 최하단의 수직재와 받침철물은 서로 밀착되도록 설치하고 수직재와 받침철물의 연결부의 겹침길이는 받침철물 전체 길이의 3분의 1 이상 되도록 할 것
⑫ 동바리로 사용하는 목재에 대해서는 다음의 사항을 따를 것
　㉠ 높이 2[m] 이내마다 수평연결재를 2개 방향으로 만들고 수평연결재의 변위를 방지할 것
　㉡ 목재를 이어서 사용하는 경우에는 2개 이상의 덧댐목을 대고 네 군데 이상 견고하게 묶은 후 상단을 보나

멍에에 고정시킬 것

⑬ 보로 구성된 것은 다음의 사항을 따를 것
  ㉠ 보의 양끝을 지지물로 고정시켜 보의 미끄러짐 및 탈락을 방지할 것
  ㉡ 보와 보 사이에 수평연결재를 설치하여 보가 옆으로 넘어지지 않도록 견고하게 할 것
⑭ 거푸집을 조립하는 경우에는 거푸집이 콘크리트 하중이나 그 밖의 외력에 견딜 수 있거나, 넘어지지 않도록 견고한 구조의 긴결재, 버팀대 또는 지지대를 설치하는 등 필요한 조치를 할 것

### (3) 깔판 및 깔목 등을 끼워서 계단 형상으로 조립하는 거푸집 동바리

① 거푸집의 형상에 따른 부득이한 경우를 제외하고는 깔판·깔목 등을 2단 이상 끼우지 않도록 할 것
② 깔판·깔목 등을 이어서 사용하는 경우에는 그 깔판·깔목 등을 단단히 연결할 것
③ 동바리는 상·하부의 동바리가 동일 수직선상에 위치하도록 하여 깔판·깔목 등에 고정시킬 것

### (4) 거푸집 동바리 등의 콘크리트의 타설작업 ★

① 당일의 작업을 시작하기 전에 해당 작업에 관한 거푸집 동바리 등의 변형·변위 및 지반의 침하 유·무 등을 점검하고 이상이 있으면 보수할 것
② 작업 중에는 거푸집 동바리 등의 변형·변위 및 침하 유·무 등을 감시할 수 있는 감시자를 배치하여 이상이 있으면 작업을 중지하고 근로자를 대피시킬 것
③ 콘크리트 타설작업 시 거푸집 붕괴의 위험이 발생할 우려가 있으면 충분한 보강조치를 할 것
④ 설계도서상의 콘크리트 양생기간을 준수하여 거푸집 동바리 등을 해체할 것
⑤ 콘크리트를 타설하는 경우에는 편심이 발생하지 않도록 골고루 분산하여 타설할 것

### (5) 거푸집 재료의 선정방법

① **재료** : 거푸집 동바리 및 거푸집의 재료로 변형·부식 또는 심하게 손상된 것을 사용해서는 안 된다.
② 거푸집에 사용되는 재료 중 금속재 패널의 장·단점

| 장점 | 단점 |
| --- | --- |
| • 수밀성 좋다.<br>• 강도가 크다.<br>• 운용도가 좋다.<br>• 강성이 크고 정밀도가 높다.<br>• 평면이 평활한 콘크리트가 된다. | • 외부 온도의 영향을 받기 쉽다.<br>• 초기의 투자율이 높다.<br>• 콘크리트가 녹물로 오염될 염려가 있다.<br>• 중량이 무거워 취급이 어렵다.<br>• 미장 마무리를 할 시는 정으로 쪼아서 거칠게 하여야 한다. |

### (6) 조립 등 작업 시 안전 조치 사항

① **거푸집 동바리 등의 조립 등 작업 시의 준수사항 ★** : 기둥·보·벽체·슬래브 등의 거푸집 동바리 등을 조립하거나 해체 작업 시 준수사항
  ㉠ 해당 작업을 하는 구역에는 관계 근로자가 아닌 사람의 출입을 금지할 것

○ 비, 눈, 그 밖의 기상상태의 불안정으로 날씨가 몹시 나쁜 경우에는 그 작업을 중지할 것
© 재료, 기구 또는 공구 등을 올리거나 내리는 경우에는 근로자로 하여금 달줄·달포대 등을 사용하도록 할 것
② 낙하·충격에 의한 돌발적 재해를 방지하기 위하여 버팀목을 설치하고 거푸집 동바리 등을 인양장비에 매단 후에 작업을 하도록 하는 등 필요한 조치를 할 것
② 철근조립 등의 작업 시 준수사항
  ⊙ 양중기로 철근을 운반할 경우에는 두 군데 이상 묶어서 수평으로 운반할 것
  ○ 작업 위치의 높이가 2[m] 이상일 경우에는 작업발판을 설치하거나 안전대를 착용하게 하는 등 위험 방지를 위하여 필요한 조치를 할 것

(7) 작업발판 일체형 거푸집의 안전조치
  ① **작업발판 일체형 거푸집** ★★
    ⊙ 갱 폼(gang form)
    ○ 슬립 폼(slip form)
    © 클라이밍 폼(climbing form)
    ② 터널 라이닝 폼(tunnel lining form)
    ⑩ 그 밖에 거푸집과 작업발판이 일체로 제작된 거푸집 등
  ② 갱 폼의 조립·이동·양중·해체 시 준수사항
    ⊙ 조립 등의 범위 및 작업 절차를 미리 그 작업에 종사하는 근로자에게 주지시킬 것
    ○ 근로자가 안전하게 구조물 내부에서 갱 폼의 작업발판으로 출입할 수 있는 이동통로를 설치할 것
    © 갱 폼의 지지 또는 고정철물의 이상 유·무를 수시점검하고 이상이 발견된 경우에는 교체하도록 할 것
    ② 갱 폼을 조립하거나 해체하는 경우에는 갱폼을 인양 장비에 매단 후에 작업을 실시하도록 하고, 인양 장비에 매달기 전에 지지 또는 고정철물을 미리 해체하지 않도록 할 것
    ⑩ 갱 폼 인양 시 작업발판용 케이지에 근로자가 탑승한 상태에서 갱폼의 인양 작업을 하지 아니할 것

(8) 계단 형상으로 조립하는 거푸집 동바리 준수사항
  ① 거푸집의 형상에 따른 부득이한 경우를 제외하고는 깔판·깔목 등을 2단 이상 끼우지 않도록 할 것
  ② 깔판·깔목 등을 이어서 사용하는 경우에는 그 깔판·깔목 등을 단단히 연결할 것
  ③ 동바리는 상·하부의 동바리가 동일 수직선상에 위치하도록 하여 깔판·깔목 등에 고정시킬 것

(9) 작업 위치의 높이가 2[m] 이상일 경우에는 작업발판을 설치하거나 안전대를 착용하게 하는 등 위험 방지를 위하여 필요한 조치를 할 것 ★
  ① 작업발판의 폭은 40[cm] 이상으로 한다.
  ② 작업발판재료는 뒤집히거나 떨어지지 않도록 둘 이상의 지지물에 연결하거나 고정시킨다.
  ③ 발판재료 간의 틈은 3[cm] 이하로 한다.

④ 작업발판의 지지물은 하중에 의하여 파괴될 우려가 없는 것을 사용한다.

(10) 콘크리트 타설 시 거푸집의 측압이 커지는 요소 ★★★
① 콘크리트 부어넣기 속도가 빠를수록 측압은 크다.
② 온도가 낮을수록 측압은 크다.
③ 콘크리트 시공연도가 클수록 측압은 크다.
④ 콘크리트 다지기가 충분할수록 측압은 크다.
⑤ 벽 두께가 두꺼울수록 측압은 커진다.
⑥ 철골 또는 철근량이 적을수록 측압은 크다.

(11) 거푸집 해체작업 시 유의사항 ★★
① 일반적으로 연직부재의 거푸집은 수평부재의 거푸집보다 빨리 떼어낸다.
② 해체된 거푸집이나 각목 등에 박혀있는 못 또는 날카로운 돌출물은 즉시 제거하여야 한다.
③ 상하 동시 작업은 원칙적으로 금지하여 부득이한 경우에는 긴밀히 연락을 위하여 작업을 하여야 한다.
④ 거푸집 해체작업장 주위에는 관계자를 제외하고는 출입을 금지시켜야 한다.

## 4. 흙막이

(1) 흙막이 지보공의 설치기준
① 흙막이 지보공의 재료로 변형·부식되거나 심하게 손상된 것을 사용해서는 안 된다.
② 흙막이 지보공을 조립 시 미리 조립도를 작성하여 그 조립도에 따라 조립하도록 한다.
③ 조립도는 흙막이판·말뚝·버팀대 및 띠장 등 부재의 배치·치수·재질 및 설치방법과 순서가 명시되어야 한다.

(2) 계측기의 종류 및 사용목적
① **지중경사계** : 흙막이벽 배면에 설치하여 토류벽의 기울어짐 측정
② **지표침하계** : 흙막이벽 배면에 설치하여 지표면 침하량 측정
③ **지하수위계** : 토류벽 배면에 설치하여 현장 주변 지하수위 변동 측정
④ **변형률계** : 스트러트, 띠장 등에 부착하여 굴착작업 시 구조물의 변형 측정
⑤ **균열측정기** : 인접구조물, 지반 등의 균열부위에 설치하여 균열의 크기와 변화 측정
⑥ **간극수압계** : 굴착, 성토에 의한 간극수압의 변화 측정
⑦ **하중계** : 스트러트, 어스 앵커에 설치하여 축하중 측정으로 부재의 안정성 여부 판단

# Chapter 6 공사 및 작업 종류별 안전

## 1 양중 및 해체 공사

### 1. 양중공사 시 안전수칙

(1) 양중기의 종류
   ① 크레인[호이스트(hoist)를 포함한다]
   ② 이동식 크레인
   ③ 리프트(이삿짐운반용 리프트의 경우에는 적재하중이 0.1톤 이상인 것으로 한정한다)
   ④ 곤돌라
   ⑤ 승강기

(2) 정격하중 등의 표시
   양중기(승강기는 제외한다) 및 달기구를 사용하여 작업하는 운전자 또는 작업자가 보기 쉬운 곳에 해당 기계의 정격하중, 운전속도, 경고표시 등을 부착하여야 한다.

(3) 방호장치의 조정
   ① 양중기에 과부하방지장치, 권과방지장치(捲過防止裝置), 비상정지장치 및 제동장치, 그 밖의 방호장치[(승강기의 파이널 리미트 스위치(final limit switch), 속도조절기, 출입문 인터 록(inter lock) 등을 말한다]가 정상적으로 작동될 수 있도록 미리 조정해 두어야 한다.
   ② 양중기에 대한 권과방지장치는 훅·버킷 등 달기구의 윗면(그 달기구에 권상용 도르래가 설치된 경우에는 권상용 도르래의 윗면)이 드럼, 상부 도르래, 트롤리프레임 등 권상장치의 아랫면과 접촉할 우려가 있는 경우에 그 간격이 0.25[m] 이상[(직동식(直動式) 권과방지장치는 0.05[m] 이상으로 한다)]이 되도록 조정하여야 한다.
   ③ 권과방지장치를 설치하지 않은 크레인에 대해서는 권상용 와이어로프에 위험표시를 하고 경보장치를 설치하는 등 권상용 와이어로프가 지나치게 감겨서 근로자가 위험해질 상황을 방지하기 위한 조치를 하여야 한다.

(4) 양중기의 안전수칙
   ① 와이어로프 등 달기구의 안전계수 ★ : 양중기의 와이어로프 등 달기구의 안전계수(달기구 절단하중의 값을 그 달기구에 걸리는 하중의 최댓값으로 나눈 값을 말한다)가 다음의 구분에 따른 기준에 맞지 아니한 경우에는 이를 사용해서는 안 된다.

$$\text{안전계수} = \frac{\text{절단하중}}{\text{최대하중}}$$

㉠ 근로자가 탑승하는 운반구를 지지하는 달기와이어로프 또는 달기체인의 경우 : 10 이상
㉡ 화물의 하중을 직접 지지하는 달기와이어로프 또는 달기체인의 경우 : 5 이상 ★
㉢ 훅, 샤클, 클램프, 리프팅 빔의 경우 : 3 이상
㉣ 그 밖의 경우 : 4 이상

② 와이어로프에 걸리는 하중 계산
㉠ 와이어로프에 걸리는 총하중 = 정하중 + 동하중

> **예제** 크레인의 로프에 1[t]의 중량을 걸어 10[m/sec]의 가속도로 들어올릴 때 로프에 걸리는 하중
> ⇒ 동하중 = $(W \times a) / g$ = $(1,000 \times 10) / 9.8$ = 1,020.41[kg]
> 총하중 = 1,000 + 1,020.41 = 2,020.41[kg]

㉡ 슬링와이어로프(sling wire rope)의 한 가닥에 걸리는 하중 = (정하중 / 2) ÷ $\cos(\theta / 2)$
㉢ 와이어로프의 안전율 산출공식

$$S = \frac{NP}{Q}, \quad Q = \frac{NP}{S}$$

$S$ : 안전율
$N$ : 로프 가닥 수
$P$ : 로프의 파단강도
$Q$ : 허용응력

| 와이어로프의 종류 | 안전율 |
|---|---|
| 권상용 와이어로프<br>지브의 기복용 와이어로프<br>횡행용 와이어로프 | 5.0 |
| 지브의 지지용 와이어로프<br>보조 로프 및 고정용 와이어로프 | 4.0 |

③ 와이어로프의 절단방법
㉠ 사업주는 와이어로프를 절단하여 양중(揚重)작업용구를 제작하는 경우 반드시 기계적인 방법으로 절단하여야 하며, 가스용단(溶斷) 등 열에 의한 방법으로 절단해서는 안 된다.
㉡ 사업주는 아크(arc), 화염, 고온부 접촉 등으로 인하여 열영향을 받은 와이어로프를 사용해서는 안 된다.

④ 사용금지 와이어로프 등
㉠ 이음매가 있는 와이어로프 ★
㉡ 와이어로프의 한 가닥에서 소선의 수가 10[%] 이상 절단된 것
㉢ 지름의 감소가 공칭지름의 7[%]를 초과하는 것

②  꼬임이 끊어진 섬유로프 등
⑩ 심하게 변형 또는 부식된 것

⑤ 달기체인의 사용금지사항
  ㉠ 달기체인의 길이가 제조 당시보다 5[%] 이상 늘어난 것
  ㉡ 고리의 단면 직경이 제조 당시보다 10[%] 이상 감소된 것
  ㉢ 균열이 있거나 심하게 변형된 것

⑥ 와이어로프 및 달기체인의 검사방법
  ㉠ 육안검사
  ㉡ 기능검사
  ㉢ 규격검사
  ㉣ 형식검사

⑦ 양중기 작업 시 운전자 또는 작업자가 보기 쉬운 곳에 반드시 부착하여야 할 것
  ㉠ 정격하중
  ㉡ 운전속도
  ㉢ 경고표시

### (5) 크레인

① **안전밸브의 조정** : 유압을 동력으로 사용하는 크레인의 과도한 압력상승을 방지하기 위한 안전밸브에 대하여 정격하중(지브 크레인은 최대의 정격하중으로 한다)을 건 때의 압력 이하로 작동되도록 조정하여야 한다.

② **해지장치의 사용** ★ : 훅걸이용 와이어로프 등이 훅으로부터 벗겨지는 것을 방지하기 위한 장치(이하 "해지장치"라 한다)를 구비한 크레인을 사용하여야 하며, 그 크레인을 사용하여 짐을 운반하는 경우에는 해지장치를 사용하여야 한다.

③ **경사각의 제한** : 크레인 명세서에 적혀 있는 지브의 경사각(인양 하중이 3[t] 미만인 지브 크레인의 경우에는 제조한 자가 지정한 지브의 경사각)의 범위에서 사용하도록 하여야 한다.

④ 크레인의 수리 등의 작업
  ㉠ 같은 주행로에 병렬로 설치되어 있는 주행 크레인의 수리ㆍ조정 및 점검 등의 작업을 하는 경우, 주행로상이나 그 밖에 주행 크레인이 근로자와 접촉할 우려가 있는 장소에서 작업을 하는 경우 등에 주행 크레인끼리 충돌하거나 주행 크레인이 근로자와 접촉할 위험을 방지하기 위하여 감시인을 두고 주행로 상에 스토퍼(stopper)를 설치하는 등 위험 방지 조치를 하여야 한다.
  ㉡ 사업주는 갠트리 크레인 등과 같이 작업장 바닥에 고정된 레일을 따라 주행하는 크레인의 새들(saddle) 돌출부와 주변 구조물 사이의 안전공간이 40[cm] 이상 되도록 바닥에 표시를 하는 등 안전공간을 확보하여야 한다.

⑤ **폭풍에 의한 이탈 방지 ★** : 순간풍속이 초당 30[m]를 초과하는 바람이 불어올 우려가 있는 경우 옥외에 설치되어 있는 주행 크레인에 대하여 이탈방지장치를 작동시키는 등 이탈 방지를 위한 조치를 하여야 한다.

⑥ 크레인의 설치·조립·수리·점검 또는 해체 작업 시 조치
  ㉠ 작업순서를 정하고 그 순서에 따라 작업을 할 것
  ㉡ 작업을 할 구역에 관계 근로자가 아닌 사람의 출입을 금지하고 그 취지를 보기 쉬운 곳에 표시할 것
  ㉢ 비, 눈, 그 밖에 기상상태의 불안정으로 날씨가 몹시 나쁜 경우에는 그 작업을 중지시킬 것
  ㉣ 작업 장소는 안전한 작업이 이루어질 수 있도록 충분한 공간을 확보하고 장애물이 없도록 할 것
  ㉤ 들어 올리거나 내리는 기자재는 균형을 유지하면서 작업을 하도록 할 것
  ㉥ 크레인의 성능, 사용조건 등에 따라 충분한 응력(應力)을 갖는 구조로 기초를 설치하고 침하 등이 일어나지 않도록 할 것
  ㉦ 규격품인 조립용 볼트를 사용하고 대칭되는 곳을 차례로 결합하고 분해할 것

⑦ **악천후 및 강풍 시 작업 중지 ★**
  ㉠ 비·눈·바람 또는 그 밖의 기상상태의 불안정으로 인하여 근로자가 위험해질 우려가 있는 경우 작업을 중지하여야 한다. 다만, 태풍 등으로 위험이 예상되거나 발생되어 긴급 복구작업을 필요로 하는 경우에는 그러하지 아니하다.
  ㉡ 사업주는 순간풍속이 초당 10[m]를 초과하는 경우 타워크레인의 설치·수리·점검 또는 해체 작업을 중지 하여야 하며, 순간풍속이 초당 15[m]를 초과하는 경우에는 타워크레인의 운전작업을 중지하여야 한다.

⑧ 크레인의 작업 시작 전 점검 사항 3가지와 자체 검사 항목 3가지 ★★

| 작업 시작 전 점검사항 | 자체 검사 항목 |
|---|---|
| • 권과방지장치, 브레이크, 클러치 및 운전장치의 기능<br>• 주행로의 상측 및 트롤리가 횡행하는 레일의 상태<br>• 와이어로프가 통하고 있는 곳의 상태 | • 과부하방지장치, 권과방지장치, 기타 방호장치의 이상 유·무<br>• 브레이크 및 클러치의 이상 유·무<br>• 와이어로프 및 달기체인의 이상 유·무<br>• 훅 등 달기기구의 손상 유·무 |

⑨ 타워크레인을 벽체에 지지하는 경우 준수사항
  ㉠ 서면심사에 관한 서류(형식승인서류를 포함한다) 또는 제조사의 설치작업설명서 등에 따라 설치할 것
  ㉡ 서면심사 서류 등이 없거나 명확하지 아니한 경우에는 「국가기술자격법」에 따른 건축구조·건설기계·기계안전·건설안전기술사 또는 건설안전분야 산업안전지도사의 확인을 받아 설치하거나 기종별·모델별 공인된 표준방법으로 설치할 것
  ㉢ 콘크리트구조물에 고정시키는 경우에는 매립이나 관통 또는 이와 같은 수준 이상의 방법으로 충분히 지지되도록 할 것
  ㉣ 건축 중인 시설물에 지지하는 경우에는 그 시설물의 구조적 안정성에 영향이 없도록 할 것

⑩ **타워크레인을 와이어로프로 지지하는 경우 준수사항** ★★
  ㉠ 제조사의 설명서에 따라 설치할 것
  ㉡ 와이어로프를 고정하기 위한 전용 지지프레임을 사용할 것
  ㉢ 와이어로프 설치각도는 수평면에서 60[°] 이내로 하되, 지지점은 4개소 이상으로 하고, 같은 각도로 설치 할 것
  ㉣ 와이어로프와 그 고정부위는 충분한 강도와 장력을 갖도록 설치하고, 와이어로프를 클립・샤클(shackle, 연결고리) 등의 고정기구를 사용하여 견고하게 고정시켜 풀리지 않도록 하며, 사용 중에는 충분한 강도와 장력을 유지하도록 할 것 ★
  ㉤ 와이어로프가 가공전선(架空電線)에 근접하지 않도록 할 것 ★

⑪ **폭풍 등으로 인한 이상 유・무 점검** : 사업주는 순간풍속이 초당 30[m]를 초과하는 바람이 불거나 중진(中震) 이상 진도의 지진이 있은 후에 옥외에 설치되어 있는 양중기를 사용하여 작업을 하는 경우에는 미리 기계 각 부위에 이상이 있는지를 점검하여야 한다.

⑫ **건설물 등과의 사이 통로** : 사업주는 주행 크레인 또는 선회 크레인과 건설물 또는 설비와의 사이에 통로를 설치하는 경우 그 폭을 0.6[m] 이상으로 하여야 한다. 다만, 그 통로 중 건설물의 기둥에 접촉하는 부분에 대해서는 0.4[m] 이상으로 할 수 있다.

⑬ **건설물 등의 벽체와 통로의 간격 등** ★★ : 사업주는 다음의 간격을 0.3[m] 이하로 하여야 한다. 다만, 근로자가 추락할 위험이 없는 경우에는 그 간격을 0.3[m] 이하로 유지하지 아니할 수 있다.
  ㉠ 크레인의 운전실 또는 운전대를 통하는 통로의 끝과 건설물 등의 벽체의 간격
  ㉡ 크레인 거더(girder)의 통로 끝과 크레인 거더의 간격
  ㉢ 크레인 거더의 통로로 통하는 통로의 끝과 건설물 등의 벽체의 간격

⑭ **크레인을 사용하여 작업을 하는 관계 근로자 조치사항**
  ㉠ 인양할 하물(荷物)을 바닥에서 끌어당기거나 밀어내는 작업을 하지 아니할 것
  ㉡ 유류 드럼이나 가스통 등 운반 도중에 떨어져 폭발하거나 누출될 가능성이 있는 위험물 용기는 보관함(또는 보관고)에 담아 안전하게 매달아 운반할 것
  ㉢ 고정된 물체를 직접 분리・제거하는 작업을 하지 아니할 것
  ㉣ 미리 근로자의 출입을 통제하여 인양 중인 하물이 작업자의 머리 위로 통과하지 않도록 할 것
  ㉤ 인양할 하물이 보이지 아니하는 경우에는 어떠한 동작도 하지 아니할 것(신호하는 사람에 의하여 작업을 하는 경우는 제외한다)

⑮ **타워 크레인(Tower Crane)을 선정하기 위한 사전 검토사항** ★
  ㉠ 인양능력
  ㉡ 작업반경
  ㉢ 붐의 높이

(6) 리프트
① 운반구 이탈 등의 위험을 방지하기 위한 장치 : 권과방지장치, 과부하방지장치, 비상정지장치 등을 설치하는 등 필요한 조치
② 무인 금지 행위
③ 리프트의 피트 등의 바닥을 청소하는 경우 운반구의 낙하위에 대한 조치
　㉠ 승강로에 각재 또는 원목 등을 걸칠 것
　㉡ 걸친 각재(角材) 또는 원목 위에 운반구를 놓고 역회전방지기가 붙은 브레이크를 사용하여 구동모터 또는 윈치(winch)를 확실하게 제동해 둘 것
④ 붕괴 등의 방지 조치
　㉠ 지반침하, 불량한 자재사용 또는 헐거운 결선(結線) 등으로 리프트가 붕괴되거나 넘어지지 않도록 필요한 조치를 하여야 한다.
　㉡ 순간풍속이 초당 35[m]를 초과하는 바람이 불어올 우려가 있는 경우 건설용 리프트(지하에 설치되어 있는 것은 제외한다)에 대하여 받침의 수를 증가시키는 등 그 붕괴 등을 방지하기 위한 조치를 하여야 한다.
⑤ 운반구를 주행로 위에 달아 올린 상태로 정지시켜 두어서는 안 된다.
⑥ 리프트의 설치·조립·수리·점검 또는 해체 작업 시 조치사항
　㉠ 작업을 지휘하는 사람을 선임하여 그 사람의 지휘 하에 작업을 실시할 것
　㉡ 작업을 할 구역에 관계 근로자가 아닌 사람의 출입을 금지하고 그 취지를 보기 쉬운 장소에 표시할 것
　㉢ 비, 눈, 그 밖에 기상상태의 불안정으로 날씨가 몹시 나쁜 경우에는 그 작업을 중지시킬 것
⑦ 이삿짐 운반용 리프트 전도의 방지 조치
　㉠ 아웃트리거가 정해진 작동위치 또는 최대전개위치에 있지 않는 경우(아웃트리거 발이 닿지 않는 경우를 포함한다)에는 사다리 붐 조립체를 펼친 상태에서 화물 운반작업을 하지 않을 것
　㉡ 사다리 붐 조립체를 펼친 상태에서 이삿짐 운반용 리프트를 이동시키지 않을 것
　㉢ 지반의 부동침하 방지 조치를 할 것
⑧ 화물의 낙하 방지 조치
　㉠ 화물을 적재 시 하중이 한쪽으로 치우치지 않도록 할 것
　㉡ 적재화물이 떨어질 우려가 있는 경우에는 화물에 로프를 거는 등 낙하 방지 조치를 할 것

(7) 승강기
① **폭풍에 의한 무너짐 방지** : 사업주는 순간풍속이 초당 35[m]를 초과하는 바람이 불어 올 우려가 있는 경우 옥외에 설치되어 있는 승강기에 대하여 받침의 수를 증가시키는 등 승강기가 무너지는 것을 방지하기 위한 조치를 하여야 한다.
② 조립 등의 작업
　㉠ 작업을 지휘하는 사람을 선임하여 그 사람의 지휘하에 작업을 실할 것

　　ⓒ 작업을 할 구역에 관계 근로자가 아닌 사람의 출입을 금지하고 그 취지를 보기 쉬운 장소에 표시할 것
　　ⓓ 비, 눈, 그 밖에 기상상태의 불안정으로 날씨가 몹시 나쁜 경우에는 그 작업을 중지시킬 것
　③ 작업지휘자의 이행사항
　　ⓐ 작업 방법과 근로자의 배치를 결정하고 해당 작업을 지휘하는 일
　　ⓑ 재료의 결함 유·무 또는 기구 및 공구의 기능을 점검하고 불량품을 제거하는 일
　　ⓒ 작업 중 안전대 등 보호구의 착용 상황을 감시하는 일
　④ 화물용 승강기 자체검사 항목
　　ⓐ 비상정지장치, 과부하방지장치, 기타 방호장치의 이상 유·무
　　ⓑ 브레이크 및 제어장치의 이상 유·무
　　ⓒ 와이어로프의 손상 유·무
　　ⓓ 가이드레일의 상태
　　ⓔ 옥외에 설치된 승강기의 가이드레일의 연결 부위의 상태

(8) 타워크레인 설치 및 해체작업

| 안전점검 | 안전교육 |
| --- | --- |
| • 붕괴·추락 및 재해 방지에 관한 사항을 확인한다.<br>• 설치·해체 순서 및 안전작업방법에 관한 사항을 확인한다.<br>• 부재의 구조·재질 및 특성에 관한 사항을 확인한다.<br>• 신호방법 및 요령에 관한 사항을 확인한다.<br>• 이상 발생 시 응급조치에 관한 사항을 확인한다. | • 붕괴·추락 및 재해 방지에 관한 사항을 교육자료에 반영한다.<br>• 설치·해체 순서 및 안전작업방법에 관한 사항을 교육자료에 반영한다.<br>• 부재의 구조·재질 및 특성에 관한 사항을 교육자료에 반영한다.<br>• 신호방법 및 요령에 관한 사항을 교육자료에 반영한다.<br>• 이상 발생 시 응급조치에 관한 사항을 교육자료에 반영한다. |

(9) 콘크리트 인공구조물(그 높이가 2[m] 이상인 것만 해당한다)의 해체 또는 파괴작업

| 안전점검 | 안전교육 |
| --- | --- |
| • 콘크리트 해체기계의 점점에 관한 사항을 확인한다.<br>• 파괴 시의 안전거리 및 대피 요령에 관한 사항을 확인한다.<br>• 작업 방법·순서 및 신호 방법 등에 관한 사항을 확인한다.<br>• 해체·파괴 시의 작업안전기준 및 보호구에 관한 사항을 확인한다. | • 콘크리트 해체기계의 점점에 관한 사항을 교육자료에 반영한다.<br>• 파괴 시의 안전거리 및 대피 요령에 관한 사항을 교육자료에 반영한다.<br>• 작업 방법·순서 및 신호 방법 등에 관한 사항을 교육자료에 반영한다.<br>• 해체·파괴 시의 작업안전기준 및 보호구에 관한 사항을 교육자료에 반영한다. |

## 2. 해체공사 시 안전수칙

(1) 해체용 기구의 종류

① 압쇄기
  ㉠ 유압잭으로 파쇄 해체하는 공법이며 셔블에 압쇄기를 부착하여 사용하는 기계
  ㉡ 벽체의 해체에 용이하며 능률이 우수함
  ㉢ 해체 높이에 제한이 없고, 취급 및 조작이 용이하고 인력의 절감
  ㉣ 20[m] 높이까지 작업이 가능하고, 철골 및 철근 절단도 가능
  ㉤ 분진이 발생하므로 살수 조치가 필요한 단점을 가지고 있다.

② 잭(jack) : 들어 올려 파쇄하는 공법으로 보나 바닥 해체에 적당하고 해체물이 많으면 기동성이 떨어지고 낙하물 보호조치가 필요한 단점이 있다.

③ 철해머
  ㉠ 이동식 크레인에 철해머를 부착하는 기계
  ㉡ 타격으로 주로 파쇄에 사용되며 기둥, 보, 바닥, 벽체 해체에 적합하고 능률이 좋다.
  ㉢ 소음 진동이 매우 크고 비산물이 많아 매설물 보호가 필요하고 지하 콘크리트 파쇄에는 적절하지 않다.

(2) 해체용 기구의 취급안전

① 압쇄기의 취급상 안전기준
  ㉠ 압쇄기의 중량 등을 고려하여 자체에 무리를 초래하는 중량의 압쇄기 부착을 금지한다.
  ㉡ 압쇄기 부착과 해체는 경험이 많은 사람이 하도록 한다.
  ㉢ 그리스 주유를 빈번히 실시하고 보수 점검을 수시로 하여야 한다.
  ㉣ 기름이 새는지 확인하고 배관 부분의 접속부가 안전한지 점검한다.
  ㉤ 절단칼은 마모가 심하기 때문에 적절히 교환하여야 한다.

② 잭의 취급 시 안전기준
  ㉠ 잭을 설치하거나 해체할 때는 경험이 많은 사람이 하도록 한다.
  ㉡ 유압호스 부분에 기름이 새는지, 접속부는 이상이 없는지를 확인한다.
  ㉢ 장시간 작업의 경우에는 호스의 커플링과 고무가 연결한 곳에 균열 발생우려로 적절한 교환 요함
  ㉣ 수시로 보수점검

③ 철해머의 안전기준
  ㉠ 해체 대상물에 적합한 형상과 중량의 것을 선정
  ㉡ 중량과 작업반경을 고려해서 차체의 붐, 프레임 및 차체에 무리가 없는 것의 부착
  ㉢ 해머를 매단 와이어로프의 종류와 직경 등은 적절한 것을 사용
  ㉣ 해머와 와이어로프의 결속은 경험이 많은 사람으로 하여금 실시토록 한다.
  ㉤ 와이어로프와 결속부는 사용 전후 항상 점검

(3) 해체공사 시 작업용 기계기구의 취급 안전기준 ★
    ① 철제 햄머와 와이어로프의 결속은 경험이 많은 사람으로서 선임된 자에 한하여 실시하도록 하여야 한다.
    ② 팽창제 천공간격은 콘크리트 강도에 의하여 결정되나 30~70[cm] 정도를 유지하도록 한다.
    ③ 쐐기타입으로 해체 시 천공구멍은 타입기 삽입 부분의 직경과 거의 같아야 한다.
    ④ 화염방사기로 해체작업 시 용기 내 압력은 온도에 의해 상승하기 때문에 항상 40[℃] 이하로 보존해야 한다.

(4) 건물 등의 해체 작업 시 계획에 포함되어야 할 사항
    ① 해체 작업용 기계·기구 등의 작업계획서
    ② 해체 작업용 화약류 등의 사용계획서
    ③ 해체의 방법 및 해체 순서 도면
    ④ 가설 설비, 방호 설비, 환기설비 및 살수, 방화 설비 등의 방법
    ⑤ 사업장 내 연락방법
    ⑥ 해체물의 처분 계획
    ⑦ 기타 안전 보건에 관련된 사항

## 2  콘크리트 및 PC 공사

### 1. 콘크리트공사 시 안전수칙

(1) 콘크리트 타설 작업 시 준수사항
    ① 당일의 작업을 시작하기 전에 해당 작업에 관한 거푸집 동바리 등의 변형·변위 및 지반의 침하 유·무 등을 점검하고 이상이 있으면 보수할 것
    ② 작업 중에는 거푸집 동바리 등의 변형·변위 및 침하 유·무 등을 감시할 수 있는 감시자를 배치하여 이상이 있으면 작업을 중지하고 근로자를 대피시킬 것
    ③ 콘크리트 타설 작업 시 거푸집 붕괴의 위험이 발생할 우려가 있으면 충분한 보강조치를 할 것
    ④ 설계도서상의 콘크리트 양생기간을 준수하여 거푸집 동바리 등을 해체할 것
    ⑤ 콘크리트 타설 시에는 편심이 발생하지 않도록 골고루 분산하여 타설할 것

(2) 콘크리트 타설 시 측압이 커지는 경우
    ① 타설속도가 커질수록
    ② 비중이 커질수록
    ③ 표면이 평활할수록
    ④ 단면이 클수록
    ⑤ 강성이 클수록
    ⑥ 진동기 사용

⑦ 거푸집의 강성이 작을수록
⑧ 온도가 낮을수록
⑨ 투수성, 누수성이 작을수록
⑩ 응결시간이 빠를수록
⑪ 연한 콘크리트 일수록

### (3) 철골공사 시 안전작업 방법 및 준수사항 ★
① 강풍, 폭우 등과 같은 악천후 시에는 작업을 중지하여야 하며 특히 강풍 시에는 높은 곳에 있는 부재나 공구류가 낙하 비래하지 않도록 조치하여야 한다.
② 철골 부재 반입 시 시공순서가 빠른 부재는 상단부에 위치하도록 한다.
③ 구명줄 설치 시 마닐라 로프 직경 16[mm]를 기준하여 설치하고 작업 방법을 충분히 검토하여야 한다.
④ 철골보의 두 곳을 매어 인양시킬 때 와이어로프의 내각은 60[°] 이하이어야 한다.

### (4) 철골공사 해체 작업 중 유의해야 할 사항
① 작업 구역 내에는 관계자 외의 자에 대해 출입을 통제한다.
② 강풍, 폭우, 폭설 등 악천후 시에는 작업을 중지시킨다.
③ 사용 기계 기구 등을 인양하거나 내릴 때에는 그물망이나 그물포대 등을 사용토록 하여야 한다.
④ 외벽과 기둥 등을 전도시키는 작업을 할 경우에는 신호를 정하고 관계 작업자에게 주지시킨다.
⑤ 전도 작업을 수행할 때에는 작업자 이외의 다른 작업자는 대피시키도록 하고 완전대피상태를 확인한 다음 전도시키도록 하여야 한다.

### (5) 철근 인력 운반
① 긴 철근은 가급적 두 사람이 1조가 되어 어깨메기로 하여 운반하는 등 안전성을 도모해야 한다.
② 긴 철근을 부득이하게 한 사람이 운반할 때에는 한곳을 드는 것보다 한쪽을 어깨에 메고 한쪽 끝을 땅에 끌면서 운반토록 해야 한다.
③ 운반 시에는 항상 양끝을 묶어 운반토록 해야 한다.
④ 1회 운반 시 1인당 무게는 25[kg] 정도가 적절하며, 무리한 운반은 삼가도록 한다.
⑤ 내려놓을 때에는 천천히 내려놓고 던지지 않도록 해야 한다.
⑥ 공동 작업 시에는 신호에 따라 작업을 행해야 한다.

### (6) 철골작업의 제한 ★★
① 풍속이 초당 10[m] 이상인 경우
② 강우량이 시간당 1[mm] 이상인 경우
③ 강설량이 시간당 1[cm] 이상인 경우

## 2. PC 공사 시 안전수칙

(1) PC 운반·조립·설치의 안전

① 완전 정비된 공장에서 제조된 콘크리트 또는 콘크리트 제품으로 공기의 단축, 공사비의 절감, 품질 관리의 용이, 내구성 증대 등의 장점이 있다.
② 프리캐스트 콘크리트란 공장 또는 현장 근처에서 미리 제작한 콘크리트 제품이며, 현장으로 이동 운반된 뒤 가설되는 교각, 파일, 시트 파일 등 제품의 것을 말한다.
③ 프리스트레스트는 정하중, 동하중 등의 하중에 의한 응력을 부정하도록 미리 계획적으로 부재에 주어지는 응력을 말한다.
④ 프리스트레스트 콘크리트(prestressed concrete)는 PC 강재에 따라서 프리스트레스트가 주어지고 있는 일종의 철근콘크리트를 말하며, 철근 콘크리트와 다른 점은 프리스트레스트로 해서 압축력을 주고 있기 때문에 외력이 작용해도 콘크리트의 전(全)단면을 유효하게 이용할 수 있고, 높은 강도의 콘크리트와 병용하면 단면의 치수도 적게 할 수 있기 때문에, 장대한 스팬의 교량 등에 이용된다. 또 균열이 발생하기 어렵고 복원성이 우수하여 침목, 파일, 탱크 등에도 이용되고 있다.

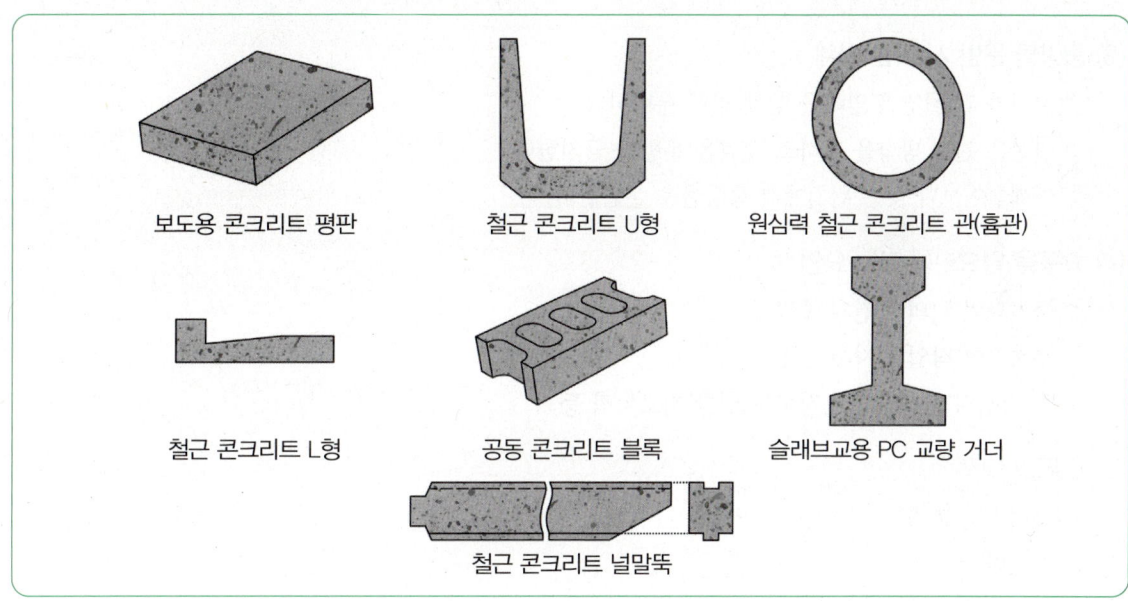

## 3 운반 및 하역 작업

### 1. 운반작업 시 안전수칙

(1) 취급·운반의 5원칙 ★★
   ① 연속 운반을 할 것
   ② 생산을 최고로 하는 운반을 생각할 것
   ③ 운반작업을 집중하여 시킬 것
   ④ 직선운반을 할 것
   ⑤ 최대한 시간과 경비를 절약할 수 있는 운반방법을 고려할 것

(2) 운반작업을 기계운반작업으로 분류할 때 기계운반이 유리한 경우 ★
   ① 단순하고 반복적인 작업
   ② 표준화되어 있어 지속적이고 운반량이 많은 작업
   ③ 취급물이 중량인 작업

(3) 중량물 운반 시 바른 자세
   ① 길이가 긴 물건은 앞쪽을 높게 하여 운반한다.
   ② 시선은 진행 방향을 향하고 뒷걸음 운반을 금지한다.
   ③ 어깨높이보다 낮은 위치에서 중량물을 운반한다.

(4) 요통을 일으키게 하는 요인
   ① 들기작업 시의 물건의 중량
   ② 부적절한 작업의 자세
   ③ 긴 작업시간과 작업의 강도로 인한 피로누적 등

(5) 요통의 대책
   ① 작업량의 조절
   ② 자동화
   ③ 취급시간의 조절
   ④ 교육 및 훈련
   ⑤ 작업장 바닥 및 작업 공간의 최적화

## 2. 하역 작업 시 안전수칙

### (1) 선박승강설비의 설치
① 사업주는 300[t]급 이상의 선박에서 하역 작업을 하는 경우에 근로자들이 안전하게 오르내릴 수 있는 현문(舷門) 사다리를 설치하여야 하며, 이 사다리 밑에 안전망을 설치하여야 한다.
② ①에 따른 현문 사다리는 견고한 재료로 제작된 것으로 너비는 55[cm] 이상이어야 하고, 양측에 82[cm] 이상의 높이로 울타리를 설치하여야 하며, 바닥은 미끄러지지 않도록 적합한 재질로 처리되어야 한다.
③ ①의 현문 사다리는 근로자의 통행에만 사용하여야 하며, 화물용 발판 또는 화물용 보관으로 사용하도록 해서는 안 된다.

### (2) 차량계 하역운반기계(지게차) 사용 시 작업 시작 전 점검사항
① 제동장치 및 조종장치 기능의 이상 유·무
② 하역장치 및 유압장치 기능의 이상 유·무
③ 바퀴의 이상 유·무
④ 전조등, 후미등, 방향지시기 및 경보장치 기능의 이상 유·무

### (3) 제한속도의 지정
① 차량계 하역운반기계, 차량계 건설기계(최대제한속도가 시속 10[km] 이하인 것은 제외한다)를 사용하여 작업을 하는 경우 미리 작업장소의 지형 및 지반 상태 등에 적합한 제한속도를 정하고, 운전자로 하여금 준수하도록 한다. ★
② 궤도작업차량을 사용하는 작업, 입환기로 입환작업을 하는 경우에 작업에 적합한 제한속도를 정하고, 운전자로 하여금 준수하도록 하여야 한다.
③ 운전자는 제한속도를 초과하여 운전해서는 안 된다.

### (4) 운반 위치 이탈 시의 조치
① 포크, 버킷, 디퍼 등의 장치를 가장 낮은 위치 또는 지면에 내려 둘 것
② 원동기를 정지시키고 브레이크를 확실히 거는 등 갑작스러운 주행이나 이탈을 방지하기 위한 조치를 할 것
③ 운전석을 이탈하는 경우에는 시동키를 운전대에서 분리시킬 것. 다만, 운전석에 잠금장치를 하는 등 운전자가 아닌 사람이 운전하지 못하도록 조치한 경우에는 그러하지 아니하다.

### (5) 기계화해야 할 인력작업의 표준
① 3~4인이 상당한 시간에 계속되어야 하는 운반작업의 경우
② 발밑에서부터 머리 위까지 들어 올리는 작업의 경우
③ 발밑에서 어깨까지 25[kg] 이상의 물건을 들어올리는 작업일 경우
④ 발밑에서 허리까지 50[kg] 이상의 물건을 들어올리는 작업일 경우

⑤ 발밑에서부터 무릎까지 75[kg] 이상의 물건을 들어올리는 작업일 경우
⑥ 두 걸음 이상 가로로 운반하는 작업이 연속되는 경우
⑦ 3[m] 이상 연속하여 운반작업을 하는 경우
⑧ 1시간에 10[t] 이상의 운반량이 있는 작업인 경우

(6) 인력운반과 기계운반 작업의 구분

| 인력운반 | 기계운반 |
| --- | --- |
| • 두뇌적인 판단이 필요한 작업 – 분류, 판독, 검사 | • 단순하고 반복적인 작업 |
| • 단독적이고 소량 취급 작업 | • 표준화되어 있어 지속적이고 운반량이 많은 작업 |
| • 취급물의 형상, 성질, 크기 등이 다양한 작업 | • 취급물의 형상, 성질, 크기 등이 일정한 작업 |
| • 취급물이 경량물인 경우 | • 취급물이 중량인 작업 |

(7) 하역 작업장의 조치기준
① 작업장 및 통로의 위험한 부분에는 안전하게 작업할 수 있는 조명을 유지할 것
② 부두 또는 안벽의 선을 따라 통로를 설치하는 경우에는 폭을 90[cm] 이상으로 할 것
③ 육상에서의 통로 및 작업장소로서 다리 또는 선거(船渠) 갑문(閘門)을 넘는 보도(步道) 등의 위험한 부분에는 안전난간 또는 울타리 등을 설치할 것

(8) 화물 적재 시 준수사항 ★★
① 침하 우려가 없는 튼튼한 기반 위에 적재할 것
② 건물의 칸막이나 벽 등이 화물의 압력에 견딜 만큼의 강도를 지니지 아니한 경우에는 칸막이나 벽에 기대어 적재하지 않도록 할 것
③ 불안정할 정도로 높이 쌓아 올리지 말 것
④ 하중이 한쪽으로 치우치지 않도록 쌓을 것

Industrial Engineer Industrial Safety

# 산업안전산업기사
## 기출 복원문제

2019년 제1회~3회 기출 복원문제

2020년 제1·2회~3회 기출 복원문제

2021년 제1회~3회 기출 복원문제

2022년 제1회~3회 기출 복원문제

2023년 제1회~3회 기출 복원문제

2024년 제1회~3회 기출 복원문제

2025년 제1회~3회 기출 복원문제

# 2019년 제1회 기출 복원문제

## 1과목 산업안전관리론

**01** 하인리히의 재해구성비율에 따라 경상사고가 87건 발생하였다면 무상해사고는 몇 건이 발생하였겠는가?

① 300건
② 600건
③ 900건
④ 1,200건

**해설** ▶ 하인리히의 법칙
1 : 29 : 300(사망 · 중상 : 경상 : 무상해사고)
여기서, 경상사고가 87건 발생하였으므로
3 : 87 : 900
따라서 무상해사고는 900건 발생하였다.

**02** OJT(On the Job Training)의 특징이 아닌 것은?

① 훈련에 필요한 업무의 계속성이 끊어지지 않는다.
② 교육효과가 업무에 신속히 반영된다.
③ 다수의 근로자들을 대상으로 동시에 조직적 훈련이 가능하다.
④ 개개인에게 적절한 지도훈련이 가능하다.

**해설** ▶ OJT와 Off JT 비교

| 구분 | OJT | Off JT |
|---|---|---|
| 정의 | 현장이나 직장에서 직속 상사가 업무에 관련된 지식, 기능, 태도 등에 관하여 교육하는 실무훈련과정으로 개별교육에 적합한 교육 형태 | 계층별 또는 직능별로 공통된 교육목적을 가진 근로자를 현장 이외의 일정한 장소에 집결 시켜 실시하는 집체교육으로 집단교육에 적합한 교육 형태 |
| 교육의 형태 및 방법 | 현장에서의 개인에 대한 직속 상사의 개별교육 및 지도 | 계층별 또는 직능별(공통대상) 집합교육 |
| 특징 | • 직장의 현장 실정에 맞는 구체적이고 실질적인 교육이 가능하다.<br>• 교육의 효과가 업무에 신속하게 반영된다.<br>• 교육의 이해도가 빠르고 동기부여가 쉽다.<br>• 개인의 능력과 적성에 알맞은 맞춤교육이 가능하다.<br>• 교육으로 인해 업무가 중단되는 업무 손실이 적다.<br>• 교육경비의 절감 효과가 있다.<br>• 상사와의 의사소통 및 신뢰도 향상에 도움이 된다. | • 한번에 다수의 대상을 일괄, 조직적으로 교육할 수 있다.<br>• 전문분야의 우수한 강사진을 초빙할 수 있다.<br>• 교육기자재 및 특별 교재 또는 시설을 유효하게 활용할 수 있다.<br>• 다른 분야 및 타 직장의 사람들과 지식이나 경험의 교환이 가능하다.<br>• 업무와 분리되어 면학에 전념하는 것이 가능하다.<br>• 교육목표를 위하여 집단적으로 협조와 협력이 가능하다.<br>• 법규, 원리, 원칙, 개념, 이론 등의 교육에 적합하다. |

**03** 재해사례연구에 관한 설명으로 틀린 것은?

① 재해사례연구는 주관적이며 정확성이 있어야 한다.
② 문제점과 재해요인의 분석은 과학적이고, 신뢰성이 있어야 한다.
③ 재해사례를 과제로 하여 그 사고와 배경을 체계적으로 파악한다.
④ 재해요인을 규명하여 분석하고 그에 대한 대책을 세운다.

정답  01 ③  02 ③  03 ①

해설 재해사례연구는 객관적이고 정확성이 있어야 하며 문제점과 재해요인 분석은 과학적이고 신뢰성이 있어야 한다. 사고와 사고 배경을 체계적으로 파악하고 재해요인을 규명 및 분석하여 그에 대한 대책을 세운다.

**04** 「산업안전보건법」상 안전·보건표지에서 기본 모형의 색상이 빨강이 아닌 것은?

① 산화성 물질 경고
② 화기금지
③ 탑승금지
④ 고온경고

해설 ▶ 안전·보건표지

|  |  |  |  |
|---|---|---|---|
| 산화성 물질 경고 | 화기금지 | 탑승금지 | 고온경고 |

금지표지가 기본 모형의 색상이 빨강이므로 화기금지와 탑승금지는 빨강이고, 산화성 물질 경고는 무색 바탕에 빨강(또는 검정)이다. 고온 경고는 노란색 바탕에 검정의 기본 모형으로 표시한다.

**05** 모랄 서베이(Morale Survey)의 효용이 아닌 것은?

① 조직 또는 구성원의 성과를 비교·분석한다.
② 종업원의 정화(Catharsis)작용을 촉진시킨다.
③ 경영관리를 개선하는 데에 대한 자료를 얻는다.
④ 근로자의 심리 또는 욕구를 파악하여 불만을 해소하고, 노동의욕을 높인다.

해설 ▶ 모랄 서베이의 효용
- 근로자의 심리, 욕구를 파악하여 불만을 해소하고 노동의욕을 높인다.
- 경영관리를 개선하는 데 자료를 얻는다.
- 종업원의 정화작용을 촉진시킨다.

**06** 주의(Attention)의 특징 중 여러 종류의 자극을 자각할 때, 소수의 특정한 것에 한하여 주의가 집중되는 것은?

① 선택성
② 방향성
③ 변동성
④ 검출성

해설 ▶ 주의의 특징
- 선택성 : 주의는 한 곳에만 집중할 수 있다.
- 방향성 : 주의를 집중하는 곳 주변의 주의는 떨어진다.
- 변동성 : 주의는 장시간 일정하게 유지될 수 없다.

**07** 인간의 적응기제(適機應制)에 포함되지 않는 것은?

① 갈등(conflict)
② 억압(repression)
③ 공격(aggression)
④ 합리화(rationalization)

해설 ▶ 인간의 적응기제
- 도피 : 억압, 퇴행, 백일몽, 고립
- 방어 : 보상, 합리화, 승화, 동일시, 투사
- 공격 : 폭행, 싸움, 기물파괴, 욕설, 비난, 조소 등

**08** 「산업안전보건법」상 직업병 유소견자가 발생하거나 다수 발생할 우려가 있는 경우에 실시하는 건강진단은?

① 특별건강진단
② 일반건강진단
③ 임시건강진단
④ 채용 시 건강진단

해설 ▶ 임시건강진단 명령 등

> 「산업안전보건법」 제131조 제1항
> 고용노동부장관은 같은 유해인자에 노출되는 근로자들에게 유사한 질병의 증상이 발생한 경우 등 고용노동부령으로 정하는 경우에는 근로자의 건강을 보호하기 위하여 사업주에게 특정 근로자에 대한 건강진단(이하 '임시건강진단'이라 한다)의 실시나 작업전환, 그 밖에 필요한 조치를 명할 수 있다.

정답 04 ④ 05 ① 06 ① 07 ① 08 ③

**09** 위험예지훈련 중 TBM(Tool Box Meeting)에 관한 설명으로 틀린 것은?

① 작업 장소에서 원형의 형태를 만들어 실시한다.
② 통상 작업 시작 전·후 10분 정도 시간으로 미팅한다.
③ 토의는 다수인(30인)이 함께 수행한다.
④ 근로자 모두가 말하고 스스로 생각하고 "이렇게 하자"라고 합의한 내용이 되어야 한다.

해설 ▶ 현장에서 그때 그 장소의 상황에 즉응하여 실시하는 위험예지활동으로서 즉시즉응법이라고도 한다.
주로 불안전한 행동을 근절시키기 위하여 5~6인 소집단으로 나누어 편성하여 작업장 내에서 적당한 장소를 정하여 실시하는 단시간 미팅을 말한다.

**10** 제조업자는 제조물의 결함으로 인하여 생명·신체 또는 재산에 손해를 입은 자에게 그 손해를 배상하여야 하는데 이를 무엇이라 하는가? (단, 당해 제조물에 대해서만 발생한 손해는 제외한다)

① 입증책임    ② 담보책임
③ 연대책임    ④ 제조물책임

해설 ▶ 제조물책임
제조물의 결함으로 발생한 손해에 대한 제조업자 등의 손해배상책임을 규정함으로써 피해자 보호를 도모하고 국민생활의 안전 향상과 국민경제의 건전한 발전을 위하는 것이 제조물책임이다.

**11** 하버드 학파의 5단계 교수법에 해당되지 않는 것은?

① 교시(Presentation)
② 연합(Association)
③ 추론(Reasoning)
④ 총괄(Generalization)

해설 ▶ 하버드 학파 5단계 교수법
준비 → 교시 → 연합 → 총괄 → 응용

**12** 객관적인 위험을 자기 나름대로 판정해서 의지결정을 하고 행동에 옮기는 인간의 심리특성은?

① 세이프 테이킹(safe taking)
② 액션 테이킹(action taking)
③ 리스크 테이킹(risk taking)
④ 휴먼 테이킹(human taking)

해설 ▶ 리스크 테이킹
위험을 감지해서 위험의 크기를 평가하는 것은 위험지각(risk perception) 또는 위험인지(risk cognition)라 하며, 위험을 지각한 뒤, 굳이 행동하는 것이 위험감행(risk taking)이다.

**13** 재해예방의 4원칙에 해당하지 않는 것은?

① 예방 가능의 원칙    ② 손실 우연의 원칙
③ 원인 계기의 원칙    ④ 선취 해결의 원칙

해설 ▶ 재해예방 4원칙
• 예방 가능의 원칙 : 천재지변을 제외한 모든 인재는 예방이 가능하다.
• 손실 우연의 원칙 : 사고의 결과 손실의 유무 또는 대소는 사고 당시의 조건에 따라서 우연적으로 발생한다.
• 원인 연계의 원칙 : 사고에는 반드시 원인이 있고 원인은 대부분 연계 원인이다.
• 대책 선정의 원칙 : 사고의 원인이나 불안전 요소가 발견되면 반드시 대책은 실시되어야 대책 선정이 가능하며, 대책에는 재해 방지의 세 기둥이라 할 수 있는 3E, 즉 기술적 대책, 교육적 대책, 규제적 대책을 들 수 있다.

정답    09 ③    10 ④    11 ③    12 ③    13 ④

**14** 방독마스크의 정화통 색상으로 틀린 것은?

① 유기화합물용 – 갈색
② 할로겐용 – 회색
③ 황화수소용 – 회색
④ 암모니아용 – 노란색

해설 ▶ 방독마스크의 종류 및 정화통 색상
- 할로겐가스용(보통가스용), 황화수소용, 시안화수소용 (A) : 회색 및 흑색(활성탄, 소다라임)
- 유기가스용(C) : 흑색(활성탄)
- 암모니아용(H) : 녹색(큐프라마이트)
- 일산화탄소용(E) : 적색(홉카라이트, 방습제)
- 아황산가스용(I) : 황색(산화금속, 알칼리제재)
- 유기화합물용 : 갈색

**15** 다음 중 스트레스(Stress)에 관한 설명으로 가장 적절한 것은?

① 스트레스는 나쁜 일에서만 발생한다.
② 스트레스는 부정적인 측면만 가지고 있다.
③ 스트레스는 직무몰입과 생산성 감소의 직접적인 원인이 된다.
④ 스트레스 상황에 직면하는 기회가 많을수록 스트레스 발생가능성은 낮아진다.

해설 스트레스는 직무몰입 및 생산성 감소의 직접적인 원인이 될 수 있다. 스트레스를 유발하는 요인은 매우 다양하나 적응의 관점에서 볼 때 스트레스를 어떻게 평가하고 대처하느냐가 중요하다. 스트레스에는 유스트레스(eustress)와 디스트레스(distress)가 있고 유스트레스의 경우 긍정적 스트레스로 작용하여 업무효율에 도움을 가져올 수도 있다.

**16** 누전차단장치 등과 같은 안전장치를 정해진 순서에 따라 작동시키고 동작상황의 양부를 확인하는 점검은?

① 외관점검
② 작동점검
③ 기술점검
④ 종합점검

해설 ① 외관점검 : 외관을 점검
② 작동점검 : 작동을 점검
③ 기술점검 : 기술적 점검
④ 종합점검 : 종합적 점검

**17** 재해발생 형태별 분류 중 물건이 주체가 되어 사람이 상해를 입는 경우에 해당되는 것은?

① 추락　　　② 전도
③ 충돌　　　④ 낙하·비래

해설 ① 추락 : 사람이 떨어지는 것
② 전도 : 사람이 넘어지거나 미끄러지는 것
③ 충돌 : 부딪히는 것
④ 낙하, 비래 : 물건이 주체가 되어서 사람에게 부딪히는 것(예 낙하 : 하늘에서 돌덩이가 떨어진다, 비래 : 작업 중 비산물이 튀어서 맞는다)

**18** 산업안전보건법령상 특별안전·보건 교육의 대상 작업에 해당하지 않는 것은?

① 석면해체·제거작업
② 밀폐된 장소에서 하는 용접작업
③ 화학설비 취급품의 검수·확인 작업
④ 2[m] 이상의 콘크리트 인공구조물의 해체작업

정답　14 ④　15 ③　16 ②　17 ④　18 ③

해설 ▶ **특별안전·보건 교육의 대상작업**
- 아세틸렌 용접장치 또는 가스집합 용접장치를 사용하는 금속의 용접, 용단 또는 가열작업(발생기, 도관 등에 의하여 구성되는 용접장치만 해당된다)
- 밀폐된 장소(탱크 내 또는 환기가 극히 불량한 좁은 장소를 말한다)에서 하는 용접작업 또는 습한 장소에서 하는 전기용접작업
- 폭발성·물반응성·자기반응성·자기발열성 물질, 자연발화성 액체·고체 및 인화성 액체의 제조 또는 취급작업(시험연구를 위한 취급작업은 제외한다)
- 전압이 75볼트 이상인 정전 및 활선 작업
- 거푸집 동바리의 조립 또는 해체작업
- 비계의 조립·해체 또는 변경작업
- 타워크레인을 설치(상승작업을 포함한다)·해체하는 작업
- 게이지 압력을 제곱센티미터당 1킬로그램 이상으로 사용하는 압력용기의 설치 및 취급작업
- 밀폐공간에서의 작업
- 석면해체 제거작업
- 콘크리트 파쇄기를 사용하여 하는 파쇄작업(2미터 이상인 구축물의 파쇄작업만 해당한다)

**19** 안전을 위한 동기부여로 틀린 것은?
① 기능을 숙달시킨다.
② 경쟁과 협동을 유도한다.
③ 상벌제도를 합리적으로 시행한다.
④ 안전목표를 명확히 설정하여 주지시킨다.

해설 ▶ **안전동기의 유발방법**
- 안전의 근본이념(참가자)을 인식시킬 것
- 안전목표를 명확히 설정할 것
- 결과를 알려줄 것
- 상과 벌을 줄 것(상벌제도를 합리적으로 시행할 것)
- 경쟁과 협동을 유도할 것
- 동기유발의 최적수준을 유지할 것

**20** 안전교육의 3단계에서 생활지도, 작업동작지도 등을 통한 안전의 습관화를 위한 교육은?
① 지식교육  ② 기능교육
③ 태도교육  ④ 인성교육

해설 ▶ **안전교육의 3단계**

| 교육 및 단계 | | 내용 |
|---|---|---|
| 지식교육 (제1단계) | 특징 | • 강의, 시청각교육 등 지식의 전달과 이해<br>• 다수 인원에 대한 교육 가능<br>• 광범위한 지식의 전달 가능<br>• 안전의식의 제고 용이<br>• 피교육자의 이해도 측정 곤란<br>• 교사의 학습 방법에 따라 차이 발생 |
| | 단계 | 도입(준비) → 제시(설명) → 적용(응용) → 종합, 총괄 |
| 기능교육 (제2단계) | 특징 | • 시범, 견학, 현장실습을 통한 경험 체득과 이해(표준작업방법 사용)<br>• 작업능력 및 기술능력 부여<br>• 작업동작의 표준화<br>• 교육기간의 장기화<br>• 다수 인원 교육 곤란 |
| | 단계 | 학습준비 → 작업설명 → 실습 → 결과시찰 |
| | 3원칙 | 준비, 위험동작의 규제, 안전작업의 표준화 |
| 태도교육 (제3단계) | 특징 | • 생활지도, 작업동작지도, 안전의 습관화 및 일체감<br>• 자아실현욕구의 충족기회 제공<br>• 상사와 부하의 목표 설정을 위한 대화(대인관계)<br>• 작업자의 능력을 약간 초월하는 구체적이고 정량적인 목표 설정<br>• 신규채용 시에도 태도교육에 중점 |
| | 단계 | 청취 → 이해납득 → 모범 → 평가(권장) → 장려 및 처벌 |

정답  19 ①  20 ③

## 2과목 인간공학 및 시스템안전공학

**21** 인간-기계시스템에 대한 평가에서 평가척도나 기준(criteria)으로서 관심의 대상이 되는 변수는?

① 독립변수  ② 종속변수
③ 확률변수  ④ 통제변수

해설
- 독립변수 : 원인이나 개체가 되는 변수
- 종속변수 : 독립변수에 따라다니고 독립변수에 영향을 미치며 관심의 대상
- 확률변수 : 결과값이 확률적으로 정해지는 변수
- 통제변수 : 표본에 대해 일정한 수준의 값이 유지되어 통제되는 변수

**22** 화학설비의 안전성평가 과정에서 제3단계인 정량적 평가항목에 해당되는 것은?

① 목록  ② 공정계통도
③ 화학설비용량  ④ 건조물의 도면

해설 ▶ 안전성평가 과정

| 단계 | | 주요 진단항목 등<br>-화학설비에 대한 |
|---|---|---|
| 1 | 안전대책 수립하기 위한 사전평가 및 준비 | 관계 자료의 정비 검토 (작성준비) | 입지조건, (화학설비, 기계실, 전기실) 배치도, 제조공정의 개요, 공정계통도, 운전요령, 요원배치계획 등 |
| 2 | | 정성적 평가 | (설계 관계) 입지조건, 공장 내의 배치, 소방설비, 공정기기, 수송/저장<br>(운전 관계) 원재료, 중간제, 제품 |
| 3 | | 정량적 평가 | 화학설비의 취급물질, 용량, 온도, 압력, 조작 |
| 4 | | 안전대책 수립 | 설비에 관한 대책, 관리적(인원배치, 보전, 교육훈련 등)대책 |
| 5 | 안전대책 수립 후 평가, 재평가하여 후조치 | 재해정보 (사례)평가 | |
| 6 | | FTA에 의한 재평가 | 결함수 분석법 |

**23** 다음 FTA 그림에서 a, b, c의 부품고장률이 각각 0.01일 때, 최소 컷셋(minimal cut sets)과 신뢰도로 옳은 것은?

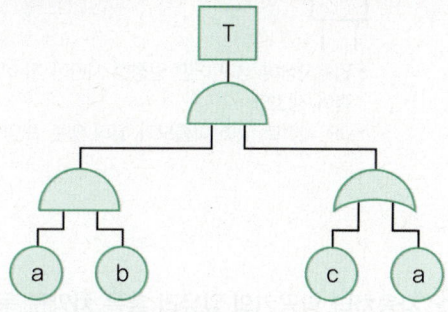

① {a, b}, R[t]=99.99[%]
② {a, b, c}, R[t]=98.99[%]
③ {a, c}, R[t]=96.99[%]
　{a, b}
④ {a, c}, R[t]=97.99[%]
　{a, b, c}

해설 (a×b)×(c+a)=(abc)+(aba)=(abc)+(ab)
최소 컷셋은 (ab)
신뢰도(R)=1-고장률
고장률은 (0.01×0.01)×[1-(1-0.01)×(1-0.01)]
=0.00000199
신뢰도=1-0.00000199=0.9999801=99.99

**24** FT도에 사용되는 기호 중 입력신호가 생긴 후, 일정시간이 지속된 후에 출력이 생기는 것을 나타내는 것은?

① OR 게이트
② 위험 지속 기호
③ 억제 게이트
④ 배타적 OR 게이트

정답  21 ②  22 ③  23 ①  24 ②

해설 ▶ 위험 지속 기호

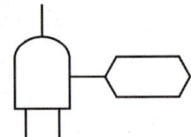

- 입력사상이 생겨 어떤 일정한 시간이 지속했을 때 출력이 생긴다.
- OR 게이트 옆에 마름모가 달려 있는 모양

**25** 자동차나 항공기의 앞유리 혹은 차양판 등에 정보를 중첩 투사하는 표시장치는?

① CRT　　　② LCD
③ HUD　　　④ LED

해설 ① CRT(Cathode Ray Tube) : 음극선관 스크린을 포함한 진공관
② LCD(Liquid Crystal Display) : 액정표시장치
③ HUD(Head Up Display) : 앞유리 또는 차양판 등에 정보투사
④ LED(Light Emitting Diode) : 발광다이오드

**26** 암호체계 사용상의 일반적인 지침에 해당하지 않는 것은?

① 암호의 검출성
② 부호의 양립성
③ 암호의 표준화
④ 암호의 단일차원화

해설 ▶ 암호체계 사용상 일반적인 지침
- 암호의 검출성
- 부호의 양립성
- 암호의 표준화
- 부호의 의미
- 암호의 다차원화
- 변별성

**27** 일반적인 수공구의 설계원칙으로 볼 수 없는 것은?

① 손목을 곧게 유지한다.
② 반복적인 손가락 동작을 피한다.
③ 사용이 용이한 검지만 주로 사용한다.
④ 손잡이는 접촉면적을 가능하면 크게 한다.

해설 ▶ 수공구 설계원칙
1. 손목을 곧게 펼 수 있도록 손목이 팔과 일직선일 때 가장 이상적
2. 손가락으로 지나친 반복동작을 하지 않도록 : 검지의 지나친 사용은 방아쇠 손가락 증세 유발
3. 손바닥 면에 압력이 가해지지 않도록 접촉면을 크게 : 신경과 혈관의 장애(무감각증, 떨림 현상) 방지
4. 기타
   - 안전 측면을 고려한 디자인
   - 적절한 장갑의 사용
   - 왼손잡이 및 장애인을 위한 배려
   - 공구의 무게를 줄이고 균형유지 등

**28** 광원으로부터의 직사 휘광을 줄이기 위한 방법으로 적절하지 않은 것은?

① 휘광원, 주위를 어둡게 한다.
② 가리개, 갓, 차양 등을 사용한다.
③ 광원을 시선에서 멀리 위치시킨다.
④ 광원의 수는 늘리고 휘도는 줄인다.

해설 ▶ 직사 휘광을 줄이는 방법
- 휘광원, 주위를 밝게 한다.
- 가리개, 갓, 차양 등을 사용한다.
- 광원을 시선에서 멀리 위치시킨다.
- 광원의 수는 늘리고 휘도는 줄인다.

정답　25 ③　26 ④　27 ③　28 ①

**29** 신뢰성과 보전성을 효과적으로 개선하기 위해 작성하는 보전기록 자료로서 가장 거리가 먼 것은?

① 자재관리표　② MTBF 분석표
③ 설비이력카드　④ 고장원인대책표

**해설** 자재관리표는 수시로 업데이트해야 하므로 보전기록의 대상이 아니다.

**30** 통제표시비(control/display ratio)를 설계할 때 고려하는 요소에 관한 설명으로 틀린 것은?

① 통제표시비가 낮다는 것은 민감한 장치라는 것을 의미한다.
② 목시거리(目示距離)가 길면 길수록 조절의 정확도는 떨어진다.
③ 짧은 주행시간 내에 공차의 인정범위를 초과하지 않는 계기를 마련한다.
④ 계기의 조절시간이 짧게 소요되도록 계기의 크기(size)는 항상 작게 설계한다.

**해설** 통제표시비는 조정장치의 움직인 거리(회전수)와 표시장치상의 지침이 움직인 거리의 비이다.
계기의 크기는 항상 작게 설계하지 않으며, 여러 가지 환경·인간적 요소를 고려한다.

**31** 다음 중 연마작업장의 가장 소극적인 소음대책은?

① 음향처리제를 사용할 것
② 방음보호용구를 착용할 것
③ 덮개를 씌우거나 창문을 닫을 것
④ 소음원으로부터 적절하게 배치할 것

**해설** ▶ 연마작업장의 소음대책
- 가장 소극적인 대책 : 사람이 보호구 착용
- 가장 적극적인 대책 : 문제의 원인 자체를 해결
　(예 소음을 제거)

**32** 다음의 설명에서 ( ) 안의 내용을 맞게 나열한 것은?

40phon은 ( ㉠ )sone을 나타내며, 이는 ( ㉡ )[dB] 의 ( ㉢ )[Hz] 순음의 크기를 나타낸다.

① ㉠ 1, ㉡ 40, ㉢ 1,000
② ㉠ 1, ㉡ 32, ㉢ 1,000
③ ㉠ 2, ㉡ 40, ㉢ 2,000
④ ㉠ 2, ㉡ 32, ㉢ 2,000

**해설**

| phon의 음량 수준 | • 정량적 평가를 위한 음량 수준 척도<br>• 어떤 음의 phon 값으로 표시한 음량 수준은 이 음과 같은 크기로 들리는 1,000[Hz] 순음의 음압 수준[dB] |
|---|---|
| sone에 의한 음량 | • 다른 음의 상대적인 주관적 크기 비교<br>• 40[dB]의 1,000[Hz] 순음의 크기(=40 phon)가 1sone<br>• 기준 음보다 10배 크게 들리는 음은 10sone 의 음량 |

**33** 위험조정을 위해 필요한 기술은 조직 형태에 따라 다양하며, 4가지로 분류하였을 때 이에 속하지 않는 것은?

① 전가(transfer)
② 보류(retention)
③ 계속(continuation)
④ 감축(reduction)

**해설** ▶ 위험조정 기술
- 위험 감축(Reduction) : 위험을 감축시킬 대책을 마련함. 비용이 많이 듦으로 비용 분석을 실시해야 한다.
- 위험 보류, 수용(Retention) : 위험의 잠재 손실 비용을 감수하는 것을 말한다.
- 위험 회피(Avoidance) : 위험이 존재하는 사업, 프로세스를 진행하지 않는 것을 말한다.
- 위험 전가(Transfer) : 보험, 외주 등으로 잠재 위험을 제3자에게 전가하는 것을 말한다.

29 ①　30 ④　31 ②　32 ①　33 ③

**34** 체내에서 유기물을 합성하거나 분해하는 데는 반드시 에너지의 전환이 뒤따른다. 이것을 무엇이라 하는가?

① 에너지 변환  ② 에너지 합성
③ 에너지 대사  ④ 에너지 소비

해설 에너지 합성은 에너지화하는 과정이고 그것을 몸에 맞게 전환하는 과정을 에너지 대사라고 하며, 이것을 소비하는 것을 에너지 소비라 한다.

**35** 전통적인 인간-기계(Man-Machine) 체계의 대표적 유형과 거리가 먼 것은?

① 수동체계  ② 기계화체계
③ 자동체계  ④ 인공지능체계

해설 ▶ 인간과 기계체계의 종류
- 수동체계 : 인간이 동력원
- 반자동체계(=기계화체계) : 기계는 동력원, 인간은 운전
- 자동체계 : 기계는 동력원 및 운전, 인간은 감시, 입력, 정비

**36** 다음 그림 중 형상 암호화된 조종장치에서 단회전용 조종장치로 가장 적절한 것은?

① 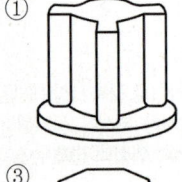  ②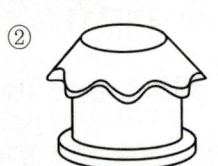

③ 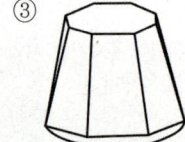  ④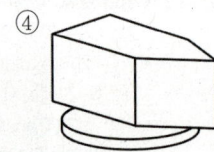

해설 ① 단회전용 조종장치
②, ③ 다회전용 조종장치
④ 이산 멈춤 위치용

**37** 작업장에서 구성요소를 배치하는 인간공학적 원칙과 가장 거리가 먼 것은?

① 중요도의 원칙
② 선입선출의 원칙
③ 기능성의 원칙
④ 사용빈도의 원칙

해설 ▶ 부품 배치 원칙
- 중요성의 원칙
- 사용빈도의 원칙
- 기능성의 원칙
- 사용순서의 원칙

**38** 동전던지기에서 앞면이 나올 확률 P(앞)=0.6이고, 뒷면이 나올 확률 P(뒤)=0.4일 때, 앞면과 뒷면이 나올 사건의 정보량을 각각 맞게 나타낸 것은?

① 앞면 : 0.10[bit], 뒷면 : 1.00[bit]
② 앞면 : 0.74[bit], 뒷면 : 1.32[bit]
③ 앞면 : 1.32[bit], 뒷면 : 0.74[bit]
④ 앞면 : 2.00[bit], 뒷면 : 1.00[bit]

해설 $H = \log_2 \dfrac{1}{P}$

$H = \log_2 \dfrac{1}{0.6} = 0.7369$, $H = \log_2 \dfrac{1}{0.4} = 1.3219$

정답  34 ③  35 ④  36 ①  37 ②  38 ②

**39** 어떤 결함수의 쌍대결함수를 구하고, 컷셋을 찾아내어 결함(사고)을 예방할 수 있는 최소의 조합을 의미하는 것은?

① 최대 컷셋
② 최소 컷셋
③ 최대 패스셋
④ 최소 패스셋

해설 사고를 예방하는 최소의 조합은 최소 패스셋이다.
- 컷셋 : 고장을 일으키는 원인의 집합
- 패스셋 : 고장을 일으키지 않는 원인의 집합

**40** 인간-기계 시스템에서의 신뢰도 유지 방안으로 가장 거리가 먼 것은?

① lock system
② fail-safe system
③ fool-proof system
④ risk assessment system

해설 ▶ 인간-기계 시스템의 신뢰도 유지 방안
- lock system
- fail-safe system(기계의 실수)
- fool-proof system(인간의 실수)

## 3과목 기계위험방지기술

**41** 금형 조정작업 시 슬라이드가 갑자기 작동하는 것으로부터 근로자를 보호하기 위하여 가장 필요한 안전장치는?

① 안전블록
② 클러치
③ 안전 1행정 스위치
④ 광전자식 방호장치

해설 금형을 부착·해체 또는 조정작업을 하는 때에는 신체의 일부가 위험한계 내에 들어갈 때에 슬라이드가 불시에 하강함으로써 발생하는 위험을 방지하기 위하여 안전블록을 사용하여야 한다.

**42** 프레스 작업 중 작업자의 신체 일부가 위험한 작업점으로 들어가면 자동적으로 정지되는 기능이 있는데, 이러한 안전대책을 무엇이라고 하는가?

① 풀 프루프(fool proof)
② 페일 세이프(fail safe)
③ 인터록(inter look)
④ 리미트 스위치(limit switch)

해설
- 인간의 실수 : fool proof
- 기계의 실수 : fail safe
- 기계에 불안전한 요소 통제 : interlock

**43** 다음 중 취급운반 시 준수해야 할 원칙으로 틀린 것은?

① 연속운반으로 할 것
② 직선운반으로 할 것
③ 운반작업을 집중화시킬 것
④ 생산을 최소로 하도록 운반할 것

해설 ▶ 취급운반의 5원칙
- 직선운반
- 연속운반
- 운반작업을 집중화
- 생산을 최고로 하는 운반
- 최대한 시간과 경비를 절약하는 운반방법

39 ④  40 ④  41 ①  42 ①  43 ④

**44** 프레스기에 사용하는 양수조작식 방호장치의 일반구조에 관한 설명 중 틀린 것은?

① 1행정 1정지 기구에 사용할 수 있어야 한다.
② 누름버튼을 양손으로 동시에 조작하지 않으면 작동시킬 수 없는 구조이어야 한다.
③ 양쪽버튼의 작동시간 차이는 최대 0.5초 이내일 때 프레스가 동작되도록 해야 한다.
④ 방호장치는 사용전원전압의 ±50[%]의 변동에 대하여 정상적으로 작동되어야 한다.

> **해설**
> • 위험기계 기구 방호장치 성능검정 규정 고시
> • 사용전원전압 ±20[%] 범위 내에서 이상이 없어야 한다.

**45** 피복 아크 용접 작업 시 생기는 결함에 대한 설명 중 틀린 것은?

① 스패터(spatter) : 용융된 금속의 작은 입자가 튀어나와 모재에 묻어있는 것
② 언더컷(under cut) : 전류가 과대하고 용접속도가 너무 빠르며, 아크를 짧게 유지하기 어려운 경우 모재 및 용접부의 일부가 녹아서 발생하는 홈 또는 오목하게 생긴 부분
③ 크레이터(crater) : 용착금속 속에 남아있는 가스로 인하여 생긴 구멍
④ 오버랩(overlap) : 용접봉의 운행이 불량하거나 용접봉의 용융 온도가 모재보다 낮을 때 과잉 용착금속이 남아있는 부분

> **해설**
> • 크레이터 : 용접 시 끝이 오목하게 파이는 현상
> • pit : 용접부 표면에 생기는 작은 기포 구멍이 발생하는 현상
> • blow hole : 용접부에 기공이 발생하는 현상

**46** 다음 중 선반(lathe)의 방호장치에 해당하는 것은?

① 슬라이드(slide)
② 심압대(tail stock)
③ 주축대(head stock)
④ 척 가드(chuck guard)

> **해설** 선반의 방호장치는 쉴드, 칩 브레이커, 척 커버(척 가드), 브레이크이다.

**47** 안전계수 5인 로프의 절단하중이 4,000[N]이라면 이 로프는 몇 [N] 이하의 하중을 매달아야 하는가?

① 500  ② 800
③ 1,000  ④ 1,600

> **해설** 안전계수 = $\dfrac{\text{절단하중}}{\text{최대하중}}$
> $5 = \dfrac{4,000}{x} = \dfrac{4,000}{5} = 800$

**48** 산업안전보건법령에 따라 아세틸렌 발생기실에 설치해야 할 배기통은 얼마 이상의 단면적을 가져야 하는가?

① 바닥면적의 1/16
② 바닥면적의 1/20
③ 바닥면적의 1/24
④ 바닥면적의 1/30

> **해설** 바닥면적의 16분의 1 이상의 단면적을 가진 배기통을 옥상으로 돌출시키고 그 개구부를 창 또는 출입구로부터 1.5미터 이상 떨어지도록 한다.

정답  44 ④  45 ③  46 ④  47 ②  48 ①

**49** 롤러기에서 앞면 롤러의 지름이 200[mm], 회전속도가 30[rpm]인 롤러의 무부하 동작에서의 급정지거리로 옳은 것은?

① 66[mm] 이내
② 84[mm] 이내
③ 209[mm] 이내
④ 248[mm] 이내

**해설** ▶ 롤러의 급정지거리
표면속도 $= \pi \times D \times n$

표면속도 30 미만 – 앞면 롤러 원주의 $\frac{1}{3}$

표면속도 30 이상 – 앞면 롤러 원주의 $\frac{1}{2.5}$

$\frac{\pi DN}{1,000}$

$3.14 \times 200 \times \frac{30}{1,000} = 18.84$ (30 미만)

$\pi D \times \frac{1}{3} = 3.14 \times \frac{200}{3} = 209.3$

**50** 정(chisel) 작업의 일반적인 안전수칙으로 틀린 것은?

① 따내기 및 칩이 튀는 가공에서는 보안경을 착용하여야 한다.
② 절단 작업 시 절단된 끝이 튀는 것을 조심하여야 한다.
③ 작업을 시작할 때는 가급적 정을 세게 타격하고 점차 힘을 줄여간다.
④ 담금질된 철강 재료는 정 가공을 하지 않는 것이 좋다.

**해설** 정 작업 시 처음에는 가볍게 두드리고 점차 힘을 가한 후, 작업이 끝날 때에는 가볍게 두드린다.

**51** 다음과 같은 작업조건일 경우 와이어로프의 안전율은?

> 작업대에서 사용된 와이어로프 1줄의 파단하중이 100[kN], 인양하중이 40[kN], 로프의 줄 수가 2줄

① 2  ② 2.5
③ 4  ④ 5

**해설** $S = \frac{NP}{Q}$

S : 안전율, N : 로프 가닥 수, P : 로프의 파단강도[kg]
Q : 허용응력[kg]

안전율 $= \frac{100 \times 2}{40} = 5$

**52** 컨베이어 역전방지장치의 형식 중 전기식 장치에 해당하는 것은?

① 라쳇 브레이크
② 밴드 브레이크
③ 롤러 브레이크
④ 슬러스트 브레이크

**해설**
- 기계식 장치 : 라쳇, 밴드, 롤러
- 전기식 장치 : 슬러스트, 전기

**53** 공장설비의 배치계획에서 고려할 사항이 아닌 것은?

① 작업의 흐름에 따라 기계 배치
② 기계설비의 주변 공간 최소화
③ 공장 내 안전통로 설정
④ 기계설비의 보수점검 용이성을 고려한 배치

정답 49 ③  50 ③  51 ④  52 ④  53 ②

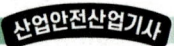

해설 작업설비를 배치할 때에는 인간과 작업이 편리하게 배치하여야 하며, 기계설비의 주변 공간이 최소화되면 위험하다.

**54** 다음 중 기계설비에 의해 형성되는 위험점이 아닌 것은?

① 회전말림점　② 접선분리점
③ 협착점　　　④ 끼임점

해설 ① 회전말림점(Trapping-point) : 회전하는 물체에 작업복, 머리카락 등이 말려드는 위험이 존재하는 점이다.
　예 회전하는 축, 커플링, 돌출된 키나 고정나사, 회전하는 공구 등
② 접선물림점(Tangential Nip-point) : 회전하는 부분의 접선방향으로 물려들어갈 위험이 존재하는 점이다.
　예 벨트와 풀리, 체인과 스프로킷, 랙과 피니언 등
③ 협착점(Squeeze-point) : 왕복운동을 하는 동작 부분과 움직임이 없는 고정 부분 사이에서 형성되는 위험점으로 사업장의 기계설비에서 많이 볼 수 있다.
　예 프레스기, 전단기, 성형기, 굽힘기계(bending machine) 등
④ 끼임점(Shear-point) : 고정 부분과 회전하는 동작 부분이 함께 만드는 위험점
　예 연삭숫돌과 덮개, 교반기의 날개와 하우징, 프레임에서 암의 요동운동을 하는 기계 부분 등

**55** 가스 용접에서 역화의 원인으로 볼 수 없는 것은?

① 토치 성능이 부실한 경우
② 취관이 작업 소재에 너무 가까이 있는 경우
③ 산소 공급량이 부족한 경우
④ 토치 팁에 이물질이 묻은 경우

해설 역화는 화염이 버너 쪽에서 분출하는 현상으로 점화 시에 주로 발생한다.
토치 성능이 부실한 경우 인화의 원인이 되며, 산소 공급이 과대하면 역화의 원인이 된다.

**56** 위험기계에 조작자의 신체 부위가 의도적으로 위험점 밖에 있도록 하는 방호장치는?

① 덮개형 방호장치
② 차단형 방호장치
③ 위치제한형 방호장치
④ 접근반응형 방호장치

해설 위험점 밖에 조작자의 신체 부위를 두는 것은 위치제한형으로, 양수조작형 방호장치 등이 있다.

**57** 선반 작업에 대한 안전수칙으로 틀린 것은?

① 척 핸들을 항상 척에 끼워 둔다.
② 베드 위에 공구를 올려놓지 않아야 한다.
③ 바이트를 교환할 때는 기계를 정지시키고 한다.
④ 일감의 길이가 외경과 비교하여 매우 길 때는 방진구를 사용한다.

해설 ▶ 선반 작업 시 안전수칙
• 가공물을 착탈 시에는 반드시 스위치를 끄고 바이트를 충분히 연 다음 행한다.
• 캐리어(공구대)는 적당한 크기의 것을 선택하고 심압대는 스핀들을 지나치게 내놓지 않는다.
• 물건의 장착이 끝나면 척, 렌치류는 곧 벗겨놓는다.
• 무게가 편중된 가공물의 장착에는 균형추를 부착한다. 장착물은 방진구에 사용 커버를 씌운다.
• 긴 재료가 돌출되었을 때에는 빨간 천 등을 부착하여 위험표시를 하거나 커버를 씌운다.
• 바이트 착탈은 기계를 정지시킨 다음에 한다.
• 방진구는 일감의 길이가 직경의 12배 이상일 때 사용한다.

정답　54 ②　55 ③　56 ③　57 ①

**58** 양중기에 사용 가능한 와이어로프에 해당하는 것은?

① 와이어로프의 한 꼬임에서 끊어진 소선의 수가 10[%] 초과한 것
② 심하게 변형 또는 부식된 것
③ 지름의 감소가 공칭지름의 7[%] 이내인 것
④ 이음매가 있는 것

> **해설** ▶ 양중기에 사용할 수 없는 와이어로프
> - 이음매가 있는 와이어로프
> - 와이어로프의 한 가닥에서 소선의 수가 10[%] 이상 절단된 것
> - 지름의 감소가 공칭지름의 7[%]를 초과하는 것
> - 꼬임이 끊어진 섬유로프 등
> - 심하게 변형 또는 부식된 것

**59** 프레스의 방호장치 중 확동식 클러치가 적용된 프레스에 한해서만 적용 가능한 방호장치로만 나열된 것은? (단, 방호장치는 한 가지 종류만 사용한다고 가정한다)

① 광전자식, 수인식
② 양수조작식, 손쳐내기식
③ 광전자식, 양수조작식
④ 손쳐내기식, 수인식

> **해설** ▶ 프레스 방호장치
> - 프레스는 확동식(=핀클러치), 마찰식으로 구성
> - 확동식은 급정지기능이 없고, 마찰식은 급정지기능이 있음.
> - 프레스 방호장치 중 급정지기능이 있는 것은 광전자식과 양수조작식
> - 급정지기능이 없는 방호장치는 손쳐내기식, 수인식

**60** 산업안전보건법령에 따라 압력용기에 설치하는 안전밸브의 설치 및 작동에 관한 설명으로 틀린 것은?

① 다단형 압축기에는 각 단별로 안전밸브 등을 설치하여야 한다.
② 안전밸브는 이를 통하여 보호하려는 설비의 최저사용압력 이하에서 작동되도록 설정하여야 한다.
③ 화학공정 유체와 안전밸브의 디스크 또는 시트가 직접 접촉될 수 있도록 설치된 경우에는 매년 1회 이상 국가교정기관에서 교정을 받은 압력계를 이용하여 검사한 후 납으로 봉인하여 사용한다.
④ 공정안전보고서 이행상태 평가결과가 우수한 사업장의 안전밸브의 경우 검사주기는 4년마다 1회 이상이다.

> **해설** ▶ 안전밸브 등의 설치
>
> 「산업안전보건기준에 관한 규칙」 제261조
> 1. 압력용기(안지름이 150밀리미터 이하인 압력용기는 제외하며, 압력용기 중 관형 열교환기의 경우에는 관의 파열로 인하여 상승한 압력이 압력용기의 최고사용압력을 초과할 우려가 있는 경우만 해당한다)
> 2. 안전밸브 등을 설치하는 경우에는 다단형 압축기 또는 직렬로 접속된 공기압축기에 대해서는 각 단 또는 각 공기압축기별로 안전밸브 등을 설치하여야 한다.
> 3. 설치된 안전밸브에 대해서는 다음 4.의 구분에 따른 검사주기마다 국가교정기관에서 교정을 받은 압력계를 이용하여 설정압력에서 안전밸브가 적정하게 작동하는지를 검사한 후 납으로 봉인하여 사용하여야 한다.
> 4. 공기나 질소취급용기 등에 설치된 안전밸브 중 안전밸브 자체에 부착된 레버 또는 고리를 통하여 수시로 안전밸브가 적정하게 작동하는지를 확인할 수 있는 경우에는 검사하지 아니할 수 있고 납으로 봉인하지 아니할 수 있다.
> - 화학공정 유체와 안전밸브의 디스크 또는 시트가 직접 접촉될 수 있도록 설치된 경우 : 매년 1회 이상
> - 안전밸브 전단에 파열판이 설치된 경우 : 2년마다 1회 이상
> - 영 제43조에 따른 공정안전보고서 제출대상으로서 고용노동부장관이 실시하는 공정안전보고서 이행상태 평가결과가 우수한 사업장의 안전밸브의 경우 : 4년마다 1회 이상

**정답** 58 ③ 59 ④ 60 ②

## 4과목 전기 및 화학설비위험방지기술

**61** 다음 정의에 해당하는 방폭구조는?

> 전기기기의 과도한 온도 상승, 아크 또는 불꽃 발생의 위험을 방지하기 위하여 추가적인 안전조치를 통한 안전도를 증가시킨 방폭구조를 말한다.

① 내압 방폭구조
② 유입 방폭구조
③ 안전증 방폭구조
④ 본질안전 방폭구조

**해설** ▶ 안전증 방폭구조(e)
정상운전 중에 폭발성 가스 또는 증기에 점화원이 될 전기불꽃, 아크 또는 고온이 되어서는 안 될 부분에 고온이 발생하는 것을 방지하기 위하여 기계적, 전기적 구조상 또는 온도상승에 대해서 특히 안전도를 증가시킨 구조이다.

**62** 근로자가 활선작업용 기구를 사용하여 작업할 경우 근로자의 신체 등과 충전전로 사이의 사용전압별 접근한계거리가 틀린 것은?

① 15[kV] 초과 37[kV] 이하 : 80[cm]
② 37[kV] 초과 88[kV] 이하 : 110[cm]
③ 121[kV] 초과 145[kV] 이하 : 150[cm]
④ 242[kV] 초과 362[kV] 이하 : 380[cm]

**해설** ▶ 사용전압별 접근한계거리
- 15~37[kV] : 90[cm]
- 37~88[kV] : 110[cm]
- 88~121[kV] : 130[cm]
- 121~145[kV] : 150[cm]
- 242~362[kV] : 380[cm]

**63** 정전기 제거방법으로 가장 거리가 먼 것은?

① 설비 주위를 가습한다.
② 설비의 금속 부분을 접지한다.
③ 설비의 주변에 적외선을 조사한다.
④ 정전기 발생 방지 도장을 실시한다.

**해설** 정전기를 제거하기 위해서는 가습과 금속 부분 접지, 정전기 발생 방지 도장의 방법이 있으며, 정전기와 적외선은 관련이 없다.

**64** 활선작업 시 사용하는 안전장구가 아닌 것은?

① 절연용 보호구     ② 절연용 방호구
③ 활선작업용 기구   ④ 절연저항 측정기구

**해설** ▶ 활선작업 시 안전장구
절연용 보호구, 절연용 방호구, 활선작업용 기구, 활선작업용 장치이다.

**65** 정상운전 중의 전기설비가 점화원으로 작용하지 않는 것은?

① 변압기 권선
② 개폐기 접점
③ 직류전동기의 정류자
④ 건선형 전동기의 슬립링

**해설** 변압기 권선은 정상운전 중 점화원으로 작용하지 않는다.
▶ 잠재적 점화원 고장이나 파괴 시 화재 발생
- 변압기의 권선
- 전동기의 권선
- 전기적 광원
- 케이블
- 배선
- 마그넷 코일

**정답** 61 ③  62 ①  63 ③  64 ④  65 ①

**66** 인체가 전격을 당했을 경우 통전시간이 1초라면 심실세동을 일으키는 전류값[mA]은? (단, 심실세동전류값은 Dalziel의 관계식을 이용한다)

① 100  ② 165
③ 180  ④ 215

해설 전류값의 계산식 $\frac{165}{\sqrt{T}}$ (T=시간)

$= \frac{165}{\sqrt{1}} = 165$

**67** 건설현장에서 사용하는 임시배선의 안전대책으로 거리가 먼 것은?

① 모든 전기기기의 외함은 접지시켜야 한다.
② 임시배선은 다심케이블을 사용하지 않아도 된다.
③ 배선은 반드시 분전반 또는 배전반에서 인출해야 한다.
④ 지상 등에서 금속판으로 방호할 때는 그 금속관을 접지해야 한다.

해설 다심케이블은 임시배선에 사용해도 된다.

**68** 제1종 또는 제2종 접지공사에 사용하는 접지선에 사람이 접촉할 우려가 있는 경우 접지공사 방법으로 틀린 것은?

① 접지극은 지하 75[cm] 이상 깊이에 묻을 것
② 접지선을 시설한 지지물에는 피뢰침용 지선을 시설하지 않을 것
③ 접지선은 캡타이어케이블, 절연전선 또는 통신용 케이블 이외의 케이블을 사용할 것
④ 지하 60[cm]부터 지표위 1.5[m]까지의 부분은 접지선은 합성수지관 또는 몰드로 덮을 것

해설 출제 당시에는 정답이 ④였으나 2021년 접지기준이 변경되어 더 이상 출제되지 않음.

**69** 전기화재의 원인을 직접원인과 간접원인으로 구분할 때, 직접원인과 거리가 먼 것은?

① 애자의 오손   ② 과전류
③ 누전        ④ 절연열화

해설 ▶ 전기화재의 직접원인
• 과전류 : 전기가 과함
• 누전 : 전기가 새는 것
• 절연열화 : 기기나 재료에 전기나 열이 통하지 않도록 하는 기능이 점차 약해지는 현상

**70** 정전기의 발생에 영향을 주는 요인과 가장 거리가 먼 것은?

① 박리속도
② 물체의 표면상태
③ 접촉면적 및 압력
④ 외부공기의 풍속

해설 정전기는 박리속도와 물체의 표면상태, 접촉면적 및 압력에 의해 영향을 받으며, 외부공기의 풍속과는 관련이 없다.

**71** 알루미늄 금속분말에 대한 설명으로 틀린 것은?

① 분진폭발의 위험성이 있다.
② 연소 시 열을 발생한다.
③ 분진폭발을 방지하기 위해 물속에 저장한다.
④ 염산과 반응하여 수소가스를 발생한다.

해설 알루미늄과 물이 만나면 수소(폭발) 발생, 따라서 물속에 저장하지 않는다. 물속에 저장하는 것은 황린과 이황화탄소가 있다.

66 ②  67 ②  68 정답 없음  69 ①  70 ④  71 ③

**72** 다음 중 가연성 가스가 아닌 것은?

① 이산화탄소 ② 수소
③ 메탄 ④ 아세틸렌

**해설** 수소, 메탄, 아세틸렌은 가연성 가스이고, 이산화탄소는 온실가스와 연관이 있다.

**73** 다음 중 벤젠($C_6H_6$)이 공기 중에서 연소될 때의 이론혼합비(화학양론조성)는?

① 0.72[vol%] ② 1.222[vol%]
③ 2.722[vol%] ④ 3.222[vol%]

**해설** 완전연소 조성농도(화학양론농도)

$$C_{st} = \frac{100}{1+4.733(n+\frac{m-f-2\lambda}{4})}$$

$$= \frac{100}{1+4.733(6+\frac{6}{4})} = 2.72[\%]$$

(n : 탄소 원자수, m : 수소 원자수, f : 할로겐 원자수, λ : 산소 원자수)

**74** 다음은 산업안전보건법령상 파열판 및 안전밸브의 직렬설치에 관한 내용이다. ( )에 알맞은 용어는?

> 사업주는 급성 독성물질이 지속적으로 외부에 유출될 수 있는 화학설비 및 그 부속설비에 파열판과 안전밸브를 직렬로 설치하고 그 사이에는 압력지시계 또는 ( )을(를) 설치하여야 한다.

① 자동경보장치 ② 차단장치
③ 플레어헤드 ④ 콕

**해설** ▶ 파열판 및 안전밸브의 직렬설치

「산업안전보건기준에 관한 규칙」 제263조
사업주는 급성 독성물질이 지속적으로 외부에 유출될 수 있는 화학설비 및 그 부속설비에 파열판과 안전밸브를 직렬로 설치하고 그 사이에는 압력지시계 또는 자동경보장치를 설치하여야 한다.

**75** 산업안전보건법령상 용해아세틸렌의 가스집합용접장치의 배관 및 부속기구에는 구리나 구리 함유량이 몇 퍼센트 이상인 합금을 사용할 수 없는가?

① 40 ② 50
③ 60 ④ 70

**해설** ▶ 구리의 사용제한

「산업안전보건기준에 관한 규칙」 제294조
사업주는 용해아세틸렌의 가스집합용접장치의 배관 및 부속기구는 구리나 구리 함유량이 70퍼센트 이상인 합금을 사용해서는 아니 된다.

**76** 다음 중 분진폭발의 발생 위험성을 낮추는 방법으로 적절하지 않은 것은?

① 주변의 점화원을 제거한다.
② 분진이 날리지 않도록 한다.
③ 분진과 그 주변의 온도를 낮춘다.
④ 분진 입자의 표면적을 크게 한다.

**해설** 분진 입자의 면적을 크게 하면 폭발할 가능성이 매우 높아진다.

**77** 유해·위험물질 취급 시 보호구로서 구비조건이 아닌 것은?

① 방호성능이 충분할 것
② 재료의 품질이 양호할 것
③ 작업에 방해가 되지 않을 것
④ 외관이 화려할 것

**해설** 외관이 화려한 것과 보호구로서의 구비조건은 관계가 없다.

**정답** 72 ① 73 ③ 74 ① 75 ④ 76 ④ 77 ④

**78** 공기 중에 3[ppm]의 디메틸아민(demethylaminem TLV-TWA : 10[ppm])과 20[ppm]의 시클로헥사놀(cyclohexanol, TLV-TWA : 50[ppm])이 있고, 10[ppm]의 산화프로필렌(propyleneoxide, TLV-TWA : 20[ppm])이 존재한다면 혼합 TLV-TWA는 몇 [ppm]인가?

① 12.5
② 22.5
③ 27.5
④ 32.5

**해설** ▶ 르샤틀리에 법칙
TLV-TWA=$(V_1+V_2+V_3)$/혼합농도
혼합농도=(3/10)+(20/50)+(10/20)=1.2
TLV-TWA=(3+20+10)/1.2=27.5

**79** 건조설비의 사용에 있어 500~800[℃] 범위의 온도에 가열된 스테인리스강에서 주로 일어나며, 탄화크롬이 형성되었을 때 결정경계면의 크롬함유량이 감소하여 발생되는 부식 형태는?

① 전면부식
② 층상부식
③ 입계부식
④ 격간부식

**해설** 결정경계면의 크롬함유량이 감소하여 발생되는 부식 형태는 입계부식이다. 입계부식은 국부적인 부식이다.

**80** 위험물안전관리법령상 칼륨에 의한 화재에 적응성이 있는 것은?

① 건조사(마른모래)
② 포소화기
③ 이산화탄소소화기
④ 할로겐화합물소화기

**해설** 칼륨은 금속으로 금속화재(D급 화재)에는 건조사 또는 금속화재에 적합한 소화기를 사용한다.

## 5과목 건설안전기술

**81** 흙막이 가시설의 버팀대(Strut)의 변형을 측정하는 계측기에 해당하는 것은?

① Water level meter
② Strain gauge
③ Piezometer
④ Load cell

**해설** ① Water level meter : 수위계로 지반 내 지하수위의 변화 측정
② Strain gauge : 측정물의 변형량을 측정하는 저항게이지
③ Piezometer : 물체의 내압력을 측정
④ Load cell : 하중측정계

**82** 사다리식 통로 등을 설치하는 경우 준수해야 할 기준으로 옳지 않은 것은?

① 접이식 사다리 기둥은 사용 시 접혀지거나 펼쳐지지 않도록 철물 등을 사용하여 견고하게 조치할 것
② 발판과 벽과의 사이는 25[cm] 이상의 간격을 유지할 것
③ 폭은 30[cm] 이상으로 할 것
④ 사다리식 통로의 길이가 10[m] 이상인 경우에는 5[m] 이내마다 계단참을 설치할 것

**해설** ▶ 사다리식 통로 등의 구조

「산업안전보건기준에 관한 규칙」 제24조 제1항
1. 견고한 구조로 할 것
2. 심한 손상·부식 등이 없는 재료를 사용할 것
3. 발판의 간격은 일정하게 할 것
4. 발판과 벽과의 사이는 15센티미터 이상의 간격을 유지할 것
5. 폭은 30센티미터 이상으로 할 것
6. 사다리가 넘어지거나 미끄러지는 것을 방지하기 위한 조치를 할 것
7. 사다리의 상단은 걸쳐놓은 지점으로부터 60센티미터 이상 올라가도록 할 것
8. 사다리식 통로의 길이가 10미터 이상인 경우에는 5미터 이내마다 계단참을 설치할 것
9. 사다리식 통로의 기울기는 75도 이하로 할 것. 다만, 고정식 사다리 통로의 기울기는 90도 이하로 하고, 그 높이가 7미터 이상인 경우에는 바닥으로부터 높이가 2.5미터 되는 지점부터 등받이울을 설치할 것
10. 접이식 사다리 기둥은 사용 시 접혀지거나 펼쳐지지 않도록 철물 등을 사용하여 견고하게 조치할 것

정답 78 ③ 79 ③ 80 ① 81 ② 82 ②

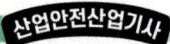

**83** 추락방지망의 달기로프를 지지점에 부착할 때 지지점의 간격이 1.5[m]인 경우 지지점의 강도는 최소 얼마 이상이어야 하는가?

① 200[kg]
② 300[kg]
③ 400[kg]
④ 500[kg]

**해설** 지지점 강도 = 지지점 간격[m]×200
1.5×200 = 300

**84** 가설통로를 설치하는 경우 준수해야 할 기준으로 옳지 않은 것은?

① 경사는 45[°] 이하로 할 것
② 경사가 15[°]를 초과하는 경우에는 미끄러지지 아니하는 구조로 할 것
③ 추락할 위험이 있는 장소에는 안전난간을 설치할 것
④ 수직갱에 가설된 통로의 길이가 15[m] 이상인 경우에는 10[m] 이내마다 계단참을 설치할 것

**해설** ▶ 가설통로의 구조

「산업안전보건기준에 관한 규칙」제23조
1. 견고한 구조로 할 것
2. 경사는 30도 이하로 할 것. 다만, 계단을 설치하거나 높이 2미터 미만의 가설통로로서 튼튼한 손잡이를 설치한 경우에는 그러하지 아니하다.
3. 경사가 15도를 초과하는 경우에는 미끄러지지 아니하는 구조로 할 것
4. 추락할 위험이 있는 장소에는 안전난간을 설치할 것. 다만, 작업상 부득이한 경우에는 필요한 부분만 임시로 해체할 수 있다.
5. 수직갱에 가설된 통로의 길이가 15미터 이상인 경우에는 10미터 이내마다 계단참을 설치할 것
6. 건설공사에 사용하는 높이 8미터 이상인 비계다리에는 7미터 이내마다 계단참을 설치할 것

**85** 유해위험방지계획서를 제출해야 하는 공사의 기준으로 옳지 않은 것은?

① 최대 지간길이 30[m] 이상인 교량건설 등 공사
② 깊이 10[m] 이상인 굴착공사
③ 터널 건설 등의 공사
④ 다목적댐, 발전용 댐 및 저수용량 2천만 톤 이상의 용수 전용 댐, 지방상수도 전용 댐 건설 등의 공사

**해설** ▶ 유해위험방지계획서 제출대상 공사
1. 지상높이가 31미터 이상인 건축물 또는 인공구조물
2. 연면적 3만 제곱미터 이상인 건축물
3. 연면적 5천 제곱미터 이상인 시설로서 다음의 어느 하나에 해당하는 시설
   • 문화 및 집회시설(전시장 및 동물원·식물원은 제외한다)
   • 판매시설, 운수시설(고속철도의 역사 및 집배송시설은 제외한다)
   • 종교시설
   • 의료시설 중 종합병원
   • 숙박시설 중 관광숙박시설
   • 지하도상가
   • 냉동·냉장 창고시설
4. 연면적 5천 제곱미터 이상인 냉동·냉장 창고시설의 설비공사 및 단열공사
5. 최대 지간(支間)길이(다리의 기둥과 기둥의 중심 사이의 거리)가 50미터 이상인 다리의 건설 등 공사
6. 터널의 건설 등 공사
7. 다목적댐, 발전용 댐, 저수용량 2천만 톤 이상의 용수 전용 댐 및 지방상수도 전용 댐의 건설 등 공사
8. 깊이 10미터 이상인 굴착공사

**86** 굴착이 곤란한 경우 발파가 어려운 암석의 파쇄굴착 또는 암석제거에 적합한 장비는?

① 리퍼
② 스크레이퍼
③ 롤러
④ 드래그라인

정답  83 ②  84 ①  85 ①  86 ①

**해설**
① 리퍼 : 연암을 파쇄할 목적으로 트랙터 후부에 장착하는 파쇄 공구로서 아스팔트 포장의 노반의 파쇄 또는 토사 중에 있는 암석제거에 사용된다.
② 스크레이퍼(scraper) : 흙을 절삭·운반하거나 펴 고르는 등의 작업을 하는 토공기계
③ 롤러 : 지반다짐용 건설기계
④ 드래그라인 : 크레인형 굴착기계

**87** 중량물의 취급작업 시 근로자의 위험을 방지하기 위하여 사전에 작성하여야 하는 작업계획서 내용에 해당되지 않는 것은?
① 추락 위험을 예방할 수 있는 안전대책
② 낙하 위험을 예방할 수 있는 안전대책
③ 전도 위험을 예방할 수 있는 안전대책
④ 침수 위험을 예방할 수 있는 안전대책

**해설** 중량물 취급 시 위험방지대책은 추락·낙하·전도이며, 침수와는 관련이 없다.

**88** 콘크리트 타설용 거푸집에 작용하는 외력 중 연직방향 하중이 아닌 것은?
① 고정하중
② 충격하중
③ 작업하중
④ 풍하중

**해설** 연직하중은 위에서 내려오는 하중으로 수직방향이다. 고정하중, 충격하중, 작업하중은 연직하중이며, 풍하중은 수평방향 하중이다.

**89** 화물을 적재하는 경우에 준수하여야 하는 사항으로 옳지 않은 것은?
① 침하 우려가 없는 튼튼한 기반 위에 적재할 것
② 건물의 칸막이나 벽 등이 화물의 압력에 견딜 만큼의 강도를 지니지 아니한 경우에는 칸막이나 벽에 기대어 적재하지 않도록 할 것
③ 불안정할 정도로 높이 쌓아 올리지 말 것
④ 편하중이 발생하도록 쌓아 적재효율을 높일 것

**해설** 하중이 한쪽으로 치우치지 않도록 쌓을 것

**90** 핸드 브레이커 취급 시 안전에 관한 유의사항으로 옳지 않은 것은?
① 기본적으로 현장 정리가 잘되어 있어야 한다.
② 작업 자세는 항상 하향 45[°] 방향으로 유지하여야 한다.
③ 작업 전 기계에 대한 점검을 철저히 한다.
④ 호스의 교차 및 꼬임 여부를 점검하여야 한다.

**해설** 끝의 부러짐을 방지하기 위해 작업 자세는 항상 하향수직방향으로 유지하여야 한다.

**91** 유한사면에서 사면기울기가 비교적 완만한 점성토에서 주로 발생되는 사면파괴의 형태는?
① 저부파괴
② 사면선단파괴
③ 사면내파괴
④ 국부전단파괴

**해설**
• 저부파괴 : 경사가 완만하고 연약한 점토 지반
• 사면선단파괴 : 경사가 급하고 연약한 점토지반(점착성이 적음)
• 사면내파괴 : 점토층이 여러 층일 때 발생(사면선단파괴의 일종)

**정답** 87 ④  88 ④  89 ④  90 ②  91 ①

**92** 산업안전보건관리비 중 안전시설비 등의 항목에서 사용 가능한 내역은?

① 외부인 출입금지, 공사장 경계표시를 위한 가설울타리
② 비계·통로·계단에 추가 설치하는 추락방지용 안전난간
③ 절토부 및 성토부 등의 토사유실 방지를 위한 설비
④ 공사 목적물의 품질 확보 또는 건설장비 자체의 운행 감시, 공사 진척상황 확인, 방범 등의 목적을 가진 CCTV 등 감시용 장비

**해설** ▶ 안전시설비 등 항목
비계·통로·계단에 추가 설치하는 추락방지용 난간, 사다리 전도방지장치, 틀비계에 별도로 설치하는 안전난간·사다리, 통로의 낙하물방호선반 등은 사용 가능

**93** 추락방지용 방망을 구성하는 그물코의 모양과 크기로 옳은 것은?

① 원형 또는 사각으로서 그 크기는 10[cm] 이하이어야 한다.
② 원형 또는 사각으로서 그 크기는 20[cm] 이하이어야 한다.
③ 사각 또는 마름모로서 그 크기는 10[cm] 이하이어야 한다.
④ 사각 또는 마름모로서 그 크기는 20[cm] 이하이어야 한다.

**해설** 추락방지용 방망의 그물코 모양과 크기는 사각 또는 마름모로서 그 크기는 10[cm] 이하이어야 한다.

**94** 지반조사의 방법 중 지반을 강관으로 천공하고 토사를 채취 후 여러 가지 시험을 시행하여 지반의 토질 분포, 흙의 층상과 구성 등을 알 수 있는 것은?

① 보링
② 표준관입시험
③ 베인테스트
④ 평판재하시험

**해설** ① 로터리 보링(rotary drilling) : 로드를 회전시키면서 그 선단에 부착시킨 비트로 암석을 분쇄하고 뽑아내면서 천공하는 보링의 총칭으로 암석 코어의 채취가 용이하다.
② 표준관입시험 : 지반의 지지력, 지층의 분포 상태 및 지질을 파악하기 위한 시험. 보링 구멍을 이용하여 로드 끝에 스플릿 스푼 샘플러를 장치하고, 해머를 높이 75[cm]에서 자유낙하 타격으로 30[cm] 관입시키는 데에 소요되는 회전수를 측정한다.
③ 베인테스트 : 흙의 전단강도를 구하는 시험
④ 평판재하시험 : 지반의 현위치시험 중의 하나. 300[mm]×300[mm]의 재하판을 사용해서 그 위에 재하하고 침하량과 하중의 관계에서 지내력을 구하는 시험

**95** 말비계를 조립하여 사용하는 경우의 준수사항으로 옳지 않은 것은?

① 지주부재의 하단에는 미끄럼 방지장치를 할 것
② 지주부재와 수평면과의 기울기는 85[°] 이하로 할 것
③ 말비계의 높이가 2[m]를 초과할 경우에는 작업발판의 폭을 40[cm] 이상으로 할 것
④ 지주부재와 지주부재 사이를 고정시키는 보조부재를 설치할 것

**해설** ▶ 말비계

「산업안전보건기준에 관한 규칙」 제67조
1. 지주부재(支柱部材)의 하단에는 미끄럼 방지장치를 하고, 근로자가 양측 끝부분에 올라서서 작업하지 않도록 할 것
2. 지주부재와 수평면의 기울기를 75도 이하로 하고, 지주부재와 지주부재 사이를 고정시키는 보조부재를 설치할 것
3. 말비계의 높이가 2미터를 초과하는 경우에는 작업발판의 폭을 40센티미터 이상으로 할 것

정답  92 ②  93 ③  94 ①  95 ②

**96** 철골작업을 중지하여야 하는 제한기준에 해당되지 않는 것은?

① 풍속이 초당 10[m] 이상인 경우
② 강우량이 시간당 1[mm] 이상인 경우
③ 강설량이 시간당 1[cm] 이상인 경우
④ 소음이 65[dB] 이상인 경우

해설 ▶ 철골작업 중지 기준
- 풍속이 초당 10미터 이상인 경우
- 강우량이 시간당 1밀리미터 이상인 경우
- 강설량이 시간당 1센티미터 이상인 경우

**97** 강관틀비계의 높이가 20[m]를 초과하는 경우 주틀 간의 간격을 최대 얼마 이하로 사용해야 하는가?

① 1.0[m]   ② 1.5[m]
③ 1.8[m]   ④ 2.0[m]

해설 ▶ 강관틀비계

「산업안전보건기준에 관한 규칙」제62조
1. 비계기둥의 밑둥에는 밑받침철물을 사용하여야 하며 밑받침에 고저차가 있는 경우에는 조절형 밑받침철물을 사용하여, 각각의 강관틀비계가 항상 수평 및 수직을 유지하도록 할 것
2. 높이가 20미터를 초과하거나 중량물의 적재를 수반하는 작업을 할 경우에는 주틀 간의 간격을 1.8미터 이하로 할 것
3. 주틀 간에 교차 가새를 설치하고 최상층 및 5층 이내마다 수평재를 설치할 것
4. 수직방향으로 6미터, 수평방향으로 8미터 이내마다 벽이음을 할 것
5. 길이가 띠장방향으로 4미터 이하이고 높이가 10미터를 초과하는 경우에는 10미터 이내마다 띠장방향으로 버팀기둥을 설치할 것

**98** 철골공사에서 용접작업을 실시함에 있어 전격예방을 위한 안전조치 중 옳지 않은 것은?

① 전격방지를 위해 자동전격방지기를 설치한다.
② 우천, 강설 시에는 야외작업을 중단한다.
③ 개로 전압이 낮은 교류용접기는 사용하지 않는다.
④ 절연 홀더(Holder)를 사용한다.

해설 교류용접기는 개로 전압이 낮은 것을 사용해야 한다.

**99** 타워크레인의 운전작업을 중지하여야 하는 순간풍속기준으로 옳은 것은?

① 초당 10[m] 초과
② 초당 12[m] 초과
③ 초당 15[m] 초과
④ 초당 20[m] 초과

해설 순간풍속이 초당 15미터를 초과하는 경우에는 타워크레인의 운전작업을 중지하여야 한다.

**100** 흙막이 지보공을 설치하였을 때 정기적으로 점검하고 이상을 발견하면 즉시 보수하여야 하는 사항으로 거리가 먼 것은?

① 부재의 손상, 변형, 부식, 변위 및 탈락의 유무와 상태
② 부재의 접속부, 부착부 및 교차부의 상태
③ 침하의 정도
④ 발판의 지지 상태

해설 ▶ 흙막이 지보공 정기점검에서 이상 발견 시 즉시 보수사항
- 부재의 손상·변형·부식·변위 및 탈락의 유무와 상태
- 버팀대의 긴압(緊壓)의 정도
- 부재의 접속부·부착부 및 교차부의 상태
- 침하의 정도

96 ④   97 ③   98 ③   99 ③   100 ④

# 2019년 제2회 기출 복원문제

## 1과목 산업안전관리론

**01** 다음 중 무재해운동의 기본이념 3원칙에 포함되지 않는 것은?

① 무의 원칙
② 선취의 원칙
③ 참가의 원칙
④ 라인화의 원칙

**해설** ▶ 무재해운동 기본이념
무(zero)의 원칙, 선취의 원칙, 참가의 원칙

**02** 산업안전보건법령상 상시 근로자 수의 산출내역에 따라, 연간 국내공사 실적액이 50억원이고 건설업평균임금이 250만원이며, 노무비율은 0.06인 사업장의 상시 근로자 수는?

① 10인
② 30인
③ 33인
④ 75인

**해설** 상시 근로자 수 = $\dfrac{\text{연간 국내공사 실적액} \times \text{노무비율}}{\text{건설업 월평균 임금} \times 12}$

상시 근로자 수 = $\dfrac{50억\,원 \times 0.06}{250만\,원 \times 12} = 10$

**03** 산업안전보건법령상 산업재해조사표에 기록되어야 할 내용으로 옳지 않은 것은?

① 사업장 정보
② 재해정보
③ 재해발생 개요 및 원인
④ 안전교육계획

**해설** 산업재해조사표에 안전교육계획은 기록되지 않아도 된다.

**04** 하인리히의 재해발생 원인 도미노이론에서 사고의 직접원인으로 옳은 것은?

① 통제의 부족
② 관리구조의 부적절
③ 불안전한 행동과 상태
④ 유전과 환경적 영향

**해설** ▶ 재해의 직접원인
• 불안전한 행동 : 위험장소 접근, 안전장치의 기능 제거, 기계기구의 잘못 사용, 운전 중인 기계장치의 손질, 위험물 취급 부주의 등
• 불안전한 상태 : 물 자체의 결함, 안전방호장치의 결함, 복장·보호구의 결함, 물의 배치 및 작업장소 결함, 생산공정의 결함

**05** 매슬로우(Maslow)의 욕구단계이론 중 제2단계의 욕구에 해당하는 것은?

① 사회적 욕구
② 안전에 대한 욕구
③ 자아실현의 욕구
④ 존경과 긍지에 대한 욕구

**정답** 01 ④  02 ①  03 ④  04 ③  05 ②

**해설** ▶ 매슬로우의 욕구단계이론

| 단계 | 이론 | 설명 |
|---|---|---|
| 5단계 | 자아실현의 욕구 | 잠재능력의 극대화, 성취의 욕구 |
| 4단계 | 인정받으려는 욕구 | 자존심, 성취감, 승진 등 자존의 욕구 |
| 3단계 | 사회적 욕구 | 소속감과 애정에 대한 욕구 |
| 2단계 | 안전의 욕구 | 자기존재에 대한 욕구, 보호받으려는 욕구 |
| 1단계 | 생리적 욕구 | 기본적 욕구로서 강도가 가장 높은 욕구 |

**06** 산업안전보건법령상 안전모의 종류(기호) 중 사용 구분에서 "물체의 낙하 또는 비래 및 추락에 의한 위험을 방지 또는 경감하고, 머리부위 감전에 의한 위험을 방지하기 위한 것"으로 옳은 것은?

① A
② AB
③ AE
④ ABE

**해설** ② AB : 물체의 낙하 또는 비래 및 추락 위험방지
③ AE : 물체의 낙하 또는 비래 및 감전에 의한 위험방지
④ ABE : AB+AE, 즉 추락과 감전을 방지하기 위한 것으로 다목적용

**07** 다음 중 산업심리의 5대 요소에 해당하지 않는 것은?

① 적성
② 감정
③ 기질
④ 동기

**해설** ▶ 산업심리의 5대 요소
기질, 동기, 습관, 습성, 감정

**08** 주의의 수준에서 중간 수준에 포함되지 않는 것은?

① 다른 곳에 주의를 기울이고 있을 때
② 가시 시야 내 부분
③ 수면 중
④ 일상과 같은 조건일 경우

**해설**
• phase 0 : 무의식 상태(수면 상태, 실신한 상태 등)이기 때문에, 작업 중에는 있을 수 없는 상태이다.
• phase Ⅰ : 뇌파에서는 θ파가 우세한 상태로서, 술에 취해 있거나 앉아서 졸고 있는 때와 같은 의식상태이다. 의식이 둔하고 강한 부주의 상태가 계속되며, 깜박 잊는 일과 실수가 많아진다.
• phase Ⅱ : α 파에 대응하는 의식수준이고 보통의 의식 상태이지만, 단순한 일을 하고 있는 때와 같이 마음이 편안한 상태로서, 예측 기능이 활발하지 않고 사태를 분석하는 능력이 발휘되지 않는 상태이다. 휴식 시의 편안한 상태이고, 전두엽은 그다지 활동하고 있지 않아 깜박하는 실수를 하기 쉽다.
• phase Ⅲ : β 파의 의식수준으로서, 적당한 긴장감과 주의력이 작동하고 있고, 사태의 분석, 예측능력이 가장 잘 발휘되고 있는 상태이다. 의식은 밝고 맑으며, 전두엽이 완전히(활발히) 활동하고 있고, 실수를 하는 일도 거의 없다.
• phase Ⅳ : 긴장의 과대(過大) 또는 정동(情動) 흥분 시의 상태로서, 대뇌의 에너지 수준은 매우 높지만, 주의가 눈앞의 한 점에 흡착(집중)되어 사고협착에 빠져 있고, 냉정한 분석이나 올바른 판단에 의한 임기응변의 대응이 불가능하다. 실수를 범하기 쉽고, 심하면 패닉상태가 되어 당황하거나 공포감이 엄습하여 대외의 정보처리기능이 분열상태에 빠진다.

**09** 다음 중 안전태도 교육의 원칙으로 적절하지 않은 것은?

① 청취 위주의 대화를 한다.
② 이해하고 납득한다.
③ 항상 모범을 보인다.
④ 지적과 처벌 위주로 한다.

06 ④  07 ①  08 ③  09 ④

해설 ▶ 안전태도 교육의 원칙
- 청취한다(hearing).
- 이해, 납득시킨다(understand).
- 모범을 보인다(example).
- 평가한다(evaluaion).

**10** 레빈(Lewin)은 인간행동과 인간의 조건 및 환경 조건의 관계를 다음과 같이 표시하였다. 이때 'ƒ'의 의미는?

$$B = f(P \cdot E)$$

① 행동  ② 조명
③ 지능  ④ 함수

해설 • $B$ : Behavior(인간의 행동)
• $f$ : function(함수관계 – P·E에 영향을 줄 수 있는 조건)
• $P$ : Person(연령, 경험, 심신상태, 성격, 지능, 소질 등)
• $E$ : Environment(심리적 환경 – 인간관계, 작업환경, 설비적 결함 등)

**11** 적응기제(Adjustment Mechanism)의 유형에서 "동일화(identification)"의 사례에 해당하는 것은?

① 운동시합에 진 선수가 컨디션이 좋지 않았다고 한다.
② 결혼에 실패한 사람이 고아들에게 정열을 쏟고 있다.
③ 아버지의 성공을 자신의 성공인 것처럼 자랑하며 거만한 태도를 보인다.
④ 동생이 태어난 후 초등학교에 입학한 큰 아이가 손가락을 빨기 시작했다.

해설 ▶ 동일화
실현할 수 없는 적응을 타인 또는 어떤 집단에 자신과 동일한 것으로 여겨 욕구를 만족

**12** 특성에 따른 안전교육의 3단계에 포함되지 않는 것은?

① 태도교육  ② 지식교육
③ 직무교육  ④ 기능교육

해설 ▶ 안전교육 실시단계
• 1단계 : 지식교육
• 2단계 : 기능교육
• 3단계 : 태도교육

**13** 산업안전보건법령상 다음 그림에 해당하는 안전·보건표지의 종류로 옳은 것은?

① 부식성 물질 경고  ② 산화성 물질 경고
③ 인화성 물질 경고  ④ 폭발성 물질 경고

해설 ▶ 안전·보건표지

| 부식성 물질 경고 | 산화성 물질 경고 | 인화성 물질 경고 | 폭발성 물질 경고 |

**14** 다음 중 작업표준의 구비조건으로 옳지 않은 것은?

① 작업의 실정에 적합할 것
② 생산성과 품질의 특성에 적합할 것
③ 표현은 추상적으로 나타낼 것
④ 다른 규정 등에 위배되지 않을 것

정답  10 ④  11 ③  12 ③  13 ③  14 ③

해설 표현은 추상적이거나 주관적인 것을 배제한다.
- **작업표준의 구비조건**
  - 작업목적이 충분히 달성되고 있는가
  - 생산흐름에 애로가 없는가
  - 직장의 정리정돈 상태는 좋은가
  - 작업속도는 적당한가
  - 위험물 등의 취급장소는 일정한가

**15** 다음 중 위험예지훈련 4라운드의 순서가 올바르게 나열된 것은?

① 현상파악 → 본질추구 → 대책수립 → 목표설정
② 현상파악 → 대책수립 → 본질추구 → 목표설정
③ 현상파악 → 본질추구 → 목표설정 → 대책수립
④ 현상파악 → 목표설정 → 본질추구 → 대책수립

해설 ▶ **위험예지훈련 4라운드**
- 제1단계 : 현상파악 – 어떤 위험이 잠재되어 있는가
- 제2단계 : 본질추구 – 이것이 위험의 point다.
- 제3단계 : 대책수립 – 당신이라면 어떻게 하는가
- 제4단계 : 목표설정 – 우리들은 이렇게 한다.

**16** 산업안전보건법령상 특별안전·보건 교육대상 작업별 교육내용 중 밀폐공간에서의 작업 시 교육내용에 포함되지 않는 것은? (단, 그 밖에 안전·보건관리에 필요한 사항은 제외한다)

① 산소농도 측정 및 작업환경에 관한 사항
② 유해물질이 인체에 미치는 영향
③ 보호구 착용 및 사용방법에 관한 사항
④ 사고 시의 응급처치 및 비상시 구출에 관한 사항

해설 ▶ **특별안전·보건 교육내용 중 밀폐공간의 작업**
- 산소농도 측정 및 작업환경에 관한 사항
- 사고 시의 응급처치 및 비상시 구출에 관한 사항
- 보호구 착용 및 사용방법에 관한 사항
- 밀폐공간작업의 안전작업방법에 관한 사항
- 그 밖에 안전·보건관리에 필요한 사항

**17** 안전지식교육 실시 4단계에서 지식을 실제의 상황에 맞추어 문제를 해결해 보고 그 수법을 이해시키는 단계로 옳은 것은?

① 도입
② 제시
③ 적용
④ 확인

해설 ▶ **안전지식교육 실시 4단계**
- 제1단계 : 도입(준비) – 학습할 준비를 시킨다.
- 제2단계 : 제시(설명) – 작업을 설명한다.
- 제3단계 : 적용(응용) – 작업을 시켜본다. 실제 상황에 맞춰 문제해결을 시키거나 습득시키는 단계
- 제4단계 : 확인(총괄, 평가) – 교육내용을 정확하게 이해하였는지 테스트해본다.

**18** 다음 중 산업재해 통계에 관한 설명으로 적절하지 않은 것은?

① 산업재해 통계는 구체적으로 표시되어야 한다.
② 산업재해 통계는 안전활동을 추진하기 위한 기초자료이다.
③ 산업재해 통계만을 기반으로 해당 사업장의 안전수준을 추측한다.
④ 산업재해 통계의 목적은 기업에서 발생한 산업재해에 대하여 효과적인 대책을 강구하기 위함이다.

해설 산업재해 통계만을 기반으로 해당 사업장의 안전수준을 추측하지 않는다.
▶ **산업재해 통계**
- 재해발생 상황을 통계적으로 산출하여 재해 방지에 활용할 정보를 위해 작성
- 다수의 재해 통계처리 결과를 안전대책으로 활용
- 동종 및 유사재해의 예방을 목적으로 작성

15 ① 16 ② 17 ③ 18 ③

**19** French와 Raven이 제시한, 리더가 가지고 있는 세력의 유형이 아닌 것은?

① 전문세력(expert power)
② 보상세력(reward power)
③ 위임세력(entrust power)
④ 합법세력(legitimate power)

해설 ▶ 리더의 세력 유형(French와 Raven 제시)
- 합법적 권한(상부에서 부여)
- 보상적 권한(상부에서 부여)
- 강압적 권한(상부에서 부여)
- 전문성 권한(리더 자신이 부여)
- 위임적 권한(하부)

**20** 산업안전보건법령상 안전검사대상 유해·위험기계의 종류에 포함되지 않는 것은?

① 전단기
② 리프트
③ 곤돌라
④ 교류아크용접기

해설 ▶ 안전검사대상 기계 등

「산업안전보건법 시행령」 제78조 제1항
- 프레스
- 전단기
- 크레인(정격 하중이 2톤 미만인 것은 제외한다)
- 리프트
- 압력용기
- 곤돌라
- 국소 배기장치(이동식은 제외한다)
- 원심기(산업용만 해당한다)
- 롤러기(밀폐형 구조는 제외한다)
- 사출성형기[형 체결력(型 締結力) 294킬로뉴턴(KN) 미만은 제외한다]
- 고소작업대(자동차관리법 제3조 제3호 또는 제4호에 따른 화물자동차 또는 특수자동차에 탑재한 고소작업대로 한정한다)
- 컨베이어
- 산업용 로봇

## 2과목 인간공학 및 시스템안전공학

**21** 체계 설계 과정의 주요 단계 중 가장 먼저 실시되어야 하는 것은?

① 기본설계
② 계면설계
③ 체계의 정의
④ 목표 및 성능 명세 결정

해설 ▶ 체계 설계 과정의 주요 단계
- 1단계 : 목표 및 성능 명세 결정
- 2단계 : 체계의 정의
- 3단계 : 기본설계
- 4단계 : 계면설계
- 5단계 : 촉진물설계
- 6단계 : 시험 및 평가

**22** 고장형태 및 영향분석(FMEA : Failure Mode and Effect Analysis)에서 치명도 해석을 포함시킨 분석방법으로 옳은 것은?

① CA
② ETA
③ FMETA
④ FMECA

해설 FMECA(Failure Modes, Effects, and Criticality Analysis) 위험도의 평가를 위해 치명도 계산을 포함한다.

정답  19 ③  20 ④  21 ④  22 ④

**23** 그림과 같은 시스템의 신뢰도로 옳은 것은? (단, 그림의 숫자는 각 부품의 신뢰도이다)

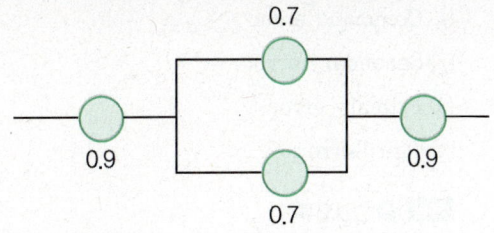

① 0.6261
② 0.7371
③ 0.8481
④ 0.9591

해설 ▶ 시스템의 신뢰도
㉠ 직렬 : $R_s = r_1 \times r_2 = 0.9 \times 0.9$
㉡ 병렬 : $R_p = 1-(1-r_1)(1-r_2)$
$= 1-(1-0.7)(1-0.7)$
㉢ 직렬×병렬=0.7371

**24** 인간의 시각 특성을 설명한 것으로 옳은 것은?

① 적응은 수정체의 두께가 얇아져 근거리의 물체를 볼 수 있게 되는 것이다.
② 시야는 수정체의 두께 조절로 이루어진다.
③ 망막은 카메라의 렌즈에 해당된다.
④ 암조응에 걸리는 시간은 명조응보다 길다.

해설 ▶ 인간의 시각 특성

| 각막 | 최초로 빛이 통과하는 곳, 눈을 보호 |
|---|---|
| 홍채 | 동공의 크기를 조절해 빛의 양 조절 |
| 모양체 | 수정체 두께를 변화시켜 원근 조절 |
| 수정체 | 렌즈의 역할, 빛을 굴절시킴 |
| 망막 | 상이 맺히는 곳, 시세포 존재 |
| 맥락막 | 망막을 둘러싼 검은 막, 어둠상자 역할 |

완전 암조응 : 보통 30~40분 소요(명조응은 수초 내지 1~2분)

**25** 다음 중 생리적 스트레스를 전기적으로 측정하는 방법으로 옳지 않은 것은?

① 뇌전도(EEG)
② 근전도(EMG)
③ 전기 피부 반응(GSR)
④ 안구 반응(EOG)

해설 뇌파(EEG), 손가락 피부로부터 반응(GSR), 심박수(PPG), 안면 근전도(EMG)

**26** 레버를 10[°] 움직이면 표시장치는 1[cm] 이동하는 조종장치가 있다. 레버의 길이가 20[cm]라고 하면 이 조종장치의 통제표시비(C/D비)는 약 얼마인가?

① 1.27
② 2.38
③ 3.49
④ 4.51

해설 $C/D비 = \dfrac{(a/360) \times 2\pi L}{\text{표시장치의 이동거리}}$

$C/D비 = \dfrac{(10/360) \times 2 \times \pi \times 20}{1} = 3.48888$

**27** 서서 하는 작업의 작업대 높이에 대한 설명으로 옳지 않은 것은?

① 정밀작업의 경우 팔꿈치 높이보다 약간 높게 한다.
② 경작업의 경우 팔꿈치 높이보다 약간 낮게 한다.
③ 중작업의 경우 경작업의 작업대 높이보다 약간 낮게 한다.
④ 작업대의 높이는 기준을 지켜야 하므로 높낮이가 조절되어서는 안 된다.

정답 23 ② 24 ④ 25 ④ 26 ③ 27 ④

**해설** ▶ 서서 하는 작업의 작업대 높이
1. 경조립 또는 이와 유사한 조작작업 : 팔꿈치 높이보다 5~10[cm] 낮게
2. 섬세한 작업일수록 높아야 하며, 거친 작업은 약간 낮게 설치
3. 고정높이 작업면은 가장 큰 사용자에게 맞도록 설계 (발판, 발받침대 등 사용)
4. 높이 설계 시 고려사항
   - 근전도(EMG)
   - 인체계측(신장 등)
   - 무게중심 결정(물체의 무게 및 크기 등)

**28** 작업장 내부의 추천반사율이 가장 낮아야 하는 곳은?

① 벽   ② 천장
③ 바닥   ④ 가구

**해설** ▶ 작업장 내부 추천반사율

| 바닥 | 가구, 사무용기기, 책상 | 창문 발, 벽 | 천장 |
|---|---|---|---|
| 20~40[%] | 25~45[%] | 40~60[%] | 80~90[%] |

**29** 인간의 정보처리 기능 중 그 용량이 7개 내외로 작아, 순간적 망각 등 인적 오류의 원인이 되는 것은?

① 지각
② 작업기억
③ 주의력
④ 감각보관

**해설** ▶ **신비의 수** : 인간이 신뢰성 있게 정보전달을 할 수 있는 기억은 5가지 미만이며, 단기기억으로는 신비의 수인 7±2 청크이다. 단기기억을 작업기억이라고도 한다.

**30** 인간오류의 분류 중 원인에 의한 분류의 하나로, 작업자 자신으로부터 발생하는 에러로 옳은 것은?

① Command error
② Secondary error
③ Primary error
④ Third error

**해설** ▶ 인간오류
- Primary Error(1차 에러) : 작업자 자신에 의해 발생한 에러
- Secondary Error(2차 에러) : 작업 형태/조건에 의해 발생. 또는 어떤 결함으로부터 파생하여 발생하는 에러
- Command Error : 작업자가 움직일 수 없는 상태에서 발생

**31** 일반적으로 인체에 가해지는 온·습도 및 기류 등의 외적 변수를 종합적으로 평가하는 데에는 "불쾌지수"라는 지표가 이용된다. 불쾌지수의 계산식이 다음과 같은 경우, 건구온도와 습구온도의 단위로 옳은 것은?

불쾌지수 = 0.72×(건구온도+습구온도)+40.6

① 실효온도
② 화씨온도
③ 절대온도
④ 섭씨온도

**해설**
- 섭씨=(건구온도+습구온도)×0.72+40.6
- 화씨=(건구온도+습구온도)×0.4+15
- 70 이하일 때는 모든 사람이 불쾌감을 느끼지 않는다.
- 70 이상일 때에는 불쾌감을 느끼기 시작한다.
- 80 이상은 모든 사람이 불쾌감을 느낀다.

**정답** 28 ③  29 ②  30 ③  31 ④

**32** FT도에 사용되는 논리기호 중 AND 게이트에 해당하는 것은?

① 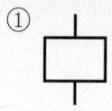   ②

③    ④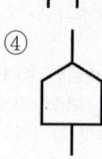

해설
① 결함사상
② OR 게이트
③ AND 게이트
④ 통상사상

**33** 위팔은 자연스럽게 수직으로 늘어뜨린 채, 아래팔만을 편하게 뻗어 작업할 수 있는 범위는?

① 정상작업역   ② 최대작업역
③ 최소작업역   ④ 작업포락면

해설
• 정상작업역 : 전완을 자연스럽게 수직으로 늘어뜨린 채, 전완만으로 편하게 뻗어 파악할 수 있는 구역 (34~45[cm])
• 최대작업역 : 전완과 상완을 곧게 펴서 파악할 수 있는 구역(55~65[cm])

**34** 음의 강약을 나타내는 기본 단위는?

① dB   ② pont
③ hertz   ④ diopter

해설
• 데시벨(decibel, dB) : 음량의 '양(量)'의 크기를 비교하기 위해 대수(對數)를 사용해 나타낸 비율의 단위
• hertz : 주파수
• diopter : (렌즈의) 굴절력

**35** 신뢰성과 보전성 개선을 목적으로 하는 효과적인 보전기록 자료에 해당하지 않는 것은?

① 설비이력카드   ② 자재관리표
③ MTBF 분석표   ④ 고장원인대책표

해설 ▶ 보전기록 자료
설비이력카드, MTBF 분석표, 고장원인대책표

**36** 예비위험분석(PHA)에 대한 설명으로 옳은 것은?

① 관련된 과거 안전점검 결과의 조사에 적절하다.
② 안전관련 법규 조항의 준수를 위한 조사방법이다.
③ 시스템 고유의 위험성을 파악하고 예상되는 재해의 위험 수준을 결정한다.
④ 초기 단계에서 시스템 내의 위험요소가 어떠한 위험상태에 있는가를 정성적으로 평가하는 것이다.

해설 예비위험분석은 본격적인 위험성 분석을 수행하기 위한 준비단계에서의 위험성 분석을 의미하므로 초기단계에서 정성적으로 평가한다.

**37** 다음의 FT도에서 몇 개의 미니멀 패스셋(minimal path sets)이 존재하는가?

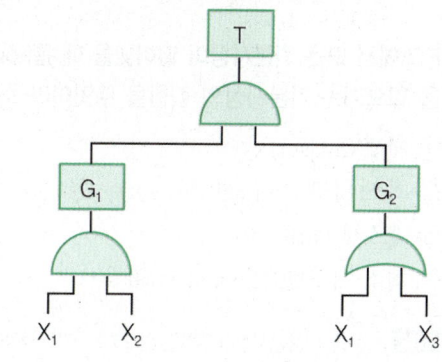

① 1개   ② 2개
③ 3개   ④ 4개

정답  32 ③  33 ①  34 ①  35 ②  36 ④  37 ③

해설 최소 컷셋은 사고가 발생하는 최소의 조합이고, 최소 패스셋은 기본사상이 일어나지 않으면 정상사상이 발생하지 않는 기본사상의 최소조합이다.
패스셋은 컷셋을 뒤집어서 구하므로 OR $X_1$, $X_2$, AND $X_1$, $X_3$, 따라서 ($X_1$), ($X_2$), ($X_1$, $X_3$)의 3개가 존재한다.

## 38 정보를 전송하기 위해 청각적 표시장치를 이용하는 것이 바람직한 경우로 적합한 것은?

① 전언이 복잡한 경우
② 전언이 이후에 재참조되는 경우
③ 전언이 공간적인 사건을 다루는 경우
④ 전언이 즉각적인 행동을 요구하는 경우

해설 ▶ 청각표시장치
- 전언이 간단하다.
- 전언이 짧다.
- 전언이 후에 재참조되지 않는다.
- 전언이 시간적 사상을 다룬다.
- 전언이 즉각적인 행동을 요구한다(긴급할 때).
- 수신장소가 너무 밝거나 암조응유지가 필요시
- 직무상 수신자가 자주 움직일 때
- 수신자가 시각계통이 과부하 상태일 때

## 39 FTA에서 모든 기본사상이 일어났을 때 톱(top)사상을 일으키는 기본사상의 집합을 무엇이라 하는가?

① 컷셋(Cut set)
② 최소 컷셋(Minimal Cut set)
③ 패스셋(Path set)
④ 최소 패스셋(Minamal Path set)

해설
- 컷셋 : 정상사상(고장)을 일으키는 기본사상(원인)의 집합
- 패스셋 : 시그템의 정상사상(고장)을 일으키지 않는 기본사상(원인)의 집합

## 40 조종장치를 통한 인간의 통제 아래 기계가 동력원을 제공하는 시스템의 형태로 옳은 것은?

① 기계화시스템
② 수동시스템
③ 자동화시스템
④ 컴퓨터시스템

해설 ▶ 시스템의 형태
- 수동시스템 : 사용자가 손공구나 기타 보조물 등을 사용하여 자기의 신체적 힘을 동력원으로 하여 작업을 수행하는 시스템
- 기계화시스템(반자동시스템) : 인간의 역할은 제어 기능을 담당하고, 힘에 대한 공급은 기계가 담당
- 자동화시스템 : 기계가 모든 임무를 미리 설계된 대로 수행하며, 인간은 감시, 감독, 보전 등의 역할을 담당

# 3과목 기계위험방지기술

## 41 선반에서 냉각재 등에 의한 생물학적 위험을 방지하기 위한 방법으로 틀린 것은?

① 냉각재가 기계에 잔류되지 않고 중력에 의해 수집 탱크로 배유되도록 해야 한다.
② 냉각재 저장 탱크에는 외부 이물질의 유입을 방지하기 위해 덮개를 설치해야 한다.
③ 특별한 경우를 제외하고는 정상 운전 시 전체 냉각재가 계통 내에서 순환되고 냉각재 탱크에 체류하지 않아야 한다.
④ 배출용 배관의 지름은 대형 이물질이 들어가지 않도록 작아야 하고, 지면과 수평이 되도록 제작해야 한다.

해설 ▶ 배출용 배관
- 지름을 크게 한다.
- 지면과 수직으로 제작한다.

정답  38 ④  39 ①  40 ①  41 ④

**42** 산업용 로봇의 작동범위에서 그 로봇에 관하여 교시 등의 작업을 하는 경우 작업시간 전 점검사항에 해당하지 않는 것은? (단, 로봇의 동력원을 차단하고 행하는 것을 제외한다)

① 회전부의 덮개 또는 울 부착 여부
② 제동장치 및 비상정지장치의 기능
③ 외부전선의 피복 또는 외장의 손상 유무
④ 매니퓰레이터(manipulator) 작동의 이상 유무

해설 ▶ 로봇의 작업 시작 전 점검사항
- 외부전선의 피복 또는 외장의 손상 유무
- 매니퓰레이터 작동의 이상 유무
- 제동장치 및 비상정지장치의 기능

**43** 기계장치의 안전설계를 위해 적용하는 안전율 계산식은?

① 안전하중 ÷ 설계하중
② 최대사용하중 ÷ 극한강도
③ 극한강도 ÷ 최대설계응력
④ 극한강도 ÷ 파단하중

해설
- 안전율＝극한강도÷최대설계응력＝파단하중÷최대허용하중＝인장강도÷허용응력
- 극한강도＝안전계수×최대설계하중

**44** 양수조작식 방호장치에서 양쪽 누름버튼 간의 내측 거리는 몇 [mm] 이상이어야 하는가?

① 100   ② 200
③ 300   ④ 400

해설 양수조작식 방호장치에서 누름버튼 간 내측 거리는 300[mm] 이상이어야 한다.

**45** "가"와 "나"에 들어갈 내용으로 옳은 것은?

> 순간풍속이 ( 가 )를 초과하는 경우에는 타워크레인의 설치, 수리, 점검 또는 해체작업을 중지하여야 하며, 순간풍속이 ( 나 )를 초과하는 경우에는 타워크레인의 운전작업을 중지하여야 한다.

① 가 : 10[m/s], 나 : 15[m/s]
② 가 : 10[m/s], 나 : 25[m/s]
③ 가 : 20[m/s], 나 : 35[m/s]
④ 가 : 20[m/s], 나 : 45[m/s]

해설 ▶ 악천후 시 조치
- 순간풍속이 초당 10[m]를 초과 : 타워크레인의 설치, 수리, 점검, 해체 작업 중지
- 순간풍속이 초당 15[m]를 초과 : 타워크레인의 운전작업 중지
- 순간풍속이 최대 30[m]를 초과하거나 중진(中震) 이상의 지진 : 옥외 양중기 각 부위 이상 점검

**46** 드릴 작업 시 올바른 작업안전수칙이 아닌 것은?

① 구멍을 뚫을 때 관통된 것을 확인하기 위해 손으로 만져서는 안 된다.
② 드릴을 끼운 후에 척 렌치(chuck wrench)를 부착한 상태에서 드릴 작업을 한다.
③ 작업모를 착용하고 옷소매가 긴 작업복은 입지 않는다.
④ 보호안경을 쓰거나 안전덮개를 설치한다.

해설 물건(공작물) 장착이 끝나면 척 핸들과 렌치 등은 벗겨 놓는다.

42 ①   43 ③   44 ③   45 ①   46 ②

**47** 지게차 헤드가드의 안전기준에 관한 설명으로 틀린 것은?

① 상부 틀의 각 개구의 폭 또는 길이가 20[cm] 이상일 것
② 강도는 지게차의 최대하중의 2배 값(4톤을 넘는 값에 대해서는 4톤으로 한다)의 등분포정하중에 견딜 수 있을 것
③ 운전자가 서서 조작하는 방식의 지게차의 경우에는 운전석의 바닥면에서 헤드가드의 상부 틀 하면까지의 높이가 1.88[m] 이상일 것
④ 운전자가 앉아서 조작하는 방식의 지게차의 경우에는 운전자의 좌석 윗면에서 헤드가드의 상부 틀 아랫면까지의 높이가 0.903[m] 이상일 것

해설
① 상부 틀의 각 개구의 폭 또는 길이가 16센티미터 미만일 것
② 강도는 지게차의 최대하중의 2배 값(4톤을 넘는 값에 대해서는 4톤으로 한다)의 등분포정하중(等分布靜荷重)에 견딜 수 있을 것
③ 서서 조작하는 방식은 바닥면에서 헤드가드 상부 틀(프레임) 하면까지 높이 1.88[m] 이상일 것
④ 앉아서 조작하는 방식은 (운전석)좌석 상면에서 헤드가드 상부 틀(프레임) 하면까지 높이 0.903[m] 이상일 것

**48** 프레스 가공품의 이송방법으로 2차 가공용 송급배출장치가 아닌 것은?

① 다이얼 피더(dial feeder)
② 롤 피더(roll feeder)
③ 푸셔 피더(pusher feeder)
④ 트랜스퍼 피더(transfer feeder)

해설 롤 피더는 1차 가공용 송급배출장치이다.

**49** 다음 중 연삭기를 이용한 작업의 안전대책으로 가장 옳은 것은?

① 연삭숫돌의 최고 원주 속도 이상으로 사용하여야 한다.
② 운전 중 연삭숫돌의 균열 확인을 위해 수시로 충격을 가해 본다.
③ 정밀한 작업을 위해서는 연삭기의 덮개를 벗기고 숫돌의 정면에 서서 작업한다.
④ 작업 시작 전에는 1분 이상 시운전을 하고, 숫돌의 교체 시에는 3분 이상 시운전을 한다.

해설 ◯ 연삭숫돌의 덮개 등

「산업안전보건기준에 관한 규칙」 제122조
① 사업주는 회전 중인 연삭숫돌(지름이 5센티미터 이상인 것으로 한정한다)이 근로자에게 위험을 미칠 우려가 있는 경우에 그 부위에 덮개를 설치하여야 한다.
② 사업주는 연삭숫돌을 사용하는 작업의 경우 작업을 시작하기 전에는 1분 이상, 연삭숫돌을 교체한 후에는 3분 이상 시험운전을 하고 해당 기계에 이상이 있는지를 확인하여야 한다.
③ 시험운전에 사용하는 연삭숫돌은 작업 시작 전에 결함이 있는지를 확인한 후 사용하여야 한다.
④ 사업주는 연삭숫돌의 최고 사용회전속도를 초과하여 사용하도록 해서는 아니 된다.
⑤ 사업주는 측면을 사용하는 것을 목적으로 하지 않는 연삭숫돌을 사용하는 경우 측면을 사용하도록 해서는 아니 된다.

정답   47 ①   48 ②   49 ④

**50** 압력용기에서 안전밸브를 2개 설치한 경우 그 설치 방법으로 옳은 것은? (단, 해당하는 압력용기가 외부화재에 대한 대비가 필요한 경우로 한정한다)

① 1개는 최고사용압력 이하에서 작동하고, 다른 1개는 최고사용압력의 1.1배 이하에서 작동하도록 한다.
② 1개는 최고사용압력 이하에서 작동하고, 다른 1개는 최고사용압력의 1.2배 이하에서 작동하도록 한다.
③ 1개는 최고사용압력의 1.05배 이하에서 작동하고, 다른 1개는 최고사용압력의 1.1배 이하에서 작동하도록 한다.
④ 1개는 최고사용압력의 1.05배 이하에서 작동하고, 다른 1개는 최고사용압력의 1.2배 이하에서 작동하도록 한다.

해설 안전밸브 등을 통하여 보호하려는 설비의 최고사용압력 이하에서 작동되도록 하여야 한다. 다만, 안전밸브 등이 2개 이상 설치된 경우에 1개는 최고사용압력의 1.05배(외부화재를 대비한 경우에는 1.1배) 이하에서 작동되도록 설치할 수 있다.

**51** 범용 수동 선반의 방호조치에 대한 설명으로 틀린 것은?

① 대형 선반의 후면 칩 가드는 새들의 전체 길이를 방호할 수 있어야 한다.
② 척 가드의 폭은 공작물의 가공작업에 방해되지 않는 범위에서 척 전체 길이를 방호해야 한다.
③ 수동 조작을 위한 제어장치는 정확한 제어를 위해 조작 스위치를 돌출형으로 제작해야 한다.
④ 스핀들 부위를 통한 기어박스에 접촉될 위험이 있는 경우에는 해당 부위에 잠금장치가 구비된 가드를 설치하고, 스핀들 회전과 연동회로를 구성해야 한다.

해설 수동 조작을 위한 제어장치는 정확한 제어를 위해 조작 스위치를 '매립형'으로 제작해야 한다.

**52** 프레스에 금형 조정작업 시 슬라이드가 갑자기 작동함으로써 근로자에게 발생할 우려가 있는 위험을 방지하기 위하여 사용하는 것은?

① 안전블록
② 비상정지장치
③ 감응식 안전장치
④ 양수조작식 안전장치

해설 금형 사이에 몸을 넣을 때 프레임에 설치된 안전블록(safety block)을 펀치부 아래에 끼워 넣어 펀치부가 돌연 낙하하지 않도록 하여야 한다.

**53** 크레인 작업 시 300[kg]의 질량을 10[m/s²]의 가속도로 감아올릴 때 로프에 걸리는 총 하중은 약 몇 [N]인가? (단, 중력가속도는 9.81[m/s²]로 한다)

① 2,943
② 3,000
③ 5,943
④ 8,886

해설 총하중 = 정하중($W_1$) + 동하중($W_2$)
정하중 = 300
동하중 = (정하중/중력가속도) × 질량
총하중 = 300 + [(300/9.81) × 10] = 605.810
단위(N) = 605.810 × 9.81[N] = 5,943

정답 50 ① 51 ③ 52 ① 53 ③

**54** 사고 체인의 5요소에 해당하지 않는 것은?
① 함정(trap)
② 충격(impact)
③ 접촉(contact)
④ 결함(flaw)

해설 ▶ 사고 체인의 5요소
함정, 충격, 접촉, 튀어나옴, 얽힘

**55** 프레스 작업 시 왕복운동하는 부분과 고정 부분 사이에서 형성되는 위험점은?
① 물림점
② 협착점
③ 절단점
④ 회전말림점

해설 ① 물림점 : 회전하는 두 회전체에 물려 들어가는 위험점(롤러 사이)
② 협착점 : 왕복운동 부분과 고정 부분 사이에 형성되는 위험점(프레스)
③ 절단점 : 운동하는 기계 자체의 위험점(커터날)
④ 회전말림점 : 회전하는 물체에 말려들어가는 위험점(회전축)

**56** 기계설비의 안전화를 크게 외관의 안전화, 기능의 안전화, 구조적 안전화로 구분할 때, 기능의 안전화에 해당하는 것은?
① 안전율의 확보
② 위험부위 덮개 설치
③ 기계 외관에 안전 색채 사용
④ 전압 강하 시 기계의 자동정지

해설 ① 작업의 안전화
② 외관의 안전화
③ 외관의 안전화
④ 기능의 안전화

**57** 근로자에게 위험을 미칠 우려가 있는 원동기, 축이음, 풀리 등에 설치하여야 하는 것은?
① 덮개
② 압력계
③ 통풍장치
④ 과압방지기

해설 기계의 원동기, 회전축, 기어, 풀리, 플라이휠, 밸브 및 체인 등 근로자가 위험에 처할 우려가 있는 부위에 덮개, 울, 슬리브 및 건널다리 등을 설치해야 한다.

**58** 컨베이어(conveyer)의 역전방지장치 형식이 아닌 것은?
① 램식
② 라쳇식
③ 롤러식
④ 전기브레이크식

해설 ▶ 컨베이어 역전방지장치의 형식
• 기계식 : 라쳇식, 롤러식, 밴드식
• 전기식 : 전기브레이크식, 트러스트브레이크식

**59** 롤러기의 급정지를 위한 방호장치를 설치하고자 한다. 앞면 롤러의 지름이 30[cm]이고, 회전수가 30[rpm]일 때 요구되는 급정지거리의 기준은?
① 급정지거리가 앞면 롤러의 원주의 1/3 이상일 것
② 급정지거리가 앞면 롤러의 원주의 1/3 이내일 것
③ 급정지거리가 앞면 롤러의 원주의 1/2.5 이상일 것
④ 급정지거리가 앞면 롤러의 원주의 1/2.5 이내일 것

정답  54 ④  55 ②  56 ④  57 ①  58 ①  59 ②

**해설**

| 앞면롤의 표면속도 [m/min] | 급정지거리 | 표면속도 산출공식 |
|---|---|---|
| 30 미만 | 앞면 롤 원주의 1/3 | $V = \dfrac{\pi Dn}{1,000}$ [m/min] |
| 30 이상 | 앞면 롤 원주의 1/2.5 | |

$V = \dfrac{\pi \times 300 \times 30}{1,000} = 28.26$ [m/min]이고,
30 미만이므로 1/3

## 4과목 전기 및 화학설비위험방지기술

**61** 혼촉방지판이 부착된 변압기를 설치하고 혼촉방지판을 접지시켰다. 이러한 변압기를 사용하는 주요 이유는?

① 2차 측의 전류를 감소시킬 수 있기 때문에
② 누전전류를 감소시킬 수 있기 때문에
③ 2차 측에 비접지 방식을 채택하면 감전 시 위험을 감소시킬 수 있기 때문에
④ 전력의 손실을 감소시킬 수 있기 때문에

**해설** 변압기 권선의 고압과 저압 사이의 절연이 파괴되었을 경우 저압 측에 전달되는 접지전류는 혼촉방지판의 접지를 통해서 흐르게 되어 저압회로의 전위상승을 방지하므로 저압기기의 소손 및 인축 등의 피해를 막을 수 있다.

**60** 프레스의 작업 시작 전 점검사항으로 거리가 먼 것은?

① 클러치 및 브레이크의 기능
② 금형 및 고정볼트 상태
③ 전단기(剪斷機)의 칼날 및 테이블의 상태
④ 언로드 밸브의 기능

**해설** 언로드 밸브는 공기압축기에 있다.
▶ **프레스의 작업 시작 전 점검사항**
• 클러치 및 브레이크의 기능
• 크랭크축・플라이휠・슬라이드・연결봉 및 연결나사의 풀림 여부
• 1행정 1정지기구・급정지장치 및 비상정지장치의 기능
• 슬라이드 또는 칼날에 의한 위험방지기구의 기능
• 프레스의 금형 및 고정볼트 상태
• 방호장치의 기능
• 전단기(剪斷機)의 칼날 및 테이블의 상태

**62** 인체가 현저히 젖어 있는 상태 또는 금속성의 전기・기계 장치나 구조물에 인체의 일부가 상시 접촉되어 있는 상태에서의 허용접촉전압으로 옳은 것은?

① 2.4[V] 이하    ② 25[V] 이하
③ 50[V] 이하    ④ 75[V] 이하

**해설**
• 2.5[V] 이하 : 수중에 있는 상태
• 25[V] 이하 : 젖어 있는 상태
• 50[V] 이하 : 인체에 전압이 가해진다면 위험 상황

**63** 아크 용접 작업 시 감전재해 방지에 쓰이지 않는 것은?

① 보호면         ② 절연장갑
③ 절연용 접봉 홀더    ④ 자동전격방지장치

**정답** 60 ④  61 ③  62 ②  63 ①

**해설** 감전재해 방지이기 때문에 절연장갑, 절연용 접봉 홀더, 자동전격방지장치가 필요하다.

## 64 「산업안전보건법」상 전기기계·기구의 누전에 의한 감전 위험을 방지하기 위하여 접지를 하여야 하는 사항으로 틀린 것은?

① 전기기계·기구의 금속제 내부 충전부
② 전기기계·기구의 금속제 외함
③ 전기기계·기구의 금속제 외피
④ 전기기계·기구의 금속제 철대

**해설 ▶ 전기기계·기구의 접지**

「산업안전보건기준에 관한 규칙」제302조 제1항
1. 전기 기계·기구의 금속제 외함, 금속제 외피 및 철대
2. 고정 설치되거나 고정배선에 접속된 전기기계·기구의 노출된 비충전 금속체 중 충전될 우려가 있는 다음 각 목의 어느 하나에 해당하는 비충전 금속체
   가. 지면이나 접지된 금속체로부터 수직거리 2.4미터, 수평거리 1.5미터 이내인 것
   나. 물기 또는 습기가 있는 장소에 설치되어 있는 것
   다. 금속으로 되어 있는 기기접지용 전선의 피복·외장 또는 배선관 등
   라. 사용전압이 대지전압 150볼트를 넘는 것

## 65 변압기 전로의 1선 지락 전류가 6[A]일 때 제2종 접지공사의 접지저항 값은? (단, 자동전로차단장치는 설치되지 않았다)

① 10[Ω]　　② 15[Ω]
③ 20[Ω]　　④ 25[Ω]

**해설 ▶ 규정 개정**
출제 당시에는 정답이 ④였으나, 2021년 한국전기설비규정(KEC) 개정으로 인하여 접지대상에 따라 일괄 적용한 종별접지는 폐지되어 현재는 정답 없음.

## 66 전폐형 방폭구조가 아닌 것은?

① 압력 방폭구조　　② 내압 방폭구조
③ 유입 방폭구조　　④ 안전증 방폭구조

**해설** 전폐형은 용기에 넣은 것으로 용기와 관련된 압력, 내압, 유입의 방폭구조이다.
안전증 방폭구조는 점화원의 발생을 방지하기 위해 기계적·전기적 구조상에서 온도상승에 대해 안전도를 증강시킨 구조이다.

## 67 방폭구조의 명칭과 표기기호가 잘못 연결된 것은?

① 안전증 방폭구조 : e
② 유입(油入) 방폭구조 : o
③ 내압(耐壓) 방폭구조 : p
④ 본질안전 방폭구조 : ia 또는 ib

**해설 ▶ 방폭구조**
• 내압 방폭구조 : d
• 안전증 방폭구조 : e
• 본질안전 방폭구조 : ia 또는 ib
• 유입 방폭구조 : o
• 압력 방폭구조 : p
• 특수 방폭구조 : s
• 충전 : q
• 몰드 : m
• 비점화 : n

## 68 파이프 등에 유체가 흐를 때 발생하는 유동대전에 가장 큰 영향을 미치는 요인은?

① 유체의 이동거리　　② 유체의 점도
③ 유체의 속도　　　　④ 유체의 양

**해설** 유체가 흐르면 유동에 가장 큰 영향을 미치는 요인은 속도이다.

**정답** 64 ①　65 정답 없음　66 ④　67 ③　68 ③

**69** 충전전로의 선간전압이 121[kV] 초과 145[kV] 이하의 활선 작업 시 충전전로에 대한 접근한계거리 [cm]는?

① 130　　② 150
③ 170　　④ 230

**해설** ▶ 활선 작업 시 충전전로에 대한 접근한계거리
- 0.3 이하 : 접촉금지
- 0.3 초과 0.75 이하 : 30
- 0.75 초과 2 이하 : 45
- 2 초과 15 이하 : 60
- 15 초과 37 이하 : 90
- 37 초과 88 이하 : 110
- 88 초과 121 이하 : 130
- 121 초과 145 이하 : 150
- 145 초과 169 이하 : 170
- 169 초과 242 이하 : 230

우리나라 사용 중인 송전전압은 22, 66, 154, 345, 765[kV]를 표준전압으로 사용한다.

**70** 정전기 발생의 원인에 해당되지 않는 것은?

① 마찰　　② 냉장
③ 박리　　④ 충돌

**해설** ▶ 정전기 발생 원인
마찰, 박리, 충돌, 유동, 분출, 파괴, 교반(진동), 침강

**71** 다음 중 분진폭발에 대한 설명으로 틀린 것은?

① 일반적으로 입자의 크기가 클수록 위험이 더 크다.
② 산소의 농도는 분진폭발 위험에 영향을 주는 요인이다.
③ 주위 공기의 난류확산은 위험을 증가시킨다.
④ 가스폭발에 비하여 불완전연소를 일으키기 쉽다.

**해설** 분진폭발은 입자가 작을수록 위험하고, 표면적이 클수록 위험하다.

**72** 다음 중 폭굉(detonation) 현상에 있어서 폭굉파의 진행 전면에 형성되는 것은?

① 증발열　　② 충격파
③ 역화　　　④ 화염의 대류

**해설** 폭굉은 폭발하는 것으로 충격파가 먼저 형성된다.

**73** 위험물안전관리법령상 제4류 위험물(인화성 액체)이 갖는 일반성질로 가장 거리가 먼 것은?

① 증기는 대부분 공기보다 무겁다.
② 대부분 물보다 가볍고 물에 잘 녹는다.
③ 대부분 유기화합물이다.
④ 발생증기는 연소하기 쉽다.

**해설** ▶ 제4류 위험물(인화성 액체)
- 가연성 물질로 인화성 증기를 발생하는 액체위험물, 인화되기 매우 쉽고 착화온도가 낮은 것은 위험(증기는 공기와 약간만 혼합해도 연소의 우려)
- 점화원이나 고온체의 접근을 피하고, 증기발생을 억제해야 한다.
- 증기는 공기보다 무겁고, 물보다 가벼우며, 물에 녹기 어렵다.

**74** 아세틸렌($C_2H_2$)의 공기 중 완전연소 조성농도($C_{st}$)는 약 얼마인가?

① 6.7[vol%]　　② 7.0[vol%]
③ 7.4[vol%]　　④ 7.7[vol%]

**해설** $C_{st}$(완전연소 조성농도) $= \dfrac{100}{1+4.773(n+\dfrac{m-f-2\lambda}{4})}$

$= \dfrac{100}{1+4.773(2+\dfrac{2}{4})} = 7.7$

n = 탄소
m = 수소
f = 할로겐원소
λ = 산소원자수

69 ②　70 ②　71 ①　72 ②　73 ②　74 ④

**75** 「산업안전보건기준에 관한 규칙」에 따라 폭발성 물질을 저장·취급하는 화학설비 및 그 부속설비를 설치할 때, 단위공정시설 및 설비로부터 다른 단위공정시설 및 설비 사이의 안전거리는 설비 바깥면으로부터 몇 [m] 이상 두어야 하는가? (단, 원칙적인 경우에 한한다)

① 3
② 5
③ 10
④ 20

**해설** ▶ 안전거리
- 단위공정시설 및 설비로부터 다른 단위공정시설 및 설비의 사이 : 설비의 바깥 면으로부터 10미터 이상
- 플레어스택으로부터 위험물 저장 탱크, 위험물 하역설비 사이 : 20[m] 이상
- 위험물 저장 탱크로부터 단위공정설비, 보일러, 가열로 사이 : 저장 탱크 외면에서 20[m] 이상
- 사무실, 연구실, 식당 등으로부터 공정설비, 위험물탱크, 보일러, 가열로 사이 : 사무실 등 외면으로부터 20[m] 이상

**76** 다음 중 가연성 가스가 아닌 것으로만 나열된 것은?

① 일산화탄소, 프로판
② 이산화탄소, 프로판
③ 일산화탄소, 산소
④ 산소, 이산화탄소

**해설** 산소는 조연성 가스이고, 이산화탄소는 불연성 가스이다.

**77** 나트륨은 물과 반응할 때 위험성이 매우 크다. 그 이유로 적합한 것은?

① 물과 반응하여 지연성 가스 및 산소를 발생시키기 때문이다.
② 물과 반응하여 맹독성 가스를 발생시키기 때문이다.
③ 물과 발열반응을 일으키면서 가연성 가스를 발생시키기 때문이다.
④ 물과 반응하여 격렬한 흡열반응을 일으키기 때문이다.

**해설** 나트륨은 물과 발열반응을 일으키면서 가연성 가스를 발생시켜 위험하다.

**78** 다음은 「산업안전보건기준에 관한 규칙」에서 정한 부식방지와 관련한 내용이다. (   )에 해당하지 않는 것은?

> 사업주는 화학설비 또는 그 배관(화학설비 또는 그 배관의 밸브나 콕은 제외함) 중 위험물 또는 인화점이 섭씨 60도 이상인 물질이 접촉하는 부분에 대해서는 위험물질 등에 의하여 그 부분이 부식되어 폭발·화재 또는 누출되는 것을 방지하기 위하여 위험물질 등의 (   )·(   )·(   ) 등에 따라 부식이 잘 되지 않는 재료를 사용하거나 도장 등의 조치를 하여야 한다.

① 종류   ② 온도
③ 농도   ④ 색상

**해설** 사업주는 화학설비 또는 그 배관(화학설비 또는 그 배관의 밸브나 콕은 제외함) 중 위험물 또는 인화점이 섭씨 60도 이상인 물질(이하 '위험물질 등'이라 함)이 접촉하는 부분에 대해서는 위험물질 등에 의하여 그 부분이 부식되어 폭발·화재 또는 누출되는 것을 방지하기 위하여 위험물질 등의 종류·온도·농도 등에 따라 부식이 잘 되지 않는 재료를 사용하거나 도장 등의 조치를 하여야 한다.

**정답** 75 ③  76 ④  77 ③  78 ④

**79** 메탄올의 연소반응이 다음과 같을 때 최소 산소농도(MOC)는 약 얼마인가? (단, 메탄올의 연소하한값(L)은 6.7[vol%]이다)

$$CH_3OH + 1.5O_2 \rightarrow CO_2 + 2H_2O$$

① 1.5[vol%]
② 6.7[vol%]
③ 10[vol%]
④ 15[vol%]

**해설** 최소 산소농도 = 폭발하한계 × $\dfrac{\text{산소의 몰수}}{\text{연료의 몰수}}$

$= 6.7 \times \dfrac{1.5}{1} = 10.05$

∴ 10[vol%]

**80** 「산업안전보건기준에 관한 규칙」에서 부식성 염기류에 해당하는 것은?

① 농도 30퍼센트인 과염소산
② 농도 30퍼센트인 아세틸렌
③ 농도 40퍼센트인 디아조화합물
④ 농도 40퍼센트인 수산화나트륨

**해설**
- 부식성 산류 농도 20[%] 이상 : 질산, 염산, 황산
- 부식성 염기류 농도 40[%] 이상 : 수산화나트륨, 수산화칼륨
- 부식성 산류 농도 60[%] 이상 : 불산, 인산, 아세트산

## 5과목 건설안전기술

**81** 근로자가 추락하거나 넘어질 위험이 있는 장소에서 추락방호망의 설치기준으로 옳지 않은 것은?

① 망의 처짐은 짧은 변 길이의 10[%] 이상이 되도록 할 것
② 추락방호망은 수평으로 설치할 것
③ 건축물 등의 바깥쪽으로 설치하는 경우 추락방호망의 내민 길이는 벽면으로부터 3[m] 이상 되도록 할 것
④ 추락방호망의 설치 위치는 가능하면 작업면으로부터 가까운 지점에 설치하여야 하며, 작업면으로부터 망의 설치지점까지의 수직거리는 10[m]를 초과하지 아니할 것

**해설** ▶ 추락방호망 설치 기준

「산업안전보건기준에 관한 규칙」 제42조 제2항
1. 추락방호망의 설치 위치는 가능하면 작업면으로부터 가까운 지점에 설치하여야 하며, 작업면으로부터 망의 설치 지점까지의 수직거리는 10미터를 초과하지 아니할 것
2. 추락방호망은 수평으로 설치하고, 망의 처짐은 짧은 변 길이의 12퍼센트 이상이 되도록 할 것
3. 건축물 등의 바깥쪽으로 설치하는 경우 추락방호망의 내민 길이는 벽면으로부터 3미터 이상 되도록 할 것. 다만, 그물코가 20밀리미터 이하인 추락방호망을 사용한 경우에는 낙하물방지망을 설치한 것으로 본다.

79 ③  80 ④  81 ①

**82** 산업안전보건관리비에 관한 설명으로 옳지 않은 것은?

① 발주자는 수급인이 안전관리비를 다른 목적으로 사용한 금액에 대해서는 계약금액에서 감액 조정할 수 있다.
② 발주자는 수급인이 안전관리비를 사용하지 아니한 금액에 대하여는 반환을 요구할 수 있다.
③ 자기공사자는 원가계산에 의한 예정가격 작성 시 안전관리비를 계상한다.
④ 발주자는 설계변경 등으로 대상액의 변동이 있는 경우 공사 완료 후 정산하여야 한다.

해설 발주자 또는 자기공사자는 설계변경 등으로 대상액의 변동이 있는 경우 '지체 없이' 안전관리비를 조정 계상하여야 한다.

**83** 굴착면 붕괴의 원인과 가장 거리가 먼 것은?

① 사면경사의 증가
② 성토 높이의 감소
③ 공사에 의한 진동하중의 증가
④ 굴착높이의 증가

해설 성토(흙 쌓기) 높이의 감소는 붕괴원인과 거리가 멀다.

**84** 다음 중 유해·위험방지계획서 작성 및 제출대상에 해당되는 공사는?

① 지상높이가 20[m]인 건축물의 해체공사
② 깊이 9.5[m]인 굴착공사
③ 최대 지간거리가 50[m]인 교량건설공사
④ 저수용량 1천만 톤인 용수 전용 댐

해설 ▶ 유해·위험방지계획서 제출대상 공사
1. 지상높이가 31미터 이상인 건축물 또는 인공구조물
2. 연면적 3만 제곱미터 이상인 건축물
3. 연면적 5천 제곱미터 이상인 시설로서 다음의 어느 하나에 해당하는 시설
    • 문화 및 집회시설(전시장 및 동물원·식물원은 제외한다)
    • 판매시설, 운수시설(고속철도의 역사 및 집배송시설은 제외한다)
    • 종교시설
    • 의료시설 중 종합병원
    • 숙박시설 중 관광숙박시설
    • 지하도상가
    • 냉동·냉장 창고시설
4. 연면적 5천 제곱미터 이상인 냉동·냉장 창고시설의 설비공사 및 단열공사
5. 최대 지간(支間)길이(다리의 기둥과 기둥의 중심 사이의 거리)가 50미터 이상인 다리의 건설 등 공사
6. 터널의 건설 등 공사
7. 다목적댐, 발전용 댐, 저수용량 2천만 톤 이상의 용수 전용 댐 및 지방상수도 전용 댐의 건설 등 공사
8. 깊이 10미터 이상인 굴착공사

**85** 철근콘크리트 슬래브에 발생하는 응력에 대한 설명으로 옳지 않은 것은?

① 전단력은 일반적으로 단부보다 중앙부에서 크게 작용한다.
② 중앙부 하부에는 인장응력이 발생한다.
③ 단부 하부에는 압축응력이 발생한다.
④ 휨응력은 일반적으로 슬래브의 중앙부에서 크게 작용한다.

해설 전단력은 보통 중앙부보다 단부에서 크게 작용한다.

정답  82 ④  83 ②  84 ③  85 ①

**86** 연약지반을 굴착할 때, 흙막이벽 뒷쪽 흙의 중량이 바닥의 지지력보다 커지면, 굴착저면에서 흙이 부풀어 오르는 현상은?

① 슬라이딩(Sliding)  ② 보일링(Boiling)
③ 파이핑(Piping)  ④ 히빙(Heaving)

**해설**
① 슬라이딩 : 물체가 그것을 받치고 있는 면 위를 미끄러져 움직이는 현상
② 보일링 : 모래가 분수처럼 나오는 현상
③ 파이핑 : 모래와 물의 혼합물이 나오는 현상
④ 히빙 : 모래가 부풀어 오르는 현상

**87** 철근콘크리트 공사 시 활용되는 거푸집의 필요조건이 아닌 것은?

① 콘크리트의 하중에 대해 뒤틀림이 없는 강도를 갖출 것
② 콘크리트 내 수분 등에 대한 물빠짐이 원활한 구조를 갖출 것
③ 최소한의 재료로 여러 번 사용할 수 있는 전용성을 가질 것
④ 거푸집은 조립·해체·운반이 용이하도록 할 것

**해설** 거푸집은 수밀성을 갖추어야 한다.

**88** 말비계를 조립하여 사용하는 경우에 준수해야 하는 사항으로 옳지 않은 것은?

① 지주부재의 하단에는 미끄럼 방지장치를 한다.
② 근로자는 양측 끝부분에 올라서서 작업하도록 한다.
③ 지주부재와 수평면의 기울기를 75[°] 이하로 한다.
④ 말비계의 높이가 2[m]를 초과하는 경우에는 작업발판의 폭을 40[cm] 이상으로 한다.

**해설** 말비계

「산업안전보건기준에 관한 규칙」 제67조
1. 지주부재(支柱部材)의 하단에는 미끄럼 방지장치를 하고, 근로자가 양측 끝부분에 올라서서 작업하지 않도록 할 것
2. 지주부재와 수평면의 기울기를 75도 이하로 하고, 지주부재와 지주부재 사이를 고정시키는 보조부재를 설치할 것
3. 말비계의 높이가 2미터를 초과하는 경우에는 작업발판의 폭을 40센티미터 이상으로 할 것

**89** 슬레이트, 선라이트 등 강도가 약한 재료로 덮은 지붕 위에서 작업을 할 때 발이 빠지는 등 근로자의 위험을 방지하기 위하여 필요한 발판의 폭 기준은?

① 10[cm] 이상  ② 20[cm] 이상
③ 25[cm] 이상  ④ 30[cm] 이상

**해설** 슬레이트, 선라이트(sunlight) 등 강도가 약한 재료로 덮은 지붕 위에서 작업을 할 때에 발이 빠지는 등 근로자가 위험해질 우려가 있는 경우 폭 30센티미터 이상의 발판을 설치하거나 추락방호망을 치는 등 위험을 방지하기 위하여 필요한 조치를 하여야 한다.

**90** 추락방지용 방망 그물코의 모양 및 크기의 기준으로 옳은 것은?

① 원형 또는 사각으로서 그 크기는 5[cm] 이하이어야 한다.
② 원형 또는 사각으로서 그 크기는 10[cm] 이하이어야 한다.
③ 사각 또는 마름모로서 그 크기는 5[cm] 이하이어야 한다.
④ 사각 또는 마름모로서 그 크기는 10[cm] 이하이어야 한다.

**정답** 86 ④  87 ②  88 ②  89 ④  90 ④

**해설** 사각 또는 마름모로서 그 크기는 10[cm] 이하이어야 한다.

## 91 콘크리트를 타설할 때 안전상 유의하여야 할 사항으로 옳지 않은 것은?

① 콘크리트를 치는 도중에는 거푸집, 지보공 등의 이상 유무를 확인한다.
② 진동기 사용 시 지나친 진동은 거푸집 도괴의 원인이 될 수 있으므로 적절히 사용해야 한다.
③ 최상부의 슬래브는 되도록 이어붓기를 하고, 여러 번에 나누어 콘크리트를 타설한다.
④ 타워에 연결되어 있는 슈트의 접속이 확실한지 확인한다.

**해설** ▶ 콘크리트 타설 시 유의사항
- 콘크리트 타설작업 전 거푸집, 지보공 이상 여부 조사
  거푸집, 지보공의 변형, 변위 및 지반의 침하 유무를 점검하고 이상 발견 시 보수한다.
- 콘크리트 타설 중 거푸집, 지보공 감시자 배치
  거푸집, 지보공의 변형 변위 및 침하 유무 등을 감시할 수 있는 감시자를 배치한다.
- 콘크리트 타설 순서를 준수한다.
  콘트리트 타설은 타설순서를 정하여 타설한다. 콘크리트는 한 곳에 치우쳐 부어 넣으면 거푸집 전체가 기울어지거나 변형되어 붕괴할 위험이 있다.
- 콘크리트 타설속도를 준수한다.
  콘크리트 타설속도가 너무 빠르면 거푸집에 큰 압력이 작용하므로 기둥 같은 경우 보통 1시간에 2m 이하로 타설한다.
- 콘크리트 타설용 파이프의 연결 부위 점검
  콘크리트 타설용 플렉시블 파이프는 타설시작 시 갑자기 요동하거나 연결 부위가 빠지는 경우가 있으므로 작업 전 연결부 확인

## 92 무한궤도식 장비와 타이어식(차륜식) 장비의 차이점에 관한 설명으로 옳은 것은?

① 무한궤도식은 기동성이 좋다.
② 타이어식은 승차감과 주행성이 좋다.
③ 무한궤도식은 경사지반에서의 작업에 부적당하다.
④ 타이어식은 땅을 다지는 데 효과적이다.

**해설** ① 무한궤도식은 궤도이탈(벗겨질 수 있고), 후륜 구동이기 때문에 방향 전환(조향 시기, 각도)에 불편하다. 다만, 선회(제자리에서 도는 것)할 때만 좋다.
② 타이어식은 공기가 들어간 타이어로 인해 승차감이 좋다.
③ 무한궤도식은 경사지반에서의 작업이 용이하다.
④ 무한궤도식이 땅을 다지는 데 효과적이다.

## 93 사다리식 통로 등을 설치하는 경우 발판과 벽과의 사이는 최소 얼마 이상의 간격을 유지하여야 하는가?

① 10[cm] 이상   ② 15[cm] 이상
③ 20[cm] 이상   ④ 25[cm] 이상

**해설** ▶ 사다리식 통로 등의 구조

「산업안전보건기준에 관한 규칙」 제24조 제1항
1. 견고한 구조로 할 것
2. 심한 손상·부식 등이 없는 재료를 사용할 것
3. 발판의 간격은 일정하게 할 것
4. 발판과 벽과의 사이는 15센티미터 이상의 간격을 유지할 것
5. 폭은 30센티미터 이상으로 할 것
6. 사다리가 넘어지거나 미끄러지는 것을 방지하기 위한 조치를 할 것
7. 사다리의 상단은 걸쳐놓은 지점으로부터 60센티미터 이상 올라가도록 할 것
8. 사다리식 통로의 길이가 10미터 이상인 경우에는 5미터 이내마다 계단참을 설치할 것
9. 사다리식 통로의 기울기는 75도 이하로 할 것 다만, 고정식 사다리식 통로의 기울기는 90도 이하로 하고, 그 높이가 7미터 이상인 경우에는 바닥으로부터 높이가 2.5미터 되는 지점부터 등받이울을 설치할 것
10. 접이식 사다리 기둥은 사용 시 접혀지거나 펼쳐지지 않도록 철물 등을 사용하여 견고하게 조치할 것

**정답** 91 ③   92 ②   93 ②

**94** 정기안전점검 결과 건설공사의 물리적·기능적 결함 등이 발견되어 보수·보강 등의 조치를 하기 위하여 필요한 경우에 실시하는 것은?

① 자체안전점검　② 정밀안전점검
③ 상시안전점검　④ 품질관리점검

**해설** ● 안전점검
- 자체안전점검 : 건설공사의 공사기간 동안 매일 공종별 실시
- 정기안전점검 : 정기안전점검 실시시기를 기준으로 실시. 다만, 발주청 또는 인·허가기관의 장은 안전관리계획의 내용을 검토할 때 건설공사의 규모, 기간, 현장 여건에 따라 점검시기 및 횟수를 조정할 수 있다.
- 정밀안전점검 : 정기안전점검 결과 건설공사의 물리적·기능적 결함 등이 발견되어 보수·보강 등의 조치를 취하기 위하여 필요한 경우에 실시한다.
- 초기점검 : 건설공사를 준공하기 전에 실시한다.
- 공사재개 전 안전점검 : 건설공사를 시행하는 도중 그 공사의 중단으로 1년 이상 방치된 시설물이 있는 경우 그 공사를 재개하기 전에 실시한다.

**95** 차량계 하역운반기계에 화물을 적재할 때의 준수사항과 거리가 먼 것은?

① 하중이 한쪽으로 치우치지 않도록 적재할 것
② 구내운반차 또는 화물자동차의 경우 화물의 붕괴 또는 낙하에 의한 위험을 방지하기 위하여 화물에 로프를 거는 등 필요한 조치를 할 것
③ 운전자의 시야를 가리지 않도록 화물을 적재할 것
④ 제동장치 및 조정장치 기능의 이상 유무를 점검할 것

**해설** ● 화물 적재 시 준수사항
- 침하 우려가 없는 튼튼한 기반 위에 적재할 것
- 건물의 칸막이나 벽 등이 화물의 압력에 견딜 만큼의 강도를 지니지 아니한 경우에는 칸막이나 벽에 기대어 적재하지 않도록 할 것
- 불안정할 정도로 높이 쌓아 올리지 말 것
- 하중이 한쪽으로 치우치지 않도록 쌓을 것

**96** 시스템 비계를 사용하여 비계를 구성하는 경우에 준수하여야 할 사항으로 옳지 않은 것은?

① 수직재와 수직재의 연결철물은 이탈되지 않도록 견고한 구조로 할 것
② 수직재·수평재·가새재를 견고하게 연결하는 구조가 되도록 할 것
③ 수직재와 받침철물의 연결부 겹침길이는 받침철물 전체 길이의 4분의 1 이상이 되도록 할 것
④ 수평재는 수직재와 직각으로 설치하여야 하며, 체결 후 흔들림이 없도록 견고하게 설치할 것

**해설** ● 시스템 비계의 구조

「산업안전보건기준에 관한 규칙」 제69조
1. 수직재·수평재·가새재를 견고하게 연결하는 구조가 되도록 할 것
2. 비계 밑단의 수직재와 받침철물은 밀착되도록 설치하고, 수직재와 받침철물의 연결부의 겹침길이는 받침철물 전체 길이의 3분의 1 이상이 되도록 할 것
3. 수평재는 수직재와 직각으로 설치하여야 하며, 체결 후 흔들림이 없도록 견고하게 설치할 것
4. 수직재와 수직재의 연결철물은 이탈되지 않도록 견고한 구조로 할 것
5. 벽 연결재의 설치 간격은 제조사가 정한 기준에 따라 설치할 것

**97** 공사현장에서 낙하물방지망 또는 방호선반을 설치할 때 설치높이 및 벽면으로부터 내민길이 기준으로 옳은 것은?

① 설치높이 10[m] 이내마다, 내민길이 2[m] 이상
② 설치높이 15[m] 이내마다, 내민길이 2[m] 이상
③ 설치높이 10[m] 이내마다, 내민길이 3[m] 이상
④ 설치높이 15[m] 이내마다, 내민길이 3[m] 이상

**해설**
- 높이 10미터 이내마다 설치하고, 내민길이는 벽면으로부터 2미터 이상으로 할 것
- 수평면과의 각도는 20도 이상 30도 이하를 유지할 것

정답　94 ②　95 ④　96 ③　97 ①

**98** 가설구조물이 갖추어야 할 구비요건과 가장 거리가 먼 것은?

① 영구성  ② 경제성
③ 작업성  ④ 안전성

**해설** 가설구조물이 갖추어야 할 구비요건은 경제성, 작업성, 안전성이다.

**99** 가설통로를 설치하는 경우 준수하여야 할 기준으로 옳지 않은 것은?

① 견고한 구조로 할 것
② 경사는 30[°] 이하로 할 것
③ 경사가 30[°]를 초과하는 경우에는 미끄러지지 아니하는 구조로 할 것
④ 수직갱에 가설된 통로의 길이가 15[m] 이상인 경우에는 10[m] 이내마다 계단참을 설치할 것

**해설** ▶ 가설통로의 구조

> 「산업안전보건기준에 관한 규칙」 제23조
> 1. 견고한 구조로 할 것
> 2. 경사는 30도 이하로 할 것. 다만, 계단을 설치하거나 높이 2미터 미만의 가설통로로서 튼튼한 손잡이를 설치한 경우에는 그러하지 아니하다.
> 3. 경사가 15도를 초과하는 경우에는 미끄러지지 아니하는 구조로 할 것
> 4. 추락할 위험이 있는 장소에는 안전난간을 설치할 것. 다만, 작업상 부득이한 경우에는 필요한 부분만 임시로 해체할 수 있다.
> 5. 수직갱에 가설된 통로의 길이가 15미터 이상인 경우에는 10미터 이내마다 계단참을 설치할 것
> 6. 건설공사에 사용하는 높이 8미터 이상인 비계다리에는 7미터 이내마다 계단참을 설치할 것

**100** 「산업안전보건기준에 관한 규칙」에 따른 토사 굴착 시 굴착면의 기울기 기준으로 옳지 않은 것은?

① 보통흙인 습지 – 1 : 1~1 : 1.5
② 풍화암 – 1 : 1.0
③ 연암 – 1 : 1.0
④ 보통흙인 건지 – 1 : 1.2~1 : 5

**해설** ▶ 토사 굴착 시 굴착면의 기울기 기준

| 구분 | 지반의 종류 | 기울기 |
|---|---|---|
| 보통흙 | 습지 | 1 : 1~1 : 1.5 |
| | 건지 | 1 : 0.5~1 : 1 |
| 암반 | 풍화암 | 1 : 1.0 |
| | 연암 | 1 : 1.0 |
| | 경암 | 1 : 0.5 |

정답  98 ①  99 ③  100 ④

# 2019년 제3회 기출 복원문제

## 1과목 산업안전관리론

**01** 산업안전보건법령상 안전·보건표지의 종류에 있어 "안전모 착용"은 어떤 표지에 해당하는가?
① 경고표지
② 지시표지
③ 안내표지
④ 관계자 외 출입금지

**해설** ▶ 안전·보건표지
- 경고표지 : 위험물질 및 상황경고
- 지시표지 : 착용 등의 지시
- 안내표지 : 출입구, 녹십자 등의 안내
- 관계자 외 출입금지 : 표현대로 제한출입

**02** 「산업안전보건법」상 특별안전·보건 교육대상 작업이 아닌 것은?
① 건설용 리프트·곤돌라를 이용한 작업
② 전압이 50볼트(V)인 정전 및 활선작업
③ 화학설비 중 반응기, 교반기·추출기의 사용 및 세척작업
④ 액화석유가스·수소가스 등 인화성 가스 또는 폭발성 물질 중 가스의 발생장치 취급작업

**해설** 전압이 75볼트 이상인 정전 및 활선작업

**03** 사고의 간접원인이 아닌 것은?
① 물적 원인
② 정신적 원인
③ 관리적 원인
④ 신체적 원인

**해설** ▶ 사고의 원인
1. 사고의 간접원인
   - 기술적 원인 : 건물, 기계장치의 설계불량, 구조, 재료의 부적합, 생산방법의 부적합, 점검, 정비, 보존 불량
   - 교육적 원인 : 안전지식의 부족, 안전수칙의 오해, 경험·훈련의 미숙, 작업 방법의 교육 불충분, 유해·위험작업의 교육 불충분
   - 작업관리상의 원인 : 안전관리조직 결함, 안전수칙 미제정, 작업준비 불충분, 인원배치 부적당, 작업지시 부적당
2. 사고의 직접원인
   - 불안전한 행동 : 위험장소 접근, 안전장치의 기능 제거, 기계기구의 잘못 사용, 운전 중인 기계장치의 손질, 위험물 취급 부주의 등
   - 불안전한 상태 : 물 자체의 결함, 안전방호장치의 결함, 복장·보호구의 결함, 물의 배치 및 작업장소 결함, 생산공정의 결함

**04** 다음 재해손실비용 중 직접손실비에 해당하는 것은?
① 진료비
② 입원 중의 잡비
③ 당일 손실 시간손비
④ 구원, 연락으로 인한 부동 임금

**해설**

| 직접비 | 간접비 |
| --- | --- |
| 치료비, 휴업, 요양, 유족, 장해, 간병, 직업재활급여, 상병보상연금, 장례비 | 인적·물적 손실비, 생산손실비, 기계·기구손실비 |

**정답** 01 ② 02 ② 03 ① 04 ①

**05** 기업조직의 원리 중 지시 일원화의 원리에 대한 설명으로 가장 적절한 것은?

① 지시에 따라 최선을 다해서 주어진 임무나 기능을 수행하는 것
② 책임을 완수하는 데 필요한 수단을 상사로부터 위임받은 것
③ 언제나 직속 상사에게서만 지시를 받고 특정 부하 직원들에게만 지시하는 것
④ 가능한 조직의 각 구성원이 한 가지 특수 직무만을 담당하도록 하는 것

**해설** ▶ 지시 일원화의 원리
조직의 질서 유지를 위해 명령체계의 확립을 요구하는 원칙으로 1인의 하위자는 1인의 상사로부터만 직접 명령을 받아야 한다는 원칙

**06** 안전모에 관한 내용으로 옳은 것은?

① 안전모의 종류는 안전모의 형태로 구분한다.
② 안전모의 종류는 안전모의 색상으로 구분한다.
③ A형 안전모 : 물체의 낙하, 비래에 의한 위험을 방지, 경감시키는 것으로 내전압성이다.
④ AE형 안전모 : 물체의 낙하, 비래에 의한 위험을 방지 또는 경감하고 머리 부위의 감전에 의한 위험을 방지하기 위한 것으로 내전압성이다.

**해설** ▶ 안전모의 종류
- AB종 : 낙물체의 낙하 또는 비래 및 추락에 의한 위험을 방지 또는 경감시키기 위한 것(낙하, 추락방지용)
- AE종 : 물체의 낙하 또는 비래에 의한 위험을 방지 또는 경감하고, 머리부위 감전에 의한 위험을 방지하기 위한 것(낙하, 감전방지용, 내전압성)
  ※ 내전압성이란 7,000[V] 이하의 전압에 견디는 것을 말한다.
- ABE종 : 물체의 낙하, 비래, 추락, 감전에 대한 위험의 방지 또는 경감(다목적용)

**07** 어느 공장의 연평균 근로자가 180명이고, 1년간 사상자가 6명이 발생했다면, 연천인율은 약 얼마인가? (단, 근로자는 하루 8시간씩 연간 300일을 근무한다)

① 12.79　② 13.89
③ 33.33　④ 43.69

**해설** 연천인율 = $\dfrac{\text{연재해자 수}}{\text{연평균 근로자 수}} \times 1{,}000$

연천인율 = $\dfrac{6}{180} \times 1{,}000 = 33.33$

**08** 교육의 기본 3요소에 해당하지 않는 것은?

① 교육의 형태　② 교육의 주체
③ 교육의 객체　④ 교육의 매개체

**해설** ▶ 교육의 3요소
교사(주체), 학생(객체), 교육재료(매개체)

**09** 안전교육방법 중 TWI(Training Within Industry)의 교육과정이 아닌 것은?

① 작업지도훈련
② 인간관계훈련
③ 정책수립훈련
④ 작업방법훈련

**해설** ▶ TWI의 교육과정
- Job Method Training(J. M. T) : 작업방법훈련 – 작업의 개선방법에 대한 훈련
- Job Instruction Training(J. I. T) : 작업지도훈련 – 작업을 가르치는 기법 훈련
- Job Relations Training(J. R. T) : 인간관계훈련 – 사람을 다루는 기법훈련
- Job Safety Training(J. S. T) : 작업안전훈련 – 작업안전에 대한 훈련기법

**정답**　05 ③　06 ④　07 ③　08 ①　09 ③

**10** 안전심리의 5대 요소 중 능동적인 감각에 의한 자극에서 일어난 사고의 결과로서, 사람의 마음을 움직이는 원동력이 되는 것은?

① 기질(temper)
② 동기(motive)
③ 감정(emotion)
④ 습관(custom)

해설 ◉ 안전심리 5대 요소
- 동기(Motive) : 사람의 마음을 움직이는 원동력
- 기질(Temper) : 인간의 성격, 능력 등 개인 특성
- 감정(Emotion) : 사고를 일으키는 정신적 동기
- 습성(Habits) : 인간행동에 영향을 미칠 수 있는 것
- 습관(Custom) : 성장과정에서 자신도 모르게 습관화됨

**11** 지적확인이란 사람의 눈이나 귀 등 오감의 감각기관을 총동원해서 작업의 정확성과 안전을 확인하는 것이다. 지적확인과 정확도가 올바르게 짝지어진 것은?

① 지적확인한 경우 – 0.3[%]
② 확인만 하는 경우 – 1.25[%]
③ 지적만 하는 경우 – 1.0[%]
④ 아무 것도 하지 않은 경우 – 1.8[%]

해설 ① 지적확인한 경우 : 0.80[%]
② 확인만 하는 경우 : 1.25[%]
③ 지적만 하는 경우 : 1.50[%]
④ 아무 것도 하지 않은 경우 : 2.85[%]

**12** 토의(회의)방식 중 참가자가 다수인 경우에 전원을 토의에 참가시키기 위하여 소집단으로 구분하고, 각각 자유토의를 행하여 의견을 종합하는 방식은?

① 포럼(forum)
② 심포지엄(symposium)
③ 버즈 세션(buzz session)
④ 패널 디스커션(panel discussion)

해설 ① 포럼 : 공개토의라고도 하며, 전문가의 발표시간은 10~20분 정도 주어진다. 포럼은 전문가와 일반 참여자가 구분되는 비대칭적 토의이다. 각자 다른 입장의 전문가가 공개적으로 자신의 의견을 옹호하고 상대의 의견을 비판하면서 논박하는 데 비중을 둔다.
② 심포지엄 : 여러 사람의 강연자가 하나의 주제에 대해서 각각 다른 입장에서 짧은 강연을 하고, 그 뒤부터 청중으로부터 질문이나 의견을 내어 넓은 시야에서 문제를 생각하고, 많은 사람들에 관심을 가지고, 결론을 이끌어 내려고 하는 집단토론방식의 하나이다.
③ 버즈 세션 : 많은 사람이 시간이 별로 걸리지 않는 회의나 토론을 할 때 효과적으로 사용하는 방법이다. 전체 구성원을 4~6명의 소그룹으로 나누고 각각의 소그룹이 개별적인 토론를 벌인 뒤 각 그룹의 결론을 패널 형식으로 토론하고 최후의 리더가 전체적인 결론을 내리는 토의법이다[4~6명의 인원(소집단)이 전원 토론 적극 참여].
④ 패널 디스커션 : 토론집단을 패널 멤버와 청중으로 나누고 먼저 소정의 문제에 대해 패널 멤버인 각 분야의 전문가 4~5명으로 하여금 토론하게 한 다음 청중과 패널 멤버 사이에 질의응답을 하도록 하는 토론 형식. 많은 사람이 토론에 참여할 수 있으며 비교적 성과가 큰 것이 특징이다(전문가끼리 토론 후 질의응답).

10 ② 11 ② 12 ③

**13** 매슬로우(Maslow)의 욕구위계이론 5단계를 올바르게 나열한 것은?

① 생리적 욕구 → 안전의 욕구 → 사회적 욕구 → 존경의 욕구 → 자아실현의 욕구
② 생리적 욕구 → 안전의 욕구 → 사회적 욕구 → 자아실현의 욕구 → 존경의 욕구
③ 안전의 욕구 → 생리적 욕구 → 사회적 욕구 → 자아실현의 욕구 → 존경의 욕구
④ 안전의 욕구 → 생리적 욕구 → 사회적 욕구 → 존경의 욕구 → 자아실현의 욕구

**해설** ▶ 매슬로우의 욕구위계이론

| 단계 | 이론 | 설명 |
|---|---|---|
| 5단계 | 자아실현의 욕구 | 잠재능력의 극대화, 성취의 욕구 |
| 4단계 | 인정받으려는 욕구 | 자존심, 성취감, 승진 등 자존의 욕구 |
| 3단계 | 사회적 욕구 | 소속감과 애정에 대한 욕구 |
| 2단계 | 안전의 욕구 | 자기존재에 대한 욕구, 보호받으려는 욕구 |
| 1단계 | 생리적 욕구 | 기본적 욕구로서 강도가 가장 높은 욕구 |

**14** 레빈(Lewin)의 법칙에서 환경조건(E)에 포함되는 것은?

$$B = f(P \cdot E)$$

① 지능   ② 소질
③ 적성   ④ 인간관계

**해설** $B$ : Behavior(인간의 행동)
$f$ : function(함수관계) P·E에 영향을 줄 수 있는 조건
$P$ : Person(연령, 경험, 심신상태, 성격, 지능, 소질 등)
$E$ : Environment(심리적 환경 – 인간관계, 작업환경, 설비적 결함 등)

**15** 기기의 적정한 배치, 변형, 균열, 손상, 부식 등의 유무를 육안, 촉수 등으로 조사 후 그 설비별로 정해진 점검기준에 따라 양부를 확인하는 점검은?

① 외관점검   ② 작동점검
③ 기능점검   ④ 종합점검

**해설** 육안, 촉수 등으로 하는 조사는 외관점검이다.

**16** 재해누발자의 유형 중 작업이 어렵고, 기계설비에 결함이 있기 때문에 재해를 일으키는 유형은?

① 상황성 누발자
② 습관성 누발자
③ 소질성 누발자
④ 미숙성 누발자

**해설** ▶ 재해누발자의 유형

| 유형 | 내용 |
|---|---|
| 미숙성 누발자 | • 기능 미숙<br>• 작업환경 부적응 |
| 상황성 누발자 | • 작업 자체가 어렵기 때문<br>• 기계설비의 결함 존재<br>• 주위 환경상 주의력 집중 곤란<br>• 심신에 근심 걱정이 있기 때문 |
| 습관성 누발자 | • 경험한 재해로 인하여 대응능력 약화(겁쟁이, 신경과민)<br>• 여러 가지 원인으로 슬럼프 상태 |
| 소질성 누발자 | • 개인의 소질 중 재해 원인 요소를 가진 자 (주의력 부족, 소심한 성격, 저지능, 흥분, 감각운동 부적합 등)<br>• 특수성격의 소유자로 재해발생 소질 소유자 |

**17** 무재해운동의 3원칙에 해당되지 않는 것은?

① 참가의 원칙   ② 무의 원칙
③ 예방의 원칙   ④ 선취의 원칙

**정답** 13 ①   14 ④   15 ①   16 ①   17 ③

해설 ▶ 무재해운동의 3원칙
- 무(Zero)의 원칙 : 산업재해의 근원적인 요소들을 없앤다는 것
- 안전제일의 원칙(선취의 원칙) : 행동하기 전, 잠재위험요인을 발견하고 파악, 해결하여 재해를 예방하는 것
- 참여의 원칙(참가의 원칙) : 전원이 일치 협력하여 각자의 위치에서 적극적으로 문제를 해결하는 것

**18** 적응기제(Adjustment Mechanism) 중 방어적 기제(Defence Mechanism)에 해당하는 것은?

① 고립(Isolation)
② 퇴행(Regression)
③ 억압(Suppression)
④ 합리화(Rationalization)

해설 ▶ 방어적 기제
자신을 조직에서 방출되지 않기 위해 방어함
- 보상 : 결함과 무능에 의해 생긴 열등감이나 긴장을 장점 같은 것으로 그 결함을 보충하려는 행동
- 합리화 : 실패나 약점을 그럴 듯한 이유로 비난받지 않도록 하거나 자위하는 행동(변명)
- 투사 : 불만이나 불안을 해소하기 위해 남에게 뒤집어 씌우는 식
- 동일시 : 실현할 수 없는 적응을 타인 또는 어떤 집단에 자신과 동일한 것으로 여겨 욕구를 만족
- 승화 : 억압당한 욕구를 다른 가치 있는 목적을 실현하도록 노력하여 욕구 충족

**19** 안전관리조직의 형태 중 참모식(Staff) 조직에 대한 설명으로 틀린 것은?

① 이 조직은 분업의 원칙을 고도로 이용한 것이며, 책임 및 권한이 직능적으로 분담되어 있다.
② 생산 및 안전에 관한 명령이 각각 별개의 계통에서 나오는 결함이 있어, 응급처치 및 통제수속이 복잡하다.
③ 참모(Staff)의 특성상 업무관장은 계획안의 작성, 조사, 점검결과에 따른 조언, 보고에 머무는 것이다.
④ 참모(Staff)는 각 생산라인의 안전업무를 직접 관장하고 통제한다.

해설 ▶ 참모식(Staff) 조직

| | |
|---|---|
| 장점 | • 안전에 관한 전문지식 및 기술의 축적이 용이하다.<br>• 경영자의 조언 및 자문역할<br>• 안전정보 수집이 용이하고 신속하다. |
| 단점 | • 생산부서와 유기적인 협조 필요<br>• 생산 부분의 안전에 대한 무책임·무권한<br>• 생산부서와 마찰이 일어나기 쉽다. |
| 비고 | 중규모(근로자 100~1,000인) 사업장에 적용 |

**20** 재해의 근원이 되는 기계장치나 기타의 물(物) 또는 환경을 뜻하는 것은?

① 상해
② 가해물
③ 기인물
④ 사고의 형태

해설
- 기인물 : 근원이 되는 기계, 장치, 물, 환경
- 가해물 : 피해를 주는 기계, 장치, 물, 환경

18 ④  19 ④  20 ③

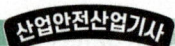

## 2과목  인간공학 및 시스템안전공학

**21** 정적자세 유지 시, 진전(tremor)을 감소시킬 수 있는 방법으로 틀린 것은?

① 시각적인 참조가 있도록 한다.
② 손이 심장 높이에 있도록 유지한다.
③ 작업대상물에 기계적 마찰이 있도록 한다.
④ 손을 떨지 않으려고 힘을 주어 노력한다.

**해설** 진전은 떨림현상으로 힘을 주면 떨림현상이 더 심해질 수 있다.

**22** 인간의 과오를 정량적으로 평가하기 위한 기법으로, 인간과오의 분류시스템과 확률을 계산하는 안전성 평가기법은?

① THERP       ② FTA
③ ETA         ④ HAZOP

**해설**
① THERP : 인간의 과오는 휴먼에러이다.
② FTA : 결함수 분석법
③ ETA : 사건수 분석
④ HAZOP : 위험과 운전분석

**23** 어떤 기기의 고장률이 시간당 0.002로 일정하다고 한다. 이 기기를 100시간 사용했을 때 고장이 발생할 확률은?

① 0.1813      ② 0.2214
③ 0.6253      ④ 0.8187

**해설** 신뢰도(R) = $e^{-고장률 \times 시간}$
고장률 = 1 − 신뢰도
신뢰도 = $e^{-0.002 \times 100}$ = 0.8187
고장률 = 1 − 0.8187 = 0.1813

**24** 시스템의 수명곡선에 고장의 발생 형태가 일정하게 나타나는 기간은?

① 초기 고장기간    ② 우발 고장기간
③ 마모 고장기간    ④ 피로 고장기간

**해설** 욕조 곡선
• 초기 고장기간 : 감소형
• 우발 고장기간 : 일정형
• 마모 고장기간 : 증가형

**25** 작업장에서 발생하는 소음에 대한 대책으로 가장 먼저 고려하여야 할 적극적인 방법은?

① 소음원의 통제
② 소음원의 격리
③ 귀마개 등 보호구의 착용
④ 덮개 등 방호장치의 설치

**해설** 소음대책
• 소음원의 제거 - 가장 적극적인 대책
• 소음원의 통제 - 안전설계, 정비 및 주유, 고무 받침대 부착, 소음기 사용 등
• 소음의 격리 - 씌우개, 방이나 장벽을 이용(창문을 닫으면 10[dB] 감음 효과)
• 차음장치 및 흡음재 사용
• 음향처리제 사용
• 적절한 배치(lay out)

**26** 반복적 노출에 따라 민감성이 가장 쉽게 떨어지는 표시장치는?

① 시각 표시장치    ② 청각 표시장치
③ 촉각 표시장치    ④ 후각 표시장치

**해설** 후각 표시장치 : 신체에서 후각이 제일 빨리 적응하고 둔해짐이 빠르다.

**정답**  21 ④   22 ①   23 ①   24 ②   25 ①   26 ④

**27** Fussell의 알고리즘으로 최소 컷셋을 구하는 방법에 대한 설명으로 틀린 것은?

① OR 게이트는 항상 컷셋의 수를 증가시킨다.
② AND 게이트는 항상 컷셋의 크기를 증가시킨다.
③ 중복 및 반복되는 사건이 많은 경우에 적용하기 적합하고 매우 간편하다.
④ 톱(top)사상을 일으키기 위해 필요한 최소한의 컷셋이 최소 컷셋이다.

> 해설 중복 및 반복되는 사건에는 적용하기 어렵다.

**28** FMEA 기법의 장점에 해당하는 것은?

① 서식이 간단하다.
② 논리적으로 완벽하다.
③ 해석의 초점이 인간에 맞추어져 있다.
④ 동시에 복수의 요소가 고장 나는 경우의 해석이 용이하다.

> 해설 ▶ FMEA 기법의 특성
> • CA와 병행하는 일이 많다
> • FTA보다 서식이 간단하고 적은 노력으로 특별한 훈련 없이 분석이 가능하다.
> • 논리성이 부족하고 각 요소 간의 영향분석이 어려워 동시에 두 가지 이상의 요소가 고장 날 경우 분석이 곤란하다.
> • 요소가 통상 물체로 한정되어 있어 인적 원인의 규명이 어렵다.
> • 시스템 안전 해석 시에는 시스템에서 단계나 평가의 필요성 등에 의해 FTA 등을 병용해 가는 것이 실제적인 방법이다.

**29** 60[fL]의 광도를 요하는 시각 표시장치의 반사율이 75[%]일 때, 소요조명은 몇 [fc]인가?

① 75
② 80
③ 85
④ 90

> 해설 소요조명(fc) = $\dfrac{\text{소요광속발산도(fL)}}{\text{반사율(\%)}} \times 100$
>
> 소요조명(fc) = $\dfrac{60(\text{fL})}{75(\%)} \times 100 = 80$

**30** FT에서 사용되는 사상기호에 대한 설명으로 맞는 것은?

① 위험지속기호 : 정해진 횟수 이상 입력이 될 때 출력이 발생한다.
② 억제게이트 : 조건부 사건이 일어나는 상황하에서 입력이 발생할 때 출력이 발생한다.
③ 우선적 AND 게이트 : 사건이 발생할 때 정해진 순서대로 복수의 출력이 발생한다.
④ 배타적 OR 게이트 : 동시에 2개 이상의 입력이 존재하는 경우에 출력이 발생한다.

> 해설 ▶ FT의 사상기호
> • 우선적 AND 게이트 : 입력사상 중 어떤 사상이 다른 사상보다 앞에 일어났을 때 출력사상이 발생한다. 여러 개의 입력사상이 정해진 순서에 따라 순차적으로 발생해야만 결과가 출력
> • 조합 AND 게이트 : 3개의 입력 현상 중 임의의 시간에 2개가 발생하면 출력이 생긴다.
> • 배타적 OR 게이트 : OR 게이트인데 2개 또는 그 이상의 입력이 존재하는 경우에는 출력이 발생하지 않는다.
> • 위험지속기호 : 입력사상이 생겨 어떤 일정한 시간 지속했을 때 출력이 생긴다.

정답 27 ③　28 ①　29 ②　30 ②

**31** 온도가 적정 온도에서 낮은 온도로 내려갈 때의 인체반응으로 옳지 않은 것은?

① 발한을 시작
② 직장온도가 상승
③ 피부온도가 하강
④ 혈액은 많은 양이 몸의 중심부를 순환

> **해설** 땀을 배출하는 발한은 저온에서 고온의 환경으로 변화할 때 발생한다.
> ● **온도 하강 시 인체반응**
> • 피부를 경유하는 혈액의 순환량이 감소하고 많은 양의 혈액이 몸의 중심부를 순환한다.
> • 피부 온도는 내려간다.
> • 직장 온도가 약간 올라간다.
> • 소름이 돋고 몸이 떨리는 오한을 느낀다.

**32** 인간공학의 연구방법에서 인간-기계 시스템을 평가하는 척도의 요건으로 적합하지 않은 것은?

① 적절성, 타당성   ② 무오염성
③ 주관성           ④ 신뢰성

> **해설** 주관성은 척도로 사용하지 않는다.

**33** NIOSH의 연구에 기초하여, 목과 어깨 부위의 근골격계 질환 발생과 인과관계가 가장 적은 위험요인은?

① 진동           ② 반복 작업
③ 과도한 힘     ④ 작업 자세

> **해설** ● **근골격계 질환 발생원인**
> • 부적절한 자세
> • 무리한 힘의 사용
> • 과도한 반복작업
> • 연속작업(비휴식)
> • 낮은 온도 등

**34** 인간 - 기계 시스템에서의 기본적인 기능에 해당하지 않는 것은?

① 행동 기능
② 정보의 설계
③ 정보의 수용
④ 정보의 저장

> **해설** 정보의 설계는 기본적 기능에 해당하지 않는다.
> ● **인간-기계 기본 기능**
> 정보입력 - 감지(수용) - 정보처리 및 의사결정 - 행동 기능 - 출력(+정보보관)

**35** 시력과 대비감도에 영향을 미치는 인자에 해당하지 않는 것은?

① 노출시간       ② 연령
③ 주파수         ④ 휘도 수준

> **해설** 대비 : 시야에서 보이는 색채
> ① 노출시간 : 시야에서 노출되는 시간을 의미, 인지능력 감소
> ② 연령 : 고령에 따른 시력감퇴는 대비감도 영향
> ③ 주파수 : 시야와 관계가 없음, 돌고래도 자기 주파수 못 봄
> ④ 휘도 수준 : 빛의 밝기는 시야와 관계있음.

**36** 조정장치를 3[cm] 움직였을 때 표시장치의 지침이 5[cm] 움직였다면, C/R비는 얼마인가?

① 0.25       ② 0.6
③ 1.6        ④ 1.7

> **해설** C/R비 = $\dfrac{\text{조정장치의 이동거리}}{\text{표시장치의 이동거리}}$
> C/R비 = $\dfrac{3cm}{5cm}$ = 0.6

---

**정답**  31 ①   32 ③   33 ①   34 ②   35 ③   36 ②

**37** 필요한 작업 또는 절차의 잘못된 수행으로 발생하는 과오는?

① 시간적 과오(time error)
② 생략적 과오(omission error)
③ 순서적 과오(sequential error)
④ 수행적 과오(commision error)

**해설** ① 시간오류(time error) : 절차의 수행지연에 의한 오류
② 생략오류(omission error) : 절차를 생략해 발생하는 오류
③ 순서오류(sequential error) : 절차의 순서착오에 의한 오류
④ 작위오류(commission error) : 절차의 불확실한 수행에 의한 오류

**38** 일반적인 FTA 기법의 순서로 맞는 것은?

| ㉠ FT의 작성 | ㉡ 시스템의 정의 |
| ㉢ 정량적 평가 | ㉣ 정성적 평가 |

① ㉠ → ㉡ → ㉢ → ㉣
② ㉠ → ㉡ → ㉣ → ㉢
③ ㉡ → ㉠ → ㉣ → ㉢
④ ㉡ → ㉠ → ㉣ → ㉢

**해설** ◎ FTA 기법의 순서
- 1단계 : 시스템의 정의
- 2단계 : FT 작성
- 3단계 : 정성적 평가
- 4단계 : 정량적 평가

**39** 인체측정치를 이용한 설계에 관한 설명으로 옳은 것은?

① 평균치를 기준으로 한 설계를 제일 먼저 고려한다.
② 의자의 깊이와 너비는 모두 작은 사람을 기준으로 설계한다.
③ 자세와 동작에 따라 고려해야 할 인체측정치수가 달라진다.
④ 큰 사람을 기준으로 한 설계는 인체측정치의 5[%tile]을 사용한다.

**해설** ① 조절식 설계를 가장 먼저 고려한다.
② 의자의 너비는 최대치 설계로 한다.
④ 인체측정 상위 백분위수 기준은 90, 95, 99[%tile]로 한다.
◎ 인체측정의 응용원칙
1. 극단적 설계원칙
   - 극단적(최대치/최소치) 설계
   - 대상 집단의 최대치 또는 최소치를 제한요소로 한 설계
   - 남성 백분위수를 기준으로 설계
   - 여성 백분위수를 기준으로 설계
2. 가변적(조절식) 설계원칙
   - 제일 먼저 고려
   - 어떤 설비나 장치를 설계할 때 체격이 다른 여러 사람을 수용할 수 있도록 가변적으로 만든 것
   - 여성 5백분위수에서 남성 95백분위수를 수용
3. 평균적 설계원칙
   - 극단치를 이용한 설계가 곤란한 경우에는 평균치를 이용하여 설계할 수 있다.
   - 은행창구 높이를 일반적인 사람에 맞추는 경우

**40** 제어장치와 표시장치에 있어 물리적 형태나 배열을 유사하게 설계하는 것은 어떤 양립성(compatibility)의 원칙에 해당하는가?

① 시각적 양립성(visual compatibility)
② 양식 양립성(modality compatibility)
③ 공간적 양립성(spatial compatibility)
④ 개념적 양립성(conceptual compatibility)

| 해설 | 공간적 양립성 | 표시장치나 조정장치에서 물리적 형태 및 공간적 배치 |
|---|---|---|
| | 운동 양립성 | 표시장치의 움직이는 방향과 조정장치의 방향이 사용자의 기대와 일치 |
| | 개념적 양립성 | 이미 사람들이 학습을 통해 알고 있는 개념적 연상 |
| | 양식 양립성 | 직무에 알맞은 자극과 응답의 양식의 존재에 대한 양립성(예) 소리로 제시된 정보는 말로 반응하게 하고, 시각적으로 제시된 정보는 손으로 반응하는 것이 양립성이 높다고 한다) |

## 3과목 기계위험방지기술

**41** 프레스기의 방호장치의 종류가 아닌 것은?

① 가드식
② 초음파식
③ 광전자식
④ 양수조작식

해설 ▶ **프레스기의 방호장치 종류** : 손쳐내기, 수인식, 광전자식, 양수조작식, 가드식

**42** 다음 중 프레스의 안전작업을 위하여 활용하는 수공구로 가장 거리가 먼 것은?

① 브러시
② 진공컵
③ 마그넷 공구
④ 플라이어(집게)

해설 ▶ **수공구의 종류**
- 누름봉, 갈고리류
- 핀셋류
- 플라이어류
- 마그넷 공구류
- 진공컵류

**43** 연삭기에서 숫돌의 바깥지름이 180[mm]라면, 평형 플랜지의 바깥지름은 몇 [mm] 이상이어야 하는가?

① 30
② 36
③ 45
④ 60

해설 숫돌 바깥지름 $\times \frac{1}{3}$ = 평형 플랜지 바깥지름

$180 \times \frac{1}{3} = 60$

**44** 산업안전보건법령에 따라 컨베이어에 부착해야 할 방호장치로 적합하지 않은 것은?

① 비상정지장치
② 과부하방지장치
③ 역주행방지장치
④ 덮개 또는 낙하방지용 울

해설 ▶ **컨베이어 방호장치** : 역전방지장치, 비상정지장치, 덮개와 울, 이탈방지장치

**45** 보일러의 방호장치로 적절하지 않은 것은?

① 압력방출장치
② 과부하방지장치
③ 압력제한 스위치
④ 고저수위 조절장치

해설 ▶ **보일러의 방호장치**
- 압력방출장치
- 압력제한 스위치
- 고저수위 조절장치
- 화염검출기

정답  41 ②  42 ①  43 ④  44 ②  45 ②

**46** 프레스의 손쳐내기식 방호장치에서 방호판의 기준에 대한 설명이다. ( )에 들어갈 내용으로 맞는 것은?

> 방호판의 폭은 금형 폭의 ( ㉠ ) 이상이어야 하고, 행정길이가 ( ㉡ )[mm] 이상인 프레스 기계에서는 방호판의 폭을 ( ㉢ )[mm]로 해야 한다.

① ㉠ 1/2, ㉡ 300, ㉢ 200
② ㉠ 1/2, ㉡ 300, ㉢ 300
③ ㉠ 1/3, ㉡ 300, ㉢ 200
④ ㉠ 1/3, ㉡ 300, ㉢ 300

**해설** ▶ 손쳐내기식 방호장치에서 방호판의 기준
방호판의 폭은 금형 폭의 1/2(금형의 폭이 200[mm] 이하에서 사용하는 방호판의 폭은 100[mm]) 이상이어야 하며 또 높이가 행정길이(행정길이가 300[mm]를 넘는 것은 300[mm]의 방호판) 이상이 되어야 한다.

**47** 선반 작업에서 가공물의 길이가 외경에 비하여 과도하게 길 때, 절삭저항에 의한 떨림을 방지하기 위한 장치는?

① 센터
② 심봉
③ 방진구
④ 돌리개

**해설** 방진구 : 선반 작업 시 일감의 길이가 직경의 12배 이상일 때 사용하는 방진구는 가공물의 길이가 외경에 비해 과도하게 길어 절삭저항에 의한 떨림을 방지하기 위해 사용하는 장치이다.

**48** 산업안전보건법령에 따라 목재가공용 기계에 설치하여야 하는 방호장치에 대한 내용으로 틀린 것은?

① 목재가공용 둥근톱기계에는 분할날 등 반발예방장치를 설치하여야 한다.
② 목재가공용 둥근톱기계에는 톱날접촉예방장치를 설치하여야 한다.
③ 모떼기기계에는 가공 중 목재의 회전을 방지하는 회전방지장치를 설치하여야 한다.
④ 작업대상물이 수동으로 공급되는 동력식 수동대패기계에 날접촉예방장치를 설치하여야 한다.

**해설** 모떼기기계(자동이송장치를 부착한 것은 제외한다)에 날접촉예방장치를 설치하여야 한다. 다만, 작업의 성질상 날접촉예방장치를 설치하는 것이 곤란하여 해당 근로자에게 적절한 작업공구 등을 사용하도록 한 경우에는 그러하지 아니하다.

**49** 다음 중 산소-아세틸렌 가스용접 시 역화의 원인과 가장 거리가 먼 것은?

① 토치의 과열
② 토치 팁의 이물질
③ 산소공급의 부족
④ 압력조정기의 고장

**해설** ▶ 역화 : 팁 끝이 모재에 닿아 순간적으로 팁 끝이 막히거나 팁의 과열, 사용 가스의 압력이 부적당할 때 팁 속에서 폭발음이 나며 불꽃이 꺼졌다가 다시 나타나는 현상으로 산소공급 과잉의 경우 발생한다.

정답 46 ② 47 ③ 48 ③ 49 ③

**50** 그림과 같은 지게차가 안정적으로 작업할 수 있는 상태의 조건으로 적합한 것은?

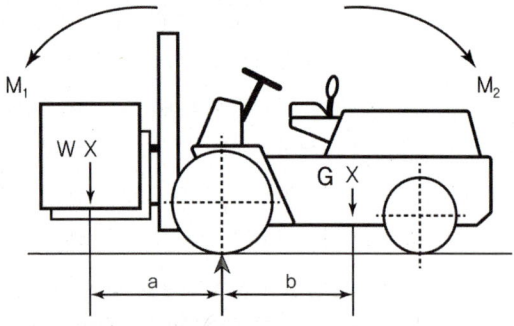

$M_1$ : 화물의 모멘트
$M_2$ : 차의 모멘트

① $M_1 < M_2$
② $M_1 > M_2$
③ $M_1 \geqq M_2$
④ $M_1 > 2M_2$

해설 지게차의 무게는 짐을 싣는 포크 부분보다 차체 부분이 무거워야 안정성이 커진다.
그러므로 $M_1 < M_2$

**51** 그림과 같이 2줄의 와이어로프로 중량물을 달아 올릴 때, 로프에 가장 힘이 적게 걸리는 각도[θ]는?

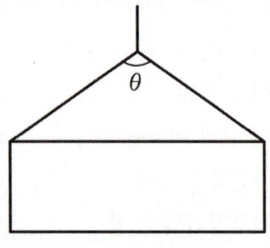

① 30[°]
② 60[°]
③ 90[°]
④ 120[°]

해설 슬링와이어는 각도가 작을수록 힘이 적게 든다.

**52** 기계 설비의 안전조건에서 구조적 안전화에 해당하지 않는 것은?

① 가공결함
② 재료결함
③ 설계상의 결함
④ 방호장치의 작동결함

해설 구조적 안전화는 방호장치의 작동결함에 해당하지 않는다.

**53** 2개의 회전체가 회전운동을 할 때에 물림점이 발생할 수 있는 조건은?

① 두 개의 회전체 모두 시계 방향으로 회전
② 두 개의 회전체 모두 시계 반대 방향으로 회전
③ 하나는 시계 방향으로 회전하고, 다른 하나는 정지
④ 하나는 시계 방향으로 회전하고, 다른 하나는 시계 반대 방향으로 회전

해설 ▶ 물림점(Nip-point)
회전하는 두 개의 회전체에는 물려 들어가는 위험성이 존재한다. 이때 위험점이 발생되는 조건은 회전체가 서로 반대 방향으로 맞물려 회전되어야 한다(예 롤러와 롤러의 물림, 기어와 기어의 물림 등).

**54** 양수조작식 방호장치에서 누름버튼 상호 간의 내측거리는 몇 [mm] 이상이어야 하는가?

① 250
② 300
③ 350
④ 400

해설 양수조작식 방호장치의 누름버튼 상호 간의 내측거리는 300[mm] 이상이어야 한다.

정답  50 ①  51 ①  52 ④  53 ④  54 ②

**55** 기계의 왕복운동을 하는 동작 부분과 움직임이 없는 고정 부분 사이에 형성되는 위험점으로 프레스 등에서 주로 나타나는 것은?

① 물림점
② 협착점
③ 절단점
④ 회전말림점

**해설** ① 물림점(Nip-point) : 회전하는 두 개의 회전체에는 물려 들어가는 위험성이 존재한다. 이때 위험점이 발생되는 조건은 회전체가 서로 반대 방향으로 맞물려 회전되어야 한다(예 롤러와 롤러의 물림, 기어와 기어의 물림 등).
② 협착점(Squeeze-point) : 왕복운동을 하는 동작 부분과 움직임이 없는 고정 부분 사이에서 형성되는 위험점으로 사업장의 기계설비에서 많이 볼 수 있다(예 프레스기, 전단기, 성형기, 굽힘기계(bending machine) 등].
③ 절단점(Cutting-point) : 고정 부분과 운동 부분이 만드는 위험점이 아니고 회전하는 운동부 자체의 위험이나 운동하는 기계 부분 자체의 위험에서 초래되는 위험점이다(예 밀링의 커터, 띠톱이나 둥근톱의 톱날, 벨트의 이음 부분 등).
④ 회전말림점(Trapping-point) : 회전하는 물체에 작업복, 머리카락 등이 말려드는 위험이 존재하는 점이다(예 회전하는 축, 커플링, 돌출된 키나 고정나사, 회전하는 공구 등).

**56** 연삭기의 방호장치에 해당하는 것은?

① 주수장치
② 덮개장치
③ 제동장치
④ 소화장치

**해설** 연삭기의 방호장치는 덮개장치이다.

**57** 산업안전보건법령에 따라 달기체인을 달비계에 사용해서는 안 되는 경우가 아닌 것은?

① 균열이 있거나 심하게 변형된 것
② 달기체인의 한 꼬임에서 끊어진 소선의 수가 10[%] 이상인 것
③ 달기체인의 길이가 달기체인이 제조된 때의 길이의 5[%]를 초과한 것
④ 링의 단면지름이 달기체인이 제조된 때의 해당 링의 지름의 10[%] 초과하여 감소한 것

**해설** ②는 달기체인이 아닌 와이어로프에 대한 설명이다.
▶ 달기체인을 달비계에 사용해서는 안 되는 경우

「산업안전보건기준에 관한 규칙」 제63조 제1항 제2호
가. 달기체인의 길이가 달기체인이 제조된 때의 길이의 5퍼센트를 초과한 것
나. 링의 단면지름이 달기체인이 제조된 때의 해당 링의 지름의 10퍼센트를 초과하여 감소한 것
다. 균열이 있거나 심하게 변형된 것

**58** 연삭기의 원주속도 V[m/s]를 구하는 식은? (단, D는 숫돌의 지름[m], n은 회전수[rpm]이다)

① $V = \dfrac{\pi Dn}{16}$
② $V = \dfrac{\pi Dn}{32}$
③ $V = \dfrac{\pi Dn}{60}$
④ $V = \dfrac{\pi Dn}{1,000}$

**해설** 연삭기 원주속도 = $\dfrac{\pi Dn}{60}$

숫돌 원주속도 = $\dfrac{\pi Dn}{1,000}$

**59** 산업용 로봇의 동작 형태별 분류에 해당하지 않는 것은?

① 관절 로봇
② 극좌표 로봇
③ 수치제어 로봇
④ 원통좌표 로봇

**정답** 55 ② 56 ② 57 ② 58 ③ 59 ③

해설 ▶ 산업용 로봇의 동작 형태별 분류
직각좌표 로봇, 원통좌표 로봇, 극좌표 로봇, 다관절 로봇

**60** 기계설비 외형의 안전화 방법이 아닌 것은?

① 덮개
② 안전 색채 조절
③ 가드(guard)의 설치
④ 페일세이프(fail safe)

해설 ▶ Fail Safe : 기능의 안전화

## 4과목  전기 및 화학설비위험방지기술

**61** 액체가 관내를 이동할 때에 정전기가 발생하는 현상은?

① 마찰대전    ② 박리대전
③ 분출대전    ④ 유동대전

해설 ① 마찰대전 : 물체끼리 마찰
② 박리대전 : 밀착된 물체가 떨어짐
③ 분출대전 : 구멍에서 분출
④ 유동대전 : 관내를 이동

**62** 전기기계·기구의 누전에 의한 감전의 위험을 방지하기 위하여 코드 및 플러그를 접속하여 사용하는 전기기계·기구 중 노출된 비충전 금속체에 접지를 실시하여야 하는 것이 아닌 것은?

① 사용전압이 대지전압 110[V]인 기구
② 냉장고·세탁기·컴퓨터 및 주변기기 등과 같은 고정형 전기기계·기구
③ 고정형·이동형 또는 휴대형 전동기계·기구
④ 휴대형 손전등

해설 ▶ 전기기계·기구 중 노출된 비충전 금속체에 접지를 실시하여야 하는 것
• 대지전압이 150볼트를 초과하는 이동형 또는 휴대형 전기기계·기구
• 물 등 도전성이 높은 액체가 있는 습윤장소에서 사용하는 저압(1.5천볼트 이하 직류전압이나 1천볼트 이하의 교류전압을 말한다)용 전기기계·기구
• 철판·철골 위 등 도전성이 높은 장소에서 사용하는 이동형 또는 휴대형 전기기계·기구
• 임시배선의 전로가 설치되는 장소에서 사용하는 이동형 또는 휴대형 전기기계·기구

**63** 도체의 정전용량 C=20[μF], 대전전위(방전 시 전압) V=3[kV]일 때 정전에너지(J)는?

① 45        ② 90
③ 180       ④ 360

해설 $W = \frac{1}{2}QV = \frac{1}{2}CV^2[J]$

$\frac{1}{2} \times 20 \times 3^2 = 90$

**64** 사람이 접촉될 우려가 있는 장소에서 제1종 접지공사의 접지선을 시설할 때 접지극의 최소 매설깊이는?

① 지하 30[cm] 이상
② 지하 50[cm] 이상
③ 지하 75[cm] 이상
④ 지하 90[cm] 이상

해설 접지극은 지표면으로부터 지하 75[cm] 이상 깊이에 매설해야 한다.
※ 2021년 한국전기설비규정(KEC) 개정으로 인하여 접지대상에 따라 일괄 적용한 종별 접지(제1종, 제2종, 제3종, 특별3종)가 폐지되고, 계통접지 방식을 채용하고 있다.

정답  60 ④  61 ④  62 ①  63 ②  64 ③

**65** 「산업안전보건기준에 관한 규칙」에 따라 꽂음접속기를 설치 또는 사용하는 경우 준수하여야 할 사항으로 틀린 것은?

① 서로 다른 전압의 꽂음접속기는 서로 접속되지 아니한 구조의 것을 사용할 것
② 습윤한 장소에 사용되는 꽂음접속기는 방수형 등 그 장소에 적합한 것을 사용할 것
③ 근로자가 해당 꽂음접속기를 접속시킬 경우에는 땀 등으로 젖은 손으로 취급하지 않도록 할 것
④ 꽂음접속기에 잠금장치가 있을 때에는 접속 후 개방하여 사용할 것

**해설** 꽂음접속기에 잠금장치가 있을 때에는 접속 후 잠그고 사용하여야 한다. 꽂음접속기형 누전차단기는 콘센트에 접속하는 등 파손이나 감전사고를 방지할 수 있는 장소에 접속해야 한다.

**66** 인체가 현저히 젖어 있거나 인체의 일부가 금속성의 전기기구 또는 구조물에 상시 접촉되어 있는 상태의 허용접촉전압[V]은?

① 2.5[V] 이하
② 25[V] 이하
③ 50[V] 이하
④ 제한 없음

**해설** ▶ 허용접촉전압[V]
- 1종(2.5[V] 이하) : 수중에 있을 경우
- 2종(25[V] 이하) : 젖은 상태, 금속 상시 접촉
- 3종(50[V] 이하) : 통상의 상태
- 4종(무제한) : 접촉 우려가 없는 경우

**67** 방폭전기설비에서 1종 위험장소에 해당하는 것은?

① 이상 상태에서 위험 분위기를 발생할 염려가 있는 장소
② 보통장소에서 위험 분위기를 발생할 염려가 있는 장소
③ 위험 분위기가 보통의 상태에서 계속해서 발생하는 장소
④ 위험 분위기가 장기간 또는 거의 조성되지 않는 장소

**해설** ▶ 위험장소
- 0종 장소 : 정상 상태에서 폭발성 분위기가 연속적으로 또는 장시간 생성되는 장소
- 1종 장소 : 정상 상태에서 폭발성 분위기가 주기적 또는 간헐적으로 생성될 우려가 있는 장소
- 2종 장소 : 정상 상태에서는 폭발위험 분위기가 존재할 우려가 없거나 존재하더라도 그 빈도가 아주 적고 단기간만 존재할 수 있는 장소

**68** 과전류차단기로 시설하는 퓨즈 중 고압 전로에 사용하는 포장퓨즈는 정격전류의 몇 배를 견딜 수 있어야 하는가?

① 1.1배
② 1.3배
③ 1.6배
④ 2.0배

**해설** ▶ 퓨즈의 종류와 정격용량
- 저압용 포장퓨즈 – 정격전류의 1.1배
- 고압용 포장퓨즈 – 정격전류의 1.3배
- 고압용 비포장퓨즈 – 정격전류의 1.25배

정답  65 ④  66 ②  67 ②  68 ②

**69** 접지공사의 종류별로 접지선의 굵기 기준이 바르게 연결된 것은?

① 제1종 접지공사 – 공칭단면적 1.6[mm$^2$] 이상의 연동선
② 제2종 접지공사 – 공칭단면적 2.6[mm$^2$] 이상의 연동선
③ 제3종 접지공사 – 공칭단면적 2[mm$^2$] 이상의 연동선
④ 특별 제3종 접지공사 – 공칭단면적 2.5[mm$^2$] 이상의 연동선

**해설** 출제 당시에는 정답이 ④였으나, 2021년 한국전기설비규정(KEC) 개정으로 인하여 접지대상에 따라 일괄 적용한 종별 접지 폐지로 현재는 정답 없음.

**70** 신선한 공기 또는 불연성 가스 등의 보호기체를 용기의 내부에 압입함으로써 내부의 압력을 유지하여 폭발성 가스가 침입하지 않도록 하는 방폭구조는?

① 내압 방폭구조
② 압력 방폭구조
③ 안전증 방폭구조
④ 특수방진 방폭구조

**해설** ① 내압 방폭구조 : 내부의 압력을 유지하여 폭발성 가스가 침입하지 않도록 하는 방폭구조
② 압력 방폭구조 : 용기의 내부에 압력이 있어 용기 내로 침입하지 못하는 구조
③ 안전증 방폭구조 : 정상 상태에서 열, 아크, 불꽃이 발생하지 않도록 안전도를 증가시킨 구조
④ 특수방진 방폭구조 : 특수한 방진 방폭구조로 충전 또는 협극 방폭구조

**71** 연소의 3요소에 해당되지 않는 것은?

① 가연물
② 점화원
③ 연쇄반응
④ 산소공급원

**해설** 연소의 3요소
가연물, 점화원, 산소

**72** 산업안전보건법령에서 정한 위험물을 기준량 이상으로 제조하거나 취급하는 설비 중 특수화학설비에 해당하지 않는 것은?

① 발열반응이 일어나는 반응장치
② 증류·정류·증발·추출 등 분리를 하는 장치
③ 가열로 또는 가열기
④ 고로 등 점화기를 직접 사용하는 열교환기류

**해설** 특수화학설비의 종류
• 발열반응이 일어나는 반응장치
• 증류·정류·증발·추출 등 분리를 하는 장치
• 가열시켜 주는 물질의 온도가 가열되는 위험물질의 분해온도 또는 발화점보다 높은 상태에서 운전되는 설비
• 반응폭주 등 이상 화학반응에 의하여 위험물질이 발생할 우려가 있는 설비
• 온도가 섭씨 350도 이상이거나 게이지 압력이 980킬로파스칼 이상인 상태에서 운전되는 설비
• 가열로 또는 가열기

**73** 프로판($C_3H_8$)의 완전연소 조성농도는 약 몇 [vol%]인가?

① 4.02  ② 4.19
③ 5.05  ④ 5.19

**정답** 69 정답 없음  70 ①  71 ③  72 ④  73 ①

해설 ▶ 완전연소 조성농도 $C_{st}$

$$C_{st} = \frac{100}{1 + 4.773(n + \frac{m+f-2\lambda}{4})}$$

(n : 탄소, m : 수소, f : 할로겐원소, $\lambda$ : 산소의 원자수)

$$C_{st} = \frac{100}{1 + 4.773(탄소수 + \frac{수소}{4})}$$

$$C_{st} = \frac{100}{1 + 4.773(3 + \frac{8}{4})} = 4.02$$

## 74 물과의 반응 또는 열에 의해 분해되어 산소를 발생하는 것은?

① 적린
② 과산화나트륨
③ 유황
④ 이황화탄소

해설
- 물과의 반응으로 산소 발생 : 1류 위험물(무기과산화물로 과산화나트륨 등)
- 물과의 반응으로 수소 발생 : 금수성 물질(칼륨, 리튬 등)

## 75 위험물안전관리법령상 제3류 위험물이 아닌 것은?

① 황화린
② 금속나트륨
③ 황린
④ 금속칼륨

해설 3류 위험물은 칼륨, 나트륨, 알칼알루미늄, 알칼리튬, 황린, 알칼리금속, 알칼리토금속, 유기금속화합물, 금속의 수소화물, 금속의 인화물, 칼슘, 알루미늄의 탄화물 등이고, 황화린은 제2류 위험물이다.

## 76 환풍기가 고장 난 장소에서 인화성 액체를 취급할 때, 부주의로 마개를 막지 않았다. 여기서 작업자가 담배를 피우기 위해 불을 켜는 순간 인화성 액체에서 불꽃이 일어나는 사고가 발생하였다. 이와 같은 사고의 발생가능성이 가장 높은 물질은? (단, 작업현장의 온도는 20[℃]이다)

① 글리세린
② 중유
③ 디에틸에테르
④ 경유

해설 인화점이 제일 낮은 물질이 사고 발생가능성이 높다. 디에틸에테르는 인화점이 -45도로, 제4류 위험물(인화성 액체)이다.

## 77 유해물질의 농도를 c, 노출시간을 t라 할 때 유해물지수[k]와의 관계인 Haber의 법칙을 바르게 나타낸 것은?

① k=c+t
② k=c / k
③ k=c×t
④ k=c - t

해설 유해물지수[k]=유해물질의 농도[c]×노출시간[t]

## 78 20[℃]인 1기압의 공기를 압축비 3으로 단열압축 하였을 때, 온도는 약 몇 [℃]가 되겠는가? (단, 공기의 비열비는 1.4이다)

① 84
② 128
③ 182
④ 1,091

해설 ▶ 단열압축온도 : $T_2 \div T_1 = (P_2 \div P_1)^{(r-1)/r}$
$T_2$ : 단열압축 후 온도(273+섭씨)
$T_1$ : 단열압축 전 온도(273+섭씨)
$P_2$ : 단열압축 후 압력
$P_1$ : 단열압축 전 압력
r = 공기의 비열비
$x \div (273+20) = (3 \div 1)^{(1.4-1) \div 1.4}$
x = 401.04
401 - 273 = 128

74 ② 75 ① 76 ③ 77 ③ 78 ②

**79** 절연성 액체를 운반하는 관에서 정전기로 인해 일어나는 화재 및 폭발을 예방하기 위한 방법으로 가장 거리가 먼 것은?

① 유속을 줄인다.
② 관을 접지시킨다.
③ 도전성이 큰 재료의 관을 사용한다.
④ 관의 안지름을 작게 한다.

해설 관의 안지름을 크게 한다.

**80** 분진폭발에 대한 안전대책으로 적절하지 않은 것은?

① 분진의 퇴적을 방지한다.
② 점화원을 제거한다.
③ 입자의 크기를 최소화한다.
④ 불활성 분위기를 조성한다.

해설 ▶ 분진폭발 안전대책
- 분진의 생성 방지
- 발화원의 제거
- 불활성 물질의 첨가

## 5과목 건설안전기술

**81** 토석이 붕괴되는 원인을 외적 요인과 내적 요인으로 나눌 때 외적 요인으로 볼 수 없는 것은?

① 사면, 법면의 경사 및 기울기의 증가
② 지진발생, 차량 또는 구조물의 중량
③ 공사에 의한 진동 및 반복하중의 증가
④ 절토사면의 토질, 암질

해설 ▶ 토석 붕괴 원인
1. 외적 원인
   - 사면, 법면의 경사 및 구배의 증가
   - 절토 및 성토 높이의 증가
   - 공사에 의한 진동 및 반복하중의 증가
   - 지표수 및 지하수의 침투에 의한 토사 중량의 증가
   - 지진, 차량, 구조물의 하중
2. 내적 원인
   - 절토사면의 토질, 암질
   - 사면의 토질
   - 토석의 강도 저하

**82** 건설용 양중기에 관한 설명으로 옳은 것은?

① 삼각데릭의 인접시설에 장해가 없는 상태에서 360[°] 회전이 가능하다.
② 이동식 크레인(crane)에는 트럭 크레인, 크롤러 크레인 등이 있다.
③ 휠 크레인에는 무한궤도식과 타이어식이 있으며, 장거리 이동에 적당하다.
④ 크롤러 크레인은 휠 크레인보다 기동성이 뛰어나다.

해설 ① 삼각데릭의 인접시설에 장해가 없는 상태에서 270[°] 회전이 가능하다.
③ 휠 크레인에는 무한궤도식과 타이어식이 있으며, 장거리 이동에 적당하지 않다.
④ 크롤러 크레인은 휠 크레인보다 기동성이 떨어진다.

**83** 다음은 공사진척에 따른 안전관리비의 사용기준이다. ( )에 들어갈 내용으로 옳은 것은?

| 공정률 | 50[%] 이상 70[%] 미만 | 70[%] 이상 90[%] 미만 | 90[%] 이상 |
|---|---|---|---|
| 사용기준 | ( ) | 70[%] 이상 | 90[%] 이상 |

① 30[%] 이상
② 40[%] 이상
③ 50[%] 이상
④ 60[%] 이상

정답 79 ④　80 ③　81 ④　82 ②　83 ③

해설 ▶ 공사진척에 따른 안전관리비의 사용기준

| 공정률 | 50[%] 이상 70[%] 미만 | 70[%] 이상 90[%] 미만 | 90[%] 이상 |
|---|---|---|---|
| 사용기준 | 50[%] 이상 | 70[%] 이상 | 90[%] 이상 |

**84** 거푸집 동바리 조립도에 명시해야 할 사항과 거리가 가장 먼 것은?

① 작업 환경 조건
② 부재의 재질
③ 단면 규격
④ 설치 간격

해설 조립도에는 동바리·멍에 등 부재의 재질·단면 규격·설치 간격 및 이음방법 등을 명시하여야 한다.

**85** 굴착공사 시 안전한 작업을 위한 사질 지반(점토질을 포함하지 않은 것)의 굴착면 기울기와 높이 기준으로 옳은 것은?

① 1 : 1.5 이상, 5[m] 미만
② 1 : 0.5 이상, 5[m] 미만
③ 1 : 1.5 이상, 2[m] 미만
④ 1 : 0.5 이상, 2[m] 미만

해설 사질의 지반(점토질을 포함하지 않은 것)은 굴착면의 기울기를 1:1.5 이상으로 하고, 높이는 5미터 미만으로 해야 한다.
참고 발파 등에 의해서 붕괴하기 쉬운 상태의 지반 및 매립하거나 반출시켜야 할 지반의 굴착면의 기울기는 1:1 이하, 높이는 2미터 미만으로 하여야 한다.

**86** 철골공사 시 도괴의 위험이 있어 강풍에 대한 안전 여부를 확인해야 할 필요성이 가장 높은 경우는?

① 연면적당 철골량이 일반 건물보다 많은 경우
② 기둥에 H형강을 사용하는 경우
③ 이음부가 공장용접인 경우
④ 단면구조가 현저한 차이가 있으며, 높이가 20[m] 이상인 건물

해설 ① 철골량이 많으므로 견고하다.
② H형강을 사용하므로 튼튼하다.
③ 이음부가 공장용접인 경우, 용접은 기밀·수밀·유밀뿐만 아니라 이음에 있어 매우 우수해서 공정화에 보편화되어 있다.

**87** 강관을 사용하여 비계를 구성하는 경우 준수해야 할 기준으로 옳지 않은 것은? 〈수정〉

① 비계기둥의 간격은 띠장 방향에서는 1.85[m] 이하, 장선(長線) 방향에서는 1.5[m] 이하로 할 것
② 띠장 간격은 1.5[m] 이하로 설치하되, 첫 번째 띠장은 지상으로부터 2.5[m] 이하의 위치에 설치할 것
③ 비계기둥의 제일 윗부분으로부터 31[m] 되는 지점 밑부분의 비계기둥은 2개의 강관으로 묶어 세울 것
④ 비계기둥 간의 적재하중은 400[kg]을 초과하지 않도록 할 것

정답 84 ① 85 ① 86 ④ 87 ②

**해설** ⊙ 강관비계의 구조

「산업안전보건기준에 관한 규칙」 제60조
1. 비계기둥의 간격은 띠장 방향에서는 1.85[m] 이하, 장선(長線) 방향에서는 1.5[m] 이하로 할 것. 다만, 선박 및 보트 건조작업의 경우 안전성에 대한 구조검토를 실시하고 조립도를 작성하면 띠장 방향 및 장선 방향으로 각각 2.7[m] 이하로 할 수 있다.
2. 띠장 간격은 2.0[m] 이하로 할 것. 다만, 작업의 성질상 이를 준수하기가 곤란하여 쌍기둥틀 등에 의하여 해당 부분을 보강한 경우에는 그러하지 아니하다.
3. 비계기둥의 제일 윗부분으로부터 31[m]되는 지점 밑부분의 비계기둥은 2개의 강관으로 묶어 세울 것. 다만, 브라켓(bracket, 까치발) 등으로 보강하여 2개의 강관으로 묶을 경우 이상의 강도가 유지되는 경우에는 그러하지 아니하다.
4. 비계기둥 간의 적재하중은 400[kg]을 초과하지 않도록 할 것

**88** 양중기의 와이어로프 등 달기구의 안전계수 기준으로 옳은 것은? (단, 화물의 하중을 직접 지지하는 달기와이어로프 또는 달기체인의 경우)

① 3 이상
② 4 이상
③ 5 이상
④ 6 이상

**해설** ⊙ 달기구의 안전계수 기준
- 근로자가 탑승하는 운반구를 지지하는 달기와이어로프 또는 달기체인의 경우 : 10 이상
- 화물의 하중을 직접 지지하는 달기와이어로프 또는 달기체인의 경우 : 5 이상
- 훅, 샤클, 클램프, 리프팅 빔의 경우 : 3 이상
- 그 밖의 경우 : 4 이상

**89** 옥내작업장에는 비상시에 근로자에게 신속하게 알리기 위한 경보용 설비 또는 기구를 설치하여야 한다. 그 설치대상 기준으로 옳은 것은?

① 연면적이 400[m²] 이상이거나 상시 40명 이상의 근로자가 작업하는 옥내작업장
② 연면적이 400[m²] 이상이거나 상시 50명 이상의 근로자가 작업하는 옥내작업장
③ 연면적이 500[m²] 이상이거나 상시 40명 이상의 근로자가 작업하는 옥내작업장
④ 연면적이 500[m²] 이상이거나 상시 50명 이상의 근로자가 작업하는 옥내작업장

**해설** 연면적이 400[m²] 이상이거나 상시 50명 이상의 근로자가 작업하는 옥내작업장이 설치대상 기준이다.

**90** 비탈면 붕괴 방지를 위한 붕괴방지공법과 가장 거리가 먼 것은?

① 배토공법
② 압성토공법
③ 공작물의 설치
④ 언더피닝 공법

**해설** 언더피닝 : 기존 구조물의 기초에 추후 시공하는 영구적인 보강공사

정답  88 ③  89 ②  90 ④

**91** 거푸집 동바리 등을 조립하거나 해체하는 작업을 하는 경우에 준수해야 할 사항으로 옳지 않은 것은?

① 해당 작업을 하는 구역에는 관계 근로자가 아닌 사람의 출입을 금지할 것
② 비, 눈, 그 밖의 기상상태의 불안정으로 날씨가 몹시 나쁜 경우에는 그 작업을 중지할 것
③ 재료, 기구 또는 공구 등을 올리거나 내리는 경우에는 근로자 간 서로 직접 전달하도록 하고, 달줄·달포대 등의 사용을 금할 것
④ 낙하·충격에 의한 돌발적 재해를 방지하기 위하여 버팀목을 설치하고 거푸집 동바리 등을 인양장비에 매단 후에 작업을 하도록 하는 등 필요한 조치를 할 것

해설 ▶ 재료, 기구 또는 공구 등을 올리거나 내리는 경우에는 근로자로 하여금 달줄·달포대 등을 사용하도록 할 것

**92** 철근의 가스절단 작업 시 안전상 유의해야 할 사항으로 옳지 않은 것은?

① 작업장에는 소화기를 비치하도록 한다.
② 호스, 전선 등은 다른 작업장을 거치는 곡선상의 배선이어야 한다.
③ 전선의 경우 피복이 손상되어 있는지를 확인하여야 한다.
④ 호스는 작업 중에 겹치거나 밟히지 않도록 한다.

해설 ▶ 다른 작업장을 거치지 않는 직선상의 배선이어야 한다.

**93** 터널 등의 건설작업을 하는 경우에 낙반 등에 의하여 근로자가 위험해질 우려가 있는 경우, 그 위험을 방지하기 위하여 취해야 할 조치와 거리가 먼 것은?

① 터널 지보공 설치    ② 록볼트 설치
③ 부석의 제거         ④ 산소의 측정

해설 ▶ 낙반 등에 의한 위험의 방지

「산업안전보건기준에 관한 규칙」 제351조
사업주는 터널 등의 건설작업을 하는 경우에 낙반 등에 의하여 근로자가 위험해질 우려가 있는 경우에 터널 지보공 및 록볼트의 설치, 부석(浮石)의 제거 등 위험을 방지하기 위하여 필요한 조치를 하여야 한다.

**94** 철골공사 중 트랩을 이용해 승강할 때 안전과 관련된 항목이 아닌 것은?

① 수평구명줄    ② 수직구명줄
③ 죔줄          ④ 추락방지대

해설 ▶ 철골공사 중 트랩을 이용해 승강할 때 안전과 관련된 항목으로는 수직구명줄, 죔줄, 추락방지대가 필요하다. 수평구명줄은 수평으로 이동할 때 사용하므로 승강설비가 아니다.

**95** 거푸집 및 동바리 설계 시 적용하는 연직방향하중에 해당되지 않는 것은?

① 콘크리트의 측압
② 철근콘크리트의 자중
③ 작업하중
④ 충격하중

해설 ▶ 연직방향 : 지구 중심에 대한 방향(중력)
콘크리트의 측압은 수평방향하중에 해당한다.

정답  91 ③  92 ②  93 ④  94 ①  95 ①

**96** 철골작업 시의 위험방지와 관련하여 철골작업을 중지하여야 하는 강설량의 기준은?

① 시간당 1[mm] 이상인 경우
② 시간당 3[mm] 이상인 경우
③ 시간당 1[cm] 이상인 경우
④ 시간당 3[cm] 이상인 경우

**해설 ▶ 철골작업을 중지해야 하는 경우**
- 풍속이 초당 10미터 이상인 경우
- 강우량이 시간당 1밀리미터 이상인 경우
- 강설량이 시간당 1센티미터 이상인 경우

**97** 굴착공사의 경우 유해·위험방지계획서 제출대상의 기준으로 옳은 것은?

① 깊이 5[m] 이상인 굴착공사
② 깊이 8[m] 이상인 굴착공사
③ 깊이 10[m] 이상인 굴착공사
④ 깊이 15[m] 이상인 굴착공사

**해설 ▶ 유해·위험방지계획서 제출대상 공사**
1. 지상높이가 31미터 이상인 건축물 또는 인공구조물
2. 연면적 3만 제곱미터 이상인 건축물
3. 연면적 5천 제곱미터 이상인 시설로서 다음의 어느 하나에 해당하는 시설
   - 문화 및 집회시설(전시장 및 동물원·식물원은 제외한다)
   - 판매시설, 운수시설(고속철도의 역사 및 집배송시설은 제외한다)
   - 종교시설
   - 의료시설 중 종합병원
   - 숙박시설 중 관광숙박시설
   - 지하도상가
   - 냉동·냉장 창고시설
4. 연면적 5천 제곱미터 이상인 냉동·냉장 창고시설의 설비공사 및 단열공사
5. 최대 지간(支間)길이(다리의 기둥과 기둥의 중심 사이의 거리)가 50미터 이상인 다리의 건설 등 공사
6. 터널의 건설 등 공사
7. 다목적댐, 발전용 댐, 저수용량 2천만 톤 이상의 용수 전용 댐 및 지방상수도 전용 댐의 건설 등 공사
8. 깊이 10미터 이상인 굴착공사

**98** 비계의 높이가 2[m] 이상인 작업장소에 설치되는 작업발판의 구조에 관한 기준으로 옳지 않은 것은?

① 작업발판의 폭은 40[cm] 이상으로 할 것
② 발판재료 간의 틈은 5[cm] 이하로 할 것
③ 작업발판 재료는 뒤집히거나 떨어지지 않도록 둘 이상의 지지물에 연결하거나 고정시킬 것
④ 작업발판을 작업에 따라 이동시킬 경우에는 위험 방지에 필요한 조치를 할 것

**해설 ▶ 작업발판의 구조**

「산업안전보건기준에 관한 규칙」 제56조
사업주는 비계(달비계, 달대비계 및 말비계는 제외한다)의 높이가 2[m] 이상인 작업장소에 다음 각 호의 기준에 맞는 작업발판을 설치하여야 한다.
1. 발판재료는 작업할 때의 하중을 견딜 수 있도록 견고한 것으로 할 것
2. 작업발판의 폭은 40[cm] 이상으로 하고, 발판재료 간의 틈은 3[cm] 이하로 할 것. 다만, 외줄비계의 경우에는 고용노동부장관이 별도로 정하는 기준에 따른다.
3. 제2호에도 불구하고 선박 및 보트 건조작업의 경우 선박블록 또는 엔진실 등의 좁은 작업공간에 작업발판을 설치하기 위하여 필요하면 작업발판의 폭을 30[cm] 이상으로 할 수 있고, 걸침비계의 경우 강관기둥 때문에 발판 재료 간의 틈을 3[cm] 이하로 유지하기 곤란하면 5[cm] 이하로 할 수 있다. 이 경우 그 틈 사이로 물체 등이 떨어질 우려가 있는 곳에는 출입금지 등의 조치를 하여야 한다.
4. 추락의 위험이 있는 장소에는 안전난간을 설치할 것. 다만, 작업의 성질상 안전난간을 설치하는 것이 곤란한 경우, 작업의 필요상 임시로 안전난간을 해체할 때에 추락방호망을 설치하거나 근로자로 하여금 안전대를 사용하도록 하는 등 추락위험 방지 조치를 한 경우에는 그러하지 아니하다.
5. 작업발판의 지지물은 하중에 의하여 파괴될 우려가 없는 것을 사용할 것
6. 작업발판재료는 뒤집히거나 떨어지지 않도록 둘 이상의 지지물에 연결하거나 고정시킬 것
7. 작업발판을 작업에 따라 이동시킬 경우에는 위험 방지에 필요한 조치를 할 것

**정답** 96 ③  97 ③  98 ②

**99** 고소작업대를 사용하는 경우 준수해야 할 사항으로 옳지 않은 것은?

① 안전한 작업을 위하여 적정수준의 조도를 유지할 것
② 전로(電路)에 근접하여 작업을 하는 경우에는 작업감시자를 배치하는 등 감전사고를 방지하기 위하여 필요한 조치를 할 것
③ 작업대의 붐대를 상승시킨 상태에서 탑승자는 작업대를 벗어나지 말 것
④ 전환스위치는 다른 물체를 이용하여 고정할 것

**해설 ▶ 고소작업대 사용 시 준수사항**

> 「산업안전보건기준에 관한 규칙」 제186조 제4항
> 1. 작업자가 안전모·안전대 등의 보호구를 착용하도록 할 것
> 2. 관계자가 아닌 사람이 작업구역에 들어오는 것을 방지하기 위하여 필요한 조치를 할 것
> 3. 안전한 작업을 위하여 적정수준의 조도를 유지할 것
> 4. 전로(電路)에 근접하여 작업을 하는 경우에는 작업감시자를 배치하는 등 감전사고를 방지하기 위하여 필요한 조치를 할 것
> 5. 작업대를 정기적으로 점검하고 붐·작업대 등 각 부위의 이상 유무를 확인할 것
> 6. 전환스위치는 다른 물체를 이용하여 고정하지 말 것
> 7. 작업대는 정격하중을 초과하여 물건을 싣거나 탑승하지 말 것
> 8. 작업대의 붐대를 상승시킨 상태에서 탑승자는 작업대를 벗어나지 말 것. 다만, 작업대에 안전대 부착설비를 설치하고 안전대를 연결하였을 때에는 그러하지 아니하다.

**100** 계단의 개방된 측면에 근로자의 추락 위험을 방지하기 위하여 안전난간을 설치하고자 할 때 그 설치기준으로 옳지 않은 것은?

① 안전난간은 상부 난간대, 중간 난간대, 발끝막이판 및 난간기둥으로 구성할 것
② 발끝막이판은 바닥면 등으로부터 10[cm] 이상의 높이를 유지할 것
③ 난간기둥은 상부 난간대와 중간 난간대를 견고하게 떠받칠 수 있도록 적정한 간격을 유지할 것
④ 난간대는 지름 3.8[cm] 이상의 금속제 파이프나 그 이상의 강도가 있는 재료일 것

**해설 ▶ 안전난간의 구조 및 설치요건**

> 「산업안전보건기준에 관한 규칙」 제13조
> 1. 상부 난간대, 중간 난간대, 발끝막이판 및 난간기둥으로 구성할 것. 다만, 중간 난간대, 발끝막이판 및 난간기둥은 이와 비슷한 구조와 성능을 가진 것으로 대체할 수 있다.
> 2. 상부 난간대는 바닥면·발판 또는 경사로의 표면(이하 '바닥면등'이라 한다)으로부터 90센티미터 이상 지점에 설치하고, 상부 난간대를 120센티미터 이하에 설치하는 경우에는 중간 난간대는 상부 난간대와 바닥면등의 중간에 설치하여야 하며, 120센티미터 이상 지점에 설치하는 경우에는 중간 난간대를 2단 이상으로 균등하게 설치하고 난간의 상하 간격은 60센티미터 이하가 되도록 할 것. 다만, 계단의 개방된 측면에 설치된 난간기둥 간의 간격이 25센티미터 이하인 경우에는 중간 난간대를 설치하지 아니할 수 있다.
> 3. 발끝막이판은 바닥면등으로부터 10센티미터 이상의 높이를 유지할 것. 다만, 물체가 떨어지거나 날아올 위험이 없거나 그 위험을 방지할 수 있는 망을 설치하는 등 필요한 예방 조치를 한 장소는 제외한다.
> 4. 난간기둥은 상부 난간대와 중간 난간대를 견고하게 떠받칠 수 있도록 적정한 간격을 유지할 것
> 5. 상부 난간대와 중간 난간대는 난간 길이 전체에 걸쳐 바닥면등과 평행을 유지할 것
> 6. 난간대는 지름 2.7센티미터 이상의 금속제 파이프나 그 이상의 강도가 있는 재료일 것
> 7. 안전난간은 구조적으로 가장 취약한 지점에서 가장 취약한 방향으로 작용하는 100킬로그램 이상의 하중에 견딜 수 있는 튼튼한 구조일 것

99 ④  100 ④

# 2020년 제1·2회 기출 복원문제

## 1과목 산업안전관리론

**01** 상시 근로자 수가 75명인 사업장에서 1일 8시간씩 연간 320일을 작업하는 동안에 4건의 재해가 발생하였다면 이 사업장의 도수율은 약 얼마인가?

① 17.68  ② 19.67
③ 20.83  ④ 22.83

**해설** 도수율 = $\dfrac{\text{재해건수}}{\text{연근로시간}} \times 10^6$

도수율 = $\dfrac{4}{(320일 \times 8시간 \times 75명)} \times 10^6 = 20.83$

**02** 보호구 안전인증 고시에 따른 안전화의 정의 중 ( ) 안에 알맞은 것은?

> 경작업용 안전화란 ( ㉠ )[mm]의 낙하높이에서 시험했을 때 충격과 ( ㉡ ±0.1)[kN]의 압축하중에서 시험했을 때 압박에 대하여 보호해 줄 수 있는 선심을 부착하여, 착용자를 보호하기 위한 안전화를 말한다.

① ㉠ 500, ㉡ 10.0
② ㉠ 250, ㉡ 10.0
③ ㉠ 500, ㉡ 4.4
④ ㉠ 250, ㉡ 4.4

**해설** '경작업용 안전화'란 250[mm]의 낙하높이에서 시험했을 때 충격과 (4.4±0.1)[kN]의 압축하중에서 시험했을 때 압박에 대하여 보호해 줄 수 있는 선심을 부착하여, 착용자를 보호하기 위한 안전화를 말한다.

**03** 산업안전보건법령상 안전보건표지의 종류와 형태 중 그림과 같은 경고 표지는? (단, 바탕은 무색, 기본모형은 빨간색, 그림은 검은색이다)

① 부식성 물질 경고
② 폭발성 물질 경고
③ 산화성 물질 경고
④ 인화성 물질 경고

**해설** 불 모양이 있으므로 인화성 물질에 대한 경고이다.

|  |  |  |
|---|---|---|
| 부식성 물질 경고 | 폭발성 물질 경고 | 산화성 물질 경고 |

**04** 일반적으로 사업장에서 안전관리조직을 구성할 때 고려할 사항과 가장 거리가 먼 것은?

① 조직 구성원의 책임과 권한을 명확하게 한다.
② 회사의 특성과 규모에 부합되게 조직되어야 한다.
③ 생산조직과는 동떨어진 독특한 조직이 되도록 하여 효율성을 높인다.
④ 조직의 기능이 충분히 발휘될 수 있는 제도적 체계가 갖추어져야 한다.

**해설** 생산조직과는 동떨어진 독특한 조직이 되도록 했을 때 효율성이 높아진다는 근거는 없다.

**정답** 01 ③  02 ④  03 ④  04 ③

## 05 주의의 특성으로 볼 수 없는 것은?

① 변동성  ② 선택성
③ 방향성  ④ 통합성

**해설** ▶ 주의의 특성
- 변동성 : 주의는 장시간 지속될 수 없다(언제나 일정한 수준을 지키지 못함).
- 선택성 : 주의는 한 곳에만 집중할 수 있다(여러 종류의 자극을 수용하지 못함, 소수의 특정한 것만 집중).
- 방향성 : 주의 집중하는 곳 주변의 주의는 떨어진다(시선의 초점에 맞으면 쉽게 인지, 시선에서 벗어나면 무시되기 쉽다).

## 06 테크니컬 스킬즈(technical skills)에 관한 설명으로 옳은 것은?

① 모럴(morale)을 앙양시키는 능력
② 인간을 사물에게 적응시키는 능력
③ 사물을 인간에게 유리하게 처리하는 능력
④ 인간과 인간의 의사소통을 원활히 처리하는 능력

**해설** ▶ 테크니컬 스킬즈
사물을 인간에게 유리하게 처리하며, 사물을 처리할 때 인간의 목적에 유익하게 하는 능력

## 07 산업재해 예방의 4원칙 중 "재해발생에는 반드시 원인이 있다."라는 원칙은?

① 대책 선정의 원칙  ② 원인 계기의 원칙
③ 손실 우연의 원칙  ④ 예방 가능의 원칙

**해설** ▶ 산업재해 예방 4원칙
- 손실 우연
- 원인 계기(연계)
- 예방 가능
- 대책 선정

## 08 심리검사의 특징 중 "검사의 관리를 위한 조건과 절차의 일관성과 통일성"을 의미하는 것은?

① 규준  ② 표준화
③ 객관성  ④ 신뢰성

**해설** ▶ 심리검사의 특징
- 표준화 : 검사절차의 일관성과 통일성의 표준화
- 객관성 : 채점자의 편견, 주관성 배제
- 규준 : 검사결과를 해석하기 위한 비교의 틀
- 신뢰성 : 검사응답의 일관성(반복성)
- 타당성 : 측정하고자 하는 것을 실제로 측정하는 것
- 실용성 : 이용방법 용이

## 09 조직이 리더에게 부여하는 권한으로 볼 수 없는 것은?

① 보상적 권한  ② 강압적 권한
③ 합법적 권한  ④ 위임된 권한

**해설** ▶ 리더십의 권한
- 보상적 권한(상부) : 위에서 정해진 보상을 리더가 줄 수 있음.
- 위임된 권한(하부) : 팔로워가 자신의 권한을 위임해 리더가 대표해 목소리를 냄.
- 전문성 권한(리더 자신이 부여) : 내가 맡은 부서의 업무를 파악함.
- 강압적 권한(상부) : 위에서 정해진 벌을 리더가 줄 수 있음.
- 합법적 권한(상부) : 조직이 지도자에게 부여하는 권한

## 10 기억의 과정 중 과거의 학습경험을 통해서 학습된 행동이 현재와 미래에 지속되는 것을 무엇이라 하는가?

① 기명(memorizing)  ② 파지(retention)
③ 재생(recall)  ④ 재인(recognition)

[해설] ① 기명 : 사물의 인상을 마음속에 간직하는 것
② 파지 : 간직한 인상이 보존되는 것
③ 재생 : 보존된 인상을 다시 머릿속으로 떠올리는 것
④ 재인 : 과거에 경험했던 것과 비슷한 상태가 되었을 때 떠오르는 것

[해설] ▶ 산업안전보건법령상 특별교육대상 작업별 교육작업 기준
- 전압기 75[V] 이상인 정전 및 활선작업
- 굴착면의 높이가 2[m] 이상이 되는 암석의 굴착작업
- 동력에 의하여 작동되는 프레스기계를 5대 이상 보유한 사업장에서 해당 기계로 하는 작업
- 1[t] 미만의 크레인 또는 호이스트를 5대 이상 보유한 사업장에서 해당 기계로 하는 작업

**11** 하인리히 재해발생 5단계 중 3단계에 해당하는 것은?

① 불안전한 행동 또는 불안전한 상태
② 사회적 환경 및 유전적 요소
③ 관리의 부재
④ 사고

[해설] ▶ 하인리히 재해발생 5단계
- 1단계 : 사회적 환경 및 유전적 요소(선천적 결함)
- 2단계 : 개인적인 결함(인간의 결함)
- 3단계 : 불안전한 행동 및 불안전한 상태(물리적, 기계적 위험)
- 4단계 : 사고(화재나 폭발, 유해물질 노출 발생)
- 5단계 : 재해(사고로 인한 인명, 재산 피해)

**13** 기계·기구 또는 설비의 신설, 변경 또는 고장 수리 등 부정기적인 점검을 말하며, 기술적 책임자가 시행하는 점검은?

① 정기점검   ② 수시점검
③ 특별점검   ④ 임시점검

[해설] ① 정기점검 : 일정기간마다 정기적으로 실시(법적 기준, 사내규정을 따름)
② 수시점검(일상점검) : 매일 작업 전, 중, 후에 실시
③ 특별점검 : 기계, 기구, 설비의 신설·변경 또는 고장 수리 시
④ 임시점검 : 기계, 기구, 설비 이상 발견 시 임시로 점검

**14** 재해의 원인분석법 중 사고의 유형, 기인물 등 분류 항목을 큰 순서대로 도표화하여 문제나 목표의 이해가 편리한 것은?

① 관리도(control chart)
② 파레토도(pareto diagram)
③ 클로즈분석(close analysis)
④ 특성요인도(cause-reason diagram)

[해설] ① 관리도 : 재해발생 건수 등의 추이를 파악하여, 목표관리를 행하는 데 필요한 월별 재해발생수를 그래프화하여 관리선을 설정 관리
② 파레토도 : 큰 순서대로 도표화
③ 클로즈분석 : 2개 이상의 문제 관계를 분석하는 데 사용
④ 특성요인도 : 특성(문제점)과 요인의 관계를 도표로 하여 세분화

**12** 산업안전보건법령상 특별교육대상 작업별 교육작업 기준으로 틀린 것은?

① 전압기 75[V] 이상인 정전 및 활선작업
② 굴착면의 높이가 2[m] 이상이 되는 암석의 굴착작업
③ 동력에 의하여 작동되는 프레스기계를 3대 이상 보유한 사업장에서 해당 기계로 하는 작업
④ 1[t] 미만의 크레인 또는 호이스트를 5대 이상 보유한 사업장에서 해당 기계로 하는 작업

[정답]  11 ①  12 ③  13 ③  14 ②

**15** 다음 중 매슬로우(Masolw)가 제창한 인간의 욕구 5단계 이론을 단계별로 옳게 나열한 것은?

① 생리적 욕구 → 안전욕구 → 사회적 욕구 → 존경의 욕구 → 자아실현의 욕구
② 안전욕구 → 생리적 욕구 → 사회적 욕구 → 존경의 욕구 → 자아실현의 욕구
③ 사회적 욕구 → 생리적 욕구 → 안전욕구 → 존경의 욕구 → 자아실현의 욕구
④ 사회적 욕구 → 안전욕구 → 생리적 욕구 → 존경의 욕구 → 자아실현의 욕구

**해설** ▶ 매슬로우(Masolw)의 인간의 욕구 5단계 이론

| 단계 | 이론 | 설명 |
|---|---|---|
| 5단계 | 자아실현의 욕구 | 잠재능력의 극대화, 성취의 욕구 |
| 4단계 | 인정받으려는 욕구 | 자존심, 성취감, 승진 등 자존의 욕구 |
| 3단계 | 사회적 욕구 | 소속감과 애정에 대한 욕구 |
| 2단계 | 안전의 욕구 | 자기존재에 대한 욕구, 보호받으려는 욕구 |
| 1단계 | 생리적 욕구 | 기본적 욕구로서 강도가 가장 높은 욕구 |

**16** 교육의 3요소 중 교육의 주체에 해당하는 것은?

① 강사
② 교재
③ 수강자
④ 교육방법

**해설** ▶ 교육의 3요소
- 주체 : 강사
- 매개체 : 교재
- 객체 : 수강자

**17** O.J.T(On the Job Training) 교육의 장점과 가장 거리가 먼 것은?

① 훈련에만 전념할 수 있다.
② 직장의 실정에 맞게 실제적 훈련이 가능하다.
③ 개개인의 업무능력에 적합하고 자세한 교육이 가능하다.
④ 교육을 통하여 상사와 부하 간의 의사소통과 신뢰감이 깊게 된다.

**해설** ▶ O.J.T 교육
현장이나 직장에서 직속 상사가 업무에 관련된 지식, 기능, 태도 등에 관하여 교육하는 실무훈련과정으로 개별교육에 적합한 교육 형태
- 직장의 현장 실정에 맞는 구체적이고 실질적인 교육이 가능하다.
- 교육의 효과가 업무에 신속하게 반영된다.
- 교육의 이해도가 빠르고 동기부여가 쉽다.
- 개인의 능력과 적성에 알맞은 맞춤교육이 가능하다.
- 교육으로 인해 업무가 중단되는 업무 손실이 적다.
- 교육경비의 절감 효과가 있다.
- 상사와의 의사소통 및 신뢰도 향상에 도움이 된다.

**18** 위험예지훈련 기초 4라운드(4R)에서 라운드별 내용이 바르게 연결된 것은?

① 1라운드 : 현상파악
② 2라운드 : 대책수립
③ 3라운드 : 목표설정
④ 4라운드 : 본질추구

**해설** ▶ 위험예지훈련 기초 4라운드(4R)
- 제1단계 : 현상파악 – 어떤 위험이 잠재되어 있는가
- 제2단계 : 본질추구 – 이것이 위험의 point다
- 제3단계 : 대책수립 – 당신이라면 어떻게 하는가
- 제4단계 : 목표설정 – 우리들은 이렇게 한다.

15 ①  16 ①  17 ①  18 ①

**19** 산업안전보건법령상 근로자 안전·보건 교육 중 채용 시의 교육 및 작업내용 변경 시의 교육사항으로 옳은 것은?

① 물질안전보건자료에 관한 사항
② 건강증진 및 질병 예방에 관한 사항
③ 유해·위험 작업환경 관리에 관한 사항
④ 표준안전작업방법 및 지도 요령에 관한 사항

**해설** ▶ 채용 시의 교육 및 작업내용 변경 시의 교육
- 산업안전 및 사고 예방에 관한 사항
- 산업보건 및 직업병 예방에 관한 사항
- 산업안전보건법령 및 산업재해보상보험 제도에 관한 사항
- 직무스트레스 예방 및 관리에 관한 사항
- 직장 내 괴롭힘, 고객의 폭언 등으로 인한 건강장해 예방 및 관리에 관한 사항
- 기계·기구의 위험성과 작업의 순서 및 동선에 관한 사항
- 작업 개시 전 점검에 관한 사항
- 정리정돈 및 청소에 관한 사항
- 사고 발생 시 긴급조치에 관한 사항
- 물질안전보건자료에 관한 사항

**20** 산업재해의 발생 유형으로 볼 수 없는 것은?

① 지그재그형
② 집중형
③ 연쇄형
④ 복합형

**해설** ▶ 산업재해의 발생 유형
- 단순자극형(집중형) : 순간적으로 재해가 발생하는 유형으로 재해발생 장소나 시점 등 일시적으로 요인이 집중되는 형태
- 연쇄형 : 원인들이 연쇄적 작용을 일으켜 결국 재해를 발생케 하는 형태
- 복합형 : 단순자극형과 연쇄형의 혼합형으로 대부분의 재해가 이 형태를 따른다.

## 2과목  인간공학 및 시스템안전공학

**21** 모든 시스템 안전 프로그램 중 최초 단계의 분석으로 시스템 내의 위험요소가 어떤 상태에 있는지를 정성적으로 평가하는 방법은?

① CA      ② FHA
③ PHA    ④ FMEA

**해설**
① CA(Criticality Analysis) : 높은 위험도를 가진 요소 또는 그 고장의 형태에 따른 분석방법
② FHA(Fault Hazards Analysis) : 전체 시스템을 구성하고 있는 시스템의 한 구성 요소의 분석에 사용되는 분석방법
③ PHA(Preliminary Hazard Analysis) : 모든 시스템 안전 프로그램의 최초 단계의 분석. 시스템 내의 위험요소가 얼마나 위험한 상태에 있는가를 정성적으로 평가하는 것
④ FMEA(Failure Modes and Effects Analysis) : 고장 형태와 영향 분석이라고도 하며, 이 분석기법은 각 요소의 고장 유형과 그 고장이 미치는 영향을 분석하는 방법으로 귀납적이면서 정성적으로 분석하는 방법

**22** 시스템의 성능 저하가 인원의 부상이나 시스템 전체에 중대한 손해를 입히지 않고 제어가 가능한 상태의 위험강도는?

① 범주 Ⅰ : 파국적      ② 범주 Ⅱ : 위기적
③ 범주 Ⅲ : 한계적      ④ 범주 Ⅳ : 무시

**해설** ▶ 위험성의 분류[재해심각도 분류(MIL-STD-882D)]

| 구분 | 분류 | 세부내용 |
|---|---|---|
| 범주 Ⅰ | 파국적<br>(대재앙) | 인원의 사망 또는 중상, 또는 완전한 시스템 손실 |
| 범주 Ⅱ | 위험<br>(심각한) | 인원의 상해 또는 중대한 시스템의 손상으로 인원이나 시스템 생존을 위해 즉시 시정 조치 필요 |
| 범주 Ⅲ | 한계적<br>(경미한) | 인원의 상해 또는 중대한 시스템의 손상 없이 배제 또는 제어 가능 |
| 범주 Ⅳ | 무시<br>(무시할 만한) | 인원의 손상이나 시스템의 손상은 초래하지 않는다. |

정답  19 ①  20 ①  21 ③  22 ③

**23** 결함수 분석법에서 일정 조합 안에 포함되는 기본 사상들이 동시에 발생할 때 반드시 목표사상을 발생시키는 조합을 무엇이라 하는가?

① Cut set
② Decision tree
③ Path set
④ 불대수

**해설** ① Cut set : 정상사상을 발생시키는 기본사상 집합, 기본사상 발생 시 정상사상 발생
② Decision tree : 의사결정나무, 시스템을 계획, 추진하기 위해 판단하여 결과를 도출시키기 위함
③ Path set : 기본사상이 발생하지 않을 때 정상사상이 일어나지 않는 집합(결함)
④ 불대수 : 구성된 결함수로부터 정상사상을 유발하는 사상들의 조합

**24** 통제표시비(C/D비)를 설계할 때의 고려할 사항으로 가장 거리가 먼 것은?

① 공차
② 운동성
③ 조작시간
④ 계기의 크기

**해설** ▶ 통제표시비(C/D비) 설계 시 고려사항
• 계기의 크기
• 공차[오차]
• 목측거리(육안)
• 조작시간
• 방향성

**25** 건구온도 38[℃], 습구온도 32[℃]일 때의 Oxford 지수는 몇 [℃]인가?

① 30.2
② 32.9
③ 35.3
④ 37.1

**해설** WD=0.85W+0.15D
습구온도(W), 건구온도(D)
WD=0.85×32+0.15×38=32.9[℃]

**26** 건강한 남성이 8시간 동안 특정 작업을 실시하고, 분당 산소소비량이 1.1[L/분]으로 나타났다면 8시간 총 작업시간에 포함될 휴식시간은 약 몇 분인가? (단, Murrell의 방법을 적용하며, 휴식 중 에너지소비율은 1.5[kcal/min]이다)

① 30분
② 54분
③ 60분
④ 75분

**해설** • 휴식시간 $R(분) = \dfrac{작업시간(E-5)}{E-1.5}$
• 평균 남성의 표준에너지소비량 : 5[kcal/min]
( 참고 ) 여성은 3.5)
• 산소 1분간 1[L] 소모 시 에너지소비량(E) : 5[kcal]
• 산소 1분간 1.1[L] 소모 시 에너지소비량(E)
 : 1.1[L]× 5[kcal]=5.5[kcal]
$R(분) = \dfrac{60 \times 8(5.5-5)}{5.5-1.5} = 60분$

**27** 점광원(point source)에서 표면에 비추는 조도(lux)의 크기를 나타내는 식으로 옳은 것은? (단, D는 광원으로부터의 거리를 말한다)

① $\dfrac{광도(fc)}{D^2(m^2)}$
② $\dfrac{광도(lm)}{D(m)}$
③ $\dfrac{광도(cd)}{D^2(m^2)}$
④ $\dfrac{광도(fL)}{D(m)}$

**해설** 조도 = $\dfrac{광도}{거리^2}$
거리=D, 광도=cd(칸델라)

정답 23 ① 24 ② 25 ② 26 ③ 27 ③

28 인간공학적 수공구의 설계에 관한 설명으로 옳은 것은?

① 수공구 사용 시 무게 균형이 유지되도록 설계한다.
② 손잡이 크기를 수공구 크기에 맞추어 설계한다.
③ 힘을 요하는 수공구의 손잡이는 직경을 60[mm] 이상으로 한다.
④ 정밀 작업용 수공구의 손잡이는 직경을 5[mm] 이하로 한다.

해설 ▶ 인간공학적 수공구의 설계
- 수공구 사용 시 작업자가 한 손으로 작동시킬 수 있어야 하고 반복되어 사용 시 1[kg]을 초과해서는 안 된다.
- 손잡이 크기의 경우, 아주 정밀을 요하는 작업(시계제조, 현미경 수술, 조각 등)을 제외하고는 수공구의 손잡이 부분을 손 전체를 이용하여 꽉 잡을 수 있는 구조로(power grip) 설계
- 수공구의 손잡이는 단면이 반드시 원형 또는 타원형의 형태를 가진, 지름 30~45[mm]의 크기가 적당
- 정밀작업을 위한 수공구의 손잡이는 대체로 5~12[mm] 사이의 지름이 적정이며, 회전력들이 필요한 대형의 스크루드라이버 같은 공구는 50~60[mm] 크기의 지름이 적합

29 인간-기계 시스템에서 기계와 비교한 인간의 장점으로 볼 수 없는 것은? (단, 인공지능과 관련된 사항은 제외한다)

① 완전히 새로운 해결책을 찾아낸다.
② 여러 개의 프로그램된 활동을 동시에 수행한다.
③ 다양한 경험을 토대로 하여 의사결정을 한다.
④ 상황에 따라 변화하는 복잡한 자극 형태를 식별한다.

해설

| 인간이 우수한 기능 | 기계가 우수한 기능 |
|---|---|
| 귀납적 추리 | 연역적 추리 |
| 과부하 상태에서 선택 | 과부하 상태에서도 효율적 |

- 기계의 장점 : 여러 개를 동시에 수행
- 인간의 단점 : 한 번에 하나만 작업 가능

30 인터페이스 설계 시 고려해야 하는 인간과 기계와의 조화성에 해당되지 않는 것은?

① 지적 조화성
② 신체적 조화성
③ 감성적 조화성
④ 심미적 조화성

해설 ▶ 인간-기계 조화성 3가지
- 신체적 조화성
- 지적 조화성
- 감성적 조화성

31 반복되는 사건이 많이 있는 경우, FTA의 최소 컷셋과 관련이 없는 것은?

① Fussel Algorithm
② Boolean Algorithm
③ Monte Carlo Algorithm
④ Limnios & Ziani Algorithm

해설 Monte Carlo Algorithm은 리스크 시뮬레이션으로, 반복되는 사건이 많은 경우 FTA의 최소 컷셋과 관련이 없다.

32 다음 중 설비보전관리에서 설비이력카드, MTBF 분석표, 고장원인대책표와 관련이 깊은 관리는?

① 보전기록관리
② 보전자재관리
③ 보전작업관리
④ 예방보전관리

해설 설비이력카드, MTBF분석표, 고장원인대책표와 관련이 깊은 관리는 보전기록관리이다.

정답  28 ①  29 ②  30 ④  31 ③  32 ①

**33** 공간 배치의 원칙에 해당되지 않는 것은?

① 중요성의 원칙   ② 다양성의 원칙
③ 사용빈도의 원칙   ④ 기능별 배치의 원칙

> 해설 ▶ 공간 배치의 원칙
> • 중요성의 원칙
> • 사용빈도의 원칙
> • 기능별 배치 원칙
> • 사용 순서의 원칙

**34** 화학공장(석유화학사업장 등)에서 가동문제를 파악하는 데 널리 사용되며, 위험요소를 예측하고, 새로운 공정에 대한 가동문제를 예측하는 데 사용되는 위험성 평가방법은?

① SHA   ② EVP
③ CCFA   ④ HAZOP

> 해설 HAZOP(Hazard & Operability Analysis, 공정 위험성 평가)는 주로 석유화학작업장에서 위험 및 운전성 검토 시 사용되는 평가방법이다.

**35** 다음은 1/100초 동안 발생한 3개의 음파를 나타낸 것이다. 음의 세기가 가장 큰 것과 가장 높은 음은 무엇인가?

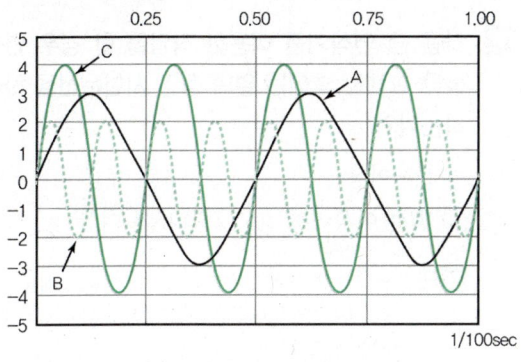

① 가장 큰 음의 세기 : A, 가장 높은 음 : B
② 가장 큰 음의 세기 : C, 가장 높은 음 : B
③ 가장 큰 음의 세기 : C, 가장 높은 음 : A
④ 가장 큰 음의 세기 : B, 가장 높은 음 : C

> 해설 • 음의 세기 : 진폭 높이가 가장 큰 것(C)
> • 높은 음 : 진폭이 좁은 것(B)

**36** 글자의 설계 요소 중 검은 바탕에 쓰여진 흰 글자가 번져 보이는 현상과 가장 관련 있는 것은?

① 획폭비   ② 글자체
③ 종이 크기   ④ 글자 두께

> 해설 검은 바탕에 쓰여진 흰 글자가 번져 보이는 현상을 광삼효과라고 한다. 광삼효과는 획폭비와 가장 관련이 있다.

**37** FTA에 사용되는 기호 중 다음 기호에 해당하는 것은?

① 생략사상
② 부정사상
③ 결함사상
④ 기본사상

> 해설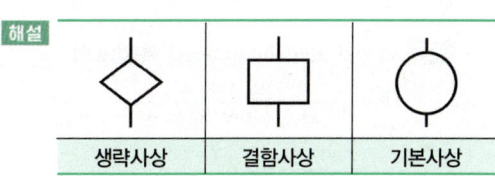

**38** 휴먼 에러(human error)의 분류 중 필요한 임무나 절차의 순서 착오로 인하여 발생하는 오류는?

① ommission error  ② sequential error
③ commission error  ④ extraneous error

해설 ▶ 휴먼 에러
- 생략오류(omission error) : 절차를 생략해 발생하는 오류
- 시간오류(time error) : 절차의 수행지연에 의한 오류
- 작위오류(commission error) : 절차의 불확실한 수행에 의한 오류
- 순서오류(sequential error) : 절차의 순서착오에 의한 오류
- 과잉행동오류(extraneous error) : 불필요한 작업/절차에 의한 오류

**39** 가청주파수 내에서 사람의 귀가 가장 민감하게 반응하는 주파수 대역은?

① 20~20,000[Hz]  ② 50~15,000[Hz]
③ 100~10,000[Hz]  ④ 500~3,000[Hz]

해설 인간의 귀로 들을 수 있는 가청주파수 범위는 20~20,000[Hz] 영역이며, 4,000[Hz] 내외에서 가장 민감하게 반응한다.

**40** 작업자가 100개의 부품을 육안 검사하여 20개의 불량품을 발견하였다. 실제 불량품이 40개라면 인간 에러(human error) 확률은 약 얼마인가?

① 0.2  ② 0.3
③ 0.4  ④ 0.5

해설 ▶ 인간 에러(human error) 확률(HEP)

$$HEP = \frac{인간의\ 실수\ 수}{전체\ 실수발생기회의\ 수}$$

$$= \frac{40-20}{100} = 0.2$$

## 3과목 기계위험방지기술

**41** 작업장 내 운반을 주목적으로 하는 구내운반차가 준수해야 할 사항으로 옳지 않은 것은?

① 주행을 제동하거나 정지상태를 유지하기 위하여 유효한 제동장치를 갖출 것
② 경음기를 갖출 것
③ 핸들의 중심에서 차체 바깥 측까지의 거리가 65[cm] 이내일 것
④ 운전자석이 차 실내에 있는 것은 좌우에 한 개씩 방향지시기를 갖출 것

해설 ▶ 제동장치 등

「산업안전보건기준에 관한 규칙」 제184조
사업주는 구내운반차(작업장 내 운반을 주목적으로 하는 차량으로 한정한다)를 사용하는 경우에 다음 각 호의 사항을 준수해야 한다. 〈개정 2021.11.19.〉
1. 주행을 제동하거나 정지상태를 유지하기 위하여 유효한 제동장치를 갖출 것
2. 경음기를 갖출 것
3. 운전석이 차 실내에 있는 것은 좌우에 한 개씩 방향지시기를 갖출 것
4. 전조등과 후미등을 갖출 것. 다만, 작업을 안전하게 하기 위하여 필요한 조명이 있는 장소에서 사용하는 구내운반차에 대해서는 그러하지 아니하다.

※ 지문 ③은 조문이 개정되어 현재는 삭제된 내용이다.

**42** 다음 중 연삭기를 이용한 작업을 할 경우 연삭숫돌을 교체한 후에는 얼마 동안 시험운전을 하여야 하는가?

① 1분 이상  ② 3분 이상
③ 10분 이상  ④ 15분 이상

해설 작업 시작하기 전 1분 이상, 연삭숫돌을 교체한 후 3분 이상 시운전(숫돌파열이 가장 많이 발생하는 경우는 스위치를 넣는 순간)

정답  38 ②  39 ④  40 ①  41 정답 없음  42 ②

**43** 프레스기가 작동 후 작업점까지의 도달시간이 0.2초 걸렸다면, 양수기동식 방호장치의 설치거리는 최소 얼마인가?

① 3.2[cm]   ② 32[cm]
③ 6.4[cm]   ④ 64[cm]

**해설** ▶ 양수기동식 방호장치의 안전거리
안전거리 D[cm]
= 160×프레스 작동 후 작업점까지 도달시간(초)
= 160×0.2초
= 32[cm]

**44** 대패기계용 덮개의 시험방법에서 날접촉 예방장치인 덮개와 송급 테이블 면과의 간격기준은 몇 [mm] 이하여야 하는가?

① 3   ② 5
③ 8   ④ 12

**해설** 덮개와 송급 테이블 면과의 간격기준은 8[mm]이다. 프레스의 노 핸드 인 다이 방식도 같은 8[mm]이다.

**45** 프레스 등의 금형을 부착·해체 또는 조정작업 중 슬라이드가 갑자기 작동하여 근로자에게 발생할 수 있는 위험을 방지하기 위하여 설치하는 것은?

① 방호 울
② 안전블록
③ 시건장치
④ 게이트 가드

**해설** 프레스 등의 금형을 부착·해체 또는 조정작업을 하는 때에는 신체의 일부가 위험한계 내에 들어갈 때에 슬라이드가 불시에 하강함으로써 발생하는 위험을 방지하기 위하여 안전블록을 사용하여야 한다.

**46** 산업안전보건법령상 프레스를 사용하여 작업을 할 때 작업 시작 전 점검항목에 해당하지 않는 것은?

① 전선 및 접속부 상태
② 클러치 및 브레이크의 기능
③ 프레스의 금형 및 고정볼트 상태
④ 1행정 1정지기구·급정지장치 및 비상정지장치의 기능

**해설** ▶ 프레스 작업 시작 전 점검항목
- 클러치 및 브레이크의 기능
- 크랭크축·플라이휠·슬라이드·연결봉 및 연결나사의 풀림 여부
- 1행정 1정지기구·급정지장치 및 비상정지장치의 기능
- 슬라이드 또는 칼날에 의한 위험방지기구의 기능
- 프레스의 금형 및 고정볼트 상태
- 방호장치의 기능
- 전단기(剪斷機)의 칼날 및 테이블의 상태

**47** 선반 작업의 안전사항으로 틀린 것은?

① 베드 위에 공구를 올려놓지 않아야 한다.
② 바이트를 교환할 때는 기계를 정지시키고 한다.
③ 바이트는 끝을 길게 장치한다.
④ 반드시 보안경을 착용한다.

**해설** ▶ 선반 작업의 안전사항
- 가공물을 착탈 시에는 반드시 스위치를 끄고 바이트를 충분히 연 다음 행한다.
- 캐리어(공구대)는 적당한 크기의 것을 선택하고 심압대는 스핀들을 지나치게 내놓지 않는다.
- 물건의 장착이 끝나면 척, 렌치류는 곧 벗겨놓는다.
- 무게가 편중된 가공물의 장착에는 균형추를 부착한다. 장착물은 방진구에 사용커버를 씌운다.
- 긴 재료가 돌출되었을 때에는 빨간 천 등을 부착하여 위험표시를 하거나 커버를 씌운다.
- 바이트 착탈은 기계를 정지시킨 다음에 한다.
- 방진구는 일감의 길이가 직경의 12[배] 이상일 때 사용한다.

43 ②   44 ③   45 ②   46 ①   47 ③

**48** 연삭기 숫돌의 파괴원인으로 볼 수 없는 것은?

① 숫돌의 회전속도가 너무 빠를 때
② 숫돌 자체에 균열이 있을 때
③ 숫돌의 정면을 사용할 때
④ 숫돌에 과대한 충격을 주게 되는 때

해설 ▶ 숫돌의 파괴원인
- 숫돌의 속도가 너무 빠를 때
- 숫돌에 균열이 있을 때
- 플랜지가 현저히 작을 때
- 숫돌의 치수(특히 구멍지름)가 부적당할 때
- 숫돌에 과대한 충격을 줄 때
- 작업에 부적당한 숫돌을 사용할 때
- 숫돌의 불균형이나 베어링의 마모에 의한 진동이 있을 때
- 숫돌의 측면을 사용할 때
- 반지름방향의 온도변화가 심할 때

**49** 기계설비의 방호를 위험장소에 대한 방호와 위험원에 대한 방호로 분류할 때, 위험원에 대한 방호장치에 해당하는 것은?

① 격리형 방호장치
② 포집형 방호장치
③ 접근거부형 방호장치
④ 위치제한형 방호장치

해설
- 위험원에 대한 방호장치 : 포집형
- 위험장소에 대한 방호장치 : 접근반응형, 접근거부형, 위치제한형, 격리형

**50** 산업용 로봇 작업 시 안전조치 방법으로 틀린 것은?

① 작업 중의 매니퓰레이터의 속도의 지침에 따라 작업한다.
② 로봇의 조작방법 및 순서의 지침에 따라 작업한다.
③ 작업을 하고 있는 동안 해당 작업 근로자 이외에도 로봇의 기동스위치를 조작할 수 있도록 한다.
④ 2명 이상의 근로자에게 작업을 시킬 때는 신호방법의 지침을 정하고 그 지침에 따라 작업한다.

해설 ▶ 교시 등

「산업안전보건기준에 관한 규칙」 제222조
1. 다음 각 목의 사항에 관한 지침을 정하고 그 지침에 따라 작업을 시킬 것
   가. 로봇의 조작방법 및 순서
   나. 작업 중의 매니퓰레이터의 속도
   다. 2명 이상의 근로자에게 작업을 시킬 경우의 신호방법
   라. 이상을 발견한 경우의 조치
   마. 이상을 발견하여 로봇의 운전을 정지시킨 후 이를 재가동시킬 경우의 조치
   바. 그 밖에 로봇의 예기치 못한 작동 또는 오조작에 의한 위험을 방지하기 위하여 필요한 조치
2. 작업에 종사하고 있는 근로자 또는 그 근로자를 감시하는 사람은 이상을 발견하면 즉시 로봇의 운전을 정지시키기 위한 조치를 할 것
3. 작업을 하고 있는 동안 로봇의 기동스위치 등에 작업 중이라는 표시를 하는 등 작업에 종사하고 있는 근로자가 아닌 사람이 그 스위치 등을 조작할 수 없도록 필요한 조치를 할 것

**51** 크레인 작업 시 조치사항 중 틀린 것은?

① 인양할 하물은 바닥에서 끌어당기거나 밀어내는 작업을 하지 아니할 것
② 유류 드럼이나 가스통 등의 위험물 용기는 보관함에 담아 안전하게 매달아 운반할 것
③ 고정된 물체는 직접 분리, 제거하는 작업을 할 것
④ 근로자의 출입을 통제하여 하물이 작업자의 머리 위로 통과하지 않게 할 것

정답  48 ③  49 ②  50 ③  51 ③

**해설 ▶ 크레인 작업 시의 조치**

> 「산업안전보건기준에 관한 규칙」 제146조 제1항
> 1. 인양할 하물(荷物)을 바닥에서 끌어당기거나 밀어내는 작업을 하지 아니할 것
> 2. 유류 드럼이나 가스통 등 운반 도중에 떨어져 폭발하거나 누출될 가능성이 있는 위험물 용기는 보관함(또는 보관고)에 담아 안전하게 매달아 운반할 것
> 3. 고정된 물체를 직접 분리·제거하는 작업을 하지 아니할 것
> 4. 미리 근로자의 출입을 통제하여 인양 중인 하물이 작업자의 머리 위로 통과하지 않도록 할 것
> 5. 인양할 하물이 보이지 아니하는 경우에는 어떠한 동작도 하지 아니할 것(신호하는 사람에 의하여 작업을 하는 경우는 제외한다)

**52** 산업안전보건법령상 양중기에 사용하지 않아야 하는 달기체인의 기준으로 틀린 것은?

① 심하게 변형된 것
② 균열이 있는 것
③ 달기체인의 길이가 달기체인이 제조된 때의 길이 3[%]를 초과한 것
④ 링의 단면지름이 달기 체인이 제조된 때의 해당 링의 지름의 10[%]를 초과하여 감소한 것

**해설 ▶ 달기체인의 사용금지**

> 「산업안전보건기준에 관한 규칙」 제63조 제1항 제2호
> 가. 달기체인의 길이가 달기체인이 제조된 때의 길이의 5퍼센트를 초과한 것
> 나. 링의 단면지름이 달기체인이 제조된 때의 해당 링의 지름의 10퍼센트를 초과하여 감소한 것
> 다. 균열이 있거나 심하게 변형된 것

**53** 롤러기에 사용되는 급정지장치의 종류가 아닌 것은?

① 손조작식　　② 발조작식
③ 무릎조작식　④ 복부조작식

**해설 ▶ 롤러기 급정지장치 종류**
- 손조작식 : 1.8[m] 이하
- 무릎조작식 : 0.4[m] 이상 0.6[m] 이하
- 복부조작식 : 0.8[m] 이상 1.1[m] 이하

**54** 드릴 작업의 안전조치 사항으로 틀린 것은?

① 칩은 와이어 브러시로 제거한다.
② 드릴 작업에서는 보안경을 쓰거나 안전덮개를 설치한다.
③ 칩에 의한 자상을 방지하기 위해 면장갑을 착용한다.
④ 바이스 등을 사용하여 작업 중 공작물의 유동을 방지한다.

**해설 ▶ 드릴 작업 시 안전조치**
- 상의의 옷자락은 안으로 넣는다. 소매 자락을 묶을 때는 끈을 사용하지 않는다.
- 칩을 떨어낼 경우에는 브러시로 하며 맨손 또는 면장갑을 착용한 채로 털지 않는다. 특히 스핀들 내면 청소 시 기계를 세우고 브러시, 천을 씌운 막대를 사용한다.
- 칩 비산 시에는 보안경을 쓰고 방호판을 설치하여 사용한다.
- 회전 중에 가공품을 직접 만지지 않는다.
- 가공물의 설치는 반드시 스위치를 차단하여 운전정지 후 바이트를 충분히 뗀 다음에 한다.
- 선반 돌리개는 적당한 크기를 선택하고 심압대 스핀들이 지나치게 나오지 않도록 한다.
- 공작물의 설치가 끝나면 척, 렌치류는 곧 떼어 놓는다.
- 편심된 가공물의 설치 시에는 균형추를 부착시킨다.

**55** 개구부에서 회전하는 롤러의 위험점까지 최단거리가 60[mm]일 때 개구부 간격은?

① 10[mm]　② 12[mm]
③ 13[mm]　④ 15[mm]

52 ③　53 ②　54 ③　55 ④

해설  Y=가드의 개구부 간격(6+0.15X)
　　　X=가드와 위험점 간의 거리
　　　Y=6+0.15X=6+0.15×60=15[mm]

**56** 연삭숫돌과 작업받침대, 교반기의 날개, 하우스 등 기계의 회전 운동하는 부분과 고정 부분 사이에 위험이 형성되는 위험점은?

① 물림점　　② 끼임점
③ 절단점　　④ 접선물림점

해설  ① 물림점(Nip-point) : 회전하는 두 개의 회전체에는 물려 들어가는 위험성이 존재한다. 이때 위험점이 발생되는 조건은 회전체가 서로 반대 방향으로 맞물려 회전되어야 한다(예 롤러와 롤러의 물림, 기어와 기어의 물림 등).
② 끼임점(Shear-point) : 고정 부분과 회전하는 동작 부분이 함께 만드는 위험점(예 연삭숫돌과 덮개, 교반기의 날개와 하우징, 프레임에서 암의 요동운동을 하는 기계 부분 등)
③ 절단점(Cutting-point) : 고정 부분과 운동 부분이 만드는 위험점이 아니고 회전하는 운동부 자체의 위험이나 운동하는 기계 부분 자체의 위험에서 초래되는 위험점이다(예 밀링의 커터, 띠톱이나 둥근톱의 톱날, 벨트의 이음 부분 등).
④ 접선물림점(Tangential Nip-point) : 회전하는 부분의 접선 방향으로 물려들어갈 위험이 존재하는 점이다 (예 벨트와 풀리, 체인과 스프로킷, 랙과 피니언 등).

**57** 보일러의 연도(굴뚝)에서 버려지는 여열을 이용하여 보일러에 공급되는 급수를 예열하는 부속장치는?

① 과열기　　② 절탄기
③ 공기예열기　　④ 연소장치

해설  절탄기는 보일러 전열면을 가열하고 나온 연도 가스에 의하여 보일러 급수를 가열하는 장치로 열 이용률의 증가로 인한 연료소비량은 감소한다.

**58** 다음 중 컨베이어의 안전장치가 아닌 것은?

① 이탈 및 역주행방지장치
② 비상정지장치
③ 덮개 또는 울
④ 비상난간

해설  비상난간이 아닌 건널다리가 안전장치이다.

**59** 밀링 머신의 작업 시 안전수칙에 대한 설명으로 틀린 것은?

① 커터의 교환 시는 테이블 위에 목재를 받쳐 놓는다.
② 강력 절삭 시에는 일감을 바이스에 깊게 물린다.
③ 작업 중 면장갑은 착용하지 않는다.
④ 커터는 가능한 컬럼(column)으로부터 멀리 설치한다.

해설 ▶ **밀링 머신 작업 시 안전수칙**
- 공작물 설치 시 절삭공구의 회전을 정지시킨다.
- 테이블의 좌우로 이동하는 기계의 양단에는 재료나 가공품을 쌓아놓지 않는다.
- 절삭공구에 절삭유를 주유 시에는 커터 위부터 주유한다.
- 방호가드를 설치하고, 올바른 설치상태를 확인한다.
- 절삭공구 교환 시에는 너트를 확실히 체결하고, 1분간 공회전시켜 커터의 이상 유무를 점검한다.
- 모든 방호장치는 제자리에 위치하도록 한다.
- 연마작업 및 재료조각 등을 지지하기 위해서 알맞은 위치에 단단히 조이도록 한다.
- 절삭작업테이블 정지장치 안전성을 확보한다.
- 모든 이송(移送)장치의 손잡이는 중립에 둔다.
- 축과 축 지지대는 정확히 설치한다.
- 작업테이블에 나사나 자석으로 가공물을 고정하고 적절한 수공구로 조정한다.
- 가공 중에는 얼굴을 기계 가까이 대지 않도록 하고, 보안경을 착용한다.
- 절삭공구 설치 시 시동레버와 접촉하지 않도록 한다.
- 상하 이송용 핸들은 사용 후 반드시 벗겨놓는다.
- 밀링 커터에 작업복의 소매나 작업모가 말려 들어가지 않도록 단정히 한다.
- 커터를 교환할 때는 반드시 테이블 위에 목재를 받쳐 놓고 한다.
- 강력절삭을 할 때는 일감을 바이스에 깊게 물린다.
- 절삭 중에는 테이블에 손등을 올려놓지 않는다.
- 면장갑을 끼지 않는다.

정답  56 ②　57 ②　58 ④　59 ④

**60** 선반의 크기를 표시하는 것으로 틀린 것은?

① 양쪽 센터 사이의 최대 거리
② 왕복대 위의 스윙
③ 베드 위의 스윙
④ 주축에 물릴 수 있는 공작물의 최대 지름

> **해설** ▶ 선반 크기 표시
> • 양쪽 센터 사이의 최대거리
> • 왕복대 위의 스윙
> • 베드 위의 스윙
> • 베드 길이

## 4과목 전기 및 화학설비위험방지기술

**61** 최대안전틈새(MESG)의 특성을 적용한 방폭구조는?

① 내압 방폭구조   ② 유입 방폭구조
③ 안전증 방폭구조   ④ 압력 방폭구조

> **해설** ① 내압 방폭구조 : 전폐용기에 넣고 용기가 폭발 압력을 버티는 방식
> ② 유입 방폭구조 : 내부에 보호액을 채워 발화원 발생을 방지하는 방식
> ③ 안전증 방폭구조 : 전자기기로부터 발생할 수 있는 과열이나 스파크 등의 발화원 발생가능성을 없애기 위해 부품의 안정성을 높인 방식
> ④ 압력 방폭구조 : 내부에 불활성 가스를 넣어서 발화원 발생을 방지하는 방식

**62** 내전압용 절연장갑의 등급에 따른 최대 사용전압이 올바르게 연결된 것은?

① 00등급 : 직류 750[V]
② 00등급 : 교류 650[V]
③ 0등급 : 직류 1,000[V]
④ 0등급 : 교류 800[V]

> **해설** ▶ 내전압용 절연장갑의 등급
>
> | 등급 | 최대사용전압 | | 색상 |
> |---|---|---|---|
> | | 교류[V], 실효값 | 직류[V] | |
> | 00등급 | 500 | 750 | 갈색 |
> | 0등급 | 1,000 | 1,500 | 빨간색 |
> | 1등급 | 7,500 | 11,250 | 흰색 |
> | 2등급 | 17,000 | 25,500 | 노란색 |
> | 3등급 | 26,500 | 39,750 | 녹색 |
> | 4등급 | 36,000 | 54,000 | 등색 |

**63** 선간전압이 6.6[kV]인 충전전로 인근에서 유자격자가 작업하는 경우, 충전전로에 대한 최소 접근한계거리[cm]는? (단, 충전부에 절연 조치가 되어있지 않고, 작업자는 절연장갑을 착용하지 않았다)

① 20   ② 30
③ 50   ④ 60

> **해설** ▶ 충전전로의 최소 접근한계거리[cm]
> • 0.3 이하 : 접촉금지
> • 0.3 초과 0.75 이하 : 30
> • 0.75 초과 2 이하 : 45
> • 2 초과 15 이하 : 60
> • 15 초과 37 이하 : 90
> • 37 초과 88 이하 : 110
> • 88 초과 121 이하 : 130
> • 121 초과 145 이하 : 150
> • 145 초과 169 이하 : 170
> • 169 초과 242 이하 : 230

**64** 어떤 도체에 20초 동안에 100[C]의 전하량이 이동하면 이때 흐르는 전류[A]는?

① 200   ② 50
③ 10   ④ 5

> **해설** $I = \dfrac{Q}{t}$ (Q : 전하량[C], t : 시간, I : 전류)
>
> $\dfrac{100}{20} = 5$

정답  60 ④  61 ①  62 ①  63 ④  64 ④

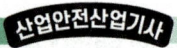

**65** 피뢰기가 반드시 가져야 할 성능 중 틀린 것은?

① 방전개시 전압이 높을 것
② 뇌전류 방전능력이 클 것
③ 속류 차단을 확실하게 할 수 있을 것
④ 반복동작이 가능할 것

해설 ▶ 피뢰기 성능
• 충격방전개시 전압이 낮을 것
• 제한전압이 낮을 것
• 반복동작이 가능할 것
• 구조가 견고하고 특성이 변화하지 않은 것
• 점검, 보수가 간단할 것
• 뇌전류에 대한 방전능력이 클 것
• 속류의 차단이 확실할 것

**66** 가스 또는 분진폭발 위험장소에는 변전실·배전반실·제어실 등을 설치하여서는 아니 된다. 다만, 실내기압이 항상 양압을 유지하도록 하고, 별도의 조치를 한 경우에는 그러하지 않는데, 이때 요구되는 조치사항으로 틀린 것은?

① 양압을 유지하기 위한 환기설비의 고장 등으로 양압이 유지되지 아니한 때 경보를 할 수 있는 조치를 한 경우
② 환기설비가 정지된 후 재가동하는 경우 변전실 등에 가스 등이 있는지를 확인할 수 있는 가스검지기 등의 장비를 비치한 경우
③ 환기설비에 의하여 변전실 등에 공급되는 공기는 가스폭발 위험장소 또는 분진폭발 위험장소가 아닌 곳으로부터 공급되도록 하는 조치를 한 경우
④ 실내기압이 항상 양압 10[Pa] 이상이 되도록 장치를 한 경우

해설 양압은 25[Pa] 이상의 압력이 주어져야 한다.

**67** 절연체에 발생한 정전기는 일정 장소에 축적되었다가 점차 소멸되는데 처음 값의 몇 [%]로 감소되는 시간을 그 물체의 "시정수" 또는 "완화시간"이라고 하는가?

① 25.8
② 36.8
③ 45.8
④ 67.8

해설 절연체에 발생한 정전기는 일정 장소에 축적되었다가 점차 소멸되는데, 처음 값의 36.8[%]로 감소되는 시간을 그 물체에 대한 시정수 또는 완화시간이라고 한다.

**68** 누전차단기의 선정 및 설치에 대한 설명으로 틀린 것은?

① 차단기를 설치한 전로에 과부하보호장치를 설치하는 경우는 서로 협조가 잘 이루어지도록 한다.
② 정격부동작전류와 정격감도전류와의 차는 가능한 큰 차단기로 선정한다.
③ 감전방지 목적으로 시설하는 누전차단기는 고감도고속형을 선정한다.
④ 전로의 대지정전용량이 크면 차단기가 오동작하는 경우가 있으므로 각 분기회로마다 차단기를 설치한다.

해설 정격부동작전류와 정격감도전류와의 차는 가능한 '작은' 차단기로 선정한다.
▶ 누전차단기의 종류
• 저압용 전로누전차단기 : 전류동작형
• 감전방지용 누전차단기 : 고감도고속형
• 인입구에 시설하는 누전차단기 : 충격파 부동작형

정답    65 ①    66 ④    67 ②    68 ②

**69** 정전기 발생량과 관련된 내용으로 옳지 않은 것은?

① 분리속도가 빠를수록 정전기 발생량이 많아진다.
② 두 물질 간의 대전서열이 가까울수록 정전기 발생량이 많아진다.
③ 접촉면적이 넓을수록, 접촉압력이 증가할수록 정전기 발생량이 많아진다.
④ 물질의 표면이 수분이나 기름 등에 오염되어 있으면 정전기 발생량이 많아진다.

**해설** 대전서열은 멀수록 정전기 발생량이 많아진다.

**70** 전기설비 등에는 누전에 의한 감전의 위험을 방지하기 위하여 전기기계·기구에 접지를 실시하도록 하고 있다. 전기기계·기구의 접지에 대한 설명 중 틀린 것은?

① 특별고압의 전기를 취급하는 변전소·개폐소 그 밖에 이와 유사한 장소에서는 지락(地絡)사고가 발생할 경우 접지극의 전위상승에 의한 감전위험을 감소시키기 위한 조치를 하여야 한다.
② 코드 및 플러그를 접속하여 사용하는 전압이 대지전압 110[V]를 넘는 전기기계·기구가 노출된 비충전 금속체에는 접지를 반드시 실시하여야 한다.
③ 접지설비에 대하여는 상시 적정상태 유지 여부를 점검하고, 이상을 발견한 때에는 즉시 보수하거나 재설치하여야 한다.
④ 전기기계·기구의 금속제 외함·금속제 외피 및 철대에는 접지를 실시하여야 한다.

**해설**
- 대지전압이 150[V]를 초과하는 이동형 또는 휴대형 전기기계·기구
- 물 등 도전성이 높은 액체가 있는 습윤장소에서 사용하는 저압(1.5천[V] 이하 직류전압이나 1천[V] 이하의 교류전압을 말한다)용 전기기계·기구
- 철판·철골 위 등 도전성이 높은 장소에서 사용하는 이동형 또는 휴대형 전기기계·기구
- 임시배선의 전로가 설치되는 장소에서 사용하는 이동형 또는 휴대형 전기기계·기구

**71** 다음 가스 중 공기 중에서 폭발범위가 넓은 순서로 옳은 것은?

① 아세틸렌 > 프로판 > 수소 > 일산화탄소
② 수소 > 아세틸렌 > 프로판 > 일산화탄소
③ 아세틸렌 > 수소 > 일산화탄소 > 프로판
④ 수소 > 프로판 > 일산화탄소 > 아세틸렌

**해설**
- 아세틸렌의 폭발범위 : 2.5~81
- 수소의 폭발범위 : 4~75
- 일산화탄소의 폭발범위 : 12.5~74.2
- 프로판의 폭발범위 : 2.1~9.5
아세틸렌 > 수소 > 일산화탄소 > 프로판 순

**72** 「산업안전보건법」상 물질안전보건자료 작성 시 포함되어야 하는 항목이 아닌 것은? (단, 참고사항은 제외한다)

① 화학제품과 회사에 관한 정보
② 제조일자 및 유효기간
③ 운송에 필요한 정보
④ 환경에 미치는 영향

69 ②   70 ②   71 ③   72 ②

해설 ▶ 화학물질의 분류·표시 및 물질안전보건자료에 관한 기준
- 화학제품과 회사에 관한 정보
- 유해성·위험성
- 구성성분의 명칭 및 함유량
- 응급조치요령
- 폭발·화재 시 대처방법
- 누출사고 시 대처방법
- 취급 및 저장방법
- 노출방지 및 개인보호구
- 물리화학적 특성
- 안정성 및 반응성
- 독성에 관한 정보
- 환경에 미치는 영향
- 폐기 시 주의사항
- 운송에 필요한 정보
- 법적 규제 현황
- 그 밖의 참고사항

**73** 물반응성 물질에 해당하는 것은?

① 니트로화합물  ② 칼륨
③ 염소산나트륨  ④ 부탄

해설 물반응성 물질은 물과 반응하여 인화성 가스를 방출하는 것으로 아연, 황트리산화물, 칼륨, 마그네슘, 칼슘, 염화디에틸알루미늄, 삼염화 인, 나트륨, 바륨 등이 있다.
칼륨+물=수소 발생

**74** 위험물을 건조하는 경우 내용적이 몇 [m³] 이상인 건조설비일 때 위험물 건조설비 중 건조실을 설치하는 건축물의 구조를 독립된 단층으로 해야 하는가? (단, 건축물은 내화구조가 아니며, 건조실을 건축물의 최상층에 설치한 경우가 아니다)

① 0.1  ② 1
③ 10  ④ 100

해설 ▶ 건조실을 독립된 단층 건물로 해야 하는 경우

「산업안전보건기준에 관한 규칙」 제280조
1. 위험물 또는 위험물이 발생하는 물질을 가열·건조하는 경우 내용적이 1[m³] 이상인 건조설비
2. 위험물이 아닌 물질을 가열·건조하는 경우로서 다음 각 목의 어느 하나의 용량에 해당하는 건조설비
   가. 고체 또는 액체연료의 최대사용량이 시간당 10[kg] 이상
   나. 기체연료의 최대사용량이 시간당 1[m³] 이상
   다. 전기사용 정격용량이 10[kW] 이상

**75** 다음 중 반응기의 운전을 중지할 때 필요한 주의사항으로 가장 적절하지 않은 것은?

① 급격한 유량 변화를 피한다.
② 가연성 물질이 새거나 흘러나올 때의 대책을 사전에 세운다.
③ 급격한 압력 변화 또는 온도 변화를 피한다.
④ 80~90[℃]의 염산으로 세정을 하면서 수소가스로 잔류가스를 제거한 후 잔류물을 처리한다.

해설 반응기는 반응을 자유롭게 제어할 수 있는 것으로, 잔류가스는 수소가스와 반응하여 폭발할 수 있다.

**76** 어떤 물질 내에서 반응전파속도가 음속보다 빠르게 진행되며, 이로 인해 발생된 충격파가 반응을 일으키고 유지하는 발열반응을 무엇이라 하는가?

① 점화(Ignition)
② 폭연(Deflagration)
③ 폭발(Explosion)
④ 폭굉(Detonation)

해설 급격한 폭발로 반응전파속도가 음속보다 빠르게 진행된다는 것은 폭굉(Detonation)에 대한 설명이다.

정답  73 ②  74 ②  75 ④  76 ④

**77** A가스의 폭발하한계가 4.1[vol%], 폭발상한계가 62[vol%]일 때 이 가스의 위험도는 약 얼마인가?

① 8.94　　② 12.75
③ 14.12　　④ 16.12

해설 위험도(H) = $\dfrac{U_2 - U_1}{U_1}$

($U_1$ : 폭발하한계, $U_2$ : 폭발상한계)

위험도(H) = $\dfrac{62 - 4.1}{4.1}$ = 14.121

**78** 사업장에서 유해·위험물질의 일반적인 보관방법으로 적합하지 않은 것은?

① 질소와 격리하여 저장
② 서늘한 장소에 저장
③ 부식성이 없는 용기에 저장
④ 차광막이 있는 곳에 저장

해설 질소와 격리하는 것이 아니라, 산소와 격리하여 저장한다.

**79** 다음 중 분진폭발의 가능성이 가장 낮은 물질은?

① 소맥분
② 마그네슘분
③ 질석가루
④ 석탄가루

해설 질석가루는 토양을 혼합하여 퇴비 등으로 이용되기도 하는 특징을 가지고 있고 폭발가능성이 없다. 팽창질석(팽창진주암)은 소화설비로 이용되기도 한다.

**80** 「산업안전보건기준에 관한 규칙」에서 규정하는 급성 독성물질의 기준으로 틀린 것은?

① 쥐에 대한 경구투입실험에 의하여 실험동물의 50[%]를 사망시킬 수 있는 물질의 양이 [kg]당 300[mg]-(체중) 이하인 화학물질
② 쥐에 대한 경피흡수실험에 의하여 실험동물의 50[%]를 사망시킬 수 있는 물질의 양이 [kg]당 1,000[mg]-(체중) 이하인 화학물질
③ 토끼에 대한 경피흡수실험에 의하여 실험동물의 50[%]를 사망시킬 수 있는 물질의 양이 [kg]당 1,000[mg]-(체중) 이하인 화학물질
④ 쥐에 대한 4시간 동안의 흡입실험에 의하여 실험동물의 50[%]를 사망시킬 수 있는 가스의 농도가 3,000[ppm] 이상인 화학물질

해설 ① 쥐에 대한 경구투입실험에 의하여 실험동물의 50[%]를 사망시킬 수 있는 물질의 양, 즉 $LD_{50}$(경구, 쥐)이 [kg]당(체중) 300[mg] 이하인 화학물질
②, ③ 쥐 또는 토끼에 대한 경피흡수실험에 의하여 실험동물의 50[%]를 사망시킬 수 있는 물질의 양, 즉 $LD_{50}$(경피, 토끼 또는 쥐)이 [kg]당(체중) 1,000[mg] 이하인 화학물질
④ 쥐에 대한 4시간의 흡입실험에 의하여 실험동물의 50[%]를 사망시킬 수 있는 물질의 농도, 즉 $LC_{50}$(쥐, 4시간 흡입)이 2,500[ppm] 이하인 화학물질

### 5과목　건설안전기술

**81** 건설현장에서 계단을 설치하는 경우 계단의 높이가 최소 몇 [m] 이상일 때 계단의 개방된 측면에 안전난간을 설치하여야 하는가?

① 0.8[m]　　② 1.0[m]
③ 1.2[m]　　④ 1.5[m]

해설 높이 1[m] 이상인 계단의 개방된 측면에 안전난간을 설치하여야 한다.

정답　77 ③　78 ①　79 ③　80 ④　81 ②

**82** 산업안전보건관리비 중 안전시설비의 항목에서 사용할 수 있는 항목에 해당하는 것은?

① 외부인 출입금지, 공사장 경계표시를 위한 가설 울타리
② 작업발판
③ 절토부 및 성토부 등의 토사유실 방지를 위한 설비
④ 사다리 전도방지장치

**해설** ◉ 안전시설비
비계·통로·계단에 추가 설치하는 추락방지용 안전난간, 사다리 전도방지장치, 틀비계에 별도로 설치하는 안전난간·사다리, 통로의 낙하물방호선반 등은 사용 가능함

**83** 포화도 80[%], 함수비 28[%], 흙 입자의 비중 2.7일 때 공극비를 구하면?

① 0.940
② 0.945
③ 0.950
④ 0.955

**해설** 공극비 = $\dfrac{\text{함수비} \times \text{비중}}{\text{포화도}}$

공극비 = $\dfrac{28 \times 2.7}{80}$ = 0.945

**84** 다음 터널 공법 중 전단면 기계 굴착에 의한 공법에 속하는 것은?

① ASSM(American Steel Supported Method)
② NATM(New Austrian Tunneling Method)
③ TBM(Tunnel Boring Machine)
④ 개착식 공법

**해설** ① ASSM : 주변 지반의 하중을 철재 아치지보와 콘크리트 라이닝을 활용하여 지지하는 재래식 공법
② NATM : 기존의 지보재 대신 록볼트, 숏크리트, 와이어 메쉬 등의 지보재를 사용하여 암반 자체의 강도를 이용하여 이완을 방지시켜 삼축응력 상태를 유지하도록 하는 개념
③ TBM(전단면 굴착 공법) : 터널의 전단면을 동시에 굴착하는 방법
  • 지질이 대단히 양호하고 토압이 거의 작용하지 않을 때 사용
  • 작업공간이 넓고 대형기계를 사용하여 고속 굴진 가능
  • 시공 중 지질이 불량하면 다른 방법으로 변경이 곤란하고, 단면이 큰 경우에는 강제 동바리공을 사용하므로 공사비 증대
④ 개착식 공법 : 지표면에서 일정한 위치까지 파내려간 후 구조물을 축조하고 다시 메운 후, 지표면을 원상태로 복구시키는 공법

**85** 크레인 운전실을 통하는 통로의 끝과 건설물 등의 벽체와의 간격은 최대 얼마 이하로 하여야 하는가?

① 0.3[m]
② 0.4[m]
③ 0.5[m]
④ 0.6[m]

**해설** ◉ 건설물 등의 벽체와 통로의 간격 등

「산업안전보건기준에 관한 규칙」 제145조
사업주는 다음 각 호의 간격을 0.3미터 이하로 하여야 한다.
1. 크레인의 운전실 또는 운전대를 통하는 통로의 끝과 건설물 등의 벽체의 간격
2. 크레인 거더의 통로 끝과 크레인 거더의 간격
3. 크레인 거더의 통로로 통하는 통로의 끝과 건설물 등의 벽체의 간격
* 주행 크레인 또는 선회 크레인과 건설물, 설비와의 간격은 0.6[m] 이상

정답  82 ④  83 ②  84 ③  85 ①

**86** 부두 등의 하역 작업장에서 부두 또는 안벽의 선을 따라 설치하는 통로의 최소폭 기준은?

① 30[cm] 이상
② 50[cm] 이상
③ 70[cm] 이상
④ 90[cm] 이상

> **해설** 부두 또는 안벽의 선을 따라 설치하는 통로의 폭은 90[cm] 이상으로 한다(산업안전보건기준에 관한 규칙 제390조 제2호).

**87** 옹벽 축조를 위한 굴착작업에 관한 설명으로 옳지 않은 것은?

① 수평 방향으로 연속적으로 시공한다.
② 하나의 구간을 굴착하면 방치하지 말고 기초 및 본체구조물 축조를 마무리한다.
③ 절취경사면에 전석, 낙석의 우려가 있고 혹은 장기간 방치할 경우에는 숏크리트, 록볼트, 캔버스 및 모르타르 등으로 방호한다.
④ 작업위치 좌우에 만일의 경우에 대비한 대피통로를 확보하여 둔다.

> **해설** 옹벽 축조를 위한 굴착작업은 수평 방향의 연속시공을 절대 금하며, 블록으로 나누어 단면적을 최소화하여 분단시공한다.

**88** 가설통로 설치 시 경사가 몇 [°]를 초과하면 미끄러지지 않는 구조로 설치하여야 하는가?

① 15[°]   ② 20[°]
③ 25[°]   ④ 30[°]

> **해설** ▶ 가설통로의 구조
> 
> 「산업안전보건기준에 관한 규칙」 제23조
> 1. 견고한 구조로 할 것
> 2. 경사는 30[°] 이하로 할 것. 다만, 계단을 설치하거나 높이 2[m] 미만의 가설통로로서 튼튼한 손잡이를 설치한 경우에는 그러하지 아니하다.
> 3. 경사가 15[°]를 초과하는 경우에는 미끄러지지 아니하는 구조로 할 것
> 4. 추락할 위험이 있는 장소에는 안전난간을 설치할 것. 다만, 작업상 부득이한 경우에는 필요한 부분만 임시로 해체할 수 있다.
> 5. 수직갱에 가설된 통로의 길이가 15미터 이상인 경우에는 10[m] 이내마다 계단참을 설치할 것
> 6. 건설공사에 사용하는 높이 8[m] 이상인 비계다리에는 7[m] 이내마다 계단참을 설치할 것

**89** 이동식 비계 작업 시 주의사항으로 옳지 않은 것은?

① 비계의 최상부에서 작업을 하는 경우에는 안전난간을 설치한다.
② 이동 시 작업지휘자가 이동식 비계에 탑승하여 이동하며 안전 여부를 확인하여야 한다.
③ 비계를 이동시키고자 할 때는 바닥의 구멍이나 머리 위의 장애물을 사전에 점검한다.
④ 작업발판은 항상 수평을 유지하고 작업발판 위에서 안전난간을 딛고 작업을 하거나 받침대 또는 사다리를 사용하여 작업하지 않도록 한다.

> **해설** ▶ 이동식 비계
> 
> 「산업안전보건기준에 관한 규칙」 제68조
> 1. 이동식 비계의 바퀴에는 뜻밖의 갑작스러운 이동 또는 전도를 방지하기 위하여 브레이크·쐐기 등으로 바퀴를 고정시킨 다음 비계의 일부를 견고한 시설물에 고정하거나 아웃트리거(outrigger, 전도방지용 지지대)를 설치하는 등 필요한 조치를 할 것
> 2. 승강용 사다리는 견고하게 설치할 것
> 3. 비계의 최상부에서 작업을 하는 경우에는 안전난간을 설치할 것
> 4. 작업발판은 항상 수평을 유지하고 작업발판 위에서 안전난간을 딛고 작업을 하거나 받침대 또는 사다리를 사용하여 작업하지 않도록 할 것
> 5. 작업발판의 최대 적재하중은 250[kg]을 초과하지 않도록 할 것

86 ④   87 ①   88 ①   89 ②

**90** 가설구조물의 특징이 아닌 것은?

① 연결재가 적은 구조로 되기 쉽다.
② 부재결합이 불완전할 수 있다.
③ 영구적인 구조설계의 개념이 확실하게 적용된다.
④ 단면에 결함이 있기 쉽다.

> **해설** ① 연결재가 부실한 구조로 되기 쉽다.
> ② 불완전한 부재결합 부분이 많다.
> ③ 구조물이라는 통상 개념이 확고하지 않아 조립의 정밀도가 낮다.
> ④ 부재는 과소 단면이거나 부실한 재료가 되기 쉽다.

**91** 물체가 떨어지거나 날아올 위험 또는 근로자가 추락할 위험이 있는 작업 시 착용하여야 할 보호구는?

① 보안경
② 안전모
③ 방열복
④ 방한복

> **해설** ① 보안경 : 눈에 튀는 것에 대한 보호구
> ② 안전모 : 떨어지거나 날아오는 것에 대한 보호구
> ③ 방열복 : 뜨거운 것에 대한 보호구
> ④ 방한복 : 차가운 것에 대한 보호구

**92** 건설현장에서 사용하는 공구 중 토공용이 아닌 것은?

① 착암기
② 포장 파괴기
③ 연마기
④ 점토 굴착기

> **해설** '연마기'는 금속이나 가공물의 겉에 광택을 내주는 기구로 토공용 기구가 아니다.

**93** 운반작업 중 요통을 일으키는 인자와 가장 거리가 먼 것은?

① 물건의 중량    ② 작업 자세
③ 작업시간      ④ 물건의 표면마감 종류

> **해설** ▶ **요통을 일으키게 하는 요인**
> • 들기작업 시의 물건의 중량
> • 부적절한 작업의 자세
> • 긴 작업시간과 작업의 강도로 인한 피로누적 등

**94** 콘크리트용 거푸집의 재료에 해당되지 않는 것은?

① 철재    ② 목재
③ 석면    ④ 경금속

> **해설** 석면은 발암물질이므로 현재 사용이 금지되어 있다.
> ▶ **거푸집 재료**
> • 철재
> • 목재
> • 알루미늄
> • 경금속

**95** 공사종류 및 규모별 안전관리비 계상 기준표에서 공사종류의 명칭에 해당되지 않는 것은?

① 철도·궤도신설공사
② 일반건설공사(병)
③ 중건설공사
④ 특수 및 기타건설공사

> **해설** 일반건설공사(병)는 존재하지 않는 명칭이다.
> ▶ **공사종류의 명칭**
> • 일반건설공사(갑)
> • 일반건설공사(을)
> • 중건설공사
> • 철도·궤도신설공사
> • 특수 및 기타건설공사

**정답** 90 ③  91 ②  92 ③  93 ④  94 ③  95 ②

**96** 콘크리트 타설작업을 하는 경우에 준수해야 할 사항으로 옳지 않은 것은?

① 콘크리트를 타설하는 경우에는 편심을 유발하여 한쪽 부분부터 밀실하게 타설되도록 유도할 것
② 당일의 작업을 시작하기 전에 해당 작업에 관한 거푸집 동바리 등의 변형·변위 및 지반의 침하 유무 등을 점검하고 이상이 있으며 보수할 것
③ 작업 중에는 거푸집 동바리 등의 변형·변위 및 침하 유무 등을 감시할 수 있는 감시자를 배치하여 이상이 있으면 작업을 중지하고 근로자를 대피시킬 것
④ 설계도서상의 콘크리트 양생기간을 준수하여 거푸집 동바리 등을 해체할 것

해설 ▶ 콘크리트의 타설작업

「산업안전보건기준에 관한 규칙」제334조
1. 당일의 작업을 시작하기 전에 해당 작업에 관한 거푸집 동바리 등의 변형·변위 및 지반의 침하 유무 등을 점검하고 이상이 있으면 보수할 것
2. 작업 중에는 거푸집 동바리 등의 변형·변위 및 침하 유무 등을 감시할 수 있는 감시자를 배치하여 이상이 있으면 작업을 중지하고 근로자를 대피시킬 것
3. 콘크리트 타설작업 시 거푸집 붕괴의 위험이 발생할 우려가 있으면 충분한 보강조치를 할 것
4. 설계도서상의 콘크리트 양생기간을 준수하여 거푸집 동바리 등을 해체할 것
5. 콘크리트를 타설하는 경우에는 편심이 발생하지 않도록 골고루 분산하여 타설할 것

**97** 다음 그림은 풍화암에서 토사붕괴를 예방하기 위한 기울기를 나타낸 것이다. x의 값은?

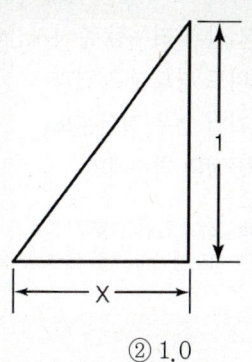

① 1.5　　② 1.0
③ 0.8　　④ 0.5

해설 습지 : 1 : 1 ~ 1 : 1.5
건지 : 1 : 0.5 ~ 1 : 1
풍화암 : 1 : 1.0(변경)
연암 : 1 : 1.0(변경)
경암 : 1 : 0.5(변경)
(2021년 11월 19일부터 개정된 규정)

**98** 지반의 사면파괴 유형 중 유한사면의 종류가 아닌 것은?

① 사면내파괴
② 사면선단파괴
③ 사면저부파괴
④ 직립사면파괴

해설 ① 사면내파괴 : 견고한 지층이 얕은 경우
② 사면선단파괴 : 경사가 급하고 비점착성 토질
③ 사면저부파괴 : 경사가 완만하고 점착성

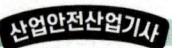

99 철근 콘크리트 공사에서 거푸집 동바리의 해체시기를 결정하는 요인으로 가장 거리가 먼 것은?

① 시방서상의 거푸집 존치기간의 경과
② 콘크리트 강도시험 결과
③ 동절기일 경우 적산온도
④ 후속공정의 착수시기

**해설** 후속공정의 착수시기일지라도 콘크리트 양생이 덜 되었다면 거푸집 동바리를 해체해서는 안 된다.

100 건설현장에서의 PC(Precast Concrete) 조립 시 안전대책으로 옳지 않은 것은?

① 달아 올린 부재의 아래에서 정확한 상황을 파악하고 전달하여 작업한다.
② 운전자는 부재를 달아 올린 채 운전대를 이탈해서는 안 된다.
③ 신호는 사전 정해진 방법에 의해서만 실시한다.
④ 크레인 사용 시 PC판의 중량을 고려하여 아웃트리거를 사용한다.

**해설** 달아 올린 부재의 아래에서 작업을 하는 것은, 정확한 상황을 파악하고 전달하여 작업을 한다 해도 금지사항이다.

정답  99 ④  100 ①

# 2020년 제3회 기출 복원문제

## 1과목 산업안전관리론

**01** 무재해운동의 이념 가운데 직장의 위험요인을 행동하기 전에 예지하여 발견, 파악, 해결하는 것을 의미하는 것은?

① 무의 원칙
② 선취의 원칙
③ 참가의 원칙
④ 인간존중의 원칙

**해설** ▶ 무재해운동 3원칙
- 무(Zero)의 원칙 : 산업재해의 근원적인 요소들을 없앤다는 것
- 안전제일의 원칙(선취의 원칙) : 행동하기 전, 잠재위험요인을 발견하고 파악, 해결하여 재해를 예방하는 것
- 참여의 원칙(참가의 원칙) : 전원이 일치 협력하여 각자의 위치에서 적극적으로 문제를 해결하는 것

**02** 산업안전보건법령상 안전보건표시의 종류 중 인화성 물질에 관한 표지에 해당하는 것은?

① 금지표시
② 경고표시
③ 지시표시
④ 안내표시

**해설** ▶ 안전보건표시

| 분류 | 기호 | 색채 |
|---|---|---|
| 금지표지 | ⊘ | 바탕은 흰색, 기본모형은 빨간색, 관련 부호 및 그림은 검은색 |
| 경고표지 | △ | 바탕은 노란색, 기본모형, 관련 부호 및 그림은 검은색<br>다만, 인화성 물질 경고, 산화성 물질 경고, 폭발성 물질 경고, 급성 독성물질 경고, 부식성 물질 경고 및 발암성·변이원성·생식독성·전신독성·호흡기과민성 물질 경고의 경우 바탕은 무색, 기본모형은 빨간색(검은색도 가능) |
| 지시표지 | ○ | 바탕은 파란색, 관련 그림은 흰색 |
| 안내표지 | □ | 바탕은 흰색, 기본모형 및 관련 부호는 녹색, 바탕은 녹색, 관련 부호 및 그림은 흰색 |
| 출입금지표지 | ⊘ | 글자는 흰색 바탕에 흑색<br>다음 글자는 적색<br>- ○○○제조/사용/보관 중<br>- 석면취급/해체 중<br>- 발암물질 취급 중 |

**03** 인간관계의 메커니즘 중 다른 사람의 행동양식이나 태도를 투입시키거나, 다른 사람 가운데서 자기와 비슷한 것을 발견하는 것을 무엇이라고 하는가?

① 투사(Projection)
② 모방(Imitation)
③ 암시(Suggestion)
④ 동일화(Identification)

**해설** ① 투사 : 자기 마음속에 억압된 것을 다른 사람의 것으로 생각하게 되는 것
  예 대부분 증오, 비난 같은 정서나 감정이 표현되는 경우가 많다.
② 모방 : 다른 사람의 행동이나 판단을 표본으로 하여 그것과 같거나 비슷한 행위로 재현하거나 실행하려는 것
  예 어린아이가 부모의 행동을 흉내 내는 것 등
③ 암시 : 다른 사람으로부터의 판단이나 행동을 무비판적으로 논리적, 사실적 근거 없이 받아들이는 것
  예 다수 의견이나 전문가, 권위자, 존경하는 자 등의 행동이나 판단 등
④ 동일화 : 다른 사람의 행동양식이나 태도를 투입하거나 다른 사람 가운데서 자기와 비슷한 것을 발견하게 되는 것
  예 자녀가 부모의 행동양식을 자연스럽게 배우는 것 등

정답  01 ②  02 ②  03 ④

**04** 산업안전보건법령상 근로자 안전보건 교육대상과 교육시간으로 옳은 것은?

① 정기교육인 경우 : 사무직 종사 근로자 – 매분기 3시간 이상
② 정기교육인 경우 : 관리감독자 지위에 있는 사람 – 연간 10시간 이상
③ 채용 시 교육인 경우 : 일용근로자 – 4시간 이상
④ 작업내용 변경 시 교육인 경우 : 일용근로자를 제외한 근로자 – 1시간 이상

**해설** ▶ 근로자 안전보건 교육

| | | |
|---|---|---|
| 가.<br>정기<br>교육 | 사무직 종사 근로자 | 매분기<br>3시간 이상 |
| | 사무직 종사 근로자 외의 근로자 - 판매업무에 직접 종사하는 근로자 | 매분기<br>3시간 이상 |
| | 사무직 종사 근로자 외의 근로자 - 판매업무에 직접 종사하는 근로자 외의 근로자 | 매분기<br>6시간 이상 |
| | 관리감독자의 지위에 있는 사람 | 연간 16시간 이상 |
| 나.<br>채용 시<br>교육 | 일용근로자 | 1시간 이상 |
| | 일용근로자를 제외한 근로자 | 8시간 이상 |
| 다.<br>작업내용<br>변경 시<br>교육 | 일용근로자 | 1시간 이상 |
| | 일용근로자를 제외한 근로자 | 2시간 이상 |

**05** 위험예지훈련 4라운드 기법의 진행방법에 있어 문제점 발견 및 중요문제를 결정하는 단계는?

① 대책수립 단계
② 현상파악 단계
③ 본질추구 단계
④ 행동목표설정 단계

**해설** ▶ 위험예지훈련 4라운드 기법
- 제1단계 : 현상파악 – 어떤 위험이 잠재되어 있는가
- 제2단계 : 본질추구 – 이것이 위험의 point다.
- 제3단계 : 대책수립 – 당신이라면 어떻게 하는가
- 제4단계 : 목표설정 – 우리들은 이렇게 한다.

**06** 산업안전보건법령상 안전모의 시험성능기준 항목이 아닌 것은?

① 난연성         ② 인장성
③ 내관통성      ④ 충격흡수성

**해설** ▶ 안전모의 시험성능기준
- 내관통성 시험 : AE, ABE종 안전모는 관통거리가 9.5[mm] 이하이고, AB종 안전모는 관통거리가 11.1[mm] 이하이어야 한다.
- 충격흡수성 시험 : 최고 전달충격력이 4,450[N]을 초과해서는 안 되며, 모체와 착장체의 기능이 상실되지 않아야 한다.
- 내전압성 시험 : AE, ABE종 안전모는 교류 20[kV]에서 1분간 절연파괴 없이 견뎌야 하고, 이때 누설되는 충전전류는 10[mA] 이하이어야 한다.
- 내수성 시험 : AE, ABE종 안전모는 질량증가율이 1[%] 미만이어야 한다.

$$무게증가율 = \frac{담근\ 후 - 담그기\ 전의\ 무게}{담그기\ 전의\ 무게} \times 100$$

- 난연성 시험 : 모체가 불꽃을 내며 5초 이상 연소되지 않아야 한다.
- 턱끈풀림 : 150[N] 이상 250[N] 이하에서 턱끈이 풀려야 한다.

**07** O.J.T(On the Job Traning)의 특징 중 틀린 것은?

① 훈련과 업무의 계속성이 끊어지지 않는다.
② 직장의 실정에 맞게 실제적 훈련이 가능하다.
③ 훈련의 효과가 곧 업무에 나타나며, 훈련의 개선이 용이하다.
④ 다수의 근로자들에게 조직적 훈련이 가능하다.

정답  04 ①  05 ③  06 ②  07 ④

해설 ▶ O.J.T

| 정의 | 현장이나 직장에서 직속 상사가 업무에 관련된 지식, 기능, 태도 등에 관하여 교육하는 실무훈련과정으로 개별교육에 적합한 교육 형태 |
|---|---|
| 교육의 형태 및 방법 | 현장에서의 개인에 대한 직속 상사의 개별 교육 및 지도 |
| 특징 | • 직장의 현장 실정에 맞는 구체적이고 실질적인 교육이 가능하다.<br>• 교육의 효과가 업무에 신속하게 반영된다.<br>• 교육의 이해도가 빠르고 동기부여가 쉽다.<br>• 개인의 능력과 적성에 알맞은 맞춤교육이 가능하다.<br>• 교육으로 인해 업무가 중단되는 업무 손실이 적다.<br>• 교육경비의 절감 효과가 있다.<br>• 상사와의 의사소통 및 신뢰도 향상에 도움이 된다. |

**08** 인지과정 착오의 요인이 아닌 것은?

① 정서 불안정
② 감각차단 현상
③ 작업자의 기능 미숙
④ 생리·심리적 능력의 한계

해설 ▶ 인지과정 착오 요인
• 생리, 심리적 능력의 한계
• 정보량 저장능력의 한계
• 감각차단 현상 : 단조로운 업무, 반복작업
• 정서 불안정 : 공포, 불안, 불만

**09** 학습 성취에 직접적인 영향을 미치는 요인과 가장 거리가 먼 것은?

① 적성
② 준비도
③ 개인차
④ 동기유발

해설 적성은 학습 성취에 간접적인 영향을 미치는 요인이다.

**10** 태풍, 지진 등의 천재지변이 발생한 경우나 이상 상태 발생 시 기능상 이상 유·무에 대한 안전점검의 종류는?

① 일상점검
② 정기점검
③ 수시점검
④ 특별점검

해설
• 정기점검(계획점검) : 일정기간 정기적 실시
• 수시점검(일상점검) : 매일 작업 전, 중, 후 실시
• 특별점검 : 기계·기구 또는 설비 신설 변경 또는 고장 수리 등 비정기 특정점검 산업안전보건 강조기간, 악천후 시에도 실시
• 임시점검 : 이상발견 시

**11** 연간 근로자 수가 300명인 A공장에서 지난 1년간 1명의 재해자(신체장해등급 : Ⅰ급)가 발생하였다면 이 공장의 강도율은? (단, 근로자 1인당 1일 8시간씩 연간 300일을 근무하였다)

① 4.27
② 6.42
③ 10.05
④ 10.42

해설 강도율 = $\dfrac{손실일수}{근로시간} \times 1,000$

강도율 = $\dfrac{7,500일}{300명 \times 8h \times 300일} \times 1,000 = 10.42$

▶ 신체장해등급(근로손실일수)
• 1~3급 : 7,500일
• 4급 : 5,500일
• 5급 : 4,000일
• 6급 : 3,000일
• 7급 : 2,200일

**12** 재해예방의 4원칙에 해당하는 내용이 아닌 것은?

① 예방 가능의 원칙
② 원인 계기의 원칙
③ 손실 우연의 원칙
④ 사고 조사의 원칙

08 ③  09 ①  10 ④  11 ④  12 ④

해설 ▶ 재해예방 4원칙
- 예방 가능의 원칙 : 천재지변을 제외한 모든 인재는 예방이 가능하다.
- 손실 우연의 원칙 : 사고의 결과 손실의 유무 또는 대소는 사고 당시의 조건에 따라서 우연적으로 발생한다.
- 원인 연계의 원칙 : 사고에는 반드시 원인이 있고 원인은 대부분 연계 원인이다.
- 대책 선정의 원칙 : 사고의 원인이나 불안전 요소가 발견되면 반드시 대책은 실시되어야 대책 선정이 가능하며, 대책에는 재해 방지의 세 기둥이라 할 수 있는 3E, 즉 기술적 대책, 교육적 대책, 규제적 대책을 들 수 있다.

**13** 알더퍼의 ERG(Existence Relation Growth) 이론에서 생리적 욕구, 물리적 측면의 안전욕구 등 저차원적 욕구에 해당하는 것은?

① 관계욕구
② 성장욕구
③ 존재욕구
④ 사회적 욕구

| 해설 | | |
|---|---|---|
| E 생존(존재)욕구 | | 유기체의 생존과 유지에 관련, 의식주와 같은 기본욕구 포함(임금, 안전한 작업조건) |
| R 관계욕구 | | 타인과의 상호작용을 통하여 만족을 얻으려는 대인욕구(개인 간 관계, 소속감) |
| G 성장욕구 | | 개인의 발전과 증진에 관한 욕구, 주어진 능력이나 잠재능력을 발전시켜 충족(개인의 능력개발, 창의력 발휘) |

**14** 상황성 누발자의 재해유발원인과 거리가 먼 것은?

① 작업의 어려움
② 기계설비의 결함
③ 심신의 근심
④ 주의력의 산만

해설 주의력의 산만은 소질성 누발자와 관련이 있다.
- 상황성 누발자 : 작업이 어렵거나 기계, 설비에 결함이 있거나 주의력의 집중이 혼란된 경우 및 심신에 근심이 있는 경우에 재해를 일으키는 자
- 미숙성 누발자 : 기능의 미숙, 환경에 익숙하지 못하여 재해를 유발하는 자
- 습관성 누발자 : 재해의 경험에 의해 겁쟁이가 되거나 신경과민인 경우와 일종의 슬럼프 상태에 빠진 경우에 재해를 일으키는 자
- 소질성 누발자 : 개인적인 소질 가운데 재해요인의 소질을 가지고 있는 경우와 개인의 특수한 성격에 의해 재해를 일으키는 자

**15** 리더십(leadership)의 특성에 대한 설명으로 옳은 것은?

① 지휘 형태는 민주적이다.
② 권한 부여는 위에서 위임된다.
③ 구성원과의 관계는 지배적 구조이다.
④ 권한 근거는 법적 또는 공식적으로 부여된다.

| 해설 구분 | 권한 부여 및 행사 | 권한 근거 | 상관과 부하와의 관계 및 책임귀속 | 부하와의 사회적 간격 | 지휘 형태 |
|---|---|---|---|---|---|
| 헤드십 | 위에서 위임하여 임명 | 법적 또는 공식적 | 지배적 상사 | 넓다. | 권위주의적 |
| 리더십 | 아래로부터의 동의에 의한 선출 | 개인 능력 | 개인적인 영향, 상사화 부하 | 좁다. | 민주주의적 |

정답  13 ③  14 ④  15 ①

**16** 재해 원인을 통상적으로 직접원인과 간접원인으로 나눌 때 직접원인에 해당되는 것은?

① 기술적 원인
② 물적 원인
③ 교육적 원인
④ 관리적 원인

> **해설** ◉ 직접원인
> • 불안전한 행동 : 위험장소 접근, 안전장치의 기능 제거, 기계기구의 잘못 사용, 운전 중인 기계장치의 손질, 위험물 취급 부주의 등
> • 불안전한 상태 : 물 자체의 결함, 안전방호장치의 결함, 복장・보호구의 결함, 물의 배치 및 작업장소 결함, 생산공정의 결함

**17** 안전교육 계획 수립 시 고려하여야 할 사항과 관계가 가장 먼 것은?

① 필요한 정보를 수집한다.
② 현장의 의견을 충분히 반영한다.
③ 법 규정에 의한 교육에 한정한다.
④ 안전교육 시행체계와의 관련을 고려한다.

> **해설** 안전교육 계획 수립 시는 다양한 검토 및 고려가 필요하며, 법 규정과 그 이상의 교육계획도 포함된다.

**18** 안전관리조직의 형태 중 라인-스태프형에 대한 설명으로 틀린 것은?

① 대규모 사업장(1,000명 이상)에 효율적이다.
② 안전과 생산업무가 분리될 우려가 없기 때문에 균형을 유지할 수 있다.
③ 모든 안전관리 업무를 생산라인을 통하여 직선적으로 이루어지도록 편성된 조직이다.
④ 안전업무를 전문적으로 담당하는 스태프 및 생산라인의 각 계층에도 겸임 또는 전임의 안전담당자를 둔다.

> **해설** ③은 직계식(Line) 조직에 대한 내용이다.
> ◉ 라인-스태프형 조직
>
> | | |
> |---|---|
> | 장점 | • 안전지식 및 기술 축적 가능<br>• 안전지시 및 전달이 신속・정확하다.<br>• 안전에 대한 신기술의 개발 및 보급이 용이하다.<br>• 안전활동이 생산과 분리되지 않으므로 운용이 쉽다. |
> | 단점 | • 명령계통과 지도・조언 및 권고적 참여가 혼동되기 쉽다.<br>• 스태프의 힘이 커지면 라인이 무력해진다. |
> | 비고 | 대규모(근로자 1,000명 이상) 사업장에 적용 |

**19** 기능(기술)교육의 진행방법 중 하버드 학파의 5단계 교수법의 순서로 옳은 것은?

① 준비 → 연합 → 교시 → 응용 → 총괄
② 준비 → 교시 → 연합 → 총괄 → 응용
③ 준비 → 총괄 → 연합 → 응용 → 교시
④ 준비 → 응용 → 총괄 → 교시 → 연합

> **해설** ◉ 하버드 학파의 5단계 교수법
> • 1단계 : 준비시킨다.
> • 2단계 : 교시한다.
> • 3단계 : 연합한다.
> • 4단계 : 총괄한다.
> • 5단계 : 응용시킨다.

**20** 재해의 원인과 결과를 연계하여 상호관계를 파악하기 위해 도표화하는 분석방법은?

① 관리도
② 파레토도
③ 특성요인도
④ 크로스분류도

> **해설** ① 관리도 : 시간경과에 따른 재해건수 등 대략적인 추이 파악에 사용
> ② 파레토도 : 항목값이 높은 순서대로 정리해서 막대그래프로 나타내는 통계적 원인분석 기법
> ③ 특성요인도 : 재해 원인과 결과를 연계하여 상호관계를 파악 및 어골상으로 세분화하는 기법
> ④ 크로스분류도 : 2가지 또는 2개 항목 이상의 요인이 상호관계를 유지할 때 문제를 분석

16 ② 17 ③ 18 ③ 19 ② 20 ③

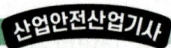

## 2과목 인간공학 및 시스템안전공학

**21** 산업안전보건법령상 정밀작업 시 갖추어야 할 작업면의 조도 기준은? (단, 갱내 작업장과 감광재료를 취급하는 작업장은 제외한다)

① 75[lx] 이상  ② 150[lx] 이상
③ 300[lx] 이상  ④ 750[lx] 이상

해설

| 초정밀작업 | 정밀작업 | 보통작업 | 그 밖의 작업 |
|---|---|---|---|
| 750[lx] 이상 | 300[lx] 이상 | 150[lx] 이상 | 75[lx] 이상 |

**22** 시스템 수명주기 단계 중 이전 단계들에서 발생되었던 사고 또는 사건으로부터 축적된 자료에 대해 실증을 통한 문제를 규명하고 이를 최소화하기 위한 조치를 마련하는 단계는?

① 구상단계  ② 정의단계
③ 생산단계  ④ 운전단계

해설 ▶ 운전단계(운용단계)
• 안전성에 손상이 일어나지 않도록 조작장치, 사용설명서의 변경과 수정을 요할 것
• 안전성을 검사, 사고를 조사하고 분석, 위험상태의 재발방지를 위해 적절한 개량조치를 강구할 것

**23** FTA에 의한 재해사례연구의 순서를 올바르게 나열한 것은?

A. 목표사상 선정
B. FT도 작성
C. 사상마다 재해 원인 규명
D. 개선계획 작성

① A → B → C → D
② A → C → B → D
③ B → C → A → D
④ B → A → C → D

해설 톱사상 선정 → 재해 원인 규명 → FT도 작성 → 개선계획의 작성

**24** 반복되는 사건이 많이 있는 경우에 FTA의 최소 컷셋을 구하는 알고리즘이 아닌 것은?

① Fussel Allgorithm
② Boolean Allgorithm
③ Monte Carlo Allgorithm
④ Limnios & Ziani Allgorithm

해설 ① Fussel Algorithm : 일반적으로 사용되는 알고리즘
② Boolean Algorithm : 불연산(불대수)으로써 많이 사용
③ Monte Carlo Algorithm : 근사값을 계산하는 데 사용
④ Limnios & Ziani Algorithm : 사건이 반복될 때 구하는 알고리즘

**25** 신뢰도가 0.4인 부품 5개가 병렬결합 모델로 구성된 제품이 있을 때 이 제품의 신뢰도는?

① 0.90  ② 0.91
③ 0.92  ④ 0.93

해설 $1-(1-신뢰도1)+(1-신뢰도2)\ldots$
$1-(1-0.4)^5 = 0.92$

정답 21 ③  22 ④  23 ②  24 ③  25 ③

**26** 조작자 한 사람의 신뢰도가 0.9일 때 요원을 중복하여 2인 1조가 되어 작업을 진행하는 공정이 있다. 작업기간 중 항상 요원 지원을 한다면 이 조의 인간 신뢰도는?

① 0.93
② 0.94
③ 0.96
④ 0.99

**해설** $R = 1-(1-R_1)(1-R_2)\cdots(1-R_n)$
한 공정에 2인 1조 작업을 진행하므로 병렬구조로 판단한다.
신뢰도(R) = $1-(1-0.9)(1-0.9) = 0.99$

**27** 주물공장 A작업자의 작업지속시간과 휴식시간을 열압박지수(HSI)를 활용하여 계산하니 각각 45분, 15분이었다. A작업자의 1일 작업량(TW)은 얼마인가? (단, 휴식시간은 포함하지 않으며, 1일 근무시간은 8시간이다)

① 4.5시간
② 5시간
③ 5.5시간
④ 6시간

**해설** 작업량 = 일한 양 = 작업지속시간
45분 × 8시간 = 360분 = 6시간

**28** 다수의 표시장치(디스플레이)를 수평으로 배열할 경우 해당 제어장치를 각각의 표시장치 아래에 배치하면 좋아지는 양립성의 종류는?

① 공간 양립성
② 운동 양립성
③ 개념 양립성
④ 양식 양립성

**해설**
① 공간 양립성 : 오른쪽 버튼을 누르면, 오른쪽 기계가 작동하는 것
② 운동 양립성 : 자동차 핸들 조작 방향으로 바퀴가 회전하는 것
③ 개념 양립성 : 온수 손잡이는 빨간색, 냉수 손잡이는 파란색
④ 양식 양립성 : 기계가 특정 음성에 대해 정해진 반응을 하는 것

**29** 환경요소의 조합에 의해서 부과되는 스트레스나 노출로 인해서 개인에 유발되는 긴장(strain)을 나타내는 환경요소 복합지수가 아닌 것은?

① 카타온도(kata temperature)
② Oxford 지수(wet-dry index)
③ 실효온도(effective temperature)
④ 열 스트레스 지수(heat stress index)

**해설**
① 카타온도 : 덥거나 춥다고 느끼는 체감의 정도를 나타내는 체감온도라고도 하며, 38[℃]에서 35[℃]까지 내려가는 시간을 재서 구한다.
② Oxford 지수 : 습구건구지수로 습구온도와 건구온도의 단순가중치
③ 실효온도 : 체감온도
④ 열 스트레스 지수 : 스트레스 지수

**30** 활동을 내용마다 "우·양·가·불가"로 평가하고 이 평가내용을 합하여 다시 종합적으로 정규화하여 평가하는 안전성 평가기법은?

① 평점척도법
② 쌍대비교법
③ 계층적 기법
④ 일관성 검정법

**해설** '우·양·가·불가' 등은 평점척도법이다.

정답 26 ④ 27 ④ 28 ① 29 ① 30 ①

**31** MIL-STD-882E에서 분류한 심각도(severity) 카테고리 범주에 해당하지 않는 것은?

① 재앙수준(catastrophic)
② 임계수준(critical)
③ 경계수준(precautionaryy)
④ 무시가능수준(negligible)

해설 ▶ MIL-STD-882E(D) → 미국 국방성 기준 위험성 카테고리(재해 심각도 분류)

| 구분 | 분류 | 세부내용 |
|---|---|---|
| 범주 I | 파국적 (대재앙) | 인원의 사망 또는 중상, 또는 완전한 시스템 손실 |
| 범주 II | 위험 (심각한) | 인원의 상해 또는 중대한 시스템의 손상으로 인원이나 시스템 생존을 위해 즉시 시정 조치 필요 |
| 범주 III | 한계적 (경미한) | 인원의 상해 또는 중대한 시스템의 손상 없이 배제 또는 제어 가능 |
| 범주 IV | 무시 (무시할 만한) | 인원의 손상이나 시스템의 손상은 초래하지 않는다. |

**32** 다음 중 육체적 활동에 대한 생리학적 측정방법과 가장 거리가 먼 것은?

① EMG
② EEG
③ 심박수
④ 에너지소비량

해설 EEG는 뇌전도검사로 육체적 활동에 대한 측정이 아니다.
▶ 육체적 활동에 대한 생리학적 측정방법

| 작업 | 측정법 |
|---|---|
| 정적 근력작업 | 에너지대사량과 맥박수의 상관성, 근전도(EMG) 등 |
| 동적 근력작업 | 에너지대사량, 산소소비량 및 호흡량, 맥박수, 근전도 등 |
| 신경적 작업 | 매회 평균호흡진폭, 맥박수, 피부전기반사(GSR) |
| 심적 작업 | 플리커 값 등 |

**33** 작업기억(working memory)과 관련된 설명으로 옳지 않은 것은?

① 오랜 기간 정보를 기억하는 것이다.
② 작업기억 내의 정보는 시간이 흐름에 따라 쇠퇴할 수 있다.
③ 작업기억의 정보는 일반적으로 시각, 음성, 의미 코드의 3가지로 코드화된다.
④ 리허설(rehearsal)은 정보를 작업기억 내에 유지하는 유일한 방법이다.

해설 작업기억은 단기기억으로 오랜 기간 정보를 기억하는 것이 아니다.

**34** 다음 형상 암호화 조종장치 중 이산 멈춤 위치용 조종장치는?

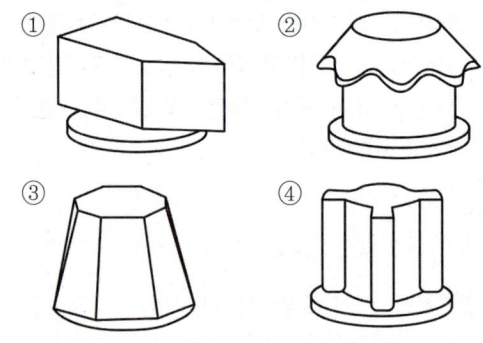

해설 ① 이산 멈춤 위치용
②, ③ 다회전장치
④ 단회전장치

**35** 표시값의 변화 방향이나 변화 속도를 나타내어 전반적인 추이의 변화를 관측할 필요가 있는 경우에 가장 적합한 표시장치 유형은?

① 계수형(digital)
② 묘사형(descriptive)
③ 동목형(moving scale)
④ 동침형(moving pointer)

정답 31 ③  32 ②  33 ①  34 ①  35 ④

해설 눈금이 고정되고 지침이 움직이는 형이 동침형으로, 자동차계기판 등이 있다.
계수형은 정보를 수치로 표시한 것이고, 묘사형은 변화되는 상황을 배경에 중첩하여 표시한 것이고, 동목형은 눈금이 움직이고 지침이 고정되어 있는 것이다.

**36** 사용자의 잘못된 조작 또는 실수로 인해 기계의 고장이 발생하지 않도록 설계하는 방법은?

① EMEA
② HAZOP
③ fail safe
④ fool proof

해설
- fail safe : 기계가 고장나도 안전사고가 발생하지 않도록 한다.
- fool proof : 인간이 실수해도 안전사고가 발생하지 않도록 한다.

**37** 인간-기계 시스템을 설계하기 위해 고려해야 할 사항과 거리가 먼 것은?

① 시스템 설계 시 동작 경제의 원칙이 만족되도록 고려한다.
② 인간과 기계가 모두 복수인 경우, 종합적인 효과보다 기계를 우선적으로 고려한다.
③ 대상이 되는 시스템이 위치할 환경조건이 인간에 대한 한계치를 만족하는가의 여부를 조사한다.
④ 인간이 수행해야 할 조작이 연속적인가 불연속적인가를 알아보기 위해 특성조사를 실시한다.

해설 인간과 기계가 모두 복수인 경우, 종합적인 효과보다 기계를 우선적으로 고려하지 않는다.

**38** 한국산업표준상 결함 나무 분석(FTA) 시 다음과 같이 사용되는 사상기호가 나타내는 사상은?

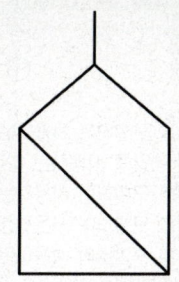

① 공사상　　② 기본사상
③ 통상사상　④ 심층분석사상

해설
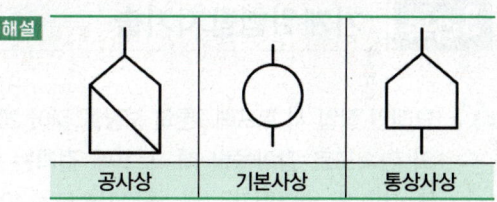
공사상　기본사상　통상사상

**39** 작업자의 작업공간과 관련된 내용으로 옳지 않은 것은?

① 서서 작업하는 작업공간에서 발바닥을 높이면 뻗침길이가 늘어난다.
② 서서 작업하는 작업공간에서 신체의 균형에 제한을 받으면 뻗침길이가 늘어난다.
③ 앉아서 작업하는 작업공간은 동적 팔뻗침에 의해 포락면(reach envelope)의 한계가 결정된다.
④ 앉아서 작업하는 작업공간에서 기능적 팔뻗침에 영향을 주는 제약이 적을수록 뻗침길이가 늘어난다.

해설 서서 작업하는 작업공간에서 신체의 균형에 제한을 받으면 뻗침길이도 제한을 받는다.

36 ④　37 ②　38 ①　39 ②

**40** 조종장치의 촉각적 암호화를 위하여 고려하는 특성으로 볼 수 없는 것은?

① 형상  ② 무게
③ 크기  ④ 표면 촉감

**해설**
- 형상을 구별하여 사용하는 경우
- 표면 촉감을 사용하는 경우
- 크기를 구별하여 사용하는 경우
- 위치를 구별하여 사용하는 경우
- 작동을 구별하여 사용하는 경우

## 3과목  기계위험방지기술

**41** 크레인 작업 시 로프에 1톤의 중량을 걸어 20[m/s²]의 가속도로 감아올릴 때, 로프에 걸리는 총하중[kgf]은 약 얼마인가? (단, 중력가속도는 10[m/s²]이다)

① 1,000  ② 2,000
③ 3,000  ④ 3,500

**해설** 정하중 = 1[ton] = 1,000[kgf]

동하중 = 정하중 × $\dfrac{\text{가속도}}{\text{중력가속도}}$

= $1,000 \times \dfrac{20}{10} = 2,000$

총하중 = 정하중 + 동하중 = 1,000 + 2,000 = 3,000[kgf]

**42** 다음 중 선반 작업 시 준수하여야 하는 안전사항으로 틀린 것은?

① 작업 중 면장갑 착용을 금한다.
② 작업 시 공구는 항상 정리해 둔다.
③ 운전 중에 백기어를 사용한다.
④ 주유 및 청소를 할 때에는 반드시 기계를 정지시키고 한다.

**해설** ⊙ 선반 작업 시 안전사항
- 가공물을 착탈 시에는 반드시 스위치를 끄고 행한다.
- 캐리어(공구대)는 적당한 크기의 것을 선택하고 심압대는 스핀들을 지나치게 돌출시키지 않는다.
- 물건의 장착이 끝나면 척, 렌치류는 곧 벗겨놓는다.
- 무게가 편중된 가공물의 장착에는 균형추를 부착한다.
- 장착물은 방진구에 사용커버를 씌운다.
- 긴 재료가 돌출되었을 때에는 빨간 천 등을 부착하여 위험표시를 하거나 커버를 씌운다.
- 바이트 착탈은 기계를 정지시킨 다음에 한다.
- 방진구는 일감의 길이가 직경의 12[배] 이상일 때 사용한다.
- 작업 중 면장갑 착용을 금한다.
- 운전 중 백기어는 사용하지 않는다.

**43** 기계설비의 안전조건 중 구조의 안전화에 대한 설명으로 가장 거리가 먼 것은?

① 기계재료의 선정 시 재료 자체에 결함이 없는지 철저히 확인한다.
② 사용 중 재료의 강도가 열화될 것을 감안하여 설계 시 안전율을 고려한다.
③ 기계작동 시 기계의 오동작을 방지하기 위하여 오동작방지회로를 적용한다.
④ 가공 경화와 같은 가공 결함이 생길 우려가 있는 경우는 열처리 등으로 결함을 방지한다.

**해설** 기계작동 시 기계의 오동작을 방지하기 위하여 오동작방지회로를 적용하는 것은 기계기능의 안전화이다. 기계설비의 구조의 안전화는 설계, 재료, 가공 등의 결함에 유의해야 한다.

**정답** 40 ②  41 ③  42 ③  43 ③

**44** 산업안전보건법령상 리프트의 종류로 틀린 것은?

① 건설작업용 리프트
② 자동차정비용 리프트
③ 이삿짐운반용 리프트
④ 간이 리프트

해설 ① 건설작업용 리프트 : 동력을 사용하여 가이드레일을 따라 상하로 움직이는 운반구를 매달아 사람이나 화물을 운반할 수 있는 설비 또는 이와 유사한 구조 및 성능을 가진 것으로 건설현장에서 사용하는 것
② 자동차정비용 리프트 : 동력을 사용하여 가이드레일을 따라 움직이는 지지대로 자동차 등을 일정한 높이로 올리거나 내리는 구조의 리프트로서 자동차 정비에 사용하는 것
③ 이삿짐운반용 리프트 : 연장 및 축소가 가능하고 끝단을 건축물 등에 지지하는 구조의 사다리형 붐에 따라 동력을 사용하여 움직이는 운반구를 매달아 화물을 운반하는 설비로서 화물자동차 등 차량 위에 탑재하여 이삿짐 운반 등에 사용하는 것

**45** 보일러수 속에 불순물 농도가 높아지면서 수면에 거품이 형성되어 수위가 불안정하게 되는 현상은?

① 포밍
② 서징
③ 수격현상
④ 공동현상

해설 ▶ 보일러 발생증기의 이상
• 포밍 : 보일러수에 불순물이 많이 포함되었을 경우 보일러수의 비등과 함께 수면부위에 거품층을 형성하여 수위가 불안정하게 되는 것
• 프라이밍 : 보일러수가 끓어서 물방울이 비산하고 증기부가 물방울로 충만하여 수위가 불안정하게 되는 것
• 캐리오버 : 보일러 증기관 쪽에 보내는 증기에 대량의 물방울이 포함되는 것
• 수격현상 : 물을 보내는 관로에서 유속의 급격한 변화에 의해 관내 압력이 상승하거나 하강하여 압력파가 발생하는 것

**46** 산업안전보건법령상 연삭숫돌의 상부를 사용하는 것을 목적으로 하는 탁상용 연삭기 덮개의 노출각도는?

① 60[°] 이내
② 65[°] 이내
③ 80[°] 이내
④ 125[°] 이내

해설 ▶ 연삭기 덮개의 노출각도

| 상부를 사용하는 경우 | 60[°] 이내 |
|---|---|
| 수평면 이하에서 연삭 | 125[°] 이내 |
| 최대 원주속도가 초당 50[m] 이하 | 90[°] 이내 (주축면 위로 50[°] 이내) |
| 그 외 탁상용 연삭기 | 80[°] 이내 (주축면 위로 60[°] 이내) |
| 절단기, 평면형 연삭기 | 150[°] 이내 |
| 휴대용, 원통형 연삭기 | 180[°] 이내 |

**47** 산업안전보건법령상 위험기계·기구별 방호조치로 가장 적절하지 않은 것은?

① 산업용 로봇 – 안전 매트
② 보일러 – 급정지장치
③ 목재가공용 둥근톱기계 – 반발예방장치
④ 산업용 로봇 – 광전자식 방호장치

해설 급정지장치는 컨베이어 등의 방호조치에 해당된다.
▶ 보일러의 방호장치
• 압력방출장치
• 압력제한스위치
• 고저수위조절장치
• 화염검출기

44 ④  45 ①  46 ①  47 ②

**48** 산업안전보건법령상 연삭숫돌의 시운전에 관한 설명으로 옳은 것은?

① 연삭숫돌의 교체 시에는 바로 사용할 수 있다.
② 연삭숫돌의 교체 시 1분 이상 시운전을 하여야 한다.
③ 연삭숫돌의 교체 시 2분 이상 시운전을 하여야 한다.
④ 연삭숫돌의 교체 시 3분 이상 시운전을 하여야 한다.

해설 작업 시작하기 전 1분 이상, 연삭숫돌을 교체한 후 3분 이상 시운전(숫돌파열이 가장 많이 발생하는 경우는 스위치를 넣는 순간)하여야 한다.

**49** 금형의 안전화에 대한 설명 중 틀린 것은?

① 금형의 틈새는 8[mm] 이상 충분하게 확보한다.
② 금형 사이에 신체 일부가 들어가지 않도록 한다.
③ 충격이 반복되어 부가되는 부분에는 완충장치를 설치한다.
④ 금형설치용 홈은 설치된 프레스의 홈에 적합한 현상의 것으로 한다.

해설 안전울을 설치하거나 상하 간의 틈새를 8[mm] 이하로 하여 손가락이 들어갈 수 없도록 조치한다.

**50** 컨베이어의 종류가 아닌 것은?

① 체인 컨베이어
② 스크류 컨베이어
③ 슬라이딩 컨베이어
④ 유체 컨베이어

해설 ▶ 컨베이어의 종류
벨트 컨베이어, 체인 컨베이어, 스크류 컨베이어, 버킷 컨베이어, 롤러 컨베이어, 슬랫 컨베이어, 플라이트 컨베이어, 트롤리 컨베이어, 유체 컨베이어

**51** 산업안전보건법령상 지게차 방호장치에 해당하는 것은?

① 포크  ② 헤드가드
③ 호이스트  ④ 힌지드 버킷

해설 지게차의 방호장치는 전조등 및 후미등, 헤드가드, 백레스트, 좌석안전띠 등이 있다.

**52** 프레스의 방호장치에 해당되지 않는 것은?

① 가드식 방호장치
② 수인식 방호장치
③ 롤 피드식 방호장치
④ 손쳐내기식 방호장치

해설 ▶ 프레스의 방호장치
• 격리형 : 완전차단형, 덮개형, 방책, 가드식
• 위치제한형 : 양수조작식
• 접근거부형 : 수인식, 손쳐내기식
• 접근반응형 : 광전자식

**53** 산업안전보건법령상 양중기에서 절단하중이 100[t]인 와이어로프를 사용하여 화물을 직접적으로 지지하는 경우, 화물의 최대 허용하중[t]은?

① 20  ② 30
③ 40  ④ 50

정답  48 ④  49 ①  50 ③  51 ②  52 ③  53 ①

**해설**
- 화물을 직접 지지하는 경우 = 안전율 5 이상
- 사람을 태우는 경우 = 안전율 10 이상
- 최대 허용하중 = 절단하중/안전율

$$\frac{100[t]}{5} = 20[t]$$

**54** 산업안전보건법령상 기계·기구의 방호조치에 대한 사업주·근로자 준수사항으로 가장 적절하지 않은 것은?

① 방호조치의 기능상실에 대한 신고가 있을 시 사업주는 수리, 보수 및 작업중지 등 적절한 조치를 할 것
② 방호조치 해체사유가 소멸된 경우 근로자는 즉시 원상회복시킬 것
③ 방호조치의 기능상실을 발견 시 사업주에게 신고할 것
④ 방호조치 해체 시 해당 근로자가 판단하여 해체할 것

**해설** 방호조치를 해체하려면 해당 근로자가 판단하는 것이 아니라 사업주의 허가가 필요하다.

**55** 산업안전보건법령상 프레스를 사용하여 작업을 할 때 작업 시작 전 점검항목에 해당하지 않는 것은?

① 전선 및 접속부 상태
② 클러치 및 브레이크의 기능
③ 프레스의 금형 및 고정볼트 상태
④ 1행정 1정지기구·급정지장치 및 비상정지장치의 기능

**해설** ▶ 프레스 작업 시작 전 점검항목
- 클러치 및 브레이크의 기능
- 크랭크축·플라이휠·슬라이드·연결봉 및 연결나사의 풀림 여부
- 1행정 1정지기구·급정지장치 및 비상정지장치의 기능
- 슬라이드 또는 칼날에 의한 위험방지기구의 기능
- 프레스의 금형 및 고정볼트 상태
- 방호장치의 기능
- 전단기(剪斷機)의 칼날 및 테이블의 상태

**56** 프레스의 분류 중 동력 프레스에 해당하지 않는 것은?

① 크랭크 프레스  ② 토글 프레스
③ 마찰 프레스    ④ 아버 프레스

**해설** 프레스는 동력 프레스와 인력 프레스가 있다.
- 인력 프레스(수동 프레스) : 핸드 프레스, 나사 프레스, 랙 피니언 프레스, 아버 프레스, 족답 프레스
- 동력 프레스 : 편심 프레스, 크랭크 프레스, 토글 프레스, 마찰 프레스, 유압·수압 프레스, 전단 프레스

**57** 밀링 작업 시 안전수칙에 해당되지 않는 것은?

① 칩이나 부스러기는 반드시 브러시를 사용하여 제거한다.
② 가공 중에는 가공면을 손으로 점검하지 않는다.
③ 기계를 가동 중에는 변속시키지 않는다.
④ 바이트는 가급적 길게 고정시킨다.

**해설** ▶ 밀링 작업 시 안전수칙
- 사용 전에 반드시 기계 및 공구를 점검하고 시운전한다.
- 가공할 재료를 바이스에 견고히 고정시킨다.
- 커터의 제거 및 설치 시에는 반드시 스위치를 차단하고 한다.
- 테이블 위에는 측정기구나 공구를 놓지 않는다.
- 칩을 제거할 때는 기계를 정지시키고 브러시로 한다.
- 가공 중에 얼굴을 기계에 가까이 하지 않는다.
- 가공 중 가공면을 손으로 점검하지 않는다.
- 황동 등 철가루나 칩이 발생되는 작업에는 반드시 보안경을 착용한다.

**정답** 54 ④  55 ①  56 ④  57 ④

## 58 산소-아세틸렌가스 용접에서 산소 용기의 취급 시 주의사항으로 틀린 것은?

① 산소 용기의 운반 시 밸브를 닫고 캡을 씌워서 이동할 것
② 기름이 묻은 손이나 장갑을 끼고 취급하지 말 것
③ 원활한 산소 공급을 위하여 산소 용기는 눕혀서 사용할 것
④ 통풍이 잘되고 직사광선이 없는 곳에 보관할 것

**해설** 산소 용기와 아세틸렌 용기 모두 세워서 작업한다.

## 59 가드(guard)의 종류가 아닌 것은?

① 고정식
② 조정식
③ 자동식
④ 반자동식

**해설** ▶ 가드의 종류
고정식, 자동식, 조정식

## 60 산업안전보건법령상 롤러기의 무릎조작식 급정지 장치의 설치 위치 기준은? (단, 위치는 급정지장치 조작부의 중심점을 기준)

① 밑면에서 0.7~0.8[m] 이내
② 밑면에서 0.6[m] 이내
③ 밑면에서 0.8~1.2[m] 이내
④ 밑면에서 1.5[m] 이내

**해설**
• 손조작식 : 밑면에서 1.8[m] 이내
• 복부조작식 : 밑면에서 0.8[m] 이상 1.1[m] 이내
• 무릎조작식 : 밑면에서 0.6[m] 이내

## 4과목 전기 및 화학설비위험방지기술

## 61 대전된 물체가 방전을 일으킬 때에 에너지 E[J]를 구하는 식으로 옳은 것은? (단, 도체의 정전용량을 C[F], 대전전위를 V[V], 대전전하량을 Q[C]라 한다)

① $E = \sqrt{2CQ}$
② $E = \dfrac{1}{2}CV$
③ $E = \dfrac{Q^2}{2C}$
④ $E = \sqrt{\dfrac{2V}{C}}$

**해설** $Q = C \cdot V$ (Q : 전하량, C : 정전용량, V : 대전전위)

$E = \dfrac{1}{2}CV^2$

(E : 정전기에너지, C : 정전용량, V : 대전전위)

$V = \dfrac{Q}{C} \rightarrow E = \dfrac{1}{2} \times C \times \left(\dfrac{Q}{C}\right)^2 \rightarrow E = \dfrac{Q^2}{2C}$

## 62 인체의 대부분이 수중에 있는 상태에서의 허용접촉전압으로 옳은 것은?

① 2.5[V] 이하
② 25[V] 이하
③ 50[V] 이하
④ 100[V] 이하

**해설** ▶ 허용접촉전압

| | | |
|---|---|---|
| 제1종 | 인체의 대부분이 수중에 있는 상태 | 2.5[V] 이하 |
| 제2종 | • 인체가 많이 젖어 있는 상태<br>• 금속제 전기기계장치나 구조물에 인체의 일부가 상시 접촉되어 있는 상태 | 25[V] 이하 |
| 제3종 | 제1·2종 이외의 경우로서 통상적인 인체 상태에 있어서 접촉전압이 가해지면 위험성이 높은 상태 | 50[V] |
| 제4종 | • 제1·2종 이외의 경우로서 통상적인 인체 상태에 있어서 접촉전압이 가해져도 위험성이 낮은 상태<br>• 접촉전압이 가해질 우려가 없는 경우 | 무제한 |

**정답** 58 ③  59 ④  60 ②  61 ③  62 ①

**63** 전기설비에서 제1종 접지공사는 접지저항을 몇 [Ω] 이하로 해야 하는가?

① 5
② 10
③ 50
④ 100

**해설** 2021년 KEC 규정 변경으로 인하여 접지관련 문제는 출제되지 않습니다.

**64** 저압전선로 중 절연 부분의 전선과 대지 간 및 전선의 심선 상호 간의 절연저항은 사용전압에 대한 누설전류가 최대 공급전류의 얼마를 넘지 않도록 규정하고 있는가?

① 1/1,000
② 1/1,500
③ 1/2,000
④ 1/2,500

**해설** 최대 공급전류의 $\frac{1}{2,000}$ [A]로 규정

**65** 방폭구조 전기기계·기구의 선정기준에 있어 가스폭발 위험장소의 제1종 장소에 사용할 수 없는 방폭구조는?

① 내압 방폭구조
② 안전증 방폭구조
③ 본질안전 방폭구조
④ 비점화 방폭구조

**해설** 비점화 방폭구조는 제2종 장소에 사용한다.

**66** 폭발성 가스나 전기기기 내부로 침입하지 못하도록 전기기기의 내부에 불활성 가스를 압입하는 방식의 방폭구조는?

① 내압 방폭구조
② 압력 방폭구조
③ 본질안전 방폭구조
④ 유입 방폭구조

**해설** ① 내압 방폭구조 : 전폐용기에 넣고 용기가 폭발압력에 견딤
② 압력 방폭구조 : 용기 내부에 불연성 가스인 공기나 질소를 압입시켜 내부압력을 유지함으로써 외부의 폭발성 가스가 용기 내부에 침투하지 못하도록 한 구조
③ 본질안전 방폭구조 : 점화되지 않는 것을 확인
④ 유입 방폭구조 : 내부에 보호액 채움

**67** 옥내배선에서 누전으로 인한 화재방지의 대책이 아닌 것은?

① 배선 불량 시 재시공할 것
② 배선에 단로기를 설치할 것
③ 정기적으로 절연저항을 측정할 것
④ 정기적으로 배선시공 상태를 확인할 것

**해설** 단로기는 일종의 스위치로, 누전으로 인한 화재방지 대책은 아니다.

**68** 제전기의 설치장소로 가장 적절한 것은?

① 대전물체의 뒷면에 접지물체가 있는 경우
② 정전기의 발생원으로부터 5~20[cm] 정도 떨어진 장소
③ 오물과 이물질이 자주 발생하고 묻기 쉬운 장소
④ 온도가 150[℃], 상대습도가 80[%] 이상인 장소

**정답** 63 정답 없음  64 ③  65 ④  66 ②  67 ②  68 ②

해설 ① 대전물체의 뒷면에 접지물체가 있는 경우, 이미 접지되어 있어서 제전기 불필요
③ 오물, 이물질이 묻으면 성능이 저하되므로 제전기 설치에 부적절
④ 습도 70[%] 이상이면 제전기 설치 불필요

**69** 전기적 불꽃 또는 아크에 의한 화상의 우려가 높은 고압 이상의 충전전로 작업에 근로자를 종사시키는 경우에는 어떠한 성능을 가진 작업복을 착용시켜야 하는가?

① 방충처리 또는 방수성능을 갖춘 작업복
② 방염처리 또는 난연성능을 갖춘 작업복
③ 방청처리 또는 난연성능을 갖춘 작업복
④ 방수처리 또는 방청성능을 갖춘 작업복

해설 ▶ 화상 : 불 → 방염(불 막음), 난연(잘 안탐)
문제에서 화상의 우려가 높다는 내용이 있으므로, 불이 잘 붙지 않고 잘 타지 않는 기능이 필요하여 방염 또는 난연성 기능을 갖춘 작업복이 필요하다.

**70** 감전을 방지하기 위해 관계 근로자에게 반드시 주지시켜야 하는 정전작업 사항으로 가장 거리가 먼 것은?

① 전원설비 효율에 관한 사항
② 단락접지 실시에 관한 사항
③ 전원 재투입 순서에 관한 사항
④ 작업책임자의 임명, 정전범위 및 절연용 보호구, 작업 등 필요한 사항

해설 감전방지는 안전사항으로 전원설비 효율은 안전과 관련이 없다.

**71** 위험물안전관리법령상 제3류 위험물의 금수성 물질이 아닌 것은?

① 과염소산염
② 금속나트륨
③ 탄화칼슘
④ 탄화알루미늄

해설 과염소산염은 제1류 위험물에 해당된다.

**72** 이산화탄소 소화기에 관한 설명으로 옳지 않은 것은?

① 전기화재에 사용할 수 있다.
② 주된 소화작용은 질식작용이다.
③ 소화약제 자체 압력으로 방출이 가능하다.
④ 전기전도성이 높아 사용 시 감전에 유의해야 한다.

해설 ▶ 이산화탄소 소화기의 장단점
• 장점 : 전기절연이 우수하고, 부식되지 않으며, 오손이 없다.
• 단점 : 소화 중 질식의 우려가 있다.

**73** 낮은 압력에서 물질의 끓는점이 내려가는 현상을 이용하여 시행하는 분리법으로 온도를 높여서 가열할 경우 원료가 분해될 우려가 있는 물질을 증류할 때 사용하는 방법을 무엇이라 하는가?

① 진공증류
② 추출증류
③ 공비증류
④ 수증기증류

해설 • 공비증류 : 수분을 함유하는 에탄올에서 순수한 에탄올을 얻기 위해 이용
• 진공증류 : 낮은 압력에서 물질의 끓는점이 내려가는 현상을 이용

**74** 다음 중 폭발하한농도[vol%]가 가장 높은 것은?

① 일산화탄소  ② 아세틸렌
③ 디에틸에테르  ④ 아세톤

**해설** ▶ 폭발하한농도
- 일산화탄소 : 12.5~74
- 아세틸렌 : 2.5~81
- 디에틸에테르 : 1.0~36.0
- 아세톤 : 2.55~12.80

**75** 다음 중 불연성 가스에 해당하는 것은?

① 프로판  ② 탄산가스
③ 아세틸렌  ④ 암모니아

**해설** ▶ 불연성 가스
스스로 연소하지도 못하고 다른 물질을 연소시키는 성질도 갖지 않는 가스(질소·이산화탄소, 아르곤, 탄산가스 등)로, 산화성 물질은 불연성이다.

**76** 염소산칼륨에 관한 설명으로 옳은 것은?

① 탄소, 유기물과 접촉 시에도 분해폭발 위험은 거의 없다.
② 열에 강한 성질이 있어서 500[℃]의 고온에서도 안정적이다.
③ 찬물이나 에탄올에도 매우 잘 녹는다.
④ 산화성 고체물질이다.

**해설** ▶ 염소산칼륨
- 1류 위험물로 산화성 고체물질이다.
- 탄소, 유기물과 접촉 시에 분해폭발한다.
- 가열하면 산소를 방출하고 전부 염화칼륨이 된다.
- 물에 녹고, 알코올에도 소량 녹는다.

**77** 메탄 20[vol%], 에탄 25[vol%], 프로판 55[vol%]의 조성을 가진 혼합가스의 폭발하한계값[vol%]은 약 얼마인가? (단, 메탄, 에탄 및 프로판가스의 폭발하한값은 각각 5[vol%], 3[vol%], 2[vol%]이다)

① 2.51  ② 3.12
③ 4.26  ④ 5.22

**해설**
$$L = \frac{100}{\frac{V_1}{L_1} + \frac{V_2}{L_2} + \frac{V_3}{L_3}}$$

$$L = \frac{100}{\frac{20}{5} + \frac{25}{3} + \frac{55}{2}} = 2.51$$

**78** 다음 중 증류탑의 원리로 거리가 먼 것은?

① 끓는점(휘발성) 차이를 이용하여 목적성분을 분리한다.
② 열이동은 도모하지만, 물질이동은 관계하지 않는다.
③ 기-액 두 상의 접촉이 충분히 일어날 수 있는 접촉 면적이 필요하다.
④ 여러 개의 단을 사용하는 다단탑이 사용될 수 있다.

**해설** 증류탑은 분해하고자 하는 물질의 끓는점을 이용하여 원하는 물질 또는 필요 없는 물질을 증발시키는 형태로 물질을 이동시켜 분리한다.

**79** 물과 접촉할 경우 화재나 폭발의 위험성이 더욱 증가하는 것은?

① 칼륨  ② 트리니트로톨루엔
③ 황린  ④ 니트로셀룰로오스

**해설** ▶ 물 반응성 물질(금수성 물질)
- 물과 접촉할 경우 화재나 폭발의 위험성이 증가한다.
- 리튬, 칼륨, 나트륨, 알킬알루미늄, 알킬리튬, 탄화칼슘, 탄화알루미늄

**정답** 74 ① 75 ② 76 ④ 77 ① 78 ② 79 ①

**80** 다음 중 화재의 종류가 옳게 연결된 것은?

① A급 화재 – 유류화재
② B급 화재 – 유류화재
③ C급 화재 – 일반화재
④ D급 화재 – 일반화재

> 해설 ▶ 화재의 종류
>
> | 급별 | 명칭 |
> |---|---|
> | A급 화재(백색) | 일반화재 |
> | B급 화재(황색) | 유류화재 |
> | C급 화재(청색) | 전기화재 |
> | D급 화재(무색) | 금속화재 |

## 5과목 건설안전기술

**81** 항타기 및 항발기를 조립하는 경우 점검하여야 할 사항이 아닌 것은?

① 과부하장치 및 제동장치의 이상 유무
② 권상장치의 브레이크 및 쐐기장치 기능의 이상 유무
③ 본체 연결부의 풀림 또는 손상의 유무
④ 권상기의 설치상태의 이상 유무

> 해설 ▶ 항타기 및 항발기 조립·해체 시 점검사항
>
> 「산업안전보건기준에 관한 규칙」 제207조 제2항
> 1. 본체 연결부의 풀림 또는 손상의 유무
> 2. 권상용 와이어로프, 드럼 및 도르래의 부착상태의 이상 유무
> 3. 권상장치의 브레이크 및 쐐기장치 기능의 이상 유무
> 4. 권상기의 설치상태의 이상 유무
> 5. 리더(leader)의 버팀 방법 및 고정상태의 이상 유무
> 6. 본체·부속장치 및 부속품의 강도가 적합한지 여부
> 7. 본체·부속장치 및 부속품에 심한 손상·마모·변형 또는 부식이 있는지 여부

**82** 건설공사 유해위험방지계획서 제출 시 공통적으로 제출하여야 할 첨부서류가 아닌 것은?

① 공사개요서
② 전체공정표
③ 산업안전보건관리비 사용계획서
④ 가설도로계획서

> 해설 가설도로계획서는 첨부서류에 해당되지 않는다.
> ▶ 유해위험방지계획서 제출 시 첨부서류
> • 공사개요서
> • 공사현장 주변 현황 및 관계도서
> • 건설물, 설비 등의 배치도
> • 전체공정표
> • 산업안전보건관리비 사용계획서
> • 안전관리조직표
> • 재해발생 위험 시 연락 및 대피방법

**83** 신축공사 현장에서 강관으로 외부비계를 설치할 때 비계기둥의 최고 높이가 45[m]라면 관련 법령에 따라 비계기둥을 2개의 강관으로 보강하여야 하는 높이는 지상으로부터 얼마까지인가?

① 14[m]
② 20[m]
③ 25[m]
④ 31[m]

> 해설 비계기둥의 제일 윗부분으로부터 31[m] 되는 지점 밑부분의 비계기둥은 2개의 강관으로 묶어 세울 것. 다만, 브라켓(bracket, 까치발) 등으로 보강하여 2개의 강관으로 묶을 경우 이상의 강도가 유지되는 경우에는 그러하지 아니하다.
> 비계기둥의 최고 높이가 45[m]의 건물이므로 지상 높이 31[m]를 빼면 14[m]이다.

정답  80 ②  81 ①  82 ④  83 ①

**84** 철근콘크리트 현장타설공법과 비교한 PC(Precast Concrete)공법의 장점으로 볼 수 없는 것은?

① 기후의 영향을 받지 않아 동절기 시공이 가능하고, 공기를 단축할 수 있다.
② 현장작업이 감소되고, 생산성이 향상되어 인력절감이 가능하다.
③ 공사비가 매우 저렴하다.
④ 공장 제작이므로 콘크리트 양생 시 최적조건에 의한 양질의 제품생산이 가능하다.

**해설 ▶ PC공법**
1. 공장에서 제작된 PC 부재를 조립, 접합하는 것으로, 철근콘크리트 현장타설공법과 비교하여 공사비는 변화가 없다.
2. PC공법의 장점
   • 품질 균일(우수)
   • 공사기간 단축
   • 인력 절감
   • 대량생산 가능
   • 기후에 영향을 받지 않는다.

**85** 흙막이 지보공을 설치하였을 때 붕괴 등의 위험방지를 위하여 정기적으로 점검하고, 이상 발견 시 즉시 보수하여야 하는 사항이 아닌 것은?

① 침하의 정도
② 버팀대의 긴압의 정도
③ 지형·지질 및 지층 상태
④ 부재의 손상·변형·변위 및 탈락의 유무와 상태

**해설 ▶ 점검사항**
• 부재의 손상·변형·부식·변위 및 탈락의 유무와 상태
• 버팀대의 긴압(緊壓)의 정도
• 부재의 접속부·부착부 및 교차부의 상태
• 침하의 정도

**86** 작업발판 및 통로의 끝이나 개구부로서 근로자가 추락할 위험이 있는 장소에서의 방호조치로 옳지 않은 것은?

① 안전난간 설치
② 와이어로프 설치
③ 울타리 설치
④ 수직형 추락방망 설치

**해설 ▶ 근로자가 추락할 위험이 있는 장소에서의 방호장치**
안전난간, 울타리, 수직형 추락방망 또는 덮개
* 덮개를 설치하는 경우에는 뒤집히거나 떨어지지 않도록 설치

**87** 히빙(heaving) 현상이 가장 쉽게 발생하는 토질 지반은?

① 연약한 점토 지반
② 연약한 사질토 지반
③ 견고한 점토 지반
④ 견고한 사질토 지반

**해설 ▶ 히빙**
연약한 점토 지반을 굴착할 때 흙막이벽 배면 흙의 중량이 굴착저면 이하의 흙보다 중량이 클 경우, 굴착저면 이하의 지지력보다 크게 되어 흙막이 배면에 있는 흙이 안으로 밀려들어 굴착저면이 솟아오르는 현상
• 히빙 현상 발생 : 연약한 점토 지반
• 보일링 현상 발생 : 연약한 사질토 지반

**88** 암질 변화구간 및 이상 암질 출현 시 판별방법과 가장 거리가 먼 것은?

① R.Q.D
② R.M.R
③ 지표침하량
④ 탄성파 속도

**해설 ▶ 암질 판별방법**
R.Q.D, R.M.R, 탄성파 속도, 일축 압축 강도

정답 84 ③ 85 ③ 86 ② 87 ① 88 ③

**89** 블레이드의 길이가 길고 낮으며 블레이드의 좌우를 전후 25~30[°] 각도로 회전시킬 수 있어 흙을 측면으로 보낼 수 있는 도저는?

① 레이크 도저
② 스트레이트 도저
③ 앵글 도저
④ 틸트 도저

> **해설** ① 레이크 도저 : 흙을 밀어내어 땅을 고르는 데 사용
> ② 스트레이트 도저 : 불도저로 블레이드를 상하로 조정하면서 작업 수행
> ③ 앵글 도저 : 좌우 각도로 회전시킬 수 있다.
> ④ 틸트 도저 : 상하 각도를 조절할 수 있다.

**90** 동바리로 사용하는 파이프 서포트에 관한 설치기준으로 옳지 않은 것은?

① 파이프 서포트를 3개 이상 이어서 사용하지 않도록 할 것
② 파이프 서포트를 이어서 사용하는 경우에는 4개 이상의 볼트 또는 전용철물을 사용하여 이을 것
③ 높이가 3.5[m]를 초과하는 경우에는 높이 2[m] 이내마다 수평연결재를 2개 방향으로 만들고 수평연결재의 변위를 방지할 것
④ 파이프 서포트 사이에 교차가새를 설치하여 수평력에 대하여 보강 조치할 것

> **해설** ▶ 동바리로 사용하는 파이프 서포트 설치기준
> 「산업안전보건기준에 관한 규칙」 제332조 제8호
> 가. 파이프 서포트를 3개 이상 이어서 사용하지 않도록 할 것
> 나. 파이프 서포트를 이어서 사용하는 경우에는 4개 이상의 볼트 또는 전용철물을 사용하여 이을 것
> 다. 높이가 3.5[m]를 초과하는 경우에는 높이 2[m] 이내마다 수평연결재를 2개 방향으로 만들고 수평연결재의 변위를 방지할 것

**91** 건물 외부에 낙하물방지망을 설치할 경우 벽면으로부터 돌출되는 거리의 기준은?

① 1[m] 이상
② 1.5[m] 이상
③ 1.8[m] 이상
④ 2[m] 이상

> **해설** 높이 10[m] 이내마다 설치하고, 내민 길이는 벽면으로부터 2[m] 이상으로 할 것

**92** 콘크리트를 타설할 때 거푸집에 작용하는 콘크리트 측압에 영향을 미치는 요인과 가장 거리가 먼 것은?

① 콘크리트 타설 속도
② 콘크리트 타설 높이
③ 콘크리트의 강도
④ 기온

> **해설** ▶ 콘크리트 측압에 영향을 미치는 요인
> • 콘크리트 부어넣기 속도가 빠를수록 측압은 크다.
> • 온도가 낮을수록 측압은 크다.
> • 콘크리트 시공연도가 클수록 측압은 크다.
> • 콘크리트 다지기가 충분할수록 측압은 크다.
> • 벽 두께가 두꺼울수록 측압은 커진다.
> • 철골 또는 철근량이 많을수록 측압은 작다.

**93** 다음과 같은 조건에서 추락 시 로프의 지지점에서 최하단까지의 거리 h를 구하면 얼마인가?

• 로프 길이 : 150[cm]
• 로프 신율 : 30[%]
• 근로자 신장 : 170[cm]

① 2.8[m]
② 3.0[m]
③ 3.2[m]
④ 3.4[m]

> **해설** 거리 h = 로프 길이 + 로프 신장 길이 + (근로자 신장÷2)
> 150 + (150×0.3) + (170÷2) = 280[cm] = 2.8[m]

정답  89 ③  90 ④  91 ④  92 ③  93 ①

**94** 산업안전보건법령에 따른 크레인을 사용하여 작업을 하는 때 작업 시작 전 점검사항에 해당되지 않는 것은?

① 권과방지장치·브레이크·클러치 및 운전장치의 기능
② 주행로의 상측 및 트롤리(trolley)가 횡행하는 레일의 상태
③ 원동기 및 풀리(pulley) 기능의 이상 유무
④ 와이어로프가 통하고 있는 곳의 상태

해설 ③ 원동기 및 풀리 기능의 이상 유무 점검 : 컨베이어벨트 작업 시작 전 점검사항
▶ 크레인 작업 시작 전 점검사항
• 권과방지장치·브레이크·클러치 및 운전장치의 기능
• 주행로의 상측 및 트롤리(trolley)가 횡행하는 레일의 상태
• 와이어로프가 통하고 있는 곳의 상태

**95** 다음은 비계를 조립하여 사용하는 경우 작업발판 설치에 관한 기준이다. ( )에 들어갈 내용으로 옳은 것은?

> 사업주는 비계(달비계, 달대비계 및 말비계는 제외한다)의 높이가 ( ) 이상인 작업장소에 다음 각 호의 기준에 맞는 작업발판을 설치하여야 한다.
> 1. 발판재료는 작업할 때의 하중을 견딜 수 있도록 견고한 것으로 할 것
> 2. 작업발판의 폭은 40[cm] 이상으로 하고, 발판재료 간의 틈은 3[cm] 이하로 할 것

① 1[m]   ② 2[m]
③ 3[m]   ④ 4[m]

해설 ▶ 작업발판의 구조
「산업안전보건기준에 관한 규칙」 제56조
사업주는 비계(달비계, 달대비계 및 말비계는 제외한다)의 높이가 2[m] 이상인 작업장소에 다음 각 호의 기준에 맞는 작업발판을 설치하여야 한다.
1. 발판재료는 작업할 때의 하중을 견딜 수 있도록 견고한 것으로 할 것
2. 작업발판의 폭은 40[cm] 이상으로 하고, 발판재료 간의 틈은 3[cm] 이하로 할 것. 다만, 외줄비계의 경우에는 고용노동부장관이 별도로 정하는 기준에 따른다.
3. 제2호에도 불구하고 선박 및 보트 건조작업의 경우 선박블록 또는 엔진실 등의 좁은 작업공간에 작업발판을 설치하기 위하여 필요하면 작업발판의 폭을 30[cm] 이상으로 할 수 있고, 걸침비계의 경우 강관기둥 때문에 발판 재료 간의 틈을 3[cm] 이하로 유지하기 곤란하면 5[cm] 이하로 할 수 있다. 이 경우 그 틈 사이로 물체 등이 떨어질 우려가 있는 곳에는 출입금지 등의 조치를 하여야 한다.
4. 추락의 위험이 있는 장소에는 안전난간을 설치할 것. 다만, 작업의 성질상 안전난간을 설치하는 것이 곤란한 경우, 작업의 필요상 임시로 안전난간을 해체할 때에 추락방호망을 설치하거나 근로자로 하여금 안전대를 사용하도록 하는 등 추락위험 방지 조치를 한 경우에는 그러하지 아니하다.
5. 작업발판의 지지물은 하중에 의하여 파괴될 우려가 없는 것을 사용할 것
6. 작업발판재료는 뒤집히거나 떨어지지 않도록 둘 이상의 지지물에 연결하거나 고정시킬 것
7. 작업발판을 작업에 따라 이동시킬 경우에는 위험 방지에 필요한 조치를 할 것

**96** 다음은 산업안전보건법령에 따른 승강설비의 설치에 관한 내용이다. ( )에 들어갈 내용으로 옳은 것은?

> 사업주는 높이 또는 깊이가 ( )를 초과하는 장소에서 작업하는 경우 해당 작업에 종사하는 근로자가 안전하게 승강하기 위한 건설작업용 리프트 등의 설비를 설치하여야 한다. 다만, 승강설비를 설치하는 것이 작업의 성질상 곤란한 경우에는 그러하지 아니하다.

① 2[m]   ② 3[m]
③ 4[m]   ④ 5[m]

94 ③   95 ②   96 ①

해설 ▶ 승강설비의 설치

「산업안전보건기준에 관한 규칙」 제46조
사업주는 높이 또는 깊이가 2[m]를 초과하는 장소에서 작업하는 경우 해당 작업에 종사하는 근로자가 안전하게 승강하기 위한 건설작업용 리프트 등의 설비를 설치하여야 한다. 다만, 승강설비를 설치하는 것이 작업의 성질상 곤란한 경우에는 그러하지 아니하다.

**97** 리프트(Lift)의 방호장치에 해당하지 않는 것은?

① 권과방지장치
② 비상정지장치
③ 과부하방지장치
④ 자동경보장치

해설 ▶ 리프트의 방호장치
- 낙하방지장치, 권과방지장치, 과부하방지장치, 비상정지장치, 방호울
- 양중기(크레인, 리프트, 곤돌라, 승강기)에는 자동경보장치가 불필요하다.

**98** 부두·안벽 등 하역 작업을 하는 장소에서 부두 또는 안벽의 선을 따라 통로를 설치하는 경우 그 폭을 최소 얼마 이상으로 하여야 하는가?

① 60[cm]    ② 90[cm]
③ 120[cm]   ④ 150[cm]

해설 부두 또는 안벽의 선을 따라 통로를 설치하는 경우에는 폭을 90[cm] 이상으로 할 것

**99** 안전관리비의 사용항목에 해당하지 않는 것은?

① 안전시설비
② 개인보호구 구입비
③ 접대비
④ 사업장의 안전·보건진단비

해설 ▶ 안전관리비의 사용항목
- 안전관리자 등의 인건비 및 각종 업무수당 등
- 안전시설비 등
- 개인보호구 및 안전장구 구입비 등
- 사업장의 안전진단비
- 안전보건교육비 및 행사비 등
- 근로자의 건강관리비 등
- 건설재해예방기술지도비
- 본사 사용비

**100** 강관을 사용하여 비계를 구성하는 경우의 준수사항으로 옳지 않은 것은?

① 비계기둥의 간격은 띠장 방향에서는 1.85[m] 이하로 할 것
② 비계기둥의 간격은 장선(長線) 방향에서는 1.0[m] 이하로 할 것
③ 띠장 간격은 2.0[m] 이하로 할 것
④ 비계기둥 간의 적재하중은 400[kg]을 초과하지 않도록 할 것

해설 비계기둥의 간격은 띠장 방향에서는 1.85[m] 이하, 장선(長線) 방향에서는 1.5[m] 이하로 할 것. 다만, 선박 및 보트 건조작업의 경우 안전성에 대한 구조검토를 실시하고 조립도를 작성하면 띠장 방향 및 장선 방향으로 각각 2.7[m] 이하로 할 수 있다.

정답  97 ④  98 ②  99 ③  100 ②

# 2021년 제1회 기출 복원문제

## 1과목 산업안전관리론

**01** 사고예방대책의 기본원리 5단계 중 사실의 발견 단계에 해당하는 것은?

① 작업환경 측정
② 안정성 진단, 평가
③ 점검, 검사 및 조사 실시
④ 안전관리 계획수립

해설 ▶ 하인리히 사고예방대책 5단계 중 2단계(사실의 발견)
- 사고 및 안전활동 기록 검토 작업분석
- 관찰 및 보고서의 연구 등을 통하여 불안전요소 발견
- 안전점검 및 안전진단 사고조사
- 근로자의 제안 및 여론조사
- 안전회의 및 토의

**02** 하인리히의 재해구성비율에 따라 경상사고가 87건 발생하였다면 무상해사고는 몇 건이 발생하였겠는가?

① 300건
② 600건
③ 900건
④ 1,200건

해설 ▶ 하인리히의 법칙
1 : 29 : 300(사망·중상 : 경상 : 무상해사고)
여기서, 경상사고가 87건 발생하였으므로
3 : 87 : 900
따라서 무상해사고는 900건 발생하였다.

**03** 산업안전보건법령상 상시 근로자 수의 산출내역에 따라, 연간 국내공사 실적액이 50억 원이고 건설업평균임금이 250만 원이며, 노무비율은 0.06인 사업장의 상시 근로자 수는?

① 10인
② 30인
③ 33인
④ 75인

해설 상시 근로자 수 = $\dfrac{\text{연간 국내공사 실적액} \times \text{노무비율}}{\text{건설업 월평균 임금} \times 12}$

상시 근로자 수 = $\dfrac{50억 원 \times 0.06}{250만 원 \times 12} = 10$

**04** 무재해운동의 이념 가운데 직장의 위험요인을 행동하기 전에 예지하여 발견, 파악, 해결하는 것을 의미하는 것은?

① 무의 원칙
② 선취의 원칙
③ 참가의 원칙
④ 인간존중의 원칙

해설 ▶ 무재해운동 3원칙
- 무(Zero)의 원칙 : 산업재해의 근원적인 요소들을 없앤다는 것
- 안전제일의 원칙(선취의 원칙) : 행동하기 전, 잠재위험요인을 발견하고 파악, 해결하여 재해를 예방하는 것
- 참여의 원칙(참가의 원칙) : 전원이 일치 협력하여 각자의 위치에서 적극적으로 문제를 해결하는 것

정답 01 ③  02 ③  03 ①  04 ②

**05** 보호구 안전인증 고시에 따른 안전화의 정의 중 ( ) 안에 알맞은 것은?

> 경작업용 안전화란 ( ㉠ )[mm]의 낙하높이에서 시험했을 때 충격과 ( ㉡ ±0.1)[kN]의 압축하중에서 시험했을 때 압박에 대하여 보호해 줄 수 있는 선심을 부착하여, 착용자를 보호하기 위한 안전화를 말한다.

① ㉠ 500, ㉡ 10.0
② ㉠ 250, ㉡ 10.0
③ ㉠ 500, ㉡ 4.4
④ ㉠ 250, ㉡ 4.4

**해설** '경작업용 안전화'란 250[mm]의 낙하높이에서 시험했을 때 충격과 (4.4±0.1)[kN]의 압축하중에서 시험했을 때 압박에 대하여 보호해 줄 수 있는 선심을 부착하여, 착용자를 보호하기 위한 안전화를 말한다.

**06** 「산업안전보건법」상 특별안전·보건 교육대상 작업이 아닌 것은?

① 건설용 리프트·곤돌라를 이용한 작업
② 전압이 50볼트(V)인 정전 및 활선작업
③ 화학설비 중 반응기, 교반기·추출기의 사용 및 세척작업
④ 액화석유가스·수소가스 등 인화성 가스 또는 폭발성 물질 중 가스의 발생장치 취급작업

**해설** 전압이 75볼트 이상인 정전 및 활선작업

**07** 다음 재해손실비용 중 직접손실비에 해당하는 것은?

① 진료비
② 입원 중의 잡비
③ 당일 손실 시간손비
④ 구원, 연락으로 인한 부동 임금

**해설**

| 직접비 | 간접비 |
|---|---|
| 치료비, 휴업, 요양, 유족, 장해, 간병, 직업재활급여, 상병보상연금, 장례비 | 인적·물적 손실비, 생산손실비, 기계·기구손실비 |

**08** 개인 카운슬링(Counseling) 방법으로 가장 거리가 먼 것은?

① 직접적 충고
② 설득적 방법
③ 설명적 방법
④ 반복적 충고

**해설** ▶ 개인 카운슬링의 3가지 방법
직접적, 설득적, 설명적

**09** 비통제의 집단행동 중 폭동과 같은 것을 말하며, 군중보다 합의성이 없고, 감정에 의해서만 행동하는 특성은?

① 패닉(Panic)
② 모브(Mob)
③ 모방(Imitation)
④ 심리적 전염(Mental Epidemic)

**정답** 05 ④  06 ②  07 ①  08 ④  09 ②

해설 ▶ 비통제의 집단행동
- 군중(crowd) : 성원 사이에 지위, 역할 문화 없고, 책임감 없음
- 모브(mob) : 폭동, 감정, 공격적 군중보다 합의성 없음
- 패닉(panic) : 모브가 공격적이면 패닉은 방위적
- 심리적 전염(mental epidemic) : 유행, 무비판적, 상당한 기간

## 10 산업안전보건법령상 안전인증대상 기계·기구 등이 아닌 것은?

① 프레스  ② 전단기
③ 롤러기  ④ 산업용 원심기

해설 ▶ 안전인증대상 기계 등(시행령 제74조 제1항 제1호)
- 프레스
- 전단기 및 절곡기(折曲機)
- 크레인
- 리프트
- 압력용기
- 롤러기
- 사출성형기(射出成形機)
- 고소(高所)작업대
- 곤돌라

## 11 토의법의 유형 중 다음에서 설명하는 것은?

> 교육과제에 정통한 전문가 4~5명이 피교육자 앞에서 자유로이 토의를 실시한 다음에 피교육자 전원이 참가하여 사회자의 사회에 따라 토의하는 방법

① 포럼(forum)
② 패널 디스커션(panel discussion)
③ 심포지엄(symposium)
④ 버즈 세션(buzz session)

해설 ① 포럼(forum) : 제시된 과제에 대해서 2명의 전문가가 대화를 해서 토의를 위한 재료 내지 화제를 제공하여 청중이 그 문제에 대해 생각해 보도록 하는 것
② 패널 디스커션(panel discussion) : 교육과제에 정통한 전문가 4~5명이 피교육자 앞에서 자유로이 토의를 실시한 다음에 피교육자 전원이 참가하여 사회자의 사회에 따라 토의하는 방법
③ 심포지엄(symposium) : 여러 사람의 강연자가 하나의 주제에 대해서 각각 다른 입장에서 짧은 강연을 하고, 그 뒤부터 청중으로부터 질문이나 의견을 내어 넓은 시야에서 문제를 생각하고, 많은 사람들에 관심을 가지고, 결론을 이끌어 내려고 하는 집단토론방식
④ 버즈 세션(buzz session) : 집단의 구성원 모두가 적극적으로 참가하여 발언할 수 있도록 한 소집단 토의법. 미시간대학교의 J.D. 필립스가 창안한 방법으로, 이를 응용한 학습을 버즈학습(buzz learning)이라 한다.

## 12 추락 및 감전 위험방지용 안전모의 일반구조가 아닌 것은?

① 착장체
② 충격흡수재
③ 선심
④ 모체

해설 선심 : 안전화 앞 코에 있는 철판

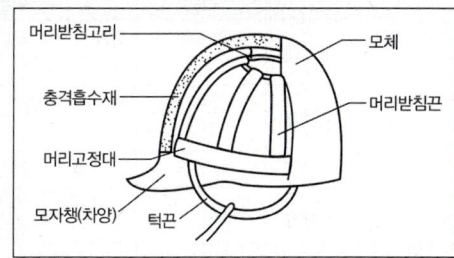

착장체는 머리고정대, 머리받침끈, 머리받침고리를 말한다.

**13** 근로자가 작업대 위에서 전기공사 작업 중 감전에 의하여 지면으로 떨어져 다리에 골절상해를 입은 경우의 기인물과 가해물로 옳은 것은?

① 기인물 – 작업대, 가해물 – 지면
② 기인물 – 전기, 가해물 – 지면
③ 기인물 – 지면, 가해물 – 전기
④ 기인물 – 작업대, 가해물 – 전기

해설 ▶ 기인물과 가해물
- 기인물 : 재해가 일어난 근원이 되었던 기계, 장치 또는 기타 물건 또는 환경 등을 말한다.
- 가해물 : 사람에 직접 충돌하거나 또는 접촉에 의해서 위해(危害)를 준 물건을 말한다.

**14** 매슬로우(Maslow)의 욕구단계이론 중 제2단계의 욕구에 해당하는 것은?

① 사회적 욕구
② 안전에 대한 욕구
③ 자아실현의 욕구
④ 존경과 긍지에 대한 욕구

해설 ▶ 매슬로우의 욕구단계이론

| 단계 | 이론 | 설명 |
| --- | --- | --- |
| 5단계 | 자아실현의 욕구 | 잠재능력의 극대화, 성취의 욕구 |
| 4단계 | 인정받으려는 욕구 | 자존심, 성취감, 승진 등 자존의 욕구 |
| 3단계 | 사회적 욕구 | 소속감과 애정에 대한 욕구 |
| 2단계 | 안전의 욕구 | 자기존재에 대한 욕구, 보호받으려는 욕구 |
| 1단계 | 생리적 욕구 | 기본적 욕구로서 강도가 가장 높은 욕구 |

**15** 「산업안전보건법」상 안전·보건표지에서 기본모형의 색상이 빨강이 아닌 것은?

① 산화성 물질 경고
② 화기금지
③ 탑승금지
④ 고온경고

해설 ▶ 안전·보건표지

| 산화성 물질 경고 | 화기금지 | 탑승금지 | 고온경고 |

금지표지가 기본모형의 색상이 빨강이므로 화기금지와 탑승금지는 빨강이고, 산화성 물질 경고는 무색 바탕에 빨강(또는 검정)이다. 고온경고는 노란색 바탕에 검정의 기본모형으로 표시한다.

**16** 산업심리의 5대 요소에 해당되지 않는 것은?

① 동기
② 지능
③ 감정
④ 습관

해설 ▶ 산업안전심리 5요소
- 동기(motive)
- 기질(temper)
- 감정(emotion)
- 습성(habits)
- 습관(custom)

정답 13 ② 14 ② 15 ④ 16 ②

**17** 점검시기에 의한 안전점검의 분류에 해당하지 않는 것은?

① 성능점검  ② 정기점검
③ 임시점검  ④ 특별점검

해설 ▶ 안전점검의 종류
- 정기점검 : 일정기간마다 정기적으로 실시(법적 기준, 사내규정을 따름)
- 수시점검(일상점검) : 매일 작업 전, 중, 후에 실시
- 특별점검 : 기계, 기구, 설비의 신설·변경 또는 고장 수리 시
- 임시점검 : 기계, 기구, 설비 이상 발견 시 임시로 점검

**18** 사고예방대책의 기본원리 5단계 중 제4단계의 내용으로 틀린 것은?

① 인사조정
② 작업분석
③ 기술의 개선
④ 교육 및 훈련의 개선

해설 ▶ 사고예방대책의 기본원리 5단계
1. 1단계 : 안전관리조직
   안전관리조직을 구성, 계획을 수립하고 전문적 기술을 가진 조직을 통해 안전활동 수립
2. 2단계 : 사실의 발견
   사고 및 활동 기록 검토, 작업분석, 안전점검 및 검사 사고조사, 토의, 불안적 요소를 발견
3. 3단계 : 원인규명(분석평가)
   사고보고서 및 현장조사 분석, 사고 기록 관계 자료 분석
   인적 및 물적 환경조건 분석, 작업공정 분석, 교육훈련 분석
4. 4단계 : 대책의 선정(시정방법의 선정)
   기술적 개선, 인사치조정, 교육 및 훈련 개선
   안전행정의 개선, 규정 및 제도 개선, 효과적인 개선방법 선정
5. 5단계 : 대책의 적용(시정책의 적용)
   하베이 3E – 기술, 교육, 관리

**19** 허즈버그의 동기/위생이론 중 위생요인에 해당하지 않는 것은?

① 보수
② 책임감
③ 작업조건
④ 감독

해설 ▶ Herzberg의 위생-동기 2요인 이론

| 위생요인<br>(직무환경,<br>저차원적 요구) | 동기요인<br>(직무내용,<br>고차원적 요구) |
|---|---|
| • 회사정책과 관리<br>• 개인 상호 간의 관계<br>• 감독<br>• 임금<br>• 보수<br>• 작업조건<br>• 지위<br>• 안전 | • 성취감<br>• 책임감<br>• 인정감<br>• 성장과 발전<br>• 도전감<br>• 일 그 자체 |

**20** 무재해운동 추진기법 중 다음에서 설명하는 것은?

> 작업을 오조작 없이 안전하게 하기 위하여 작업공정의 요소에서 자신의 행동을 하고 대상을 가리킨 후 큰소리로 확인하는 것

① 지적확인
② T.B.M
③ 터치 앤드 콜
④ 삼각위험 예지훈련

해설 지적확인은 작업의 정확성이나 안전을 확인하기 위해 사람의 눈이나 귀 등 오관의 감각기관을 총동원하는 것으로 작업을 안전하게 오조작 없이 작업공정의 요소요소에서 자신의 행동을 "…, 좋아!"하고 대상을 지적하여 큰소리로 확인하는 것을 말한다.

정답 17 ①　18 ②　19 ②　20 ①

## 2과목 인간공학 및 시스템안전공학

**21** 휘도(luminance)가 10[cd/m²]이고, 조도(illuminance)가 100[lx]일 때 반사율(reflectance)[%]은?

① 0.1[π]    ② 10[π]
③ 100[π]    ④ 1,000[π]

해설 반사율 = 광도 이상÷조도
광도 = π×휘도
반사율 = π×휘도÷조도
     = π×10÷100
     = 0.1π

**22** 소음성 난청 유소견자로 판정하는 구분을 나타내는 것은?

① A    ② C
③ $D_1$    ④ $D_2$

해설 ① A : 건강한 근로자
② C : 직업병 요관찰자
③ $D_1$ : 직업병 유소견자
④ $D_2$ : 일반 질병 유소견자

**23** FTA 도표에서 사용하는 논리기호 중 기본사상을 나타내는 기호는?

①    ②
③    ④

해설 ① 결함사상    ② 기본사상
③ 통상사상    ④ 생략사상

**24** 그림과 같은 시스템에서 전체 시스템의 신뢰도는 얼마인가? (단, 네모 안의 숫자는 각 부품의 신뢰도이다)

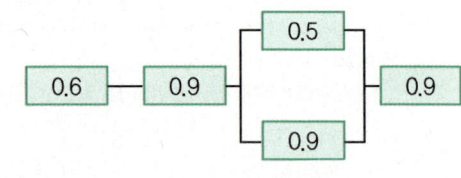

① 0.4104    ② 0.4617
③ 0.6314    ④ 0.6814

해설 0.6×0.9×[1−(1−0.5)(1−0.9)]×0.9 = 0.4617

**25** 다음 FTA 그림에서 a, b, c의 부품고장률이 각각 0.01일 때, 최소 컷셋(minimal cut sets)과 신뢰도로 옳은 것은?

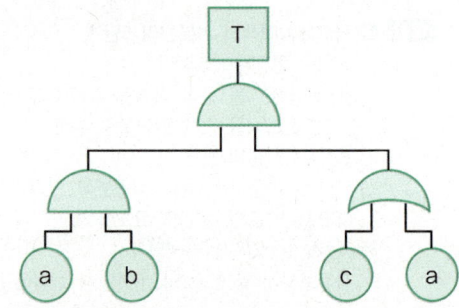

① {a, b}, R[t] = 99.99[%]
② {a, b, c}, R[t] = 98.99[%]
③ {a, c}, R[t] = 96.99[%]
   {a, b}
④ {a, c}, R[t] = 97.99[%]
   {a, b, c}

**해설** (a×b)×(c+a)=(abc)+(aba)=(abc)+(ab)
최소 컷셋은 (ab)
신뢰도(R)=1−고장률
고장률은 (0.01×0.01)×[1−(1−0.01)×(1−0.01)]
=0.00000199
신뢰도=1−0.00000199=0.9999801≒99.99

**26** 암호체계 사용상의 일반적인 지침에 해당하지 않는 것은?

① 암호의 검출성
② 부호의 양립성
③ 암호의 표준화
④ 암호의 단일차원화

**해설** ● 암호체계 사용상 일반적인 지침
- 암호의 검출성
- 부호의 양립성
- 암호의 표준화
- 부호의 의미
- 암호의 다차원화
- 변별성

**27** 레버를 10[°] 움직이면 표시장치는 1[cm] 이동하는 조종장치가 있다. 레버의 길이가 20[cm]라고 하면 이 조종장치의 통제표시비(C/D비)는 약 얼마인가?

① 1.27   ② 2.38
③ 3.49   ④ 4.51

**해설** $C/D비 = \dfrac{(a/360) \times 2\pi L}{\text{표시장치의 이동거리}}$

$C/D비 = \dfrac{(10/360) \times 2 \times \pi \times 20}{1} = 3.48888$

**28** 시스템의 수명곡선에 고장의 발생 형태가 일정하게 나타나는 기간은?

① 초기 고장기간
② 우발 고장기간
③ 마모 고장기간
④ 피로 고장기간

**해설** ● 욕조 곡선
- 초기 고장기간 : 감소형
- 우발 고장기간 : 일정형
- 마모 고장기간 : 증가형

**29** 모든 시스템 안전 프로그램 중 최초 단계의 분석으로 시스템 내의 위험요소가 어떤 상태에 있는지를 정성적으로 평가하는 방법은?

① CA
② FHA
③ PHA
④ FMEA

**해설** ① CA(Criticality Analysis) : 높은 위험도를 가진 요소 또는 그 고장의 형태에 따른 분석방법
② FHA(Fault Hazards Analysis) : 전체 시스템을 구성하고 있는 시스템의 한 구성 요소의 분석에 사용되는 분석방법
③ PHA(Preliminary Hazard Analysis) : 모든 시스템 안전 프로그램의 최초 단계의 분석. 시스템 내의 위험요소가 얼마나 위험한 상태에 있는가를 정성적으로 평가하는 것
④ FMEA(Failure Modes and Effects Analysis) : 고장형태와 영향 분석이라고도 하며, 이 분석기법은 각 요소의 고장 유형과 그 고장이 미치는 영향을 분석하는 방법으로 귀납적이면서 정성적으로 분석하는 방법

26 ④   27 ③   28 ②   29 ③

**30** 산업안전보건법령상 정밀작업 시 갖추어야 할 작업면의 조도 기준은? (단, 갱내 작업장과 감광재료를 취급하는 작업장은 제외한다)

① 75[lx] 이상
② 150[lx] 이상
③ 300[lx] 이상
④ 750[lx] 이상

해설

| 초정밀작업 | 정밀작업 | 보통작업 | 그 밖의 작업 |
|---|---|---|---|
| 750[lx] 이상 | 300[lx] 이상 | 150[lx] 이상 | 75[lx] 이상 |

**31** 체계분석 및 설계에 있어서 인간공학의 가치와 가장 거리가 먼 것은?

① 성능의 향상
② 인력이용률의 감소
③ 사용자의 수용도 향상
④ 사고 및 오용으로부터의 손실 감소

해설 ▶ 체계의 설계에 있어서 인간공학의 가치
- 적절한 배경
- 적절한 장비
- 적절한 환경
- 적절한 직무
- 훈련비용의 절감
- 인력이용률의 향상
- 사고 및 오용으로부터의 손실 감소
- 생산 및 정비 유지의 경제성 증대

**32** 1[cd]의 점광원에서 1[m] 떨어진 곳에서의 조도가 3[lux]이었다. 동일한 조건에서 5[m] 떨어진 곳에서의 조도는 약 몇 [lux]인가?

① 0.12   ② 0.22
③ 0.36   ④ 0.56

해설 조도[lux] = $\dfrac{광도[lumen]}{(거리[m])^2}$

광도 = 조도 × 거리² = 3

조도 = $\dfrac{3}{5^2}$ = 0.12[lux]

**33** 단일 차원의 시각적 암호 중 구성암호, 영문자 암호, 숫자암호에 대하여 암호로서의 성능이 가장 좋은 것부터 배열한 것은?

① 숫자암호 – 영문자암호 – 구성암호
② 구성암호 – 숫자암호 – 영문자암호
③ 영문자암호 – 숫자암호 – 구성암호
④ 영문자암호 – 구성암호 – 숫자암호

해설 ▶ 시각적 암호로서의 성능이 좋은 순서
숫자 – 색깔 – 영문자 – 형상 – 구성

**34** 안전성 향상을 위한 시설배치의 예로 적절하지 않은 것은?

① 기계 배치는 작업의 흐름을 따른다.
② 작업자가 통로 쪽으로 등을 향하여 일하도록 한다.
③ 기계설비 주위에 운전공간, 보수점검 공간을 확보한다.
④ 통로는 선을 그어 명확히 구별하도록 한다.

해설 작업자가 통로 쪽으로 등을 향하여 일하면 사람들이 들락거리다 부딪힐 수 있다.

정답  30 ③   31 ②   32 ①   33 ①   34 ②

**35** 산업안전 분야에서의 인간공학을 위한 제반 언급 사항으로 관계가 먼 것은?

① 안전관리자와의 의사소통 원활화
② 인간과오 방지를 위한 구체적 대책
③ 인간행동 특성자료의 정량화 및 축적
④ 인간-기계체계의 설계 개선을 위한 기금의 축적

**해설** 설계 개선을 위한 기금의 축적은 관계가 멀다.

**36** 일반적으로 인체에 가해지는 온·습도 및 기류 등의 외적 변수를 종합적으로 평가하는 데에는 "불쾌지수"라는 지표가 이용된다. 불쾌지수의 계산식이 다음과 같은 경우, 건구온도와 습구온도의 단위로 옳은 것은?

불쾌지수 = 0.72 × (건구온도 + 습구온도) + 40.6

① 실효온도
② 화씨온도
③ 절대온도
④ 섭씨온도

**해설**
• 섭씨 = (건구온도 + 습구온도) × 0.72 + 40.6
• 화씨 = (건구온도 + 습구온도) × 0.4 + 15
• 70 이하일 때는 모든 사람이 불쾌감을 느끼지 않는다.
• 70 이상일 때에는 불쾌감을 느끼기 시작한다.
• 80 이상은 모든 사람이 불쾌감을 느낀다.

**37** 필요한 작업 또는 절차의 잘못된 수행으로 발생하는 과오는?

① 시간적 과오(time error)
② 생략적 과오(omission error)
③ 순서적 과오(sequential error)
④ 수행적 과오(commision error)

**해설**
① 시간오류(time error) : 절차의 수행지연에 의한 오류
② 생략오류(omission error) : 절차를 생략해 발생하는 오류
③ 순서오류(sequential error) : 절차의 순서착오에 의한 오류
④ 작위오류(commission error) : 절차의 불확실한 수행에 의한 오류

**38** 다음은 1/100초 동안 발생한 3개의 음파를 나타낸 것이다. 음의 세기가 가장 큰 것과 가장 높은 음은 무엇인가?

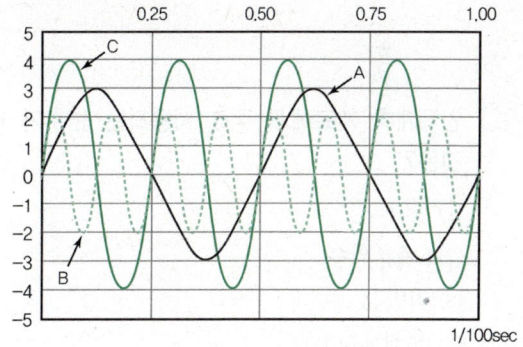

① 가장 큰 음의 세기 : A, 가장 높은 음 : B
② 가장 큰 음의 세기 : C, 가장 높은 음 : B
③ 가장 큰 음의 세기 : C, 가장 높은 음 : A
④ 가장 큰 음의 세기 : B, 가장 높은 음 : C

**해설**
• 음의 세기 : 진폭 높이가 가장 큰 것(C)
• 높은 음 : 진폭이 좁은 것(B)

35 ④  36 ④  37 ④  38 ②

**39** 인간공학에 관련된 설명으로 틀린 것은?

① 편리성, 쾌적성, 효율성을 높일 수 있다.
② 사고를 방지하고 안전성과 능률성을 높일 수 있다.
③ 인간의 특성과 한계점을 고려하여 제품을 설계한다.
④ 생산성을 높이기 위해 인간을 작업 특성에 맞추는 것이다.

**해설** ▶ 인간공학

| 사회적, 인간적 측면 | • 사용상의 효율성 및 편리성 향상<br>• 안정감 및 만족도를 증가시키고 인간의 가치기준을 향상(삶의 질적 향상)<br>• 인간·기계 시스템에 대하여 인간의 복지, 안락함, 효율성을 향상시키는 것 |
|---|---|
| 산업현장 및 작업장 측면 | • 안전성 향상 및 사고예방<br>• 직업능률 및 생산성 증대<br>• 작업환경의 쾌적성 |

**40** 인체계측 자료에서 주로 사용하는 변수가 아닌 것은?

① 평균
② 5백분위수
③ 최빈값
④ 95백분위수

**해설** ▶ 설계원칙에서의 인체계측 자료
• 극단적 설계는 남성 95백분위수, 여성 5백분위수를 기준으로 설계한다.
• 가변적 설계는 여성 5백분위수에서 남성 95백분위수를 수용하도록 설계한다.
• 평균적 설계는 극단치 이용이 불가능한 경우로 평균치를 이용하여 설계한다.

## 3과목 기계위험방지기술

**41** 산업안전보건법령상 양중기에 사용하지 않아야 하는 달기체인의 기준으로 틀린 것은?

① 변형이 심한 것
② 균열이 있는 것
③ 길이의 증가가 제조 시보다 3[%]를 초과한 것
④ 링의 단면지름의 감소가 제조 시 링 지름의 10[%]를 초과한 것

**해설** ▶ 달기체인의 사용금지

「산업안전보건기준에 관한 규칙」 제63조 제1항 제2호
가. 달기체인의 길이가 달기체인이 제조된 때의 길이의 5퍼센트를 초과한 것
나. 링의 단면지름이 달기체인이 제조된 때의 해당 링의 지름의 10퍼센트를 초과하여 감소한 것
다. 균열이 있거나 심하게 변형된 것

**42** 지름이 60[cm]이고, 20[rpm]으로 회전하는 롤러기의 무부하 동작에서 급정지 거리기준으로 옳은 것은?

① 앞면 롤러 원주의 1/1.5 이내 거리에서 급정지
② 앞면 롤러 원주의 1/2 이내 거리에서 급정지
③ 앞면 롤러 원주의 1/2.5 이내 거리에서 급정지
④ 앞면 롤러 원주의 1/3 이내 거리에서 급정지

**해설** 표면속도 = 표면속도[V] = $\frac{\pi DN}{1,000}$

$\frac{3.14 \times 600 \times 20}{1,000}$ = 37.68[m/min]

• 롤러의 표면속도 30 미만 = 롤러 원주의 1/3
• 롤러의 표면속도 30 이상 = 롤러 원주의 1/2.5

**정답** 39 ④  40 ③  41 ③  42 ③

**43** 500[rpm]으로 회전하는 연삭기의 숫돌지름이 200[mm]일 때 원주속도[m/min]는?

① 628　　　② 62.8
③ 314　　　④ 31.4

해설　숫돌의 원주속도(V)[m/분] = $\dfrac{\pi DN}{1,000}$

D : 숫돌의 직경[m], N : 회전수[rpm]

$\dfrac{3.14 \times 200 \times 500}{1,000} = 314$

**44** 산업용 로봇에 사용되는 안전 매트에 요구되는 일반구조 및 표시에 관한 설명으로 옳지 않은 것은?

① 단선경보장치가 부착되어 있어야 한다.
② 감응시간을 조절하는 장치는 부착되어 있지 않아야 한다.
③ 자율안전확인의 표시 외에 작동하중, 감응시간, 복귀신호의 자동 또는 수동 여부, 대소인공용 여부를 추가로 표시해야 한다.
④ 감응도 조절장치가 있는 경우 봉인되어 있지 않아야 한다.

해설　안전 매트 또는 광전자식 방호장치 등 감응형(感應形) 방호장치를 설치하여야 한다.

**45** 연삭숫돌의 덮개 재료 선정 시 최고속도에 따라 허용되는 덮개두께가 달라지는데 동일한 최고속도에서 가장 얇은 판을 쓸 수 있는 덮개의 재료로 다음 중 가장 적절한 것은?

① 회주철　　　② 압연강판
③ 가단주철　　④ 탄소강주강품

해설　연삭숫돌 덮개의 두께
- 압연강판을 재료로 사용하는 덮개의 두께는 고용노동부 고시 및 기술지침에 제시되고 있다.
- 주철, 가단주철 또는 주강을 재료로 사용하는 덮개의 두께는 재료의 종류에 따라 표의 계수를 곱해서 얻은 값 이상이어야 한다.

**46** 금형 조정작업 시 슬라이드가 갑자기 작동하는 것으로부터 근로자를 보호하기 위하여 가장 필요한 안전장치는?

① 안전블록　　　② 클러치
③ 안전 1행정 스위치　④ 광전자식 방호장치

해설　금형을 부착·해체 또는 조정작업을 하는 때에는 신체의 일부가 위험한계 내에 들어갈 때에 슬라이드가 불시에 하강함으로써 발생하는 위험을 방지하기 위하여 안전블록을 사용하여야 한다.

**47** 롤러에 설치하는 급정지장치 조작부의 종류와 그 위치로 옳은 것은? (단, 위치는 조작부의 중심점을 기준으로 함)

① 발조작식은 밑면으로부터 0.2[m] 이내
② 손조작식은 밑면으로부터 1.8[m] 이내
③ 복부조작식은 밑면으로부터 0.6[m] 이상 1[m] 이내
④ 무릎조작식은 밑면으로부터 0.2[m] 이상 0.4[m] 이내

해설　급정지장치 조작부의 종류와 위치
- 손조작식 : 바닥면으로부터 1.8[m] 이내
- 복부조작식 : 바닥면으로부터 0.8~1.1[m] 이내
- 무릎조작식 : 바닥면으로부터 0.4~0.6[m] 이내

**48** 다음 중 연삭기의 원주속도 V[m/s]를 구하는 식으로 옳은 것은? (단, D는 숫돌의 지름[M], n은 회전수[rpm])

① $V = \dfrac{\pi Dn}{16}$

② $V = \dfrac{\pi Dn}{32}$

③ $V = \dfrac{\pi Dn}{60}$

④ $V = \dfrac{\pi Dn}{1,000}$

> **해설** $V = \pi Dn [mm/min]$
> 단, 문제에서 주어진 단위는 [m/s]이므로 이를 60으로 나눠야 한다.
> 따라서 $V = \dfrac{\pi Dn}{60}$ [m/s]이다.

**49** 프레스 등의 금형을 부착·해체 또는 조정작업 중 슬라이드가 갑자기 작동하여 근로자에게 발생할 수 있는 위험을 방지하기 위하여 설치하는 것은?

① 방호 울
② 안전블록
③ 시건장치
④ 게이트 가드

> **해설** 프레스 등의 금형을 부착·해체 또는 조정작업을 하는 때에는 신체의 일부가 위험한계 내에 들어갈 때에 슬라이드가 불시에 하강함으로써 발생하는 위험을 방지하기 위하여 안전블록을 사용하여야 한다.

**50** 작업장 내 운반을 주목적으로 하는 구내운반차가 준수해야 할 사항으로 옳지 않은 것은?

① 주행을 제동하거나 정지상태를 유지하기 위하여 유효한 제동장치를 갖출 것
② 경음기를 갖출 것
③ 핸들의 중심에서 차체 바깥 측까지의 거리가 65[cm] 이내일 것
④ 운전자석이 차 실내에 있는 것은 좌우에 한 개씩 방향지시기를 갖출 것

> **해설** ▸ 제동장치 등
>
> 「산업안전보건기준에 관한 규칙」 제184조
> 사업주는 구내운반차(작업장 내 운반을 주목적으로 하는 차량으로 한정한다)를 사용하는 경우에 다음 각 호의 사항을 준수해야 한다. 〈개정 2021.11.19.〉
> 1. 주행을 제동하거나 정지상태를 유지하기 위하여 유효한 제동장치를 갖출 것
> 2. 경음기를 갖출 것
> 3. 운전석이 차 실내에 있는 것은 좌우에 한 개씩 방향지시기를 갖출 것
> 4. 전조등과 후미등을 갖출 것. 다만, 작업을 안전하게 하기 위하여 필요한 조명이 있는 장소에서 사용하는 구내운반차에 대해서는 그러하지 아니하다.
>
> ※ 지문 ③은 조문이 개정되어 현재는 삭제된 내용이다.

**51** 다음은 지게차의 헤드가드에 관한 기준이다. ( ) 안에 들어갈 내용으로 옳은 것은?

> 지게차 사용 시 화물 낙하 위험의 방호조치사항으로 헤드가드를 낮추어야 한다. 그 강도는 지게차 최대하중의 ( ) 값의 등분포정하중(等分布靜荷重)에 견딜 수 있어야 한다. 단, 그 값이 4톤을 넘는 것에 대하여서는 4톤으로 한다.

① 2배          ② 3배
③ 4배          ④ 5배

**정답** 48 ③   49 ②   50 정답 없음   51 ①

해설 ▶ 헤드가드

「산업안전보건기준에 관한 규칙」 제180조
1. 강도는 지게차의 최대하중의 2배 값(4톤을 넘는 값에 대해서는 4톤으로 한다)의 등분포정하중(等分布靜荷重)에 견딜 수 있을 것
2. 상부 틀의 각 개구의 폭 또는 길이가 16센티미터 미만일 것
3. 운전자가 앉아서 조작하거나 서서 조작하는 지게차의 헤드가드는 한국산업표준에서 정하는 높이 기준 이상일 것

해설 ▶ 악천후 시 조치
- 순간풍속이 초당 10[m]를 초과 : 타워크레인의 설치, 수리, 점검, 해체 작업 중지
- 순간풍속이 초당 15[m]를 초과 : 타워크레인의 운전작업 중지
- 순간풍속이 최대 30[m]를 초과하거나 중진(中震) 이상의 지진 : 옥외 양중기 각 부위 이상 점검

## 52 컨베이어 역전방지장치의 형식 중 전기식 장치에 해당하는 것은?

① 라쳇 브레이크
② 밴드 브레이크
③ 롤러 브레이크
④ 슬러스트 브레이크

해설
- 기계식 장치 : 라쳇, 밴드, 롤러
- 전기식 장치 : 슬러스트, 전기

## 54 프레스 가공품의 이송방법으로 2차 가공용 송급배출장치가 아닌 것은?

① 다이얼 피더(dial feeder)
② 롤 피더(roll feeder)
③ 푸셔 피더(pusher feeder)
④ 트랜스퍼 피더(transfer feeder)

해설 롤 피더는 1차 가공용 송급배출장치이다.

## 53 "가"와 "나"에 들어갈 내용으로 옳은 것은?

순간풍속이 ( 가 )를 초과하는 경우에는 타워크레인의 설치, 수리, 점검 또는 해체작업을 중지하여야 하며, 순간풍속이 ( 나 )를 초과하는 경우에는 타워크레인의 운전작업을 중지하여야 한다.

① 가 : 10[m/s], 나 : 15[m/s]
② 가 : 10[m/s], 나 : 25[m/s]
③ 가 : 20[m/s], 나 : 35[m/s]
④ 가 : 20[m/s], 나 : 45[m/s]

## 55 프레스기의 방호장치의 종류가 아닌 것은?

① 가드식
② 초음파식
③ 광전자식
④ 양수조작식

해설 ▶ 프레스기의 방호장치 종류 : 손쳐내기, 수인식, 광전자식, 양수조작식, 가드식

52 ④  53 ①  54 ②  55 ②

**56** 그림과 같은 지게차가 안정적으로 작업할 수 있는 상태의 조건으로 적합한 것은?

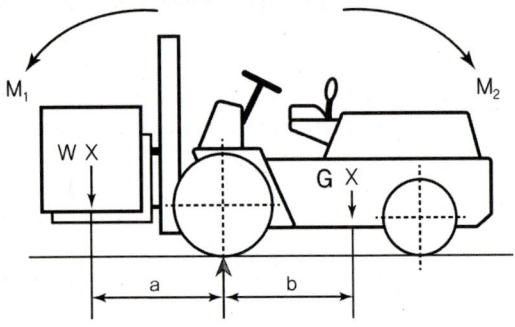

$M_1$ : 화물의 모멘트
$M_2$ : 차의 모멘트

① $M_1 < M_2$
② $M_1 > M_2$
③ $M_1 \geqq M_2$
④ $M_1 > 2M_2$

해설 지게차의 무게는 짐을 싣는 포크 부분보다 차체 부분이 무거워야 안정성이 커진다.
그러므로 $M_1 < M_2$

**57** 양수조작식 방호장치에서 2개의 누름버튼 간의 거리는 300[mm] 이상으로 정하고 있는데 이 거리의 기준은?

① 2개의 누름버튼 간의 중심거리
② 2개의 누름버튼 간의 외측거리
③ 2개의 누름버튼 간의 내측거리
④ 2개의 누름버튼 간의 평균 이동거리

해설 양수조작식의 2개 누름버튼 간의 내측거리 : 300[mm]

**58** 산업안전보건법령상 크레인의 직동식 권과방지장치는 훅·버킷 등 달기구의 윗면이 드럼, 상부 도르래 등 권상장치의 아랫면과 접촉할 우려가 있을 때 그 간격이 얼마 이상이어야 하는가?

① 0.01[m] 이상
② 0.02[m] 이상
③ 0.03[m] 이상
④ 0.05[m] 이상

해설 ▶ 방호장치의 조정

「산업안전보건기준에 관한 규칙」 제134조 제2항
양중기에 대한 권과방지장치는 훅·버킷 등 달기구의 윗면(그 달기구에 권상용 도르래가 설치된 경우에는 권상용 도르래의 윗면)이 드럼, 상부 도르래, 트롤리 프레임 등 권상장치의 아랫면과 접촉할 우려가 있는 경우에 그 간격이 0.25[m] 이상(직동식(直動式) 권과방지장치는 0.05[m] 이상으로 한다)이 되도록 조정하여야 한다.

**59** 산업용 로봇 작업 시 안전조치 방법으로 틀린 것은?

① 작업 중의 매니퓰레이터의 속도의 지침에 따라 작업한다.
② 로봇의 조작방법 및 순서의 지침에 따라 작업한다.
③ 작업을 하고 있는 동안 해당 작업 근로자 이외에도 로봇의 기동스위치를 조작할 수 있도록 한다.
④ 2명 이상의 근로자에게 작업을 시킬 때는 신호방법의 지침을 정하고 그 지침에 따라 작업한다.

정답  56 ①  57 ③  58 ④  59 ③

해설 ▶ 교시 등

「산업안전보건기준에 관한 규칙」 제222조
1. 다음 각 목의 사항에 관한 지침을 정하고 그 지침에 따라 작업을 시킬 것
   가. 로봇의 조작방법 및 순서
   나. 작업 중의 매니퓰레이터의 속도
   다. 2명 이상의 근로자에게 작업을 시킬 경우의 신호방법
   라. 이상을 발견한 경우의 조치
   마. 이상을 발견하여 로봇의 운전을 정지시킨 후 이를 재가동시킬 경우의 조치
   바. 그 밖에 로봇의 예기치 못한 작동 또는 오조작에 의한 위험을 방지하기 위하여 필요한 조치
2. 작업에 종사하고 있는 근로자 또는 그 근로자를 감시하는 사람은 이상을 발견하면 즉시 로봇의 운전을 정지시키기 위한 조치를 할 것
3. 작업을 하고 있는 동안 로봇의 기동스위치 등에 작업 중이라는 표시를 하는 등 작업에 종사하고 있는 근로자가 아닌 사람이 그 스위치 등을 조작할 수 없도록 필요한 조치를 할 것

**60** 개구부에서 회전하는 롤러의 위험점까지 최단거리가 60[mm]일 때 개구부 간격은?

① 10[mm]
② 12[mm]
③ 13[mm]
④ 15[mm]

해설 Y = 가드의 개구부 간격(6+0.15X)
X = 가드와 위험점 간의 거리
Y = 6+0.15X = 6+0.15×60 = 15[mm]

## 4과목 전기 및 화학설비위험방지기술

**61** 작업장 내 시설하는 저압전선에는 감전 등의 위험으로 나전선을 사용하지 않고 있지만, 특별한 이유에 의하여 사용할 수 있도록 규정된 곳이 있는데 이에 해당되지 않는 것은?

① 버스덕트 작업에 의한 시설작업
② 애자 사용 작업에 의한 전기로용 전선
③ 유희용 전차시설의 규정에 준하는 접촉전선을 시설하는 경우
④ 애자 사용 작업에 의한 전선의 피복절연물이 부식되지 않는 장소에 시설하는 전선

해설 ▶ 나전선(절연피복이 없는 전선) 사용이 가능한 경우
• 애자를 사용해 공사한 경우(전기로용 전선, 전선의 피복절연물이 부식하는 장소에 시설하는 전선, 출입불가로 설비한 장소에 시설하는 전선)
• 버스덕트 공사로 시설하는 경우
• 라이팅덕트 공사로 시설하는 경우
• 접촉전선을 시설하는 경우

**62** 작업장에서 꽂음접속기를 설치 또는 사용하는 때에 작업자의 감전위험을 방지하기 위하여 필요한 준수사항으로 틀린 것은?

① 서로 다른 전압의 꽂음접속기는 상호 접속되는 구조의 것을 사용할 것
② 습윤한 장소에 사용되는 꽂음접속기는 방수형 등 해당 장소에 적합한 것을 사용할 것
③ 꽂음접속기를 접속시킬 경우 땀 등으로 젖은 손으로 취급하지 않도록 할 것
④ 꽂음접속기에 잠금장치가 있는 때에는 접속 후 잠그고 사용할 것

60 ④  61 ④  62 ①

해설 ▶ 꽂음접속기의 설치 사용 시 준수사항

「산업안전보건기준에 관한 규칙」 제316조
1. 서로 다른 전압의 꽂음접속기는 서로 접속되지 아니한 구조의 것을 사용할 것
2. 습윤한 장소에 사용되는 꽂음접속기는 방수형 등 그 장소에 적합한 것을 사용할 것
3. 근로자가 해당 꽂음접속기를 접속시킬 경우에는 땀 등으로 젖은 손으로 취급하지 않도록 할 것
4. 해당 꽂음접속기에 잠금장치가 있는 경우에는 접속 후 잠그고 사용할 것

**63** 정전기 발생에 영향을 주는 요인이 아닌 것은?

① 물체의 특성
② 물체의 표면상태
③ 접촉면적 및 압력
④ 응집속도

해설 ▶ 정전기의 발생에 영향을 주는 요인
- 물질의 특성
- 물질의 표면상태
- 물질의 이력
- 접촉면적 및 압력
- 물질의 분리(박리)속도

**64** 다음 중 접지공사의 종류에 해당되지 않는 것은?

① 특별 제1종 접지공사
② 특별 제3종 접지공사
③ 제1종 접지공사
④ 제2종 접지공사

해설 기존의 종별 접지공사는 폐지되어 계통접지 방식으로 변경해서 사용하고, KEC 접지방식을 채택함. 출제 당시에는 정답이 ①이었으나 2021년 개정되어 정답 없음

**65** 다음 중 방폭구조의 종류와 기호가 올바르게 연결된 것은?

① 압력 방폭구조 : q
② 유입 방폭구조 : m
③ 비점화 방폭구조 : n
④ 본질안전 방폭구조 : e

해설 ▶ 방폭구조의 종류와 기호
- 압력 방폭구조 : p
- 유입 방폭구조 : o
- 비점화 방폭구조 : n
- 본질안전 방폭구조 : ia 또는 ib
- 내압 방폭구조 : d
- 특수 방폭구조 : s
- 안전증 방폭구조 : e
- 충전 방폭구조 : q
- 몰드 방폭구조 : m

**66** 교류아크 용접기의 재해방지를 위해 쓰이는 것은?

① 자동전격방지장치    ② 리미트스위치
③ 정전압장치         ④ 정전류장치

해설 교류아크 용접기 방호장치 : 자동전격방지장치

**67** 위험장소의 분류에 있어 다음 설명에 해당되는 것은?

분진운 형태의 가연성 분진이 폭발농도를 형성할 정도로 충분한 양이 정상작동 중에 연속적으로 또는 자주 존재하거나, 제어할 수 없을 정도의 양 및 두께의 분진층이 형성될 수 있는 장소

① 20종 장소    ② 21종 장소
③ 22종 장소    ④ 23종 장소

정답  63 ④  64 정답 없음  65 ③  66 ①  67 ①

해설 ▶ 위험장소의 분류
- 20종 장소 : 자주 위험(제어할 수 없을 정도)
- 21종 장소 : 충분히 위험(충분히 형성됨)
- 22종 장소 : 드물게 위험(형성은 가능)
- 폭발위험장소 : 0종, 1종, 2종

**68** 전기기계·기구에 대하여 누전에 의한 감전위험을 방지하기 위하여 누전차단기를 전기기계·기구에 접속할 때 준수하여야 할 사항으로 옳은 것은?

① 누전차단기는 정격감도전류가 60[mA] 이하이고, 작동시간은 0.1초 이내일 것
② 누전차단기는 정격감도전류가 50[mA] 이하이고, 작동시간은 0.08초 이내일 것
③ 누전차단기는 정격감도전류가 40[mA] 이하이고, 작동시간은 0.06초 이내일 것
④ 누전차단기는 정격감도전류가 30[mA] 이하이고, 작동시간은 0.03초 이내일 것

해설 ▶ 감전방지용 누전차단기를 설치 시 준수사항
전기기계·기구에 설치되어 있는 누전차단기는 정격감도전류가 30밀리암페어 이하이고 작동시간은 0.03초 이내일 것. 다만, 정격전부하전류가 50암페어 이상인 전기기계·기구에 접속되는 누전차단기는 오작동을 방지하기 위하여 정격감도전류는 200밀리암페어 이하로, 작동시간은 0.1초 이내로 할 수 있다.

**69** 감전에 의한 전격위험을 결정하는 주된 인자와 거리가 먼 것은?

① 통전저항　　② 통전전류의 크기
③ 통전경로　　④ 통전시간

해설 ▶ 전격위험을 결정하는 주된 인자
통전전류의 크기 > 통전시간 > 통전경로 > 전원의 종류(직류보다 교류가 위험)

**70** 「산업안전보건기준에 관한 규칙」에 따라 꽂음접속기를 설치 또는 사용하는 경우 준수하여야 할 사항으로 틀린 것은?

① 서로 다른 전압의 꽂음접속기는 서로 접속되지 아니한 구조의 것을 사용할 것
② 습윤한 장소에 사용되는 꽂음접속기는 방수형 등 그 장소에 적합한 것을 사용할 것
③ 근로자가 해당 꽂음접속기를 접속시킬 경우에는 땀 등으로 젖은 손으로 취급하지 않도록 할 것
④ 꽂음접속기에 잠금장치가 있을 때에는 접속 후 개방하여 사용할 것

해설 꽂음접속기에 잠금장치가 있을 때에는 접속 후 잠그고 사용하여야 한다. 꽂음접속기형 누전차단기는 콘센트에 접속하는 등 파손이나 감전사고를 방지할 수 있는 장소에 접속해야 한다.

**71** 전로의 과전류로 인한 재해를 방지하기 위한 방법으로 과전류 차단장치를 설치할 때에 대한 설명으로 틀린 것은?

① 과전류 차단장치로는 차단기·퓨즈 또는 보호계전기 등이 있다.
② 차단기·퓨즈는 계통에서 발생하는 최대 과전류에 대하여 충분하게 차단할 수 있는 성능을 가져야 한다.
③ 과전류 차단장치는 반드시 접지선에 병렬로 연결하여 과전류 발생 시 전로를 자동으로 차단하도록 설치하여야 한다.
④ 과전류 차단장치가 전기계통상에서 상호 협조·보완되어 과전류를 효과적으로 차단하도록 하여야 한다.

해설 과전류 차단장치는 반드시 접지선이 아닌 전로에 직렬로 연결하여 과전류 발생 시 전로를 자동으로 차단하도록 설치하여야 한다.

정답　68 ④　69 ①　70 ④　71 ③

**72** 과전류차단기로 시설하는 퓨즈 중 고압 전로에 사용하는 포장퓨즈는 정격전류의 몇 배를 견딜 수 있어야 하는가?

① 1.1배
② 1.3배
③ 1.6배
④ 2.0배

해설 ▶ 퓨즈의 종류와 정격용량
- 저압용 포장퓨즈 - 정격전류의 1.1배
- 고압용 포장퓨즈 - 정격전류의 1.3배
- 고압용 비포장퓨즈 - 정격전류의 1.25배

**73** 어떤 도체에 20초 동안에 100[C]의 전하량이 이동하면 이때 흐르는 전류[A]는?

① 200
② 50
③ 10
④ 5

해설 $I = \dfrac{Q}{t}$ (Q : 전하량[C], t : 시간, I : 전류)

$\dfrac{100}{20} = 5$

**74** 전기설비에서 일반적인 제2종 접지공사는 접지저항값을 몇 [Ω] 이하로 하여야 하는가?

① 10
② 100
③ 150/1선 지락선류
④ 400/1선 지락선류

해설 2021년 한국전기설비규정(KEC) 개정으로, 접지대상에 따라 일괄 적용한 종별접지 폐지 : 출제 당시의 정답은 ③이었지만, 현재 기준으로는 정답 없음

**75** 피뢰기의 제한전압이 800[kV]이고, 충격절연강도가 1,000[kV]라면, 보호여유도는?

① 12[%]
② 25[%]
③ 39[%]
④ 43[%]

해설 $\dfrac{충격절연강도 - 제한전압}{제한전압} \times 100$

$\dfrac{1,000 - 800}{800} \times 100 = 25$

**76** 인체가 전격을 당했을 경우 통전시간이 1초라면 심실세동을 일으키는 전류값[mA]은? (단, 심실세동전류값은 Dalziel의 관계식을 이용한다)

① 100
② 165
③ 180
④ 215

해설 전류값의 계산식 $\dfrac{165}{\sqrt{T}}$ (T = 시간)

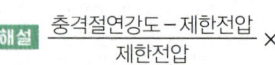

$= \dfrac{165}{\sqrt{1}} = 165$

**77** 어떤 혼합가스의 구성성분이 공기는 50[vol%], 수소는 20[vol%], 아세틸렌은 30[vol%]인 경우 이 혼합가스의 폭발하한계는? (단, 폭발하한값이 수소는 4[vol%], 아세틸렌은 2.5[vol%]이다)

① 2.50[%]
② 2.94[%]
③ 4.76[%]
④ 5.88[%]

해설 (수소+아세틸렌)/[(수소/수소 폭발하한값)+(아세틸렌/아세틸렌 폭발하한값)]
= (20+30)/[(20/4)+(30/2.5)]≒2.94

정답  72 ②  73 ④  74 정답 없음  75 ②  76 ②  77 ②

**78** 다음 중 분진폭발의 발생 위험성을 낮추는 방법으로 적절하지 않은 것은?

① 주변의 점화원을 제거한다.
② 분진이 날리지 않도록 한다.
③ 분진과 그 주변의 온도를 낮춘다.
④ 분진 입자의 표면적을 크게 한다.

**해설** 분진 입자의 면적을 크게 하면 폭발할 가능성이 매우 높아진다.

**79** 인체가 현저히 젖어 있는 상태 또는 금속성의 전기·기계 장치나 구조물에 인체의 일부가 상시 접촉되어 있는 상태에서의 허용접촉전압으로 옳은 것은?

① 2.4[V] 이하
② 25[V] 이하
③ 50[V] 이하
④ 75[V] 이하

**해설**
• 2.5[V] 이하 : 수중에 있는 상태
• 25[V] 이하 : 젖어 있는 상태
• 50[V] 이하 : 인체에 전압이 가해진다면 위험 상황

**80** 위험물안전관리법령상 제4류 위험물(인화성 액체)이 갖는 일반성질로 가장 거리가 먼 것은?

① 증기는 대부분 공기보다 무겁다.
② 대부분 물보다 가볍고 물에 잘 녹는다.
③ 대부분 유기화합물이다.
④ 발생증기는 연소하기 쉽다.

**해설** ▶ **제4류 위험물(인화성 액체)**
• 가연성 물질로 인화성 증기를 발생하는 액체위험물, 인화되기 매우 쉽고 착화온도가 낮은 것은 위험(증기는 공기와 약간만 혼합해도 연소의 우려)
• 점화원이나 고온체의 접근을 피하고, 증기발생을 억제해야 한다.
• 증기는 공기보다 무겁고, 물보다 가벼우며, 물에 녹기 어렵다.

## 5과목 건설안전기술

**81** 토석이 붕괴되는 원인을 외적 요인과 내적 요인으로 나눌 때 외적 요인으로 볼 수 없는 것은?

① 사면, 법면의 경사 및 기울기의 증가
② 지진발생, 차량 또는 구조물의 중량
③ 공사에 의한 진동 및 반복하중의 증가
④ 절토사면의 토질, 암질

**해설** ▶ **토석 붕괴 원인**
1. 외적 원인
   • 사면, 법면의 경사 및 구배의 증가
   • 절토 및 성토 높이의 증가
   • 공사에 의한 진동 및 반복하중의 증가
   • 지표수 및 지하수의 침투에 의한 토사 중량의 증가
   • 지진, 차량, 구조물의 하중
2. 내적 원인
   • 절토사면의 토질, 암질
   • 사면의 토질
   • 토석의 강도 저하

78 ④  79 ②  80 ②  81 ④

**82** 근로자가 추락하거나 넘어질 위험이 있는 장소에서 추락방호망의 설치 기준으로 옳지 않은 것은?

① 망의 처짐은 짧은 변 길이의 10[%] 이상이 되도록 할 것
② 추락방호망은 수평으로 설치할 것
③ 건축물 등의 바깥쪽으로 설치하는 경우 추락방호망의 내민 길이는 벽면으로부터 3[m] 이상 되도록 할 것
④ 추락방호망의 설치 위치는 가능하면 작업면으로부터 가까운 지점에 설치하여야 하며, 작업면으로부터 망의 설치 지점까지의 수직거리는 10[m]를 초과하지 아니할 것

**해설** ▶ 추락방호망 설치 기준

「산업안전보건기준에 관한 규칙」 제42조 제2항
1. 추락방호망의 설치 위치는 가능하면 작업면으로부터 가까운 지점에 설치하여야 하며, 작업면으로부터 망의 설치 지점까지의 수직거리는 10미터를 초과하지 아니할 것
2. 추락방호망은 수평으로 설치하고, 망의 처짐은 짧은 변 길이의 12퍼센트 이상이 되도록 할 것
3. 건축물 등의 바깥쪽으로 설치하는 경우 추락방호망의 내민 길이는 벽면으로부터 3미터 이상 되도록 할 것. 다만, 그물코가 20밀리미터 이하인 추락방호망을 사용한 경우에는 낙하물방지망을 설치한 것으로 본다.

**83** 콘크리트 타설 시 거푸집의 측압에 영향을 미치는 인자들에 관한 설명으로 옳지 않은 것은?

① 슬럼프가 클수록 측압이 크다.
② 거푸집의 강성이 클수록 측압은 크다.
③ 철근량이 많을수록 측압은 작다.
④ 타설 속도가 느릴수록 측압은 크다.

**해설** ▶ 콘크리트 타설 시 거푸집의 측압에 영향을 미치는 인자
- 콘크리트 부어넣기 속도가 빠를수록 측압은 크다.
- 온도가 낮을수록 측압은 크다.
- 콘크리트 시공연도가 클수록 측압은 크다.
- 콘크리트 다지기가 충분할수록 측압은 크다.
- 벽 두께가 두꺼울수록 측압은 커진다.
- 철골 또는 철근량이 많을수록 측압은 작다.

**84** 다음 중 유해·위험방지계획서 제출대상 공사에 해당하는 것은?

① 지상높이가 25[m]인 건축물 건설공사
② 최대 지간길이가 45[m]인 교량건설공사
③ 깊이가 8[m]인 굴착공사
④ 제방 높이가 50[m]인 다목적댐 건설공사

**해설** ▶ 유해위험방지계획서 제출대상

「산업안전보건법 시행령」 제42조 제3항
1. 다음 각 목의 어느 하나에 해당하는 건축물 또는 시설 등의 건설·개조 또는 해체(이하 '건설 등'이라 한다) 공사
 가. 지상높이가 31미터 이상인 건축물 또는 인공구조물
 나. 연면적 3만 제곱미터 이상인 건축물
 다. 연면적 5천 제곱미터 이상인 시설로서 다음의 어느 하나에 해당하는 시설
  1) 문화 및 집회시설(전시장 및 동물원·식물원은 제외한다)
  2) 판매시설, 운수시설(고속철도의 역사 및 집배송시설은 제외한다)
  3) 종교시설
  4) 의료시설 중 종합병원
  5) 숙박시설 중 관광숙박시설
  6) 지하도상가
  7) 냉동·냉장 창고시설
2. 연면적 5천 제곱미터 이상인 냉동·냉장 창고시설의 설비공사 및 단열공사
3. 최대 지간(支間)길이(다리의 기둥과 기둥의 중심 사이의 거리)가 50미터 이상인 다리의 건설 등 공사
4. 터널의 건설 등 공사
5. 다목적댐, 발전용 댐, 저수용량 2천만 톤 이상의 용수 전용 댐 및 지방상수도 전용 댐의 건설 등 공사
6. 깊이 10미터 이상인 굴착공사

정답  82 ①  83 ④  84 ④

**85** 잠함 또는 우물통의 내부에서 근로자가 굴착작업을 하는 경우의 준수사항으로 옳지 않은 것은?

① 산소결핍 우려가 있는 경우에는 산소의 농도를 측정하는 사람을 지명하여 측정하도록 할 것
② 근로자가 안전하게 오르내리기 위한 설비를 설치할 것
③ 굴착깊이가 20[m]를 초과하는 경우에는 해당 작업장소와 외부와의 연락을 위한 통신설비 등을 설치할 것
④ 잠함 또는 우물통의 급격한 침하에 의한 위험을 방지하기 위하여 바닥으로부터 천장 또는 보까지의 높이는 2[m] 이내로 할 것

**해설** ▶ 급격한 침하로 인한 위험 방지

> 「산업안전보건기준에 관한 규칙」 제376조
> 사업주는 잠함 또는 우물통의 내부에서 근로자가 굴착작업을 하는 경우에 잠함 또는 우물통의 급격한 침하에 의한 위험을 방지하기 위하여 다음 각 호의 사항을 준수하여야 한다.
> 1. 침하관계도에 따라 굴착방법 및 재하량(載荷量) 등을 정할 것
> 2. 바닥으로부터 천장 또는 보까지의 높이는 1.8미터 이상으로 할 것

**86** 작업장의 바닥, 도로 및 통로 등에서 낙하물이 근로자에게 위험을 미칠 우려가 있는 경우의 필요한 조치의 준수사항으로 옳지 않은 것은?

① 수직보호망 또는 방호 선반의 설치
② 출입금지구역의 설정
③ 낙하물 방지망의 수평면과의 각도는 20[°] 이상 30[°] 이하 유지
④ 낙하물 방지망을 높이 15[m] 이내마다 설치

**해설** ▶ 추락방지대책
- 높이 10미터 이내마다 설치하고, 내민 길이는 벽면으로부터 2미터 이상으로 할 것
- 수평면과의 각도는 20도 이상 30도 이하를 유지할 것

**87** 추락에 의한 위험방지와 관련된 승강설비의 설치에 관한 사항이다. ( )에 들어갈 내용으로 옳은 것은?

> 사업주는 높이 또는 깊이가 ( )를 초과하는 장소에서 작업하는 경우 해당 작업에 종사하는 근로자가 안전하게 승강하기 위한 건설작업용 리프트 등의 설비를 설치하여야 한다.

① 1.0[m]
② 1.5[m]
③ 2.0[m]
④ 2.5[m]

**해설** 안전규칙에서는 높이 또는 깊이가 2[m]를 초과하는 개소에서 작업할 때는 작업에 종사하는 근로자가 안전하게 오르내리기 위한 설비 등을 설치하도록 규정하고 있다.

**88** 이동식 비계 작업 시 주의사항으로 옳지 않은 것은?

① 비계의 최상부에서 작업을 하는 경우에는 안전난간을 설치한다.
② 이동 시 작업지휘자가 이동식 비계에 탑승하여 이동하며 안전 여부를 확인하여야 한다.
③ 비계를 이동시키고자 할 때는 바닥의 구멍이나 머리 위의 장애물을 사전에 점검한다.
④ 작업발판은 항상 수평을 유지하고 작업발판 위에서 안전난간을 딛고 작업을 하거나 받침대 또는 사다리를 사용하여 작업하지 않도록 한다.

정답  85 ④  86 ④  87 ③  88 ②

해설 ▶ 이동식 비계

「산업안전보건기준에 관한 규칙」 제68조
1. 이동식 비계의 바퀴에는 뜻밖의 갑작스러운 이동 또는 전도를 방지하기 위하여 브레이크·쐐기 등으로 바퀴를 고정시킨 다음 비계의 일부를 견고한 시설물에 고정하거나 아웃트리거(outrigger, 전도방지용 지지대)를 설치하는 등 필요한 조치를 할 것
2. 승강용 사다리는 견고하게 설치할 것
3. 비계의 최상부에서 작업을 하는 경우에는 안전난간을 설치할 것
4. 작업발판은 항상 수평을 유지하고 작업발판 위에서 안전난간을 딛고 작업을 하거나 받침대 또는 사다리를 사용하여 작업하지 않도록 할 것
5. 작업발판의 최대 적재하중은 250[kg]을 초과하지 않도록 할 것

**89** 옥내작업장에는 비상시에 근로자에게 신속하게 알리기 위한 경보용 설비 또는 기구를 설치하여야 한다. 그 설치대상 기준으로 옳은 것은?

① 연면적이 400[m²] 이상이거나 상시 40명 이상의 근로자가 작업하는 옥내작업장
② 연면적이 400[m²] 이상이거나 상시 50명 이상의 근로자가 작업하는 옥내작업장
③ 연면적이 500[m²] 이상이거나 상시 40명 이상의 근로자가 작업하는 옥내작업장
④ 연면적이 500[m²] 이상이거나 상시 50명 이상의 근로자가 작업하는 옥내작업장

해설 연면적이 400[m²] 이상이거나 상시 50명 이상의 근로자가 작업하는 옥내작업장이 설치대상 기준이다.

**90** 지반의 종류에 따른 굴착면의 기울기 기준으로 옳지 않은 것은?

① 보통 흙의 습지 – 1 : 1~1 : 1.5
② 연암 – 1 : 0.7
③ 풍화암 – 1 : 1.0
④ 보통 흙의 건지 – 1 : 0.5~1 : 1

해설 ▶ 굴착면의 기울기 기준
• 습지 : 1 : 1~1 : 1.5
• 건지 : 1 : 0.5~1 : 1
• 풍화암 : 1 : 1.0
• 연암 : 1 : 1.0
• 경암 : 1 : 0.5
(※ 안전기준 : 2021.11.19. 개정)

**91** 차량계 건설기계의 작업계획서 작성 시 그 내용에 포함되어야 할 사항이 아닌 것은?

① 사용하는 차량계 건설기계의 종류 및 성능
② 차량계 건설기계의 운행 경로
③ 차량계 건설기계에 의한 작업 방법
④ 브레이크 및 클러치 등의 기능 점검

해설 브레이크 및 클러치 등의 기능 점검은 작업 시작 전 점검사항이다.

**92** 통나무 비계를 건축물, 공작물 등의 건조·해체 및 조립 등의 작업에 사용하기 위한 지상높이 기준은?

① 2층 이하 또는 6[m] 이하
② 3층 이하 또는 9[m] 이하
③ 4층 이하 또는 12[m] 이하
④ 5층 이하 또는 15[m] 이하

해설 ▶ 통나무 비계의 구조

「산업안전보건기준에 관한 규칙」 제71조 제2항
통나무 비계는 지상높이 4층 이하 또는 12미터 이하인 건축물·공작물 등의 건조·해체 및 조립 등의 작업에만 사용할 수 있다.

정답  89 ②  90 ②  91 ④  92 ③

**93** 항타기 또는 항발기의 권상용 와이어로프의 안전계수 기준으로 옳은 것은?

① 3 이상  ② 5 이상
③ 8 이상  ④ 10 이상

> **해설**
> - 항타기 또는 항발기의 권상용 와이어로프의 안전계수 : 5 이상(달비계)
> - 달기와이어로프 및 달기강선의 안전계수 : 10 이상
> - 달기체인 및 달기훅의 안전계수 : 5 이상

**94** 다음 중 구조물의 해체작업을 위한 기계·기구가 아닌 것은?

① 쇄석기  ② 데릭
③ 압쇄기  ④ 철제 해머

> **해설** 쇄석기, 압쇄기, 철제 해머는 해체작업에 쓰인다. 데릭은 크레인의 약어로 양중기이다.

**95** 다음 터널 공법 중 전단면 기계 굴착에 의한 공법에 속하는 것은?

① ASSM(American Steel Supported Method)
② NATM(New Austrian Tunneling Method)
③ TBM(Tunnel Boring Machine)
④ 개착식 공법

> **해설**
> ① ASSM : 주변 지반의 하중을 철재 아치지보와 콘크리트 라이닝을 활용하여 지지하는 재래식 공법
> ② NATM : 기존의 지보재 대신 록볼트, 숏크리트, 와이어 메쉬 등의 지보재를 사용하여 암반 자체의 강도를 이용하여 이완을 방지시켜 삼축응력 상태를 유지하도록 하는 개념
> ③ TBM(전단면 굴착 공법) : 터널의 전단면을 동시에 굴착하는 방법
> - 지질이 대단히 양호하고 토압이 거의 작용하지 않을 때 사용
> - 작업공간이 넓고 대형기계를 사용하여 고속 굴진 가능
> - 시공 중 지질이 불량하면 다른 방법으로 변경이 곤란하고, 단면이 큰 경우에는 강제 동바리공을 사용하므로 공사비 증대
> ④ 개착식 공법 : 지표면에서 일정한 위치까지 파내려간 후 구조물을 축조하고 다시 메운 후, 지표면을 원상태로 복구시키는 공법

**96** 다음과 같은 조건에서 방망사의 신품에 대한 최소 인장강도로 옳은 것은? (단, 그물코의 크기는 10[cm], 매듭 방망)

① 240[kg]  ② 200[kg]
③ 150[kg]  ④ 110[kg]

> **해설** 방망의 최소 인장강도
>
> | 그물코의 크기 (단위: [cm]) | 방망의 종류(단위[kg]) | | | |
> |---|---|---|---|---|
> | | 매듭 없는 방망 | | 매듭 방망 | |
> | | 신품에 대한 | 폐기 시 | 신품에 대한 | 폐기 시 |
> | 10 | 240 | 150 | 200 | 135 |
> | 5 | – | | 110 | 60 |

**97** 다음은 공사진척에 따른 안전관리비의 사용기준이다. ( )에 들어갈 내용으로 옳은 것은?

| 공정률 | 50[%] 이상 70[%] 미만 | 70[%] 이상 90[%] 미만 | 90[%] 이상 |
|---|---|---|---|
| 사용기준 | ( ) | 70[%] 이상 | 90[%] 이상 |

① 30[%] 이상  ② 40[%] 이상
③ 50[%] 이상  ④ 60[%] 이상

> **해설** 공사진척에 따른 안전관리비의 사용기준
>
> | 공정률 | 50[%] 이상 70[%] 미만 | 70[%] 이상 90[%] 미만 | 90[%] 이상 |
> |---|---|---|---|
> | 사용기준 | 50[%] 이상 | 70[%] 이상 | 90[%] 이상 |

**정답** 93 ②  94 ②  95 ③  96 ②  97 ③

**98** 동바리로 사용하는 파이프 서포트에 관한 설치기준으로 옳지 않은 것은?

① 파이프 서포트를 3개 이상 이어서 사용하지 않도록 할 것
② 파이프 서포트를 이어서 사용하는 경우에는 4개 이상의 볼트 또는 전용철물을 사용하여 이을 것
③ 높이가 3.5[m]를 초과하는 경우에는 높이 2[m]이내마다 수평연결재를 2개 방향으로 만들고 수평연결재의 변위를 방지할 것
④ 파이프 서포트 사이에 교차가새를 설치하여 수평력에 대하여 보강 조치할 것

**해설** ▶ 동바리로 사용하는 파이프 서포트 설치기준

> 「산업안전보건기준에 관한 규칙」 제332조 제8호
> 가. 파이프 서포트를 3개 이상 이어서 사용하지 않도록 할 것
> 나. 파이프 서포트를 이어서 사용하는 경우에는 4개 이상의 볼트 또는 전용철물을 사용하여 이을 것
> 다. 높이가 3.5[m]를 초과하는 경우에는 높이 2[m]이내마다 수평연결재를 2개 방향으로 만들고 수평연결재의 변위를 방지할 것

**99** 굴착공사 중 암질변화구간 및 이상암질 출현 시에는 암질판별시험을 수행하는데, 이 시험의 기준과 거리가 먼 것은?

① 함수비   ② R.Q.D
③ 탄성파 속도   ④ 일축압축강도

**해설** 함수비는 토질시험 시 사용한다.
▶ 암질판별시험 기준 5가지
- R.Q.D(암반암질지수, Rock Quality Designation)
- 탄성파 속도
- 일축압축강도
- R.M.R(암반평점분류)
- 진동치 속도

**100** 시스템 비계를 사용하여 비계를 구성하는 경우에 준수하여야 할 사항으로 옳지 않은 것은?

① 수직재와 수직재의 연결철물은 이탈되지 않도록 견고한 구조로 할 것
② 수직재·수평재·가새재를 견고하게 연결하는 구조가 되도록 할 것
③ 수직재와 받침철물의 연결부 겹침길이는 받침철물 전체 길이의 4분의 1 이상이 되도록 할 것
④ 수평재는 수직재와 직각으로 설치하여야 하며, 체결 후 흔들림이 없도록 견고하게 설치할 것

**해설** ▶ 시스템 비계의 구조

> 「산업안전보건기준에 관한 규칙」 제69조
> 1. 수직재·수평재·가새재를 견고하게 연결하는 구조가 되도록 할 것
> 2. 비계 밑단의 수직재와 받침철물은 밀착되도록 설치하고, 수직재와 받침철물의 연결부의 겹침길이는 받침철물 전체 길이의 3분의 1 이상이 되도록 할 것
> 3. 수평재는 수직재와 직각으로 설치하여야 하며, 체결 후 흔들림이 없도록 견고하게 설치할 것
> 4. 수직재와 수직재의 연결철물은 이탈되지 않도록 견고한 구조로 할 것
> 5. 벽 연결재의 설치 간격은 제조사가 정한 기준에 따라 설치할 것

**정답** 98 ④  99 ①  100 ③

# 2021년 제2회 기출 복원문제

## 1과목 산업안전관리론

**01** 산업안전보건법령상 산업재해조사표에 기록되어야 할 내용으로 옳지 않은 것은?

① 사업장 정보
② 재해정보
③ 재해발생 개요 및 원인
④ 안전교육계획

**해설** 산업재해조사표에 안전교육계획은 기록되지 않아도 된다.

**02** 산업안전보건법령상 사업주가 근로자에 대하여 실시하여야 하는 교육 중 특별안전·보건교육의 대상이 되는 작업이 아닌 것은?

① 화학설비의 탱크 내 작업
② 전압이 30[V]인 정전 및 활선작업
③ 건설용 리프트·곤돌라를 이용한 작업
④ 동력에 의하여 작동되는 프레스기계를 5대 이상 보유한 사업장에서 해당 기계로 하는 작업

**해설** ▶ **특별안전교육 대상작업**(산업안전보건법 시행규칙 [별표 5] 중 17.)
전압이 75[V] 이상인 정전 및 활선작업

**03** 내전압용 절연장갑의 성능 기준상 최대 사용전압에 따른 절연장갑의 구분 중 00등급의 색상으로 옳은 것은?

① 노란색
② 흰색
③ 녹색
④ 갈색

**해설** ▶ 내전압용 절연장갑의 성능 기준

| 등급 | 최대 사용전압 | | 색상 |
|---|---|---|---|
| | 교류[V], 실효값 | 직류[V] | |
| 00등급 | 500 | 750 | 갈색 |
| 0등급 | 1,000 | 1,500 | 빨강색 |
| 1등급 | 7,500 | 11,250 | 흰색 |
| 2등급 | 17,000 | 25,500 | 노랑색 |
| 3등급 | 26,500 | 39,750 | 녹색 |
| 4등급 | 36,000 | 54,000 | 등색 |

※ 직류는 교류값에 1.5를 곱해주면 된다.

**04** 기업조직의 원리 중 지시 일원화의 원리에 대한 설명으로 가장 적절한 것은?

① 지시에 따라 최선을 다해서 주어진 임무나 기능을 수행하는 것
② 책임을 완수하는 데 필요한 수단을 상사로부터 위임받은 것
③ 언제나 직속 상사에게서만 지시를 받고 특정 부하 직원들에게만 지시하는 것
④ 가능한 조직의 각 구성원이 한 가지 특수 직무만을 담당하도록 하는 것

**해설** ▶ **지시 일원화의 원리**
조직의 질서 유지를 위해 명령체계의 확립을 요구하는 원칙으로 1인의 하위자는 1인의 상사로부터만 직접 명령을 받아야 한다는 원칙

정답 01 ④ 02 ② 03 ④ 04 ③

**05** 주의(Attention)의 특징 중 여러 종류의 자극을 자각할 때, 소수의 특정한 것에 한하여 주의가 집중되는 것은?

① 선택성
② 방향성
③ 변동성
④ 검출성

**해설** ▶ 주의의 특징
- 선택성 : 주의는 한 곳에만 집중할 수 있다.
- 방향성 : 주의를 집중하는 곳 주변의 주의는 떨어진다.
- 변동성 : 주의는 장시간 일정하게 유지될 수 없다.

**06** 리더십의 특성으로 볼 수 없는 것은?

① 민주주의적 지휘 형태
② 부하와의 넓은 사회적 간격
③ 밑으로부터의 동의에 의한 권한 부여
④ 개인적 영향에 의한 부하와의 관계유지

**해설**

| 구분 | 권한 부여 및 행사 | 권한 근거 | 상관과 부하와의 관계 및 책임귀속 | 부하와의 사회적 간격 | 지휘 형태 |
|---|---|---|---|---|---|
| 헤드십 | 위에서 위임하여 임명 | 법적 또는 공식적 | 지배적 상사 | 넓다. | 권위 주의적 |
| 리더십 | 아래로 부터의 동의에 의한 선출 | 개인 능력 | 개인적인 영향, 상사와 부하 | 좁다. | 민주 주의적 |

**07** 안전모에 관한 내용으로 옳은 것은?

① 안전모의 종류는 안전모의 형태로 구분한다.
② 안전모의 종류는 안전모의 색상으로 구분한다.
③ A형 안전모 : 물체의 낙하, 비래에 의한 위험을 방지, 경감시키는 것으로 내전압성이다.
④ AE형 안전모 : 물체의 낙하, 비래에 의한 위험을 방지 또는 경감하고 머리 부위의 감전에 의한 위험을 방지하기 위한 것으로 내전압성이다.

**해설** ▶ 안전모의 종류
- AB종 : 낙물체의 낙하 또는 비래 및 추락에 의한 위험을 방지 또는 경감시키기 위한 것(낙하, 추락방지용)
- AE종 : 물체의 낙하 또는 비래에 의한 위험을 방지 또는 경감하고, 머리부위 감전에 의한 위험을 방지하기 위한 것(낙하, 감전방지용, 내전압성)
- ※ 내전압성이란 7,000[V] 이하의 전압에 견디는 것을 말한다.
- ABE종 : 물체의 낙하, 비래, 추락, 감전에 대한 위험의 방지 또는 경감(다목적용)

**08** 일반적으로 사업장에서 안전관리조직을 구성할 때 고려할 사항과 가장 거리가 먼 것은?

① 조직 구성원의 책임과 권한을 명확하게 한다.
② 회사의 특성과 규모에 부합되게 조직되어야 한다.
③ 생산조직과는 동떨어진 독특한 조직이 되도록 하여 효율성을 높인다.
④ 조직의 기능이 충분히 발휘될 수 있는 제도적 체계가 갖추어져야 한다.

**해설** 생산조직과는 동떨어진 독특한 조직이 되도록 했을 때 효율성이 높아진다는 근거는 없다.

**정답** 05 ① 06 ② 07 ④ 08 ③

**09** 인지과정 착오의 요인이 아닌 것은?

① 정서 불안정
② 감각차단 현상
③ 작업자의 기능 미숙
④ 생리 · 심리적 능력의 한계

해설 ▶ 인지과정 착오 요인
- 생리, 심리적 능력의 한계
- 정보량 저장능력의 한계
- 감각차단 현상 : 단조로운 업무, 반복작업
- 정서 불안정 : 공포, 불안, 불만

**10** 맥그리거(McGregor)의 X이론에 따른 관리처방이 아닌 것은?

① 목표에 의한 관리
② 권위주의적 리더십 확립
③ 경제적 보상체제의 강화
④ 면밀한 감독과 엄격한 통제

해설 ▶ X이론의 관리처방(독재적 리더십)
- 권위주의적 리더십의 확보
- 경제적 보상체계의 강화
- 세밀한 감독과 엄격한 통제
- 상부책임제도의 강화(경영자의 간섭)
- 설득, 보상, 벌, 통제에 의한 관리

**11** 재해의 기본원인 4M에 해당하지 않는 것은?

① Man
② Machine
③ Media
④ Measurement

해설 ▶ 4M
- Man : 본인 이외의 사람(인간관계)
- Machine : 기계장치
- Media : 작업 방법
- Management : 작업관리

**12** 안전/보건표지의 색채 및 색도기준 중 다음 ( ) 안에 알맞은 것은?

| 색채 | 색도기준 | 용도 |
|---|---|---|
| ( ) | 5Y 8.5/12 | 경고 |
| ( ) | 2.5PB 4/10 | 지시 |

① 빨간색, 흰색
② 검은색, 노란색
③ 흰색, 녹색
④ 노란색, 파란색

해설 ▶ 안전 · 보건표지

| 색채 | 색도기준 | 용도 | 사용례 |
|---|---|---|---|
| 빨간색 | 7.5R 4/14 | 금지 | 정지신호, 소화설비 및 그 장소, 유해행위의 금지 |
| | | 경고 | 화학물질 취급장소에서의 유해 · 위험 경고 |
| 노란색 | 5Y 8.5/12 | 경고 | 화학물질 취급장소에서의 유해 · 위험 경고 이외의 위험 경고, 주의표지 또는 기계방호물 |
| 파란색 | 2.5PB 4/10 | 지시 | 특정 행위의 지시 및 사실의 고지 |
| 녹색 | 2.5G 4/10 | 안내 | 비상구 및 피난소, 사람 또는 차량의 통행표지 |
| 흰색 | N9.5 | | 파란색 또는 녹색에 대한 보조 색 |
| 검은색 | N0.5 | | 문자 및 빨간색 또는 노란색에 대한 보조 색 |

정답  09 ③  10 ①  11 ④  12 ④

**13** 레빈(Lewin)은 인간행동과 인간의 조건 및 환경 조건의 관계를 다음과 같이 표시하였다. 이때 'f'의 의미는?

$$B = f(P \cdot E)$$

① 행동
② 조명
③ 지능
④ 함수

> **해설**
> - $B$ : Behavior(인간의 행동)
> - $f$ : function(함수관계 – P·E에 영향을 줄 수 있는 조건)
> - $P$ : Person(연령, 경험, 심신상태, 성격, 지능, 소질 등)
> - $E$ : Environment(심리적 환경 – 인간관계, 작업환경, 설비적 결함 등)

**14** 위험예지훈련 중 TBM(Tool Box Meeting)에 관한 설명으로 틀린 것은?

① 작업 장소에서 원형의 형태를 만들어 실시한다.
② 통상 작업 시작 전·후 10분 정도 시간으로 미팅한다.
③ 토의는 다수인(30인)이 함께 수행한다.
④ 근로자 모두가 말하고 스스로 생각하고 "이렇게 하자"라고 합의한 내용이 되어야 한다.

> **해설** 현장에서 그때 그 장소의 상황에 즉응하여 실시하는 위험예지활동으로서 즉시즉응법이라고도 한다.
> 주로 불안전한 행동을 근절시키기 위하여 5~6인 소집단으로 나누어 편성하여 작업장 내에서 적당한 장소를 정하여 실시하는 단시간 미팅을 말한다.

**15** 파블로프(Pavlov)의 조건반사설에 의한 학습 이론의 원리에 해당되지 않는 것은?

① 일관성의 원리
② 시간의 원리
③ 강도의 원리
④ 준비성의 원리

> **해설** ▶ 파블로프의 조건반사설
> (자극과 반응이론 : S-R이론)
> - 일관성의 원리
> - 계속성의 원리
> - 시간의 원리
> - 강도의 원리

**16** 산업안전보건법령에 따른 근로자 안전·보건 교육 중 채용 시의 교육내용이 아닌 것은?

① 사고발생 시 긴급조치에 관한 사항
② 유해 위험 작업환경 관리에 관한 사항
③ 산업보건 및 직업병 예방에 관한 사항
④ 기계·기구의 위험성과 작업의 순서 및 동선에 관한 사항

> **해설** ▶ 근로자 안전·보건 교육 중 채용 시의 교육내용
> - 산업안전 및 사고 예방에 관한 사항
> - 산업보건 및 직업병 예방에 관한 사항
> - 산업안전보건법령 및 산업재해보상보험 제도에 관한 사항
> - 직무스트레스 예방 및 관리에 관한 사항
> - 직장 내 괴롭힘, 고객의 폭언 등으로 인한 건강장해 예방 및 관리에 관한 사항
> - 기계·기구의 위험성과 작업의 순서 및 동선에 관한 사항
> - 작업 개시 전 점검에 관한 사항
> - 정리정돈 및 청소에 관한 사항
> - 사고발생 시 긴급조치에 관한 사항
> - 물질안전보건자료에 관한 사항

**정답** 13 ④  14 ③  15 ④  16 ②

**17** 400명의 근로자가 종사하는 공장에서 휴업일수 127일, 중대재해 1건이 발생한 경우 강도율은? (단, 1일 8시간으로 연 300일 근무조건으로 한다)

① 10
② 0.1
③ 1.0
④ 0.01

**해설** 강도율 = $\frac{손실일수}{근로시간} \times 1,000$

근로손실일수 = 휴업일수 × 300/365

따라서 $\frac{127 \times \frac{300}{365}}{400 \times 8 \times 300} \times 1,000$

0.108 ≒ 0.1

**18** TWI의 교육내용이 아닌 것은?

① Job Support Training
② Job Method Training
③ Job Relation Training
④ Job Instruction Training

**해설** ▶ TWI의 교육내용
- Job Method Training(J. M. T) : 작업방법훈련 – 작업의 개선방법에 대한 훈련
- Job Instruction Training(J. I. T) : 작업지도훈련 – 작업을 가르치는 기법 훈련
- Job Relations Training(J. R. T) : 인간관계훈련 – 사람을 다루는 기법훈련
- Job Safety Training(J. S. T) : 작업안전훈련 – 작업안전에 대한 훈련기법

**19** 재해손실비의 평가방식 중 시몬즈(R.H. Simonds) 방식에 의한 계산방법으로 옳은 것은?

① 직접비＋간접비
② 공동비용＋개별비용
③ 보험코스트＋비보험코스트
④ (휴업상해건수 관련비용 평균치)＋(통원상해건수×관련비용 평균치)

**해설** 총재해 코스트 = 보험코스트 + 비보험코스트
= 산재보험료 + (A×휴업상해건수) + (B×통원상해건수) + (C×구급조치상해건수) + (D×무상해 사고건수)

**20** 안전교육 훈련기법에 있어 태도 개발 측면에서 가장 적합한 기본교육 훈련방식은?

① 실습방식
② 제시방식
③ 참가방식
④ 시뮬레이션방식

**해설** ▶ 안전교육 훈련기법
- 지식 형성(Knowledge Building) → 제시방식(Presentation Mode)
- 기능 훈련(Skill Training) → 실습방식(Practice Mode)
- 태도 개발(Attitude Development) → 참가방식(Participating Mode)

17 ② 18 ① 19 ③ 20 ③

## 2과목　인간공학 및 시스템안전공학

**21** 시스템의 성능 저하가 인원의 부상이나 시스템 전체에 중대한 손해를 입히지 않고 제어가 가능한 상태의 위험강도는?

① 범주 Ⅰ : 파국적
② 범주 Ⅱ : 위기적
③ 범주 Ⅲ : 한계적
④ 범주 Ⅳ : 무시

해설 ▶ 위험성의 분류[재해심각도 분류(MIL-STD-882D)]

| 구분 | 분류 | 세부내용 |
|---|---|---|
| 범주 Ⅰ | 파국적 (대재앙) | 인원의 사망 또는 중상, 또는 완전한 시스템 손실 |
| 범주 Ⅱ | 위험 (심각한) | 인원의 상해 또는 중대한 시스템의 손상으로 인원이나 시스템 생존을 위해 즉시 시정 조치 필요 |
| 범주 Ⅲ | 한계적 (경미한) | 인원의 상해 또는 중대한 시스템의 손상 없이 배제 또는 제어 가능 |
| 범주 Ⅳ | 무시 (무시할 만한) | 인원의 손상이나 시스템의 손상은 초래하지 않는다. |

**22** 반복되는 사건이 많이 있는 경우에 FTA의 최소 컷셋을 구하는 알고리즘이 아닌 것은?

① Fussel Algorithm
② Boolean Algorithm
③ Monte Carlo Algorithm
④ Limnios & Ziani Algorithm

해설 ① Fussel Algorithm : 일반적으로 사용되는 알고리즘
② Boolean Algorithm : 부울연산(불대수)으로써 많이 사용
③ Monte Carlo Algorithm : 근사값을 계산하는 데 사용
④ Limnios & Ziani Algorithm : 사건이 반복될 때 구하는 알고리즘

**23** 건강한 남성이 8시간 동안 특정 작업을 실시하고, 분당 산소소비량이 1.1[L/분]으로 나타났다면 8시간 총 작업시간에 포함될 휴식시간은 약 몇 분인가? (단, Murrell의 방법을 적용하며, 휴식 중 에너지소비율은 1.5[kcal/min]이다)

① 30분
② 54분
③ 60분
④ 75분

해설 • 휴식시간 $R(분) = \dfrac{작업시간(E-5)}{E-1.5}$

• 평균 남성의 표준에너지소비량 : 5[kcal/min]
　( 참고 ) 여성은 3.5)
• 산소 1분간 1[L] 소모 시 에너지소비량(E) : 5[kcal]
• 산소 1분간 1.1[L] 소모 시 에너지소비량(E)
　: 1.1[L]× 5[kcal]=5.5[kcal]

$R(분) = \dfrac{60 \times 8(5.5-5)}{5.5-1.5} = 60분$

**24** 어떤 기기의 고장률이 시간당 0.002로 일정하다고 한다. 이 기기를 100시간 사용했을 때 고장이 발생할 확률은?

① 0.1813
② 0.2214
③ 0.6253
④ 0.8187

해설 신뢰도$(R) = e^{-고장률 \times 시간}$
고장률 = 1 - 신뢰도
신뢰도 $= e^{-0.002 \times 100} = 0.8187$
고장률 $= 1 - 0.8187 = 0.1813$

정답　21 ③　22 ③　23 ③　24 ①

**25** 다음 그림은 C/R비와 시간과의 관계를 나타낸 그림이다. ㉠~㉢에 들어갈 내용이 맞는 것은?

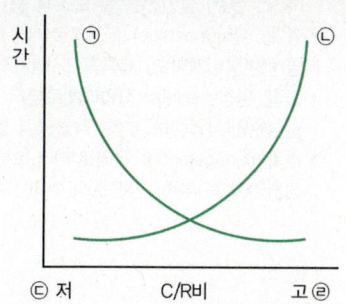

① ㉠ 이동시간, ㉡ 조정시간, ㉢ 민감, ㉣ 둔감
② ㉠ 이동시간, ㉡ 조정시간, ㉢ 둔감, ㉣ 민감
③ ㉠ 조정시간, ㉡ 이동시간, ㉢ 민감, ㉣ 둔감
④ ㉠ 조정시간, ㉡ 이동시간, ㉢ 둔감, ㉣ 민감

[해설] ㉠ : 조정시간, ㉡ : 이동시간, ㉢ : 민감, ㉣ : 둔감

**26** 작업기억과 관련된 설명으로 틀린 것은?

① 단기기억이라고도 한다.
② 오랜 기간 정보를 기억하는 것이다.
③ 작업기억 내의 정보는 시간이 흐름에 따라 쇠퇴할 수 있다.
④ 리허설(rehearsal)은 정보를 작업기억 내에 유지하는 유일한 방법이다.

[해설] 작업기억은 단기기억이므로 오랜 기간 정보를 기억하지 않는다.

**27** 청각적 표시의 원리로 조작자에 대한 입력신호는 꼭 필요한 정보만을 제공한다는 원리는?

① 양립성    ② 분리성
③ 근사성    ④ 검약성

[해설] ① 양립성은 사용자가 알고 있거나 자연스러운 신호 차원과 코드를 사용하는 것이다.
② 분리성이란 두 가지 이상의 채널을 듣고 있다면 각 채널의 주파수가 분리되어 있어야 한다는 의미이다.
③ 근사성이란 복잡한 정보를 나타내고자 할 때 2단계의 신호를 고려하는 것이다.
④ 검약성이란 조작자에 대한 입력신호는 꼭 필요한 정보만을 제공하는 것이다.

**28** 다음의 연산표에 해당하는 논리연산은?

| 입력 | | 출력 |
|---|---|---|
| $X_1$ | $X_2$ | |
| 0 | 0 | 0 |
| 0 | 1 | 1 |
| 1 | 0 | 1 |
| 1 | 1 | 0 |

① XOR    ② AND
③ NOT    ④ OR

[해설] ① XOR : $X_1$, $X_2$ 값이 서로 다를 때만 1이 출력됨
② AND : $X_1$, $X_2$ 값이 1일 때만 1이 출력됨
③ NOT : 출력값이 1이면 0으로, 0이면 1로 출력됨
④ OR : $X_1$, $X_2$ 값이 0일 때만 0이 출력됨

**29** 작업장 내부의 추천반사율이 가장 낮아야 하는 곳은?

① 벽      ② 천장
③ 바닥    ④ 가구

[해설] ▶ 작업장 내부 추천반사율

| 바닥 | 가구, 사무용기기, 책상 | 창문 발, 벽 | 천장 |
|---|---|---|---|
| 20~40[%] | 25~45[%] | 40~60[%] | 80~90[%] |

정답  25 ③  26 ②  27 ④  28 ①  29 ③

**30** 주물공장 A작업자의 작업지속시간과 휴식시간을 열압박지수(HSI)를 활용하여 계산하니 각각 45분, 15분이었다. A작업자의 1일 작업량(TW)은 얼마인가? (단, 휴식시간은 포함하지 않으며, 1일 근무시간은 8시간이다)

① 4.5시간  ② 5시간
③ 5.5시간  ④ 6시간

> **해설** 작업량=일한 양=작업지속시간
> 45분×8시간=360분=6시간

**31** 제품의 설계단계에서 고유 신뢰성을 증대시키기 위하여 일반적으로 많이 사용되는 방법이 아닌 것은?

① 병렬 및 대기 리던던시의 활용
② 부품과 조립품의 단순화 및 표준화
③ 제조부문과 납품업자에 대한 부품규격의 명세 제시
④ 부품의 전기적, 기계적, 열적 및 기타 작동조건의 경감

> **해설** 제품에 납품업자가 표기된다고 하여 고유 신뢰성이 올라간다고 보기는 어렵다.

**32** 휴먼 에러의 배후 요소 중 작업 방법, 작업 순서, 작업 정보, 작업 환경과 가장 관련이 깊은 것은?

① man
② machine
③ media
④ management

> **해설** ● 휴먼 에러의 원인(4M)
> • 사람(man) : 인간으로부터 비롯되는 재해의 발생원인(착오, 실수, 불안전행동, 오조작 등)
> • 기계, 설비(machine) : 기계로부터 비롯되는 재해의 발생원인(설계착오, 제작착오, 배치착오, 고장 등)
> • 물질, 환경(media) : 작업매체로부터 비롯되는 재해의 발생원인(작업정보 부족, 작업환경 불량 등)
> • 관리(management) : 관리로부터 비롯되는 재해의 발생원인(교육 부족, 안전조직 미비, 계획불량 등)

**33** 결함수분석법에서 일정 조합 안에 포함되어 있는 기본사상들이 모두 발생하지 않으면 틀림없이 정상사상(top event)이 발생되지 않는 조합을 무엇이라고 하는가?

① 컷셋(cut set)
② 패스셋(path set)
③ 결함수셋(fault tree set)
④ 부울대수(boolean algebra)

> **해설** ● 컷셋과 패스셋
> • 컷셋 : FTA에서 모든 기본사상이 발생했을 때 TOP 사상을 일으키는 기본사상의 집합
> • 패스셋 : 시스템의 정상사상(고장)을 일으키지 않는 기본사상(정상)의 집합

**34** 일반적인 인간-기계 시스템의 형태 중 인간이 사용자나 동력원으로 기능하는 것은?

① 수동체계
② 기계화체계
③ 자동체계
④ 반자동체계

정답  30 ④  31 ③  32 ③  33 ②  34 ①

**해설** ▶ 인간-기계 시스템의 형태

| | |
|---|---|
| 수동 시스템 | • 인간의 신체적인 힘을 동력으로 사용하여 작업통제(동력원 제어 : 사람, 수공구나 기타 보조물로 사용)<br>• 다양성 있는 체계로 역할할 수 있는 능력을 최대한 활용하는 시스템(융통성이 있는 운용 가능) |
| 기계화 시스템 | • 반자동체계, 변화가 적은 기능들을 수행하도록 설계(고도로 통합된 부품들로 구성되며 융통성이 없는 체계)<br>• 기계가 동력을 제공하며, 조정장치를 사용하는 통제는 사람이 담당 |
| 자동화 시스템 | • 감지, 정보처리 및 의사결정 행동을 포함한 모든 임무 수행(기계동력원 및 운전, 프로그램 감시 또는 통제, 관리)<br>• 대부분 폐회로 체계이며, 설계, 설치, 감시, 프로그램 작성 및 수정 정비, 유지 등은 사람이 담당 |

**35** 조정장치를 3[cm] 움직였을 때 표시장치의 지침이 5[cm] 움직였다면, C/R비는 얼마인가?

① 0.25  ② 0.6
③ 1.6   ④ 1.7

**해설** C/R비 = $\dfrac{\text{조정장치의 이동거리}}{\text{표시장치의 이동거리}}$

C/R비 = $\dfrac{3\text{cm}}{5\text{cm}} = 0.6$

**36** 동전던지기에서 앞면이 나올 확률 P(앞)=0.60이고, 뒷면이 나올 확률 P(뒤)=0.4일 때, 앞면과 뒷면이 나올 사건의 정보량을 각각 맞게 나타낸 것은?

① 앞면 : 0.10[bit], 뒷면 : 1.00[bit]
② 앞면 : 0.74[bit], 뒷면 : 1.32[bit]
③ 앞면 : 1.32[bit], 뒷면 : 0.74[bit]
④ 앞면 : 2.00[bit], 뒷면 : 1.00[bit]

**해설** $H = \log_2 \dfrac{1}{P}$

$H = \log_2 \dfrac{1}{0.6} = 0.7369$,  $H = \log_2 \dfrac{1}{0.4} = 1.3219$

**37** 정보를 전송하기 위해 청각적 표시장치를 이용하는 것이 바람직한 경우로 적합한 것은?

① 전언이 복잡한 경우
② 전언이 이후에 재참조되는 경우
③ 전언이 공간적인 사건을 다루는 경우
④ 전언이 즉각적인 행동을 요구하는 경우

**해설** ▶ 청각표시장치
• 전언이 간단하다.
• 전언이 짧다.
• 전언이 후에 재참조되지 않는다.
• 전언이 시간적 사상을 다룬다.
• 전언이 즉각적인 행동을 요구한다(긴급할 때).
• 수신장소가 너무 밝거나 암조응유지가 필요시
• 직무상 수신자가 자주 움직일 때
• 수신자가 시각계통이 과부하 상태일 때

**38** 작업장에서 광원으로부터의 직사휘광을 처리하는 방법으로 맞는 것은?

① 광원의 휘도를 늘인다.
② 가리개, 차양을 설치한다.
③ 광원을 시선에서 가까이 위치시킨다.
④ 휘광원 주위를 밝게 하여 광도비를 늘린다.

**해설** ① 광원의 휘도를 줄인다.
③ 광원을 시선에서 멀리 위치시킨다.
④ 휘광원 주위를 밝게 하여 광도비를 줄인다.

35 ②　36 ②　37 ④　38 ②

**39** 톱사상 T를 일으키는 컷셋에 해당하는 것은?

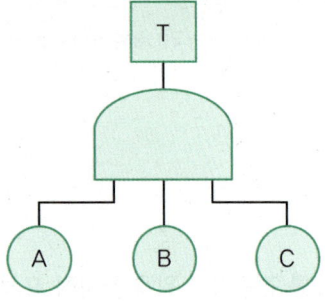

① {A}
② {A, B}
③ {A, B, C}
④ {B, C}

해설  AND 회로를 모두 곱하여 준다.

**40** 조종장치의 촉각적 암호화를 위하여 고려하는 특성으로 볼 수 없는 것은?

① 형상
② 무게
③ 크기
④ 표면 촉감

해설
- 형상을 구별하여 사용하는 경우
- 표면 촉감을 사용하는 경우
- 크기를 구별하여 사용하는 경우
- 위치를 구별하여 사용하는 경우
- 작동을 구별하여 사용하는 경우

## 3과목 기계위험방지기술

**41** 산업안전보건법령에서 규정하는 양중기에 속하지 않는 것은?

① 호이스트
② 이동식 크레인
③ 곤돌라
④ 체인블록

해설 ▶ 양중기
- 크레인[호이스트(hoist)를 포함한다]
- 이동식 크레인
- 리프트(이삿짐운반용 리프트의 경우에는 적재하중이 0.1톤 이상인 것으로 한정한다)
- 곤돌라
- 승강기

**42** 컨베이어 작업 시작 전 점검해야 할 사항으로 거리가 먼 것은?

① 원동기 및 풀리 기능의 이상 유무
② 이탈 등의 방지장치 기능의 이상 유무
③ 비상정지장치의 이상 유무
④ 자동전격방지장치의 이상 유무

해설 자동전격방지장치는 컨베이어가 아닌 교류아크용접기에 설치한다.
▶ 컨베이어 작업 시작 전 점검사항
- 원동기 및 풀리 기능의 이상 유무
- 이탈 등 방지장치 기능의 이상 유무
- 비상정지장치 기능의 이상 유무
- 덮개, 울 등의 이상 유무

정답  39 ③   40 ②   41 ④   42 ④

**43** 지게차의 안정도 기준으로 틀린 것은?

① 기준부하상태에서 주행 시의 전후 안정도는 8[%] 이내이다.
② 하역 작업 시의 좌우 안정도는 최대하중상태에서 포크를 가장 높이 올리고 마스트를 가장 뒤로 기울인 상태에서 6[%] 이내이다.
③ 하역 작업 시의 전후 안정도는 최대하중상태에서 포크를 가장 높이 올린 경우 4[%] 이내이며, 5톤 이상은 3.5[%] 이내이다.
④ 기준무부하상태에서 주행 시의 좌우 안정도는 (15+1.1×V)[%] 이내이고, V는 구내최고속도[km/h]를 의미한다.

해설 주행 시 전후 안정도는 18[%]이다.
▶ 지게차의 안정도 기준
1. 하역 시
 • 전후 4[%] (5[t] 3.5[%])
 • 좌우 6[%]
2. 주행 시
 • 전후 18[%]
 • 좌우 최대 40[%] / 15+1.1v[%] 이내

**44** 지게차의 작업과정에서 작업 대상물의 팔레트 폭이 b라고 할 때 적절한 포크 간격은? (단, 포크의 중심과 팔레트의 중심은 일치한다고 가정한다)

① 1/4b~1/2b
② 1/4b~3/4b
③ 1/2b~3/4b
④ 3/4b~7/8b

해설 ▶ 지게차 작업안전에 관한 기술지침
포크의 간격은 적재상태 팔레트 폭(b)의 1/2 이상, 3/4 이하 정도 간격을 유지한다.

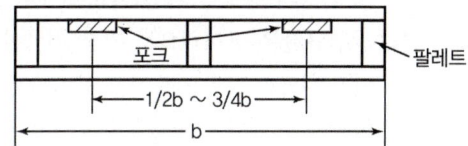

**45** 피복 아크 용접 작업 시 생기는 결함에 대한 설명 중 틀린 것은?

① 스패터(spatter) : 용융된 금속의 작은 입자가 튀어나와 모재에 묻어있는 것
② 언더컷(under cut) : 전류가 과대하고 용접속도가 너무 빠르며, 아크를 짧게 유지하기 어려운 경우 모재 및 용접부의 일부가 녹아서 발생하는 홈 또는 오목하게 생긴 부분
③ 크레이터(crater) : 용착금속 속에 남아있는 가스로 인하여 생긴 구멍
④ 오버랩(overlap) : 용접봉의 운행이 불량하거나 용접봉의 용융 온도가 모재보다 낮을 때 과잉 용착금속이 남아있는 부분

해설 • 크레이터 : 용접 시 끝이 오목하게 파이는 현상
 • pit : 용접부 표면에 생기는 작은 기포 구멍이 발생하는 현상
 • blow hole : 용접부에 기공이 발생하는 현상

**46** 프레스기가 작동 후 작업점까지의 도달시간이 0.2초 걸렸다면, 양수기동식 방호장치의 설치거리는 최소 얼마인가?

① 3.2[cm]
② 32[cm]
③ 6.4[cm]
④ 64[cm]

해설 ▶ 양수기동식 방호장치의 안전거리
안전거리 D[cm]
=160×프레스 작동 후 작업점까지 도달시간(초)
=160×0.2초
=32[cm]

정답 43 ① 44 ③ 45 ③ 46 ②

**47** 다음 중 프레스의 안전작업을 위하여 활용하는 수공구로 가장 거리가 먼 것은?

① 브러시   ② 진공컵
③ 마그넷 공구   ④ 플라이어(집게)

해설 ● 수공구의 종류
- 누름봉, 갈고리류
- 핀셋류
- 플라이어류
- 마그넷 공구류
- 진공컵류

**48** 양수조작식 방호장치에서 양쪽 누름버튼 간의 내측 거리는 몇 [mm] 이상이어야 하는가?

① 100   ② 200
③ 300   ④ 400

해설 양수조작식 방호장치에서 누름버튼 간 내측 거리는 300[mm] 이상이어야 한다.

**49** 산업안전보건법령상 연삭숫돌의 상부를 사용하는 것을 목적으로 하는 탁상용 연삭기 덮개의 노출각도는?

① 60[°] 이내   ② 65[°] 이내
③ 80[°] 이내   ④ 125[°] 이내

해설 ● 연삭기 덮개의 노출각도

| 상부를 사용하는 경우 | 60[°] 이내 |
|---|---|
| 수평면 이하에서 연삭 | 125[°] 이내 |
| 최대 원주속도가 초당 50[m] 이하 | 90[°] 이내<br>(주축면 위로 50[°] 이내) |
| 그 외 탁상용 연삭기 | 80[°] 이내<br>(주축면 위로 60[°] 이내) |
| 절단기, 평면형 연삭기 | 150[°] 이내 |
| 휴대용, 원통형 연삭기 | 180[°] 이내 |

**50** 다음 중 프레스에 사용되는 광전자식 방호장치의 일반구조에 관한 설명으로 틀린 것은?

① 방호장치의 감지기능은 규정한 검출영역 전체에 걸쳐 유효하여야 한다.
② 슬라이드 하강 중 정전 또는 방호장치의 이상 시에는 1회 동작 후 정지할 수 있는 구조이어야 한다.
③ 정상동작 표시램프는 녹색, 위험 표시램프는 붉은색으로 하며, 쉽게 근로자가 볼 수 있는 곳에 설치해야 한다.
④ 방호장치의 정상작동 중에 감지가 이루어지거나 공급전원이 중단되는 경우 적어도 두 개 이상의 독립된 출력신호 개폐장치가 꺼진 상태로 돼야 한다.

해설 ● 광전자식 방호장치
작업자 신체의 일부가 위험구역 내에 접근 시 센서에 의해 감지되고 동력전달장치로 전달되어 작동하던 슬라이드를 즉시 급정지시키는 장치이다.

**51** 근로자의 추락 등에 의한 위험을 방지하기 위하여 안전난간을 설치하는 경우, 이에 관한 구조 및 설치요건으로 틀린 것은?

① 상부 난간대, 중간 난간대, 발끝막이판 및 난간 기둥으로 구성할 것
② 발끝막이판은 바닥면 등으로부터 5[cm] 이상의 높이를 유지할 것
③ 난간대는 지름 2.7[cm] 이상의 금속제 파이프나 그 이상의 강도를 가진 재료일 것
④ 안전난간은 구조적으로 가장 취약한 지점에서 가장 취약한 방향으로 작용하는 100[kg] 이상의 하중에 견딜 수 있을 것

정답  47 ①   48 ③   49 ①   50 ②   51 ②

해설 ▶ 안전난간의 구조 및 설치요건

「산업안전보건기준에 관한 규칙」 제13조
1. 상부 난간대, 중간 난간대, 발끝막이판 및 난간기둥으로 구성할 것. 다만, 중간 난간대, 발끝막이판 및 난간기둥은 이와 비슷한 구조와 성능을 가진 것으로 대체할 수 있다.
2. 상부 난간대는 바닥면·발판 또는 경사로의 표면(이하 '바닥면등'이라 한다)으로부터 90센티미터 이상 지점에 설치하고, 상부 난간대를 120센티미터 이하에 설치하는 경우에는 중간 난간대는 상부 난간대와 바닥면등의 중간에 설치하여야 하며, 120센티미터 이상 지점에 설치하는 경우에는 중간 난간대를 2단 이상으로 균등하게 설치하고 난간의 상하 간격은 60센티미터 이하가 되도록 할 것. 다만, 계단의 개방된 측면에 설치된 난간기둥 간의 간격이 25센티미터 이하인 경우에는 중간 난간대를 설치하지 아니할 수 있다.
3. 발끝막이판은 바닥면등으로부터 10센티미터 이상의 높이를 유지할 것. 다만, 물체가 떨어지거나 날아올 위험이 없거나 그 위험을 방지할 수 있는 망을 설치하는 등 필요한 예방조치를 한 장소는 제외한다.
4. 난간기둥은 상부 난간대와 중간 난간대를 견고하게 떠받칠 수 있도록 적정한 간격을 유지할 것
5. 상부 난간대와 중간 난간대는 난간 길이 전체에 걸쳐 바닥면등과 평행을 유지할 것
6. 난간대는 지름 2.7센티미터 이상의 금속제 파이프나 그 이상의 강도가 있는 재료일 것
7. 안전난간은 구조적으로 가장 취약한 지점에서 가장 취약한 방향으로 작용하는 100킬로그램 이상의 하중에 견딜 수 있는 튼튼한 구조일 것

**52** 크레인에서 훅걸이용 와이어로프 등이 훅으로부터 벗겨지는 것을 방지하기 위해 사용하는 방호장치는?

① 덮개
② 권과방지장치
③ 비상정지장치
④ 해지장치

해설 ② 권과방지장치 : 크레인으로 권상 작업 시 훅이 과도하게 올라가 트롤리 프레임 또는 호이스트 드럼에 부딪쳐 와이어로프 파단으로 인한 화물의 추락을 방지
③ 비상정지장치 : 크레인 작동 중 이상 상태 발생 시 급정지시킬 수 있는 장치

**53** 이동식 크레인과 관련된 용어의 설명 중 옳지 않은 것은?

① "정격하중"이라 함은 이동식 크레인의 지브나 붐의 경사각 및 길이에 따라 부하할 수 있는 최대하중에서 인양기구(훅, 그래브 등)의 무게를 뺀 하중을 말한다.
② "정격 총하중"이라 함은 최대하중(붐 길이 및 작업반경에 따라 결정)과 부가하중(훅과 그 이외의 인양도구들의 무게)을 합한 하중을 말한다.
③ "작업반경"이라 함은 이동식 크레인의 선회중심선으로부터 훅의 중심선까지의 수평거리를 말하며, 최대 작업반경은 이동식 크레인으로 작업이 가능한 최대치를 말한다.
④ "파단하중"이라 함은 줄걸이 용구 1개를 가지고 안전율을 고려하여 수직으로 매달 수 있는 최대 무게를 말한다.

해설 파단하중은 파단되어 하중을 지지하는 능력이 손상되는 한계하중을 말한다.

52 ④  53 ④

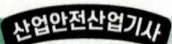

**54** 다음 중 기계설비에 의해 형성되는 위험점이 아닌 것은?

① 회전말림점
② 접선분리점
③ 협착점
④ 끼임점

**해설** ① 회전말림점(Trapping-point) : 회전하는 물체에 작업복, 머리카락 등이 말려드는 위험이 존재하는 점이다.
  예 회전하는 축, 커플링, 돌출된 키나 고정나사, 회전하는 공구 등
② 접선물림점(Tangential Nip-point) : 회전하는 부분의 접선방향으로 물려들어갈 위험이 존재하는 점이다.
  예 벨트와 풀리, 체인과 스프로킷, 랙과 피니언 등
③ 협착점(Squeeze-point) : 왕복운동을 하는 동작 부분과 움직임이 없는 고정 부분 사이에서 형성되는 위험점으로 사업장의 기계설비에서 많이 볼 수 있다.
  예 프레스기, 전단기, 성형기, 굽힘기계(bending machine) 등
④ 끼임점(Shear-point) : 고정 부분과 회전하는 동작 부분이 함께 만드는 위험점
  예 연삭숫돌과 덮개, 교반기의 날개와 하우징, 프레임에서 암의 요동운동을 하는 기계 부분 등

**55** 선반 작업에 대한 안전수칙으로 틀린 것은?

① 척 핸들을 항상 척에 끼워 둔다.
② 베드 위에 공구를 올려놓지 않아야 한다.
③ 바이트를 교환할 때는 기계를 정지시키고 한다.
④ 일감의 길이가 외경과 비교하여 매우 길 때는 방진구를 사용한다.

**해설** ▶ 선반 작업 시 안전수칙
• 가공물을 착탈 시에는 반드시 스위치를 끄고 바이트를 충분히 연 다음 행한다.
• 캐리어(공구대)는 적당한 크기의 것을 선택하고 심압대는 스핀들을 지나치게 내놓지 않는다.
• 물건의 장착이 끝나면 척, 렌치류는 곧 벗겨놓는다.
• 무게가 편중된 가공물의 장착에는 균형추를 부착한다. 장착물은 방진구에 사용 커버를 씌운다.
• 긴 재료가 돌출되었을 때에는 빨간 천 등을 부착하여 위험표시를 하거나 커버를 씌운다.
• 바이트 착탈은 기계를 정지시킨 다음에 한다.
• 방진구는 일감의 길이가 직경의 12배 이상일 때 사용한다.

**56** 충전전로의 선간전압이 121[kV] 초과 145[kV] 이하의 활선 작업 시 충전전로에 대한 접근한계거리 [cm]는?

① 130
② 150
③ 170
④ 230

**해설** ▶ 활선 작업 시 충전전로에 대한 접근한계거리
• 0.3 이하 : 접촉금지
• 0.3 초과 0.75 이하 : 30
• 0.75 초과 2 이하 : 45
• 2 초과 15 이하 : 60
• 15 초과 37 이하 : 90
• 37 초과 88 이하 : 110
• 88 초과 121 이하 : 130
• 121 초과 145 이하 : 150
• 145 초과 169 이하 : 170
• 169 초과 242 이하 : 230
우리나라 사용 중인 송전전압은 22, 66, 154, 345, 765[kV]를 표준전압으로 사용한다.

정답  54 ②  55 ①  56 ②

**57** 압력용기에서 안전밸브를 2개 설치한 경우 그 설치방법으로 옳은 것은? (단, 해당하는 압력용기가 외부화재에 대한 대비가 필요한 경우로 한정한다)

① 1개는 최고사용압력 이하에서 작동하고, 다른 1개는 최고사용압력의 1.1배 이하에서 작동하도록 한다.
② 1개는 최고사용압력 이하에서 작동하고, 다른 1개는 최고사용압력의 1.2배 이하에서 작동하도록 한다.
③ 1개는 최고사용압력의 1.05배 이하에서 작동하고, 다른 1개는 최고사용압력의 1.1배 이하에서 작동하도록 한다.
④ 1개는 최고사용압력의 1.05배 이하에서 작동하고, 다른 1개는 최고사용압력의 1.2배 이하에서 작동하도록 한다.

**해설** 안전밸브 등을 통하여 보호하려는 설비의 최고사용압력 이하에서 작동되도록 하여야 한다. 다만, 안전밸브 등이 2개 이상 설치된 경우에 1개는 최고사용압력의 1.05배(외부화재를 대비한 경우에는 1.1배) 이하에서 작동되도록 설치할 수 있다.

**해설** ▶ 지게차 안정조건

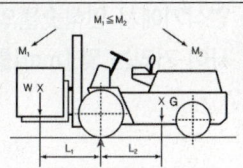

지게차 안정조건 : $M_1 \leq M_2$
여기에서
W : 화물의 중량(kgf)
G : 지게차 중량(kgf)
$L_1$ : 앞바퀴에서 화물 중심까지의 최단거리(cm)
$L_2$ : 앞바퀴에서 지게차 중심까지의 최단거리(cm)
$M_1$ : $W \times L_1$ (화물의 모멘트)
$M_2$ : $G \times L_2$ (지게차의 모멘트)

| 지게차 작업 시 안정도 | |
|---|---|
| 주행 시 좌·우 | 15 + 1.1V(최고속도) |
| 주행 시 전·후 | 18% |
| 하역 시 좌·우 | 6% |
| 하역 시 전·후 | 4% |

**58** 화물적재 시 지게차의 안정조건을 옳게 나타낸 것은? (단, W는 화물의 중량, Lw는 앞바퀴에서 화물중심까지의 최단거리, G는 지게차의 중량, Lg는 앞바퀴에서 지게차 중심까지의 최단거리이다)

① $G \times Lg \geq W \times Lw$
② $W \times Lw \geq G \times Lg$
③ $G \times Lw \geq W \times Lg$
④ $W \times Lg \geq G \times Lw$

**59** 다음 중 컨베이어(conveyor)의 방호장치로 볼 수 없는 것은?

① 반발예방장치
② 이탈방지장치
③ 비상정지장치
④ 덮개 또는 울

**해설** ▶ 컨베이어 방호장치
• 이탈 등의 방지장치
• 비상정지장치
• 덮개 또는 울

**60** 위험기계·기구 자율안전확인 고시에 의하면 탁상용 연삭기에서 연삭숫돌의 외주면과 가공물 받침대 사이 거리는 몇 [mm]를 초과하지 않아야 하는가?

① 1  ② 2
③ 4  ④ 8

해설 ▶ [별표 1] 연삭기 또는 연마기의 제작 및 안전기준 (위험기계·기구 자율안전확인 고시 제5조 관련)

| 8. 가공물 받침대 및 유도·고정장치 | 가. 연삭기 또는 연마기에는 가공물이 움직이지 않도록 가공물 고정장치를 설치해야 한다.<br>나. 탁상용 및 절단용 연삭기에는 아래 요건에 적합한 조절 가능한 가공물 받침대를 설치해야 한다.<br> 1) 연삭숫돌의 외주면과 받침대 사이의 거리는 2mm를 초과하지 않을 것<br> 2) 연삭기에서 사용토록 설계된 연삭숫돌 폭 이상의 크기일 것<br> 3) 연삭기에 견고히 고정될 것<br>다. 동력작동식 고정장치가 부착된 연삭기 또는 연마기는 고정용 동력이 차단되는 경우 가공물의 투입 및 전진작동이 되지 않도록 연동되어야 한다. |

## 4과목 전기 및 화학설비위험방지기술

**61** 방폭구조의 종류와 기호가 잘못 연결된 것은?

① 유입 방폭구조 – o
② 압력 방폭구조 – p
③ 내압 방폭구조 – d
④ 본질안전 방폭구조 – e

해설
• 본질안전 방폭구조 : ia 또는 ib
• 안전증 방폭구조 : e

**62** 페인트를 스프레이로 뿌려 도장작업을 하는 작업 중 발생할 수 있는 정전기 대전으로만 이루어진 것은?

① 유동대전, 충돌대전
② 유동대전, 마찰대전
③ 분출대전, 충돌대전
④ 분출대전, 유동대전

해설 ▶ 정전기의 대전
• 충돌대전 : 분체류와 같은 입자 상호 간이나 입자와 고체와의 충돌에 의해 빠른 접촉 또는 분리가 행하여짐으로써 정전기가 발생되는 현상
• 유동대전 : 액체류가 파이프 등 내부에서 유동할 때 액체와 관 벽 사이에서 정전기가 발생되는 현상
• 박리대전 : 고체나 분체류와 같은 물체가 파괴되었을 때 전하분리에 의해 정전기가 발생되는 현상으로 밀착되었던 두 물체가 떨어질 때 자유전자의 이동으로 발생하는 것(테이프, 필름, 셔츠를 벗을 때 나타난다)
• 분출대전 : 분체류, 액체류, 기체류가 단면적이 작은 분출구를 통해 공기 중으로 분출될 때 분출하는 물질과 분출구의 마찰로 인해 정전기가 발생되는 현상

**63** 전선 간에 가해지는 전압이 어떤 값 이상으로 되면 전선 주위의 전기장이 강하게 되어 전선 표면의 공기가 국부적으로 절연이 파괴되어 빛과 소리를 내는 것은?

① 표피작용
② 페란티 효과
③ 코로나 현상
④ 근접 현상

해설 코로나 현상은 공기의 절연이 부분적으로 파괴되어 낮은 소리가 난다.

정답  60 ②  61 ④  62 ③  63 ③

**64** 다음 중 정전기 재해의 방지대책으로 가장 적절한 것은?

① 절연도가 높은 플라스틱을 사용한다.
② 대전하기 쉬운 금속은 접지를 실시한다.
③ 작업장 내의 온도를 낮게 해서 방전을 촉진시킨다.
④ (+), (−)전하의 이동을 방해하기 위하여 주위의 습도를 낮춘다.

> 해설 ① 절연성 재료 사용은 금지하며, 도전성 재료를 사용한다.
> ③ 정전기는 온도와 관련이 없다(겨울에 히터를 틀어놔도 정전기는 발생한다).
> ④ 습도를 높여야 정전기가 방지된다(여름에는 정전기가 발생하지 않는다. 상대습도는 60~70 이상).

**65** 고압 또는 특고압의 기계기구·모선 등을 옥외에 시설하는 발전소·변전소·개폐소 또는 이에 준하는 곳에는 구내에 취급자 이외의 자가 들어가지 못하도록 하기 위한 시설의 기준에 대한 설명으로 틀린 것은?

① 울타리·담 등의 높이는 1.5[m] 이상으로 시설하여야 한다.
② 출입구에는 출입금지의 표시를 하여야 한다.
③ 출입구에는 자물쇠장치 기타 적당한 장치를 하여야 한다.
④ 지표면과 울타리·담 등의 하단 사이의 간격은 15[cm] 이하로 하여야 한다.

> 해설 울타리·담 등의 높이는 2[m] 이상으로 하고 지표면과 울타리·담 등의 하단 사이 간격은 0.15[m] 이하로 한다.

**66** 알루미늄 금속분말에 대한 설명으로 틀린 것은?

① 분진폭발의 위험성이 있다.
② 연소 시 열을 발생한다.
③ 분진폭발을 방지하기 위해 물속에 저장한다.
④ 염산과 반응하여 수소가스를 발생한다.

> 해설 알루미늄과 물이 만나면 수소(폭발) 발생, 따라서 물속에 저장하지 않는다. 물속에 저장하는 것은 황린과 이황화탄소가 있다.

**67** 제1종, 제2종 접지공사에서 사람이 접촉할 우려가 있는 경우에 시설하는 방법이 아닌 것은?

① 접지극은 지하 50[cm] 이상의 깊이로 매설할 것
② 접지극은 금속체로부터 1[m] 이상 이격시켜 매설할 것
③ 접지선은 절연전선, 케이블, 캡타이어케이블 등을 사용할 것
④ 접지선은 지하 75[cm]에서 지표상 2[m]까지의 합성수지관 또는 몰드로 덮을 것

> 해설 출제 당시에는 정답이 ①이었으나, 2021년 개정되어 정답 없음. 「한국전기설비규정」 개정으로 종별접지(제1종, 제2종, 제3종, 특별3종) 폐지됨.

**68** 전기스파크의 최소 발화에너지를 구하는 공식은?

① $W = \frac{1}{2}CV^2$  ② $W = \frac{1}{2}CV$
③ $W = 2CV^2$  ④ $W = 2C^2V$

> 해설 $Q = CV$이므로,
> $W = \frac{1}{2}QV = \frac{1}{2}CV^2$

정답  64 ②  65 ①  66 ③  67 정답 없음  68 ①

**69** 아크 용접 작업 시 감전재해 방지에 쓰이지 않는 것은?

① 보호면
② 절연장갑
③ 절연용 접봉 홀더
④ 자동전격방지장치

해설 감전재해 방지이기 때문에 절연장갑, 절연용 접봉 홀더, 자동전격방지장치가 필요하다.

**70** 인체가 현저히 젖어 있거나 인체의 일부가 금속성의 전기 기구 또는 구조물에 상시 접촉되어 있는 상태의 허용접촉전압[V]은?

① 2.5[V] 이하
② 25[V] 이하
③ 50[V] 이하
④ 제한 없음

해설 ▶ 허용접촉전압[V]
- 1종(2.5[V] 이하) : 수중에 있을 경우
- 2종(25[V] 이하) : 젖은 상태, 금속 상시 접속
- 3종(50[V] 이하) : 통상의 상태
- 4종(무제한) : 접촉 우려가 없는 경우

**71** 연소의 3요소에 해당되지 않는 것은?

① 가연물
② 점화원
③ 연쇄반응
④ 산소공급원

해설 ▶ 연소의 3요소
가연물, 점화원, 산소

**72** 다음 중 화학물질 및 물리적 인자의 노출기준에 따른 TWA 노출기준이 가장 낮은 물질은?

① 불소
② 아세톤
③ 니트로벤젠
④ 사염화탄소

해설 ① 불소 : 0.1[ppm]
② 아세톤 : 500[ppm]
③ 니트로벤젠 : 1[ppm]
④ 사염화탄소 : 5[ppm]

**73** 관로의 크기를 변경하고자 할 때 사용하는 관 부속품은?

① 밸브(valve)
② 엘보우(elbow)
③ 부싱(bushing)
④ 플랜지(flange)

해설 ① 밸브 : 개폐용
② 엘보우 : 관로의 방향 변경
③ 부싱, 리듀서 : 크기, 지름 변경
④ 플랜지 : 관로와 관로 사이의 연결 부위

**74** 에틸에테르(폭발하한값 1.9[vol%])와 에틸알코올(폭발하한값 4.3[vol%])이 4:1로 혼합된 증기의 폭발하한계[vol%]는 약 얼마인가? (단, 혼합증기는 에틸에테르가 80[%], 에틸알코올이 20[%]로 구성되고, 르샤틀리에 법칙을 이용한다)

① 2.14[vol%]
② 3.14[vol%]
③ 4.14[vol%]
④ 5.14[vol%]

해설 $\dfrac{100}{\dfrac{80}{1.9}+\dfrac{20}{4.3}} = 2.138 ≒ 2.14$

정답 69 ① 70 ② 71 ③ 72 ① 73 ③ 74 ①

**75** 위험물을 건조하는 경우 내용적이 몇 [m³] 이상인 건조설비일 때 위험물 건조설비 중 건조실을 설치하는 건축물의 구조를 독립된 단층으로 해야 하는가? (단, 건축물은 내화구조가 아니며, 건조실을 건축물의 최상층에 설치한 경우가 아니다)

① 0.1   ② 1
③ 10    ④ 100

해설 ▶ 건조실을 독립된 단층 건물로 해야 하는 경우

「산업안전보건기준에 관한 규칙」 제280조
1. 위험물 또는 위험물이 발생하는 물질을 가열·건조하는 경우 내용적이 1[m³] 이상인 건조설비
2. 위험물이 아닌 물질을 가열·건조하는 경우로서 다음 각 목의 어느 하나의 용량에 해당하는 건조설비
  가. 고체 또는 액체연료의 최대사용량이 시간당 10[kg] 이상
  나. 기체연료의 최대사용량이 시간당 1[m³] 이상
  다. 전기사용 정격용량이 10[kW] 이상

**76** 산업안전보건법령에서 규정한 위험물질을 기준량 이상으로 제조 또는 취급하는 특수화학설비에 설치하여야 할 계측장치가 아닌 것은?

① 온도계   ② 유량계
③ 압력계   ④ 경보계

해설 특수화학장비에 설치해야 할 계측장치로는 온도계, 유량계, 압력계가 있다.

**77** 메탄($CH_4$) 100[mol]이 산소 중에서 완전연소하였다면 이때 소비된 산소량은 몇 [mol]인가?

① 50    ② 100
③ 150   ④ 200

해설 완전연소 반응식은 $CH_4 + 2O_2 \rightarrow CO_2 + 2H_2O$가 되므로, 소비된 산소량은 메탄의 2배인 200[mol]이 된다.

**78** 위험물안전관리법령상 칼륨에 의한 화재에 적응성이 있는 것은?

① 건조사(마른모래)
② 포소화기
③ 이산화탄소소화기
④ 할로겐화합물소화기

해설 칼륨은 금속으로 금속화재(D급 화재)에는 건조사 또는 금속화재에 적합한 소화기를 사용한다.

**79** 「산업안전보건기준에 관한 규칙」에서 부식성 염기류에 해당하는 것은?

① 농도 30퍼센트인 과염소산
② 농도 30퍼센트인 아세틸렌
③ 농도 40퍼센트인 디아조화합물
④ 농도 40퍼센트인 수산화나트륨

해설
• 부식성 산류 농도 20[%] 이상 : 질산, 염산, 황산
• 부식성 염기류 농도 40[%] 이상 : 수산화나트륨, 수산화칼륨
• 부식성 산류 농도 60[%] 이상 : 불산, 인산, 아세트산

**80** 전기적 불꽃 또는 아크에 의한 화상의 우려가 높은 고압 이상의 충전전로 작업에 근로자를 종사시키는 경우에는 어떠한 성능을 가진 작업복을 착용시켜야 하는가?

① 방충처리 또는 방수성능을 갖춘 작업복
② 방염처리 또는 난연성능을 갖춘 작업복
③ 방청처리 또는 난연성능을 갖춘 작업복
④ 방수처리 또는 방청성능을 갖춘 작업복

75 ②   76 ④   77 ④   78 ①   79 ④   80 ②

해설 ▶ 화상 : 불 → 방염(불 막음), 난연(잘 안탐)
문제에서 화상의 우려가 높다는 내용이 있으므로, 불이 잘 붙지 않고 잘 타지 않는 기능이 필요하여 방염 또는 난연성 기능을 갖춘 작업복이 필요하다.

## 5과목 건설안전기술

**81** 차량계 하역운반기계 등을 사용하는 작업을 할 때, 그 기계가 넘어지거나 굴러떨어짐으로써 근로자에게 위험을 미칠 우려가 있는 경우에 이를 방지하기 위한 조치사항과 거리가 먼 것은?

① 유도자 배치
② 지반의 부동침하 방지
③ 상단 부분의 안정을 위하여 버팀줄 설치
④ 갓길 붕괴 방지

해설 ▶ 차량계 하역운반기계 전도·전락 방지대책
 • 유도하는 사람을 배치
 • 지반의 부동침하 방지
 • 갓길 붕괴 방지

**82** 「굴착공사표준안전작업지침」에 따른 인력굴착 작업 시 굴착면이 높아 계단식 굴착을 할 때 소단의 폭은 수평거리로 얼마 정도하여야 하는가?

① 1[m]    ② 1.5[m]
③ 2[m]    ④ 2.5[m]

해설 계단식 굴착을 할 때 소단의 폭은 수평거리로 2미터로 한다.

**83** 거푸집 동바리 등을 조립하거나 해체하는 작업을 하는 경우 준수사항으로 옳지 않은 것은?

① 해당 작업을 하는 구역에는 관계 근로자가 아닌 사람의 출입을 금지할 것
② 비, 눈, 그 밖의 기상상태의 불안정으로 날씨가 몹시 나쁜 경우에는 그 작업을 중지할 것
③ 낙하·충격에 의한 돌발적 재해를 방지하기 위하여 버팀목을 설치하고 거푸집 동바리 등을 인양장비에 매단 후에 작업을 하도록 하는 등 필요한 조치를 할 것
④ 재료, 기구 또는 공구 등을 올리거나 내리는 경우에는 근로자로 하여금 달줄·달포대 등의 사용을 금지하도록 할 것

해설 재료, 기구 또는 공구 등을 올리거나 내리는 경우 달줄, 달포대를 사용해야 한다.

**84** 신축공사 현장에서 강관으로 외부비계를 설치할 때 비계기둥의 최고 높이가 45[m]라면 관련 법령에 따라 비계기둥을 2개의 강관으로 보강하여야 하는 높이는 지상으로부터 얼마까지인가?

① 14[m]
② 20[m]
③ 25[m]
④ 31[m]

해설 비계기둥의 제일 윗부분으로부터 31[m] 되는 지점 밑부분의 비계기둥은 2개의 강관으로 묶어 세울 것. 다만, 브라켓(bracket, 까치발) 등으로 보강하여 2개의 강관으로 묶을 경우 이상의 강도가 유지되는 경우에는 그러하지 아니하다.
비계기둥의 최고 높이가 45[m]의 건물이므로 지상 높이 31[m]를 빼면 14[m]이다.

정답  81 ③  82 ③  83 ④  84 ①

**85** 크레인 운전실을 통하는 통로의 끝과 건설물 등의 벽체와의 간격은 최대 얼마 이하로 하여야 하는가?

① 0.3[m]
② 0.4[m]
③ 0.5[m]
④ 0.6[m]

> **해설** ▶ 건설물 등의 벽체와 통로의 간격 등
>
> 「산업안전보건기준에 관한 규칙」 제145조
> 사업주는 다음 각 호의 간격을 0.3미터 이하로 하여야 한다.
> 1. 크레인의 운전실 또는 운전대를 통하는 통로의 끝과 건설물 등의 벽체의 간격
> 2. 크레인 거더의 통로 끝과 크레인 거더의 간격
> 3. 크레인 거더의 통로로 통하는 통로의 끝과 건설물 등의 벽체의 간격
> * 주행 크레인 또는 선회 크레인과 건설물, 설비와의 간격은 0.6[m] 이상

**86** 건설업 산업안전보건관리비 항목으로 사용 가능한 내역은?

① 경비원, 청소원 및 폐자재처리원 인건비
② 외부인 출입금지, 공사장 경계표시를 위한 가설 울타리 설치 및 해체비용
③ 원활한 공사수행을 위하여 사업장 주변 교통정리를 하는 신호자의 인건비
④ 해열제, 소화제 등 구급약품 및 구급용구 등의 구입비용

> **해설** ▶ 건설업 산업안전보건관리비 항목
> • 안전관리자 등 인건비 및 각종 업무수당
> • 안전시설비 등
> • 개인보호구 및 안전장구 구입비 등
> • 안전진단비 등
> • 안전보건교육비 및 행사비 등
> • 근로자 건강관리비
> • 건설재해예방 기술지도비

**87** 산업안전보건법령에 따라 안전관리자와 보건관리자의 직무를 분류할 때 안전관리자의 직무에 해당되지 않는 것은?

① 산업재해에 관한 통계의 유지·관리·분석을 위한 보좌 및 조언·지도
② 산업재해 발생의 원인 조사·분석 및 재발 방지를 위한 기술적 보좌 및 조언·지도
③ 해당 사업장 안전교육계획의 수립 및 안전교육 실시에 관한 보좌 및 조언·지도
④ 작업장 내에서 사용되는 전체 환기장치 및 국소배기장치 등에 관한 설비의 점검과 작업 방법의 공학적 개선에 관한 보좌 및 조언·지도

> **해설** ▶ 안전관리자의 직무
> • 안전보건관리규정 및 취업규칙에서 정한 업무
> • 위험성평가에 관한 보좌 및 지도·조언
> • 안전인증대상기계 등에 따른 자율안전확인대상기계 등 구입 시 적격품의 선정에 관한 보좌 및 지도·조언
> • 해당 사업장 안전교육계획의 수립 및 안전교육 실시에 관한 보좌 및 지도·조언
> • 사업장 순회점검, 지도 및 조치 건의
> • 산업재해 발생의 원인 조사·분석 및 재발 방지를 위한 기술적 보좌 및 지도·조언
> • 산업재해에 관한 통계의 유지·관리·분석을 위한 보좌 및 지도·조언
> • 법 또는 법에 따른 명령으로 정한 안전에 관한 사항의 이행에 관한 보좌 및 지도·조언
> • 업무수행 내용의 기록·유지
> • 그 밖에 안전에 관한 사항으로서 고용노동부장관이 정하는 사항

**정답**
85 ①  86 ④  87 ④

**88** 굴착작업 시 근로자의 위험을 방지하기 위하여 해당 작업, 작업장에 대한 사전조사를 실시하여야 하는데 이 사전조사 항목에 포함되지 않는 것은?

① 지반의 지하수위 상태
② 형상·지질 및 지층의 상태
③ 굴착기의 이상 유무
④ 매설물 등의 유무 또는 상태

> **해설** 작업장 사전조사이기 때문에 굴착기는 해당사항 없다.
> ◉ 굴착작업장에 대한 사전조사 항목
> • 지반의 지하수위 상태
> • 형상, 지질 및 지층의 상태
> • 균열, 함수, 용수 및 동결의 유무 또는 상태
> • 매설물 등의 유무 또는 상태

**89** 철근의 인력 운반방법에 관한 설명으로 옳지 않은 것은?

① 긴 철근은 두 사람이 1조가 되어 같은 쪽의 어깨에 메고 운반한다.
② 양끝은 묶어서 운반한다.
③ 1회 운반 시 1인당 무게는 50[kg] 정도로 한다.
④ 공동작업 시 신호에 따라 작업한다.

> **해설** 1회 운반 시 1인당 무게는 25[kg] 정도가 적당하다.

**90** 화물취급작업 중 화물적재 시 준수하여야 할 사항으로 옳지 않은 것은?

① 침하 우려가 없는 튼튼한 기반 위에 적재할 것
② 중량의 화물은 공간의 효율성을 고려하여 건물의 칸막이나 벽에 기대어 적재할 것
③ 불안정할 정도로 높이 쌓아 올리지 말 것
④ 하중이 한쪽으로 치우치지 않도록 쌓을 것

> **해설** ◉ 화물의 적재
> 「산업안전보건기준에 관한 규칙」 제393조
> 1. 침하 우려가 없는 튼튼한 기반 위에 적재할 것
> 2. 건물의 칸막이나 벽 등이 화물의 압력에 견딜 만큼의 강도를 지니지 아니한 경우에는 칸막이나 벽에 기대어 적재하지 않도록 할 것
> 3. 불안정할 정도로 높이 쌓아 올리지 말 것
> 4. 하중이 한쪽으로 치우치지 않도록 쌓을 것

**91** 건설용 양중기에 관한 설명으로 옳은 것은?

① 삼각데릭의 인접시설에 장해가 없는 상태에서 360[°] 회전이 가능하다.
② 이동식 크레인(crane)에는 트럭 크레인, 크롤러 크레인 등이 있다.
③ 휠 크레인에는 무한궤도식과 타이어식이 있으며, 장거리 이동에 적당하다.
④ 크롤러 크레인은 휠 크레인보다 기동성이 뛰어나다.

> **해설** ① 삼각데릭의 인접시설에 장해가 없는 상태에서 270[°] 회전이 가능하다.
> ③ 휠 크레인에는 무한궤도식과 타이어식이 있으며, 장거리 이동에 적당하지 않다.
> ④ 크롤러 크레인은 휠 크레인보다 기동성이 떨어진다.

**92** 가설구조물의 특징이 아닌 것은?

① 연결재가 적은 구조로 되기 쉽다.
② 부재결합이 불완전할 수 있다.
③ 영구적인 구조설계의 개념이 확실하게 적용된다.
④ 단면에 결함이 있기 쉽다.

> **해설** ① 연결재가 부실한 구조로 되기 쉽다.
> ② 불완전한 부재결합 부분이 많다.
> ③ 구조물이라는 통상 개념이 확고하지 않아 조립의 정밀도가 낮다.
> ④ 부재는 과소 단면이거나 부실한 재료가 되기 쉽다.

**정답** 88 ③  89 ③  90 ②  91 ②  92 ③

**93** 비탈면 붕괴 방지를 위한 붕괴방지공법과 가장 거리가 먼 것은?

① 배토공법
② 압성토공법
③ 공작물의 설치
④ 언더피닝 공법

해설 언더피닝 : 기존 구조물의 기초에 추후 시공하는 영구적인 보강공사

**94** 추락방지용 방망 그물코의 모양 및 크기의 기준으로 옳은 것은?

① 원형 또는 사각으로서 그 크기는 5[cm] 이하이어야 한다.
② 원형 또는 사각으로서 그 크기는 10[cm] 이하이어야 한다.
③ 사각 또는 마름모로서 그 크기는 5[cm] 이하이어야 한다.
④ 사각 또는 마름모로서 그 크기는 10[cm] 이하이어야 한다.

해설 사각 또는 마름모로서 그 크기는 10[cm] 이하이어야 한다.

**95** 발파작업에 종사하는 근로자가 준수해야 할 사항으로 옳지 않은 것은?

① 얼어붙은 다이나마이트는 화기에 접근시키거나 그 밖의 고열물에 직접 접촉시키는 등 위험한 방법으로 융해되지 않도록 한다.
② 발파공의 충진재료는 점토, 모래 등의 사용을 금할 것
③ 장전구(裝塡具)는 마찰·충격·정전기 등에 의한 폭발의 위험이 없는 안전한 것을 사용할 것
④ 전기뇌관에 의한 발파의 경우 점화하기 전에 화약류를 장전한 장소로부터 30[m] 이상 떨어진 안전한 장소에서 전선에 대하여 저항측정 및 도통(道通)시험을 할 것

해설 ▶ 발파의 작업기준

「산업안전보건기준에 관한 규칙」 제348조
1. 얼어붙은 다이나마이트는 화기에 접근시키거나 그 밖의 고열물에 직접 접촉시키는 등 위험한 방법으로 융해되지 않도록 할 것
2. 화약이나 폭약을 장전하는 경우에는 그 부근에서 화기를 사용하거나 흡연을 하지 않도록 할 것
3. 장전구(裝塡具)는 마찰·충격·정전기 등에 의한 폭발의 위험이 없는 안전한 것을 사용할 것
4. 발파공의 충진재료는 점토·모래 등 발화성 또는 인화성의 위험이 없는 재료를 사용할 것
5. 점화 후 장전된 화약류가 폭발하지 아니한 경우 또는 장전된 화약류의 폭발 여부를 확인하기 곤란한 경우에는 다음 각 목의 사항을 따를 것
   가. 전기뇌관에 의한 경우에는 발파모선을 점화기에서 떼어 그 끝을 단락시켜 놓는 등 재점화되지 않도록 조치하고 그때부터 5분 이상 경과한 후가 아니면 화약류의 장전장소에 접근시키지 않도록 할 것
   나. 전기뇌관 외의 것에 의한 경우에는 점화한 때부터 15분 이상 경과한 후가 아니면 화약류의 장전장소에 접근시키지 않도록 할 것
6. 전기뇌관에 의한 발파의 경우 점화하기 전에 화약류를 장전한 장소로부터 30미터 이상 떨어진 안전한 장소에서 전선에 대하여 저항측정 및 도통(導通)시험을 할 것

93 ④  94 ④  95 ②

**96** 재료비가 30억원, 직접노무비가 50억원인 건설공사의 예정가격상 안전관리비로 옳은 것은? (단, 일반건설공사(갑)에 해당되며 계상기준은 1.97[%]임)

① 56,400,000원  ② 94,000,000원
③ 150,400,000원  ④ 157,600,000원

**해설** (30억원+50억원)×1.97[%]=157,600,000원

| 구분<br>공사종류 | 대상액<br>5억원<br>미만인<br>경우<br>적용<br>비율<br>[%] | 대상액 5억원 이상<br>50억원 미만인 경우 | | 대상액<br>50억원<br>이상인<br>경우<br>적용<br>비율<br>[%] | 영 [별표 5]<br>에 따른<br>보건관리자<br>선임 대상<br>건설공사의<br>적용비율 |
|---|---|---|---|---|---|
| | | 적용<br>비율<br>[%] | 기초액 | | |
| 일반건설공사(갑) | 2.93[%] | 1.86[%] | 5,349,000원 | 1.97[%] | 2.15[%] |
| 일반건설공사(을) | 3.09[%] | 1.99[%] | 5,499,000원 | 2.10[%] | 2.29[%] |
| 중건설공사 | 3.43[%] | 2.35[%] | 5,400,000원 | 2.44[%] | 2.66[%] |
| 철도·궤도신설공사 | 2.45[%] | 1.57[%] | 4,411,000원 | 1.66[%] | 1.81[%] |
| 특수및기타건설공사 | 1.85[%] | 1.20[%] | 3,250,000원 | 1.27[%] | 1.38[%] |

**97** 개착식 굴착공사(Open cut)에서 설치하는 계측기기와 거리가 먼 것은?

① 수위계  ② 경사계
③ 응력계  ④ 내공변위계

**해설** 내공변위계는 개착식 굴착공사가 아닌 터널굴착공사에 사용하는 계측기이다.

**98** 추락방지망의 방망 지지점은 최소 얼마 이상의 외력에 견딜 수 있는 강도를 보유하여야 하는가?

① 500[kg]  ② 600[kg]
③ 700[kg]  ④ 800[kg]

**해설** 방망 지지점은 외력 600[kg]에 견딜 수 있는 강도를 보유하여야 한다.
▶ 견딜 수 있는 외력의 기준
• 추락방지망 : 600[kg]
• 계단참 : 500[kg]
• 비계기둥 : 400[kg]

**99** 다음은 비계를 조립하여 사용하는 경우 작업발판 설치에 관한 기준이다. ( )에 들어갈 내용으로 옳은 것은?

> 사업주는 비계(달비계, 달대비계 및 말비계는 제외한다)의 높이가 ( ) 이상인 작업장소에 다음 각 호의 기준에 맞는 작업발판을 설치하여야 한다.
> 1. 발판재료는 작업할 때의 하중을 견딜 수 있도록 견고한 것으로 할 것
> 2. 작업발판의 폭은 40[cm] 이상으로 하고, 발판재료 간의 틈은 3[cm] 이하로 할 것

① 1[m]  ② 2[m]
③ 3[m]  ④ 4[m]

**해설** ▶ 작업발판의 구조

> 「산업안전보건기준에 관한 규칙」 제56조
> 사업주는 비계(달비계, 달대비계 및 말비계는 제외한다)의 높이가 2[m] 이상인 작업장소에 다음 각 호의 기준에 맞는 작업발판을 설치하여야 한다.
> 1. 발판재료는 작업할 때의 하중을 견딜 수 있도록 견고한 것으로 할 것
> 2. 작업발판의 폭은 40[cm] 이상으로 하고, 발판재료 간의 틈은 3[cm] 이하로 할 것. 다만, 외줄비계의 경우에는 고용노동부장관이 별도로 정하는 기준에 따른다.
> 3. 제2호에도 불구하고 선박 및 보트 건조작업의 경우 선박블록 또는 엔진실 등의 좁은 작업공간에 작업발판을 설치하기 위하여 필요하면 작업발판의 폭을 30[cm] 이상으로 할 수 있고, 걸침비계의 경우 강관기둥 때문에 발판 재료 간의 틈을 3[cm] 이하로 유지하기 곤란하면 5[cm] 이하로 할 수 있다. 이 경우 그 틈 사이로 물체 등이 떨어질 우려가 있는 곳에는 출입금지 등의 조치를 하여야 한다.
> 4. 추락의 위험이 있는 장소에는 안전난간을 설치할 것. 다만, 작업의 성질상 안전난간을 설치하는 것이 곤란한 경우, 작업의 필요상 임시로 안전난간을 해체할 때에 추락방호망을 설치하거나 근로자로 하여금 안전대를 사용하도록 하는 등 추락위험 방지 조치를 한 경우에는 그러하지 아니하다.
> 5. 작업발판의 지지물은 하중에 의하여 파괴될 우려가 없는 것을 사용할 것
> 6. 작업발판재료는 뒤집히거나 떨어지지 않도록 둘 이상의 지지물에 연결하거나 고정시킬 것
> 7. 작업발판을 작업에 따라 이동시킬 경우에는 위험 방지에 필요한 조치를 할 것

**정답** 96 ④  97 ④  98 ②  99 ②

**100** 공사현장에서 낙하물방지망 또는 방호선반을 설치할 때 설치높이 및 벽면으로부터 내민길이 기준으로 옳은 것은?

① 설치높이 10[m] 이내마다, 내민길이 2[m] 이상
② 설치높이 15[m] 이내마다, 내민길이 2[m] 이상
③ 설치높이 10[m] 이내마다, 내민길이 3[m] 이상
④ 설치높이 15[m] 이내마다, 내민길이 3[m] 이상

**해설**
- 높이 10미터 이내마다 설치하고, 내민길이는 벽면으로부터 2미터 이상으로 할 것
- 수평면과의 각도는 20도 이상 30도 이하를 유지할 것

100 ①

# 2021년 제3회 기출 복원문제

## 1과목 산업안전관리론

**01** 하인리히의 재해발생 원인 도미노이론에서 사고의 직접원인으로 옳은 것은?

① 통제의 부족
② 관리구조의 부적절
③ 불안전한 행동과 상태
④ 유전과 환경적 영향

**해설** ▶ 재해의 직접원인
- 불안전한 행동 : 위험장소 접근, 안전장치의 기능 제거, 기계기구의 잘못 사용, 운전 중인 기계장치의 손질, 위험물 취급 부주의 등
- 불안전한 상태 : 물 자체의 결함, 안전방호장치의 결함, 복장·보호구의 결함, 물의 배치 및 작업장소 결함, 생산공정의 결함

**02** 위험예지훈련 4라운드 기법의 진행방법에 있어 문제점 발견 및 중요문제를 결정하는 단계는?

① 대책수립 단계
② 현상파악 단계
③ 본질추구 단계
④ 행동목표설정 단계

**해설** ▶ 위험예지훈련 4라운드 기법
- 제1단계 : 현상파악 – 어떤 위험이 잠재되어 있는가
- 제2단계 : 본질추구 – 이것이 위험의 point다.
- 제3단계 : 대책수립 – 당신이라면 어떻게 하는가
- 제4단계 : 목표설정 – 우리들은 이렇게 한다.

**03** 재해율 중 재직 근로자 1,000명당 1년간 발생하는 재해자 수를 나타내는 것은?

① 연천인율
② 도수율
③ 강도율
④ 종합재해지수

**해설**
연천인율 $= \dfrac{\text{재해자수}}{\text{근로자수}} \times 1{,}000$

도수율 $= \dfrac{\text{재해건수}}{\text{근로시간}} \times 10^6$

강도율 $= \dfrac{\text{손실일수}}{\text{근로시간}} \times 1{,}000$

종합재해지수(FSI)
$= \sqrt{\text{빈도율(F.R)} \times \text{강도율(S.R)}}$

**04** 인간의 적응기제(適機應制)에 포함되지 않는 것은?

① 갈등(conflict)
② 억압(repression)
③ 공격(aggression)
④ 합리화(rationalization)

**해설** ▶ 인간의 적응기제
- 도피 : 억압, 퇴행, 백일몽, 고립
- 방어 : 보상, 합리화, 승화, 동일시, 투사
- 공격 : 폭행, 싸움, 기물파괴, 욕설, 비난, 조소 등

**정답** 01 ③  02 ③  03 ①  04 ①

## 05 주의의 수준에서 중간 수준에 포함되지 않는 것은?

① 다른 곳에 주의를 기울이고 있을 때
② 가시 시야 내 부분
③ 수면 중
④ 일상과 같은 조건일 경우

**해설**
- phase 0 : 무의식 상태(수면 상태, 실신한 상태 등)이기 때문에, 작업 중에는 있을 수 없는 상태이다.
- phase Ⅰ : 뇌파에서는 θ파가 우세한 상태로서, 술에 취해 있거나 앉아서 졸고 있는 때와 같은 의식상태이다. 의식이 둔하고 강한 부주의 상태가 계속되며, 깜박 잊는 일과 실수가 많아진다.
- phase Ⅱ : α 파에 대응하는 의식수준이고 보통의 의식 상태이지만, 단순한 일을 하고 있는 때와 같이 마음이 편안한 상태로서, 예측 기능이 활발하지 않고 사태를 분석하는 능력이 발휘되지 않는 상태이다. 휴식 시의 편안한 상태이고, 전두엽은 그다지 활동하고 있지 않아 깜박하는 실수를 하기 쉽다.
- phase Ⅲ : β 파의 의식수준으로서, 적당한 긴장감과 주의력이 작동하고 있고, 사태의 분석, 예측능력이 가장 잘 발휘되고 있는 상태이다. 의식은 밝고 맑으며, 전두엽이 완전히(활발히) 활동하고 있고, 실수를 하는 일도 거의 없다.
- phase Ⅳ : 긴장의 과대(過大) 또는 정동(情動) 흥분 시의 상태로서, 대뇌의 에너지 수준은 매우 높지만, 주의가 눈앞의 한 점에 흡착(집중)되어 사고협착에 빠져 있고, 냉정한 분석이나 올바른 판단에 의한 임기응변의 대응이 불가능하다. 실수를 범하기 쉽고, 심하면 패닉상태가 되어 당황하거나 공포감이 엄습하여 대외적 정보처리기능이 분열상태에 빠진다.

## 06 산업안전보건법령상 안전·보건표지 중 지시표지 사항의 기본모형은?

① 사각형
② 원형
③ 삼각형
④ 마름모형

**해설** 안전·보건표지

| 분류 | 기호 |
|---|---|
| 금지표지 | ⊘ |
| 경고표지 | △ |
| 지시표지 | ○ |
| 안내표지 | □ |

## 07 안전교육방법 중 TWI(Training Within Industry)의 교육과정이 아닌 것은?

① 작업지도훈련
② 인간관계훈련
③ 정책수립훈련
④ 작업방법훈련

**해설** TWI의 교육과정
- Job Method Training(J. M. T) : 작업방법훈련 – 작업의 개선방법에 대한 훈련
- Job Instruction Training(J. I. T) : 작업지도훈련 – 작업을 가르치는 기법 훈련
- Job Relations Training(J. R. T) : 인간관계훈련 – 사람을 다루는 기법훈련
- Job Safety Training(J. S. T) : 작업안전훈련 – 작업안전에 대한 훈련기법

## 08 산업안전보건법령상 안전관리자가 수행하여야 할 업무가 아닌 것은? (단, 그 밖에 안전에 관한 사항으로서 고용노동부장관이 정하는 사항은 제외한다)

① 위험성평가에 관한 보좌 및 조언·지도
② 물질안전보건자료의 게시 또는 비치에 관한 보좌 및 조언·지도
③ 사업장 순회점검·지도 및 조치의 건의
④ 산업재해에 관한 통계의 유지·관리·분석을 위한 보좌 및 조언·지도

**정답** 05 ③  06 ②  07 ③  08 ②

**해설** ②는 보건관리자가 수행하여야 할 업무에 해당된다.

### ▶ 안전관리자의 업무
- 안전보건관리규정 및 취업규칙에서 정한 업무
- 위험성평가에 관한 보좌 및 지도·조언
- 안전인증대상기계 등에 따른 자율안전확인대상기계 등 구입 시 적격품의 선정에 관한 보좌 및 지도·조언
- 해당 사업장 안전교육계획의 수립 및 안전교육 실시에 관한 보좌 및 지도·조언
- 사업장 순회점검, 지도 및 조치 건의
- 산업재해 발생의 원인 조사·분석 및 재발 방지를 위한 기술적 보좌 및 지도·조언
- 산업재해에 관한 통계의 유지·관리·분석을 위한 보좌 및 지도·조언
- 법 또는 법에 따른 명령으로 정한 안전에 관한 사항의 이행에 관한 보좌 및 지도·조언
- 업무 수행 내용의 기록·유지
- 그 밖에 안전에 관한 사항으로서 고용노동부장관이 정하는 사항

**09** 일반적으로 교육이란 "인간행동의 계획적 변화"로 정의할 수 있다. 여기서 인간의 행동이 의미하는 것은?

① 신념과 태도
② 외현적 행동만 포함
③ 내현적 행동만 포함
④ 내현적, 외현적 행동 모두 포함

**해설** 인간의 행동은 내현적·외현적 행동을 모두 포함하고 있으며, $B = f(P \cdot E)$
- $B$ : Behavior(인간의 행동)
- $f$ : function(함수관계) P·E에 영향을 줄 수 있는 조건
- $P$ : Person(연령, 경험, 심신상태, 성격, 지능, 소질 등)
- $E$ : Environment(심리적 환경 – 인간관계, 작업환경, 설비적 결함 등)

**10** 산업안전보건법령상 일용근로자의 안전·보건교육 과정별 교육시간 기준으로 틀린 것은?

① 채용 시의 교육 : 1시간 이상
② 작업내용 변경 시의 교육 : 2시간 이상
③ 건설업 기초안전·보건교육(건설 일용근로자) : 4시간
④ 특별교육 : 2시간 이상(흙막이 지보공의 보강 또는 동바리를 설치하거나 해체하는 작업에 종사하는 일용근로자)

**해설**

| | | | |
|---|---|---|---|
| 가. 정기 교육 | 사무직 종사 근로자 | | 매분기 3시간 이상 |
| | 사무직 종사 근로자 외의 근로자 | 판매업무에 직접 종사하는 근로자 | 매분기 3시간 이상 |
| | | 판매업무에 직접 종사하는 근로자 외의 근로자 | 매분기 6시간 이상 |
| | 관리감독자의 지위에 있는 사람 | | 연간 16시간 이상 |
| 나. 채용 시 교육 | 일용근로자 | | 1시간 이상 |
| | 일용근로자를 제외한 근로자 | | 8시간 이상 |
| 다. 작업내용 변경 시 교육 | 일용근로자 | | 1시간 이상 |
| | 일용근로자를 제외한 근로자 | | 2시간 이상 |
| 라. 특별 교육 | [별표 5] 제1호 라목 각 호(제40호는 제외한다)의 어느 하나에 해당하는 작업에 종사하는 일용근로자 | | 2시간 이상 |
| | [별표 5] 제1호 라목 제40호의 타워크레인 신호작업에 종사하는 일용근로자 | | 8시간 이상 |
| | [별표 5] 제1호 라목 각 호의 어느 하나에 해당하는 작업에 종사하는 일용근로자를 제외한 근로자 | | • 16시간 이상(최초 작업에 종사하기 전 4시간 이상 실시하고 12시간은 3개월 이내에서 분할하여 실시 가능)<br>• 단기간 작업 또는 간헐적 작업인 경우에는 2시간 이상 |

**정답** 09 ④  10 ②

**11** 어느 공장의 재해율을 조사한 결과 도수율이 20이고, 강도율이 1.2로 나타났다. 이 공장에서 근무하는 근로자가 입사부터 정년퇴직할 때까지 예상되는 재해건수(a)와 이로 인한 근로손실일수(b)는?

① a=20, b=1.2
② a=2, b=120
③ a=20, b=20
④ a=120, b=2

**해설** 예상 재해건수(a)=도수율×0.1=20×0.1=2
근로손실일수(b)=강도율×100=1.2×100=120

**12** 재해손실비의 평가방식 중 하인리히 계산방식으로 옳은 것은?

① 총재해비용=보험비용+비보험비용
② 총재해비용=직접손실비용+간접손실비용
③ 총재해비용=공동비용+개별비용
④ 총재해비용=노동손실비용+설비손실비용

**해설** 총재해비용=직접비(1)+간접비(4)
(1 : 4)

| 직접비 | 간접비 |
| --- | --- |
| 치료비, 휴업, 요양, 유족, 장해, 간병, 직업재활급여, 상병보상연금, 장례비 | 인적·물적 손실비, 생산손실비, 기계·기구손실비 |

**13** 기억의 과정 중 과거의 학습경험을 통해서 학습된 행동이 현재와 미래에 지속되는 것을 무엇이라 하는가?

① 기명(memorizing)
② 파지(retention)
③ 재생(recall)
④ 재인(recognition)

**해설** ① 기명 : 사물의 인상을 마음속에 간직하는 것
② 파지 : 간직한 인상이 보존되는 것
③ 재생 : 보존된 인상을 다시 머릿속으로 떠올리는 것
④ 재인 : 과거에 경험했던 것과 비슷한 상태가 되었을 때 떠오르는 것

**14** 토의(회의)방식 중 참가자가 다수인 경우에 전원을 토의에 참가시키기 위하여 소집단으로 구분하고, 각각 자유토의를 행하여 의견을 종합하는 방식은?

① 포럼(forum)
② 심포지엄(symposium)
③ 버즈 세션(buzz session)
④ 패널 디스커션(panel discussion)

**해설** ① 포럼 : 공개토의라고도 하며, 전문가의 발표시간은 10~20분 정도 주어진다. 포럼은 전문가와 일반 참여자가 구분되는 비대칭적 토의이다. 각자 다른 입장의 전문가가 공개적으로 자신의 의견을 옹호하고 상대의 의견을 비판하면서 논박하는 데 비중을 둔다.
② 심포지엄 : 여러 사람의 강연자가 하나의 주제에 대해서 각각 다른 입장에서 짧은 강연을 하고, 그 뒤부터 청중으로부터 질문이나 의견을 내어 넓은 시야에서 문제를 생각하고, 많은 사람들에 관심을 가지고, 결론을 이끌어 내려고 하는 집단토론방식의 하나이다.
③ 버즈 세션 : 많은 사람이 시간이 별로 걸리지 않는 회의나 토론을 할 때 효과적으로 사용하는 방법이다. 전체 구성원을 4~6명의 소그룹으로 나누고 각각의 소그룹이 개별적인 토의를 벌인 뒤 각 그룹의 결론을 패널 형식으로 토론하고 최후의 리더가 전체적인 결론을 내리는 토의법이다[4~6명의 인원(소집단)이 전원 토론 적극 참여].
④ 패널 디스커션 : 토론집단을 패널 멤버와 청중으로 나누고 먼저 소정의 문제에 대해 패널 멤버인 각 분야의 전문가 4~5명으로 하여금 토론하게 한 다음 청중과 패널 멤버 사이에 질의응답을 하도록 하는 토론 형식. 많은 사람이 토론에 참여할 수 있으며 비교적 성과가 큰 것이 특징이다(전문가끼리 토론 후 질의응답).

11 ② 12 ② 13 ② 14 ③

**15** OFF JT의 설명으로 틀린 것은?

① 다수의 근로자에게 조직적 훈련이 가능하다.
② 훈련에만 전념하게 된다.
③ 효과가 곧 업무에 나타나며, 훈련의 좋고 나쁨에 따라 개선이 쉽다.
④ 교육훈련목표에 대해 집단적 노력이 흐트러질 수 있다.

해설 ▶ OFF JT의 특징
- 한번에 다수의 대상을 일괄적, 조직적으로 교육할 수 있다.
- 전문분야의 우수한 강사진을 초빙할 수 있다.
- 교육기자재 및 특별 교재 또는 시설을 유효하게 활용할 수 있다.
- 다른 분야 및 타 직장의 사람들과 지식이나 경험의 교환이 가능하다.
- 업무와 분리되어 면학에 전념하는 것이 가능하다.
- 교육목표를 위하여 집단적으로 협조와 협력이 가능하다.
- 법규, 원리, 원칙, 개념, 이론 등의 교육에 적합하다.

**16** 「산업안전보건법」상 직업병 유소견자가 발생하거나 다수 발생할 우려가 있는 경우에 실시하는 건강진단은?

① 특별건강진단
② 일반건강진단
③ 임시건강진단
④ 채용 시 건강진단

해설 ▶ 임시건강진단 명령 등

「산업안전보건법」 제131조 제1항
고용노동부장관은 같은 유해인자에 노출되는 근로자들에게 유사한 질병의 증상이 발생한 경우 등 고용노동부령으로 정하는 경우에는 근로자의 건강을 보호하기 위하여 사업주에게 특정 근로자에 대한 건강진단(이하 '임시건강진단'이라 한다)의 실시나 작업전환, 그 밖에 필요한 조치를 명할 수 있다.

**17** 지도자가 추구하는 계획과 목표를 부하직원이 자신의 것으로 받아들여 자발적으로 참여하게 하는 리더십의 권한은?

① 보상적 권한
② 강압적 권한
③ 위임된 권한
④ 합법적 권한

해설
- 보상적 권한, 강압적 권한, 합법적 권한 → 조직이 지도자에게 부여하는 권한
- 위임된 권한, 전문성의 권한 → 자발적인 권한

**18** 산업안전보건법령상 건설현장에서 사용하는 크레인, 리프트 및 곤돌라의 안전검사의 주기로 옳은 것은? (단, 이동식 크레인, 이삿짐운반용 리프트는 제외한다)

① 최초로 설치한 날부터 6개월마다
② 최초로 설치한 날부터 1년마다
③ 최초로 설치한 날부터 2년마다
④ 최초로 설치한 날부터 3년마다

해설 크레인(이동식 크레인은 제외한다), 리프트(이삿짐운반용 리프트는 제외한다) 및 곤돌라의 안전검사 : 사업장에 설치가 끝난 날부터 3년 이내에 최초 안전검사를 실시하되, 그 이후부터 2년마다(건설현장에서 사용하는 것은 최초로 설치한 날부터 6개월마다)

정답  15 ③  16 ③  17 ③  18 ①

**19** 상황성 누발자의 재해유발원인과 거리가 먼 것은?

① 작업의 어려움
② 기계설비의 결함
③ 심신의 근심
④ 주의력의 산만

**해설** ▶ 누발자 유형에 따른 재해유발원인

| 유형 | 내용 |
|---|---|
| 미숙성 누발자 | • 기능 미숙<br>• 작업환경 부적응 |
| 상황성 누발자 | • 작업 자체가 어렵기 때문<br>• 기계설비의 결함 존재<br>• 주위 환경상 주의력 집중 곤란<br>• 심신에 근심 걱정이 있기 때문 |
| 습관성 누발자 | • 경험한 재해로 인하여 대응능력 약화(겁쟁이, 신경과민)<br>• 여러 가지 원인으로 슬럼프 상태 |
| 소질성 누발자 | • 개인의 소질 중 재해 원인 요소를 가진 자 (주의력 부족, 소심한 성격, 저지능, 흥분, 감각운동 부적합 등)<br>• 특수성격의 소유자로 재해발생 소질 소유자 |

**20** 기능(기술)교육의 진행방법 중 하버드 학파의 5단계 교수법의 순서로 옳은 것은?

① 준비 → 연합 → 교시 → 응용 → 총괄
② 준비 → 교시 → 연합 → 총괄 → 응용
③ 준비 → 총괄 → 연합 → 응용 → 교시
④ 준비 → 응용 → 총괄 → 교시 → 연합

**해설** ▶ 하버드 학파의 5단계 교수법
• 1단계 : 준비시킨다.
• 2단계 : 교시한다.
• 3단계 : 연합한다.
• 4단계 : 총괄한다.
• 5단계 : 응용시킨다.

## 2과목 인간공학 및 시스템안전공학

**21** 시스템 수명주기 단계 중 이전 단계들에서 발생되었던 사고 또는 사건으로부터 축적된 자료에 대해 실증을 통한 문제를 규명하고 이를 최소화하기 위한 조치를 마련하는 단계는?

① 구상단계
② 정의단계
③ 생산단계
④ 운전단계

**해설** ▶ 운전단계(운용단계)
• 안전성에 손상이 일어나지 않도록 조작장치, 사용설명서의 변경과 수정을 요할 것
• 안전성을 검사, 사고를 조사하고 분석, 위험상태의 재발방지를 위해 적절한 개량조치를 강구할 것

**22** 사람의 감각기관 중 반응속도가 가장 느린 것은?

① 청각
② 시각
③ 미각
④ 촉각

**해설** ▶ 감각기관의 반응속도

| 청각 | 촉각 | 시각 | 미각 | 통각 |
|---|---|---|---|---|
| 0.17초 | 0.18초 | 0.20초 | 0.29초 | 0.70초 |

정답  19 ④  20 ②  21 ④  22 ③

**23** 다음 그림은 C/R비와 시간과의 관계를 나타낸 그림이다. ㉠~㉣에 들어갈 내용이 맞는 것은?

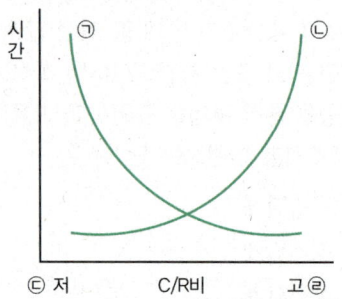

① ㉠ 이동시간, ㉡ 조정시간, ㉢ 민감, ㉣ 둔감
② ㉠ 이동시간, ㉡ 조정시간, ㉢ 둔감, ㉣ 민감
③ ㉠ 조정시간, ㉡ 이동시간, ㉢ 민감, ㉣ 둔감
④ ㉠ 조정시간, ㉡ 이동시간, ㉢ 둔감, ㉣ 민감

해설 ㉠ : 조정시간, ㉡ : 이동시간, ㉢ : 민감, ㉣ : 둔감

**24** FT도에 사용되는 기호 중 입력신호가 생긴 후, 일정시간이 지속된 후에 출력이 생기는 것을 나타내는 것은?

① OR 게이트
② 위험 지속 기호
③ 억제 게이트
④ 배타적 OR 게이트

해설 ▶ 위험 지속 기호

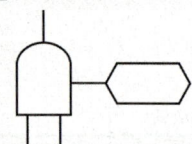

• 입력사상이 생겨 어떤 일정한 시간이 지속했을 때 출력이 생긴다.
• OR 게이트 옆에 마름모가 달려 있는 모양

**25** 검사공정의 작업자가 제품의 완성도에 대한 검사를 하고 있다. 어느 날 10,000개의 제품에 대한 검사를 실시하여 200개의 부적합품을 발견하였으나 이 로드에는 실제로 500개의 부적합품이 있었다. 이때 인간과오확률(Human Error Provability)은 얼마인가?

① 0.02
② 0.03
③ 0.04
④ 0.05

해설 HEP = $\dfrac{인간의\ 실수\ 수}{전체\ 실수발생\ 기회의\ 수}$

HEP = $\dfrac{500-200}{10,000}$ = 0.03

**26** 반복적 노출에 따라 민감성이 가장 쉽게 떨어지는 표시장치는?

① 시각 표시장치
② 청각 표시장치
③ 촉각 표시장치
④ 후각 표시장치

해설 후각 표시장치 : 신체에서 후각이 제일 빨리 적응하고 둔해짐이 빠르다.

**27** 단위면적당 표면을 떠나는 빛의 양을 설명한 것으로 맞는 것은?

① 휘도
② 조도
③ 광도
④ 반사율

해설 ① 휘도 : 일정한 넓이를 가진 광원 또는 빛의 반사체 표면의 밝기
② 조도 : 물체의 표면에 도달하는 빛의 밀도(표면 밝기의 정도)로 단위는 lux
③ 광도 : 단위면적당 표면에서 반사 또는 방출되는 광량
④ 반사율 : 빛이 반사되어 얻을 수 있는 빛의 양

정답 23 ③  24 ②  25 ②  26 ④  27 ①

**28** 점광원(point source)에서 표면에 비추는 조도(lux)의 크기를 나타내는 식으로 옳은 것은? (단, D는 광원으로부터의 거리를 말한다)

① $\dfrac{광도(fc)}{D^2(m^2)}$

② $\dfrac{광도(lm)}{D(m)}$

③ $\dfrac{광도(cd)}{D^2(m^2)}$

④ $\dfrac{광도(fL)}{D(m)}$

**해설** 조도 = $\dfrac{광도}{거리^2}$
거리=D, 광도=cd(칸델라)

**29** 반경 10[cm]의 조종구(ball control)를 30[°] 움직였을 때, 표시장치가 2[cm] 이동하였다면 통제표시비(C/R비)는 약 얼마인가?

① 1.3
② 2.6
③ 5.2
④ 7.8

**해설** C/R비 = $\dfrac{(a/360) \times 2\pi L}{표시장치의 이동거리}$

C/R비 = $\dfrac{(30/360) \times 2\pi 10}{2}$ = 2.6

**30** 안전성의 관점에서 시스템을 분석 평가하는 접근방법과 거리가 먼 것은?

① "이런 일은 금지한다."의 개인판단에 따른 주관적인 방법
② "어떻게 하면 무슨 일이 발생할 것인가?"의 연역적인 방법
③ "어떤 일은 하면 안 된다."라는 점검표를 사용하는 직관적인 방법
④ "어떤 일이 발생하였을 때 어떻게 처리하여야 안전한가?"의 귀납적인 방법

**해설** 안전과 관련된 사항의 경우, 절대 주관적인 생각에 따라 행동하면 안 된다.

**31** 인터페이스 설계 시 고려해야 하는 인간과 기계와의 조화성에 해당되지 않는 것은?

① 지적 조화성
② 신체적 조화성
③ 감성적 조화성
④ 심미적 조화성

**해설** ▶ 인간과 기계의 조화성

| | |
|---|---|
| 신체적(형태적) 인터페이스 | 인간의 신체적 또는 형태적 특성의 적합성 여부(필요조건) |
| 지적 인터페이스 | 인간의 인지능력, 정신적 부담의 정도(편리 수준) |
| 감성적 인터페이스 | 인간의 감정 및 정서의 적합성 여부(쾌적 수준) |

28 ③  29 ②  30 ①  31 ④

**32** 정보전달용 표시장치에서 청각적 표현이 좋은 경우가 아닌 것은?

① 메시지가 복잡하다.
② 시각장치가 지나치게 많다.
③ 즉각적인 행동이 요구된다.
④ 메시지가 그때의 사건을 다룬다.

**해설** ▶ 정보전달 시 청각적 표현이 좋은 경우
- 전언이 간단하다.
- 전언이 짧다.
- 전언이 후에 재참조되지 않는다.
- 전언이 시간적 사상을 다룬다.
- 전언이 즉각적인 행동을 요구한다(긴급할 때).
- 수신장소가 너무 밝거나 암조응유지가 필요시
- 직무상 수신자가 자주 움직일 때
- 수신자가 시각계통이 과부하 상태일 때

**33** 좌식 평면 작업대에서의 최대 작업영역에 관한 설명으로 맞는 것은?

① 각 손의 정상작업영역 경계선이 작업자의 정면에서 교차되는 공통영역
② 윗팔과 손목을 중립자세로 유지한 채 손으로 원을 그릴 때, 부채꼴 원호의 내부 영역
③ 어깨로부터 팔을 펴서 어깨를 축으로 하여 수평면상에 원을 그릴 때, 부채꼴 원호의 내부 지역
④ 자연스러운 자세로 위팔을 몸통에 붙인 채 손으로 수평면상에 원을 그릴 때, 부채꼴 원호의 내부 지역

**해설** ▶ 좌식 평면 작업대의 최대 작업영역
전완과 상완을 곧게 펴서 파악할 수 있는 구역 (55~65[cm])

**34** 인간오류의 분류 중 원인에 의한 분류의 하나로, 작업자 자신으로부터 발생하는 에러로 옳은 것은?

① Command error
② Secondary error
③ Primary error
④ Third error

**해설** ▶ 인간오류
- Primary Error(1차 에러) : 작업자 자신에 의해 발생한 에러
- Secondary Error(2차 에러) : 작업 형태/조건에 의해 발생. 또는 어떤 결함으로부터 파생하여 발생하는 에러
- Command Error : 작업자가 움직일 수 없는 상태에서 발생

**35** 다음 중 연마작업장의 가장 소극적인 소음대책은?

① 음향처리제를 사용할 것
② 방음보호용구를 착용할 것
③ 덮개를 씌우거나 창문을 닫을 것
④ 소음원으로부터 적절하게 배치할 것

**해설** ▶ 연마작업장의 소음대책
- 가장 소극적인 대책 : 사람이 보호구 착용
- 가장 적극적인 대책 : 문제의 원인 자체를 해결
  (예) 소음을 제거

**36** 예비위험분석(PHA)에 대한 설명으로 옳은 것은?

① 관련된 과거 안전점검 결과의 조사에 적절하다.
② 안전관련 법규 조항의 준수를 위한 조사방법이다.
③ 시스템 고유의 위험성을 파악하고 예상되는 재해의 위험 수준을 결정한다.
④ 초기 단계에서 시스템 내의 위험요소가 어떠한 위험상태에 있는가를 정성적으로 평가하는 것이다.

**정답** 32 ① 33 ③ 34 ③ 35 ② 36 ④

해설 예비위험분석은 본격적인 위험성 분석을 수행하기 위한 준비단계에서의 위험성 분석을 의미하므로 초기단계에서 정성적으로 평가한다.

**37** 글자의 설계 요소 중 검은 바탕에 쓰여진 흰 글자가 번져 보이는 현상과 가장 관련 있는 것은?

① 획폭비
② 글자체
③ 종이 크기
④ 글자 두께

해설 검은 바탕에 쓰여진 흰 글자가 번져 보이는 현상을 광삼효과라고 한다. 광삼효과는 획폭비와 가장 관련이 있다.

**38** 일반적인 조종장치의 경우, 어떤 것을 켤 때 기대되는 운동방향이 아닌 것은?

① 레버를 앞으로 민다.
② 버튼을 우측으로 민다.
③ 스위치를 위로 올린다.
④ 다이얼을 반시계 방향으로 돌린다.

해설 양립성은 기대와 일치하는 것이다. 이 문제는 운동의 양립성에 대한 것으로, 다이얼은 시계 방향으로 돌리는 것이 일반적이다.

**39** 작업자의 작업공간과 관련된 내용으로 옳지 않은 것은?

① 서서 작업하는 작업공간에서 발바닥을 높이면 뻗침길이가 늘어난다.
② 서서 작업하는 작업공간에서 신체의 균형에 제한을 받으면 뻗침길이가 늘어난다.
③ 앉아서 작업하는 작업공간은 동적 팔뻗침에 의해 포락면(reach envelope)의 한계가 결정된다.
④ 앉아서 작업하는 작업공간에서 기능적 팔뻗침에 영향을 주는 제약이 적을수록 뻗침길이가 늘어난다.

해설 서서 작업하는 작업공간에서 신체의 균형에 제한을 받으면 뻗침길이도 제한을 받는다.

**40** 제어장치와 표시장치에 있어 물리적 형태나 배열을 유사하게 설계하는 것은 어떤 양립성(compatibility)의 원칙에 해당하는가?

① 시각적 양립성(visual compatibility)
② 양식 양립성(modality compatibility)
③ 공간적 양립성(spatial compatibility)
④ 개념적 양립성(conceptual compatibility)

해설

| | | |
|---|---|---|
| 공간적 양립성 | 표시장치나 조정장치에서 물리적 형태 및 공간적 배치 | |
| 운동 양립성 | 표시장치의 움직이는 방향과 조정장치의 방향이 사용자의 기대와 일치 | |
| 개념적 양립성 | 이미 사람들이 학습을 통해 알고 있는 개념적 연상 | |
| 양식 양립성 | 직무에 알맞은 자극과 응답의 양식의 존재에 대한 양립성(예 소리로 제시된 정보는 말로 반응하게 하고, 시각적으로 제시된 정보는 손으로 반응하는 것이 양립성이 높다고 한다) | |

정답  37 ①  38 ④  39 ②  40 ③

## 3과목 기계위험방지기술

**41** 프레스 작업 중 작업자의 신체 일부가 위험한 작업점으로 들어가면 자동적으로 정지되는 기능이 있는데, 이러한 안전대책을 무엇이라고 하는가?

① 풀 프루프(fool proof)
② 페일 세이프(fail safe)
③ 인터록(inter look)
④ 리미트 스위치(limit switch)

해설
- 인간의 실수 : fool proof
- 기계의 실수 : fail safe
- 기계에 불안전한 요소 통제 : interlock

**42** 다음 중 원심기에 적용하는 방호장치는?

① 덮개
② 권과방지장치
③ 리미트 스위치
④ 과부하방지장치

해설 원심기에는 덮개를 설치하고 내용물을 꺼낼 때 기계의 운전이 정지되어 있어야 한다.

**43** 기계설비 구조의 안전을 위해 설계 시 고려하여야 할 안전계수(safety factor)의 산출 공식으로 틀린 것은?

① 파괴강도÷허용응력
② 안전하중÷파단하중
③ 파괴하중÷허용하중
④ 극한강도÷최대설계응력

해설
안전계수 = 기준강도÷허용응력
기준강도 = 항복강도 = 극한강도 = 인장강도 = 파단하중
　　　　= 최대응력
허용응력 = 설계하중 = 최대설계응력 = 인장응력
　　　　= 안전하중
∴ 파단하중÷안전하중

**44** 다음 중 연삭기의 종류가 아닌 것은?

① 다두연삭기
② 원통연삭기
③ 센터리스연삭기
④ 만능연삭기

해설 제품 외부 및 내부를 정밀하게 연삭할 목적으로 제작된 대형기계로 만능연삭기, 원통연삭기, 평면연삭기, 센터리스연삭기, 내면연삭기, 나사연삭기, 기어연삭기 등을 말한다.

**45** 기계설비 방호에서 가드의 설치조건으로 옳지 않은 것은?

① 충분한 강도를 유지할 것
② 구조가 단순하고 위험점 방호가 확실할 것
③ 개구부(틈새)의 간격은 임의로 조정이 가능할 것
④ 작업, 점검, 주유 시 장애가 없을 것

해설 가드는 충분한 강도를 유지하고 위험점 방호가 확실해야 하고 작업, 점검, 주유 시 장애가 없어야 하며 개구부 간격은 규격화하여야 한다.

정답　41 ①　42 ①　43 ②　44 ①　45 ③

**46** 금형 작업의 안전과 관련하여 금형 부품의 조립 시 주의사항으로 틀린 것은?

① 맞춤 핀을 조립할 때에는 헐거운 끼워맞춤으로 한다.
② 파일럿 핀, 직경이 작은 펀치, 핀 게이지 등의 삽입부품은 빠질 위험이 있으므로 플랜지를 설치하는 등 이탈방지대책을 세워둔다.
③ 쿠션 핀을 사용할 경우에는 상승 시 누름판의 이탈방지를 위하여 단붙임한 나사로 견고히 조여야 한다.
④ 가이드 포스트, 샹크는 확실하게 고정한다.

해설  맞춤 핀을 조립할 때에 헐거운 끼워맞춤으로 조립하면 고정성에 문제가 발생하여 위험하다.

**47** 안전계수 5인 로프의 절단하중이 4,000[N]이라면 이 로프는 몇 [N] 이하의 하중을 매달아야 하는가?

① 500   ② 800
③ 1,000   ④ 1,600

해설  안전계수 = $\dfrac{\text{절단하중}}{\text{최대하중}}$

$5 = \dfrac{4,000}{x} = \dfrac{4,000}{5} = 800$

**48** 기계장치의 안전설계를 위해 적용하는 안전율 계산식은?

① 안전하중 ÷ 설계하중
② 최대사용하중 ÷ 극한강도
③ 극한강도 ÷ 최대설계응력
④ 극한강도 ÷ 파단하중

해설
- 안전율 = 극한강도 ÷ 최대설계응력 = 파단하중 ÷ 최대허용하중 = 인장강도 ÷ 허용응력
- 극한강도 = 안전계수 × 최대설계하중

**49** 산업안전보건법령에 따라 컨베이어에 부착해야 할 방호장치로 적합하지 않은 것은?

① 비상정지장치
② 과부하방지장치
③ 역주행방지장치
④ 덮개 또는 낙하방지용 울

해설  ▶ 컨베이어 방호장치 : 역전방지장치, 비상정지장치, 덮개와 울, 이탈방지장치

**50** 프레스 및 전단기에서 양수조작식 방호장치 누름버튼의 상호 간 최소 내측거리로 옳은 것은?

① 100[mm]   ② 150[mm]
③ 250[mm]   ④ 300[mm]

해설  누름버튼의 상호 간 최소 내측거리는 300[mm] 이상으로 한다.

**51** 크레인에 사용하는 방호장치가 아닌 것은?

① 과부하방지장치
② 가스집합장치
③ 권과방지장치
④ 제동장치

해설  ▶ 크레인의 방호장치
과부하방지장치, 권과방지장치, 비상정지장치, 제동장치

46 ①  47 ②  48 ③  49 ②  50 ④  51 ②

**52** 다음 중 보일러의 폭발사고 예방을 위한 장치로 가장 거리가 먼 것은?

① 압력제한스위치  ② 압력방출장치
③ 고저수위 고정장치  ④ 화염검출기

해설 ▶ 보일러의 방호장치
압력제한스위치, 압력방출장치, 고저수위 조절장치, 화염검출기

**53** 컨베이어의 종류가 아닌 것은?

① 체인 컨베이어
② 스크류 컨베이어
③ 슬라이딩 컨베이어
④ 유체 컨베이어

해설 ▶ 컨베이어의 종류
벨트 컨베이어, 체인 컨베이어, 스크류 컨베이어, 버킷 컨베이어, 롤러 컨베이어, 슬랫 컨베이어, 플라이트 컨베이어, 트롤리 컨베이어, 유체 컨베이어

**54** 그림과 같이 2줄의 와이어로프로 중량물을 달아 올릴 때, 로프에 가장 힘이 적게 걸리는 각도[θ]는?

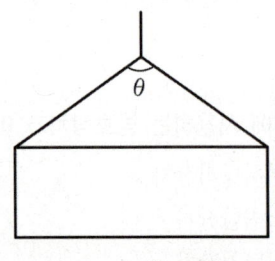

① 30[°]  ② 60[°]
③ 90[°]  ④ 120[°]

해설 슬링와이어는 각도가 작을수록 힘이 적게 든다.

**55** 선반에서 절삭가공 중 발생하는 연속적인 칩을 자동적으로 끊어주는 역할을 하는 것은?

① 칩 브레이커
② 방진구
③ 보안경
④ 커버

해설 칩 브레이커 : 선반에서 연속적인 칩을 자동적으로 끊어주는 장치

**56** 기계설비의 안전화를 크게 외관의 안전화, 기능의 안전화, 구조적 안전화로 구분할 때, 기능의 안전화에 해당하는 것은?

① 안전율의 확보
② 위험부위 덮개 설치
③ 기계 외관에 안전 색채 사용
④ 전압 강하 시 기계의 자동정지

해설 ① 작업의 안전화
② 외관의 안전화
③ 외관의 안전화
④ 기능의 안전화

**57** 보일러수에 불순물이 많이 포함되어 있을 경우, 보일러수의 비등과 함께 수면 부위에 거품을 형성하여 수위가 불안정하게 되는 현상은?

① 프라이밍(priming)
② 포밍(foaming)
③ 캐리오버(carry over)
④ 워터해머(water hammer)

정답  52 ③  53 ③  54 ①  55 ①  56 ④  57 ②

해설 ① 프라이밍(플라이밍) : 보일러의 과부하로 수면에 물방울이 생김
② 포밍 : 불순물이 포함된 경우 발생하는 것으로 거품층 형성, 수위 불안정
③ 캐리오버 : 프라이밍, 포밍의 이유로 발생하는 것으로 부식이나 과열
④ 워터해머 : 증기관 내에서 증기를 보내기 시작할 때 해머로 치는 듯한 소리를 내며 관이 진동하는 현상

**58** 인간-기계 시스템에서의 신뢰도 유지 방안으로 가장 거리가 먼 것은?

① lock system
② fail-safe system
③ fool-proof system
④ risk assessment system

해설 ▶ 인간-기계 시스템의 신뢰도 유지 방안
• lock system
• fail-safe system(기계의 실수)
• fool-proof system(인간의 실수)

**59** 탁상용 연삭기의 평형 플랜지 바깥지름이 150[mm]일 때, 숫돌의 바깥지름은 몇 [mm] 이내이어야 하는가?

① 300[mm]
② 450[mm]
③ 600[mm]
④ 750[mm]

해설 평형 플랜지 바깥지름＝숫돌의 바깥지름×1/3
→ 숫돌의 바깥지름＝평형 플랜지 바깥지름×3

**60** 드릴링 머신을 이용한 작업 시 안전수칙에 관한 설명으로 옳지 않은 것은?

① 일감을 손으로 견고하게 쥐고 작업한다.
② 장갑을 끼고 작업을 하지 않는다.
③ 칩은 기계를 정지시킨 다음에 와이어브러시로 제거한다.
④ 드릴을 끼운 후에는 척 렌치를 반드시 탈거한다.

해설 손으로 쥐고 드릴링을 할 경우, 일감이 깊이 들어가다 끼는 순간 공작물이 회전하면서 손목이 잘릴 위험이 있다.

## 4과목 전기 및 화학설비위험방지기술

**61** 「산업안전보건법」상 전기기계·기구의 누전에 의한 감전 위험을 방지하기 위하여 접지를 하여야 하는 사항으로 틀린 것은?

① 전기기계·기구의 금속제 내부 충전부
② 전기기계·기구의 금속제 외함
③ 전기기계·기구의 금속제 외피
④ 전기기계·기구의 금속제 철대

해설 ▶ 전기기계·기구의 접지

「산업안전보건기준에 관한 규칙」 제302조 제1항
1. 전기 기계·기구의 금속제 외함, 금속제 외피 및 철대
2. 고정 설치되거나 고정배선에 접속된 전기기계·기구의 노출된 비충전 금속체 중 충전될 우려가 있는 다음 각 목의 어느 하나에 해당하는 비충전 금속체
  가. 지면이나 접지된 금속체로부터 수직거리 2.4미터, 수평거리 1.5미터 이내인 것
  나. 물기 또는 습기가 있는 장소에 설치되어 있는 것
  다. 금속으로 되어 있는 기기접지용 전선의 피복·외장 또는 배선관 등
  라. 사용전압이 대지전압 150볼트를 넘는 것

58 ④  59 ②  60 ①  61 ①

**62** 전기화재의 직접적인 발생요인과 가장 거리가 먼 것은?

① 피뢰기의 손상
② 누전, 열의 축적
③ 과전류 및 절연의 손상
④ 지락 및 접속 불량으로 인한 과열

> **해설** 피뢰기가 손상되면 낙뢰에 의한 발화가능성이 높아지지만, 이 손상이 전기화재의 직접적인 발생요인이 되지는 않는다.
> ◈ **전기화재의 직접요인**
> • 단락에 의한 발화
> • 누전 열의 축적
> • 지락 및 접속 불량으로 인한 과열
> • 스파크에 의한 발화
> • 절연열화 또는 탄화에 의한 발화
> • 낙뢰에 의한 발화

**63** 감전을 방지하기 위하여 정전작업 요령을 관계 근로자에 주지시킬 필요가 없는 것은?

① 전원설비 효율에 관한 사항
② 단락접지 실시에 관한 사항
③ 전원 재투입 순서에 관한 사항
④ 작업책임자의 임명, 정전범위 및 절연용 보호구 작업 등 필요한 사항

> **해설** 전원설비 효율에 관한 사항은 감전사고와 무관하다.

**64** 절연물은 여러 가지 원인으로 전기저항이 저하되어 이른바 절연불량을 일으켜 위험한 상태가 되는데 절연불량의 주요 원인이 아닌 것은?

① 정전에 의한 전기적 원인
② 온도상승에 의한 열적 요인
③ 진동, 충격 등에 의한 기계적 요인
④ 높은 이상전압 등에 의한 전기적 요인

> **해설** ◈ **절연불량의 주요 원인**
> • 높은 이상전압 등에 의한 전기적 요인
> • 진동, 충격 등에 의한 기계적 요인
> • 산화 등에 의한 화학적 요인
> • 온도상승에 의한 열적 요인

**65** 누설전류로 인해 화재가 발생될 수 있는 누전화재의 3요소에 해당하지 않는 것은?

① 누전점
② 인입점
③ 접지점
④ 출화점

> **해설** ◈ **누전화재라는 것을 입증하기 위한 요건**
> • 누전점 : 전류의 유입점
> • 발화점 : 발화된 장소
> • 접지점 : 확실한 접지점의 위치 및 저항치의 적정성

**66** 제전기의 설치장소로 가장 적절한 것은?

① 대전물체의 뒷면에 접지물체가 있는 경우
② 정전기의 발생원으로부터 5~20[cm] 정도 떨어진 장소
③ 오물과 이물질이 자주 발생하고 묻기 쉬운 장소
④ 온도가 150[℃], 상대습도가 80[%] 이상인 장소

**정답**  62 ①  63 ①  64 ①  65 ②  66 ②

해설 ① 대전물체의 뒷면에 접지물체가 있는 경우, 이미 접지되어 있어서 제전기 불필요
③ 오물, 이물질이 묻으면 성능이 저하되므로 제전기 설치에 부적절
④ 습도 70[%] 이상이면 제전기 설치 불필요

**67** 접지공사의 종류별로 접지선의 굵기 기준이 바르게 연결된 것은?

① 제1종 접지공사 – 공칭단면적 1.6[mm²] 이상의 연동선
② 제2종 접지공사 – 공칭단면적 2.6[mm²] 이상의 연동선
③ 제3종 접지공사 – 공칭단면적 2[mm²] 이상의 연동선
④ 특별 제3종 접지공사 – 공칭단면적 2.5[mm²] 이상의 연동선

해설 출제 당시에는 정답이 ④였으나, 2021년 한국전기설비규정(KEC) 개정으로 인하여 접지대상에 따라 일괄 적용한 종별 접지 폐지로 현재는 정답 없음.

**68** 피뢰기가 반드시 가져야 할 성능 중 틀린 것은?

① 방전개시 전압이 높을 것
② 뇌전류 방전능력이 클 것
③ 속류 차단을 확실하게 할 수 있을 것
④ 반복동작이 가능할 것

해설 ▶ 피뢰기 성능
• 충격방전개시 전압이 낮을 것
• 제한전압이 낮을 것
• 반복동작이 가능할 것
• 구조가 견고하고 특성이 변화하지 않을 것
• 점검, 보수가 간단할 것
• 뇌전류에 대한 방전능력이 클 것
• 속류의 차단이 확실할 것

**69** 정상운전 중의 전기설비가 점화원으로 작용하지 않는 것은?

① 변압기 권선
② 개폐기 접점
③ 직류전동기의 정류자
④ 권선형 전동기의 슬립링

해설 변압기 권선은 정상운전 중 점화원으로 작용하지 않는다.
▶ 잠재적 점화원 고장이나 파괴 시 화재 발생
• 변압기의 권선
• 전동기의 권선
• 전기적 광원
• 케이블
• 배선
• 마그넷 코일

**70** 다음은 산업안전보건법령상 파열판 및 안전밸브의 직렬설치에 관한 내용이다. ( )에 알맞은 용어는?

사업주는 급성 독성물질이 지속적으로 외부에 유출될 수 있는 화학설비 및 그 부속설비에 파열판과 안전밸브를 직렬로 설치하고 그 사이에는 압력지시계 또는 ( )을(를) 설치하여야 한다.

① 자동경보장치
② 차단장치
③ 플레어헤드
④ 콕

해설 ▶ 파열판 및 안전밸브의 직렬설치
「산업안전보건기준에 관한 규칙」 제263조
사업주는 급성 독성물질이 지속적으로 외부에 유출될 수 있는 화학설비 및 그 부속설비에 파열판과 안전밸브를 직렬로 설치하고 그 사이에는 압력지시계 또는 자동경보장치를 설치하여야 한다.

67 정답 없음  68 ①  69 ①  70 ①

**71** 최소 착화에너지가 0.25[mJ], 극간 정전용량이 10[pF]인 부탄가스 버너를 점화시키기 위해서 최소 얼마 이상의 전압을 인가하여야 하는가?

① $0.52 \times 10^2$[V]
② $0.74 \times 10^3$[V]
③ $7.07 \times 10^3$[V]
④ $5.03 \times 10^5$[V]

**해설** 에너지 $Q = \dfrac{CV^2}{2}$ 이고 피코(Pico)는 $10^{-12}$이므로 이 식에서 전압을 구하는 식을 도출해냈을 때

전압 $V^2 = \dfrac{2 \times 0.25^{-3}}{10 \times 10^{-12}}$

전압 V의 제곱 $= \dfrac{5 \times 10^{-4}}{10^{-11}}$

$V^2 = 50,000,000$
$V = 50,000,000^{1/2} = 7071.067812$
$\quad = 7.07 \times 10^3$

**72** 다음 중 「산업안전보건기준에 관한 규칙」에서 규정하는 급성 독성물질에 해당되지 않는 것은?

① 쥐에 대한 경구투입실험에 의하여 실험동물의 50[%]를 사망시킬 수 있는 물질의 양이 [kg]당 300[mg]-(체중) 이하인 화학물질
② 쥐에 대한 경피흡수실험에 의하여 실험동물의 50[%]를 사망시킬 수 있는 물질의 양이 [kg]당 1,000[mg]-(체중) 이하인 화학물질
③ 토끼에 대한 경피흡수실험에 의하여 실험동물의 50[%]를 사망시킬 수 있는 물질의 양이 [kg]당 1,000[mg]-(체중) 이하인 화학물질
④ 쥐에 대한 4시간 동안의 흡입실험에 의하여 실험동물의 50[%]를 사망시킬 수 있는 가스의 농도가 3,000[ppm] 이상인 화학물질

**해설** ▶ 급성 독성물질
• 쥐에 대한 경구투입실험에 의하여 실험동물의 50[%]를 사망시킬 수 있는 물질의 양, 즉 $LD_{50}$(경구, 쥐)이 킬로그램당(체중) 300[mg] 이하인 화학물질
• 쥐 또는 토끼에 대한 경피흡수실험에 의하여 실험동물의 50[%]를 사망시킬 수 있는 물질의 양, 즉 $LD_{50}$(경피, 토끼 또는 쥐)이 킬로그램당(체중) 1,000[mg] 이하인 화학물질
• 쥐에 대한 4시간 동안의 흡입실험에 의하여 실험동물의 50[%]를 사망시킬 수 있는 물질의 농도, 즉 $LC_{50}$(쥐, 4시간 흡입)이 2,500[ppm] 이하인 화학물질

**73** 부탄의 연소하한값이 1.6[vol%]일 경우, 연소에 필요한 최소 산소농도는 약 몇 [vol%]인가?

① 9.4  ② 10.4
③ 11.4  ④ 12.4

**해설** 최소 산소농도 = 산소몰수 × 연소하한값 = 6.5 × 1.6
= 10.4[vol%]

**74** 다음 중 물질의 위험성과 그 시험방법이 올바르게 연결된 것은?

① 인화점 – 태그 밀폐식
② 발화온도 – 산소지수법
③ 연소시험 – 가스크로마토그래피법
④ 최소발화에너지 – 클리브랜드 개방식

**해설** 인화점 측정법에는 태그 밀폐식, 클리브랜드 개방식, 신속평형법 등이 있다.
② 산소지수법 : 난연성 시험법
③ 가스크로마토그래피법 : 질량분석법
④ 클리브랜드 개방식, 태그 밀폐식 : 인화점 측정법

**정답** 71 ③  72 ④  73 ②  74 ①

**75** 다음 중 폭발한계의 범위가 가장 넓은 가스는?
① 수소
② 메탄
③ 프로판
④ 아세틸렌

해설 ▶ 폭발한계의 범위
아세틸렌 > 수소 > 프로판 > 메탄

**76** 「산업안전보건기준에 관한 규칙」상 ( ) 안의 내용으로 알맞은 것은?

> 사업주는 급성 독성물질이 지속적으로 외부에 유출될 수 있는 화학설비 및 그 부속설비에 파열판과 안전밸브를 직렬로 설치하고 그 사이에는 ( )를 설치하여야 한다.

① 온도지시계 또는 과열방지장치
② 압력지시계 또는 자동경보장치
③ 유량지시계 또는 유속지시계
④ 액위지시계 또는 과압방지장치

해설 ▶ 파열판 및 안전밸브의 직렬 설치

「산업안전보건기준에 관한 규칙」제263조
사업주는 급성 독성물질이 지속적으로 외부에 유출될 수 있는 화학설비 및 그 부속설비에 파열판과 안전밸브를 직렬로 설치하고 그 사이에는 압력지시계 또는 자동경보장치를 설치하여야 한다.

**77** A가스의 폭발하한계가 4.1[vol%], 폭발상한계가 62[vol%]일 때 이 가스의 위험도는 약 얼마인가?
① 8.94
② 12.75
③ 14.12
④ 16.12

해설 위험도(H) = $\dfrac{U_2 - U_1}{U_1}$
($U_1$ : 폭발하한계, $U_2$ : 폭발상한계)
위험도(H) = $\dfrac{62 - 4.1}{4.1}$ = 14.121

**78** 다음은 「산업안전보건기준에 관한 규칙」에서 정한 부식방지와 관련한 내용이다. ( )에 해당하지 않는 것은?

> 사업주는 화학설비 또는 그 배관(화학설비 또는 그 배관의 밸브나 콕은 제외함) 중 위험물 또는 인화점이 섭씨 60도 이상인 물질이 접촉하는 부분에 대해서는 위험물질 등에 의하여 그 부분이 부식되어 폭발·화재 또는 누출되는 것을 방지하기 위하여 위험물질 등의 ( )·( )·( ) 등에 따라 부식이 잘 되지 않는 재료를 사용하거나 도장 등의 조치를 하여야 한다.

① 종류
② 온도
③ 농도
④ 색상

해설 사업주는 화학설비 또는 그 배관(화학설비 또는 그 배관의 밸브나 콕은 제외함) 중 위험물 또는 인화점이 섭씨 60도 이상인 물질(이하 '위험물질 등'이라 함)이 접촉하는 부분에 대해서는 위험물질 등에 의하여 그 부분이 부식되어 폭발·화재 또는 누출되는 것을 방지하기 위하여 위험물질 등의 종류·온도·농도 등에 따라 부식이 잘 되지 않는 재료를 사용하거나 도장 등의 조치를 하여야 한다.

정답
75 ④  76 ②  77 ③  78 ④

**79** 건조설비의 사용에 있어 500~800[℃] 범위의 온도에 가열된 스테인리스강에서 주로 일어나며, 탄화크롬이 형성되었을 때 결정경계면의 크롬함유량이 감소하여 발생되는 부식 형태는?

① 전면부식
② 층상부식
③ 입계부식
④ 격간부식

> **해설** 결정경계면의 크롬함유량이 감소하여 발생되는 부식 형태는 입계부식이다. 입계부식은 국부적인 부식이다.

**80** 분진폭발에 대한 안전대책으로 적절하지 않은 것은?

① 분진의 퇴적을 방지한다.
② 점화원을 제거한다.
③ 입자의 크기를 최소화한다.
④ 불활성 분위기를 조성한다.

> **해설** ▶ 분진폭발 안전대책
> - 분진의 생성 방지
> - 발화원의 제거
> - 불활성 물질의 첨가

## 5과목 건설안전기술

**81** 흙의 연경도(Consistency)에서 반고체상태와 소성상태의 한계를 무엇이라 하는가?

① 액성한계
② 소성한계
③ 수축한계
④ 반수축한계

> **해설** 흙의 연경도에는 수축한계, 소성한계, 액성한계가 있고 소성상태가 되는 한계를 묻는 질문이라 소성한계가 정답이다.
> ▶ 흙의 연경도(Consistency)
> - 수축한계 : 고체상태와 반고체상태의 한계
> - 소성한계 : 반고체상태와 소성상태의 한계
> - 액성한계 : 소성상태와 액성상태의 한계

**82** 건설공사 유해위험방지계획서 제출 시 공통적으로 제출하여야 할 첨부서류가 아닌 것은?

① 공사개요서
② 전체공정표
③ 산업안전보건관리비 사용계획서
④ 가설도로계획서

> **해설** 가설도로계획서는 첨부서류에 해당되지 않는다.
> ▶ 유해위험방지계획서 제출 시 첨부서류
> - 공사개요서
> - 공사현장 주변 현황 및 관계도서
> - 건설물, 설비 등의 배치도
> - 전체공정표
> - 산업안전보건관리비 사용계획서
> - 안전관리조직표
> - 재해발생 위험 시 연락 및 대피방법

**83** 연약지반을 굴착할 때, 흙막이벽 뒷쪽 흙의 중량이 바닥의 지지력보다 커지면, 굴착저면에서 흙이 부풀어 오르는 현상은?

① 슬라이딩(Sliding)
② 보일링(Boiling)
③ 파이핑(Piping)
④ 히빙(Heaving)

> **해설** ① 슬라이딩 : 물체가 그것을 받치고 있는 면 위를 미끄러져 움직이는 현상
> ② 보일링 : 모래가 분수처럼 나오는 현상
> ③ 파이핑 : 모래와 물의 혼합물이 나오는 현상
> ④ 히빙 : 모래가 부풀어 오르는 현상

**정답** 79 ③  80 ③  81 ②  82 ④  83 ④

**84** 중량물의 취급작업 시 근로자의 위험을 방지하기 위하여 사전에 작성하여야 하는 작업계획서 내용에 해당되지 않는 것은?

① 추락 위험을 예방할 수 있는 안전대책
② 낙하 위험을 예방할 수 있는 안전대책
③ 전도 위험을 예방할 수 있는 안전대책
④ 침수 위험을 예방할 수 있는 안전대책

**해설** 중량물 취급 시 위험방지대책은 추락·낙하·전도이며, 침수와는 관련이 없다.

**85** 콘크리트 구조물에 적용하는 해체작업 공법의 종류가 아닌 것은?

① 연삭 공법
② 발파 공법
③ 오픈 컷 공법
④ 유압 공법

**해설** 오픈 컷 공법은 지하 굴착방법이다.

**86** 차량계 하역운반기계의 운전자가 운전 위치를 이탈하는 경우의 조치사항으로 부적절한 것은?

① 포크 및 버킷을 가장 높은 위치에 두어 근로자 통행을 방해하지 않도록 하였다.
② 원동기를 정지시키고 브레이크를 걸었다.
③ 시동키를 운전대에서 분리시켰다.
④ 경사지에서 갑작스런 주행이 되지 않도록 바퀴에 블록 등을 놓았다.

**해설** ① 포크, 버킷, 디퍼 등의 장치를 가장 낮은 위치 또는 지면에 내려 둘 것
② 원동기를 정지시키고 브레이크를 확실히 거는 등 갑작스러운 주행이나 이탈을 방지하기 위한 조치를 할 것
③ 운전석을 이탈하는 경우에는 시동키를 운전대에서 분리시킬 것. 다만, 운전석에 잠금장치를 하는 등 운전자가 아닌 사람이 운전하지 못하도록 조치한 경우에는 그러하지 아니하다.

**87** 가설통로 설치 시 경사가 몇 [°]를 초과하면 미끄러지지 않는 구조로 설치하여야 하는가?

① 15[°]
② 20[°]
③ 25[°]
④ 30[°]

**해설** ▶ 가설통로의 구조

「산업안전보건기준에 관한 규칙」 제23조
1. 견고한 구조로 할 것
2. 경사는 30[°] 이하로 할 것. 다만, 계단을 설치하거나 높이 2[m] 미만의 가설통로로서 튼튼한 손잡이를 설치한 경우에는 그러하지 아니하다.
3. 경사가 15[°]를 초과하는 경우에는 미끄러지지 아니하는 구조로 할 것
4. 추락할 위험이 있는 장소에는 안전난간을 설치할 것. 다만, 작업상 부득이한 경우에는 필요한 부분만 임시로 해체할 수 있다.
5. 수직갱에 가설된 통로의 길이가 15미터 이상인 경우에는 10[m] 이내마다 계단참을 설치할 것
6. 건설공사에 사용하는 높이 8[m] 이상인 비계다리에는 7[m] 이내마다 계단참을 설치할 것

**88** 토사 붕괴의 내적 요인이 아닌 것은?

① 사면, 법면의 경사 증가
② 절토 사면의 토질구성 이상
③ 성토 사면의 토질구성 이상
④ 토석의 강도 저하

84 ④  85 ③  86 ①  87 ①  88 ①

> **해설** ◎ 토석 붕괴의 원인
> 1. 외적 원인
>    • 사면, 법면의 경사 및 구배의 증가
>    • 절토 및 성토 높이의 증가
>    • 공사에 의한 진동 및 반복하중의 증가
>    • 지표수 및 지하수의 침투에 의한 토사 중량의 증가
>    • 지진, 차량, 구조물의 하중
> 2. 내적 원인
>    • 절토사면의 토질, 암질
>    • 사면의 토질
>    • 토석의 강도 저하

**89** 고소작업대가 갖추어야 할 설치조건으로 옳지 않은 것은?

① 작업대를 와이어로프 또는 체인으로 올리거나 내릴 경우에는 와이어로프 또는 체인이 끊어져 작업대가 떨어지지 아니하는 구조여야 하며, 와이어로프 또는 체인의 안전율은 3 이상일 것
② 작업대를 유압에 의해 올리거나 내릴 경우에는 작업대를 일정한 위치에 유지할 수 있는 장치를 갖추고 압력의 이상저하를 방지할 수 있는 구조일 것
③ 작업대에 정격하중(안전율 5 이상)을 표시할 것
④ 작업대에 끼임·충돌 등 재해를 예방하기 위한 가드 또는 과상승방지장치를 설치할 것

> **해설** ◎ 고소작업대가 갖추어야 할 설치조건
> 「산업안전보건기준에 관한 규칙」 제186조
> 1. 작업대를 와이어로프 또는 체인으로 올리거나 내릴 경우에는 와이어로프 또는 체인이 끊어져 작업대가 떨어지지 아니하는 구조여야 하며, 와이어로프 또는 체인의 안전율은 5 이상일 것
> 2. 작업대를 유압에 의해 올리거나 내릴 경우에는 작업대를 일정한 위치에 유지할 수 있는 장치를 갖추고 압력의 이상저하를 방지할 수 있는 구조일 것
> 3. 권과방지장치를 갖추거나 압력의 이상상승을 방지할 수 있는 구조일 것
> 4. 붐의 최대 지면경사각을 초과 운전하여 전도되지 않도록 할 것
> 5. 작업대에 정격하중(안전율 5 이상)을 표시할 것
> 6. 작업대에 끼임·충돌 등 재해를 예방하기 위한 가드 또는 과상승방지장치를 설치할 것
> 7. 조작반의 스위치는 눈으로 확인할 수 있도록 명칭 및 방향표시를 유지할 것

**90** 다음 빈칸에 알맞은 숫자를 순서대로 옳게 나타낸 것은?

> 강관비계의 경우, 띠장간격은 (   )[m] 이하로 설치하되, 첫 번째 띠장은 지상으로부터 (   )[m] 이하로 위치에 설치한다.

① 2, 2              ② 2.5, 3
③ 1.5, 2            ④ 1, 3

> **해설** ◎ 비계기둥의 간격
> 비계기둥의 간격은 띠장 방향에서는 1.85미터 이하, 장선(長線) 방향에서는 1.5미터 이하로 할 것. 다만, 선박 및 보트 건조작업의 경우 안전성에 대한 구조검토를 실시하고 조립도를 작성하면 띠장 방향 및 장선 방향으로 각각 2.7미터 이하로 할 수 있다.
> 현재는 법 개정으로 정답이 없다.

**91** 지반의 조사방법 중 지질의 상태를 가장 정확히 파악할 수 있는 보링방법은?

① 충격식 보링(percussion boring)
② 수세식 보링(wash boring)
③ 회전식 보링(rotary boring)
④ 오거 보링(auger boring)

**정답**  89 ①   90 정답 없음   91 ③

**해설** ▶ 보링의 종류
- 충격식 보링 : 와이어로프 끝에 충격날을 부착하여 상하 충격에 의해 천공 토사와 암석에도 가능
- 수세식 보링 : 깊이 30[m] 내외의 연질층에 사용하는 방법으로 이중관을 충격을 주며 물을 뿜어 파진 흙을 배출하여 침전시켜 토질판별
- 회전식 보링 : 날을 회전시켜 천공하는 방법, 비교적 자연상태 그대로 채취 가능(연속적으로 시료를 채취할 수 있어 지층의 변화를 비교적 정확히 알 수 있음)
- 오거 보링 : 지표면 부근의 시료 채취나 얕은 지반조사에 사용하는 방법으로 깊이 10[m] 이내 토사를 채취한다.

**92** 다음 중 차량계 건설기계에 속하지 않는 것은?

① 배처플랜트
② 모터그레이더
③ 크롤러드릴
④ 탠덤롤러

**해설** 배처플랜트(batcher plant) : 계량한 재료를 믹서(레미콘) 등에 투입하는 설비

**93** 산업안전보건법령에 따른 중량물을 취급하는 작업을 하는 경우의 작업계획서 내용에 포함되지 않는 사항은?

① 추락위험을 예방할 수 있는 안전대책
② 낙하위험을 예방할 수 있는 안전대책
③ 전도위험을 예방할 수 있는 안전대책
④ 위험물 누출위험을 예방할 수 있는 안전대책

**해설** 중량물 취급작업은 양중작업에 해당하므로, 인양 및 운반 시 추락, 낙하, 전도에 대한 안전대책이 필요하다.

**94** 산업안전보건법령에 따른 가설통로의 구조에 관한 설치기준으로 옳지 않은 것은?

① 경사로가 25도를 초과하는 경우에는 미끄러지지 아니하는 구조로 할 것
② 경사는 30도 이하로 할 것
③ 수직갱에 가설된 통로의 길이가 15[m] 이상인 경우에는 10[m] 이내마다 계단참을 설치할 것
④ 건설공사에 사용하는 높이 8[m] 이상인 비계다리에는 7[m] 이내마다 계단참을 설치할 것

**해설** ▶ 가설통로의 구조

「산업안전보건기준에 관한 규칙」 제23조
1. 견고한 구조로 할 것
2. 경사는 30도 이하로 할 것. 다만, 계단을 설치하거나 높이 2미터 미만의 가설통로로서 튼튼한 손잡이를 설치한 경우에는 그러하지 아니하다.
3. 경사가 15도를 초과하는 경우에는 미끄러지지 아니하는 구조로 할 것
4. 추락할 위험이 있는 장소에는 안전난간을 설치할 것. 다만, 작업상 부득이한 경우에는 필요한 부분만 임시로 해체할 수 있다.
5. 수직갱에 가설된 통로의 길이가 15미터 이상인 경우에는 10미터 이내마다 계단참을 설치할 것
6. 건설공사에 사용하는 높이 8미터 이상인 비계다리에는 7미터 이내마다 계단참을 설치할 것

**95** 다음과 같은 조건에서 추락 시 로프의 지지점에서 최하단까지의 거리 h를 구하면 얼마인가?

- 로프 길이 : 150[cm]
- 로프 신율 : 30[%]
- 근로자 신장 : 170[cm]

① 2.8[m]  ② 3.0[m]
③ 3.2[m]  ④ 3.4[m]

**해설** 거리 h = 로프 길이 + 로프 신장 길이 + (근로자 신장 ÷ 2)
150 + (150 × 0.3) + (170 ÷ 2) = 280[cm] = 2.8[m]

92 ① 93 ④ 94 ① 95 ①

**96** 건설현장에서 사용하는 공구 중 토공용이 아닌 것은?

① 착암기
② 포장 파괴기
③ 연마기
④ 점토 굴착기

해설 '연마기'는 금속이나 가공물의 겉에 광택을 내주는 기구로 토공용 기구가 아니다.

**97** 다음에서 설명하고 있는 건설장비의 종류는?

> 앞뒤 두 개의 차륜이 있으며(2축 2륜), 각각의 차축이 평행으로 배치된 것으로 찰흙, 점성토 등의 두꺼운 흙을 다짐하는 데 적당하나 단단한 각재를 다지는 데는 부적당하며 머캐덤 롤러 다짐 후의 아스팔트 포장에 사용된다.

① 클램쉘
② 탠덤 롤러
③ 트랙터 셔블
④ 드래그라인

해설
① 클램쉘 : 굴착기의 일종으로 위에서 내려 집어 올리는 형태이다.
② 탠덤 롤러 : 앞뒤 두 개의 차륜이 있으며 점성토, 자갈, 쇄석의 다짐, 아스팔트 포장의 마무리에 적합하다.
③ 트랙터 셔블 : 토사의 적재가 가능한 버켓장치를 부착한 트랙터이다.
④ 드래그라인 : 지면보다 낮은 곳을 굴착하는 굴착기계 종류로 토사나 암석 등을 긁어내는 데 적합하다.

**98** 다음은 건설업 산업안전보건관리비 계상 및 사용기준의 적용에 관한 사항이다. 빈칸에 들어갈 내용으로 옳은 것은?

> 이 고시는 「산업재해보상보험법」 제6조에 따라 「산업재해보상보험법」의 적용을 받는 공사 중 총공사금액 (   ) 이상인 공사에 적용한다.

① 2천만원
② 4천만원
③ 8천만원
④ 1억원

해설 ▶ 적용범위

> 「건설업 산업안전보건관리비 계상 및 사용기준」 제3조
> (22년 6월 2일 일부개정)
> 이 고시는 「산업안전보건법」 제2조 제11호의 건설공사 중 총공사금액 2천만원 이상인 공사에 적용한다. 다만, 다음 각 호의 어느 하나에 해당되는 공사 중 단가계약에 의하여 행하는 공사에 대하여는 총계약금액을 기준으로 적용한다.
> 1. 「전기공사업법」 제2조에 따른 전기공사로서 저압·고압 또는 특별고압 작업으로 이루어지는 공사
> 2. 「정보통신공사업법」 제2조에 따른 정보통신공사

**99** 굴착공사의 경우 유해·위험방지계획서 제출대상의 기준으로 옳은 것은?

① 깊이 5[m] 이상인 굴착공사
② 깊이 8[m] 이상인 굴착공사
③ 깊이 10[m] 이상인 굴착공사
④ 깊이 15[m] 이상인 굴착공사

정답  96 ③  97 ②  98 ①  99 ③

**해설** ▶ 유해·위험방지계획서 제출대상 공사
1. 지상높이가 31미터 이상인 건축물 또는 인공구조물
2. 연면적 3만 제곱미터 이상인 건축물
3. 연면적 5천 제곱미터 이상인 시설로서 다음의 어느 하나에 해당하는 시설
   - 문화 및 집회시설(전시장 및 동물원·식물원은 제외한다)
   - 판매시설, 운수시설(고속철도의 역사 및 집배송시설은 제외한다)
   - 종교시설
   - 의료시설 중 종합병원
   - 숙박시설 중 관광숙박시설
   - 지하도상가
   - 냉동·냉장 창고시설
4. 연면적 5천 제곱미터 이상 냉동·냉장 창고시설의 설비공사 및 단열공사
5. 최대 지간(支間)길이(다리의 기둥과 기둥의 중심 사이의 거리)가 50미터 이상인 다리의 건설 등 공사
6. 터널의 건설 등 공사
7. 다목적댐, 발전용 댐, 저수용량 2천만 톤 이상의 용수 전용 댐 및 지방상수도 전용 댐의 건설 등 공사
8. 깊이 10미터 이상인 굴착공사

**100** 「산업안전보건기준에 관한 규칙」에 따른 토사 굴착 시 굴착면의 기울기 기준으로 옳지 않은 것은?

① 보통흙인 습지 – 1 : 1~1 : 1.5
② 풍화암 – 1 : 1.0
③ 연암 – 1 : 1.0
④ 보통흙인 건지 – 1 : 1.2~1 : 5

**해설** ▶ 토사 굴착 시 굴착면의 기울기 기준

| 구분 | 지반의 종류 | 기울기 |
|---|---|---|
| 보통흙 | 습지 | 1 : 1~1 : 1.5 |
|  | 건지 | 1 : 0.5~1 : 1 |
| 암반 | 풍화암 | 1 : 1.0 |
|  | 연암 | 1 : 1.0 |
|  | 경암 | 1 : 0.5 |

100 ④

# 2022년 제1회 기출 복원문제

## 1과목 산업안전관리론

**01** 무재해운동 추진기법 중 다음에서 설명하는 것은?

> 작업을 오조작 없이 안전하게 하기 위하여 작업 공정의 요소에서 자신의 행동을 하고 대상을 가리킨 후 큰소리로 확인하는 것

① 지적확인
② T.B.M
③ 터치 앤드 콜
④ 삼각위험 예지훈련

**해설** 지적확인은 작업의 정확성이나 안전을 확인하기 위해 사람의 눈이나 귀 등 오관의 감각기관을 총동원하는 것으로 작업을 안전하게 오조작 없이 작업공정의 요소요소에서 자신의 행동을 "…, 좋아!"하고 대상을 지적하여 큰소리로 확인하는 것을 말한다.

**02** 산업재해에 있어 인명이나 물적 등 일체의 피해가 없는 사고를 무엇이라고 하는가?

① Near Accident
② Good Accident
③ True Accident
④ Original Accident

**해설** 아차사고는 사고라는 이름이지만 사고 피해를 입기 전을 이야기한다.

**03** 주의(Attention)의 특징 중 여러 종류의 자극을 자각할 때, 소수의 특정한 것에 한하여 주의가 집중되는 것은?

① 선택성
② 방향성
③ 변동성
④ 검출성

**해설** 주의의 특징
- 선택성 : 주의는 한 곳에만 집중할 수 있다.
- 방향성 : 주의를 집중하는 곳 주변의 주의는 떨어진다.
- 변동성 : 주의는 장시간 일정하게 유지될 수 없다.

**04** 보호구 안전인증 고시에 따른 안전화의 정의 중 ( ) 안에 알맞은 것은?

> 경작업용 안전화란 ( ㉠ )[mm]의 낙하높이에서 시험했을 때 충격과 ( ㉡ ±0.1)[kN]의 압축하중에서 시험했을 때 압박에 대하여 보호해 줄 수 있는 선심을 부착하여, 착용자를 보호하기 위한 안전화를 말한다.

① ㉠ 500, ㉡ 10.0
② ㉠ 250, ㉡ 10.0
③ ㉠ 500, ㉡ 4.4
④ ㉠ 250, ㉡ 4.4

**해설** '경작업용 안전화'란 250[mm]의 낙하높이에서 시험했을 때 충격과 (4.4±0.1)[kN]의 압축하중에서 시험했을 때 압박에 대하여 보호해 줄 수 있는 선심을 부착하여, 착용자를 보호하기 위한 안전화를 말한다.

**정답** 01 ① 02 ① 03 ① 04 ④

**05** 인간의 행동 특성에 관한 레빈(Lewin)의 법칙에서 각 인자에 대한 내용으로 틀린 것은?

$$B = f(P \cdot E)$$

① $B$ : 행동
② $f$ : 함수관계
③ $P$ : 개체
④ $E$ : 기술

해설 ▶ 레빈(Lewin)의 법칙
- $B$ : behavior(행동)
- $f$ : function(함수관계)
- $P$ : person(개체, 개인, 성격)
- $E$ : environment(환경)

**06** 산업심리의 5대 요소에 해당되지 않는 것은?

① 동기
② 지능
③ 감정
④ 습관

해설 ▶ 산업안전심리 5요소
- 동기(motive)
- 기질(temper)
- 감정(emotion)
- 습성(habits)
- 습관(custom)

**07** 부주의의 발생원인과 그 대책이 옳게 연결된 것은?

① 의식의 우회 – 상담
② 소질적 조건 – 교육
③ 작업환경 조건 불량 – 작업순서 정비
④ 작업순서의 부적당 – 작업자 재배치

해설
- 의식의 우회 : 카운슬링(상담)
- 소질적 조건 : 적성 배치
- 경험, 미경험자 : 안전교육훈련

**08** 인간관계의 메커니즘 중 다른 사람의 행동양식이나 태도를 투입시키거나, 다른 사람 가운데서 자기와 비슷한 것을 발견하는 것을 무엇이라고 하는가?

① 투사(Projection)
② 모방(Imitation)
③ 암시(Suggestion)
④ 동일화(Identification)

해설 ① 투사 : 자기 마음속에 억압된 것을 다른 사람의 것으로 생각하게 되는 것
  예 대부분 증오, 비난 같은 정서나 감정이 표현되는 경우가 많다.
② 모방 : 다른 사람의 행동이나 판단을 표본으로 하여 그것과 같거나 비슷한 행위로 재현하거나 실행하려는 것
  예 어린아이가 부모의 행동을 흉내 내는 것 등
③ 암시 : 다른 사람으로부터의 판단이나 행동을 무비판적으로 논리적, 사실적 근거 없이 받아들이는 것
  예 다수 의견이나 전문가, 권위자, 존경하는 자 등의 행동이나 판단 등
④ 동일화 : 다른 사람의 행동양식이나 태도를 투입하거나 다른 사람 가운데서 자기와 비슷한 것을 발견하게 되는 것
  예 자녀가 부모의 행동양식을 자연스럽게 배우는 것 등

**09** 산업안전보건법령상 안전·보건표지에 관한 설명으로 틀린 것은?

① 안전·보건표지 속의 그림 또는 부호의 크기는 안전·보건표지의 크기와 비례하여야 하며, 안전·보건표지 전체 규격의 30[%] 이상이 되어야 한다.
② 안전·보건표지 색채의 물감은 변질되지 아니하는 것에 색채 고정원료를 배합하여 사용하여야 한다.
③ 안전·보건표지는 그 표시내용을 근로자가 빠르고 쉽게 알아볼 수 있는 크기로 제작하여야 한다.
④ 안전·보건표지에는 야광물질을 사용하여서는 아니 된다.

정답 05 ④  06 ②  07 ①  08 ④  09 ④

해설 안전 및 보건표지의 경우 밤에 일하는 근로자가 사고 날 위험을 방지하기 위해 야광물질을 사용하여야 한다.

**10** 매슬로우(Maslow)의 욕구단계이론의 요소가 아닌 것은?

① 생리적 욕구
② 안전에 대한 욕구
③ 사회적 욕구
④ 심리적 욕구

해설 ▶ 매슬로우의 욕구단계이론

| 단계 | | 이론 |
|---|---|---|
| 하위단계가 충족되어야 상위단계로 진행 | 5단계 | 자아실현의 욕구 |
| | 4단계 | 인정받으려는 욕구 |
| | 3단계 | 사회적 욕구 |
| | 2단계 | 안전의 욕구 |
| | 1단계 | 생리적 욕구 |

**11** 산업안전보건법령상 안전모의 종류(기호) 중 사용구분에서 "물체의 낙하 또는 비래 및 추락에 의한 위험을 방지 또는 경감하고, 머리부위 감전에 의한 위험을 방지하기 위한 것"으로 옳은 것은?

① A
② AB
③ AE
④ ABE

해설 ② AB : 물체의 낙하 또는 비래 및 추락 위험방지
③ AE : 물체의 낙하 또는 비래 및 감전에 의한 위험방지
④ ABE : AB+AE, 즉 추락과 감전을 방지하기 위한 것으로 다목적용

**12** O.J.T(On the Job Traning)의 특징 중 틀린 것은?

① 훈련과 업무의 계속성이 끊어지지 않는다.
② 직장의 실정에 맞게 실제적 훈련이 가능하다.
③ 훈련의 효과가 곧 업무에 나타나며, 훈련의 개선이 용이하다.
④ 다수의 근로자들에게 조직적 훈련이 가능하다.

해설 ▶ O.J.T

| 정의 | 현장이나 직장에서 직속 상사가 업무에 관련된 지식, 기능, 태도 등에 관하여 교육하는 실무훈련과정으로 개별교육에 적합한 교육 형태 |
|---|---|
| 교육의 형태 및 방법 | 현장에서의 개인에 대한 직속 상사의 개별 교육 및 지도 |
| 특징 | • 직장의 현장 실정에 맞는 구체적이고 실질적인 교육이 가능하다.<br>• 교육의 효과가 업무에 신속하게 반영된다.<br>• 교육의 이해도가 빠르고 동기부여가 쉽다.<br>• 개인의 능력과 적성에 알맞은 맞춤교육이 가능하다.<br>• 교육으로 인해 업무가 중단되는 업무 손실이 적다.<br>• 교육경비의 절감 효과가 있다.<br>• 상사와의 의사소통 및 신뢰도 향상에 도움이 된다. |

**13** 산업안전보건법령상 사업장 내 안전/보건 교육 중 근로자의 정기안전/보건 교육내용에 해당하지 않는 것은?

① 산업재해보상보험 제도에 관한 사항
② 산업안전 및 사고 예방에 관한 사항
③ 산업보건 및 직업병 예방에 관한 사항
④ 기계/기구의 위험성과 작업의 순서 및 동선에 관한 사항

해설 ▶ 근로자의 정기안전·보건 교육내용
- 산업안전 및 사고 예방에 관한 사항
- 산업보건 및 직업병 예방에 관한 사항
- 건강증진 및 질병 예방에 관한 사항
- 유해·위험 작업환경 관리에 관한 사항
- 산업안전보건법령 및 산업재해보상보험 제도에 관한 사항
- 직무스트레스 예방 및 관리에 관한 사항
- 직장 내 괴롭힘, 고객의 폭언 등으로 인한 건강장해 예방 및 관리에 관한 사항

- 일산화탄소용(E) : 적색(홉카라이트, 방습제)
- 아황산가스용(I) : 황색(산화금속, 알칼리제재)
- 유기화합물용 : 갈색

**16** 산업안전보건법령상 특별안전·보건 교육대상 작업별 교육내용 중 밀폐공간에서의 작업별 교육내용이 아닌 것은? (단. 그 밖에 안전·보건관리에 필요한 사항은 제외한다)

① 산소농도 측정 및 작업환경에 관한 사항
② 유해물질의 인체에 미치는 영향
③ 보호구 착용 및 사용방법에 관한 사항
④ 사고 시의 응급처리 및 비상시 구출에 관한 사항

해설 ▶ 밀폐공간에서의 작업

「산업안전보건법 시행규칙」 [별표 5] 라. 34
- 산소농도 측정 및 작업환경에 관한 사항
- 사고 시의 응급처치 및 비상시 구출에 관한 사항
- 보호구 착용 및 보호장비 사용에 관한 사항
- 작업내용·안전작업방법 및 절차에 관한 사항
- 장비·설비 및 시설 등의 안전점검에 관한 사항
- 그 밖에 안전·보건관리에 필요한 사항

**14** 안전심리의 5대 요소 중 능동적인 감각에 의한 자극에서 일어난 사고의 결과로서, 사람의 마음을 움직이는 원동력이 되는 것은?

① 기질(temper)
② 동기(motive)
③ 감정(emotion)
④ 습관(custom)

해설 ▶ 안전심리 5대 요소
- 동기(Motive) : 사람의 마음을 움직이는 원동력
- 기질(Temper) : 인간의 성격, 능력 등 개인 특성
- 감정(Emotion) : 사고를 일으키는 정신적 동기
- 습성(Habits) : 인간행동에 영향을 미칠 수 있는 것
- 습관(Custom) : 성장과정에서 자신도 모르게 습관화됨

**15** 방독마스크의 정화통 색상으로 틀린 것은?

① 유기화합물용 – 갈색
② 할로겐용 – 회색
③ 황화수소용 – 회색
④ 암모니아용 – 노란색

해설 ▶ 방독마스크의 종류 및 정화통 색상
- 할로겐가스용(보통가스용), 황화수소용, 시안화수소용 (A) : 회색 및 흑색(활성탄, 소다라임)
- 유기가스용(C) : 흑색(활성탄)
- 암모니아용(H) : 녹색(큐프라마이트)

**17** 「산업재해보상보험법」에 따른 산업재해로 인한 보상비가 아닌 것은?

① 교통비
② 장의비
③ 휴업급여
④ 유족급여

해설 ▶ 산업재해 보상비
치료비, 휴업급여, 요양급여, 장애보상비, 유족보상비, 장례비, 간병급여, 상병보상연금, 직업재활급여

정답  14 ②  15 ④  16 ②  17 ①

**18** 산업안전보건법령상 근로자 안전·보건 교육 중 채용 시의 교육 및 작업내용 변경 시의 교육사항으로 옳은 것은?

① 물질안전보건자료에 관한 사항
② 건강증진 및 질병 예방에 관한 사항
③ 유해·위험 작업환경 관리에 관한 사항
④ 표준안전작업방법 및 지도요령에 관한 사항

해설 ▶ 채용 시 교육 및 작업내용 변경 시 교육

> 「산업안전보건법 시행규칙」 [별표 5] 다.
> • 산업안전 및 사고 예방에 관한 사항
> • 산업보건 및 직업병 예방에 관한 사항
> • 산업안전보건법령 및 산업재해보상보험 제도에 관한 사항
> • 직무스트레스 예방 및 관리에 관한 사항
> • 직장 내 괴롭힘, 고객의 폭언 등으로 인한 건강장해 예방 및 관리에 관한 사항
> • 기계·기구의 위험성과 작업의 순서 및 동선에 관한 사항
> • 작업 개시 전 점검에 관한 사항
> • 정리정돈 및 청소에 관한 사항
> • 사고 발생 시 긴급조치에 관한 사항
> • 물질안전보건자료에 관한 사항

**19** 시행착오설에 의한 학습법칙이 아닌 것은?

① 효과의 법칙
② 준비성의 법칙
③ 연습의 법칙
④ 일관성의 법칙

해설 ▶ 시행착오설의 학습법칙
학습이란 맹목적인 시행을 되풀이하는 가운데 자극과 반응의 결합의 과정이다.
• 효과의 법칙
• 준비성의 법칙
• 연습 또는 반복의 법칙

**20** 기능(기술)교육의 진행방법 중 하버드 학파의 5단계 교수법의 순서로 옳은 것은?

① 준비 → 연합 → 교시 → 응용 → 총괄
② 준비 → 교시 → 연합 → 총괄 → 응용
③ 준비 → 총괄 → 연합 → 응용 → 교시
④ 준비 → 응용 → 총괄 → 교시 → 연합

해설 ▶ 하버드 학파의 5단계 교수법
• 1단계 : 준비시킨다.
• 2단계 : 교시한다.
• 3단계 : 연합한다.
• 4단계 : 총괄한다.
• 5단계 : 응용시킨다.

## 2과목 인간공학 및 시스템안전공학

**21** 체계 설계 과정의 주요 단계 중 가장 먼저 실시되어야 하는 것은?

① 기본설계
② 계면설계
③ 체계의 정의
④ 목표 및 성능 명세 결정

해설 ▶ 체계 설계 과정의 주요 단계
• 1단계 : 목표 및 성능 명세 결정
• 2단계 : 체계의 정의
• 3단계 : 기본설계
• 4단계 : 계면설계
• 5단계 : 촉진물설계
• 6단계 : 시험 및 평가

정답   18 ①   19 ④   20 ②   21 ④

## 22 인간공학에 관련된 설명으로 틀린 것은?

① 편리성, 쾌적성, 효율성을 높일 수 있다.
② 사고를 방지하고 안전성과 능률성을 높일 수 있다.
③ 인간의 특성과 한계점을 고려하여 제품을 설계한다.
④ 생산성을 높이기 위해 인간을 작업 특성에 맞추는 것이다.

**해설 ▶ 인간공학**

| 사회적, 인간적 측면 | • 사용상의 효율성 및 편리성 향상<br>• 안정감 및 만족도를 증가시키고 인간의 가치기준을 향상(삶의 질적 향상)<br>• 인간·기계 시스템에 대하여 인간의 복지, 안락함, 효율성을 향상시키는 것 |
|---|---|
| 산업현장 및 작업장 측면 | • 안전성 향상 및 사고예방<br>• 직업능률 및 생산성 증대<br>• 작업환경의 쾌적성 |

## 23 FT도에 사용되는 기호 중 입력신호가 생긴 후, 일정시간이 지속된 후에 출력이 생기는 것을 나타내는 것은?

① OR 게이트
② 위험 지속 기호
③ 억제 게이트
④ 배타적 OR 게이트

**해설 ▶ 위험 지속 기호**

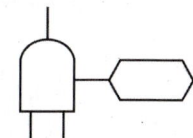

• 입력사상이 생겨 어떤 일정한 시간이 지속했을 때 출력이 생긴다.
• OR 게이트 옆에 마름모가 달려 있는 모양

## 24 결함수분석법에서 일정 조합 안에 포함되어 있는 기본사상들이 모두 발생하지 않으면 틀림없이 정상사상(top event)이 발생되지 않는 조합을 무엇이라고 하는가?

① 컷셋(cut set)
② 패스셋(path set)
③ 결함수셋(fault tree set)
④ 부울대수(boolean algebra)

**해설 ▶ 컷셋과 패스셋**
• 컷셋 : FTA에서 모든 기본사상이 발생했을 때 TOP 사상을 일으키는 기본사상의 집합
• 패스셋 : 시스템의 정상사상(고장)을 일으키지 않는 기본사상(정상)의 집합

## 25 어떤 기기의 고장률이 시간당 0.002로 일정하다고 한다. 이 기기를 100시간 사용했을 때 고장이 발생할 확률은?

① 0.1813
② 0.2214
③ 0.6253
④ 0.8187

**해설** 신뢰도$(R) = e^{-고장률 \times 시간}$
고장률 = 1 - 신뢰도
신뢰도 $= e^{-0.002 \times 100} = 0.8187$
고장률 $= 1 - 0.8187 = 0.1813$

## 26 작업장 내의 색채조절이 적합하지 못한 경우에 나타나는 상황이 아닌 것은?

① 안전표지가 너무 많아 눈에 거슬린다.
② 현란한 색배합으로 물체 식별이 어렵다.
③ 무채색으로만 구성되어 중압감을 느낀다.
④ 다양한 색채를 사용하면 작업의 집중도가 높아진다.

22 ④  23 ②  24 ②  25 ①  26 ④

해설 다양한 색채를 사용하면 시야의 복잡함을 유발하여 사고를 발생시킨다.

해설 소요조명(fc) = $\dfrac{\text{소요광속발산도(fL)}}{\text{반사율(\%)}} \times 100$

소요조명(fc) = $\dfrac{60(\text{fL})}{75(\%)} \times 100 = 80$

**27** 고장의 발생상황 중 부적합품 제조, 생산과정에서의 품질관리 미비, 설계미숙 등으로 일어나는 고장은?

① 초기 고장　② 마모 고장
③ 우발 고장　④ 품질 관리 고장

해설 고장의 상황으로는 초기, 마모, 우발이 있다. 초기 고장은 생산과정에서 일어나는 일이고, 우발 고장은 사용미숙이나 우발적 고장이며, 마모 고장은 오래 사용해서 마모되어 생긴 고장이다. 이러한 고장의 상황은 욕조 모양을 하고 있다.

**28** 작업장의 실효온도에 영향을 주는 인자 중 가장 관계가 먼 것은?

① 온도
② 체온
③ 습도
④ 공기유동

해설 ▶ 영향인자
• 온도
• 습도
• 공기의 유동(기류)

**29** 60[fL]의 광도를 요하는 시각 표시장치의 반사율이 75[%]일 때, 소요조명은 몇 [fc]인가?

① 75　② 80
③ 85　④ 90

**30** 다음의 연산표에 해당하는 논리연산은?

| 입력 | | 출력 |
|---|---|---|
| $X_1$ | $X_2$ | |
| 0 | 0 | 0 |
| 0 | 1 | 1 |
| 1 | 0 | 1 |
| 1 | 1 | 0 |

① XOR　② AND
③ NOT　④ OR

해설 ① XOR : $X_1$, $X_2$ 값이 서로 다를 때만 1이 출력됨
② AND : $X_1$, $X_2$ 값이 1일 때만 1이 출력됨
③ NOT : 출력값이 1이면 0으로, 0이면 1로 출력됨
④ OR : $X_1$, $X_2$ 값이 0일 때만 0이 출력됨

**31** 의자의 등받이 설계에 관한 설명으로 가장 적절하지 않은 것은?

① 등받이 폭은 최소 30.5[cm]가 되게 한다.
② 등받이 높이는 최소 50[cm]가 되게 한다.
③ 의자의 좌판과 등받이 각도는 90~105[°]를 유지한다.
④ 요부받침의 높이는 25~35[cm]로 하고, 폭은 30.5[cm]로 한다.

해설 ▶ 의자의 등받이 설계
• 등받이 폭은 최소 30.5[cm]가 되게 한다.
• 등받이 높이는 최소 50[cm]가 되게 한다.
• 의자의 좌판과 등받이 각도는 90~105[°]를 유지한다.
• 요부받침의 높이는 15.2~22.9[cm]로 하고, 폭은 30.5[cm]로 한다.

정답　27 ①　28 ②　29 ②　30 ①　31 ④

**32** 건습지수로서 습구온도와 건구온도의 가중 평균치를 나타내는 Oxford 지수의 공식으로 맞는 것은?

① WD=0.65W+0.35D
② WD=0.75W+0.25D
③ WD=0.85W+0.15D
④ WD=0.95W+0.05D

해설 ▶ Oxford 지수
　WD=0.85W+0.15D
　(W : 습구온도, D : 건구온도)

**33** 통제표시비(C/D비)를 설계할 때의 고려할 사항으로 가장 거리가 먼 것은?

① 공차
② 운동성
③ 조작시간
④ 계기의 크기

해설 ▶ 통제표시비(C/D비) 설계 시 고려사항
　• 계기의 크기
　• 공차[오차]
　• 목측거리(육안)
　• 조작시간
　• 방향성

**34** FTA의 활용 및 기대효과가 아닌 것은?

① 시스템의 결함 진단
② 사고원인 규명화의 간편화
③ 사고원인 분석의 정량화
④ 시스템의 결함비용 분석

해설 FTA로는 비용 분석이 불가능하다.
▶ FTA
결함수법, 결함관련 수법, 고장의 나무 해석법 등으로 번역된다. 다른 시스템 해석수법은 대부분 재해 원인에서 출발하여 재해 현상에 도달하는 귀납적 방법인 반면, FTA는 정상사상으로 불리는 재해현상에서 기본사상인 재해 원인을 향한 연역적 해석을 하는 것이 특징이다. 시스템의 결함 진단에 활용되며, 사고원인 규명의 간편화, 사고원인 분석의 일반화, 시스템 분석의 정량화, 노력 시간 절감 등의 장점이 있다.

**35** 다음 형상 암호화 조종장치 중 이산 멈춤 위치용 조종장치는?

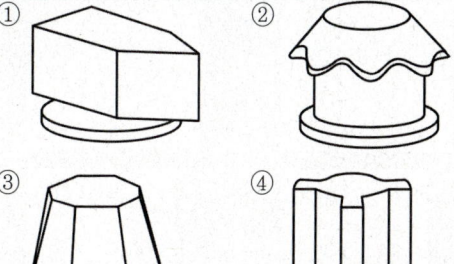

해설 ① 이산 멈춤 위치용
　②, ③ 다회전장치
　④ 단회전장치

**36** 일반적인 인간-기계 시스템의 형태 중 인간이 사용자나 동력원으로 기능하는 것은?

① 수동체계
② 기계화체계
③ 자동체계
④ 반자동체계

해설 ▶ 인간-기계 시스템의 형태

| 수동 시스템 | • 인간의 신체적인 힘을 동력으로 사용하여 작업통제(동력원 제어 : 사람, 수공구나 기타 보조물로 사용)<br>• 다양성 있는 체계로 역할할 수 있는 능력을 최대한 활용하는 시스템(융통성이 있는 운용 가능) |
|---|---|
| 기계화 시스템 | • 반자동체계, 변화가 적은 기능들을 수행하도록 설계(고도로 통합된 부품들로 구성되며 융통성이 없는 체계)<br>• 기계가 동력을 제공하며, 조정장치를 사용하는 통제는 사람이 담당 |
| 자동화 시스템 | • 감지, 정보처리 및 의사결정 행동을 포함한 모든 임무 수행(기계동력원 및 운전, 프로그램 감시 또는 통제, 관리)<br>• 대부분 폐회로 체계이며, 설계, 설치, 감시, 프로그램 작성 및 수정 정비, 유지 등은 사람이 담당 |

**37** 설비의 위험을 예방하기 위한 안정성평가 단계 중 가장 마지막에 해당하는 것은?

① 재평가
② 정성적 평가
③ 안전대책
④ 정량적 평가

해설 ▶ 안정성평가 6단계
• 제1단계 : 관계자료 정비 및 검토
• 제2단계 : 정성적 평가
• 제3단계 : 정량적 평가
• 제4단계 : 안전대책 수립
• 제5단계 : 재해정보에 의한 재평가
• 제6단계 : FTA에 의한 재평가

**38** 반복되는 사건이 많이 있는 경우, FTA의 최소 컷셋과 관련이 없는 것은?

① Fussel Algorithm
② Boolean Algorithm
③ Monte Carlo Algorithm
④ Limnios & Ziani Algorithm

해설 Monte Carlo Algorithm은 리스크 시뮬레이션으로, 반복되는 사건이 많은 경우 FTA의 최소 컷셋과 관련이 없다.

**39** FT도에 사용되는 논리기호 중 AND 게이트에 해당하는 것은?

①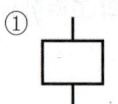
②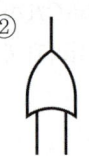
③
④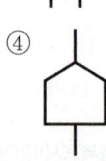

해설 ① 결함사상
② OR 게이트
③ AND 게이트
④ 통상사상

**40** 시스템에 영향을 미치는 모든 요소의 고장을 형태별로 분석하여 그 영향을 검토하는 분석기법은?

① FTA
② CHECK LIST
③ FMEA
④ DECISION TREE

해설
- FTA : 결함수 분석
- ETA : 귀납적, 정량적 분석
- FMEA : 고장의 유형과 영향분석
- FMECA : FMEA+CA(정성적+정량적)
- THERP : 인간과오율 예측법
- DECISION TREE : 귀납적, 정량적 분석방법

해설 ◯ 고장 유형
- 우발 고장 – 일정
- 초기 고장 – 감소
- 마모 고장 – 증가

## 3과목 기계위험방지기술

**41** 금형 운반에 대한 안전수칙에 관한 설명으로 옳지 않은 것은?

① 상부금형과 하부금형이 닿을 위험이 있을 때는 고정 패드를 이용한 스트랩, 금속재질이나 우레탄 고무의 블록 등을 사용한다.
② 금형을 안전하게 취급하기 위해 아이볼트를 사용할 때는 숄더형으로 사용하는 것이 좋다.
③ 관통 아이볼트가 사용될 때는 조립이 쉽도록 구멍 틈새를 크게 한다.
④ 운반하기 위해 꼭 들어 올려야 할 때에는 필요한 높이 이상으로 들어 올려서는 안 된다.

해설 관통 아이볼트가 사용될 때는 구멍 틈새를 최소로 하는 억지 끼워맞춤으로 한다.

**43** 피복 아크 용접 작업 시 생기는 결함에 대한 설명 중 틀린 것은?

① 스패터(spatter) : 용융된 금속의 작은 입자가 튀어나와 모재에 묻어있는 것
② 언더컷(under cut) : 전류가 과대하고 용접속도가 너무 빠르며, 아크를 짧게 유지하기 어려운 경우 모재 및 용접부의 일부가 녹아서 발생하는 홈 또는 오목하게 생긴 부분
③ 크레이터(crater) : 용착금속 속에 남아있는 가스로 인하여 생긴 구멍
④ 오버랩(overlap) : 용접봉의 운행이 불량하거나 용접봉의 용융 온도가 모재보다 낮을 때 과잉 용착금속이 남아있는 부분

해설
- 크레이터 : 용접 시 끝이 오목하게 파이는 현상
- pit : 용접부 표면에 생기는 작은 기포 구멍이 발생하는 현상
- blow hole : 용접부에 기공이 발생하는 현상

**42** 다음 중 욕조 형태를 갖는 일반적인 기계 고장 곡선에서의 기본적인 3가지 고장 유형에 해당하지 않는 것은?

① 피로 고장  ② 우발 고장
③ 초기 고장  ④ 마모 고장

**44** 크레인 작업 시 2,000[N]의 화물을 걸어 25[m/s²] 가속도로 감아 올릴 때 로프에 걸리는 총하중은 몇 [kN]인가? (단, 중력가속도는 9.81[m/s²]이다)

① 3.1
② 5.1
③ 7.1
④ 9.1

정답
41 ③  42 ①  43 ③  44 ③

해설  총하중=정하중+동하중
2,000+5,096=7,096[kgf](1톤=1,000[kgf])

동하중=정하중 × $\dfrac{가속도}{중력가속도}$

$2,000 \times \dfrac{25}{9.81} = 5,096$

**45** 다음 중 연삭기를 이용한 작업을 할 경우 연삭숫돌을 교체한 후에는 얼마 동안 시험운전을 하여야 하는가?

① 1분 이상
② 3분 이상
③ 10분 이상
④ 15분 이상

해설  작업 시작하기 전 1분 이상, 연삭숫돌을 교체한 후 3분 이상 시운전(숫돌파열이 가장 많이 발생하는 경우는 스위치를 넣는 순간)

**46** 산업용 로봇의 작동범위에서 그 로봇에 관하여 교시 등의 작업을 하는 경우 작업시간 전 점검사항에 해당하지 않는 것은? (단, 로봇의 동력원을 차단하고 행하는 것을 제외한다)

① 회전부의 덮개 또는 울 부착 여부
② 제동장치 및 비상정지장치의 기능
③ 외부전선의 피복 또는 외장의 손상 유무
④ 매니퓰레이터(manipulator) 작동의 이상 유무

해설 ▶ 로봇의 작업 시작 전 점검사항
- 외부전선의 피복 또는 외장의 손상 유무
- 매니퓰레이터 작동의 이상 유무
- 제동장치 및 비상정지장치의 기능

**47** 선반 작업 시 주의사항으로 틀린 것은?

① 회전 중에 가공품을 직접 만지지 않는다.
② 공작물의 설치가 끝나면, 척에서 렌치류는 곧바로 제거한다.
③ 칩(chip)이 비산할 때는 보안경을 쓰고 방호판을 설치하여 사용한다.
④ 돌리개는 적정 크기의 것을 선택하고, 심압대 스핀들은 가능한 길게 나오도록 한다.

해설 ▶ 선반 작업 시 주의사항
- 가공물을 착탈 시에는 반드시 스위치를 끄고 바이트를 충분히 연 다음 행한다.
- 캐리어(공구대)는 적당한 크기의 것을 선택하고 심압대는 스핀들을 지나치게 내놓지 않는다.
- 물건의 장착이 끝나면 척, 렌치류는 곧 벗겨놓는다.
- 무게가 편중된 가공물의 장착에는 균형추를 부착한다. 장착물은 방진구에 사용 커버를 씌운다.
- 긴 재료가 돌출되었을 때에는 빨간 천 등을 부착하여 위험표시를 하거나 커버를 씌운다.
- 바이트 착탈은 기계를 정지시킨 다음에 한다.
- 방진구는 일감의 길이가 직경의 12배 이상일 때 사용한다.

**48** 연삭기에서 숫돌의 바깥지름이 180[mm]라면, 평형 플랜지의 바깥지름은 몇 [mm] 이상이어야 하는가?

① 30   ② 36
③ 45   ④ 60

해설  숫돌 바깥지름 × $\dfrac{1}{3}$ = 평형 플랜지 바깥지름

$180 \times \dfrac{1}{3} = 60$

정답   45 ②   46 ①   47 ④   48 ④

**49** 탁상용 연삭기에서 숫돌을 안전하게 설치하기 위한 방법으로 옳지 않은 것은?

① 숫돌바퀴 구멍은 축 지름보다 0.1[mm] 정도 작은 것을 선정하여 설치한다.
② 설치 전에는 육안 및 목재 해머로 숫돌의 흠, 균열을 점검한 후 설치한다.
③ 축의 턱에 내측 플랜지, 압지 또는 고무판, 숫돌 순으로 끼운 후 외측에 압지 또는 고무판, 플랜지, 너트 순으로 조인다.
④ 가공물 받침대는 숫돌의 중심에 맞추어 연삭기에 견고히 고정한다.

해설 숫돌바퀴 구멍은 축 지름보다 0.05~0.15[mm] 정도 큰 것을 사용한다.

**50** 산업안전보건법령에 따라 목재가공용 기계에 설치하여야 하는 방호장치에 대한 내용으로 틀린 것은?

① 목재가공용 둥근톱기계에는 분할날 등 반발예방장치를 설치하여야 한다.
② 목재가공용 둥근톱기계에는 톱날접촉예방장치를 설치하여야 한다.
③ 모떼기계에는 가공 중 목재의 회전을 방지하는 회전방지장치를 설치하여야 한다.
④ 작업대상물이 수동으로 공급되는 동력식 수동대패기계에 날접촉예방장치를 설치하여야 한다.

해설 모떼기기계(자동이송장치를 부착한 것은 제외한다)에 날접촉예방장치를 설치하여야 한다. 다만, 작업의 성질상 날접촉예방장치를 설치하는 것이 곤란하여 해당 근로자에게 적절한 작업공구 등을 사용하도록 한 경우에는 그러하지 아니하다.

**51** 기계를 구성하는 요소에서 피로현상은 안전과 밀접한 관련이 있다. 다음 중 기계요소의 피로파괴현상과 가장 관련이 적은 것은?

① 소음(noise)
② 노치(notch)
③ 부식(corrosion)
④ 치수 효과(size effect)

해설 소음은 인간요소의 피로파괴현상 중 하나이다.
▶ **기계요소 피로파괴현상의 영향요인**
• 노치
• 부식 피로
• 치수 효과
• 온도
• 표면상태 등

**52** 다음과 같은 작업조건일 경우 와이어로프의 안전율은?

> 작업대에서 사용된 와이어로프 1줄의 파단하중이 100[kN], 인양하중이 40[kN], 로프의 줄 수가 2줄

① 2
② 2.5
③ 4
④ 5

해설 $S = \dfrac{NP}{Q}$
$S$ : 안전율, $N$ : 로프 가닥 수, $P$ : 로프의 파단강도[kg]
$Q$ : 허용응력[kg]
안전율 $= \dfrac{100 \times 2}{40} = 5$

49 ① 50 ③ 51 ① 52 ④

**53** 다음 중 연삭기의 원주속도 V[m/s]를 구하는 식으로 옳은 것은? (단, D는 숫돌의 지름[M], n은 회전수[rpm])

① $V = \dfrac{\pi Dn}{16}$  ② $V = \dfrac{\pi Dn}{32}$

③ $V = \dfrac{\pi Dn}{60}$  ④ $V = \dfrac{\pi Dn}{1,000}$

**해설** V = πDn[mm/min]
단, 문제에서 주어진 단위는 [m/s]이므로 이를 60으로 나눠야 한다.
따라서 V = $\dfrac{\pi Dn}{60}$[m/s]이다.

**54** 기계나 그 부품에 고장이나 기능 불량이 생겨도 항상 안전하게 작동하는 안전화 대책은?

① fool proof
② fail safe
③ risk management
④ hazard diagnosis

**해설** Fail Safe(페일 세이프) : 한쪽이 고장 나도 보조기구로 작동하게 하여 재해를 막는 구조로 기계 고장 시 설계하는 안전화 대책

**55** 휴대용 연삭기 덮개의 노출각도 기준은?

① 60[°] 이내
② 90[°] 이내
③ 150[°] 이내
④ 180[°] 이내

**해설** ◎ 연삭기 덮개의 설치방법
- 탁상용 연삭기의 노출각도는 80도 이내로 하되, 숫돌의 주축에서 수평면 위로 이루는 원주각도는 65도 이상이 되지 않도록 하여야 한다.
- 연삭숫돌의 상부를 사용하는 것을 목적으로 하는 연삭기는 60도 이내로 한다.
- 휴대용 연삭기는 180도 이내로 한다.
- 원통형 연삭기는 180도 이내로 하되, 숫돌의 주축에서 수평면 위로 이루는 원주각도는 65도 이상이 되지 않도록 하여야 한다.
- 절단 및 평면 연삭기는 150도 이내로 하되, 숫돌의 주축에서 수평면 밑으로 이루는 덮개의 각도는 15도 이상이 되도록 하여야 한다.

**56** 산업안전보건법령상 양중기에서 절단하중이 100[t]인 와이어로프를 사용하여 화물을 직접적으로 지지하는 경우, 화물의 최대 허용하중[t]은?

① 20  ② 30
③ 40  ④ 50

**해설**
- 화물을 직접 지지하는 경우=안전율 5 이상
- 사람을 태우는 경우=안전율 10 이상
- 최대 허용하중=절단하중/안전율
$\dfrac{100[t]}{5}$=20[t]

**57** 산업안전보건법령상 회전 중인 연삭숫돌 지름이 최소 얼마 이상인 경우로서 근로자에게 위험을 미칠 우려가 있는 경우 해당 부위에 덮개를 설치하여야 하는가?

① 3[cm] 이상  ② 5[cm] 이상
③ 10[cm] 이상  ④ 20[cm] 이상

**해설** 사업주는 회전 중인 연삭숫돌(지름이 5센티미터 이상인 것으로 한정한다)이 근로자에게 위험을 미칠 우려가 있는 경우에 그 부위에 덮개를 설치하여야 한다.

**정답**  53 ③  54 ②  55 ④  56 ①  57 ②

**58** 왕복운동을 하는 기계의 동작 부분과 고정 부분 사이에 형성되는 위험점으로 프레스, 전단기 등에서 주로 나타나는 것은?

① 끼임점
② 절단점
③ 협착점
④ 접선물림점

> **해설** ① 끼임점(Shear-point) : 고정 부분과 회전하는 동작 부분이 함께 만드는 위험점이다(예 연삭숫돌과 덮개, 교반기의 날개와 하우징, 프레임에서 암의 요동운동을 하는 기계 부분 등).
> ② 절단점(Cutting-point) : 고정 부분과 운동 부분이 만드는 위험점이 아니고 회전하는 운동부 자체의 위험이나 운동하는 기계 부분 자체의 위험에서 초래되는 위험점이다(예 밀링의 커터, 띠톱이나 둥근톱의 톱날, 벨트의 이음 부분 등).
> ④ 접선물림점(Tangential Nip-point) : 회전하는 부분의 접선방향으로 물려들어갈 위험이 존재하는 점이다(예 벨트와 풀리, 체인과 스프로킷, 랙과 피니언 등).

**59** 프레스의 본질적 안전화(no-hand in die 방식) 추진대책이 아닌 것은?

① 안전금형을 설치
② 전용프레스의 사용
③ 방호울이 부착된 프레스 사용
④ 감응식 방호장치 설치

> **해설**
> • no-hand in die : 안전금형 설치, 전용프레스 사용, 자동프레스 사용, 안전울 사용
> • hand in die : 감응식, 가드식, 손쳐내기식, 양수조작식, 수인식, 광전자식

**60** 다음 중 산업안전보건법령에 따라 비파괴검사를 실시해야 하는 고속회전체의 기준은?

① 회전축중량 1톤 초과, 원주속도 120[m/s] 이상
② 회전축중량 1톤 초과, 원주속도 100[m/s] 이상
③ 회전축중량 0.7톤 초과, 원주속도 120[m/s] 이상
④ 회전축중량 0.7톤 초과, 원주속도 100[m/s] 이상

> **해설** ▶ 고속회전체의 위험방지
> 고속회전체(회전축의 중량이 1톤을 초과하고 원주속도가 초당 120미터 이상인 것으로 한정한다)의 회전시험을 하는 경우 미리 회전축의 재질 및 형상 등에 상응하는 종류의 비파괴검사를 해서 결함 유무(有無)를 확인하여야 한다.

## 4과목 전기 및 화학설비위험방지기술

**61** 혼촉방지판이 부착된 변압기를 설치하고 혼촉방지판을 접지시켰다. 이러한 변압기를 사용하는 주요 이유는?

① 2차 측의 전류를 감소시킬 수 있기 때문에
② 누전전류를 감소시킬 수 있기 때문에
③ 2차 측에 비접지 방식을 채택하면 감전 시 위험을 감소시킬 수 있기 때문에
④ 전력의 손실을 감소시킬 수 있기 때문에

> **해설** 변압기 권선의 고압과 저압 사이의 절연이 파괴되었을 경우 저압 측에 전달되는 접지전류는 혼촉방지판의 접지를 통해서 흐르게 되어 저압회로의 전위상승을 방지하므로 저압기기의 소손 및 인축 등의 피해를 막을 수 있다.

58 ③  59 ④  60 ①  61 ③

**62** 내전압용 절연장갑의 등급에 따른 최대 사용전압이 올바르게 연결된 것은?

① 00등급 : 직류 750[V]
② 00등급 : 교류 650[V]
③ 0등급 : 직류 1,000[V]
④ 0등급 : 교류 800[V]

해설 ▶ 내전압용 절연장갑의 등급

| 등급 | 최대사용전압 | | 색상 |
|---|---|---|---|
| | 교류[v], 실효값 | 직류[v] | |
| 00등급 | 500 | 750 | 갈색 |
| 0등급 | 1,000 | 1,500 | 빨강색 |
| 1등급 | 7,500 | 11,250 | 흰색 |
| 2등급 | 17,000 | 25,500 | 노랑색 |
| 3등급 | 26,500 | 39,750 | 녹색 |
| 4등급 | 36,000 | 54,000 | 등색 |

**63** 전기 기계·기구에 누전에 의한 감전 위험을 방지하기 위하여 설치한 누전차단기에 의한 감전방지의 사항으로 틀린 것은?

① 정격감도전류가 30[mA] 이하이고, 작동시간은 3초 이내일 것
② 분기회로 또는 전기기계·기구마다 누전차단기를 접속할 것
③ 파손이나 감전사고를 방지할 수 있는 장소에 접속할 것
④ 지락보호전용 기능만 있는 누전차단기는 과전류를 차단하는 퓨즈나 차단기 등과 조합하여 접속할 것

해설 정격감도전류가 30밀리암페어 이하이고, 작동시간은 0.03초 이내일 것

**64** 콘덴서의 단자전압이 1[kV], 정전용량이 740[pF]일 경우 방전에너지는 약 몇 [mJ]인가?

① 370  ② 37
③ 3.7  ④ 0.37

해설 방전에너지 공식 = $\frac{1}{2}CV^2$

$\frac{1}{2}(740 \times 10^{-12}) \times 1,000^2 = 0.00037J = 0.37[mJ]$

$p(피고) = 10^{-12}$

**65** 액체가 관내를 이동할 때에 정전기가 발생하는 현상은?

① 마찰대전  ② 박리대전
③ 분출대전  ④ 유동대전

해설 ① 마찰대전 : 물체끼리 마찰
② 박리대전 : 밀착된 물체가 떨어짐
③ 분출대전 : 구멍에서 분출
④ 유동대전 : 관내를 이동

**66** 다음 중 전선이 연소될 때의 단계별 순서로 가장 적절한 것은?

① 착화단계, 순시용단단계, 발화단계, 인화단계
② 인화단계, 착화단계, 발화단계, 순시용단단계
③ 순시용단단계, 착화단계, 인화단계, 발화단계
④ 발화단계, 순시용단단계, 착화단계, 인화단계

해설 ▶ 전선의 연소단계
• 인화단계 : 허용전류의 3배 정도가 흐르는 경우 발화원을 근접시키면 절연물이 인화하는 단계
• 착화단계 : 큰 전류가 흐르는 경우 절연물에 발화원이 없더라도 착화·연소하는 단계이며, 절연물은 탄화하고 적열된 심선이 노출된다.
• 발화단계 : 더 큰 전류가 흐르는 경우 절연물에 도화선이 없더라도 자연히 발화하고 심선이 용단된다.
• 순간(순시)용단단계 : 대전류를 순간적으로 흘리면 심선이 용단되어 피복을 뚫고 나와 구리가 비산한다.

정답  62 ①  63 ①  64 ④  65 ④  66 ②

**67** 고압 또는 특고압의 기계기구·모선 등을 옥외에 시설하는 발전소·변전소·개폐소 또는 이에 준하는 곳에는 구내에 취급자 이외의 자가 들어가지 못하도록 하기 위한 시설의 기준에 대한 설명으로 틀린 것은?

① 울타리·담 등의 높이는 1.5[m] 이상으로 시설하여야 한다.
② 출입구에는 출입금지의 표시를 하여야 한다.
③ 출입구에는 자물쇠장치 기타 적당한 장치를 하여야 한다.
④ 지표면과 울타리·담 등의 하단 사이의 간격은 15[cm] 이하로 하여야 한다.

> 해설 울타리·담 등의 높이는 2[m] 이상으로 하고 지표면과 울타리·담 등의 하단 사이 간격은 0.15[m] 이하로 한다.

**68** 정전기 제거방법으로 가장 거리가 먼 것은?

① 설비 주위를 가습한다.
② 설비의 금속 부분을 접지한다.
③ 설비의 주변에 적외선을 조사한다.
④ 정전기 발생 방지 도장을 실시한다.

> 해설 정전기를 제거하기 위해서는 가습과 금속 부분 접지, 정전기 발생 방지 도장의 방법이 있으며, 정전기와 적외선은 관련이 없다.

**69** 감전에 의한 전격위험을 결정하는 주된 인자와 거리가 먼 것은?

① 통전저항  ② 통전전류의 크기
③ 통전경로  ④ 통전시간

> 해설 ▶ 전격위험을 결정하는 주된 인자
> 통전전류의 크기 > 통전시간 > 통전경로 > 전원의 종류(직류보다 교류가 위험)

**70** 페인트를 스프레이로 뿌려 도장작업을 하는 작업 중 발생할 수 있는 정전기 대전으로만 이루어진 것은?

① 분출대전, 충돌대전
② 충돌대전, 마찰대전
③ 유동대전, 충돌대전
④ 분출대전, 유동대전

> 해설 ▶ 정전기 대전
> • 분출대전 : 분체류, 액체류, 기체류가 단면적이 작은 분출구를 통해 공기 중으로 분출될 때 분출하는 물질과 분출구의 마찰로 인해 정전기가 발생되는 현상
> • 충돌대전 : 분체류와 같은 입자 상호 간이나 입자와 고체와의 충돌에 의해 빠른 접촉 또는 분리가 행하여짐으로써 정전기가 발생되는 현상

**71** 사업주가 금속의 용접 용단 또는 가열에 사용되는 가스 등의 용기를 취급하는 경우에 준수하여야 하는 사항으로 틀린 것은?

① 용기의 온도 섭씨 40[℃] 이하로 유지할 것
② 전도의 위험이 없도록 할 것
③ 밸브의 개폐는 빠르게 할 것
④ 용해 아세틸렌의 용기는 세워둘 것

67 ④  68 ③  69 ①  70 ①  71 ③

**해설** ▶ 용기취급 시 준수사항
- 용기의 온도를 40[℃] 이하로 유지할 것
- 전도의 위험이 없도록 할 것
- 충격을 가하지 아니하도록 할 것
- 운반할 때에는 캡을 씌울 것
- 사용할 때에는 용기의 마개에 부착되어 있는 유류 및 먼지를 제거할 것
- 밸브의 개폐는 서서히 할 것
- 사용 전 또는 사용 중인 용기와 그 외의 용기를 명확히 구별하여 보관할 것
- 용해 아세틸렌의 용기는 세워둘 것
- 용기의 부식, 마모 또는 변형상태를 점검한 후 사용할 것

**72** 다음 중 폭굉(detonation) 현상에 있어서 폭굉파의 진행 전면에 형성되는 것은?

① 증발열
② 충격파
③ 역화
④ 화염의 대류

**해설** 폭굉은 폭발하는 것으로 충격파가 먼저 형성된다.

**73** 다음 중 분진폭발의 가능성이 가장 낮은 물질은?

① 소맥분
② 마그네슘
③ 질석가루
④ 석탄

**해설** 질석가루는 불연성 물질이므로 분진폭발의 가능성이 가장 낮다.

**74** 전기기계·기구의 조작 부분을 점검하거나 보수하는 경우에는 근로자가 안전하게 작업할 수 있도록 전기기계·기구로부터 최소 몇 [cm] 이상의 작업공간 폭을 확보하여야 하는가? (단, 작업공간을 확보하는 것이 곤란하여 절연용 보호구를 착용하도록 한 경우 제외)

① 60[cm]
② 70[cm]
③ 80[cm]
④ 90[cm]

**해설** ▶ 전기기계·기구의 조작 시 등의 안전조치

「산업안전보건기준에 관한 규칙」제310조 제1항
사업주는 전기기계·기구의 조작 부분을 점검하거나 보수하는 경우에는 근로자가 안전하게 작업할 수 있도록 전기 기계·기구로부터 폭 70센티미터 이상의 작업공간을 확보하여야 한다. 다만, 작업공간을 확보하는 것이 곤란하여 근로자에게 절연용 보호구를 착용하도록 한 경우에는 그러하지 아니하다.

**75** 프로판($C_3H_8$)의 완전연소 조성농도는 약 몇 [vol%]인가?

① 4.02
② 4.19
③ 5.05
④ 5.19

**해설** ▶ 완전연소 조성농도 $C_{st}$

$$C_{st} = \frac{100}{1+4.773(n+\frac{m+f-2\lambda}{4})}$$

(n : 탄소, m : 수소, f : 할로겐원소, λ : 산소의 원자수)

$$C_{st} = \frac{100}{1+4.773(탄소수+\frac{수소}{4})}$$

$$C_{st} = \frac{100}{1+4.773(3+\frac{8}{4})} = 4.02$$

**정답** 72 ② 73 ③ 74 ② 75 ①

**76** LPG에 대한 설명으로 옳지 않은 것은?
① 강한 독성 가스로 분류된다.
② 질식의 우려가 있다.
③ 누설 시 인화, 폭발성이 있다.
④ 가스의 비중은 공기보다 크다.

**해설** LPG는 천연가스로 분류되어 있다.

**77** 다음 중 불연성 가스에 해당하는 것은?
① 프로판
② 탄산가스
③ 아세틸렌
④ 암모니아

**해설** ▶ **불연성 가스**
스스로 연소하지도 못하고 다른 물질을 연소시키는 성질도 갖지 않는 가스(질소·이산화탄소, 아르곤, 탄산가스 등)로, 산화성 물질은 불연성이다.

**78** 산업안전보건법령상 용해아세틸렌의 가스집합용접장치의 배관 및 부속기구에는 구리나 구리 함유량이 몇 퍼센트 이상인 합금을 사용할 수 없는가?
① 40
② 50
③ 60
④ 70

**해설** ▶ **구리의 사용제한**
「산업안전보건기준에 관한 규칙」 제294조
사업주는 용해아세틸렌의 가스집합용접장치의 배관 및 부속기구는 구리나 구리 함유량이 70퍼센트 이상인 합금을 사용해서는 아니 된다.

**79** 대기 중에 대량의 가연성 가스가 유출되거나 대량의 가연성 액체가 유출하여 그것으로부터 발생하는 증기가 공기와 혼합해서 가연성 혼합기체를 형성하고, 점화원에 의하여 발생하는 폭발을 무엇이라 하는가?
① UVCE
② BLEVE
③ Detonation
④ Boil over

**해설** UVCE(Unconfined Vapor Cloud Explosion) : 증기운 폭발

**80** 메탄($CH_4$) 100[mol]이 산소 중에서 완전연소하였다면 이때 소비된 산소량은 몇 [mol]인가?
① 50
② 100
③ 150
④ 200

**해설** 완전연소 반응식은 $CH_4 + 2O_2 \rightarrow CO_2 + 2H_2O$가 되므로, 소비된 산소량은 메탄의 2배인 200[mol]이 된다.

### 5과목 건설안전기술

**81** 산업안전보건 중 안전시설비의 항목에서 사용할 수 있는 항목에 해당하는 것은?
① 외부인 출입금지, 공사장 경계표시를 위한 가설 울타리
② 작업발판
③ 절토부 및 성토부 등의 토사유실 방지를 위한 설비
④ 사다리 전도방지장치

**해설** ▶ **안전시설비의 사용불가 내역**
- 외부인 출입금지, 공사장 경계표시를 위한 가설 울타리
- 각종 비계, 작업발판, 가설 계단 통로, 사다리
- 절도부 및 성토부 등의 토사유출 방지를 위한 설비

**정답** 76 ① 77 ② 78 ④ 79 ① 80 ④ 81 ④

**82** 포화도 80[%], 함수비 28[%], 흙 입자의 비중 2.7일 때 공극비를 구하면?

① 0.940
② 0.945
③ 0.950
④ 0.955

**해설** 공극비 = $\dfrac{\text{함수비} \times \text{비중}}{\text{포화도}}$

공극비 = $\dfrac{28 \times 2.7}{80}$ = 0.945

**83** 굴착면 붕괴의 원인과 가장 거리가 먼 것은?

① 사면경사의 증가
② 성토 높이의 감소
③ 공사에 의한 진동하중의 증가
④ 굴착높이의 증가

**해설** 성토(흙 쌓기) 높이의 감소는 붕괴원인과 거리가 멀다.

**84** 달비계에 사용이 불가한 와이어로프의 기준으로 옳지 않은 것은?

① 이음매가 없는 것
② 지름의 감소가 공칭지름의 7[%]를 초과하는 것
③ 심하게 변형되거나 부식된 것
④ 와이어로프의 한 꼬임에서 끊어진 소선(素線)의 수가 10[%] 이상인 것

**해설** **와이어로프의 사용제한 조건**
- 이음매가 있는 것
- 와이어로프의 한 꼬임(스트랜드)에서 끊어진 소선(필러선 제외)의 수가 10[%] 이상인 것
- 지름의 감소가 공칭지름의 7[%]를 초과하는 것
- 꼬인 것
- 심하게 변형되거나 부식된 것
- 열과 전기 충격에 의해 손상된 것

**85** 다음 건설기계 중 360도 회전작업이 불가능한 것은?

① 타워 크레인
② 크롤러 크레인
③ 가이데릭
④ 삼각데릭

**해설** **삼각데릭**
건설철골공사에 사용되는 건설기계장비의 하나로, 버팀지주 두 개로 주기둥과 버팀다리 하부를 삼각형의 틀에 연결해 고정하고 틀에 권취장치, 밸런스웨이트를 두어 클램쉘 버킷을 붙여 기초 터파기 또는 화물의 하역에 사용하는 장비이다.

**86** 흙막이 지보공을 설치하였을 때 붕괴 등의 위험방지를 위하여 정기적으로 점검하고, 이상 발견 시 즉시 보수하여야 하는 사항이 아닌 것은?

① 침하의 정도
② 버팀대의 긴압의 정도
③ 지형·지질 및 지층 상태
④ 부재의 손상·변형·변위 및 탈락의 유무와 상태

**해설** **점검사항**
- 부재의 손상·변형·부식·변위 및 탈락의 유무와 상태
- 버팀대의 긴압(緊壓)의 정도
- 부재의 접속부·부착부 및 교차부의 상태
- 침하의 정도

**87** 거푸집 동바리 조립도에 명시해야 할 사항과 거리가 가장 먼 것은?

① 작업 환경 조건
② 부재의 재질
③ 단면 규격
④ 설치 간격

**해설** 조립도에는 동바리·멍에 등 부재의 재질·단면 규격·설치 간격 및 이음방법 등을 명시하여야 한다.

**정답** 82 ② 83 ② 84 ① 85 ④ 86 ③ 87 ①

**88** 화물을 적재하는 경우 준수하여야 할 사항으로 옳지 않은 것은?

① 침하 우려가 없는 튼튼한 기반 위에 적재할 것
② 화물의 압력 정도와 관계없이 건물의 벽이나 칸막이 등을 이용하여 화물을 기대어 적재할 것
③ 하중이 한쪽으로 치우치지 않도록 쌓을 것
④ 불안정할 정도로 높이 쌓아 올리지 말 것

**해설** ▶ 화물의 적재

「산업안전보건기준에 관한 규칙」 제393조
1. 침하 우려가 없는 튼튼한 기반 위에 적재할 것
2. 건물의 칸막이나 벽 등이 화물의 압력에 견딜 만큼의 강도를 지니지 아니한 경우에는 칸막이나 벽에 기대어 적재하지 않도록 할 것
3. 불안정할 정도로 높이 쌓아 올리지 말 것
4. 하중이 한쪽으로 치우치지 않도록 쌓을 것

**89** 근로자의 추락 위험이 있는 장소에서 발생하는 추락재해의 원인으로 볼 수 없는 것은?

① 안전대를 부착하지 않았다.
② 덮개를 설치하지 않았다.
③ 투하설비를 설치하지 않았다.
④ 안전난간을 설치하지 않았다.

**해설** 투하설비는 낙하설비이므로 근로자의 추락과 관련이 없다.

**90** 거푸집 동바리 등을 조립하거나 해체하는 작업을 하는 경우에 준수해야 할 사항으로 옳지 않은 것은?

① 해당 작업을 하는 구역에는 관계 근로자가 아닌 사람의 출입을 금지할 것
② 비, 눈, 그 밖의 기상상태의 불안정으로 날씨가 몹시 나쁜 경우에는 그 작업을 중지할 것
③ 재료, 기구 또는 공구 등을 올리거나 내리는 경우에는 근로자 간 서로 직접 전달하도록 하고, 달줄·달포대 등의 사용을 금할 것
④ 낙하·충격에 의한 돌발적 재해를 방지하기 위하여 버팀목을 설치하고 거푸집 동바리 등을 인양장비에 매단 후에 작업을 하도록 하는 등 필요한 조치를 할 것

**해설** 재료, 기구 또는 공구 등을 올리거나 내리는 경우에는 근로자로 하여금 달줄·달포대 등을 사용하도록 할 것

**91** 근로자의 추락 등의 위험을 방지하기 위하여 안전난간을 설치하는 경우 안전난간은 구조적으로 가장 취약한 지점에서 가장 취약한 방향으로 작용하는 얼마 이상의 하중에 견딜 수 있는 튼튼한 구조이어야 하는가?

① 50[kg]
② 100[kg]
③ 150[kg]
④ 200[kg]

**해설** 안전난간은 구조적으로 가장 취약한 지점에서 가장 취약한 방향으로 작용하는 100킬로그램 이상의 하중에 견딜 수 있는 튼튼한 구조일 것

88 ② 89 ③ 90 ③ 91 ②

**92** 높이 2[m]를 초과하는 말비계를 조립하여 사용하는 경우 작업발판의 최소 폭 기준으로 옳은 것은?

① 20[cm]　　② 30[cm]
③ 40[cm]　　④ 50[cm]

> **해설** ▶ 말비계
>
> 「산업안전보건기준에 관한 규칙」 제67조
> 1. 지주부재(支柱部材)의 하단에는 미끄럼 방지장치를 하고, 근로자가 양측 끝부분에 올라서서 작업하지 않도록 할 것
> 2. 지주부재와 수평면의 기울기를 75도 이하로 하고, 지주부재와 지주부재 사이를 고정시키는 보조부재를 설치할 것
> 3. 말비계의 높이가 2미터를 초과하는 경우에는 작업발판의 폭을 40센티미터 이상으로 할 것

**93** 콘크리트용 거푸집의 재료에 해당되지 않는 것은?

① 철재　　② 목재
③ 석면　　④ 경금속

> **해설** 석면은 발암물질이므로 현재 사용이 금지되어 있다.
> ▶ 거푸집 재료
> • 철재
> • 목재
> • 알루미늄
> • 경금속

**94** 사다리식 통로 등을 설치하는 경우 발판과 벽과의 사이는 최소 얼마 이상의 간격을 유지하여야 하는가?

① 10[cm] 이상
② 15[cm] 이상
③ 20[cm] 이상
④ 25[cm] 이상

> **해설** ▶ 사다리식 통로 등의 구조
>
> 「산업안전보건기준에 관한 규칙」 제24조 제1항
> 1. 견고한 구조로 할 것
> 2. 심한 손상·부식 등이 없는 재료를 사용할 것
> 3. 발판의 간격은 일정하게 할 것
> 4. 발판과 벽과의 사이는 15센티미터 이상의 간격을 유지할 것
> 5. 폭은 30센티미터 이상으로 할 것
> 6. 사다리가 넘어지거나 미끄러지는 것을 방지하기 위한 조치를 할 것
> 7. 사다리의 상단은 걸쳐놓은 지점으로부터 60센티미터 이상 올라가도록 할 것
> 8. 사다리식 통로의 길이가 10미터 이상인 경우에는 5미터 이내마다 계단참을 설치할 것
> 9. 사다리식 통로의 기울기는 75도 이하로 할 것. 다만, 고정식 사다리식 통로의 기울기는 90도 이하로 하고, 그 높이가 7미터 이상인 경우에는 바닥으로부터 높이가 2.5미터 되는 지점부터 등받이울을 설치할 것
> 10. 접이식 사다리 기둥은 사용 시 접혀지거나 펼쳐지지 않도록 철물 등을 사용하여 견고하게 조치할 것

**95** 건설현장에서 근로자가 안전하게 통행할 수 있도록 통로에 설치하는 조명의 조도 기준은?

① 65럭스 이상
② 75럭스 이상
③ 85럭스 이상
④ 95럭스 이상

> **해설** ▶ 통로의 조명
> 근로자가 안전하게 통행할 수 있도록 통로에 75럭스 이상의 채광 또는 조명시설을 하여야 한다. 다만, 갱도 또는 상시 통행을 하지 아니하는 지하실 등을 통행하는 근로자에게 휴대용 조명기구를 사용하도록 한 경우에는 그러하지 아니하다.

**정답**　　92 ③　93 ③　94 ②　95 ②

**96** 다음은 산업안전보건법령에 따른 지붕 위에서의 위험 방지에 관한 사항이다. ( ) 안에 알맞은 것은?

> 슬레이트, 선라이트 등 강도가 약한 재료로 덮은 지붕 위에서 작업을 할 때에 발이 빠지는 등 근로자가 위험해질 우려가 있는 경우 폭 ( ) 센티미터 이상의 발판을 설치하거나 안전방망을 치는 등 근로자의 위험을 방지하기 위하여 필요한 조치를 하여야 한다.

① 20
② 25
③ 30
④ 40

**해설** ● 지붕 위에서의 위험 방지

「산업안전보건기준에 관한 규칙」 제45조 제1항 제3호
슬레이트 등 강도가 약한 재료로 덮은 지붕에는 폭 30센티미터 이상의 발판을 설치할 것

**97** 기상상태의 악화로 비계에서의 작업을 중지시킨 후 그 비계에서 작업을 다시 시작하기 전에 점검해야 할 사항에 해당하지 않는 것은?

① 기둥의 침하·변형·변위 또는 흔들림 상태
② 손잡이의 탈락 여부
③ 격벽의 설치 여부
④ 발판재료의 손상 여부 및 부착 또는 걸림 상태

**해설** ● 비계의 점검 및 보수

「산업안전보건기준에 관한 규칙」 제58조
1. 발판재료의 손상 여부 및 부착 또는 걸림 상태
2. 해당 비계의 연결부 또는 접속부의 풀림 상태
3. 연결 재료 및 연결 철물의 손상 또는 부식 상태
4. 손잡이의 탈락 여부
5. 기둥의 침하, 변형, 변위(變位) 또는 흔들림 상태
6. 로프의 부착 상태 및 매단 장치의 흔들림 상태

**98** 터널 지보공을 설치한 경우에 수시로 점검하여야 할 사항에 해당하지 않는 것은?

① 기둥침하의 유무 및 상태
② 부재의 긴압 정도
③ 매설물 등의 유무 또는 상태
④ 부재의 접속부 및 교차부의 상태

**해설** ● 터널 지보공을 설치한 경우 수시로 점검해야 할 사항
- 기둥침하의 유무 및 상태
- 부재의 긴압 정도
- 부재의 손상·변형·부식·변위 탈락의 유무 및 상태
- 부재의 접속부 및 교차부의 상태

**99** 강관을 사용하여 비계를 구성하는 경우의 준수사항으로 옳지 않은 것은?

① 비계기둥의 간격은 띠장 방향에서는 1.85[m] 이하로 할 것
② 비계기둥의 간격은 장선(長線) 방향에서는 1.0[m] 이하로 할 것
③ 띠장 간격은 2.0[m] 이하로 할 것
④ 비계기둥 간의 적재하중은 400[kg]을 초과하지 않도록 할 것

**해설** 비계기둥의 간격은 띠장 방향에서는 1.85[m] 이하, 장선(長線) 방향에서는 1.5[m] 이하로 할 것. 다만, 선박 및 보트 건조작업의 경우 안전성에 대한 구조검토를 실시하고 조립도를 작성하면 띠장 방향 및 장선 방향으로 각각 2.7[m] 이하로 할 수 있다.

96 ③   97 ③   98 ③   99 ②

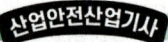

100 건설업 산업안전보건관리비 계상 및 사용기준을 적용하는 공사금액 기준을 적용하는 공사금액 기준으로 옳은 것은?

① 총공사금액 1천만원 이상인 공사
② 총공사금액 2천만원 이상인 공사
③ 총공사금액 4천만원 이상인 공사
④ 총공사금액 1억원 이상인 공사

**해설** ▶ 적용범위

「건설업 산업안전보건관리비 계상 및 사용기준」 제3조
[시행 2022.6.2.]
이 고시는 「산업안전보건법」 제2조 제11호의 건설공사 중 총공사금액 2천만원 이상인 공사에 적용한다. 다만, 다음 각 호의 어느 하나에 해당되는 공사 중 단가계약에 의하여 행하는 공사에 대하여는 총계약금액을 기준으로 적용한다.
1. 「전기공사업법」 제2조에 따른 전기공사로서 저압·고압 또는 특별고압 작업으로 이루어지는 공사
2. 「정보통신공사업법」 제2조에 따른 정보통신공사

정답  100 ②

# 2022년 제2회 기출 복원문제

## 1과목 산업안전관리론

**01** 하인리히의 재해구성비율에 따라 경상사고가 87건 발생하였다면 무상해사고는 몇 건이 발생하였겠는가?

① 300건　② 600건
③ 900건　④ 1,200건

해설 ▶ 하인리히의 법칙
1 : 29 : 300(사망·중상 : 경상 : 무상해사고)
여기서, 경상사고가 87건 발생하였으므로
3 : 87 : 900
따라서 무상해사고는 900건 발생하였다.

**02** 산업안전보건법령상 안전검사 유해/위험기계가 아닌 것은?

① 선반　② 리프트
③ 압력용기　④ 곤돌라

해설 ▶ 안전검사대상 기계 등
- 프레스
- 전단기
- 크레인(정격 하중이 2톤 미만인 것은 제외한다)
- 리프트
- 압력용기
- 곤돌라
- 국소 배기장치(이동식은 제외한다)
- 원심기(산업용만 해당한다)
- 롤러기(밀폐형 구조는 제외한다)
- 사출성형기[형 체결력(型 締結力) 294킬로뉴턴(KN) 미만은 제외한다]
- 고소작업대(자동차관리법 제3조 제3호 또는 제4호에 따른 화물자동차 또는 특수자동차에 탑재한 고소작업대로 한정한다)
- 컨베이어
- 산업용 로봇

**03** 산업안전보건법령상 안전보건표지의 종류와 형태 중 그림과 같은 경고 표지는? (단, 바탕은 무색, 기본모형은 빨간색, 그림은 검은색이다)

① 부식성 물질 경고
② 폭발성 물질 경고
③ 산화성 물질 경고
④ 인화성 물질 경고

해설 불 모양이 있으므로 인화성 물질에 대한 경고이다.

|  |  |  |
|---|---|---|
| 부식성 물질 경고 | 폭발성 물질 경고 | 산화성 물질 경고 |

**04** 사고의 간접원인이 아닌 것은?

① 물적 원인　② 정신적 원인
③ 관리적 원인　④ 신체적 원인

01 ③　02 ①　03 ④　04 ①

해설 ▶ 사고의 원인
1. 사고의 간접원인
   - 기술적 원인 : 건물, 기계장치의 설계불량, 구조, 재료의 부적합, 생산방법의 부적합, 점검, 정비, 보존 불량
   - 교육적 원인 : 안전지식의 부족, 안전수칙의 오해, 경험·훈련의 미숙, 작업 방법의 교육 불충분, 유해·위험 작업의 교육 불충분
   - 작업관리상의 원인 : 안전관리조직 결함, 안전수칙 미제정, 작업준비 불충분, 인원배치 부적당, 작업지시 부적당
2. 사고의 직접원인
   - 불안전한 행동 : 위험장소 접근, 안전장치의 기능 제거, 기계기구의 잘못 사용, 운전 중인 기계장치의 손질, 위험물 취급 부주의 등
   - 불안전한 상태 : 물 자체의 결함, 안전방호장치의 결함, 복장·보호구의 결함, 물의 배치 및 작업장소 결함, 생산공정의 결함

## 06 산업안전보건법령상 안전인증대상 기계·기구 등이 아닌 것은?

① 프레스
② 전단기
③ 롤러기
④ 산업용 원심기

해설 ▶ 안전인증대상 기계 등(시행령 제74조 제1항 제1호)
- 프레스
- 전단기 및 절곡기(折曲機)
- 크레인
- 리프트
- 압력용기
- 롤러기
- 사출성형기(射出成形機)
- 고소(高所)작업대
- 곤돌라

## 05 재해예방의 4원칙에 해당하지 않는 것은?

① 손실 연계의 원칙
② 대책 선정의 원칙
③ 예방 가능의 원칙
④ 원인 연계의 원칙

해설 ▶ 재해예방의 4원칙
- 예방 가능의 원칙 : 재해는 원인이 제거되면 예방이 가능함
- 손실 우연의 원칙 : 재해로 인해 생기는 상해는 사고대상에 따라 우연히 발생함
- 대책 선정의 원칙 : 사고원인에 따라 적합한 대책이 선정되어야 함(적합한 대책이 있음)
- 원인 연계의 원칙 : 재해는 직접·간접원인이 연계되어 일어남(원인의 연계가 재해의 계기가 됨)

## 07 착오의 요인 중 인지과정의 착오에 해당하지 않는 것은?

① 정서불안정
② 감각차단현상
③ 정보부족
④ 생리·심리적 능력의 한계

해설 ▶ 착오요인
- 인지과정 착오요인 : 감각차단현상, 정서불안정, 생리·심리적 한계
- 판단과정 착오요인 : 정보부족, 자기합리화, 자기과신, 능력부족
- 조작과정 착오요인 : 작업자의 기능 미숙, 작업경험부족, 피로
- 심리적 기타요인 : 불안·공포·과로·수면부족 등

정답  05 ①  06 ④  07 ③

**08** 토의법의 유형 중 다음에서 설명하는 것은?

> 교육과제에 정통한 전문가 4~5명이 피교육자 앞에서 자유로이 토의를 실시한 다음에 피교육자 전원이 참가하여 사회자의 사회에 따라 토의하는 방법

① 포럼(forum)
② 패널 디스커션(panel discussion)
③ 심포지엄(symposium)
④ 버즈 세션(buzz session)

**해설** ① 포럼(forum) : 제시된 과제에 대해서 2명의 전문가가 대화를 해서 토의를 위한 재료 내지 화제를 제공하여 청중이 그 문제에 대해 생각해 보도록 하는 것
② 패널 디스커션(panel discussion) : 교육과제에 정통한 전문가 4~5명이 피교육자 앞에서 자유로이 토의를 실시한 다음에 피교육자 전원이 참가하여 사회자의 사회에 따라 토의하는 방법
③ 심포지엄(symposium) : 여러 사람의 강연자가 하나의 주제에 대해서 각각 다른 입장에서 짧은 강연을 하고, 그 뒤부터 청중으로부터 질문이나 의견을 내어 넓은 시야에서 문제를 생각하고, 많은 사람들에 관심을 가지고, 결론을 이끌어 내려고 하는 집단토론방식
④ 버즈 세션(buzz session) : 집단의 구성원 모두가 적극적으로 참가하여 발언할 수 있도록 한 소집단 토의법. 미시간대학교의 J.D.필립스가 창안한 방법으로, 이를 응용한 학습을 버즈학습(buzz learning)이라 한다.

**09** 산업안전보건법령상 안전·보건표지의 색채, 색도기준 및 용도 중 다음 ( ) 안에 알맞은 것은?

| 색채 | 색도기준 | 용도 | 사용례 |
|---|---|---|---|
| ( ) | 5Y 8.5/12 | 경고 | 화학물질 취급장소에서의 유해·위험 경고 이외의 위험 경고, 주의표지 또는 기계방호물 |

① 파란색
② 노란색
③ 빨간색
④ 검은색

**해설** 안전·보건표지

| 색채 | 색도기준 | 용도 | 사용례 |
|---|---|---|---|
| 빨간색 | 7.5R 4/14 | 금지 | 정지신호, 소화설비 및 그 장소, 유해행위의 금지 |
| | | 경고 | 화학물질 취급장소에서의 유해·위험 경고 |
| 노란색 | 5Y 8.5/12 | 경고 | 화학물질 취급장소에서의 유해·위험 경고 이외의 위험 경고, 주의표지 또는 기계방호물 |
| 파란색 | 2.5PB 4/10 | 지시 | 특정 행위의 지시 및 사실의 고지 |
| 녹색 | 2.5G 4/10 | 안내 | 비상구 및 피난소, 사람 또는 차량의 통행표지 |
| 흰색 | N9.5 | | 파란색 또는 녹색에 대한 보조 색 |
| 검은색 | N0.5 | | 문자 및 빨간색 또는 노란색에 대한 보조 색 |

**10** 상황성 누발자의 재해유발원인과 거리가 먼 것은?

① 작업의 어려움
② 기계설비의 결함
③ 심신의 근심
④ 주의력의 산만

**해설** 주의력의 산만은 소질성 누발자와 관련이 있다.
- 상황성 누발자 : 작업이 어렵거나 기계, 설비에 결함이 있거나 주의력의 집중이 혼란된 경우 및 심신에 근심이 있는 경우에 재해를 일으키는 자
- 미숙성 누발자 : 기능의 미숙, 환경에 익숙하지 못하여 재해를 유발하는 자
- 습관성 누발자 : 재해의 경험에 의해 겁쟁이가 되거나 신경과민인 경우와 일종의 슬럼프 상태에 빠진 경우에 재해를 일으키는 자
- 소질성 누발자 : 개인적인 소질 가운데 재해요인의 소질을 가지고 있는 경우와 개인의 특수한 성격에 의해 재해를 일으키는 자

08 ② 09 ② 10 ④

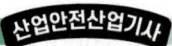

**11** 제조업자는 제조물의 결함으로 인하여 생명·신체 또는 재산에 손해를 입은 자에게 그 손해를 배상하여야 하는데 이를 무엇이라 하는가? (단, 당해 제조물에 대해서만 발생한 손해는 제외한다)

① 입증책임
② 담보책임
③ 연대책임
④ 제조물책임

해설 ▶ **제조물책임**
제조물의 결함으로 발생한 손해에 대한 제조업자 등의 손해배상책임을 규정함으로써 피해자 보호를 도모하고 국민생활의 안전 향상과 국민경제의 건전한 발전을 위하는 것이 제조물책임이다.

**12** 주의(attention)의 특성 중 여러 종류의 자극을 받을 때 소수의 특정한 것에만 반응하는 것은?

① 선택성
② 방향성
③ 단속성
④ 변동성

해설 ① 선택성 : 여러 종류의 자극을 수용하지 못함, 소수의 특정한 것만 집중
② 방향성 : 시선의 초점에 맞으면 쉽게 인지, 시선에서 벗어나면 무시되기 쉽다.
③ 단속성 : 고도의 주의는 장시간 집중이 곤란하다.
④ 변동성 : 언제나 일정한 수순을 지키지 못함

**13** 재해의 원인분석법 중 사고의 유형, 기인물 등 분류 항목을 큰 순서대로 도표화하여 문제나 목표의 이해가 편리한 것은?

① 관리도(control chart)
② 파레토도(pareto diagram)
③ 클로즈분석(close analysis)
④ 특성요인도(cause-reason diagram)

해설 ① 관리도 : 재해발생 건수 등의 추이를 파악하여, 목표관리를 행하는 데 필요한 월별 재해발생수를 그래프화하여 관리선을 설정 관리
② 파레토도 : 큰 순서대로 도표화
③ 클로즈분석 : 2개 이상의 문제 관계를 분석하는 데 사용
④ 특성요인도 : 특성(문제점)과 요인의 관계를 도표로 하여 세분화

**14** 안전모에 관한 내용으로 옳은 것은?

① 안전모의 종류는 안전모의 형태로 구분한다.
② 안전모의 종류는 안전모의 색상으로 구분한다.
③ A형 안전모 : 물체의 낙하, 비래에 의한 위험을 방지, 경감시키는 것으로 내전압성이다.
④ AE형 안전모 : 물체의 낙하, 비래에 의한 위험을 방지 또는 경감하고 머리 부위의 감전에 의한 위험을 방지하기 위한 것으로 내전압성이다.

해설 ▶ **안전모의 종류**
- AB종 : 낙물체의 낙하 또는 비래 및 추락에 의한 위험을 방지 또는 경감시키기 위한 것(낙하, 추락방지용)
- AE종 : 물체의 낙하 또는 비래에 의한 위험을 방지 또는 경감하고, 머리부위 감전에 의한 위험을 방지하기 위한 것(낙하, 감전방지용, 내전압성)
  ※ 내전압성이란 7,000[V] 이하의 전압에 견디는 것을 말한다.
- ABE종 : 물체의 낙하, 비래, 추락, 감전에 대한 위험의 방지 또는 경감(다목적용)

정답  11 ④  12 ①  13 ②  14 ④

**15** 추락 및 감전 위험방지용 안전모의 난연성 시험 성능기준 중 모체가 불꽃을 내며 최소 몇 초 이상 연소되지 않아야 하는가?

① 3
② 5
③ 7
④ 10

해설 금속용융물의 방출을 정지한 후 5초 이상 불꽃을 내며 연소되지 않을 것

**16** 「산업안전보건법」상 고용노동부장관이 산업재해 예방을 위하여 종합적인 개선조치를 할 필요가 있다고 인정할 때에 안전보건개선계획의 수립·시행을 명할 수 있는 대상 사업장이 아닌 것은?

① 산업재해율이 같은 업종 평균 산업재해율의 2배 이상인 사업장
② 직업병에 걸린 사람이 연간 2명 이상(상시 근로자 1천명 이상 사업자의 경우 3명 이상) 발생한 사업장
③ 작업환경 불량, 화재·폭발 또는 누출사고 등으로 사회적 물의를 일으킨 사업장
④ 경미한 재해가 다발로 발생한 사업장

해설 ● 안전보건개선계획 수립·시행대상 사업장

「산업안전보건법」 제49조 제1항 및 시행령 제50조
1. 산업재해율이 같은 업종의 규모별 평균 산업재해율보다 높은 사업장
2. 사업주가 필요한 안전조치 또는 보건조치를 이행하지 아니하여 중대재해가 발생한 사업장
3. 직업성 질병자가 연간 2명 이상 발생한 사업장
4. 유해인자의 노출기준을 초과한 사업장

※ 평균보다 높으면, 중대재해 발생하면, 직업성 질병자 2명 이상, 노출기준 초과하면 개선계획

● 안전보건진단을 받아 안전보건개선계획을 수립할 대상

「산업안전보건법 시행령」 제49조
1. 산업재해율이 같은 업종 평균 산업재해율의 2배 이상인 사업장
2. 법 제49조 제1항 제2호에 해당하는 사업장
3. 직업성 질병자가 연간 2명 이상(상시 근로자 1천명 이상 사업장의 경우 3명 이상) 발생한 사업장
4. 그 밖에 작업환경 불량, 화재·폭발 또는 누출 사고 등으로 사업장 주변까지 피해가 확산된 사업장으로서 고용노동부령으로 정하는 사업장

**17** 누전차단장치 등과 같은 안전장치를 정해진 순서에 따라 작동시키고 동작상황의 양부를 확인하는 점검은?

① 외관점검
② 작동점검
③ 기술점검
④ 종합점검

해설 ① 외관점검 : 외관을 점검
② 작동점검 : 작동을 점검
③ 기술점검 : 기술적 점검
④ 종합점검 : 종합적 점검

**18** 안전교육 계획 수립 시 고려하여야 할 사항과 관계가 가장 먼 것은?

① 필요한 정보를 수집한다.
② 현장의 의견을 충분히 반영한다.
③ 법 규정에 의한 교육에 한정한다.
④ 안전교육 시행체계와의 관련을 고려한다.

해설 안전교육 계획 수립 시는 다양한 검토 및 고려가 필요하며, 법 규정과 그 이상의 교육계획도 포함된다.

**19** 지난 한 해 동안 산업재해로 인하여 직접손실비용이 3조 1,600억원이 발생한 경우의 총재해 코스트는? (단, 하인리히의 재해손실비 평가방식을 적용한다)

① 6조 3,200억원
② 9조 4,800억원
③ 12조 6,400억원
④ 15조 8,000억원

**해설** ▶ 하인리히의 재해손실비
　직접비 : 간접비＝1 : 4
　제시된 직접비가 3조 1,600억원이므로, 직접비의 4배인 간접비는 12조 6,400억원이다.
　총재해 코스트는 직접비와 간접비의 합이므로,
　3조 1,600억원＋12조 6,400억원＝15조 8,000억원

**20** 위험예지훈련 4R 방식 중 각 라운드(Round)별 내용 연결이 옳은 것은?

① 1R – 목표설정
② 2R – 본질추구
③ 3R – 현상파악
④ 4R – 대책수립

**해설** ▶ 위험예지훈련 4라운드
• 1라운드 : 현상파악
• 2라운드 : 본질추구
• 3라운드 : 대책수립
• 4라운드 : 목표수립

## 2과목 인간공학 및 시스템안전공학

**21** 체계분석 및 설계에 있어서 인간공학의 가치와 가장 거리가 먼 것은?

① 성능의 향상
② 인력이용률의 감소
③ 사용자의 수용도 향상
④ 사고 및 오용으로부터의 손실 감소

**해설** ▶ 체계의 설계에 있어서 인간공학의 가치
• 적절한 배경
• 적절한 장비
• 적절한 환경
• 적절한 직무
• 훈련비용의 절감
• 인력이용률의 향상
• 사고 및 오용으로부터의 손실 감소
• 생산 및 정비 유지의 경제성 증대

**22** 그림과 같은 시스템의 신뢰도로 옳은 것은? (단, 그림의 숫자는 각 부품의 신뢰도이다)

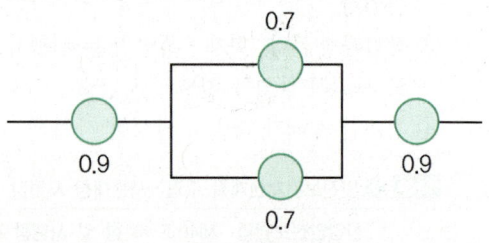

① 0.6261
② 0.7371
③ 0.8481
④ 0.9591

**해설** ▶ 시스템의 신뢰도
㉠ 직렬 : $R_s = r_1 \times r_2 = 0.9 \times 0.9$
㉡ 병렬 : $R_p = 1-(1-r_1)(1-r_2)$
　　　　　$= 1-(1-0.7)(1-0.7)$
㉢ 직렬×병렬＝0.7371

**23** 사람의 감각기관 중 반응속도가 가장 느린 것은?
① 청각　　② 시각
③ 미각　　④ 촉각

해설 ▶ 감각기관의 반응속도

| 청각 | 촉각 | 시각 | 미각 | 통각 |
|---|---|---|---|---|
| 0.17초 | 0.18초 | 0.20초 | 0.29초 | 0.70초 |

**24** 검사공정의 작업자가 제품의 완성도에 대한 검사를 하고 있다. 어느 날 10,000개의 제품에 대한 검사를 실시하여 200개의 부적합품을 발견하였으나 이 로드에는 실제로 500개의 부적합품이 있었다. 이때 인간과오확률(Human Error Provability)은 얼마인가?
① 0.02　　② 0.03
③ 0.04　　④ 0.05

해설 HEP = 인간의 실수 수 / 전체 실수발생 기회의 수

HEP = $\frac{500-200}{10,000}$ = 0.03

**25** 반복적 노출에 따라 민감성이 가장 쉽게 떨어지는 표시장치는?
① 시각 표시장치
② 청각 표시장치
③ 촉각 표시장치
④ 후각 표시장치

해설 후각 표시장치 : 신체에서 후각이 제일 빨리 적응하고 둔해짐이 빠르다.

**26** 인간의 기대하는 바와 자극 또는 반응들이 일치하는 관계를 무엇이라 하는가?
① 관련성　　② 반응성
③ 양립성　　④ 자극성

해설 양립성 : 자극과 반응의 관계가 인간의 기대와 모순되지 않는 예전의 성질

**27** 환경요소의 조합에 의해서 부과되는 스트레스나 노출로 인해서 개인에 유발되는 긴장(strain)을 나타내는 환경요소 복합지수가 아닌 것은?
① 카타온도(kata temperature)
② Oxford 지수(wet-dry index)
③ 실효온도(effective temperature)
④ 열 스트레스 지수(heat stress index)

해설 ① 카타온도 : 덥거나 춥다고 느끼는 체감의 정도를 나타내는 체감온도라고도 하며, 38[℃]에서 35[℃]까지 내려가는 시간을 재서 구한다.
② Oxford 지수 : 습구건구지수로 습구온도와 건구온도의 단순가중치
③ 실효온도 : 체감온도
④ 열 스트레스 지수 : 스트레스 지수

**28** 점광원(point source)에서 표면에 비추는 조도(lux)의 크기를 나타내는 식으로 옳은 것은? (단, D는 광원으로부터의 거리를 말한다)

① $\frac{광도(fc)}{D^2(m^2)}$　　② $\frac{광도(lm)}{D(m)}$

③ $\frac{광도(cd)}{D^2(m^2)}$　　④ $\frac{광도(fL)}{D(m)}$

해설 조도 = $\frac{광도}{거리^2}$
거리 = D, 광도 = cd(칸델라)

정답　23 ③　24 ②　25 ④　26 ③　27 ①　28 ③

**29** 정보전달용 표시장치에서 청각적 표현이 좋은 경우가 아닌 것은?

① 메시지가 복잡하다.
② 시각장치가 지나치게 많다.
③ 즉각적인 행동이 요구된다.
④ 메시지가 그때의 사건을 다룬다.

> **해설** ◉ 정보전달 시 청각적 표현이 좋은 경우
> - 전언이 간단하다.
> - 전언이 짧다.
> - 전언이 후에 재참조되지 않는다.
> - 전언이 시간적 사상을 다룬다.
> - 전언이 즉각적인 행동을 요구한다(긴급할 때).
> - 수신장소가 너무 밝거나 암조응유지가 필요시
> - 직무상 수신자가 자주 움직일 때
> - 수신자가 시각계통이 과부하 상태일 때

**30** 다음의 설명에서 ( ) 안의 내용을 맞게 나열한 것은?

> 40phon은 ( ㉠ )sone을 나타내며, 이는 ( ㉡ )[dB] 의 ( ㉢ )[Hz] 순음의 크기를 나타낸다.

① ㉠ 1, ㉡ 40, ㉢ 1,000
② ㉠ 1, ㉡ 32, ㉢ 1,000
③ ㉠ 2, ㉡ 40, ㉢ 2,000
④ ㉠ 2, ㉡ 32, ㉢ 2,000

| 해설 | |
|---|---|
| phon의 음량 수준 | • 정량적 평가를 위한 음량 수준 척도<br>• 어떤 음의 phon 값으로 표시한 음량 수준은 이 음과 같은 크기로 들리는 1,000[Hz] 순음의 음압 수준[dB] |
| sone에 의한 음량 | • 다른 음의 상대적인 주관적 크기 비교<br>• 40[dB]의 1,000[Hz] 순음의 크기(=40 phon)가 1sone<br>• 기준 음보다 10배 크게 들리는 음은 10sone 의 음량 |

**31** 인터페이스 설계 시 고려해야 하는 인간과 기계와의 조화성에 해당되지 않는 것은?

① 지적 조화성  ② 신체적 조화성
③ 감성적 조화성  ④ 심미적 조화성

> **해설** ◉ 인간-기계 조화성 3가지
> - 신체적 조화성
> - 지적 조화성
> - 감성적 조화성

**32** 좌식 평면 작업대에서의 최대 작업영역에 관한 설명으로 맞는 것은?

① 각 손의 정상작업영역 경계선이 작업자의 정면에서 교차되는 공통영역
② 윗팔과 손목을 중립자세로 유지한 채 손으로 원을 그릴 때, 부채꼴 원호의 내부 영역
③ 어깨로부터 팔을 펴서 어깨를 축으로 하여 수평면상에 원을 그릴 때, 부채꼴 원호의 내부 지역
④ 자연스러운 자세로 윗팔을 몸통에 붙인 채 손으로 수평면상에 원을 그릴 때, 부채꼴 원호의 내부 지역

> **해설** ◉ 좌식 평면 작업대의 최대 작업영역
> 전완과 상완을 곧게 펴서 파악할 수 있는 구역 (55~65[cm])

**33** 작업기억(working memory)에서 일어나는 정보 코드화에 속하지 않는 것은?

① 의미 코드화  ② 음성 코드화
③ 시각 코드화  ④ 다차원 코드화

> **해설** ◉ 작업기억에서 발생하는 정보코드화
> 의미 코드화, 음성 코드화, 시각 코드화, 단일차원 코드화

**정답** 29 ①  30 ①  31 ④  32 ③  33 ④

**34** 인간-기계 체계에서 인간의 과오에 기인된 원인 확률을 분석하여 위험성의 예측과 개선을 위한 평가기법은?

① PHA
② FMEA
③ THERP
④ MORT

> 해설 ① PHA : 예비사고분석
> ② FMEA : 고장형태와 영향분석
> ③ THERP : 휴먼에러확률 예측 기법(Technique for Human Error Rate Prediction)
> ④ MORT : 관리감독위험나무분석

**35** NIOSH의 연구에 기초하여, 목과 어깨 부위의 근골격계 질환 발생과 인과관계가 가장 적은 위험요인은?

① 진동
② 반복 작업
③ 과도한 힘
④ 작업 자세

> 해설 ▶ 근골격계 질환 발생원인
> • 부적절한 자세
> • 무리한 힘의 사용
> • 과도한 반복작업
> • 연속작업(비휴식)
> • 낮은 온도 등

**36** 작업장에서 구성요소를 배치하는 인간공학적 원칙과 가장 거리가 먼 것은?

① 중요도의 원칙
② 선입선출의 원칙
③ 기능성의 원칙
④ 사용빈도의 원칙

> 해설 ▶ 부품 배치 원칙
> • 중요성의 원칙
> • 사용빈도의 원칙
> • 기능성의 원칙
> • 사용순서의 원칙

**37** 예비위험분석(PHA)에 대한 설명으로 옳은 것은?

① 관련된 과거 안전점검 결과의 조사에 적절하다.
② 안전관련 법규 조항의 준수를 위한 조사방법이다.
③ 시스템 고유의 위험성을 파악하고 예상되는 재해의 위험 수준을 결정한다.
④ 초기 단계에서 시스템 내의 위험요소가 어떠한 위험상태에 있는가를 정성적으로 평가하는 것이다.

> 해설 예비위험분석은 본격적인 위험성 분석을 수행하기 위한 준비단계에서의 위험성 분석을 의미하므로 초기단계에서 정성적으로 평가한다.

**38** 기능식 생산에서 유연생산시스템 설비의 가장 적합한 배치는?

① 합류(Y)형 배치
② 유자(U)형 배치
③ 일자(一)형 배치
④ 복수라인(二)형 배치

> 해설 작업장 내부에서 작업자를 추가 투입하거나 감소시켜 유연성을 발휘할 수 있는 배치구조는 U자형 배치구조이다.

정답  34 ③  35 ①  36 ②  37 ④  38 ②

**39** 화학 설비의 안전성을 평가하는 방법 5단계 중 제3단계에 해당하는 것은?

① 안전대책  ② 정량적 평가
③ 관계자료  ④ 정성적 평가

해설 ▶ 안정성평가 6단계
- 1단계 : 관계자료 정비검토
- 2단계 : 정성적 평가
- 3단계 : 정량적 평가
- 4단계 : 안전대책 수립
- 5단계 : 재해사례에 의한 평가
- 6단계 : FTA에 의한 재평가

**40** 윤활관리시스템에서 준수해야 하는 4가지 원칙이 아닌 것은?

① 적정량 준수
② 다양한 윤활제의 혼합
③ 올바른 윤활법의 선택
④ 윤활기간의 올바른 준수

해설 윤활제마다 성분이 조금씩 다르기 때문에, 다른 브랜드의 윤활제가 다양하게 혼용된다면 설비에 심각한 문제가 발생할 수 있다.

### 3과목 기계위험방지기술

**41** 대패기계용 덮개의 시험방법에서 날접촉 예방장치인 덮개와 송급 테이블 면과의 간격기준은 몇 [mm] 이하여야 하는가?

① 3   ② 5
③ 8   ④ 12

해설 덮개와 송급 테이블 면과의 간격기준은 8[mm]이다. 프레스의 노 핸드 인 다이 방식도 같은 8[mm]이다.

**42** 다음 중 연삭기의 종류가 아닌 것은?

① 다두연삭기
② 원통연삭기
③ 센터리스연삭기
④ 만능연삭기

해설 제품 외부 및 내부를 정밀하게 연삭할 목적으로 제작된 대형기계로 만능연삭기, 원통연삭기, 평면연삭기, 센터리스연삭기, 내면연삭기, 나사연삭기, 기어연삭기 등을 말한다.

**43** 보일러의 안전한 가동을 위하여 압력방출장치를 2개 설치한 경우에 작동방법으로 옳은 것은?

① 최고 사용압력 이하에서 2개가 동시작동
② 최고 사용압력 이하에서 1개가 작동되고, 다른 것은 최고 사용압력 1.05배 이하에서 작동
③ 최고 사용압력 이하에서 1개가 작동되고, 다른 것은 최고 사용압력 1.1배 이하에서 작동
④ 최고 사용압력의 1.1배 이하에서 2개가 동시작동

해설 ▶ 보일러 압력방출장치 설치 시 작동방법
- 보일러 규격에 적합한 압력방출장치를 최고 사용압력 이하에서 작동되도록 1개 또는 2개 이상 설치
- 2개 이상 설치된 경우 최고 사용압력 이하에서 1개가 작동되고, 다른 압력방출장치는 최고 사용압력 1.05배 이하에서 작동되도록 부착
- 1년에 1회 이상 토출압력시험 후 납으로 봉인(공정안전관리 이행수준 평가결과가 우수한 사업장은 4년에 1회 이상 토출압력시험 실시)
- 스프링식, 중추식, 지렛대식(일반적으로 스프링식 안전밸브가 많이 사용)

정답  39 ②  40 ②  41 ③  42 ①  43 ②

**44** 보일러의 방호장치로 적절하지 않은 것은?

① 압력방출장치
② 과부하방지장치
③ 압력제한 스위치
④ 고저수위 조절장치

> **해설** ▶ 보일러의 방호장치
> • 압력방출장치
> • 압력제한 스위치
> • 고저수위 조절장치
> • 화염검출기

**45** 다음 중 선반(lathe)의 방호장치에 해당하는 것은?

① 슬라이드(slide)
② 심압대(tail stock)
③ 주축대(head stock)
④ 척 가드(chuck guard)

> **해설** 선반의 방호장치는 쉴드, 칩 브레이커, 척 커버(척 가드), 브레이크이다.

**46** 연삭숫돌을 사용하는 작업 시 해당 기계의 이상 유무를 확인하기 위한 시험운전시간으로 옳은 것은?

① 작업 시작 전 30초 이상, 연삭숫돌 교체 후 5분 이상
② 작업 시작 전 30초 이상, 연삭숫돌 교체 후 3분 이상
③ 작업 시작 전 1분 이상, 연삭숫돌 교체 후 5분 이상
④ 작업 시작 전 1분 이상, 연삭숫돌 교체 후 3분 이상

> **해설** 작업 시작하기 전 1분 이상, 연삭숫돌을 교체한 후 3분 이상 시운전(숫돌파열이 가장 많이 발생하는 경우는 스위치를 넣는 순간)

**47** 다음 중 산소-아세틸렌 가스용접 시 역화의 원인과 가장 거리가 먼 것은?

① 토치의 과열
② 토치 팁의 이물질
③ 산소공급의 부족
④ 압력조정기의 고장

> **해설** ▶ **역화** : 팁 끝이 모재에 닿아 순간적으로 팁 끝이 막히거나 팁의 과열, 사용 가스의 압력이 부적당할 때 팁 속에서 폭발음이 나며 불꽃이 꺼졌다가 다시 나타나는 현상으로 산소공급 과잉의 경우 발생한다.

**48** 공작기계인 밀링작업의 안전사항이 아닌 것은?

① 사용 전에는 기계・기구를 점검하고 시운전을 한다.
② 칩을 제거할 때는 칩 브레이커로 제거한다.
③ 회전하는 커터에 손을 대지 않는다.
④ 커터의 제거 설치 시에는 반드시 스위치를 차단하고 한다.

> **해설** 칩 브레이커는 칩이 길게 나오면 그것을 짧게 잘라주는 도구이므로, 선반 작업 시의 내용이다.

**49** 작업자의 신체움직임을 감지하여 프레스의 작동을 급정지시키는 광전자식 안전장치를 부착한 프레스가 있다. 안전거리가 32[cm]라면 급정지에 소요되는 시간은 최대 몇 초 이내이어야 하는가? (단, 급정지에 소요되는 시간은 손이 광선을 차단한 순간부터 급정지기구가 작동하여 하강하는 슬라이드가 정지할 때까지의 시간을 의미한다)

① 0.1초
② 0.2초
③ 0.5초
④ 1초

**정답** 44 ② 45 ④ 46 ④ 47 ③ 48 ② 49 ②

해설 ▶ 광전자식 안전장치의 안전거리
- 안전거리[mm] = 1,600 × 급정지 소요시간[초]
- 320[mm] = 1,600 × 급정지 소요시간
- 급정지 소요시간 = $\frac{320}{1,600}$ = 0.2초

해설 숫돌의 원주속도(V)[m/분] = πDn
D : 숫돌의 직경[m], n : 회전수[rpm]
V = (3.14×10×1,000)/1,000
(mm를 m로 변환하고자 1,000을 나눔)
V = 31.4

**50** 드릴 작업의 안전조치 사항으로 틀린 것은?
① 칩은 와이어 브러시로 제거한다.
② 드릴 작업에서는 보안경을 쓰거나 안전덮개를 설치한다.
③ 칩에 의한 자상을 방지하기 위해 면장갑을 착용한다.
④ 바이스 등을 사용하여 작업 중 공작물의 유동을 방지한다.

해설 ▶ 드릴 작업 시 안전조치
- 상의의 옷자락은 안으로 넣는다. 소매 자락을 묶을 때는 끈을 사용하지 않는다.
- 칩을 떨어낼 경우에는 브러시로 하며 맨손 또는 면장갑을 착용한 채로 털지 않는다. 특히 스핀들 내면 청소 시 기계를 세우고 브러시, 천을 씌운 막대를 사용한다.
- 칩 비산 시에는 보안경을 쓰고 방호판을 설치하여 사용한다.
- 회전 중에 가공품을 직접 만지지 않는다.
- 가공물의 설치는 반드시 스위치를 차단하여 운전정지 후 바이트를 충분히 뗀 다음에 한다.
- 선반 돌리개는 적당한 크기를 선택하고 심압대 스핀들이 지나치게 나오지 않도록 한다.
- 공작물의 설치가 끝나면 척, 렌치류는 곧 떼어 놓는다.
- 편심된 가공물의 설치 시에는 균형추를 부착시킨다.

**51** 드릴링 머신의 드릴지름이 10[mm]이고, 드릴회전수가 1,000[rpm]일 때 원주속도는 약 얼마인가?
① 3.14[m/min]  ② 6.28[m/min]
③ 31.4[m/min]  ④ 62.8[m/min]

**52** 다음 중 프레스에 사용되는 광전자식 방호장치의 일반구조에 관한 설명으로 틀린 것은?
① 방호장치의 감지기능은 규정한 검출영역 전체에 걸쳐 유효하여야 한다.
② 슬라이드 하강 중 정전 또는 방호장치의 이상 시에는 1회 동작 후 정지할 수 있는 구조이어야 한다.
③ 정상동작 표시램프는 녹색, 위험 표시램프는 붉은색으로 하며, 쉽게 근로자가 볼 수 있는 곳에 설치해야 한다.
④ 방호장치의 정상작동 중에 감지가 이루어지거나 공급전원이 중단되는 경우 적어도 두 개 이상의 독립된 출력신호 개폐장치가 꺼진 상태로 돼야 한다.

해설 ▶ 광전자식 방호장치
작업자 신체의 일부가 위험구역 내에 접근 시 센서에 의해 감지되고 동력전달장치로 전달되어 작동하던 슬라이드를 즉시 급정지시키는 장치이다.

**53** 산업안전보건법령상 크레인의 방호장치에 해당하지 않는 것은?
① 권과방지장치
② 낙하방지장치
③ 비상정지장치
④ 과부하방지장치

정답  50 ③  51 ③  52 ②  53 ②

> **해설** ▶ 크레인의 방호장치
> - 과부하방지장치 : 크레인으로 하물을 권상 시 최대 허용하중 이상이 되면 과적재를 알리면서 자동으로 운반 작업을 중단시켜 과적에 의한 사고를 예방
> - 권과방지장치 : 크레인으로 권상 작업 시 훅이 과도하게 올라가 트롤리 프레임 또는 호이스트 드럼에 부딪쳐 와이어로프 파단으로 인한 화물의 추락을 방지
> - 비상정지장치 : 크레인 작동 중 이상 상태 발생 시 급정지시킬 수 있는 장치
> - 충돌방지장치 : 동일한 주행로상에 2대 이상의 크레인이 설치되는 경우
> - 훅해지장치 : 줄걸이 용구인 와이어로프 슬링 또는 체인, 섬유벨트 슬링 등을 훅에 걸고 작업 시 이탈하지 않도록 방지

## 54 사고 체인의 5요소에 해당하지 않는 것은?

① 함정(trap)
② 충격(impact)
③ 접촉(contact)
④ 결함(flaw)

> **해설** ▶ 사고 체인의 5요소
> 함정, 충격, 접촉, 튀어나옴, 얽힘

## 55 프레스의 방호장치 중 확동식 클러치가 적용된 프레스에 한해서만 적용 가능한 방호장치로만 나열된 것은? (단, 방호장치는 한 가지 종류만 사용한다고 가정한다)

① 광전자식, 수인식
② 양수조작식, 손쳐내기식
③ 광전자식, 양수조작식
④ 손쳐내기식, 수인식

> **해설** ▶ 프레스 방호장치
> - 프레스는 확동식(=핀클러치), 마찰식으로 구성
> - 확동식은 급정지기능이 없고, 마찰식은 급정지기능이 있음.
> - 프레스 방호장치 중 급정지기능이 있는 것은 광전자식과 양수조작식
> - 급정지기능이 없는 방호장치는 손쳐내기식, 수인식

## 56 산소-아세틸렌가스 용접에서 산소 용기의 취급 시 주의사항으로 틀린 것은?

① 산소 용기의 운반 시 밸브를 닫고 캡을 씌워서 이동할 것
② 기름이 묻은 손이나 장갑을 끼고 취급하지 말 것
③ 원활한 산소 공급을 위하여 산소 용기는 눕혀서 사용할 것
④ 통풍이 잘되고 직사광선이 없는 곳에 보관할 것

> **해설** 산소 용기와 아세틸렌 용기 모두 세워서 작업한다.

## 57 선반 등으로부터 돌출하여 회전하고 있는 가공물에 설치할 방호장치는?

① 클러치
② 울
③ 슬리브
④ 베드

> **해설** ▶ 기계안전의 일반적 안전사항
> 선반 등으로부터 돌출하여 회전하고 있는 가공물이 근로자에게 위험을 미칠 우려가 있는 경우에 덮개 또는 울 등을 설치하여야 한다.

54 ④  55 ④  56 ③  57 ②

**58** 산업안전보건법령에 따라 컨베이어의 작업 시작 전 점검사항 중 틀린 것은?

① 원동기 및 풀리 기능의 이상 유무
② 이탈 등의 방지장치 기능의 이상 유무
③ 과부하방지장치 기능의 이상 유무
④ 원동기, 회전축, 기어 및 풀리 등의 덮개 또는 울 등의 이상 유무

> **해설** ▶ 컨베이어의 작업 시작 전 점검사항
> • 원동기 및 풀리(pulley) 기능의 이상 유무
> • 이탈 등의 방지장치 기능의 이상 유무
> • 비상정지장치 기능의 이상 유무
> • 원동기·회전축·기어 및 풀리 등의 덮개 또는 울 등의 이상 유무

**59** 지게차의 안전장치에 해당하지 않는 것은?

① 후사경
② 헤드가드
③ 백 레스트
④ 권과방지장치

> **해설** ▶ 지게차의 안전장치
> 후사경, 헤드가드, 백 레스트, 전조등, 브레이크, 안전벨트

**60** 보일러수에 유지류, 고형물 등의 부유물로 인한 거품이 발생하여 수위를 판단하지 못하는 현상은?

① 프라이밍(priming)
② 캐리오버(carry over)
③ 포밍(foaming)
④ 워터해머(water hammer)

**해설**

| 구분 | 현상 |
|---|---|
| 프라이밍 (priming) | 보일러의 과부하로 보일러수가 극심하게 끓어서 수면에서 계속하여 물방울이 비산하고 증기가 물방울로 충만하여 수위가 불안정하게 되는 현상 |
| 포밍 (forming) | 보일러수에 불순물이 많이 포함되었을 경우 보일러수의 비등과 함께 수면부위에 거품층을 형상하여 수위가 불안정하게 되는 현상 |
| 캐리오버 (carry over) | • 보일러에서 증기관쪽에 보내는 증기에 대량의 물방울이 포함되는 경우로 프라이밍이나 포밍이 생기면 필연적으로 발생<br>• 캐리오버는 과열기 또는 터빈 날개에 불순물을 퇴적시켜 부식 또는 과열의 원인이 된다.<br>• 워터해머의 원인이 된다. |
| 워터해머 (water hammer) | • 증기관 내에서 증기를 보내기 시작할 때 해머로 치는 듯한 소리를 내며 관이 진동하는 현상<br>• 워터해머는 캐리오버에 기인한다. |

## 4과목 전기 및 화학설비위험방지기술

**61** 인체저항을 5,000[Ω]으로 가정하면 심실세동을 일으키는 전류에서의 전기에너지는? (단, 심실세동전류는 $\frac{165}{\sqrt{T}}$ (mA)이며 통전시간 T는 1초이고 전원은 교류정현파이다)

① 33J   ② 130J
③ 136J  ④ 142J

> **해설** $Q = I^2RT(J)$
> $I = \frac{165}{\sqrt{T}}$ (mA) $= \frac{165}{1} = 165$(mA)
> $= 0.165$(A)
> 전기에너지(J) $= I^2 \times RT$
> $= (0.165)^2 \times 5,000 \times 1$초
> $= 136.125$J

58 ③  59 ④  60 ③  61 ③

**62** 활선작업 시 사용하는 안전장구가 아닌 것은?

① 절연용 보호구
② 절연용 방호구
③ 활선작업용 기구
④ 절연저항 측정기구

> **해설** ▶ 활선작업 시 안전장구
> 절연용 보호구, 절연용 방호구, 활선작업용 기구, 활선작업용 장치이다.

**63** 이온생성 방법에 따라 정전기 제전기의 종류가 아닌 것은?

① 고전압인가식
② 접지제어식
③ 자기방전식
④ 방사선식

> **해설** ▶ 제전기의 종류
> • 전압인가식(코로나 방식)
> • 자기방전식
> • 이온식(방사선식)

**64** 누설전류로 인해 화재가 발생될 수 있는 누전화재의 3요소에 해당하지 않는 것은?

① 누전점
② 인입점
③ 접지점
④ 출화점

> **해설** ▶ 누전화재라는 것을 입증하기 위한 요건
> • 누전점 : 전류의 유입점
> • 발화점 : 발화된 장소
> • 접지점 : 확실한 접지점의 위치 및 저항치의 적정성

**65** 전폐형 방폭구조가 아닌 것은?

① 압력 방폭구조
② 내압 방폭구조
③ 유입 방폭구조
④ 안전증 방폭구조

> **해설** 전폐형은 용기에 넣은 것으로 용기와 관련된 압력, 내압, 유입의 방폭구조이다.
> 안전증 방폭구조는 점화원의 발생을 방지하기 위해 기계적·전기적 구조상에서 온도상승에 대해 안전도를 증강시킨 구조이다.

**66** 다음 중 통전경로별 위험도가 가장 높은 경로는?

① 왼손 - 등
② 오른손 - 가슴
③ 왼손 - 가슴
④ 오른손 - 양발

> **해설** ▶ 통전경로별 위험도
>
> | 통전경로 | 위험도 |
> |---|---|
> | 왼손·가슴 | 1.5 |
> | 오른손·가슴 | 1.3 |
> | 왼손·한발 또는 양발 | 1.0 |
> | 오른손·한발 또는 양발 | 0.8 |
> | 왼손·등<br>한손 또는 양손·앉아 있는 자리 | 0.7 |
> | 왼손·오른손 | 0.4 |
> | 오른손·등 | 0.3 |

62 ④  63 ②  64 ②  65 ④  66 ③

**67** 누전차단기의 선정 및 설치에 대한 설명으로 틀린 것은?

① 차단기를 설치한 전로에 과부하보호장치를 설치하는 경우는 서로 협조가 잘 이루어지도록 한다.
② 정격부동작전류와 정격감도전류와의 차는 가능한 큰 차단기로 선정한다.
③ 감전방지 목적으로 시설하는 누전차단기는 고감도고속형을 선정한다.
④ 전로의 대지정전용량이 크면 차단기가 오동작하는 경우가 있으므로 각 분기회로마다 차단기를 설치한다.

**해설** 정격부동작전류와 정격감도전류와의 차는 가능한 '작은' 차단기로 선정한다.
  ▶ 누전차단기의 종류
  • 저압용 전로누전차단기 : 전류동작형
  • 감전방지용 누전차단기 : 고감도고속형
  • 인입구에 시설하는 누전차단기 : 충격파 부동작형

**68** 파이프 등에 유체가 흐를 때 발생하는 유동대전에 가장 큰 영향을 미치는 요인은?

① 유체의 이동거리  ② 유체의 점도
③ 유체의 속도      ④ 유체의 양

**해설** 유체가 흐르면 유동에 가장 큰 영향을 미치는 요인은 속도이다.

**69** 다음 중 독성이 강한 순서로 옳게 나열된 것은?

① 일산화탄소 > 염소 > 아세톤
② 일산화탄소 > 아세톤 > 염소
③ 염소 > 일산화탄소 > 아세톤
④ 염소 > 아세톤 > 일산화탄소

**해설** 염소 1[ppm] > 일산화탄소 30[ppm] > 아세톤 500[ppm] 순으로, 허용농도량[ppm]이 낮을수록 위험하다. 염소는 1[ppm] 이상의 농도에서 독성이 나타난다.
아세톤은 독성이 약하여 손톱 매니큐어를 지울 때도 사용한다.

**70** 다음 중 분진폭발에 대한 설명으로 틀린 것은?

① 일반적으로 입자의 크기가 클수록 위험이 더 크다.
② 산소의 농도는 분진폭발 위험에 영향을 주는 요인이다.
③ 주위 공기의 난류확산은 위험을 증가시킨다.
④ 가스폭발에 비하여 불완전연소를 일으키기 쉽다.

**해설** 분진폭발은 입자가 작을수록 위험하고, 표면적이 클수록 위험하다.

**71** 다음 중 유류화재의 종류에 해당하는 것은?

① A급
② B급
③ C급
④ D급

**해설** ▶ 화재의 종류

| 급별 | 명칭 |
|---|---|
| A급 화재(백색) | 일반화재 |
| B급 화재(황색) | 유류화재 |
| C급 화재(청색) | 전기화재 |
| D급 화재(무색) | 금속화재 |

정답  67 ②  68 ③  69 ③  70 ①  71 ②

**72** 물과의 반응 또는 열에 의해 분해되어 산소를 발생하는 것은?

① 적린
② 과산화나트륨
③ 유황
④ 이황화탄소

해설
- 물과의 반응으로 산소 발생 : 1류 위험물(무기과산화물로 과산화나트륨 등)
- 물과의 반응으로 수소 발생 : 금수성 물질(칼륨, 리튬 등)

**73** 인화점에 대한 설명으로 옳은 것은?

① 인화점이 높을수록 위험하다.
② 인화점이 낮을수록 위험하다.
③ 인화점과 위험성은 관계없다.
④ 인화점이 0[℃] 이상인 경우만 위험하다.

해설 인화점은 연소하한 농도가 될 수 있는 가장 낮은 액체온도로, 인화점이 낮을수록 위험하다.

**74** 공정별로 폭발을 분류할 때 물리적 폭발이 아닌 것은?

① 분해폭발
② 탱크의 감압폭발
③ 수증기 폭발
④ 고압용기의 폭발

해설 물리적 폭발은 화학적 변화가 일어나지 않는 폭발을 말하고, 화학적 폭발은 화학적 변화에 의해 폭발되는 형태로 분해폭발, 화학폭발, 중합폭발, 연소폭발이 있다.

**75** 배관용 부품에 있어 사용되는 용도가 다른 것은?

① 엘보(elbow)
② 티이(T)
③ 크로스(cross)
④ 밸브(valve)

해설 엘보(L자 모양), T(T자 모양), 크로스(십자가 모양)는 방향변경용도로 사용되고, 밸브는 공급제어용도로 사용된다.

**76** 산업안전보건법령에서 정한 안전검사의 주기에 따르면 컨베이어 및 산업용 로봇은 사업장에 설치가 끝난 날부터 몇 년 이내에 최초 안전검사를 실시하여야 하는가?

① 1 ② 2
③ 3 ④ 4

해설 컨베이어 및 산업용 로봇은 사업장에 최초 설치가 끝난 날부터 3년 이내, 그 이후부터는 2년마다 안전검사를 실시하여야 한다.

**77** 가정에서 요리를 할 때 사용하는 가스렌지에서 일어나는 가스의 연소형태에 해당되는 것은?

① 자기연소
② 분해연소
③ 표면연소
④ 확산연소

해설 ▶ 연소의 형태
- 고체 연소 : 표면연소, 분해연소, 자기연소, 증발연소
- 액체 연소 : 증발연소
- 기체 연소 : 혼합연소, 비혼합연소, 폭발연소

72 ② 73 ② 74 ① 75 ④ 76 ③ 77 ④

**78** 유해·위험물질 취급 시 보호구로서 구비조건이 아닌 것은?

① 방호성능이 충분할 것
② 재료의 품질이 양호할 것
③ 작업에 방해가 되지 않을 것
④ 외관이 화려할 것

해설 외관이 화려한 것과 보호구로서의 구비조건은 관계가 없다.

**79** 물과 접촉할 경우 화재나 폭발의 위험성이 더욱 증가하는 것은?

① 칼륨
② 트리니트로톨루엔
③ 황린
④ 니트로셀룰로오스

해설 ▶ 물 반응성 물질(금수성 물질)
- 물과 접촉할 경우 화재나 폭발의 위험성이 증가한다.
- 리튬, 칼륨, 나트륨, 알킬알루미늄, 알킬리튬, 탄화칼슘, 탄화알루미늄

**80** 다음 중 유해·위험방지계획서 작성 및 제출대상에 해당되는 공사는?

① 지상높이가 20[m]인 건축물의 해체공사
② 깊이 9.5[m]인 굴착공사
③ 최대 지간거리가 50[m]인 교량건설공사
④ 저수용량 1천만 톤인 용수 전용 댐

해설 ▶ 유해·위험방지계획서 제출대상 공사
1. 지상높이가 31미터 이상인 건축물 또는 인공구조물
2. 연면적 3만 제곱미터 이상인 건축물
3. 연면적 5천 제곱미터 이상인 시설로서 다음의 어느 하나에 해당하는 시설
   - 문화 및 집회시설(전시장 및 동물원·식물원은 제외한다)
   - 판매시설, 운수시설(고속철도의 역사 및 집배송시설은 제외한다)
   - 종교시설
   - 의료시설 중 종합병원
   - 숙박시설 중 관광숙박시설
   - 지하도상가
   - 냉동·냉장 창고시설
4. 연면적 5천 제곱미터 이상인 냉동·냉장 창고시설의 설비공사 및 단열공사
5. 최대 지간(支間)길이(다리의 기둥과 기둥의 중심 사이의 거리)가 50미터 이상인 다리의 건설 등 공사
6. 터널의 건설 등 공사
7. 다목적댐, 발전용 댐, 저수용량 2천만 톤 이상의 용수 전용 댐 및 지방상수도 전용 댐의 건설 등 공사
8. 깊이 10미터 이상인 굴착공사

## 5과목 건설안전기술

**81** 달비계에 사용하는 와이어로프는 지름의 감소가 공칭지름의 몇 [%]를 초과하는 경우에 사용할 수 없도록 규정되어 있는가?

① 5[%]
② 7[%]
③ 9[%]
④ 10[%]

해설 ▶ 달비계의 구조

「산업안전보건기준에 관한 규칙」 제63조
① 사업주는 곤돌라형 달비계를 설치하는 경우에는 다음 각 호의 사항을 준수해야 한다.
  1. 다음 각 목의 어느 하나에 해당하는 와이어로프를 달비계에 사용해서는 아니 된다.
     가. 이음매가 있는 것
     나. 와이어로프의 한 꼬임[스트랜드(strand)를 말한다. 이하 같다]에서 끊어진 소선(素線)[필러(pillar)선은 제외한다]의 수가 10퍼센트 이상(비자전로프의 경우에는 끊어진 소선의 수가 와이어로프 호칭지름의 6배 길이 이내에서 4개 이상이거나 호칭지름 30배 길이 이내에서 8개 이상)인 것
     다. 지름의 감소가 공칭지름의 7퍼센트를 초과하는 것
     라. 꼬인 것
     마. 심하게 변형되거나 부식된 것
     바. 열과 전기충격에 의해 손상된 것

정답  78 ④  79 ①  80 ③  81 ②

**82** 발파공사 암질 변화구간 및 이상암질 출현 시 적용하는 암질 판별방법과 거리가 먼 것은?

① R.Q.D
② RMR 분류
③ 탄성파 속도
④ 하중계(Load Cell)

**해설** ▶ 암질 판별방법
- R.Q.D
- R.M.R
- 탄성파 속도
- 일축압축강도
- 진동치 속도

**83** 산업안전보건관리비 중 안전시설비의 항목에서 사용할 수 있는 항목에 해당하는 것은?

① 외부인 출입금지, 공사장 경계표시를 위한 가설 울타리
② 작업발판
③ 절토부 및 성토부 등의 토사유실 방지를 위한 설비
④ 사다리 전도방지장치

**해설** ▶ 안전시설비
비계·통로·계단에 추가 설치하는 추락방지용 안전난간, 사다리 전도방지장치, 틀비계에 별도로 설치하는 안전난간·사다리, 통로의 낙하물방호선반 등은 사용 가능함

**84** 지내력 시험을 통하여 다음과 같은 하중-침하량 곡선을 얻었을 때 장기하중에 대한 허용 지내력도로 옳은 것은? (단, 장기하중에 대한 허용 지내력도=단기하중에 대한 허용 지내력도×1/2)

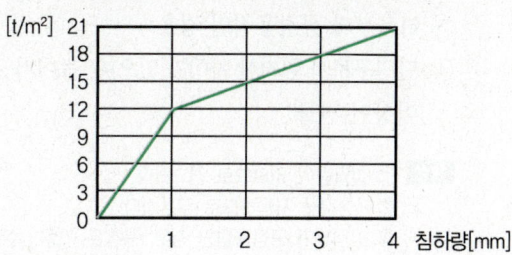

① $6[t/m^2]$
② $7[t/m^2]$
③ $12[t/m^2]$
④ $14[t/m^2]$

**해설** $12 \times \frac{1}{2} = 6[t/m^2]$

**85** 다음은 「산업안전보건기준에 관한 규칙」 중 가설 통로의 구조에 관한 사항이다. ( ) 안에 들어갈 내용으로 옳은 것은?

> 수직갱에 가설된 통로의 길이가 15[m] 이상인 경우에는 10[m] 이내마다 ( )을/를 설치할 것

① 손잡이
② 계단참
③ 클램프
④ 버팀대

**해설** 수직갱에 가설된 통로의 길이가 15[m] 이상인 경우에는 10[m] 이내마다 계단참을 설치할 것

82 ④  83 ④  84 ①  85 ②

86 철골공사 시 도괴의 위험이 있어 강풍에 대한 안전 여부를 확인해야 할 필요성이 가장 높은 경우는?
① 연면적당 철골량이 일반 건물보다 많은 경우
② 기둥에 H형강을 사용하는 경우
③ 이음부가 공장용접인 경우
④ 단면구조가 현저한 차이가 있으며, 높이가 20[m] 이상인 건물

해설 ① 철골량이 많으므로 견고하다.
② H형강을 사용하므로 튼튼하다.
③ 이음부가 공장용접인 경우, 용접은 기밀·수밀·유밀뿐만 아니라 이음에 있어 매우 우수해서 공정화에 보편화되어 있다.

87 산업안전보건법령에 따라 안전관리자와 보건관리자의 직무를 분류할 때 안전관리자의 직무에 해당되지 않는 것은?
① 산업재해에 관한 통계의 유지·관리·분석을 위한 보좌 및 조언·지도
② 산업재해 발생의 원인 조사·분석 및 재발 방지를 위한 기술적 보좌 및 조언·지도
③ 해당 사업장 안전교육계획의 수립 및 안전교육 실시에 관한 보좌 및 조언·지도
④ 작업장 내에서 사용되는 전체 환기장치 및 국소 배기장치 등에 관한 설비의 점검과 작업 방법의 공학적 개선에 관한 보좌 및 조언·지도

해설 ▶ 안전관리자의 직무
• 안전보건관리규정 및 취업규칙에서 정한 업무
• 위험성평가에 관한 보좌 및 지도·조언
• 안전인증대상기계 등에 따른 자율안전확인대상기계 등 구입 시 적격품의 선정에 관한 보좌 및 지도·조언
• 해당 사업장 안전교육계획의 수립 및 안전교육 실시에 관한 보좌 및 지도·조언
• 사업장 순회점검, 지도 및 조치 건의
• 산업재해 발생의 원인 조사·분석 및 재발 방지를 위한 기술적 보좌 및 지도·조언
• 산업재해에 관한 통계의 유지·관리·분석을 위한 보좌 및 지도·조언
• 법 또는 법에 따른 명령으로 정한 안전에 관한 사항의 이행에 관한 보좌 및 지도·조언
• 업무수행 내용의 기록·유지
• 그 밖에 안전에 관한 사항으로서 고용노동부장관이 정하는 사항

88 히빙(heaving) 현상이 가장 쉽게 발생하는 토질 지반은?
① 연약한 점토 지반
② 연약한 사질토 지반
③ 견고한 점토 지반
④ 견고한 사질토 지반

해설 ▶ 히빙
연약한 점토 지반을 굴착할 때 흙막이벽 배면 흙의 중량이 굴착저면 이하의 흙보다 중량이 클 경우, 굴착저면 이하의 지지력보다 크게 되어 흙막이 배면에 있는 흙이 안으로 밀려들어 굴착저면이 솟아오르는 현상
• 히빙 현상 발생 : 연약한 점토 지반
• 보일링 현상 발생 : 연약한 사질토 지반

89 다음은 산업안전보건법령에 따른 말비계를 조립하여 사용하는 경우에 관한 준수사항이다. ( ) 안에 알맞은 숫자는?

| 말비계의 높이가 2[m]를 초과할 경우에는 작업 발판의 폭을 ( )[cm] 이상으로 할 것 |
|---|

① 10
② 20
③ 30
④ 40

정답  86 ④  87 ④  88 ①  89 ④

해설 ⊙ 말비계 조립 사용 시 준수사항
- 지주부재(支柱部材)의 하단에는 미끄럼 방지장치를 하고, 근로자가 양측 끝부분에 올라서서 작업하지 않도록 할 것
- 지주부재와 수평면의 기울기를 75도 이하로 하고, 지주부재와 지주부재 사이를 고정시키는 보조부재를 설치할 것
- 말비계의 높이가 2미터를 초과하는 경우에는 작업발판의 폭을 40센티미터 이상으로 할 것

**90** 차량계 하역운반기계에 화물을 적재할 때의 준수사항과 거리가 먼 것은?

① 하중이 한쪽으로 치우치지 않도록 적재할 것
② 구내운반차 또는 화물자동차의 경우 화물의 붕괴 또는 낙하에 의한 위험을 방지하기 위하여 화물에 로프를 거는 등 필요한 조치를 할 것
③ 운전자의 시야를 가리지 않도록 화물을 적재할 것
④ 제동장치 및 조정장치 기능의 이상 유무를 점검할 것

해설 ⊙ 화물 적재 시 준수사항
- 침하 우려가 없는 튼튼한 기반 위에 적재할 것
- 건물의 칸막이나 벽 등이 화물의 압력에 견딜 만큼의 강도를 지니지 아니한 경우에는 칸막이나 벽에 기대어 적재하지 않도록 할 것
- 불안정할 정도로 높이 쌓아 올리지 말 것
- 하중이 한쪽으로 치우치지 않도록 쌓을 것

**91** 콘크리트 타설작업을 하는 경우에 준수해야 할 사항으로 옳지 않은 것은?

① 콘크리트를 타설하는 경우에는 편심을 유발하여 한쪽 부분부터 밀실하게 타설되도록 유도할 것
② 당일의 작업을 시작하기 전에 해당 작업에 관한 거푸집 동바리 등의 변형·변위 및 지반의 침하 유무 등을 점검하고 이상이 있으며 보수할 것
③ 작업 중에는 거푸집 동바리 등의 변형·변위 및 침하 유무 등을 감시할 수 있는 감시자를 배치하여 이상이 있으면 작업을 중지하고 근로자를 대피시킬 것
④ 설계도서상의 콘크리트 양생기간을 준수하여 거푸집 동바리 등을 해체할 것

해설 ⊙ 콘크리트의 타설작업
「산업안전보건기준에 관한 규칙」 제334조
1. 당일의 작업을 시작하기 전에 해당 작업에 관한 거푸집 동바리 등의 변형·변위 및 지반의 침하 유무 등을 점검하고 이상이 있으면 보수할 것
2. 작업 중에는 거푸집 동바리 등의 변형·변위 및 침하 유무 등을 감시할 수 있는 감시자를 배치하여 이상이 있으면 작업을 중지하고 근로자를 대피시킬 것
3. 콘크리트 타설작업 시 거푸집 붕괴의 위험이 발생할 우려가 있으면 충분한 보강조치를 할 것
4. 설계도서상의 콘크리트 양생기간을 준수하여 거푸집 동바리 등을 해체할 것
5. 콘크리트를 타설하는 경우에는 편심이 발생하지 않도록 골고루 분산하여 타설할 것

**92** 추락방지망의 달기로프를 지지점에 부착할 때 지지점의 간격이 1.5[m]인 경우 지지점의 강도는 최소 얼마 이상이어야 하는가? (단, 연속적인 구조물이 방망 지지점인 경우)

① 200[kg]  ② 300[kg]
③ 400[kg]  ④ 500[kg]

90 ④  91 ①  92 ②

해설 「추락재해방지 표준안전작업지침」에 따라
추락방지망의 지지점의 강도＝200×지지점 간격
＝200×1.5＝300

## 94 거푸집 및 동바리 설계 시 적용하는 연직방향하중에 해당되지 않는 것은?

① 콘크리트의 측압
② 철근콘크리트의 자중
③ 작업하중
④ 충격하중

해설 ▶ **연직방향** : 지구 중심에 대한 방향(중력)
콘크리트의 측압은 수평방향하중에 해당한다.

## 93 유해·위험방지계획서 작성대상 공사의 기준으로 옳지 않은 것은?

① 지상높이 31[m] 이상인 건축물 공사
② 저수용량 1천만 톤 이상의 용수전용 댐
③ 최대 지간길이 50[m] 이상인 교량건설 등 공사
④ 깊이 공사 10[m] 이상인 굴착공사

해설 ▶ **유해·위험방지계획서 작성대상 공사**
1. 지상높이가 31미터 이상인 건축물 또는 인공구조물
2. 연면적 3만 제곱미터 이상인 건축물
3. 연면적 5천 제곱미터 이상인 시설로서 다음의 어느 하나에 해당하는 시설
   - 문화 및 집회시설(전시장 및 동물원·식물원은 제외한다)
   - 판매시설, 운수시설(고속철도의 역사 및 집배송시설은 제외한다)
   - 종교시설
   - 의료시설 중 종합병원
   - 숙박시설 중 관광숙박시설
   - 지하도상가
   - 냉동·냉장 창고시설
4. 연면적 5천 제곱미터 이상인 냉동·냉장 창고시설의 설비공사 및 단열공사
5. 최대 지간(支間)길이(다리의 기둥과 기둥의 중심 사이의 거리)가 50미터 이상인 다리의 건설 등 공사
6. 터널의 건설 등 공사
7. 다목적댐, 발전용 댐, 저수용량 2천만 톤 이상의 용수 전용 댐 및 지방상수도 전용 댐의 건설 등 공사
8. 깊이 10미터 이상인 굴착공사

## 95 사다리식 통로 등을 설치하는 경우 발판과 벽과의 사이는 최소 얼마 이상의 간격을 유지하여야 하는가?

① 5[cm]
② 10[cm]
③ 15[cm]
④ 20[cm]

해설 ▶ **사다리식 통로 등의 구조**

「산업안전보건기준에 관한 규칙」 제24조 제1항
1. 견고한 구조로 할 것
2. 심한 손상·부식 등이 없는 재료를 사용할 것
3. 발판의 간격은 일정하게 할 것
4. 발판과 벽과의 사이는 15센티미터 이상의 간격을 유지할 것
5. 폭은 30센티미터 이상으로 할 것
6. 사다리가 넘어지거나 미끄러지는 것을 방지하기 위한 조치를 할 것
7. 사다리의 상단은 걸쳐놓은 지점으로부터 60센티미터 이상 올라가도록 할 것
8. 사다리식 통로의 길이가 10미터 이상인 경우에는 5미터 이내마다 계단참을 설치할 것
9. 사다리식 통로의 기울기는 75도 이하로 할 것. 다만, 고정식 사다리식 통로의 기울기는 90도 이하로 하고, 그 높이가 7미터 이상인 경우에는 바닥으로부터 높이가 2.5미터 되는 지점부터 등받이울을 설치할 것
10. 접이식 사다리 기둥은 사용 시 접혀지거나 펼쳐지지 않도록 철물 등을 사용하여 견고하게 조치할 것

정답  93 ②  94 ①  95 ③

**96** 거푸집 동바리 등을 조립하는 때 동바리로 사용하는 파이프 서포트에 대하여는 다음 각 목에서 정하는 바에 의해 설치하여야 한다. 빈칸에 들어갈 내용으로 옳은 것은?

> 1. 파이프 서포트를 (　)개 이상 이어서 사용하지 않도록 할 것
> 2. 파이프 서포트를 이어서 사용하는 경우에는 (　)개 이상의 볼트 또는 전용철물을 사용하여 이을 것

① 1, 2
② 2, 3
③ 3, 4
④ 4, 5

해설 ▶ 파이프 서포트 설치기준

> 「산업안전보건기준에 관한 규칙」 제332조 제8호
> 가. 파이프 서포트를 3개 이상 이어서 사용하지 않도록 할 것
> 나. 파이프 서포트를 이어서 사용하는 경우에는 4개 이상의 볼트 또는 전용철물을 사용하여 이을 것
> 다. 높이가 3.5미터를 초과하는 경우에는 높이 2미터 이내마다 수평연결재를 2개 방향으로 만들고 수평연결재의 변위를 방지할 것

**97** 리프트(Lift)의 방호장치에 해당하지 않는 것은?

① 권과방지장치
② 비상정지장치
③ 과부하방지장치
④ 자동경보장치

해설 ▶ 리프트의 방호장치
- 낙하방지장치, 권과방지장치, 과부하방지장치, 비상정지장치, 방호울
- 양중기(크레인, 리프트, 곤돌라, 승강기)에는 자동경보장치가 불필요하다.

**98** 도심지에서 주변에 주요시설물이 있을 때 침하와 변위를 적게 할 수 있는 가장 적당한 흙막이 공법은?

① 동결공법
② 샌드드레인공법
③ 지하연속벽공법
④ 뉴매틱케이슨공법

해설 ① 동결공법 : 지반 속의 물을 동결시켜 붕괴나 용수의 누출을 방지하는 굴착법
② 샌드드레인공법 : 연약지반에 모래기둥을 만들어 지반 속 배수를 촉진시켜 지반을 개량하는 탈수 압밀 촉진공법
③ 지하연속벽공법 : 도심지에서 주로 사용되며, 주변에 주요시설물이 있을 때 침하와 변위를 적게 할 수 있는 가장 적당한 흙막이 공법
④ 뉴매틱케이슨공법 : 지반을 깊이 굴착하는 경우, 지하수의 분출을 공기 압력으로 억제하고 미리 만들어 둔 케이슨을 침하시키는 공법

**99** 층고가 높은 슬래브 거푸집 하부에 적용하는 무지주 공법이 아닌 것은?

① 보우빔(bow beam)
② 철근일체형 데크플레이트(deck plate)
③ 페코빔(pecco beam)
④ 솔저시스템(soldier system)

해설 솔저시스템 : 합벽을 지지해주는 것으로 합벽지지대라고도 한다.

정답  96 ③　97 ④　98 ③　99 ④

**100** 고소작업대를 사용하는 경우 준수해야 할 사항으로 옳지 않은 것은?

① 안전한 작업을 위하여 적정수준의 조도를 유지할 것
② 전로(電路)에 근접하여 작업을 하는 경우에는 작업감시자를 배치하는 등 감전사고를 방지하기 위하여 필요한 조치를 할 것
③ 작업대의 붐대를 상승시킨 상태에서 탑승자는 작업대를 벗어나지 말 것
④ 전환스위치는 다른 물체를 이용하여 고정할 것

> **해설** ▶ 고소작업대 사용 시 준수사항
>
> 「산업안전보건기준에 관한 규칙」 제186조 제4항
> 1. 작업자가 안전모·안전대 등의 보호구를 착용하도록 할 것
> 2. 관계자가 아닌 사람이 작업구역에 들어오는 것을 방지하기 위하여 필요한 조치를 할 것
> 3. 안전한 작업을 위하여 적정수준의 조도를 유지할 것
> 4. 전로(電路)에 근접하여 작업을 하는 경우에는 작업감시자를 배치하는 등 감전사고를 방지하기 위하여 필요한 조치를 할 것
> 5. 작업대를 정기적으로 점검하고 붐·작업대 등 각 부위의 이상 유무를 확인할 것
> 6. 전환스위치는 다른 물체를 이용하여 고정하지 말 것
> 7. 작업대는 정격하중을 초과하여 물건을 싣거나 탑승하지 말 것
> 8. 작업대의 붐대를 상승시킨 상태에서 탑승자는 작업대를 벗어나지 말 것. 다만, 작업대에 안전대 부착설비를 설치하고 안전대를 연결하였을 때에는 그러하지 아니하다.

100 ④

# 2022년 제3회 기출 복원문제

## 1과목 산업안전관리론

**01** 다음 재해손실비용 중 직접손실비에 해당하는 것은?

① 진료비
② 입원 중의 잡비
③ 당일 손실 시간손비
④ 구원, 연락으로 인한 부동 임금

**해설**

| 직접비 | 간접비 |
|---|---|
| 치료비, 휴업, 요양, 유족, 장해, 간병, 직업재활급여, 상병보상연금, 장례비 | 인적·물적 손실비, 생산손실비, 기계·기구손실비 |

**02** 의사결정 과정에 따른 리더십의 행동유형 중 권위형에 속하는 것은?

① 집단 구성원에게 자유를 준다.
② 지도자가 모든 정책을 결정한다.
③ 집단토론이나 집단결정을 통해서 정책을 결정한다.
④ 명목적인 리더의 자리를 지키고 부하 직원들의 의견에 따른다.

**해설** ①, ③, ④는 민주주의적 리더십에 대한 설명이다.

**03** 산업안전보건법령상 안전모의 시험성능기준 항목이 아닌 것은?

① 난연성
② 인장성
③ 내관통성
④ 충격흡수성

**해설** ▶ 안전모의 시험성능기준
- 내관통성 시험 : AE, ABE종 안전모는 관통거리가 9.5[mm] 이하이고, AB종 안전모는 관통거리가 11.1[mm] 이하이어야 한다.
- 충격흡수성 시험 : 최고 전달충격력이 4,450[N]을 초과해서는 안 되며, 모체와 착장체의 기능이 상실되지 않아야 한다.
- 내전압성 시험 : AE, ABE종 안전모는 교류 20[kV]에서 1분간 절연파괴 없이 견뎌야 하고, 이때 누설되는 충전전류는 10[mA] 이하이어야 한다.
- 내수성 시험 : AE, ABE종 안전모는 질량증가율이 1[%] 미만이어야 한다.

$$무게증가율 = \frac{담근\ 후 - 담그기\ 전의\ 무게}{담그기\ 전의\ 무게} \times 100$$

- 난연성 시험 : 모체가 불꽃을 내며 5초 이상 연소되지 않아야 한다.
- 턱끈풀림 : 150[N] 이상 250[N] 이하에서 턱끈이 풀려야 한다.

**04** 모랄 서베이(Morale Survey)의 효용이 아닌 것은?

① 조직 또는 구성원의 성과를 비교·분석한다.
② 종업원의 정화(Catharsis)작용을 촉진시킨다.
③ 경영관리를 개선하는 데에 대한 자료를 얻는다.
④ 근로자의 심리 또는 욕구를 파악하여 불만을 해소하고, 노동의욕을 높인다.

**해설** ▶ 모랄 서베이의 효용
- 근로자의 심리, 욕구를 파악하여 불만을 해소하고 노동의욕을 높인다.
- 경영관리를 개선하는 데 자료를 얻는다.
- 종업원의 정화작용을 촉진시킨다.

**정답** 01 ① 02 ② 03 ② 04 ①

**05** 산업재해 예방의 4원칙 중 "재해발생에는 반드시 원인이 있다."라는 원칙은?

① 대책 선정의 원칙
② 원인 계기의 원칙
③ 손실 우연의 원칙
④ 예방 가능의 원칙

> **해설** ▶ 산업재해 예방 4원칙
> - 손실 우연
> - 원인 계기(연계)
> - 예방 가능
> - 대책 선정

**06** 산업안전보건법령상 안전검사대상 유해·위험 기계 등이 아닌 것은?

① 곤돌라
② 이동식 국소 배기장치
③ 산업용 원심기
④ 산업용 로봇

> **해설** ▶ 안전검사대상 기계 등
> - 프레스
> - 전단기
> - 크레인(정격하중이 2톤 미만인 것은 제외한다)
> - 리프트
> - 압력용기
> - 곤돌라
> - 국소 배기장치(이동식은 제외한다)
> - 원심기(산업용만 해당한다)
> - 롤러기(밀폐형 구조는 제외한다)
> - 사출성형기[형 체결력(型 締結力) 294킬로뉴턴(KN) 미만은 제외한다]
> - 고소작업대(자동차관리법 제3조 제3호 또는 제4호에 따른 화물자동차 또는 특수자동차에 탑재한 고소작업대로 한정한다)
> - 컨베이어
> - 산업용 로봇

**07** 레빈(Lewin)은 인간행동과 인간의 조건 및 환경 조건의 관계를 다음과 같이 표시하였다. 이때 'f'의 의미는?

$$B = f(P \cdot E)$$

① 행동
② 조명
③ 지능
④ 함수

> **해설**
> - $B$ : Behavior(인간의 행동)
> - $f$ : function(함수관계 – P·E에 영향을 줄 수 있는 조건)
> - $P$ : Person(연령, 경험, 심신상태, 성격, 지능, 소질 등)
> - $E$ : Environment(심리적 환경 – 인간관계, 작업환경, 설비적 결함 등)

**08** 태풍, 지진 등의 천재지변이 발생한 경우나 이상 상태 발생 시 기능상 이상 유·무에 대한 안전점검의 종류는?

① 일상점검
② 정기점검
③ 수시점검
④ 특별점검

> **해설**
> - 정기점검(계획점검) : 일정기간 정기적 실시
> - 수시점검(일상점검) : 매일 작업 전, 중, 후 실시
> - 특별점검 : 기계·기구 또는 설비 신설 변경 또는 고장 수리 등 비정기 특정점검 산업안전보건 강조기간, 악천후 시에도 실시
> - 임시점검 : 이상발견 시

**정답** 05 ② 06 ② 07 ④ 08 ④

**09** 산업안전보건법령상 일용근로자의 안전·보건교육 과정별 교육시간 기준으로 틀린 것은?

① 채용 시의 교육 : 1시간 이상
② 작업내용 변경 시의 교육 : 2시간 이상
③ 건설업 기초안전·보건교육(건설 일용근로자) : 4시간
④ 특별교육 : 2시간 이상(흙막이 지보공의 보강 또는 동바리를 설치하거나 해체하는 작업에 종사하는 일용근로자)

**해설**

| | | |
|---|---|---|
| 가. 정기교육 | 사무직 종사 근로자 | 매분기 3시간 이상 |
| | 사무직 종사 근로자 외의 근로자 - 판매업무에 직접 종사하는 근로자 | 매분기 3시간 이상 |
| | 사무직 종사 근로자 외의 근로자 - 판매업무에 직접 종사하는 근로자 외의 근로자 | 매분기 6시간 이상 |
| | 관리감독자의 지위에 있는 사람 | 연간 16시간 이상 |
| 나. 채용 시 교육 | 일용근로자 | 1시간 이상 |
| | 일용근로자를 제외한 근로자 | 8시간 이상 |
| 다. 작업내용 변경 시 교육 | 일용근로자 | 1시간 이상 |
| | 일용근로자를 제외한 근로자 | 2시간 이상 |
| 라. 특별교육 | [별표 5] 제1호 라목 각 호(제40호는 제외한다)의 어느 하나에 해당하는 작업에 종사하는 일용근로자 | 2시간 이상 |
| | [별표 5] 제1호 라목 제40호의 타워크레인 신호작업에 종사하는 일용근로자 | 8시간 이상 |
| | [별표 5] 제1호 라목 각 호의 어느 하나에 해당하는 작업에 종사하는 일용근로자를 제외한 근로자 | • 16시간 이상(최초 작업에 종사하기 전 4시간 이상 실시하고 12시간은 3개월 이내에서 분할하여 실시 가능)<br>• 단기간 작업 또는 간헐적 작업인 경우에는 2시간 이상 |

**10** 보호구 안전인증 고시에 따른 안전화의 정의 중 다음 ( ) 안에 알맞은 것은?

경작업용 안전화란 ( ㉠ )[mm]의 낙하높이에서 시험했을 때 충격과 ( ㉡ ±0.1)[kN]의 압축하중에서 시험했을 때 압박에 대하여 보호해 줄 수 있는 선심을 부착하여, 착용자를 보호하기 위한 안전화를 말한다.

① ㉠ 500, ㉡ 10.0
② ㉠ 250, ㉡ 10.0
③ ㉠ 500, ㉡ 4.4
④ ㉠ 250, ㉡ 4.4

**해설** ▶ 안전화의 정의
- '중작업용 안전화'란 1,000밀리미터의 낙하높이에서 시험했을 때 충격과 (15.0±0.1)킬로뉴턴[kN]의 압축하중에서 시험했을 때 압박에 대하여 보호해 줄 수 있는 선심을 부착하여, 착용자를 보호하기 위한 안전화를 말한다.
- '보통작업용 안전화'란 500밀리미터의 낙하높이에서 시험했을 때 충격과 (10.0±0.1)킬로뉴턴[kN]의 압축하중에서 시험했을 때 압박에 대하여 보호해 줄 수 있는 선심을 부착하여, 착용자를 보호하기 위한 안전화를 말한다.
- '경작업용 안전화'란 250밀리미터의 낙하높이에서 시험했을 때 충격과 (4.4±0.1)킬로뉴턴[kN]의 압축하중에서 시험했을 때 압박에 대하여 보호해 줄 수 있는 선심을 부착하여, 착용자를 보호하기 위한 안전화를 말한다.

**11** 지적확인이란 사람의 눈이나 귀 등 오감의 감각기관을 총동원해서 작업의 정확성과 안전을 확인하는 것이다. 지적확인과 정확도가 올바르게 짝지어진 것은?

① 지적확인한 경우 – 0.3[%]
② 확인만 하는 경우 – 1.25[%]
③ 지적만 하는 경우 – 1.0[%]
④ 아무 것도 하지 않은 경우 – 1.8[%]

09 ② 10 ④ 11 ②

해설 ① 지적확인한 경우 : 0.80[%]
② 확인만 하는 경우 : 1.25[%]
③ 지적만 하는 경우 : 1.50[%]
④ 아무 것도 하지 않은 경우 : 2.85[%]

**12** 기계·기구 또는 설비의 신설, 변경 또는 고장 수리 등 부정기적인 점검을 말하며, 기술적 책임자가 시행하는 점검은?

① 정기점검　　② 수시점검
③ 특별점검　　④ 임시점검

해설 ① 정기점검 : 일정기간마다 정기적으로 실시(법적 기준, 사내규정을 따름)
② 수시점검(일상점검) : 매일 작업 전, 중, 후에 실시
③ 특별점검 : 기계, 기구, 설비의 신설·변경 또는 고장 수리 시
④ 임시점검 : 기계, 기구, 설비 이상 발견 시 임시로 점검

**13** 적응기제(Adjustment Mechanism)의 도피적 행동인 고립에 해당하는 것은?

① 운동시합에서 진 선수가 컨디션이 좋지 않았다고 말한다.
② 키가 작은 사람이 키 큰 친구들과 같이 사진을 찍으려 하지 않는다.
③ 자녀가 없는 여교사가 아동교육에 전념하게 되었다.
④ 동생이 태어나자 형이 된 아이가 말을 더듬는다.

해설 ▶ 도피기제
• 고립 : 곤란한 상황과의 접촉을 피함
• 퇴행 : 발달 단계로 역행함으로써 욕구를 충족하려는 행동
• 억압 : 불쾌한 생각, 감정을 눌러 떠오르지 않도록 함
• 백일몽 : 공상의 세계 속에서 만족을 얻으려는 행동
※ 단어들이 다 부정적인 의미임

**14** 다음 중 스트레스(Stress)에 관한 설명으로 가장 적절한 것은?

① 스트레스는 나쁜 일에서만 발생한다.
② 스트레스는 부정적인 측면만 가지고 있다.
③ 스트레스는 직무몰입과 생산성 감소의 직접적인 원인이 된다.
④ 스트레스 상황에 직면하는 기회가 많을수록 스트레스 발생가능성은 낮아진다.

해설 스트레스는 직무몰입 및 생산성 감소의 직접적인 원인이 될 수 있다. 스트레스를 유발하는 요인은 매우 다양하나 적응의 관점에서 볼 때 스트레스를 어떻게 평가하고 대처하느냐가 중요하다. 스트레스에는 유스트레스(eustress)와 디스트레스(distress)가 있고 유스트레스의 경우 긍정적 스트레스로 작용하여 업무효율에 도움을 가져올 수도 있다.

**15** 재해 원인을 통상적으로 직접원인과 간접원인으로 나눌 때 직접원인에 해당되는 것은?

① 기술적 원인
② 물적 원인
③ 교육적 원인
④ 관리적 원인

해설 ▶ 직접원인
• 불안전한 행동 : 위험장소 접근, 안전장치의 기능 제거, 기계기구의 잘못 사용, 운전 중인 기계장치의 손질, 위험물 취급 부주의 등
• 불안전한 상태 : 물 자체의 결함, 안전방호장치의 결함, 복장·보호구의 결함, 물의 배치 및 작업장소 결함, 생산공정의 결함

정답　12 ③　13 ②　14 ③　15 ②

**16** 산업안전보건법령상 관리감독자의 업무의 내용이 아닌 것은?

① 해당 작업에 관련되는 기계·기구 또는 설비의 안전·보건 점검 및 이상 유무의 확인
② 해당 사업장 산업보건의 지도·조언에 대한 협조
③ 위험성평가를 위한 업무에 기인하는 유해·위험 요인의 파악 및 그 결과에 따라 개선조치의 시행
④ 작성된 물질안전보건자료의 게시 또는 비치에 관한 보좌 및 조언·지도

해설 ● 관리감독자의 업무 내용
- 사업장 내 관리 감독자가 지휘·감독하는 작업과 관련되는 기계·기구 또는 설비의 안전·보건 점검 및 이상 유무의 확인
- 관리감독자에게 소속된 근로자의 작업복·보호구 및 방호장치의 점검과 그 착용·사용에 관한 교육·지도
- 당해 작업에서 발생한 산업재해에 관한 보고 및 이에 대한 응급조치
- 당해 작업의 작업장의 정리정돈 및 통로 확보의 확인·감독
- 당해 사업장의 산업보건의·안전관리자의 지도·조언에 대한 협조
- 기타 당해 작업의 안전·보건에 관한 사항으로서 고용노동부장관이 정하는 사항

**17** 기업 내 교육방법 중 작업의 개선방법 및 사람을 다루는 방법, 작업을 가르치는 방법 등을 주된 교육내용으로 하는 것은?

① CCS(Civil Communication Section)
② MTP(Management Training Program)
③ TWI(Training Within Industry)
④ ATT(American Telephone & Telegram Co)

해설 ① CCS : 기업의 목적 및 방침의 확립, 기능(경영의 부문), 조직(통제방식, 통제확립에 불가결한 것, 조직통제의 응용, 감사통제의 실시 등), 운영(운영, 조직, 조정) 등이다.
② MTP : TWI와 경영조직론, 내용은 주로 관리의 기초, 작업의 개선, 작업의 관리, 부하의 훈련, 인간관계 및 관리의 전개 등으로 구성되어 있다.
③ TWI : 현장관리감독자를 교육훈련하기 위하여 개발된 과정으로 작업지도(job instruction), 작업개선(job method), 인간관계(job relation), 작업안전(job safety)이 있다.
④ ATT : 대상으로 하는 계층이 한정되어 있지 않으며, 1, 2차 훈련과정이다.

**18** 재해 원인 분석방법의 통계적 원인분석 중 다음에서 설명하는 것은?

사고의 유형, 기인물 등 분류항목을 큰 순서대로 도표화한다.

① 파레토도     ② 특성요인도
③ 크로스도     ④ 관리도

해설 중요한 문제점을 발견하고자 하거나, 문제점의 원인을 조사하고자 하거나, 개선과 대책의 효과를 알고자 할 때 사용한다.

**19** 안전교육훈련의 기법 중 하버드 학파의 5단계 교수법을 순서대로 나열한 것으로 옳은 것은?

① 총괄 → 연합 → 준비 → 교시 → 응용
② 준비 → 교시 → 연합 → 총괄 → 응용
③ 교시 → 준비 → 연합 → 응용 → 총괄
④ 응용 → 연합 → 교시 → 준비 → 총괄

해설 ● 하버드 학파의 5단계 교수법
- 1단계 : 준비시킨다.
- 2단계 : 교시한다.
- 3단계 : 연합한다.
- 4단계 : 총괄한다.
- 5단계 : 응용시킨다.

16 ④  17 ③  18 ①  19 ②

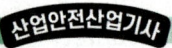

**20** 산업안전보건법령상 건설현장에서 사용하는 크레인, 리프트 및 곤돌라의 안전검사의 주기로 옳은 것은? (단, 이동식 크레인, 이삿짐운반용 리프트는 제외한다)

① 최초로 설치한 날부터 6개월마다
② 최초로 설치한 날부터 1년마다
③ 최초로 설치한 날부터 2년마다
④ 최초로 설치한 날부터 3년마다

**해설** 크레인(이동식 크레인은 제외한다), 리프트(이삿짐운반용 리프트는 제외한다) 및 곤돌라의 안전검사 : 사업장에 설치가 끝난 날부터 3년 이내에 최초 안전검사를 실시하되, 그 이후부터 2년마다(건설현장에서 사용하는 것은 최초로 설치한 날부터 6개월마다)

## 2과목  인간공학 및 시스템안전공학

**21** 휘도(luminance)가 10[cd/m²]이고, 조도(illuminance)가 100[lx]일 때 반사율(reflectance)[%]은?

① 0.1[π]
② 10[π]
③ 100[π]
④ 1,000[π]

**해설** 반사율 = 광도 이상÷조도
광도 = π×휘도
반사율 = π×휘도÷조도
= π×10÷100
= 0.1π

**22** 시스템의 수명곡선에 고장의 발생 형태가 일정하게 나타나는 기간은?

① 초기 고장기간
② 우발 고장기간
③ 마모 고장기간
④ 피로 고장기간

**해설** 욕조 곡선
• 초기 고장기간 : 감소형
• 우발 고장기간 : 일정형
• 마모 고장기간 : 증가형

**23** 산업안전보건법령에서 정한 물리적 인자의 분류 기준에 있어서 소음성 난청을 유발할 수 있는 몇 [dB](A) 이상의 시끄러운 소리를 소음으로 규정하고 있는가?

① 70
② 85
③ 100
④ 115

**해설** 1일 8시간 작업을 기준으로 85[dB] 이상의 소음을 발생하는 작업

**24** 청각적 표시의 원리로 조작자에 대한 입력신호는 꼭 필요한 정보만을 제공한다는 원리는?

① 양립성
② 분리성
③ 근사성
④ 검약성

**해설** ① 양립성은 사용자가 알고 있거나 자연스러운 신호 차원과 코드를 사용하는 것이다.
② 분리성이란 두 가지 이상의 채널을 듣고 있다면 각 채널의 주파수가 분리되어 있어야 한다는 의미이다.
③ 근사성이란 복잡한 정보를 나타내고자 할 때 2단계의 신호를 고려하는 것이다.
④ 검약성이란 조작자에 대한 입력신호는 꼭 필요한 정보만을 제공하는 것이다.

정답  20 ①  21 ①  22 ②  23 ②  24 ④

**25** 건강한 남성이 8시간 동안 특정 작업을 실시하고, 분당 산소소비량이 1.1[L/분]으로 나타났다면 8시간 총 작업시간에 포함될 휴식시간은 약 몇 분인가? (단, Murrell의 방법을 적용하며, 휴식 중 에너지소비율은 1.5[kcal/min]이다)

① 30분　　② 54분
③ 60분　　④ 75분

해설
- 휴식시간 $R(분) = \dfrac{작업시간(E-5)}{E-1.5}$
- 평균 남성의 표준에너지소비량 : 5[kcal/min]
  (참고) 여성은 3.5
- 산소 1분간 1[L] 소모 시 에너지소비량(E) : 5[kcal]
- 산소 1분간 1.1[L] 소모 시 에너지소비량(E)
  : 1.1[L]× 5[kcal]=5.5[kcal]

$R(분) = \dfrac{60 \times 8(5.5-5)}{5.5-1.5} = 60분$

**26** 신체반응의 척도 중 생리적 스트레스의 척도로 신체적 변화의 측정대상에 해당하지 않는 것은?

① 혈압　　② 부정맥
③ 혈액성분　　④ 심박수

해설 혈액성분은 생화학적 측정대상이다.
▶ 생리적 척도 측정 : 근전계, 뇌파계, 플리커, 심전계, 청력, 근점거리

**27** 다음 중 생리적 스트레스를 전기적으로 측정하는 방법으로 옳지 않은 것은?

① 뇌전도(EEG)
② 근전도(EMG)
③ 전기 피부 반응(GSR)
④ 안구 반응(EOG)

해설 뇌파(EEG), 손가락 피부로부터 반응(GSR), 심박수(PPG), 안면 근전도(EMG)

**28** 통제표시비를 설계할 때 고려해야 할 5가지 요소에 해당하지 않는 것은?

① 공차
② 조작시간
③ 일치성
④ 목측거리

해설 ▶ 통제표시비 설계 시 고려사항(5요소)
- 계기의 크기
- 공차
- 목측거리
- 조작시간
- 방향성

**29** 인간-기계 시스템에서 기계와 비교한 인간의 장점으로 볼 수 없는 것은? (단, 인공지능과 관련된 사항은 제외한다)

① 완전히 새로운 해결책을 찾아낸다.
② 여러 개의 프로그램된 활동을 동시에 수행한다.
③ 다양한 경험을 토대로 하여 의사결정을 한다.
④ 상황에 따라 변화하는 복잡한 자극 형태를 식별한다.

해설

| 인간이 우수한 기능 | 기계가 우수한 기능 |
| --- | --- |
| 귀납적 추리 | 연역적 추리 |
| 과부하 상태에서 선택 | 과부하 상태에서도 효율적 |

- 기계의 장점 : 여러 개를 동시에 수행
- 인간의 단점 : 한 번에 하나만 작업 가능

**30** 단일 차원의 시각적 암호 중 구성암호, 영문자 암호, 숫자암호에 대하여 암호로서의 성능이 가장 좋은 것부터 배열한 것은?

① 숫자암호 – 영문자암호 – 구성암호
② 구성암호 – 숫자암호 – 영문자암호
③ 영문자암호 – 숫자암호 – 구성암호
④ 영문자암호 – 구성암호 – 숫자암호

> **해설** ▶ 시각적 암호로서의 성능이 좋은 순서
> 숫자 – 색깔 – 영문자 – 형상 – 구성

**31** MIL-STD-882E에서 분류한 심각도(severity) 카테고리 범주에 해당하지 않는 것은?

① 재앙수준(catastrophic)
② 임계수준(critical)
③ 경계수준(precautionaryy)
④ 무시가능수준(negligible)

> **해설** ▶ MIL-STD-882E(D) → 미국 국방성 기준 위험성 카테고리(재해 심각도 분류)
>
> | 구분 | 분류 | 세부내용 |
> |---|---|---|
> | 범주 I | 파국적 (대재앙) | 인원의 사망 또는 중상, 또는 완전한 시스템 손실 |
> | 범주 II | 위험 (심각한) | 인원의 상해 또는 중대한 시스템의 손상으로 인원이나 시스템 생존을 위해 즉시 시정 조치 필요 |
> | 범주 III | 한계적 (경미한) | 인원의 상해 또는 중대한 시스템의 손상 없이 배제 또는 제어 가능 |
> | 범주 IV | 무시 (무시할 만한) | 인원의 손상이나 시스템의 손상은 초래하지 않는다. |

**32** 인간의 가청주파수 범위는?

① 2~10,000[Hz]  ② 20~20,000[Hz]
③ 200~30,000[Hz]  ④ 200~40,000[Hz]

> **해설**
> • 가청영역 위의 주파수를 갖는 소음 : 일반적으로 20,000[Hz] 이상
> • 인간의 가청주파수 : 20~20,000[Hz]

**33** 통제표시비(control/display ratio)를 설계할 때 고려하는 요소에 관한 설명으로 틀린 것은?

① 통제표시비가 낮다는 것은 민감한 장치라는 것을 의미한다.
② 목시거리(目示距離)가 길면 길수록 조절의 정확도는 떨어진다.
③ 짧은 주행시간 내에 공차의 인정범위를 초과하지 않는 계기를 마련한다.
④ 계기의 조절시간이 짧게 소요되도록 계기의 크기(size)는 항상 작게 설계한다.

> **해설** 통제표시비는 조정장치의 움직인 거리(회전수)와 표시장치상의 지침이 움직인 거리의 비이다.
> 계기의 크기는 항상 작게 설계하지 않으며, 여러 가지 환경·인간적 요소를 고려한다.

**34** 자연습구온도가 20[℃]이고, 흑구온도가 30[℃]일 때, 실내의 습구흑구온도지수(WBGT : Wet-Bulb Globe Temperature)는 얼마인가?

① 20[℃]  ② 23[℃]
③ 25[℃]  ④ 30[℃]

> **해설** WBGT = (0.7×자연습구온도)+(0.3×흑구온도)
> 0.7×20+0.3×30 = 14+9 = 23[℃]

**정답**  30 ①  31 ③  32 ②  33 ④  34 ②

## 35. 인간 – 기계 시스템에서의 기본적인 기능에 해당하지 않는 것은?

① 행동 기능
② 정보의 설계
③ 정보의 수용
④ 정보의 저장

**해설** 정보의 설계는 기본적 기능에 해당하지 않는다.
▶ 인간-기계 기본 기능
정보입력 – 감지(수용) – 정보처리 및 의사결정 – 행동 기능 – 출력(+정보보관)

## 36. 위험조정을 위해 필요한 기술은 조직 형태에 따라 다양하며, 4가지로 분류하였을 때 이에 속하지 않는 것은?

① 전가(transfer)
② 보류(retention)
③ 계속(continuation)
④ 감축(reduction)

**해설** ▶ 위험조정 기술
- 위험 감축(Reduction) : 위험을 감축시킬 대책을 마련함. 비용이 많이 듦으로 비용 분석을 실시해야 한다.
- 위험 보류, 수용(Retention) : 위험의 잠재 손실 비용을 감수하는 것을 말한다.
- 위험 회피(Avoidance) : 위험이 존재하는 사업, 프로세스를 진행하지 않는 것을 말한다.
- 위험 전가(Transfer) : 보험, 외주 등으로 잠재 위험을 제3자에게 전가하는 것을 말한다.

## 37. 인간의 눈에서 빛이 가장 먼저 접촉하는 부분은?

① 각막　　② 망막
③ 초자체　④ 수정체

**해설**

| 구조 | 기능 |
|---|---|
| 각막 | 최초로 빛이 통과하는 곳, 눈을 보호 |
| 홍채 | 동공의 크기를 조절해 빛의 양 조절 |
| 모양체 | 수정체 두께를 변화시켜 원근 조절 |
| 수정체 | 렌즈의 역할, 빛을 굴절시킴 |
| 망막 | 상이 맺히는 곳, 시세포 존재 |
| 맥락막 | 망막을 둘러싼 검은 막, 어둠상자 역할 |

## 38. 다음의 FT도에서 몇 개의 미니멀 패스셋(minimal path sets)이 존재하는가?

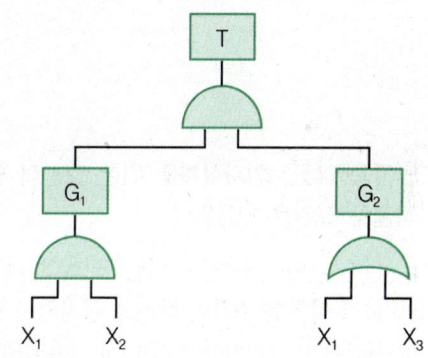

① 1개
② 2개
③ 3개
④ 4개

**해설** 최소 컷셋은 사고가 발생하는 최소의 조합이고, 최소 패스셋은 기본사상이 일어나지 않으면 정상사상이 발생하지 않는 기본사상의 최소조합이다.
패스셋은 컷셋을 뒤집어서 구하므로 OR $X_1$, $X_2$, AND $X_1$, $X_3$. 따라서 $(X_1)$, $(X_2)$, $(X_1, X_3)$의 3개가 존재한다.

**39** 사후보전에 필요한 평균수리시간을 나타내는 것은?

① MDT
② MTTF
③ MTBF
④ MTTR

해설
- MTBF(Mean Time between Failures) : 수리 가능한 제품에서 고장~다음 고장까지의 시간의 평균치(신뢰도)
- MTTF(Mean Time to Failere) : 수리가 불가능한 제품에서 처음 고장날 때까지의 시간(평균수명)
- MTTR(Mean Time to Repair) : 평균수리에 소요되는 시간

**40** 인간공학적인 의자설계를 위한 일반적 원칙으로 적절하지 않은 것은?

① 척추의 허리 부분은 요부 전만을 유지한다.
② 허리 강화를 위하여 쿠션을 설치하지 않는다.
③ 좌판의 앞 모서리 부분은 5[cm] 정도 낮아야 한다.
④ 좌판과 등받이 사이의 각도는 95~105[°]를 유지하도록 한다.

해설 ▶ 인간공학적 의자설계의 특징
- 요부는 전만을 유지해야 한다. 즉, 허리는 앞으로 활처럼 휘어야 한다.
- 조정이 용이해야 한다.
- 등근육의 정적부하를 줄인다.
- 디스크가 받는 압력을 줄인다.
- 의자 쿠션의 두께는 4~5[cm] 정도 하여 탄력성과 통기성이 좋은 것을 사용한다.

## 3과목 기계위험방지기술

**41** 지게차의 안정도 기준으로 틀린 것은?

① 기준부하상태에서 주행 시의 전후 안정도는 8[%] 이내이다.
② 하역 작업 시의 좌우 안정도는 최대하중상태에서 포크를 가장 높이 올리고 마스트를 가장 뒤로 기울인 상태에서 6[%] 이내이다.
③ 하역 작업 시의 전후 안정도는 최대하중상태에서 포크를 가장 높이 올린 경우 4[%] 이내이며, 5톤 이상은 3.5[%] 이내이다.
④ 기준무부하상태에서 주행 시의 좌우 안정도는 (15+1.1×V)[%] 이내이고, V는 구내최고속도[km/h]를 의미한다.

해설 주행 시 전후 안정도는 18[%]이다.
▶ 지게차의 안정도 기준
1. 하역 시
   - 전후 4[%] (5[t] 3.5[%])
   - 좌우 6[%]
2. 주행 시
   - 전후 18[%]
   - 좌우 최대 40[%] / 15+1.1v[%] 이내

**42** 산업안전보건법령상 프레스를 사용하여 작업을 할 때 작업 시작 전 점검항목에 해당하지 않는 것은?

① 전선 및 접속부 상태
② 클러치 및 브레이크의 기능
③ 프레스의 금형 및 고정볼트 상태
④ 1행정 1정지기구·급정지장치 및 비상정지장치의 기능

해설 ▶ 프레스 작업 시작 전 점검항목
- 클러치 및 브레이크의 기능
- 크랭크축·플라이휠·슬라이드·연결봉 및 연결나사의 풀림 여부
- 1행정 1정지기구·급정지장치 및 비상정지장치의 기능
- 슬라이드 또는 칼날에 의한 위험방지기구의 기능
- 프레스의 금형 및 고정볼트 상태
- 방호장치의 기능
- 전단기(剪斷機)의 칼날 및 테이블의 상태

해설 ▶ 손쳐내기식 방호장치에서 방호판의 기준
방호판의 폭은 금형 폭의 1/2(금형의 폭이 200[mm] 이하에서 사용하는 방호판의 폭은 100[mm]) 이상이어야 하며 또 높이가 행정길이(행정길이가 300[mm]를 넘는 것은 300[mm]의 방호판) 이상이 되어야 한다.

**43** 프레스의 분류 중 동력 프레스에 해당하지 않는 것은?
① 크랭크 프레스
② 토글 프레스
③ 마찰 프레스
④ 아버 프레스

해설 아버 프레스는 사람의 힘으로 축을 조작할 수 있는 프레스이다.

**45** 다음 중 드릴링 작업에 있어서 공작물을 고정하는 방법으로 가장 적절하지 않은 것은?
① 작은 공작물은 바이스로 고정한다.
② 작고 길쭉한 공작물은 플라이어로 고정한다.
③ 대량 생산과 정밀도를 요구할 때는 지그로 고정한다.
④ 공작물이 크고 복잡할 때는 볼트와 고정구로 고정한다.

해설 ▶ 드릴링 작업 시 주의사항
- 회전하고 있는 주축이나 드릴에 손이나 걸레를 대거나 머리를 가까이 하지 말 것
- 드릴 사용 전에 점검하고 상처나 균열이 있는 것은 사용하지 않는다.
- 가공 중에 드릴의 절삭률이 불량해지고 이상음이 발생하면 중지하고 즉시 드릴을 바꾼다.
- 드릴의 착탈은 회전이 완전히 멈춘 다음 행한다.
- 작은 물건은 바이스나 클램프를 사용하여 장착하고, 직접 손으로 지지하는 것을 피한다.
- 가공 중 드릴이 깊이 먹어 들어가면 기계를 멈추고 손 돌리기로 드릴을 뽑아낸다.
- 드릴이나 척을 뽑을 때는 공구를 사용하고 해머 등으로 두드려서는 안 된다.
- 드릴이나 척을 뽑을 때는 되도록 주축을 내려서 낙하거리를 적게 하고 테이블 등에 나뭇조각 등을 놓고 받는다.
- 레디얼드릴머신은 작업 중 컬럼(column)과 암(arm)을 확실하게 체결하여 암을 선회시킬 때 주위에 조심한다. 정지 시는 암을 베이스의 중심 위치에 놓는다.
- 공작물과 드릴이 함께 회전하는 경우 : 거의 구멍을 뚫었을 때

**44** 프레스의 손쳐내기식 방호장치에서 방호판의 기준에 대한 설명이다. ( )에 들어갈 내용으로 맞는 것은?

> 방호판의 폭은 금형 폭의 ( ㉠ ) 이상이어야 하고, 행정길이가 ( ㉡ )[mm] 이상인 프레스 기계에서는 방호판의 폭을 ( ㉢ )[mm]로 해야 한다.

① ㉠ 1/2, ㉡ 300, ㉢ 200
② ㉠ 1/2, ㉡ 300, ㉢ 300
③ ㉠ 1/3, ㉡ 300, ㉢ 200
④ ㉠ 1/3, ㉡ 300, ㉢ 300

정답  43 ④  44 ②  45 ②

**46** 다음 중 연삭기를 이용한 작업의 안전대책으로 가장 옳은 것은?

① 연삭숫돌의 최고 원주 속도 이상으로 사용하여야 한다.
② 운전 중 연삭숫돌의 균열 확인을 위해 수시로 충격을 가해 본다.
③ 정밀한 작업을 위해서는 연삭기의 덮개를 벗기고 숫돌의 정면에 서서 작업한다.
④ 작업 시작 전에는 1분 이상 시운전을 하고, 숫돌의 교체 시에는 3분 이상 시운전을 한다.

해설 ▶ 연삭숫돌의 덮개 등

> 「산업안전보건기준에 관한 규칙」 제122조
> ① 사업주는 회전 중인 연삭숫돌(지름이 5센티미터 이상인 것으로 한정한다)이 근로자에게 위험을 미칠 우려가 있는 경우에 그 부위에 덮개를 설치하여야 한다.
> ② 사업주는 연삭숫돌을 사용하는 작업의 경우 작업을 시작하기 전에는 1분 이상, 연삭숫돌을 교체한 후에는 3분 이상 시험운전을 하고 해당 기계에 이상이 있는지를 확인하여야 한다.
> ③ 시험운전에 사용하는 연삭숫돌은 작업 시작 전에 결함이 있는지를 확인한 후 사용하여야 한다.
> ④ 사업주는 연삭숫돌의 최고 사용회전속도를 초과하여 사용하도록 해서는 아니 된다.
> ⑤ 사업주는 측면을 사용하는 것을 목적으로 하지 않는 연삭숫돌을 사용하는 경우 측면을 사용하도록 해서는 아니 된다.

**47** 위험한 작업점과 작업자 사이의 위험을 차단시키는 격리형 방호장치가 아닌 것은?

① 접촉반응형 방호장치
② 완전차단형 방호장치
③ 덮개형 방호장치
④ 안전방책

해설 접촉반응형은 접촉해야 하기 때문에 격리형이 아니다.
▶ 격리형 방호장치
작업자가 작업점에 접촉되어 재해를 당하지 않도록 기계설비 외부에 차단벽이나 방호망을 설치하는 것
• 덮개 : 가장 많이 사용하는 방식
• 종류 : 완전차단형 방호장치, 덮개형 방호장치, 안전방책

**48** 롤러기에 사용되는 급정지장치의 종류가 아닌 것은?

① 손조작식
② 발조작식
③ 무릎조작식
④ 복부조작식

해설 ▶ 롤러기 급정지장치 종류
• 손조작식 : 1.8[m] 이하
• 무릎조작식 : 0.4[m] 이상 0.6[m] 이하
• 복부조작식 : 0.8[m] 이상 1.1[m] 이하

**49** 다음 중 컨베이어(conveyor)의 방호장치로 볼 수 없는 것은?

① 반발예방장치
② 이탈방지장치
③ 비상정지장치
④ 덮개 또는 울

해설 ▶ 컨베이어 방호장치
• 이탈 등의 방지장치
• 비상정지장치
• 덮개 또는 울

**50** 컨베이어 역전방지장치의 형식 중 전기식 장치에 해당하는 것은?

① 라쳇 브레이크
② 밴드 브레이크
③ 롤러 브레이크
④ 슬러스트 브레이크

정답  46 ④  47 ①  48 ②  49 ①  50 ④

해설
- 기계식 장치 : 라쳇, 밴드, 롤러
- 전기식 장치 : 슬러스트, 전기

**51** 구멍이 있거나 노치(notch) 등이 있는 재료에 외력이 작용할 때 가장 현저하게 나타나는 현상은?

① 가공경화
② 피로
③ 응력집중
④ 크리프(creep)

해설 ▶ 응력집중(stress concentration)
응력이 국부적으로 증대하는 현상으로, 재료에 구멍이 있거나 노치 등이 있을 때, 이 재료에 외력이 작용하면 국부적으로 응력이 커져 재료가 파괴된다.

**52** 롤러기의 급정지장치 중 복부조작식과 무릎조작식의 조작부 위치 기준은? (단, 밑면과 상대거리를 나타낸다)(순서대로 복부조작식 / 무릎조작식)

① 0.5~0.7[m] / 0.2~0.4[m]
② 0.8~1.1[m] / 0.4~0.6[m]
③ 0.8~1.1[m] / 0.6~0.8[m]
④ 1.1~1.4[m] / 0.8~1.0[m]

해설 ▶ 롤러기 급정지장치의 조작부 위치
- 손조작식 : 1.8[m] 이내
- 복부조작식 : 0.8[m] 이상 1.1[m] 이내
- 무릎조작식 : 0.4[m] 이상 0.6[m] 이내

**53** 산업용 로봇에 지워지지 않는 방법으로 반드시 표시해야 하는 항목이 있는데 다음 중 이에 속하지 않는 것은?

① 제조자의 이름과 주소, 모델번호 및 제조일련번호, 제조연월
② 매니퓰레이터 회전 반경
③ 중량
④ 이동 및 설치를 위한 인양 지점

해설 ▶ 산업용 로봇의 필수 표시항목
- 제조자의 이름과 주소, 모델번호 및 제조일련번호, 제조연월
- 중량
- 전기 또는 유공압 시스템에 대한 공급 사양
- 이동 및 설치를 위한 인양 지점
- 부하능력

**54** 작업자의 신체움직임을 감지하여 프레스의 작동을 급정지시키는 광전자식 안전장치를 부착한 프레스가 있다. 안전거리가 48[cm]인 경우 급정지에 소요되는 시간은 최대 몇 초 이내일 때 안전한가? (단, 급정지에 소요되는 시간은 손이 광선을 차단한 순간부터 급정지기구가 작동하여 슬라이드가 정지할 때까지의 시간을 의미한다)

① 0.1초
② 0.2초
③ 0.3초
④ 0.5초

해설
$D = 1.6(T_l + T_s)$
$480[mm] = 1,600(T_l + T_s)$
$T_l + T_s = \dfrac{480}{1,600} = 0.3초$

여기서, $D$ : 안전거리[m]
$T_l$ : 방호장치의 작동시간[즉, 손이 광선을 차단했을 때부터 급정지기구가 작동을 개시할 때까지의 시간(초)]
$T_s$ : 프레스의 최대 정지시간[즉, 급정지기구가 작동을 개시할 때부터 슬라이드가 정지할 때까지의 시간(초)]

정답  51 ③  52 ②  53 ②  54 ③

**55** 연삭기의 방호장치에 해당하는 것은?

① 주수장치　　② 덮개장치
③ 제동장치　　④ 소화장치

**해설** 연삭기의 방호장치는 덮개장치이다.

**56** 목재가공용 둥근톱에서 둥근톱의 두께가 4[mm]일 때 분할날의 두께는 몇 [mm] 이상이어야 하는가?

① 4.0　　② 4.2
③ 4.4　　④ 4.8

**해설** ▶ 분할날(spreader)의 두께
분할날의 두께는 톱날의 1.1배 이상이고, 톱날의 치진폭 미만으로 할 것
$1.1\, t_1 \leq t_2 < b$
4의 1.1배 = 4.4

**57** 기계운동의 형태에 따른 위험점 분류에 해당되지 않는 것은?

① 끼임점　　② 회전물림점
③ 협착점　　④ 절단점

**해설** ▶ 위험점의 분류
협착점, 끼임점, 절단점, 물림점, 접선물림점, 회전말림점

**58** 다음 중 원통보일러의 종류가 아닌 것은?

① 입형 보일러
② 노통보일러
③ 연관보일러
④ 관류보일러

**해설**

원통보일러(저압보일러)
- 입형 보일러
  - 입형 횡관보일러
  - 입형 연관보일러
  - 입형 횡연관보일러
- 횡형 보일러
  - 노통보일러
  - 연관보일러
  - 노통 연관보일러

**59** 지게차의 헤드가드 상부 틀에 있어서 각 개구부의 폭 또는 길이의 크기는?

① 8[cm] 미만
② 10[cm] 미만
③ 16[cm] 미만
④ 20[cm] 미만

**해설** ▶ 지게차 헤드가드 설치기준
- 상부 틀 각 개구의 폭 또는 길이가 16[cm] 미만일 것
- 앉아서 조작하는 방식 : (운전석)좌석 상면에서 헤드가드 상부 틀(프레임) 하면까지 높이 0.093[m] 이상일 것
- 서서 조작하는 방식 : 바닥면에서 헤드가드 상부 틀(프레임) 하면까지 높이 1.88[m] 이상일 것

**60** 다음 중 접근반응형 방호장치에 해당되는 것은?

① 양수조작식 방호장치
② 손쳐내기식 방호장치
③ 덮개식 방호장치
④ 광전자식 방호장치

**해설** ▶ 방호장치의 분류
- 격리형 방호장치 : 완전차단형 방호장치, 덮개형 방호장치, 안전방책
- 위치제한형 방호장치 : 양수조작식 방호장치
- 접근거부형 방호장치 : 수인식 방호장치, 손쳐내기식 방호장치
- 접근반응형 방호장치 : 감응식 방호장치, 광전자식 방호장치

**정답**　55 ②　56 ③　57 ②　58 ④　59 ③　60 ④

## 4과목 전기 및 화학설비위험방지기술

**61** 페인트를 스프레이로 뿌려 도장작업을 하는 작업 중 발생할 수 있는 정전기 대전으로만 이루어진 것은?

① 유동대전, 충돌대전
② 유동대전, 마찰대전
③ 분출대전, 충돌대전
④ 분출대전, 유동대전

**해설** ▶ 정전기의 대전
- 충돌대전 : 분체류와 같은 입자 상호 간이나 입자와 고체와의 충돌에 의해 빠른 접촉 또는 분리가 행하여짐으로써 정전기가 발생되는 현상
- 유동대전 : 액체류가 파이프 등 내부에서 유동할 때 액체와 관 벽 사이에서 정전기가 발생되는 현상
- 박리대전 : 고체나 분체류와 같은 물체가 파괴되었을 때 전하분리에 의해 정전기가 발생되는 현상으로 밀착되었던 두 물체가 떨어질 때 자유전자의 이동으로 발생하는 것(테이프, 필름, 셔츠를 벗을 때 나타난다)
- 분출대전 : 분체류, 액체류, 기체류가 단면적이 작은 분출구를 통해 공기 중으로 분출될 때 분출하는 물질과 분출구의 마찰로 인해 정전기가 발생되는 현상

**62** 도체의 정전용량 C=20[μF], 대전전위(방전 시 전압) V=3[kV]일 때 정전에너지(J)는?

① 45
② 90
③ 180
④ 360

**해설** $W = \frac{1}{2}QV = \frac{1}{2}CV^2[J]$
$\frac{1}{2} \times 20 \times 3^2 = 90$

**63** 송전선의 경우 복도체 방식으로 송전하는데 이는 어떤 방전 손실을 줄이기 위한 것인가?

① 코로나방전
② 평등방전
③ 불꽃방전
④ 자기방전

**해설** 코로나방전은 전선 자체의 한계를 초과하는 전압이 들어가서 전선 주변에 공기 절연이 파괴되어 방전되는 현상으로 전력의 손실이 크다. 따라서 송전선의 경우 복도체 방식(송전선에서 1상의 도체수를 2~4개 정도를 적당한 간격으로 하는 방식)으로 송전을 하면 코로나방전 손실을 줄일 수 있다.

**64** 건설현장에서 사용하는 임시배선의 안전대책으로 거리가 먼 것은?

① 모든 전기기기의 외함은 접지시켜야 한다.
② 임시배선은 다심케이블을 사용하지 않아도 된다.
③ 배선은 반드시 분전반 또는 배전반에서 인출해야 한다.
④ 지상 등에서 금속판으로 방호할 때는 그 금속관을 접지해야 한다.

**해설** 다심케이블은 임시배선에 사용해도 된다.

**65** 다음 중 방폭구조의 종류와 기호를 올바르게 나타낸 것은?

① 안전증 방폭구조 : e
② 몰드 방폭구조 : n
③ 충전 방폭구조 : p
④ 압력 방폭구조 : o

61 ③  62 ②  63 ①  64 ②  65 ①

해설 ▶ 방폭구조의 종류와 기호
- 내압 방폭구조 : d
- 압력 방폭구조 : p
- 충전 방폭구조 : q
- 유입 방폭구조 : o
- 안전증 방폭구조 : e
- 본질안전 방폭구조 : ia, ib
- 몰드 방폭구조 : m

**66** 전기화재의 원인을 직접원인과 간접원인으로 구분할 때, 직접원인과 거리가 먼 것은?

① 애자의 오손
② 과전류
③ 누전
④ 절연열화

해설 ▶ 전기화재의 직접원인
- 과전류 : 전기가 과함
- 누전 : 전기가 새는 것
- 절연열화 : 기기나 재료에 전기나 열이 통하지 않도록 하는 기능이 점차 약해지는 현상

**67** 방폭구조의 종류 중 방진 방폭구조를 나타내는 표시로 옳은 것은?

① DDP
② tD
③ XDP
④ DP

해설 ▶ 방진 방폭구조(tD)
- SDP : 특수방진 방폭구조
- DP : 보통방진 방폭구조
- XDP : 방진특수 방폭구조

**68** 다음 중 폭굉(detonation) 현상에 있어서 폭굉파의 진행 전면에 형성되는 것은?

① 증발열
② 충격파
③ 역화
④ 화염의 대류

해설 폭굉은 폭발하는 것으로 충격파가 먼저 형성된다.

**69** 산업안전보건법령에서 규정한 위험물질을 기준량 이상으로 제조 또는 취급하는 특수화학설비에 설치하여야 할 계측장치가 아닌 것은?

① 온도계
② 유량계
③ 압력계
④ 경보계

해설 특수화학장비에 설치해야 할 계측장치로는 온도계, 유량계, 압력계가 있다.

**70** 점화원 없이 발화를 일으키는 최저온도를 무엇이라 하는가?

① 착화점
② 연소점
③ 용융점
④ 기화점

해설 착화점(발화점) : 외부로부터 점화하지 않더라도 발화하여 연소를 계속하게 되는 최저 온도

정답  66 ①  67 ②  68 ②  69 ④  70 ①

**71** 다음 중 증류탑의 원리로 거리가 먼 것은?

① 끓는점(휘발성) 차이를 이용하여 목적 성분을 분리한다.
② 열이동은 도모하지만 물질이동은 관계하지 않는다.
③ 기-액 두 상의 접촉이 충분히 일어날 수 있는 접촉 면적이 필요하다.
④ 여러 개의 단을 사용하는 다단탑이 사용될 수 있다.

해설 증류탑은 끓는점의 차이를 이용해서 물질들을 분리시키려고 만든 것으로, 물질이동이 되어야 한다.

**72** 다음 중 반응기의 운전을 중지할 때 필요한 주의사항으로 가장 적절하지 않은 것은?

① 급격한 유량 변화를 피한다.
② 가연성 물질이 새거나 흘러나올 때의 대책을 사전에 세운다.
③ 급격한 압력 변화 또는 온도 변화를 피한다.
④ 80~90[℃]의 염산으로 세정을 하면서 수소가스로 잔류가스를 제거한 후 잔류물을 처리한다.

해설 반응기는 반응을 자유롭게 제어할 수 있는 것으로, 잔류가스는 수소가스와 반응하여 폭발할 수 있다.

**73** 「산업안전보건기준에 관한 규칙」에 따라 폭발성 물질을 저장·취급하는 화학설비 및 그 부속설비를 설치할 때, 단위공정시설 및 설비로부터 다른 단위공정시설 및 설비 사이의 안전거리는 설비 바깥면으로부터 몇 [m] 이상 두어야 하는가? (단, 원칙적인 경우에 한한다)

① 3  ② 5
③ 10  ④ 20

해설 ◎ 안전거리
- 단위공정시설 및 설비로부터 다른 단위공정시설 및 설비의 사이 : 설비의 바깥 면으로부터 10미터 이상
- 플레어스택으로부터 위험물 저장 탱크, 위험물하역설비 사이 : 20[m] 이상
- 위험물 저장 탱크로부터 단위공정설비, 보일러, 가열로 사이 : 저장 탱크 외면에서 20[m] 이상
- 사무실, 연구실, 식당 등으로부터 공정설비, 위험물 탱크, 보일러, 가열로 사이 : 사무실 등 외면으로부터 20[m] 이상

**74** 위험물안전관리법령상 제3류 위험물이 아닌 것은?

① 황화린  ② 금속나트륨
③ 황린  ④ 금속칼륨

해설 3류 위험물은 칼륨, 나트륨, 알칼알루미늄, 알칼리튬, 황린, 알칼리금속, 알칼토금속, 유기금속화합물, 금속의 수소화물, 금속의 인화물, 칼슘, 알루미늄의 탄화물 등이고, 황화린은 제2류 위험물이다.

**75** 다음 물질 중 가연성 가스가 아닌 것은?

① 수소  ② 메탄
③ 프로판  ④ 염소

해설 염소는 맹독성, 산화성

**76** 응상폭발에 해당되지 않는 것은?

① 수증기 폭발
② 전선 폭발
③ 증기 폭발
④ 분진 폭발

정답 71 ② 72 ④ 73 ③ 74 ① 75 ④ 76 ④

해설
- 응상폭발 : 보일러, 수증기, 증기, 전선 폭발
- 기상폭발 : 가스, 분해, 분무, 분진 폭발

**77** 여러 가지 성분의 액체 혼합물을 각 성분별로 분리하고자 할 때 비점의 차이를 이용하여 분리하는 화학설비를 무엇이라 하는가?

① 건조기
② 반응기
③ 진공관
④ 증류탑

해설 증류탑 : 증발하기 쉬운 차이(비점의 차이)를 이용하여 액체혼합물의 성분을 분리하기 위한 장치이다.

**78** 산소용기의 압력계가 100[kgf/cm²]일 때 약 몇 psia인가? (단, 대기압은 표준대기압이다)

① 1,465
② 1,455
③ 1,438
④ 1,423

해설 psia는 절대압력 기준이어서 대기압을 더해준다.
절대압력 = 게이지압력 + 대기압
1422.3psi
psi = 14.223
psia = psi + 14.7
psia = 14.223 × 100 + 14.7 = 1,438

**79** 물반응성 물질에 해당하는 것은?

① 니트로화합물
② 칼륨
③ 염소산나트륨
④ 부탄

해설 ▶ 물반응성 물질
- 리튬
- 칼륨
- 나트륨
- 알킬알루미늄
- 알킬리튬
- 황린
- 알칼리금속(리튬, 칼륨 및 나트륨 제외)
- 유기금속화합물(알킬알루미늄 및 알킬리튬 제외)
- 금속의 수소화물
- 금속의 인화물
- 칼슘 또는 알루미늄의 탄화물

**80** 다음 중 화재의 종류가 옳게 연결된 것은?

① A급 화재 - 유류화재
② B급 화재 - 유류화재
③ C급 화재 - 일반화재
④ D급 화재 - 일반화재

해설 ▶ 화재의 종류

| 급별 | 명칭 |
| --- | --- |
| A급 화재(백색) | 일반화재 |
| B급 화재(황색) | 유류화재 |
| C급 화재(청색) | 전기화재 |
| D급 화재(무색) | 금속화재 |

정답  77 ④  78 ③  79 ②  80 ②

## 5과목 건설안전기술

**81** 건설현장에서 계단을 설치하는 경우 계단의 높이가 최소 몇 [m] 이상일 때 계단의 개방된 측면에 안전난간을 설치하여야 하는가?

① 0.8[m]
② 1.0[m]
③ 1.2[m]
④ 1.5[m]

**해설** 높이 1[m] 이상인 계단의 개방된 측면에 안전난간을 설치하여야 한다.

**82** 건설작업용 리프트에 대하여 바람에 의한 붕괴를 방지하는 조치를 한다고 할 때 그 기준이 되는 풍속은?

① 순간풍속 30[m/sec] 초과
② 순간풍속 35[m/sec] 초과
③ 순간풍속 40[m/sec] 초과
④ 순간풍속 45[m/sec] 초과

**해설**
- 이탈방지기준 : 순간풍속 30[m/sec] 초과
- 붕괴방지기준 : 순간풍속 35[m/sec] 초과

**83** 지반의 종류에 따른 굴착면의 기울기 기준으로 옳지 않은 것은?

① 보통 흙의 습지 – 1 : 1~1 : 1.5
② 연암 – 1 : 0.7
③ 풍화암 – 1 : 1.0
④ 보통 흙의 건지 – 1 : 0.5~1 : 1

**해설** 굴착면의 기울기 기준
- 습지 : 1 : 1~1 : 1.5
- 건지 : 1 : 0.5~1 : 1
- 풍화암 : 1 : 1.0
- 연암 : 1 : 1.0
- 경암 : 1 : 0.5
(※ 안전기준 : 2021.11.19. 개정)

**84** 작업발판 및 통로의 끝이나 개구부로서 근로자가 추락할 위험이 있는 장소에서의 방호조치로 옳지 않은 것은?

① 안전난간 설치
② 와이어로프 설치
③ 울타리 설치
④ 수직형 추락방망 설치

**해설** 근로자가 추락할 위험이 있는 장소에서의 방호장치
안전난간, 울타리, 수직형 추락방망 또는 덮개
* 덮개를 설치하는 경우에는 뒤집히거나 떨어지지 않도록 설치

**85** 이동식 비계를 조립하여 작업을 하는 경우의 준수사항으로 옳지 않은 것은?

① 이동식 비계의 바퀴에는 뜻밖의 갑작스러운 이동 또는 전도를 방지하기 위하여 브레이크·쐐기 등으로 바퀴를 고정시킨 다음 비계의 일부를 견고한 시설물에 고정하거나 아웃트리거(outrigger)를 설치하는 등 필요한 조치를 할 것
② 작업발판은 항상 수평을 유지하고 작업발판 위에서 안전난간을 딛고 작업을 하지 않도록 하며, 대신 받침대 또는 사다리를 사용하여 작업할 것
③ 비계의 최상부에서 작업을 하는 경우에는 안전난간을 설치할 것
④ 작업발판의 최대 적재하중은 250[kg]을 초과하지 않도록 할 것

**정답**
81 ② 82 ② 83 ② 84 ② 85 ②

해설 작업발판은 항상 수평을 유지하고 작업발판 위에서 안전난간을 딛고 작업을 하거나 받침대 또는 사다리를 사용하여 작업하지 않도록 할 것

**86** 추락에 의한 위험방지를 위해 해당 장소에서 조치해야 할 사항과 거리가 먼 것은?

① 추락방호망 설치
② 안전난간 설치
③ 덮개 설치
④ 투하설비 설치

해설 투하설비의 경우 추락이 아닌 낙하물에 대한 사항이다.

**87** 강관을 사용하여 비계를 구성하는 경우 준수해야 할 기준으로 옳지 않은 것은? 〈수정〉

① 비계기둥의 간격은 띠장 방향에서는 1.85[m] 이하, 장선(長線) 방향에서는 1.5[m] 이하로 할 것
② 띠장 간격은 1.5[m] 이하로 설치하되, 첫 번째 띠장은 지상으로부터 2.5[m] 이하의 위치에 설치할 것
③ 비계기둥의 제일 윗부분으로부터 31[m] 되는 지점 밑부분의 비계기둥은 2개의 강관으로 묶어 세울 것
④ 비계기둥 간의 적재하중은 400[kg]을 초과하지 않도록 할 것

해설 ● 강관비계의 구조

「산업안전보건기준에 관한 규칙」 제60조
1. 비계기둥의 간격은 띠장 방향에서는 1.85[m] 이하, 장선(長線) 방향에서는 1.5[m] 이하로 할 것. 다만, 선박 및 보트 건조작업의 경우 안전성에 대한 구조검토를 실시하고 조립도를 작성하면 띠장 방향 및 장선 방향으로 각각 2.7[m] 이하로 할 수 있다.
2. 띠장 간격은 2.0[m] 이하로 할 것. 다만, 작업의 성질상 이를 준수하기가 곤란하여 쌍기둥틀 등에 의하여 해당 부분을 보강한 경우에는 그러하지 아니하다.
3. 비계기둥의 제일 윗부분으로부터 31[m]되는 지점 밑부분의 비계기둥은 2개의 강관으로 묶어 세울 것. 다만, 브라켓(bracket, 까치발) 등으로 보강하여 2개의 강관으로 묶을 경우 이상의 강도가 유지되는 경우에는 그러하지 아니하다.
4. 비계기둥 간의 적재하중은 400[kg]을 초과하지 않도록 할 것

**88** 철골작업을 중지하여야 하는 풍속과 강우량 기준으로 옳은 것은?

① 풍속 : 10[m/sec] 이상, 강우량 : 1[mm/h] 이상
② 풍속 : 5[m/sec] 이상, 강우량 : 1[mm/h] 이상
③ 풍속 : 10[m/sec] 이상, 강우량 : 2[mm/h] 이상
④ 풍속 : 5[m/sec] 이상, 강우량 : 2[mm/h] 이상

해설 ● 철골작업을 중지하여야 하는 풍속과 강우량, 강설량 기준
• 풍속 : 초당 10[m] 이상
• 강우량 : 시간당 1[mm] 이상
• 강설량 : 시간당 1[cm] 이상

정답  86 ④  87 ②  88 ①

**89** 화물취급작업 중 화물적재 시 준수하여야 할 사항으로 옳지 않은 것은?

① 침하 우려가 없는 튼튼한 기반 위에 적재할 것
② 중량의 화물은 공간의 효율성을 고려하여 건물의 칸막이나 벽에 기대어 적재할 것
③ 불안정할 정도로 높이 쌓아 올리지 말 것
④ 하중이 한쪽으로 치우치지 않도록 쌓을 것

해설 ▶ 화물의 적재

「산업안전보건기준에 관한 규칙」 제393조
1. 침하 우려가 없는 튼튼한 기반 위에 적재할 것
2. 건물의 칸막이나 벽 등이 화물의 압력에 견딜 만큼의 강도를 지니지 아니한 경우에는 칸막이나 벽에 기대어 적재하지 않도록 할 것
3. 불안정할 정도로 높이 쌓아 올리지 말 것
4. 하중이 한쪽으로 치우치지 않도록 쌓을 것

**90** 콘크리트를 타설할 때 안전상 유의하여야 할 사항으로 옳지 않은 것은?

① 콘크리트를 치는 도중에는 거푸집, 지보공 등의 이상 유무를 확인한다.
② 진동기 사용 시 지나친 진동은 거푸집 도괴의 원인이 될 수 있으므로 적절히 사용해야 한다.
③ 최상부의 슬래브는 되도록 이어붓기를 하고, 여러 번에 나누어 콘크리트를 타설한다.
④ 타워에 연결되어 있는 슈트의 접속이 확실한지 확인한다.

해설 ▶ 콘크리트 타설 시 유의사항
• 콘크리트 타설작업 전 거푸집, 지보공 이상 여부 조사
  거푸집, 지보공의 변형, 변위 및 지반의 침하 유무를 점검하고 이상 발견 시 보수한다.
• 콘크리트 타설 중 거푸집, 지보공 감시자 배치
  거푸집, 지보공의 변형 변위 및 침하 유무 등을 감시할 수 있는 감시자를 배치한다.
• 콘크리트 타설 순서를 준수한다.
  콘트리트 타설은 타설순서를 정하여 타설한다. 콘크리트는 한 곳에 치우쳐 부어 넣으면 거푸집 전체가 기울어지거나 변형되어 붕괴할 위험이 있다.
• 콘크리트 타설속도를 준수한다.
  콘크리트 타설속도가 너무 빠르면 거푸집에 큰 압력이 작용하므로 기둥 같은 경우 보통 1시간에 2m 이하로 타설한다.
• 콘크리트 타설용 파이프의 연결 부위 점검
  콘크리트 타설용 플렉시블 파이프는 타설시작 시 갑자기 요동하거나 연결 부위가 빠지는 경우가 있으므로 작업 전 연결부 확인

**91** 다음 셔블계 굴착장비 중 좁고 깊은 굴착에 가장 적합한 장비는?

① 드래그라인(dragline)
② 파워셔블(power shovel)
③ 백호(back hoe)
④ 클램쉘(clam shell)

해설 클램쉘(Clam shell) : 건축구조물의 기초 등 정해진 범위의 깊은 굴착에 적합. 상대적으로 파는 힘은 약하다.

**92** 터널 등의 건설작업을 하는 경우에 낙반 등에 의하여 근로자가 위험해질 우려가 있는 경우, 그 위험을 방지하기 위하여 취해야 할 조치와 거리가 먼 것은?

① 터널 지보공 설치
② 록볼트 설치
③ 부석의 제거
④ 산소의 측정

89 ② 90 ③ 91 ④ 92 ④

해설 ▶ 낙반 등에 의한 위험의 방지

「산업안전보건기준에 관한 규칙」 제351조
사업주는 터널 등의 건설작업을 하는 경우에 낙반 등에 의하여 근로자가 위험해질 우려가 있는 경우에 터널 지보공 및 록볼트의 설치, 부석(浮石)의 제거 등 위험을 방지하기 위하여 필요한 조치를 하여야 한다.

**93** 유한사면에서 사면기울기가 비교적 완만한 점성토에서 주로 발생되는 사면파괴의 형태는?

① 저부파괴
② 사면선단파괴
③ 사면내파괴
④ 국부전단파괴

해설
- 저부파괴 : 경사가 완만하고 연약한 점토 지반
- 사면선단파괴 : 경사가 급하고 연약한 점토지반(점착성이 적음)
- 사면내파괴 : 점토층이 여러 층일 때 발생(사면선단파괴의 일종)

**94** 다음 공사 규모를 가진 사업장 중 유해위험방지계획서를 제출해야 할 대상 사업장은?

① 최대 지간길이가 40[m]인 교량 건설공사
② 연면적 4,000[m²]인 종합병원 공사
③ 연면적 3,000[m²]인 종교시설 공사
④ 연면적 6,000[m²]인 지하도상가 공사

해설 ▶ 유해위험방지계획서 제출대상 사업장
- 지상높이가 31[m] 이상인 건축물 또는 인공구조물
- 연면적 3만[m²] 이상인 건축물
- 연면적 5천[m²] 이상인 시설로서 문화집회, 판매, 운수, 종교, 종합병원, 관광숙박시설, 지하도상가, 냉동냉장창고시설
- 연면적 5천[m²] 이상인 냉동·냉장창고시설의 설비공사 및 단열공사
- 최대 지간(支間)길이(다리의 기둥과 기둥의 중심 사이의 거리)가 50[m] 이상인 다리의 건설 등 공사
- 터널의 건설 등 공사
- 다목적댐, 발전용 댐, 저수용량 2천만 톤 이상의 용수전용 댐 및 지방상수도 전용 댐의 건설 등 공사
- 깊이 10[m] 이상인 굴착공사

**95** 절토공사 중 발생하는 비탈면 붕괴의 원인과 거리가 먼 것은?

① 함수비 고정으로 인한 균일한 흙의 단위중량
② 건조로 인하여 점성토의 점착력 상실
③ 점성토의 수축이나 팽창으로 균열 발생
④ 공사진행으로 비탈면의 높이와 기울기 증가

해설 ① 함수비가 고정이면 붕괴는 일어나지 않는다.
함수비＝물의 중량/흙입자의 중량×100[%]

**96** 다음 그림은 풍화암에서 토사붕괴를 예방하기 위한 기울기를 나타낸 것이다. x의 값은?

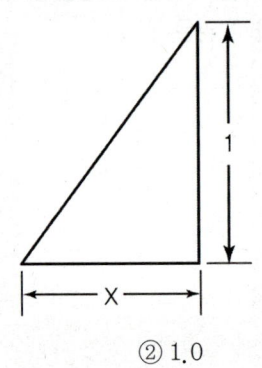

① 1.5
② 1.0
③ 0.8
④ 0.5

해설 습지 : 1 : 1～1 : 1.5
건지 : 1 : 0.5～1 : 1
풍화암 : 1 : 1.0(변경)
연암 : 1 : 1.0(변경)
경암 : 1 : 0.5(변경)
(2021년 11월 19일부터 개정된 규정)

정답 93 ① 94 ④ 95 ① 96 ②

**97** 안전관리비의 사용항목에 해당하지 않는 것은?

① 안전시설비
② 개인보호구 구입비
③ 접대비
④ 사업장의 안전·보건진단비

**해설** ● 안전관리비의 사용항목
- 안전관리자 등의 인건비 및 각종 업무수당 등
- 안전시설비 등
- 개인보호구 및 안전장구 구입비 등
- 사업장의 안전진단비
- 안전보건교육비 및 행사비 등
- 근로자의 건강관리비 등
- 건설재해예방기술지도비
- 본사 사용비

**98** 가설통로를 설치하는 경우 준수하여야 할 기준으로 옳지 않은 것은?

① 견고한 구조로 할 것
② 경사는 30[°] 이하로 할 것
③ 경사가 30[°]를 초과하는 경우에는 미끄러지지 아니하는 구조로 할 것
④ 수직갱에 가설된 통로의 길이가 15[m] 이상인 경우에는 10[m] 이내마다 계단참을 설치할 것

**해설** ● 가설통로의 구조

「산업안전보건기준에 관한 규칙」 제23조
1. 견고한 구조로 할 것
2. 경사는 30도 이하로 할 것. 다만, 계단을 설치하거나 높이 2미터 미만의 가설통로로서 튼튼한 손잡이를 설치한 경우에는 그러하지 아니하다.
3. 경사가 15도를 초과하는 경우에는 미끄러지지 아니하는 구조로 할 것
4. 추락할 위험이 있는 장소에는 안전난간을 설치할 것. 다만, 작업상 부득이한 경우에는 필요한 부분만 임시로 해체할 수 있다.
5. 수직갱에 가설된 통로의 길이가 15미터 이상인 경우에는 10미터 이내마다 계단참을 설치할 것
6. 건설공사에 사용하는 높이 8미터 이상인 비계다리에는 7미터 이내마다 계단참을 설치할 것

**99** 철골공사에서 나타나는 용접결함의 종류에 해당하지 않는 것은?

① 가우징(gouging)
② 오버랩(overlap)
③ 언더 컷(under cut)
④ 블로우 홀(bolw hole)

**해설**
① 가우징 : 모재의 홈을 파거나 결함을 제거하거나 하는 등 불필요한 부분 또는 유해한 부분을 제거하는 작업 방법
② 오버랩 : 용접개선 절단면을 초과하여 모재 상부까지 용접된 현상
③ 언더 컷 : 용접부 부근의 모재가 용접열에 의해 움푹 패인 현상
④ 블로우 홀 : 용접비드 표면으로 이물질이나 수분 등으로 인해 가스가 빠져나오면서 발생한 작은 구멍

**100** 거푸집 공사에 관한 설명으로 옳지 않은 것은?

① 거푸집 조립 시 거푸집이 이동하지 않도록 비계 또는 기타 공작물과 직접 연결한다.
② 거푸집 치수를 정확하게 하여 시멘트 모르타르가 새지 않도록 한다.
③ 거푸집 해체가 쉽게 가능하도록 박리제 사용 등의 조치를 한다.
④ 측압에 대한 안전성을 고려한다.

**해설** 거푸집 조립 시 지주의 침하를 방지하고 각부가 활동하지 않도록 조치하여야 하며, 강재와 강재의 접속 및 교차부는 클램프, 볼트, 철물로 연결하여야 한다.

97 ③  98 ③  99 ①  100 ①

# 2023년 제 1회 기출 복원문제

## 1과목 산업안전관리론

**01** 억측판단의 배경이 아닌 것은?

① 생략행위
② 초조한 심정
③ 희망적 관측
④ 과거의 성공한 경험

> **해설** ▶ 억측판단의 배경
> - 과거의 성공한 경험
> - 희망적 관측
> - 불확실한 정보나 지식
> - 초조한 심경

**02** 개인 카운슬링(Counseling) 방법으로 가장 거리가 먼 것은?

① 직접적 충고
② 설득적 방법
③ 설명적 방법
④ 반복적 충고

> **해설** ▶ 개인 카운슬링의 3가지 방법
> 직접적 충고, 설득적 방법, 설명적 방법

**03** 허츠버그(Herzberg)의 동기 · 위생 이론에 대한 설명으로 옳은 것은?

① 위생요인은 직무 내용에 관련된 요인이다.
② 동기요인은 직무에 만족을 느끼는 주요인이다.
③ 위생요인은 매슬로우 욕구단계 중 존경, 자아실현의 욕구와 유사하다.
④ 동기요인은 매슬로우 욕구단계 중 생리적 욕구와 유사하다.

> **해설** ▶ 허츠버그의 동기 · 위생 이론
> - 위생요인 : 인간의 동물적 욕구를 반영하는 것으로서 안전, 친교, 봉급, 감독 형태, 기업의 정책, 작업조건 등이 해당되며 Maslow의 생리적, 안전, 사회적 욕구와 비슷한 개념
> - 동기요인 : 자아실현을 하려는 인간의 독특한 경향(성취, 인정, 작업 자체, 책임감 등)을 반영한 것으로 Maslow의 자아실현 욕구와 비슷한 개념

**04** 산업안전보건법령상 안전인증대상 기계 · 기구 등이 아닌 것은?

① 프레스
② 전단기
③ 롤러기
④ 산업용 원심기

> **해설**
> - 안전인증대상 기계, 기구 : 프레스, 전단기, 절곡기, 크레인, 리프트, 압력용기, 롤러기, 사출성형기, 고소작업대, 곤돌라, 기계톱(이동식만 해당)
> - 산업용 원심기의 경우 안전인증대상 기계가 아니라 안전검사대상 유해, 위험기계의 종류로 분류된다.
> - ①~④ 모두 안전검사대상 유해, 위험기계의 종류로 분류된다.
> - 안전검사대상 > 안전인증대상

**정답**  01 ①  02 ④  03 ②  04 ④

**05** 산업안전보건법령상 안전·보건표지에 관한 설명으로 틀린 것은?

① 안전·보건표지 속의 그림 또는 부호의 크기는 안전·보건표지의 크기와 비례하여야 하며, 안전·보건표지 전체 규격의 30[%] 이상이 되어야 한다.
② 안전·보건표지 색채의 물감은 변질되지 아니하는 것에 색채 고정원료를 배합하여 사용하여야 한다.
③ 안전·보건표지는 그 표시내용을 근로자가 빠르고 쉽게 알아볼 수 있는 크기로 제작하여야 한다.
④ 안전·보건표지에는 야광물질을 사용하여서는 아니 된다.

> 해설 안전 및 보건표지의 경우 밤에 일하는 근로자가 사고 날 위험을 방지하기 위해 야광물질을 사용하여야 한다.

**06** 보호구 안전인증 고시에 따른 안전모의 일반 구조 중 턱끈의 최소 폭 기준은?

① 5[mm] 이상
② 7[mm] 이상
③ 10[mm] 이상
④ 12[mm] 이상

> 해설 안전모의 턱근의 폭은 10[mm] 이상이어야 한다.

**07** 기업 내 정형교육 중 TWI의 훈련내용이 아닌 것은?

① 작업방법훈련
② 작업지도훈련
③ 사례연구훈련
④ 인간관계훈련

> 해설 ▶ TWI의 훈련내용
> • 작업방법훈련(Job Method Training, JMT)
> • 작업지도훈련(Job Instruction Training, JIT)
> • 작업안전훈련(Job Safety Training, JST)
> • 인간관계훈련(Job Relations Training, JRT)

**08** 강의계획에 있어 학습목적의 3요소가 아닌 것은?

① 목표
② 주제
③ 학습 내용
④ 학습 정도

> 해설 ▶ 학습목적의 3요소
> • 학습 목표(goal) : 학습을 통하여 달성하려는 지표
> • 주제(subject) : 목적 달성을 위한 중심내용
> • 학습 정도(level for learning) : 주제를 학습시킬 때 내용 범위, 내용의 정도

**09** 산업안전보건법령상 근로자 안전·보건 교육의 기준으로 틀린 것은?

① 사무직 종사 근로자의 정기교육 : 매분기 3시간 이상
② 일용근로자의 작업 내용 변경 시의 교육 : 1시간 이상
③ 관리감독자의 지위에 있는 사람의 정기교육 : 연간 16시간 이상
④ 건설 일용 근로자의 건설업 기초안전·보건교육 : 2시간 이상

> 해설 ▶ 근로자 안전·보건 교육의 기준
> • 사무직, 판매직 : 매분기 3시간 이상
> • 관리감독자 : 연간 16시간 이상
> • 일용직 : 1시간 이상
> • 건설 일용직 : 4시간 이상
> • 사무직, 판매직도 아닌 근로자의 정기교육 : 매분기 6시간 이상
> • 일용직이 아닌 근로자의 채용교육 : 8시간 이상
> • 일용직이 아닌 근로자의 작업변경에 따른 교육 : 2시간 이상

정답: 05 ④  06 ③  07 ③  08 ③  09 ④

## 10 토의법의 유형 중 다음에서 설명하는 것은?

> 교육과제에 정통한 전문가 4~5명이 피교육자 앞에서 자유로이 토의를 실시한 다음에 피교육자 전원이 참가하여 사회자의 사회에 따라 토의하는 방법

① 포럼(forum)
② 패널 디스커션(panel discussion)
③ 심포지엄(symposium)
④ 버즈 세션(buzz session)

**해설**
① 포럼(forum) : 제시된 과제에 대해서 2명의 전문가가 대화를 해서 토의를 위한 재료 내지 화제를 제공하여 청중이 그 문제에 대해 생각해 보도록 하는 것
② 패널 디스커션(panel discussion) : 교육과제에 정통한 전문가 4~5명이 피교육자 앞에서 자유로이 토의를 실시한 다음에 피교육자 전원이 참가하여 사회자의 사회에 따라 토의하는 방법
③ 심포지엄(symposium) : 여러 사람의 강연자가 하나의 주제에 대해서 각각 다른 입장에서 짧은 강연을 하고, 그 뒤부터 청중으로부터 질문이나 의견을 내어 넓은 시야에서 문제를 생각하고, 많은 사람들에 관심을 가지고, 결론을 이끌어 내려고 하는 집단토론방식의 하나이다.
④ 버즈 세션(buzz session) : 집단의 구성원 모두가 적극적으로 참가하여 발언할 수 있도록 한 소집단 토의법. 6.6토의라고도 한다.

## 11 맥그리거(McGregor)의 X 이론에 따른 관리처방이 아닌 것은?

① 목표에 의한 관리
② 권위주의적 리더십 확립
③ 경제적 보상체제의 강화
④ 면밀한 감독과 엄격한 통제

**해설** ▶ X 이론의 관리처방(독재적 리더십)
- 권위주의적 리더십의 확보
- 경제적 보상체계의 강화
- 세밀한 감독과 엄격한 통제
- 상부책임제도의 강화(경영자의 간섭)
- 설득, 보상, 벌, 통제에 의한 관리

## 12 어느 공장의 재해율을 조사한 결과 도수율이 20이고, 강도율이 1.2로 나타났다. 이 공장에서 근무하는 근로자가 입사부터 정년퇴직할 때까지 예상되는 재해건수(a)와 이로 인한 근로 손실일수(b)는?

① a=20, b=1.2
② a=2, b=120
③ a=20, b=20
④ a=120, b=2

**해설** 예상 재해건수(a)=도수율×0.1=20×0.1=2
근로손실일수(b)=강도율×100=1.2×100=120

## 13 안전·보건표지의 기본모형 중 다음 그림의 기본모형의 표시사항으로 옳은 것은?

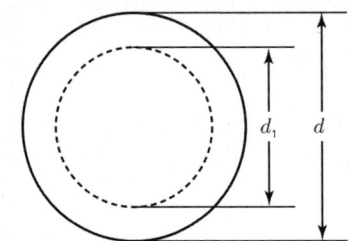

① 지시
② 안내
③ 경고
④ 금지

**해설**
- ○ : 지시
- ⦰ : 금지
- △, ◇ : 경고
- □ : 안내

## 14 지도자가 추구하는 계획과 목표를 부하직원이 자신의 것으로 받아들여 자발적으로 참여하게 하는 리더십의 권한은?

① 보상적 권한
② 강압적 권한
③ 위임된 권한
④ 합법적 권한

**해설**
- 보상적 권한, 강압적 권한, 합법적 권한 → 조직이 지도자에게 부여하는 권한
- 위임된 권한, 전문성의 권한 → 자발적인 권한

**정답** 10 ② 11 ① 12 ② 13 ① 14 ③

**15** 50인의 상시근로자를 가지고 있는 어느 사업장에 1년간 3건의 부상자를 내고 그 휴업일수가 219일이라면 강도율은?

① 1.37
② 1.50
③ 1.86
④ 2.21

> **해설** 강도율 = $\dfrac{총\ 요양근로\ 손실일수}{연근로시간\ 수} \times 1{,}000$
>
> $= \dfrac{219 \times (300/365)}{50 \times 8 \times 300} \times 1{,}000 = 1.50$
>
> (근로시간 1일 8시간, 연평균 300일)

**16** 조건반사설에 의한 학습이론의 원리에 해당하지 않는 것은?

① 강도의 원리
② 시간의 원리
③ 효과의 원리
④ 계속성의 원리

> **해설** ▶ 학습이론의 원리
> - 강도의 원리
> - 일관성의 원리
> - 시간의 원리
> - 계속성의 원리

**17** 의사결정 과정에 따른 리더십의 행동유형 중 전제형에 속하는 것은?

① 집단 구성원에게 자유를 준다.
② 지도자가 모든 정책을 결정한다.
③ 집단토론이나 집단결정을 통해서 정책을 결정한다.
④ 명목적인 리더의 자리를 지키고 부하 직원들의 의견에 따른다.

> **해설** 전제형은 독제형으로 이해하면 된다. 따라서 ①, ③, ④는 민주주의적 리더십에 대한 설명이다.

**18** 안전교육방법 중 사례연구법의 장점이 아닌 것은?

① 흥미가 있고, 학습동기를 유발할 수 있다.
② 현실적인 문제의 학습이 가능하다.
③ 관찰력과 분석력을 높일 수 있다.
④ 원칙과 규정의 체계적 습득이 용이하다.

> **해설** ▶ 사례연구법
> 교육훈련의 주제에 관한 실제의 사례를 작성하여 배부하고 여기에 관한 토론을 실시하는 교육훈련방법으로 피교육자에 대하여 많은 사례를 연구하고 분석하게 함으로써 그들의 판단력과 지식, 기능, 태도 및 분석능력을 향상시키고, 기업의 환경변화에 대한 대응력과 실제 문제해결능력을 향상시킬 수 있다.

**19** 추락 및 감전 위험방지용 안전모의 난연성 시험 성능기준 중 모체가 불꽃을 내며 최소 몇 초 이상 연소되지 않아야 하는가?

① 3
② 5
③ 7
④ 10

> **해설** 금속용융물의 방출을 정지한 후 5초 이상 불꽃을 내며 연소되지 않을 것

**20** 다음 중 산업재해 통계에 관한 설명으로 적절하지 않은 것은?

① 산업재해 통계는 구체적으로 표시되어야 한다.
② 산업재해 통계는 안전 활동을 추진하기 위한 기초자료이다.
③ 산업재해 통계만을 기반으로 해당 사업장의 안전수준을 추측한다.
④ 산업재해 통계의 목적은 기업에서 발생한 산업재해에 대하여 효과적인 대책을 강구하기 위함이다.

**정답** 15 ② 16 ③ 17 ② 18 ④ 19 ② 20 ③

해설 산업재해 통계만을 기반으로 해당 사업장의 안전수준을 추측하면 안 된다.
> 산업재해 통계
- 재해발생 상황을 통계적으로 산출하여 재해 방지에 활용할 정보를 위해 작성
- 다수의 재해 통계처리 결과를 안전대책으로 활용
- 동종 및 유사재해의 예방을 목적으로 작성

해설 > 인간공학 : 산업현장 및 작업장 측면
첫째, 안전성의 향상과 사고방지
둘째, 기계 조작의 능률성과 생산성의 향상
셋째, 쾌적성
- 인간을 작업의 특성에 맞추지 않는다.

## 2과목 인간공학 및 시스템안전공학

**21** 다음 그림은 C/R비와 시간과의 관계를 나타낸 그림이다. ㉠~㉣에 들어갈 내용이 맞는 것은?

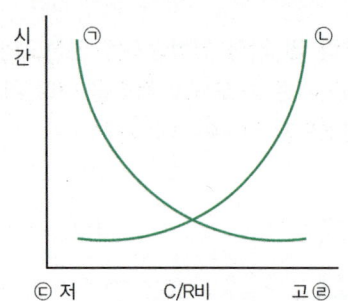

① ㉠ 이동시간 ㉡ 조정시간 ㉢ 민감 ㉣ 둔감
② ㉠ 이동시간 ㉡ 조정시간 ㉢ 둔감 ㉣ 민감
③ ㉠ 조정시간 ㉡ 이동시간 ㉢ 민감 ㉣ 둔감
④ ㉠ 조정시간 ㉡ 이동시간 ㉢ 둔감 ㉣ 민감

해설 ㉠ : 조정시간, ㉡ : 이동시간, ㉢ : 민감, ㉣ : 둔감

**22** 인간공학에 관련된 설명으로 틀린 것은?
① 편리성, 쾌적성, 효율성을 높일 수 있다.
② 사고를 방지하고 안전성과 능률성을 높일 수 있다.
③ 인간의 특성과 한계점을 고려하여 제품을 설계한다.
④ 생산성을 높이기 위해 인간을 작업 특성에 맞추는 것이다.

**23** 인터페이스 설계 시 고려해야 하는 인간과 기계와의 조화성에 해당되지 않는 것은?
① 지적 조화성
② 신체적 조화성
③ 감성적 조화성
④ 심미적 조화성

해설 > 인간과 기계의 조화성

| 신체적(형태적) 인터페이스 | 인간의 신체적 또는 형태적 특성의 적합성 여부(필요조건) |
|---|---|
| 지적 인터페이스 | 인간의 인지능력, 정신적 부담의 정도(편리 수준) |
| 감성적 인터페이스 | 인간의 감정 및 정서의 적합성 여부(쾌적 수준) |

**24** 1[cd]의 점광원에서 1[m] 떨어진 곳에서의 조도가 3[lux]이었다. 동일한 조건에서 5[m] 떨어진 곳에서의 조도는 약 몇 [lux]인가?
① 0.12
② 0.22
③ 0.36
④ 0.56

해설 조도[lux] = $\frac{광도[lumen]}{(거리[m])^2}$

1. 1[m]에서의 조도가 3이므로
$3 = \frac{광도}{1^2}$
광도 = $3 \times 1^2$ = 3[cd]

2. 5[m]에서의 조도
조도 = $\frac{3}{5^2}$ = 0.12[lux]

정답  21 ③  22 ④  23 ④  24 ①

**25** 모든 시스템 안전 프로그램 중 최초 단계의 분석으로 시스템 내의 위험요소가 어떤 상태에 있는지를 정성적으로 평가하는 방법은?

① CA      ② FHA
③ PHA     ④ FMEA

> 해설 ① CA(위험도 분석) : 고장이 직접 시스템의 손실과 사상에 연결되는 높은 위험도를 가진 요소나 고장의 형태를 분석
> ② FHA(결함사고분석) : 서브시스템 분석에 사용되는 분석 기법
> ③ PHA(예비위험분석) : 최초 단계의 분석으로 시스템 내의 위험한 요소가 얼마나 위험한 상태에 있는가를 정성적으로 평가
> ④ FMEA(고장의 형과 영향분석) : 시스템에 영향을 미치는 전체 요소의 고장을 형별로 분석하여 그 영향을 검토하는 것

**26** 청각적 표시장치에서 300[m] 이상의 장거리용 경보기에 사용하는 진동수로 가장 적절한 것은?

① 1,000[Hz] 전후
② 2,200[Hz] 전후
③ 3,500[Hz] 전후
④ 4,000[Hz] 전후

> 해설 ▶ 청각적 표시장치의 진동수
> • 귀는 중음역에 가장 민감하므로 500~3,000[Hz]의 진동수를 사용
> • 고음은 멀리 가지 못하므로 300[m] 이상 장거리용으로는 1,000[Hz] 이하의 진동수 사용
> • 신호가 장애물을 돌아가거나 칸막이를 통과해야 할 때는 500[Hz] 이하의 진동수 사용

**27** 인체계측 자료에서 주로 사용하는 변수가 아닌 것은?

① 평균      ② 5백분위수
③ 최빈값    ④ 95백분위수

> 해설 ▶ 설계원칙에서의 인체계측 자료
> • 극단적 설계는 남성 95백분위수, 여성 5백분위수를 기준으로 설계한다.
> • 가변적 설계는 여성 5백분위수에서 남성 95백분위수를 수용하도록 설계한다.
> • 평균적 설계는 극단치 이용이 불가능한 경우로 평균치를 이용하여 설계한다.

**28** 휘도(luminance)가 10[cd/m²]이고, 조도(illuminance)가 100[lx]일 때 반사율(reflectance)[%]는?

① $0.1\pi$      ② $10\pi$
③ $100\pi$     ④ $1000\pi$

> 해설 반사율(%) = $\dfrac{광도(fL)}{조도(fC)} \times 100 = \dfrac{cd/m^2 \times \pi}{lux}$
> $= \dfrac{10}{100} = 0.1$

**29** 체계 분석 및 설계에 있어서 인간공학의 가치와 가장 거리가 먼 것은?

① 성능의 향상
② 훈련비용의 증가
③ 사용자의 수용도 향상
④ 생산 및 보전의 경제성 증대

> 해설 ▶ 인간공학의 가치
> • 인력이용률의 향상
> • 훈련비용의 절감
> • 사고 및 오용으로부터의 손실감소
> • 생산성 향상
> • 사용자 수용도 향상
> • 생산 및 정비유지의 경제성 증대

정답   25 ③   26 ①   27 ③   28 ①   29 ②

**30** 작업기억과 관련된 설명으로 틀린 것은?
① 단기기억이라고도 한다.
② 오랜 기간 정보를 기억하는 것이다.
③ 작업기억 내의 정보는 시간이 흐름에 따라 쇠퇴할 수 있다.
④ 리허설(rehearsal)은 정보를 작업기억 내에 유지하는 유일한 방법이다.

**해설** 작업기억은 단기기억이므로 오랜 기간 정보를 기억하지 않는다.

**31** 시스템 안전 분석기법 중 인적 오류와 그로 인한 위험성의 예측과 개선을 위한 기법은 무엇인가?
① FTA        ② ETBA
③ THERP      ④ MORT

**해설** THERP(Technique for Human Error Rate Prediction) : 휴먼에러확률 예측 기법으로, 인적 오류 및 그로 인한 위험성 예측에 사용된다.

**32** MIL-STD-882B에서 시스템 안전 필요사항을 충족시키고 확인된 위험을 해결하기 위한 우선권을 정하는 순서로 맞는 것은?

1. 경보장치 설치
2. 안전장치 설치
3. 절차 및 교육훈련 개발
4. 최소 리스크를 위한 설계

① 4, 2, 1, 3        ② 4, 1, 2, 3
③ 3, 4, 1, 2        ④ 3, 4, 2, 1

**해설** 우선 리스크 최소화를 위한 설계를 하고 안전장치 설치, 경보장치 설치 후 절차 및 교육훈련을 개발한다.

**33** 인간/기계 시스템을 설계하기 위해 고려해야 할 사항으로 틀린 것은?
① 시스템 설계 시 동작경제의 원칙이 만족 되도록 고려하여야 한다.
② 인간과 기계가 모두 복수인 경우, 종합적인 효과보다 기계를 우선적으로 고려한다.
③ 대상이 되는 시스템이 위치할 환경조건이 인간에 대한 한계치를 만족하는가의 여부를 조사한다.
④ 인간이 수행해야 할 조작이 연속적인가 불연속적인가를 알아보기 위해 특성 조사를 실시한다.

**해설** 인간/기계 시스템에서는 종합적 효과를 고려하고 인간을 우선적으로 고려한다.

**34** 좌식 평면 작업대에서의 최대 작업영역에 관한 설명으로 맞는 것은?
① 각 손의 정상작업영역 경계선이 작업자의 정면에서 교차되는 공통영역
② 위팔과 손목을 중립자세로 유지한 채 손으로 원을 그릴 때, 부채꼴 원호의 내부 영역
③ 어깨로부터 팔을 펴서 어깨를 축으로 하여 수평면상에 원을 그릴 때, 부채꼴 원호의 내부 지역
④ 자연스러운 자세로 위팔을 몸통에 붙인 채 손으로 수평면상에 원을 그릴 때, 부채꼴 원호의 내부지역

**해설** ▶ 좌식 평면 작업대의 최대 작업영역
전완과 상완을 곧게 펴서 파악할 수 있는 구역 (55~65[cm])

**정답**  30 ②  31 ③  32 ①  33 ②  34 ③

**35** 출력과 반대 방향으로 그 속도에 비례해서 작용하는 힘 때문에 생기는 항력으로 원활한 제어를 도우며, 특히 규정된 변위 속도를 유지하는 효과를 가진 조종장치의 저항력은?

① 관성
② 탄성저항
③ 점성저항
④ 정지 및 미끄럼 마찰

해설 물질의 점성에 기인하여 운동을 억제하려는 저항으로 저항력은 속도에 비례한다.

**36** 인간공학적 부품배치의 원칙에 해당하지 않는 것은?

① 신뢰성의 원칙
② 사용 순서의 원칙
③ 중요성의 원칙
④ 사용 빈도의 원칙

해설 ▶ 부품배치의 원칙
• 기능별 배치의 원칙
• 사용 순서의 원칙
• 중요성의 원칙
• 사용 빈도의 원칙

**37** 시스템안전프로그램계획(SSPP)에서 "완성해야 할 시스템안전업무"에 속하지 않는 것은?

① 정성 해석
② 운용 해석
③ 경제성 분석
④ 프로그램 심사의 참가

해설 안전프로그램계획에서 경제성 분석은 하지 않는다.

**38** 인체 측정치의 응용 원칙과 거리가 먼 것은?

① 극단치를 고려한 설계
② 조절 범위를 고려한 설계
③ 평균치를 기준으로 한 설계
④ 기능적 치수를 이용한 설계

해설 ▶ 인체 측정치의 원리 3가지
조절식, 극단치, 평균치

**39** 그림과 같은 시스템에서 전체 시스템의 신뢰도는 얼마인가? (단, 네모 안의 숫자는 각 부품의 신뢰도이다)

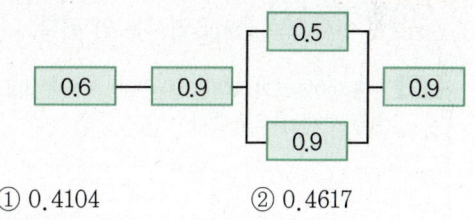

① 0.4104
② 0.4617
③ 0.6314
④ 0.6814

해설 $0.6 \times 0.9 \times [1-(1-0.5)(1-0.9)] \times 0.9 = 0.4617$

**40** FT도에서 사용되는 기호 중 "전이기호"를 나타내는 기호는?

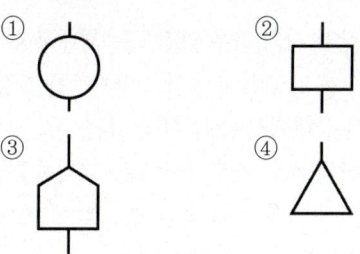

해설 ① 기본사상
② 결함사상
③ 통상(통합)사상
④ 전이기호

35 ③  36 ①  37 ③  38 ④  39 ②  40 ④

## 3과목　기계위험방지기술

**41** 금형 운반에 대한 안전 수칙에 관한 설명으로 옳지 않은 것은?

① 상부금형과 하부금형이 닿을 위험이 있을 때는 고정 패드를 이용한 스트랩, 금속재질이나 우레탄 고무의 블록 등을 사용한다.
② 금형을 안전하게 취급하기 위해 아이볼트를 사용할 때는 숄더형으로 사용하는 것이 좋다.
③ 관통 아이볼트가 사용될 때는 조립이 쉽도록 구멍 틈새를 크게 한다.
④ 운반하기 위해 꼭 들어올려야 할 때에는 필요한 높이 이상으로 들어올려서는 안 된다.

해설 관통 아이볼트가 사용될 때는 구멍 틈새를 최소로 하는 억지 끼워맞춤으로 한다.

**42** 지게차의 안정도 기준으로 틀린 것은?

① 기준부하상태에서 주행 시의 전후 안정도는 8[%] 이내이다.
② 하역 작업 시의 좌우 안정도는 최대하중상태에서 포크를 가장 높이 올리고 마스트를 가장 뒤로 기울인 상태에서 6[%] 이내이다.
③ 하역 작업 시의 전후 안정도는 최대하중상태에서 포크를 가장 높이 올린 경우 4[%] 이내이며, 5톤 이상은 3.5[%] 이내이다.
④ 기준무부하상태에서 주행 시의 좌우 안정도는 (15+1.1×V)[%] 이내이고, V는 구내최고속도 [km/h]를 의미한다.

해설 주행 시 전후 안정도는 18[%]이다.
▶ 지게차의 안정도 기준
1. 하역 시
   - 전후 4[%] (5[t] 3.5[%])
   - 좌우 6[%]
2. 주행 시
   - 전후 18[%]
   - 좌우 최대 40[%] / 15+1.1V[%] 이내

**43** 안전한 상태를 확보할 수 있도록 기계의 작동부분 상호 간을 기계적, 전기적인 방법으로 연결하여 기계가 정상 작동을 하기 위한 모든 조건이 충족되어야지만 작동하며, 그중 하나라도 충족되지 않으면 자동적으로 정지시키는 방호장치 형식은?

① 자동식 방호장치
② 가변식 방호장치
③ 고정식 방호장치
④ 인터록식 방호장치

해설 인터록 방식은 두 가지 이상의 상태가 발생하여 사고가 발생될 경우 그중 하나라도 감지가 되어 이상을 검출할 시 전체 가동을 중지시켜 사고를 미연에 방지하는 것이다 (하나라도 충족=인터록식).

**44** 다음 중 목재가공용 둥근톱에 설치해야 하는 분할날의 두께에 관한 설명으로 옳은 것은?

① 톱날 두께의 1.1배 이상이고, 톱날의 치진폭보다 커야 한다.
② 톱날 두께의 1.1배 이상이고, 톱날의 치진폭보다 작아야 한다.
③ 톱날 두께의 1.1배 이내이고, 톱날의 치진폭보다 커야 한다.
④ 톱날 두께의 1.1배 이내이고, 톱날의 치진폭보다 작아야 한다.

해설 분할날의 두께는 톱날 두께 1.1배 이상이고, 톱날의 치진폭 미만으로 할 것

정답　41 ③　42 ①　43 ④　44 ②

**45** 동력식 수동 대패기계의 덮개와 송급 테이블면과의 간격기준은 몇 [mm] 이하여야 하는가?

① 3
② 5
③ 8
④ 12

해설
- 덮개와 테이블 간 틈 : 8[mm] 이하
- 가공재와 테이블 간 틈 : 25[mm] 이내

**46** 기계나 그 부품에 고장이나 기능 불량이 생겨도 항상 안전하게 작동하는 안전화 대책은?

① fool proof
② fail safe
③ risk management
④ hazard diagnosis

해설 fail safe(페일 세이프) : 한쪽이 고장 나도 보조기구로 작동하게 하여 재해를 막는 구조로 기계 고장 시 설계하는 안전화 대책

**47** 드릴작업 시 유의사항 중 틀린 것은?

① 균열이 심한 드릴은 사용해서는 안 된다.
② 드릴을 장치에서 제거할 경우에는 회전을 완전히 멈추고 한다.
③ 드릴이 밑면에 나왔는지 확인을 위해 가공물 밑면에 손으로 만지면서 확인한다.
④ 가공 중에는 소리에 주의하여 드릴의 날에 이상한 소리가 나면 즉시 드릴을 연마하거나 다른 드릴과 교환한다.

해설 드릴작업 시 손으로 만지면 안 된다.

**48** 숫돌의 지름이 D[mm], 회전수 N[rpm]이라 할 경우 숫돌의 원주속도 V[m/min]를 구하는 식으로 옳은 것은?

① DN
② $\pi$DN
③ DN/1,000
④ $\pi$DN/1,000

해설 원주속도를 구하는 공식은
$\frac{원주율 \times 숫돌지름 \times 회전수}{1,000}$, 즉 $\frac{\pi DN}{1,000}$ 이다.

**49** 왕복운동을 하는 기계의 동작 부분과 고정 부분 사이에 형성되는 위험점으로 프레스, 전단기 등에서 주로 나타나는 것은?

① 끼임점
② 절단점
③ 협착점
④ 접선 물림점

해설
① 끼임점(Shear-point) : 고정 부분과 회전하는 동작 부분이 함께 만드는 위험점이다(예 연삭숫돌과 덮개, 교반기의 날개와 하우징, 프레임에서 암의 요동운동을 하는 기계 부분 등).
② 절단점(Cutting-point) : 고정 부분과 운동 부분이 만드는 위험점이 아니고 회전하는 운동부 자체의 위험이나 운동하는 기계 부분 자체의 위험에서 초래되는 위험점이다(예 밀링의 커터, 띠톱이나 둥근톱의 톱날, 벨트의 이음 부분 등).
④ 접선물림점(Tangential Nip-point) : 회전하는 부분의 접선 방향으로 물려 들어갈 위험이 존재하는 점이다(예 벨트와 풀리, 체인과 스프로킷, 랙과 피니언 등).

**50** 롤러에 설치하는 급정지장치 조작부의 종류와 그 위치로 옳은 것은? (단, 위치는 조작부의 중심점을 기준으로 함)

① 발 조작식은 밑면으로부터 0.2[m] 이내
② 손 조작식은 밑면으로부터 1.8[m] 이내
③ 복부 조작식은 밑면으로부터 0.6[m] 이상 1[m] 이내
④ 무릎 조작식은 밑면으로부터 0.2[m] 이상 0.4[m] 이내

정답
45 ③  46 ②  47 ③  48 ④  49 ③  50 ②

해설 ▶ 급정지장치 조작부의 종류와 위치
- 손 조작식 : 바닥면으로부터 1.8[m] 이내
- 복부 조작식 : 바닥면으로부터 0.8~1.1[m] 이내
- 무릎 조작식 : 바닥면으로부터 0.4~0.6[m] 이내

**51** 금형 작업의 안전과 관련하여 금형 부품의 조립 시 주의사항으로 틀린 것은?

① 맞춤 핀을 조립할 때에는 헐거운 끼워맞춤으로 한다.
② 파일럿 핀, 직경이 작은 펀치, 핀 게이지 등의 삽입부품은 빠질 위험이 있으므로 플랜지를 설치하는 등 이탈방지대책을 세워둔다.
③ 쿠션 핀을 사용할 경우에는 상승 시 누름판의 이탈방지를 위하여 단붙임한 나사로 견고히 조여야 한다.
④ 가이드 포스트, 샹크는 확실하게 고정한다.

해설 맞춤 핀을 조립할 때에 헐거운 끼워맞춤으로 조립하면 고정성에 문제가 발생하여 위험하다.

**52** 선반 작업 시 주의사항으로 틀린 것은?

① 회전 중에 가공품을 직접 만지지 않는다.
② 공작물의 설치가 끝나면, 척에서 렌치류는 곧바로 제거한다.
③ 칩(chip)이 비산할 때는 보안경을 쓰고 방호판을 설치하여 사용한다.
④ 돌리개는 적정 크기의 것을 선택하고, 심압대 스핀들은 가능한 길게 나오도록 한다.

해설 ▶ 선반 작업 시 주의사항
- 가공물을 착탈 시에는 반드시 스위치를 끄고 바이트를 충분히 연 다음 행한다.
- 캐리어(공구대)는 적당한 크기의 것을 선택하고 심압대는 스핀들을 가능한 짧게 한다.
- 물건의 장착이 끝나면 척, 렌치류는 곧 벗겨놓는다.

- 무게가 편중된 가공물의 장착에는 균형추를 부착한다. 장착물은 방진구에 사용 커버를 씌운다.
- 긴 재료가 돌출되었을 때에는 빨간 천 등을 부착하여 위험표시를 하거나 커버를 씌운다.
- 바이트 착탈은 기계를 정지시킨 다음에 한다.
- 방진구는 일감의 길이가 직경의 12배 이상일 때 사용한다.

**53** 보일러수에 유지류, 고형물 등의 부유물로 인한 거품이 발생하여 수위를 판단하지 못하는 현상은?

① 프라이밍(priming)
② 캐리오버(carry over)
③ 포밍(foaming)
④ 워터해머(water hammer)

해설

| 구분 | 현상 |
|---|---|
| 프라이밍 (priming) | 보일러의 과부하로 보일러수가 극심하게 끓어서 수면에서 계속하여 물방울이 비산하고 증기가 물방울로 충만하여 수위가 불안정하게 되는 현상 |
| 포밍 (forming) | 보일러수에 불순물이 많이 포함되었을 경우 보일러수의 비등과 함께 수면 부위에 거품층을 형상하여 수위가 불안정하게 되는 현상 |
| 캐리오버 (carry over) | • 보일러에서 증기관 쪽으로 보내는 증기에 대량의 물방울이 포함되는 경우로 프라이밍이나 포밍이 생기면 필연적으로 발생<br>• 캐리오버는 과열기 또는 터빈 날개에 불순물을 퇴적시켜 부식 또는 과열의 원인이 된다.<br>• 워터해머의 원인이 된다. |
| 워터해머 (water hammer) | • 증기관 내에서 증기를 보내기 시작할 때 해머로 치는 듯한 소리를 내며 관이 진동하는 현상<br>• 워터해머는 캐리오버에 기인한다. |

정답  51 ① 52 ④ 53 ③

**54** 〈보기〉는 기계설비의 안전화 중 기능의 안전화와 구조의 안전화를 위해 고려해야 할 사항을 열거한 것이다. 〈보기〉 중 기능의 안전화를 위해 고려해야 할 사항에 속하는 것은?

| 보기 |
| --- |
| ㉠ 재료의 결함 |
| ㉡ 가공상의 잘못 |
| ㉢ 정전 시의 오동작 |
| ㉣ 설계의 잘못 |

① ㉠   ② ㉡
③ ㉢   ④ ㉣

**해설**
- 구조적 안전화 : 재료, 설계, 가공의 결함 제거
- 기능적 안전화 : 급정지, 오동작 방지

**55** "가"와 "나"에 들어갈 내용으로 옳은 것은?

> 순간풍속이 ( 가 )를 초과하는 경우에는 타워크레인의 설치, 수리, 점검 또는 해체작업을 중지하여야 하며, 순간풍속이 ( 나 )를 초과하는 경우에는 타워크레인의 운전작업을 중지하여야 한다.

① 가 : 10[m/s], 나 : 15[m/s]
② 가 : 10[m/s], 나 : 25[m/s]
③ 가 : 20[m/s], 나 : 35[m/s]
④ 가 : 20[m/s], 나 : 45[m/s]

**해설** ▶ 악천후 시 조치
- 순간풍속이 초당 10[m]를 초과 : 타워크레인의 설치, 수리, 점검, 해체 작업 중지
- 순간풍속이 초당 15[m]를 초과 : 타워크레인의 운전작업 중지
- 순간풍속이 최대 30[m]를 초과하거나 중진(中震) 이상의 지진 : 옥외 양중기 각 부위 이상 점검

**56** 드릴 작업 시 올바른 작업 안전 수칙이 아닌 것은?
① 구멍을 뚫을 때 관통된 것을 확인하기 위해 손으로 만져서는 안 된다.
② 드릴을 끼운 후에 척 렌치(chuck wrench)를 부착한 상태에서 드릴 작업을 한다.
③ 작업모를 착용하고 옷소매가 긴 작업복은 입지 않는다.
④ 보호 안경을 쓰거나 안전덮개를 설치한다.

**해설** 물건(공작물) 장착이 끝나면 척 핸들과 렌치 등은 벗겨 놓는다.

**57** 프레스기의 방호장치의 종류가 아닌 것은?
① 가드식
② 초음파식
③ 광전자식
④ 양수조작식

**해설** ▶ 프레스기의 방호장치 종류 : 손쳐내기, 수인식, 광전자식, 양수조작식, 가드식

**58** 다음 중 프레스의 안전작업을 위하여 활용하는 수공구로 가장 거리가 먼 것은?
① 브러시
② 진공컵
③ 마그넷 공구
④ 플라이어(집게)

**해설** ▶ 수공구의 종류
- 누름봉, 갈고리류
- 핀셋류
- 플라이어류
- 마그넷 공구류
- 진공컵류

54 ③   55 ①   56 ②   57 ②   58 ①

**59** 다음 중 산소-아세틸렌 가스용접 시 역화의 원인과 가장 거리가 먼 것은?

① 토치의 과열
② 토치 팁의 이물질
③ 산소공급의 부족
④ 압력조정기의 고장

해설 ▶ 역화 : 팁 끝이 모재에 닿아 순간적으로 팁 끝이 막히거나 팁의 과열, 사용 가스의 압력이 부적당할 때 팁 속에서 폭발음이 나며 불꽃이 꺼졌다가 다시 나타나는 현상으로 산소공급 과잉의 경우 발생한다.

**60** 그림과 같이 2줄의 와이어로프로 중량물을 달아 올릴 때, 로프에 가장 힘이 적게 걸리는 각도($\theta$)는?

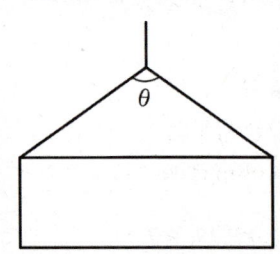

① 30[°]  ② 60[°]
③ 90[°]  ④ 120[°]

해설 ▶ 슬링와이어는 각도가 작을수록 힘이 적게 든다.

## 4과목  전기 및 화학설비위험방지기술

**61** 이온생성 방법에 따라 정전기 제전기의 종류가 아닌 것은?

① 고전압인가식  ② 접지제어식
③ 자기방전식    ④ 방사선식

해설 ▶ 제전기의 종류
• 전압인가식(코로나 방식)
• 자기방전식
• 이온식(방사선식)

**62** 송전선의 경우 복도체 방식으로 송전하는데 이는 어떤 방전 손실을 줄이기 위한 것인가?

① 코로나방전  ② 평등방전
③ 불꽃방전    ④ 자기방전

해설 코로나방전은 전선 자체의 한계를 초과하는 전압이 들어가서 전선 주변에 공기 절연이 파괴되어 방전되는 현상으로 전력의 손실이 크다. 따라서 송전선의 경우 복도체 방식(송전선에서 1상의 도체수를 2~4개 정도를 적당한 간격으로 하는 방식)으로 송전을 하면 코로나방전 손실을 줄일 수 있다.
※ 복도체 하면 코로나, 코로나 하면 오존($O_3$)

**63** 전기스파크의 최소발화에너지를 구하는 공식은?

① $W = \frac{1}{2}CV^2$
② $W = \frac{1}{2}CV$
③ $W = 2CV^2$
④ $W = 2C^2V$

해설 Q=CV이므로,
$W = \frac{1}{2}QV = \frac{1}{2}CV^2 = \frac{1}{2}Q^2/C$

정답  59 ③  60 ①  61 ②  62 ①  63 ①

**64** 누전에 의한 감전위험을 방지하기 위하여 감전방지용 누전차단기의 접속에 관한 일반사항으로 틀린 것은?

① 분기회로마다 누전차단기를 설치한다.
② 동작시간은 0.03초 이내이어야 한다.
③ 전기기계·기구에 설치되어 있는 누전차단기는 정격감도전류가 30[mA] 이하이어야 한다.
④ 누전차단기는 배전반 또는 분전반 내에 접속하지 않고 별도로 설치한다.

해설 누전차단기는 배전반 또는 분전반 내에 접속하거나 꽂음접속기형 누전차단기를 콘센트에 접속하는 등 파손이나 감전사고를 방지할 수 있는 장소에 접속할 것
▶ 누전차단기 종류
- 고속형 : 100[ms](0.1초 이내)
- 보통형 : 200[ms](0.2초 이내)
- 인체감전방지용 누전차단기 : 30[mA] 이하, 0.03초 이내 작동
- 허용누설전류 : 정격공급전류의 2,000분의 1 이하

**65** 다음 중 대전된 정전기의 제거방법으로 적당하지 않은 것은?

① 작업장 내에서의 습도를 가능한 낮춘다.
② 제전기를 이용해 물체에 대전된 정전기를 제거한다.
③ 도전성을 부여하여 대전된 전하를 누설시킨다.
④ 금속 도체와 대지 사이의 전위를 최소화하기 위하여 접지한다.

해설 습도를 낮추면 건조해지기 때문에 정전기 제거방법으로 적당하지 않다.

**66** 휘발유를 저장하던 이동저장탱크에 등유나 경유를 이동저장탱크의 밑부분으로부터 주입할 때에 액표면의 높이가 주입관의 선단의 높이를 넘을 때까지 주입속도는 몇 [m/s] 이하로 하여야 하는가?

① 0.5  ② 1
③ 1.5  ④ 2.0

해설 ▶ 유체 주입속도 : 1[m/s] 이하

**67** 메탄($CH_4$) 100[mol]이 산소 중에서 완전연소하였다면 이때 소비된 산소량 몇 [mol]인가?

① 50  ② 100
③ 150  ④ 200

해설 완전연소 반응식은 $CH_4 + 2O_2 \rightarrow CO_2 + 2H_2O$가 되므로, 소비된 산소량은 메탄의 2배인 200[mol]이 된다.

**68** 물반응성 물질에 해당하는 것은?

① 니트로화합물  ② 칼륨
③ 염소산나트륨  ④ 부탄

해설 ▶ 물반응성 물질
- 리튬
- 칼륨
- 나트륨
- 알킬알루미늄
- 알킬리튬
- 황린
- 알칼리금속(리튬, 칼륨 및 나트륨 제외)
- 유기금속화합물(알킬알루미늄 및 알킬리튬 제외)
- 금속의 수소화물
- 금속의 인화물
- 칼슘 또는 알루미늄의 탄화물

64 ④  65 ①  66 ②  67 ④  68 ②

**69** 10[Ω] 저항에 10[A]의 전류를 1분간 흘렸을 때의 발열량은 몇 [cal]인가?

① 1,800
② 3,600
③ 7,200
④ 14,400

해설  P=VI, V=IR이라서 P×I=I²×R=14,400cal

**70** 다음 중 인입용 비닐 절연전선에 해당하는 약어로 옳은 것은?

① RB
② IV
③ DV
④ OW

해설  ① RB : 고무절연선
② IV : 600[V] 비닐 절연전선
③ DV : 인입용 비닐 절연전선
④ OW : 옥외용 비닐 절연전선

**71** 정전기 제전기의 분류방식으로 틀린 것은?

① 고전압인가형
② 자기 방전형
③ 방사선형
④ 접지형

해설  제전기의 분류는 전압인가식, 자기방전식, 방사선식으로 분류한다.
▶ 정전기 제전기
• 전압인가식 제전기 : 전극에 약 7,000[V]인 고압으로 코로나방전을 일으켜 발생된 이온으로 대전체의 전하를 재결합시켜 중화
• 자기방전식 제전기 : 스테인리스, 카본, 도전성 섬유 등에 의해 작은 코로나방전을 일으켜 제전하는 것으로 대전체 자체를 이용하여 방전시키는 방식이며, 2[kV] 내외의 대전이 남게 된다.
• 이온식 제전기(Radio Isotope) : 7,000[V]의 교류전압이 인가된 침을 배치하고 코로나방전에 의해 발생한 이온을 대전체에 내뿜는 방식이다. 분체의 제전에 효과가 있고 폭발위험이 있는 곳에 적당하나 제전효율이 낮다.
• 이온스프레이식 : 코로나방전에 의해 발생한 이온을 blower로 대전체에 내뿜는 방식
• 방사선식 제전기 : 방사선 원소의 전리작용을 이용하여 제전

**72** 전기기기의 과도한 온도상승, 아크 또는 불꽃 발생의 위험을 방지하기 위하여 추가적인 안전조치를 통한 안전도를 증가시킨 방폭구조를 무엇이라 하는가?

① 충전 방폭구조
② 안전증 방폭구조
③ 비점화 방폭구조
④ 본질안전 방폭구조

해설  ▶ 안전증 방폭구조(e)
정상운전 중에 폭발성 가스 또는 증기에 점화원이 될 전기불꽃, 아크 또는 고온이 되어서는 안 될 부분에 이런 것의 발생을 방지하기 위하여 기계적, 전기적 구조상 또는 온도상승에 대해서 특히 안전도를 증강시킨 구조이다.

**73** 저압 옥내직류 전기설비를 전로보호장치의 확실한 동작의 확보와 이상전압 및 대지전압의 억제를 위하여 접지를 하여야 하나 직류 2선식으로 시설할 때, 접지를 생략할 수 있는 경우에 해당하지 않는 것은?

① 접지검출기를 설치하고, 특정구역 내의 산업용 기계기구에만 공급하는 경우
② 사용전압이 110[V] 이상인 경우
③ 최대전류 30[mA] 이하의 직류화재경보회로
④ 교류계통으로부터 공급을 받는 정류기에서 인출되는 직류계통

해설  ▶ 사용전압 60[V] 이하인 경우
• 접지검출기를 설치하고 특정구역 내의 산업용 기계기구에만 공급 하는 경우
• 교류계통으로부터 공급을 받는 정류기에서 인출되는 직류계통
• 최대전류 30[mA] 이하의 직류화재경보회로

정답  69 ④  70 ③  71 ④  72 ②  73 ②

**74** 감전에 의한 전격위험을 결정하는 주된 인자와 거리가 먼 것은?

① 통전저항
② 통전전류의 크기
③ 통전경로
④ 통전시간

해설 ▶ 전격위험을 결정하는 주된 인자
통전전류의 크기 > 통전시간 > 통전경로 > 전원의 종류(직류보다 교류가 위험)

**75** 인체의 저항이 500[Ω]이고, 440[V] 회로에 누전차단기(ELB)를 설치할 경우 다음 중 가장 적당한 누전차단기는?

① 30[mA] 이하, 0.1초 이하에 작동
② 30[mA] 이하, 0.03초 이하에 작동
③ 15[mA] 이하, 0.1초 이하에 작동
④ 15[mA] 이하, 0.03초 이하에 작동

해설 ▶ 누전차단기 설치기준
누전차단기와 접속된 각각의 기계기구에 대하여 정격감도전류 30[mA] 이하이며 동작시간은 0.03초 이내일 것. 다만, 정격전부하전류가 50[A] 이상인 기계기구에 설치되는 누전차단기에 오동작을 방지하기 위해 정격감도전류 200[mA] 이하인 경우 동작시간은 0.1초 이내일 것

**76** 다음 중 통전경로별 위험도가 가장 높은 경로는?

① 왼손 – 등
② 오른손 – 가슴
③ 왼손 – 가슴
④ 오른손 – 양발

해설 ▶ 통전경로별 위험도

| 통전경로 | 위험도 |
| --- | --- |
| 왼손·가슴 | 1.5 |
| 오른손·가슴 | 1.3 |
| 왼손·한발 또는 양발 | 1.0 |
| 오른손·한발 또는 양발 | 0.8 |
| 왼손·등<br>한손 또는 양손·앉아 있는 자리 | 0.7 |
| 왼손·오른손 | 0.4 |
| 오른손·등 | 0.3 |

**77** 연소의 3요소 중 1가지에 해당하는 요소가 아닌 것은?

① 메탄
② 공기
③ 정전기 방전
④ 이산화탄소

해설 이산화탄소는 소화제로, $CO_2$ 소화기 등에 사용된다.
▶ 연소의 3요소 : 가연물(연료), 점화원(열), 공기(산소)

**78** 다음 물질이 물과 반응하였을 때 가스가 발생한다. 위험도 값이 가장 큰 가스를 발생하는 물질은?

① 칼륨
② 수소화나트륨
③ 탄화칼슘
④ 트리에틸알루미늄

해설 위험도 계산식을 토대로 폭발한계를 가지고 계산 후 위험도를 확인할 수 있다.
① 칼륨(→ 수소) 위험도 : 17.75
② 수소화나트륨(→ 수소) 위험도 : 17.75
③ 탄화칼슘(→ 아세틸렌) 위험도 : 31.4
④ 트리에틸알루미늄(→ 에탄) 위험도 : 3.13
▶ 위험도 계산식

위험도(H) = $\frac{U_2 - U_1}{U_1}$

($U_1$ : 폭발하한계, $U_2$ : 폭발상한계)

**79** 인체저항을 5000[Ω]으로 가정하면 심실세동을 일으키는 전류에서의 전기에너지는? (단, 심실세동전류는 $\frac{165}{\sqrt{T}}$[mA]이며 통전시간 $T$는 1초이고 전원은 교류정현파이다)

① 33J
② 130J
③ 136J
④ 142J

해설 $Q = I^2 RT$(J)
전기에너지(J) = $I^2 \times RT$
= $\left(\frac{165}{\text{루트}(1\text{초})}\right)^2 \times 5,000 \times 1\text{초}$
= 136.125J

정답 74 ① 75 ② 76 ③ 77 ④ 78 ③ 79 ③

**80** 전선 간에 가해지는 전압이 어떤 값 이상으로 되면 전선 주위의 전기장이 강하게 되어 전선 표면의 공기가 국부적으로 절연이 파괴되어 빛과 소리를 내는 것은?

① 표피 작용
② 페란티 효과
③ 코로나 현상
④ 근접 현상

**해설** 코로나 현상은 공기의 절연이 부분적으로 파괴되어 낮은 소리가 난다.
※ 코로나 효과로 지직거린다라고 생각하면 잘 외워진다.

## 5과목 건설안전기술

**81** 거푸집 동바리 등을 조립하거나 해체하는 작업을 하는 경우 준수사항으로 옳지 않은 것은?

① 해당 작업을 하는 구역에는 관계 근로자가 아닌 사람의 출입을 금지할 것
② 비, 눈, 그 밖의 기상상태의 불안정으로 날씨가 몹시 나쁜 경우에는 그 작업을 중지할 것
③ 낙하·충격에 의한 돌발적 재해를 방지하기 위하여 버팀목을 설치하고 거푸집 동바리 등을 인양장비에 매단 후에 작업을 하도록 하는 등 필요한 조치를 할 것
④ 재료, 기구 또는 공구 등을 올리거나 내리는 경우에는 근로자로 하여금 달줄·달포대 등의 사용을 금지하도록 할 것

**해설** 재료, 기구 또는 공구 등을 올리거나 내리는 경우 달줄, 달포대를 사용해야 한다.

**82** 고소작업대가 갖추어야 할 설치조건으로 옳지 않은 것은?

① 작업대를 와이어로프 또는 체인으로 올리거나 내릴 경우에는 와이어로프 또는 체인이 끊어져 작업대가 떨어지지 아니하는 구여여야 하며, 와이어로프 또는 체인의 안전율은 3 이상일 것
② 작업대를 유압에 의해 올리거나 내릴 경우에는 작업대를 일정한 위치에 유지할 수 있는 장치를 갖추고 압력의 이상저하를 방지할 수 있는 구조일 것
③ 작업대에 정격하중(안전율 5 이상)을 표시할 것
④ 작업대에 끼임·충돌 등 재해를 예방하기 위한 가드 또는 과상승방지장치를 설치할 것

**해설** 고소작업대가 갖추어야 할 설치조건

「산업안전보건기준에 관한 규칙」 제186조
1. 작업대를 와이어로프 또는 체인으로 올리거나 내릴 경우에는 와이어로프 또는 체인이 끊어져 작업대가 떨어지지 아니하는 구조여야 하며, 와이어로프 또는 체인의 안전율은 5 이상일 것
2. 작업대를 유압에 의해 올리거나 내릴 경우에는 작업대를 일정한 위치에 유지할 수 있는 장치를 갖추고 압력의 이상저하를 방지할 수 있는 구조일 것
3. 권과방지장치를 갖추거나 압력의 이상상승을 방지할 수 있는 구조일 것
4. 붐의 최대 지면경사각을 초과 운전하여 전도되지 않도록 할 것
5. 작업대에 정격하중(안전율 5 이상)을 표시할 것
6. 작업대에 끼임·충돌 등 재해를 예방하기 위한 가드 또는 과상승방지장치를 설치할 것
7. 조작반의 스위치는 눈으로 확인할 수 있도록 명칭 및 방향표시를 유지할 것

정답  80 ③  81 ④  82 ①

**83** 굴착작업을 하는 경우 지반의 붕괴 또는 토석의 낙하에 의한 근로자의 위험을 방지하기 위하여 관리감독자로 하여금 작업 시작 전에 점검하도록 해야 하는 사항과 가장 거리가 먼 것은?

① 부석·균열의 유무
② 함수·용수
③ 동결상태의 변화
④ 시계의 상태

해설 작업 시작 전에 작업장소 및 그 주변의 부석·균열의 유무, 함수(含水)·용수(湧水) 및 동결상태의 변화를 점검하도록 하여야 한다.

**84** 사다리식 통로를 설치할 때 사다리의 상단은 걸쳐 놓은 지점으로부터 최소 얼마 이상 올라가도록 하여야 하는가?

① 45[cm] 이상
② 60[cm] 이상
③ 75[cm] 이상
④ 90[cm] 이상

해설 사다리의 상단은 걸쳐놓은 지점으로부터 60[cm] 이상 올라가도록 해야 한다.

**85** 차량계 건설기계의 작업계획서 작성 시 그 내용에 포함되어야 할 사항이 아닌 것은?

① 사용하는 차량계 건설기계의 종류 및 성능
② 차량계 건설기계의 운행 경로
③ 차량계 건설기계에 의한 작업 방법
④ 브레이크 및 클러치 등의 기능 점검

해설 브레이크 및 클러치 등의 기능 점검은 작업 시작 전 점검사항이다.

**86** 강관비계의 구조에서 비계기둥 간의 최대 허용적 재하중으로 옳은 것은?

① 500[kg]
② 400[kg]
③ 300[kg]
④ 200[kg]

해설 ▶ 견딜 수 있는 외력의 기준
- 추락방지망 : 600[kg]
- 계단참 : 500[kg]
- 비계기둥 : 400[kg]

**87** 다음 셔블계 굴착장비 중 좁고 깊은 굴착에 가장 적합한 장비는?

① 드래그라인(dragline)
② 파워셔블(power shovel)
③ 백호(back hoe)
④ 클램쉘(clam shell)

해설 클램쉘(clam shell) : 건축구조물의 기초 등 정해진 범위의 깊은 굴착 및 호퍼작업에 적합. 상대적으로 파는 힘은 약하다.

**88** 다음과 같은 조건에서 방망사의 신품에 대한 최소 인장강도로 옳은 것은? (단, 그물코의 크기는 10[cm], 매듭방망)

① 240[kg]
② 200[kg]
③ 150[kg]
④ 110[kg]

해설 ▶ 방망의 최소 인장강도

| 그물코의 크기 (단위: [cm]) | 방망의 종류(단위 : kg) | | | |
|---|---|---|---|---|
| | 매듭 없는 방망 | | 매듭 방망 | |
| | 신품에 대한 | 폐기 시 | 신품에 대한 | 폐기 시 |
| 10 | 240 | 150 | 200 | 135 |
| 5 | – | – | 110 | 60 |

**89** 「굴착공사표준안전작업지침」에 따른 인력굴착 작업 시 굴착면이 높아 계단식 굴착을 할 때 소단의 폭은 수평거리로 얼마 정도하여야 하는가?

① 1[m]
② 1.5[m]
③ 2[m]
④ 2.5[m]

해설 계단식 굴착을 할 때 소단의 폭은 수평거리로 2[m]로 한다.

정답 83 ④  84 ②  85 ④  86 ②  87 ④  88 ②  89 ③

**90** 방망의 정기시험은 사용개시 후 몇 년 이내에 실시하는가?

① 1년 이내  ② 2년 이내
③ 3년 이내  ④ 4년 이내

해설  방망의 정기시험은 사용개시 후 1년 이내 실시해야 한다.

**91** 거푸집 동바리 등을 조립하는 경우의 준수사항으로 옳지 않은 것은?

① 강재와 강재의 접속부 및 교차부는 볼트/클램프 등 전용철물을 사용하여 단단히 연결할 것
② 동바리로 사용하는 강관(파이프 서포트는 제외)은 높이 2[m] 이내마다 수평연결재를 2개 방향으로 만들고 수평연결재의 변위를 방지할 것
③ 동바리의 이음은 맞댄이음으로 하고, 장부이음의 적용은 절대 금할 것
④ 거푸집이 곡면인 경우에는 버팀대의 부착 등 그 거푸집의 부상을 방지하기 위한 조치를 할 것

해설  동바리의 이음은 맞댄이음이나 장부이음으로 하고, 같은 품질의 재료를 사용할 것

**92** 흙의 연경도(Consistency)에서 반고체상태와 소성상태의 한계를 무엇이라 하는가?

① 액성한계  ② 소성한계
③ 수축한계  ④ 반수축한계

해설  흙의 연경도에는 수축한계, 소성한계, 액성한계가 있고 소성상태가 되는 한계를 묻는 질문이라 소성한계가 정답이다.
▶ 흙의 연경도(Consistency)
• 수축한계 : 고체상태와 반고체상태의 한계
• 소성한계 : 반고체상태와 소성상태의 한계
• 액성한계 : 소성상태와 액성상태의 한계

**93** 철골작업을 중지하여야 하는 풍속과 강우량 기준으로 옳은 것은?

① 풍속 : 10[m/sec] 이상, 강우량 : 1[mm/h] 이상
② 풍속 : 5[m/sec] 이상, 강우량 : 1[mm/h] 이상
③ 풍속 : 10[m/sec] 이상, 강우량 : 2[mm/h] 이상
④ 풍속 : 5[m/sec] 이상, 강우량 : 2[mm/h] 이상

해설 ▶ 철골작업을 중지하여야 하는 풍속과 강우량, 강설량 기준
• 풍속 : 초당 10[m] 이상
• 강우량 : 시간당 1[mm] 이상
• 강설량 : 시간당 1[cm] 이상

**94** 유해·위험방지계획서 작성대상 공사의 기준으로 옳지 않은 것은?

① 지상높이 31[m] 이상인 건축물 공사
② 저수용량 1천만 톤 이상의 용수전용 댐
③ 최대 지간길이 50[m] 이상인 교량건설 등 공사
④ 깊이 공사 10[m] 이상인 굴착공사

해설 ▶ 유해·위험방지계획서 작성대상 공사
1. 지상높이가 31미터 이상인 건축물 또는 인공구조물
2. 연면적 3만 제곱미터 이상인 건축물
3. 연면적 5천 제곱미터 이상인 시설로서 다음의 어느 하나에 해당하는 시설
 • 문화 및 집회시설(전시장 및 동물원·식물원은 제외한다)
 • 판매시설, 운수시설(고속철도의 역사 및 집배송시설은 제외한다)
 • 종교시설
 • 의료시설 중 종합병원
 • 숙박시설 중 관광숙박시설
 • 지하도상가
 • 냉동·냉장 창고시설
4. 연면적 5천 제곱미터 이상인 냉동·냉장 창고시설의 설비공사 및 단열공사
5. 최대 지간(支間)길이(다리의 기둥과 기둥의 중심 사이의 거리)가 50미터 이상인 다리의 건설 등 공사
6. 터널의 건설 등 공사
7. 다목적댐, 발전용 댐, 저수용량 2천만 톤 이상의 용수전용 댐 및 지방상수도 전용 댐의 건설 등 공사
8. 깊이 10미터 이상인 굴착공사

**95** 절토공사 중 발생하는 비탈면 붕괴의 원인과 거리가 먼 것은?

① 함수비 고정으로 인한 균일한 흙의 단위중량
② 건조로 인하여 점성토의 점착력 상실
③ 점성토의 수축이나 팽창으로 균열 발생
④ 공사진행으로 비탈면의 높이와 기울기 증가

> **해설** ① 함수비가 고정이면 붕괴는 일어나지 않는다.
> 함수비 = 물의 중량/흙입자의 중량 × 100[%]

**96** 안전난간의 구조 및 설치요건과 관련하여 발끝막이판은 바닥면으로부터 얼마 이상의 높이를 유지하여야 하는가?

① 10[cm] 이상
② 15[cm] 이상
③ 20[cm] 이상
④ 30[cm] 이상

> **해설** "발끝막이판"은 바닥면 등으로부터 "10cm" 이상의 높이를 유지하여야 한다.

**97** 사다리식 통로 등을 설치하는 경우 준수해야 할 기준으로 옳지 않은 것은?

① 접이식 사다리 기둥은 사용 시 접혀지거나 펼쳐지지 않도록 철물 등을 사용하여 견고하게 조치할 것
② 발판과 벽과의 사이는 25[cm] 이상의 간격을 유지할 것
③ 폭은 30[cm] 이상으로 할 것
④ 사다리식 통로의 길이가 10[m] 이상인 경우에는 5[m] 이내마다 계단참을 설치할 것

> **해설** ▶ 사다리식 통로 등의 구조
> 「산업안전보건기준에 관한 규칙」 제24조 제1항
> 1. 견고한 구조로 할 것
> 2. 심한 손상·부식 등이 없는 재료를 사용할 것
> 3. 발판의 간격은 일정하게 할 것
> 4. 발판과 벽과의 사이는 15센티미터 이상의 간격을 유지할 것
> 5. 폭은 30센티미터 이상으로 할 것
> 6. 사다리가 넘어지거나 미끄러지는 것을 방지하기 위한 조치를 할 것
> 7. 사다리의 상단은 걸쳐놓은 지점으로부터 60센티미터 이상 올라가도록 할 것
> 8. 사다리식 통로의 길이가 10미터 이상인 경우에는 5미터 이내마다 계단참을 설치할 것
> 9. 사다리식 통로의 기울기는 75도 이하로 할 것. 다만, 고정식 사다리 통로의 기울기는 90도 이하로 하고, 그 높이가 7미터 이상인 경우에는 바닥으로부터 높이가 2.5미터 되는 지점부터 등받이울을 설치할 것
> 10. 접이식 사다리 기둥은 사용 시 접혀지거나 펼쳐지지 않도록 철물 등을 사용하여 견고하게 조치할 것

**98** 굴착이 곤란한 경우 발파가 어려운 암석의 파쇄굴착 또는 암석제거에 적합한 장비는?

① 리퍼
② 스크레이퍼
③ 롤러
④ 드래그라인

> **해설** ① 리퍼 : 연암을 파쇄할 목적으로 트랙터 후부에 장착하는 파쇄 공구로서 아스팔트 포장의 노반의 파쇄 또는 토사 중에 있는 암석제거에 사용된다.
> ② 스크레이퍼(scraper) : 흙을 절삭·운반하거나 펴 고르는 등의 작업을 하는 토공기계
> ③ 롤러 : 지반다짐용 건설기계
> ④ 드래그라인 : 크레인형 굴착기계

95 ①  96 ①  97 ②  98 ①

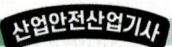

**99** 산업안전보건관리비 중 안전시설비 등의 항목에서 사용가능한 내역은?

① 외부인 출입금지, 공사장 경계표시를 위한 가설 울타리
② 비계·통로·계단에 추가 설치하는 추락방지용 안전난간
③ 절토부 및 성토부 등의 토사유실 방지를 위한 설비
④ 공사 목적물의 품질 확보 또는 건설장비 자체의 운행 감시, 공사 진척상황 확인, 방범 등의 목적을 가진 CCTV 등 감시용 장비

해설 ◉ 안전시설비 등 항목
비계·통로·계단에 추가 설치하는 추락방지용 난간, 사다리 전도방지장치, 틀비계에 별도로 설치하는 안전난간·사다리, 통로의 낙하물방호선반 등은 사용 가능

**100** 강관틀비계의 높이가 20[m]를 초과하는 경우 주틀 간의 간격을 최대 얼마 이하로 사용해야 하는가?

① 1.0[m]  ② 1.5[m]
③ 1.8[m]  ④ 2.0[m]

해설 ◉ 강관틀비계
1. 비계기둥의 밑둥에는 밑받침철물을 사용하여야 하며 밑받침에 고저차가 있는 경우 조절형 밑받침철물을 사용하여, 각각의 강관틀비계가 항상 수평·수직을 유지하여야 한다.
2. 전체높이는 40미터를 초과할 수 없으며, 20미터를 초과할 경우 주틀의 높이를 2미터 이내로 하고 주틀 간의 간격은 1.8미터 이하로 하여야 한다.
3. 주틀 간에 교차 가새를 설치하고 최상층 및 5층 이내마다 수평재를 설치하여야 한다.
4. 벽연결은 구조체와 수직방향으로 6미터, 수평방향으로 8미터 이내마다 연결하여야 한다.
5. 띠장방향으로 길이가 4미터 이하이고 높이 10미터를 초과하는 경우 높이 10미터 이내마다 띠장방향으로 버팀기둥을 설치하여야 한다.
6. 그 외의 다른 사항은 강관비계에 준한다.

정답  99 ②  100 ③

# 2023년 제2회 기출 복원문제

## 1과목 산업안전관리론

**01** 산업안전보건법령상 사업주가 근로자에 대하여 실시하여야 하는 교육 중 특별안전·보건교육의 대상이 되는 작업이 아닌 것은?

① 화학설비의 탱크 내 작업
② 전압이 30[V]인 정전 및 활선작업
③ 건설용 리프트·곤돌라를 이용한 작업
④ 동력에 의하여 작동되는 프레스기계를 5대 이상 보유한 사업장에서 해당 기계로 하는 작업

> [해설] **특별안전교육 대상작업**(산업안전보건법 시행규칙 [별표 5] 중 17.)
> 전압이 75[V] 이상인 정전 및 활선작업

**02** 조직이 리더에게 부여하는 권한으로 볼 수 없는 것은?

① 보상적 권한      ② 강압적 권한
③ 합법적 권한      ④ 위임된 권한

> [해설] **조직이 리더에게 부여하는 권한**
> 보상적 권한, 강압적 권한, 합법적 권한

**03** 다음과 같은 스트레스에 대한 반응은 무엇에 해당하는가?

> 여동생이나 남동생을 얻게 되면서 손가락을 빠는 것과 같이 어린 시절의 버릇을 나타낸다.

① 투사      ② 억압
③ 승화      ④ 퇴행

> [해설] 퇴행 : 좌절을 심하게 당했을 때 현재보다 유치한 과거 수준으로 후퇴하게 되는 것

**04** 산업안전보건법령상 일용근로자의 안전·보건교육 과정별 교육시간 기준으로 틀린 것은?

① 채용 시의 교육 : 1시간 이상
② 작업내용 변경 시의 교육 : 2시간 이상
③ 건설업 기초안전·보건교육(건설 일용근로자) : 4시간
④ 특별교육 : 2시간 이상(흙막이 지보공의 보강 또는 동바리를 설치하거나 해체하는 작업에 종사하는 일용근로자)

> [해설]
> 
> | | | |
> |---|---|---|
> | 가. 정기교육 | 사무직 종사 근로자 | 매분기 3시간 이상 |
> | | 사무직 종사 근로자 외의 근로자 - 판매업무에 직접 종사하는 근로자 | 매분기 3시간 이상 |
> | | 사무직 종사 근로자 외의 근로자 - 판매업무에 직접 종사하는 근로자 외의 근로자 | 매분기 6시간 이상 |
> | | 관리감독자의 지위에 있는 사람 | 연간 16시간 이상 |
> | 나. 채용 시 교육 | 일용근로자 | 1시간 이상 |
> | | 일용근로자를 제외한 근로자 | 8시간 이상 |
> | 다. 작업내용 변경 시 교육 | 일용근로자 | 1시간 이상 |
> | | 일용근로자를 제외한 근로자 | 2시간 이상 |
> | 라. 특별교육 | [별표 5] 제호 라목 각 호(제40호는 제외한다)의 어느 하나에 해당하는 작업에 종사하는 일용근로자 | 2시간 이상 |
> | | [별표 5] 제호 라목 제40호의 타워크레인 신호작업에 종사하는 일용근로자 | 8시간 이상 |
> | | [별표 5] 제호 라목 각 호의 어느 하나에 해당하는 작업에 종사하는 일용근로자를 제외한 근로자 | • 16시간 이상(최초 작업에 종사하기 전 4시간 이상 실시하고 12시간은 3개월 이내에서 분할하여 실시 가능)<br>• 단기간 작업 또는 간헐적 작업인 경우에는 2시간 이상 |

**정답** 01 ② 02 ④ 03 ④ 04 ②

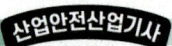

**05** 적응기제(Adjustment Mechanism)의 도피적 행동인 고립에 해당하는 것은?

① 운동시합에서 진 선수가 컨디션이 좋지 않았다고 말한다.
② 키가 작은 사람이 키 큰 친구들과 같이 사진을 찍으려 하지 않는다.
③ 자녀가 없는 여교사가 아동교육에 전념하게 되었다.
④ 동생이 태어나자 형이 된 아이가 말을 더듬는다.

[해설] 외부와의 접촉을 단절한다는 의미로 키가 작은 사람이 키 큰 친구들과 같이 사진을 찍으려고 하면 피하게 된다.
▶ 도피기제
- 고립 : 곤란한 상황과의 접촉을 피함
- 퇴행 : 발달 단계로 역행함으로써 욕구를 충족하려는 행동
- 억압 : 불쾌한 생각, 감정을 눌러 떠오르지 않도록 함
- 백일몽 : 공상의 세계 속에서 만족을 얻으려는 행동
※ 단어들이 다 부정적인 의미임

**06** 「산업안전보건법」상 고용노동부 장관이 산업재해 예방을 위하여 종합적인 개선조치를 할 필요가 있다고 인정할 때에 안전보건개선계획의 수립·시행을 명할 수 있는 대상 사업장이 아닌 것은?

① 산업재해율이 같은 업종 평균 산업재해율의 2배 이상인 사업장
② 직업병에 걸린 사람이 연간 2명 이상(상시근로자 1천명 이상 사업자의 경우 3명 이상) 발생한 사업장
③ 작업환경 불량, 화재·폭발 또는 누출사고 등으로 사회적 물의를 일으킨 사업장
④ 경미한 재해가 다발로 발생한 사업장

[해설] 경미한 재해는 백번 천번 일어나도 상관없다.
▶ 안전보건개선계획 수립·시행대상 사업장

「산업안전보건법」 제49조 제1항 및 시행령 제50조
1. 산업재해율이 같은 업종의 규모별 평균 산업재해율보다 높은 사업장
2. 사업주가 필요한 안전조치 또는 보건조치를 이행하지 아니하여 중대재해가 발생한 사업장
3. 직업성 질병자가 연간 2명 이상 발생한 사업장
4. 유해인자의 노출기준을 초과한 사업장

※ 평균보다 높으면, 중대재해 발생하면, 직업성 질병자 2명 이상, 노출기준 초과하면 개선계획

**07** 안전교육 훈련기법에 있어 태도 개발 측면에서 가장 적합한 기본교육 훈련방식은?

① 실습방식        ② 제시방식
③ 참가방식        ④ 시뮬레이션방식

[해설] ▶ 안전교육 훈련기법
- 기능 훈련(Skill Training) → 실습방식(Practice Mode)
- 태도 개발(Attitude Development) → 참가방식(Participating Mode)
- 지식 형성(Knowledge Building) → 제시방식(Presentation Mode)

**08** 비통제의 집단행동 중 폭동과 같은 것을 말하며, 군중보다 합의성이 없고, 감정에 의해서만 행동하는 특성은?

① 패닉(Panic)
② 모브(Mob)
③ 모방(Imitation)
④ 심리적 전염(Mental Epidemic)

[해설] ▶ 비통제의 집단행동
- 군중(crowd) : 성원 사이에 지위, 역할 문화 없고, 책임감, 비판적 없음
- 모브(mob) : 폭동, 감정, 공격적 군중보다 합의성 없음
- 패닉(panic) : 모브가 공격적이면 패닉은 방위적
- 심리적 전염(mental epidemic) : 유행, 무비판적, 상당한 기간

정답  05 ②  06 ④  07 ③  08 ②

**09** 부주의의 발생원인과 그 대책이 옳게 연결된 것은?

① 의식의 우회 – 상담
② 소질적 조건 – 교육
③ 작업환경 조건 불량 – 작업순서 정비
④ 작업순서의 부적당 – 작업자 재배치

**해설**
- 의식의 우회 : 카운슬링(상담)
- 소질적 조건 : 적성 배치
- 경험, 미경험자 : 안전교육훈련

**10** 학습 정도(level of learning)의 4단계 요소가 아닌 것은?

① 지각　　　　② 적용
③ 인지　　　　④ 정리

**해설** ▶ 학습 정도의 4단계 요소
인지, 지각, 이해, 적용

**11** 재해손실비의 평가방식 중 시몬즈(R.H. Simonds) 방식에 의한 계산방법으로 옳은 것은?

① 직접비+간접비
② 공동비용+개별비용
③ 보험코스트+비보험코스트
④ (휴업상해건수 관련비용 평균치)+(통원상해건수×관련비용 평균치)

**해설** 총재해 코스트 = 보험코스트 + 비보험코스트
= 산재보험료+(A×휴업상해건수)+(B×통원상해건수)
　+(C×구급조치상해건수)+(D×무상해 사고건수)

**12** 무재해운동 추진기법 중 지적확인에 대한 설명으로 옳은 것은?

① 비평을 금지하고, 자유로운 토론을 통하여 독창적인 아이디어를 끌어낼 수 있다.
② 참여자 전원의 스킨십을 통하여 연대감, 일체감을 조성할 수 있고 느낌을 교류한다.
③ 작업 전 5분간의 미팅을 통하여 시나리오상의 역할을 연기하여 체험하는 것을 목적으로 한다.
④ 오관의 감각기관을 총동원하여 작업의 정확성과 안전을 확인한다.

**해설** ▶ 지적확인
작업의 정확성이나 안전을 확인하기 위해 사람의 눈이나 귀 등 오관의 감각기관을 총동원하는 것으로 작업을 안전하게 오조작 없이 작업공정의 요소요소에서 자신의 행동을 "···, 좋아!"하고 대상을 지적하여 큰소리로 확인하는 것을 말한다.

▶ 지적확인 시 주의사항
- 동작에는 고도의 긴장이 필요하고 올바른 자세로 절도 있고 엄격하게 실행하여야 한다.
- 큰소리를 내는 것이 싫어서 '지적'만 하거나 소리를 내어도 팔, 손가락의 지적동작을 태만히 하면 지적도가 떨어진다. 필히 지적하여 확인하는 것이 필수적이다.
- 주의력을 가급적 집중시키기 위해서 정확하게 확인하는 것이 좋다.
- 공동작업자가 단독의 선창에 맞추어 똑같은 것을 환호, 응답하는 것이 좋은 효과를 가져온다.

**13** 하인리히의 사고방지 5단계 중 제1단계 안전조직의 내용이 아닌 것은?

① 경영자의 안전목표 설정
② 안전관리자의 선임
③ 안전활동의 방침 및 계획수립
④ 안전회의 및 토의

**해설** 경영자는 ㉠ 안전목표를 설정하여 안전관리를 함에 있어 맨 먼저 ㉡ 안전관리조직을 구성하여 ㉢ 안전활동 방침 및 계획을 수립하고자 전문적 기술을 가진 조직을 통한 안전활동을 전개함으로써 전 종업원의 참여하에 집단의 목표를 달성하도록 하여야 한다.

**정답**　09 ①　10 ④　11 ③　12 ④　13 ④

**14** 보호구 자율안전확인 고시상 사용구분에 따른 보안경의 종류가 아닌 것은?

① 차광보안경
② 유리보안경
③ 플라스틱보안경
④ 도수렌즈보안경

**해설**
- 자율안전확인 : 유리보안경, 플라스틱보안경, 도수렌즈보안경
- 안전인증(차광보안경) : 자외선용, 적외선용, 복합용, 용접용

**15** 하인리히의 사고발생의 연쇄성 5단계 중 2단계에 해당되는 것은?

① 유전과 환경
② 개인적인 결함
③ 불안전한 행동
④ 사고

**해설** 하인리히의 사고발생 연쇄성 5단계
- 1단계 - 유전적인 요소 및 사회환경(선천적 결함)
- 2단계 - 개인의 결함(간접원인)
- 3단계 - 불안전한 행동(인적 결함) 및 불안전한 상태(물적 결함)(직접원인)
- 4단계 - 사고
- 5단계 - 재해

**16** 착시현상 중 그림과 같이 우선평행의 호를 보고 이어 직선을 본 경우에 직선은 호와의 반대 방향에 보이는 현상은?

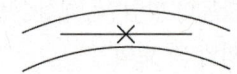

① 동화착오　② 분할착오
③ 윤곽착오　④ 방향착오

**해설** 윤곽착오에 관한 설명임

**17** 안전·보건표지의 색채 및 색도 기준 중 다음 ( ) 안에 알맞은 것은?

| 색채 | 색도 기준 | 용도 |
|---|---|---|
| ( ) | 5Y 8.5/12 | 경고 |
| ( ) | 2.5PB 4/10 | 지시 |

① 빨간색, 흰색
② 검은색, 노란색
③ 흰색, 녹색
④ 노란색, 파란색

**해설** 안전·보건표지

| 종류 | 색채 | 색도 기준 | 용도 |
|---|---|---|---|
| 금지 | 빨강 | 5R 4/13 | 정지신호, 소화설비 |
| 경고 | 노랑 | 2.5Y 8/12 | 위험 경고 |
| 지시 | 청색 | 7.5PB 2.5/7.5 | 특정 행위의 지시 |
| 안내 | 녹색 | 5G 5.5/6 | 비상구 및 피난소 |

**18** 재해손실비의 평가방식 중 하인리히 계산방식으로 옳은 것은?

① 총재해 비용=보험비용+비보험비용
② 총재해 비용=직접손실비용+간접손실비용
③ 총재해 비용=공동비용+개별비용
④ 총재해 비용=노동손실비용+설비손실비용

**해설** 총재해 비용=직접비(1)+간접비(4) (1 : 4)

| 직접비 | 간접비 |
|---|---|
| 치료비, 휴업, 요양, 유족, 장해, 간병, 직업재활급여, 상병보상연금, 장례비 | 인적·물적 손실비, 생산손실비, 기계·기구손실비 |

정답　14 ①　15 ②　16 ③　17 ④　18 ②

**19** 재해 원인 분석방법의 통계적 원인분석 중 다음에서 설명하는 것은?

> 사고의 유형, 기인물 등 분류항목을 큰 순서대로 도표화 한다.

① 파레토도  ② 특성요인도
③ 크로스도  ④ 관리도

**해설** 중요한 문제점을 발견하고자 하거나, 문제점의 원인을 조사하고자 하거나, 개선과 대책의 효과를 알고자 할 때 사용한다.

**20** 교육의 3요소 중 교육의 주체에 해당하는 것은?

① 강사  ② 교재
③ 수강자  ④ 교육방법

**해설** ▶ 교육의 3요소
- 주체 : 강사
- 객체 : 수강자, 학생
- 매개체 : 교육내용, 교재

## 2과목  인간공학 및 시스템안전공학

**21** 설비나 공법 등에서 나타날 위험에 대하여 정성적 또는 정량적인 평가를 행하고 그 평가에 따른 대책을 강구하는 것은?

① 설비보전  ② 동작분석
③ 안전계획  ④ 안전성 평가

**해설** ▶ 안정성 평가 6단계
- 관계자료 정비 검토
- 정성적 평가
- 정량적 평가
- 안전대책(안전성 평가)
- 재해에 의한 재평가
- FTA에 의한 재평가

**22** 어떤 작업자의 배기량을 측정하였더니, 10분간 200[L]이었고, 배기량을 분석한 결과 $O_2$ : 16[%], $CO_2$ : 4[%]였다. 분당 산소 소비량은 약 얼마인가?

① 1.05L/분  ② 2.05L/분
③ 3.05L/분  ④ 4.05L/분

**해설** $V_1 = \dfrac{(100 - O_2\% - CO_2\%)}{79} \times V_2$

산소소비량 = $(21\% \times V_1) - (O_2\% \times V_2)$
1liter의 산소 소비 = 5[kcal]
흡기부피 : $V_1$, 배기부피 : $V_2$(분당 배기량)라 하면
분당 배기 = 200/10 = 20이므로
흡기부피 = $[(100-16-4)/79] \times 20 = 20.25$[L/분]
분당 산소배기량 = $20 \times 0.16 = 3.20$[L/분]
분당 산소흡기량 = $20.25 \times 0.21 = 4.25$[L/분]
분당 산소소비량 = 분당 산소흡기량 - 분당 산소배기량
= $4.25 - 3.20 = 1.05$[L/분]

**23** 인간-기계 체계에서 인간의 과오에 기인된 원인 확률을 분석하여 위험성의 예측과 개선을 위한 평가 기법은?

① PHA  ② FMEA
③ THERP  ④ MORT

**해설** ① PHA : 예비사고분석
② FMEA : 고장형태와 영향분석
③ THERP : 휴면에러확률 예측 기법(Technique for Human Error Rate Prediction)
④ MORT : 관리감독위험나무분석

**24** 기능식 생산에서 유연생산시스템 설비의 가장 적합한 배치는?

① 합류(Y)형 배치
② 유자(U)형 배치
③ 일자(─)형 배치
④ 복수라인(二)형 배치

해설 ▶ **U자형 배치의 핵심** : 라인의 출구와 입구가 같은 위치에 있다는 것이다.
- U자형 배치는 H형과 원형(R형) 등 몇 가지 변형이 인정되고 있다.
- 이 배치의 가장 뚜렷한 장점은 이동거리 최소화는 물론 2~5인 복수 작업자 간 작업분배의 기회가 일자형 배치보다 많아 작업편성을 통한 생산량의 변동(수요변동)에 적응하기 위해서 작업자 수를 자유롭게 증가 또는 감소시킬 수 있는 유연성(flexibility)을 갖고 있다는 점이다.
- 즉 U자형 작업장 내부에 작업자를 추가적으로 투입하거나 감소시킴으로써 유연성을 발휘할 수 있는 것이다.

**25** 사람의 감각기관 중 반응속도가 가장 느린 것은?
① 청각　　② 시각
③ 미각　　④ 촉각

해설 ▶ 감각기관의 반응속도

| 청각 | 촉각 | 시각 | 미각 | 통각 |
|---|---|---|---|---|
| 0.17초 | 0.18초 | 0.20초 | 0.29초 | 0.70초 |

**26** 한 사무실에서 타자기의 소리 때문에 말소리가 묻히는 현상을 무엇이라 하는가?
① dBA　　② CAS
③ phone　　④ masking

해설 ▶ **은폐현상(masking)**
두 음의 차가 10[dB] 이상인 경우 발생한다.
높은 음이 낮은 음을 상쇄시켜 높은 음만 들리는 현상이다.

**27** 의자의 등받이 설계에 관한 설명으로 가장 적절하지 않은 것은?
① 등받이 폭은 최소 30.5[cm]가 되게 한다.
② 등받이 높이는 최소 50[cm]가 되게 한다.
③ 의자의 좌판과 등받이 각도는 90~105[°]를 유지한다.
④ 요부받침의 높이는 25~35[cm]로 하고 폭은 30.5[cm]로 한다.

해설 ▶ 요부받침의 높이는 15.2~22.9[cm]로 하고, 폭은 30.5[cm]로 한다.

**28** FT도에 의한 컷셋(cut set)이 다음과 같이 구해졌을 때 최소 컷셋(minimal cut set)으로 맞는 것은?

$(X_1, X_3)$
$(X_1, X_2, X_3)$
$(X_1, X_3, X_4)$

① $(X_1, X_3)$　　② $(X_1, X_2, X_3)$
③ $(X_1, X_3, X_4)$　　④ $(X_1, X_2, X_3, X_4)$

해설 ▶ 최소 컷셋(또는 미니멀 컷셋)은 공통인 것만 뽑으면 된다.
3세트 모두 $X_1$, $X_3$이 들어간다.
∴ $(X_1, X_3)$

**29** FTA의 용도와 거리가 먼 것은?
① 고장의 원인을 연역적으로 찾을 수 있다.
② 시스템의 전체적인 구조를 그림으로 나타낼 수 있다.
③ 시스템에서 고장이 발생할 수 있는 부분을 쉽게 찾을 수 있다.
④ 구체적인 초기사건에 대하여 상향식(bottom-up) 접근방식으로 재해 경로를 분석하는 정량적 기법이다.

해설 ▶ **FTA의 용도**
- 분석에는 게이트, 이벤트, 부호 등의 그래픽 기호를 사용하여 결함 단계를 표현하며, 각각의 단계에 확률을 부여하여 어떤 상황의 실패 확률 계산이 가능
- 연역적이고 정량적인 해석 방법(Top down 형식)
- 정량적 해석기법(컴퓨터처리 가능)이다.
- 논리기호를 사용한 특정 사상에 대한 해석이다.
- 서식이 간단해서 비전문가도 짧은 훈련으로 사용할 수 있다.
- Human Error의 검출이 어렵다.
- FTA 수행 시 기본사상 간의 독립 여부는 공분산으로 판단

정답　25 ③　26 ④　27 ④　28 ①　29 ④

**30** 일반적인 인간-기계 시스템의 형태 중 인간이 사용자나 동력원으로 기능하는 것은?

① 수동체계  ② 기계화체계
③ 자동체계  ④ 반자동체계

해설 ▶ 인간-기계 시스템의 형태

| 수동 시스템 | • 인간의 신체적인 힘을 동력으로 사용하여 작업통제(동력원 제어 : 사람, 수공구나 기타 보조물로 사용)<br>• 다양성 있는 체계로 역할할 수 있는 능력을 최대한 활용하는 시스템(융통성이 있는 운용 가능) |
|---|---|
| 기계화 시스템 | • 반자동체계, 변화가 적은 기능들을 수행하도록 설계(고도로 통합된 부품들로 구성되며 융통성이 없는 체계)<br>• 기계가 동력을 제공하며, 조정장치를 사용하는 통제는 사람이 담당 |
| 자동화 시스템 | • 감지, 정보처리 및 의사결정 행동을 포함한 모든 임무 수행(기계동력원 및 운전, 프로그램 감시 또는 통제, 관리)<br>• 대부분 폐회로 체계이며, 설계, 설치, 감시, 프로그램 작성 및 수정 정비, 유지 등은 사람이 담당 |

**31** 계수형 표시장치를 사용하는 것이 부적합한 것은?

① 수치를 정확히 읽어야 하는 경우
② 짧은 판독 시간을 필요로 할 경우
③ 판독 오차가 적은 것을 필요로 할 경우
④ 표시장치에 나타나는 값들이 계속 변하는 경우

해설

| 아날로그 | 정목 동침형 | 정량적인 눈금이 정성적으로 사용되어 원하는 값으로부터의 대략적인 편차나, 고도를 읽을 때 그 변화 방향과 율 등을 알고자 할 때 |
|---|---|---|
| | 정침 동목형 | 나타내고자 하는 값의 범위가 클 때, 비교적 작은 눈금판에 모두 나타내고자 할 때 |
| 디지털 | 계수형 | • 수치를 정확하게 충분히 읽어야 할 경우<br>• 원형 표시장치보다 판독 오차가 작고 판독 시간도 짧다(원형 : 3.54초, 계수형 : 0.94초). |

**32** 안전성 향상을 위한 시설배치의 예로 적절하지 않은 것은?

① 기계 배치는 작업의 흐름을 따른다.
② 작업자가 통로 쪽으로 등을 향하여 일하도록 한다.
③ 기계설비 주위에 운전공간, 보수점검 공간을 확보한다.
④ 통로는 선을 그어 명확히 구별하도록 한다.

해설 작업자가 통로 쪽으로 등을 향하여 일하면 사람들이 들락거리다 부딪힐 수 있다.

**33** FT도에서 사용되는 다음 기호의 의미로 맞는 것은?

① 결함사상  ② 통상사상
③ 기본사상  ④ 제외사상

해설 ▶ FT도의 기호

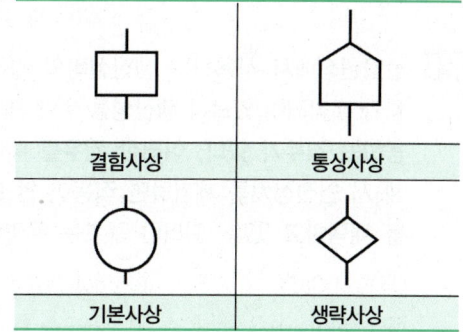

정답  30 ①  31 ④  32 ②  33 ③

**34** A 요업공장의 근로자 최 씨는 작업일 3월 15일에 다음과 같은 소음에 노출되었다. 총 소음 투여량은 약 얼마인가?

> 80[dB]-A : 2시간 30분
> 90[dB]-A : 4시간 30분
> 100[dB]-A : 1시간

① 114.1 ② 124.1
③ 134.1 ④ 144.1

**해설**

| 음압수준 dB[A] | 85 | 90 | 95 | 100 | 105 | 110 | 115 |
|---|---|---|---|---|---|---|---|
| 허용시간 | 16 | 8 | 4 | 2 | 1 | 0.5 | 0.25 |

$[(2.5시간/32시간)+(4.5시간/8)+(1시간/2)]×100 = 114.06[\%]$

**35** 근골격계질환의 인간공학적 주요 위험요인과 가장 거리가 먼 것은?

① 과도한 힘 ② 부적절한 자세
③ 고온의 환경 ④ 단순 반복 작업

**해설** 저온의 환경일 때 위험하다.
▶ 근골격계질환의 인간공학적 주요 위험요인
- 부적절한 자세
- 무리한 힘의 사용
- 과도한 반복작업
- 연속작업(비휴식)
- 낮은 온도 등

**36** 산업현장에서 사용하는 생산설비의 경우 안전장치가 부착되어 있으나 생산성을 위해 제거하고 사용하는 경우가 있다. 이러한 경우를 대비하여 설계 시 안전장치를 제거하면 작동이 안 되는 구조를 채택하고 있다. 이러한 구조는 무엇인가?

① Fail Safe ② Fool Proof
③ Lock Out ④ Tamper Proof

**해설** ▶ 안전설계의 종류
- 탬퍼 프루프(Tamper Proof) : 사용자가 고의로 안전장치를 쉽게 변경할 수 없는 구조
- 페일 세이프(Fail Safe) : 기계, 설비가 고장 나더라도 사고로 연결되지 않도록 항상 안전하게 작동
- 풀 프루프(Fool Proof) : 작업자의 실수가 있더라도 사고로 연결되지 않도록 항상 안전하게 작동

**37** FTA 도표에서 사용하는 논리기호 중 기본사상을 나타내는 기호는?

① 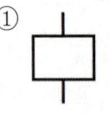 ②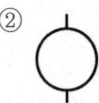

③ 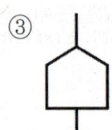 ④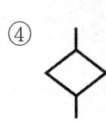

**해설** ① 결함사상 ② 기본사상
③ 통상사상 ④ 생략사상

**38** 인간-기계시스템에 관련된 정의로 틀린 것은?

① 시스템이란 전체 목표를 달성하기 위한 유기적인 결합체이다.
② 인간-기계시스템이란 인간과 물리적 요소가 주어진 입력에 대해 원하는 출력을 내도록 결합되어 상호작용하는 집합체이다.
③ 수동시스템은 입력된 정보를 근거로 자신의 신체적 에너지를 사용하여 수공구나 보조기구에 힘을 가하여 작업을 제어하는 시스템이다.
④ 자동화 시스템은 기계에 의해 동력과 몇몇 다른 기능들이 제공되며, 인간이 원하는 반응을 얻기 위해 기계의 제어장치를 사용하여 제어기능을 수행하는 시스템이다.

**해설** 자동화 시스템에서 인간은 감시, 프로그래밍, 정비 유지 등의 기능만 수행하고, 기계의 제어장치를 사용하지 않는다.

**정답** 34 ① 35 ③ 36 ④ 37 ② 38 ④

**39** 결함수분석(FTA) 결과 다음과 같은 패스셋을 구하였다. $X_4$가 중복사상인 경우, 최소 패스셋(minimal path sets)으로 맞는 것은?

> $\{X_2, X_3, X_4\}$
> $\{X_1, X_3, X_4\}$
> $\{X_3, X_4\}$

① $\{X_3, X_4\}$
② $\{X_1, X_3, X_4\}$
③ $\{X_2, X_3, X_4\}$
④ $\{X_2, X_3, X_4\}$와 $\{X_3, X_4\}$

**해설** 최소 패스셋(minimal path sets)은 정상사상(고장)을 일으키지 않는 최소한의 사상이다.
보기에서 ②, ③번은 사상이 3개이고, ①번은 2개이므로 ①번이 정답이다.
*정상사상을 일으킬 수 있는 최소의 사상은 미니멀 컷셋(minimal cut set)이다.

**40** 통제표시비(control/display ratio)를 설계할 때 고려하는 요소에 관한 설명으로 틀린 것은?

① 통제표시비가 낮다는 것은 민감한 장치라는 것을 의미한다.
② 목시거리(目示距離)가 길면 길수록 조절의 정확도는 떨어진다.
③ 짧은 주행시간 내에 공차의 인정범위를 초과하지 않는 계기를 마련한다.
④ 계기의 조절시간이 짧게 소요되도록 계기의 크기(size)는 항상 작게 설계한다.

**해설** 통제표시비는 조정장치의 움직인 거리(회전수)와 표시장치상의 지침이 움직인 거리의 비이다.
계기의 크기는 항상 작게 설계하지 않으며, 여러 가지 환경·인간적 요소를 고려한다.
(계기의 크기가 항상 작으면 눈이 나쁜 사람은 보기 힘듦)

## 3과목 기계위험방지기술

**41** 기계설비 구조의 안전을 위해 설계 시 고려하여야 할 안전계수(safety factor)의 산출 공식으로 틀린 것은?

① 파괴강도÷허용응력
② 안전하중÷파단하중
③ 파괴하중÷허용하중
④ 극한강도÷최대설계응력

**해설** 안전계수 = 기준강도÷허용응력
기준강도 = 항복강도 = 극한강도 = 인장강도 = 파단하중
= 최대응력
허용응력 = 설계하중 = 최대설계응력 = 인장응력
= 안전하중
∴ 파단하중÷안전하중

**42** 산업용 로봇의 재해 발생에 대한 주된 원인이며, 본체의 외부에 조립되어 인간의 팔에 해당되는 기능을 하는 것은?

① 센서(sensor)
② 제어 로직(control logic)
③ 제동장치(brake system)
④ 매니퓰레이터(manipulator)

**해설** 매니퓰레이터 : 기계 팔(Arm)이 기계 본체의 외부에 조립되어 작업을 수행

**43** 드릴링 머신의 드릴지름이 10[mm]이고, 드릴회전수가 1,000[rpm]일 때 원주속도는 약 얼마인가?

① 3.14[m/min]   ② 6.28[m/min]
③ 31.4[m/min]   ④ 62.8[m/min]

**해설** 숫돌의 원주속도(V)[m/분] = πDn
D : 숫돌의 직경[m], n : 회전수[rpm]
V = (3.14×10×1,000)/1,000
(mm를 m로 변환하고자 1,000을 나눔)
V = 31.4

정답  39 ①   40 ④   41 ②   42 ④   43 ③

**44** 롤러기의 방호장치 중 복부조작식 급정지장치의 설치 위치 기준에 해당하는 것은? (단, 위치는 급정지장치의 조작부의 중심점을 기준으로 한다)

① 밑면에서 1.8[m] 이상
② 밑면에서 0.8[m] 미만
③ 밑면에서 0.8[m] 이상 1.1[m] 이내
④ 밑면에서 0.4[m] 이상 0.8[m] 이내

해설 ▶ 급정지장치의 설치 위치 기준
• 손조작식 : 밑면에서 1.8[m] 이내
• 복부조작식 : 밑면에서 0.8[m] 이상 1.1[m] 이내
• 무릎조작식 : 밑면에서 0.6[m] 이내

**45** 기계설비의 안전조건 중 외관의 안전화에 해당되지 않는 것은?

① 오동작 방지 회로 적용
② 안전색채 조절
③ 덮개의 설치
④ 구획된 장소에 격리

해설 외관의 안전화는 외관상의 안전을 말하므로, 외관상 보이지 않는 오동작 방지 회로 적용은 이에 해당되지 않는다.

**46** 산업용 로봇 작업 시 안전조치 방법이 아닌 것은?

① 높이 1.8[m] 이상의 방책을 설치한다.
② 로봇의 조작방법 및 순서의 지침에 따라 작업한다.
③ 로봇 작업 중 이상 상황의 대처를 위해 근로자 이외에도 로봇의 기동스위치를 조작할 수 있도록 한다.
④ 2인 이상의 근로자에게 작업을 시킬 때는 신호방법의 지침을 정하고 그 지침에 따라 작업한다.

해설 근로자 본인만 조작이 가능하게 하여 사고를 방지한다.

**47** 크레인 작업 시 2,000[N]의 화물을 걸어 25[m/s$^2$] 가속도로 감아올릴 때 로프에 걸리는 총하중은 몇 [kN]인가? (단, 중력 가속도는 9.81[m/s$^2$]이다)

① 3.1   ② 5.1
③ 7.1   ④ 9.1

해설 총하중=정하중+동하중
2,000+5,096=7,096[kgf](1톤=1,000[kgf])

동하중=정하중 × $\dfrac{가속도}{중력가속도}$

$2,000 \times \dfrac{25}{9.81} = 5,096$

**48** 연삭숫돌을 사용하는 작업 시 해당 기계의 이상 유무를 확인하기 위한 시험운전 시간으로 옳은 것은?

① 작업 시작 전 30초 이상, 연삭숫돌 교체 후 5분 이상
② 작업 시작 전 30초 이상, 연삭숫돌 교체 후 3분 이상
③ 작업 시작 전 1분 이상, 연삭숫돌 교체 후 5분 이상
④ 작업 시작 전 1분 이상, 연삭숫돌 교체 후 3분 이상

해설 작업 시작하기 전 1분 이상, 연삭숫돌을 교체한 후 3분 이상 시운전(숫돌파열이 가장 많이 발생하는 경우는 스위치를 넣는 순간)

정답   44 ③   45 ①   46 ③   47 ③   48 ④

**49** 화물적재 시 지게차의 안정조건을 옳게 나타낸 것은? (단, W는 화물의 중량, Lw는 앞바퀴에서 화물 중심까지의 최단거리, G는 지게차의 중량, Lg는 앞바퀴에서 지게차 중심까지의 최단거리이다)

① G×Lg ≧ W×Lw
② W×Lw ≧ G×Lg
③ G×Lw ≧ W×Lg
④ W×Lg ≧ G×Lw

해설 ▶ 지게차 안정조건

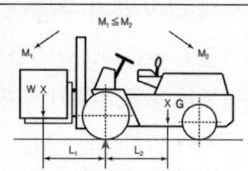

지게차 안정조건 : M₁ ≦ M₂
여기에서
 W : 화물의 중량(kgf)
 G : 지게차 중량(kgf)
 L₁ : 앞바퀴에서 화물 중심까지의 최단거리(cm)
 L₂ : 앞바퀴에서 지게차 중심까지의 최단거리(cm)
 M₁ : W×L₁ (화물의 모멘트)
 M₂ : G×L₂ (지게차의 모멘트)

| 지게차 작업 시 안정도 | |
|---|---|
| 주행 시 좌·우 | 15 + 1.1V(최고속도) |
| 주행 시 전·후 | 18% |
| 하역 시 좌·우 | 6% |
| 하역 시 전·후 | 4% |

**50** 연삭숫돌의 상부를 사용하는 것을 목적으로 하는 탁상용 연삭기 덮개의 노출각도는?

① 60도 이내   ② 65도 이내
③ 80도 이내   ④ 125도 이내

해설 ▶ 탁상용 연삭기 덮개의 노출각도

| 상부를 사용하는 경우 | 60[°] 이내 |
|---|---|
| 수평면 이하에서 연삭 | 125[°] 이내 |
| 최대 원주속도가 초당 50[m] 이하 | 90[°] 이내 (주축면 위로 50[°] 이내) |
| 그 외 탁상용 연삭기 | 80[°] 이내 (주축면 위로 60[°] 이내) |
| 절단기, 평면형 연삭기 | 150[°] 이내 |
| 휴대용, 원통형 연삭기 | 180[°] 이내 |

**51** 컨베이어 작업 시작 전 점검해야 할 사항으로 거리가 먼 것은?

① 원동기 및 풀리 기능의 이상 유무
② 이탈 등의 방지장치 기능의 이상 유무
③ 비상정지장치의 이상 유무
④ 자동전격방지장치의 이상 유무

해설 자동전격방지장치는 컨베이어가 아닌 교류아크용접기에 설치한다.
▶ 컨베이어 작업 시작 전 점검사항
• 원동기 및 풀리 기능의 이상 유무
• 이탈 등 방지장치 기능의 이상 유무
• 비상정지장치 기능의 이상 유무
• 덮개, 울 등의 이상 유무

**52** 아세틸렌 용접장치에서 아세틸렌 발생기실 설치 위치 기준으로 옳은 것은?

① 건물 지하층에 설치하고 화기 사용설비로부터 3미터 초과 장소에 설치
② 건물 지하층에 설치하고 화기 사용설비로부터 1.5미터 초과 장소에 설치
③ 건물 최상층에 설치하고 화기 사용설비로부터 3미터 초과 장소에 설치
④ 건물 최상층에 설치하고 화기 사용설비로부터 1.5미터 초과 장소에 설치

49 ①   50 ①   51 ④   52 ③

해설 ▶ **아세틸렌 발생기실 설치 위치 기준**
- 발생기실은 건물의 최상층에 위치하여야 하며, 화기를 사용하는 설비로부터 3미터를 초과하는 장소에 설치하여야 한다.
- 발생기실을 옥외에 설치한 경우에는 그 개구부를 다른 건축물로부터 1.5미터 이상 떨어지도록 하여야 한다.

**53** 공작기계인 밀링작업의 안전사항이 아닌 것은?
① 사용 전에는 기계·기구를 점검하고 시운전을 한다.
② 칩을 제거할 때는 칩 브레이커로 제거한다.
③ 회전하는 커터에 손을 대지 않는다.
④ 커터의 제거 설치 시에는 반드시 스위치를 차단하고 한다.

해설 ▶ 칩 브레이커는 칩이 길게 나오면 그것을 짧게 잘라주는 도구이므로, 선반 작업 시의 내용이다.

**54** 다음 중 욕조 형태를 갖는 일반적인 기계 고장 곡선에서의 기본적인 3가지 고장 유형에 해당하지 않는 것은?
① 피로 고장 ② 우발 고장
③ 초기 고장 ④ 마모 고장

해설 ▶ **고장 유형**
- 우발 고장 – 일정
- 초기 고장 – 감소
- 마모 고장 – 증가

**55** 피복 아크 용접 작업 시 생기는 결함에 대한 설명 중 틀린 것은?
① 스패터(spatter) : 용융된 금속의 작은 입자가 튀어나와 모재에 묻어있는 것
② 언더컷(under cut) : 전류가 과대하고 용접속도가 너무 빠르며, 아크를 짧게 유지하기 어려운 경우 모재 및 용접부의 일부가 녹아서 발생하는 홈 또는 오목하게 생긴 부분
③ 크레이터(crater) : 용착금속 속에 남아있는 가스로 인하여 생긴 구멍
④ 오버랩(overlap) : 용접봉의 운행이 불량하거나 용접봉의 용융 온도가 모재보다 낮을 때 과잉 용착금속이 남아있는 부분

해설
- 크레이터 : 용접 시 끝이 오목하게 파이는 현상
- pit : 용접부 표면에 생기는 작은 기포 구멍이 발생하는 현상
- blow hole : 용접부에 기공이 발생하는 현상

**56** 다음 중 선반(lathe)의 방호장치에 해당하는 것은?
① 슬라이드(slide)
② 심암대(tail stock)
③ 주축대(head stock)
④ 척 가드(chuck guard)

해설 ▶ 선반의 방호장치는 쉴드, 칩 브레이커, 척 커버(척 가드), 브레이크이다.

정답  53 ②  54 ①  55 ③  56 ④

**57** 선반에서 냉각재 등에 의한 생물학적 위험을 방지하기 위한 방법으로 틀린 것은?

① 냉각재가 기계에 잔류되지 않고 중력에 의해 수집 탱크로 배유되도록 해야 한다.
② 냉각재 저장 탱크에는 외부 이물질의 유입을 방지하기 위해 덮개를 설치해야 한다.
③ 특별한 경우를 제외하고는 정상 운전 시 전체 냉각재가 계통 내에서 순환되고 냉각재 탱크에 체류하지 않아야 한다.
④ 배출용 배관의 지름은 대형 이물질이 들어가지 않도록 작아야 하고, 지면과 수평이 되도록 제작해야 한다.

**해설** ▶ 배출용 배관
• 지름을 크게 한다.
• 지면과 수직으로 제작한다.

**58** 양수조작식 방호장치에서 양쪽 누름버튼 간의 내측 거리는 몇 [mm] 이상이어야 하는가?

① 100　　② 200
③ 300　　④ 400

**해설** 양수조작식 방호장치에서 누름버튼 간 내측 거리는 300[mm] 이상이어야 한다.

**59** 연삭기에서 숫돌의 바깥지름이 180[mm]라면, 평형 플랜지의 바깥지름은 몇 [mm] 이상이어야 하는가?

① 30　　② 36
③ 45　　④ 60

**해설** 숫돌 바깥지름 × $\frac{1}{3}$ = 평형 플랜지 바깥지름

$180 \times \frac{1}{3} = 60$

**60** 산업안전보건법령에 따라 컨베이어에 부착해야 할 방호장치로 적합하지 않은 것은?

① 비상정지장치
② 과부하방지장치
③ 역주행방지장치
④ 덮개 또는 낙하방지용 울

**해설** ▶ 컨베이어 방호장치 : 역전방지장치, 비상정지장치, 덮개와 울, 이탈방지장치

## 4과목 전기 및 화학설비위험방지기술

**61** 전기화재의 직접적인 발생 요인과 가장 거리가 먼 것은?

① 피뢰기의 손상
② 누전, 열의 축적
③ 과전류 및 절연의 손상
④ 지락 및 접속 불량으로 인한 과열

**해설** 피뢰기가 손상되면 낙뢰에 의한 발화가능성이 높아지지만, 이 손상이 전기화재의 직접적인 발생 요인이 되지는 않는다.
▶ 전기화재의 직접요인
• 단락에 의한 발화
• 누전 열의 축적
• 지락 및 접속 불량으로 인한 과열
• 스파크에 의한 발화
• 절연열화 또는 탄화에 의한 발화
• 낙뢰에 의한 발화

**62** 콘덴서의 단자전압이 1[kV], 정전용량이 740[pF]일 경우 방전에너지는 약 몇 [mJ]인가?

① 370　　② 37
③ 3.7　　④ 0.37

정답　57 ④　58 ③　59 ④　60 ②　61 ①　62 ④

**해설** 방전에너지 공식

$$Q = \frac{1}{2}CV^2$$

$$\frac{1}{2}(740 \times 10^{-12}) \times 1{,}000^2 = 0.00037J = 0.37[mJ]$$

$$p(\text{피코}) = 10^{-12}$$

**63** 산업안전보건법령에서 정한 위험물질의 종류에서 "물반응성 물질 및 인화성 고체"에 해당하는 것은?

① 니트로화합물
② 과염소산
③ 아조화합물
④ 칼륨

**해설** ▶ 물반응성 물질 및 인화성 고체
- 리튬
- 칼륨·나트륨
- 황
- 황린
- 황화인·적린
- 셀룰로이드류
- 알킬알루미늄·알킬리튬
- 마그네슘 분말
- 금속 분말(마그네슘 분말은 제외한다)
- 알칼리금속(리튬·칼륨 및 나트륨은 제외한다)
- 유기금속화합물(알킬알루미늄 및 알킬리튬은 제외한다)
- 금속의 수소화물
- 금속의 인화물
- 칼슘 탄화물, 알루미늄 탄화물
- 그 밖에 위 물질과 같은 정도의 발화성 또는 인화성이 있는 물질
- 위 물질을 함유한 물질

**64** 20[℃], 1기압의 공기를 압축비 3으로 단열 압축하였을 때 온도는 약 몇 [℃]가 되겠는가? (단, 공기의 비열비는 1.4이다)

① 84  ② 128
③ 182  ④ 1,091

**해설** ▶ 단열압축온도: $T_2 \div T_1 = (P_2 \div P_1)^{(r-1) \div r}$
$T_2$: 단열압축 후 온도(273+섭씨)
$T_1$: 단열압축 전 온도(273+섭씨)
$P_2$: 단열압축 후 압력
$P_1$: 단열압축 전 압력
$r$ = 공기의 비열비
$x \div (273+20) = (3 \div 1)^{(1.4-1) \div 1.4}$
$x = 401.04$
$401 - 273 = 128$

**65** 방폭전기설비의 설치 시 고려하여야 할 환경조건으로 가장 거리가 먼 것은?

① 열  ② 진동
③ 산소량  ④ 수분 및 습기

**해설** ▶ 방폭전기설비 설치 시 고려해야 할 환경조건
기기가 설치된 장소의 주변 온도, 표고 또는 상대습도(수분 및 습기), 먼지, 부식성 가스, 진동 등
- 설치 환경에서 중요한 조건들
  - 열(주변 온도): 일반적으로 20~40℃ 범위에서 설치
  - 진동: 설비의 내구성과 안정성 확보를 위해 고려
  - 수분 및 습기: 상대습도 45~85% 등으로 방폭기기 성능과 안전에 큰 영향을 미침
  - 표고, 먼지, 부식성 가스 등도 중요한 환경 변수로 다룸

반면, 산소량은 일반적인 방폭전기설비 설치 시 환경조건으로서 특기되는 요소가 아니다. 다만, 산소 농도가 높은 경우 인화성 물질의 연소 위험이 증가할 수 있지만, 산소량 자체가 설치 조건으로 명확히 고려되는 항목은 아니다.

**66** 다음 중 방폭구조의 종류와 기호가 올바르게 연결된 것은?

① 압력 방폭구조: q
② 유입 방폭구조: m
③ 비점화 방폭구조: n
④ 본질안전 방폭구조: e

**정답** 63 ④  64 ②  65 ③  66 ③

해설 ▶ **방폭구조의 종류와 기호**
- 압력 방폭구조 : p
- 유입 방폭구조 : o
- 비점화 방폭구조 : n
- 본질안전 방폭구조 : ia 또는 ib
- 내압 방폭구조 : d
- 특수 방폭구조 : s
- 안전증 방폭구조 : e
- 충전 방폭구조 : q
- 몰드 방폭구조 : m

**67** 작업장 내 시설하는 저압전선에는 감전 등의 위험으로 나전선을 사용하지 않고 있지만, 특별한 이유에 의하여 사용할 수 있도록 규정된 곳이 있는데 이에 해당되지 않는 것은?

① 버스덕트 작업에 의한 시설작업
② 애자 사용 작업에 의한 전기로용 전선
③ 유희용 전차 시설의 규정에 준하는 접촉전선을 시설하는 경우
④ 애자 사용 작업에 의한 전선의 피복 절연물이 부식되지 않는 장소에 시설하는 전선

해설 ▶ **나전선의 사용제한**
- 전기로용 전선
- 전선의 피복 절연물이 부식하는 장소에 시설하는 전선
- 취급자 이외의 자기가 출입할 수 없도록 설비하는 장소에 시설하는 전선 등

**68** 다음 설명에 해당하는 위험장소의 종류로 옳은 것은?

> 공기 중에서 가연성 분진운의 형태가 연속적, 또는 장기적 또는 단기적 자주 폭발성 분위기가 존재하는 장소

① 0종 장소
② 1종 장소
③ 20종 장소
④ 21종 장소

해설 분진폭발 위험장소는 20종, 21종, 22종으로, 위험이 빈번하면 20종, 위험이 충분하면 21종, 드물게 위험하면 22종이다.

**69** 부탄의 연소하한값이 1.6[vol%]일 경우, 연소에 필요한 최소 산소농도는 약 몇 [vol%]인가?

① 9.4
② 10.4
③ 11.4
④ 12.4

해설 최소 산소농도 = 산소몰수 × 연소하한값 = 6.5 × 1.6 = 10.4[vol%]

**70** LPG에 대한 설명으로 옳지 않은 것은?

① 강한 독성 가스로 분류된다.
② 질식의 우려가 있다.
③ 누설 시 인화, 폭발성이 있다.
④ 가스의 비중은 공기보다 크다.

해설 LPG는 천연가스로 분류되어 있다.

**71** 다음 중 정전기 재해의 방지대책으로 가장 적절한 것은?

① 절연도가 높은 플라스틱을 사용한다.
② 대전하기 쉬운 금속은 접지를 실시한다.
③ 작업장 내의 온도를 낮게 해서 방전을 촉진시킨다.
④ (+), (−)전하의 이동을 방해하기 위하여 주위의 습도를 낮춘다.

해설 ① 절연성 재료 사용은 금지하며, 도전성 재료를 사용한다.
③ 정전기는 온도와는 관련이 없다(겨울에 히터를 틀어놓아도 정전기는 발생한다).
④ 습도를 높여야 정전기가 방지된다(여름에는 정전기가 발생하지 않는다. 상대습도는 60~70 이상).

67 ④  68 ③  69 ②  70 ①  71 ②

**72** 전로의 과전류로 인한 재해를 방지하기 위한 방법으로 과전류 차단장치를 설치할 때에 대한 설명으로 틀린 것은?

① 과전류 차단장치로는 차단기·퓨즈 또는 보호계전기 등이 있다.
② 차단기·퓨즈는 계통에서 발생하는 최대 과전류에 대하여 충분하게 차단할 수 있는 성능을 가져야 한다.
③ 과전류 차단장치는 반드시 접지선에 병렬로 연결하여 과전류 발생 시 전로를 자동으로 차단하도록 설치하여야 한다.
④ 과전류 차단장치가 전기계통상에서 상호 협조·보완되어 과전류를 효과적으로 차단하도록 하여야 한다.

**해설** 과전류 차단장치는 반드시 접지선이 아닌 전로에 직렬로 연결하여 과전류 발생 시 전로를 자동으로 차단하도록 설치하여야 한다.

**73** 정전기 발생 종류가 아닌 것은?

① 박리 ② 마찰
③ 분출 ④ 방전

**해설** ▶ 정전기 발생 종류
- 마찰대전
- 유동대전
- 박리대전
- 분출대전
- 충돌대전
- 비말대전

**74** 다음 중 분진폭발의 가능성이 가장 낮은 물질은?

① 소맥분 ② 마그네슘
③ 질석가루 ④ 석탄

**해설** 질석가루는 불연성 물질이므로 분진폭발의 가능성이 가장 낮다.

**75** 에틸에테르(폭발하한값 1.9[vol%])와 에틸알콜(폭발하한값 4.3[vol%])이 4:1로 혼합된 증기의 폭발하한계[vol%]는 약 얼마인가? (단, 혼합증기는 에틸에테르가 80[%], 에틸알코올 20[%]로 구성되고, 르샤틀리에 법칙을 이용한다)

① 2.14vol% ② 3.14vol%
③ 4.14vol% ④ 5.14vol%

**해설** $\dfrac{100}{\dfrac{80}{1.9}+\dfrac{20}{4.3}} = 2.138 ≒ 2.14$

**76** 다음 중 「산업안전보건기준에 관한 규칙」에서 규정하는 급성 독성물질에 해당되지 않는 것은?

① 쥐에 대한 경구투입실험에 의하여 실험동물의 50[%]를 사망시킬 수 있는 물질의 양이 [kg]당 300[mg]-(체중) 이하인 화학물질
② 쥐에 대한 경피흡수실험에 의하여 실험동물의 50[%]를 사망시킬 수 있는 물질의 양이 [kg]당 1,000[mg]-(체중) 이하인 화학물질
③ 토끼에 대한 경피흡수실험에 의하여 실험동물의 50[%]를 사망시킬 수 있는 물질의 양이 [kg]당 1,000[mg]-(체중) 이하인 화학물질
④ 쥐에 대한 4시간 동안의 흡입실험에 의하여 실험동물의 50[%]를 사망시킬 수 있는 가스의 농도가 3,000[ppm] 이상인 화학물질

**해설** ▶ 급성 독성물질
- 쥐에 대한 경구투입실험에 의하여 실험동물의 50[%]를 사망시킬 수 있는 물질의 양, 즉 $LD_{50}$(경구, 쥐)이 킬로그램당(체중) 300[mg] 이하인 화학물질
- 쥐 또는 토끼에 대한 경피흡수실험에 의하여 실험동물의 50[%]를 사망시킬 수 있는 물질의 양, 즉 $LD_{50}$(경피, 토끼 또는 쥐)이 킬로그램당(체중) 1,000[mg] 이하인 화학물질
- 쥐에 대한 4시간 동안의 흡입실험에 의하여 실험동물의 50[%]를 사망시킬 수 있는 물질의 농도, 즉 $LC_{50}$(쥐, 4시간 흡입)이 2,500[ppm] 이하인 화학물질

**정답** 72 ③  73 ④  74 ③  75 ①  76 ④

**77** 다음 중 화재의 분류에서 전기화재에 해당하는 것은?

① A급 화재
② B급 화재
③ C급 화재
④ D급 화재

해설 ① A급 화재(일반화재) : 목재, 종이, 천 등 고체 가연물의 화재
② B급 화재(기름화재) : 인화성 액체 및 고체의 유지류 등의 화재(인화물질인 유류)
③ C급 화재(전기화재) : 전류가 흐르고 있는 전기설비의 화재
④ D급 화재(금속화재) : 마그네슘, 나트륨, 칼륨, 지르코늄과 같은 금속화재

**78** 누전에 의한 감전의 위험을 방지하기 위하여 반드시 접지를 하여야만 하는 부분에 해당되지 않는 것은?

① 절연대 위 등과 같이 감전 위험이 없는 장소에서 사용하는 전기 기계·기구의 금속체
② 전기 기계·기구의 금속제 외함, 금속제 외피 및 철대
③ 전기를 사용하지 아니하는 설비 중 전동식 양중기의 프레임과 궤도에 해당하는 금속체
④ 코드와 플러그를 접속하여 사용하는 휴대형 전동기계·기구의 노출된 비충전 금속체

해설 ▶ 접지를 하지 않아도 되는 경우
• 「전기용품 및 생활용품 안전관리법」에 따른 이중절연구조 또는 이와 같은 수준 이상으로 보호되는 전기기계·기구
• 절연대 위 등과 같이 감전 위험이 없는 장소에서 사용하는 전기 기계·기구
• 비접지방식의 전로(그 전기기계·기구의 전원측의 전로에 설치한 절연변압기의 2차 전압이 300볼트 이하, 정격용량이 3킬로볼트암페어 이하이고 그 절연전압기의 부하측의 전로가 접지되어 있지 아니한 것으로 한정한다)에 접속하여 사용되는 전기기계·기구

**79** 전기기계·기구에 대하여 누전에 의한 감전위험을 방지하기 위하여 누전차단기를 전기기계·기구에 접속할 때 준수하여야 할 사항으로 옳은 것은?

① 누전차단기는 정격감도전류가 60[mA] 이하이고 작동시간은 0.1초 이내일 것
② 누전차단기는 정격감도전류가 50[mA] 이하이고 작동시간은 0.08초 이내일 것
③ 누전차단기는 정격감도전류가 40[mA] 이하이고 작동시간은 0.06초 이내일 것
④ 누전차단기는 정격감도전류가 30[mA] 이하이고 작동시간은 0.03초 이내일 것

해설 ▶ 감전방지용 누전차단기를 설치 시 준수사항
전기기계·기구에 설치되어 있는 누전차단기는 정격감도전류가 30밀리암페어 이하이고 작동시간은 0.03초 이내일 것. 다만, 정격전부하전류가 50암페어 이상인 전기기계·기구에 접속되는 누전차단기는 오작동을 방지하기 위하여 정격감도전류는 200밀리암페어 이하로, 작동시간은 0.1초 이내로 할 수 있다.

**80** 고압 또는 특고압의 기계기구·모선 등을 옥외에 시설하는 발전소·변전소·개폐소 또는 이에 준하는 곳에는 구내에 취급자 이외의 자가 들어가지 못하도록 하기 위한 시설의 기준에 대한 설명으로 틀린 것은?

① 울타리·탑 등의 높이는 1.5[m] 이상으로 시설하여야 한다.
② 출입구에는 출입금지의 표시를 하여야 한다.
③ 출입구에는 자물쇠장치 기타 적당한 장치를 하여야 한다.
④ 지표면과 울타리·담 등의 하단사이의 간격은 15[cm] 이하로 하여야 한다.

해설 울타리·담 등의 높이는 2[m] 이상으로 하고 지표면과 울타리·담 등의 하단 사이 간격은 0.15[m] 이하로 한다.

77 ③  78 ①  79 ④  80 ①

### 5과목 건설안전기술

**81** 크레인을 사용하여 작업을 하는 경우 준수해야 할 사항으로 옳지 않은 것은?

① 인양할 하물(荷物)을 바닥에서 끌어당기거나 밀어 정위치 작업을 할 것
② 유류 드럼이나 가스통 등 운반 도중에 떨어져 폭발하거나 누출될 가능성이 있는 위험물 용기는 보관함(또는 보관고)에 담아 안전하게 매달아 운반할 것
③ 미리 근로자의 출입을 통제하여 인양 중인 하물이 작업자의 머리 위로 통과하지 않도록 할 것
④ 인양할 하물이 보이지 아니하는 경우에는 어떠한 동작도 하지 아니할 것(신호하는 사람에 의하여 작업을 하는 경우는 제외한다.)

해설 ▶ 크레인 작업 시의 조치

「산업안전보건기준에 관한 규칙」 제146조 제1항
1. 인양할 하물을 바닥에서 끌어당기거나 밀어내는 작업을 하지 아니할 것
2. 유류 드럼이나 가스통 등 운반 도중에 떨어져 폭발하거나 누출될 가능성이 있는 위험물 용기는 보관함(또는 보관고)에 담아 안전하게 매달아 운반할 것
3. 고정된 물체를 직접 분리·제거하는 작업을 하지 아니할 것
4. 미리 근로자의 출입을 통제하여 인양 중인 하물이 작업자의 머리 위로 통과하지 않도록 할 것
5. 인양할 하물이 보이지 아니하는 경우에는 어떠한 동작도 하지 아니할 것(신호하는 사람에 의하여 작업을 하는 경우는 제외한다)

**82** 이동식 비계를 조립하여 작업을 하는 경우의 준수사항으로 옳지 않은 것은?

① 이동식 비계의 바퀴에는 뜻밖의 갑작스러운 이동 또는 전도를 방지하기 위하여 브레이크·쐐기 등으로 바퀴를 고정시킨 다음 비계의 일부를 견고한 시설물에 고정하거나 아웃트리거(outrigger)를 설치하는 등 필요한 조치를 할 것
② 작업발판은 항상 수평을 유지하고 작업발판 위에서 안전난간을 딛고 작업을 하지 않도록 하며, 대신 받침대 또는 사다리를 사용하여 작업할 것
③ 비계의 최상부에서 작업을 하는 경우에는 안전난간을 설치할 것
④ 작업발판의 최대적재하중은 250[kg]을 초과하지 않도록 할 것

해설 작업발판은 항상 수평을 유지하고 작업발판 위에서 안전난간을 딛고 작업을 하거나 받침대 또는 사다리를 사용하여 작업하지 않도록 할 것

**83** 산업안전보건 중 안전시설비의 항목에서 사용할 수 있는 항목에 해당하는 것은?

① 외부인 출입금지, 공사장 경계표시를 위한 가설 울타리
② 작업발판
③ 절토부 및 성토부 등의 토사유실 방지를 위한 설비
④ 사다리 전도방지장치

해설 ▶ 안전시설비의 사용불가 내역
• 외부인 출입금지, 공사장 경계표시를 위한 가설 울타리
• 각종 비계, 작업발판, 가설 계단 통로, 사다리
• 절도부 및 성토부 등의 토사유출 방지를 위한 설비

정답  81 ①  82 ②  83 ④

**84** 달비계에 사용하는 와이어로프는 지름의 감소가 공칭지름의 몇 [%]를 초과하는 경우에 사용할 수 없도록 규정되어 있는가?

① 5[%]   ② 7[%]
③ 9[%]   ④ 10[%]

**해설** ▶ 달비계의 구조

「산업안전보건기준에 관한 규칙」제63조
① 사업주는 곤돌라형 달비계를 설치하는 경우에는 다음 각 호의 사항을 준수해야 한다.
  1. 다음 각 목의 어느 하나에 해당하는 와이어로프를 달비계에 사용해서는 아니 된다.
    가. 이음매가 있는 것
    나. 와이어로프의 한 꼬임[스트랜드(strand)를 말한다. 이하 같다]에서 끊어진 소선(素線)[필러(pillar)선은 제외한다]의 수가 10퍼센트 이상(비자전로프의 경우에는 끊어진 소선의 수가 와이어로프 호칭지름의 6배 길이 이내에서 4개 이상이거나 호칭지름 30배 길이 이내에서 8개 이상)인 것
    다. 지름의 감소가 공칭지름의 7퍼센트를 초과하는 것
    라. 꼬인 것
    마. 심하게 변형되거나 부식된 것
    바. 열과 전기충격에 의해 손상된 것

**85** 지반의 조사방법 중 지질의 상태를 가장 정확히 파악할 수 있는 보링방법은?

① 충격식 보링(percussion boring)
② 수세식 보링(wash boring)
③ 회전식 보링(rotary boring)
④ 오거 보링(auger boring)

**해설** ▶ 보링의 종류
- 충격식 보링 : 와이어로프 끝에 충격날을 부착하여 상하 충격에 의해 천공 토사와 암석에도 가능
- 수세식 보링 : 깊이 30[m] 내외의 연질층에 사용하는 방법으로 이중관을 충격을 주며 물을 뿜어 파진 흙을 배출하여 침전시켜 토질판별
- 회전식 보링 : 날을 회전시켜 천공하는 방법, 비교적 자연상태 그대로 채취 가능(연속적으로 시료를 채취할 수 있어 지층의 변화를 비교적 정확히 알 수 있음)
- 오거 보링 : 지표면 부근의 시료 채취나 얕은 지반조사에 사용하는 방법으로 깊이 10[m] 이내 토사를 채취한다.

**86** 철근의 인력 운반방법에 관한 설명으로 옳지 않은 것은?

① 긴 철근은 두 사람이 1조가 되어 같은 쪽의 어깨에 메고 운반한다.
② 양끝은 묶어서 운반한다.
③ 1회 운반 시 1인당 무게는 50[kg] 정도로 한다.
④ 공동작업 시 신호에 따라 작업한다.

**해설** 1회 운반 시 1인당 무게는 25[kg] 정도가 적당하다.

**87** 토류벽에 거치된 어스 앵커의 인장력을 측정하기 위한 계측기는?

① 하중계(Load cell)
② 변형계(Strain gauge)
③ 지하수위계(Piezometer)
④ 지중경사계(Inclinometer)

**해설** 앵커의 인장력을 측정하는 계측기는 하중계로, 무거운 무게가 많이 나가는 것을 들수록 인장력이 강해야 한다.

**88** 작업에서의 위험요인과 재해 형태가 가장 관련이 적은 것은?

① 무리한 자재적재 및 통로 미확보 → 전도
② 개구부 안전난간 미설치 → 추락
③ 벽돌 등 중량물 취급 작업 → 협착
④ 항만 하역 작업 → 질식

**해설** 하역 작업은 물건을 내리는 작업으로, 추락 등의 위험이 있다.

84 ② 85 ③ 86 ③ 87 ① 88 ④

**89** 다음 건설기계 중 360도 회전작업이 불가능한 것은?

① 타워 크레인　② 크롤러 크레인
③ 가이데릭　　④ 삼각데릭

> **해설** ▶ 삼각데릭
> 건설철골공사에 사용되는 건설기계장비의 하나로, 버팀지주 두 개로 주기둥과 버팀다리 하부를 삼각형의 틀에 연결해 고정하고 틀에 권취장치, 밸런스웨이트를 두어 클램쉘 버킷을 붙여 기초 터파기 또는 화물의 하역에 사용하는 장비이다.

**90** 지내력 시험을 통하여 다음과 같은 하중-침하량 곡선을 얻었을 때 장기하중에 대한 허용 지내력도로 옳은 것은? (단, 장기하중에 대한 허용 지내력도=단기하중에 대한 허용 지내력도×1/2)

① $6[t/m^2]$　② $7[t/m^2]$
③ $12[t/m^2]$　④ $14[t/m^2]$

> **해설** $12 \times \frac{1}{2} = 6[t/m^2]$

**91** 다음 공사 규모를 가진 사업장 중 유해위험방지계획서를 제출해야 할 대상 사업장은?

① 최대 지간길이가 40[m]인 교량 건설공사
② 연면적 4,000[m²]인 종합병원 공사
③ 연면적 3,000[m²]인 종교시설 공사
④ 연면적 6,000[m²]인 지하도상가 공사

> **해설** ▶ 유해위험방지계획서 제출대상 사업장
> • 지상높이가 31미터 이상인 건축물 또는 인공구조물
> • 연면적 3만 제곱미터 이상인 건축물
> • 연면적 5천 제곱미터 이상인 시설로서 문화집회, 판매, 운수, 종교, 종합병원, 관광숙박시설, 지하도상가, 냉동냉장창고시설
> • 연면적 5천 제곱미터 이상인 냉동·냉장 창고시설의 설비공사 및 단열공사
> • 최대 지간(支間)길이(다리의 기둥과 기둥의 중심사이의 거리)가 50미터 이상인 다리의 건설 등 공사
> • 터널의 건설 등 공사
> • 다목적댐, 발전용 댐, 저수용량 2천만 톤 이상의 용수 전용 댐 및 지방상수도 전용 댐의 건설 등 공사
> • 깊이 10미터 이상인 굴착공사

**92** 다음은 건설업 산업안전보건관리비 계상 및 사용기준의 적용에 관한 사항이다. 빈칸에 들어갈 내용으로 옳은 것은? (2020년 01월 23일 개정된 규정 적용됨)

> 이 고시는 산업재해보상보험법 제6조에 따라 산업재해보상보험법의 적용을 받는 공사 중 총공사금액 (　　) 이상인 공사에 적용한다.

① 2천만 원　② 4천만 원
③ 8천만 원　④ 1억 원

> **해설** 2,000만 원

**93** 잠함 또는 우물통의 내부에서 근로자가 굴착작업을 하는 경우의 준수사항으로 옳지 않은 것은?

① 산소결핍 우려가 있는 경우에는 산소의 농도를 측정하는 사람을 지명하여 측정하도록 할 것
② 근로자가 안전하게 오르내리기 위한 설비를 설치할 것
③ 굴착깊이가 20[m]를 초과하는 경우에는 해당 작업장소와 외부와의 연락을 위한 통신설비 등을 설치할 것
④ 잠함 또는 우물통의 급격한 침하에 의한 위험을 방지하기 위하여 바닥으로부터 천장 또는 보까지의 높이는 2[m] 이내로 할 것

**정답**　89 ④　90 ①　91 ④　92 ①　93 ④

해설 ▶ 급격한 침하로 인한 위험 방지

「산업안전보건기준에 관한 규칙」 제376조
사업주는 잠함 또는 우물통의 내부에서 근로자가 굴착작업을 하는 경우에 잠함 또는 우물통의 급격한 침하에 의한 위험을 방지하기 위하여 다음 각 호의 사항을 준수하여야 한다.
1. 침하관계도에 따라 굴착방법 및 재하량(載荷量) 등을 정할 것
2. 바닥으로부터 천장 또는 보까지의 높이는 1.8미터 이상으로 할 것

**94** 재료비가 30억 원, 직접노무비가 50억 원인 건설공사의 예정가격상 안전관리비로 옳은 것은? (단, 일반건설공사(갑)에 해당되며 계상기준은 1.97%임)

① 56,400,000원
② 94,000,000원
③ 150,400,000원
④ 157,600,000원

해설 (30억 원+50억 원)×1.97[%]=157,600,000원

| 구분<br>공사종류 | 대상액<br>5억 원<br>미만인<br>경우<br>적용<br>비율<br>[%] | 대상액 5억 원 이상<br>50억 원 미만인 경우 | | 대상액<br>50억 원<br>이상인<br>경우<br>적용<br>비율<br>[%] | 영 [별표 5]<br>에 따른<br>보건관리자<br>선임 대상<br>건설공사의<br>적용비율<br>[%] |
|---|---|---|---|---|---|
| | | 적용<br>비율<br>[%] | 기초액 | | |
| 일반건설공사(갑) | 2.93[%] | 1.86[%] | 5,349,000원 | 1.97[%] | 2.15[%] |
| 일반건설공사(을) | 3.09[%] | 1.99[%] | 5,499,000원 | 2.10[%] | 2.29[%] |
| 중건설공사 | 3.43[%] | 2.35[%] | 5,400,000원 | 2.44[%] | 2.66[%] |
| 철도·궤도신설공사 | 2.45[%] | 1.57[%] | 4,411,000원 | 1.66[%] | 1.81[%] |
| 특수및기타건설공사 | 1.85[%] | 1.20[%] | 3,250,000원 | 1.27[%] | 1.38[%] |

**95** 사질토지반에서 보일링(boiling) 현상에 의한 위험성이 예상될 경우의 대책으로 옳지 않은 것은?

① 흙막이 말뚝의 밑둥넣기를 깊게 한다.
② 굴착 저면보다 깊은 지반을 불투수로 개량한다.
③ 굴착 밑 투수층에 만든 피트(pit)를 제거한다.
④ 흙막이벽 주위에서 배수시설을 통해 수두차를 적게 한다.

해설 굴착 밑 투수층에 피트, 배수암거 등을 설치한다.

**96** 거푸집 공사에 관한 설명으로 옳지 않은 것은?

① 거푸집 조립 시 거푸집이 이동하지 않도록 비계 또는 기타 공작물과 직접 연결한다.
② 거푸집 치수를 정확하게 하여 시멘트 모르타르가 새지 않도록 한다.
③ 거푸집 해체가 쉽게 가능하도록 박리제 사용 등의 조치를 한다.
④ 측압에 대한 안전성을 고려한다.

해설 거푸집 조립 시 지주의 침하를 방지하고 각부가 활동하지 않도록 조치하여야 하며, 강재와 강재의 접속 및 교차부는 클램프, 볼트, 철물로 연결하여야 한다.

**97** 작업으로 인하여 물체가 떨어지거나 날아올 위험이 있는 경우에 조치 및 준수하여야 할 사항으로 옳지 않은 것은?

① 낙하물방지망, 수직 보호망 또는 방호선반 등을 설치한다.
② 낙하물방지망의 내민 길이는 벽면으로부터 2[m] 이상으로 한다.
③ 낙하물방지망의 수평면과의 각도는 20[°] 이상 30[°] 이하를 유지한다.
④ 낙하물방지망은 높이 15[m] 이내마다 설치한다.

해설 낙하물방지망의 높이는 10[m] 이내마다 설치한다.

**98** 산업안전보건법령에서는 터널건설작업을 하는 경우에 해당 터널 내부의 화기나 아크를 사용하는 장소에는 필히 무엇을 설치하도록 규정하고 있는가?

① 소화설비
② 대피설비
③ 충전설비
④ 차단설비

해설 화기는 불과 관련되어 있으므로, 반드시 소화설비가 갖추어져 있어야 한다.

정답 94 ④  95 ③  96 ①  97 ④  98 ①

## 99 발파작업에 종사하는 근로자가 준수해야 할 사항으로 옳지 않은 것은?

① 얼어붙은 다이나마이트는 화기에 접근시키거나 그 밖의 고열물에 직접 접촉시키는 등 위험한 방법으로 융해되지 않도록 한다.
② 발파공의 충진 재료는 점토, 모래 등의 사용을 금할 것
③ 장전구(裝塡具)는 마찰·충격·정전기 등에 의한 폭발의 위험이 없는 안전한 것을 사용할 것
④ 전기뇌관에 의한 발파의 경우 점화하기 전에 화약류를 장전한 장소로부터 30[m] 이상 떨어진 안전한 장소에서 전선에 대하여 저항측정 및 도통(道通) 시험을 할 것

**해설** ▶ 발파의 작업기준

「산업안전보건기준에 관한 규칙」제348조
1. 얼어붙은 다이나마이트는 화기에 접근시키거나 그 밖의 고열물에 직접 접촉시키는 등 위험한 방법으로 융해되지 않도록 할 것
2. 화약이나 폭약을 장전하는 경우에는 그 부근에서 화기를 사용하거나 흡연을 하지 않도록 할 것
3. 장전구(裝塡具)는 마찰·충격·정전기 등에 의한 폭발의 위험이 없는 안전한 것을 사용할 것
4. 발파공의 충진재료는 점토·모래 등 발화성 또는 인화성의 위험이 없는 재료를 사용할 것
5. 점화 후 장전된 화약류가 폭발하지 아니한 경우 또는 장전된 화약류의 폭발 여부를 확인하기 곤란한 경우에는 다음 각 목의 사항을 따를 것
  가. 전기뇌관에 의한 경우에는 발파모선을 점화기에서 떼어 그 끝을 단락시켜 놓는 등 재점화되지 않도록 조치하고 그때부터 5분 이상 경과한 후가 아니면 화약류의 장전장소에 접근시키지 않도록 할 것
  나. 전기뇌관 외의 것에 의한 경우에는 점화한 때부터 15분 이상 경과한 후가 아니면 화약류의 장전장소에 접근시키지 않도록 할 것
6. 전기뇌관에 의한 발파의 경우 점화하기 전에 화약류를 장전한 장소로부터 30미터 이상 떨어진 안전한 장소에서 전선에 대하여 저항측정 및 도통(導通)시험을 할 것

## 100 거푸집 동바리에 작용하는 횡하중이 아닌 것은?

① 콘크리트 측압
② 풍하중
③ 자중
④ 지진하중

**해설**
- 자중 : 구조물 자체의 무게로 연직하중이며, 연직하중으로는 작업하중, 타설용 기구, 가설기구 중량 등이 있다.
- 측압, 풍하중, 지진하중은 횡하중에 해당된다.

정답: 99 ② 100 ③

# 2023년 제3회 기출 복원문제

## 1과목 산업안전관리론

**01** 인간의 행동 특성에 관한 레빈(Lewin)의 법칙에서 각 인자에 대한 내용으로 틀린 것은?

$$B = f(P \cdot E)$$

① $B$ : 행동
② $f$ : 함수관계
③ $P$ : 개체
④ $E$ : 기술

**해설** ▶ 레빈(Lewin)의 법칙
- $B$ : Behavior(행동)
- $f$ : function(함수관계)
- $P$ : Person(개체)
- $E$ : Environment(환경)

**02** 무재해운동의 추진기법 중 위험예지훈련의 4라운드 중 2라운드 진행방법에 해당하는 것은?

① 본질추구
② 목표설정
③ 현상파악
④ 대책수립

**해설** ▶ 위험예지훈련의 4라운드
- 1라운드 : 현상파악
- 2라운드 : 본질추구
- 3라운드 : 대책수립
- 4라운드 : 목표설정

**03** 재해의 기본원인 4M에 해당하지 않는 것은?

① Man
② Machine
③ Media
④ Measurement

**해설** ▶ 4M
- Man : 본인 이외의 사람(인간관계)
- Machine : 기계장치
- Media : 작업 방법
- Management : 작업관리

**04** 연평균 근로자 수가 1,000명인 사업장에서 연간 6건의 재해가 발생한 경우, 이때의 도수율은? (단, 1일 근로시간 수는 4시간, 연평균 근로일수는 150일이다)

① 1
② 10
③ 100
④ 1,000

**해설**
$$도수율 = \frac{재해건수}{근로시간} \times 10^6$$
$$= \frac{6}{1,000 \times 4 \times 150} \times 10^6 = 10$$

**05** 재해의 원인과 결과를 연계하여 상호관계를 파악하기 위해 도표화하는 분석방법은?

① 특성요인도
② 파레토도
③ 크로스분류도
④ 관리도

**해설** ① 재해의 원인과 결과를 연계하여 상호관계를 파악하기 위해 도표화하는 분석방법은 특성요인도이다.
② 파레토도는 작업현장에서 발생하는 고장, 재해 등의 내용을 분류하고 그 건수와 금액을 크기 순으로, 즉 큰 값에서 작은 값의 순서로 도표화하여 작성한 그래프이다.

**06** 교육의 효과를 높이기 위하여 시청각 교재를 최대한으로 활용하는 시청각적 방법의 필요성이 아닌 것은?

① 교재의 구조화를 기할 수 있다.
② 대량 수업체재가 확립될 수 있다.
③ 교수의 평준화를 기할 수 있다.
④ 개인차를 최대한으로 고려할 수 있다.

**해설** 시청각적 방법은 많은 사람들이 한 번에 배울 수 있지만 많은 인원으로 인해 개인차를 고려하기 힘들다.

**정답** 01 ④  02 ①  03 ④  04 ②  05 ①  06 ④

**07** 무재해운동의 추진을 위한 3요소에 해당하지 않는 것은?

① 모든 위험잠재요인의 해결
② 최고경영자의 경영자세
③ 관리감독자(Line)의 적극적 추진
④ 직장 소집단의 자주활동 활성화

**해설** ▶ 무재해운동의 3기둥(요소)
- 최고경영자의 엄격한 안전경영자세
- 안전활동의 라인화(라인화 철저) – 관리감독자
- 직장 자주안전활동의 활성화 – 근로자

**08** 산업안전보건법령상 안전검사대상 유해·위험 기계 등이 아닌 것은? (관련 규정 개정 전 문제로서 자세한 내용은 해설을 참고하세요)

① 곤돌라
② 이동식 국소 배기장치
③ 산업용 원심기
④ 건조설비 및 그 부속설비

**해설** ▶ 안전검사대상 기계 등
- 프레스
- 전단기
- 크레인(정격하중이 2톤 미만인 것은 제외한다)
- 리프트
- 압력용기
- 곤돌라
- 국소 배기장치(이동식은 제외한다)
- 원심기(산업용만 해당한다)
- 롤러기(밀폐형 구조는 제외한다)
- 사출성형기[형 체결력(型 締結力) 294킬로뉴턴(kN) 미만은 제외한다]
- 고소작업대(자동차관리법 제3조 제3호 또는 제4호에 따른 화물자동차 또는 특수자동차에 탑재한 고소작업대로 한정한다)
- 컨베이어
- 산업용 로봇
※ 이 문제는 법 개정으로 일부 수정하였다.

**09** 재해발생의 주요 원인 중 불안전한 상태에 해당하지 않는 것은?

① 기계설비 및 장비의 결함
② 부적절한 조명 및 환기
③ 작업장소의 정리·정돈 불량
④ 보호구 미착용

**해설** ▶ 재해발생의 주요 원인
- 불안전한 행동(인적) : 위험장소 접근, 안전장치의 기능 제거, 기계기구의 잘못 사용, 운전 중인 기계장치의 손질, 위험물 취급 부주의
- 불안전한 상태(물적) : 물 자체의 결함, 안전방호장치의 결함, 복장·보호구의 결함, 물의 배치 및 작업장소 결함, 생산공정의 결함

**10** 안전관리조직의 형태 중 라인·스태프형에 대한 설명으로 틀린 것은?

① 안전스태프는 안전에 관한 기획·입안·조사·검토 및 연구를 행한다.
② 안전업무를 전문적으로 담당하는 스태프 및 생산라인의 각 계층에도 겸임 또는 전임의 안전담당자를 둔다.
③ 모든 안전관리업무를 생산라인을 통하여 직선적으로 이루어지도록 편성된 조직이다.
④ 대규모 사업장(1000명 이상)에 효율적이다.

**해설** ③ 라인식 조직에 대한 설명이다.
▶ 라인·스태프형 조직
대규모(근로자 1,000명 이상의) 사업장에 적용한다.
1. 장점
   - 안전지식 및 기술 축적 가능
   - 안전지시 및 전달이 신속·정확하다.
   - 안전에 대한 신기술의 개발 및 보급이 용이하다.
   - 안전활동이 생산과 분리되지 않으므로 운용이 쉽다.
2. 단점
   - 명령계통과 지도·조언 및 권고적 참여가 혼동되기 쉽다.
   - 스태프의 힘이 커지면 라인이 무력해진다.

정답  07 ①  08 ②  09 ④  10 ③

**11** 재해 예방의 4원칙에 해당하지 않는 것은?

① 예방가능의 원칙
② 대책선정의 원칙
③ 손실우연의 원칙
④ 원인추정의 원칙

해설 ▶ 재해 예방의 4원칙
예방가능의 원칙, 대책선정의 원칙, 손실우연의 원칙, 원인연계(계기)의 원칙

**12** 인간의 착각현상 중 버스나 전동차의 움직임으로 인하여 자신이 승차하고 있는 정지된 차량이 움직이는 것 같은 느낌을 받는 현상은?

① 자동운동
② 유도운동
③ 가현운동
④ 플리커현상

해설 ① 자동운동 : 암실에서 강도가 낮은 작은 점을 보고 있으면 움직이는 것처럼 보이는 현상
② 유도운동 : 정지해 있는 배경이 움직이는 것으로 착각
③ 가현운동(또는 베타운동) : 영화영상 기법(정지사진을 빨리 흘려 움직이는 것처럼 보이게 함)
④ 플리커현상 : 전기조명의 깜빡임 현상

**13** 무재해운동 추진기법 중 다음에서 설명하는 것은?

> 작업을 오조작 없이 안전하게 하기 위하여 작업공정의 요소에서 자신의 행동을 하고 대상을 가리킨 후 큰 소리로 확인하는 것

① 지적확인
② T.B.M
③ 터치 앤드 콜
④ 삼각 위험 예지훈련

해설 지적확인은 작업의 정확성이나 안전을 확인하기 위해 사람의 눈이나 귀 등 오관의 감각기관을 총동원하는 것으로 작업을 안전하게 오조작 없이 작업공정의 요소요소에서 자신의 행동을 "…, 좋아!"하고 대상을 지적하여 큰소리로 확인하는 것을 말한다.

**14** 산업안전보건법령상 안전검사 유해/위험기계가 아닌 것은?

① 선반
② 리프트
③ 압력용기
④ 곤돌라

해설 ▶ 안전검사대상 기계 등
- 프레스
- 전단기
- 크레인(정격 하중이 2톤 미만인 것은 제외한다)
- 리프트
- 압력용기
- 곤돌라
- 국소 배기장치(이동식은 제외한다)
- 원심기(산업용만 해당한다)
- 롤러기(밀폐형 구조는 제외한다)
- 사출성형기[형 체결력(型 締結力) 294킬로뉴턴(KN) 미만은 제외한다]
- 고소작업대(자동차관리법 제3조 제3호 또는 제4호에 따른 화물자동차 또는 특수자동차에 탑재한 고소작업대로 한정한다)
- 컨베이어
- 산업용 로봇

**15** 안전보건관리조직의 형태 중 라인형 조직의 특성이 아닌 것은?

① 소규모 사업장(100명 이하)에 적합하다.
② 라인에 과중한 책임을 지우기 쉽다.
③ 안전관리 전담요원을 별도로 지정한다.
④ 모든 명령은 생산계통을 따라 이루어진다.

해설 ▶ 라인형 조직의 특성

| | |
|---|---|
| 장점 | • 안전에 대한 지시 및 전달이 신속·용이하다.<br>• 명령계통이 간단·명료하다.<br>• 참모식보다 경제적이다. |
| 단점 | • 안전에 관한 전문지식 부족 및 기술의 축적이 미흡하다.<br>• 안전정보 및 신기술 개발이 어렵다.<br>• 라인에 과중한 책임이 물린다. |
| 비고 | • 소규모(근로자 100인 미만) 사업장에 적용<br>• 모든 명령은 생산계통을 따라 이루어진다. |

정답 11 ④  12 ②  13 ①  14 ①  15 ③

**16** 무재해운동의 기본이념 3대 원칙이 아닌 것은?

① 무의 원칙
② 참가의 원칙
③ 선취의 원칙
④ 자주활동의 원칙

> **해설** ① 무(Zero)의 원칙 : 산업재해의 근원적인 요소들을 없앤다는 것
> ② 참여의 원칙(참가의 원칙) : 전원이 일치 협력하여 각자의 위치에서 적극적으로 문제를 해결하는 것
> ③ 안전제일의 원칙(선취의 원칙) : 행동하기 전, 잠재위험요인을 발견하고 파악, 해결하여 재해를 예방하는 것

**17** 산업안전보건법령상 사업장 내 안전/보건 교육 중 근로자의 정기안전/보건 교육내용에 해당하지 않는 것은?

① 산업재해보상보험 제도에 관한 사항
② 산업안전 및 사고예방에 관한 사항
③ 산업보건 및 직업병 예방에 관한 사항
④ 기계/기구의 위험성과 작업의 순서 및 동선에 관한 사항

> **해설** ▶ 근로자의 정기안전·보건 교육내용
> • 산업안전 및 사고 예방에 관한 사항
> • 산업보건 및 직업병 예방에 관한 사항
> • 건강증진 및 질병 예방에 관한 사항
> • 유해·위험 작업환경 관리에 관한 사항
> • 산업안전보건법령 및 산업재해보상보험 제도에 관한 사항
> • 직무스트레스 예방 및 관리에 관한 사항
> • 직장 내 괴롭힘, 고객의 폭언 등으로 인한 건강장해 예방 및 관리에 관한 사항

**18** 허즈버그의 동기/위생이론 중 위생요인에 해당하지 않는 것은?

① 보수      ② 책임감
③ 작업조건  ④ 감독

> **해설** ▶ Herzberg의 위생-동기 2요인 이론
> 
> | 위생요인<br>(직무환경,<br>저차원적 요구) | 동기요인<br>(직무내용,<br>고차원적 요구) |
> |---|---|
> | • 회사정책과 관리<br>• 개인 상호 간의 관계<br>• 감독<br>• 임금<br>• 보수<br>• 작업조건<br>• 지위<br>• 안전 | • 성취감<br>• 책임감<br>• 인정감<br>• 성장과 발전<br>• 도전감<br>• 일 그 자체 |

**19** 상황성 누발자의 재해유발원인가 거리가 먼 것은?

① 작업의 어려움
② 기계설비의 결함
③ 심신의 근심
④ 주의력의 산만

> **해설** ▶ 누발자 유형에 따른 재해유발원인
> 
> | 유형 | 내용 |
> |---|---|
> | 미숙성<br>누발자 | • 기능 미숙<br>• 작업환경 부적응 |
> | 상황성<br>누발자 | • 작업 자체가 어렵기 때문<br>• 기계설비의 결함 존재<br>• 주위 환경상 주의력 집중 곤란<br>• 심신에 근심 걱정이 있기 때문 |
> | 습관성<br>누발자 | • 경험한 재해로 인하여 대응능력 약화(겁쟁이, 신경과민)<br>• 여러 가지 원인으로 슬럼프 상태 |
> | 소질성<br>누발자 | • 개인의 소질 중 재해 원인 요소를 가진 자 (주의력 부족, 소심한 성격, 저지능, 흥분, 감각운동 부적합 등)<br>• 특수성격의 소유자로 재해발생 소질 소유자 |

**정답**  16 ④  17 ④  18 ②  19 ④

**20** 산업안전보건법령상 근로자 안전·보건교육 기준 중 다음 (　) 안에 알맞은 것은?

| 교육과정 | 교육대상 | 교육시간 |
|---|---|---|
| 채용 시의 교육 | 일용근로자 | ( ㉠ )시간 이상 |
| | 일용근로자를 제외한 근로자 | ( ㉡ )시간 이상 |

① ㉠ 1, ㉡ 8
② ㉠ 2, ㉡ 8
③ ㉠ 1, ㉡ 2
④ ㉠ 3, ㉡ 6

**해설** ▶ 근로자 안전·보건 교육 기준

| 교육과정 | 교육대상 | | 교육시간 |
|---|---|---|---|
| 가. 정기교육 | 사무직 종사 근로자 | | 매분기 3시간 이상 |
| | 사무직 종사 근로자 외의 근로자 | 판매업무에 직접 종사하는 근로자 | 매분기 3시간 이상 |
| | | 판매업무에 직접 종사하는 근로자 외의 근로자 | 매분기 6시간 이상 |
| | 관리감독자의 지위에 있는 사람 | | 연간 16시간 이상 |
| 나. 채용 시 교육 | 일용근로자 | | 1시간 이상 |
| | 일용근로자를 제외한 근로자 | | 8시간 이상 |
| 다. 작업내용 변경 시 교육 | 일용근로자 | | 1시간 이상 |
| | 일용근로자를 제외한 근로자 | | 2시간 이상 |

## 2과목 인간공학 및 시스템안전공학

**21** 산업안전보건법령에서 정한 물리적 인자의 분류기준에 있어서 소음은 소음성 난청을 유발할 수 있는 몇 [dB](A) 이상의 시끄러운 소리로 규정하고 있는가?

① 70
② 85
③ 100
④ 115

**해설** 1일 8시간 작업을 기준으로 85[dB] 이상의 소음을 발생하는 작업

**22** 반복되는 사건이 많이 있는 경우에 FTA의 최소 컷셋을 구하는 알고리즘이 아닌 것은?

① Fussel Algorithm
② Boolean Algorithm
③ Monte Carlo Algorithm
④ Limnios &Ziani Algorithm

**해설**
① Fussel Algorithm : 일반적으로 사용되는 알고리즘
② Boolean Algorithm : 부울연산(불대수)으로써 많이 사용
③ Monte Carlo Algorithm : 근사값을 계산하는 데 사용
④ Limnios & Ziani Algorithm : 사건이 반복될 때 구하는 알고리즘

**23** 작업장 내의 색채조절이 적합하지 못한 경우에 나타나는 상황이 아닌 것은?

① 안전표지가 너무 많아 눈에 거슬린다.
② 현란한 색 배합으로 물체 식별이 어렵다.
③ 무채색으로만 구성되어 중압감을 느낀다.
④ 다양한 색채를 사용하면 작업의 집중도가 높아진다.

**해설** 다양한 색채를 사용하면 시야의 복잡함을 유발하여 사고를 발생시킨다.

20 ① 21 ② 22 ③ 23 ④

**24** 「산업안전보건법」에서 규정하는 근골격계부담작업의 범위에 해당하지 않는 것은?

① 단기간작업 또는 간헐적인 작업
② 하루에 10회 이상 25[kg] 이상의 물체를 드는 작업
③ 하루에 총 2시간 이상 쪼그리고 앉거나 무릎을 굽힌 자세에서 이루어지는 작업
④ 하루에 4시간 이상 집중적으로 자료입력 등을 위해 키보드 또는 마우스를 조작하는 작업

> **해설** ◉ 근골격계부담작업의 범위
> - 하루에 4시간 이상 집중적으로 자료입력 등을 위해 키보드 또는 마우스를 조작하는 작업
> - 하루에 총 2시간 이상 목, 어깨, 팔꿈치, 손목 또는 손을 사용하여 같은 동작을 반복하는 작업
> - 하루에 총 2시간 이상 머리 위에 손이 있거나, 팔꿈치가 어깨 위에 있거나, 팔꿈치를 몸통으로부터 들거나, 팔꿈치를 몸통 뒤쪽에 위치하도록 하는 상태에서 이루어지는 작업
> - 지지되지 않은 상태이거나 임의로 자세를 바꿀 수 없는 조건에서, 하루에 총 2시간 이상 목이나 허리를 구부리거나 트는 상태에서 이루어지는 작업
> - 하루에 총 2시간 이상 쪼그리고 앉거나 무릎을 굽힌 자세에서 이루어지는 작업
> - 하루에 총 2시간 이상 지지되지 않은 상태에서 1[kg] 이상의 물건을 한 손의 손가락으로 집어 옮기거나, 2[kg] 이상에 상응하는 힘을 가하여 한 손의 손가락으로 물건을 쥐는 작업
> - 하루에 총 2시간 이상 지지되지 않은 상태에서 4.5[kg] 이상의 물건을 한 손으로 들거나 동일한 힘으로 쥐는 작업
> - 하루에 10회 이상 25[kg] 이상의 물체를 드는 작업
> - 하루에 25회 이상 10[kg] 이상의 물체를 무릎 아래에서 들거나, 어깨 위에서 들거나, 팔을 뻗은 상태에서 드는 작업
> - 하루에 총 2시간 이상, 분당 2회 이상 4.5[kg] 이상의 물체를 드는 작업
> - 하루에 총 2시간 이상 시간당 10회 이상 손 또는 무릎을 사용하여 반복적으로 충격을 가하는 작업

**25** 인간의 가청주파수 범위는?

① 2~10,000[Hz]
② 20~20,000[Hz]
③ 200~30,000[Hz]
④ 200~40,000[Hz]

> **해설**
> - 가청영역 위의 주파수를 갖는 소음 : 일반적으로 20,000[Hz] 이상
> - 인간의 가청주파수 : 20~20,000[Hz]

**26** FTA에 의한 재해사례 연구의 순서를 올바르게 나열한 것은?

A. 목표사상 선정
B. FT도 작성
C. 사상마다 재해 원인 규명
D. 개선계획 작성

① A → B → C → D
② A → C → B → D
③ B → C → A → D
④ B → A → C → D

> **해설** 목표사상 선정 → 사상마다 재해 원인 규명 → FT도 작성 → 개선계획 작성 → 개선안 실시계획

**27** 지게차 인장벨트의 수명은 평균이 100,000시간, 표준편차가 500시간인 정규분포를 따른다. 이 인장벨트의 수명이 101,000시간 이상일 확률은 약 얼마인가? [단, P(Z≤1)=0.8413, P(Z≤2)=0.9772, P(Z≤3)=0.9987이다)

① 1.60[%]   ② 2.28[%]
③ 3.28[%]   ④ 4.28[%]

> **해설** Z = 해당값 − 평균/표준편차
> Z = (101,000 − 100,000)/500 = 2
> Z = P(Z≤2) = 0.9772
> 1 − 0.9772 = 0.0228 × 100 = 2.28[%]

**정답** 24 ① 25 ② 26 ② 27 ②

**28** FT도에 사용되는 다음 기호의 명칭으로 맞는 것은?

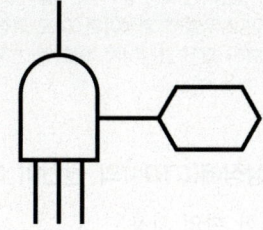

① 억제 게이트
② 부정 게이트
③ 배타적 OR 게이트
④ 우선적 AND 게이트

해설 ▶ 우선적 AND 게이트
입력사상 중 어떤 현상이 다른 현상보다 먼저 일어날 경우에 출력사상 발생

**29** 1에서 15까지 수의 집합에서 무작위로 선택할 때, 어떤 숫자가 나올지 알려주는 경우의 정보량은 몇 [bit]인가?

① 2.91[bit]   ② 3.91[bit]
③ 4.51[bit]   ④ 4.91[bit]

해설 H(정보량) = $\log_2 n$
= $\log_2$(개수) = $\log_2(15)$ = 3.91

**30** 어떤 전자기기의 수명은 지수분포를 따르며, 그 평균수명이 1,000시간이라고 할 때, 500시간 동안 고장 없이 작동할 확률은 약 얼마인가?

① 0.1353   ② 0.3935
③ 0.6065   ④ 0.8647

해설 $\lambda = \dfrac{1}{MTBF}$, 고장률($\lambda$) = $\dfrac{\text{기간 중의 총고장 수}(r)}{\text{총동작시간}(T)}$
$e^{(500/1,000)}$가 아니고 $e^{(-500/1,000)}$로 해줘야 한다.
앞에 식으로 풀면 1.65
$1/e^{(500/1,000)}$ = 0.606530659

**31** 단일 차원의 시각적 암호 중 구성암호, 영문자 암호, 숫자암호에 대하여 암호로서의 성능이 가장 좋은 것부터 배열한 것은?

① 숫자암호 – 영문자암호 – 구성암호
② 구성암호 – 숫자암호 – 영문자암호
③ 영문자암호 – 숫자암호 – 구성암호
④ 영문자암호 – 구성암호 – 숫자암호

해설 ▶ 시각적 암호로서의 성능이 좋은 순서
숫자 – 색깔 – 영문자 – 형상 – 구성

**32** 정보전달용 표시장치에서 청각적 표현이 좋은 경우가 아닌 것은?

① 메시지가 복잡하다.
② 시각장치가 지나치게 많다.
③ 즉각적인 행동이 요구된다.
④ 메시지가 그 때의 사건을 다룬다.

해설 ▶ 정보전달 시 청각적 표현이 좋은 경우
• 전언이 간단하다.
• 전언이 짧다.
• 전언이 후에 재참조되지 않는다.
• 전언이 시간적 사상을 다룬다.
• 전언이 즉각적인 행동을 요구한다(긴급할 때).
• 수신장소가 너무 밝거나 암조응유지가 필요시
• 직무상 수신자가 자주 움직일 때
• 수신자가 시각계통이 과부하 상태일 때

**33** 인체 측정치 중 기능적 인체치수에 해당되는 것은?

① 표준자세
② 특정 작업에 국한
③ 움직이지 않는 피측정자
④ 각 지체는 독립적으로 움직임

28 ④  29 ②  30 ③  31 ①  32 ①  33 ②

해설 ▶ **기능적 인체치수**
- 일반적으로 상지나 하지의 운동이나 체위의 움직임에 따른 상태에서 계측한다(특정 작업에 국한).
- 실제 작업 또는 생활 조건에 밀접한 관계를 갖는 현실성 있는 인체치수를 구할 수 있다.
- 마틴식 계측기로는 측정이 불가능하며, 사진 및 시네마 필름을 사용한 3차원 해석장치나 새로운 계측시스템이 요구된다.

**34** FT 작성 시 논리게이트에 속하지 않는 것은 무엇인가?
① OR 게이트
② 억제 게이트
③ AND 게이트
④ 동등 게이트

해설 ▶ **논리게이트** : OR 게이트, 억제 게이트, AND 게이트, 부정 게이트 등

**35** 청각적 표시의 원리로 조작자에 대한 입력신호는 꼭 필요한 정보만을 제공한다는 원리는?
① 양립성　　　② 분리성
③ 근사성　　　④ 검약성

해설 ① 양립성은 사용자가 알고 있거나 자연스러운 신호 차원과 코드를 사용하는 것이다.
② 분리성이란 두 가지 이상의 채널을 듣고 있다면 각 채널의 주파수가 분리되어 있어야 한다는 의미이다.
③ 근사성이란 복잡한 정보를 나타내고자 할 때 2단계의 신호를 고려하는 것이다.
④ 검약성이란 조작자에 대한 입력신호는 꼭 필요한 정보만을 제공하는 것이다.

**36** 고장의 발생상황 중 부적합품 제조, 생산과정에서의 품질관리 미비, 설계미숙 등으로 일어나는 고장은?
① 초기 고장　　② 마모 고장
③ 우발 고장　　④ 품질 관리 고장

해설 고장의 상황으로는 초기, 우발, 마모가 있다. 초기 고장은 생산과정에서 일어나는 일이고, 우발 고장은 사용미숙이나 우발적 고장이며, 마모 고장은 오래 사용해서 마모되어 생긴 고장이다. 이러한 고장의 상황은 욕조 모양을 하고 있다.

**37** 누적손상장애(CTDs)의 원인이 아닌 것은?
① 과도한 힘의 사용
② 높은 장소에서의 작업
③ 장시간 진동공구의 사용
④ 부적절한 자세에서의 작업

해설 ▶ **누적손상장애의 원인**
- 부적절한 자세
- 무리한 힘의 사용
- 과도한 반복작업
- 연속작업(비휴식)
- 낮은 온도 등

**38** 시각적 표시장치를 사용하는 것이 청각적 표시장치를 사용하는 것보다 좋은 경우는?
① 메시지가 후에 참고 되지 않을 때
② 메시지가 공간적인 위치를 다룰 때
③ 메시지가 시간적인 사건을 다룰 때
④ 사람의 일이 연속적인 움직임을 요구할 때

| 해설 | 청각장치 사용 | 시각장치 사용 |
|---|---|---|
| | • 전언이 간단하다. | • 전언이 복잡하다. |
| | • 전언이 짧다. | • 전언이 길다. |
| | • 전언이 후에 재참조되지 않는다. | • 전언이 후에 재참조된다. |
| | • 전언이 시간적 사상을 다룬다. | • 전언이 공간적인 위치를 다룬다. |
| | • 전언이 즉각적인 행동을 요구한다(긴급할 때). | • 전언이 즉각적인 행동을 요구하지 않는다. |
| | • 수신장소가 너무 밝거나 암조응유지가 필요시 | • 수신장소가 너무 시끄러울 때 |
| | • 직무상 수신자가 자주 움직일 때 | • 직무상 수신자가 한 곳에 머물 때 |
| | • 수신자가 시각계통이 과부하 상태일 때 | • 수신자의 청각계통이 과부하 상태일 때 |

정답　34 ④　35 ④　36 ①　37 ②　38 ②

**39** 체계분석 및 설계에 있어서 인간공학의 가치와 가장 거리가 먼 것은?

① 성능의 향상
② 인력이용률의 감소
③ 사용자의 수용도 향상
④ 사고 및 오용으로부터의 손실 감소

> **해설** ▶ 체계의 설계에 있어서 인간공학의 가치
> - 적절한 배경
> - 적절한 장비
> - 적절한 환경
> - 적절한 직무
> - 훈련비용의 절감
> - 인력이용률의 향상
> - 사고 및 오용으로부터의 손실 감소
> - 생산 및 정비 유지의 경제성 증대

**40** 다음의 연산표에 해당하는 논리연산은?

| 입력 | | 출력 |
|---|---|---|
| $X_1$ | $X_2$ | |
| 0 | 0 | 0 |
| 0 | 1 | 1 |
| 1 | 0 | 1 |
| 1 | 1 | 0 |

① XOR  ② AND
③ NOT  ④ OR

> **해설** ① XOR : $X_1$, $X_2$ 값이 서로 다를 때만 1이 출력됨
> ② AND : $X_1$, $X_2$ 값이 1일 때만 1이 출력됨
> ③ NOT : 출력값이 1이면 0으로, 0이면 1로 출력됨
> ④ OR : $X_1$, $X_2$ 값이 0일 때만 0이 출력됨

## 3과목 기계위험방지기술

**41** 방호장치의 안전기준상 평면연삭기 또는 절단연삭기에서 덮개의 노출각도 기준으로 옳은 것은?

① 80[°] 이내  ② 125[°] 이내
③ 150[°] 이내  ④ 180[°] 이내

> **해설** ▶ 덮개의 노출각도 기준
> - 평면연삭기, 절단연삭기 덮개의 최대 노출각도 : 150도 이내
> - 스윙연삭기, 슬래브연삭기 덮개의 최대 노출각도 : 180도 이내
> - 연삭숫돌의 상부를 사용하는 것을 목적으로 하는 탁상용 연삭기 덮개의 최대 노출각도 : 60도 이내

**42** 광전자식 방호장치가 설치된 프레스에서 손이 광선을 차단했을 때부터 급정지기구가 작동을 개시할 때까지의 시간은 0.3초, 급정지기구가 작동을 개시했을 때부터 슬라이드가 정지할 때까지의 시간이 0.4초 걸린다고 할 때 최소 안전거리는 약 몇 [mm]인가?

① 540  ② 760
③ 980  ④ 1,120

> **해설** $D = 1.6 \times (TC + TS)$
> $D$ : 안전거리[mm], $TC$ : 방호장치의 작동시간[ms], $TS$ : 프레스의 급정지시간[ms]
> $D = 1.6 \times (300 + 400) = 1,120$

**43** 롤러기의 급정지장치를 작동시켰을 경우에 무부하 운전 시 앞면 롤러의 표면속도가 30[m/min] 미만일 때의 급정지거리로 적합한 것은?

① 앞면 롤러 원주의 1/1.5 이내
② 앞면 롤러 원주의 1/2 이내
③ 앞면 롤러 원주의 1/2.5 이내
④ 앞면 롤러 원주의 1/3 이내

**정답** 39 ② 40 ① 41 ③ 42 ④ 43 ④

**해설**

| 앞면롤의 표면속도 [m/min] | 급정지거리 | 표면속도 산출공식 |
|---|---|---|
| 30 미만 | 앞면 롤 원주의 1/3 | $V = \dfrac{\pi Dn}{1,000}$ [m/min] |
| 30 이상 | 앞면 롤 원주의 1/2.5 | |

**44** 위험기계·기구 자율안전확인 고시에 의하면 탁상용 연삭기에서 연삭숫돌의 외주면과 가공물 받침대 사이 거리는 몇 [mm]를 초과하지 않아야 하는가?

① 1　　② 2
③ 4　　④ 8

**해설** [별표 1] 연삭기 또는 연마기의 제작 및 안전기준 (위험기계·기구 자율안전확인 고시 제5조 관련)

| | |
|---|---|
| 8. 가공물 받침대 및 유도·고정장치 | 가. 연삭기 또는 연마기에는 가공물이 움직이지 않도록 가공물 고정장치를 설치해야 한다.<br>나. 탁상용 및 절단용 연삭기에는 아래 요건에 적합한 조절 가능한 가공물 받침대를 설치해야 한다.<br>　1) 연삭숫돌의 외주면과 받침대 사이의 거리는 2mm를 초과하지 않을 것<br>　2) 연삭기에서 사용토록 설계된 연삭숫돌 폭 이상의 크기일 것<br>　3) 연삭기에 견고히 고정될 것<br>다. 동력작동식 고정장치가 부착된 연삭기 또는 연마기는 고정용 동력이 차단되는 경우 가공물의 투입 및 전진작동이 되지 않도록 연동되어야 한다. |

**45** 산업안전보건법령상 양중기에 사용하지 않아야 하는 달기체인의 기준으로 틀린 것은?

① 변형이 심한 것
② 균열이 있는 것
③ 길이의 증가가 제조 시보다 3[%]를 초과한 것
④ 링의 단면 지름의 감소가 제조 시 링 지름의 10[%]를 초과한 것

**해설** ▶ 달기체인의 사용금지

「산업안전보건기준에 관한 규칙」 제63조 제1항 제2호
가. 달기체인의 길이가 달기체인이 제조된 때의 길이의 5퍼센트를 초과한 것
나. 링의 단면지름이 달기체인이 제조된 때의 해당 링의 지름의 10퍼센트를 초과하여 감소한 것
다. 균열이 있거나 심하게 변형된 것

**46** 아세틸렌 용접장치의 안전기준과 관련하여 다음 빈칸에 들어갈 용어로 옳은 것은?

사업주는 가스용기가 발생기와 분리되어 있는 아세틸렌 용접장치에 대하여 발생기와 가스용기 사이에 (　)을(를) 설치하여야 한다.

① 격납실　　② 안전기
③ 안전밸브　　④ 소화설비

**해설** 아세틸렌 용접장치는 무조건 안전기

**47** 프레스의 분류 중 동력 프레스에 해당하지 않는 것은?

① 크랭크 프레스
② 토글 프레스
③ 마찰 프레스
④ 아버 프레스

**해설** 아버 프레스는 사람의 힘으로 축을 조작할 수 있는 프레스

**48** 기계 고장률의 기본 모형에 해당하지 않는 것은?

① 예측 고장　　② 초기 고장
③ 우발 고장　　④ 마모 고장

**해설** 고장의 기본 모형 : 초기 고장, 우발 고장, 마모 고장

**정답**　44 ②　45 ③　46 ②　47 ④　48 ①

**49** 완전 회전식 클러치 기구가 있는 양수조작식 방호장치에서 확동 클러치의 봉합개소가 4개, 분당 행정수가 200[spm]일 때, 방호장치의 최소 안전거리는 몇 [mm] 이상이어야 하는가?

① 80
② 120
③ 240
④ 360

해설 $D_m = 1.6 T_m$

$$T_m = \left(\frac{1}{\text{클러치수}} + \frac{1}{2}\right) \times \frac{60,000}{\text{행정수}}$$

$$D_m = 1.6 \times \left(\frac{1}{4} + \frac{1}{2}\right) \times \frac{60,000}{200} = 360[mm]$$

**50** 다음 중 근로자에게 위험을 미칠 우려가 있을 때 덮개 또는 울을 설치해야 하는 위치와 가장 거리가 먼 것은?

① 연삭기 또는 평삭기의 테이블, 형삭기 램 등의 행정 끝
② 선반으로부터 돌출하여 회전하고 있는 가공물 부금
③ 과열에 따른 과열이 예상되는 보일러의 버너 연소실
④ 띠톱기계의 위험한 톱날(절단 부분 제외) 부위

해설 원동기나 회전축 등의 위험방지를 위해 덮개나 울을 설치해야 한다. 과열위험에는 과열방지장치가 필요하다.

**51** 산업안전보건법령에서 규정하는 양중기에 속하지 않는 것은?

① 호이스트
② 이동식 크레인
③ 곤돌라
④ 체인블록

해설 ▶ 양중기
- 크레인[호이스트(hoist)를 포함한다]
- 이동식 크레인
- 리프트(이삿짐운반용 리프트의 경우에는 적재하중이 0.1톤 이상인 것으로 한정한다)
- 곤돌라
- 승강기

**52** 산업용 로봇에 사용되는 안전 매트에 요구되는 일반구조 및 표시에 관한 설명으로 옳지 않은 것은?

① 단선경보장치가 부착되어 있어야 한다.
② 감응시간을 조절하는 장치는 부착되어 있지 않아야 한다.
③ 자율안전확인의 표시 외에 작동하중, 감응시간, 복귀신호의 자동 또는 수동여부, 대소인공용 여부를 추가로 표시해야 한다.
④ 감응도 조절장치가 있는 경우 봉인되어 있지 않아야 한다.

해설 안전 매트 또는 광전자식 방호장치 등 감응형(感應形) 방호장치를 설치하여야 한다.

**53** 산업안전보건법령에 따른 안전난간의 구조 및 설치 요건에 대한 설명으로 옳은 것은?

① 상부 난간대, 중간 난간대, 발끝막이판 및 난간기둥으로 구성하여야 한다.
② 발끝막이판은 바닥면 등으로부터 5[cm] 이하의 높이를 유지하여야 한다.
③ 난간대는 지름 1.5[cm] 이상의 금속제 파이프를 사용하여야 한다.
④ 안전난간은 가장 취약한 지름에서 가장 취약한 방향으로 작용하는 70킬로그램 이상의 하중에 견딜 수 있어야 한다.

정답 49 ④  50 ③  51 ④  52 ④  53 ①

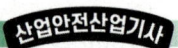

**해설** ▶ 안전난간의 구조 및 설치요건

「산업안전보건기준에 관한 규칙」제13조
1. 상부 난간대, 중간 난간대, 발끝막이판 및 난간기둥으로 구성할 것. 다만, 중간 난간대, 발끝막이판 및 난간기둥은 이와 비슷한 구조와 성능을 가진 것으로 대체할 수 있다.
2. 상부 난간대는 바닥면·발판 또는 경사로의 표면(이하 '바닥면 등'이라 한다)으로부터 90센티미터 이상 지점에 설치하고, 상부 난간대를 120센티미터 이하에 설치하는 경우에는 중간 난간대는 상부 난간대와 바닥면 등의 중간에 설치하여야 하며, 120센티미터 이상 지점에 설치하는 경우에는 중간 난간대를 2단 이상으로 균등하게 설치하고 난간의 상하 간격은 60센티미터 이하가 되도록 할 것. 다만, 계단의 개방된 측면에 설치된 난간기둥 간의 간격이 25센티미터 이하인 경우에는 중간 난간대를 설치하지 아니할 수 있다.
3. 발끝막이판은 바닥면 등으로부터 10센티미터 이상의 높이를 유지할 것. 다만, 물체가 떨어지거나 날아올 위험이 없거나 그 위험을 방지할 수 있는 망을 설치하는 등 필요한 예방조치를 한 장소는 제외한다.
4. 난간기둥은 상부 난간대와 중간 난간대를 견고하게 떠받칠 수 있도록 적정한 간격을 유지할 것
5. 상부 난간대와 중간 난간대는 난간 길이 전체에 걸쳐 바닥면등과 평행을 유지할 것
6. 난간대는 지름 2.7센티미터 이상의 금속제 파이프나 그 이상의 강도가 있는 재료일 것
7. 안전난간은 구조적으로 가장 취약한 지점에서 가장 취약한 방향으로 작용하는 100킬로그램 이상의 하중에 견딜 수 있는 튼튼한 구조일 것

**54** 보일러 안전한 가동을 위하여 압력방출장치를 2개 설치한 경우에 작동방법으로 옳은 것은?

① 최고 사용압력 이하에서 2개가 동시작동
② 최고 사용압력 이하에서 1개가 작동되고, 다른 것은 최고 사용압력 1.05배 이하에서 작동
③ 최고 사용압력 이하에서 1개가 작동되고, 다른 것은 최고 사용압력 1.1배 이하에서 작동
④ 최고 사용압력의 1.1배 이하에서 2개가 동시작동

**해설** ▶ 보일러 압력방출장치 설치 시 작동방법
- 보일러 규격에 적합한 압력방출장치를 최고 사용압력 이하에서 작동되도록 1개 또는 2개 이상 설치
- 2개 이상 설치된 경우 최고 사용압력 이하에서 1개가 작동되고, 다른 압력방출장치는 최고 사용압력 1.05배 이하에서 작동되도록 부착
- 1년에 1회 이상 토출압력시험 후 납으로 봉인(공정안전관리 이행수준 평가결과가 우수한 사업장은 4년에 1회 이상 토출압력시험 실시)
- 스프링식, 중추식, 지렛대식(일반적으로 스프링식 안전밸브가 많이 사용)

**55** 프레스 작업 중 작업자의 신체 일부가 위험한 작업점으로 들어가면 자동적으로 정지되는 기능이 있는데, 이러한 안전대책을 무엇이라고 하는가?

① 풀 프루프(fool proof)
② 페일 세이프(fail safe)
③ 인터록(inter look)
④ 리미트 스위치(limit switch)

**해설**
- 인간의 실수 : fool proof
- 기계의 실수 : fail safe
- 기계에 불안전한 요소 통제 : interlock

**56** 다음 중 취급운반 시 준수해야 할 원칙으로 틀린 것은?

① 연속운반으로 할 것
② 직선운반으로 할 것
③ 운반작업을 집중화시킬 것
④ 생산을 최소로 하도록 운반할 것

**해설** ▶ 취급운반의 5원칙
- 직선운반
- 연속운반
- 운반작업을 집중화
- 생산을 최고로 하는 운반
- 최대한 시간과 경비를 절약하는 운반방법

**정답** 54 ② 55 ① 56 ④

**57** 프레스의 손쳐내기식 방호장치에서 방호판의 기준에 대한 설명이다. (  )에 들어갈 내용으로 맞는 것은?

> 방호판의 폭은 금형 폭의 ( ㉠ ) 이상이어야 하고, 행정길이가 ( ㉡ )[mm] 이상인 프레스 기계에서는 방호판의 폭을 ( ㉢ )[mm]로 해야 한다.

① ㉠ 1/2, ㉡ 300, ㉢ 200
② ㉠ 1/2, ㉡ 300, ㉢ 300
③ ㉠ 1/3, ㉡ 300, ㉢ 200
④ ㉠ 1/3, ㉡ 300, ㉢ 300

**해설** ▶ 손쳐내기식 방호장치에서 방호판의 기준
방호판의 폭은 금형 폭의 1/2(금형의 폭이 200[mm] 이하에서 사용하는 방호판의 폭은 100[mm]) 이상이어야 하며 또 높이가 행정길이(행정길이가 300[mm]를 넘는 것은 300[mm]의 방호판) 이상이 되어야 한다.

**58** 기계 설비의 안전조건에서 구조적 안전화에 해당하지 않는 것은?

① 가공결함
② 재료결함
③ 설계상의 결함
④ 방호장치의 작동결함

**해설** 구조적 안전화(=가공, 재료, 설계)는 방호장치의 작동결함에 해당하지 않는다.

**59** 기계의 왕복운동을 하는 동작 부분과 움직임이 없는 고정 부분 사이에 형성되는 위험점으로 프레스 등에서 주로 나타나는 것은?

① 물림점         ② 협착점
③ 절단점         ④ 회전말림점

**해설** ① 물림점(Nip-point) : 회전하는 두 개의 회전체에는 물려 들어가는 위험성이 존재한다. 이때 위험점이 발생되는 조건은 회전체가 서로 반대 방향으로 맞물려 회전되어야 한다(예 롤러와 롤러의 물림, 기어와 기어의 물림 등).
② 협착점(Squeeze-point) : 왕복운동을 하는 동작 부분과 움직임이 없는 고정 부분 사이에서 형성되는 위험점으로 사업장의 기계설비에서 많이 볼 수 있다(예 프레스기, 전단기, 성형기, 굽힘기계(bending machine) 등].
③ 절단점(Cutting-point) : 고정 부분과 운동 부분이 만드는 위험점이 아니고 회전하는 운동부 자체의 위험이나 운동하는 기계 부분 자체의 위험에서 초래되는 위험점이다(예 밀링의 커터, 띠톱이나 둥근톱의 톱날, 벨트의 이음 부분 등).
④ 회전말림점(Trapping-point) : 회전하는 물체에 작업복, 머리카락 등이 말려드는 위험이 존재하는 점이다 (예 회전하는 축, 커플링, 돌출된 키나 고정나사, 회전하는 공구 등).

**60** 연삭기의 원주 속도 V[m/s]를 구하는 식은? (단, D는 숫돌의 지름[m], n은 회전수[rpm]이다)

① $V = \dfrac{\pi D n}{16}$    ② $V = \dfrac{\pi D n}{32}$

③ $V = \dfrac{\pi D n}{60}$    ④ $V = \dfrac{\pi D n}{1,000}$

**해설** 연삭기는 $\dfrac{\pi D n}{60}$, 숫돌 원주 속도가 $\dfrac{\pi D n}{1,000}$ 이다.
• 숫돌지름이 미터라고 돼 있고, 원주 속도는 m/s이므로 분모에 1,000 들어갈 필요 없음(숫돌지름이 밀리미터라면 미터로 변환시켜야 하므로 1,000을 나눔)
• rpm은 분당 회전수이고 m/s를 구하라했으니 분모에 60이 들어가야 한다.

정답  57 ②  58 ④  59 ②  60 ③

## 4과목 전기 및 화학설비위험방지기술

**61** 교류아크 용접기의 재해방지를 위해 쓰이는 것은?
① 자동전격방지장치
② 리미트스위치
③ 정전압장치
④ 정전류장치

[해설] 교류아크 용접기 방호장치 : 자동전격방지장치

**62** 방폭구조의 종류와 기호가 잘못 연결된 것은?
① 유입 방폭구조 – o
② 압력 방폭구조 – p
③ 내압 방폭구조 – d
④ 본질안전 방폭구조 – e

[해설]
• 본질안전 방폭구조 : ia 또는 ib
• 안전증 방폭구조 : e

**63** 대기 중에 대량의 가연성 가스가 유출되거나 대량의 가연성 액체가 유출하여 그것으로부터 발생하는 증기가 공기와 혼합해서 가연성 혼합기체를 형성하고, 점화원에 의하여 발생하는 폭발을 무엇이라 하는가?
① UVCE   ② BLEVE
③ Detonation   ④ Boil over

[해설] UVCE(Unconfined Vapor Cloud Explosion) : 증기운 폭발

**64** 가스를 저장하는 가스용기의 색상이 틀린 것은? (단, 의료용 가스는 제외한다)
① 암모니아–백색   ② 이산화탄소–황색
③ 산소–녹색   ④ 수소–주황색

[해설]

| 가스의 종류 | 도색 구분 | 가스의 종류 | 도색 구분 |
|---|---|---|---|
| 액화 석유가스 | 회색 | 액화암모니아 | 백색 |
| 수소 | 주황색 | 액화염소 | 갈색 |
| 아세틸렌 | 황색 | 산소 | 녹색 |
| 액화탄산가스 | 청색 | 질소 | 회색 |
| 소방용 용기 | 소방법에 의한 도색 | 그 밖의 가스 | 회색 |

**65** 감전을 방지하기 위하여 정전작업 요령을 관계 근로자에 주지시킬 필요가 없는 것은?
① 전원설비 효율에 관한 사항
② 단락접지 실시에 관한 사항
③ 전원 재투입 순서에 관한 사항
④ 작업책임자의 임명, 정전범위 및 절연용 보호구 작업 등 필요한 사항

[해설] 전원설비 효율에 관한 사항은 감전사고와 무관하다.

**66** 누전에 의한 감전위험을 방지하기 위하여 감전방지용 누전차단기의 접속에 관한 일반사항으로 틀린 것은?
① 분기회로마다 누전차단기를 설치한다.
② 동작시간은 0.03초 이내이어야 한다.
③ 전기기계・기구에 설치되어 있는 누전차단기는 정격감도전류가 30[mA] 이하이어야 한다.
④ 누전차단기는 배전반 또는 분전반 내에 접속하지 않고 별도로 설치한다.

[해설] 누전차단기 종류
• 고속형 : 100[ms](0.1초 이내)
• 보통형 : 200[ms](0.2초 이내)
• 인체감전방지용 누전차단기 : 30[mA] 이하, 0.03초 이내 작동
• 허용누설전류 : 정격공급전류의 2,000분의 1 이하

정답  61 ①  62 ④  63 ①  64 ②  65 ①  66 ④

**67** 다음 중 전선이 연소될 때의 단계별 순서로 가장 적절한 것은?

① 착화단계, 순시용단 단계, 발화단계, 인화단계
② 인화단계, 착화단계, 발화단계, 순시용단 단계
③ 순시용단 단계, 착화단계, 인화단계, 발화단계
④ 발화단계, 순시용단 단계, 착화단계, 인화단계

해설 ▶ 전선의 연소단계
- 인화단계 : 허용전류의 3배 정도가 흐르는 경우 발화원을 근접시키면 절연물이 인화하는 단계
- 착화단계 : 큰 전류가 흐르는 경우 절연물에 발화원이 없더라도 착화·연소하는 단계이며, 절연물은 탄화하고 적열된 심선이 노출된다.
- 발화단계 : 더 큰 전류가 흐르는 경우 절연물에 도화선이 없더라도 자연히 발화하고 심선이 용단된다.
- 순간(순시)용단단계 : 대전류를 순간적으로 흘리면 심선이 용단되어 피복을 뚫고 나와 구리가 비산한다.

**68** 절연물은 여러 가지 원인으로 전기저항이 저하되어 이른바 절연불량을 일으켜 위험한 상태가 되는데 절연불량의 주요 원인이 아닌 것은?

① 정전에 의한 전기적 원인
② 온도상승에 의한 열적 요인
③ 진동, 충격 등에 의한 기계적 요인
④ 높은 이상전압 등에 의한 전기적 요인

해설 ▶ 절연불량의 주요 원인
- 높은 이상전압 등에 의한 전기적 요인
- 진동, 충격 등에 의한 기계적 요인
- 산화 등에 의한 화학적 요인
- 온도상승에 의한 열적 요인

**69** 배관설비 중 유체의 역류를 방지하기 위하여 설치하는 밸브는?

① 글로브밸브　② 체크밸브
③ 게이트 밸브　④ 시퀀스밸브

해설 글로브밸브 : 스톱밸브의 일종으로 외형이 구형(球形)인 밸브

**70** 인화점에 대한 설명으로 옳은 것은?

① 인화점이 높을수록 위험하다.
② 인화점이 낮을수록 위험하다.
③ 인화점과 위험성은 관계없다.
④ 인화점이 0[℃] 이상인 경우만 위험하다.

해설 인화점은 연소할 농도가 될 수 있는 가장 낮은 액체온도로, 인화점이 낮을수록 위험하다.

**71** 저압 옥내직류 전기설비를 전로보호장치의 확실한 동작의 확보와 이상전압 및 대지전압의 억제를 위하여 접지를 하여야 하나 직류 2선식으로 시설할 때, 접지를 생략할 수 있는 경우에 해당하지 않는 것은?

① 접지검출기를 설치하고, 특정구역 내의 산업용 기계기구에만 공급하는 경우
② 사용전압이 110[V] 이상인 경우
③ 최대전류 30[mA] 이하의 직류화재경보회로
④ 교류계통으로부터 공급을 받는 정류기에서 인출되는 직류계통

해설 「전기설비기술기준의 판단 기준」 제289조에 따르면, 사용전압 60[V] 이하인 경우 접지를 생략한다.

**72** 감전에 의한 전격위험을 결정하는 주된 인자와 거리가 먼 것은?

① 통전저항
② 통전전류의 크기
③ 통전경로
④ 통전시간

해설 ▶ 전격위험을 결정하는 주된 인자
통전전류의 크기 > 통전시간 > 통전경로 > 전원의 종류(직류보다 교류가 위험)

정답　67 ②　68 ①　69 ②　70 ②　71 ②　72 ①

**73** 인화성 가스, 불활성 가스 및 산소를 사용하여 금속의 용접·용단 또는 가열작업을 하는 경우 가스 등의 누출 또는 방출로 인한 폭발·화재 또는 화상을 예방하기 위하여 준수해야 할 사항으로 옳지 않은 것은?

① 가스등의 호스와 취관(吹管)은 손상·마모 등에 의하여 가스등이 누출할 우려가 없는 것을 사용할 것
② 비상상황을 제외하고는 가스등의 공급구의 밸브나 콕을 절대 잠그지 말 것
③ 용단작업을 하는 경우에는 취관으로부터 산소의 과잉방출로 인한 화상을 예방하기 위하여 근로자가 조절밸브를 서서히 조작하도록 주지시킬 것
④ 가스등의 취관 및 호스의 상호 접촉 부분은 호스밴드, 호스클립 등 조임기구를 사용하여 가스등이 누출되지 않도록 할 것

**해설** 작업을 완료했거나 중단 후 작업장을 떠날 경우에는 가스등의 공급구의 밸브나 콕을 잠가야 한다.

**74** 「산업안전보건기준에 관한 규칙」상 섭씨 몇 [℃] 이상인 상태에서 운전되는 설비는 특수화학설비에 해당하는가? (단, 규칙에서 정한 위험물질의 기준량 이상을 제조하거나 취급하는 설비인 경우이다)

① 150[℃]  ② 250[℃]
③ 350[℃]  ④ 450[℃]

**해설 ▶ 특수화학설비**
온도가 섭씨 350[℃] 이상이거나 게이지 압력이 980kPa(킬로파스칼) 이상인 상태에서 운전되는 설비

**75** 폭발위험장소의 분류 중 1종 장소에 해당하는 것은?

① 폭발성 가스 분위기가 연속적, 장기간 또는 빈번하게 존재하는 장소
② 폭발성 가스 분위기가 정상작동 중 조성되지 않거나 조성된다 하더라도 짧은 기간에만 존재할 수 있는 장소
③ 폭발성 가스 분위기가 정상작동 중 주기적 또는 빈번하게 생성되는 장소
④ 폭발성 가스 분위기가 장기간 또는 거의 조성되지 않는 장소

**해설 ▶ 폭발위험장소의 분류**
- 0종 장소 : 장치 및 기기들이 정상 가동되는 경우에 폭발성 가스 분위기가 연속적으로 장시간 존재하는 장소이다.
- 1종 장소 : 장치 및 기기들이 정상 가동 상태에서 폭발성 가스 분위기가 주기적 또는 간헐적으로 존재하는 장소이다.
- 2종 장소 : 작업자의 조작상 실수나 이상운전으로 폭발성 가스가 누출되거나 유출된 가스가 체류하여 폭발을 일으킬 우려가 있는 장소이다.

**76** 인체저항을 5000[Ω]으로 가정하면 심실세동을 일으키는 전류에서의 전기에너지는? (단, 심실세동전류는 $\frac{165}{\sqrt{T}}$(mA)이며 통전시간 $T$는 1초이고 전원은 교류전현파이다)

① 33J  ② 130J
③ 136J  ④ 142J

**해설** $Q = I^2 RT$(J)

전기에너지(J) $= I^2 \times RT$
$= \left(\frac{165}{\text{루트}(1초)}\right)^2 \times 5,000 \times 1초$
$= 136,125 J$

정답  73 ②  74 ③  75 ③  76 ③

**77** 다음 중 물리적 공정에 해당되는 것은?
① 유화중합  ② 축합중합
③ 산화  ④ 증류

> 해설 증류는 끓는점 차이를 이용해서 액체 혼합물을 분리하는 것으로, 물리적 공정에 해당한다.

**78** 산화성 액체 중 질산의 성질에 관한 설명으로 옳지 않은 것은?
① 피부 및 의복을 부식하는 성질이 있다.
② 쉽게 연소하는 가연성 물질이므로 화기에 극도로 주의한다.
③ 위험물 유출 시 건조사를 뿌리거나 중화제로 중화한다.
④ 물과 반응하면 발열반응을 일으키므로 물과의 접촉을 피한다.

> 해설 질산은 산화성 무색의 액체로, 부식성과 발연성이 있는 대표적인 강산이며 쉽게 연소하지 않는다.

**79** 산업안전보건법령상 관리대상 유해물질의 운반 및 저장 방법으로 적절하지 않은 것은?
① 저장장소에는 관계 근로자가 아닌 사람의 출입을 금지하는 표시를 한다.
② 저장장소에서 관리대상 유해물질의 증기가 실외로 배출되지 않도록 적절한 조치를 한다.
③ 관리대상 유해물질을 저장할 때 일정한 장소를 지정하여 저장하여야 한다.
④ 물질이 새거나 발산될 우려가 없는 뚜껑 또는 마개가 있는 튼튼한 용기를 사용한다.

> 해설 관리대상물질의 저장방법
> 관리대상 유해물질의 증기를 실외로 배출시키는 설비를 설치해야 한다.

**80** 전기 기계·기구에 누전에 의한 감전 위험을 방지하기 위하여 설치한 누전차단기에 의한 감전방지의 사항으로 틀린 것은?
① 정격감도전류가 30[mA] 이하이고, 작동시간은 3초 이내일 것
② 분기회로 또는 전기기계·기구마다 누전차단기를 접속할 것
③ 파손이나 감전사고를 방지할 수 있는 장소에 접속할 것
④ 지락보호전용 기능만 있는 누전차단기는 과전류를 차단하는 퓨즈나 차단기 등과 조합하여 접속할 것

> 해설 정격감도전류가 30밀리암페어 이하이고, 작동시간은 0.03초 이내일 것

## 5과목 건설안전기술

**81** 작업으로 인하여 물체가 떨어지거나 날아올 위험이 있는 경우 설치하는 낙하물 방지망의 수평면과의 각도 기준으로 옳은 것은?
① 10[°] 이상 20[°] 이하를 유지
② 20[°] 이상 30[°] 이하를 유지
③ 30[°] 이상 40[°] 이하를 유지
④ 40[°] 이상 45[°] 이하를 유지

> 해설 ▶ 낙하물 방지망 핵심 요약
> • 최하단에서 10[m] 이내 설치
> • 수평 내민 거리 2[m] 이상
> • 수평각 20[°] 이상 30[°] 이하를 유지
> • 그물코 규격 10[cm]×10[cm]
> • 방망 지지점 강도 : 600[kg] 외력에 견딜 것
> • 낙하물 방지망 사용 개시 후 정기점검기간 1년
> • 정기시험 기간 6개월
> • 시험의 종류 : 등속인장시험

정답: 77 ④  78 ②  79 ②  80 ①  81 ②

**82** 굴착공사 중 암질변화구간 및 이상암질 출현 시에는 암질판별시험을 수행하는데, 이 시험의 기준과 거리가 먼 것은?

① 함수비
② R.Q.D
③ 탄성파 속도
④ 일축압축강도

> **해설** 함수비는 토질시험 시 사용한다.
> ◎ 암질판별시험 기준 5가지
> • R.Q.D(암반암질지수, Rock Quality Designation)
> • 탄성파 속도
> • 일축압축강도
> • R.M.R(암반평점분류)
> • 진동치 속도

**83** 건설업 산업안전보건관리비의 안전시설비로 사용 가능하지 않은 항목은?

① 비계·통로·계단에 추가 설치하는 추락방지용 안전난간
② 공사수행에 필요한 안전통로
③ 틀비계에 별도로 설치하는 안전난간·사다리
④ 통로의 낙하물 방호선반

> **해설** 원래 공사에 필요한 안전통로 등에는 안전시설비를 사용할 수 없다.
> ◎ 안전시설비로 사용 불가한 항목
> • 원활한 공사수행을 위한 가설시설, 장치, 도구, 자재 등
> • 소음·환경관련 민원예방, 교통통제 등을 위한 각종 시설물, 표지
> • 기계·기구 등과 일체형 안전장치의 구입비용

**84** 건설업에서 사업주의 유해·위험방지계획서 제출 대상 사업장이 아닌 것은?

① 지상높이가 31[m] 이상인 건축물의 건설, 개조 또는 해체공사
② 연면적 5,000[m²] 이상 관광숙박시설의 해체공사
③ 저수용량 5,000톤 이하의 지방상수도 전용 댐 건설 등의 공사
④ 깊이 10[m] 이상인 굴착공사

> **해설** 다목적댐, 발전용댐 및 저수용량 2천만 톤 이상의 용수 전용 댐, 지방상수도 전용 댐 건설 등의 공사

**85** 건설작업용 리프트에 대하여 바람에 의한 붕괴를 방지하는 조치를 한다고 할 때 그 기준이 되는 풍속은?

① 순간풍속 30[m/sec] 초과
② 순간풍속 35[m/sec] 초과
③ 순간풍속 40[m/sec] 초과
④ 순간풍속 45[m/sec] 초과

> **해설**
> • 이탈방지기준 : 순간풍속 30[m/sec] 초과
> • 붕괴방지기준 : 순간풍속 35[m/sec] 초과

**86** 추락에 의한 위험방지와 관련된 승강설비의 설치에 관한 사항이다. ( )에 들어갈 내용으로 옳은 것은?

> 사업주는 높이 또는 깊이가 ( )를 초과하는 장소에서 작업하는 경우 해당 작업에 종사하는 근로자가 안전하게 승강하기 위한 건설작업용 리프트 등의 설비를 설치하여야 한다.

① 1.0[m]　　② 1.5[m]
③ 2.0[m]　　④ 2.5[m]

> **해설** 안전규칙에서는 높이 또는 깊이가 2[m]를 초과하는 개소에서 작업할 때는 작업에 종사하는 근로자가 안전하게 오르내리기 위한 설비 등을 설치하도록 규정하고 있다.

**정답**　82 ①　83 ②　84 ③　85 ②　86 ③

**87** 차량계 하역운반기계 등을 이송하기 위하여 자주(自走) 또는 견인에 의하여 화물자동차에 싣거나 내리는 작업을 할 때 발판·성토 등을 사용하는 경우 기계의 전도 또는 전락에 의한 위험을 방지하기 위하여 준수하여야 할 사항으로 옳지 않은 것은?

① 싣거나 내리는 작업은 견고한 경사지에서 실시할 것
② 가설대 등을 사용하는 경우에는 충분한 폭 및 강도와 적당한 경사를 확보할 것
③ 발판을 사용하는 경우에는 충분한 길이·폭 및 강도를 가진 것을 사용할 것
④ 지정운전자의 성명·연락처 등을 보기 쉬운 곳에 표시하고 지정운전자 외에는 운전하지 않도록 할 것

해설 싣거나 내리는 작업은 경사지가 아닌 평평한 곳에서 해야 한다.

**88** 다음 중 차량계 건설기계에 속하지 않는 것은?

① 배쳐플랜트
② 모터그레이더
③ 크롤러드릴
④ 탠덤롤러

해설 배쳐플랜트(batcher plant) : 계량한 재료를 믹서(레미콘) 등에 투입하는 설비

**89** 다음 셔블계 굴착장비 중 좁고 깊은 굴착에 가장 적합한 장비는?

① 드래그라인(dragline)
② 파워셔블(power shovel)
③ 백호(back hoe)
④ 클램쉘(clam shell)

해설 클램쉘(clam shell) : 건축구조물의 기초 등 정해진 범위의 깊은 굴착에 적합. 상대적으로 파는 힘은 약하다.

**90** 추락방지망의 달기로프를 지지점에 부착할 때 지지점의 간격이 1.5[m]인 경우 지지점의 강도는 최소 얼마 이상이어야 하는가? (단, 연속적인 구조물이 방망 지지점인 경우)

① 200[kg]
② 300[kg]
③ 400[kg]
④ 500[kg]

해설 「추락재해방지 표준안전작업지침」에 따라
추락방지망의 지지점의 강도 = 200 × 지지점 간격
= 200 × 1.5 = 300

**91** 다음은 건설현장의 추락재해를 방지하기 위한 사항이다. (  )에 들어갈 내용으로 옳은 것은?

> 사업주는 높이 또는 깊이가 (   )를 초과하는 장소에서 작업하는 경우 해당 작업에 종사하는 근로자가 안전하게 승강하기 위한 건설작업용 리프트 등의 설비를 설치하여야 한다. 다만, 승강 설비를 설치하는 것이 작업의 성질상 곤란한 경우에는 그러하지 아니하다.

① 2[m]
② 3[m]
③ 4[m]
④ 5[m]

해설 승강설비 설치
높이 또는 깊이가 2미터를 초과하는 장소에서 작업하는 경우 해당 작업에 종사하는 근로자가 안전하게 승강하기 위한 건설작업용 리프트 등의 설비를 설치하여야 한다. 다만, 승강설비를 설치하는 것이 작업의 성질상 곤란한 경우에는 그러하지 아니하다.

정답 87 ① 88 ① 89 ④ 90 ② 91 ①

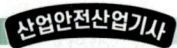

**92** 작업장의 바닥, 도로 및 통로 등에서 낙하물이 근로자에게 위험을 미칠 우려가 있는 경우의 필요한 조치의 준수사항으로 옳지 않은 것은?

① 수직보호망 또는 방호 선반의 설치
② 출입금지구역의 설정
③ 낙하물 방지망의 수평면과의 각도는 20도 이상 30도 이하 유지
④ 낙하물 방지망을 높이 15[m] 이내마다 설치

해설 ○ 추락방지대책
• 높이 10미터 이내마다 설치하고, 내민 길이는 벽면으로부터 2미터 이상으로 할 것
• 수평면과의 각도는 20도 이상 30도 이하를 유지할 것

**93** 유해·위험 방지계획서 제출 시 첨부서류의 항목이 아닌 것은?

① 보호장비 폐기계획
② 공사개요서
③ 산업안전보건관리비 사용계획
④ 전체공정표

해설 ○ 건설공사 유해·위험방지계획서 제출 시 첨부서류
1. 공사개요 및 안전보건관리계획
  • 공사개요서
  • 공사현장의 주변 현황 및 주변과의 관계를 나타내는 도면(매설물 현황을 포함한다)
  • 건설물, 사용 기계설비 등의 배치를 나타내는 도면
  • 전체공정표
  • 산업안전보건관리비 사용계획서(별지 제102호 서식)
  • 안전관리조직표
  • 재해 발생위험 시 연락 및 대피방법
2. 작업공사 종류별 유해·위험방지계획

**94** 토사 붕괴의 내적 요인이 아닌 것은?

① 사면, 법면의 경사 증가
② 절토 사면의 토질구성 이상
③ 성토 사면의 토질구성 이상
④ 토석의 강도 저하

해설 ○ 토석 붕괴의 원인
1. 외적 원인
  • 사면, 법면의 경사 및 구배의 증가
  • 절토 및 성토 높이의 증가
  • 공사에 의한 진동 및 반복하중의 증가
  • 지표수 및 지하수의 침투에 의한 토사 중량의 증가
  • 지진, 차량, 구조물의 하중
2. 내적 원인
  • 절토사면의 토질, 암질
  • 사면의 토질
  • 토석의 강도 저하

**95** 차량계 하역운반기계 등을 사용하는 작업을 할 때, 그 기계가 넘어지거나 굴러떨어짐으로써 근로자에게 위험을 미칠 우려가 있는 경우에 이를 방지하기 위한 조치사항과 거리가 먼 것은?

① 유도자 배치
② 지반의 부동침하방지
③ 상단 부분의 안정을 위하여 버팀줄 설치
④ 갓길 붕괴방지

해설 ○ 차량계 하역운반기계 전도·전락 방지대책
• 유도하는 사람(이하 "유도자"라 한다)을 배치
• 지반의 부동침하 방지
• 갓길 붕괴방지

**96** 콘크리트 구조물에 적용하는 해체작업 공법의 종류가 아닌 것은?

① 연삭 공법
② 발파 공법
③ 오픈 컷 공법
④ 유압 공법

해설 오픈 컷 공법은 지하 굴착방법이다.

정답  92 ④  93 ①  94 ①  95 ③  96 ③

**97** 다음은 산업안전보건기준에 관한 규칙 중 가설통로의 구조에 관한 사항이다. ( ) 안에 들어갈 내용으로 옳은 것은?

> 수직갱에 가설된 통로의 길이가 15[m] 이상인 경우에는 10[m] 이내마다 ( )을/를 설치할 것

① 손잡이  ② 계단참
③ 클램프  ④ 버팀대

**해설** 수직갱에 가설된 통로의 길이가 15[m] 이상인 경우에는 10[m] 이내마다 계단참을 설치할 것

**98** 다음 중 구조물의 해체작업을 위한 기계·기구가 아닌 것은?

① 쇄석기
② 데릭
③ 압쇄기
④ 철제 해머

**해설** 쇄석기, 압쇄기, 철제 해머는 해체작업에 쓰인다. 데릭은 크레인의 약어로 양중기이다.

**99** 거푸집 동바리 등을 조립하는 경우의 준수사항으로 옳지 않은 것은?

① 동바리로 사용하는 파이프 서포트는 최소 3개 이상이어서 사용하도록 할 것
② 동바리의 상하 고정 및 미끄러짐 방지조치를 하고, 하중의 지지상태를 유지할 것
③ 동바리의 이음은 맞댄이음이나 장부이음으로 하고 같은 품질의 재료를 사용할 것
④ 강재와 강재의 접속부 및 교차부는 볼트·클램프 등 전용철물을 사용하여 단단히 연결할 것

**해설**
- 파이프 서포트를 3개본 이상이어서 사용하지 아니할 것
- 파이트 서포트를 이어서 사용할 때에는 4개 이상의 볼트 또는 전용철물을 사용하여 이을 것
- 높이가 3.5미터를 초과할 때 높이 2미터 이내마다 수평연결재를 2개 방향으로 만들고 수평연결재의 변위를 방지할 것

**100** 콘크리트 타설 시 거푸집의 측압에 영향을 미치는 인자들에 관한 설명으로 옳지 않은 것은?

① 슬럼프가 클수록 측압이 크다.
② 거푸집의 강성이 클수록 측압은 크다.
③ 철근량이 많을수록 측압은 작다.
④ 타설 속도가 느릴수록 측압은 크다.

**해설** ▶ 콘크리트 타설 시 거푸집의 측압에 영향을 미치는 인자
- 콘크리트 부어넣기 속도가 빠를수록 측압은 크다.
- 온도가 낮을수록 측압은 크다.
- 콘크리트 시공연도가 클수록 측압은 크다.
- 콘크리트 다지기가 충분할수록 측압은 크다.
- 벽 두께가 두꺼울수록 측압은 커진다.
- 철골 또는 철근량이 많을수록 측압은 작다.

97 ② 98 ② 99 ① 100 ④

# 2024년 제1회 기출 복원문제

## 1과목  산업안전관리론

**01** 버드(Frank Bird)의 재해 발생 이론에서 첫 번째 요인인 제어의 부족 내용에 해당되지 않는 것은?

① 안전계획 및 직무계획의 책정
② 직무활동에 있어 시설기준 설정
③ 불안전 행동의 징후
④ 설정된 기준에 의한 실적 평가

**해설** 버드의 재해 발생 이론 시 불안전한 행동의 징후는 3단계임.
- 1단계 : 제어의 부족(관리 부재)
- 2단계 : 기본원인(기원)
- 3단계 : 직접원인(징후) – 불안전한 행동이나 상태
- 4단계 : 사고(접촉)
- 5단계 : 상해(손실)

**02** 흰색 바탕에 빨간색 기본모형의 안전, 보건 표지판의 종류는 어느 것인가?

① 지시          ② 금지
③ 경고          ④ 안내

**해설** 안전보건표시

| 분류 | 기호 | 색채 |
|---|---|---|
| 금지 표지 | ⊘ | 바탕은 흰색, 기본모형은 빨간색, 관련 부호 및 그림은 검은색 |
| 경고 표지 | △ | 바탕은 노란색, 기본모형, 관련 부호 및 그림은 검은색<br>다만, 인화성 물질 경고, 산화성 물질 경고, 폭발성 물질 경고, 급성 독성물질 경고, 부식성 물질 경고 및 발암성·변이원성·생식독성·전신독성·호흡기과민성 물질 경고의 경우 바탕은 무색, 기본모형은 빨간색(검은색도 가능) |
| 지시 표지 | ○ | 바탕은 파란색, 관련 그림은 흰색 |
| 안내 표지 | □ | • 녹십자 : 바탕은 흰색, 기본모형 및 관련 부호는 녹색<br>• 그 외 : 바탕은 녹색, 관련 부호 및 그림은 흰색 |
| 출입 금지 표지 | ⊘ | • 글자는 흰색 바탕에 흑색<br>• 다음 글자는 적색<br>– ○○○제조/사용/보관 중<br>– 석면취급/해체 중<br>– 발암물질 취급 중 |

**03** O.J.T(On the Job Traning)의 특징 중 틀린 것은?

① 훈련과 업무의 계속성이 끊어지지 않는다.
② 직장의 실정에 맞게 실제적 훈련이 가능하다.
③ 훈련의 효과가 곧 업무에 나타나며, 훈련의 개선이 용이하다.
④ 다수의 근로자들에게 조직적 훈련이 가능하다.

**해설** O.J.T ★★★★★

| 정의 | 현장이나 직장에서 직속 상사가 업무에 관련된 지식, 기능, 태도 등에 관하여 교육하는 실무훈련과정으로 개별교육에 적합한 교육 형태 |
|---|---|
| 교육의 형태 및 방법 | 현장에서의 개인에 대한 직속 상사의 개별 교육 및 지도 |
| 특징 | • 직장의 현장 실정에 맞는 구체적이고 실질적인 교육이 가능하다.<br>• 교육의 효과가 업무에 신속하게 반영된다.<br>• 교육의 이해도가 빠르고 동기부여가 쉽다.<br>• 개인의 능력과 적성에 알맞은 맞춤교육이 가능하다.<br>• 교육으로 인해 업무가 중단되는 업무 손실이 적다.<br>• 교육경비의 절감 효과가 있다.<br>• 상사와의 의사소통 및 신뢰도 향상에 도움이 된다. |

**정답**  01 ③  02 ②  03 ④

◉ Off.J.T ★★★★★

| | |
|---|---|
| 정의 | 계층별 또는 직능별로 공통된 교육목적을 가진 근로자를 현장 이외의 일정한 장소에 집결시켜 실시하는 집체 교육으로 집단교육에 적합한 교육형태 |
| 교육의 형태 및 방법 | 계층별 또는 직능별(공통대상) 집합교육 |
| 특징 | • 한 번에 다수의 대상을 일괄적, 조직적으로 교육할 수 있다.<br>• 전문분야의 우수한 강사진을 초빙할 수 있다.<br>• 교육 기자재 및 특별 교재 또는 시설을 유효하게 활용할 수 있다.<br>• 다른 분야 및 타 직장의 사람들과 지식이나 경험의 교환이 가능하다.<br>• 업무와 분리되어 면학에 전념하는 것이 가능하다.<br>• 교육목표를 위하여 집단적으로 협조와 협력이 가능하다.<br>• 법규, 원리, 원칙, 개념, 이론 등의 교육에 적합하다. |

**04** 인지과정 착오의 요인이 아닌 것은?

① 정서 불안정
② 감각차단 현상
③ 작업자의 기능 미숙
④ 생리·심리적 능력의 한계

해설 ▶ 작업자의 기능 미숙은 조작과정 착오이다.

| 종류 | | 내용 |
|---|---|---|
| 인지 과정 착오 | 생리적, 심리적 능력의 한계(정보수용 능력의 한계) | 착시현상 등 |
| | 정보량 저장의 한계 | 처리 가능한 정보량 : 6[bits/sec] |
| | 감각차단 현상(감성 차단) | 정보량 부족으로 유사한 자극 반복(계기비행, 단독비행 등)<br>단조로운 업무 장시간 지속(지루) |
| | 심리적 요인 | 정서불안정, 불안, 공포 등 |
| 판단 과정 착오 | | 합리화, 능력 부족, 정보 부족, 환경조건 불비 |
| 조작 과정 착오 | | 작업자의 기술능력이 미숙하거나 경험 부족에서 발생 |

**05** 보호구 안전인증 고시에 따른 안전화의 정의 중 ( ) 안에 알맞은 것은?

> 경작업용 안전화란 ( ㉠ )[mm]의 낙하높이에서 시험했을 때 충격과 ( ㉡ ±0.1)[kN]의 압축하중에서 시험했을 때 압박에 대하여 보호해 줄 수 있는 선심을 부착하여, 착용자를 보호하기 위한 안전화를 말한다.

① ㉠ 500, ㉡ 10.0  ② ㉠ 250, ㉡ 10.0
③ ㉠ 500, ㉡ 4.4   ④ ㉠ 250, ㉡ 4.4

해설 ▶ 안전화의 정의
'경작업용 안전화'란 250밀리미터의 낙하높이에서 시험했을 때 충격과 (4.4±0.1)킬로뉴턴[kN]의 압축하중에서 시험했을 때 압박에 대하여 보호해 줄 수 있는 선심을 부착하여, 착용자를 보호하기 위한 안전화를 말한다.

**06** 산업안전보건법령상 안전보건표지의 종류와 형태 중 그림과 같은 경고 표지는? (단, 바탕은 무색, 기본모형은 빨간색, 그림은 검은색이다)

① 부식성 물질 경고   ② 폭발성 물질 경고
③ 산화성 물질 경고   ④ 인화성 물질 경고

해설 ▶ 불 모양이 있으므로 인화성 물질에 대한 경고이다.

|  |  |  |
|---|---|---|
| 부식성 물질 경고 | 폭발성 물질 경고 | 산화성 물질 경고 |

04 ③  05 ④  06 ④

**07** 레빈(Lewin)의 법칙에서 환경조건($E$)에 포함되는 것은?

$$B = f(P \cdot E)$$

① 지능　　　　　② 소질
③ 적성　　　　　④ 인간관계

해설 $B = f(P \cdot E)$
- $B$ : Behavior(인간의 행동)
- $f$ : function(함수관계, P・E에 영향을 줄 수 있는 조건)
- $P$ : Person(연령, 경험, 심신상태, 성격, 지능, 소질 등)
- $E$ : Environment(심리적 환경 – 인간관계, 작업환경, 설비적 결함 등)

**08** 기기의 적정한 배치, 변형, 균열, 손상, 부식 등의 유무를 육안, 촉수 등으로 조사 후 그 설비별로 정해진 점검기준에 따라 양부를 확인하는 점검은?

① 외관점검　　　② 작동점검
③ 기능점검　　　④ 종합점검

해설 기기의 적정한 배치, 변형, 균열, 손상, 부식 등의 유무를 육안, 촉수 점검은 외관점검이다.

**09** 하인리히의 재해구성비율에 따라 경상사고가 87건 발생하였다면 무상해사고는 몇 건이 발생하였겠는가?

① 300건　　　　② 600건
③ 900건　　　　④ 1200건

해설 ▶ 하인리히 재해구성비율
1 : 29 : 300(사망 : 경상 : 무상해)
경상 29에서 87건은 3배수로 무상해사고는 300건의 3배수인 900건 발생하였다.

**10** 문제해결 4단계에서 대책 수립은 몇 단계는?

① 1단계　　　　② 2단계
③ 3단계　　　　④ 4단계

해설 ▶ 문제해결 4단계
① 제1단계 : 현상파악
② 제2단계 : 본질추구
③ 제3단계 : 대책수립
④ 제4단계 : 목표설정

**11** 사업장의 도수율이 10.83이고, 강도율이 7.92일 경우의 종합재해지수(FSI)?

① 4.63　　　　② 6.42
③ 9.26　　　　④ 12.84

해설 ▶ 종합재해지수(FSI)
$= \sqrt{\text{빈도율(F.R)} \times \text{강도율(S.R)}}$
$= \sqrt{10.83 \times 7.92} ≒ 9.26$

**12** 리더십의 특성으로 볼 수 없는 것은?

① 민주주의적 지휘 형태
② 부하와의 넓은 사회적 간격
③ 밑으로부터의 동의에 의한 권한 부여
④ 개인적 영향에 의한 부하와의 관계유지

해설

| 구분 | 권한 부여 및 행사 | 권한 근거 | 상관과 부하와의 관계 및 책임귀속 | 부하와의 사회적 간격 | 지휘 형태 |
|---|---|---|---|---|---|
| 헤드십 | 위에서 위임하여 임명 | 법적 또는 공식적 | 지배적 상사 | 넓다. | 권위주의적 |
| 리더십 | 아래로부터의 동의에 의한 선출 | 개인 능력 | 개인적인 영향, 상사와 부하 | 좁다. | 민주주의적 |

정답　07 ④　08 ①　09 ③　10 ③　11 ③　12 ②

**13** 점검시기에 의한 안전점검의 분류에 해당하지 않는 것은?

① 성능점검　　② 정기점검
③ 임시점검　　④ 특별점검

> **해설** ◉ 안전점검의 종류
> 정기점검, 수시점검(일상), 특별점검, 임시점검

**14** 재해율 중 재직 근로자 1,000명당 1년간 발생하는 재해자 수를 나타내는 것은?

① 연천인율　　② 도수율
③ 강도율　　　④ 종합재해지수

> **해설** ① 연천인율 : 사업장에서 일하는 근로자 1,000명당 발생하는 재해자 수
> ② 도수율 : 백만 시간당 발생하는 재해 건수
> ③ 강도율 : 근로시간 합계 1,000시간당 요양재해로 인한 근로 손실일수를 말함
> ④ 종합재해지수 : 재해 발생 요인들을 종합적으로 고려하여 산출되는 지수

**15** 산업안전보건법령상 근로자 안전·보건 교육 기준 중 다음 ( ) 안에 알맞은 것은?

| 교육과정 | 교육대상 | 교육시간 |
|---|---|---|
| 채용 시의 교육 | 일용근로자 | ( ㉠ )시간 이상 |
| | 일용근로자를 제외한 근로자 | ( ㉡ )시간 이상 |

① ㉠ 1, ㉡ 8　　② ㉠ 2, ㉡ 8
③ ㉠ 1, ㉡ 2　　④ ㉠ 3, ㉡ 6

> **해설** ◉ 근로자 안전·보건 교육 기준
>
> | 교육과정 | 교육대상 | 교육시간 |
> |---|---|---|
> | 나. 채용 시 교육 | 일용근로자 | 1시간 이상 |
> | | 일용근로자를 제외한 근로자 | 8시간 이상 |

**16** 학습을 자극에 의한 반응으로 보는 이론에 해당하는 것은?

① 손다이크(Thorndike)의 시행착오설
② 쾰러(Kohler)의 통찰설
③ 톨만(Tolman)의 기호형태설
④ 레빈(Lewin)의 장이론

> **해설**
> • 쾰러(Kohler)의 통찰설 : 학습이 갑작스러운 통찰을 통해 이루어짐.
> • 톨만(Tolman)의 기호형태설 : 학습이 상징적 기호와 그 의미를 통해 이루어짐.
> • 레빈(Lewin)의 장이론 : 학습을 개인과 환경 간의 상호작용이다.

**17** 무재해운동 추진기법 중 다음에서 설명하는 것은?

> 작업을 오조작 없이 안전하게 하기 위하여 작업공정의 요소에서 자신의 행동을 하고 대상을 가리킨 후 큰소리로 확인하는 것

① 지적확인
② T.B.M
③ 터치 앤드 콜
④ 삼각위험 예지훈련

> **해설**
> • T.B.M(Tool Box Meeting) : 작업 시작 전 짧은 회의를 통해 안전사항을 점검하고 공유하는 기법
> • 터치 앤드 콜(Touch and Call) : 작업자가 기계나 설비를 조작할 때 손으로 직접 만지고 소리를 내어 확인하는 안전 확인 기법. 이를 통해 작업자는 자신의 행동이 안전한지 확인하고, 만약 문제가 있을 경우 즉시 멈추고 보고하도록 한다.
> • 삼각 위험 예지훈련(Triangle Risk Prediction Training) : 작업자들이 삼각형 모양을 이루며 서로의 안전을 확인하고 위험 요소를 예측하는 훈련

**정답** 13 ①　14 ①　15 ①　16 ①　17 ①

**18** 조건반사설에 의한 학습이론의 원리에 해당하지 않는 것은?

① 강도의 원리
② 시간의 원리
③ 효과의 원리
④ 계속성의 원리

> **해설** ▶ 조건반사설에 의한 학습이론의 원리
> - 강도의 원리
> - 일관성의 원리
> - 시간의 원리
> - 계속성의 원리

**19** 주요 구조 부분을 변경하는 경우 안전인증을 받아야 하는 기계·기구가 아닌 것은?

① 원심기
② 사출성형기
③ 압력용기
④ 고소작업대

> **해설** ▶ 안전인증을 받아야 하는 기계·기구
> 프레스, 리프트, 크레인, 롤러기, 전단기 및 절곡기, 압력용기, 사출성형기, 고소작업대, 곤돌라

**20** "그림에서 선 ab와 선 cd는 그 길이가 동일한 것이지만, 시각적으로는 선 ab가 선 cd보다 길어 보인다."에서 설명하는 착시 현상과 관계가 깊은 것은?

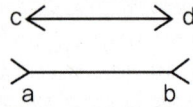

① 헬름홀츠의 착시
② 퀼러의 착시
③ 뮬러-라이어의 착시
④ 포겐 도르프의 착시

> **해설** ① 헬름홀츠의 착시(Helmholtz's illusion) : 같은 길이의 평행한 선분이 있을 때, 수직 방향으로 배열된 선분이 수평 방향으로 배열된 선분보다 더 길어 보이는 착시 현상이다. 이 착시는 실제로는 같은 길이임에도 불구하고 사각형의 형태나 방향에 따라 길이와 크기를 다르게 인식하는 현상이다.
> ② 퀼러의 착시(Köhler's illusion) : 곡선(호)과 직선이 함께 있을 때, 직선이 곡선의 반대 방향으로 휘어 보이는 착시 현상으로 평평한 직선을 먼저 보고 그 위에 곡선을 덧붙이면, 그 직선이 곡선의 반대 방향으로 휘어 있는 것처럼 보이는 것으로 윤곽착오의 착시이다.
> ③ 뮬러-라이어의 착시(Müller-Lyer illusion): 화살표의 방향에 따라 직선의 실제 길이가 다르게 인식되는 현상이다. 한 쌍의 화살표가 바깥쪽으로 향하면 직선이 더 길게 보이고, 안쪽으로 향하면 더 짧게 인다. 두 개의 평행선이 있을 때, 한쪽 끝을 바깥쪽으로 향한 화살표로 둘러싸면 다른 쪽의 직선과 비교했을 때 더 길어 보인다.
> ④ 포겐도르프의 착시(Pogendorff's illusion) : a와 b가 실제로는 일직선이지만, a와 c가 일직선으로 보이는 현상으로 위치착오의 착시이다.

## 2과목 인간공학 및 시스템안전공학

**21** 다음 중 인간-기계 시스템에서의 신뢰도 유지 방안이 아닌 것은?

① fail-safe system
② control system
③ fool-proof system
④ lock system

> **해설** ▶ 안전설계(Fail-safe Design)
> - Fool Proof
> - Fail Safe
> - Temper Proof

정답  18 ③  19 ①  20 ③  21 ②

**22** 시스템 안전 분석 기법 중 시스템 디자인 단계에서 처음으로 사용되는 것은?

① FTA  ② PHA
③ FHA  ④ OHA

해설 ▶ PHA(Preliminary Hazard Analysis : 예비 사고 분석) 시스템 최초 개발 단계의 분석으로 위험 요소의 위험 상태를 정성적으로 평가

**23** 시스템 수명주기 단계 중 이전 단계들에서 발생되었던 사고 또는 사건으로부터 축적된 자료에 대해 실증을 통한 문제를 규명하고 이를 최소화하기 위한 조치를 마련하는 단계는?

① 구상단계  ② 정의단계
③ 생산단계  ④ 운전단계

해설

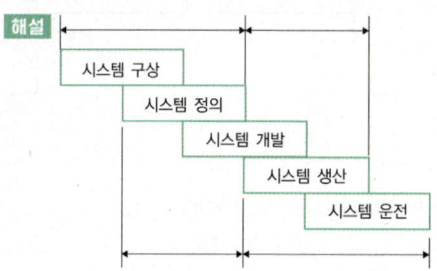

**24** FTA에 의한 재해사례연구의 순서를 올바르게 나열한 것은?

A. 목표사상 선정
B. FT도 작성
C. 사상마다 재해 원인 규명
D. 개선계획 작성

① A → B → C → D
② A → C → B → D
③ B → C → A → D
④ B → A → C → D

해설

| 1단계 | 톱사상의 선정 | • 시스템의 안전보건 문제점 파악<br>• 사고, 재해의 모델화<br>• 문제점의 중요도 우선순위의 결정<br>• 해설할 톱사상의 결정 |
|---|---|---|
| 2단계 | 사상마다 재해 원인·요인의 규명 | • 톱사상의 재해 원인의 결정<br>• 중간사상의 재해 원인의 결정<br>• 말단사상까지의 전개 |
| 3단계 | FT도의 작성 | • 부분적 FT도를 다시 봄<br>• 중간사상의 발생 조건의 재검토<br>• 전체의 FT도의 완성 |
| 4단계 | 개선계획의 작성 | • 안전성이 있는 개선안의 검토<br>• 제약의 검토와 타협<br>• 개선안의 결정<br>• 개선안의 실시 계획 |

**25** 시스템의 성능 저하가 인원의 부상이나 시스템 전체에 중대한 손해를 입히지 않고 제어가 가능한 상태의 위험강도는?

① 범주 Ⅰ : 파국적  ② 범주 Ⅱ : 위기적
③ 범주 Ⅲ : 한계적  ④ 범주 Ⅳ : 무시

해설 ▶ 재해 심각도 분류

| 구분 | 분류 | 세부내용 |
|---|---|---|
| 범주 Ⅰ | 파국적 (대재앙) | 인원의 사망 또는 중상, 또는 완전한 시스템 손실 |
| 범주 Ⅱ | 위험 (심각한) | 인원의 상해 또는 중대한 시스템의 손상으로 인원이나 시스템 생존을 위해 즉시 시정 조치 필요 |
| 범주 Ⅲ | 한계적 (경미한) | 인원의 상해 또는 중대한 시스템의 손상 없이 배제 또는 제어 가능 |
| 범주 Ⅳ | 무시 (무시할 만한) | 인원의 손상이나 시스템의 손상은 초래하지 않는다. |

22 ②  23 ④  24 ②  25 ③

26 결함수분석법에서 일정 조합 안에 포함되는 기본 사상들이 동시에 발생할 때 반드시 목표사상을 발생시키는 조합을 무엇이라 하는가?

① Cut set
② Decision tree
③ Path set
④ 불대수

해설
① Cut set : 시스템의 결함을 유발하는 최소한의 사건 조합. Cut set에 속한 모든 기본사상들이 동시에 발생하면 목표사상이 반드시 발생
② Decision tree : 의사결정 과정을 계층 구조로 나타낸 도식. 각 노드는 결정 기준, 가지는 가능한 선택지를 나타내며 최종적으로 결과를 도출
③ Path set : 성공적인 사건을 유발하는 최소한의 사건 조합. 시스템이 성공적으로 작동하기 위해 필요한 조건들을 나타내며, 신뢰성 분석 등에 사용
④ 불대수 : 이진 논리에 기반한 수학적 체계로, "참(True)"과 "거짓(False)"을 다루는 대수.. 논리 회로 설계나 디지털 시스템 분석에서 필수적

27 NIOSH의 연구에 기초하여, 목과 어깨 부위의 근골격계질환 발생과 인과관계가 가장 적은 위험요인은?

① 진동
② 반복작업
③ 과도한 힘
④ 작업 자세

해설 보기가 모두 근골격계질환의 발생요인이다. 그중 목과 어깨 부위의 근골격계질환과 인과 관계가 가장 적은 위험요인은 진동이다.

28 인간 – 기계 시스템에서의 기본적인 기능에 해당하지 않는 것은?

① 행동 기능
② 정보의 설계
③ 정보의 수용
④ 정보의 저장

해설

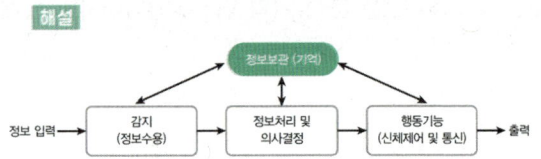

29 다음 FTA 그림에서 a, b, c의 부품 고장률이 각각 0.01일 때, 최소 컷셋(minimal cut sets)과 신뢰도로 옳은 것은?

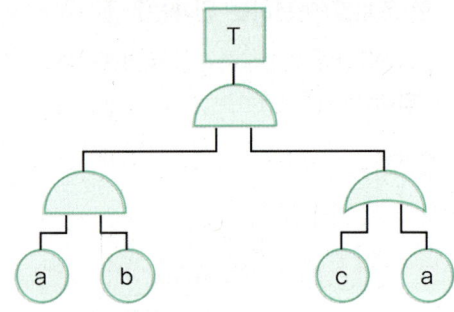

① {a, b}, R[t]=99.99[%]
② {a, b, c}, R[t]=98.99[%]
③ {a, c}, R[t]=96.99[%]
    {a, b}
④ {a, c}, R[t]=97.99[%]
    {a, b, c}

해설 최소 컷셋과 신뢰도
1. 최소 컷셋
   T=(a×b)×(c+a)
   =(a×b×c)+(a×b×a)
   =(a, b, c), (a, b)
   따라서 최소 컷셋은 (a, b)
2. 신뢰도=1−고장률
   고장률=(0.01×0.01)=0.0001
       =1−0.001=0.9999×100
       =99.99%

**30** FT도에 사용되는 기호 중 입력신호가 생긴 후, 일정 시간이 지속된 후에 출력이 생기는 것을 나타내는 것은?

① OR 게이트
② 위험 지속 기호
③ 억제 게이트
④ 배타적 OR 게이트

해설 ① OR 게이트 : 한 개 이상의 입력이 발생하면 출력사상이 발생하는 논리게이트
② 위험 지속 기호 : 입력이 생겨서 일정 시간이 지속될 때 출력이 생긴다.
③ 억제 게이트 : 출력사상은 한 개의 입력사상에 의하여 발생하며, 입력사상이 게이트 조건에 만족 시 발생
④ 배타적 OR 게이트 : 입력사상 중 오직 한 개의 발생으로만 출력사상이 생성되는 논리게이트

**31** FTA 도표에서 사용하는 논리기호 중 기본사상을 나타내는 기호는?

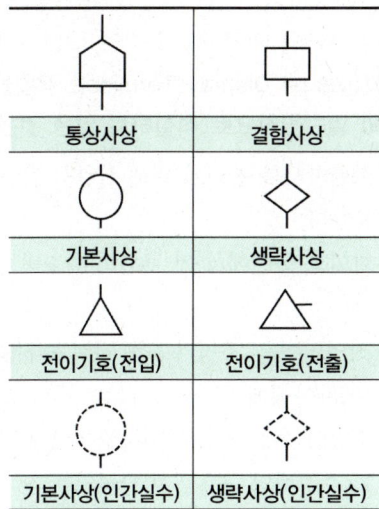

해설 ▶ 사상기호

| 통상사상 | 결함사상 |
|---|---|
| 기본사상 | 생략사상 |
| 전이기호(전입) | 전이기호(전출) |
| 기본사상(인간실수) | 생략사상(인간실수) |

**32** 조도가 250럭스인 책상 위에 짙은 색 종이 A와 B가 있다. 종이 A의 반사율은 20%이고, 종이 B의 반사율은 15[%]이다. 종이 A에는 반사율 80[%]의 색으로, 종이 B에는 반사율 60[%]의 색으로 같은 글자를 각각 썼을 때의 설명으로 맞는 것은? (단, 두 글자의 크기, 색, 재질 등은 동일하다)

① 두 종이에 쓴 글자는 동일한 수준으로 보인다.
② 어느 종이에 쓰인 글자가 더 잘 보이는지 알 수 없다.
③ A종이에 쓰인 글자가 B종이에 쓰인 글자보다 눈에 더 잘 보인다.
④ B종이에 쓰인 글자가 A종이에 쓰인 글자보다 눈에 더 잘 보인다.

해설 대비 $= \dfrac{Lb - Lt}{Lb} \times 100$
($Lb$ : 배경의 광속 발산도, $Lt$ : 표적의 광속발산도)
• A종이 $= \dfrac{20 - 80}{20} \times 100 = 300$
• B종이 $= \dfrac{15 - 60}{15} \times 100 = 300$

**33** 휴먼 에러의 배후 요소 중 작업 방법, 작업 순서, 작업 정보, 작업 환경과 가장 관련이 깊은 것은?

① man
② machine
③ media
④ management

해설 ① man : 작업을 수행하는 사람 자체
② machine : 작업에 사용되는 도구나 기계
③ media : 정보나 작업 절차를 전달하거나 소통하는 수단을 의미
④ management : 관리 체계 또는 리더십

30 ② 31 ② 32 ① 33 ③

**34** 시스템의 정의에 포함되는 조건 중 틀린 것은?

① 제약된 조건 없이 수행
② 요소의 집합에 의해 구성
③ 시스템 상호 간에 관계를 유지
④ 어떤 목적을 위하여 작용하는 집합체

> 해설 시스템은 제약된 조건 없이 수행하지 않는다.

**35** 시각적 표시장치를 사용하는 것이 청각적 표시장치를 사용하는 것보다 좋은 경우는?

① 메시지가 후에 참고 되지 않을 때
② 메시지가 공간적인 위치를 다룰 때
③ 메시지가 시간적인 사건을 다룰 때
④ 사람의 일이 연속적인 움직임을 요구할 때

> 해설
>
> | 청각장치 사용 | 시각장치 사용 |
> | --- | --- |
> | • 전언이 간단하다.<br>• 전언이 짧다.<br>• 전언이 후에 재참조되지 않는다.<br>• 전언이 시간적 사상을 다룬다.<br>• 전언이 즉각적인 행동을 요구한다(긴급할 때).<br>• 수신장소가 너무 밝거나 암조응유지가 필요시<br>• 직무상 수신자가 자주 움직일 때<br>• 수신자가 시각계통이 과부하 상태일 때 | • 전언이 복잡하다.<br>• 전언이 길다.<br>• 전언이 후에 재참조된다.<br>• 전언이 공간적인 위치를 다룬다.<br>• 전언이 즉각적인 행동을 요구하지 않는다.<br>• 수신장소가 너무 시끄러울 때<br>• 직무상 수신자가 한 곳에 머물 때<br>• 수신자의 청각계통이 과부하 상태일 때 |

**36** 휘도(luminance)의 척도 단위(unit)가 아닌 것은?

① fc         ② fL
③ mL        ④ cd/m²

> 해설 fc(foot-candle)는 조도(illuminance)의 단위로, 1제곱피트에서 1루멘(lm)의 광속을 받는 면의 밝기를 나타낸다. 반면, fL(foot-lambert), mL(millilambert), cd/m²(candela per square meter)는 모두 휘도의 단위로 사용된다.

**37** 계수형 표시장치를 사용하는 것이 부적합한 것은?

① 수치를 정확히 읽어야 하는 경우
② 짧은 판독 시간을 필요로 할 경우
③ 판독 오차가 적은 것을 필요로 할 경우
④ 표시장치에 나타나는 값들이 계속 변하는 경우

> 해설 계수형 표시장치는 보통 숫자 데이터를 나타내는 데 적합하지만, 값이 계속 변하는 경우에는 부적합하다.

**38** 안전성 향상을 위한 시설배치의 예로 적절하지 않은 것은?

① 기계 배치는 작업의 흐름을 따른다.
② 작업자가 통로 쪽으로 등을 향하여 일하도록 한다.
③ 기계설비 주위에 운전 공간, 보수점검 공간을 확보한다.
④ 통로는 선을 그어 명확히 구별하도록 한다.

> 해설 작업자가 통로 쪽으로 등을 향하여 일하면, 작업 중 통로에서 발생할 수 있는 위험 요소를 작업자가 즉각적으로 인지하기 어렵게 만들기 때문에 적절하지 않다.

**39** VDT(Visual Display Terminal) 작업을 위한 조명의 일반원칙으로 적절하지 않은 것은?

① 화면반사를 줄이기 위해 산란식 간접조명을 사용한다.
② 화면과 화면에서 먼 주위의 휘도비는 1:10으로 한다.
③ 작업영역을 조명기구들 사이보다는 조명기구 바로 아래에 둔다.
④ 조명의 수준이 높으면 자주 주위를 둘러봄으로써 수정체의 근육을 이완시키는 것이 좋다.

정답  34 ①  35 ②  36 ①  37 ④  38 ②  39 ③

해설 작업영역을 조명기구들 사이보다는 조명기구 바로 아래에 둔다는 원칙은 적절하지 않다. 조명을 균일하게 유지하며 작업 영역 전체에 고르게 분산시키는 것이 더 중요하기 때문이다. 조명기구 바로 아래에 작업영역을 두면 불균형한 밝기와 그림자 문제가 생겨 작업자의 피로를 증가시킬 수 있다.

**40** 인체에서 뼈의 주요 기능으로 볼 수 없는 것은?

① 대사 작용
② 신체의 지지
③ 조혈작용
④ 장기의 보호

해설 ▶ 뼈의 기능
- 인체의 지주역할을 한다.
- 가동성 연결, 즉 관절을 만들고, 골격근의 수축에 의해 운동기로서 작용한다.
- 체강의 기초를 만들고 내부의 장기들을 보호한다.
- 골수는 조혈기능을 갖는다.
- 칼슘, 인산의 중요한 저장고가 되며, 나트륨과 마그네슘 이온의 작은 저장고 역할을 한다.

## 3과목 기계위험방지기술

**41** 롤러기의 급정지를 위한 방호장치를 설치하고자 한다. 앞면 롤러의 직경이 30[cm], 회전속도가 40[m/min]이라면 어떤 성능이 급정지 장치를 부착해야 하는가?

① 급정지 거리가 앞면 롤러 원주의 1/3 이내인 것
② 급정지 거리가 앞면 롤러 원주의 1/3 이상인 것
③ 급정지 거리가 앞면 롤러 원주의 1/2.5 이내인 것
④ 급정지 거리가 앞면 롤러 원주의 1/2.58 이상인 것

해설 ▶ 원주속도와 급정지 거리
- 30[m/min] 미만 : 롤러 원주의 1/3 이하에서 급정지
- 30[m/min] 이상 : 롤러 원주의 1/2.5 이하에서 급정지

**42** 동력에 의하여 작동되는 기계·기구 중 회전기계 물림점에 대하여 방호조치를 하여야 한다. 방호장치로 옳은 것은?

① 덮개 또는 울
② 묻힘형, 덮개
③ 덮개, 방호망
④ 가드, 울

해설 회전기계의 물림점(롤러나 톱니바퀴 등 반대 방향의 두 회전체에 물려 들어가는 위험점)에는 덮개 또는 울을 설치할 것

**43** 500[rpm]으로 회전하는 연삭기의 숫돌지름이 200[mm]일 때 원주속도[m/min]는?

① 628
② 62.8
③ 314
④ 31.4

해설 표면속도$[V] = \dfrac{\pi DN}{1,000}$

D : 직경, N : 회전수[rpm]

$V = \dfrac{3.14 \times 200 \times 500}{1,000} = 314$

**44** 산업안전보건법령상 차량계 하역 운반기계를 이용한 화물 적재 시의 준수해야 할 사항으로 틀린 것은?

① 최대적재량의 10[%] 이상 초과하지 않도록 적재한다.
② 운전자의 시야를 가리지 않도록 적재한다.
③ 붕괴, 낙하 방지를 위해 화물에 로프를 거는 등 필요 조치를 한다.
④ 편하중이 생기지 않도록 적재한다.

해설 화물 적재 시 최대적재량을 초과해서는 아니 된다.

정답 40 ① 41 ③ 42 ① 43 ③ 44 ①

**45** 산업안전보건법령상 프레스를 사용하여 작업할 때 작업 시작 전 점검 항목에 해당하지 않는 것은?

① 전선 및 접속부 상태
② 클러치 및 브레이크의 기능
③ 프레스의 금형 및 고정볼트 상태
④ 1행정 1정지기구 · 급정지장치 및 비상정지 장치의 기능

> 해설 ▶ 작업 시작 전 점검 항목
> • 클러치 및 브레이크의 기능 확인
> • 크랭크축 · 플라이휠 · 슬라이드 · 연결봉 및 연결 나사의 풀림 여부
> • 1행정 1정지기구 · 급정지장치 및 비상정지장치의 기능
> • 슬라이드 또는 칼날에 의한 위험방지 기구의 기능
> • 프레스의 금형 및 고정볼트 상태
> • 방호장치의 기능 점검
> • 전단기(剪斷機)의 칼날 및 테이블의 상태 확인

**46** 선반 작업의 안전사항으로 틀린 것은?

① 베드 위에 공구를 올려놓지 않아야 한다.
② 바이트를 교환할 때는 기계를 정지시키고 한다.
③ 바이트는 끝을 길게 장치한다.
④ 반드시 보안경을 착용한다.

> 해설 ▶ 선반 작업의 안전사항
> • 가공물을 착탈 시 스위치를 끄고 행한다.
> • 스핀들을 지나치게 돌출시키지 않는다.
> • 물건의 장착이 끝나면 척, 렌치류는 곧 벗겨놓는다.
> • 작업 시 장갑 사용 금지
> • 긴 재료가 돌출되었을 때에는 빨간 천 등을 부착하여 위험표시를 하거나 커버를 씌운다.
> • 바이트 착탈은 기계를 정지시킨 다음에 한다.
> • 방진구는 일감의 길이가 직경의 12배 이상일 때 사용한다.

**47** 그림과 같이 2줄의 와이어로프로 중량물을 달아 올릴 때, 로프에 가장 힘이 적게 걸리는 각도($\theta$)는?

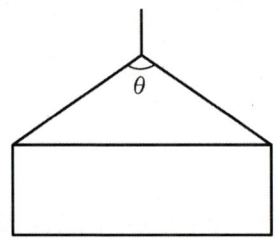

① 30[°]  ② 60[°]
③ 90[°]  ④ 120[°]

> 해설 와이어로프로 중량물을 들어 올릴 때, 각도($\theta$)가 클수록 로프에 걸리는 힘이 증가한다. 각도를 줄이면 로프에 걸리는 힘이 감소하여 가장 효율적인 상태가 된다.

**48** 기계 설비의 안전조건에서 구조적 안전화에 해당하지 않는 것은?

① 가공결함
② 재료결함
③ 설계상의 결함
④ 방호장치의 작동결함

> 해설 ▶ 구조적 안전화
> 기계 설비의 구조적 설계, 가공, 재료 선정 등과 관련된 부분을 말한다. 이에 따라, 가공결함, 재료결함, 설계상의 결함은 모두 구조적 안전화의 범주에 포함된다. 하지만 방호장치 결함은 기계 설비의 사용 과정에서의 기능적 안정화와 관련된 문제로 분류된다.

**49** 금형 조정 작업 시 슬라이드가 갑자기 작동하는 것으로부터 근로자를 보호하기 위하여 가장 필요한 안전장치는?

① 안전블록          ② 클러치
③ 안전 1행정 스위치  ④ 광전자식 방호장치

> 해설 금형의 부착, 해체, 조정 작업 시 안전블록 사용

정답  45 ①  46 ③  47 ①  48 ④  49 ①

**50** 프레스 작업 중 작업자의 실수로 신체 일부가 위험한 작업점으로 들어가면 자동적으로 정지되는 기능이 있는데, 이러한 안전 대책을 무엇이라고 하는가?

① 풀 프루프(fool proof)
② 페일 세이프(fail safe)
③ 인터록(inter look)
④ 리미트 스위치(limit switch)

**해설**
① 풀 프루프(fool proof) : 사용자가 실수로 잘못된 조작을 하더라도 시스템이 오작동하지 않도록 설계된 것으로 주로 사용자 실수를 방지하는 데 초점을 맞춘다.
② 페일 세이프(fail safe) : 시스템이나 장치에 문제가 발생했을 때 안전한 상태로 전환되도록 설계된 것이다. 고장이나 오류 상황에서도 안전을 유지한다.
③ 인터록(inter lock) : 특정 조건이 충족되지 않으면 기계가 작동하지 않도록 하는 안전 이다. 예를 들어, 문이 열려 있으면 기계가 작동하지 않도록 하는 방식이다.
④ 리미트 스위치(limit switch) : 기계나 장비의 움직임을 제한하기 위해 설치된 스위치로, 특정 위치에 도달하면 신호를 보내어 기계를 멈추게 한다. 주로 물리적 움직임의 한계를 감지하여 작동한다.

**51** 〈보기〉는 기계설비의 안전화 중 기능의 안전화와 구조의 안전화를 위해 고려해야 할 사항을 열거한 것이다. 〈보기〉 중 기능의 안전화를 위해 고려해야 할 사항에 속하는 것은?

┌─ 보기 ─────────────┐
│ ㉠ 재료의 결함
│ ㉡ 가공상의 잘못
│ ㉢ 정전 시의 오동작
│ ㉣ 설계의 잘못
└──────────────────┘

① ㉠   ② ㉡
③ ㉢   ④ ㉣

**해설**
• 구조적 안전화 : 재료, 설계, 가공의 결함 제거
• 기능적 안전화 : 급정지, 오동작 방지

**52** 탁상용 연삭기에서 일반적으로 플랜지의 지름은 숫돌 지름의 얼마 이상이 적정한가?

① 1/2   ② 1/3
③ 1/5   ④ 1/10

**해설** ◉ 연삭숫돌
플랜지는 숫돌지름의 1/3 이상일 것

**53** 산업용 로봇에 사용되는 안전 매트에 요구되는 일반구조 및 표시에 관한 설명으로 옳지 않은 것은?

① 단선경보장치가 부착되어 있어야 한다.
② 감응시간을 조절하는 장치는 부착되어 있지 않아야 한다.
③ 자율안전확인의 효시 외에 작동하중, 감응시간, 복귀신호의 자동 또는 수동여부, 대소인공용 여부를 추가로 표시해야 한다.
④ 감응도 조절장치가 있는 경우 봉인되어 있지 않아야 한다.

**해설** 감응도 조절장치가 있는 경우, 작업자의 의도치 않은 변경으로 인해 안전에 위험을 초래할 수 있으므로, 봉인되어 있어야 한다. 이는 작업 환경에서 안전을 보장하기 위한 기본적인 요구 사항이다.

**54** 금형 작업의 안전과 관련하여 금형 부품의 조립 시 주의 사항으로 틀린 것은?

① 맞춤 핀을 조립할 때에는 헐거운 끼워맞춤으로 한다.
② 파일럿 핀, 직경이 작은 펀치, 핀 게이지 등의 삽입부품은 빠질 위험이 있으므로 플랜지를 설치하는 등 이탈방지대책을 세워둔다.
③ 쿠션 핀을 사용할 경우에는 상승 시 누름판의 이탈방지를 위하여 단붙임한 나사로 견고히 조여야 한다.
④ 가이드 포스트, 샹크는 확실하게 고정한다.

정답  50 ①  51 ③  52 ②  53 ④  54 ①

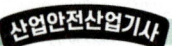

해설 맞춤 핀은 금형의 정확한 위치 결정을 위해 사용되며, 헐거운 끼워맞춤은 적절하지 않다. 맞춤 핀은 보통 중간 끼워맞춤이나 빡빡한 끼워맞춤으로 조립되어야 하며, 이를 통해 핀이 쉽게 빠지지 않고 정확한 위치를 유지할 수 있다.

**55** 다음 중 원심기에 적용하는 방호장치는?

① 덮개
② 권과방지장치
③ 리미트 스위치
④ 과부하 방지장치

해설
- 원심기와 같은 회전 기계의 방호장치로는 덮개(커버)가 사용된다.
- 권과방지장치, 리미트 스위치, 과부하방지장치 등은 양중기의 방호장치이다.

**56** 지게차의 작업과정에서 작업 대상물의 팔레트 폭이 b라고 할 때 적절한 포크 간격은? (단, 포크의 중심과 팔레트의 중심은 일치한다고 가정한다)

① 1/4b~1/2b
② 1/4b~3/4b
③ 1/2b~3/4b
④ 3/4b~7/8b

해설 지게차 포크 간격은 팔레트 폭의 1/2~3/4이다.

**57** 밀링작업에 관한 설명으로 틀린 것은?

① 하향절삭은 날의 마모가 적고, 가공면이 깨끗하다.
② 상향절삭은 절삭열에 의한 치수정밀도의 변화가 적다.
③ 커터의 회전 방향과 반대 방향으로 가공재를 이송 하는 것을 상향절삭이라고 한다.
④ 하향절삭은 커터의 회전 방향과 같은 방향으로 일감을 이송하므로 백래시 제거 장치가 필요없다.

해설 하향절삭에서는 커터의 회전 방향과 동일하게 일감이 이송되기 때문에 가공 중 백래시(backlash)가 발생할 수 있어 백래시 제거 장치가 필요하다.

**58** 프레스기에 사용하는 양수조작식 방호장치의 일반 구조에 관한 설명 중 틀린 것은?

① 1행정 1정지 기구에 사용할 수 있어야 한다.
② 누름버튼을 양손으로 동시에 조작하지 않으면 작동시킬 수 없는 구조이어야 한다.
③ 양쪽버튼의 작동시간 차이는 최대 0.5초 이내일 때 프레스가 동작되도록 해야 한다.
④ 방호장치는 사용전원전압의 ±50[%]의 변동에 대하여 정상적으로 작동되어야 한다.

해설 방호장치는 전기부품고장, 전압변동, 정전에 의해 슬라이드 불시동작하지 않아야 하며 사용전원전압의 ±100분의 20의 변동에 정상 작동되어야 한다.

**59** 다음 중 보일러의 증기관 내에서 수격작용(water hammering) 현상이 발생하는 가장 큰 원인은?

① 프라이밍(priming)
② 워터링(watering)
③ 캐리오버(carry over)
④ 서징(surging)

해설
① 프라이밍(priming) : 보일러 내부에서 수면이 심하게 끓어오르거나 거품이 발생해, 증기와 물이 함께 증기관으로 이동하는 현상으로 부적절한 보일러 운영이나 수질 관리로 인해 발생할 수 있다.
② 워터링(watering) : 보일러의 증기 속에 과도한 수분이 포함되어 있는 상태로, 증기가 충분히 건조하지 않은 상태에서 발생한다.
③ 캐리오버(carry over) : 보일러에서 발생한 증기가 물방울과 함께 증기관으로 넘어가는 현상으로, 수격작용(water hammering)의 원인이 될 수 있다. 압력 충격으로 인해 시스템에 손상을 줄 수 있다.
④ 서징(surging) : 보일러 내부에서 물과 증기의 흐름이 비정상적으로 요동치는 현상으로 연료 공급이나 물 공급의 불균형으로 발생하며, 안정적인 운전을 방해할 수 있다.

정답  55 ①  56 ③  57 ④  58 ④  59 ③

**60** 다음 중 산업용 로봇에 사용되는 안전 매트에 관한 설명으로 틀린 것은?

① 일반적으로 단선경보장치가 부착되어 있어야 한다.
② 일반적으로 감응시간을 조절하는 장치는 부착되어 있지 않아야 한다.
③ 자율안전확인의 표시 외에 작동하중, 감응시간 등을 추가로 표시하여야 한다.
④ 안전 매트의 종류는 연결사용 가능 여부에 따라 1선 감지기와 복선감지기로 구분할 수 있다.

**해설** 안전 매트의 종류는 연결사용 가능 여부에 따라 단일 감지기와 복합 감지기가 있다.

## 4과목 전기 및 화학설비위험방지기술

**61** 최대안전틈새(MESG)의 특성을 적용한 방폭구조는?

① 내압 방폭구조  ② 유입 방폭구조
③ 안전증 방폭구조  ④ 압력 방폭구조

**해설** ▶ 최대안전틈새(MESG)
폭발성 가스 혼합물이 금속 틈새를 통해 전달되지 않도록 하기 위한 기준이다.
① 내압 방폭구조 : 용기 내부에서 폭발이 일어나더라도 용기가 폭발 압력에 견디도록 설계된 구조
② 유입 방폭구조 : 기름 등의 액체를 채워 넣어 내부에서 폭발이 일어나더라도 액체가 폭발 압력을 흡수하여 외부로 전달되지 않도록 설계된 구조
③ 안전증 방폭구조 : 전기기기의 과도한 온도상승, 아크 또는 불꽃 발생의 위험을 방지하기 위하여 추가적인 안전조치를 통한 안전도를 증가시킨 방폭구조
④ 압력 방폭구조 : 용기 내부에 공기나 질소 등의 불활성 가스를 채워 넣어 내부에서 폭발이 일어나더라도 가스가 폭발 압력을 흡수하여 외부로 전달되지 않도록 설계된 구조

**62** 내전압용 절연장갑의 등급에 따른 최대사용전압이 올바르게 연결된 것은?

① 00등급 : 직류 750[V]
② 00등급 : 교류 650[V]
③ 0등급 : 직류 1,000[V]
④ 0등급 : 교류 80[V]

**해설**

| 등급 | 교류전압 | 직류전압(교류×1.5) |
|---|---|---|
| 00 | 500 | 750 |
| 0 | 1,000 | 1,500 |
| 1 | 7,500 | 11,250 |
| 2 | 17,000 | 25,500 |
| 3 | 26,500 | 39,750 |
| 4 | 36,000 | 54,000 |

**63** 방폭전기설비에서 1종 위험장소에 해당하는 것은?

① 이상 상태에서 위험 분위기를 발생할 염려가 있는 장소
② 보통장소에서 위험 분위기를 발생할 염려가 있는 장소
③ 위험 분위기가 보통의 상태에서 계속해서 발생하는 장소
④ 위험 분위기가 장기간 또는 거의 조성되지 않는 장소

**해설** ① 이상 상태에서 위험 분위기를 발생할 염려가 있는 장소 - 2종 장소
② 보통장소에서 위험 분위기를 발생할 염려가 있는 장소 - 1종 장소
③ 위험 분위기가 보통의 상태에서 계속해서 발생하는 장소 - 0종 장소

**정답** 60 ④  61 ①  62 ①  63 ②

**64** 과전류차단기로 시설하는 퓨즈 중 고압 전로에 사용하는 포장 퓨즈는 정격전류의 몇 배를 견딜 수 있어야 하는가?

① 1.1배
② 1.3배
③ 1.6배
④ 2.0배

해설 고압 전로에 사용하는 포장 퓨즈는 정격전류의 1.3배 전류를 견딜 수 있어야 한다.

**65** 정전기 제거방법으로 가장 거리가 먼 것은?

① 설비 주위를 가습한다.
② 설비의 금속 부분을 접지한다.
③ 설비의 주변에 적외선을 조사한다.
④ 정전기 발생 방지 도장을 실시한다.

해설 설비의 주변에 적외선을 조사는 것과 정전기 제거와는 관련이 없다.

**66** 활선작업 시 사용하는 안전장구가 아닌 것은?

① 절연용 보호구
② 절연용 방호구
③ 활선작업용 기구
④ 절연저항 측정기구

해설 활선작업 시 필요한 안전장구는 작업자의 안전을 보장하기 위해 절연용 보호구, 방호구, 활선작업용 기구와 같은 장비를 포함

**67** 작업장에서 꽂음접속기를 설치 또는 사용하는 때에 작업자의 감전위험을 방지하기 위하여 필요한 준수사항으로 틀린 것은?

① 서로 다른 전압의 꽂음접속기는 상호 접속되는 구조의 것을 사용 할 것
② 습윤한 장소에 사용되는 꽂음접속기는 바우형 등에 해당 장소에 적합한 것을 사용 할 것
③ 꽂음접속기를 접속시킬 경우 땀 등으로 젖은 손으로 취급하지 않도록 할 것
④ 꽂음접속기에 잠금장치가 있는 때에는 접속 후 잠그고 사용 할 것

해설 서로 다른 전압의 꽂음접속기를 상호 접속하면 전기적 충돌이 발생하여 감전 사고나 화재 등의 위험이 높아져 동일한 전압 범위 내에서만 사용해야 한다.

**68** 전기 기계·기구에 누전에 의한 감전 위험을 방지하기 위하여 설치한 누전차단기에 의한 감전방지의 사항으로 틀린 것은?

① 정격 감도 전류가 30[mA] 이하이고 작동시간은 3초 이내일 것
② 분기회로 또는 전기기계 기구마다 누전 차단기를 접속할 것
③ 파손이나 감전사고를 방지할 수 있는 장소에 접속할 것
④ 지락보호전용 기능만 있는 누전차단기는 과전류를 차단하는 퓨즈나 차단기 등과 조합하여 접속할 것

해설 정격 감도 전류가 30[mA] 이하이고 작동시간은 0.03초 이내일 것

정답  64 ②  65 ③  66 ④  67 ①  68 ①

**69** 인체저항을 5,000[Ω]으로 가정하면 심실세동을 일으키는 전류에서의 전기에너지는? (단, 심실세동전류는 $\frac{165}{\sqrt{T}}$[mA]이며 통전시간 T는 1초이고 전원은 교류전현파이다)

① 33[J]  ② 130[J]
③ 136[J] ④ 142[J]

**해설** 전기에너지(Joule)의 법칙
$Q = I^2RT[J]$
- Q : 전류발생열(J)
- I : 전류(A)
- R : 전기저항(Ω)
- T : 통전시간(S)

$I = \frac{165}{\sqrt{T}}[mA] = \frac{165}{1} = 165[mA]$
$= 0.165(A)$
전기에너지(J) $= I^2 \times RT$
$= (0.165)^2 \times 5,000 \times 1초$
$= 136.125[J]$

**70** 전선 간에 가해지는 전압이 어떤 값 이상으로 되면 전선 주위의 전기장이 강하게 되어 전선 표면의 공기가 국부적으로 절연이 파괴되어 빛과 소리를 내는 것은?

① 표피 작용   ② 페란티 효과
③ 코로나 현상 ④ 근접 현상

**해설** 전선 주위의 전기장이 강해져 전선 표면 근처의 공기가 국부적으로 절연 파괴를 일으키는 현상으로 빛(푸른 빛)과 소리(지직거리는 소리)가 발생하며, 에너지 손실과 전선의 성능 저하를 초래할 수 있는데 이를 코로나 현상이라 한다.

**71** 감전에 의한 전격위험을 결정하는 주된 인자와 거리가 먼 것은?

① 통전저항     ② 통전전류의 크기
③ 통전경로     ④ 통전시간

**해설** 감전에 의한 전격위험을 결정하는 주된 인자는 통전전류의 크기, 통전경로, 통전시간, 전원의 종류이다. 이 세 가지는 인체에 흐르는 전류가 미치는 영향에 큰 영향을 미치는 요소다.

**72** 다음 중 정전기 재해의 방지대책으로 가장 적절한 것은?

① 절연도가 높은 플라스틱을 사용한다.
② 대전하기 쉬운 금속은 접지를 실시한다.
③ 작업장 내의 온도를 낮게 해서 방전을 촉진시킨다.
④ (+), (−)전하의 이동을 방해하기 위하여 주위의 습도를 낮춘다.

**해설** ① 절연도가 높은 플라스틱 사용: 이는 정전기 방지와 관련이 없다.
③ 작업장 내 온도를 낮게 해서 방전을 촉진: 온도는 정전기와 직접적인 관련이 없다(겨울에 히터를 틀어놔도 정전기는 발생한다).
④ 주위 습도를 낮춘다: 습도를 낮추면 공기가 건조해져 정전기가 더 쉽게 축적된다. 즉, 습도를 높여야 정전기가 방지된다(여름에는 정전기가 발생하지 않는다). 상대습도는 60~70 이상).

**73** 다음 중 전선이 연소될 때의 단계별 순서로 가장 적절한 것은?

① 착화단계, 순시용단 단계, 발화단계, 인화단계
② 인화단계, 착화단계, 발화단계, 순시용단 단계
③ 순시용단 단계, 착화단계, 인화단계, 발화단계
④ 발화단계, 순시용단 단계, 착화단계, 인화단계

**해설**
- 인화단계 : 연소 과정이 시작되는 초기 단계로, 물질이 발화점을 초과하여 인화될 준비가 된다.
- 착화단계 : 외부의 열원이나 충격으로 인해 물질이 점화되어 불이 붙는 단계
- 발화단계 : 불이 확산되고 안정적으로 타오르기 시작하며, 연소가 지속적으로 진행되는 단계
- 순시용단 단계: 전선이 과열로 인해 순간적으로 녹아내리며 연소가 종결되는 단계

69 ③  70 ③  71 ①  72 ②  73 ②

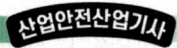

**74** 절연물은 여러 가지 원인으로 전기저항이 저하되어 이른바 절연불량을 일으켜 위험한 상태가 되는데 절연불량의 주요원인이 아닌 것은?

① 정전에 의한 전기적 원인
② 온도상승에 의한 열적 요인
③ 진동, 충격 등에 의한 기계적 요인
④ 높은 이상전압 등에 의한 전기적 요인

해설 ▶ 정전(停電)은 전원의 공급이 중단되는 상태를 의미하며, 이는 절연물의 전기저항 저하 및 절연불량의 주요 원인과는 관련이 없다. 나머지 선택지들은 절연불량의 주요 원인으로 작용할 수 있다.
② 온도상승에 의한 열적 요인 : 고온에 노출될 경우 절연재가 손상될 수 있다.
③ 진동, 충격 등에 의한 기계적 요인 : 지속적인 진동이나 충격은 절연물의 물리적 구조가 악화
④ 높은 이상전압 등에 의한 전기적 요인 : 과도한 전압은 절연물의 파괴로 이어질 수 있다.

**75** 정전작업 시 주의할 사항으로 틀린 것은?

① 감독자를 배치시켜 스위치의 조작을 통제한다.
② 퓨즈가 있는 개폐기의 경우는 퓨즈를 제거한다.
③ 정전작업 전에 작업내용을 충분히 작업원에게 주지시킨다.
④ 단시간에 끝나는 작업일 경우 작업원의 판단에 의해 작업한다.

해설 ▶ 정전작업 시 주의할 사항
① 작업지휘자에 의해 작업한다.
② 개폐기를 관리한다.
③ 단락접지 상태를 확인·관리한다.
④ 근접활선에 대한 방호상태를 관리한다.

**76** 인체의 대부분이 수중에 있는 상태에서의 허용접촉 전압으로 옳은 것은?

① 2.5[V] 이하
② 25[V] 이하
③ 50[V] 이하
④ 100[V] 이하

해설 ▶ 허용접촉전압

| 종별 | 접촉상태 | 허용접촉 전압[V] |
|---|---|---|
| 제1종 | • 인체의 대부분이 수중에 있는 상태 | 2.5[V] 이하 |
| 제2종 | • 인체가 많이 젖어 있는 상태<br>• 금속제 전기기계장치나 구조물에 인체의 일부가 상시 접촉되어 있는 상태 | 25[V] 이하 |
| 제3종 | • 제1·2종 이외의 경우로서 통상적인 인체 상태에 있어서 접촉전압이 가해지면 위험성이 높은 상태 | 50[V] |
| 제4종 | • 제1·2종 이외의 경우로서 통상적인 인체 상태에 있어서 접촉전압이 가해져도 위험성이 낮은 상태<br>• 접촉전압이 가해질 우려가 없는 경우 | 무제한 |

**77** 산업안전보건법령상의 위험물을 저장·취급하는 화학설비 및 그 부속설비를 설치하는 경우 폭발이나 화재에 따른 피해를 줄이기 위하여 단위공정시설 및 설비로부터 다른 단위공정시설 및 설비 사이의 안전거리는 얼마로 하여야 하는가?

① 설비의 안쪽 면으로부터 10[m] 이상
② 설비의 바깥쪽 면으로부터 10[m] 이상
③ 설비의 안쪽 면으로부터 5[m] 이상
④ 설비의 바깥 면으로부터 5[m] 이상

정답  74 ①  75 ④  76 ①  77 ②

| 해설 | 구분 | 안전거리 |
|---|---|---|
| | 1. 단위공정시설 및 설비로부터 다른 단위공정시설 및 설비의 사이 | 설비의 바깥 면으로부터 10미터 이상 ★ |
| | 2. 플레어스택으로부터 단위공정시설 및 설비, 위험물질 저장탱크 또는 위험물 하역설비의 사이 | 플레어스택으로부터 반경 20미터 이상. 다만, 단위공정시설 등이 불연재로 시공된 지붕 아래에 설치된 경우에는 그러하지 아니하다. |
| | 3. 위험물질 저장탱크로부터 단위공정시설 및 설비, 보일러 또는 가열로의 사이 | 저장탱크의 바깥 면으로부터 20미터 이상. 다만, 저장탱크의 방호벽, 원격조종화설비 또는 살수설비를 설치한 경우에는 그러하지 아니하다. |
| | 4. 사무실·연구실·실험실·정비실 또는 식당으로부터 단위공정시설 및 설비, 위험물질 저장탱크, 위험물질 하역설비, 보일러 또는 가열로의 사이 | 사무실 등의 바깥 면으로부터 20미터 이상. 다만, 난방용 보일러인 경우 또는 사무실 등의 벽을 방호구조로 설치한 경우에는 그러하지 아니하다. |

**78** 다음 중 액체의 증발잠열을 이용하여 소화시키는 것으로 물을 이용하는 방법은 주로 어떤 소화방법에 해당되는가?

① 냉각소화법
② 연소억제법
③ 제거소화법
④ 질식소화법

**해설** ▶ **소화방법**
① 냉각소화법 : 열을 제거하는 방식으로 주로 물을 사용하여 불꽃과 열원을 식혀서 온도를 낮추고, 연소를 멈추게 한다. 물이 가장 흔하게 사용되지만, 다른 냉각제도도 사용될 수 있다.
② 연소억제법 : 연소에 필요한 요소 중 하나를 제거하여 연소 과정을 중단시키는 것이다. 예를 들어 산소를 차단하거나, 연료 공급을 끊거나, 발화점을 낮추는 등의 방법이 포함된다.
③ 제거소화법 : 연소의 3요소(가연물, 산소, 발화점) 중 하나 이상을 완전히 제거하여 화재를 진압하는 방법이다. 가연물을 제거하거나, 환기를 통해 산소를 차단하는 것이 이에 해당한다.
④ 질식소화법 : 연소에 필요한 산소를 차단하여 불이 꺼지게 만드는 방법이다. 이산화탄소 소화기, 드라이파우더 소화기 등이 이 방식을 사용한다.

**79** 여러 가지 성분의 액체 혼합물을 각 성분별로 분리하고자 할 때 비점의 차이를 이용하여 감압 또는 가압하에서 분리하는 화학설비를 무엇이라 하는가?

① 건조기
② 반응기
③ 증발관
④ 증류탑

**해설** 증류탑에 대한 설명
• 건조기 : 주로 습기를 제거하거나 고체를 건조시키는 데 사용
• 반응기 : 화학 반응을 일으키는 장비로, 물질의 합성 또는 변환에 사용
• 증발관 : 액체를 증발시켜 용액을 농축하거나 고체 성분을 분리하는 데 사용

**80** 산업안전 보건기준 관한 규칙에서 정한 위험 물질의 종류에서 인화성 액체에 해당 하지 않는 것은?

① 적린
② 에틸에테르
③ 산화프로필렌
④ 아세톤

**해설** ▶ **적린(붉은 인)**
인화성 액체가 아니라 고체 물질로, 주로 성냥 제조 등에 사용된다. 반면, 에틸에테르, 산화프로필렌, 아세톤은 모두 인화성 액체로 분류되며, 낮은 인화점으로 인해 화재 위험이 높은 물질들이다.

78 ①　79 ④　80 ①

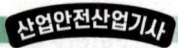

## 5과목 건설안전기술

**81** 건설현장에서 계단을 설치하는 경우 계단의 높이가 최소 몇 미터 이상일 때 계단의 개방된 측면에 안전난간을 설치하여야 하는가?

① 0.8[m]　　② 1.0[m]
③ 1.2[m]　　④ 1.5[m]

**해설** ▶ 계단의 설치기준
높이 1[m] 이상인 계단의 개방된 측면에 안전난간을 설치하여야 한다.

**82** 다음 터널 공법 중 전단면 기계 굴착에 의한 공법에 속하는 것은?

① ASSM(American Steel Supported Method)
② NATM(New Austrian Tunneling Method)
③ TBM(Tunnel Boring Machine)
④ 개착식 공법

**해설** TBM 공법은 터널 굴착 시 전단면을 기계적으로 굴착하는 방법으로, 고도의 자동화와 기계화된 장비를 사용하여 정밀한 굴착이 가능하다. 특히 긴 터널이나 지반 조건이 까다로운 지역에서 효과적으로 사용된다.
① ASSM : 미국식 강재 지지법으로 터널 지보를 설치하는 공법
② NATM : 새로운 오스트리아 터널 공법으로, 암반 자체의 지지력을 최대한 활용하며 경제적이고 효율적으로 굴착하는 방법
④ 개착식 공법 : 지표를 개방하고 터널을 시공하는 방식으로, 전단면 기계 굴착과는 다른 방식

**83** 거푸집 동바리 조립도에 명시해야 할 사항과 거리가 가장 먼 것은?

① 작업 환경 조건　② 부재의 재질
③ 단면규격　　　　④ 설치 간격

**해설** ▶ 거푸집 동바리 조립도
거푸집 및 동바리를 구성하는 부재의 재질·단면규격·설치 간격 및 이음방법 등을 명시해야 한다.

**84** 굴착공사 시 안전한 작업을 위한 사질 지반(점토질을 포함하지 않은 것)의 굴착면 기울기 기준으로 옳은 것은?

① 1 : 1.8　　② 1 : 0.5
③ 1 : 1.5　　④ 1 : 0.5

**해설** ▶ 기울기

| 지반의 종류 | 굴착면의 기울기 |
|---|---|
| 모래 | 1 : 1.8 |
| 연암 및 풍화암 | 1 : 1.0 |
| 경암 | 1 : 0.5 |
| 그 밖의 흙 | 1 : 1.2 |

**85** 추락방지망의 달기로프를 지지점에 부착할 때 지지점의 간격이 1.5[m]인 경우 지지점의 강도는 최소 얼마 이상이어야 하는가?

① 200[kg]　　② 300[kg]
③ 400[kg]　　④ 500[kg]

**해설** 추락방지망의 달기로프를 지지점에 부착할 때, 지지점의 간격이 1.5[m]인 경우 지지점의 강도는 최소 300[kg] 이상이어야 한다.

**86** 가설통로를 설치하는 경우 준수해야 할 기준으로 옳지 않은 것은?

① 경사는 45[°] 이하로 할 것
② 경사가 15[°]를 초과하는 경우에는 미끄러지지 아니하는 구조로 할 것
③ 추락할 위험이 있는 장소에는 안전난간을 설치할 것
④ 수직갱에 가설된 통로의 길이가 15[m] 이상인 경우에는 10[m] 이내마다 계단참을 설치할 것

**해설** ▶ 가설통로 설치기준
경사는 30[°] 이하로 할 것. 다만, 계단을 설치하거나 높이 2[m] 미만의 가설통로로서 튼튼한 손잡이를 설치한 경우에는 그러하지 아니하다.

**정답** 81 ② 82 ③ 83 ① 84 ① 85 ② 86 ①

**87** 재해사고를 방지하가 위하여 크레인에 설치된 방호장치가 아닌 것은?

① 과부하방지장치
② 권과방지장치
③ 브레이크
④ 와이어로프

해설 와이어로프는 방호장치가 아니다.
- 과부하방지장치 : 크레인에 과도한 하중이 걸릴 경우 이를 방지하는 장치.
- 권과방지장치 : 권상작업 중 훅이나 와이어가 과도하게 권상되는 것을 방지.
- 브레이크 : 하중을 안전하게 제어하고 멈추기 위해 필수적인 장치

**88** 차량계 하역운반기계의 운전자가 운전 위치를 이탈하는 경우의 조치사항으로 부적절한 것은?

① 포크 및 버킷을 가장 높은 위치에 두어 근로자 통행을 방해하지 않도록 하였다.
② 원동기를 정지시키고 브레이크를 걸었다.
③ 시동키를 운전대에서 분리시켰다.
④ 경사지에서 갑작스런 주행이 되지 않도록 바퀴에 블록 등을 놓았다.

해설 포크 및 버킷을 지면에 가깝게 낮추고 근로자 통행을 방해하지 않도록 하였다.

**89** 다음 중 유해·위험방지 계획서 제출 대상 공사에 해당하는 것은?

① 지상높이가 25[m]인 건축물 건설공사
② 최대 지간길이가 45[m]인 교량건설공사
③ 깊이가 8[m]인 굴착공사
④ 제방 높이가 50[m]인 다목적댐 건설공사

해설 ▶ 유해·위험방지 계획서 제출 대상 공사
① 지상높이가 31[m] 이상인 건축물 또는 인공구조물
② 연면적 3만[m²] 이상인 건축물
③ 연면적 5천[m²] 이상인 시설로서 다음의 어느 하나에 해당하는 시설
 ㉠ 문화 및 집회시설(전시장 및 동물원·식물원은 제외한다)
 ㉡ 판매시설, 운수시설(고속철도의 역사 및 집배송시설은 제외한다)
 ㉢ 종교시설
 ㉣ 의료시설 중 종합병원
 ㉤ 숙박시설 중 관광숙박시설
 ㉥ 지하도상가
 ㉦ 냉동·냉장 창고시설
④ 연면적 5천[m²] 이상인 냉동·냉장 창고시설의 설비공사 및 단열공사
⑤ 최대 지간(支間)길이(다리의 기둥과 기둥의 중심 사이의 거리)가 50[m] 이상인 다리의 건설 등 공사 ★
⑥ 터널의 건설 등 공사
⑦ 다목적댐, 발전용댐, 저수용량 2천만[t] 이상의 용수 전용 댐 및 지방상수도 전용 댐의 건설 등 공사
⑧ 깊이 10[m] 이상인 굴착공사

**90** 차량계 하역운반기계 등을 사용하는 작업을 할 때, 그 기계가 넘어지거나 굴러떨어짐으로써 근로자에게 위험을 미칠 우려가 있는 경우에 이를 방지하기 위한 조치사항과 거리가 먼 것은?

① 유도자 배치
② 지반의 부동침하방지
③ 상단 부분의 안정을 위하여 버팀줄 설치
④ 갓길 붕괴방지

해설 버팀줄 설치는 일반적으로 고정 구조물의 안정성을 확보하거나 철골 구조물에서 사용하는 방식으로, 차량계 하역운반기계의 넘어짐 방지와는 직접적인 관련이 없다.

정답  87 ④  88 ①  89 ④  90 ③

**91** 흙의 연경도(Consistency)에서 반고체 상태와 소성상태의 한계를 무엇이라 하는가?

① 액성한계
② 소성한계
③ 수축한계
④ 반수축한계

해설 소성한계(Plastic Limit)는 흙이 반고체 상태에서 소성상태로 전환되는 수분 함유량의 경계다. 즉, 흙이 소성을 가지기 시작하는 최소한의 수분 함량 말한다. 이를 통해 흙의 물리적 성질과 작업 가능성을 평가할 수 있다.

**92** 화물을 적재하는 경우 준수하여야 할 사항으로 옳지 않은 것은?

① 침하 우려가 없는 튼튼한 기반 위에 적재할 것
② 화물의 압력 정도와 관계없이 건물의 벽이나 칸막이 등을 이용하여 화물을 기대에 적재할 것
③ 하중이 한쪽으로 치우치지 않도록 쌓을 것
④ 불안정할 정도로 높이 쌓아 올리지 말 것

해설 ▶ 화물 적재 시 준수사항
① 침하 우려가 없는 튼튼한 기반 위에 적재할 것
② 건물의 칸막이나 벽 등이 화물의 압력에 견딜 만큼의 강도를 지니지 아니한 경우에는 칸막이나 벽에 기대어 적재하지 않도록 할 것
③ 불안정할 정도로 높이 쌓아 올리지 말 것
④ 하중이 한쪽으로 치우치지 않도록 쌓을 것

**93** 다음과 같은 조건에서 방망사의 신품에 대한 최소 인장강도로 옳은 것은? (단, 그물코의 크기는 10[cm], 매듭방망)

① 240[kg]  ② 200[kg]
③ 150[kg]  ④ 110[kg]

해설 ▶ 추락방호망의 인장강도

| 그물코의 크기 (단위 : cm) | 방망의 종류(단위 : kg) | | | |
|---|---|---|---|---|
| | 매듭 없는 방망 | | 매듭 방망 | |
| | 신품에 대한 | 폐기 시 | 신품에 대한 | 폐기 시 |
| 10 | 240 | 150 | 200 | 135 |
| 5 | – | – | 110 | 60 |

**94** 굴착공사표준안전작업지침에 따른 인력굴착 작업 시 굴착면이 높아 계단식 굴착을 할 때 소단의 폭은 수평거리로 얼마 정도하여야 하는가?

① 1[m]  ② 1.5[m]
③ 2[m]  ④ 2.5[m]

해설 굴착면이 높은 경우는 계단식으로 굴착하고 소단의 폭은 수평거리 2미터 정도로 하여야 한다.

**95** 공사금액이 500억 원인 건설업 공사에서 선임해야 할 최소 안전관리자 수는?

① 1명  ② 2명
③ 3명  ④ 4명

해설
• 공사금액 50억 원 이상(관계수급인은 100억 원 이상) 120억 원 미만(「건설산업기본법 시행령」[별표 1] 제1호가목의 토목공사업의 경우에는 150억 원 미만) : 1명 이상
• 공사금액 800억 원 이상 1,500억 원 미만 : 2명 이상

**96** 채석작업을 하는 때 채석작업계획에 포함되어야 하는 사항에 해당되지 않는 것은?

① 굴착면의 높이와 기울기
② 기둥침하의 유무 및 상태 확인
③ 암석의 분할방법
④ 표토 또는 용수의 처리방법

해설 기둥침하는 건축 구조물이나 지반 안정성과 관련된 항목으로, 채석작업계획과 직접적인 연관은 없다.

정답 91 ② 92 ② 93 ② 94 ③ 95 ① 96 ②

**97** 다음은 가설통로를 설치하는 경우의 준수사항이다. ( ) 안에 들어갈 수치를 순서대로 옳게 나타낸 것은?

> 수직갱에 가설된 통로의 길이가 ( )[m] 이상인 경우에는 ( )[m] 이내마다 계단참을 설치하여야 한다.

① 8, 7
② 7, 8
③ 10, 15
④ 15, 10

**해설** ▶ 가설통로를 설치
수직갱에 가설된 통로의 길이가 15[m] 이상인 경우에는 10[m] 이내마다 계단참을 설치할 것

**98** 다음 중 차량계 건설기계에 속하지 않는 것은?
① 불도저
② 스크레이퍼
③ 타워크레인
④ 항타기

**해설** ▶ 차량계 건설기계
• 불도저, 스크레이퍼, 항타기, 백호, 클램셸, 파쳐셔블
• 타워크레인은 양중기에 포함된다.

**99** 사다리식 통로 등을 설치하는 경우 준수해야 할 기준으로 옳지 않은 것은?
① 견고한 구조로 할 것
② 폭은 20[cm] 이상의 간격을 유지할 것
③ 심한 손상·부식 등이 없는 재료를 사용할 것
④ 발판과 벽과의 사이는 15[cm] 이상을 유지할 것

**해설** ▶ 사다리식 통로 등의 구조
폭은 30[cm] 이상으로 할 것

**100** 철골공사 시 안전을 위한 사전 검토 계획수립을 할 때 가장 거리가 먼 내용은?
① 추락방지망의 설치
② 사용기계의 용량 및 사용대수
③ 기상조건의 검토
④ 지하매설물 조사

**해설** ▶ 철골공사
지하매설물 조사는 주로 토목공사나 굴착작업과 관련된 사항으로, 철골공사와는 직접적인 연관이 없다.

정답: 97 ④ 98 ③ 99 ② 100 ④

# 2024년 제2회 기출 복원문제

## 1과목 산업안전관리론

**01** 조직의 환경상태가 불확실할 때 리더쉽의 유형이 어떤 형이 될 것인가?
① 권위형  ② 방임형
③ 민주형  ④ 독재형

해설 권위형, 방임형, 독재형은 헤드십에 가깝다.

**02** 안전모의 성능시험항목에 따른 성능 기준이 종류 AE, ABE종 안전모는 질량 증가율이 1[%] 미만이어야 하는 항목은?
① 충격흡수성  ② 내전압성
③ 내수성  ④ 난연성

해설 안전모 성능시험항목
㉠ 내관통성 시험 : AE, ABE종 안전모는 관통 거리가 9.5[mm] 이하이고, AB종 안전모는 관통 거리가 11.1[mm] 이하이어야 한다.
㉡ 충격흡수성 시험 : 최고전달충격력이 4,450[N]을 초과해서는 안 되며, 모체와 착장체의 기능이 상실되지 않아야 한다.
㉢ 내전압성 시험 : AE, ABE종 안전모는 교류 20[kV]에서 1분간 절연파괴 없이 견뎌야 하고, 이때 누설되는 충전전류는 10[mA] 이하이어야 한다.
㉣ 내수성 시험 : AE, ABE종 안전모는 질량증가율이 1[%] 미만이어야 한다.

★ 무게증가율 = $\frac{담근 후 - 담그기 전의 무게}{담그기 전의 무게} \times 100$

㉤ 난연성시험 : 모체가 불꽃을 내며 5초 이상 연소되지 않아야 한다.
㉥ 턱끈풀림 : 150[N] 이상 250[N] 이하에서 턱끈이 풀려야 한다.

**03** 재해 예방의 4원칙에 해당하는 내용이 아닌 것은?
① 예방가능의 원칙  ② 원인계기의 원칙
③ 손실우연의 원칙  ④ 사고조사의 원칙

해설 재해 예방의 4원칙
• 예방 가능의 원칙 : 천재지변을 제외한 모든 인재는 예방이 가능하다.
• 손실 우연의 원칙 : 사고의 결과 손실의 유무 또는 대소는 사고 당시의 조건에 따라서 우연적으로 발생한다.
• 원인 연계의 원칙 : 사고에는 반드시 원인이 있으며, 원인은 대부분 복합적 연계 원인이다.
• 대책 선정의 원칙 : 사고의 원인이나 불안전 요소가 발견되면 반드시 대책은 선정 실시되어야 하며, 대책 선정이 가능하다. 대책에는 재해 방지의 세 기둥이라 할 수 있는 3E, 즉 기술적 대책, 교육적 대책, 규제적 대책을 들 수 있다.

**04** 알더퍼의 ERG(Existence Relation Growth) 이론에서 생리적 욕구, 물리적 측면의 안전욕구 등 저차원적 욕구에 해당하는 것은?
① 관계욕구  ② 성장욕구
③ 존재욕구  ④ 사회적 욕구

해설 알더퍼의 ERG 이론
• E - 생존(존재)욕구
유기체의 생존과 유지에 간련, 의식주와 같은 기본욕구포함(임금, 안전한 작업조건)
• R - 관계욕구
타인과의 상호작용을 통하여 만족을 얻으려는 대인 욕구(개인 간 관계, 소속감)
• G - 성장욕구
개인의 발전과 증진에 관한 욕구, 주어진 능력이나 잠재능력을 발전시킴으로 충족(개인의 능력개발, 창의력 발휘)

정답  01 ③  02 ③  03 ④  04 ③

**05** 기억의 과정 중 과거의 학습경험을 통해서 학습된 행동이 현재와 미래에 지속되는 것을 무엇이라 하는가?

① 기명(memorizing)
② 파지(retention)
③ 재생(recall)
④ 재인(recognition)

**해설**
① 기명(memorizing) : 정보를 기억 속에 저장하는 과정 자체
③ 재생(recall) : 저장된 정보를 필요할 때 떠올리는 과정
④ 재인(recognition) : 이전에 경험했던 것을 다시 접했을 때 그것을 알아보는 능력

**06** 하인리히 재해 발생 5단계 중 3단계에 해당하는 것은?

① 불안전한 행동 또는 불안전한 상태
② 사회적 환경 및 유전적 요소
③ 관리의 부재
④ 사고

**해설** ▶ 하인리히 재해 발생 5단계
1단계 : 유전, 환경적 요소
2단계 : 개인적 결함
3단계 : 불안전한 행동, 불안전한 상태
4단계 : 사고
5단계 : 재해

**07** 적응기제(Adjustment Mechanism) 중 방어적 기제(Defence Mechanism)에 해당하는 것은?

① 고립(Isolation)
② 퇴행(Regression)
③ 억압(Suppression)
④ 합리화(Rationalization)

**해설** ▶ 방어기제
① 보상 : 결함과 무능에 의해 생긴 열등감이나 긴장을 장점 같은 것으로 그 결함을 보충하려는 행동
② 합리화 : 실패나 약점을 그럴듯한 이유로 비난받지 않도록 하거나 자위하는 행동(변명)
③ 투사 : 불만이나 불안을 해소하기 위해 남에게 뒤집어씌우는 식
④ 동일시 : 실현할 수 없는 적응을 타인 또는 어떤 집단에 자신과 동일한 것으로 여겨 욕구를 만족
⑤ 승화 : 억압당한 욕구를 다른 가치 있는 목적을 실현하도록 노력하여 욕구 충족 – 고립, 퇴행, 억압은 도피기제

**08** 안전관리 조직의 형태 중 참모식(Staff) 조직에 대한 설명으로 틀린 것은?

① 이 조직은 분업의 원칙을 고도로 이용한 것이며, 책임 및 권한이 직능적으로 분담되어 있다.
② 생산 및 안전에 관한 명령이 각각 별개의 계통에서 나오는 결함이 있어, 응급처치 및 통제수속이 복잡하다.
③ 참모(Staff)의 특성상 업무관장은 계획안의 작성, 조사, 점검결과에 따른 조언, 보고에 머무는 것이다.
④ 참모(Staff)는 각 생산라인의 안전 업무를 직접 관장하고 통제한다.

**정답** 05 ② 06 ① 07 ④ 08 ④

해설 1. 참모식(Staff) 조직

| 장점 | • 안전에 관한 전문지식 및 기술의 축적이 용이하다.<br>• 경영자의 조언 및 자문 역할<br>• 안전정보 수집이 용이하고 신속하다. |
|---|---|
| 단점 | • 생산부서와 유기적인 협조 필요<br>• 생산 부분의 안전에 대한 무책임·무권한<br>• 생산부서와 마찰이 일어나기 쉽다. |
| 비고 | 중규모(근로자 100~1,000인) 사업장에 적용 |

2. 중규모 사업장(100~1,000명) : 스태프(Staff)형 or 참모형

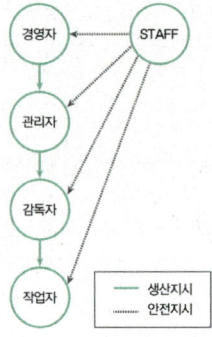

## 09 주의(Attention)의 특징 중 여러 종류의 자극을 자각할 때, 소수의 특정한 것에 한하여 주의가 집중되는 것은?

① 선택성
② 방향성
③ 변동성
④ 검출성

해설 ▶ 주의의 3특성
• 변동성 : 주의는 장시간 지속될 수 없다.
• 선택성 : 주의는 한곳에만 집중할 수 있다.
• 방향성 : 주의를 집중하는 곳 주변의 주의는 떨어진다.

## 10 인간의 적응기제(適機應制)에 포함되지 않는 것은?

① 갈등(conflict)
② 억압(repression)
③ 공격(aggression)
④ 합리화(rationalization)

해설 인간의 적응기제(適機應制)는 스트레스나 어려움에 직면했을 때 이를 해결하거나 대처하기 위한 다양한 심리적 기제로 갈등은 해당사항 없다.

## 11 매슬로우(A.H.Maslow) 욕구단계 이론의 각 단계별 내용으로 틀린 것은?

① 1단계 : 자아실현의 욕구
② 2단계 : 안전에 대한 욕구
③ 3단계 : 사회적(애정적) 욕구
④ 4단계 : 존경과 긍지에 대한 욕구

해설 ▶ 매슬로우(A.H.Maslow) 욕구단계 이론

| 단계 | | 이론 | 설명 |
|---|---|---|---|
| 하위<br>단계가<br>충족<br>되어야<br>상위<br>단계로<br>진행 | 5단계 | 자아실현의 욕구 | 잠재능력의 극대화, 성취의 욕구 |
| | 4단계 | 인정받으려는 욕구 | 자존심, 성취감, 승진 등 자존의 욕구 |
| | 3단계 | 사회적 욕구 | 소속감과 애정에 대한 욕구 |
| | 2단계 | 안전의 욕구 | 자기존재에 대한 욕구, 보호받으려는 욕구 |
| | 1단계 | 생리적 욕구 | 기본적 욕구로서 강도가 가장 높은 욕구 |

정답   09 ①   10 ①   11 ①

**12** 산업안전보건법령에 따른 근로자 안전·보건교육 중 채용 시의 교육 내용이 아닌 것은?

① 사고 발생 시 긴급조치에 관한 사항
② 유해 위험 작업환경 관리에 관한 사항
③ 산업보건 및 직업병 예방에 관한 사항
④ 기계 기구의 위험성과 작업의 순서 및 동선에 관한 사항

**해설 ▶ 채용 시의 교육 내용**
- 산업안전 및 사고 예방에 관한 사항
  - 산업보건 및 직업병 예방에 관한 사항
  - 산업안전보건법령 및 산업재해보상보험 제도에 관한 사항
  - 직무스트레스 예방 및 관리에 관한 사항
  - 직장 내 괴롭힘, 고객의 폭언 등으로 인한 건강장해 예방 및 관리에 관한 사항
  - 기계·기구의 위험성과 작업의 순서 및 동선에 관한 사항
  - 작업 개시 전 점검에 관한 사항
  - 정리정돈 및 청소에 관한 사항
  - 사고 발생 시 긴급조치에 관한 사항
  - 물질안전보건자료에 관한 사항
- 유해 위험 작업환경 관리에 관한 사항
  → 근로자 정기교육내용

**13** 산업안전보건법령상 안전·보건표지의 색채, 색도 기준 및 용도 중 다음 ( ) 안에 알맞은 것은?

| 색채 | 색도 기준 | 용도 | 사용례 |
|---|---|---|---|
| ( ) | 5Y 8.5/12 | 경고 | 화학물질 취급장소에서의 유해·위험 경고 이외의 위험 경고, 주의표지 또는 기계방호물 |

① 파란색  ② 노란색
③ 빨간색  ④ 검은색

**해설 ▶ 색도 기준**

| 색채 | 색도 기준 | 용도 | 사용례 |
|---|---|---|---|
| 빨간색 | 7.5R 4/14 | 금지 | 정지신호, 소화설비 및 그 장소, 유해행위의 금지 |
| | | 경고 | 화학물질 취급장소에서의 유해·위험 경고 |
| 노란색 | 5Y 8.5/12 | 경고 | 화학물질 취급장소에서의 유해·위험 경고 이외의 위험 경고, 주의표지 또는 기계방호물 |
| 파란색 | 2.5PB 4/10 | 지시 | 특정 행위의 지시 및 사실의 고지 |
| 녹색 | 2.5G 4/10 | 안내 | 비상구 및 피난소, 사람 또는 차량의 통행표지 |
| 흰색 | N9.5 | | 파란색 또는 녹색에 대한 보조 색 |
| 검은색 | N0.5 | | 문자 및 빨간색 또는 노란색에 대한 보조 색 |

**14** 보호구 안전인증 고시에 따른 안전화의 정의 중 다음 ( ) 안에 알맞은 것은?

"중작업용 안전화"란 ( ㉠ )밀리미터의 낙하높이에서 시험했을 때 충격과 (㉡ ±0.1)킬로뉴턴(KN)의 압축하중에서 시험했을 때 압박에 대하여 보호해 줄 수 있는 선심을 부착하여, 착용자를 보호하기 위한 안전화를 말한다.

① ㉠ 250, ㉡ 4.4    ② ㉠ 500, ㉡ 4.4
③ ㉠ 1,000, ㉡ 10.0  ④ ㉠ 1,000, ㉡ 15.0

**해설** "중작업용 안전화"란 1,000밀리미터의 낙하높이에서 시험했을 때 충격과 (15.0 ±0.1)킬로뉴턴(KN)의 압축하중에서 시험했을 때 압박에 대하여 보호해 줄 수 있는 선심을 부착하여, 착용자를 보호하기 위한 안전화를 말한다.

**15** 헤드십(Headship)에 관한 설명으로 틀린 것은?

① 구성원과 사회적 간격이 좁다.
② 지휘의 형태는 권위주의적이다.
③ 권한의 부여는 조직으로부터 위임받는다.
④ 권한귀속은 공식화된 규정에 의한다.

12 ② 13 ② 14 ④ 15 ①

**해설** ▶ 헤드십과 리더십

| 구분 | 권한 부여 및 행사 | 권한 근거 | 상관과 부하와의 관계 및 책임귀속 | 부하와의 사회적 간격 | 지휘 형태 |
|---|---|---|---|---|---|
| 헤드십 | 위에서 위임하여 임명 | 법적 또는 공식적 | 지배적, 상사 | 넓다 | 권위 주의적 |
| 리더십 | 아래로 부터의 동의에 의한 선출 | 개인 능력 | 개인적인 경향, 상사와 부하 | 좁다 | 민주 주의적 |

**16** 추락 및 감전 위험방지용 안전모의 일반구조가 아닌 것은?

① 착장체  ② 충격흡수재
③ 선심  ④ 모체

**해설** 선심 : 안전화 앞 코에 있는 철판

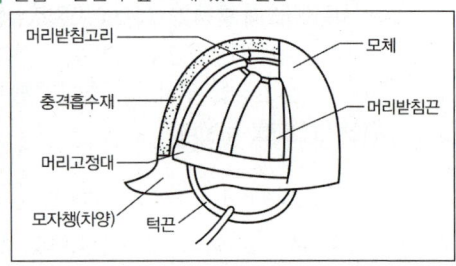

착장체는 머리고정대, 머리받침끈, 머리받침고리를 말한다.

**17** 안전보건관리조직의 형태 중 라인형 조직의 특성이 아닌 것은?

① 소규모 사업장(100명 이하)에 적합하다.
② 라인에 과중한 책임을 지우기 쉽다.
③ 안전관리 전담 요원을 별도로 지정한다.
④ 모든 명령은 생산계통을 따라 이루어진다.

**해설** 1. 직계식(Line) 조직

| | |
|---|---|
| 장점 | • 안전에 대한 지시 및 전달이 신속·용이하다.<br>• 명령계통이 간단·명료하다.<br>• 참모식보다 경제적이다. |
| 단점 | • 안전에 관한 전문지식 부족 및 기술의 축적이 미흡하다.<br>• 안전정보 및 신기술 개발이 어렵다.<br>• 라인에 과중한 책임이 물린다. |
| 비고 | • 소규모(근로자 100인 미만) 사업장에 적용<br>• 모든 명령은 생산계통을 따라 이루어진다. |

2. 소규모 사업장(100명 이하) : 라인형(Line) or 직계형

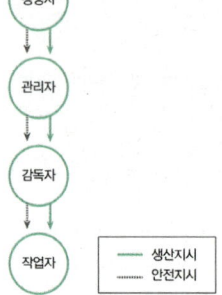

**18** 밀폐공간 작업 시 교육내용으로 틀린 것은?

① 산소농도 측정 및 작업환경에 관한 사항
② 사고 시의 응급처치 및 비상시 구출에 관한 사항
③ 장비·설비 및 시설 등의 안전점검에 관한 사항
④ 타워크레인의 기계적 특성 및 방호장치 등에 관한 사항

**해설** • 산소농도 측정 및 작업환경에 관한 사항
• 사고 시의 응급처치 및 비상시 구출에 관한 사항
• 보호구 착용 및 보호 장비 사용에 관한 사항
• 작업내용·안전작업방법 및 절차에 관한 사항
• 장비·설비 및 시설 등의 안전점검에 관한 사항
• 그 밖에 안전·보건관리에 필요한 사항

**정답** 16 ③  17 ③  18 ④

**19** 교육훈련 평가의 4단계를 올바르게 나열한 것은?

① 학습 → 반응 → 행동 → 결과
② 학습 → 행동 → 반응 → 결과
③ 행동 → 반응 → 학습 → 결과
④ 반응 → 학습 → 행동 → 결과

**해설** 교육훈련 평가의 4단계로는 반응, 학습, 행동, 결과 단계이다.

**20** 재해 예방 4원칙 중 대책 선정의 원칙의 충족 조건이 아닌 것은?

① 문제해결 능력 고취
② 적합한 기준 설정
③ 경영자 및 관리자의 솔선수범
④ 부단한 동기부여와 사기 향상

**해설** ▶ 대책 선정의 원칙
사고의 원인이나 불안전 요소가 발견되면 반드시 대책은 선정 실시되어야 하며, 대책 선정이 가능하다. 대책에는 재해 방지의 세 기둥이라 할 수 있는 3E, 즉 기술적 대책, 교육적 대책, 규제적 대책을 들 수 있다.

### 2과목  인간공학 및 시스템안전공학

**21** 다음 중 음(音)의 크기를 나타내는 단위로만 나열된 것은?

① dB, nit
② phon, lb
③ dB, psi
④ phon, dB

**해설**
- nit : 광도
- lb : 무게의 단위
- psi : 압력의 단위

**22** 제품을 안전하게 만드는 기본 수법과 거리가 먼 것은?

① 제품 책임을 명시한다.
② 제품에서 위험성을 배제하여 설계한다.
③ 보호장치나 차폐장치로 위험 가능성으로부터 보호한다.
④ 올바른 사용법, 적절한 경고사항과 사용설명을 제공한다.

**해설** 제품 책임을 명시하는 것은 안전설계와는 직접적인 연관이 적고, 법적이나 윤리적 측면에서의 요소이다.

**23** 신뢰도가 0.4인 부품 5개가 병렬결합 모델로 구성된 제품이 있을 때 이 제품의 신뢰도는?

① 0.90
② 0.91
③ 0.92
④ 0.93

**해설** ▶ 신뢰도
$$R_p = 1-(1-R_1)(1-R_2)\cdots(1-R_n)$$
$$= 1-\prod_{i=1}^{n}(1-R_i)$$
$R=1-((1-0.4)\cdot(1-0.4)\cdot(1-0.4)\cdot(1-0.4)\cdot(1-0.4))$
$=0.9222=0.92$

**24** 조작자 한 사람의 신뢰도가 0.9일 때 요원을 중복하여 2인 1조가 되어 작업을 진행하는 공정이 있다. 작업 기간 중 항상 요원 지원을 한다면 이 조의 인간 신뢰도는?

① 0.93
② 0.94
③ 0.96
④ 0.99

**해설** ▶ 신뢰도
$1-(1-0.9)\cdot(1-0.9)=0.99$

19 ④  20 ①  21 ④  22 ①  23 ③  24 ④

**25** 통제표시비(C/D비)를 설계할 때의 고려할 사항으로 가장 거리가 먼 것은?

① 공차   ② 운동성
③ 조작시간   ④ 계기의 크기

해설 통제표시비는 기계나 계기를 조작할 때의 효율성과 정확성을 높이기 위해 중요한 설계 요소다. ① 공차, ③ 조작시간, ④ 계기의 크기는 C/D비와 직접적으로 관련된 설계 요소이다.

**26** 건구온도 38[℃], 습구온도 32[℃]일 때의 Oxford 지수는 몇 [℃]인가?

① 30.2   ② 32.9
③ 35.3   ④ 37.1

해설 ▶ Oxford 지수
WD = 0.85W + 0.15D
(W : 습구온도, D : 건구온도)
WD = 0.85 × 32 + 0.15 × 38 = 32.9

**27** 인간공학의 연구 방법에서 인간-기계 시스템을 평가하는 척도의 요건으로 적합하지 않은 것은?

① 적절성, 타당성   ② 무오염성
③ 주관성   ④ 신뢰성

해설 인간-기계 시스템을 평가할 때는 객관적이고 신뢰성 있는 데이터를 기반으로 해야 하며, 주관성은 평가 결과에 편향을 초래할 가능성이 있기 때문에 적합하지 않다.

**28** 다음 중 공간 배치의 원칙에 해당되지 않는 것은?

① 중요성의 기능   ② 다양성의 원칙
③ 기능별 배치의 원칙   ④ 사용빈도의 원칙

해설 ▶ 공간배치의 원칙
공간배치의 원칙은 일반적으로 작업 효율성과 편의성을 극대화하기 위해 정립된 기준으로, 다양성의 원칙은 이에 해당하지 않는다.

**29** 일반적인 수공구의 설계원칙으로 볼 수 없는 것은?

① 손목을 곧게 유지한다.
② 반복적인 손가락 동작을 피한다.
③ 사용이 용이한 검지만 주로 사용한다.
④ 손잡이는 접촉면적을 가능하면 크게 한다.

해설 일반적인 수공구의 설계 원칙에서는 특정 손가락(예 검지)만을 주로 사용하는 설계는 비효율적이며 손에 과도한 부담을 줄 수 있기 때문에 적합하지 않다.

**30** 광원으로부터의 직사 휘광을 줄이기 위한 방법으로 적절하지 않은 것은?

① 휘광원, 주위를 어둡게 한다.
② 가리개, 갓, 차양 등을 사용한다.
③ 광원을 시선에서 멀리 위치시킨다.
④ 광원의 수는 늘리고 휘도는 줄인다.

해설 직사 휘광을 줄이기 위해서는 휘광원의 주변을 어둡게 하는 것보다는 균형 잡힌 조명 환경을 조성하는 것이 좋다. 휘광원 주변을 어둡게 하면 오히려 눈의 조절 부담이 증가하여 피로를 초래할 수 있다.

**31** 통제표시비를 설계할 때 고려해야 할 5가지 요소에 해당하지 않는 것은?

① 공차   ② 조작시간
③ 일치성   ④ 목측거리

해설 ▶ 통제표시비를 설계할 때 고려해야 할 5가지 요소
- 공차(Tolerance) : 조작의 정확성과 오차 허용 범위를 설계에 반영한다.
- 조작시간(Manipulation Time) : 사용자와 시스템 간의 상호작용 시간을 최소화하도록 한다.
- 목측거리(Viewing Distance) : 사용자가 표시기를 명확히 관찰할 수 있는 적절한 거리를 고려한다.
- 감도(Sensitivity) : 제어장치의 반응 민감도를 최적화하여 사용자 조작에 빠르고 정확히 반응하도록 설계한다.
- 역학적 고려사항(Dynamics) : 제어장치와 시스템 간의 물리적 및 동작적 특성을 고려한다.

정답  25 ②  26 ②  27 ③  28 ②  29 ③  30 ①  31 ③

**32** 결함수분석(FTA) 결과 다음과 같은 패스셋을 구하였다. $X_4$가 중복사상인 경우, 최소 패스셋(minimal path sets)으로 맞는 것은?

{$X_2$, $X_3$, $X_4$}
{$X_1$, $X_3$, $X_4$}
{$X_3$, $X_4$}

① {$X_3$, $X_4$}
② {$X_1$, $X_3$, $X_4$}
③ {$X_2$, $X_3$, $X_4$}
④ {$X_2$, $X_3$, $X_4$}와 {$X_3$, $X_4$}

해설 최소 패스셋
기능을 살리는데 필요한 최소한의 집합으로 {$X_3$, $X_4$}만 있어도 가능하다.

**33** 그림과 같은 시스템에서 전체 시스템의 신뢰도는 얼마인가? (단, 네모 안의 숫자는 각 부품의 신뢰도이다)

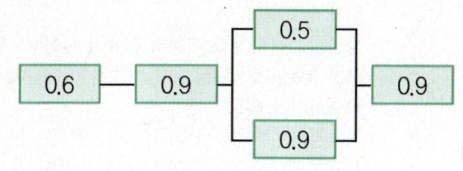

① 0.4104
② 0.4617
③ 0.6314
④ 0.6814

해설 직렬과 병렬의 신뢰도
0.6×0.9×[1−(1−0.5)(1−0.9)]×0.9=0.4617

**34** 건습지수로서 습구온도와 건구온도의 가중 평균치를 나타내는 Oxford 지수의 공식으로 맞는 것은?

① WD=0.65WB+0.35DB
② WD=0.75WB+0.25DB
③ WD=0.85WB+0.15DB
④ WD=0.95WB+0.05DB

해설 Oxford 지수의 공식
WD=0.85WB+0.15DB
(WD : Oxford 지수, WB : 습구온도, DB : 건구온도)

**35** 다음의 연산표에 해당하는 논리연산은?

| 입력 | | 출력 |
| --- | --- | --- |
| $X_1$ | $X_2$ | |
| 0 | 0 | 0 |
| 0 | 1 | 1 |
| 1 | 0 | 1 |
| 1 | 1 | 0 |

① XOR
② AND
③ NOT
④ OR

해설 ① XOR : 두 개의 입력이 서로 다를 때 1이 출력됨
② AND : 두 개의 입력이 서로 1일 때 1이 출력됨
③ NOT : 입력과 반대 출력
④ OR : 입력 중 하나가 1일 때 1이 출력됨

**36** 항공기 위치 표시장치의 설계원칙에 있어, 다음 〈보기〉의 설명에 해당하는 것은?

| 보기 |
항공기의 경우 일반적으로 이동 부분의 영상은 고정된 눈금이나 좌표계에 나타내는 것이 바람직하다.

① 통합
② 양립적 이동
③ 추종 표시
④ 표시의 현실성

해설 양립성
자극과 반응의 관계가 인간의 기대와 모순되지 않는 성질

정답
32 ①  33 ②  34 ③  35 ①  36 ②

**37** 고장의 발생상황 중 부적합품 제조, 생산과정에서의 품질관리 미비, 설계미숙 등으로 일어나는 고장은?

① 초기고장     ② 마모고장
③ 우발고장     ④ 품질관리고장

해설 고장은 초기고장, 우발고장, 마모고장의 순으로 발생하며, 부적합품 제조, 생산과정에서의 품질관리 미비, 설계미숙 등은 초기고장이다.

**38** 누적손상장애(CTDs)의 원인이 아닌 것은?

① 과도한 힘의 사용
② 높은 장소에서의 작업
③ 장시간 진동공구의 사용
④ 부적절한 자세에서의 작업

해설 ▶ 누적손상장애(CTDs)의 원인
① 부적절한 자세
② 무리한 힘의 사용
③ 과도한 반복작업
④ 연속작업(비휴식)
⑤ 낮은 온도 등

**39** 60폰(phon)의 소리에 해당하는 손(sone)의 값은?

① 1     ② 2
③ 4     ④ 8

해설 sone값 $= 2^{(phon치-40)/10} = 4$

**40** 사람의 실수가 있더라도 안전사고가 발생하지 않도록 2중, 3중 통제를 가하는 안전설계는?

① Fail safe
② Fool proof
③ Interlock System
④ Temper proof

해설 ① 페일 세이프(Fail Safe) : 기계의 고장이 있더라도 안전사고가 발생하지 않도록 2중, 3중 통제를 가함
② 풀 프루프(Fool Proof) : 사람의 실수가 있더라도 안전사고가 발생하지 않도록 2중, 3중 통제를 가함 ★
③ 인터록 시스템(Interlock System) : 기계에 두어 불안전한 요소에 대하여 통제를 가한다.
④ 템퍼 프루프(Temper Proof) : 사용자가 고의로 안전장치를 제거할 경우 작동하지 않는 시스템

## 3과목    기계위험방지기술

**41** 가공기계의 방호조치에서 반드시 방호장치를 설치하지 않아도 되는 것은?

① 동력 전달 부분     ② 주유구
③ 작업점     ④ 이송장치

해설 주유구에는 방호장치를 설치하지 않아도 된다.
• 동력 전달 부분 : 벨트, 풀리, 체인 등의 동력 전달 시스템은 작업자에게 위험을 초래할 수 있으므로 방호장치가 필요하다.
• 작업점 : 작업자와 기계의 접촉이 직접적으로 이루어지는 부분으로, 가장 위험성이 높기 때문에 필수적인 방호조치가 필요하다.
• 이송장치 : 작업물을 이동시키는 장치는 예기치 못한 사고를 방지하기 위해 방호장치가 필요하다.

**42** 선반 작업 시 사용되는 방호장치는?

① 풀아웃(Full Out)
② 게이트 가드(Gate Guard)
③ 스위프 가드(Sweep Guard)
④ 쉴드(Shield)

해설 ▶ 선반 작업 시 방호장치
① 칩 브레이커
② 척 커버
③ 칩 비산 방지 투명판(실드)
④ 브레이크

정답    37 ①   38 ②   39 ③   40 ②   41 ②   42 ④

**43** 동력에 의하여 작동되는 기계·기구 중 회전기계 물림점에 대하여 방호조치를 하여야 한다. 방호장치로 옳은 것은?

① 덮개 또는 울
② 묻힘형, 덮개
③ 덮개, 방호망
④ 가드, 울

> **해설** 회전기계의 물림점(롤러나 톱니바퀴 등 반대 방향의 두 회전체에 물려 들어가는 위험점)에는 덮개 또는 울을 설치할 것

**44** 산업안전보건법령상 연삭숫돌의 시운전에 관한 설명으로 옳은 것은?

① 연삭숫돌의 교체 시에는 바로 사용할 수 있다.
② 연삭숫돌의 교체 시 1분 이상 시운전을 하여야 한다.
③ 연삭숫돌의 교체 시 2분 이상 시운전을 하여야 한다.
④ 연삭숫돌의 교체 시 3분 이상 시운전을 하여야 한다.

> **해설** 연삭숫돌의 교체 시 작업 시작 전 1분, 숫돌 교체 후 3분 이상 시운전을 하여야 한다.

**45** 금형의 안전화에 대한 설명 중 틀린 것은?

① 금형의 틈새는 8[mm] 이상 충분하게 확보한다.
② 금형 사이에 신체 일부가 들어가지 않도록 한다.
③ 충격이 반복되어 부가되는 부분에는 완충장치를 설치한다.
④ 금형설치용 홈은 설치된 프레스의 홈에 적합한 형상의 것으로 한다.

> **해설** 일반적으로 금형의 틈새는 작업자의 신체 일부가 들어갈 수 없도록 8[mm] 이하로 설정해야 안전하다. 틈새가 지나치게 넓으면 작업 중 안전사고의 위험이 증가할 수 있다.

**46** 프레스의 방호장치에 해당되지 않는 것은?

① 가드식 방호장치
② 수인식 방호장치
③ 롤 피드식 방호장치
④ 손쳐내기식 방호장치

> **해설** ⊙ 프레스의 방호장치
> ① 광전자식
> ② 양수조작식
> ③ 가드식
> ④ 손쳐내기식
> ⑤ 수인식

**47** 산소-아세틸렌가스 용접에서 산소 용기의 취급 시 주의사항으로 틀린 것은?

① 산소 용기의 운반 시 밸브를 닫고 캡을 씌워서 이동할 것
② 기름이 묻은 손이나 장갑을 끼고 취급하지 말 것
③ 원활한 산소 공급을 위하여 산소 용기는 눕혀서 사용할 것
④ 통풍이 잘되고 직사광선이 없는 곳에 보관할 것

> **해설** 산소 용기를 눕혀서 사용하는 것은 안전상으로 매우 위험하다. 산소 용기는 반드시 세워서 사용해야 하며, 눕혀서 사용할 경우 가스 누출 및 밸브 손상 등 안전사고의 위험이 커진다.

**48** 개구부에서 회전하는 롤러의 위험점까지 최단거리가 60[mm]일 때 개구부 간격은?

① 10[mm]
② 12[mm]
③ 13[mm]
④ 15[mm]

> **해설** ⊙ 개구부 간격
> $Y = 6 + 0.15X$
> ($Y$ : 가드의 개구부 간격, $X$ : 가드와 위험점 간의 거리)
> $Y = 6 + 0.15 \times 60 = 15$

**정답** 43 ① 44 ④ 45 ① 46 ③ 47 ③ 48 ④

**49** 연삭숫돌과 작업받침대, 교반기의 날개, 하우스 등 기계의 회전 운동하는 부분과 고정 부분 사이에 위험이 형성되는 위험점은?

① 물림점
② 끼임점
③ 절단점
④ 접선물림점

**해설** ▶ 위험점
① 물림점(Nip point) : 회전하는 두 개의 회전체에는 물려 들어가는 위험점
② 끼임점(Shear point) : 고정 부분과 회전하는 동작(운동) 부분이 함께 만드는 위험점
③ 절단점(Cutting point) : 회전하는 운동부 자체의 위험
④ 접선물림점(Tangential Nip point) : 회전하는 부분의 접선 방향으로 물려 들어갈 위험점

**50** 다음과 같은 작업조건일 경우 와이어로프의 안전율은?

> 작업대에서 사용된 와이어로프 1줄의 파단하중이 100[kN], 인양하중이 40[kN], 로프의 줄 수가 2줄

① 2
② 2.5
③ 4
④ 5

**해설** 안전율 $= \dfrac{P \times N}{Q} = \dfrac{100 \times 2}{40} = 5$

- P : 로프의 파단하중
- N : 로프의 가닥 수
- Q : 안전하중

**51** 컨베이어 역전방지장치의 형식 중 전기식 장치에 해당하는 것은?

① 라쳇 브레이크
② 밴드 브레이크
③ 롤러 브레이크
④ 슬러스트 브레이크

**해설**
① 라쳇 브레이크 : 기계식 장치로, 톱니바퀴처럼 생긴 라쳇이 회전하는 부품에 물리적으로 작용하여 회전을 멈추게 한다.
② 밴드 브레이크 : 기계식 장치로, 밴드가 드럼 주위를 감아 회전하는 부품을 제동하는 방식이다.
③ 롤러 브레이크 : 롤러가 회전하는 부품에 접촉하여 마찰력을 이용해 제동하는 방식으로, 기계식 장치다.
④ 슬러스트 브레이크 : 전기식 브레이크로, 전기를 이용해 마찰 패드를 디스크에 압착시켜 제동력을 발생시킨다.

**52** 프레스 금형의 설치 및 조정 시 슬라이드 불시하강을 방지하기 위하여 설치해야 하는 것은?

① 인터록
② 글러치
③ 게이트 가드
④ 안전블록

**해설** 안전블록은 프레스 금형의 설치 및 조정 시 슬라이드의 불시 하강을 방지하기 위해 사용되는 장치로 프레스의 슬라이드와 볼스터 사이에 설치되어 슬라이드가 갑자기 하강하는 것을 물리적으로 막아준다.

**53** 프레스 방호장치 중 가드식 방호장치의 구조 및 선정조건에 대한 설명으로 옳지 않은 것은?

① 미동(Inching) 행정에서는 작업자 안전을 위해 가드를 개방할 수 없는 구조로 한다.
② 1행정, 1정지 기구를 갖춘 프레스에 사용한다.
③ 가드 폭이 400[mm] 이하일 때는 가드 측면을 방호하는 가드를 부착하여 사용한다.
④ 가드 높이는 프레스에 부착되는 금형 높이 이상(최소 180[mm])으로 한다.

**해설** 미동(inching) 행정에서는 가드를 개방할 수 있는 것이 작업성에 좋다. 미동 행정은 푸시버튼을 누르고 있는 동안만 슬라이드가 움직이고 푸시버튼에서 손을 떼면 즉시 슬라이드의 작동이 정지하는 것이다.

**54** 근로자의 추락 등에 의한 위험을 방지하기 위하여 안전난간을 설치하는 경우, 이에 관한 구조 및 설치요건으로 틀린 것은?

① 상부난간대, 중간난간대, 발끝막이 및 난간기둥으로 구성할 것
② 발끝막이판은 바닥면 등으로부터 5[cm] 이상의 높이를 유지할 것
③ 난간대는 지름 2.7[cm] 이상의 금속제 파이프나 그 이상의 강도를 가진 재료일 것
④ 안전난간은 구조적으로 가장 취약한 지점에서 가장 취약한 방향으로 작용하는 100[kg] 이상의 하중에 견딜 수 있을 것

**해설** 발끝막이판은 바닥면 등으로부터 10센티미터 이상의 높이를 유지할 것

**55** 휴대용 연삭기 덮개의 노출각도 기준은?

① 60[°] 이내
② 90[°] 이내
③ 150[°] 이내
④ 180[°] 이내

**해설**
- 휴대용 연삭기 : 덮개의 노출각도는 180도 이내
- 탁상용 연삭기 : 덮개의 노출각도는 90도 이내로 제한되며, 수평축 위로는 65도, 아래로는 125도를 초과하지 않아야 한다.
- 원통형 연삭기 : 덮개의 노출각도는 180도 이내

**56** 양수조작식 방호장치에서 2개의 누름버튼 간의 거리는 300[mm] 이상으로 정하고 있는데 이 거리의 기준은?

① 2개의 누름버튼 간의 중심거리
② 2개의 누름버튼 간의 외측거리
③ 2개의 누름버튼 간의 내측거리
④ 2개의 누름버튼 간의 평균 이동거리

**해설** 누름버튼의 상호 간 내측거리는 300[mm] 이상이어야 하며 쉽게 파손되지 않는 곳에 부착한다.

**57** 다음 중 프레스에 사용되는 광전자식 방호장치의 일반구조에 관한 설명으로 틀린 것은?

① 방호장치의 감지기능은 규정한 검출영역 전체에 걸쳐 유효하여야 한다.
② 슬라이드 하강 중 정전 또는 방호장치의 이상 시에는 1회 동작 후 정지할 수 있는 구조이어야 한다.
③ 정상동작표시램프는 녹색, 위험표시램프는 붉은색으로 하며, 쉽게 근로자가 볼 수 있는 곳에 설치해야 한다.
④ 방호장치의 정상작동 중에 감지가 이루어지거나 공급전원이 중단되는 경우 적어도 두 개 이상의 독립된 출력신호 개폐장치가 꺼진 상태로 돼야 한다.

**해설** 슬라이드 하강 중 정전이나 방호장치 이상 시 급정지할 수 있는 구조여야 한다.

**58** 다음 중 원통 보일러의 종류가 아닌 것은?

① 입형 보일러
② 노통 보일러
③ 연관 보일러
④ 관류 보일러

**해설** ▶ 원통 보일러
① 입형 보일러 : 원통형 구조로, 세로 방향으로 설치되는 보일러
② 노통 보일러 : 원통형 구조 내에 노통(연소실)이 포함된 보일러
③ 연관 보일러 : 원통형 구조 내에 여러 개의 연관(열교환 튜브)이 배치된 보일러
④ 관류 보일러 : 물이 일련의 관을 통해 흐르면서 가열되어 증기로 변환되는 방식으로 작동

54 ② 55 ④ 56 ③ 57 ② 58 ④

**59** 크레인에 사용하는 방호장치가 아닌 것은?

① 과부하 방지장치
② 가스집합장치
③ 권과 방지장치
④ 제동장치

해설 ▶ 크레인에 사용하는 방호장치
- 과부하방지장치 : 정격하중 초과하여 화물을 매달면 동작정지
- 권과방지장치 : 와이어로프가 한계를 넘어 감기는것 방지
- 비상정지장치 : 긴급 상황 시 기계동작을 정지시키는 장치
- 훅 해지장치 : 훅으로부터 슬링벨트 등이 빠지는것을 방지

**60** 이동식 크레인과 관련된 용어의 설명 중 옳지 않은 것은?

① "정격하중"이라 함은 이동식 크레인의 지브나 붐의 경사각 및 길이에 따라 부하 할 수 있는 최대 하중에서 인양기구(훅, 그래브 등)의 무게를 뺀 하중을 말한다.
② "정격 총 하중"이라 함은 최대하중 (붐 길이 및 작업반경에 따라 결정)과 부가하중(훅과 그 이외의 인양 도구들의 무게)을 합한 하중을 말한다.
③ "작업반경"이라 함은 이동식 크레인의 선회중심 선으로부터 훅의 중심선까지의 수평거리를 말하며, 최대 작업반경은 이동식 크레인으로 작업이 가능한 최대치를 말한다.
④ "파단하중"이라 함은 줄걸이 용구 1개를 가지고 안전율을 고려하여 수직으로 매달 수 있는 최대 무게를 말한다.

해설 "파단하중"이란 줄걸이 용구가 파괴(=단선)될 때 견딜 수 있는 최대 하중(즉, 실제로 파손되기 전 최대 부하)을 말한다.

## 4과목 전기 및 화학설비위험방지기술

**61** 폭발성 가스나 전기기기 내부로 침입하지 못하도록 전기기기의 내부에 불활성 가스를 압입하는 방식의 방폭구조는?

① 내압 방폭구조
② 압력 방폭구조
③ 본질안전 방폭구조
④ 유입 방폭구조

해설
- 내압 방폭구조 : 전기기기 내부에서 폭발이 발생해도 외부로 영향이 없도록 강력한 내압 구조로 설계된 방폭 구조
- 본질안전 방폭구조 : 전기기기 회로 자체를 설계 단계에서 에너지량을 최소화하여 폭발 가능성을 제거한 방폭 구조
- 유입 방폭구조 : 전기기기 내부에 절연유를 채워 폭발성 환경 물질과 전기적 스파크의 접촉을 방지하는 방식

**62** 옥내배선에서 누전으로 인한 화재방지의 대책에 아닌 것은?

① 배선불량 시 재시공할 것
② 배선에 단로기를 설치할 것
③ 정기적으로 절연저항을 측정할 것
④ 정기적으로 배선시공 상태를 확인할 것

해설 ▶ 누전으로 인한 화재방지 대책
- 배선불량 시 재시공, 절연저항 정기 측정, 배선시공 상태 확인
- 단로기는 회로를 분리하여 안전한 유지보수 작업을 가능하게 하는 장치로, 누전 방지와 직접적인 연관은 없다.

정답  59 ② 60 ④ 61 ② 62 ②

**63** 피뢰기가 반드시 가져야 할 성능 중 틀린 것은?

① 방전개시 전압이 높을 것
② 뇌전류 방전능력이 클 것
③ 속류 차단을 확실하게 할 수 있을 것
④ 반복 동작이 가능할 것

> **해설** ▶ 피뢰기 구비조건
> 1. 상용주파수 방전개시전압이 높을 것
> 2. 제한전압이 낮을 것
> 3. 충격방전개시 전압이 낮을 것
> 4. 속류 차단능력이 클 것

**64** 가스 또는 분진폭발위험장소에는 변전실·배전반실·제어실 등을 설치하여서는 아니 된다. 다만, 실내기압이 항상 양압을 유지하도록 하고, 별도의 조치를 한 경우에는 그러하지 않는데 이때 요구되는 조치사항으로 틀린 것은?

① 양압을 유지하기 위한 환기설비의 고장 등으로 양압이 유지되지 아니한 때 정보를 할 수 있는 조치를 한 경우
② 환기설비가 정지된 후 재가동하는 경우 변전실 등에 가스 등이 있는지를 확인할 수 있는 가스검지기 등의 장비를 비치한 경우
③ 환기설비에 의하여 변전실 등에 공급되는 공기는 가스폭발위험장소 또는 분진폭발위험장소가 아닌 곳으로부터 공급되도록 하는 조치를 한 경우
④ 실내기압이 항상 양압 10[Pa] 이상이 되도록 장치를 한 경우

> **해설** 변전실 등의 실내기압이 항상 양압(25파스칼 이상)을 유지하도록 한다.

**65** 산업안전보건법령에서 정한 위험물을 기준량 이상으로 제조하거나 취급하는 설비 중 특수화학설비에 해당하지 않는 것은?

① 발열반응이 일어나는 반응장치
② 증류·정류·증발·추출 등 분리를 하는 장치
③ 가열로 또는 가열기
④ 고로 등 점화기를 직접 사용하는 열교환기류

> **해설** ▶ 특수화학설비
> 1. 발열반응이 일어나는 반응장치
> 2. 증류·정류·증발·추출 등 분리를 하는 장치
> 3. 가열시켜 주는 물질의 온도가 가열되는 위험물질의 분해온도 또는 발화점보다 높은 상태에서 운전되는 설비
> 4. 반응폭주 등 이상 화학반응에 의하여 위험물질이 발생할 우려가 있는 설비
> 5. 온도가 섭씨 350도 이상이거나 게이지 압력이 980킬로파스칼 이상인 상태에서 운전되는 설비
> 6. 가열로 또는 가열기

**66** 위험물안전관리법령상 제3류 위험물이 아닌 것은?

① 황화린   ② 금속나트륨
③ 황린     ④ 금속칼륨

> **해설** 제3류 위험물은 자연발화성 및 금수성 물질이다. 황화린은 자연발화성 물질이지만 금수성 물질은 아니다. 따라서 황화린은 제3류 위험물이 아니다.

**67** 정전기의 발생에 영향을 주는 요인과 가장 거리가 먼 것은?

① 박리속도        ② 물체의 표면상태
③ 접촉면적 및 압력  ④ 외부 공기의 풍속

> **해설** 정전기의 발생은 주로 박리속도, 물체의 표면상태, 그리고 접촉면적 및 압력과 같은 요소에 의해 영향을 받는다. 이러한 요인은 물체 간 전자의 이동이나 정전기의 축적에 직접적으로 관여한다.

**정답** 63 ① 64 ④ 65 ④ 66 ① 67 ④

**68** 알루미늄 금속분말에 대한 설명으로 틀린 것은?
① 분질폭발의 위험성이 있다.
② 연소 시 열을 발생한다.
③ 분진폭발을 방지하기 위해 물속에 저장한다.
④ 염산과 반응하여 수소가스를 발생한다.

> 해설 알루미늄 금속분말은 공기 중에서 가연성이며, 입경이 50[μm] 이하일 경우 폭발 위험성이 매우 높다.
> 알루미늄 금속분말은 분진폭발을 방지하기 위해
> ① 진공 상태에서 저장한다.
> ② 질소 가스 분위기에서 저장한다.
> ③ 가연성 물질과 분리하여 저장한다.
> ④ 분진이 발생하지 않도록 밀폐된 용기에 저장한다.

**69** 폭발위험장소 중 1종 장소에 해당하는 것은?
① 폭발성 가스 분위기가 연속적, 장기간 또는 빈번하게 존재하는 장소
② 폭발성 가스 분위기가 정상작동 중 주기적 또는 빈번하게 생성되는 장소
③ 폭발성 가스 분위기가 정상작동 중 조성되지 않거나 조성된다 하더라도 짧은 기간에만 존재할 수 있는 장소
④ 전기설비를 제조, 설치 및 사용함에 있어 특별한 주의를 요하는 정도의 폭발성 가스 분위기가 조성될 우려가 없는 장소

> 해설 • 0종 장소 : 폭발성 가스 분위기가 지속적으로 또는 장기간 빈번하게 존재하는 장소
> • 1종 장소 : 폭발성 가스 분위기가 정상작동 중 가끔 발생할 가능성이 있는 장소
> • 2종 장소 : 폭발성 가스 분위기가 정상작동 중 발생할 가능성은 없지만 발생하더라도 단기간만 존재하는 장소

**70** 누설전류로 인해 화재가 발생될 수 있는 누전화재의 3요소에 해당하지 않는 것은?
① 누전점  ② 인입점
③ 접지점  ④ 출화점

> 해설 ● 누전화재의 3요소
> • 누전점 : 절연 파괴 등으로 인해 전류가 누설되는 지점
> • 발화점 : 누설전류에 의해 열이 발생하고, 이로 인해 화재가 시작되는 점
> • 접지점 : 누설된 전류가 흘러 들어가 최종적으로 도달하는 접지된 지점

**71** 다음 중 유류화재의 종류에 해당하는 것은?
① A급  ② B급
③ C급  ④ D급

> 해설 ● 화재의 종류
> 
> | 급별 | 명칭 | 특징 |
> |---|---|---|
> | A급 화재 (백색) | 일반 화재 | 일반 가연물(목재, 섬유, 종이류, 고무, 플라스틱 등) |
> | B급 화재 (황색) | 유류 화재 | 가연성 액체, 유류, 타르(tars), 유성페인트, 래커, 가연성 가스, 그리스 |
> | C급 화재 (청색) | 전기 화재 | 전류가 흐르는 상태하의 전기기구화재(전류차단 시 A급 또는 B급 화재로 된다.) |
> | D급 화재 (무색) | 금속 화재 | 가연성 금속 - 마그네슘, 티타늄, 지르코늄, 세슘, 리튬, 칼륨 |

**72** 산화성 액체 중 질산의 성질에 관한 설명으로 옳지 않은 것은?
① 피부 및 의복을 부식하는 성질이 있다.
② 쉽게 연소하는 가연성 물질이므로 화기에 극도로 주의한다.
③ 위험물 유출 시 건조사를 뿌리거나 중화제로 중화한다.
④ 물과 반응하면 발열반응을 일으키므로 물과의 접촉을 피한다.

> 해설 질산은 염산, 황산과 함께 대표적인 강산으로서, 강한 산화성을 가지고 있다. 피부 및 의복을 부식하는 성질이 있고, 물과 반응하면 발열반응을 일으키므로 물과의 접촉을 피해야 한다. 질산은 가연성 물질은 아니라 쉽게 연소하는 가연성 물질이므로 화기에 극도로 주의한다는 설명은 옳지 않다.

정답  68 ③  69 ②  70 ②  71 ②  72 ②

**73** 인체의 저항이 500[Ω]이고, 440[V] 회로에 누전차단기(ELB)를 설치할 경우 다음 중 가장 적당한 누전차단기는?

① 30[mA] 이하, 0.1초 이하에 작동
② 30[mA] 이하, 0.03초 이하에 작동
③ 15[mA] 이하, 0.1초 이하에 작동
④ 15[mA] 이하, 0.03초 이하에 작동

> **해설** ▶ 누전차단기의 설치기준
> • 전압 : 30[mA] 이하
> • 시간 : 0.03초 이내에 작동

**74** 다음 중 통전경로별 위험도가 가장 높은 경로는?

① 왼손 – 등
② 오른손 – 가슴
③ 왼손 – 가슴
④ 오른손 – 양발

> **해설** ▶ 통전경로별 위험도
>
> | 통전경로 | 심장전류계수 |
> |---|---|
> | 왼손 – 가슴 | 1.5 |
> | 오른손 – 가슴 | 1.3 |
> | 왼손 – 한발 또는 양발 | 1.0 |
> | 양손 – 양발 | 1.0 |
> | 오른손 한발 또는 양발 | 0.8 |
> | 왼손 – 등 | 0.7 |
> | 한손 또는 양손 앉아있는 자리 | 0.7 |
> | 왼손 – 오른손 | 0.4 |

**75** 어떤 혼합가스의 구성성분이 공기는 50[vol%], 수소는 20[vol%], 아세틸렌은 30[vol%]인 경우 이 혼합가스의 폭발하한계는? (단, 폭발하한값이 수소는 4[vol%], 아세틸렌은 2.5[vol%]이다)

① 2.50[%]　　② 2.94[%]
③ 4.76[%]　　④ 5.88[%]

> **해설** 인화성 성분만의 혼합물질 폭발하한계
> $$L = \frac{V_1 + V_2 + \cdots V_n}{\frac{V_1}{L_1} + \frac{V_2}{L_2} + \cdots + \frac{V_n}{L_n}} = \frac{20+30}{\frac{20}{4} + \frac{30}{2.5}} = 2.9411$$

**76** 산업안전보건법령에서 규정한 위험물질을 기준량 이상으로 제조 또는 취급하는 특수화학설비에 설치하여야 할 계측 장치가 아닌 것은?

① 온도계　　② 유량계
③ 압력계　　④ 경보계

> **해설** 산업안전보건법령에 따르면, 위험물질을 취급하는 특수화학설비에 반드시 설치해야 하는 계측 장치는 온도계·유량계·압력계 등이다.

**77** 다음 중 점화원에 해당하지 않는 것은?

① 기화열　　② 충격·마찰
③ 복사열　　④ 고온물질표면

> **해설** 점화원이란 연소를 발생시키는 원인을 의미하며, 일반적으로 열, 불꽃, 충격, 마찰, 고온 표면 등이다. 기화열은 물질이 기체로 변화하면서 흡수하는 열로, 점화원에 해당하지 않는다.

**78** 리튬(Li)에 관한 설명으로 틀린 것은?

① 연소 시 산소와는 반응하지 않는 특성이 있다.
② 염산과 반응하여 수소를 발생한다.
③ 물과 반응하여 수소를 발생한다.
④ 화재발생 시 소화방법으로는 건조된 마른 모래 등을 이용한다.

> **해설** 리튬(Li)은 알칼리 금속으로, 연소 시 산소와 반응하여 산화리튬($Li_2O$)을 형성한다.

73 ② 74 ③ 75 ② 76 ④ 77 ① 78 ①

**79** 다음 중 방폭구조의 종류와 기호가 잘못 연결된 것은?

① 유입 방폭구조 – o
② 압력 방폭구조 – p
③ 내압 방폭구조 – d
④ 본질안전 방폭구조 – e

해설 ▶ 방폭구조의 종류와 기호
- 내압 방폭구조(d)
- 유입 방폭구조(o)
- 압력 방폭구조(p)
- 안전증 방폭구조(e)
- 본질안전 방폭구조(i)
- 특수 방폭구조(s)

**80** 감전 사고의 요인과 관계가 없는 것은?

① 전기기기의 절연파괴
② 콘덴서의 방전 미실시
③ 전기기기의 24시간 계속 운전
④ 정전 작업 시 단락접지를 하지 않아 유도전압 발생

해설 감전 사고는 주로 전기적 요인 절연 파괴, 방전 미실시, 유도전압 발생과 관련이 있다. 하지만 전기기기를 24시간 계속 운전하는 것은 감전 사고와 직접적으로 연관된다고 보기 어렵다.

## 5과목 건설안전기술

**81** 다음 중 양중기의 종류에 해당하지 않는 것은?

① 크레인  ② 곤도라
③ 승강기  ④ 항타기

해설 ▶ 양중기의 종류
1. 크레인[호이스트(hoist)를 포함한다]
2. 이동식 크레인
3. 리프트(이삿짐운반용 리프트의 경우에는 적재하중이 0.1톤 이상인 것으로 한정한다)
4. 곤돌라
5. 승강기

**82** 히빙(heaving) 현상이 가장 쉽게 발생하는 토질 지반은?

① 연약한 점토 지반
② 연약한 사질토 지반
③ 견고한 점토 지반
④ 견고한 사질토 지반

해설 히빙은 주로 굴착 작업 중 연약한 점토 지반에서 발생하며, 이는 점토 지반의 낮은 강도와 높은 점착력으로 인해 굴착면 주변의 토압을 견디지 못하고 지반이 융기하는 현상이다. 이러한 문제는 특히 연약지반에서 굴착 깊이가 깊어질수록 빈번히 발생한다. 이를 방지하기 위해 적절한 지지 구조물 설치나 굴착 방법을 계획해야 한다.

**83** 암질 변화구간 및 이상 암질 출현 시 판별 방법과 가장 거리가 먼 것은?

① R.Q.D  ② R.M.R
③ 지표침하량  ④ 탄성파 속도

해설 R.Q.D(암질지수), R.M.R(암반분류지수), 탄성파 속도는 모두 암질의 상태를 평가하거나 암반의 특성을 판별하는 데 사용되는 방법 지표침하량은 주로 지표면의 침하를 측정하여 지반 안정성을 평가하는 데 사용되며, 암질 변화구간 판별과는 직접적인 연관이 적다.

정답  79 ④  80 ③  81 ④  82 ①  83 ③

**84** 크레인 운전실을 통하는 통로의 끝과 건설물 등의 벽체와의 간격은 최대 얼마 이하로 하여야 하는가?

① 0.3[m]
② 0.4[m]
③ 0.5[m]
④ 0.6[m]

> **해설** ● 건설물 등의 벽체와 통로의 간격 등
> 사업주는 다음의 간격을 0.3[m] 이하로 하여야 한다.
> • 크레인의 운전실 또는 운전대를 통하는 통로의 끝과 건설물 등의 벽체의 간격
> • 크레인 거더(girder)의 통로 끝과 크레인 거더의 간격
> • 크레인 거더의 통로로 통하는 통로의 끝과 건설물 등의 벽체의 간격

**85** 부두 등의 하역 작업장에서 부두 또는 안벽의 선을 따라 설치하는 통로의 최소폭 기준은?

① 30[cm] 이상
② 50[cm] 이상
③ 70[cm] 이상
④ 90[cm] 이상

> **해설** ● 하역 작업장의 조치기준
> 부두 또는 안벽의 선을 따라 통로를 설치하는 경우에는 폭을 90[cm] 이상으로 할 것

**86** 강관을 사용하여 비계를 구성하는 경우 준수해야 할 기준으로 옳지 않은 것은?

① 비계기둥의 간격은 띠장 방향에서는 1.5[m] 이상 1.8[m] 이하, 장선(長線) 방향에서는 1.5[m] 이하로 할 것
② 띠장 간격은 1.5[m] 이하로 설치하되, 첫 번째 띠장은 지상으로부터 2.5[m] 이하의 위치에 설치할 것
③ 비계기둥의 제일 윗부분으로부터 31[m] 되는 지점 밑 부분의 비계기둥은 2개의 강관으로 묶어세울 것
④ 비계기둥 간의 적재하중은 400[kg]을 초과하지 않도록 할 것

> **해설** • 비계기둥의 간격은 띠장 방향에서는 1.85[m] 이하, 장선(長線) 방향에서는 1.5[m] 이하로 할 것. 다만, 선박 및 보트 건조작업의 경우 안전성에 대한 구조검토를 실시하고 조립도를 작성하면 띠장 방향 및 장선 방향으로 각각 2.7[m] 이하로 할 수 있다.
> • 띠장 간격은 2.0[m] 이하로 할 것. 다만, 작업의 성질상 이를 준수하기가 곤란하여 쌍기둥틀 등에 의하여 해당 부분을 보강한 경우에는 그러하지 아니하다.
> • 비계기둥의 제일 윗부분으로부터 31[m] 되는 지점 밑 부분의 비계기둥은 2개의 강관으로 묶어세울 것. 다만, 브라켓(bracket, 까치발) 등으로 보강하여 2개의 강관으로 묶을 경우 이상의 강도가 유지되는 경우에는 그러하지 아니하다.
> • 비계기둥 간의 적재하중은 400[kg]을 초과하지 않도록 할 것

**87** 양중기의 와이어로프 등 달기구의 안전계수 기준으로 옳은 것은? (단, 화물의 하중을 직접 지지하는 달기와이어로프 또는 달기체인의 경우)

① 3 이상
② 4 이상
③ 5 이상
④ 6 이상

> **해설** 화물의 하중을 직접 지지하는 달기와이어로프 또는 달기체인의 경우 : 5 이상

**88** 추락방지용 방망을 구성하는 그물코의 모양과 크기로 옳은 것은?

① 원형 또는 사각으로서 그 크기는 10[cm] 이하이어야 한다.
② 원형 또는 사각으로서 그 크기는 20[cm] 이하이어야 한다.
③ 사각 또는 마름모로서 그 크기는 10[cm] 이하이어야 한다.
④ 사각 또는 마름모로서 그 크기는 20[cm] 이하이어야 한다.

> **해설** 추락방지용 방망을 구성하는 그물코의 모양은 사각 또는 마름모로 하고, 크기는 10[cm] 이하로 해야 한다.

84 ① 85 ④ 86 ② 87 ③ 88 ③

**89** 지반조사의 방법 중 지반을 강관으로 천공하고 토사를 채취 후 여러 가지 시험을 시행하여 지반의 토질 분포, 흙의 층상과 구성 등을 알 수 있는 것은?

① 보링
② 표준관입시험
③ 베인테스트
④ 평판재하시험

**해설** 보링(Boring)은 강관으로 지반을 천공하여 토사를 채취하고, 이를 통해 지반의 토질 분포, 흙의 층상, 구성 등을 조사하는 방법이다. 보링 작업은 토질 조사뿐만 아니라 시료를 채취해 다양한 시험(예 삼축압축시험, 전단시험)을 시행하여 지반 특성을 분석하는 데 사용된다.
- 표준관입시험(SPT) : 보링 중 실시하는 시험으로, 지반의 강도를 측정하는 데 사용
- 베인테스트(Vane Test) : 연약한 점토층에서 전단강도를 측정하는 시험
- 평판재하시험(Plate Load Test) : 지표면에서 하중을 가해 지반의 지지력과 변형 특성을 평가하는 시험

**90** 비탈면 붕괴를 방지하기 위한 방법으로 옳지 않은 것은?

① 비탈면 상부는 토사제거
② 지하 배수공 시공
③ 비탈면 하부의 성토
④ 비탈면 내부 수압의 증가 유도

**해설** 비탈면 붕괴를 방지하기 위한 방법
① 지표수의 침투를 막기 위해 표면배수공을 한다.
② 지하수위를 내리기 위해 수평배수공을 설치한다.
③ 비탈면 하단을 성토한다.
④ 비탈면 하부에 토사를 적재한다.
- 비탈면 내부 수압의 증가를 유도는 오히려, 수압이 증가하면 토양의 부피가 팽창하고 지반의 안정성이 감소하여 비탈면 붕괴의 위험이 높아질 수 있다.

**91** 철골 작업 시 위험 방지를 위하여 철골 작업을 중지하여야 하는 기준으로 옳은 것은?

① 강설량이 시간당 1[mm] 이상인 경우
② 강우량이 시간당 1[mm] 이상인 경우
③ 풍속이 초당 20[m] 이상인 경우
④ 풍속이 시간당 200[m] 이상인 경우

**해설** 철골작업의 제한
- 풍속이 초당 10[m] 이상인 경우
- 강우량이 시간당 1[mm] 이상인 경우
- 강설량이 시간당 1[cm] 이상인 경우

**92** 산업안전보건관리비 계상을 위한 대상액이 56억 원인 교량공사의 산업안전보건관리비는 얼마인가? (단, 일반건설공사(갑)에 해당)

① 104,160천 원
② 110,320천 원
③ 144,800천 원
④ 150,400천 원

**해설** 산업안전보건관리비 계상
56억×1.97[%]=110,320천 원

| 공사종류 | 대상액 5억 원 미만인 경우 적용비율[%] | 대상액 5억 원 이상 50억 원 미만인 경우 적용비율[%] | 대상액 5억 원 이상 50억 원 미만인 경우 기초액 | 대상액 50억 원 이상인 경우 적용비율[%] | [별표 5]에 따른 보건관리자 선임 대상 건설공사의 적용비율[%] |
|---|---|---|---|---|---|
| 일반건설공사(갑) | 2.93[%] | 1.86[%] | 5,349,000원 | 1.97[%] | 2.15[%] |
| 일반건설공사(을) | 3.09[%] | 1.99[%] | 5,499,000원 | 2.10[%] | 2.29[%] |
| 중건설공사 | 3.43[%] | 2.35[%] | 5,400,000원 | 2.44[%] | 2.66[%] |
| 철도·궤도신설공사 | 2.45[%] | 1.57[%] | 4,411,000원 | 1.66[%] | 1.81[%] |
| 특수및기타건설공사 | 1.85[%] | 1.20[%] | 3,250,000원 | 1.27[%] | 1.38[%] |

※ 2018년 기준임. 단, 2025년 2월 계상기준표 개정됨.

**정답** 89 ① 90 ④ 91 ② 92 ②

## 93 다음 (　) 안에 알맞은 수치는?

> 슬레이트, 선라이트(sunlight) 등 강도가 약한 재료로 덮은 지붕 위에서 작업을 할 때 발이 빠지는 등 근로자가 위험해질 우려가 있는 경우 폭 (　) 이상의 발판을 설치하거나 안전방망을 치는 등 위험을 방지하기 위하여 필요한 조치를 하여야 한다.

① 30[cm]　② 40[cm]
③ 50[cm]　④ 60[cm]

해설　지붕 위에서의 위험방지
　　　슬레이트 등 강도가 약한 재료로 덮은 지붕에는 폭 30센티미터 이상의 발판을 설치할 것

## 94 다음 중 쇼벨계 굴착기계에 속하지 않는 것은?

① 파워쇼벨(power shovel)
② 크램쉘(clamshell)
③ 스크레이퍼(scraper)
④ 드래그라인(dragline)

해설　쇼벨계 굴착기계
- 파워쇼벨
- 드래그쇼벨, 백호
- 드래그라인
- 클램쉘
- 항타기
- 어스드릴
- 스크레이퍼는 트랙터 계통

## 95 다음은 건설현장의 추락재해를 방지하기 위한 사항이다. 빈칸에 들어갈 내용으로 옳은 것은?

> 사업주는 높이 또는 깊이가 (　)를 초과하는 장소에서 작업하는 경우 해당 작업에 종사하는 근로자가 안전하게 승강하기 위한 건설작업용 리프트 등의 설비를 설치하여야 한다. 다만, 승강 설비를 설치하는 것이 작업의 성질상 곤란한 경우에는 그러하지 아니하다.

① 2[m]　② 3[m]
③ 4[m]　④ 5[m]

해설　승강설비의 설치
　　　높이 또는 깊이가 2미터를 초과하는 장소에서 작업하는 경우 해당 작업에 종사하는 근로자가 안전하게 승강하기 위한 건설용 리프트 등의 설비를 설치해야 한다. 다만, 승강설비를 설치하는 것이 작업의 성질상 곤란한 경우에는 그렇지 않다.

## 96 작업장의 바닥, 도로 및 통로 등에서 낙하물이 근로자에게 위험을 미칠 우려가 있는 경우의 필요한 조치의 준수사항으로 옳지 않은 것은?

① 수직보호망 또는 방호 선반의 설치
② 출입금지구역의 설정
③ 낙하물 방지망의 수평면과의 각도는 20도 이상 30도 이하 유지
④ 낙하물 방지망을 높이 15[m] 이내마다 설치

해설　낙하물 방지망을 높이 10[m] 이내마다 설치하고, 내민 길이는 벽면으로부터 2[m] 이상으로 할 것

정답　93 ①　94 ③　95 ①　96 ④

**97** 철골공사에서 부재의 건립용 기계로 거리가 먼 것은?

① 타워크레인
② 가이데릭
③ 삼각데릭
④ 항타기

해설 항타기는 주로 말뚝을 지반에 박는 데 사용되는 기계로, 철골 구조물의 부재를 건립하는 데 사용되지 않는다.

**98** 콘크리트 양생작업에 관한 설명 중 옳지 않은 것은?

① 콘크리트 타설 후 소요기간까지 경화에 필요한 조건을 유지시켜주는 작업이다.
② 양생 기간 중에 예상되는 진동, 충격, 하중 등의 유해한 작용으로부터 보호하여야 한다.
③ 습윤양생 시 일광을 최대한 도입하여 수화작용을 촉진하도록 한다.
④ 습윤양생 시 거푸집판이 건조될 우려가 있는 경우에는 살수하여야 한다.

해설 습윤양생은 콘크리트가 수분을 유지하면서 적절히 경화될 수 있도록 돕는 과정인데, 직사광선에 장시간 노출되면 콘크리트 표면의 수분이 빠르게 증발하여 균열이 발생할 수 있다. 따라서 일광을 차단하거나 적절히 보호하는 것이 중요하다.

**99** 흙을 크게 분류하면 사질토와 점성토로 나눌 수 있는데 그 차이점으로 옳지 않은 것은?

① 흙의 내부 마찰각은 사질토가 점성토보다 크다.
② 지지력은 사질토가 점성토보다 크다.
③ 점착력은 사질토가 점성토보다 작다.
④ 장기침하량은 사질토가 점성토보다 크다.

해설 사질토는 입자가 크고 투수성이 높아 물의 배수가 빠르기 때문에 장기침하가 거의 발생하지 않는다. 점성토는 입자가 작고 물을 배출하는 데 시간이 오래 걸리며, 압밀 작용으로 인해 장기침하량이 더 크다는 특징이 있다.

**100** 산업안전보건기준에 관한 규칙에 따라 중량물을 취급하는 작업을 하는 경우에 작업계획서 내용에 포함되는 사항은?

① 해체의 방법 및 해체 순서도면
② 낙하위험을 예방할 수 있는 안전대책
③ 사용하는 차량계 건설기계의 종류 및 성능
④ 작업지휘자 배치계획

해설 중량물 취급 작업에는 낙하위험을 예방할 수 있는 안전대책이 작업계획서에 포함되어야 한다.

정답  97 ④  98 ③  99 ④  100 ②

# 2024년 제3회 기출 복원문제

## 1과목 산업안전관리론

**01** 재해코스트에서 직접비는 다음 중 어느 것인가?
① 회사 내의 직접적인 손실비
② 보험에서 지급되는 비용
③ 재해자의 재해발생 시 인건비
④ 행정손실에 따른 발생비용

| 직접비 | 간접비 |
|---|---|
| 치료비, 휴업, 요양, 유족, 장해, 간병, 직업재활급여, 상병보상연금, 장례비 | 인적·물적 손실비, 생산손실비, 기계·기구손실비 |

**02** 연간 근로 총시간 수가 58만 시간이고 이 기간 중에 휴업재해가 7건 발생했다. 도수율은?
① 10.90
② 11.76
③ 12.07
④ 12.86

해설 도수율(빈도율) = $\dfrac{재해건수}{연근로시간 수} \times 1,000,000$
= $\dfrac{7}{580,000} \times 1,000,000$
= 12.069 ≒ 12.07

**03** 리더십(leadership)의 특성에 대한 설명으로 옳은 것은?
① 지휘형태는 민주적이다.
② 권한 부여는 위에서 위임된다.
③ 구성원과의 관계는 지배적 구조이다.
④ 권한 근거는 법적 또는 공식적으로 부여된다.

| 구분 | 권한 부여 및 행사 | 권한 근거 | 상관과 부하와의 관계 및 책임귀속 | 부하와의 사회적 간격 | 지휘 형태 |
|---|---|---|---|---|---|
| 헤드십 | 위에서 위임하여 임명 | 법적 또는 공식적 | 지배적, 상사 | 넓다 | 권위주의적 |
| 리더십 | 아래로부터의 동의에 의한 선출 | 개인 능력 | 개인적인 경향, 상사와 부하 | 좁다 | 민주주의적 |

**04** 재해 원인을 통상적으로 직접원인과 간접원인으로 나눌 때 직접원인에 해당되는 것은?
① 기술적 원인
② 물적 원인
③ 교육적 원인
④ 관리적 원인

해설 직접 원인은 불안전한 행동 및 상태

**05** 조도를 나타내는 식으로 옳은 것은? (단, D는 광원으로부터의 거리를 말한다)
① $\dfrac{광도(fL)}{D^2(m^2)}$
② $\dfrac{광도(lm)}{D(m)}$
③ $\dfrac{광도(cd)}{D^2(m^2)}$
④ $\dfrac{광도(fL)}{D(m)}$

해설 조도 = $\dfrac{광도}{거리^2}$

정답  01 ②  02 ④  03 ①  04 ②  05 ③

**06** 참가자에게 일정한 역할을 주어 실제적으로 연기를 시켜봄으로써 자기의 역할을 보다 확실히 인식할 수 있도록 체험학습을 시키는 교육방법은?

① Role playing
② Brain storming
③ Action playing
④ Fish Bowl playing

**해설** 역할을 주어 실제적으로 연기를 시키는 교육은 롤플레잉에 대한 설명이다.

**07** 재해의 근원이 되는 기계장치나 기타의 물(物) 또는 환경을 뜻하는 것은?

① 상해
② 가해물
③ 기인물
④ 사고의 형태

**해설** ▶ 기인물과 가해물
재해의 근원이 되는 기계장치나 기타의 물(物) 또는 환경을 기인물이라고 한다.

**08** 다음 재해손실 비용 중 직접손실비에 해당하는 것은?

① 진료비
② 입원 중의 잡비
③ 당일 손실 시간손비
④ 구원, 연락으로 인한 부동 임금

**해설**

| 직접비 | 간접비 |
|---|---|
| 치료비, 휴업, 요양, 유족, 장해, 간병, 직업재활급여, 상병보상연금, 장례비 | 인적·물적 손실비, 생산손실비, 기계·기구손실비 |

**09** 안전을 위한 동기부여로 틀린 것은?

① 기능을 숙달시킨다.
② 경쟁과 협동을 유도한다.
③ 상벌제도를 합리적으로 시행한다.
④ 안전목표를 명확히 설정하여 주지시킨다.

**해설** 안전을 위한 안전을 위한 동기부여는 안전을 위한 마음가짐을 갖게 하는 방법으로 기능의 숙달은 관련이 적다.

**10** 안전교육의 3단계에서 생활지도, 작업동작지도 등을 통한 안전의 습관화를 위한 교육은?

① 지식교육
② 기능교육
③ 태도교육
④ 인성교육

**해설** ▶ 안전교육의 3단계
• 1단계 : 지식교육
• 2단계 : 기능교육
• 3단계 : 태도교육

**11** 보호구 안전인증 고시에 따른 방독마스크 중 할로겐용 정화통 외부측면의 표시 색으로 옳은 것은?

① 갈색
② 회색
③ 녹색
④ 노랑색

**해설** ▶ 정화통의 종류와 색깔
• 할로겐가스용(보통가스용), 황화수소용, 시안화수소용 – A : 회색 및 흑색(활성탄, 소다라임)
• 유기가스용 – C : 흑색(활성탄)
• 암모니아용 – H : 녹색(큐프라마이트)
• 일산화탄소용 – E : 적색(홉카라이트, 방습제)
• 아황산가스용 – I : 황색(산화금속, 알칼리제제)
• 유기화합물용 : 갈색

정답  06 ①  07 ③  08 ①  09 ①  10 ③  11 ②

**12** 하인리히의 사고발생의 연쇄성 5단계 중 2단계에 해당되는 것은?

① 유전과 환경
② 개인적인 결함
③ 불안전한 행동
④ 사고

해설 ▶ 도미노이론
- 1단계 : 유전적 요소, 환경
- 2단계 : 개인적 결함
- 3단계 : 불안전한 행동, 불안전한 상태
- 4단계 : 사고
- 5단계 : 재해

**13** 인간관계의 매커니즘 중 다른 사람으로부터의 판단이나 행동을 무비판적으로 논리적, 사실적 근거 없이 받아들이는 것은?

① 모방(imitation)
② 투사(projection)
③ 동일화(identification)
④ 암시(suggestion)

해설 ▶ 인간관계 매커니즘
- 투사(Projection) : 자기 속에 억압된 것을 다른 사람의 것으로 생각하는 것
- 암시(Suggestion) : 다른 사람의 판단이나 행동을 그대로 수용하는 것
- 커뮤니케이션(Communication) : 갖가지 행동 양식이나 기호를 매개로 하여 어떤 사람으로부터 다른 사람에게 전달되는 과정
- 모방(Initation) : 남의 행동이나 판단을 기준으로 그에 가까운 행동을 함
- 동일화(Identification) : 다른 사람의 행동 양식이나 태도를 투입시키거나, 다른 사람 가운데서 자기와 비슷한 것을 발견하는 것

**14** 안전교육 훈련의 기법 중 하버드 학파의 5단계 교수법을 순서대로 나열한 것으로 옳은 것은?

① 총괄 → 연합 → 준비 → 교시 → 응용
② 준비 → 교시 → 연합 → 총괄 → 응용
③ 교시 → 준비 → 연합 → 응용 → 총괄
④ 응용 → 연합 → 교시 → 준비 → 총괄

해설 ▶ 하버드 학파의 5단계 교수법
준비 → 교시 → 연합 → 총괄 → 응용

**15** 400명의 근로자가 종사하는 공장에서 휴업일수 127일, 중대 재해 1건이 발생한 경우 강도율은? (단, 1일 8시간으로 연 300일 근무조건으로 한다)

① 10
② 0.1
③ 1.0
④ 0.01

해설 강도율 $= \dfrac{\text{총요양 근로 손실일수}}{\text{연근로시간 수}} \times 1,000$

$= \dfrac{127}{400 \times 8 \times 300} \times 1,000$

$= 0.132$

**16** 시행착오설에 의한 학습법칙이 아닌 것은?

① 효과의 법칙
② 준비성의 법칙
③ 연습의 법칙
④ 일관성의 법칙

해설 ▶ 시행착오설에 의한 학습법칙
- 효과의 법칙 · 준비성의 법칙 · 연습의 법칙
- 준비성 → 연습/반복 → 효과

12 ② 13 ④ 14 ② 15 ② 16 ④

**17** TWI의 교육내용이 아닌 것은?

① Job Support Training
② Job Method Training
③ Job Relation Training
④ Job Instruction Training

> **해설** ▶ TWI의 교육내용
> ① Job Safety Training(J.S.T) : 작업안전훈련 – 작업안전에 대한 훈련기법
> ② Job Method Training(J.M.T) : 작업방법훈련 – 작업의 개선방법에 대한 훈련
> ③ Job Relations Training(J.R.T) : 인간관계훈련 – 사람을 다루는 기법훈련
> ④ Job Instruction Training(J.I.T) : 작업지도훈련 – 작업을 가르치는 기법 훈련

**18** 교육의 3요소 중 교육의 주체에 해당하는 것은?

① 강사          ② 교재
③ 수강자        ④ 교육방법

> **해설** ▶ 교육의 3요소
> • 주체 : 강사
> • 객체 : 수강자, 학생
> • 매개체 : 교육내용, 교재

**19** 위험예지훈련 기초 4라운드법의 진행에서 전원이 토의를 통하여 위험요인을 발견하는 단계로 가장 적절한 것은?

① 제1라운드 : 현상파악
② 제2라운드 : 본질추구
③ 제3라운드 : 대책수립
④ 제4라운드 : 목표설정

> **해설** ▶ 위험예지훈련 기초 4라운드법의 진행
> ① 제1단계 : 현상파악 – 어떤 위험이 잠재되어 있는가?
> ② 제2단계 : 본질추구 – 이것이 위험의 point다.
> ③ 제3단계 : 대책수립 – 당신이라면 어떻게 하는가?
> ④ 제4단계 : 목표설정 – 우리들은 이렇게 한다.

**20** 산업안전보건법상 안전·보건표지의 종류 중 지시표지에 해당되지 않는 것은?

① 안전모 착용      ② 안전화 착용
③ 방호복 착용      ④ 방독마스크 착용

> **해설** 지시표시에 방호복 착용은 없으며, 안전복 착용이 있다.

## 2과목 인간공학 및 시스템안전공학

**21** 시스템 안전분석 기법 중 시스템 디자인 단계에서 처음으로 사용되는 것은?

① FTA          ② FHA
③ PHA          ④ OHA

> **해설** ▶ 시스템 안전분석 기법

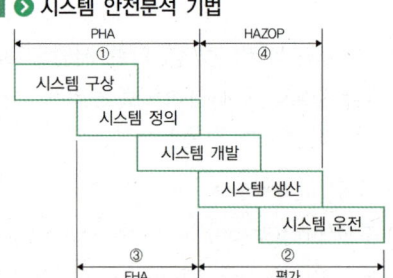

**22** 인간-기계 기능계 체계에서 기본기능 형태에 속하지 않는 것은?

① 경고신호      ② 행동기능
③ 감지          ④ 정보저장

> **해설** ▶ 인간-기계 기능계 체계

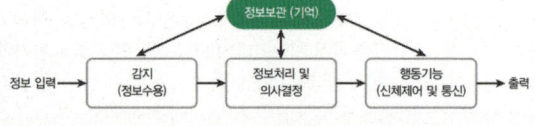

**정답**  17 ①  18 ①  19 ①  20 ③  21 ③  22 ①

**23** 한국산업표준상 결함 나무 분석(FTA) 시 다음과 같이 사용되는 사상기호가 나타내는 사상은?

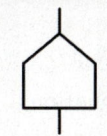

① 공사상   ② 기본사상
③ 통상사상  ④ 심층분석사상

해설
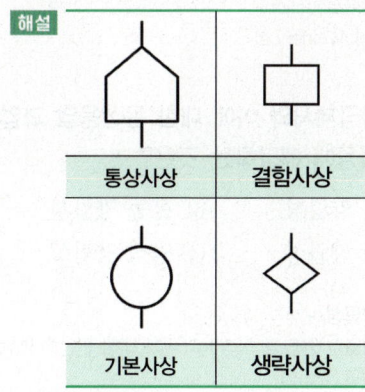

**24** 작업자의 작업 공간과 관련된 내용으로 옳지 않은 것은?

① 서서 작업하는 작업 공간에서 발바닥을 높이면 뻗침길이가 늘어난다.
② 서서 작업하는 작업 공간에서 신체의 균형에 제한을 받으면 뻗침길이가 늘어난다.
③ 앉아서 작업하는 작업 공간은 동적 팔뻗침에 의해 포락면(reach envelpoe)의 한계가 결정된다.
④ 앉아서 작업하는 작업 공간에서 기능적 팔뻗침에 영향을 주는 제약이 적을수록 뻗침길이가 늘어난다.

해설 신체의 균형에 제한을 받을 경우, 작업자는 뻗침길이를 충분히 활용할 수 없게 된다. 즉, 균형을 유지하기 위해 작업자는 몸을 안정적으로 고정해야 하므로 오히려 뻗침 길이가 줄어들 가능성이 크다.

**25** 글자의 설계 요소 중 검은 바탕에 쓰여진 흰 글자가 번져 보이는 현상과 가장 관련 있는 것은?

① 획폭비    ② 글자체
③ 종이 크기  ④ 글자 두께

해설 획폭비는 글자의 획 두께와 폭 사이의 비율을 의미한다. 검은 바탕에 흰 글자가 쓰여질 때, 획의 두께가 너무 두껍거나 획 사이의 간격이 좁을 경우, 글자가 번져 보일 수 있다. 이는 특히 인쇄물이나 디지털 화면에서 뚜렷하게 나타날 수 있으며, 가독성을 저하시킬 수 있다.

**26** 다수의 표시장치(디스플레이)를 수평으로 배열할 경우 해당 제어장치를 각각의 표시장치 아래에 배치하면 좋아지는 양립성의 종류는?

① 공간 양립성  ② 운동 양립성
③ 개념 양립성  ④ 양식 양립성

해설 ● 양립성
① 공간적 양립성 : 표시장치, 조종장치의 형태 및 공간적 배치의 양립성
② 운동의 양립성 : 표시장치, 조종장치 등의 운동 방향의 양립성
③ 개념적 양립성 : 외부 자극에 대해 인간의 개념적 현상의 양립성
④ 양식 양립성 : 직무에 맞는 자극과 응답 양식의 존재에 대한 양립성

**27** 일반적인 FTA 기법의 순서로 맞는 것은?

| ㉠ FT의 작성 | ㉡ 시스템의 정의 |
| ㉢ 정량적 평가 | ㉣ 정성적 평가 |

① ㉠ → ㉡ → ㉢ → ㉣
② ㉠ → ㉡ → ㉣ → ㉢
③ ㉡ → ㉠ → ㉢ → ㉣
④ ㉡ → ㉠ → ㉣ → ㉢

해설 ● FTA 기법의 순서
시스템의 정의 → FT의 작성 → 정성적 평가 → 정량적 평가

정답  23 ③  24 ②  25 ①  26 ①  27 ④

**28** 인체측정치를 이용한 설계에 관한 설명으로 옳은 것은?

① 평균치를 기준으로 한 설계를 제일 먼저 고려한다.
② 의자의 깊이와 너비는 모두 작은 사람을 기준으로 설계한다.
③ 자세와 동작에 따라 고려해야 할 인체측정치수가 달라진다.
④ 큰 사람을 기준으로 한 설계는 인체측정치의 5[%tile]을 사용한다.

해설 ▶ 인체측정치 설계
① 평균치를 기준으로 한 설계를 제일 먼저 고려한다. 평균치를 기준으로 설계하는 것은 기본적인 접근이지만, 모든 사용자를 만족시킬 수는 없다. 극단치(예 5[%tile], 95[%tile])를 고려하는 것이 중요하다.
② 의자의 깊이와 너비는 모두 작은 사람을 기준으로 설계한다. 의자의 깊이와 너비는 다양한 체형의 사람들을 수용할 수 있도록 설계되어야 하며, 단순히 작은 사람을 기준으로만 설계할 수 없다.
④ 큰 사람을 기준으로 한 설계는 인체측정치의 5[%tile]을 사용한다. 큰 사람을 기준으로 설계할 때는 보통 95[%tile] 값을 사용한다. 5[%tile] 값은 작은 사람을 기준으로 할 때 사용한다.

**29** 다음의 설명에서 ( ) 안의 내용을 맞게 나열한 것은?

> 40phon은 ( ㉠ )sone을 나타내며, 이는 ( ㉡ )[dB]의 ( ㉢ )[Hz] 순음의 크기를 나타낸다.

① ㉠ 1, ㉡ 40, ㉢ 1,000
② ㉠ 1, ㉡ 32, ㉢ 1,000
③ ㉠ 2, ㉡ 40, ㉢ 2,000
④ ㉠ 2, ㉡ 32, ㉢ 2,000

해설 40phon은 1sone을 나타내며, 이는 40[dB]의 1,000[Hz] 순음의 크기를 나타낸다.

**30** 위험조정을 위해 필요한 기술은 조직형태에 따라 다양하며, 4가지로 분류하였을 때 이에 속하지 않는 것은?

① 전가(transfer)   ② 보류(retention)
③ 계속(continuation)   ④ 감축(reduction)

해설 ▶ 위험조정을 위한 4가지
• 전가(Transfer)
• 보류(Retention)
• 감축(Reduction)
• 회피(Avoidance)

**31** 청각적 자극제시와 이에 대한 음성응답 과업에서 갖는 양립성에 해당하는 것은?

① 개념의 양립성   ② 운동 양립성
③ 공간적 양립성   ④ 양식 양립성

해설 ▶ 양립성
① 개념적 양립성 : 외부 자극에 대해 인간의 개념적 현상의 양립성
② 운동의 양립성 : 표시장치, 조종장치 등의 운동 방향의 양립성
③ 공간적 양립성 : 표시장치, 조종장치의 형태 및 공간적 배치의 양립성
④ 양식 양립성 : 직무에 맞는 자극과 응답 양식의 존재에 대한 양립성

**32** 작업 공간에서 부품 배치의 원칙에 따라 레이아웃을 개선하려 할 때 부품 배치의 원칙에 해당하지 않는 것은?

① 편리성의 원칙   ② 사용빈도의 원칙
③ 사용 순서의 원칙   ④ 기능별 배치의 원칙

해설 ▶ 부품 배치의 원칙

| | |
|---|---|
| 중요성의 원칙 | 목표달성에 긴요한 정도에 따른 우선순위 |
| 사용 빈도의 원칙 | 사용되는 빈도에 따른 우선순위 |
| 기능별 배치의 원칙 | 기능적으로 관련된 부품을 모아서 배치 |
| 사용 순서의 원칙 | 순서적으로 사용되는 장치들을 순서에 맞게 배치 |

정답   28 ③   29 ①   30 ③   31 ④   32 ①

**33** 윤활관리시스템에서 준수해야 하는 4가지 원칙이 아닌 것은?

① 적정량 준수
② 다양한 윤활제의 혼합
③ 올바른 윤활법의 선택
④ 윤활 기간의 올바른 준수

**해설** ▶ 윤활관리 4가지 원칙
- 적정량 준수: 기계에 필요한 윤활제의 양을 적절하게 유지한다.
- 올바른 윤활법의 선택: 기계의 종류와 상태에 맞는 적절한 윤활 방법을 선택한다.
- 윤활 기간의 올바른 준수: 정기적인 윤활 주기와 기간을 철저히 지킨다.
- 다양한 윤활제의 혼합 금지: 서로 다른 윤활제를 혼합하면 화학 반응으로 인해 윤활 성능이 저하되거나 기계에 손상을 줄 수 있으므로, 단일형 윤활제를 사용한다.

**34** FT도에서 사용되는 기호 중 "전이기호"를 나타내는 기호는?

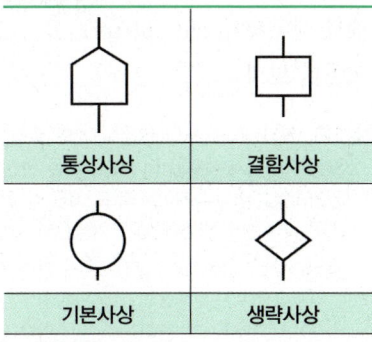

**해설** ▶ 사상기호

| 통상사상 | 결함사상 |
|---|---|
| 기본사상 | 생략사상 |

**35** 선형 조정장치를 16[cm] 옮겼을 때, 선형 표시장치가 4[cm] 움직였다면, C/R 비는 얼마인가?

① 0.2  ② 2.5
③ 4.0  ④ 5.3

**해설** ▶ 선형 조종장치가 선형 표시장치를 움직일 때

$$C/D(C/R)\ 비 = \frac{조종장치(제어기기)의\ 이동거리}{표시장치(표시기기)의\ 반응거리}$$

$$= \frac{16}{4} = 4$$

**36** 자연습구온도가 20[℃]이고, 흑구온도가 30[℃]일 때, 실내의 습구흑구온도지수(WBGT : Wet-Bulb Globe Temperature)는 얼마인가?

① 20[℃]  ② 23[℃]
③ 25[℃]  ④ 30[℃]

**해설** ▶ 습구흑구온도지수
WBGT = (0.7×자연습구온도) + (0.3×흑구온도)
= (0.7×20) + (0.3×30) = 23

33 ②  34 ④  35 ③  36 ②

**37** IES의 권고에 따른 작업장 내부의 추천반사율이 가장 높아야 하는 곳은?

① 벽  ② 바닥
③ 천장  ④ 가구

해설 ▶ 작업장 내부 추천반사율

| 바닥 | 가구, 사무용기기, 책상 | 창문 발, 벽 | 천장 |
|---|---|---|---|
| 20~40[%] | 25~45[%] | 40~60[%] | 80~90[%] |

**38** 일반적인 조종장치의 경우, 어떤 것을 켤 때 기대되는 운동 방향이 아닌 것은?

① 레버를 앞으로 민다.
② 버튼을 우측으로 민다.
③ 스위치를 위로 올린다.
④ 다이얼을 반시계 방향으로 돌린다.

해설 ▶ 양립성
  • 다이얼을 반시계 방향으로 돌린다.
  • 보통의 조종장치의 경우 다이얼을 시계 방향으로 돌린다.

**39** 후각적 표시장치에 대한 설명으로 틀린 것은?

① 냄새의 확산을 통제하기 힘들다.
② 코가 막히면 민감도가 떨어진다.
③ 복잡한 정보를 전달하는 데 유용하다.
④ 냄새에 대한 민감도의 개인차가 있다.

해설 ▶ 후각적 표시장치
  복잡한 정보를 전달하는 데 유용하지 않다.

**40** 그림과 같은 FT도의 컷셋(cut sets)에 속하는 것은?

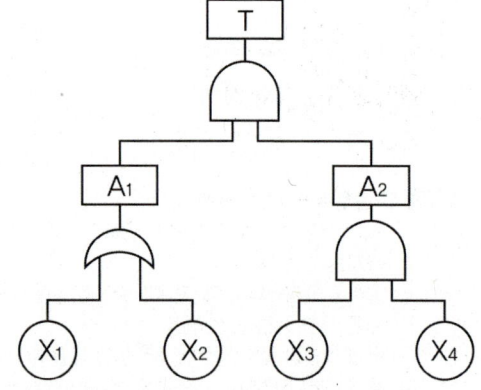

① {$X_1$, $X_2$, $X_3$}   ② {$X_1$, $X_2$, $X_4$}
③ {$X_1$, $X_3$, $X_4$}   ④ {$X_1$, $X_2$}, {$X_3$, $X_4$}

해설 컷셋
$T = A_1 \times A_2$
$= (X_1 + X_2) \times (X_3 \times X_4)$
$= (X_1 \cdot X_3 \cdot X_4) + (X_2 \cdot X_3 \cdot X_4)$

## 3과목 기계위험방지기술

**41** 다음 중 리밋 스위치(limit switch)에 의한 안전장치가 아닌 것은?

① 권과 방지 장치
② 게이트 가드(gate guard)
③ 벨트 이동장치(velt shifter)
④ 이동식 덮개

해설 리밋 스위치(limit switch)는 기계의 동작을 제한하거나 특정 위치에서 작동을 멈추도록 하는 안전 장치로, 주로 권과 방지 장치나 게이트 가드, 이동식 덮개와 같은 장치에 사용된다. 반면에 벨트 이동장치(velt shifter)는 리밋 스위치와 직접적인 관련이 없는 기계 구성 요소이다.

정답  37 ③  38 ④  39 ③  40 ③  41 ③

**42** 직경 30[mm]인 연강을 선반에서 절삭할 때 스핀들 회전수는? (단, 절삭속도는 20[m/min]이다)

① 132[rpm]   ② 212[rpm]
③ 360[rpm]   ④ 418[rpm]

**해설** 절삭속도 = 회전수(rpm) × 원주율($\pi$) × 직경

$$회전수 = \frac{절삭속도}{원주율(\pi)} \times 직경$$

$$= \frac{20}{3.14} \times 0.03 = 212 rpm$$

직경 30mm = 0.03m

**43** 산업안전보건법령상 지게차 방호장치에 해당하는 것은?

① 포크   ② 헤드가드
③ 호이스트   ④ 힌지드 버킷

**해설** ▶ 지게차 방호장치
- 헤드가드
- 백레스트
- 전조등 및 후미등
- 안전벨트
- 비상정지장치

**44** 프레스의 방호장치에 해당되지 않는 것은?

① 가드식 방호장치
② 수인식 방호장치
③ 롤 피드식 방호장치
④ 손쳐내기식 방호장치

**해설** ▶ 프레스의 방호장치
- 광전자식 방호장치
- 양수조작식 방호장치
- 가드식 방호장치
- 손쳐내기식 방호장치
- 수인식 방호장치

**45** 크레인 작업 시 조치사항 중 틀린 것은?

① 인양할 하물은 바닥에서 끌어당기거나, 밀어내는 작업을 하지 아니할 것
② 유류 드럼이나 가스통 등의 위험물 용기는 보관함에 담아 안전하게 매달아 운반할 것
③ 고정된 물체는 직접 분리, 제거하는 작업을 할 것
④ 근로자의 출입을 통제하여 하물이 작업자의 머리 위로 통과하지 않게 할 것

**해설** 크레인 작업 시의 조치
- 인양할 하물(荷物)을 바닥에서 끌어당기거나 밀어내는 작업을 하지 아니할 것
- 유류 드럼이나 가스통 등 운반 도중에 떨어져 폭발하거나 누출될 가능성이 있는 위험물 용기는 보관함(또는 보관고)에 담아 안전하게 매달아 운반할 것
- 고정된 물체를 직접 분리·제거하는 작업을 하지 아니할 것
- 미리 근로자의 출입을 통제하여 인양 중인 하물이 작업자의 머리 위로 통과하지 않도록 할 것
- 인양할 하물이 보이지 아니하는 경우에는 어떠한 동작도 하지 아니할 것(신호하는 사람에 의하여 작업을 하는 경우는 제외한다)

**46** 산업안전보건법령상 양중기에 사용하지 않아야 하는 달기 체인의 기준으로 틀린 것은?

① 심하게 변형된 것
② 균열이 있는 것
③ 달기 체인의 길이가 달기 체인이 제조된 때의 길이 3[%]를 초과한 것
④ 링의 단면지름이 달기 체인이 제조된 때의 해당 링의 지름의 10[%]를 초과하여 감소한 것

**해설**
- 달기 체인의 길이가 달기 체인이 제조된 때의 길이의 5퍼센트를 초과한 것
- 링의 단면지름이 달기 체인이 제조된 때의 해당 링의 지름의 10퍼센트를 초과하여 감소한 것
- 균열이 있거나 심하게 변형된 것

정답   42 ②   43 ②   44 ③   45 ③   46 ③

**47** 연삭기의 방호장치에 해당하는 것은?

① 주수 장치  ② 덮개 장치
③ 제동 장치  ④ 소화 장치

해설 연삭기(硏削機) 또는 평삭기(平削機)의 테이블, 형삭기(形削機) 램 등의 행정 끝이 근로자에게 위험을 미칠 우려가 있는 경우에 해당 부위에 덮개 또는 울 등을 설치하여야 한다.

**48** 보일러에서 스케일(scale)의 악영향으로 가장 적합한 것은?

① 국부과열  ② 비수작용
③ 물망치 작용  ④ 파이프 누설

해설 보일러에서 스케일(scale)이 발생하면 국부과열이 발생할 가능성이 크다. 스케일이 쌓이면 보일러 내부의 열전달 효율이 떨어지기 때문에 열이 집중적으로 발생하여 국부적으로 과열이 발생할 수 있다. 보일러의 파손 및 안전사고 발생의 원인이 될 수 있으므로 스케일의 발생을 예방하고 청소해야 한다. 비수작용, 물망치 작용, 파이프 누설은 보일러의 안전과는 관련이 있지만, 스케일과는 직접적인 연관성이 적다.

**49** 프레스의 방호장치 중 확동식 클러치가 적용된 프레스에 한해서만 적용 가능한 방호장치로만 나열된 것은? (단, 방호장치는 한 가지 종류만 사용한다고 가정한다)

① 광전자식, 수인식
② 양수조작식, 손쳐내기식
③ 광전자식, 양수조작식
④ 손쳐내기식, 수인식

해설 확동식 클러치는 기계적인 연결을 통해 동력을 전달하며, 슬립이 발생하지 않아 매우 높은 신뢰성이 있다. 주로 고속 회전이나 정밀한 제어가 필요한 경우에 사용된다. 손쳐내기식과 수인식은 프레스 작동 중에 손이나 다른 부위를 넣었을 때 즉시 작동을 멈추어 안전을 보장하는 방호장치로 확동식 클러치가 적용된 방호장치이다.

**50** 양중기에 사용 가능한 와이어로프에 해당하는 것은?

① 와이어로프의 한 꼬임에서 끊어진 소선의 수가 10[%] 초과한 것
② 심하게 변형 또는 부식된 것
③ 지름의 감소가 공칭지름의 7[%] 이내인 것
④ 이음매가 있는 것

해설 ◯ 사용금지 와이어로프
- 이음매가 있는 것
- 와이어로프의 한 꼬임에서 끊어진 소선(素線)의 수가 10퍼센트 이상인 것
- 지름의 감소가 공칭지름의 7퍼센트를 초과하는 것
- 꼬인 것
- 심하게 변형되거나 부식된 것
- 열과 전기충격에 의해 손상된 것

**51** 산업안전보건법령상 회전 중인 연삭숫돌지름이 최소 얼마 이상인 경우로서 근로자에게 위험을 미칠 우려가 있는 경우 해당 부위에 덮개를 설치하여야 하는가?

① 3[cm] 이상  ② 5[cm] 이상
③ 10[cm] 이상  ④ 20[cm] 이상

해설 연삭숫돌지름이 5[cm] 이상인 덮개를 설치할 것

**52** 프레스 작업 시 금형의 파손을 방지하기 위한 조치 내용 중 틀린 것은?

① 금형 맞춤판은 억지 끼워맞춤으로 한다.
② 쿠션 핀을 사용할 경우에는 상승 시 누름판의 이탈 방지를 위하여 단붙임한 나사로 견고히 조여야 한다.
③ 금형에 사용하는 스프링은 인장형을 사용한다.
④ 스프링 등의 파손에 의해 부품이 비산될 우려가 있는 부분에는 덮개를 설치한다.

정답  47 ②  48 ①  49 ④  50 ③  51 ②  52 ③

**해설** 프레스 금형에서 일반적으로 사용되는 스프링은 압축형 스프링으로 스프링이 하중을 받을 때 눌려서 에너지를 흡수하는 방식으로, 금형의 동작 특성에 더 적합하다. 인장형 스프링은 당기는 힘에 의해 작동하는 것으로, 금형 작업에서는 잘 사용되지 않는다.

**53** 목재가공용 둥근톱에서 둥근톱의 두께가 4[mm]일 때 분할날의 두께는 몇 [mm] 이상이어야 하는가?

① 4.0
② 4.2
③ 4.4
④ 4.8

**해설** 두께는 톱날 두께의 1.1배 이상, 치진 폭 이하일 것
4[mm]×1.1=4.4[mm]

**54** 롤러기에서 손조작식 급정지장치의 조작부 설치 위치로 옳은 것은? (단, 위치는 급정지장치의 조작부의 중심점을 기준으로 한다)

① 밑면으로부터 0.4[m] 이상, 0.6[m] 이내
② 밑면으로부터 0.8[m] 이상, 1.1[m] 이내
③ 밑면으로부터 0.8[m] 이내
④ 밑면으로부터 1.8[m] 이내

**해설** ▶ 급정지장치
- 손조작식 : 1.8[m] 이내
- 복부조작식 : 0.8~1.1[m] 이내
- 무릎조작식 : 0.4~0.6[m] 이내

**55** 지게차의 안전장치에 해당하지 않는 것은?

① 후사경
② 헤드가드
③ 백 레스트
④ 권과방지장치

**해설** ▶ 지게차 방호장치
- 헤드가드
- 백레스트
- 전조등 및 후미등
- 안전벨트
- 비상정지장치

**56** 다음 중 접근반응형 방호장치에 해당되는 것은?

① 양수조작식 방호장치
② 손쳐내기식 방호장치
③ 덮개식 방호장치
④ 광전자식 방호장치

**해설** ▶ 방호장치
① 양수조작식 방호장치 : 작업자가 양손으로 버튼을 눌러야 기계가 작동하는 방식으로, 접근을 감지하는 것이 아니라 작업자의 행동에 반응하는 방식
② 손쳐내기식 방호장치 : 기계가 자동으로 작동하며, 물리적인 바(bar)가 작업자의 손을 위험 구역에서 밀어내는 방식으로 접근을 감지하는 것이 아니라 물리적 반응을 이용
③ 덮개식 방호장치 : 위험한 부분을 덮개로 가려 작업자가 직접 접촉하지 못하도록 하는 방식으로 접근을 차단하는 방식으로 접근을 감지하고 반응하는 방식이 아니다.
④ 광전자식 방호장치 : 빛의 간섭을 이용해 작업자가 위험 구역에 접근하면 이를 감지하고 신호를 보내어 기계를 멈추게 하는 방식으로 접근을 감지하고 반응하는 대표적인 접근반응형 방호장치

**57** 화물적재 시 지게차의 안정조건을 옳게 나타낸 것은? (단, W는 화물의 중량, Lw는 앞바퀴에서 화물중심까지의 최단거리, G는 지게차의 중량, Lg는 앞바퀴에서 지게차 중심까지의 최단거리이다)

① $G×Lg ≥ W×Lw$
② $W×Lw ≥ G×Lg$
③ $G×Lw ≥ W×Lg$
④ $W×Lg ≥ G×Lw$

**해설** ▶ 지게차 안정조건
$G×Lg ≥ W×Lw$
- G : 지게차의 중량
- Lg : 앞바퀴에서 지게차 중심까지의 최단거리
- W : 화물의 중량
- Lw : 앞바퀴에서 화물 중심까지의 최단거리

53 ③  54 ④  55 ④  56 ④  57 ①

**58** 롤러에 설치하는 급정지 장치 조작부의 종류와 그 위치로 옳은 것은? (단, 위치는 조작부의 중심점을 기준으로 함)

① 발조작식은 밑면으로부터 0.2[m] 이내
② 손조작식은 밑면으로부터 1.8[m] 이내
③ 복부조작식은 밑면으로부터 0.6[m] 이상 1[m] 이내
④ 무릎조작식은 밑면으로부터 0.2[m] 이상 0.4[m] 이내

해설 ▶ **급정지장치**
- 손조작식 : 1.8[m] 이내
- 복부조작식 : 0.8~1.1[m] 이내
- 무릎조작식 : 0.4~0.6[m] 이내

**59** 세이퍼 작업 시의 안전대책으로 틀린 것은?

① 바이트는 가급적 짧게 물리도록 한다.
② 가공 중 다듬질 면을 손으로 만지지 않는다.
③ 시동하기 전에 행정 조정용 핸들을 끼워둔다.
④ 가공 중에는 바이트의 운동방향에 서지 않도록 한다.

해설 행정 조정용 핸들을 시동 전에 끼워두는 것은 오히려 위험할 수 있다. 시동 시 기계가 갑자기 움직일 경우, 핸들이 끼워져 있으면 작업자가 다칠 위험이 있다.

**60** 드릴작업 시 가공재를 고정하기 위한 방법으로 적합하지 않은 것은?

① 가공재가 길 때는 방진구를 이용한다.
② 가공재가 작을 때는 바이스로 고정한다.
③ 가공재가 크고 복잡할 때는 볼트와 고정구로 고정한다.
④ 대량생산과 정밀도가 요구될 때는 지그로 고정한다.

해설 방진구는 진동을 흡수하기 위한 장치로, 가공재를 고정하는 용도로 사용되지 않는다.

## 4과목  전기 및 화학설비위험방지기술

**61** 대전된 물체가 방전을 일으킬 때에 에너지 E[J]를 구하는 식으로 옳은 것은? (단, 도체의 정전용량을 C[F], 대전전위를 V[V], 대전전하량을 Q[C]라 한다)

① $E = \sqrt{2CQ}$　　② $E = \dfrac{1}{2}CV$

③ $E = \dfrac{Q^2}{2C}$　　④ $E = \sqrt{\dfrac{2V}{C}}$

해설 $Q = C \cdot V$ (Q : 전하량, C : 정전용량, V : 대전전위)

$E = \dfrac{1}{2}CV^2$

(E : 정전기에너지, C : 정전용량, V : 대전전위)

$V = \dfrac{Q}{C} \rightarrow E = \dfrac{1}{2} \times C \times \left(\dfrac{Q}{C}\right)^2 \rightarrow E = \dfrac{Q^2}{2C}$

정답  58 ②  59 ③  60 ①  61 ③

**62** 인체의 대부분이 수중에 있는 상태에서의 허용접촉전압으로 옳은 것은?

① 2.5[V] 이하
② 25[V] 이하
③ 50[V] 이하
④ 100[V] 이하

**해설** ▶ 허용접촉전압

| 종별 | 접촉상태 | 허용접촉전압[V] |
|---|---|---|
| 제1종 | • 인체의 대부분이 수중에 있는 상태 | 2.5[V] 이하 |
| 제2종 | • 인체가 많이 젖어 있는 상태<br>• 금속제 전기기계장치나 구조물에 인체의 일부가 상시 접촉되어 있는 상태 | 25[V] 이하 |
| 제3종 | • 제1·2종 이외의 경우로서 통상적인 인체 상태에 있어서 접촉전압이 가해지면 위험성이 높은 상태 | 50[V] |
| 제4종 | • 제1·2종 이외의 경우로서 통상적인 인체 상태에 있어서 접촉전압이 가해져도 위험성이 낮은 상태<br>• 접촉전압이 가해질 우려가 없는 경우 | 무제한 |

**63** 다음 가스 중 공기 중에서 폭발범위가 넓은 순서로 옳은 것은?

① 아세틸렌 > 프로판 > 수소 > 일산화탄소
② 소소 > 아세틸렌 > 프로판 > 일산화탄소
③ 아세틸렌 > 수소 > 일산화탄소 > 프로판
④ 수소 > 프로판 > 일산화탄소 > 아세틸렌

**해설** ▶ 공기 중에서의 폭발범위

| 가연성 가스 | 공기 | 폭발연소 하한계 [%] | 폭굉범위 | | 폭발연소 상한계 [%] |
|---|---|---|---|---|---|
| | | | 폭굉 하한계 [%] | 폭굉 상한계 [%] | |
| 수소 | 공기 | 4.0 | 18.3 | 59.0 | 75.0 |
| 일산화탄소 | 공기 | 12.5 | 15.0 | 70.0 | 74.0 |
| 암모니아 | 공기 | 15 | – | – | 28.0 |
| 아세틸렌 | 공기 | 2.5 | 4.2 | 50.0 | 81.0 |
| 프로판 | 공기 | 2.1 | – | – | 9.5 |

• 아세틸렌 : 81[%] − 2.5[%] = 78.5[%]
• 수소 : 75[%] − 4[%] = 71[%]
• 일산화탄소 : 74[%] − 12.5[%] = 61.5[%]
• 프로판 : 9.5[%] − 2.1[%] = 7.4[%]

**64** 산업안전보건법상 물질안전보건자료 작성 시 포함되어야 하는 항목이 아닌 것은? (단, 참고사항은 제외한다)

① 화학제품과 회사에 관한 정보
② 제조일자 및 유효기간
③ 운송에 필요한 정보
④ 환경에 미치는 영향

**해설** ▶ 물질안전보건자료 작성 시 포함되어야 하는 항목
• 화학제품과 회사에 관한 정보
• 유해성·위험성 정보
• 구성성분의 명칭 및 함유량
• 물리화학적 특성
• 독성에 관한 정보
• 환경에 미치는 영향
• 응급조치 요령
• 폭발·화재 시 대처방법
• 누출 시 대처방법
• 취급 및 저장방법
• 노출예방 및 보호장비

**정답** 62 ① 63 ③ 64 ②

## 65. 물과의 반응 또는 열에 의해 분해되어 산소를 발생하는 것은?

① 적린  ② 과산화나트륨
③ 유황  ④ 이황화탄소

**해설**
① 적린(Red Phosphorus) : 물과 반응하거나 열에 의해 산소를 발생시키지 않는다. 주로 공기 중 산소와 반응하여 발화할 수 있다.
② 과산화나트륨(Sodium peroxide) : 물과 반응하면 산소를 발생시킨다. 화학식은 $2Na_2O_2 + 2H_2O \rightarrow 4NaOH + O_2$이다.
③ 유황(Sulfur) : 물과 반응하지 않으며, 열을 가해도 산소를 발생시키지 않는다. 고온에서 산소와 반응하여 이산화황($SO_2$)을 생성할 수 있다.
④ 이황화탄소(Carbon disulfide) : 물과 반응하거나 열에 의해 산소를 발생시키지 않는다. 이는 유기용매로 사용되며, 고온에서 분해될 때 황과 탄소를 생성한다.

## 66. 위험물안전관리법령상 제3류 위험물이 아닌 것은?

① 황화린  ② 금속나트륨
③ 황린    ④ 금속칼륨

**해설** ▶ 제3류 위험물
"자연발화성 물질 및 금수성 물질"로 분류된다. 제3류 위험물에 해당하는 물질은 금속나트륨, 황린, 금속칼륨 등이다.

## 67. 다음 중 벤젠($C_6H_6$)이 공기 중에서 연소될 때의 이론혼합비(화학양론조성)는?

① 0.72[vol%]  ② 1.222[vol%]
③ 2.722[vol%]  ④ 3.222[vol%]

**해설** ▶ 이론혼합비
벤젠의 연소 반응식 $C_6H_6 + \dfrac{15}{2} O_2 \rightarrow 6CO_2 + 3H_2O$

여기서 1몰의 벤젠($C_6H_6$)을 태우기 위해 $\dfrac{15}{2}$ 몰의 산소($O_2$)가 필요하다. 공기 중의 산소부피가 21[%]이므로

필요한 공기량은 $\dfrac{\frac{15}{2}}{0.21} = 35.71$몰

혼합비 $= \dfrac{C_6H_6의\ 몰수}{1 + 필요공기량} = \dfrac{1}{1 + 35.71}$
$= 0.02722 \times 100 = 2.2722[\%]$

## 68. 다음은 산업안전보건법령상 파열판 및 안전밸브의 직렬설치에 관한 내용이다. ( )에 알맞은 용어는?

> 사업주는 급성 독성물질이 지속적으로 외부에 유출될 수 있는 화학설비 및 그 부속설비에 파열판과 안전밸브를 직렬로 설치하고 그 사이에는 압력지시계 또는 ( )을(를) 설치하여야 한다.

① 자동경보장치  ② 차단장치
③ 플레어헤드    ④ 콕

**해설** 파열판 및 안전밸브의 직렬설치
급성 독성물질이 지속적으로 외부에 유출될 수 있는 화학설비 및 그 부속설비에 파열판과 안전밸브를 직렬로 설치하고 그 사이에는 압력지시계 또는 자동경보장치를 설치하여야 한다.

## 69. 산업안전보건법령상 공정안전보고서의 내용 중 공정 안전자료에 포함되지 않는 것은?

① 유해·위험설비의 목록 및 사양
② 폭발위험장소 구분도 및 전기단선도
③ 안전운전지침서
④ 각종 건물·설비의 배치도

**해설** ▶ 공정 안전자료에 포함사항
- 취급·저장하고 있는 유해·위험물질의 종류와 수량
- 유해·위험물질에 대한 물질안전보건자료
- 유해·위험설비의 목록 및 사양
- 유해·위험설비의 운전방법을 알 수 있는 공정도면
- 각종 건물·설비의 배치도
- 폭발위험장소 구분도 및 전기단선도
- 위험설비의 안전설계·제작 및 설치 관련 지침서

**정답** 65 ②  66 ①  67 ③  68 ①  69 ③

**70** 아크용접 작업 시 감전사고 방지대책으로 옳지 않은 것은?

① 절연장갑의 사용
② 절연 용접봉의 사용
③ 적정한 케이블의 사용
④ 절연 용접봉의 홀더 사용

**해설** 절연 용접봉을 사용해도 자동전격방지기를 설치해야 한다.

**71** 꽂음접속기를 설치하거나 사용하는 경우 준수사항으로 옳지 않은 것은?

① 서로 다른 전압의 꽂음접속기는 서로 접속되지 아니한 구조의 것을 사용할 것
② 습윤한 장소에 사용되는 꽂음접속기는 방수형을 사용할 것
③ 근로자가 꽂음접속기를 접속시킬 경우에는 땀 등으로 젖은 손으로 취급하지 않도록 할 것
④ 해당 꽂음접속기에 잠금장치가 있는 경우에는 접속 후 그대로 사용할 것

**해설** 사업주는 꽂음접속기를 설치하거나 사용하는 경우에는 다음 각호의 사항을 준수하여야 한다.
1. 서로 다른 전압의 꽂음접속기는 서로 접속되지 아니한 구조의 것을 사용할 것
2. 습윤한 장소에 사용되는 꽂음접속기는 방수형 등 그 장소에 적합한 것을 사용할 것
3. 근로자가 해당 꽂음접속기를 접속시킬 경우에는 땀 등으로 젖은 손으로 취급하지 않도록 할 것
4. 해당 꽂음접속기에 잠금장치가 있는 경우에는 접속 후 잠그고 사용할 것

**72** 다음 중 산업안전보건법령상 위험물의 종류에서 인화성 가스에 해당하지 않는 것은?

① 수소
② 질산에스테르
③ 아세틸렌
④ 메탄

**해설** 질산에스테르는 폭발성물질 및 유기과산화물
▶ 인화성 가스
① 수소
② 아세틸렌
③ 에틸렌
④ 메탄
⑤ 에탄
⑥ 프로판
⑦ 부탄
⑧ 산업안전보건법 시행령 [별표 13]에 따른 인화성 가스

**73** 에틸에테르(폭발하한값 1.9[vol%])와 에틸알콜(폭발하한값 4.3[vol%])이 4 : 1로 혼합된 증기의 폭발하한계(vol%)는 약 얼마인가? (단, 혼합증기는 에틸에테르가 80[%], 에틸알콜이 20[%]로 구성되고, 르샤틀리에 법칙을 이용한다)

① 2.14[vol%]   ② 3.14[vol%]
③ 4.14[vol%]   ④ 5.14[vol%]

**해설** $L = \dfrac{100}{\dfrac{V_1}{L_1} + \dfrac{V_2}{L_2} + \dfrac{V_3}{L_3} + \cdots + \dfrac{V_n}{L_n}}$

- $L_1, L_2, \cdots, L_n$ : 각 성분 가스의 폭발한계(vol%)
- $V_1, V_2, \cdots, V_n$ : 각 성분 가스의 혼합비(vol%)

$L = \dfrac{100}{\dfrac{80}{1.9} + \dfrac{20}{4.3}} = 2.1387$

**정답** 70 ② 71 ④ 72 ② 73 ①

**74** 다음 중 산업안전보건기준에 관한 규칙에서 규정하는 급성 독성물질에 해당되지 않는 것은?

① 쥐에 대한 경구투입실험에 의하여 실험동물의 50[%]를 사망시킬 수 있는 물질의 양이 [kg]당 300[mg]-(체중) 이하인 화학물질
② 쥐에 대한 경피흡수실험에 의하여 실험동물의 50[%]를 사망시킬 수 있는 물질의 양이 [kg]당 1,000[mg]-(체중) 이하인 화학물질
③ 토끼에 대한 경피흡수실험에 의하여 실험동물의 50[%]를 사망시킬 수 있는 물질의 양이 [kg]당 1,000[mg]-(체중) 이하인 화학물질
④ 쥐에 대한 4시간 동안의 흡입실험에 의하여 실험동물의 50[%]를 사망시킬 수 있는 가스의 농도가 3,000[ppm] 이상인 화학물질

> **해설** ▶ 급성독성물질
> - 쥐에 대한 경구투입실험에 의하여 실험동물의 50[%]를 사망시킬 수 있는 물질의 양, 즉 $LD_{50}$(경구, 쥐)이 킬로그램(체중)당 300[mg] 이하인 화학물질
> - 쥐 또는 토끼에 대한 경피흡수실험에 의하여 실험동물의 50[%]를 사망시킬 수 있는 물질의 양, 즉 $LD_{50}$(경피, 토끼 또는 쥐)이 킬로그램(체중)당 1,000[mg] 이하인 화학물질
> - 쥐에 대한 4시간 동안의 흡입실험에 의하여 실험동물의 50[%]를 사망시킬 수 있는 물질의 농도, 즉 $LC_{50}$(쥐, 4시간 흡입)이 2,500[ppm] 이하인 화학물질

**75** LPG에 대한 설명으로 옳지 않은 것은?

① 강한 독성 가스로 분류된다.
② 질식의 우려가 있다.
③ 누설 시 인화, 폭발성이 있다.
④ 가스의 비중은 공기보다 크다.

> **해설** LPG는 주로 프로판과 부탄으로 구성되어 있으며, 독성보다는 인화성과 폭발성이 주요 위험 요소로 LPG는 강한 독성 가스로 분류되지 않는다.

**76** 응상 폭발에 해당하지 않는 것은?

① 수증기 폭발  ② 전선 폭발
③ 증기 폭발    ④ 분진 폭발

> **해설**
> ① 수증기 폭발 : 물질이 갑작스럽게 고온의 금속이나 용융된 상태와 접촉하여 증발함으로써 발생하는 전형적인 응상 폭발이다.
> ② 전선 폭발 : 전선이 과열되어 급격히 기화하고 이로 인해 폭발이 일어나는 현상으로, 응상 폭발에 포함된다.
> ③ 증기 폭발 : 액체가 급격히 가열되어 증발하면서 발생하는 폭발로, 응상 폭발의 일종이다.
> ④ 분진 폭발 : 분진 폭발은 미세한 가연성 분말이 공기 중에 퍼져 있다가 점화원에 의해 폭발하는 현상으로 기체나 액체의 증발과 관련된 기상폭발이다.

**77** 다음 중 건조설비의 사용상 주의사항으로 적절하지 않은 것은?

① 건조설비 가까이 가연성 물질을 두지 말 것
② 고온으로 가열 건조한 물질은 즉시 격리 저장할 것
③ 위험물 건조설비를 사용할 때는 미리 내부를 청소하거나 환기시킨 후 사용할 것
④ 건조 시 발생하는 가스·증기 또는 분진에 의한 화재·폭발의 위험이 있는 물질은 안전한 장소로 배출할 것

> **해설** 화재 및 폭발의 위험을 방지하기 위해 충분히 냉각시킨 후에 안전한 장소에 저장해야 한다. 즉각적인 격리 저장은 물질의 열로 인해 화재나 사고로 이어질 가능성이 높다.

**78** 할로겐 화합물 소화약제의 소화작용과 같이 연소의 연속적인 연쇄 반응을 차단, 억제 또는 방해하여 연소현상이 일어나지 않도록 하는 소화작용은?

① 부촉매 소화작용
② 냉각 소화작용
③ 질식 소화작용
④ 제거 소화작용

**해설**
① 부촉매 소화작용 : 연소 과정에서 발생하는 연쇄 반응을 차단, 억제 또는 방해하여 연소를 중단시킨 방법이다. 할로겐 화합물 소화약제는 이러한 부촉매 역할을 하여 화재의 진압에 효과적이다.
② 냉각 소화작용 : 열을 흡수하여 온도를 낮춤으로써 연소를 멈추게 하는 방법
③ 질식 소화작용 : 산소 공급을 차단하여 연소를 멈추게 하는 방식
④ 제거 소화작용 : 연소에 필요한 연료나 산소를 물리적으로 제거하는 방법

**79** 황린의 저장 및 취급방법으로 옳은 것은?

① 강산화제를 첨가하여 중화된 상태로 저장한다.
② 물속에 저장한다.
③ 자연발화하므로 건조한 상태로 저장한다.
④ 강알칼리 용액 속에 저장한다.

**해설** 황린(White Phosphorus)은 자연발화성 물질로, 공기 중에서 쉽게 발화할 수 있다. 따라서 안전한 저장과 취급을 위해서는 공기와의 접촉을 차단해야 한다. 황린을 물속에 저장함으로써 공기와의 접촉을 차단할 수 있다.

**80** 다음 중 물리적 공정에 해당되는 것은?

① 유화중합
② 축합중합
③ 산화
④ 증류

**해설** 유화중합, 축합중합, 산화는 모두 화학적 반응에 의해 물질을 분리하거나 변환하는 화학적 공정에 해당함. 증류는 끓는점의 차이를 이용하여 물질을 분리하는 공정으로 화학 반응이 일어나지 않기 때문에 물리적 공정에 해당한다.

## 5과목 건설안전기술

**81** 항타기 및 항발기를 조립하는 경우 점검하여야 할 사항이 아닌 것은?

① 과부하장치 및 제동장치의 이상 유무
② 권상장치의 브레이크 및 쐐기장치 기능의 이상 유무
③ 본체 연결부의 풀림 또는 손상의 유무
④ 권상기의 설치상태의 이상 유무

**해설** ▶ 점검하여야 할 사항
1. 본체 연결부의 풀림 또는 손상의 유무
2. 권상용 와이어로프·드럼 및 도르래의 부착상태의 이상 유무
3. 권상장치의 브레이크 및 쐐기장치 기능의 이상 유무
4. 권상기의 설치상태의 이상 유무
5. 리더(leader)의 버팀 방법 및 고정상태의 이상 유무
6. 본체·부속장치 및 부속품의 강도가 적합한지 여부
7. 본체·부속장치 및 부속품에 심한 손상·마모·변형 또는 부식이 있는지 여부

**82** 건설공사 유해위험방지계획서 제출 시 공통적으로 제출하여야 할 첨부서류가 아닌 것은?

① 공사개요서
② 전체 공정표
③ 산업안전보건관리비 사용계획서
④ 가설도로계획서

**해설** ▶ 유해위험방지계획서 첨부서류
• 공사개요서
• 공사현장의 주변 현황 및 주변과의 관계를 나타내는 도면(매설물 현황을 포함한다.)
• 전체 공정표
• 산업안전보건관리비 사용계획서(별지 제102호 서식)
• 안전관리 조직표
• 재해 발생 위험시 연락 및 대피방법

정답  78 ①  79 ②  80 ④  81 ①  82 ④

**83** 가설통로 설치 시 경사가 몇 도를 초과하면 미끄러지지 않는 구조로 설치하여야 하는가?

① 15[°]  ② 20[°]
③ 25[°]  ④ 30[°]

**해설** 경사가 15[°]를 초과하는 경우에는 미끄러지지 아니하는 구조로 할 것

**84** 이동식 비계 작업 시 주의사항으로 옳지 않은 것은?

① 비계의 최상부에서 작업을 하는 경우에는 안전난간을 설치한다.
② 이동 시 작업지휘자가 이동식 비계에 탑승하여 이동하며 안전 여부를 확인하여야 한다.
③ 비계를 이동시키고자 할 때는 바닥의 구멍이나 머리 위의 장애물을 사전에 점검한다.
④ 작업발판은 항상 수평을 유지하고 작업발판 위에서 안전난간을 딛고 작업을 하거나 받침대 또는 사다리를 사용하여 작업하지 않도록 한다.

**해설** ▶ 이동식 비계
- 이동식 비계를 이동 시에는 추락 위험이 있으므로 작업자는 반드시 비계에서 내려와 이동하여야 한다.
- 이동식 비계의 바퀴에는 뜻밖의 갑작스러운 이동 또는 전도를 방지하기 위하여 브레이크·쐐기 등으로 바퀴를 고정시킨 다음 비계의 일부를 견고한 시설물에 고정하거나 아웃트리거를 설치하는 등 필요한 조치를 할 것
- 승강용 사다리는 견고하게 설치할 것
- 비계의 최상부에서 작업을 하는 경우에는 안전난간을 설치할 것
- 작업발판은 항상 수평을 유지하고 작업발판 위에서 안전난간을 딛고 작업을 하거나 받침대 또는 사다리를 사용하여 작업하지 않도록 할 것
- 작업발판의 최대적재하중은 250킬로그램을 초과하지 않도록 할 것

**85** 다음은 공사 진척에 따른 안전관리비의 사용기준이다. (  )에 들어갈 내용으로 옳은 것은?

| 공정률 | 50[%] 이상 70[%] 미만 | 70[%] 이상 90[%] 미만 | 90[%] 이상 |
|---|---|---|---|
| 사용기준 | (   ) | 70[%] 이상 | 90[%] 이상 |

① 30[%] 이상  ② 40[%] 이상
③ 50[%] 이상  ④ 60[%] 이상

**해설** ▶ 공사 진척에 따른 안전관리비의 사용기준

| 공정률 | 50[%] 이상 70[%] 미만 | 70[%] 이상 90[%] 미만 | 90[%] 이상 |
|---|---|---|---|
| 사용기준 | 50[%] 이상 | 70[%] 이상 | 90[%] 이상 |

**86** 거푸집 동바리 조립도에 명시해야 할 사항과 거리가 가장 먼 것은?

① 작업환경 조건  ② 부재의 재질
③ 단면 규격  ④ 설치 간격

**해설** 조립도에는 동바리·멍에 등 부재의 재질·단면 규격·설치 간격 및 이음방법 등을 명시하여야 한다.

**87** 화물을 적재하는 경우에 준수하여야 하는 사항으로 옳지 않은 것은?

① 침하 우려가 없는 튼튼한 기반 위에 적재할 것
② 건물의 칸막이나 벽 등이 화물의 압력에 견딜 만큼의 강도를 지니지 아니한 경우에는 칸막이나 벽에 기대어 적재하지 않도록 할 것
③ 불안정할 정도로 높이 쌓아 올리지 말 것
④ 편하중이 발생하도록 쌓아 적재효율을 높일 것

**해설** ▶ 화물 적재 시 준수사항 ★★
- 침하 우려가 없는 튼튼한 기반 위에 적재할 것
- 건물의 칸막이나 벽 등이 화물의 압력에 견딜 만큼의 강도를 지니지 아니한 경우에는 칸막이나 벽에 기대어 적재하지 않도록 할 것
- 불안정할 정도로 높이 쌓아 올리지 말 것
- 하중이 한쪽으로 치우치지 않도록 쌓을 것

정답  83 ①  84 ②  85 ③  86 ①  87 ④

**88** 핸드 브레이커 취급 시 안전에 관한 유의사항으로 옳지 않은 것은?

① 기본적으로 현장 정리가 잘되어 있어야 한다.
② 작업 자세는 항상 하향 45[°] 방향으로 유지하여야 한다.
③ 작업 전 기계에 대한 점검을 철저히 한다.
④ 호스의 교차 및 꼬임 여부를 점검하여야 한다.

해설 ▶ 핸드 브레이커는 충격을 이용하여 콘크리트나 벽돌 등을 파쇄하는 기계
핸드 브레이커를 사용하는 경우, 작업자의 안전을 위해 작업 자세는 항상 수직으로 유지해야 한다. 하향 45[°] 방향으로 유지하면 충격으로 인해 작업자가 튕겨나가거나, 기계가 전도될 위험이 높아진다.

**89** 달비계의 최대 적재하중을 정하는 경우 달기 와이어로프의 최대하중이 50[kg]일 때 안전계수에 의한 와이어로프의 절단하중은 얼마인가?

① 1,000[kg]  ② 700[kg]
③ 500[kg]   ④ 300[kg]

해설 안전계수는 와이어로프 등의 절단하중 값을 그 와이어로프 등에 걸리는 하중의 최댓값으로 나눈 값을 말한다.
$$안전계수 = \frac{절단하중}{최대하중}, 안전계수는 10$$
$$10 = \frac{x}{50} = 500$$

**90** 안전난간의 구조 및 설치요건과 관련하여 발끝막이판은 바닥면으로부터 얼마 이상의 높이를 유지하여야 하는가?

① 10[cm] 이상   ② 15[cm] 이상
③ 20[cm] 이상   ④ 30[cm] 이상

해설 ▶ 안전난간
발끝막이판은 바닥면 등으로부터 10[cm] 이상의 높이를 유지할 것

**91** 거푸집 동바리 등을 조립하는 경우의 준수사항으로 옳지 않은 것은?

① 동바리로 사용하는 파이프 서포트는 최소 3개 이상 이어서 사용하도록 할 것
② 동바리의 상하 고정 및 미끄러짐 방지조치를 하고, 하중의 지지상태를 유지할 것
③ 동바리의 이음은 맞댄이음이나 장부이음으로 하고 같은 품질의 재료를 사용할 것
④ 강재와 강재의 접속부 및 교차부는 볼트·클램프 등 전용철물을 사용하여 단단히 연결할 것

해설 파이프 서포트를 3개 이상 이어서 사용하지 않도록 할 것

**92** 발파작업에 종사하는 근로자가 준수하여야 할 사항으로 옳지 않은 것은?

① 장전구는 마찰·충격·정전기 등에 의한 폭발의 위험이 없는 안전한 것을 사용할 것
② 발파공의 충진재료는 점토·모래 등 발화성 또는 인화성의 위험이 없는 재료를 사용할 것
③ 얼어붙은 다이나마이트는 화기에 접근시키거나 그 밖의 고열물에 직접 접촉시켜 단시간 안에 융해시킬 수 있도록 할 것
④ 전기뇌관에 의한 발파의 경우 점화하기 전에 화약류를 장전한 장소로부터 30[m] 이상 떨어진 안전한 장소에서 전선에 대하여 저항측정 및 도통시험을 할 것

해설 얼어붙은 다이나마이트를 고열물이나 화기에 직접 노출시키는 것은 매우 위험하며 폭발 사고를 유발할 수 있다. 올바른 조치는 천천히 상온에서 자연 해동시키는 방법을 사용해야 한다.

88 ②   89 ③   90 ①   91 ①   92 ③

**93** 산업안전보건법령에서는 터널건설작업을 하는 경우에 해당 터널 내부의 화기나 아크를 사용하는 장소에는 필히 무엇을 설치하도록 규정하고 있는가?

① 소화설비  ② 대피설비
③ 충전설비  ④ 차단설비

**해설** 터널건설작업을 하는 경우에는 해당 터널 내부의 화기나 아크를 사용하는 장소 또는 배전반, 변압기, 차단기 등을 설치하는 장소에 소화설비를 설치하여야 한다.

**94** 도심지에서 주변에 주요시설물이 있을 때 침하와 변위를 적게 할 수 있는 가장 적당한 흙막이 공법은?

① 동결공법  ② 샌드드레인공법
③ 지하연속벽공법  ④ 뉴매틱케이슨공법

**해설** 지하연속벽공법은 지하수와 토압을 효과적으로 제어하며, 굴착 작업 중 주변 지반의 안정성을 유지할 수 있다. 특히, 도심지와 같이 주변에 주요 시설물이 있을 때 침하와 변위를 최소화하는 데 유리하여 안전하게 공사를 진행할 수 있는 대표적인 공법으로 꼽힌다.
- 동결공법 : 지반을 얼려 굴착 작업의 안정성을 확보하는 공법이지만, 비용과 시간이 많이 소요된다.
- 샌드드레인공법 : 연약지반의 배수를 촉진하여 지반을 개량하는 데 사용된다.
- 뉴매틱케이슨공법 : 압축공기를 이용해 수중 작업에서 기초를 설치하는 공법이다.

**95** 건설현장에서 근로자가 안전하게 통행할 수 있도록 통로에 설치하는 조명의 조도 기준은?

① 65럭스 이상  ② 75럭스 이상
③ 85럭스 이상  ④ 95럭스 이상

**해설** ▶ 통로의 조명
근로자가 안전하게 통행할 수 있도록 통로에 75[lux] 이상의 채광 또는 조명시설을 하여야 한다. 다만, 갱도 또는 상시 통행을 하지 아니하는 지하실 등을 통행하는 근로자에게 휴대용 조명기구를 사용하도록 한 경우에는 그러하지 아니한다.

**96** 리프트의 안전장치에 해당하지 않는 것은?

① 권과방지장치
② 비상정지장치
③ 과부하 방지장치
④ 조속기

**해설** ▶ 리프트의 안전장치
권과방지장치, 과부하방지장치, 비상정지장치

**97** 흙의 함수비 측정시험을 하였다. 먼저 용기의 무게를 잰 결과 10[g]이었다. 시료를 용기에 넣은 후에 총 무게는 40[g], 그대로 건조시킨 후 무게는 30[g]이었다. 이 흙의 함수비는?

① 25[%]  ② 30[%]
③ 50[%]  ④ 75[%]

**해설** 함수비 $= \dfrac{\text{물의 무게}}{\text{건조된 흙의 무게}} = \dfrac{40-30}{30-10} = 50$

- 물의 무게 : 시료의 습윤상태 무게 − 건조 후 무게
- 건조된 흙의 무게 : 건조 후 무게 − 용기의 무게

**98** 일반적인 안전수칙에 따른 수공구와 관련된 행동으로 옳지 않은 것은?

① 작업에 맞는 공구의 선택과 올바른 취급을 하여야 한다.
② 결함이 없는 완전한 공구를 사용하여야 한다.
③ 작업 중인 공구는 작업이 편리한 반경 내의 작업대나 기계 위에 올려놓고 사용하여야 한다.
④ 공구는 사용 후 안전한 장소에 보관하여야 한다.

**해설** 작업 중 공구를 작업대나 기계 위에 올려놓는 것은 위험하다. 작업 도중 공구가 떨어지거나 미끄러져 사고로 이어질 수 있다. 올바른 조치는 사용 중인 공구를 안전하게 고정하거나 휴식을 취할 때 지정된 공구 보관 장소에 둔다.

**정답** 93 ①  94 ③  95 ②  96 ④  97 ③  98 ③

**99** 건설공사 중 작업으로 인하여 물체가 떨어지거나 날아올 위험이 있을 때 조치할 사항으로 옳지 않은 것은?

① 안전난간 설치
② 보호구의 착용
③ 출입금지구역의 설정
④ 낙하물방지망의 설치

> 해설 안전난간 설치는 주로 추락 방지를 목적으로 하며, 물체의 낙하나 비산을 직접적으로 방지하는 조치로는 적합하지 않다.

**100** 잠함, 우물통, 수직갱, 그 밖에 이와 유사한 건설물 또는 설비의 내부에서 굴착작업을 하는 경우에 준수해야 할 기준으로 옳지 않은 것은?

① 산소 결핍 우려가 있는 경우에는 산소농도를 측정하는 사람을 지명하여 측정하도록 할 것
② 근로자가 안전하게 오르내리기 위한 설비를 설치할 것
③ 굴착 깊이가 10[m]를 초과하는 경우에는 해당 작업장소와 외부와의 연락을 위한 통신설비 등을 설치할 것
④ 굴착 깊이가 20[m]를 초과하는 경우에는 송기를 위한 설비를 설치하여 필요한 양의 공기를 공급할 것

> 해설 ● 잠함 등의 내부에서 굴착작업 시 준수사항
> - 산소 결핍 우려가 있는 경우에는 산소의 농도를 측정하는 사람을 지명하여 측정하도록 할 것
> - 근로자가 안전하게 오르내리기 위한 설비를 설치할 것
> - 굴착 깊이가 20미터를 초과하는 경우에는 해당 작업장소와 외부와의 연락을 위한 통신설비 등을 설치할 것
> - 산소농도 측정 결과 산소 결핍이 인정되거나 굴착 깊이가 20미터를 초과하는 경우에는 송기(送氣)를 위한 설비를 설치하여 필요한 양의 공기를 공급해야 한다.

# 2025년 제1회 기출 복원문제

## 1과목 산업재해 예방 및 안전보건교육

**01** 하인리히의 재해구성비율에 따라 경상사고가 87건 발생하였다면 무상해 사고는 몇 건이 발생하였겠는가?

① 300건
② 600건
③ 900건
④ 1,200건

**해설** 하인리히의 법칙
1 : 29 : 300(사망·중상 : 경상 : 무상해 사고)
여기서, 경상사고가 87건 발생하였으므로 3 : 87 : 900
∴ 무상해 사고는 900건

**02** 재해예방의 4원칙에 해당하지 않는 것은?

① 예방 가능의 원칙
② 손실 우연의 원칙
③ 원인 계기의 원칙
④ 선취 해결의 원칙

**해설** 재해예방의 4원칙
- 예방 가능의 원칙 : 천재지변을 제외한 모든 인재는 예방이 가능하다.
- 손실 우연의 원칙 : 사고의 결과 손실의 유무 또는 대소는 사고 당시의 조건에 따라서 우연히 발생한다.
- 원인 연계(계기)의 원칙 : 사고에는 반드시 원인이 있고 원인은 대부분 연계 원인이다.
- 대책 선정의 원칙 : 사고의 원인이나 불안전 요소가 발견되면 반드시 대책은 실시하여야 대책 선정이 가능하며, 대책에는 재해 방지의 세 기둥이라고 할 수 있는 3E, 즉 기술적 대책, 교육적 대책, 규제적 대책을 들 수 있다.

**03** 하인리히 재해 발생 5단계 중 3단계에 해당하는 것은?

① 불안전한 행동 또는 불안전한 상태
② 사회적 환경 및 유전적 요소
③ 관리의 부재
④ 사고

**해설** 하인리히 재해 발생 5단계
- 1단계 : 사회적 환경 및 유전적 요소(선천적 결함)
- 2단계 : 개인적인 결함(인간의 결함)
- 3단계 : 불안전한 행동 및 상태(물리적, 기계적 위험)
- 4단계 : 사고(화재나 폭발, 유해물질 노출 발생)
- 5단계 : 재해(사고로 인한 인명, 재산 피해)

**04** 무재해운동의 이념 가운데 직장의 위험요인을 행동하기 전에 예지하여 발견, 파악, 해결하는 것을 의미하는 것은?

① 무의 원칙
② 선취의 원칙
③ 참가의 원칙
④ 인간존중의 원칙

**해설** 무재해운동 3원칙
- 무(Zero)의 원칙 : 산업재해의 근원적인 요소들을 없앤다는 것
- 안전제일의 원칙(선취의 원칙) : 행동하기 전, 잠재위험 요인을 발견하고 파악, 해결하여 재해를 예방하는 것
- 참여의 원칙(참가의 원칙) : 전원이 일치 협력하여 각자의 위치에서 적극적으로 문제를 해결하는 것

**정답** 01 ③  02 ④  03 ①  04 ②

**05** 상시 근로자 수가 75명인 사업장에서 1일 8시간씩 연간 320일을 작업하는 동안에 4건의 재해가 발생하였다면 이 사업장의 도수율은 약 얼마인가?

① 17.68
② 19.67
③ 20.83
④ 22.83

**해설** 도수율 = $\dfrac{재해건수}{연\ 근로시간} \times 10^6$

$= \dfrac{4}{(75 \times 320 \times 8)} \times 10^6 = 20.83$

**06** 연간 근로자 수가 300명인 A 공장에서 지난 1년간 1명의 재해자(신체장해등급 : 1급)가 발생하였다면 이 공장의 강도율은? (단, 근로자 1인당 1일 8시간씩 연간 300일을 근무하였다.)

① 4.27    ② 6.42
③ 10.05   ④ 10.42

**해설** 강도율 = $\dfrac{근로손실일\ 수}{연\ 근로시간} \times 1,000$

$= \dfrac{7,500}{300 \times 300 \times 8} \times 1,000 = 10.42$

▶ 신체장해등급에 따른 근로손실일 수
- 1~3급 : 7,500일
- 4급 : 5,500일
- 5급 : 4,000일
- 6급 : 3,000일
- 7급 : 2,200일

**07** 다음 중 산업재해 통계에 관한 설명으로 적절하지 않은 것은?

① 산업재해 통계는 구체적으로 표시되어야 한다.
② 산업재해 통계는 안전활동을 추진하기 위한 기초자료이다.
③ 산업재해 통계만을 기반으로 해당 사업장의 안전수준을 추측한다.
④ 산업재해 통계의 목적은 기업에서 발생한 산업재해에 대하여 효과적인 대책을 강구하기 위함이다.

**해설** 산업재해 통계만을 기반으로 해당 사업장의 안전수준을 추측하지 않는다. 산업재해 통계·재해 발생 상황을 통계적으로 산출하여 재해 방지에 활용할 정보를 위해 작성·다수의 재해 통계처리 결과를 안전대책으로 활용·동종 및 유사재해의 예방을 목적으로 작성하다.

**08** 산업안전보건법령에 따른 최소 상시 근로자 50명 이상 규모에 산업안전보건위원회를 설치·운영하여야 할 사업의 종류가 아닌 것은?

① 토사석 광업
② 1차 금속 제조업
③ 자동차 및 트레일러 제조업
④ 정보서비스업

**해설** 정보서비스업은 상시 근로자 300명 이상
▶ 산업안전보건위원회 설치·운영 대상 사업(상시 근로자 50명 이상 규모)
- 토사석 광업
- 목재 및 나무제품 제조업 : 가구 제외
- 화학물질 및 화학제품 제조업 : 의약품 제외(세제, 화장품 및 광택제 제조업과 화학섬유 제조업은 제외한다)
- 비금속 광물제품 제조업
- 1차 금속 제조업
- 금속가공제품 제조업 : 기계 및 가구 제외
- 자동차 및 트레일러 제조업
- 기타 기계 및 장비 제조업(사무용 기계 및 장비 제조업은 제외한다)
- 기타 운송장비 제조업(전투용 차량 제조업은 제외한다)

정답 05 ③  06 ④  07 ③  08 ④

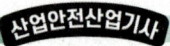

**09** 산업안전보건법령상 일용근로자의 안전·보건교육 과정별 교육시간 기준으로 틀린 것은?

① 채용 시의 교육 : 1시간 이상
② 작업내용 변경 시의 교육 : 2시간 이상
③ 건설업 기초안전·보건교육(건설 일용근로자) : 4시간
④ 특별교육 : 2시간 이상(흙막이 지보공의 보강 또는 동바리를 설치하거나 해체하는 작업에 종사하는 일용근로자)

**해설**

| | | 사무직 종사 근로자 | 매분기 3시간 이상 |
|---|---|---|---|
| 가. 정기교육 | 사무직 종사 근로자 외의 근로자 | 판매업무에 직접 종사하는 근로자 | 매분기 3시간 이상 |
| | | 판매업무에 직접 종사하는 근로자 외의 근로자 | 매분기 6시간 이상 |
| | 관리감독자의 지위에 있는 사람 | | 연간 16시간 이상 |
| 나. 채용 시 교육 | 일용근로자 | | 1시간 이상 |
| | 일용근로자를 제외한 근로자 | | 8시간 이상 |
| 다. 작업내용 변경 시 교육 | 일용근로자 | | 1시간 이상 |
| | 일용근로자를 제외한 근로자 | | 2시간 이상 |
| 라. 특별교육 | [별표 5] 제1호 라목 각 호(제40호는 제외한다)의 어느 하나에 해당하는 작업에 종사하는 일용근로자 | | 2시간 이상 |
| | [별표 5] 제1호 라목 제40호의 타워크레인 신호작업에 종사하는 일용근로자 | | 8시간 이상 |
| | [별표 5] 제1호 라목 각 호의 어느 하나에 해당하는 작업에 종사하는 일용근로자를 제외한 근로자 | | • 16시간 이상(최초 작업에 종사하기 전 4시간 이상 실시하고 12시간은 3개월 이내에서 분할하여 실시 가능)<br>• 단기간 작업 또는 간헐적 작업인 경우에는 2시간 이상 |

**10** 무재해운동의 추진기법 중 위험예지훈련의 4라운드 중 2라운드 진행방법에 해당하는 것은?

① 본질추구
② 목표설정
③ 현상파악
④ 대책수립

**해설** ▶ 위험예지훈련의 4라운드
• 1라운드 : 현상파악
• 2라운드 : 본질추구
• 3라운드 : 대책수립
• 4라운드 : 목표설정

**11** 무재해운동의 추진을 위한 3요소에 해당하지 않는 것은?

① 모든 위험잠재요인의 해결
② 최고경영자의 경영 자세
③ 관리감독자(Line)의 적극적 추진
④ 직장 소집단의 자주활동 활성화

**해설** ▶ 무재해운동의 3기둥(요소)
• 최고경영자의 엄격한 안전경영자세
• 안전활동의 라인화(라인화 철저) – 관리감독자
• 직장 소집단의 자주안전활동의 활성화 – 근로자

**12** 재해 원인을 통상적으로 직접원인과 간접원인으로 나눌 때 직접원인에 해당하는 것은?

① 기술적 원인
② 물적 원인
③ 교육적 원인
④ 관리적 원인

**해설** 직접 원인은 불안전한 행동 및 상태

정답  09 ②  10 ①  11 ①  12 ②

**13** 「산업안전보건법」상 고용노동부 장관이 산업재해 예방을 위하여 종합적인 개선조치를 할 필요가 있다고 인정할 때에 안전보건개선계획의 수립·시행을 명할 수 있는 대상 사업장이 아닌 것은?

① 산업재해율이 같은 업종 평균 산업재해율의 2배 이상인 사업장
② 직업병에 걸린 사람이 연간 2명 이상(상시 근로자 1천 명 이상 사업자의 경우 3명 이상) 발생한 사업장
③ 작업환경 불량, 화재·폭발 또는 누출사고 등으로 사회적 물의를 일으킨 사업장
④ 경미한 재해가 다발로 발생한 사업장

**해설** 경미한 재해가 다발로 발생한 사업장은 개선조치가 필요하지 않다.

**14** 산업안전보건법령상 안전보건관리규정에 관한 설명으로 옳은 것은?

① 안전보건관리규정을 작성하여야 할 경우 소방·가스·전기·교통 분야 등의 다른 법령에서 정하는 안전관리에 관한 규정과 별도로 작성하여야 한다.
② 안전보건관리규정은 해당 사업장에 적용되는 단체협약 및 취업규칙에 우선한다.
③ 사업주는 안전보건관리규정을 작성하여야 할 사유가 발생한 날부터 60일 이내에 안전보건관리규정을 작성하여야 한다.
④ 안전보건관리규정에는 사고 조사 및 대책수립에 관한 사항이 포함되어야 한다.

**해설**
1. 안전보건관리규정은 다른 법령에서 정하는 안전관리에 관한 규정과 통합하여 작성할 수 있다.
2. 안전보건관리규정은 단체협약 및 취업규칙에 반할 수 없다.
3. 사업주는 안전보건관리규정 작성 사유가 발생하면 30일 이내에 작성하여야 한다.
4. 안전보건관리규정을 작성, 변경하고자 할 때 산업안전보건위원회가 설치되어 있지 않은 사업장의 경우 근로자 대표의 동의를 받아야 한다.

**15** Safe-T-Score에 대한 설명으로 틀린 것은?

① 안전관리의 수행도를 평가하는 데 유용하다.
② 기업의 산업재해에 대한 과거와 현재의 안전성적을 비교 평가한 점수로 단위가 없다.
③ Safe-T-Score가 +2.0 이상인 경우는 안전관리가 과거보다 좋아졌음을 나타낸다.
④ Safe-T-Score가 +2.0~-2.0 사이인 경우는 안전관리가 과거에 비해 심각한 차이가 없음을 나타낸다.

**해설** 과거와 현재의 안전을 비교하는 평가방법으로 -2 이하는 과거보다 안전이 좋아진 것이고, -2~+2 사이는 과거와 비슷한 것을 의미하고, +2 이상은 과거보다 안전이 심각히 나빠진 것을 의미한다.

**16** 산업안전보건법령상 산업재해 발생건수 등의 공표대상 사업장이 아닌 것은?

① 사망재해자가 연간 1명 발생한 사업장
② 「산업안전보건법」 제44조 제1항 전단에 따른 중대산업사고가 발생한 사업장
③ 「산업안전보건법」 제57조 제1항을 위반하여 산업재해 발생 사실을 은폐한 사업장
④ 사망만인율(死亡萬人率)이 규모별 같은 업종의 평균 사망만인율 이상인 사업장

정답 13 ④ 14 ② 15 ③ 16 ①

해설 ▶ 재해 발생 건수 등 재해율 공표대상 사업장
- 사망재해자가 연간 2명 이상인 사업장
- 사망만인율이 같은 업종 평균 이상 사업장
- 중대산업사고 발생 사업장
- 산업재해 발생 은폐 사업장
- 산업재해 발생 보고를 3년 이내 2회 이상 하지 않은 사업장 1년에 1회 이상
 ※ 사망자 2명, 평균 사망만인율 이상, 중대산업사고 발생, 재해 은폐, 재해 보고 3년 동안 2번 누락하면 공표

해설 ▶ 
연천인율 $= \dfrac{\text{재해자 수}}{\text{연평균 근로자 수}} \times 1,000$

도수율 $= \dfrac{\text{재해건수}}{\text{연평균 근로시간}} \times 10^6$

강도율 $= \dfrac{\text{근로손실일 수}}{\text{연 근로시간}} \times 1,000$

종합재해지수(FSI) $= \sqrt{\text{빈도율(F.R)} \times \text{강도율(S.R)}}$

**17** 기업 내 정형교육 중 대상으로 하는 계층이 한정되어 있지 않고, 한 번 훈련을 받은 관리자는 그 부하인 감독자에 대해 지도원이 될 수 있는 교육방법은?

① TWI(Training Within Industry)
② MTP(Management Training Program)
③ CCS(Civil Communication Section)
④ ATT(American Telephone & Telegram Co)

해설 ① TWI(Training Within Industry) : 기업 내, 산업 내 훈련으로 관리감독자가 교육대상
② MTP(Management Training Program) : TWI보다 약간 높은 관리자(관리문제에 치중)
③ CCS(Civil Communication Section) : 간부의 과학적 경영 훈련코스
④ ATT(American Telephone & Telegram Co) : 대상계층이 한정되어 있지 않다. (훈련을 먼저 받은 자는 직급에 관계없이 훈련을 받지 않은 자에 대해 지도원이 될 수 있다.)

**18** 재해율 중 재직 근로자 1,000명당 1년간 발생하는 재해자 수를 나타내는 것은?

① 연천인율
② 도수율
③ 강도율
④ 종합재해지수

**19** 「산업안전보건법」상 안전·보건표지에서 기본 모형의 색상이 빨강이 아닌 것은?

① 산화성 물질 경고
② 화기금지
③ 탑승금지
④ 고온경고

해설 ▶ 안전·보건표지

|  |  |  |  |
|---|---|---|---|
| 산화성 물질 경고 | 화기금지 | 탑승금지 | 고온경고 |

금지표지가 기본 모형의 색상이 빨강이므로 화기금지와 탑승금지는 빨강이고, 산화성 물질 경고는 무색 바탕에 빨강(또는 검정)이다. 고온 경고는 노란색 바탕에 검정의 기본 모형으로 표시한다.

**20** 산업안전보건법령상 특별안전·보건 교육대상 작업별 교육 내용 중 밀폐공간에서의 작업 시 교육내용에 포함되지 않는 것은? (단, 그 밖에 안전·보건관리에 필요한 사항은 제외한다)

① 산소농도 측정 및 작업환경에 관한 사항
② 유해물질이 인체에 미치는 영향
③ 보호구 착용 및 사용방법에 관한 사항
④ 사고 시의 응급처치 및 비상시 구출에 관한 사항

정답  17 ④  18 ①  19 ④  20 ②

해설 ▶ 특별안전·보건 교육 내용 중 밀폐공간의 작업
- 산소농도 측정 및 작업환경에 관한 사항
- 사고 시의 응급처치 및 비상시 구출에 관한 사항
- 보호구 착용 및 사용방법에 관한 사항
- 밀폐공간작업의 안전작업방법에 관한 사항
- 그 밖에 안전·보건관리에 필요한 사항

해설 ▶ 인간공학

| | |
|---|---|
| 사회적, 인간적 측면 | • 사용상의 효율성 및 편리성 향상<br>• 안정감 및 만족도를 증가시키고 인간의 가치기준을 향상(삶의 질적 향상)<br>• 인간·기계 시스템에 대하여 인간의 복지, 안락함, 효율성을 향상시키는 것 |
| 산업현장 및 작업장 측면 | • 안전성 향상 및 사고예방<br>• 작업능률 및 생산성 증대<br>• 작업환경의 쾌적성 |

## 2과목 인간공학 및 위험성 평가·관리

**21** 인간공학의 연구방법에서 인간-기계 시스템을 평가하는 척도의 요건으로 적합하지 않은 것은?

① 적절성, 타당성
② 무오염성
③ 주관성
④ 신뢰성

해설 주관성은 척도로 사용하지 않는다.

**22** 인간공학에 관련된 설명으로 틀린 것은?

① 편리성, 쾌적성, 효율성을 높일 수 있다.
② 사고를 방지하고 안전성과 능률성을 높일 수 있다.
③ 인간의 특성과 한계점을 고려하여 제품을 설계한다.
④ 생산성을 높이기 위해 인간을 작업 특성에 맞추는 것이다.

**23** 체계 설계 과정의 주요 단계 중 가장 먼저 실시되어야 하는 것은?

① 기본설계
② 계면설계
③ 체계의 정의
④ 목표 및 성능 명세 결정

해설 ▶ 체계 설계 과정의 주요 단계
- 1단계 : 목표 및 성능 명세 결정
- 2단계 : 체계의 정의
- 3단계 : 기본설계
- 4단계 : 계면설계
- 5단계 : 촉진물설계
- 6단계 : 시험 및 평가

**24** 인간 실수의 주원인에 해당하는 것은?

① 기술수준
② 경험수준
③ 훈련수준
④ 인간 고유의 변화성

해설 인간은 기계와 다른 인간 고유의 변화성을 지니고 있다. 기계와의 대표적인 차별점이다.

21 ③　22 ④　23 ④　24 ④

25 어떤 결함수의 쌍대결함수를 구하고, 컷셋을 찾아내어 결함(사고)을 예방할 수 있는 최소의 조합을 의미하는 것은?

① 최대 컷셋
② 최소 컷셋
③ 최대 패스셋
④ 최소 패스셋

**해설** 사고를 예방하는 최소의 조합은 최소 패스셋이다.
- 컷셋 : 고장을 일으키는 원인의 집합
- 패스셋 : 고장을 일으키지 않는 원인의 집합

26 FT도에 의한 컷셋(cut set)이 다음과 같이 구해졌을 때 최소 컷셋(minimal cut set)으로 맞는 것은?

(X₁, X₃)
(X₁, X₂, X₃)
(X₁, X₃, X₄)

① ($X_1$, $X_3$)
② ($X_1$, $X_2$, $X_3$)
③ ($X_1$, $X_3$, $X_4$)
④ ($X_1$, $X_2$, $X_3$, $X_4$)

**해설** 최소 컷셋(또는 미니멀 컷셋)은 공통인 것만 뽑으면 된다.
3세트 모두 $X_1$, $X_3$이 들어간다.
∴ ($X_1$, $X_3$)

27 반복되는 사건이 많이 있는 경우에 FTA의 최소 컷셋을 구하는 알고리즘이 아닌 것은?

① Fussel Algorithm
② Boolean Algorithm
③ Monte Carlo Algorithm
④ Limnios &Ziani Algorithm

**해설**
① Fussel Algorithm : FTA에서 가장 널리 사용되는 알고리즘 중 하나로, 트리 구조를 기반으로 최소 컷셋을 도출
② Boolean Algorithm : 부울 연산(불대수) 활용하여 논리적으로 컷셋을 간소화하고 최소 컷셋을 구함
③ Monte Carlo Algorithm : 근삿값을 계산하는 데 사용
④ Limnios & Ziani Algorithm : 사건이 반복될 때 구하는 알고리즘

28 다음 FTA 그림에서 a, b, c의 부품 고장률이 각각 0.01일 때, 최소 컷셋(minimal cut sets)과 신뢰도로 옳은 것은?

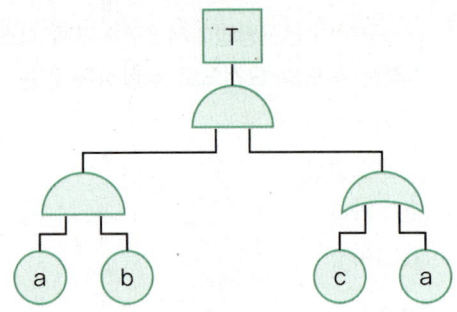

① {a, b}, R[t]=99.99[%]
② {a, b, c}, R[t]=98.99[%]
③ {a, c}, R[t]=96.99[%]
   {a, b}
④ {a, c}, R[t]=97.99[%]
   {a, b, c}

**해설** 최소 컷셋과 신뢰도
1. 최소 컷셋
   T=(a×b)×(c+a)
   =(a×b×c)+(a×b×a)
   =(a, b, c), (a, b)
   따라서 최소 컷셋은 (a, b)
2. 신뢰도=1−고장률
   고장률=(0.01×0.01)=0.0001
   =1−0.001=0.9999×100
   =99.99%

정답  25 ④  26 ①  27 ③  28 ①

**29** 모든 시스템 안전 프로그램 중 최초 단계의 분석으로 시스템 내의 위험 요소가 어떤 상태에 있는지를 정성적으로 평가하는 방법은?

① CA　　② FHA
③ PHA　　④ FMEA

**해설** ① CA(위험도분석) : 고장이 직접 시스템의 손실과 사상에 연결되는 높은 위험도를 가진 요소나 고장의 형태를 분석
② FHA(결함사고분석) : 서브 시스템 분석에 사용되는 분석 기법
③ PHA(예비위험분석) : 최초 단계의 분석으로 시스템 내의 위험한 요소가 얼마나 위험한 상태에 있는가를 정성적으로 평가
④ FMEA(고장의 형과 영향분석) : 시스템에 영향을 미치는 전체 요소의 고장을 형별로 분석하여 그 영향을 검토하는 것

**30** 기계 고장률의 기본 모형에 해당하지 않는 것은?

① 예측 고장
② 초기 고장
③ 우발 고장
④ 마모 고장

**해설** ▶ 기계 고장률의 기본 모형
초기 고장, 우발 고장, 마모 고장

**31** 컷셋과 최소 패스셋을 정의한 것으로 맞는 것은?

① 컷셋은 시스템 고장을 유발시키는 필요 최소한의 고장들의 집합이며, 최소 패스셋은 시스템의 신뢰성을 표시한다.
② 컷셋은 시스템 고장을 유발시키는 필요 최소한의 고장들의 집합이며, 최소 패스셋은 시스템의 불신뢰도를 표시한다.
③ 컷셋은 그 속에 포함되어 있는 모든 기본사상이 일어났을 때 톱 사상을 일으키는 기본사상의 집합이며, 최소 패스셋은 시스템의 신뢰성을 표시한다.
④ 컷셋은 그 속에 포함되어 있는 모든 기본사상이 일어났을 때 톱 사상을 일으키는 기본사상의 집합이며, 최소 패스셋은 시스템의 성공을 유발하는 기본사상의 집합이다.

**해설** ▶ 컷셋과 패스셋
1. 컷셋
　• 정상사상을 발생시키는 기본사상의 집합
　• 모든 기본사상이 일어났을 때 정상사상을 일으키는 기본사상들의 집합
2. 패스셋
　• 시스템의 고장을 일으키지 않는 기본사상들의 집합
　• 포함된 기본사상이 일어나지 않을 때 처음으로 정상사상이 일어나지 않는 기본사상들의 집합
3. 미니멀 컷셋
　• 정상사상을 일으키기 위한 기본사상의 최소집합
　• 최소한의 컷셋
　• 시스템의 위험성을 나타낸다.
4. 미니멀 패스셋
　• 최소한의 패스셋
　• 시스템의 신뢰성을 나타낸다.

**32** 그림과 같이 FTA로 분석된 시스템에서 현재 모든 기본사상에 대한 부품이 고장난 상태이다. 부품 $X_1$부터 부품 $X_5$까지 순서대로 복구한다면 어느 부품을 수리 완료하는 시점에서 시스템이 정상가동 되는가?

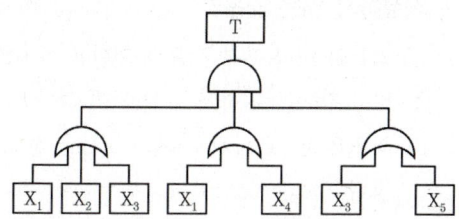

① 부품 $X_2$　　② 부품 $X_3$
③ 부품 $X_4$　　④ 부품 $X_5$

정답　29 ③　30 ①　31 ③　32 ②

해설 정상사상 T가 발생하려면 AND 게이트로 되어 있기 때문에 하위 OR 게이트 전부가 다 복구되어야 합니다. OR 게이트는 1개만 복구되어도 되기 때문에 $X_3$까지 복구를 시키면 모든 하위사상이 복구되기 때문에 정상 가동된다.

**33** 누적손상장애(CTDs)의 원인이 아닌 것은?

① 과도한 힘의 사용
② 높은 장소에서의 작업
③ 장시간 진동공구의 사용
④ 부적절한 자세에서의 작업

해설 ▶ 누적손상장애의 원인
- 부적절한 자세
- 무리한 힘의 사용
- 과도한 반복작업
- 연속작업(비휴식)
- 낮은 온도 등

**34** 자연습구온도가 20[℃]이고, 흑구온도가 30[℃]일 때, 실내의 습구흑구온도지수(WBGT : Wet-Bulb Globe Temperature)는 얼마인가?

① 20[℃]    ② 23[℃]
③ 25[℃]    ④ 30[℃]

해설 ▶ 습구흑구온도지수
WBGT = (0.7×자연습구온도)+(0.3×흑구온도)
     = (0.7×20)+(0.3×30) = 23

**35** 인간공학적인 의자설계를 위한 일반적 원칙으로 적절하지 않은 것은?

① 척추의 허리 부분은 요부 전만을 유지한다.
② 허리 강화를 위하여 쿠션을 설치하지 않는다.
③ 좌판의 앞 모서리 부분은 5[cm] 정도 낮아야 한다.
④ 좌판과 등받이 사이의 각도는 95~105[°]를 유지하도록 한다.

해설 ▶ 인간공학적 의자설계의 특징
- 요부는 전만을 유지해야 한다. 즉, 허리는 앞으로 활처럼 휘어야 한다.
- 조정이 용이해야 한다.
- 등근육의 정적부하를 줄인다.
- 디스크가 받는 압력을 줄인다.
- 의자 쿠션의 두께는 4~5cm 정도로 하여 탄력성과 통기성이 좋은 것을 사용한다.

**36** 인체측정치를 이용한 설계에 관한 설명으로 옳은 것은?

① 평균치를 기준으로 한 설계를 제일 먼저 고려한다.
② 의자의 깊이와 너비는 모두 작은 사람을 기준으로 설계한다.
③ 자세와 동작에 따라 고려해야 할 인체측정치수가 달라진다.
④ 큰 사람을 기준으로 한 설계는 인체측정치의 5[%tile]를 사용한다.

해설 ▶ 인체측정치 설계
① 조절식 설계를 가장 먼저 고려한다. – 평균치를 기준으로 설계하는 것은 기본적인 접근이지만, 모든 사용자를 만족시킬 수는 없다. 극단치(예 5[%tile], 95[%tile])를 고려하는 것이 중요하다.
② 의자의 너비는 최대치 설계로 한다. – 의자의 깊이와 너비는 다양한 체형의 사람들을 수용할 수 있도록 설계되어야 하며, 단순히 작은 사람을 기준으로만 설계할 수 없다.
④ 인체측정 상위 백분위수 기준은 90, 95, 99[%tile]로 한다. – 큰 사람을 기준으로 설계할 때는 보통 95[%tile] 값을 사용한다. 5[%tile] 값은 작은 사람을 기준으로 할 때 사용한다.

정답  33 ②  34 ②  35 ②  36 ③

**37** 다음 중 동작경제의 원칙에 있어 신체사용에 관한 원칙이 아닌 것은?

① 두 손의 동작은 같이 시작해서 같이 끝나야 한다.
② 손의 동작은 유연하고 연속적인 동작이어야 한다.
③ 공구, 재료 및 제어장치는 사용하기 가까운 곳에 배치해야 한다.
④ 동작이 급작스럽게 크게 바뀌는 직선 동작은 피해야 한다.

**해설** ◎ 신체의 사용에 관한 원칙
- 양손은 동시에 동작을 시작하고 또 끝마쳐야 한다.
- 휴식시간 이외에 양손이 동시에 노는 시간이 있어서는 안 된다.
- 양팔은 각기 반대 방향에서 대칭적으로 동시에 움직여야 한다.
- 손의 동작은 작업을 수행할 수 있는 최소 동작 이상을 해서는 안 된다.
- 작업자들을 돕기 위하여 동작의 관성을 이용하여 작업하는 것이 좋다.
- 구속되거나 제한된 동작 또는 급격한 방향전환보다는 유연한 동작이 좋다.
- 작업 동작은 율동이 맞아야 한다.
- 직선 동작보다는 연속적인 곡선 동작을 취하는 것이 좋다.
- 탄도 동작(ballistic movement)은 제한되거나 통제된 동작보다 더 신속, 정확, 용이하다.
- 눈을 주시시키는 동작 또는 이동시키는 동작은 되도록 적게 하여야 한다.

**38** 반복적 노출에 따라 민감성이 가장 쉽게 떨어지는 표시장치는?

① 시각 표시장치    ② 청각 표시장치
③ 촉각 표시장치    ④ 후각 표시장치

**해설** ◎ 후각 표시장치
신체에서 후각이 제일 빨리 적응하고 둔해짐이 빠르다.

**39** 70폰(phon)의 소리에 해당하는 손(sone)의 값은?

① 1    ② 2
③ 4    ④ 8

**해설** sone 값 $= 2^{(phon치-40)/10} = 8$

**40** 일반적으로 인체에 가해지는 온·습도 및 기류 등의 외적 변수를 종합적으로 평가하는 데에는 "불쾌지수"라는 지표가 이용된다. 불쾌지수의 계산식이 다음과 같은 경우, 건구온도와 습구온도의 단위로 옳은 것은?

불쾌지수 = 0.72 × (건구온도 + 습구온도) + 40.6

① 실효온도    ② 화씨온도
③ 절대온도    ④ 섭씨온도

**해설**
- 섭씨 = (건구온도 + 습구온도) × 0.72 + 40.6
- 화씨 = (건구온도 + 습구온도) × 0.4 + 15
- 70 이하일 때는 모든 사람이 불쾌감을 느끼지 않는다.
- 70 이상일 때에는 불쾌감을 느끼기 시작한다.
- 80 이상은 모든 사람이 불쾌감을 느낀다.

## 3과목 기계·기구 및 설비 안전관리

**41** 프레스기가 작동 후 작업점까지의 도달시간이 0.2초 걸렸다면, 양수기동식 방호장치의 설치거리는 최소 얼마인가?

① 3.2[cm]    ② 32[cm]
③ 6.4[cm]    ④ 64[cm]

**해설** 안전거리(Dm) = 1,600 × Tm[mm]
Tm : 도달시간
안전거리(Dm) = 1,600 × 0.2초 = 320[mm] = 32[cm]

37 ④  38 ④  39 ④  40 ④  41 ②

**42** 산업용 로봇 작업 시 안전조치 방법으로 틀린 것은?

① 작업 중의 매니퓰레이터의 속도의 지침에 따라 작업한다.
② 로봇의 조작방법 및 순서의 지침에 따라 작업한다.
③ 작업을 하고 있는 동안 해당 작업 근로자 이외에도 로봇의 기동스위치를 조작할 수 있도록 한다.
④ 2명 이상의 근로자에게 작업을 시킬 때는 신호방법의 지침을 정하고 그 지침에 따라 작업한다.

해설 ▶ 「산업안전보건기준에 관한 규칙」 제222조
1. 다음 각 목의 사항에 관한 지침을 정하고 그 지침에 따라 작업을 시킬 것
  가. 로봇의 조작방법 및 순서
  나. 작업 중의 매니퓰레이터의 속도
  다. 2명 이상의 근로자에게 작업을 시킬 경우의 신호방법
  라. 이상을 발견한 경우의 조치
  마. 이상을 발견하여 로봇의 운전을 정지시킨 후 이를 재가동시킬 경우의 조치
  바. 그 밖에 로봇의 예기치 못한 작동 또는 오조작에 의한 위험을 방지하기 위하여 필요한 조치
2. 작업에 종사하고 있는 근로자 또는 그 근로자를 감시하는 사람은 이상을 발견하면 즉시 로봇의 운전을 정지시키기 위한 조치를 할 것
3. 작업을 하고 있는 동안 로봇의 기동스위치 등에 작업 중이라는 표시를 하는 등 작업에 종사하고 있는 근로자가 아닌 사람이 그 스위치 등을 조작할 수 없도록 필요한 조치를 할 것

**43** 프레스의 방호장치 중 확동식 클러치가 적용된 프레스에 한해서만 적용 가능한 방호장치로만 나열된 것은? (단, 방호장치는 한 가지 종류만 사용한다고 가정한다.)

① 광전자식, 수인식
② 양수조작식, 손쳐내기식
③ 광전자식, 양수조작식
④ 손쳐내기식, 수인식

해설 ▶ 프레스 방호장치
• 프레스는 확동식(=핀클러치), 마찰식으로 구성
• 확동식은 급정지기능이 없고, 마찰식은 급정지기능이 있음
• 프레스 방호장치 중 급정지기능이 있는 것은 광전자식과 양수조작식
• 급정지기능이 없는 방호장치는 손쳐내기식, 수인식

**44** 다음 중 연삭기를 이용한 작업을 할 경우 연삭숫돌을 교체한 후에는 얼마 동안 시험운전을 하여야 하는가?

① 1분 이상
② 3분 이상
③ 10분 이상
④ 15분 이상

해설 ▶ 연삭숫돌의 작업안전
• 사업주는 연삭숫돌을 사용하는 작업의 경우 작업을 시작하기 전에는 1분 이상, 연삭숫돌을 교체한 후에는 3분 이상 시험운전을 하고 해당 기계에 이상이 있는지를 확인하여야 한다.
• 시험운전에 사용하는 연삭숫돌은 작업 시작 전에 결함이 있는지를 확인한 후 사용하여야 한다.
• 사업주는 연삭숫돌의 최고 사용회전속도를 초과하여 사용하도록 해서는 안 된다.
• 사업주는 측면을 사용하는 것을 목적으로 하지 않는 연삭숫돌을 사용하는 경우 측면을 사용하도록 해서는 안 된다.

**45** 다음 중 기계설비에 의해 형성되는 위험점이 아닌 것은?

① 회전말림점
② 접선분리점
③ 협착점
④ 끼임점

해설 ① 회전말림점(Trapping-point) : 회전하는 물체에 작업복, 머리카락 등이 말려드는 위험이 존재하는 점이다.
  예 회전하는 축, 커플링, 돌출된 키나 고정나사, 회전하는 공구 등
② 접선물림점(Tangential Nip-point) : 회전하는 부분의 접선 방향으로 물려들어갈 위험이 존재하는 점이다.
  예 벨트와 풀리, 체인과 스프로킷, 랙과 피니언 등

정답  42 ③  43 ④  44 ②  45 ②

③ 협착점(Squeeze-point) : 왕복운동을 하는 동작 부분과 움직임이 없는 고정 부분 사이에서 형성되는 위험점으로 사업장의 기계설비에서 많이 볼 수 있다.
  예 프레스기, 전단기, 성형기, 굽힘기계(bending machine) 등
④ 끼임점(Shear-point) : 고정부분과 회전하는 동작 부분이 함께 만드는 위험점
  예 연삭숫돌과 덮개, 교반기의 날개와 하우징, 프레임에서 암의 요동 운동을 하는 기계 부분 등

### 46 산업용 로봇의 수리 등 작업 시 조치로 틀린 것은?

① 작동범위에서 해당 로봇의 수리·검사·조정(교시 등에 해당하는 것은 제외한다)·청소·급유 또는 결과에 대한 확인작업을 하는 경우에는 해당 로봇의 운전을 정지
② 작업을 하고 있는 동안 로봇의 기동스위치를 열쇠로 잠근 후 열쇠를 별도 관리
③ 해당 로봇의 기동스위치에 작업 중이란 내용의 표지판을 부착
④ 작업에 종사하고 있는 근로자 또는 그 근로자를 감시하는 사람은 이상을 발견하면 즉시 관리자에게 보고한다.

**해설** 작업에 종사하고 있는 근로자 또는 그 근로자를 감시하는 사람은 이상을 발견하면 즉시 로봇의 운전을 정지시키기 위한 조치를 할 것

### 47 보일러에서 스켈(scale)의 악영향으로 가장 적합한 것은?

① 국부과열   ② 비수작용
③ 물망치 작용   ④ 파이프 누설

**해설** 보일러에서 스켈(scale)이 발생하면 국부과열이 발생할 가능성이 크다. 스켈이 쌓이면 보일러 내부의 열전달 효율이 떨어지기 때문에 열이 집중적으로 발생하여 국부적으로 과열이 발생할 수 있다. 보일러의 파손 및 안전사고 발생의 원인이 될 수 있으므로 스켈의 발생을 예방하고 청소해야 한다. 비수작용, 물망치 작용, 파이프 누설은 보일러의 안전과는 관련이 있지만, 스켈과는 직접적인 연관성이 적다.

### 48 산업안전보건법령상 안전인증대상 기계·기구 등이 아닌 것은?

① 프레스
② 전단기
③ 롤러기
④ 산업용 원심기

**해설** 안전인증대상 기계 등(시행령 제74조 제1항 제1호)
- 프레스
- 전단기 및 절곡기(折曲機)
- 크레인
- 리프트
- 압력용기
- 롤러기
- 사출성형기(射出成形機)
- 고소(高所) 작업대·곤돌라

### 49 자율안전확인대상 기계·기구가 아닌 것은?

① 연삭기(研削機) 또는 연마기(이 경우 휴대형은 제외한다.)
② 산업용 로봇
③ 혼합기
④ 고소작업대

**해설** 자율안전확인 기계·기구
- 연삭기(研削機) 또는 연마기(이 경우 휴대형은 제외한다.)
- 산업용 로봇
- 혼합기
- 파쇄기 또는 분쇄기
- 식품가공용 기계(파쇄·절단·혼합·제면기만 해당한다.)
- 컨베이어·자동차정비용 리프트
- 공작기계(선반, 드릴기, 평삭·형삭기, 밀링만 해당한다.)
- 고정형 목재가공용 기계(둥근톱, 대패, 루타기, 띠톱, 모떼기 기계만 해당한다.)
- 인쇄기

**정답** 46 ④   47 ①   48 ④   49 ④

**50** 방호장치의 안전기준상 평면연삭기 또는 절단연삭기에서 덮개의 노출각도 기준으로 옳은 것은?

① 80[°] 이내
② 125[°] 이내
③ 150[°] 이내
④ 180[°] 이내

> **해설** 덮개의 노출 각도 기준 150도 이내
> - 평면연삭기, 절단 연삭기 덮개의 최대 노출 각도 : 150도 이내
> - 스윙연삭기, 슬래브 연삭기 덮개의 최대 노출 각도 : 180도 이내
> - 연삭숫돌의 상부를 사용하는 것을 목적으로 하는 탁상용 연삭기 덮개의 최대 노출 각도 : 60도 이내

**51** 컨베이어 작업 시작 전 점검해야 할 사항으로 거리가 먼 것은?

① 원동기 및 풀리 기능의 이상 유무
② 이탈 등의 방지장치 기능의 이상 유무
③ 비상정지장치의 이상 유무
④ 자동전격방지장치의 이상 유무

> **해설** 자동전격방지장치는 컨베이어가 아닌 교류 아크 용접기에 설치한다.
> ▶ 컨베이어 작업 시작 전 점검 사항
> - 원동기 및 풀리 기능의 이상 유무
> - 이탈 등 방지장치 기능의 이상 유무
> - 비상정지장치 기능의 이상 유무
> - 덮개, 울 등의 이상 유무

**52** 기계설비 외형의 안전화 방법이 아닌 것은?

① 덮개
② 안전 색채 조절
③ 가드(guard)의 설치
④ 페일세이프(fail safe)

> **해설** Fail Safe : 기능의 안전화

**53** 시스템에 영향을 미치는 모든 요소의 고장을 형태별로 분석하여 그 영향을 검토하는 분석기법은?

① FTA
② CHECK LIST
③ FMEA
④ DECISION TREE

> **해설**
> - FTA : 결함수 분석
> - ETA : 귀납적, 정량적 분석
> - FMEA : 고장의 유형과 영향분석
> - FMECA : FMEA+CA(정성적+정량적)
> - THERP : 인간과오율 예측법
> - DECISION TREE : 귀납적, 정량적 분석 방법

**54** 기계를 구성하는 요소에서 피로 현상은 안전과 밀접한 관련이 있다. 다음 중 기계요소의 피로파괴 현상과 가장 관련이 적은 것은?

① 소음(noise)
② 노치(notch)
③ 부식(corrosion)
④ 치수 효과(size effect)

> **해설** 소음은 인간 요소의 피로 파괴 현상 중 하나이다.
> ▶ 기계요소 피로파괴 현상의 영향요인
> - 노치
> - 부식 피로
> - 치수 효과
> - 온도
> - 표면상태 등

**55** 다음 중 산업안전보건법령에 따라 비파괴 검사를 실시해야 하는 고속회전체의 기준은?

① 회전축 중량 1톤 초과, 원주 속도 120[m/s] 이상
② 회전축 중량 1톤 초과, 원주 속도 100[m/s] 이상
③ 회전축 중량 0.7톤 초과, 원주 속도 120[m/s] 이상
④ 회전축 중량 0.7톤 초과, 원주 속도 100[m/s] 이상

**정답**  50 ③  51 ④  52 ④  53 ③  54 ①  55 ①

**해설** ▶ 고속회전체의 위험방지
고속회전체(회전축의 중량이 1톤을 초과하고 원주 속도가 초당 120미터 이상인 것으로 한정한다)의 회전시험을 하는 경우 미리 회전축의 재질 및 형상 등에 상응하는 종류의 비파괴검사를 해서 결함 유무(有無)를 확인하여야 한다.

**56** 기계설비 방호에서 가드의 설치 조건으로 옳지 않은 것은?

① 충분한 강도를 유지할 것
② 구조가 단순하고 위험점 방호가 확실할 것
③ 개구부(틈새)의 간격은 임의로 조정이 가능할 것
④ 작업, 점검, 주유 시 장애가 없을 것

**해설** 가드는 충분한 강도를 유지하고 위험점 방호가 확실해야 하고 작업, 점검, 주유 시 장애가 없어야 하며 개구부 간격은 규격화하여야 한다.

**57** 안전계수 5인 로프의 절단하중이 4,000[N]이라면 이 로프는 몇 [N] 이하의 하중을 매달아야 하는가?

① 500  ② 800
③ 1,000  ④ 1,600

**해설** 안전계수 = $\dfrac{\text{절단하중}}{\text{최대하중}}$

$5 = \dfrac{4,000}{x} = \dfrac{4,000}{5} = 800$

**58** 인간·기계 시스템에서의 신뢰도 유지 방안으로 가장 거리가 먼 것은?

① lock system
② fail-safe system
③ fool-proof system
④ risk assessment system

**해설** ▶ 인간·기계 시스템의 신뢰도 유지 방안
• lock system
• fail-safe system(기계의 실수)
• fool-proof system(인간의 실수)

**59** 금형 운반에 대한 안전수칙에 관한 설명으로 옳지 않은 것은?

① 상부금형과 하부금형이 닿을 위험이 있을 때는 고정 패드를 이용한 스트랩, 금속 재질이나 우레탄 고무의 블록 등을 사용한다.
② 금형을 안전하게 취급하기 위해 아이볼트를 사용할 때는 숄더형으로 사용하는 것이 좋다.
③ 관통 아이볼트가 사용될 때는 조립이 쉽도록 구멍 틈새를 크게 한다.
④ 운반하기 위해 꼭 들어 올려야 할 때에는 필요한 높이 이상으로 들어 올려서는 안 된다.

**해설** 관통 아이볼트가 사용될 때는 구멍 틈새를 최소로 하는 것은 억지 끼워 맞춤으로 한다.

**60** 선반 작업 시 주의 사항으로 틀린 것은?

① 회전 중에 가공품을 직접 만지지 않는다.
② 공작물의 설치가 끝나면, 척에서 렌치류는 곧바로 제거한다.
③ 칩(chip)이 비산할 때는 보안경을 쓰고 방호판을 설치하여 사용한다.
④ 돌리개는 적정 크기의 것을 선택하고, 심압대 스핀들은 가능한 길게 나오도록 한다.

**해설** ▶ 선반 작업 시 주의 사항
• 가공물을 착탈 시에는 반드시 스위치를 끄고 바이트를 충분히 연 다음 행한다.
• 캐리어(공구대)는 적당한 크기의 것을 선택하고 심압대는 스핀들을 지나치게 내놓지 않는다.
• 물건의 장착이 끝나면 척, 렌치류는 곧 벗겨놓는다.

56 ③  57 ②  58 ④  59 ③  60 ④

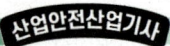

- 무게가 편중된 가공물의 장착에는 균형추를 부착한다. 장착물은 방진구에 사용 커버를 씌운다.
- 긴 재료가 돌출되었을 때에는 빨간 천 등을 부착하여 위험표시를 하거나 커버를 씌운다.
- 바이트 착탈은 기계를 정지시킨 다음에 한다.
- 방진구는 일감의 길이가 직경의 12배 이상일 때 사용한다.

## 4과목 전기 및 화학설비 안전관리

**61** 다음 중 대전 된 정전기의 제거방법으로 적당하지 않은 것은?

① 작업장 내에서의 습도를 가능한 낮춘다.
② 제전기를 이용해 물체에 대전된 정전기를 제거한다.
③ 도전성을 부여하여 대전 된 전하를 누설시킨다.
④ 금속 도체와 대지 사이의 전위를 최소화하기 위하여 접지한다.

**해설** 습도를 낮추면 건조해지기 때문에 정전기 제거방법으로 적당하지 않다.

**62** 정전기 발생 종류가 아닌 것은?

① 박리  ② 마찰
③ 분출  ④ 방전

**해설** ▶ 정전기 발생 종류
- 마찰대전
- 유동대전
- 박리대전
- 분출대전
- 충돌대전
- 비말대전

**63** 다음 중 정전기 재해의 방지대책으로 가장 적절한 것은?

① 절연도가 높은 플라스틱을 사용한다.
② 대전하기 쉬운 금속은 접지를 실시한다.
③ 작업장 내의 온도를 낮게 해서 방전을 촉진시킨다.
④ (+), (−) 전하의 이동을 방해하기 위하여 주위의 습도를 낮춘다.

**해설** ① 절연도가 높은 플라스틱 사용은 정전기 방지와 관련이 없다.
③ 작업장 내 온도를 낮게 해서 방전을 촉진시키는 것은 온도와 정전기는 직접적인 관련이 없다.
④ 주위 습도를 낮추면 공기가 건조해져 정전기가 더 쉽게 축적된다.

**64** 전기화재의 직접적인 발생 요인과 가장 거리가 먼 것은?

① 피뢰기의 손상
② 누전, 열의 축적
③ 과전류 및 절연의 손상
④ 지락 및 접속불량으로 인한 과열

**해설** 피뢰기가 손상되면 낙뢰에 의한 발화가능성이 높아지지만, 이 손상이 전기화재의 직접적인 발생 요인이 되지는 않는다.
▶ 전기화재의 직접 요인
- 단락에 의한 발화
- 누전 열의 축적
- 지락 및 접속 불량으로 인한 과열
- 스파크에 의한 발화
- 절연열화 또는 탄화에 의한 발화
- 낙뢰에 의한 발화

정답  61 ①  62 ④  63 ②  64 ①

**65** 다음 중 방폭구조의 종류와 기호가 올바르게 연결된 것은?

① 압력방폭구조 : q
② 유입방폭구조 : m
③ 비점화방폭구조 : n
④ 본질안전방폭구조 : e

해설 ▶ 방폭구조의 종류와 기호
- 압력방폭구조 : p
- 유입방폭구조 : o
- 비점화방폭구조 : n
- 본질안전방폭구조 : ia 또는 ib
- 내압방폭구조 : d
- 특수방폭구조 : s
- 안전증방폭구조 : e
- 충전방폭구조 : q
- 몰드방폭구조 : m

**66** 다음 중 물질의 위험성과 그 시험방법이 올바르게 연결된 것은?

① 인화점 – 태그 밀폐식
② 발화온도 – 산소지수법
③ 연소시험 – 가스크로마토그래피법
④ 최소발화에너지 – 클리브랜드 개방식

해설 인화점 시험법에는 태그 밀폐식, 클리브랜드 개방식, 신속평형법 등이 있다.
② 산소지수법 : 난연성 시험법
③ 가스크로마토그래피법 : 질량분석법
④ 클리브랜드 개방식, 태그 밀폐식 : 인화점 측정법

**67** 정전기 제전기의 분류방식으로 틀린 것은?

① 고전압인가형
② 자기방전형
③ 방사선형
④ 접지형

해설 제전기의 분류는 전압인가식, 자기방전식, 방사선식으로 분류한다.
▶ 정전기 제전기
- 전압인가식 제전기 : 전극에 약 7,000[V]인 고압으로 코로나방전을 일으켜 발생된 이온으로 대전체의 전하를 재결합시켜 중화
- 자기방전식 제전기 : 스테인리스, 카본, 도전성 섬유 등에 의해 작은 코로나방전을 일으켜 제전하는 것으로 대전체 자체를 이용하여 방전시키는 방식이며, 2[kV] 내외의 대전이 남게 된다.
- 이온식 제전기(Radio Isotope) : 7,000[V]의 교류전압이 인가된 침을 배치하고 코로나방전에 의해 발생한 이온을 대전체에 내뿜는 방식이다. 분체의 제전에 효과가 있고 폭발위험이 있는 곳에 적당하나 제전효율이 낮다.
- 이온스프레이식 : 코로나방전에 의해 발생한 이온을 blower로 대전체에 내뿜는 방식
- 방사선식 제전기 : 방사선 원소의 전리작용을 이용하여 제전

**68** 활선작업 시 사용하는 안전장구가 아닌 것은?

① 절연용 보호구
② 절연용 방호구
③ 활선작업용 기구
④ 절연저항 측정기구

해설 ▶ 활선작업 시 안전장구
절연용 보호구, 절연용 방호구, 활선작업용 기구, 활선작업용 장치이다.

**69** 아크용접 작업 시 감전 재해 방지에 쓰이지 않는 것은?

① 보호면
② 절연장갑
③ 절연용 접봉 홀더
④ 자동전격방지장치

해설 감전 재해 방지이기 때문에 절연장갑, 절연 용접봉 홀더, 자동전격방지장치가 필요하다.

정답  65 ③  66 ①  67 ④  68 ④  69 ①

**70** 인체 저항을 5,000[Ω]으로 가정하면 심실세동을 일으키는 전류에서의 전기 에너지는? (단, 심실세동전류는 $\dfrac{165}{\sqrt{T}}$ (mA)이며 통전시간 T는 1초이고, 전원은 교류정현파이다.)

① 33[J]　　　　② 130[J]
③ 136[J]　　　　④ 142[J]

> **해설** $Q = I^2 RT(J)$
> $I = \dfrac{165}{\sqrt{T}}$ (mA) $= \dfrac{165}{1} = 165$(mA)
> 　$= 0.165$(A)
> 전기에너지(J) $= I^2 \times RT$
> 　　　　　　$= (0.165)^2 \times 5,000 \times 1$초
> 　　　　　　$= 136.125 J$

**71** 산업안전보건법령에서 규정한 위험물질을 기준량 이상으로 제조 또는 취급하는 특수화학설비에 설치하여야 할 계측장치가 아닌 것은?

① 온도계　　　　② 유량계
③ 압력계　　　　④ 경보계

> **해설** 특수화학장비에 설치해야 할 계측장치로는 온도계, 유량계, 압력계가 있다.

**72** LPG에 대한 설명으로 옳지 않은 것은?

① 강한 독성 가스로 분류된다.
② 질식의 우려가 있다.
③ 누설 시 인화, 폭발성이 있다.
④ 가스의 비중은 공기보다 크다.

> **해설** LPG는 천연가스로 분류되어 있다.

**73** 인화점에 대한 설명으로 옳은 것은?

① 인화점이 높을수록 위험하다.
② 인화점이 낮을수록 위험하다.
③ 인화점과 위험성은 관계없다.
④ 인화점이 0[℃] 이상인 경우만 위험하다.

> **해설** 인화점은 연소 하한 농도가 될 수 있는 가장 낮은 액체 온도로, 인화점이 낮을수록 위험하다.

**74** 연소의 3요소 중 1가지에 해당하는 요소가 아닌 것은?

① 메탄　　　　② 공기
③ 정전기 방전　　　　④ 이산화탄소

> **해설** 이산화탄소는 소화제로, $CO_2$ 소화기 등에 사용된다.
> ▶ 연소의 3요소
> • 가연물(연료)
> • 점화원(열)
> • 산소공급원(공기·산소)

**75** 다음 중 화재의 분류에서 전기화재에 해당하는 것은?

① A급 화재　　　　② B급 화재
③ C급 화재　　　　④ D급 화재

> **해설** ① A급 화재(일반화재) : 목재, 종이, 천 등 고체 가연물의 화재
> ② B급 화재(기름화재) : 인화성 액체 및 고체의 유지류 등의 화재(인화물질인 유류)
> ③ C급 화재(전기화재) : 전류가 흐르고 있는 전기설비의 화재
> ④ D급 화재(금속화재) : 마그네슘, 나트륨, 칼륨, 지르코늄과 같은 금속화재

정답　70 ③　71 ④　72 ①　73 ②　74 ④　75 ③

**76** 「산업안전보건기준에 관한 규칙」에 따라 폭발성 물질을 저장·취급하는 화학설비 및 그 부속설비를 설치할 때, 단위공정시설 및 설비로부터 다른 단위공정시설 및 설비 사이의 안전거리는 설비 바깥면으로부터 몇 [m] 이상 두어야 하는가? (단, 원칙적인 경우에 한한다.)

① 3
② 5
③ 10
④ 20

**해설** ▶ 안전거리
- 단위공정시설 및 설비로부터 다른 단위공정시설 및 설비의 사이 : 설비의 바깥 면으로부터 10미터 이상
- 플레어스택으로부터 위험물 저장 탱크, 위험물 하역설비 사이 : 20[m] 이상 · 위험물 저장 탱크로부터 단위공정설비, 보일러, 가열로 사이 : 저장 탱크 외면에서 20[m] 이상
- 사무실, 연구실, 식당 등으로부터 공정설비, 위험물 탱크, 보일러, 가열로 사이 : 사무실 등 외면으로부터 20[m] 이상

**77** 「산업안전보건기준에 관한 규칙」상 ( ) 안의 내용으로 알맞은 것은?

> 사업주는 급성 독성물질이 지속적으로 외부에 유출될 수 있는 화학설비 및 그 부속설비에 파열판과 안전밸브를 직렬로 설치하고 그 사이에는 ( )를 설치하여야 한다.

① 온도지시계 또는 과열방지장치
② 압력지시계 또는 자동경보장치
③ 유량지시계 또는 유속지시계
④ 액위지시계 또는 과압방지장치

**해설** ▶ 파열판 및 안전밸브의 직렬 설치

「산업안전보건기준에 관한 규칙」 제263조
사업주는 급성 독성물질이 지속적으로 외부에 유출될 수 있는 화학설비 및 그 부속설비에 파열판과 안전밸브를 직렬로 설치하고 그 사이에는 압력지시계 또는 자동경보장치를 설치하여야 한다.

**78** 다음 물질 중 가연성 가스가 아닌 것은?

① 수소
② 메탄
③ 프로판
④ 염소

**해설** 염소 : 맹독성, 산화

**79** 메탄올의 연소반응이 다음과 같을 때 최소 산소농도(MOC)는 약 얼마인가? (단, 메탄올의 연소 하한값(L)은 6.7[vol%]이다.)

$$CH_3OH + 1.5O_2 \rightarrow CO_2 + 2H_2O$$

① 1.5[vol%]
② 6.7[vol%]
③ 10[vol%]
④ 15[vol%]

**해설** 최소 산소농도 = 폭발하한계 × $\dfrac{\text{산소의 몰수}}{\text{연료의 몰수}}$

$= 6.7 \times \dfrac{1.5}{1} = 10.05$

∴ 10[vol%]

**80** 다음 중 폭발한계의 범위가 가장 넓은 가스는?

① 수소
② 메탄
③ 프로판
④ 아세틸렌

**해설** ▶ 폭발한계의 범위
아세틸렌 > 수소 > 프로판 > 메탄

76 ③   77 ②   78 ④   79 ③   80 ④

## 5과목 건설공사 안전관리

**81** 추락에 의한 위험방지를 위해 해당 장소에서 조치해야 할 사항과 거리가 먼 것은?

① 추락방호망 설치
② 안전난간 설치
③ 덮개 설치
④ 투하설비 설치

> **해설** 투하설비의 경우 추락이 아닌 낙하물에 대한 사항이다.

**82** 흙막이 지보공을 설치하였을 때 정기적으로 점검하고 이상을 발견하면 즉시 보수하여야 하는 사항으로 거리가 먼 것은?

① 부재의 손상, 변형, 부식, 변위 및 탈락의 유무와 상태
② 부재의 접속부, 부착부 및 교차부의 상태
③ 침하의 정도
④ 발판의 지지 상태

> **해설** ▶ **흙막이 지보공 정기 점검에서 이상 발견 시 즉시 보수사항**
> - 부재의 손상
> - 변형
> - 부식
> - 변위 및 탈락의 유무와 상태
> - 버팀대의 긴압(緊壓)의 정도
> - 부재의 접속부
> - 부착부 및 교차부의 상태
> - 침하의 정도

**83** 사다리식 통로 등을 설치하는 경우 발판과 벽과의 사이는 최소 얼마 이상의 간격을 유지하여야 하는가?

① 10[cm] 이상
② 15[cm] 이상
③ 20[cm] 이상
④ 25[cm] 이상

> **해설** ▶ 「산업안전보건기준에 관한 규칙」 제24조 제1항
> 1. 견고한 구조로 할 것
> 2. 심한 손상·부식 등이 없는 재료를 사용할 것
> 3. 발판의 간격은 일정하게 할 것
> 4. 발판과 벽과의 사이는 15센티미터 이상의 간격을 유지할 것
> 5. 폭은 30센티미터 이상으로 할 것
> 6. 사다리가 넘어지거나 미끄러지는 것을 방지하기 위한 조치를 할 것
> 7. 사다리의 상단은 걸쳐놓은 지점으로부터 60센티미터 이상 올라가도록 할 것
> 8. 사다리식 통로의 길이가 10미터 이상인 경우에는 5미터 이내마다 계단참을 설치할 것
> 9. 사다리식 통로의 기울기는 75도 이하로 할 것. 다만, 고정식 사다리식 통로의 기울기는 90도 이하로 하고, 그 높이가 7미터 이상인 경우에는 바닥으로부터 높이가 2.5미터 되는 지점부터 등받이울을 설치할 것
> 10. 접이식 사다리 기둥은 사용 시 접혀지거나 펼쳐지지 않도록 철물 등을 사용하여 견고하게 조치할 것

**84** 리프트(Lift)의 방호장치에 해당하지 않는 것은?

① 권과방지장치
② 비상정지장치
③ 과부하방지장치
④ 자동경보장치

> **해설** ▶ **리프트의 방호장치**
> - 낙하방지대, 권과방지장치, 과부하방지장치, 비상정지장치, 방호울
> - 양중기(크레인, 리프트, 곤돌라, 승강기)에는 자동경보장치가 불필요하다.

정답  81 ④  82 ④  83 ②  84 ④

**85** 강관틀비계의 높이가 20[m]를 초과하는 경우 주틀간의 간격을 최대 얼마 이하로 사용해야 하는가?

① 1.0[m]  ② 1.5[m]
③ 1.8[m]  ④ 2.0[m]

**해설** ▶ 강관틀비계
1. 비계기둥의 밑둥에는 밑받침철물을 사용하여야 하며 밑받침에 고저차가 있는 경우 조절형 밑받침철물을 사용하여, 각각의 강관틀비계가 항상 수평·수직을 유지하여야 한다.
2. 전체높이는 40미터를 초과할 수 없으며, 20미터를 초과할 경우 주틀의 높이를 2미터 이내로 하고 주틀간의 간격은 1.8미터 이하로 하여야 한다.
3. 주틀 간에 교차 가새를 설치하고 최상층 및 5층 이내마다 수평재를 설치하여야 한다.
4. 벽 연결은 구조체와 수직 방향으로 6미터, 수평 방향으로 8미터 이내마다 연결하여야 한다.
5. 띠장 방향으로 길이가 4미터 이하이고 높이 10미터를 초과하는 경우 높이 10미터 이내마다 띠장 방향으로 버팀기둥을 설치하여야 한다.
6. 그 외의 다른 사항은 강관비계에 준한다.

**86** 이동식 비계를 조립하여 작업을 하는 경우의 준수사항으로 옳지 않은 것은?

① 이동식 비계의 바퀴에는 뜻밖의 갑작스러운 이동 또는 전도를 방지하기 위하여 브레이크·쐐기 등으로 바퀴를 고정시킨 다음 비계의 일부를 견고한 시설물에 고정하거나 아웃트리거(outrigger)를 설치하는 등 필요한 조치를 할 것
② 작업발판은 항상 수평을 유지하고 작업발판 위에서 안전난간을 딛고 작업을 하지 않도록 하며, 대신 받침대 또는 사다리를 사용하여 작업할 것
③ 비계의 최상부에서 작업을 하는 경우에는 안전난간을 설치할 것
④ 작업 발판의 최대 적재하중은 250[kg]을 초과하지 않도록 할 것

**해설** 작업 발판은 항상 수평을 유지하고 작업발판 위에서 안전난간을 딛고 작업을 하거나 받침대 또는 사다리를 사용하여 작업하지 않도록 할 것

**87** 거푸집 동바리 등을 조립하는 경우의 준수사항으로 옳지 않은 것은?

① 동바리로 사용하는 파이프 서포트는 최소 3개 이상 이어서 사용하도록 할 것
② 동바리의 상하 고정 및 미끄러짐 방지 조치를 하고, 하중의 지지 상태를 유지할 것
③ 동바리의 이음은 맞댄 이음이나 장부 이음으로 하고 같은 품질의 재료를 사용할 것
④ 강재와 강재의 접속부 및 교차부는 볼트·클램프 등 전용철물을 사용하여 단단히 연결할 것

**해설** 파이프 서포트를 3개 이상이어서 사용하지 않도록 할 것

**88** 공사금액이 500억 원인 건설업 공사에서 선임해야 할 최소 안전관리자 수는?

① 1명  ② 2명
③ 3명  ④ 4명

**해설**
- 공사금액 50억 원 이상(관계수급인은 100억 원 이상) 120억 원 미만(「산업안전보건법 시행령」 별표 3 토목공사업의 경우에는 150억 원 미만) : 1명 이상
- 공사금액 800억 원 이상 1,500억 원 미만 : 2명 이상

**89** 양중기의 와이어로프 등 달기구의 안전계수 기준으로 옳은 것은? (단, 화물의 하중을 직접 지지하는 달기 와이어로프 또는 달기 체인의 경우)

① 3 이상  ② 4 이상
③ 5 이상  ④ 6 이상

정답  85 ③  86 ②  87 ①  88 ①  89 ③

해설 화물의 하중을 직접 지지하는 달기 와이어로프 또는 달기 체인의 경우 : 5 이상

**90** 굴착작업을 하는 경우 지반의 붕괴 또는 토석의 낙하에 의한 근로자의 위험을 방지하기 위하여 관리 감독자로 하여금 작업 시작 전에 점검하도록 해야 하는 사항과 가장 거리가 먼 것은?

① 부석·균열의 유무
② 함수·용수
③ 동결상태의 변화
④ 시계의 상태

해설 작업 시작 전에 작업장소 및 그 주변의 부석·균열의 유무, 함수(含水)·용수(湧水) 및 동결상태의 변화를 점검하도록 하여야 한다.

**91** 거푸집 동바리 등을 조립하는 때 동바리로 사용하는 파이프 서포트에 대하여는 다음 각 목에서 정하는 바에 의해 설치하여야 한다. 빈칸에 들어갈 내용으로 옳은 것은?

> 1. 파이프 서포트를 (   )개 이상 이어서 사용하지 않도록 할 것
> 2. 파이프 서포트를 이어서 사용하는 경우에는 (   )개 이상의 볼트 또는 전용철물을 사용하여 이을 것

① 1, 2    ② 2, 3
③ 3, 4    ④ 4, 5

해설 ▶ 파이프 서포트 설치기준

「산업안전보건기준에 관한 규칙」 제332조 제8호
가. 파이프 서포트를 3개 이상 이어서 사용하지 않도록 할 것
나. 파이프 서포트를 이어서 사용하는 경우에는 4개 이상의 볼트 또는 전용철물을 사용하여 이을 것
다. 높이가 3.5미터를 초과하는 경우에는 높이 2미터 이내마다 수평연결재를 2개 방향으로 만들고 수평연결재의 변위를 방지할 것

**92** 강풍 시 타워크레인의 설치·수리·점검 또는 해체 작업을 중지하여야 하는 순간풍속 기준으로 옳은 것은?

① 순간풍속이 초당 10[m]를 초과하는 경우
② 순간풍속이 초당 15[m]를 초과하는 경우
③ 순간풍속이 초당 20[m]를 초과하는 경우
④ 순간풍속이 초당 30[m]를 초과하는 경우

해설 ▶ 순간풍속의 기준
- 설치·해체중지 : 10[m/s]
- 운전중지 : 15[m/s]
- 이탈방지조치 : 30[m/s]
- 승강기 무너짐 방지 : 35[m/s]

**93** 차량계 하역 운반기계의 운전자가 운전 위치를 이탈하는 경우의 조치사항으로 부적절한 것은?

① 포크 및 버킷을 가장 높은 위치에 두어 근로자 통행을 방해하지 않도록 하였다.
② 원동기를 정지시키고 브레이크를 걸었다.
③ 시동키를 운전대에서 분리시켰다.
④ 경사지에서 갑작스런 주행이 되지 않도록 바퀴에 블록 등을 놓았다.

해설 ① 포크, 버킷, 디퍼 등의 장치를 가장 낮은 위치 또는 지면에 내려 둘 것
② 원동기를 정지시키고 브레이크를 확실히 거는 등 갑작스러운 주행이나 이탈을 방지하기 위한 조치를 할 것
③ 운전석을 이탈하는 경우에는 시동키를 운전대에서 분리시킬 것. 다만, 운전석에 잠금장치를 하는 등 운전자가 아닌 사람이 운전하지 못하도록 조치한 경우에는 그러하지 아니하다.

정답  90 ④  91 ③  92 ①  93 ①

**94** 높이 2[m]를 초과하는 말비계를 조립하여 사용하는 경우 작업 발판의 최소 폭 기준으로 옳은 것은?

① 20[cm]　　② 30[cm]
③ 40[cm]　　④ 50[cm]

해설 ▶ 「산업안전보건기준에 관한 규칙」 제67조
1. 지주부재(支柱部材)의 하단에는 미끄럼 방지장치를 하고, 근로자가 양측 끝부분에 올라서서 작업하지 않도록 할 것
2. 지주부재와 수평면의 기울기를 75도 이하로 하고, 지주부재와 지주부재 사이를 고정시키는 보조 부재를 설치할 것
3. 말비계의 높이가 2미터를 초과하는 경우에는 작업 발판의 폭을 40센티미터 이상으로 할 것

**95** 비탈면 붕괴를 방지하기 위한 방법으로 옳지 않은 것은?

① 비탈면 상부는 토사제거
② 지하 배수공 시공
③ 비탈면 하부의 성토
④ 비탈면 내부 수압의 증가 유도

해설 비탈면 내부 수압의 증가는 붕괴의 원인이 된다.
▶ 비탈면 붕괴 방지방법
• 지표수의 침투를 막기 위해 표면배수공을 한다.
• 지하수위를 내리기 위해 수평배수공을 설치한다.
• 비탈면 하단을 성토한다.
• 비탈면 하부에 토사를 적재한다.

**96** 건설용 양중기에 관한 설명으로 옳은 것은?

① 삼각데릭의 인접시설에 장해가 없는 상태에서 360[°] 회전이 가능하다.
② 이동식 크레인(crane)에는 트럭 크레인, 크롤러 크레인 등이 있다.
③ 휠 크레인에는 무한궤도식과 타이어식이 있으며, 장거리 이동에 적당하다.
④ 크롤러 크레인은 휠 크레인보다 기동성이 뛰어나다.

해설 ① 삼각데릭의 인접시설에 장해가 없는 상태에서 270[°] 회전이 가능하다.
③ 휠 크레인에는 무한궤도식과 타이어식이 있으며, 장거리 이동에 적당하지 않다.
④ 크롤러 크레인은 휠 크레인보다 기동성이 떨어진다.

**97** 「산업안전보건기준에 관한 규칙」에 따른 토사 굴착 시 굴착면의 기울기 기준으로 옳지 않은 것은?

① 보통흙인 습지 - 1 : 1~1 : 1.5
② 풍화암 - 1 : 1.0
③ 연암 - 1 : 1.0
④ 보통흙인 건지 - 1 : 1.2~1 : 5

해설 ▶ 토사 굴착 시 굴착면의 기울기 기준

| 구분 | 지반의 종류 | 기울기 |
|---|---|---|
| 보통흙 | 습지 | 1 : 1~1 : 1.5 |
|  | 건지 | 1 : 0.5~1 : 1 |
| 암반 | 풍화암 | 1 : 1.0 |
|  | 연암 | 1 : 1.0 |
|  | 경암 | 1 : 0.5 |

**98** 산업안전보건관리비 중 안전시설비의 항목에서 사용할 수 있는 항목에 해당하는 것은?

① 외부인 출입금지, 공사장 경계표시를 위한 가설 울타리
② 작업발판
③ 절토부 및 성토부 등의 토사유실 방지를 위한 설비
④ 사다리 전도방지장치

해설 ▶ 안전시설비
비계·통로·계단에 추가 설치하는 추락방지용 안전난간, 사다리 전도방지장치, 틀비계에 별도로 설치하는 안전난간·사다리, 통로의 낙하물 방호선반 등은 사용 가능함

정답　94 ③　95 ④　96 ②　97 ④　98 ④

**99** 히빙(heaving) 현상이 가장 쉽게 발생하는 토질 지반은?

① 연약한 점토 지반
② 연약한 사질토 지반
③ 견고한 점토 지반
④ 견고한 사질토 지반

> **해설** ▶ 히빙 현상
> 연약한 점토 지반을 굴착할 때 흙막이벽 배면 흙의 중량이 굴착저면 이하의 흙보다 중량이 클 경우, 굴착저면 이하의 지지력보다 크게 되어 흙막이 배면에 있는 흙이 안으로 밀려들어 굴착저면이 솟아오르는 현상
> • 히빙 현상 발생 : 연약한 점토 지반
> • 보일링 현상 발생 : 연약한 사질토 지반

**100** 유해·위험방지계획서 작성대상 공사의 기준으로 옳지 않은 것은?

① 지상높이 31[m] 이상인 건축물 공사
② 저수용량 1천만 톤 이상의 용수 전용 댐
③ 최대 지간 길이 50[m] 이상인 교량 건설 등 공사
④ 깊이 공사 10[m] 이상인 굴착공사

> **해설** ▶ 유해·위험방지계획서 작성대상 공사
> 1. 지상높이가 31미터 이상인 건축물 또는 인공구조물
> 2. 연면적 3만 제곱미터 이상인 건축물
> 3. 연면적 5천 제곱미터 이상인 시설로서 다음의 어느 하나에 해당하는 시설
>    • 문화 및 집회시설(전시장 및 동물원·식물원은 제외한다)
>    • 판매시설, 운수시설(고속철도의 역사 및 집배송시설은 제외한다)
>    • 종교시설
>    • 의료시설 중 종합병원
>    • 숙박시설 중 관광숙박시설
>    • 지하도상가
>    • 냉동
>    • 냉장 창고시설
> 4. 연면적 5천 제곱미터 이상인 냉동·냉장 창고시설의 설비공사 및 단열공사
> 5. 최대 지간(支間) 길이(다리의 기둥과 기둥의 중심 사이의 거리)가 50미터 이상인 다리의 건설 등 공사
> 6. 터널의 건설 등 공사
> 7. 다목적댐, 발전용 댐, 저수용량 2천만 톤 이상의 용수 전용 댐 및 지방 상수도 전용 댐의 건설 등 공사
> 8. 깊이 10미터 이상인 굴착공사

**정답** 99 ① 100 ②

# 2025년 제2회 기출 복원문제

## 1과목 산업재해 예방 및 안전보건교육

**01** 하인리히(Heinrich)의 재해구성비율에 따른 58건의 경상이 발생한 경우 무상해 사고는 몇 건이 발생하겠는가?

① 58건
② 116건
③ 600건
④ 900건

**해설** ▶ 하인리히의 법칙
1 : 29 : 300(사망·중상 : 경상 : 무상해 사고)
여기서, 경상사고가 87건 발생하였으므로 2 : 58 : 600
따라서 무상해 사고는 600건

**02** 재해예방 4원칙 중 대책 선정의 원칙 충족 조건이 아닌 것은?

① 문제해결 능력 고취
② 적합한 기준 설정
③ 경영자 및 관리자의 솔선수범
④ 부단한 동기 부여와 사기 향상

**해설** 대책 선정의 원칙 사고의 원인이나 불안전 요소가 발견되면 반드시 대책은 선정 실시되어야 하며, 대책 선정이 가능하다. 대책에는 재해 방지의 세 기둥이라 할 수 있는 3E, 즉 기술적 대책, 교육적 대책, 규제적 대책을 들 수 있다.

**03** 하인리히의 사고방지 5단계 중 제1단계 안전조직의 내용이 아닌 것은?

① 경영자의 안전목표 설정
② 안전관리자의 선임
③ 안전활동의 방침 및 계획수립
④ 안전회의 및 토의

**해설** 경영자는 안전목표를 설정하고 먼저 안전관리조직을 구성하여 안전활동 방침 및 계획을 수립하고자 전문적 기술을 가진 조직을 통한 안전활동을 전개함으로써 전 종업원의 참여하에 집단의 목표를 달성하도록 하여야 한다. 안전회의 및 토의는 2단계 사실의 발견 단계의 내용이다.

**04** 무재해운동의 기본이념 3대 원칙이 아닌 것은?

① 무의 원칙
② 참가의 원칙
③ 선취의 원칙
④ 자주활동의 원칙

**해설** ① 무(Zero)의 원칙 : 산업재해의 근원적인 요소들을 없앤다는 것
② 참여의 원칙(참가의 원칙) : 전원이 일치 협력하여 각자의 위치에서 적극적으로 문제를 해결하는 것
③ 안전제일의 원칙(선취의 원칙) : 행동하기 전, 잠재 위험요인을 발견하고 파악, 해결하여 재해를 예방하는 것

**05** 재해율 중 재직 근로자 1,000명당 1년간 발생하는 재해자 수를 나타내는 것은?

① 연천인율
② 도수율
③ 강도율
④ 종합재해지수

**해설** 연천인율 $= \dfrac{\text{재해자 수}}{\text{근로자 수}} \times 1{,}000$

도수율 $= \dfrac{\text{재해건수}}{\text{근로시간}} \times 10^6$

강도율 $= \dfrac{\text{손실일수}}{\text{근로시간}} \times 1{,}000$

종합재해지수(FSI)
$= \sqrt{\text{빈도율(F.R)} \times \text{강도율(S.R)}}$

**정답** 01 ③  02 ①  03 ④  04 ④  05 ①

**06** 어느 공장의 재해율을 조사한 결과 도수율이 20이고, 강도율이 1.2로 나타났다. 이 공장에서 근무하는 근로자가 입사부터 정년퇴직할 때까지 예상되는 재해건수(a)와 이로 인한 근로손실일 수(b)는?

① a=20, b=1.2
② a=2, b=120
③ a=20, b=20
④ a=120, b=2

해설 예상 재해건수(a)=도수율×0.1=20×0.1=2
근로손실일 수(b)=강도율×100=1.2×100=120

**07** 사업장의 도수율이 10.83이고, 강도율이 7.92일 경우의 종합재해지수(FSI)는?

① 4.63
② 6.42
③ 9.26
④ 12.84

해설 종합재해지수(FSI)
$= \sqrt{빈도율(F.R) \times 강도율(S.R)}$
$= \sqrt{10.83 \times 7.92} ≒ 9.26$

**08** 다음 중 산업재해 통계에 관한 설명으로 적절하지 않은 것은?

① 산업재해 통계는 구체적으로 표시되어야 한다.
② 산업재해 통계는 안전활동을 추진하기 위한 기초자료이다.
③ 산업재해 통계만을 기반으로 해당 사업장의 안전수준을 추측한다.
④ 산업재해 통계의 목적은 기업에서 발생한 산업재해에 대하여 효과적인 대책을 강구하기 위함이다.

해설 산업재해 통계만을 기반으로 해당 사업장의 안전수준을 추측하지 않는다.
▶ 산업재해 통계
• 재해발생 상황을 통계적으로 산출하여 재해 방지에 활용할 정보를 위해 작성
• 다수의 재해 통계처리 결과를 안전대책으로 활용
• 동종 및 유사재해의 예방을 목적으로 작성

**09** 산업안전보건법상 산업안전보건위원회의 사용자 위원에 해당하지 않는 것은? (단, 각 사업장은 해당하는 사람을 선임하여 하는 대상 사업장으로 한다.)

① 안전관리자 부서의 장
② 해당 사업장의 부서의 장
③ 산업보건의
④ 명예산업안전감독관

해설

| 구분 | 산업안전보건위원회 |
|---|---|
| 근로자 위원 | • 근로자대표<br>• 1명 이상 명예감독관(근로자대표가 지명)<br>• 9명 이내 근로자 |
| 사용자 위원 | • 사업자대표<br>• 산업보건의<br>• 안전/보건관리자 각 1명<br>• 대표자가 지정한 사업장 |

**10** 기업 내 정형교육 중 대상으로 하는 계층이 한정되어 있지 않고, 한 번 훈련을 받은 관리자는 그 부하인 감독자에 대해 지도원이 될 수 있는 교육 방법은?

① TWI(Training Within Industry)
② MTP(Management Training Program)
③ CCS(Civil Communication Section)
④ ATT(American Telephone & Telegram Co)

해설 ① TWI(Training Within Industry) : 기업 내, 산업 내 훈련으로 관리감독자가 교육대상
② MTP(Management Training Program) : TWI보다 약간 높은 관리자(관리문제에 치중)
③ CCS(Civil Communication Section) : 간부의 과학적 경영 훈련코스
④ ATT(American Telephone & Telegram Co) : 대상계층이 한정되어 있지 않다. (훈련을 먼저 받은 자는 직급에 관계없이 훈련을 받지 않은 자에 대해 지도원이 될 수 있다.)

정답 06 ② 07 ③ 08 ③ 09 ④ 10 ④

**11** 위험예지훈련 4R 방식 중 각 라운드(Round)별 내용 연결이 옳은 것은?

① 1R – 목표설정
② 2R – 본질추구
③ 3R – 현상파악
④ 4R – 대책수립

> **해설**
> • 1라운드 : 현상파악
> • 2라운드 : 본질추구
> • 3라운드 : 대책수립
> • 4라운드 : 목표수립

**12** 무재해운동 추진기법 중 다음에서 설명하는 것은?

> 작업을 오조작 없이 안전하게 하기 위하여 작업공정의 요소에서 자신의 행동을 하고 대상을 가리킨 후 큰소리로 확인하는 것

① 지적확인
② T.B.M
③ 터치 앤드 콜
④ 삼각위험 예지훈련

> **해설** 지적확인은 작업의 정확성이나 안전을 확인하기 위해 사람의 눈이나 귀 등 오관의 감각기관을 총동원하는 것으로 작업을 안전하게 오조작 없이 작업공정의 요소요소에서 자신의 행동을 "…, 좋아!"하고 대상을 지적하여 큰소리로 확인하는 것을 말한다.

**13** 하인리히의 재해 발생 원인 도미노이론에서 사고의 직접 원인으로 옳은 것은?

① 통제의 부족
② 관리구조의 부적절
③ 불안전한 행동과 상태
④ 유전과 환경적 영향

> **해설** ▶ 재해의 직접 원인
> • 불안전한 행동 : 위험장소 접근, 안전장치의 기능 제거, 기계 · 기구의 잘못 사용, 운전 중인 기계장치의 손질, 위험물 취급 부주의 등
> • 불안전한 상태 : 물 자체의 결함, 안전방호장치의 결함, 복장 · 보호구의 결함, 물의 배치 및 작업장소 결함, 생산공정의 결함

**14** 주의의 수준에서 중간 수준에 포함되지 않는 것은?

① 다른 곳에 주의를 기울이고 있을 때
② 가시 시야 내 부분
③ 수면 중
④ 일상과 같은 조건일 경우

> **해설**
> • phase 0 : 무의식 상태(수면 상태, 실신한 상태 등)이기 때문에, 작업 중에는 있을 수 없는 상태이다.
> • phase Ⅰ : 뇌파에서는 $\theta$파가 우세한 상태로서, 술에 취해 있거나 앉아서 졸고 있는 때와 같은 의식상태이다. 의식이 둔하고 강한 부주의 상태가 계속되며, 깜박 잊는 일과 실수가 많아진다.
> • phase Ⅱ : $\alpha$파에 대응하는 의식 수준이고 보통의 의식 상태이지만, 단순한 일을 하고 있는 때와 같이 마음이 편안한 상태로서, 예측기능이 활발하지 않고 사태를 분석하는 능력이 발휘되지 않는 상태이다. 휴식 시의 편안한 상태이고, 전두엽은 그다지 활동하고 있지 않아 깜박하는 실수를 하기 쉽다.
> • phase Ⅲ : $\beta$파의 의식 수준으로서, 적당한 긴장감과 주의력이 작동하고 있고, 사태의 분석, 예측능력이 가장 잘 발휘되고 있는 상태이다. 의식은 밝고 맑으며, 전두엽이 완전히(활발히) 활동하고 있고, 실수를 하는 일도 거의 없다.
> • phase Ⅳ : 긴장의 과대(過大) 또는 정동(情動) 흥분 시의 상태로서, 대뇌의 에너지 수준은 매우 높지만, 주의가 눈앞의 한 점에 흡착(집중)되어 사고 협착에 빠져 있고, 냉정한 분석이나 올바른 판단에 의한 임기응변의 대응이 불가능하다. 실수를 범하기 쉽고, 심하면 패닉 상태가 되어 당황하거나 공포감이 엄습하여 대외의 정보처리기능이 분열 상태에 빠진다.

11 ② 12 ① 13 ③ 14 ③

**15** 기능(기술)교육의 진행방법 중 하버드 학파의 5단계 교수법의 순서로 옳은 것은?

① 준비 → 연합 → 교시 → 응용 → 총괄
② 준비 → 교시 → 연합 → 총괄 → 응용
③ 준비 → 총괄 → 연합 → 응용 → 교시
④ 준비 → 응용 → 총괄 → 교시 → 연합

> **해설** ▶ 하버드 학파의 5단계 교수법
> • 1단계 : 준비시킨다.
> • 2단계 : 교시한다.
> • 3단계 : 연합한다.
> • 4단계 : 총괄한다.
> • 5단계 : 응용시킨다.

**16** 토의법의 유형 중 다음에서 설명하는 것은?

> 교육과제에 정통한 전문가 4~5명이 피교육자 앞에서 자유로이 토의를 실시한 다음에 피교육자 전원이 참가하여 사회자의 사회에 따라 토의하는 방법

① 포럼(forum)
② 패널 디스커션(panel discussion)
③ 심포지엄(symposium)
④ 버즈 세션(buzz session)

> **해설** ① 포럼(forum) : 제시된 과제에 대해서 2명의 전문가가 대화를 해서 토의를 위한 재료 내지 화제를 제공하여 청중이 그 문제에 대해 생각해 보도록 하는 것
> ② 패널 디스커션(panel discussion) : 교육과제에 정통한 전문가 4~5명이 피교육자 앞에서 자유로이 토의를 실시한 다음에 피교육자 전원이 참가하여 사회자의 사회에 따라 토의하는 방법
> ③ 심포지엄(symposium) : 여러 사람의 강연자가 하나의 주제에 대해서 각각 다른 입장에서 짧은 강연을 하고, 그 뒤부터 청중으로부터 질문이나 의견을 내어 넓은 시야에서 문제를 생각하고, 많은 사람들에 관심을 가지고, 결론을 끌어내려고 하는 집단토론방식
> ④ 버즈 세션(buzz session) : 집단의 구성원 모두가 적극적으로 참가하여 발언할 수 있도록 한 소집단 토의법. 미시간대학교의 J.D. 필립스가 창안한 방법으로, 이를 응용한 학습을 버즈학습(buzz learning)이라 한다.

**17** 재해손실비의 평가방식 중 시몬즈(R.H. Simonds) 방식에 의한 계산방법으로 옳은 것은?

① 직접비+간접비
② 공동비용+개별비용
③ 보험 코스트+비보험 코스트
④ (휴업상해건수 관련비용 평균치)+(통원상해건수×관련비용 평균치)

> **해설** 총재해 코스트=보험 코스트+비보험 코스트
> =산재보험료+(A×휴업상해건수)+(B×통원 상해건수)+(C×구급조치 상해건수)+(D×무상해 사고건수)

**18** 안전·보건표지의 기본 모형 중 다음 그림의 기본 모형의 표시사항으로 옳은 것은?

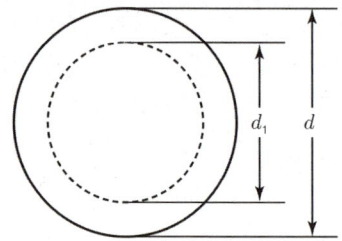

① 지시
② 안내
③ 경고
④ 금지

> **해설** • ○ : 지시
> • Ø : 금지
> • △, ◇ : 경고
> • □ : 안내

**19** 조건반사설에 의한 학습이론의 원리에 해당하지 않는 것은?

① 강도의 원리
② 시간의 원리
③ 효과의 원리
④ 계속성의 원리

> **해설** ▶ 학습이론의 원리
> • 강도의 원리
> • 일관성의 원리
> • 시간의 원리
> • 계속성의 원리

정답  15 ②  16 ②  17 ③  18 ①  19 ③

**20** 허즈버그의 동기/위생이론 중 위생 요인에 해당하지 않는 것은?

① 보수  ② 책임감
③ 작업조건  ④ 감독

해설 ▶ Herzberg의 위생-동기 2요인 이론

| 위생 요인<br>(직무환경,<br>저차원적 요구) | 동기 요인<br>(직무내용,<br>고차원적 요구) |
|---|---|
| • 회사정책과 관리<br>• 개인 상호 간의 관계<br>• 감독<br>• 임금<br>• 보수<br>• 작업조건<br>• 지위<br>• 안전 | • 성취감<br>• 책임감<br>• 인정감<br>• 성장과 발전<br>• 도전감<br>• 일 그 자체 |

## 2과목 인간공학 및 위험성 평가·관리

**21** 인간공학의 정의로 옳은 것은?

① 인간의 감각기관을 연구하는 학문
② 인간의 행동을 예측하는 심리학
③ 인간과 기계의 상호작용을 최적화하는 학문
④ 인간의 감정을 분석하는 학문

해설 인간공학은 인간의 능력과 한계를 고려하여 시스템을 설계하는 학문이다.

**22** 피츠의 법칙에 대한 설명으로 옳은 것은?

① 목표가 작고 멀수록 이동시간이 짧다.
② 목표가 크고 가까울수록 이동시간이 길다.
③ 목표가 작고 멀수록 이동시간이 길다.
④ 목표의 크기는 이동시간에 영향을 주지 않는다.

해설 피츠의 법칙은 목표의 크기와 거리 모두가 이동시간에 영향을 준다.

**23** 인간의 정보처리 과정 순서로 옳은 것은?

① 행동 → 감지 → 정보처리
② 감지 → 정보처리 → 행동
③ 정보처리 → 감지 → 행동
④ 감지 → 행동 → 정보처리

해설 인간은 먼저 감지하고, 정보를 처리한 후 행동한다.

**24** 휴먼에러(Human Error)의 유형 중 '착오(Mistake)'에 해당하는 것은?

① 의도는 정확하나 행동이 잘못됨
② 기억의 실패로 인한 오류
③ 규칙을 알고도 고의로 위반함
④ 판단 자체가 잘못된 경우

해설 Mistake는 판단 자체가 잘못된 경우이다.
① 의도는 정확하나 행동이 잘못됨 → Slip(실수) : 행동 실행 단계에서의 오류
② 기억의 실패로 인한 오류 → Lapse(건망증) : 기억력 부족으로 인한 누락
③ 규칙을 알고도 고의로 위반함 → Violation(위반) : 의도적으로 규칙을 따르지 않는 행동

**25** 시스템 안전기법 중 귀납적 분석기법은?

① FTA  ② FMEA
③ MORT  ④ THERP

정답 20 ② 21 ③ 22 ③ 23 ② 24 ④ 25 ②

**해설** FMEA는 고장 모드와 그 영향을 분석하는 귀납적 기법이다.
① FTA(Fault Tree Analysis) : 연역적 분석기법으로, 사고나 고장 원인을 논리적으로 추적하는 Top-down 방식
③ MORT(Management Oversight and Risk Tree) : FTA와 유사한 연역적 기법으로, 관리적 측면에서의 위험을 분석
④ THERP(Technique for Human Error Rate Prediction) : 인간의 실수를 정량적으로 분석하는 기법으로, 확률 기반의 평가를 수행

**26** 작업환경에서의 생리적 측정 방법이 아닌 것은?
① 산소 소비량
② 근전도
③ 피부전기반사
④ 시력검사

**해설** 시력검사는 생리적 측정보다는 감각기능 평가에 해당한다.

**27** 인간공학적 설계 시 고려해야 할 요소가 아닌 것은?
① 인체 치수
② 작업자의 감정
③ 작업 공간
④ 작업 자세

**해설** 감정보다는 신체적, 환경적 요소가 설계에 중요하다.

**28** 인간의 행동에 영향을 주는 요소가 아닌 것은?
① 기질
② 동기
③ 습관
④ 혈액형

**해설** 혈액형은 과학적으로 인간 행동과 직접적인 관련이 없다.

**29** 시스템 안전 프로그램 중 사고 시나리오를 분석하는 기법은?
① FTA
② ETA
③ FMEA
④ CA

**해설** ① FTA(Fault Tree Analysis) : 연역적 기법으로, 사고의 원인을 논리적으로 추적하는 Top-down 방식
② ETA(Event Tree Analysis) : 귀납적 기법으로, 초기 사건 이후의 다양한 사고 시나리오를 분석
③ FMEA(Failure Modes and Effects Analysis) : 구성 요소의 고장형태와 영향을 분석하는 Bottom-up 방식
④ CA(Cause Analysis) : 사고 발생 후 원인을 체계적으로 규명하는 기법으로, 시나리오보다는 원인 규명에 초점

**30** 작업자의 피로도를 측정하는 방법으로 적절한 것은?
① 피부전기반사
② 시력검사
③ 청력검사
④ 혈액형 검사

**해설** 피부전기반사는 정신적 피로도를 측정하는 데 사용된다.

**31** 인간공학적 설계 원칙 중 '양립성'에 대한 설명으로 옳은 것은?
① 작업자의 감정과 설계의 일치
② 작업자의 의도와 시스템 반응의 일치
③ 작업자의 성격과 설계의 일치
④ 작업자의 나이와 설계의 일치

**해설** 양립성은 사용자의 기대와 시스템 반응이 일치하는 것이다.

**정답** 26 ④  27 ②  28 ④  29 ②  30 ①  31 ②

**32** 인간의 감각 중 가장 빠른 반응시간을 가진 것은?
① 시각  ② 청각
③ 촉각  ④ 후각

> **해설** 청각은 가장 빠른 반응시간을 보인다.
> 청각(0.17초), 촉각(0.18초), 시각(0.2초), 미각(0.29초), 통각(0.7초)

**33** 인간공학에서 사용하는 인체 계측자료의 활용 원칙 중 '극단치 설계'에 해당하는 예는?
① 의자 높이 조절
② 출입문 폭 설계
③ 계산대 높이 설계
④ 책상 깊이 설계

> **해설** 극단치 설계는 모든 사람이 통과할 수 있도록 출입문 폭을 최대치로 설계하는 것이다.

**34** 인간의 기억 유형 중 단기기억의 특징은?
① 무제한 저장 가능
② 감각기관을 통하지 않음
③ 7±2개의 청크 저장 가능
④ 장기기억으로 바로 전환됨

> **해설** 단기기억은 감각기관을 통하며, 한계가 한정된 수(7±2)의 청크이다.

**35** 인간공학적 설계 시 고령자를 위한 고려사항으로 옳은 것은?
① 시분할 요구량 증가
② 양립성 감소
③ 불필요한 세부내용 제거
④ 복잡한 조작 방식 채택

> **해설** 고령자를 위한 설계는 단순하고 직관적이어야 한다.

**36** 인간공학에서 '사정 효과(Range Effect)'란?
① 짧은 거리일수록 과잉 반응
② 긴 거리일수록 과소 반응
③ 거리와 반응이 무관함
④ 짧은 거리일수록 과소 반응

> **해설** 사정 효과는 짧은 거리에는 과잉 반응, 긴 거리에는 과소 반응이 나타난다.

**37** 인간공학적 설계 대상이 아닌 것은?
① 기계  ② 환경
③ 인간의 감정  ④ 물건

> **해설** 인간의 감정보다는 물리적 요소가 설계 대상이다.

**38** 인간의 행동 특성 중 '리스크 테이킹'에 대한 설명으로 옳은 것은?
① 위험을 무조건 회피하는 행동
② 위험을 과소평가하고 행동하는 특성
③ 위험을 정확히 인식하고 행동하는 특성
④ 위험을 과대평가하고 행동하는 특성

> **해설** 리스크 테이킹은 위험을 자기 편의대로 판단하고 행동하는 특성

**39** 인간공학에서 '동작경제의 3원칙'에 해당하지 않는 것은?
① 두 손은 동시에 시작하고 끝낸다.
② 동작은 급변하는 직선으로 한다.
③ 동작은 대칭적으로 한다.
④ 동작은 불규칙하게 한다.

> **해설** 불규칙한 동작은 동작경제에 해당하지 않는다.

**정답** 32 ② 33 ② 34 ③ 35 ③ 36 ① 37 ③ 38 ② 39 ④

**40** 인간공학적 설계 시 'Fail-Safe'의 의미는?
① 고장 시 시스템이 계속 작동함
② 고장 시 시스템이 정지함
③ 고장 시 경보만 울림
④ 고장 시 시스템이 위험하게 작동함

해설 Fail-Safe는 고장 시 시스템이 안전하게 정지하는 설계이다.

## 3과목 기계·기구 및 설비 안전관리

**41** 기계의 위험점에 해당하지 않는 것은?
① 회전 위험점
② 끼임 위험점
③ 절단 위험점
④ 조작 버튼

해설 조작 버튼은 위험점이 아닌 조작부이다.
▶ 기계의 위험점
- 협착점    · 끼임점
- 절단점    · 물림점
- 접선물림점  · 회전말림점

**42** 프레스 작업 시 필요한 방호장치가 아닌 것은?
① 광전자식 방호장치
② 양수조작식 방호장치
③ 덮개식 방호장치
④ 자동급지장치

해설 자동급지장치는 방호장치가 아니라 작업 보조장치이다.
▶ 프레스 작업 방호장치
- 양수조작식  · 광전자식
- 카드식    · 손쳐내기식
- 수인식

**43** 연삭기의 안전사항으로 옳지 않은 것은?
① 덮개 설치
② 회전속도 표시
③ 작업 중 측면 사용
④ 시험운전 실시

해설 ▶ 연삭기의 안전대책

> 「산업안전보건기준에 관한 규칙」 제122조
> ① 사업주는 회전 중인 연삭숫돌(지름이 5센티미터 이상인 것으로 한정한다)이 근로자에게 위험을 미칠 우려가 있는 경우에 그 부위에 덮개를 설치하여야 한다.
> ② 사업주는 연삭숫돌을 사용하는 작업의 경우 작업을 시작하기 전에는 1분 이상, 연삭숫돌을 교체한 후에는 3분 이상 시험운전을 하고 해당 기계에 이상이 있는지를 확인하여야 한다.
> ③ 시험운전에 사용하는 연삭숫돌은 작업시작 전에 결함이 있는지를 확인한 후 사용하여야 한다.
> ④ 사업주는 연삭숫돌의 최고 사용회전속도를 초과하여 사용하도록 해서는 아니 된다.
> ⑤ 사업주는 측면을 사용하는 것을 목적으로 하지 않는 연삭숫돌을 사용하는 경우 측면을 사용하도록 해서는 아니 된다.

**44** 산업용 로봇의 위험요소로 옳은 것은?
① 저속 동작
② 예측 가능한 경로
③ 비상정지장치
④ 예기치 못한 동작

해설 산업용 로봇은 예기치 못한 동작으로 인해 위험을 초래할 수 있다.

정답  40 ②  41 ④  42 ④  43 ③  44 ④

### 45 보일러의 방호장치로 적절하지 않은 것은?
① 압력방출장치
② 과부하방지장치
③ 압력제한 스위치
④ 고저수위 조절장치

**해설** ▶ 보일러의 방호장치
- 압력방출장치
- 압력제한 스위치
- 고저수위 조절장치
- 화염검출기

### 46 연삭기의 방호장치에 해당하는 것은?
① 주수장치
② 덮개장치
③ 제동장치
④ 소화장치

**해설** 연삭기의 방호장치는 덮개장치이다.

### 47 지게차의 안정도 기준으로 틀린 것은?
① 기준부하 상태에서 주행 시의 전후 안정도는 8[%] 이내이다.
② 하역 작업 시의 좌우 안정도는 최대 하중 상태에서 포크를 가장 높이 올리고 마스트를 가장 뒤로 기울인 상태에서 6[%] 이내이다.
③ 하역 작업 시의 전후 안정도는 최대 하중 상태에서 포크를 가장 높이 올린 경우 4[%] 이내이며, 5톤 이상은 3.5[%] 이내이다.
④ 기준무부하 상태에서 주행 시의 좌우 안정도는 $(15+1.1 \times V)$[%] 이내이고, V는 구내 최고속도 [km/h]를 의미한다.

**해설** 지게차의 주행 시 전후 안정도는 18[%]이다.
▶ 지게차의 안정도 기준
1. 하역 시
   - 전후 4[%](5[t] 3.5[%])
   - 좌우 6[%]
2. 주행 시
   - 전후 18[%]
   - 좌우 최대 40[%] / $15+1.1V$[%] 이내

### 48 광전자식 방호장치가 설치된 프레스에서 손이 광선을 차단했을 때부터 급정지기구가 작동을 개시할 때까지의 시간은 0.3초, 급정지기구가 작동을 개시했을 때부터 슬라이드가 정지할 때까지의 시간이 0.4초 걸린다고 할 때 최소 안전거리는 약 몇 [mm]인가?
① 540
② 760
③ 980
④ 1,120

**해설** $D = 1.6 \times (TC + TS)$
$D = 1.6 \times (300 + 400) = 1,120$
여기서, D : 안전거리[mm]
TC : 방호장치의 작동시간[ms]
TS : 프레스의 급정지시간[ms]

### 49 기계의 위험점 중 '절단 위험점'에 해당하는 예는?
① 회전축
② 벨트 풀리
③ 날이 있는 절단기
④ 기어 맞물림

**해설** 날이 있는 절단기는 절단 위험점이다.

---

정답  45 ②  46 ②  47 ①  48 ④  49 ③

**50** 방호장치의 기능으로 옳지 않은 것은?
① 위험점 차단  ② 작업자 보호
③ 생산성 저하  ④ 사고 예방

> **해설** 방호장치는 안전하게 작업을 하기 위한 안전장치로 생산성을 저하시키지 않고 안전을 확보한다.

**51** 보일러 안전한 가동을 위하여 압력방출장치를 2개 설치한 경우에 작동방법으로 옳은 것은?
① 최고 사용압력 이하에서 2개가 동시작동
② 최고 사용압력 이하에서 1개가 작동되고, 다른 것은 최고 사용압력 1.05배 이하에서 작동
③ 최고 사용압력 이하에서 1개가 작동되고, 다른 것은 최고 사용압력 1.1배 이하에서 작동
④ 최고 사용압력의 1.1배 이하에서 2개가 동시 작동

> **해설** ▶ 보일러 압력방출장치 설치 시 작동방법
> - 보일러 규격에 적합한 압력방출장치를 최고 사용압력 이하에서 작동되도록 1개 또는 2개 이상 설치
> - 2개 이상 설치된 경우 최고 사용압력 이하에서 1개가 작동되고, 다른 압력방출장치는 최고 사용압력 1.05배 이하에서 작동되도록 부착
> - 1년에 1회 이상 토출압력시험 후 납으로 봉인(공정안전관리 이행수준 평가결과가 우수한 사업장은 4년에 1회 이상 토출압력시험 실시)
> - 스프링식, 중추식, 지렛대식(일반적으로 스프링식 안전밸브가 많이 사용

**52** 산업용 로봇의 안전운전 조건으로 옳은 것은?
① 작업자와 협업 시 경고음 제거
② 비상정지장치 설치
③ 경로 예측 불가
④ 센서 제거

> **해설** 산업용 로봇의 비상정지장치는 필수 안전장치이다.

**53** 연삭기에서 숫돌의 바깥지름이 180[mm]라면, 평형 플랜지의 바깥지름은 몇 [mm] 이상이어야 하는가?
① 30  ② 36
③ 45  ④ 60

> **해설** 숫돌 바깥지름×1/3=평형 플랜지 바깥지름
> 180×1/3=60

**54** 프레스 작업 중 가장 많이 발생하는 재해는?
① 화상  ② 절단
③ 감전  ④ 추락

> **해설** 프레스는 절단 및 끼임 재해가 가장 많다.

**55** 범용 수동 선반의 방호조치에 대한 설명으로 틀린 것은?
① 대형 선반의 후면 칩 가드는 새들의 전체 길이를 방호할 수 있어야 한다.
② 척 가드의 폭은 공작물의 가공작업에 방해되지 않는 범위에서 척 전체 길이를 방호해야 한다.
③ 수동 조작을 위한 제어장치는 정확한 제어를 위해 조작 스위치를 돌출형으로 제작해야 한다.
④ 스핀들 부위를 통한 기어박스에 접촉될 위험이 있는 경우에는 해당 부위에 잠금장치가 구비된 가드를 설치하고, 스핀들 회전과 연동회로를 구성해야 한다.

> **해설** 수동 조작을 위한 제어장치는 정확한 제어를 위해 조작 스위치를 '매립형'으로 제작해야 한다.

**정답** 50 ③  51 ②  52 ②  53 ④  54 ②  55 ③

**56** 기계설비의 안전화를 크게 외관의 안전화, 기능의 안전화, 구조적 안전화로 구분할 때, 기능의 안전화에 해당하는 것은?

① 안전율의 확보
② 위험부위 덮개 설치
③ 기계 외관에 안전 색채 사용
④ 전압 강하 시 기계의 자동정지

해설 기능의 안전화란 기계가 이상 상태나 오작동이 발생했을 때 자동으로 안전을 확보할 수 있는 기능
① 안전율의 확보 → 구조적 안전화 : 기계의 강도나 설계 안정성을 확보하는 것
② 위험 부위 덮개 설치 → 외관의 안전화 : 위험 요소를 외부로부터 차단하는 물리적 보호
③ 기계 외관에 안전색채 사용 → 외관의 안전화 : 시각적 경고를 통해 위험 인지 유도

**57** 보일러 수 속에 불순물 농도가 높아지면서 수면에 거품이 형성되어 수위가 불안정하게 되는 현상은?

① 포밍　　　　② 서징
③ 수격현상　　④ 공동현상

해설 ▶ 보일러 발생 증기의 이상
① 포밍 : 보일러 수에 불순물이 많이 포함되었을 경우 보일러 수의 비등과 함께 수면 부위에 거품층을 형성하여 수위가 불안정하게 되는 것
② 서징 : 압축기나 펌프에서 유량 변화로 압력과 유량이 불안정하게 변동
③ 수격현상: 배관 내 유속 변화로 압력 충격이 발생, 큰 소음과 배관 손상 유발
④ 공동현상 : 펌프 등에서 압력 저하로 기포가 생기고 붕괴하면서 충격파 발생

**58** 산업용 로봇의 작업 중 위험을 줄이기 위한 방법은?

① 작업자 접근 허용　② 경고장치 제거
③ 안전펜스 설치　　　④ 센서 무시

해설 안전펜스는 작업자 접근을 제한하여 위험을 줄인다.

**59** 산업안전보건법령상 위험기계·기구별 방호조치로 가장 적절하지 않은 것은?

① 산업용 로봇 – 안전매트
② 보일러 – 급정지장치
③ 목재가공용 둥근톱기계 – 반발예방장치
④ 산업용 로봇 – 광전자식 방호장치

해설 급정지장치는 컨베이어 등의 방호조치에 해당한다.
▶ 보일러의 방호장치
• 압력방출장치
• 압력제한스위치
• 고저수위조절장치
• 화염검출기

**60** 연삭기의 덮개 설치 목적은?

① 소음 감소
② 분진 제거
③ 파편 방지
④ 냉각 효과

해설 덮개는 파편으로 인한 사고를 방지한다.

## 4과목　전기 및 화학설비 안전관리

**61** 감전재해의 예방대책으로 옳지 않은 것은?

① 접지공사 실시
② 누전차단기 설치
③ 절연장비 사용
④ 접지공사 생략

해설 접지공사는 감전 예방의 기본 조치이다.

정답　56 ④　57 ①　58 ③　59 ②　60 ③　61 ④

**62** 내압 방폭 구조의 특징으로 옳은 것은?

① 외부 폭발을 유도함
② 내부 폭발이 외부로 확산됨
③ 내부 폭발이 외부로 확산되지 않음
④ 외부 압력을 높게 유지함

해설 내압 방폭은 외부 폭발 확산을 막는 구조이다.

**63** 전기화재의 주요 원인은?

① 과전류　② 누전
③ 접지　　④ 절연

해설 누전은 전기화재의 대표적인 원인이다.

**64** 접지 공사의 목적이 아닌 것은?

① 감전 예방　② 장비 보호
③ 전력 손실 방지　④ 누전 방지

해설 접지는 감전 예방과 장비 보호를 위한 것이다.

**65** 아크 용접기 작업 시 안전사항으로 옳은 것은?

① 맨눈으로 작업　② 차광면 착용
③ 고압선 접촉　　④ 접지 생략

해설 아크광은 눈에 해로우므로 차광면 착용이 필수이다.

**66** 정전기의 위험성으로 옳지 않은 것은?

① 폭발 유발　② 화재 유발
③ 전력 생산 가능　④ 인체 감전

해설 정전기는 에너지 생산보다는 폭발 유발 위험이 크다.

**67** 전기설비의 절연저항 기준으로 옳은 것은?

① 0.1MΩ 이상
② 0.5MΩ 이상
③ 1MΩ 이상
④ 10MΩ 이상

해설 전기설비의 절연저항 기준은 전기 회로의 안전성과 누전 방지를 위해 매우 중요한 요소이다. 특히 저압 전로의 경우, 한국전기설비규정(KEC)에서는 절연저항이 최소 1MΩ 이상이어야 한다고 명시하고 있다.

**68** 폭발성 가스나 전기기기 내부로 침입하지 못하도록 전기기기의 내부에 불활성 가스를 압입하는 방식의 방폭 구조는?

① 내압방폭구조
② 압력방폭구조
③ 본질안전방폭구조
④ 유입방폭구조

해설 ① 내압방폭구조 : 전폐용기에 넣고 용기가 폭발 압력에 견딤
② 압력방폭구조 : 용기 내부에 불연성 가스인 공기나 질소를 압입시켜 내부 압력을 유지함으로써 외부의 폭발성 가스가 용기 내부에 침투하지 못하도록 한 구조
③ 본질안전방폭구조 : 점화되지 않는 것을 확인
④ 유입방폭구조 : 내부에 보호액 채움

**69** 보호접지의 목적은?

① 전력 손실 방지
② 감전 예방
③ 전류 증가
④ 전압 상승

해설 보호접지는 인체 보호를 위한 접지이다.

정답　62 ③　63 ②　64 ③　65 ②　66 ③　67 ③　68 ②　69 ②

**70** 절연시험 시 사용하는 장비는?
① 테스터기  ② 메거
③ 멀티미터  ④ 전류계

> 해설 메거는 절연저항 측정기이다.

**71** 화학설비에서 폭발 방지를 위한 조치가 아닌 것은?
① 환기구 설치
② 정전기 제거
③ 환기구 폐쇄
④ 가스 감지기 설치

> 해설 환기구는 가스 제거를 위한 필수 설비이다.

**72** 제1류 위험물에 해당하는 것은?
① 인화성 액체  ② 산화성 고체
③ 독성 가스    ④ 가연성 고체

> 해설 ▶ 위험물안전관리법상 분류
> • 제1류 : 산화성 고체
> • 제2류 : 가연성 고체
> • 제3류 : 자연발화성 및 금수성 물질
> • 제4류 : 인화성 액체
> • 제5류 : 자기반응성 물질
> • 제6류 : 산화성 액체

**73** 연소의 3요소로 옳은 것은?
① 산소, 수소, 질소
② 가연물, 산소, 점화원
③ 열, 연기, 불꽃
④ 연료, 압력, 온도

> 해설 ▶ 연소의 3요소
> 가연물(연료), 점화원(열), 공기(산소)

**74** 증기운 폭발(UVCE)의 특징은?
① 액체가 직접 폭발
② 고체가 폭발
③ 가연성 혼합기체가 점화되어 폭발
④ 산소 부족으로 폭발

> 해설 ▶ 증기운 폭발(UVCE)
> 대기 중에 대량의 가연성 가스가 유출되거나 대량의 가연성 액체가 유출하여 그것으로부터 발생하는 증기가 공기와 혼합해서 가연성 혼합기체를 형성하고, 점화원에 의하여 발생하는 폭발

**75** 산업안전보건법령상의 위험물을 저장·취급하는 화학설비 및 그 부속설비를 설치하는 경우 폭발이나 화재에 따른 피해를 줄이기 위하여 단위공정시설 및 설비로부터 다른 단위공정시설 및 설비 사이의 안전거리는 얼마로 하여야 하는가?
① 설비의 안쪽 면으로부터 10[m] 이상
② 설비의 바깥 면으로부터 10[m] 이상
③ 설비의 안쪽 면으로부터 5[m] 이상
④ 설비의 바깥 면으로부터 5[m] 이상

> 해설 안전거리는 설비의 바깥 면으로부터 10미터 이상으로 하여야 한다.

**76** A 가스의 폭발 하한계가 4.1[vol%], 폭발 상한계가 62[vol%]일 때 이 가스의 위험도는 약 얼마인가?
① 8.94   ② 12.75
③ 14.12  ④ 16.12

> 해설 위험도(H) = $\dfrac{U_2 - U_1}{U_1}$
> ($U_1$ : 폭발하한계, $U_2$ : 폭발상한계)
> 위험도(H) = $\dfrac{62 - 4.1}{4.1}$ = 14.121

정답 70 ② 71 ③ 72 ② 73 ② 74 ③ 75 ② 76 ③

77 이산화탄소 소화기에 관한 설명으로 옳지 않은 것은?
① 전기화재에 사용할 수 있다.
② 주된 소화작용은 질식 작용이다.
③ 소화약제 자체 압력으로 방출이 가능하다.
④ 전기전도성이 높아 사용 시 감전에 유의해야 한다.

해설 ▶ 이산화탄소 소화기의 장단점
• 장점 : 전기절연이 우수하고, 부식되지 않는다.
• 단점 : 소화 중 질식의 우려가 있다.

78 메탄 20[vol%], 에탄 25[vol%], 프로판 55[vol%]의 조성을 가진 혼합가스의 폭발하한계값[vol%]은 약 얼마인가? (단, 메탄, 에탄 및 프로판가스의 폭발하한값은 각각 5[vol%], 3[vol%], 2[vol%]이다.)
① 2.51
② 3.12
③ 4.26
④ 5.22

해설 $L = \dfrac{100}{\dfrac{V_1}{L_1} + \dfrac{V_2}{L_2} + \dfrac{V_3}{L_3}}$

$L = \dfrac{100}{\dfrac{20}{5} + \dfrac{25}{3} + \dfrac{55}{2}} = 2.51$

79 물과 접촉할 경우 화재나 폭발의 위험성이 더욱 증가하는 것은?
① 칼륨
② 트리니트로톨루엔
③ 황린
④ 니트로셀룰로오스

해설 ▶ 물 반응성 물질(금수성 물질)
• 물과 접촉할 경우 화재나 폭발의 위험성이 증가한다.
• 리튬, 칼륨, 나트륨, 알킬알루미늄, 알킬리튬, 탄화칼슘, 탄화알루미늄

80 「산업안전보건기준에 관한 규칙」에서 부식성 염기류에 해당하는 것은?
① 농도 30퍼센트인 과염소산
② 농도 30퍼센트인 아세틸렌
③ 농도 40퍼센트인 디아조화합물
④ 농도 40퍼센트인 수산화나트륨

해설 • 부식성 산류 농도 20[%] 이상 : 질산, 염산, 황산
• 부식성 염기류 농도 40[%] 이상 : 수산화나트륨, 수산화칼륨
• 부식성 산류 농도 60[%] 이상 : 불산, 인산, 아세트산

### 5과목 건설공사 안전관리

81 건설공사에서 가장 많이 발생하는 재해 유형은?
① 추락
② 감전
③ 화재
④ 폭발

해설 추락 사고는 건설공사에서 가장 빈번하게 발생하는 재해 유형으로, 특히 고소작업 중 안전난간 미설치, 안전대 미착용, 작업발판 불량 등으로 인해 발생하는 경우가 많다.

정답 77 ④  78 ①  79 ①  80 ④  81 ①

**82** 이동식 비계를 조립하여 작업을 하는 경우의 준수사항으로 옳지 않은 것은?

① 이동식 비계의 바퀴에는 뜻밖의 갑작스러운 이동 또는 전도를 방지하기 위하여 브레이크·쐐기 등으로 바퀴를 고정시킨 다음 비계의 일부를 견고한 시설물에 고정하거나 아웃트리거(outrigger)를 설치하는 등 필요한 조치를 할 것
② 작업발판은 항상 수평을 유지하고 작업발판 위에서 안전난간을 딛고 작업을 하지 않도록 하며, 대신 받침대 또는 사다리를 사용하여 작업할 것
③ 비계의 최상부에서 작업을 하는 경우에는 안전난간을 설치할 것
④ 작업발판의 최대적재하중은 250[kg]을 초과하지 않도록 할 것

> **해설** 작업발판은 항상 수평을 유지하고 작업발판 위에서 안전난간을 딛고 작업을 하거나 받침대 또는 사다리를 사용하여 작업하지 않도록 할 것

**83** 건설용 리프트의 안전장치가 아닌 것은?

① 권과방지장치
② 비상정지장치
③ 자동문열림장치
④ 과부하방지장치

> **해설** ▶ 리프트의 안전장치
> 권과방지장치, 과부하방지장치, 비상정지장치

**84** 건설현장에서 사용하는 가설통로의 조건으로 옳은 것은?

① 경사 45도 이상
② 난간 미설치
③ 미끄럼 방지조치
④ 폭 30[cm] 이하

> **해설** ▶ 가설통로의 설치기준
> ㉠ 견고한 구조로 할 것
> ㉡ 경사는 30[°] 이하로 할 것. 다만, 계단을 설치하거나 높이 2[m] 미만의 가설통로로서 튼튼한 손잡이를 설치한 경우에는 그러하지 아니하다.
> ㉢ 경사가 15[°]를 초과하는 경우에는 미끄러지지 아니하는 구조로 할 것
> ㉣ 추락할 위험이 있는 장소에는 안전난간을 설치할 것. 다만, 작업상 부득이한 경우에는 필요한 부분만 임시로 해체할 수 있다.
> ㉤ 수직갱에 가설된 통로의 길이가 15[m] 이상인 경우는 10[m] 이내마다 계단참을 설치할 것
> ㉥ 건설공사에 사용하는 높이 8[m] 이상인 비계다리에는 7[m] 이내마다 계단참을 설치할 것

**85** 터널 작업 시 유해가스 제거 방법으로 적절한 것은?

① 자연환기
② 송풍기 사용
③ 물 분사
④ 조명 설치

> **해설** 송풍기를 이용한 기계환기 방식은 터널 작업 시 발생하는 유해가스(예 CO, NOx, $H_2S$ 등)를 효과적으로 제거하기 위한 가장 적절한 방법으로 밀폐된 공간인 터널에서는 자연환기만으로는 충분한 공기 순환이 어렵기 때문에 강제환기 설비가 필수적이다.

**86** 건설기계 중 차량계 하역운반기계에 해당하지 않는 것은?

① 지게차
② 덤프트럭
③ 크레인
④ 불도저

> **해설** ▶ 차량계 하역운반기계
> • 지게차, 구내운반차, 화물자동차, 고소작업대, 컨베이어 등은 일반운반기계
> • 불도저는 차량계 건설기계로 분류

**정답** 82 ② 83 ③ 84 ③ 85 ② 86 ④

**87** 건설현장에서의 낙하물 방지를 위한 조치로 옳은 것은?

① 작업자에게 경고음 제공
② 낙하물 방지망 설치
③ 작업자에게 안전모 지급
④ 작업자에게 안전화 지급

> **해설** 산업안전보건기준에 따르면, 작업발판 하단이나 고층 작업 구간에는 반드시 낙하물 방지망을 설치해야 하며, 필요시 가설 덮개, 방호선반, 수직 보호망 등도 함께 설치하여야 한다.

**88** 일반건설공사(갑)에서 재료비가 500,000,000원이고, 직접노무비가 300,000,000원일 때 안전관리비는 얼마인가?

① 20,529,000원
② 20,429,000원
③ 20,329,000원
④ 22,565,000원

> **해설** 안전관리비 산출
> = 대상액(재료비 + 직접노무비) × 2.28[%] + 기초액(C)
> = 800,000,000 × 2.28 + 4,325,000 = 22,565,000원

▶ [별표 1] 공사종류 및 규모별 산업안전보건관리비 계상기준표

| 공사종류 | 대상액 5억 원 미만인 경우 적용 비율(%) | 대상액 5억 원 이상 50억 원 미만인 경우 적용 비율(%) | 대상액 5억 원 이상 50억 원 미만인 경우 기초액 | 대상액 50억 원 이상인 경우 적용 비율(%) | 영 [별표 5]에 따른 보건관리자 선임 대상 건설공사의 적용비율(%) |
|---|---|---|---|---|---|
| 건축 공사 | 3.11[%] | 2.28[%] | 4,325,000원 | 2.37[%] | 2.64[%] |
| 토목 공사 | 3.15[%] | 2.53[%] | 3,300,000원 | 2.60[%] | 2.73[%] |
| 중건설 공사 | 3.64[%] | 3.05[%] | 2,975,000원 | 3.11[%] | 3.39[%] |
| 특수 건설 공사 | 2.07[%] | 1.59[%] | 2,450,000원 | 1.64[%] | 1.78[%] |

**89** 건설작업용 리프트에 대하여 바람에 의한 붕괴를 방지하는 조치를 한다고 할 때 그 기준이 되는 풍속은?

① 순간풍속 30[m/sec] 초과
② 순간풍속 35[m/sec] 초과
③ 순간풍속 40[m/sec] 초과
④ 순간풍속 45[m/sec] 초과

> **해설**
> • 이탈방지기준 : 순간풍속 30[m/sec] 초과
> • 붕괴방지기준 : 순간풍속 35[m/sec] 초과

**90** 건설현장에서의 추락 방지를 위한 개인 보호구는?

① 안전화     ② 안전장갑
③ 안전대     ④ 방진마스크

> **해설** 안전대는 추락을 방지하는 대표적인 보호구이다.

**91** 철근의 인력 운반 방법에 관한 설명으로 옳지 않은 것은?

① 긴 철근은 두 사람이 1조가 되어 같은 쪽의 어깨에 메고 운반한다.
② 양끝은 묶어서 운반한다.
③ 1회 운반 시 1인당 무게는 50[kg] 정도로 한다.
④ 공동작업 시 신호에 따라 작업한다.

> **해설** 1회 운반 시 1인당 무게는 25[kg] 정도가 적당하다.

**92** 다음 중 구조물의 해체 작업을 위한 기계·기구가 아닌 것은?

① 쇄석기     ② 데릭
③ 압쇄기     ④ 철제 해머

> **해설** 쇄석기, 압쇄기, 철제 해머는 해체 작업에 쓰인다. 데릭은 크레인의 약어로 양중기이다.

**정답** 87 ② 88 ④ 89 ② 90 ③ 91 ③ 92 ②

**93** 추락재해 방지용 방망의 신품에 대한 인장강도는 얼마인가? (단, 그물코의 크기가 10[cm]이며, 매듭 없는 방망)

① 220[kg]　　② 240[kg]
③ 260[kg]　　④ 280[kg]

**해설** ▶ 방망의 인장강도

| 그물코의 크기 (단위: [cm]) | 방망의 종류(단위 : kg) | | | |
|---|---|---|---|---|
| | 매듭 없는 방망 | | 매듭 방망 | |
| | 신품에 대한 | 폐기 시 | 신품에 대한 | 폐기 시 |
| 10 | 240 | 150 | 200 | 135 |
| 5 | – | – | 110 | 60 |

**94** 건설업 산업안전보건관리비 항목으로 사용 가능한 내역은?

① 경비원, 청소원 및 폐자재처리원 인건비
② 외부인 출입금지, 공사장 경계표시를 위한 가설 울타리 설치 및 해체비용
③ 원활한 공사수행을 위하여 사업장 주변 교통정리를 하는 신호자의 인건비
④ 해열제, 소화제 등 구급약품 및 구급용구 등의 구입비용

**해설** ▶ 건설업 산업안전보건관리비 항목
- 안전관리자 등 인건비 및 각종 업무수당
- 안전시설비 등
- 개인보호구 및 안전장구 구입비 등
- 안전진단비 등
- 안전보건교육비 및 행사비 등
- 근로자 건강관리비
- 건설재해예방 기술지도비

**95** 산업안전보건법령에 따라 안전관리자와 보건관리자의 직무를 분류할 때 안전관리자의 직무에 해당하지 않는 것은?

① 산업재해에 관한 통계의 유지·관리·분석을 위한 보좌 및 조언·지도
② 산업재해 발생의 원인 조사·분석 및 재발 방지를 위한 기술적 보좌 및 조언·지도
③ 해당 사업장 안전교육계획의 수립 및 안전교육 실시에 관한 보좌 및 조언·지도
④ 작업장 내에서 사용되는 전체 환기장치 및 국소 배기장치 등에 관한 설비의 점검과 작업방법의 공학적 개선에 관한 보좌 및 조언·지도

**해설** ▶ 안전관리자의 직무
- 안전보건관리규정 및 취업규칙에서 정한 업무
- 위험성 평가에 관한 보좌 및 지도·조언
- 안전인증대상 기계 등에 따른 자율안전확인 대상 기계 등 구입 시 적격품의 선정에 관한 보좌 및 지도·조언
- 해당 사업장 안전교육계획의 수립 및 안전교육실시에 관한 보좌 및 지도·조언
- 사업장 순회점검, 지도 및 조치 건의
- 산업재해 발생의 원인 조사·분석 및 재발 방지를 위한 기술적 보좌 및 지도·조언
- 산업재해에 관한 통계의 유지·관리·분석을 위한 보좌 및 지도·조언
- 법 또는 법에 따른 명령으로 정한 안전에 관한 사항의 이행에 관한 보좌 및 지도·조언
- 업무수행 내용의 기록·유지
- 그 밖에 안전에 관한 사항으로서 고용노동부 장관이 정하는 사항

**96** 거푸집 동바리에 작용하는 횡하중이 아닌 것은?

① 콘크리트 측압　　② 풍하중
③ 자중　　　　　　④ 지진하중

**해설**
- 자중 : 구조물 자체의 무게로 연직하중이며, 연직하중으로는 작업 하중, 타설용 기구, 가설기구 중량 등이 있다.
- 측압, 풍하중, 지진하중은 횡하중에 해당한다.

93 ②　94 ④　95 ④　96 ③

**97** 건설현장에서의 안전관리비 사용 명세서 보존 기간은?

① 6개월　　② 1년
③ 2년　　　④ 3년

> **해설** ▶ 안전관리비 사용 명세서
> 산업안전보건법 시행규칙 제89조에 따르면, 건설공사 도급인은 산업안전보건관리비 사용명세서를 매월 작성하고, 공사 종료 후 1년간 보존해야 한다.
> 단, 공사가 1개월 이내에 종료되는 경우에는 해당 공사 종료 시점에 작성하며, 동일하게 1년간 보존해야 한다.

**98** 가설구조물이 갖추어야 할 구비요건과 가장 거리가 먼 것은?

① 영구성　　② 경제성
③ 작업성　　④ 안전성

> **해설** 가설구조물이 갖추어야 할 구비요건은 경제성, 작업성, 안전성이다.

**99** 정기안전점검 결과 건설공사의 물리적·기능적 결함 등이 발견되어 보수·보강 등의 조치를 하기 위하여 필요한 경우에 실시하는 것은?

① 자체안전점검
② 정밀안전점검
③ 상시안전점검
④ 품질관리점검

> **해설** ▶ 안전점검
> • 자체안전점검 : 건설공사의 공사기간 동안 매일 공종별 실시
> • 정기안전점검 : 정기안전점검 실시시기를 기준으로 실시. 다만, 발주청 또는 인·허가기관의 장은 안전관리계획의 내용을 검토할 때 건설공사의 규모, 기간, 현장여건에 따라 점검 시기 및 횟수를 조정할 수 있다.
> • 정밀안전점검 : 정기안전점검 결과 건설공사의 물리적·기능적 결함 등이 발견되어 보수·보강 등의 조치를 취하기 위하여 필요한 경우에 실시한다.
> • 초기점검 : 건설공사를 준공하기 전에 실시한다.
> • 공사재개 전 안전점검 : 건설공사를 시행하는 도중 그 공사의 중단으로 1년 이상 방치된 시설물이 있는 경우 그 공사를 재개하기 전에 실시한다.

**100** 연약지반을 굴착할 때, 흙막이벽 뒷쪽 흙의 중량이 바닥의 지지력보다 커지면, 굴착 저면에서 흙이 부풀어 오르는 현상은?

① 슬라이딩(Sliding)
② 보일링(Boiling)
③ 파이핑(Piping)
④ 히빙(Heaving)

> **해설** ① 슬라이딩 : 물체가 그것을 받치고 있는 면 위를 미끄러져 움직이는 현상
> ② 보일링 : 모래가 분수처럼 나오는 현상
> ③ 파이핑 : 모래와 물의 혼합물이 나오는 현상
> ④ 히빙 : 모래가 부풀어 오르는 현상

**정답** 97 ②　98 ①　99 ②　100 ④

# 2025년 제3회 기출 복원문제

## 1과목 산업재해 예방 및 안전보건교육

**01** 산업재해 발생의 간접원인 중 기술적 원인에 해당하지 않는 것은?

① 건축물, 기계설비 등의 불량
② 작업방법 또는 공정계획의 부적당
③ 작업환경의 불량
④ 안전수칙 및 작업표준의 미준수

해설 기술적 원인은 기계, 설비, 공정 등 물적인 결함이나 문제가 원인이 되는 경우이다. 안전수칙 미준수는 관리적인 문제 또는 인적 원인에 속한다.

**02** 하인리히(Heinrich)의 도미노 이론에서 1단계에 해당하는 것은?

① 사회적 환경 및 유전적 결함
② 개인의 불안전한 행동 및 불안전한 상태
③ 사고
④ 상해

해설 ▶ 하인리히의 도미노 이론
'사회적 환경 및 유전적 결함 → 개인적 결함 → 불안전한 행동 및 상태 → 사고 → 상해'의 5단계이다.

**03** 안전보건교육 계획을 수립할 때 고려해야 할 사항으로 가장 거리가 먼 것은?

① 교육의 목표 및 대상자
② 교육 내용 및 방법
③ 교육 시간 및 장소
④ 교육 이수자의 학력 수준

해설 교육 계획 수립 시에는 교육의 목표, 대상, 내용, 방법, 시간, 장소 등을 고려한다. 교육 이수자의 학력 수준은 교육 내용의 난이도를 결정하는 데 참고할 수는 있지만, 필수적인 계획 수립 사항은 아니다.

**04** 산업안전보건법령에 따른 안전보건교육의 종류가 아닌 것은?

① 정기 안전보건교육
② 채용 시 교육
③ 작업내용 변경 시 교육
④ 직무능력 향상 교육

해설 산업안전보건법령에 따른 법정 안전보건교육의 종류에는 정기교육, 채용 시 교육, 작업내용 변경 시 교육, 특별교육이 있다.

**05** 안전교육 방법 중 OJT(On-the-Job Training)의 장점으로 가장 적절한 것은?

① 다수의 근로자에게 통일된 내용을 전달하기 쉽다.
② 업무와 직접적으로 관련하여 실질적인 교육이 가능하다.
③ 교육에 전념할 수 있는 환경이 조성된다.
④ 전문 강사를 초빙하여 깊이 있는 내용을 다룰 수 있다.

해설 ▶ OJT(On-the-Job Training)
작업 현장에서 직접 업무를 수행하며 배우는 교육 방식이다. 따라서 이론이 아닌 실제 업무와 관련된 실질적인 교육이 가능하다는 장점이 있다.

정답 01 ④ 02 ① 03 ④ 04 ④ 05 ②

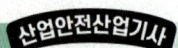

**06** 연간 평균 근로자 수가 1000명을 채용하고 있는 사업장에서 연간 6건의 재해가 발생한다고 할 때 빈도율은? (단, 일일 근로시간 수는 4시간, 연평균 근로일수는 150일)

① 1000　　② 100
③ 10　　　④ 1

> **해설** 산업재해율을 계산하는 대표적인 방법으로는 재해의 빈도를 나타내는 '도수율'
>
> $$도수율 = \frac{재해건수}{총 근로시간} \times 10^6$$
>
> $$= \frac{6}{1{,}000명 \times 4 \times 150} \times 10^6 = 10$$

**07** 다음 중 산업안전보건법상 안전보건 관리 체계에서 안전보건관리책임자의 직무가 아닌 것은?

① 산업재해 예방계획 수립
② 안전보건교육 및 훈련에 대한 감독
③ 작업장 안전점검 및 작업환경 측정
④ 안전보건총괄책임자 선임

> **해설** 안전보건총괄책임자 선임은 사업주의 의무이다. 안전보건관리책임자는 사업의 전체적인 안전보건 관리를 총괄하는 역할을 수행한다.

**08** 산업안전보건법상 안전보건교육 중 특별교육의 대상으로 가장 거리가 먼 것은?

① 유해하거나 위험한 작업에 종사하는 근로자
② 새롭게 채용된 근로자
③ 작업내용을 변경하는 근로자
④ 타워크레인 신호 작업에 종사하는 근로자

> **해설** 특별교육은 유해·위험 작업에 종사하는 근로자에게 실시하는 교육입니다. 새롭게 채용된 근로자는 '채용 시 교육'의 대상자이다.

**09** 맥그리거(McGregor)의 Y 이론에 근거한 안전관리 방법으로 가장 적절한 것은?

① 엄격한 규율과 통제를 통한 안전 확보
② 상부의 일방적인 지시를 통한 안전 활동
③ 근로자의 자율적 참여를 통한 안전 확보
④ 안전사고 발생 시 강력한 처벌 부과

> **해설** ▶ **Y 이론**
> 인간을 스스로 동기부여하고 책임감 있게 일하는 존재로 본다. 따라서 근로자의 자율적인 참여를 유도하는 것이 효과적인 안전관리 방법이다.

**10** 안전관리 조직 형태 중 스태프(Staff)형의 특징에 대한 설명으로 틀린 것은?

① 생산부문은 안전에 대한 책임과 권한이 없다.
② 안전 업무를 전담하는 전문가를 활용할 수 있다.
③ 라인(Line) 부서와 스태프(Staff) 부서 간의 의견 충돌이 발생할 수 있다.
④ 규모가 큰 사업장에 적합하다.

> **해설** ▶ **스태프(Staff)형**
> 생산부문(라인)과 안전부문(스태프)이 분리되어 있지만, 라인 부서에도 안전에 대한 책임과 권한이 있다.

**11** 위험성 평가 절차 중 위험성 감소 대책을 수립할 때 가장 먼저 고려해야 할 사항은?

① 보호구 지급
② 위험 요인 제거
③ 경고 표시 부착
④ 개인 보호구 착용 교육

> **해설** 위험성 감소 대책은 공학적 대책(위험 요인 제거) → 행정적 대책(경고 표시, 교육) → 개인 보호구 지급 순으로 우선순위를 정한다. 가장 근본적인 해결책은 위험 요인을 제거하는 것이다.

**정답**　06 ③　07 ④　08 ②　09 ③　10 ①　11 ②

**12** 안전보건교육의 4단계 지도 원리 중 '응용' 단계에 해당하는 활동은?

① 학습자에게 교육 내용을 설명한다.
② 학습자가 직접 실습하도록 한다.
③ 교육 내용을 반복적으로 복습시킨다.
④ 학습자의 이해도를 평가한다.

> **해설** ▶ 4단계 교육 지도 원리
> '도입(준비) → 설명(제시) → 응용(적용) → 총괄(정리 및 평가)' 순이다. '응용' 단계에서는 학습자가 직접 실습을 통해 배운 것을 적용해 보는 활동을 한다.

**13** 산업안전보건법상 사업주가 산업재해 발생 시 기록하고 보존해야 하는 사항이 아닌 것은?

① 재해 발생 개요 및 원인
② 재해 재발방지 계획
③ 사망자 또는 부상자의 성명 및 주민등록번호
④ 재해 발생 일시 및 장소

> **해설** 산업안전보건법상 사업주는 산업재해 발생 시 재해의 개요 및 원인, 재발방지 계획 등을 기록하고 보존해야 하지만, 사망자 또는 부상자의 개인정보인 주민등록번호는 포함되지 않는다.

**14** 안전보건교육 방법 중 강의식 교육의 단점으로 가장 적절한 것은?

① 다수의 인원을 동시에 교육하기 어렵다.
② 학습자의 적극적인 참여와 상호작용이 부족하다.
③ 교육 준비에 많은 시간과 비용이 소요된다.
④ 교육 내용의 체계적인 전달이 어렵다.

> **해설** 강의식 교육은 일방적인 정보 전달 방식이므로, 학습자의 적극적인 참여와 상호작용이 부족하다는 단점이 있다.

**15** 산업안전보건법상 안전관리자의 직무에 해당하지 않는 것은?

① 사업장 순회점검 및 지도
② 안전교육 계획 수립 및 실시
③ 안전보건관리규정 작성 및 변경
④ 위험성 평가에 대한 보좌 및 조언

> **해설** ▶ 안전관리자의 직무
> - 안전보건관리규정 및 취업규칙에서 정한 업무
> - 위험성 평가에 관한 보좌 및 지도·조언
> - 자율안전확인대상기계 등의 구입 시 적격품의 선정에 관한 보좌 및 지도·조언
> - 해당 사업장 안전교육계획의 수립 및 안전교육실시에 관한 보좌 및 지도·조언
> - 사업장 순회점검, 지도 및 조치 건의
> - 산업재해 발생의 원인 조사·분석 및 재발 방지를 위한 기술적 보좌 및 지도·조언
> - 산업재해에 관한 통계의 유지·관리·분석을 위한 보좌 및 지도·조언
> - 법 또는 법에 따른 명령으로 정한 안전에 관한 사항의 이행에 관한 보좌 및 지도·조언
> - 업무 수행 내용의 기록·유지
> - 그 밖에 안전에 관한 사항으로서 고용노동부 장관이 정하는 사항

**16** 산업재해 발생 건수를 연 근로시간수로 나눈 후 1,000,000을 곱한 값은 무엇을 의미하는가?

① 강도율
② 도수율
③ 연천인율
④ 종합재해지수

> **해설** ▶ 도수율
> '연간 재해 건수 ÷ 연 근로시간 수 × 1,000,000'으로 계산하며, 재해 발생 빈도를 나타낸다.

12 ② 13 ③ 14 ② 15 ③ 16 ②

**17** 안전점검의 종류 중 정기점검에 대한 설명으로 옳은 것은?

① 돌발적인 상황 발생 시 실시하는 점검이다.
② 일정한 주기를 정하여 정기적으로 실시하는 점검이다.
③ 계절에 따라 특정한 시기에 실시하는 점검이다.
④ 안전관리자나 관리감독자가 매일 실시하는 점검이다.

> **해설** 정기점검은 매일, 매주, 매월 등 정해진 주기에 따라 정기적으로 실시하는 점검이다. ①은 수시점검, ③은 특별점검에 해당한다. 또한, 매일 작업 전, 중, 후에 실시하는 점검은 수시점검(일상점검)이다.

**18** 재해발생의 직접원인에 해당하지 않는 것은?

① 불안전한 행동
② 불안전한 상태
③ 관리적 원인
④ 사고

> **해설** 재해 발생의 직접원인은 인적 원인(불안전한 행동)과 물적 원인(불안전한 상태)이다. 관리적 원인은 재해의 간접원인에 해당한다.

**19** 교육 훈련 기법 중 '모의 실습'의 장점으로 가장 거리가 먼 것은?

① 현장과 유사한 상황에서 훈련이 가능하다.
② 위험성이 높은 상황을 안전하게 체험할 수 있다.
③ 훈련을 위한 장비나 시설 구축 비용이 적게 든다.
④ 반복적인 훈련을 통해 숙련도를 높일 수 있다.

> **해설** 모의 실습은 실제와 유사한 환경을 조성해야 하므로, 장비나 시설 구축에 많은 비용이 소요될 수 있다는 단점이 있다.

**20** 안전보건관리규정의 작성 및 변경에 대한 설명으로 옳은 것은?

① 안전보건관리규정은 안전보건관리책임자가 작성하고 변경한다.
② 안전보건관리규정은 산업안전보건위원회의 심의를 거쳐야 한다.
③ 산업안전보건법에 규정이 없는 경우 작성하지 않아도 된다.
④ 안전보건관리규정은 작성한 날로부터 10일 이내에 고용노동부장관에게 제출해야 한다.

> **해설** ▶ 안전보건관리규정의 작성
> - 안전 및 보건에 관한 관리조직과 그 직무에 관한 사항
> - 안전보건교육에 관한 사항
> - 작업장의 안전 및 보건 관리에 관한 사항
> - 사고 조사 및 대책 수립에 관한 사항
> - 그 밖에 안전 및 보건에 관한 사항
>
> 안전보건관리규정은 사업주가 작성하며, 작성하거나 변경할 경우 산업안전보건위원회의 심의를 거쳐야 한다.

## 2과목 인간공학 및 위험성 평가·관리

**21** 인간-기계 시스템에서 인간의 신뢰도를 높이기 위한 대책으로 가장 거리가 먼 것은?

① 작업환경의 개선
② 부주의에 의한 실수를 용인하는 설계
③ 반복적이고 단순한 작업의 자동화
④ 작업자의 훈련과 교육 강화

> **해설** 인간의 실수는 피할 수 없지만, 이를 용인하는 설계는 안전을 위한 근본적인 해결책이 될 수 없다. 작업환경을 개선하고, 반복적인 작업을 자동화하며, 작업자의 훈련을 강화하는 것이 인간의 신뢰도를 높이는 대책이다.

**정답** 17 ② 18 ③ 19 ③ 20 ② 21 ②

## 22 인간의 생체 리듬(Biorhythm) 3요소에 해당하지 않는 것은?

① 지성 리듬
② 감성 리듬
③ 육체적 리듬
④ 감각적 리듬

**해설** ▶ 생체 리듬(Biorhythm) 3요소
생체 리듬은 육체적(Physical), 감성적(Emotional), 지성적(Intellectual) 리듬의 3가지 요소로 구성된다. 감각적 리듬은 생체 리듬의 3요소에 포함되지 않는다.

## 23 위험성 평가의 5단계 절차를 올바르게 나열한 것은?

① 위험성 결정 → 위험성 확인 → 위험성 감소 대책 수립 → 위험성 추정 → 기록 및 보존
② 위험성 확인 → 위험성 추정 → 위험성 결정 → 위험성 감소 대책 수립 → 기록 및 보존
③ 위험성 추정 → 위험성 확인 → 위험성 결정 → 위험성 감소 대책 수립 → 기록 및 보존
④ 위험성 감소 대책 수립 → 위험성 확인 → 위험성 추정 → 위험성 결정 → 기록 및 보존

**해설** ▶ 위험성 평가의 5단계
'위험성 확인 → 위험성 추정 → 위험성 결정 → 위험성 감소 대책 수립 → 기록 및 보존' 순서로 진행된다.

## 24 기계설비의 위험 요인을 분석하는 기법 중, 시스템의 고장(결함)을 논리 기호로 조합하여 그 원인을 찾아내는 방법은?

① FTA(Fault Tree Analysis)
② ETA(Event Tree Analysis)
③ PHA(Preliminary Hazard Analysis)
④ FMEA(Failure Mode and Effects Analysis)

**해설**
- FTA(결함수 분석)는 시스템의 정상 사상을 정점으로 하여 재해의 원인을 논리적 관계로 나타내는 연역적이고 정량적인 분석 방법이다.
- ETA(사건수 분석)는 특정 사건이 발생했을 때 일어날 수 있는 결과를 예측하는 귀납적 분석 방법이다.

## 25 시각적 표시 장치 설계 시 고려해야 할 사항으로 틀린 것은?

① 표시되는 정보는 식별이 쉬워야 한다.
② 표시 장치의 크기는 가능한 한 크게 하는 것이 좋다.
③ 빛의 반사를 줄여야 한다.
④ 배경과 표시의 명암 대비가 커야 한다.

**해설** 표시 장치의 크기는 작업자가 정보를 쉽게 식별할 수 있는 적정 크기로 설계해야 한다. 무조건 크게 하는 것이 좋은 것은 아니다.

## 26 다음 중 작업장에서의 소음 방지대책으로 가장 효과적인 방법은?

① 방음복 착용
② 소음 발생원의 제거 및 소음 감소 대책
③ 방음벽 설치
④ 작업자에게 청력 보호구 지급

**해설** 소음 방지대책은 소음 발생원을 근본적으로 제거하거나 소음을 감소시키는 것이 가장 효과적이다. 보호구 착용은 최종적인 대책에 해당한다.

22 ④  23 ②  24 ①  25 ②  26 ②

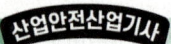

**27** 작업대의 높이를 결정할 때 고려해야 할 사항으로 가장 거리가 먼 것은?

① 작업자의 신체 치수
② 작업의 종류
③ 필요한 시야의 확보
④ 작업자의 성격

> **해설** 작업대의 높이는 작업자의 신체 치수, 작업의 종류(정밀 작업, 힘든 작업 등), 필요한 시야 확보 등을 고려하여 결정해야 한다.

**28** 인간-기계 시스템의 유형 중, 인간의 역할이 주로 '감시, 조작, 유지보수'에 해당하는 것은?

① 수동 시스템
② 반자동 시스템
③ 자동 시스템
④ 기계 시스템

> **해설**
> - 자동 시스템은 기계가 주도적으로 작업을 수행하고, 인간은 기계의 작동 상태를 감시하고 필요한 경우 조작하며 유지보수하는 역할을 담당한다.
> - 인간-기계 시스템의 유형 및 기능
>
> | 유형 | 기능 |
> | --- | --- |
> | 수동 시스템 | • 인간의 신체적인 힘을 동력으로 사용하여 작업통제(동력원 제어 : 사람, 수공구나 기타 보조물을 사용)<br>• 다양성 있는 체계로 역할을 할 수 있는 능력을 최대한 활용하는 시스템(융통성이 있는 운용 가능) |
> | 기계화 시스템 | • 반자동체계, 변화가 적은 기능들을 수행하도록 설계(고도로 통합된 부품들로 구성되며 융통성이 없는 체계)<br>• 기계가 동력을 제공하며, 조정장치를 사용하는 통제는 사람이 담당 |
> | 자동화 시스템 | • 감지, 정보처리 및 의사결정 행동을 포함한 모든 임무 수행(기계동력원 및 운전, 프로그램 감시 또는 통제, 관리)<br>• 대부분의 폐회로 체계이며, 설계, 설치, 감시, 프로그램 작성 및 수정 정비, 유지 등은 사람이 담당 |

**29** FMEA(Failure Mode and Effects Analysis) 기법의 주요 목적에 대한 설명으로 옳은 것은?

① 시스템의 결함 발생 확률을 계산한다.
② 시스템의 위험도를 정량적으로 평가한다.
③ 고장의 원인, 영향 및 심각도를 분석하여 개선점을 찾는다.
④ 사고의 결과를 예측하고 예방 대책을 수립한다.

> **해설** FMEA(고장 모드 및 영향 분석)는 부품이나 시스템의 고장 모드를 파악하고, 그로 인해 시스템에 어떤 영향이 미치는지 분석하여 개선 대책을 수립하는 귀납적 분석 방법이다.

**30** 인체 측정 자료를 설계에 적용하는 3가지 원칙에 해당하지 않는 것은?

① 조절식 설계
② 평균치 설계
③ 극단치 설계
④ 최적치 설계

> **해설** 인체 측정 자료를 설계에 적용하는 3가지 원칙은 평균치 설계, 극단치 설계, 조절식 설계이다. 최적치 설계는 인체 측정 원칙에 해당하지 않는다.

**31** 위험성 평가에서 위험성을 추정할 때 고려해야 할 요소로 옳은 것은?

① 사고의 발생 가능성과 중대성
② 사고의 발생 가능성만
③ 사고의 중대성만
④ 사고의 발생 가능성과 작업자의 숙련도

> **해설** ▶ 위험성 추정
> '위험의 크기(위험성)'를 산출하는 과정으로, 사고 발생 가능성(빈도)과 사고 발생 시의 중대성(강도)을 고려하여 계산한다.

**정답** 27 ④  28 ③  29 ③  30 ④  31 ①

**32** 다음 중 제어 장치(Control) 설계 시 고려할 원칙으로 틀린 것은?

① 조작에 필요한 힘을 최소화할 것
② 조작 방향과 표시 장치의 반응 방향이 일치하도록 할 것
③ 조작량이 많아질수록 조작 장치의 크기를 줄일 것
④ 비상 정지 장치는 쉽게 접근할 수 있는 곳에 설치할 것

해설 조작량이 많아지면 조작 장치의 크기나 조작 거리를 조절하여 작업자의 피로를 줄이고 조작 효율을 높여야 한다. 조작 장치의 크기를 줄이는 것은 오히려 조작 오류를 유발할 수 있다.

**33** 그림에 있는 조종구(ball control)와 같이 상당한 회전운동을 하는 조종장치가 선형표시장치를 움직일 때는 L을 반경(지레의 길이), a를 조정장치가 움직인 각도라 할 때 조종표시 장치의 이동비율(control display ratio)을 나타낸 것은?

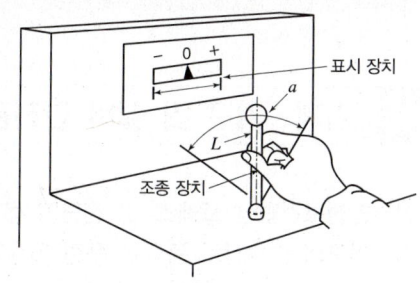

① $\dfrac{(a/360) \times 2\pi L}{\text{표시장치 이동거리}}$

② $\dfrac{\text{표시장치 이동거리}}{(a/360) \times 4\pi L}$

③ $\dfrac{(a/360) \times 4\pi L}{\text{표시장치 이동거리}}$

④ $\dfrac{\text{표시장치 이동거리}}{(a/360) \times 2\pi L}$

해설 통제표시비(C/D)

$$= \dfrac{a/360 \times 2\pi L}{\text{표시장치의 이동거리}} = \dfrac{\text{제어장치의 이동거리}}{\text{표시장치의 이동거리}}$$

여기서, $a$: 조종장치가 움직인 각도,
$L$: 조종장치의 반경)

**34** 인간의 정보처리 단계 중 '자극 → 감각 → 지각' 이후에 오는 단계는?

① 판단 및 결정
② 반응 및 행동
③ 문제 해결
④ 기억 및 인지

해설 인간의 정보처리 과정은 '자극 → 감각 → 지각 → 판단 및 결정 → 반응 및 행동' 순으로 진행된다.

**35** 다음 그림과 같은 시스템의 신뢰도는 약 얼마인가? (단, 부품 1, 2, 3의 신뢰도는 0.5이고, 부품 4, 5의 신뢰도는 0.9임)

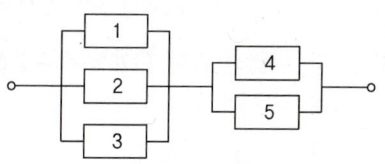

① 0.62　　② 0.74
③ 0.87　　④ 0.99

해설 신뢰도
= (1−(1−0.5)×(1−0.5)×(1−0.5))×(1−(1−0.9)×(1−0.9))
= 0.86625
= 0.87

정답　32 ③　33 ①　34 ①　35 ③

**36** 위험성 평가 기법 중 '결함수 분석(FTA)'의 특징으로 틀린 것은?

① 정성적 분석과 정량적 분석이 모두 가능하다.
② 귀납적 분석 방법이다.
③ 복잡한 시스템의 분석에 유용하다.
④ 사고의 잠재적인 원인을 체계적으로 찾아낼 수 있다.

> **해설**
> • FTA는 결과로부터 원인을 찾아내는 연역적 분석 방법이다.
> • 특정 원인으로부터 결과를 예측하는 것은 귀납적 분석 방법이다.

**37** 작업환경의 온열 조건 4요소에 해당하지 않는 것은?

① 기온　　② 기습
③ 기류　　④ 조도

> **해설** ▶ 작업환경의 온열 조건 4요소
> • '기온, 기습, 기류, 복사열'이다.
> • 조도는 조명 조건에 해당한다.

**38** 다음 중 '위험성 결정' 단계에서 수행하는 활동으로 옳은 것은?

① 위험 요인을 파악한다.
② 위험성을 허용 가능한 수준인지 판단한다.
③ 위험성을 제거하거나 통제할 대책을 수립한다.
④ 위험성 평가 결과에 대해 기록하고 보존한다.

> **해설** 위험성 결정 단계는 위험성 추정 결과를 바탕으로 해당 위험성이 허용 가능한 수준인지 여부를 판단하는 단계이다.

**39** 인간공학적 측면에서 '오류(Error)'에 대한 설명으로 가장 거리가 먼 것은?

① 인간의 실수로 인해 발생하는 의도하지 않은 결과이다.
② 오류의 원인은 주로 작업자의 부주의 때문이다.
③ 기계 설계의 결함도 오류의 원인이 될 수 있다.
④ 시스템 안전을 위협하는 주요 요인 중 하나이다.

> **해설** 인간의 오류는 단순히 작업자의 부주의뿐만 아니라, 인간공학적 설계의 결함, 작업환경의 문제, 교육 부족 등 다양한 원인에 의해 발생한다.

**40** 위험성 평가 시 위험성 감소 대책을 수립할 때 가장 우선적으로 고려해야 할 조치는?

① 보호구 지급　　② 교육 및 훈련
③ 공학적 개선　　④ 행정적 통제

> **해설** 위험성 감소 대책의 우선순위는 '위험 요인 제거 → 공학적 개선 → 행정적 통제 → 개인 보호구 지급' 순이다. 가장 효과적인 방법은 근본적인 공학적 개선을 통해 위험을 줄이는 것이다.

## 3과목 기계 · 기구 및 설비 안전관리

**41** 산업안전보건법상 프레스 및 전단기 등 위험 기계 · 기구의 방호장치 종류로 틀린 것은?

① 양수 조작식 방호장치
② 게이트 가드식 방호장치
③ 수동식 방호장치
④ 광전자식 방호장치

> **해설** 프레스 등의 방호장치는 작업자가 의도적으로 조작하지 않아도 위험을 방지할 수 있도록 자동 또는 기계적으로 작동해야 한다. 수동식 방호장치는 방호장치의 기능이 수동으로 작동되므로 법적 기준에 부합하지 않다.

**정답** 36 ② 37 ④ 38 ② 39 ② 40 ③ 41 ③

**42** 다음 중 연삭기의 안전 덮개가 갖추어야 할 조건으로 가장 거리가 먼 것은?
① 작업자가 쉽게 분리할 수 있을 것
② 연삭 휠의 파편 비산을 방지할 수 있을 것
③ 덮개의 개구부 각도는 180° 이내일 것
④ 덮개는 연삭 휠의 회전 속도에 견딜 수 있는 충분한 강도를 가질 것

> **해설** 안전 덮개는 임의로 분리하기 어렵게 설치하여, 작업자가 안전 덮개 없이 기계를 사용하는 것을 방지해야 한다.

**43** 아세틸렌 용접 장치를 사용하여 용접 작업을 할 때, 안전기(Safety Device)를 설치해야 하는 위치로 옳은 것은?
① 발생기에서 5m 이내에 설치한다.
② 취관(토치)에서 5m 이내에 설치한다.
③ 발생기와 가스조정기 사이에 설치한다.
④ 압력 조절기 후단에 설치한다.

> **해설** 아세틸렌 용접 장치의 안전기는 역화(Backfire)를 방지하기 위해 취관(토치)으로부터 5m 이내에 설치해야 한다.

**44** 보일러의 안전장치에 대한 설명으로 틀린 것은?
① 압력 방출 장치는 최고 사용 압력 이하에서 작동하도록 한다.
② 고압 증기 보일러에는 두 개 이상의 압력 방출 장치를 설치해야 한다.
③ 저수위 경보기는 보일러에 물이 부족할 때 경보를 울린다.
④ 압력계는 보일러의 최고 사용 압력의 1.5배 이상 3배 이하의 압력에 견딜 수 있어야 한다.

> **해설** 압력 방출 장치(안전밸브)는 보일러의 최고 사용 압력 이하에서 작동하도록 설정하지만, 최고 사용 압력에 도달하기 전에 작동하여 과압을 방지하도록 한다. 안전밸브의 작동 압력은 최고 사용 압력보다 약간 높은 수준에서 설정된다.

**45** 회전하는 기계에 작업자의 신체 일부가 빨려 들어가는 위험을 방지하기 위한 방호장치로 가장 적절한 것은?
① 덮개(Guard)
② 울(Fence)
③ 인터록(Interlock) 장치
④ 포집 장치

> **해설**
> - 덮개는 위험한 회전 부위를 물리적으로 덮어 작업자의 접근을 막는 가장 기본적인 방호장치이다.
> - 울은 작업 공간 자체를 분리하며, 인터록은 문을 열면 기계가 정지하는 등 기계의 작동을 제어한다.

**46** 컨베이어 작업 시 발생할 수 있는 주요 위험 요인으로 틀린 것은?
① 끼임(협착)
② 낙하
③ 전도
④ 폭발

> **해설** 컨베이어 작업에서는 회전하는 롤러나 벨트에 의한 끼임, 운반 중인 물건의 낙하, 컨베이어의 넘어짐(전도) 등의 위험이 있다. 폭발은 인화성 물질이나 가연성 가스를 취급하는 설비에서 주로 발생한다.

**정답** 42 ① 43 ② 44 ① 45 ① 46 ④

**47** 산업용 로봇의 안전장치에 대한 설명으로 옳은 것은?

① 작업 반경 내에 작업자가 들어갈 수 있는 공간을 확보해야 한다.
② 로봇 작동 중에는 안전 펜스 내부에서 점검 작업을 할 수 있다.
③ 로봇이 동작을 멈추었을 때, 그 상태를 유지하도록 하는 제동 장치를 설치해야 한다.
④ 로봇의 비상 정지 장치는 조작을 어렵게 설치해야 한다.

해설 로봇의 비상 정지 장치는 전원을 차단한 후에도 로봇이 동작을 멈춘 상태를 유지하도록 하는 제동 기능을 갖추어야 한다. 비상 정지 장치는 쉽게 접근할 수 있는 위치에 설치해야 한다.

**48** 산업용 리프트의 안전장치에 대한 설명으로 틀린 것은?

① 과부하 방지 장치는 정격하중을 초과할 경우 경보를 울린다.
② 권과 방지 장치는 와이어로프가 지나치게 감기는 것을 방지한다.
③ 리프트 출입구에는 안전문을 설치해야 한다.
④ 비상 정지 장치는 리프트가 움직일 때만 작동하도록 한다.

해설 비상 정지 장치는 리프트가 움직이고 있을 때뿐만 아니라, 예상치 못한 상황이 발생했을 때 언제든지 작동하여 리프트를 정지시킬 수 있어야 한다.

**49** 프레스 기계의 안전장치 중 '양수 조작식 방호장치'에 대한 설명으로 틀린 것은?

① 양손으로 동시에 조작해야만 작동한다.
② 손을 빼는 순간 작동이 정지된다.
③ 금형에 손이 접근하는 것을 방지한다.
④ 프레스 기계에만 적용되는 방호장치이다.

해설 양수 조작식 방호장치는 프레스뿐만 아니라, 전단기 등 손이 위험 구역에 접근할 수 있는 다른 기계에도 적용될 수 있다.

**50** 다음 중 지게차의 안전장치로 가장 거리가 먼 것은?

① 백레스트(Backrest)
② 헤드 가드(Head Guard)
③ 전복 방지 장치
④ 경음기 및 후진 경고음

해설 백레스트(화물 지지대), 헤드 가드(운전자 보호), 경음기 및 후진 경고음은 지게차의 주요 안전 장치이다. 지게차는 구조상 전복의 위험이 있으므로, 운전자가 전복에 대비하여 안전 수칙을 준수해야 하며, 별도의 전복 방지 장치는 없다.

**51** 압력 용기의 안전장치에 대한 설명으로 옳은 것은?

① 안전밸브는 설정 압력에 도달하면 자동으로 열려 압력을 낮춘다.
② 파열판은 안전밸브보다 재사용이 용이하다.
③ 압력계는 최고 사용 압력의 1배 이상 3배 이하의 압력까지 표시되어야 한다.
④ 압력 용기에는 한 가지 안전장치만 설치해도 된다.

해설 안전밸브는 설정 압력에 도달하면 자동으로 열려 용기 내부의 압력을 외부로 방출하여 폭발을 막아준다. 파열판은 한 번 파열되면 교체해야 하므로 재사용이 불가능하다.

정답  47 ③  48 ④  49 ④  50 ③  51 ①

**52** 기계의 위험한 부분에 대한 방호 조치 중 '덮개'의 특징으로 틀린 것은?

① 위험 부위를 완전히 덮어 접촉을 방지한다.
② 기계의 가동 중에도 제거할 수 있다.
③ 먼지나 오물의 비산을 방지하는 기능도 있다.
④ 다른 방호장치보다 설치가 간단하고 경제적이다.

**해설** 덮개는 기계의 가동 중에는 임의로 제거할 수 없도록 설치해야 합니다.

**53** 다음 중 롤러기의 급정지 장치 설치 시 고려해야 할 사항으로 가장 거리가 먼 것은?

① 작동용 스위치는 손으로 조작하기 쉬운 위치에 설치한다.
② 급정지 장치의 조작거리는 2m 이내로 한다.
③ 급정지 장치는 작업자가 급박한 위험에 처했을 때 즉시 작동할 수 있도록 한다.
④ 급정지 장치의 조작부는 비상 상황에서 쉽게 식별할 수 있는 색상으로 한다.

**해설** 롤러기의 급정지 장치는 앞면 롤러의 표면 속도에 따라 급정지 거리를 규정하고 있다. 조작 거리가 2m 이내라는 기준은 없다.

**54** 연삭 작업 시 발생하는 위험을 예방하기 위한 안전수칙으로 틀린 것은?

① 작업 시작 전 연삭 휠의 균열 여부를 확인한다.
② 연삭 휠의 측면을 사용하여 연삭 작업을 한다.
③ 작업 시 보안경이나 안면 보호구를 착용한다.
④ 연삭 휠과 덮개의 간격을 3mm 이하로 유지한다.

**해설** 연삭 작업은 연삭 휠의 측면을 사용하면 휠이 파손될 위험이 있으므로, 휠의 전면부를 사용하여 작업해야 한다.

**55** 크레인의 안전장치에 대한 설명으로 틀린 것은?

① 과부하 방지 장치는 정격 하중을 초과하면 자동으로 동력을 차단한다.
② 권과 방지 장치는 훅이 지나치게 올라가는 것을 방지한다.
③ 비상 정지 장치는 즉시 동력을 차단하여 크레인을 정지시킨다.
④ 비상 정지 장치는 운전실 내부에만 설치한다.

**해설** 크레인의 비상 정지 장치는 운전실뿐만 아니라, 지상에서 작업을 보조하는 작업자도 쉽게 조작할 수 있도록 여러 곳에 설치해야 한다.

**56** 산업용 로봇의 운전 중 위험 방지를 위한 가장 기본적인 대책은?

① 작업자에게 로봇의 운전 방법을 충분히 교육한다.
② 로봇의 작업 반경 내에 들어가지 않도록 한다.
③ 로봇의 속도를 가능한 한 느리게 설정한다.
④ 비상 정지 스위치를 항상 손이 닿는 곳에 둔다.

**해설** 산업용 로봇은 작업 반경 내에서 불규칙한 움직임을 보일 수 있으므로, 작업 반경 내에 근로자가 들어가지 않도록 하는 것이 가장 기본적인 안전 대책이다.

**57** 다음 중 밀링 머신 작업 시 발생할 수 있는 주요 위험 요인이 아닌 것은?

① 절삭 칩에 의한 화상
② 가공물 비산
③ 공구의 파손
④ 공구의 회전 중 정전기 발생

**해설** 밀링 머신은 고속으로 회전하는 절삭 공구를 사용하므로 절삭 칩에 의한 화상, 가공물의 비산, 공구의 파손 등의 위험이 있다. 정전기는 주로 비금속이나 분진을 취급하는 공정에서 발생한다.

**정답** 52 ② 53 ② 54 ② 55 ④ 56 ② 57 ④

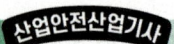

**58** 보일러의 파열판(Rupture Disk)에 대한 설명으로 옳은 것은?

① 안전밸브와 함께 사용하며, 압력 상승 시 안전밸브보다 먼저 작동한다.
② 파열판이 파손되면 즉시 교체해야 한다.
③ 파열판은 재사용이 가능하다.
④ 파열판의 파열 압력은 최고 사용 압력의 1.1배 이하로 설정한다.

해설 파열판은 설정 압력에 도달하면 파열되어 압력을 방출하는 비재생성 안전 장치이다. 따라서 한 번 파손되면 교체해야 한다.

**59** 산업안전보건법상 프레스 기계의 안전장치 중 '손 쳐내기식' 방호장치에 대한 설명으로 틀린 것은?

① 양수 조작식 방호장치보다 안전성이 높다.
② 슬라이드가 하강할 때 작업자의 손을 강제로 밀어내는 방식이다.
③ 위험 방지 효과가 확실하지만, 작업자의 불편함을 초래할 수 있다.
④ 주로 소형 프레스 기계에 사용된다.

해설 손 쳐내기식 방호장치는 손을 완전히 빼내지 못할 수도 있고, 작업자의 반사 신경에 의존하므로 양수 조작식 방호장치보다 안전성이 낮다고 평가된다.

**60** 다음 중 산업안전보건기준에 관한 규칙상 지게차의 안전 수칙으로 틀린 것은?

① 운전자는 운전 중 좌석 안전띠를 착용해야 한다.
② 화물을 적재한 상태에서 급정지하거나 급선회하지 않는다.
③ 경사로를 내려갈 때는 화물을 최대한 높이 들어 올린다.
④ 작업 시작 전 브레이크, 조향 장치 등의 이상 유무를 점검한다.

해설 경사로를 내려갈 때는 지게차의 안정성을 확보하기 위해 화물을 가능한 한 낮게 들어 올리고 서행해야 한다.

## 4과목 전기 및 화학설비 안전관리

**61** 감전 사고를 예방하기 위한 대책으로 가장 거리가 먼 것은?

① 인체 접촉 부위의 절연 강화
② 누전 차단기 설치
③ 접지 시설의 강화
④ 전기 기기의 외함을 금속으로 제작

해설 전기 기기의 외함을 금속으로 제작하는 것은 감전 사고의 위험을 높일 수 있다. 금속 외함에 전기가 흐르면 인체에 직접적인 감전이 발생할 수 있으므로, 외함은 절연성 재질을 사용하거나 접지 시설을 강화해야 한다.

**62** 다음 중 정전기 발생의 원인으로 가장 거리가 먼 것은?

① 유체(액체)의 유동 및 분출
② 고체 분체의 이송 및 마찰
③ 금속의 고온 가열
④ 물질의 접촉 및 분리

해설 정전기는 물질의 마찰, 접촉, 분리, 유체의 유동 등 전하의 이동에 의해 발생한다. 금속의 고온 가열은 정전기 발생과는 직접적인 관련이 없다.

**63** 전기 화재의 원인으로 가장 흔한 것은?

① 합선(단락)    ② 과부하
③ 누전          ④ 접지 불량

해설 전기 화재의 가장 흔한 원인은 합선(단락)이다. 두 전선이 접촉하여 과도한 전류가 흐르면 급격한 온도 상승으로 인해 화재가 발생한다.

정답  58 ②  59 ①  60 ③  61 ④  62 ③  63 ①

**64** 폭발 방지 대책 중 '불활성화(Inerting)'에 대한 설명으로 옳은 것은?

① 폭발성 물질을 반응이 어려운 물질로 대체하는 방법이다.
② 폭발 한계 내의 가스 농도를 유지하는 방법이다.
③ 폭발성 가스에 불활성 가스를 혼합하여 폭발 범위를 벗어나게 하는 방법이다.
④ 폭발 시의 압력을 견디도록 설비를 강화하는 방법이다.

**해설** ▶ 불활성화(Inerting)
폭발성 가스나 분진에 질소, 탄산가스 등 불활성 기체를 주입하여 산소 농도를 낮춰 폭발 한계 범위를 벗어나게 하는 방법이다.

**65** 누전 차단기의 동작 원리에 대한 설명으로 옳은 것은?

① 과전류가 흐를 때 회로를 차단한다.
② 지락 전류를 검출하여 회로를 차단한다.
③ 인체의 감전 시 전압이 급격히 상승하는 것을 막아준다.
④ 누전 전류가 흐를 때 저항을 증가시켜 감전 사고를 막는다.

**해설** ▶ 누전 차단기
전선에 흐르는 전류의 불균형(지락 전류)을 감지하여 회로를 차단함으로써 감전 사고를 예방한다. 과전류가 흐를 때 회로를 차단하는 것은 과전류 차단기의 역할이다.

**66** 다음 중 화학설비의 안전밸브에 대한 설명으로 틀린 것은?

① 설정 압력 이상이 되면 자동으로 작동하여 압력을 방출한다.
② 압력 용기의 최고 사용 압력보다 높게 설정해야 한다.
③ 보일러, 압력 용기 등에는 안전밸브를 설치해야 한다.
④ 안전밸브의 작동 압력은 용기의 최고 허용 압력 이하로 설정해야 한다.

**해설** 안전밸브의 작동 압력은 압력 용기의 최고 사용 압력보다 낮게 설정해야 과압이 발생하기 전에 밸브가 열려 폭발을 방지할 수 있다.

**67** 폭발성 물질의 위험성을 나타내는 지표 중, 점화 에너지에 대한 설명으로 옳은 것은?

① 물질이 폭발하기 위한 최소한의 농도이다.
② 물질이 폭발하기 위해 필요한 최소한의 에너지이다.
③ 물질이 폭발할 때 발생하는 최대 온도이다.
④ 물질이 폭발했을 때 발생하는 최대 압력이다.

**해설** 점화 에너지(Minimum Ignition Energy)는 가연성 혼합물이 폭발 또는 연소하기 위해 필요한 최소한의 에너지이다. 이 에너지가 낮을수록 폭발의 위험성이 높다.

**68** 다음 중 아크 용접 작업 시 발생하는 주요 위험 요인으로 가장 거리가 먼 것은?

① 감전
② 아크 광선에 의한 눈 손상
③ 용접 흄에 의한 호흡기 질환
④ 정전기

**정답** 64 ③  65 ②  66 ②  67 ②  68 ④

해설 아크 용접은 고온의 아크를 이용하여 금속을 녹이는 작업이므로, 감전, 아크 광선에 의한 시력 손상, 용접 흄에 의한 호흡기 질환 등의 위험이 있다. 정전기는 용접 작업과는 직접적인 관련이 없다.

**69** 화학설비에서 압력 상승으로 인한 폭발을 방지하기 위한 안전장치로 가장 적절한 것은?

① 온도계  ② 압력계
③ 안전밸브  ④ 액면계

해설 안전밸브는 설비 내부의 압력이 설정된 압력 이상으로 상승할 경우, 자동으로 압력을 방출하여 폭발을 방지하는 가장 효과적인 안전장치이다.

**70** 인화성 액체를 취급하는 장소에서 정전기 방지 대책으로 가장 효과적인 방법은?

① 작업자에게 정전기 방지복 착용
② 비전도성 재질의 용기 사용
③ 접지 시설의 강화
④ 공정 내 습도를 최대한 낮춤

해설 정전기 방지의 가장 근본적인 대책은 접지이다. 접지를 통해 발생된 정전기를 대지로 흘려보내 축적을 막아야 한다. 비전도성 용기는 정전기를 축적하므로 사용에 주의해야 한다.

**71** 폭발의 3요소에 해당하지 않는 것은?

① 가연성 물질  ② 산소(공기)
③ 점화원  ④ 촉매

해설 ▶ 폭발의 3요소
• 가연성 물질(연료), 산소(산화제), 점화원이다.
• 촉매는 반응 속도를 변화시키는 물질로, 폭발의 필수 요소는 아니다.

**72** 다음 중 방폭(Explosion-proof) 구조의 전기 기기가 아닌 것은?

① 내압 방폭 구조  ② 압력 방폭 구조
③ 유입 방폭 구조  ④ 고압 방폭 구조

해설 방폭 전기 기기의 구조에는 내압 방폭 구조, 압력 방폭 구조, 유입 방폭 구조, 안전증 방폭 구조, 본질안전 방폭 구조 등이 있다. '고압 방폭 구조'는 방폭 구조의 종류가 아니다.

**73** 화학물질의 위험성을 판단할 때 고려해야 할 요소로 가장 거리가 먼 것은?

① 인화점  ② 발화점
③ 독성  ④ 색상

해설 화학물질의 위험성은 인화점, 발화점, 폭발 한계, 독성 등 화학적 특성에 의해 결정된다. 색상은 위험성을 판단하는 기준이 될 수 없다.

**74** 산업안전보건법상 전기 설비의 접지 목적에 대한 설명으로 틀린 것은?

① 감전 방지  ② 과전류 차단
③ 낙뢰 방지  ④ 정전기 재해 방지

해설 접지는 누전, 낙뢰, 정전기 등으로부터 발생하는 전류를 대지로 흘려보내 감전 및 재해를 방지하는 역할을 한다. 과전류 차단은 과전류 차단기(퓨즈, 차단기 등)의 역할이다.

**75** 화학 설비의 이상 압력 상승 원인으로 가장 거리가 먼 것은?

① 냉각수 공급 중단  ② 반응 폭주
③ 펌프 고장  ④ 가열기 과열

정답  69 ③  70 ③  71 ④  72 ④  73 ④  74 ②  75 ③

해설 냉각수 공급 중단이나 가열기 과열은 설비의 온도를 상승시켜 내부 압력을 높이는 원인이 된다. 반응 폭주는 화학 반응이 급격하게 진행되어 압력과 온도가 동시에 상승하는 현상이다. 펌프 고장은 유체의 이송을 막는 원인이 될 수 있지만, 직접적인 압력 상승 원인은 아니다.

## 76 다음 중 화학 물질의 '인화점'에 대한 설명으로 옳은 것은?

① 가스 상태의 물질이 발화하는 최저 온도
② 액체 물질의 증기가 점화원에 의해 불이 붙는 최저 온도
③ 고체 물질이 점화원에 의해 불이 붙는 최저 온도
④ 액체 물질이 가열되어 스스로 발화하는 최저 온도

해설 ▶ 인화점(Flash Point)
액체 물질이 증발하여 공기와 혼합된 상태에서 점화원에 의해 순간적으로 불이 붙는 최저 온도이다.

## 77 정전기 방지 대책 중 '제전기'에 대한 설명으로 옳은 것은?

① 공기 중의 습도를 높여 정전기 발생을 억제한다.
② 정전기를 중화하여 제거하는 장치이다.
③ 접지선을 이용하여 정전기를 대지로 흘려보낸다.
④ 정전기 방지 재료를 사용하여 전하의 발생을 억제한다.

해설 제전기는 이온 발생을 통해 정전기를 중화하여 제거하는 장치이다. 공기 중 습도 조절은 가습기의 역할, 접지는 접지선의 역할, 정전기 방지 재료는 도전성 재료의 역할이다.

## 78 전기 작업 중 활선(전기가 통하는 상태) 작업 시 안전 수칙으로 틀린 것은?

① 절연용 보호구를 착용한다.
② 활선 작업용 공구를 사용한다.
③ 감전의 위험이 있으므로 작업 중에는 접지 작업을 하지 않는다.
④ 비바람이 오는 등 악천후에는 작업을 중지한다.

해설 활선 작업 시에는 접지를 하면 전류가 흐르는 회로와 접지된 부분이 연결되어 감전의 위험이 커진다. 접지 작업은 활선 작업 시에는 하지 않는다.

## 79 화학 설비의 폭발 등급 분류에 대한 설명으로 옳은 것은?

① 폭발성 가스의 폭발 압력에 따라 분류된다.
② 폭발성 가스의 인화점에 따라 분류된다.
③ 폭발성 가스의 인화 범위에 따라 분류된다.
④ 폭발성 가스의 안전 간격 및 점화 온도에 따라 분류된다.

해설 폭발 등급은 폭발성 가스의 안전 간격(Maximum Experimental Safe Gap)과 발화 온도(점화 온도)에 따라 분류된다.

## 80 다음 중 화학물질 취급 시 작업자의 안전을 위한 대책으로 가장 거리가 먼 것은?

① 개인 보호구 지급 및 착용
② 물질안전보건자료(MSDS) 교육
③ 국소 배기 장치 설치
④ 화학물질을 다른 물질로 대체하지 않음

해설 화학물질을 취급할 때는 유해성을 줄이기 위해 가능한 한 독성이 낮거나 위험성이 적은 물질로 대체하는 것이 가장 근본적인 안전 대책이다.

정답 76 ② 77 ② 78 ③ 79 ④ 80 ④

## 5과목 건설공사 안전관리

**81** 건설 현장에서 작업 발판 일체형 거푸집으로, 외부 비계 설치 없이 거푸집 작업과 해체 작업을 진행할 수 있는 공법은?

① 유로폼
② 갱폼
③ 클라이밍폼
④ 슬라이딩폼

**해설**
- 클라이밍폼은 갱폼과 유사하나, 스스로 인상하여 상부로 이동하며 작업을 할 수 있어 고층 건물 공사에 유리하다.
- 유로폼은 합판에 철제 프레임을 덧댄 일반적인 거푸집이다.
- 갱폼은 대형 판넬 형태의 거푸집이다.
- 슬라이딩폼은 수평 이동이 가능한 거푸집으로 주로 수평 구조물에 사용된다.

**82** 거푸집동바리 조립 시, 동바리로 사용하는 강관의 연결부에는 몇 개 이상의 볼트를 체결해야 하는가?

① 1개
② 2개
③ 3개
④ 4개

**해설** 거푸집동바리로 사용하는 강관의 연결부에는 2개 이상의 볼트를 체결하여 연결부의 안전성을 확보해야 한다. 이는 동바리의 변형이나 무너짐을 방지하기 위함이다.

**83** 흙막이 지보공 설치 시, 굴착 깊이가 몇 m를 초과할 때마다 정기적으로 점검해야 하는가?

① 5m
② 10m
③ 15m
④ 20m

**해설** 굴착 깊이가 10m를 초과할 경우, 흙막이 지보공의 안전성을 확보하기 위해 매월 정기적으로 점검해야 한다. 이는 굴착 깊이가 깊어질수록 지반 붕괴의 위험이 커지기 때문이다.

**84** 비계 설치 시, 비계 기둥의 간격은 일반적으로 몇 m 이하여야 하는가?

① 1.0m
② 1.5m
③ 1.8m
④ 2.0m

**해설** 비계 기둥의 간격은 통상적으로 1.8m 이내로 설치하여 비계의 구조적 안정성을 유지해야 한다. 작업 발판의 폭은 40cm 이상, 발판 틈은 3cm 이내로 한다.

**85** 양중기 운전 시 준수해야 할 안전 수칙으로 틀린 것은?

① 정격 하중을 초과하여 운전하지 않는다.
② 인양 중인 화물 밑에 출입하지 않는다.
③ 운전 중에는 정지 신호를 무시하고 작업을 계속한다.
④ 와이어로프의 이상 유무를 점검하고 사용한다.

**해설** 양중기 운전 중에는 어떠한 경우라도 정지 신호가 있을 경우 즉시 작업을 중단해야 한다. 신호는 작업자와의 소통에서 가장 중요한 안전 요소이다.

**86** 고소 작업 시 추락 방지를 위해 설치하는 안전 난간의 높이 기준으로 옳은 것은?

① 80cm 이상
② 90cm 이상
③ 100cm 이상
④ 110cm 이상

**해설** 안전 난간의 상부 난간대는 바닥면으로부터 110cm 이상의 높이에 설치해야 한다. 이는 작업자의 추락을 효과적으로 방지하기 위함이다.

정답  81 ③  82 ②  83 ②  84 ③  85 ③  86 ④

**87** 다음 중 건설 현장에서 안전보건 관리 책임자의 직무에 해당하지 않는 것은?

① 산업재해 예방계획 수립
② 안전보건교육실시
③ 근로자의 보호구 착용 감독
④ 건설 현장 안전점검실시

> **해설** 건설 현장 안전점검은 안전관리자, 관리감독자 등의 직무에 해당한다. 안전보건관리책임자는 전체적인 안전보건 관리계획 수립 및 교육, 감독 등을 총괄하는 역할을 수행한다.

**88** 굴착 작업 시, 굴착면의 기울기 기준이 가장 급한 지반은?

① 건조한 보통 흙
② 습한 보통 흙
③ 모래
④ 연암

> **해설** ▶ 기울기
>
> | 지반의 종류 | 굴착면의 기울기 |
> |---|---|
> | 모래 | 1 : 1.8 |
> | 연암 및 풍화암 | 1 : 1.0 |
> | 경암 | 1 : 0.5 |
> | 그 밖의 흙 | 1 : 1.2 |

**89** 흙막이 지보공의 안전을 위해 설치하는 계측기의 종류가 아닌 것은?

① 경사계
② 하중계
③ 변형률계
④ 압력계

> **해설** 흙막이 지보공의 안전을 위해 설치하는 주요 계측기에는 경사계, 하중계, 변형률계, 지하수위계 등이 있다. 압력계는 주로 압력 용기 등에 설치된다.

**90** 콘크리트 타설 작업 시, 콘크리트의 측압에 대한 안전 조치로 틀린 것은?

① 타설 속도를 늦춘다.
② 거푸집에 균열이 생기면 즉시 보강한다.
③ 거푸집의 측압에 견딜 수 있도록 띠장을 보강한다.
④ 거푸집의 높이를 높여 타설량을 늘린다.

> **해설** 거푸집의 높이를 높여 한 번에 많은 양의 콘크리트를 타설하면 측압이 급격히 증가하여 거푸집이 붕괴될 위험이 있다.

**91** 타워크레인 설치 및 해체 작업 시 준수해야 할 안전 수칙으로 가장 거리가 먼 것은?

① 작업 시 전용 작업자를 지정하여 작업한다.
② 타워크레인 운전 중에는 정격 하중의 120%까지 인양할 수 있다.
③ 작업장 주변에 출입 금지 조치를 한다.
④ 작업 시작 전 안전점검을 실시한다.

> **해설** 타워크레인은 정격 하중을 초과하여 운전하면 안 됩니다. 정격 하중은 크레인이 안전하게 들어 올릴 수 있는 최대 하중을 의미한다.

**92** 건설 현장에서 사용하는 이동식 크레인(Mobile Crane)의 안전장치에 대한 설명으로 틀린 것은?

① 권과 방지 장치
② 과부하 방지 장치
③ 비상 정지 장치
④ 조작 미숙 방지 장치

> **해설** 이동식 크레인의 주요 안전장치로는 권과 방지 장치, 과부하 방지 장치, 비상 정지 장치 등이 있으며, 조작 미숙을 직접적으로 방지하는 장치는 없다.

**정답** 87 ④  88 ③  89 ④  90 ④  91 ②  92 ④

**93** 추락 방호망 설치 기준에 대한 설명으로 틀린 것은?

① 그물코의 크기는 10cm 이하로 한다.
② 추락 방호망의 강도는 200kg의 추를 2.5m 높이에서 떨어뜨려 견딜 수 있는 정도여야 한다.
③ 망의 설치 위치는 추락 지점에서 10m 이내로 한다.
④ 망의 설치 시 그물코가 벌어지지 않도록 팽팽하게 설치한다.

> 해설  추락 방호망은 추락 지점으로부터 10m 이내에 설치해야 하지만, 추락 거리를 최대한 짧게 하기 위해 가능한 한 가까운 곳에 설치해야 한다. 10m가 최대 거리이다.

**94** 흙막이 지보공 해체 작업 시 준수해야 할 안전 수칙으로 가장 적절한 것은?

① 해체 순서는 지보공 설치 순서의 역순으로 진행한다.
② 해체 작업은 굴착 작업과 동시에 진행한다.
③ 해체 작업 중에는 상부에서 잔재물을 투하한다.
④ 해체 순서는 임의로 정한다.

> 해설  흙막이 지보공 해체 시에는 설치 순서와 반대로 진행해야 지반의 안정성을 유지하며 붕괴를 막을 수 있다.

**95** 굴착 작업 시 굴착 깊이가 2m 이상인 경우, 작업 계획에 포함되어야 할 사항으로 가장 거리가 먼 것은?

① 굴착 방법 및 순서
② 토사 반출 방법
③ 흙막이 지보공 설치 방법
④ 작업자의 개인 신상 정보

> 해설  굴착 작업 계획에는 작업 방법, 순서, 장비 운용 계획, 지보공 설치 방법 등 안전과 관련된 사항이 포함되어야 하며, 작업자의 개인 신상 정보는 포함되지 않는다.

**96** 거푸집동바리 설치 시, 동바리의 높이가 4m 이상인 경우에 설치해야 하는 것은?

① 경사 지지대
② 수평 연결재
③ 안전 난간
④ 가새(Bracing)

> 해설  동바리의 높이가 4m 이상인 경우, 좌굴을 방지하기 위해 4m 이내마다 수평 연결재를 설치하고, 높이 2m 이내마다 수평 연결재를 2방향으로 설치하며, 가새를 설치해야 한다.

**97** 함수비 20%, 공극비 0.8, 흙의 비중이 2.6일 때 포화도는 얼마인가?

① 55%  ② 65%
③ 75%  ④ 85%

> 해설 ▶ 포화도
> • 흙 속의 공극 중에서 물이 차지하는 비율이다.
> • 포화도 $= \dfrac{\text{함수비} \times \text{비중}}{\text{공극비}}$
> $= \dfrac{(20\% \times 2.6)}{0.8} = 65\%$

**98** 타워크레인 설치 작업 시, 지면과의 고정 방법으로 가장 적절하지 않은 것은?

① 기초 앵커
② 자립식
③ 와이어로프를 이용한 가이드 고정
④ 볼트를 이용한 고정

> 해설  타워크레인은 지면에 견고하게 고정되어야 하므로, 와이어로프를 이용한 가이드 고정은 구조적으로 불안정하여 적절하지 않다.

**정답**  93 ③  94 ①  95 ④  96 ④  97 ②  98 ③

**99** 다음 중 굴착 작업 시 발생할 수 있는 재해 유형으로 가장 거리가 먼 것은?

① 지반 붕괴
② 토사 낙하
③ 매설물 파손에 의한 가스 누출
④ 컨베이어 벨트 끼임

해설 컨베이어 벨트 끼임은 운반 기계 작업에서 발생할 수 있는 재해이며, 지반 붕괴, 토사 낙하, 매설물 파손 등은 굴착 작업의 대표적인 재해 유형이다.

**100** 건설 현장에서 사용하는 양중기의 와이어로프에 대한 안전 기준으로 틀린 것은?

① 이음매가 있는 것을 사용한다.
② 꼬임이 풀린 것은 사용하지 않는다.
③ 한 꼬임에서 끊어진 소선의 수가 10% 이상인 것은 사용하지 않는다.
④ 지름 감소가 공칭 지름의 7%를 초과하는 것은 사용하지 않는다.

해설 와이어로프는 이음매가 없어야 하며, 이음매가 있는 와이어로프는 하중을 견디지 못하고 파단될 위험이 높다.

99 ④  100 ①

## 공학박사 김세연

**[자격]**
산업안전기사
인간공학기사
산업위험성평가사
PSM 지도사
주차관리사
스마트시티평가사
도로교통안전관리자
보행안전지도사 강사

**[경력]**
(사)한국선진교통문화연합회 이사장
스마트도시문화연구소 대표
생활안전문화원 사외이사
(사)한국안전보건협회 전문위원
(주)한국건설안전공사 연구위원
교통안전공단 제안서 심사위원/자문위원
서울시 공유촉진 위원회 위원
수원시 지방재정계획심의위원회
수원시 및 금천구 등 스마트도시협의회 위원
(사)경상북도 지방 건설기술 심의위원회 위원
경상북도 물류정책 위원회 위원

**[연구 및 저술활동]**
주차장 법규&운영
온실가스 에너지 적산 실무
보행안전 4GO
이륜차 안전보건 필살기

---

### 유단자 2026
# 산업안전산업기사 _ 필기

| | |
|---|---|
| 인 쇄 | 2025년 10월 28일 |
| 발 행 | 2025년 10월 30일 |
| 편저자 | 김세연 |
| 발행인 | 정재철 |
| 발행처 | 미디어몬 |
| 주 소 | 07532 서울특별시 강서구 양천로 551-17, 1210호(가양동, 한화비즈메트로 1차) |
| 전 화 | (02) 2659-8831 |
| 팩 스 | (02) 2659-8832 |
| 등 록 | 제2021-000083호 |

정 가 32,000원
ISBN 979-11-991031-7-7 13530

※ 본서의 독창적인 부분에 대한 무단 인용·전재·복제를 금합니다.